Materials Selection in Mechanical Design, Fourth Edition

기계재료 –설계를 위한 선택방법론

Michael F. Ashby 지음
권오양 | 윤기봉 | 이준현 | 최낙삼 옮김

ELSEVIER
북스힐

ISBN : 9781856176637
Translated Edition ISBN : 9788955264609
Publication Date in Korea : 11 March, 2013

Translated by Book's Hill.
Printed in Korea

머리말

재료 그 자체는 인간에게 거의 영향을 주지 않는다.
우리 생활에 영향을 준다는 것은 우리가 그것을 사용하는 방법에 달려있다.

에픽테투스(서기 50년~100년) Discouses 제2권 제5장

에픽테투스 시절부터 새로운 재료가 사람들의 생활에 영향을 끼쳤고 오늘날에도 계속되고 있다. 그가 살았던 시대에는 재료의 종류가 적었지만 오늘날에는 방대하다. 재료가 가져다주는 혁신의 기회는 여전히 무궁무진 하지만 진보는 오직 수많은 재료 중에서, 그리고 재료를 사용할 때 성형하고, 결합하고, 마감질하는 방법을 합리적으로 선택할 수 있는 절차가 구비되었을 경우에만 가능하다. 이 책은 설계 요구조건에 가장 잘 부합하는 후보군을 찾아낼 수 있도록 재료와 공정을 선택하는 체계적인 절차를 전개하고 있다. 이 절차는 그것이 가진 정보를 구조화하고 있는 점에서 매우 독특하다. 이렇게 구조화된 절차는 데이터의 접근이 빠르고 사용자에게 선택될 가능성이 높은 재료를 찾아내는데 폭넓은 융통성을 제공한다. 이 방법은 컴퓨터 소프트웨어로도 구현됨으로써 더욱 융통성이 커졌다.

이 접근방법은 재료과학 그 자체보다는 재료와 함께 이루어지는 설계를 더 강조한다. 물론 재료과학의 원리는 선택의 기준을 체계적으로 설정하는데 언제나 활용되기 마련이다. 제1장부터 제6장까지는 거의 사전 지식이 필요하지 않다. 학부 1~2학년 과정의 재료와 역학에 관한 이해만 있으면 충분하다. 그러나 사정이 허락하는 한 이 책에서는 설계의 다른 측면들을 고려한 재료선택, 설계의 각 단계와 최적화와 재료역학과의 상관관계를 종합적으로 다루고자 하였다. 가르치는 입장에서 이 책은 공과대학 3~4학년 학생을 대상으로 설계를 위한 재료선택 교재로 꾸며졌다. 약 6~10주 강의로 구성한다면 제1~6장과 제13~14장을 선택할 수 있고 약 20주의 구성이라면 전체 내용을 강의와 함께 소프트웨어를 활용한 프로젝트를 겸하여 진행할 수 있다.

뿐만 아니라 이 책은 두고두고 활용할 수 있는 참고서로도 가치가 있다. 개발된 방법과 차트와 성능지수 표는 실제 문제에서 재료와 공정의 선택에 적용될 수 있으며, 부록 A의 데이터와 부록 B의 "표준형 문제의 풀이" 목록은 최적설계의 필수 요소인 모델링에 특히 도움이 된다. 독자들은 이 책과 소프트웨어를 스스로의 경험에 맞추어 점진적으로 정교함의 수준을 높여가면서 사용할 수 있다. 처음에는 본문에 나오는 사례연구에서 얻은 재료지수로부터 출발하지만 점차적으로 새로운 설계 문제의 모델링으로 옮아가서, 새로운 재료지수와 벌칙함수와 함께 새롭고 고차원적인 재료선택에 도달할 것이다. 이러한 평생교육적인 측면은 각 장마다 끝에 수록된 '심화학습을 위한 참고문헌'으로부터 도움을 받을 수 있으며, 부록 E에 나오는 연습문제가 이 책의 모든 특징을 포함하고 있다. 유익한 참고문헌들은 부록 D에 잘 정리되어 있다.

다른 책들과 마찬가지로 이 책의 내용은 저작권의 보호를 받는다. 일반적으로 저작권이 있는 자료를 복사하여 배포하는 것은 위법이다. 그러나 이 책의 가장 큰 특징인 차트를 효과적으로 활용하는 방법은 깨끗한 복사본에 필요한대로 그리고 여러 가지 선택기준을 적용해보고 코멘트를 달아보는 방식이다. 또한 재료선택 연습의 결과를 발표하는 것도 흔히 같은 방법을 사용하게 된다. 그러므로 이 책 자체는 비록 저작권에 묶여 있지만 차트 만큼은 독자들이 자유롭게 복사하여 사용할 수 있도록 허용되었으며, 발표와 기타 교육적인 목적으로도 출처만 정확하게 밝힌다면 얼마든지 복사할 수 있다.

감사의 글

고맙게도 수많은 동료들이 검토와 비평과 건설적인 제안을 해주었다. 그중에서도 특히 프랑스 그레노블 대학의 Yves Brechet 교수, 미국 UC 샌터바버라 대학의 Anthony Evans 교수, 하버드 대학의 John Hutchinson 교수, 영국 케임브리지 대학의 David Cebon 교수, Norman Fleck 교수, Ken Wallace 교수, John Clarkson 교수, Hugh Shercliff 박사, 이집트 카이로 아메리칸 대학의 Amal Esawi 교수, 미국 드렉셀 대학의 Ulrike Wegst 교수, 영국 브리스틀 대학의 Paul Weaver 박사, 영국 카벤디시 연구소의 Michael Brown 교수에게 감사드린다.

Mike Ashby

제4판의 특징

이 책의 제3판이 출판된 이후 재료와 공학에서의 재료의 역할, 그리고 이러한 주제를 대학의 강의에서 가르치는 방법에 많은 변화가 있었다. 효율적인 재료 사용을 강조하면서 설계도 재료를 효율적으로 사용하면서 환경손상을 가장 최소화할 수 있는 설계에 중점을 두게 되었다. 이 모든 것들이 컴퓨터 기반 환경에서 일어났으며 교육도 점점 컴퓨터에 기반을 둔 도구들을 채택하게 되었다. 이러한 변화를 반영하기 위하여 제4판은 매우 많이 수정되고 재구성하였다. 시각적인 효과 측면에서 향상하고 단순화시켰다. 많은 그림들을 새로이 추가하고 컬러로 다시 그렸으며, 본문 중에 예제를 추가하여 각 장에서 사례연구로 다루지 못한 문제들에 대한 풀이 방법과 결과를 보여주고 있고, 추가되는 특징적인 내용을 부록으로 수록하였다. 제4판에서 달라진 주요 내용을 정리하면 다음과 같다.

주요 변화 내용

- 제1장(들어가며)은 재료의 역사와 공학에서의 재료의 진화를 전개할 수 있도록 완전히 다시 쓰고 새로운 그림으로 채워 넣었다.
- 제2장에서 소개되는 공학설계는 모든 그림들을 완전히 수정하면서 다시 편집하였다.
- 이 책만의 고유한 특징이라 할 수 있는 제3장과 제4장에 나오는 재료 특성과 특성 차트를 완전 컬러로 재구성하였다.
- 제5장과 제6장은 재료선택 방법을 기술한 중심부로서 필수적인 선택전략에 대한 새로운 설명과 함께 대폭 수정하였다.
- 다중 제한조건을 다루는 제7장과 제8장도 수정되었으며 본문 중에 예제 풀이를 추가하여 사례연구에 대한 이해를 돕고자 하였다.
- 제9장과 제10장은 재료와 형상의 관계를 다루는데 특히 제9장에는 본문 중 예제를 많이 추가하여 훨씬 이해하기 쉽도록 다시 작성하였다.
- 제11장과 제12장은 하이브리드 재료에 대한 것으로 이전 판으로부터 더욱 발전된 내용을 나타내며, 특히 샌드위치 구조에 대하여 보강된 사례연구와 함께 새로이 전개하였다.

- 제13장과 제14장은 재료 공정에 대한 것으로 재료 특성에 미치는 공정의 영향을 강조한 절과 그림들로 구성하였다.
- 재료와 환경의 관계를 다루는 제15장은 개선된 예제와 새로운 정보에 대한 연계를 포함시켜 수정하였다.
- 재료와 산업설계를 다루는 제16장도 업데이트하고 이러한 주제를 다루는 교재의 제2판에 연계시켰다.
- 제17장(변화의 구동력)도 업데이트하였다.

재료선택 차트

이 책에 포함된 재료선택 차트의 많은 것들을 완전 컬러 버전으로 구할 수 있다. 샘플은 www.grantadesign.com/ashbycharts.htm에서 찾을 수 있다. 이 웹페이지는 또한 CES EduPack (나중에 자세히 설명함) 사용자로 하여금 추가적인 차트와 강의용 파워포인트 자료를 포함한 다른 교육용 자료를 다운로드할 수 있게 해준다. 이 차트들은 비록 저자에게 저작권이 있지만, 이 책의 사용자들은 사이트로부터 다운로드하고, 인쇄하고, 무제한으로 복사할 수 있도록 허용된다. 또한 출처만 정확하게 밝힌다면 교육적인 목적이라면 얼마든지 복사하여 사용할 수 있다. 다만 출판에 사용해서는 안 된다.

강사용 매뉴얼과 이미지 뱅크

이 책은 마지막 부록 E에서 종합적인 연습문제로 끝난다. 연습문제에 대한 풀이는 이 책을 교재로 채택한 강사와 교수들에게 무료로 제공된다. 이미지 뱅크는 이 책을 교재로 채택한 강사와 교수들에게 책에 포함된 그림의 pdf 버전을 제공한다. 이것들은 강의용 슬라이드나 수업용 발표자료에 사용될 수 있다. 강사용 매뉴얼과 이미지 뱅크를 찾아보려면 www.textbooks.elsevier.com에 접속하여 화면의 지시를 따르면 된다.

CES EduPack

CES EduPack은 이 책에서 개발된 방법을 컴퓨터 소프트웨어로 구현한 패키지이다. 물론 책은 소프트웨어에 의존하지 않지만, 두 가지를 함께 사용한다면 매우 신나는 교육환경을 만들어 학습의 효과를 향상시킬 수 있으며, 탐구와 스스로 배우는 것과 혁신적인 설계를 촉진할 수 있을 것이다. 이에 관한 추가적인 정보는 이 책의 마지막 페이지를 참고하거나 www.grantadesign.com/education/을 방문하여 얻을 수 있다.

역자 머리말

설계는 언제나 제품의 생산 또는 제조를 전제로 한다. 제품을 전제로 하지 않는 설계는 현실과 동떨어지고 탁상공론으로 그칠 가능성이 높다. 설계가 시장의 요구나 창의적인 아이디어를 공학적 원리를 바탕으로 이루어지는 해석을 바탕으로 제품의 생산에 필요한 모든 정보로 집대성해 놓은 것이라면, 그것을 제품으로 구현함에 있어 필수적인 수단의 하나가 재료이다. 설계 자체가 목적이 될 수 없듯이 재료도 설계와 마찬가지로 하나의 도구에 지나지 않는다. 다만, 도구로서 잘 활용하려면 세상에 존재하는 수많은 재료 중에서 가장 적합한 것을 찾아내는 체계적인 방법이 필요하다. 이 책에서 다루는 주제는 바로 제품의 성능을 극대화할 수 있는 재료를 찾는 방법론에 관한 것이며, 동시에 가장 효율적으로 재료를 사용할 수 있는 길 안내이기도 하다. 재료의 효율적인 사용은 재료나 제품의 생산이 환경에 미치는 영향을 최소화한다는 측면에서도 점점 더 중요해지고 있다.

이 책은 Michael Ashby의 "Materials Selection in Mechanical Design" 제4판(2011)을 번역한 것이다. 이 책이 처음 출판된 것은 1999년이며, 저자는 영국 케임브리지 대학의 교수로 Cambridge Engineering Design Centre를 이끌어가는 핵심멤버이다. 저자는 재료선택의 방법론에 대하여 오랫동안 연구를 해왔으며 이 책은 그동안에 여러 학술지에 발표한 연구 결과를 종합하여 저술한 것이다. 과거에도 다른 저자에 의해 비슷한 제목의 책들이 출판된 적이 있었으나 이 책은 접근방법이 매우 독특하고 논리적이며, 사례연구를 통하여 실제 문제에 적용할 수 있음을 보이고 있을 뿐만 아니라 문제해결 과정을 컴퓨터 소프트웨어로도 구현하여 실용화시킨 점에서 돋보인다.

우리가 공과대학 학부 교육과정에 설계 경험을 제도적으로 반영하기 시작한 것은 아마 최근에 공학교육인증제도가 도입되면서부터라고 할 수 있을 것이다. 물론 과거에도 건축설계를 비롯하여 기계요소설계, 토목구조설계 등등으로 설계라는 단어 자체는 많이 사용되었으나, 공학설계에 필수적인 설계 구성요소나 현실적 제한조건의 개념을 도입하여 체계적으로 다루기 시작한 것은 그리 오래된 일이 아니다. 이 책의 번역에 착수하였던 동기도 비슷한 시기에 원서를 발견하고 기계공학부 3학년의 교재로 사용하면서, 공학설계와 관련된 새로운 개념들을 이해하는데만 해도 어려움을 겪는 학생들이 재료선택의 문제를 보다 쉽게 이해할 수 있도록 도움을 주고자 하는데 있었다. 하지만 이 책은 대학의 교재로서 뿐만 아니라 공학설계의 실무에 종사하는 엔지니어가 활용할 수 있는 참고서로서도 충분한 가치가 있다.

끝으로 이 번역본이 나오기까지 원고를 준비하는 과정에 초인적인 인내심을 가지고 기다려 주신 북스힐의 조승식 사장님을 비롯한 편집담당자 여러분께 진심으로 감사드린다.

역자대표

차례

제 1 장 들어가며

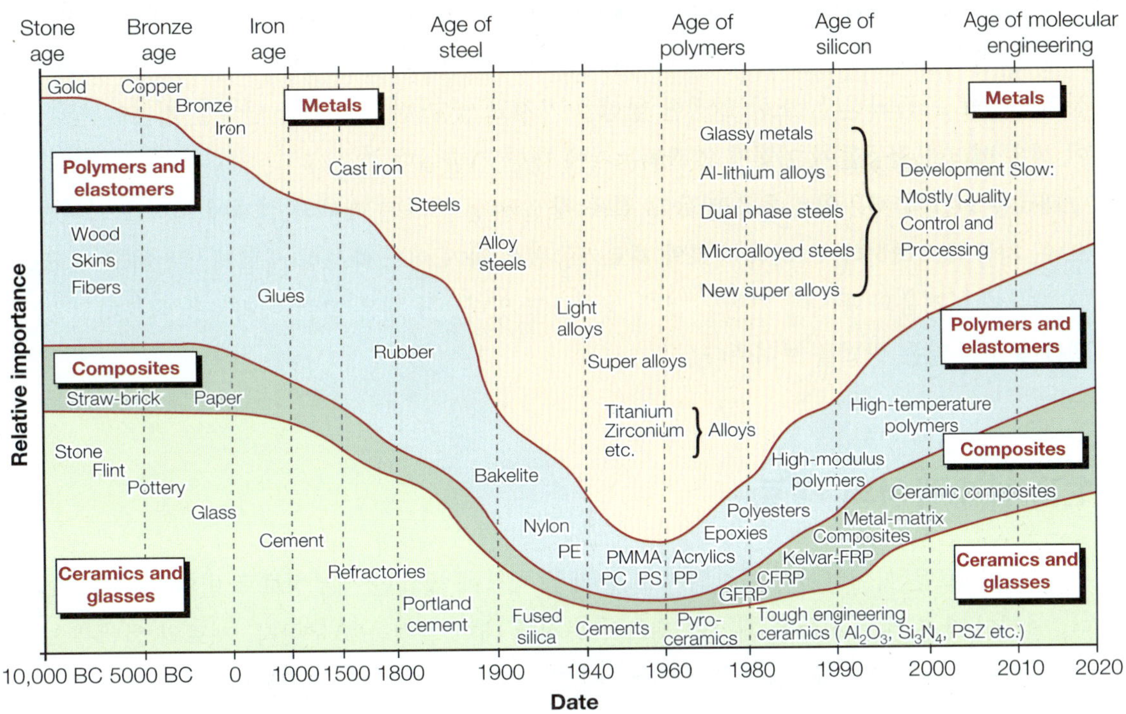

시간에 따른 공업재료의 발전 : '상대적 중요도'는 이 장 끝의 참고문헌에 소개된 책들에서 나오는 정보를 바탕으로 하였고, 1960년 이후의 데이터는 영국과 미국의 대학에서 각 재료가족에 할애하는 수업시간을 고려하였다. 2020년의 예측은 자동차와 항공기 제조업자의 재료사용 예측을 바탕으로 하였다. 시간축의 간격은 일정하지 않다. 지금의 변화 속도는 역사상 그 어느 때보다 빠르다.

Materials Selection in Mechanical Design. DOI: 10.1016/B978-1-85617-663-7.00001-1

1.1 서론과 개요

'설계'는 다양한 의미를 가진 낱말이다. 서정적인 귀부인의 모자부터 기름이 줄줄 흐르는 변속기까지 인간이 만든 모든 것은 어떤 의미에서든지 설계에 해당한다. 이보다 더한 의미도 갖고 있다. 자연은 어떤 이들에게는 신의 설계물이고, 다른 이들에게는 궁극적으로 유전자 알고리즘인 '자연의 선택에 의한' 설계이다. 독자는 다루어야 할 영역을 조금씩 좁힐 필요가 있음에 동의할 것이다.

이 책은 기계설계에 있어서 재료의 역할과 선택에 대한 것이다. 기계 부품은 질량을 가지며 하중을 지탱하고 열과 전기를 전달한다. 마모와 부식성 환경에 노출되어 있으며, 흔히 하나 이상의 재료로 만들어진다. 또한 일정한 형상을 가지고 있고 반드시 제작 단계를 거쳐야 한다. 이 책은 이러한 활동들이 어떻게 연관되는지에 대한 기술이다.

재료는 인간이 처음으로 옷을 만들고 집을 짓고 전쟁을 하던 때부터 설계에 제약을 가해왔으며, 지금도 그러하다. 그러나 재료와 재료가공법은 과거 어느 때보다 빠르게 발전하고 있고, 그 때문에 어려움과 동시에 기회도 많이 생겨나고 있다. 이 책은 그런 어려움을 극복하고 기회를 놓치지 않는 방법을 보여준다.

1.2 설계에서의 재료

설계는 새로운 아이디어나 시장의 수요를 제품 제작에 필요한 세부정보로 변환하는 작업이다. 설계의 각 단계는 제품을 제작할 재료와 공정에 대한 결정을 요구한다. 재료의 선택은 보통 설계에 의해 지정된다. 그러나 반대의 경우도 있다. 새로운 재료의 출현으로 인해 제품이 새롭게 제안되거나 기존 제품의 발전이 가능해지기도 한다.

엔지니어가 이용할 수 있는 재료의 수는 실로 엄청나서 160,000종 이상이다. 표준화를 통해 이 숫자를 줄이려고 노력하고 있지만, 개발 가능한 특성을 지닌 새로운 재료의 계속된 출현은 선택의 폭을 더욱 넓히고 있다. 그렇다면 엔지니어는 이렇게 많은 재료 중에서 자신의 목적에 가장 적합한 재료를 어떻게 골라야 하는가? 경험에 의존해야 할까? 과거에는 그러하였다. 엔지니어는 자신의 소중한 능력을 이어받을 자격이 있는 도제에게 회사에서 만드는 모든 제품에 통달한 재료 전문가의 역할을 이어가게 하였다.

경험의 가치는 물론 대단하다. 그러나 그동안 공학설계의 세계에서 일어난 많은 변화는 이

방법과 상충한다. 도제제도의 학습곡선은 공개되었고, 일자리의 유동성 때문에 오늘 여기에 있던 전문가가 내일도 여기 있으리라는 법이 없다. 또한 앞에서 이미 언급한 재료정보의 급속한 발전도 그러한 변화 중의 하나다. 경험을 바탕으로 한 학습전략은 정보기술 시대의 속도와 능력의 재확산에 비해 뒤떨어진다. 이제 우리에게는 각각의 단계를 빨리 가르칠 수 있고, 얻어진 결과를 확신할 수 있으며 컴퓨터와 연계할 수도 있다. 또한 이미 쓰이고 있는 공학설계의 다른 도구들과 호환이 가능한 체계적인 절차가 필요하다.

재료의 선택은 재료를 성형하고 결합하며 마무리하는 등의 공정과 독립적으로 이루어질 수 없다. 재료와 공정의 선택에서 비용의 문제를 고려해야 한다. 재료의 사용이 환경에 미치는 영향도 고려해야 한다. 그리고 잘된 공학설계만으로는 제품을 판매하는데 충분하지 않다는 사실도 알아야 한다. 가전제품에서부터 자동차, 항공기에 이르기까지 거의 모든 경우에 제품의 형상, 질감, 촉감, 색깔, 장식 등을 통해 구매자에게 만족감을 주는 것이 중요하다. 이러한 측면(흔히 '산업설계'라고 불리어 혼동을 주지만)을 간과한다면 생산자는 시장을 잃을 수도 있다. 잘된 설계는 제품 생산을 가능하게 하고, 매우 뛰어난 설계는 즐거움까지 준다.

설계의 문제는 거의 항상 열린 해답을 가진다. 다른 것보다 나은 해답은 있지만 유일한 '정답'은 없다. 역학, 구조, 열역학을 가르칠 때 다루는 문제들처럼 일반적으로 하나의 정답이 존재하는 해석 문제들과는 다르다. 그러므로 설계자에게 필요한 첫 번째 도구는 열린 마음과 모든 가능성을 고려하려는 의지이다. 그러나 넓은 그물은 온갖 물고기를 많이 모으는 법이다. 좋은 것들 중 정말 우수한 것을 골라내려면 어떠한 절차가 필요하다.

이 책은 설계 과정에서의 재료문제를 다룬다. 적절히 사용할 경우 설계자에게 복잡한 선택의 숲을 헤쳐 나갈 수 있는 지침을 제시하는 방법론이 될 것이다. 재료와 공정속성의 개념도 소개한다. 이 속성들은 전체적 상황을 보여주는 재료와 공정의 선택 차트에 나타나 있고, 가능성 있는 후보 재료들을 처음으로 골라내는 단계를 간단하게 만든다. 실생활에서는 언제나 목표들이 상충하므로 — 예를 들어 질량을 최소화하면서 비용도 최소화하는 것 등 — 절충하는 요령이 필요하다. 이때 재료와 형상 간의 상호작용을 이용할 수 있다. 모든 것을 고려하면 하이브리드, 즉 두 가지 이상의 요소, 형상, 성분의 결합으로 고유의 특성을 나타내는 재료를 만들어 재료성능의 경계를 확장할 수 있다. 이는 재료특성과 공정속성의 데이터 없이는 불가능하므로 데이터를 얻는 방법을 설명한다. 공학설계에서 미학의 역할도 논의한다. 재료의 세계에 변화를 몰고 오는 원동력(환경문제가 그중 가장 명백함)도 개관한다. 부록에 더 많은 유익한 정보가 수록되어 있다.

여기에 소개되는 방법들은 컴퓨터를 이용한 도구에 쉽게 응용할 수 있다. 그중의 하나가

CES Edu 재료선택 플랫폼[1])으로 이 책에 소개되는 여러 사례연구와 도표에 사용되었다. 그것들은 다른 컴퓨터지원설계(CAD), 유한요소해석(FEA), 최적화, 제품데이터관리 소프트웨어와 같은 다른 도구들과의 인터페이스를 구축할 수 있는 잠재력도 지닌다.

이 모든 것들에 대하여 구체적인 용도를 보여주는 사례연구는 이어지는 장들에서 다룬다. 그 전에 먼저 역사를 살펴보자.

1.3 공업재료의 진화

인류의 역사 이래로 재료는 설계를 제한해왔다. 인류가 살아온 시대는 석기, 청동기, 철기로 인간이 사용한 재료에 따라 명명되었다. 누가 죽으면 그가 소중히 여기던 재료를 함께 묻었다. 투탕카멘은 에나멜을 입힌 관에 묻혔고, 아가멤논의 묘에는 그의 청동검과 금가면이 들어 있었다. 이것들은 각 시대의 고급 기술을 반영한다.

이들이 오늘날 살다가 죽었다면 무엇을 무덤으로 가지고 갔을까? 티타늄 시계, 탄소섬유강화플라스틱(CFRP) 테니스 라켓, 금속기지복합재료(MMC) 산악자전거, 형상기억합금 안경테와 다이아몬드 유사 탄소로 코팅된 안경 렌즈, 폴리에테르에틸키톤(PEEK) 안전헬멧, 탄소나노튜브(CNT)로 강화된 아이팟(iPod) 등일 것이다. 지금은 한 가지 재료의 시대가 아니라 엄청나게 많은 재료가 공존하는 시대이다. 과거 어느 때에도 지금처럼 재료의 발전 속도가 빠르고 그 특성의 범위가 다양한 적이 없었다. 엔지니어가 이용할 수 있는 재료의 목록이 너무 빨리 팽창해왔기 때문에, 20년 전에 졸업한 설계자들 중 절반이 모른다고 해도 비난할 수 없다. 그러나 설계자에게 '무지'는 자랑이 아닌 굉장한 '위험'이다. 혁신적인 설계는 종종 새롭거나 향상된 재료의 특성을 창의적으로 개발하는 것을 의미한다. 그리고 보통사람 심지어 어린 학생조차 무지는 고급 재료의 시대인 현재에 가장 위대한 발전 중 한 가지를 간과하는 일이다.

이러한 발전과 점점 빨라지는 발전 속도는 그림 1.1에 그려져 있다. 선사시대(기원전 1만년 이전, 석기시대)의 재료는 세라믹과 유리, 천연 고분자 및 복합재료였다. 언제나 기술의 최첨단인 무기는 목재와 부싯돌로, 건물과 다리는 석재와 목재로 만들었다. 자연 생산된 금과 은은 해당 지역에서 쓰였지만, 귀한 관계로 화폐로만 쓰였으며 기술적 측면에서의 역할은 작았다. 대략적인 열화학 지식의 발전으로 처음에는 구리와 청동, 그 이후에 철의 추출이 가능해졌고(기원전 4000~1000년의 청동기시대와 기원전1000년~서기1620년의 철기시대) 이는 엄청난 기술적 진보를 촉진

1) Granta Design Ltd., Cambridge, UK. (www.grantadesign.com)

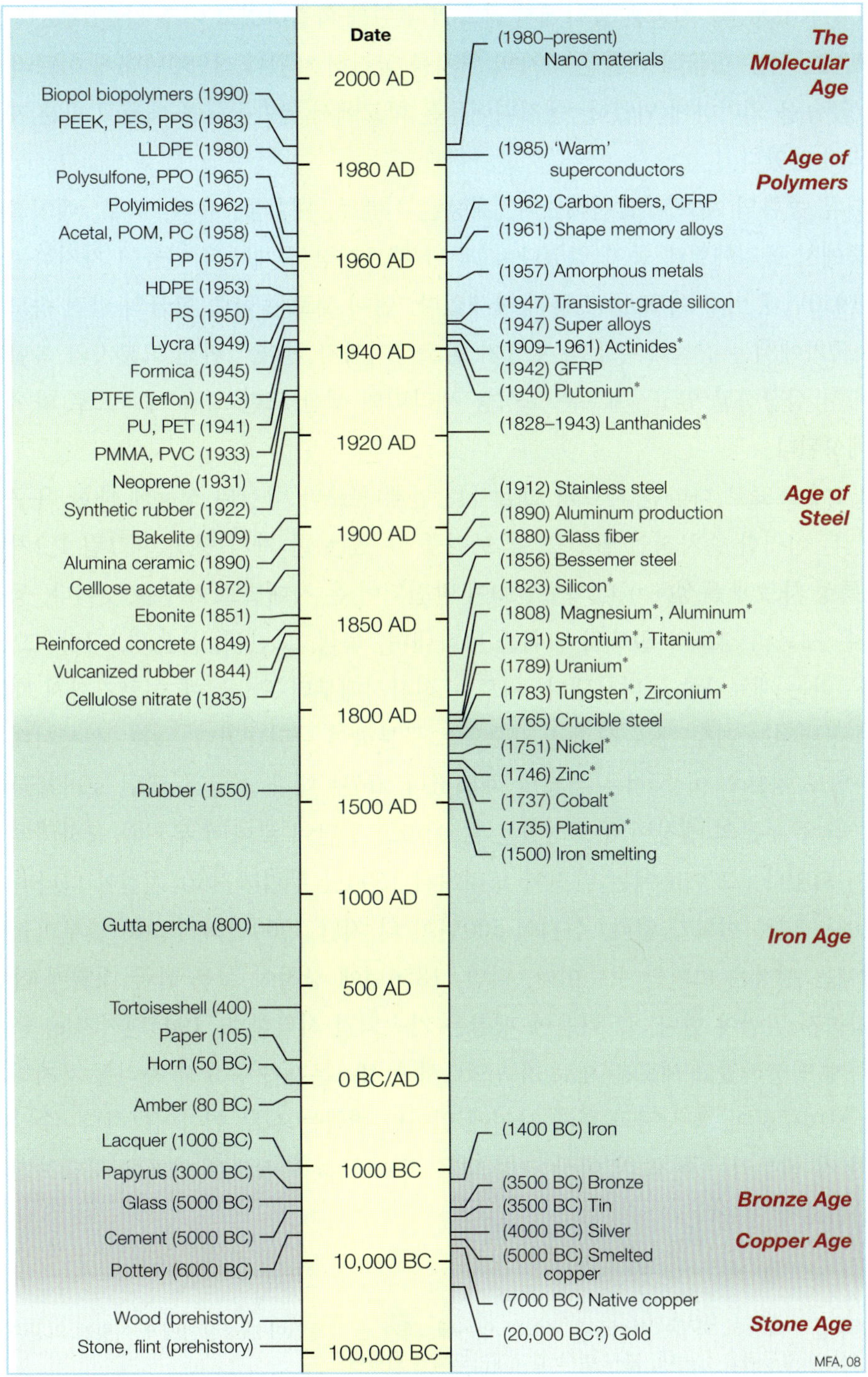

그림 1.1 재료발전의 시간표 : 시간축의 간격은 일정하지 않다. 아래쪽은 굵직굵직하고 위쪽으로 갈수록 점점 촘촘하다. 별표(*)는 각각의 원소가 발견된 연도를 가리킨다. 별표가 붙지 않은 연도는 그 재료가 실용화된 시점을 나타낸다.

하였다.[2] 주철(1620년대) 기술은 공학에서 금속의 우위를 확립하였고 이후 강철(1850년경부터), 경합금(1940년대), 특수 합금의 개발은 각자의 위치를 굳건히 해왔다. 1950년대에 이르러 '공업재료'는 곧 '금속'을 의미하게 되었다. 엔지니어들은 학교에서 금속공학을 배웠고 다른 재료는 거의 언급되지 않았다.

물론 다른 종류의 재료도 발전해왔다. 개량된 시멘트, 내화물, 유리, 고무, 베이클라이트, 고분자 중에서 폴리에틸렌 등이 있었다. 그러나 재료시장 전체에서 이들이 차지하는 비중은 작았다. 1950년대 이후 이 모든 것들이 바뀌었다. 현재 새로운 금속 합금의 발전 속도는 느리고, 일부 국가에서는 강철과 주철의 수요가 감소하기까지 한다.[3] 반면 고분자와 복합재료 산업은 급속히 성장하고 있고, 새로운 고성능 세라믹의 생산 또한 성장 예측으로 봐서 계속된 팽창이 예상된다.

그림 1.1에 도표로 나타낸 재료의 발달사는 언제나 보다 향상된 성능에 대한 욕구에 의해 추진되었다. 이러한 순차적인 발전을 잘 보여줄 수 있는 한 가지 방법은 그림 1.2처럼 일련의 재료-특성 차트에 특성(여기서는 강도-밀도)이 발전되어 온 시대별로 채우는 것이다. 둥근 버블(bubble)들은 재료의 강도와 밀도의 범위를 나타내며, 녹색, 노란색, 붉은색, 파랑색으로 나타낸 큰 테두리는 재료가족을 나타낸다. 차트는 선사시대부터 오늘날에 이르기까지 재료의 역사적으로 구별되는 여섯 개의 시점을 기준으로 구분하여 나타내었다. (a)는 선사시대 재료로서 강도–밀도 차트의 아주 적은 부분만 채워졌다. (b)는 대략 기원전 50년 로마제국의 절정기까지로 금속 부분의 팽창이 두드러졌는데, 이러한 발달이 로마의 무기와 군사력에 결정적인 이점이 되었다. 그 이후에는 발전이 느려져서 1500년 무렵까지(c) 주철이 나타나기 시작한 것 외에는 별로 변화가 없다. 심지어 500년이 더 지난 1900년까지도(d) 알루미늄이 추가된 것 외에는 팽창은 미미한 수준이다. 다만, 1856년에 강철이 실용 합금 대열에 합류한 사실은 간과하지 말아야 한다. 그 다음에 팽창은 가속되기 시작한다. 1945년까지(e) 금속 가족은 현저하게 팽창하였고 새로운 재료 가족으로서 합성고분자가 중요한 자리를 차지하게 되었다. (f)가 보여주듯이 그 시점과 현재 사이에 일어난 변화는 실로 어마어마하다. 수많은 재료로 채워진 각 테두리는 이제 더 이상 그려 넣을 자리가 없을 정도로 한계에 도달하였지만 여기에는 나타내지 않았다.

---

2) 나의 연구실 문에 어느 학생이 붙여놓은 만화가 있는데, 화가 난 켈트인이 대장장이에게 이렇게 외친다. "지난주에 당신에게서 이 청동검을 샀는데, 벌써 철로 업그레이드해야 한다니!"

3) 그러나 강철의 시대가 끝났다고 생각하지는 마라. 강철 생산은 전 세계 금속 생산의 90%를 차지하고, 강도, 연성, 인성, 저렴한 가격을 두루 갖춘 독보적인 존재이기 때문에 강철은 대체가 불가능하다.

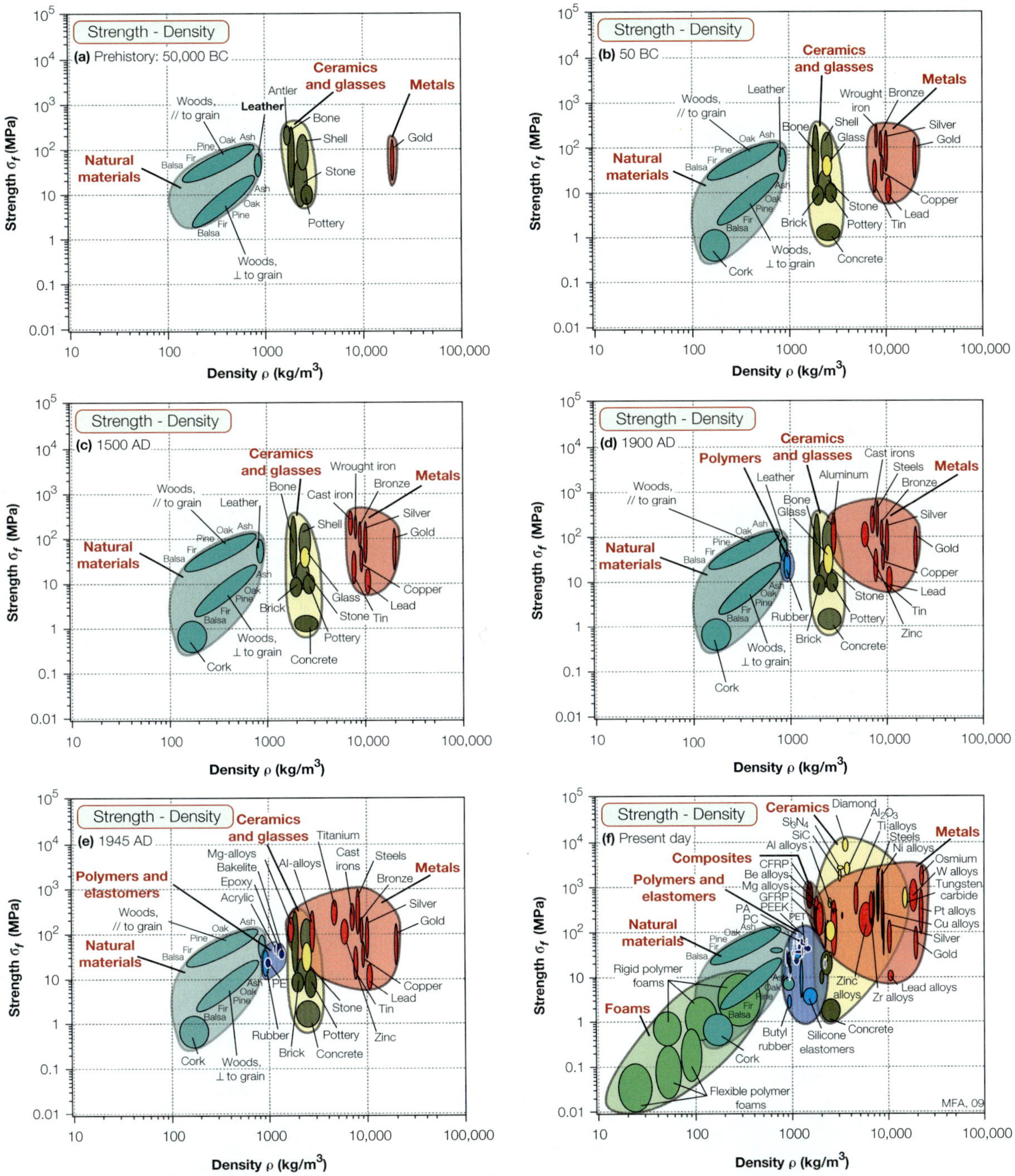

그림 1.2 강도와 밀도에 대한 요구를 만족하기 위하여 긴 시간에 걸쳐 재료가 발전해 온 것을 보여주는 재료-특성 차트 : 여섯 개의 차트가 시간에 따라 순차적으로 채워지고 있으며, 각 차트의 왼쪽 위에 시대를 나타내었다. 다른 특성에 대해서도 비슷하게 차트를 그리면 순차적으로 채워지는 것을 알 수 있다.

앞으로 수없이 닥치겠지만 어떤 재료특성 공간의 단면을 보더라도 이러한 발전을 실감할 수 있다. 어떻게 하면 재료들로 채워진 영역을 더욱 확대할 수 있을 것인가? 그리하여 우리는 무엇을 얻을 수 있을까? 이는 매력적인 질문으로 뒤에 제11장과 제12장에서 답을 찾을 수 있을 것이다. 이 장에서는 일단 재료의 발달사를 살펴보았고 그것이 제품에 녹아들었음을 안 것으로 만족하자.

1.4 제품에서의 재료의 진화

이 절에서는 약 100년에 걸쳐 재료가 변화된 네 가지 제품의 사례를 살펴보자. 100년은 사람의 일생보다 그리 길지 않은 시간이지만, 이전 세대에서는 변화가 아주 느렸다. 말이 끄는 마차는 2000년의 역사를 가졌지만 자동차의 역사는 불과 100년 조금 넘었다.

주전자는 가장 오래된 가재도구의 하나이며 어느 집에서나 가장 흔하게 사용되는 것이다. 100% 확신할 수는 없지만 약 4000년 묵은 주전자가 발견된 적이 있다. 불 위에 직접 가열하였던 옛 주전자는 열전도가 잘되고 직접 닿는 화염에 잘 견뎌야 해서 철, 구리, 청동으로 만들어졌다(그림 1.3). 1890년대에 개발된 전기주전자는 외부에 발열체를 두어 화염을 대체한 것 외에는 근본적으로 달라지지 않았다. 이러한 개념은 1922년에 스완(Swan)사가 개발한 발열체를 내장한 금속 튜브를 물통 안에 설치한 주전자에 의해 바뀌었다. 주전자의 몸체는 이제 더 이상 열을 전달할 필요가 없으며, 실제로는 안전이나 사용상의 편의를 고려할 때 열이나 전기의 부도체로 만드는 편이 훨씬 더 낫다. 오늘날 거의 모든 주전자는 플라스틱으로 만들어지고 있어서, 성형 공정이나 제품 색상에 있어서 크게 융통성을 가지고 저렴하게 생산할 수 있다.

그림 1.3 주전자 : 주철 주전자, 청동 주전자, 폴리프로필렌 주전자

그림 1.4 진공청소기 : 1880년부터 사용된 수동식 청소기, 1960년의 원기둥형 Electrolux 청소기, 2010년의 원심분리식 Dyson 청소기

쓸고 닦는 것은 살인 행위이다. 그 행위는 바닥의 먼지를 공기 중에 퍼뜨려, 집안의 사람들이 들이마시게 한다. 사실 먼지를 원래 있던 곳에 그대로 두는 것이 더 낫다.

100년 전쯤에 어느 의사가 쓴 글이다. 빅토리아 시대의 영국과 다른 나라 사람들은 이전의 어느 시대보다 먼지에 대해 크게 걱정하였다. 그들은 먼지가 병을 몰고 다니며, 앞의 의사가 말하였듯이 먼지를 털면 오히려 병균이 더욱 전염되기 쉽게 분산된다고 확신하였다. 이쯤 되면 그들이 진공청소기를 발명한 것은 놀라운 일이 아니다(그림 1.4).

그 시대의 진공청소기는 인력으로 구동하는 수동식이었다. 사용된 재료는 오늘날의 기준으로 보면 원시적이다. 거의 모든 부품이 천연재료인 나무, 캔버스, 가죽, 고무로 만들어졌다. 유일한 금속은 바람통을 연결하는 끈(연철)과 필터가 담긴 금속제 통(원기둥 모양으로 둥글게 말린 연강판)이다. 이는 그 당시의 재료의 쓰임을 반영한다. 1900년에는 자동차도 나무, 가죽, 고무로 만들어졌고 엔진과 동력전달 계통만 금속이었다.

전기 진공청소기는 1908년경에 처음 등장하였다.[4] 1950년까지 진공청소기의 설계는 원기둥형으로 발전하였다. 공기는 장축의 방향으로 흐르고 전기 송풍기에 의해 원기둥으로 흡입된다. 송풍기가 원기둥 길이의 반 정도를 차지하고, 나머지 공간에 필터가 들어있다. 물론 설계에서의 한 가지 진척은 전기 펌프이다. 비록 모터가 거대하고 능률이 낮긴 했지만, 티타임 휴식에도 가정부의 노동 없이도 계속 작동할 수 있다. 다른 점은 또 있다. 이 청소기는 거의 전부

4) 발명자는 Murray Spengler와 William B. Hoover : 두 번째 이름(후버)은 John B. Stetson(모자), S.F.B. Morse(전신부호), Leo Henrik Baikeland(베이클라이트), Thomas Crapper(수세식 변기)와 같은 위대한 사람들처럼 영어의 어휘로 정착되었다.

그림 1.5 카메라 : 1900년대 사진건판 카메라, 1960년의 Leica 카메라, 2006년의 플라스틱 카메라

금속으로 만들어졌다. 청소기의 케이스, 뚜껑, 굴대(runner), 심지어 먼지를 빨아들이는 튜브까지 연강이다. 금속이 천연재료를 완전히 대체한 것이다.

그 이후 진공청소기는 새로운 재료의 혁신적인 사용에 힘입어 급속히 발전하였다. 최신의 청소기는 동력이 좋고 필터여과법 대신 원심분리라는 색다른 개념을 이용하였다. 이는 모터의 높은 동력밀도, 보다 개량된 자성재료로 인해 가능하다. 케이스는 전부 고분자이고, 똑딱이음 단추(snap fastener)를 많이 사용하여 조립이 빠르다. 어디에도 금속은 보이지 않으며, 예전 모델에서 금속으로 만들었던 흡인 튜브의 곧은 부분조차 지금은 폴리프로필렌이다.

카메라의 광학 자체는 카메라보다 훨씬 오래된 것이다(그림 1.5). 갈릴레오의 렌즈는 천국의 문을 열었고(1600년), 후크의 현미경(1665년)도 카메라보다 몇 세기 앞선다. 하지만 핵심은 영상을 저장(Joseph Nicephore Niepce, 1814)한다는 점이다. 초기의 카메라는 나무로 만들어졌으며, 캐비닛 가구 제작자들이 주의와 정성을 들여 제작하곤 하였다. 그것들은 잘 연마된 렌즈를 장착하였고 나중에 금속제 조리개와 셔터를 구비하였는데, 이는 시계 제작 공정에서 이미 잘 개발된 기술 덕분이었다.

그 이후 90여 년간 사진은 아주 특별한 소수의 노력으로 발전되었다. 1900년경부터 셀룰로이드를 바탕으로 한 필름과 박스형 카메라의 발명으로 사진은 대중화되기 시작하였으며, 카메라 제작사들끼리 몫을 챙기려고 치열하게 경쟁하기 시작하였다. 나무, 천, 가죽으로 만들어졌던 부품은 신속하게 정밀가공된 강철제 몸체와 제어기구로 대체되었으며, 1960년대 이후에는 경량화, 내구성, 고급화를 목적으로 알루미늄, 마그네슘, 티타늄이 사용되기 시작하였다. 디지털 기술의 발전은 시장을 더욱 점유하였다. 요즘의 고급 카메라는 굴절률을 조절한 유리를 조합하여 만든 복합렌즈로 장착된 광학계에, 정밀측정기기와 맞먹는 수준의 정밀도와 전자제어 장치를 더하여 생산된다. 다른 극단적인 용도로는 폴리프로필렌이나 ABS수지로 몰딩한 일체형 몸체에 아크릴 또는 폴리카보네이트 렌즈를 끼운 일회용 카메라도 필요한 경우가 있다.

그림 1.6 항공기 : 1903년의 Wright 복엽기, 1935년의 더글러스 DC3, 2010년의 보잉 787 Dreamliner

재료를 사용하는 방식에 있어서 변화를 보여주는 가장 극적인 사례는 아마 비행기 기체일 것이다. 초기의 비행기는 가문비나무, 발사, 합판과 같은 가벼운 나무와 철사줄[5], 그리고 비단으로 만들었다. 나무는 20세기에 들어와서도 한참동안 비행기의 주 구조재로 남아 있었으나 비행기가 대형화하면서 점점 실용성이 떨어지게 되었다. 그 대타로 등장한 것이 DC3의 예에서 보듯이 알루미늄 기체이다. 알루미늄은 가벼운 무게에도 불구하고 높은 굽힘강성과 강도로 대형화와 장거리 비행에 대한 요구를 충족시킬 수 있었다. 이후 20세기가 다할 때까지 알루미늄은 민간항공기의 주 구조재로 남아 있게 된다. 세기말이 다가오면서 연료 효율 향상과 이산화탄소 발생 감소에 대한 압력이 높아지면서 복합재료는 높은 비용과 기술적 난관에도 불구하고 점점 더 매력적인 수준으로 떠오르게 되었다. 미래의 항공기는 부피기준으로 약 80%를 탄소섬유강화 복합재료로 제작한 보잉항공사의 787 Dreamliner로 대표되는데, 탑승객 좌석당으로 계산하여 기존 항공기에 비하여 약 30% 경량화를 이루었다고 알려져 있다(그림 1.6).

이 모든 것이 한 사람이 태어나서 죽는 사이에 일어난 일이다. 경쟁적인 설계는 새로운 재료의 혁신적인 이용과 그 재료의 공학적, 미학적으로 고유한 특성의 현명한 개발을 필요로 한다. 주전자, 진공청소기, 카메라 제조업자 중에는 혁신과 개발에 실패한 사람도 많으며 그들은 이미 사라졌다. 이 침울한 생각이 우리를 다음 장에 대비하게 하고, 거기서 우리는 그들이 잊은 것, 설계에서 재료의 최적 사용에 대하여 고찰한다.

1.5 요약과 결론

무엇을 배웠는가? 재료의 개발에는 가속도가 붙었고, 재료를 제품에 사용하는 방법에 대해서도 마찬가지이다. 변화의 원동력 중의 하나는 당연히 성능이다. 철기시대에 들어 청동제 무기가 철제로 대체된 것, 20세기에 비행기 구조재가 나무에서 알루미늄으로 바뀐 것은 모두 새로운 재료의 우수한 성능에 연유가 있다. 다만, 성능만이 유일한 요인은 아니다.

경제성은 변화를 향한 매우 강력한 압력이다. 항아리 주전자, 진공청소기, 저렴한 카메라에

5) 피아노 선 : 고탄소강을 인발가공하여 만들며, 1350년경 하프시코드를 제작하기 위해 개발되었다.

고분자재료를 사용하는 것은 모두 고분자의 장점인 성형성을 살려서 복잡한 형상을 쉽게 만들어내고자 함이다. 디지털 영상기술과 같은 다른 분야의 기술적인 변화가 재료선택에 변화를 불러올 수도 있다. 그 밖에도 여러 가지로 많은 변화의 구동력에 대하여 다음 장에서 살펴보자. 또한 환경에 대한 우려, 입법이나 행정기관의 규제, 미학이나 취향 등 함께 살펴보자.

공업재료는 그 어느 때보다도 빠르게 발전하고, 수도 엄청나서 선택의 폭이 넓다. 새로운 재료를 사용함으로써 시장을 석권한 제품의 예는 플라스틱 병, 알루미늄 캔, 폴리카보네이트 안경렌즈, 탄소섬유강화 골프클럽샤프트 등 수없이 흔하다. 설계 또는 재설계의 초기 단계에서는 단지 생소하다는 이유로 제외시키지 말고 모든 재료의 가능성을 열어 두고 검토하는 것이 중요하다. 그것이 이 책에서 추구하는 바이다.

1.6 심화학습을 위한 참고문헌

재료의 역사와 진화

Singer, C., et al. (1954~2001) *A History of Technology* (21 volumes), Oxford University Press, Oxford, UK. ISSN 0307-5451. (재료를 포함한 기술 전반에 관한 에세이 모음)

Delmonte, J. (1985) *Origin of Materials and Processes*, Technomic Publishing Company, Pennsylvania, USA. ISBN 87762-420-8. (재료가 언제, 누구에 의해 처음으로 쓰였는지에 관한 정보의 모음)

Dowson, D. (1998) *History of Tribology*, Professional Engineering Publishing Ltd, London, UK. ISBN 1-86058-070-X. (마찰과 마모 때문에 제한되어온 장치들의 역사와 마찰과 마모를 이해하기 위한 기념비적 저작물)

Emsley, J. (1998) *Molecules at an Exhibition*, Oxford University Press, Oxford, UK. ISBN 0-19-286206-5. (이해하기 쉽고, 정확하고, 간단명료한 최고의 과학 교양서적. 넓은 범위가 특히 놀랍다. 책의 메시지는 분자(종종 재료를 의미함)가 우리의 건강, 삶, 우리가 만들고 사용하는 제품에 영향을 미친다는 것이다.)

Michaelis, R.R. (Ed.) (1992) “Gold: art, science and technology”, and “Focus on gold”, *Interdisciplinary Science Reviews*, 17(3/4), ISSN 0308-0188. (금의 역사, 신비함, 용도, 금이 연상시키는 것에 대한 포괄적 개관)

The Encyclopedia Britannica, 11th Edition (1910), The Encyclopedia Britannica Company, New York, USA. (전문가들은 브리태니커 백과사전의 제11판이 완벽한 경지에 이르렀고, 이후의 판들도 쓸 만하지만 대등한 위치에 오른 것은 아직 없다고 할 것이다.)

Tylecoate, R.F. (1992) *A History of Metallurgy* (2nd ed.), The Institute of Materials, London, UK. ISBN 0-904357-066. (기원전 6000년부터 1976년까지 금속의 추출과 사용에 관한 역사를 자세히 다루었다.

저자는 설득력이 뛰어나고 세부사항을 중시한다.)

진공청소기

Forty, A. (1986) *Objects of Desire – design in society since 1750*, Thames and Hudson, London, UK, p. 174 et seq. ISBN 0-500-27412-6. (프린트한 옷감, 가정용품, 사무용품, 교통수단에 대한 설계의 역사를 신선하게 개관하였다. 고맙게도 설계자에 대한 찬양이 없고, 설계자가 한 일보다 산업설계가 한 일에 주목하였다. 다만 19세기 말이나 20세기 초에 그려진 흑백 그림이 다소 실망스럽고, 현대적인 설계의 예가 몇 개뿐이다.)

카메라

Rosenblum, N. (1989) *A world history of photography* (2nd ed.), Abbeville Press, The University of Michigan, ISBN 1-9-781-558-59054-0. (미학적, 다큐멘터리, 상업적, 기술적 측면을 포함하여 기록된 영상의 역사를 Lucida 카메라로부터 최신 컴퓨터 기술에 이르기까지 폭넓게 연구한 내용)

비행기

Grant, R.G. (2007) *Flight, the complete history*, Dorling Kindersley Ltd., ISBN 978-1-4053-1768-9. (지나칠 정도로 풍부한 삽화를 곁들인 비행기의 역사, 특히 초창기 비행기의 재료에 관한 좋은 내용)

제 2 장 설계 과정

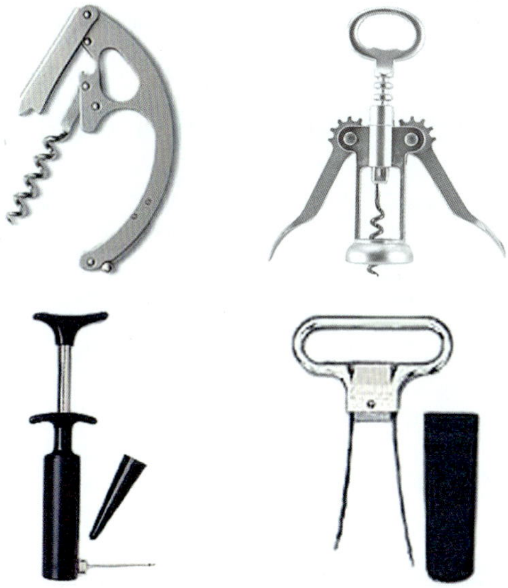

코르크마개뽑이 (사진 제공 : A-Best Fixture Co., Akron, Ohio, USA)

Materials Selection in Mechanical Design. DOI: 10.1016/B978-1-85617-663-7.00002-3

2.1 서론과 개요

여기서 우리의 주된 관심은 기계설계에 있다. 기계설계는 물리적인 원리, 제대로 기능하는 것, 기계시스템의 생산을 우선적으로 다룬다. 이는 패턴, 색깔, 질감, 소비자에 대한 호소력에 주안점을 두는 산업설계를 무시한다는 얘기가 아니라 나중에 다룬다는 뜻이다. 출발점은 좋은 기계설계이고, 재료와 공정을 선택하는 방법은 설계에 기여하게 된다.

우리의 목표는 설계가 주도하는 재료와 공정의 선택 방법론을 개발하는 것이다. 즉, 선택 과정에서 설계의 기능 요구조건을 입력조건으로 사용한다. 그러기 위해서는 설계 자체에 대하여 간단히 알아보아야 한다. 대부분의 기술적인 학문처럼 기계설계도 어쩔 수 없이 기계설계 고유의, 가끔은 거의 해독 불가능한 전문용어로 가득차 있다. 이 장에서 설계와 설계의 구현 단계 그리고 재료선택이 그것들을 연결해주는 방법에 관련된 전문용어와 문구, 즉 '어휘'의 일부를 소개한다.

2.2 설계 과정

설계의 시발점은 시장의 수요 또는 새로운 아이디어이고, 종착점은 수요를 만족시키거나 아이디어를 구현한 제품의 온전한 스펙(specification)이다. 수요를 만족시키려면 먼저 요구가 무엇인지를 알아야 한다. 수요를 정확히 정의하는 것, 즉 수요명제(need statement)를 세우는 것은 필수적이다. 수요명제는 보통 'X라는 과업을 수행하기 위해서는 어떤 장치가 필요하다'는 형태를 띠며, 특정한 설계 요구조건으로 표현된다. 설계에 대하여 저술한 사람들은 수요명제가 해답에 대해 중립적이어야 한다고 강조하는데(이는 수요명제는 그것을 만족시키기 위한 과업이 어떻게 이루어져야 하는지를 암시해서는 안 된다는 뜻) 그것은 선입견에 의해 제한될 수 있는 좁은 사고를 피하기 위한 것이다. 수요명제와 제품 스펙 사이에는 그림 2.1에 보이듯이 개념(concept)설계, 구현(embodiment)설계, 상세(detail)설계의 단계가 놓여 있다.

제품 자체는 하나의 기술적 시스템이라고 불린다. 기술적 시스템은 그림 2.2의 분류처럼 요구되는 과업을 수행할 수 있도록 구성된 부분조립체와 구성부품으로 이루어진다. 마치 고양이(시스템)가 머리 하나, 몸 하나, 꼬리 하나, 다리 넷 등(부분조립체)으로 만들어졌고 각 부분조립체는 대퇴부, 사두근, 턱, 털(부품)로 이루어졌다고 하는 것과 같다. 이러한 해체 분석은 이미 존재하는 설계를 분석하는 데는 효과적이지만, 설계과정 자체, 즉 새로운 설계를 고안하는 데

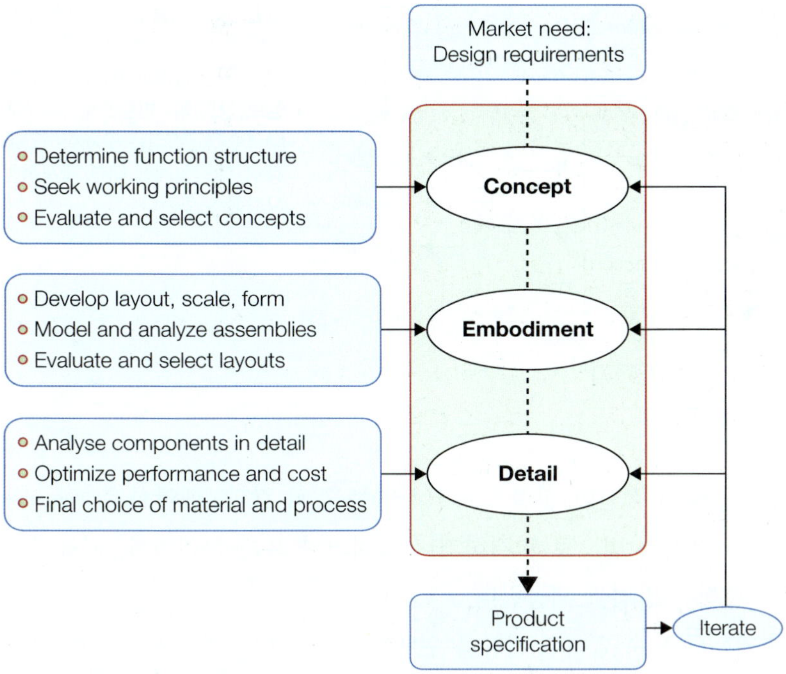

그림 2.1 설계 흐름도 : 설계는 시장 수요의 규명과 설계 요구조건으로의 구체화에서 시작하여 개념, 구현, 상세 분석을 거쳐 제품 스펙에 이른다.

는 별로 도움이 되지 않는다. 그보다는 시스템 분석에 기초하여 그림 2.3처럼 정보와 에너지와 재료의 입력, 흐름, 출력을 고려하는 방법이 더 낫다.

설계는 입력정보를 출력정보로 변환한다. 예를 들어 전기모터는 전기적 에너지를 기계적 에너지로 변환하고, 단조프레스는 재료의 형상을 바꾼다. 또한 도난경보기는 수집한 정보를 소리로 변환한다. 이 접근방식에서 시스템은 그림 2.3에서와 같이 서로 연결되어 각각 특정한 기능을 수행하는 하위시스템으로 분해된다. 그 결과물은 시스템의 기능구조 또는 기능분해라고 불린다. 마치 고양이를 호흡기관, 심

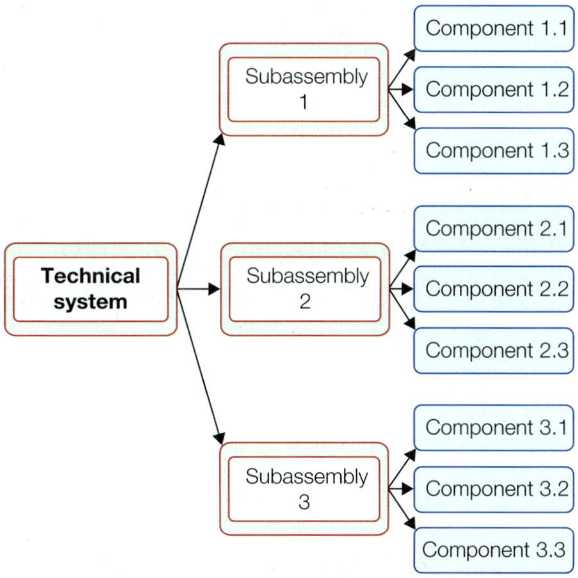

그림 2.2 조립체와 부품으로 분해한 기술적 시스템의 분석 : 재료와 공정의 선택은 부품 레벨에서 이루어진다.

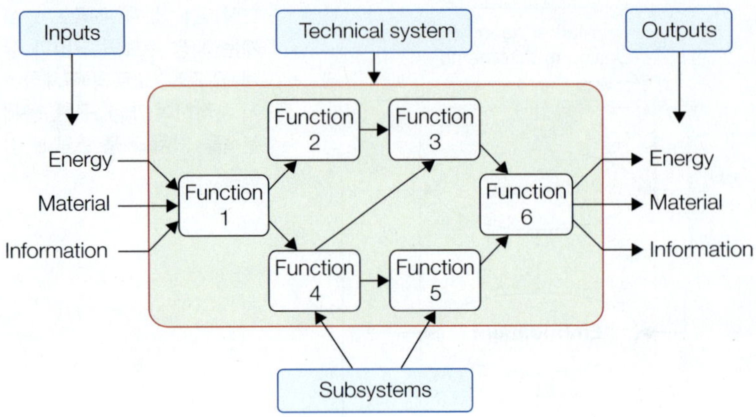

그림 2.3 기능구조는 기술적 시스템에 대한 분석에 있어 체계적 접근방법임을 에너지, 재료, 정보(신호)의 변환으로 나타냈다. 이 접근방식은 구체화하였을 경우, 대안설계에 대한 체계적인 사고를 도와준다.

장혈관기관, 신경계, 소화기관 등의 적절한 결합으로 묘사하는 것과 같다. 대안설계(alternative design)에서는 단위기능을 여러 가지 방법으로 연결하거나 합치거나 혹은 분리한다. 기능구조는 설계 옵션을 평가하는 체계적인 방법을 제공한다.

설계는 작동원리에 따라 기능구조 속의 하위 기능을 수행할 개념을 발전시키면서 진행된다. 개념설계 단계에서는 모든 가능성이 열려 있어 설계자는 모든 가능한 개념과 그것들이 분리되고 결합될 수 있는 방법을 고려한다. 다음 단계인 구현설계 단계에서는 유망한 개념들을 찾아 대략적인 수준에서 그 작용을 분석한다. 부품의 크기를 짐작하고, 설계 요구조건에서 요구하는 응력, 온도, 환경의 범위 내에 올바르게 작동할 재료를 선택하고, 성능과 비용이 암시하는 것을 검토한다. 구현설계 단계는 실행 가능한 설계의 전개도를 상세설계 단계로 넘겨주면서 끝난다. 상세설계 단계에서 각 부품의 설계도를 그린다. 중요한 부품의 경우에는 정밀한 기계적 또는 열역학적 분석을 한다. 성능의 최대화를 위해 부품과 부품 군에 최적화 기법을 적용하기도 한다. 또한 외형과 재료에 대한 마지막 결정을 내리고 생산 방법을 분석하며 설계비용을 책정한다. 이 단계는 상세한 제품 생산 스펙으로 마무리된다.

하지만 실상은 그리 간단하지 않다. 그림 2.1의 선형적인 형태는 세 단계 사이의 강한 상호작용을 숨기고 있다. 개념설계 단계나 구현설계 단계에서 내린 선택의 결과는 세부사항을 조사하기 전까지 모를 수도 있다. 되풀이(iteration), 즉 앞으로 돌아가서 대안을 탐색하는 것은 설계 과정의 필수적인 절차이다.

그림 2.4에 나타난 것처럼 설계 공간에서 수많은 경로의 선택에 따라 얼마나 많은 수의 가능한 옵션들이 만들어질 수 있는지 생각해보라. 여기서 C1, C2 등은 가능한 개념, E1, E2와 D1, D2는 각각 가능한 구현과 상세사항이다. 그렇다면 설계 과정은 위(시장의 수요)에서 아래(제

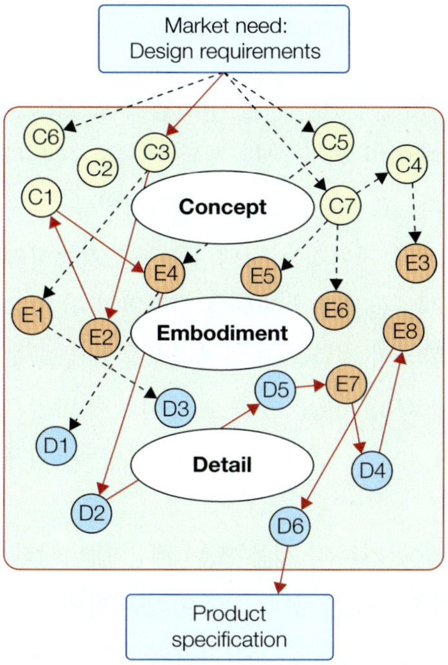

그림 2.4 설계의 복합적인 경로 : C-동그라미는 가능한 개념, E-동그라미는 C에 대한 가능한 구현, D-동그라미는 E를 실현할 수 있는 가능한 상세사항을 나타낸다. 설계과정은 시장의 수요로부터 출발하여 제품 스펙이 나오기까지의 경로가 명확하게 정해져야만 완성된다. 극단적으로 이상화된 단계로만 구성되는 경우 그 경로는 실선으로 나타낸 것처럼 꾸불꾸불하게 되고 여러 곳에서 막다른 골목으로(점선) 향하게 된다. 그러므로 상세설계 요구조건을 달리하면서 재료 정보에 유연하게 접근할 수 있는 도구가 필요해진다.

품 스펙)로 완전히 연결될 때까지 상충하지 않는 것끼리 연결하여 길을 만드는 것이 된다. 시도에 그치는 길은 중간에 끊겨서 위로 다시 올라간다. 마치 험한 지대를 가로질러 가는 것과 같다. 결국 앞으로 나아가려면 수없이 되풀이해서 뒤로 돌아가야 할지도 모른다. 길을 찾은 다음에는 항상 그것을 다듬어 선형적이고 논리적으로 만들 수 있지만, 실제는 그림 2.1이 아니라 그림 2.4에 가깝다.

그러므로 설계와 설계를 위한 재료선택에서 중요한 열쇠는 융통성, 즉 세부사항에 집중하면서도 계속 큰 그림을 생각하면서 재빨리 가능한 답을 탐색하는 능력이다. 이 책의 뒷부분에서 재료와 공정의 선택을 논의할 것인데 여기서도 똑같다. 재료와 공정의 세계를 한눈에 볼 수 있어야 가능한 답을 재빨리 탐색하면서 필요할 경우 세부사항까지 알 수 있다. 제4장의 선택 차트들과 제5장의 선택 방법이 여기에 도움이 된다.

추상적으로 설명하였을 때, 이 개념들은 이해하기 쉽지 않다. 2.6절에서 다루는 사례연구가 도움이 될 것이다. 우선은 설계의 종류를 살펴보자.

2.3 설계의 종류

항상 아무것도 되어 있지 않은 초기상태에서 시작할 필요는 없다. 볼펜이나 컴팩디스크(CD) 처럼 새로운 아이디어나 작동원리를 적용한 독창적 설계이면 된다. 신소재는 새롭고 독특한 특성의 배합을 통해 독창적(original) 설계를 가능하게 한다. 고순도 규소는 트랜지스터를, 고순도 유리는 광섬유를, 고항자력 자석은 소형 이어폰을, 고체 레이저는 컴팩디스크를 가능하게 하였다. 새로운 재료가 신제품을 유도할 때도 있고, 때로는 신제품이 새로운 재료의 발전을 요구하기도 한다. 원자력기술은 일련의 새로운 지르코늄 합금과 저탄소 스테인리스강 개발을 주도하였고, 항공기술은 경량 복합재료의 발전을 촉진하였으며, 터빈기술은 현재 고융점 합금과 세라믹의 발전을 이끌고 있다. 독창적 설계는 아주 매력적으로 보인다. 그러나 대부분의 설계가 독창적 설계인 것은 아니다.

거의 모든 설계가 적응형(또는 발전형) 설계이다. 출발점은 기존의 제품 또는 제품 범위이다. 재설계의 동기는 아마도 성능을 개선하거나 비용을 절감하거나, 시장의 상황이 변화함에 적응하려는 노력일 것이다. 적응형(adaptive) 설계는 기존의 개념을 가지고 작동원리의 개선을 통해 성능의 점진적 향상을 추구한다. 이것 또한 보통은 재료의 발전에 의해 가능해진다. 가전제품에서는 고분자가 금속을 대체하고 운동용품에서 탄소섬유 복합재료가 목재를 대체한다. 가전제품과 운동용품 시장은 둘 다 규모가 크고 경쟁적이다. 이 시장은 제조업자가 새로운 재료를 이용하는 방향에 의해 자주 흥하거나 망해왔다.

마지막으로 변형(variant) 설계는 기능이나 기능 수행방법의 변화 없이 규모, 크기, 세부사항을 변경하는 것, 예를 들어 보일러나 압력용기, 터빈의 규모를 확장하는 것을 말한다. 규모나 사용 환경의 변화가 재료의 교체를 필요로 할 수도 있다. 작은 배는 유리섬유강화플라스틱으로, 큰 배는 강철로 만들고, 작은 보일러는 구리로, 큰 보일러는 강철로 만든다. 아음속 비행기와 초음속 비행기를 만드는 합금은 서로 다르다. 그에 대한 합당한 이유들은 이어지는 장들에서 다룰 것이다.

2.4 설계 도구와 재료 데이터

그림 2.1의 단계를 수행하기 위해 설계 도구를 이용한다. 설계 도구는 입력으로 나타날 수 있는데, 그림 2.5의 설계 방법론에서 왼쪽에 붙어있는 것들이다. 설계 도구는 모델링과 최적

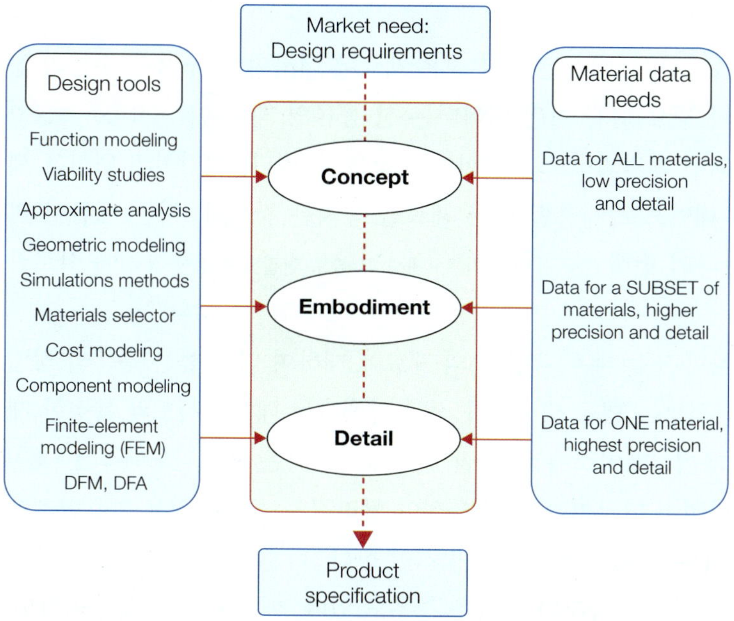

그림 2.5 설계 흐름도 : 설계도구와 재료선택이 어떻게 설계에 포함되는가를 보여준다. 각 단계에서 그 범위와 정밀도가 매우 다른 수준의 재료 정보가 필요하다. 되풀이는 과정의 일부이다.

화를 가능하게 하여 설계 각 단계의 틀에 박힌 측면을 완화해준다. 기능모델링 프로그램들은 실행 가능한 기능구조를 제안한다. 형태구성 최적화 프로그램들은 형상을 제안하거나 개선한다. 기하학적 및 3차원 단일체 모델링(3D solid modeling) 패키지는 가시화를 가능하게 하고, 수치로 제어하는 시제품 제작과 생산 시스템에 다운로드 될 수 있는 파일들을 생성한다. 최적화, DFM & DFA[1], 비용 견적 소프트웨어를 통해 제작 공정을 개선한다. 유한요소해석 패키지와 계산유체동역학(CFD) 패키지는 구조가 복잡하고 변형이 큰 경우에도 정밀한 기계적, 열역학적 분석을 가능하게 한다. 설계가 진행됨에 따라 설계 도구의 사용도 자연스럽게 달라진다. 개념설계 단계에서는 대략적인 분석과 모델링, 구현설계 단계에서는 더 정교한 모델링과 최적화, 상세설계 단계에서는 정밀한(비록 한계는 있지만 '정확한') 분석을 이용한다.

재료선택의 도구는 설계의 각 단계에 등장하여 중요한 역할을 한다. 초기 단계에 필요한 데이터의 성질은 그 정밀도의 수준과 폭이 이후 단계에서 필요한 것과 많이 다르다(그림 2.5의 오른쪽). 개념설계 단계에서 설계자는 대략적인 수치만 있으면 되지만 필요로 하는 재료의 범위는 넓다. 모든 가능성이 열려 있다. 기능이 똑같더라도 어떤 개념에서는 고분자가, 다른 개념에서는 금속이 최고의 선택일 수 있다. 이 단계에서 문제는 정밀도가 아니라 넓은 폭과 신속한 접근성이다. 어떻게 설계자가 모든 가능성을 고려함에 있어 최대한의 융통성을 가질 수 있는 방

1) Design for Manufacture and Design for Assembly (제작을 고려한 설계와 조립을 고려한 설계)

향으로 넓은 범위의 데이터를 제시할 수 있을까?

구현설계 단계에서는 폭이 좁아진다. 이제는 보다 적은 재료에 대하여 보다 높은 수준의 정밀도와 상세함을 갖춘 데이터가 필요하다. 이런 데이터는 한 종류의 재료(예를 들어 금속 또는 알루미늄 합금)만을 취급하는 전문적인 편람과 소프트웨어에서 찾을 수 있다. 여기서의 위험은 세부사항이 들어맞지 않을 경우 대안으로 사용할 다른 재료를 놓치는 것이다. 다른 배합이 더 나은 해답을 제시하는 데도 하나의 선택(예를 들어 그림 2.4에서 한 줄로 연결된 특정한 경로)에 사로잡혀 있기 쉽다.

마지막 단계인 상세설계는 하나 또는 매우 적은 수의 재료에 대하여 더욱 높은 수준의 정밀도와 상세함을 요구한다. 이런 정보는 재료 생산자가 직접 발행하는 데이터시트와 특정한 재료클래스(class)에 대한 상세한 데이터베이스에 가장 잘 나와 있다. 같은 재료라도(예를 들어 폴리에틸렌) 생산자에 따라 만드는 방법이 다르기 때문에 특성이 달라질 수 있다. 상세설계 단계에서는 공급자와 설계 계산에 쓰이는 그 재료의 특성을 밝혀야 한다. 다른 공급자의 재료는 조금 다른 특성을 가질 수도 있다. 이 정도로 충분하지 않은 경우도 있다. 매우 중요한 부품이라면(그 부품의 파손이 어떤 식으로든 막심한 피해를 가져온다면), 직접 제품에 쓰일 재료의 샘플로 주요 특성을 측정하는 검사를 자체적으로 하는 것이 현명하다.

재료의 입력은 제품의 생산에서 끝나지 않는다. 제품은 사용 중에 파손될 수 있고, 파손은 그 제품에 대한 정보를 포함한다. 파손 정보를 수집 및 분석하지 않는 제조업자는 경솔하다. 파손은 종종 재료의 잘못된 사용을 암시하고, 이는 재설계나 재료를 다시 선택함으로써 바로잡을 수 있다. 그러므로 재료선택은 기능에 달려있다. 하지만 그것이 유일한 제한조건은 아니다.

2.5 기능, 재료, 형상, 공정

재료선택은 공정과 형상에 밀접하게 연관되어 있다. 형상을 만들기 위해 재료는 '제조'라고 통칭되는 공정을 거친다. 이에 1차공정인 성형공정(주조, 단조), 2차공정인 재료제거공정(절삭가공, 드릴링)과 결합공정(용접) 그리고 3차공정인 마감질공정(페인트, 도금) 등이 포함된다. 기능, 재료, 형상, 공정은 상호작용한다(그림 2.6). 기능은 앞에서 살펴본 것처럼 재료선택에 영향을 미친다. 재료선택은 재료를 주조하거나 몰딩하거나 용접하거나 열처리할 수 있는 가능성 때문에 공정에 영향을 미친다. 공정은 형상, 크기, 정밀도 그리고 당연히 비용까지 결정한다. 이러한 상호작용은 쌍방향이다. 형상의 구체화는 재료와 공정의 선택을 제한하고, 동시에 공정의 구체화는 재료와 형상을 제한한다. 설계가 정교할수록 스펙이 더 엄격해지고 상호작용이 늘어난다.

기능, 재료, 형상, 공정 사이의 상호작용은 재료선택 과정의 핵심이다. 그에 관하여 우리는 이 책의 마지막 장까지 그림 2.6의 각 육각형을 돌아가면서 하나씩 방문하게 될 것이다. 그러나 일단 설계 과정을 보여주는 사례연구를 살펴보자.

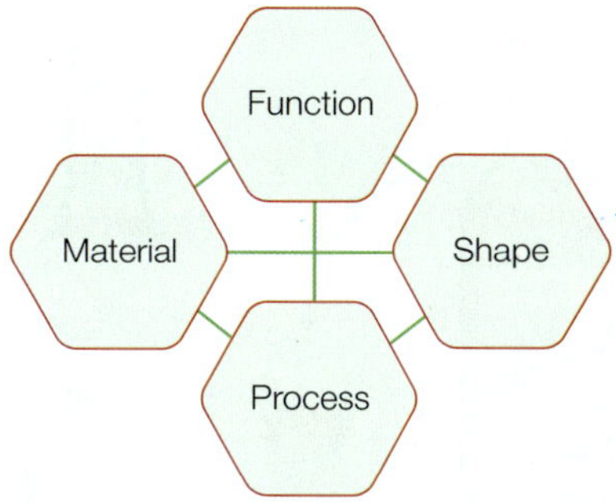

그림 2.6 기계설계에서의 재료선택의 핵심 문제는 기능, 재료, 형상, 공정 사이의 상호작용이다.

2.6 사례연구 : 코르크마개뽑이

포도주는 치즈처럼 인류가 자연을 향상시킨 하나의 예다. 포도주에 관심을 가진 이후로, 인간은 포도주를 플라스크와 유리병에 안전하게 보관할 코르크에 관심을 가졌다. 'Corticum…… demovebit amphorae……(단지의 코르크 뚜껑을 열어라……)' 호레이스[2]가 쓰러지는 나무에 깔려 죽을 뻔했던 상황에서 기적적으로 탈출한 날을 기리며 부른 노래다. 그런데 그는 그것을 어떻게 열었을까?

코르크마개로 밀봉된 포도주병은 시장의 수요를 창출한다. 그것은 내부의 포도주에 접근하기 위한 수요이다. 그러므로 우리는 '포도주 병의 코르크마개를 잡아당겨 빼내기 위해서는 어떤 장치가 필요하다'고 말할 수 있다. 그러나 수요는 해답에 대해 중립적으로 표현되어야 하는데 이것은 그렇지 못하다. 목표는 포도주인데, 위의 명제는 코르크를 잡아당겨 빼냄으로서 제거해야 한다고 암시하고 있다. 잡아당기는 것 외에 다른 방법도 있을 수 있으므로 다시 생각해 보자. '코르크마개 병에 담긴 포도주에 접근하려면 어떤 장치가 필요하다(그림 2.7).' 또한 이렇게 덧붙일 수 있다. "편리하게, 비교적 싼 비용으로, 포도주를 오염시키지 않으면서."

이를 위한 다섯 가지 개념이 그림 2.7에 나와 있다. 그림의 순서대로 보면 축방향으로 끌어내기(잡아당기기), 옆면의 마찰력 이용하기, 아래에서 밀어올리기, 분쇄하기 그리고 다른 모든 방법을 우회하여 병목을 부러뜨리기[3]이다.

처음 세 가지 개념을 사용하는 장치는 많이 존재한다. 나머지도 쓰이긴 하지만 일반적으

2) Horace, Q. 기원전 27년, 「송가」, 제3권, 여덟 번째 송가, 제10행.

3) 오래되고, 알코올을 흡수하여 코르크가 약해진 포트와인을 따는 빅토리아 시대의 발명품이 고리형 집게였다. 고리를 불에 발갛게 달구어 차가운 병목에 끼우면 열충격으로 병목은 깔끔하게 떨어져 나갔다.

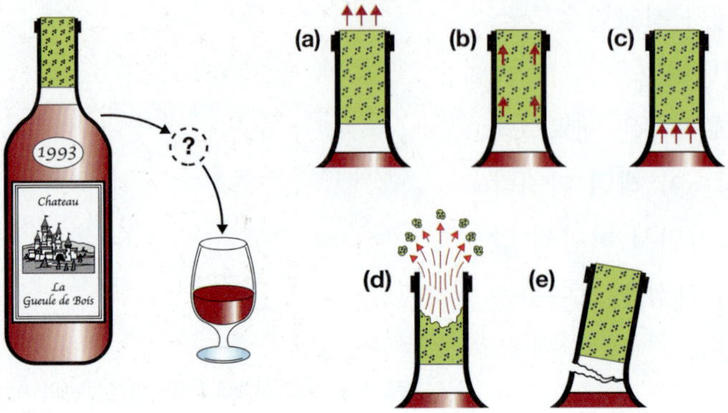

그림 2.7 왼쪽은 시장의 수요 : 코르크마개 병 안의 포도주에 접근하려면 어떤 장치가 필요하다. 오른쪽은 수요를 만족시키기 위한 다섯 가지 개념 : 물리적 원리를 보여준다.

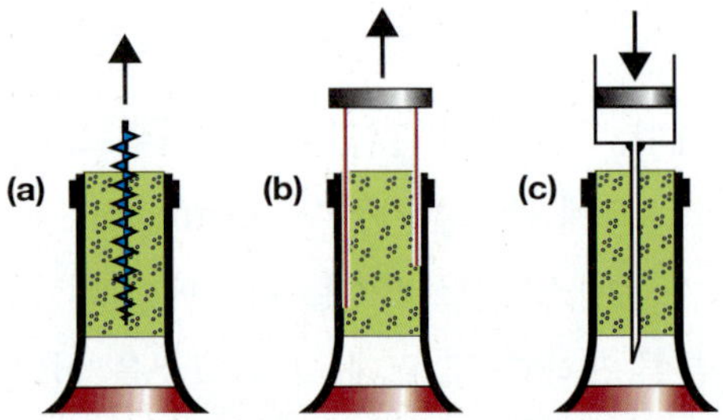

그림 2.8 그림 2.7의 처음 세 가지 개념을 실행하기 위한 작동원리 : 이를 적용한 마개뽑이의 예가 제 2장의 표지에 나와 있다.

로 자포자기의 상황에서만 사용된다. 포도주의 오염 가능성을 근거로 마지막 두 가지를 제외하고, 남은 세 가지 방법의 작동원리(working principle)를 탐구하며 더 자세히 연구해 보자. 그림 2.8에 처음 세 가지 개념에 대응하는 작동원리가 나온다. 첫 번째는 코르크 속으로 스크루를 심은 뒤에 축방향으로 끌어당기고, 두 번째는 코르크 옆면으로 삽입된 얇고 신축성 있는 칼날을 잡아당겼을 때 측면에 마찰력이 가해지며, 세 번째는 속이 빈 바늘로 코르크를 꿰뚫은 다음 기체를 주입하여 마개를 바깥쪽으로 밀어낸다. 이 세 가지 작동원리를 적용한 코르크마개뽑이의 예가 제2장의 표지에 나와 있다.

그림 2.9는 하나의 작동원리(끌어내기)에 바탕을 둔 여러 장치들의 구현설계 스케치를 보여준다. 첫 번째는 직접 끌어내는 방식이며, 다른 셋은 지렛대, 기어, 스프링과 같은 기계적인 장치의 도움을 활용한다. 구현설계 단계에서는 장치의 각 부품의 기능 요구조건(functional requirement)을 결정하는데, 이는 다음과 같은 서술로 정리할 수 있다.

- 요구되는 하중을 코르크에 전달할 수 있는 값싼 스크루
- 요구되는 굽힘모멘트를 지탱할 수 있는 가볍고 강한 레버(막대 또는 빔)
- 코르크와 병목 사이로 집어넣었을 때 좌굴하지 않는 얇은 탄력성 칼날
- 코르크를 뚫을 정도로 강직하며 가늘고 속이 빈 바늘

각 부품의 기능 요구조건은 재료선택 과정의 입력사항이다. 그것들은 주어진 요구조건을 만

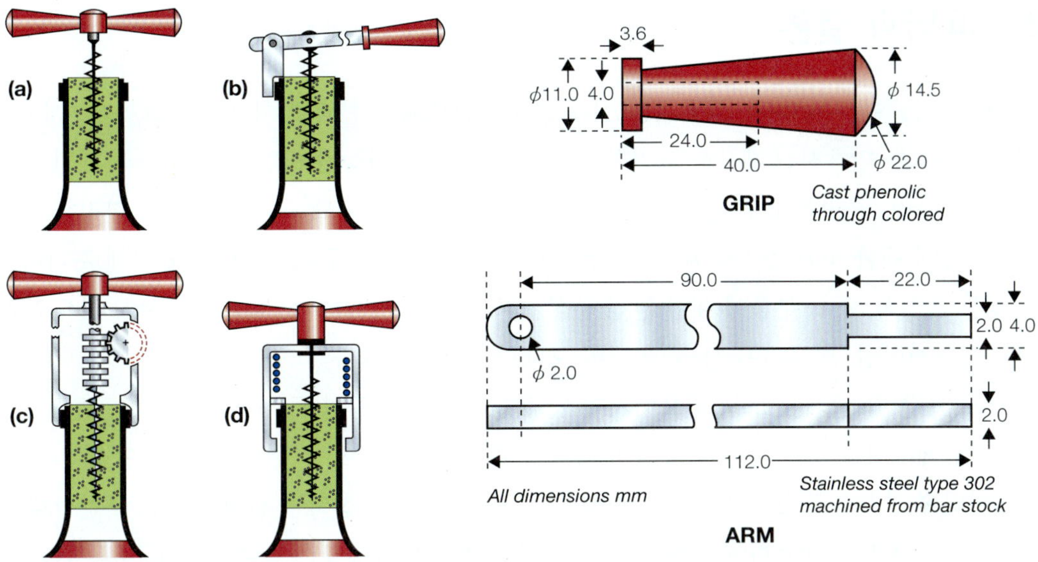

그림 2.9 왼쪽은 구현설계 : (a) 직접 끌어내기, (b) 지렛대의 도움으로 끌어내기, (c) 기어의 지원으로 끌어내기, (d) 스프링의 도움으로 끌어내기(스크루가 코르크 안으로 들어갈수록 몸체 안의 스프링이 압축된다.) 오른쪽은 상세설계 : 구현설계의 지렛대에 대한 재료선택과 함께 구체적인 치수를 보여준다.

족하는 재료선택 최적화의 첫 단계로서 제5장의 특성한계와 재료지수로 바로 연결된다. 제5장에 소개되는 선택 절차에서는 '가볍고 강한 빔'이나 '얇은 탄력성 칼날'과 같은 조건을 이용해서 그런 기능을 특별히 잘 수행할 재료의 부분집합을 확정한다. 재료와 공정에 대한 최종선택은 상세설계의 일부를 구성하여(그림 2.9), 제조가 가능한 완전한 스펙으로 귀결된다. 이것이 바로 설계주도 재료선택이다.

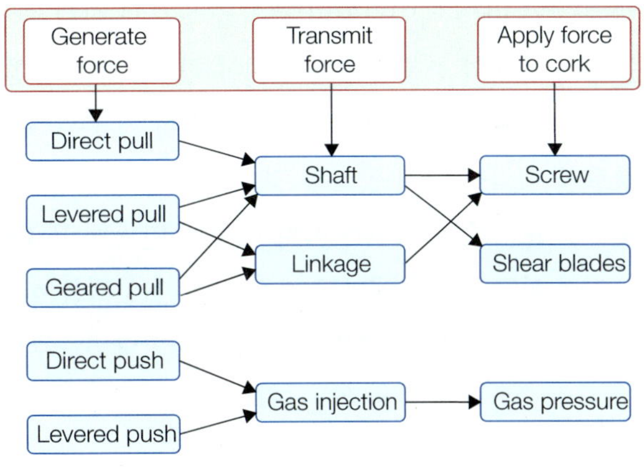

그림 2.10 코르크마개뽑이의 기능구조와 작동원리

기능구조의 아이디어로 돌아가서 결론을 맺도록 하자. 그림 2.10의 윗부분에 제시된 기능구조로 설명된다. 힘을 만들어내고, 힘을 전달하여, 코르크에 힘을 가한다. 여러 가지 다른 설계는 그림의 아랫부분에 열거된 이러한 기능을 수행하는 작동원리에 따라 구분된다. 다른 연결방법을 통하여 다른 작동원리의 조합으로 이루어진 다른 마개뽑이를 만들 수도 있다.

2.7 요약과 결론

설계는 되풀이 과정이다. 시발점은 설계 요구조건으로 표현되는 시장의 수요이다. 개념설계는 그 수요를 만족시킬 제품을 고안한다. 초기의 추산과 가능한 방안 탐색을 통해 개념이 실현 가능하다면, 구현설계 단계로 진행한다. 작동원리를 선택하고 크기와 구성을 결정하며 성능과 비용에 대한 초기 견적을 행한다. 결과가 성공적이면 설계자는 상세설계 단계로 나아간다. 성능 최적화, 주요 부품에 대한 완전 분석, 상세한 제품 도면(보통 CAD 파일) 준비, 허용오차, 정밀도, 조립방법, 마무리 공정 등에 대한 구체화가 이루어진다.

재료선택은 각 단계에 모두 필요하지만 단계별로 다른 수준의 폭과 정밀도를 요구한다. 개념설계 단계에서는 모든 재료와 공정이 잠재적 후보이고, 별로 정밀하지 않더라도 넓은 범위의 데이터에 신속하게 접근할 수 있는 방법을 필요로 한다. 잠정적인 선택 결과는 구현설계 단계로 넘어가 계산과 최적화에 보다 높은 수준의 정밀도와 상세함을 갖춘 정보를 요구한다. 그 정보를 통해 적은 수의 후보 재료와 공정만을 남기고, 나머지를 가려내고 마지막 상세설계 단계로 넘어간다. 이 몇 가지 후보재료에 대해서는 최대한 양질의 데이터가 필요하다.

데이터는 이 모든 수준의 요구를 만족할 수 있도록 존재한다. 이어지는 장들에 나오듯 각 단계는 각기 다른 데이터처리 계획을 필요로 한다. 데이터처리 시스템은 설계주도적이어야 하고 동시에 선택의 풍부함을 인식해야 하고, 재료와 형상, 공정, 수행하는 기능 사이의 복합적 상호작용을 고려할 수 있어야 한다. 또한 그것은 재빠른 되풀이가 가능해야 한다. 어떤 특정한 경로가 이익을 내지 못하는 것으로 판명되면 앞으로 돌아가서 대안을 모색해야 한다. 이러한 것들을 도와주는 도구가 바로 나중에 만나게 될 CES 재료 및 공정 선택 플랫폼이다.

이런 복잡함 때문에라도 가장 안전한 선택을 하는 것이 낫지 않을까? 당신과 다른 사람들이 예전부터 사용해 온 것을 그대로 사용한다면? 그렇게 선택하였던 무수한 사람들 중에 지금까지 사업에서 살아남은 이는 거의 없다.

2.8 심화학습을 위한 참고문헌

설계 방법론과 재료선택에 관한 책 사이에는 엄청난 간극이 있다. 그것들은 서로를 거의 모른 척한다. French의 책은 그 통찰력이 비범하지만 '재료'라는 단어가 색인에 나타나지 않는다. Pahl과 Beitz의 책은 설계 분야에서는 거의 성경과도 같지만 어렵다. Ullman의 책과

Cross의 책은 상대적으로 느긋하여 보다 공부하기 쉽다. Budinski(KG)와 Budinski(MK)의 책, Charles, Crane, Furness의 책, Farag의 책은 재료 면에서는 좋지만 설계 면에서는 부족하다. Lewis는 사례연구를 통해 재료선택을 잘 설명하고 있으나 체계적인 절차를 확립하지는 못하였다. 최선의 타협안은 아마도 Dieter의 책일 것이다.

설계 방법론에 관한 일반론

Cross, N. (2000) *Engineering Design Methods* (3rd ed.) Wiley, Chichester, UK. ISBN 0-471-87250-4. (가능한 해의 탐색과 평가를 강조하면서 설계과정을 설명하는 좋은 책)

Dieter, G.E. and Schmidt, L.C. (2009) *Engineering Design* (4th ed.) McGraw-Hill, New York, USA. ISBN 978-0-07-283703-2. (저자의 튼튼한 재료 전문성을 기반으로 한 명쾌한 입문서)

French, M.J., (1985) *Conceptual Design for Engineers*, The Design Council, London, UK, and Springer, Berlin, Germany. ISBN 0-85072-155-5와 3-540-15175-3. (설계과정의 '개념설계-구현설계-상세설계' 그림의 출처. 개념설계 단계에 초점을 맞추고, 간단한 물리적 원리가 어떻게 설계문제 해결을 주도하는지 보여준다.)

Pahl, G. and Beitz, W. (1997) *Engineering Design*, 2nd edition, translated by K. Wallace and L. Blessing, The Design Council, London, UK and Springer-Verlag, Berlin, Germany. ISBN 0-85072-124-5 and 3-540-13601-0. (공학설계 분야의 (구약)성경 — 전형적인 방법을 독일식 전통을 고수하면서 전개하였다.)

Ullman, D.G. (1992) *The Mechanical Design Process*, McGraw-Hill, New York, USA. ISBN 0-07-065739-4. (설계에 대한 미국식 관점. 처음에 잘 정의되지 않은 문제를 여러 단계별로 공략하는 방법을 탐색하는 것이 이 책의 그림 2.1과 유사하다.)

Ulrich, K.T. and Eppinger, S.D. (1995) *Product Design and Development*, McGraw-Hill, New York, USA. ISBN 0-07-065811-0. (제품설계에 대한 읽기 쉽고 포괄적인 책으로 MIT에서 교재로 쓴다. 유용한 사례가 많지만 재료는 언급하지 않고 있다.)

설계에서의 재료선택에 관한 일반론

Ashby, M.F., Shercliff, H, and Cebon, D. (2010) *Materials: Engineering, science, processing and design* (2nd ed.), Butterworth-Heinemann, Oxford, UK. ISBN 13-978-1-85617-743-6. (이 책에서 훨씬 더 완벽하게 전개한 내용을 소개하는 수준의 입문서)

Askeland, D.R. and Phule, P.P. (2006) *The science and engineering of materials* (5th ed.), Thomson, ISBN 0-534-55396-6. (잘 알려진 재료 교재로 공업용 재료를 과학적 측면에서 잘 다룬 책)

Budinski, K.G. and Budinski, M.K. (2010) *Engineering Materials, Properties and Selection* (9th ed.), Prentice-Hall, Englewood Cliffs, NJ, USA. ISBN 978-0-13-712842-6. (Askeland와 마찬가지로 재료 특성과 공정 두 가지를 다 잘 다룬 인정받는 재료 교과서)

Callister, W.D. (2010) *Materials Science and Engineering, an Introduction* (8th ed.), John Wiley, New York, USA. ISBN 978-0-470-41997-7. (교재로 인정받은 재료과학 책으로 과학 기반으로 접근한 재료 강의용이다.)

Charles, J.A., Crane, F.A.A. and Furness J.A.G. (1997) *Selection and Use of Engineering Materials* (3rd ed.), Butterworth-Heinemann, Oxford, UK. ISBN 0-7506-3277-1. (설계주도보다는 재료과학 주도의 재료선택 접근)

Dieter, G.E. (1999) *Engineering Design, A Materials and Processing Approach* (3rd ed.), McGraw-Hill, New York, USA. ISBN 9-780-073-66136-0. (균형 잡히고 인정받은 책으로, 공학설계에서 재료와 공정의 위치에 초점을 맞추었다.)

Farag, M.M. (2008) *Materials and Processes Selection for Engineering Design* (2nd ed.), CRC Press, Taylor and Francis, ISBN 9-781-420-06308-0. (재료과학 위주로 재료선택에 접근)

Lewis, G. (1990) *Selection of Engineering Materials*, Prentice-Hall, Englewood Cliffs, NJ, USA. ISBN 0-13-802190-2. (대체로 사례연구에 기초하여 공학설계에서의 재료선택을 다룬 책)

Shackleford, J.F. (2009) *Introduction to materials science for engineers* (7th ed.), Prentice-Hall, Englewood Cliffs, NJ, USA. ISBN 978-0-13-601260-3. (설계에 잠시 곁눈질한 잘 알려진 재료 교과서)

코르크마개와 마개뽑이

The Design Council (1994) Teaching Aids Program EDTAP DE9, The Design Council, London, UK.

McKearin, H. (1973) "On 'stopping', bottling and binning", *International Bottler and Packer*, April issue, pp.47~54.

Perry, E. (1980) *Corkscrews and bottle openers*, Shire Publications Ltd., Aylesbury, UK.

Watney, B.M. and Babbige, H.D. (1981) *Corkscrews*, Sotheby's Publications, London, UK. ISBN 0-85667-113-4.

제 3 장 공업용 재료와 재료특성

Acrylonitrile butadiene styrene (ABS)

General properties				
Density	1100	-	1200	kg/m^3
Price	2.1	-	2.5	USD/kg
Mechanical properties				
Young's modulus	1.1	-	2.9	GPa
Yield strength	19	-	51	MPa
Tensile strength	28	-	55	MPa
Elongation	15	-	40	%
Hardness—Vickers	5.6	-	15	HV
Fatigue strength at 10^7 cycles	11	-	22	MPa
Fracture toughness	1.2	-	4.3	MPa.m$^{1/2}$
Thermal properties				
Glass temperature	360	-	400	K
Maximum service temperature	340	-	350	K
Minimum service temperature	150	-	200	K
Thermal conductivity	0.19	-	0.34	W/m.K
Specific heat capacity	1400	-	1900	J/kg.K
Thermal expansion coefficient	85	-	230	10^{-6}/°C
Electrical properties				
Electrical resistivity	3.3×10^{21}	-	3×10^{22}	μohm.cm
Dielectric constant	2.8	-	3.2	
Dielectric loss tangent	0.003	-	0.007	
Dielectric strength	14	-	22	MV/m
Eco-properties				
Embodied energy	91	-	1e2	MJ/kg
CO_2 footprint	3.3	-	3.6	kg/kg

재료

ABS는 질기고, 탄성에너지를 잘 저장하고, 몰딩이 쉽다. 보통은 불투명하지만 요즘에는 투명하게 할 수도 있으며, 매우 산뜻한 색상을 가진다. ABS-PVC 합금은 표준 ABS보다 더욱 질기며, 전기장치의 케이스에 사용된다. 그림은 ABS가 세세한 부분까지 몰딩이 가능하고 잘 채색되며 무독성이고 충분히 질겨서 어린이들이 아무리 험하게 다루어도 견딜 수 있음을 보여준다.

대표적인 용도

안전헬멧 ; 캠핑카 지붕 ; 계기판 등 승용차 내장 부품 ; 배관 연결부 ; 주택 방범장치 및 소형 가전제품 케이스 ; 통신기기 ; 사무용 집기류 ; 배관 하드웨어 ; 승용차 전면 그릴 ; 휠 커버 ; 거울 케이스 ; 냉장고 라이너 ; 여행가방 프레임 ; 소형 운송용 트레이 ; 잔디깎이 덮개 ; 보트 선체 ; 레저용 자동차의 대형부품 ; 비바람막이 밀폐재 ; 유리구슬 장식 ; 냉장고 누전차단기 케이스 ; 도관 ; 하수-폐기물-환기통풍(DWV) 시스템의 배관.

여러 가지 ABS 등록상표

Claradex, Comalloy, Cycogel, Cycolac, Hanalac, Lastilac, Lupos, Lustran ABS, Magnum, Multibase, Novodur, Polyfabs, Polylac, Porene, Ronfalin, Sinkral, Terluran, Toyolac, Tufrex, Ultrastyr.

공업용 재료 ABS의 재료특성 데이터의 일부

Materials Selection in Mechanical Design. DOI: 10.1016/B978-1-85617-663-7.00003-5

3.1 서론과 개요

재료는 어떻게 보면 설계의 식량이라 할 수 있다. 이 장은 메뉴, 즉 완벽한 재료구매 목록을 제공한다. 잘 작동하고 가격 대비 성능이 좋고, 사용자에게 즐거움을 주는 성공적인 제품은 그 기능을 위한 최선의 재료를 사용한다. 또한 재료의 잠재력과 특성을 최대한 활용해서 소위 재료의 풍미(flavor)를 이끌어낸다.

금속, 고분자, 세라믹 등 재료가족들을 3.2절에 소개한다. 우리가 그것들을 설계에 사용한다면, 그것들에 대하여 무엇을 알아야 하는가? 이것이 3.3절의 주제이고 여러 가지 형태의 재료정보를 구별해낼 수 있어야 한다. 그러나 궁극적으로 우리가 찾는 것은 어떤 재료가 아니라 설계 요구조건을 가장 잘 만족시키는 특성들의 윤곽이다. 특성은 재료 세상의 재화이다. 또한 선택에서 타협을 이끌어내기 위한 수단이며, 하나의 재료와 다른 재료 사이에 절충할 수 있는 방법이다. 3.4절에는 열적-기계적 설계에 중요한 특성들을 간략하게 정의하였다. 이 부분은 술술 읽기에는 지루하다. 탄성계수, 강도, 감쇠능, 열전도도 등의 정의와 단위에 자신 있는 독자는 이 부분을 건너뛰고, 나중에 재료선택 차트 데이터의 정확한 정의와 단위가 필요할 때 참고자료로 이용해도 무방하다. 그러나 3.2절은 절대로 건너뛰면 안 된다. 이 책이 끝날 때까지 사용될 재료 분류의 구조를 다루기 때문이다. 지금까지 그래왔듯이 이 장도 요약과 결론 그리고 참고문헌으로 끝난다.

3.2 공업용 재료의 계보

공업용 재료는 그림 3.1에 보이는 금속, 고분자, 탄성중합체(고무), 세라믹, 유리, 하이브리드인 여섯 개의 광범위한 재료 가족으로 분류하는 것이 편리하다. 같은 가족에 속한 재료는 어떤 공통점이 있어서 특성과 가공법이 비슷하고, 흔히 비슷한 용도로 사용되기도 한다.

금속(metals)은 강성이 크다. 상대적으로 높은 탄성계수를 가졌으나 대부분의 순수 금속은 연하고 쉽게 변형된다. 합금을 하거나 기계적, 열적 처리를 통해 강하게 만들 수 있으나 여전히 연성이어서 소성가공을 통해 성형할 수 있다. 어떤 고강도 합금(예를 들어 스프링강철)은 연성이 1% 정도로 매우 낮지만, 그 정도로도 재료가 파괴되기 전에 먼저 변형되며 파괴가 발생하더라도 강인하고 연성파괴임을 보장하기에 충분하다. 한편으로 금속은 연성 때문에 피로에 약하고 여섯 재료 가족 중 부식에도 가장 약하다.

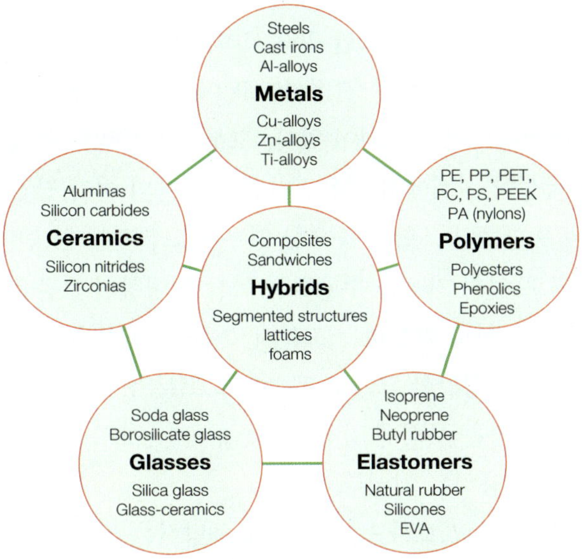

그림 3.1 공업용 재료의 계보 : 기본 재료 가족인 금속, 세라믹, 유리, 고분자, 탄성중합체는 다양한 형태로 결합하여 하이브리드 재료를 만들 수 있다.

세라믹(ceramics) 또한 탄성계수가 높지만 금속과 달리 취성이다. 세라믹의 인장 시 '강도'는 취성 파괴강도를 뜻한다. 압축 시에는 취성 분쇄강도로 약 15배 크다. 그리고 세라믹은 연성이 전혀 없으므로 응력집중(구멍이나 균열)이나 높은 접촉응력(연결을 위해 잡거나 죄는 지점에서)에 대한 저항력이 약하다. 연성재료는 하중을 더 고르게 재분포 시키는 방향으로 변형함으로써 응력집중에 적응한다. 그 때문에 연성재료는 항복강도에 가까운 수준까지 정적인 하중을 견딜 수 있지만 세라믹은 그럴 수 없다. 취성재료는 항상 강도의 편차가 크고 강도 자체가 하중을 견디는 재료의 부피와 하중이 가해지는 시간에 비례한다. 그래서 세라믹은 설계하기가 금속만큼 쉽지 않다. 그럼에도 불구하고 세라믹은 몇 가지 매력적인 특징을 갖고 있다. 일단 강성이 높고 단단하며 잘 마모되지 않는다. 그래서 베어링이나 절단용 공구로 쓰인다. 고온에서 강도를 유지하며 부식에도 강하다.

유리(glasses)는 비결정성(amorphous) 고체이다. 유리병과 오븐용 그릇으로 쓰이는 소다석회유리와 붕화규산염유리가 가장 흔하지만 그 외에도 많다. 금속 또한 급속 냉각을 통해 비결정질로 만들 수 있다. 유리는 결정구조가 없어서 소성이 부족하므로 세라믹처럼 단단하고 취성이며 응력집중에 약하다.

고분자(polymers)는 이와 정반대이다. 탄성계수는 금속보다 약 50배나 작지만, 강도는 금속만큼이나 높을 수 있다. 그 결과 탄성변형이 크다. 상온에서도 크리프하여 하중을 견뎌야 하는 고분자 부품은 시간이 지남에 따라 영구변형이 발생할 수 있다. 그리고 그 특성이 온도에 좌우되어, 20 °C에서는 질기고 유연한 고분자가 가정용 냉장고의 4 °C에서는 깨지기 쉬워지고 물이 끓는 100 °C에서는 급속하게 크리프 할 수 있다. 또한 200 °C 이상에서 쓸모 있는 강도를 유지하는 고분자는 거의 없다. 어떤 고분자들은 주로 결정성이고 어떤 고분자들은 비결정성이며, 또 다른 고분자들은 결정성과 비결정성이 혼합되어 있다. 고분자의 투명한 특성은 비결정성 구조에 기인한다. 만일 이러한 특성이 설계에서 허용된다면 고분자의 여러 장점을 이용할 수 있다. 단위 무게당 강도와 같은 특성들의 조합이 중요한 경우에 고분자는 금속만큼이나 좋은 재료다. 고분자는 성형이 쉬우므로 여러 기능을 수행하는 복잡한 형상의 부품을 단번에 성형할 수 있다. 탄성변형이 크기 때문에 서로 맞물리는 고분자 부품을 만들 수 있어서 조립 공정이 신속하고 저렴하다. 그리고 주형을 정확한 크기로 제작하고 고분자에 미리 색을 넣는다면, 마무리 공정이 필요하지 않다. 고분자는 부식에 강하고(예를 들어 페인트도 고분자) 마찰계수가 낮다. 좋은 설계는 이러한 특성을 잘 활용하는 것이다.

탄성중합체(elastomers)는 상온이 유리천이온도 T_g보다 높은 온도에 해당하는 긴 사슬 고분자이다. 고분자 사슬의 단위를 연결하는 공유결합은 그대로 있지만 T_g 이하에서 사슬과 사슬 사이를 연결하던 반데르발스결합과 수소결합은 녹아 없어진 상태다. 그래서 탄성중합체는 독특한 특성을 갖는다. 탄성계수가 10^{-3} GPa 정도로 낮고(보통 금속보다 10^5배 낮음) 다른 모든 고체는 온도가 오르면 감소하지만 고무의 탄성계수는 다소 증가하며, 탄성이 커서 엄청나게 많이 늘어난다. 이들의 특성은 다른 고체와 너무나 달라서 특별한 시험방법이 개발되었다. 이것이 문제를 야기한다. 나중에 이 책에서 그러하듯이 요구되는 속성윤곽을 통해 재료를 선택하려면 모든 재료에 공통된 속성의 집합이 반드시 있어야 한다. 이 문제를 해결하기 위해 우리는 설계의 초기 단계에서 특성의 공통된 집합을 정하고, 탄성중합체처럼 특수한 경우에는 대략적인 수치를 유추하여 사용한다. 하나의 재료 가족에만 해당하는 특수한 특성들은 따로 취급하여 나중 단계에서 활용한다.

하이브리드(hybrids) 재료는 둘 이상의 재료를 미리 결정된 형태구성과 축척도로 결합한 것이다. 다른 재료군의 단점을 지양하면서 장점을 통합한다. 제11장과 제12장에서 하이브리드 재료의 설계를 다룬다. 하이브리드 재료에는 섬유 및 입자 강화 복합재료, 샌드위치 구조, 격자 구조, 발포재, 케이블, 층상재료 등이 포함된다. 그리고 나무, 뼈, 가죽, 나뭇잎 등 천연적으로 존재하는 모든 재료가 하이브리드 재료이다. 그중에서 물론 섬유강화 복합재료가 가장 익숙한 재료이다. 오늘날 엔지니어에게 활용 가능한 대부분의 복합재료는 유리섬유, 탄소섬유, 케블라(Kevlar)섬유로 강화된 고분자기지 복합재료이다. 가볍고 강성이고 강하며 대부분 인성도 크다. 이들 복합재료와 고분자를 구성요소로 포함한 다른 하이브리드 재료들은 250 °C 이상에서는 고분자기지가 연화되기 때문에 사용할 수 없지만, 상온에서는 뛰어난 성능을 발휘할 수 있다. 하이브리드 부품은 비싸고 성형과 결합이 상대적으로 어렵다. 그래서 매력적인 특성에도 불구하고 설계자는 성능의 향상이 추가되는 비용을 정당화할 수 있는 경우에만 사용한다. 오늘날 고성능과 높은 연료 효율에 갈수록 큰 비중을 두는 경향 때문에 하이브리드 재료의 사용은 점차 늘어날 것이다.

이상의 내용이 재료 가족에 대한 것이다. 그들에 대하여 더 알아야 할 것이 무엇인가?

3.3 설계를 위한 재료 정보

엔지니어가 설계를 위해 재료를 선택하려면 재료특성 데이터가 필요하다. 엔지니어는 선택에 있어 흔히 보수적이어서 그들에게 낯선 재료를 채택하기를 꺼려하는 경향이 있는데, 이는 일리가 있다. 오래되고 여러 번 겪어본 재료에 대한 데이터는 잘 정리되고, 신뢰할 수 있으며 쉽게 찾을 수 있다. 새로이 나타난 재료에 대한 데이터는 불완전하거나 신뢰도가 떨어진다. 하지만 혁신은 종종 그러한 신소재를 채택할 때 가능해진다. 그러므로 어떻게 데이터의 품질을 판단할 수 있을지 아는 것이 중요하다.

만일 당신이 뭔가를 설계하려고 한다면 어떠한 재료 정보가 필요할까? 그림 3.2가 적절히 구분하여 보여준다. 왼쪽에서는 재료를 시험하고 데이터를 얻는다. 그러나 이는 정제되지 않은 데이터(raw data), 검증되지 않은 숫자일 뿐 우리의 목적에는 쓸모가 없다. 이 데이터를 쓸모 있게 만들려면 통계적인 처리가 필요하다. 다수의 샘플에 대하여 측정하였을 때 평균값은 얼마이고 표준편차는 얼마인가? 이것들을 알아야 허용치(allowables)를 계산하는 것이 가능해지고, 어떤 불확도(예를 들어 백만분의 일)하에서 특성치가 보장된다고 할 수 있다. 재료 교과서는 일반적으로 시험 데이터를 언급하고 있는 반면, 공학 핸드북은 이 허용치를 수록하고 있다.

우리는 정밀도와 출처를 알 수 있는 데이터라면 정보(information)로 취급할 수 있다. 정보는 일반적으로 숫자로 이루어진 표, 예/아니오 서술, 순위 매기기로 보고될 수 있으며 이를 구조화된 정보라 한다. 밀도, 탄성계수, 강도, 열전도도 등 구조화될 수 있는 여러 속성들이 모든 재료에 공통이다. 제3장의 표지 그림에는 고분자 ABS에 대하여 생산자에 따라 차이가 날 수 있는 데이터를 일정한 범위에 걸친 값으로 표현함으로써 구조화된 데이터를 왼쪽에 보여준다.

이는 분명 한걸음 진전된 것이지만, 그것으로 충분하지는 않다. 재료와 함께 설계를 하려면 그 재료의 실제적 특징, 즉 강점과 약점을 파악해야 한다. 어떻게 성형하고, 어떻게 결합할 수 있는가? 이전에 누가 무슨 목적으로 사용한 적이 있는가? 파손된 적이 있는가? 그 이유

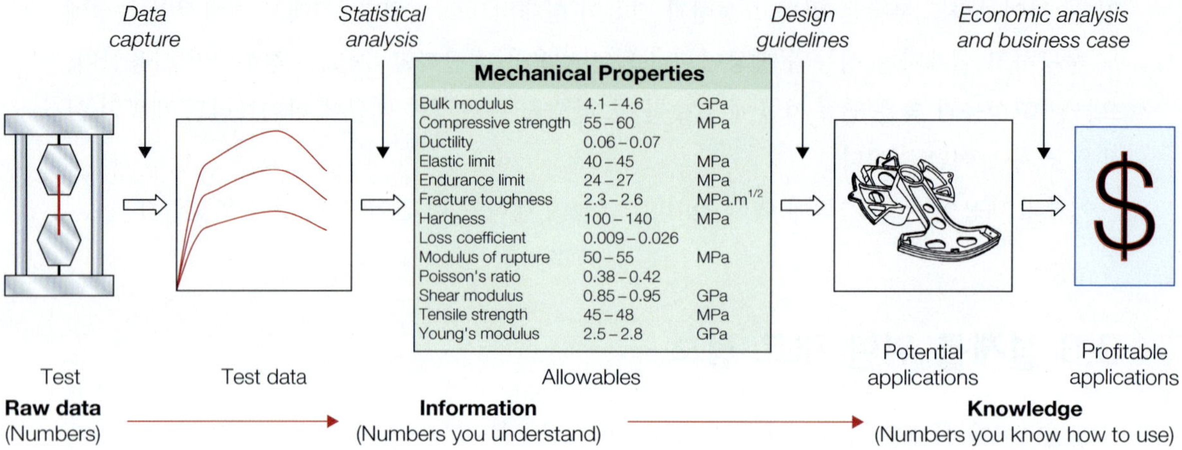

그림 3.2 재료 정보의 형태 : 개략도의 한 가운데에 놓여 있는 표의 형태에 관심이 많다. 설계 허용치와 재료특성을 표로 나타낸 구조화된 데이터로서, 성형되고 결합되고 마감질 될 수 있는 능력, 재료를 사용한 경험에 대한 기록, 설계에 재료를 사용하는 가이드라인을 포함한다.

는? 이러한 정보는 설계 가이드라인으로서 핸드북에 수록되어 있으며, 파손분석과 사례연구로 보고되어 있다. 대부분 글과 도표와 사진으로 제공되고 어떤 재료에 대해서는 세 가지 모두 제공되지만, 다른 재료에 대해서는 그렇지 못할 수도 있다. 귀찮고 혼란스러운 일이지만 최종 선택에 도달하려면 반드시 겪어야 하는 과정이다. 이를 가리켜 참고문헌정보(documentation)라고 부르며, 표지 그림에서 오른쪽에 위치한 글과 사진이 ABS에 대한 참고문헌정보의 예이다.

그것으로 끝이 아니다. 재료를 사용하려면 표준과 법규를 따라야 한다. 이는 단일 재료에 적용되는 경우는 드물고 재료클래스나 하위클래스에 적용된다. 음식물이나 의약품과 접촉되는 재료의 경우에는 FDA 승인이나 이에 준하는 절차가 필요하다. 미국 군용항공기에 사용하는 금속과 복합재료는 미국 군사규격(Mil-spec)의 승인을 받아야 한다. 환경을 위한 설계의 최선의 절차임을 검증받으려면 재료의 사용은 ISO 14040에 부합해야 한다. 이것도 물론 참고문헌의 형태이다(표 3.1). 한 재료에 대한 정보의 집대성은 구조화되었든 안 되었든 간에 지식을 구성한다.

아직 더 남아있다(그림 3.2 오른쪽). 시장에 내놓아서 성공하려면 제품은 경제성이 있어야 하고 성능, 소비자의 마음을 끄는 매력, 가격에서 충분히 경쟁력이 있어야 한다. 이 모든 것들이 재료선택에 달려 있으며, 재료가 가공되는 방법에 달려 있다. 이에 대해서도 많은 것들을 논할 수 있지만 일단 접어두기로 하고, 구조화된 데이터와 참고문헌정보에 집중하기로 하자.

지금까지 살펴본 것이 필수적인 배경이다. 다음은 재료 특성 자체를 알아보자.

표 3.1 설계를 제한하는 기본 재료특성과 흔히 사용되는 SI 단위*

종류	특성	기호와 단위	
일반 특성	밀도	ρ	kg/m^3 또는 Mg/m^3
	가격	C_m	\$/kg
기계적 특성	탄성계수(영의 계수, 전단계수, 체적탄성계수)	E, G, K	GPa
	항복강도	σ_y	MPa
	인장(극한)강도	σ_{ts}	MPa
	압축강도	σ_c	MPa
	파손강도	σ_f	MPa
	경도	H	–
	연신율	ε	–
	피로한계	σ_e	MPa
	파괴인성	K_{1c}	$MPa.m^{1/2}$
	인성	G_{1c}	kJ/m^2
	손실계수(감쇠능)	η	–
	마모속도상수(Archard상수)	K_A	MPa^{-1}
열적 특성	녹는점	T_m	K 또는 °C
	유리천이온도	T_g	K 또는 °C
	최고사용온도	T_{max}	K 또는 °C
	최저사용온도	T_{min}	K 또는 °C
	열전도도	λ	W/m.K
	비열	C_p	J/kg.K
	열팽창계수	α	K^{-1}
	열충격저항	ΔT_s	K 또는 °C
전기적 특성	전기비저항	ρ_e	Ω.m 또는 μΩ.cm
	유전상수	ε_r	–
	절연파괴전위	V_b	10^6 V/m
	전력비	P	–
광학적 특성	굴절률	n	–
환경친화 특성	재료 생산에 필요한 kg당 에너지	H_p	MJ/kg
	재료 생산 시 발생하는 kg당 CO_2	CO_2	kg/kg

* 영국(imperial) 단위와 cgs 단위로 변환인자는 이 책의 앞 뒤 표지 안쪽에 나온다.

3.4 재료특성과 그 단위

각 재료는 특성이라는 속성들의 집합을 갖는다고 생각하면 된다. 설계자가 추구하는 것은 재료 그 자체가 아니라 속성들의 특정한 조합, 즉 특성윤곽(property profile)이다. 특성윤곽은 체계적인 시험에 의해 수립될 수 있다. 이 절에서 우리는 시험의 성격, 특성들의 정의와 단위를 훑어볼 것이다(표 3.1). 특성치는 부록 A에 수록되어 있고, 단위는 SI 단위계를 사용한다.

일반 특성

밀도 ρ(단위: kg/m^3)은 단위 부피당 질량이다. 우리는 아르키메데스가 썼던 방법을 그대로 사용해서, 공기 중 물체의 무게와 밀도를 알고 있는 액체 속에서의 물체의 무게를 재어 봄으로써 밀도를 측정한다.

가격 C_m(단위: \$/kg)은 그 범위가 넓다. 낮게는 \$0.2/kg, 높게는 \$1,000/kg이다. 물론 가격은 유동적이고, 우리에게 필요한 양과 우리의 손님으로서의 지위(단골인지 아닌지)에 따라 달라진다. 이러한 불확실성에도 불구하고 재료선택 초기 단계에 대략적인 가격을 추정하는 것이 좋다.

기계적 특성

탄성계수 E(단위: GPa 또는 GN/m^2)는 '응력-변형도 곡선의 초기 선형탄성 구역의 기울기'(그림 3.3)로 정의한다. 영의 계수 E는 인장이나 압축 하중에 대한, 전단계수 G는 측면 하중에 대한, 체적탄성계수 K는 정수압 하중에 대한 반응을 나타낸다. 푸아송 비 v는 단위가 없고, 축방향으로 하중이 걸렸을 때 수직방향 변형도 ε_2의 축방향 변형도 ε_1에 대한 비의 음수 값이다.

$$v = -\frac{\varepsilon_2}{\varepsilon_1}$$

그러나 실제로는 비탄성(inelasticity)과 크리프 등의 요인으로 인한 변형도의 기여 때문에 응력-변형도 곡선의 기울기로 측정한 탄성계수는 2배 이상 낮을 정도로 부정확하다. 정확한 탄성계수는 빔이나 철사의 고유진동을 유발하여 재는 동적인 방법이나, 재료 속에서의 음속을 측정함으로써 측정한다.

등방성 재료에서 탄성계수들은 다음과 같은 관계를 갖는다.

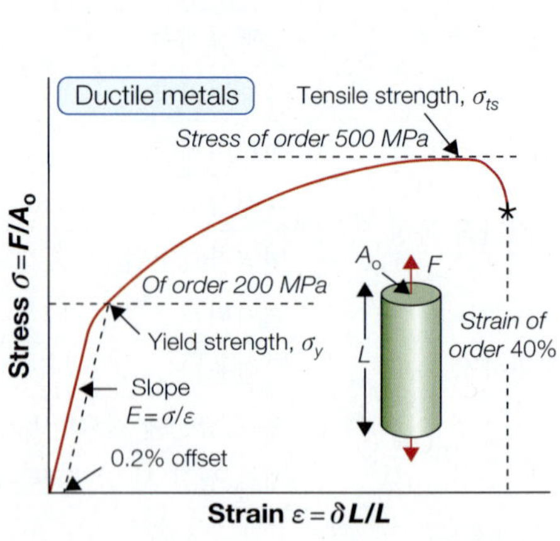

그림 3.3 금속의 응력-변형도 곡선 : 탄성계수 E, 0.2% 항복강도 σ_y, 인장강도 σ_{ts}을 나타낸다.

탄성계수의 계산

구리의 영의 계수 E는 124 GPa이고, 푸아송 비 ν는 0.345이다. 전단계수 G는 얼마인가?

풀이 E와 ν의 값을 식 (3.1) 가운데 식에 대입하면 $G = 48.1\,\text{GPa}$이다. 실험적으로 측정한 값은 45.6 GPa로 차이는 단지 1%이다.

$$E = \frac{3G}{1 + G/3K} \quad G = \frac{E}{2(1+\nu)} \quad K = \frac{E}{3(1-2\nu)} \tag{3.1}$$

보통 고체에서는 $\nu \approx 1/3$이므로

$$G \approx \frac{3}{8}E\text{이고 } K \approx E \tag{3.2a}$$

탄성중합체는 예외적으로 $\nu = 1/2$이므로

$$G \approx \frac{1}{3}E\text{이고 } K \gg E \tag{3.2b}$$

부록 D에 기술된 데이터 출처는 네 가지 탄성계수의 수치를 모두 수록하였다. 이 책에서 우리는 E의 데이터를 검색한다. 다른 탄성계수들의 대략적인 값은 필요한 경우에 식 3.2를 통해 구할 수 있다.

고체의 강도 σ_f(단위: MPa 또는 MN/m^2)는 조심스럽게 정의해야 한다. 금속의 경우에 0.2% 오프셋 항복강도 σ_y(그림 3.3)은 축방향 하중의 응력-변형도 곡선의 선형탄성선으로부터 0.2% 변형도 만큼 벗어나는 응력을 항복강도와 동일시 한다. 강도는 인장과 압축의 경우에 동일하다. 고분자의 경우에는 σ_f가 응력-변형도 곡선이 현저하게 비선형이 되기 시작하는 응력과 같다. 보통 1%의 변형도에 해당한다(그림 3.4). 그 원인은 '전단항복', 즉 분자사슬의 비가역적 미끄러짐일 수도 있고 '크레이징(crazing)', 즉 빛을 반사해서 고분자를 하얗게 보이게 하는 저밀도의 균열과 유사한 구조를 형성하기 때문일 수 있다. 고분자는 인장보다 압축에 약간(≈20%) 더 강하다.

세라믹과 유리의 강도는 하중의 종류에 크게 좌우된다(그림 3.5). 인장 시의 '강도'는 파괴강도 σ_t을 의미하며, 압축 시에는 수치가 더 큰 분쇄강도 σ_c을 의미한다. 두 강도는 보통 다음의 관계를 갖는다.

$$\sigma_c = (10 \sim 15)\sigma_t \tag{3.3}$$

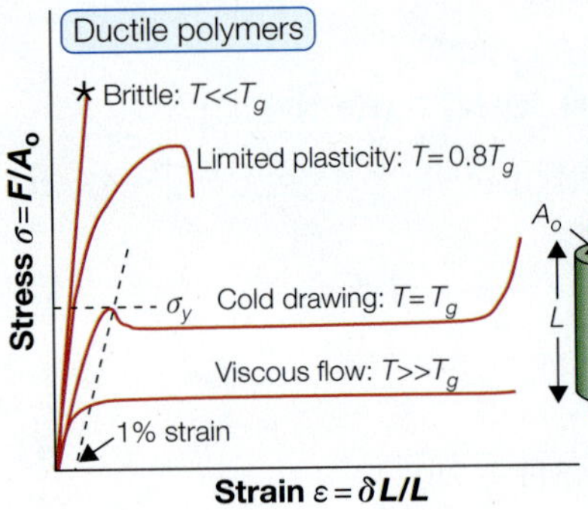

그림 3.4 유리천이온도 T_g 보다 낮거나, 같거나, 높은 온도에서 고분자의 응력-변형도 곡선

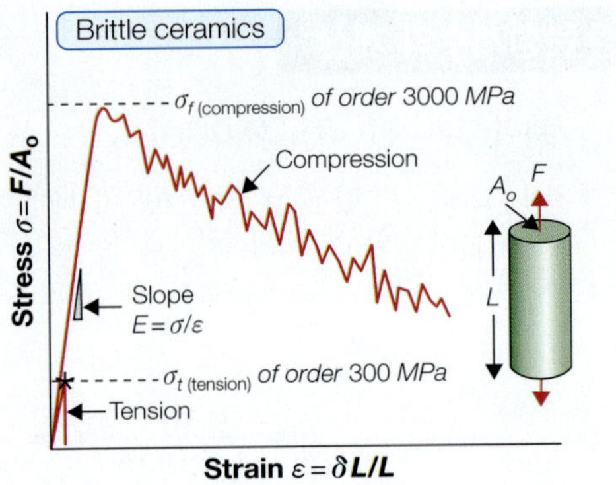

그림 3.5 인장과 압축하에서 세라믹의 응력-변형도 곡선 : 압축강도 σ_c는 인장강도 σ_t보다 (10~15)배 크다.

세라믹처럼 잡기 힘든 재료는 굽힘강도로 측정할 수 있다. 파단계수(modulus of rupture; MOR) 또는 굽힘강도 σ_{flex}(단위: MPa)는 파손의 순간에 구부러진 빔의 최대 표면응력이다(그림 3.6). 이것이 인장에서 측정한 강도와 똑같다고 예상할 수도 있으나 실제로 세라믹의 경우 굽힘강도가 약 1.3배 크다. 왜냐하면 이 최대응력을 받는 부피가 작고 그 구역 내에 큰 결함이 존재할 확률이 낮기 때문이다. 단순 인장의 경우에는 단면내의 모든 결함이 최대응력을 받는다.

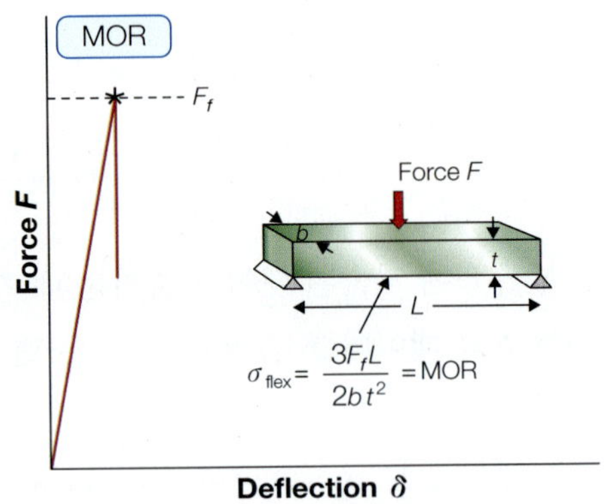

그림 3.6 파단계수(MOR)는 굽힘에서 파손 순간의 표면응력이다. 이는 인장 시의 파손응력과 같거나 조금 크다.

복합재료의 강도는 선형탄성 거동에서 일정량(0.5%가 종종 사용됨) 벗어난 순간의 응력으로 정의하는 것이 제일 좋다. 목재와 같은 천연 복합재료를 포함해서 섬유를 함유하는 복합재료는 섬유의 좌굴 때문에 인장보다 압축 하중에 조금 더(~30%) 약하다. 앞으로 복합재료의 σ_f는 인장강도를 의미한다.

그렇다면 강도는 재료와 하중의 종류에 따라 정의된다. 전단하중과 같이 다른 방식의 하중도 존재한다. 여러 축 하중하의 항복은 단축인장 하의 항복과 항복조건식으로 연관된다. 금속의 경우 폰 미제스 항복조건(Von Mises yield criterion)이 적합하다.

$$(\sigma_1 - \sigma_2)^2 + (\sigma_2 - \sigma_3)^2 + (\sigma_3 - \sigma_1)^2 = 2\sigma_f^2 \tag{3.4}$$

여기서 σ_1, σ_2, σ_3는 주응력이며 인장응력을 양의 방향으로 정의한다. 규칙에 따라 σ_1이 가장 크거나 절대값이 크고, σ_3이 가장 작거나 절대값이 작다. 고분자의 경우 항복조건은 압력의 영향을 포함하는 항이 추가되어야하므로 수정된다.

$$(\sigma_1 - \sigma_2)^2 + (\sigma_2 - \sigma_3)^2 + (\sigma_3 - \sigma_1)^2 = 2\sigma_f^2(1 + \frac{\beta p}{K})^2 \tag{3.5}$$

여기서 K는 고분자의 체적탄성계수이고 $\beta \approx 2$는 유동응력의 압력의존도를 나타내는 수치계수이다. 압력 p는 다음과 같이 정의한다.

$$p = -\frac{1}{3}(\sigma_1 + \sigma_2 + \sigma_3)$$

세라믹의 경우, 쿨롱의 유동법칙을 사용한다.

$$\sigma_1 - B\sigma_2 = C \tag{3.6}$$

여기서 B와 C는 상수이다.

인장(최대)강도 σ_{ts}(단위: MPa)는 재료로 이루어진 둥근 막대를 잡아당겼을 때 분리되는 순간의 응력이다(그림 3.3). 세라믹, 유리, 취성고분자와 같은 취성 고체에서는 인장 시의 파손강도와 똑같다. 인장강도는 금속, 연성고분자, 대부분의 복합재료에서 항복강도 σ_y보다 1.1배에서 3배까지 크다. 이는 가공경화 또는 기지재로부터 강화재로의 하중전달(복합재료의 경우) 때문이다.

반복하중은 균열을 발생시키고 성장하게 하여 피로파괴에 이르게 한다. 많은 재료가 피로한도 또는 내구한도 σ_e(단위: MPa)라는 특성을 갖는다. 그림 3.7의 $\sigma_a - N_f$ 곡선을 보라. 피로한도는 그 이하에서는 계속되는 반복하중에도 파괴가 발생하지 않거나 또는 충분히 여러 번 하중이 반복된 후에야 파괴되는($N_f > 10^7$) 최대 응력진폭(σ_a)을 말한다.

인장시험이나 압축시험은 항상 편리하지는 않다. 큰 시편이 필요하고 그것을 파괴한다. 경도시험을 통하여 비파괴적인 방법으로 대략적인 강도를 구할 수 있다. 재료의 경도 H(SI단위: MPa)

항복조건식의 사용

반지름 r이고 벽두께가 t인 금속제 파이프에 내부압력 p가 걸려 있다. 압력에 의해 벽에는 둘레방향으로 $\sigma_1 = pr/t$, 축방향으로 $\sigma_2 = pr/2t$의 응력이 발생한다. 얼마의 압력에서 파이프 벽에 항복이 발생하기 시작할까?

풀이 식 (3.4)에서 $\sigma_2 = \sigma_1/2$, $\sigma_3 = 0$이고 $\sigma_f = \sigma_y$로 두면 항복조건은 $\sigma_1 = (2/\sqrt{3})\sigma_y$이다. 따라서 항복을 일으키는 임계 압력은 $p^* = \frac{2}{\sqrt{3}}(\frac{t}{r})\sigma_y$로 구할 수 있다.

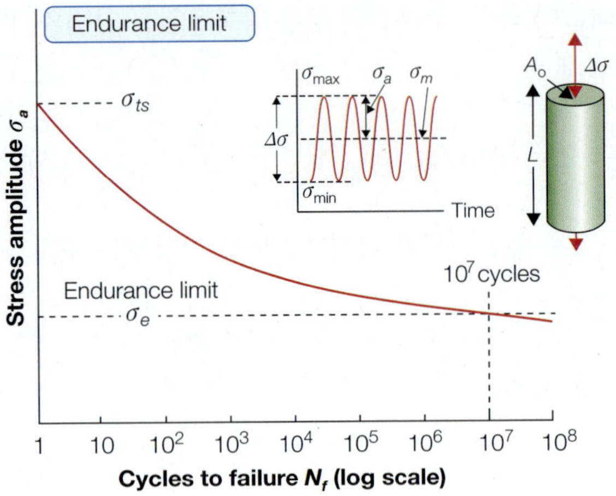

그림 3.7 내구한도(피로한도) σ_e는 $N_f = 10^7$ 이상 반복되었을 때 파손을 일으키는 최대응력진폭이다.

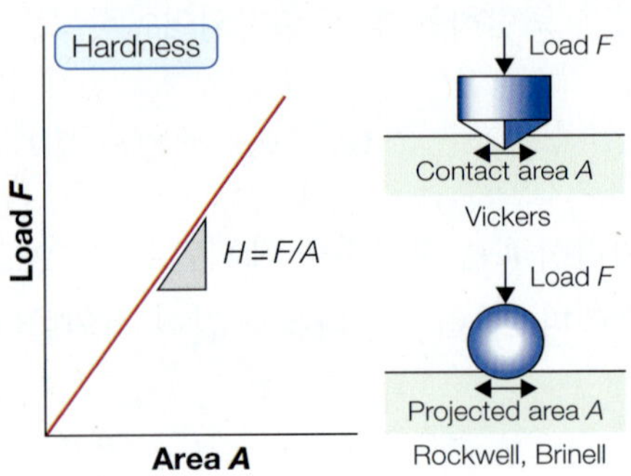

그림 3.8 경도는 다이아몬드 모양의 압입자로 표면에 가한 하중 F를 투영접촉넓이 A로 나눈 값이다.

는 재료의 표면을 뾰족한 다이아몬드나 경화된 강철구로 내리누름으로써 측정한다(그림 3.8). 경도는 압입자에 가해진 힘을 압입자국의 평면투영 넓이로 나눈 값으로 정의한다. 이는 앞에서 정의한 σ_f와 다음과 같은 관계를 갖는다.

$$H \cong 3\sigma_f \tag{3.7}$$

그러므로 SI 단위계에서 경도의 단위는 MPa이다. 그러나 경도는 다른 단위로 자주 표현한다. 가장 보편적인 것이 kg/mm^{2}의 단위를 갖는 비커스 H_v 척도로서 H와는 다음의 관계를 갖는다.

$$H_v = \frac{H}{10}$$

다섯 가지 경도 스케일에 대한 환산차트와 경도를 항복강도로 환산할 수 있는 표를 그림 3.9에 나타내었다.

인성 G_c(단위: kJ/m^2)와 파괴인성 K_{1c}(단위: MPa.m$^{1/2}$)는 균열의 전파에 대한 재료의 저항력을 가

경도로부터 강도 추정

어떤 강철이 로크웰 C스케일로 50의 경도 값을 가졌다. 이 강철의 비커스경도와 항복강도는 대략 얼마일까?

풀이 그림 3.9의 차트를 읽으면 로크웰 C스케일 50에 해당하는 비커스경도 값은 대략 H_v = 500이고, 항복강도는 약 1,700 MPa이다.

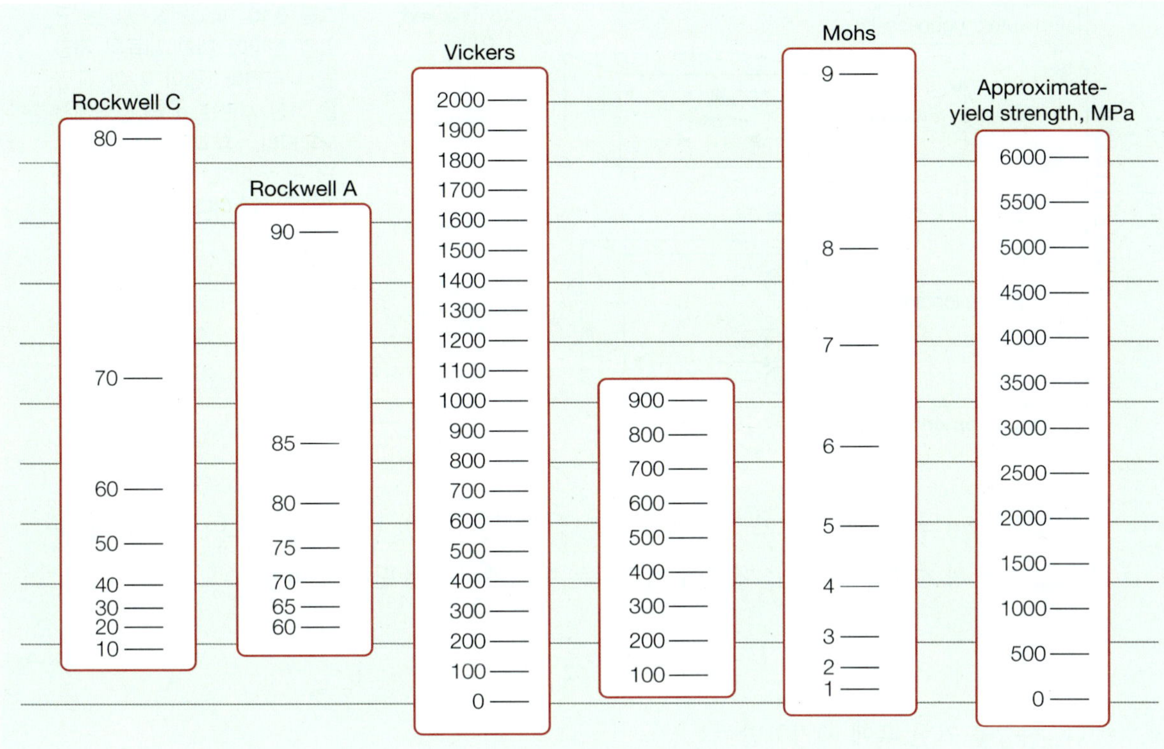

그림 3.9 흔히 사용되는 다섯 가지 경도 스케일과 항복강도 사이의 환산 차트

늠하는 척도이다. 파괴인성은 고의로 만든 길이 $(2c)$의 균열을 내포한 샘플에 하중을 가하고 (그림 3.10), 균열이 전파될 때 인장응력 σ^*을 기록하여 측정한다. 그로부터 K_{1c}는

$$K_{1c} = Y\sigma^* \sqrt{\pi c} \tag{3.8}$$

그리고 인성은

$$G_c = \frac{K_{1c}^2}{E(1+\nu)} \tag{3.9}$$

여기서 Y는 1에 가까운 기하학적 인자로 샘플의 자세한 형상에 따르고 E는 영의 계수, ν는 푸아송 비이다. 이렇게 측정된 K_{1c}와 G_c는 취성재료(세라믹, 유리, 다수의 고분자)에서 잘 정의된 값을 갖는다. 연성재료의 경우에는 균열의 선단에 소성역(plastic zone)이 생겨나서 균열이 전파하는 방식에 새로운 양상을 추가하므로 더욱 상세한 분석과 평가를 필요로 한다. 어쨌든 K_{1c}와 G_c의 값은 밝혀져 있고, 재료의 순위 매기기에 유력한 도구이다.

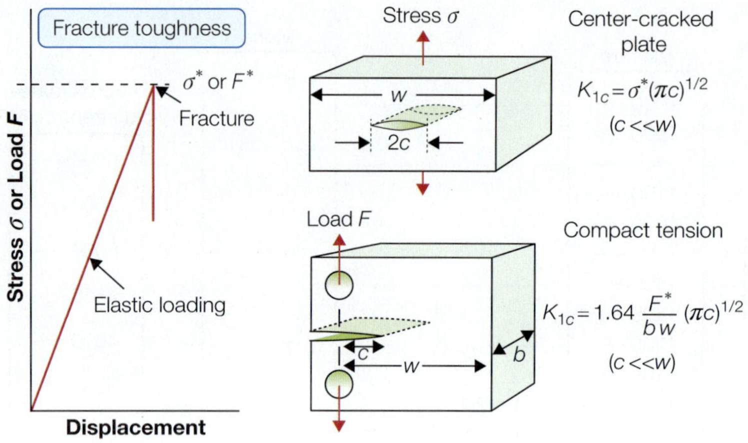

그림 3.10 파괴인성 K_{1c}는 균열의 전파에 대한 재료의 저항을 나타낸다. 길이 $2c$의 균열을 가진 시편은 σ^*의 응력에서 파괴되며, 파괴인성은 $K_{1c} = Y\sigma^*\sqrt{\pi c}$ 이다. 여기서 Y는 1에 가까운 상수이다.

손실계수 η(단위 없음)은 재료가 진동에너지를 발산하는 정도를 나타낸다(그림 3.11). 재료에 응력 σ_{max}의 탄성 하중을 가하면, 재료에 저장되는 탄성에너지는 단위 부피당

$$U = \oint_0^{\sigma_{max}} \sigma d\varepsilon \approx \frac{1}{2}\frac{\sigma_{max}^2}{E}$$

이다. 하중을 가한 후에 제거하면

$$\Delta U = \oint \sigma d\varepsilon$$

의 에너지를 발산한다. 손실계수의 값은 다음과 같다.

$$\eta = \frac{\Delta U}{2\pi U_{max}} \tag{3.10}$$

여기서 U_{max}는 최대 응력에서 저장된 탄성에너지이고, η의 값은 보통 시간상수나 반복주기에 따라 달라진다.

감쇠를 측정하는 다른 척도로는 비감쇠능 $D = \Delta U/U$, 로그감쇠율 Δ(고유진동의 순차적인 진폭

파괴인성의 사용

유리판으로 된 마루 패널에 최대 2미크론의 균열이 존재한다고 하자. 유리의 파괴인성치는 $K_{1c} = 0.6\ \text{MPa.m}^{1/2}$ 이다. 유리판을 밟으면 최대 30 MPa까지 응력이 걸린다고 한다. 패널은 안전할까?

풀이 길이 2미크론의 균열($c = 10^{-6}$m)이 전파하는 데 필요한 응력은 식 (3.8)에서 $Y = 1$로 잡고 다음과 같이 구할 수 있다. $\sigma^* = K_{1c}/\sqrt{\pi c} = 339$ MPa. 따라서 패널은 안전하다.

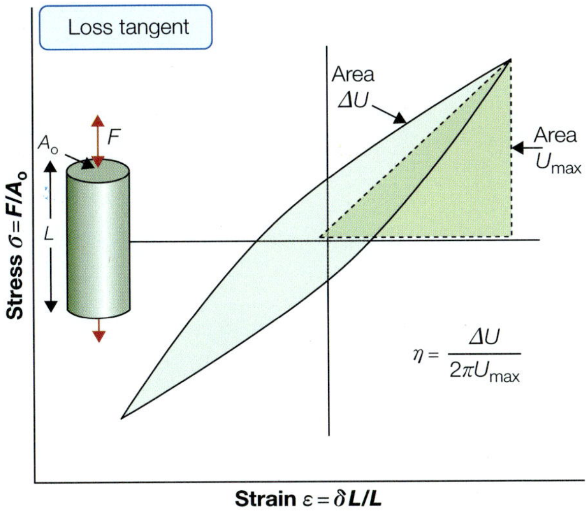

그림 3.11 손실탄젠트 η는 응력-변형도 사이클에서 발산되는 에너지의 비율을 나타낸다.

비의 로그값), 응력과 변형도 사이의 위상차(phase-lag) δ, 공진인자 Q(흔히 Q-인자)가 있다. 감쇠가 작을 때($\eta < 0.01$) 이 변수들은 다음 관계를 갖는다.

$$\eta = \frac{D}{2\pi} = \frac{\Delta}{\pi} = \tan\delta = \frac{1}{Q} \tag{3.11}$$

그러나 감쇠가 클 경우에는 이 관계가 더 이상 성립하지 않는다.

손실계수의 사용

고유진동수가 1,000 Hz인 종이 손실계수 $\eta = 0.01$인 재료로 만들어졌다. 종을 치고 나면 얼마나 오래 울릴까? 만일 손실계수가 $\eta = 10^{-4}$로 감쇠가 적은 재료로 종을 만들면 얼마나 오래 울릴까? (종소리의 진폭 A가 처음의 100분의 1 이하로 떨어지면 울리는 것이 끝났다고 가정한다.)

풀이 A와 $A + dA$을 순차적인 사이클의 진폭이라 하면 dA는 음수이고, $\log(\frac{A}{A+dA}) = \Delta = \pi\eta$이므로

$$\frac{dA}{Ad\eta} = \frac{1}{10^{\pi\eta}} - 1$$

n사이클 동안에 대하여 적분하면 $\ln\frac{A}{A_0} = \left(\frac{1}{10^{\pi\eta}} - 1\right)n$이고 여기서 A_0는 최초 진폭이다. A가 $0.01A_0$까지 떨어졌을 때 $\ln(A/A_0) = -4.6$이므로 $n = 4.6\left(\frac{10^{\pi\eta}}{10^{\pi\eta} - 1}\right)$이다. 따라서 $\eta = 0.01$인 경우 $n = 66$ 사이클, $n/f = 66$ milliseconds 이므로 종은 (66/1,000)초 동안 울리며, $\eta = 10^{-4}$인 경우 $n = 6,400$ 사이클이고 $n/f = 6.4$초 동안 울린다.

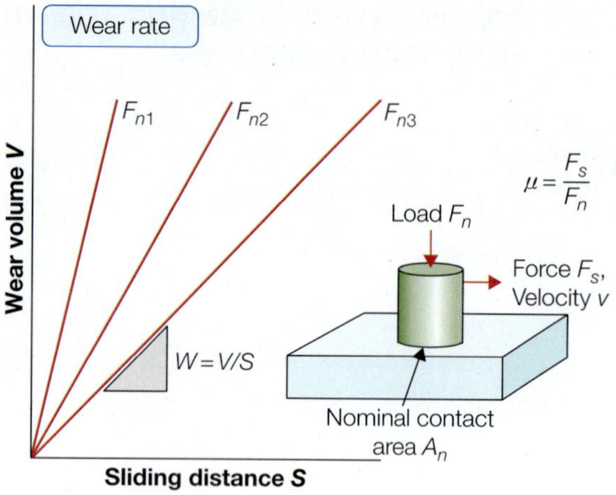

그림 3.12 마모는 표면이 서로 미끄러질 때의 재료 손실이다. 내마모성은 알차드 마모상수 K_A로 가늠한다.

마모는 표면끼리 서로 마주쳐 미끄러질 때 재료의 손실을 나타내며 복합적인 다체문제이다. 그럼에도 어느 수준까지 정량화할 수 있다. 두 고체가 서로 미끄러질 때(그림 3.12), 미끄러진 단위 거리당 하나의 표면에서 잃는 재료의 부피를 마모속도 W(단위: m²)라고 한다. 표면의 마모저항은 알차드(Archard) 마모상수 K_A(단위: MPa^{-1})로 나타낸다.

$$\frac{W}{A} = K_A P \tag{3.12}$$

여기서 A는 표면의 넓이, P는 두 표면을 서로 누르는 수직력이다. K_A의 대략적 데이터는 제4장에 나와 있지만, 한 재료의 것이 아닌 서로 미끄러지는 두 재료의 특성으로 파악해야 한다.

열적 특성

녹는점 T_m과 유리천이온도 T_g(단위: K 또는 °C)는 고체의 결합강도와 직접 관련되므로 기본적인 원리에 의한 것이다. 결정성 고체는 녹는점 T_m이 매우 뚜렷하나 비결정성 고체는 그렇지 않아서, 고체로부터 매우 점성이 강한 액체로의 전이를 나타낸다. 공학설계에서는 최고사용온도 T_{max}와 최저사용온도 T_{min}(단위: K 또는 °C) 두 개의 온도를 정의하는 것이 편리하다. 전자는 산화, 화학적 변화, 심한 크리프의 문제가 없이 재료를 비교적 쓸 만한 최고온도를 말하고, 후자는 재료가 깨지기 쉽거나 안전에 문제를 야기하기 시작하는 최저온도이다.

재료를 가열하는 데는 에너지가 필요하다. 비열 혹은 열용량(단위: J/kg.K)은 재료 1 kg의 온도를 1 K 올리는 데 필요한 에너지이다. 보통 일정한 기압(대기압)에서 측정하므로 정압비열(C_p)이 된다. 기체를 다룰 때에는 정압비열보다는 일정한 부피에서의 비열(기호 C_v)을 사용하는 것이 더 효과적이며, 기체의 경우에는 C_v는 C_p와 다르다. 고체의 경우에는 차이가 매우 적으므

마모의 계산

강철로 된 슬라이더가 윤활이 없는 강철판 위에서 진동수 $f = 0.2\,\text{Hz}$, 진폭 $a = 2\,\text{mm}$, 수직압력 $P = 2\,\text{MPa}$의 조건하에서 진동하고 있다. 강철의 강철에 대한 알차드 마모상수는 $K_A = 3 \times 10^{-8}$ (MPa^{-1})이다. 100시간이 지난 다음에 슬라이더의 표면이 닳아서 두께가 얼마나 감소하겠는가?

풀이 100시간 동안 미끄러진 거리는 $d = 4\,a\,f\,t$ m이다. 시간 $t = 3.6 \times 10^5$(초)동안에 감소된 두께 x는,

$$x = \frac{Volume\ removed}{Area\ A} = 4\,a\,f\,t\,K_A\,P = 3.6 \times 10^{-5} m = 36\,\mu m$$

로 동일시 할 수 있으며, 여기서도 동일시 하기로 한다. 열용량은 그림 3.13과 같이 열량계를 사용하여 측정하며, 이는 유리천이온도 T_g을 측정하는 표준화된 방법이기도 하다. 측정된 에너지의 양(여기서는 전기에너지)이 질량을 알고 있는 재료의 시편으로 투입되고, 온도 상승을 측정하면 [에너지(J)/(kg.K)]를 구할 수 있다. 실제 열량계는 이보다 훨씬 복잡하지만 원리는 매한가지이다.

정상상태(온도분포가 시간에 따라 변하지 않는 상태)의 고체 내부에서 열이 전달되는 속도는 열전도도 λ(단위: W/m.K)로 나타낸다. 열전도도를 측정하는 방법은 그림 3.14에 나와 있다. 고체 내부의 거리 X만큼 떨어진 높은 온도 T_1의 표면에서 낮은 온도 T_2의 표면으로 흐르는 열유량 q (W/m^2)를 측정한다. 열전도도는 푸리에 법칙으로 계산한다.

$$q = -\lambda \frac{dT}{dX} = \lambda \frac{(T_1 - T_2)}{X} \qquad (3.13)$$

사실 측정은 쉽지 않지만, 특히 열전도도가 낮은 재료에서 더욱 그렇지만 일반적으로 믿을만한 데이터가 존재한다.

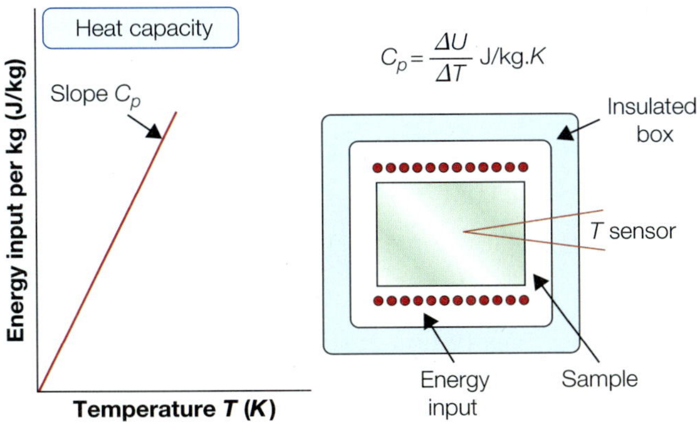

그림 3.13 열용량 : 재료 1 kg의 온도를 1°C 올리는 데 필요한 에너지로 비열과 같은 의미로 사용된다.

비열의 사용

한 변이 100 mm인 구리 정육면체의 온도를 상온(20 °C)에서 용융점까지 가열하는 데 얼마나 많은 에너지가 필요할까?

풀이 부록 A에 용융점 T_m, 비열 C_p, 밀도 ρ에 관한 데이터를 보면, $T_m = 1{,}082\ ^\circ\text{C}$, $C_p = 380\ \text{J/kg.K}$, $\rho = 8{,}930\ \text{kg/m}^3$이다. 구리 정육면체의 질량은 $\rho V = 8.93\ \text{kg}$이므로 $\Delta T = 1{,}062\ ^\circ\text{C}$에 필요한 에너지는 $\rho V C_p \Delta T = 3.6\ \text{MJ}$이 된다. 참고로 가솔린 1리터는 약 35 MJ의 에너지를 공급한다.

열의 흐름이 과도적인 경우에 열유속은 열확산도 a(단위: m^2/s)에 의해 좌우된다.

$$a = \frac{\lambda}{\rho C_p} \tag{3.14}$$

여기서 ρ는 밀도이고 C_p(단위: J/kg.K)는 정압비열이다. 열확산도는 재료에 가하였던 열원을 껐을 때 온도 펄스의 감쇠를 측정함으로써 직접 재거나, 식 (3.14)를 이용하여 λ로부터 계산할 수 있다. 이때 C_p의 값이 필요한데 유리천이온도 T_g을 측정하는 일반적인 방법이기도 한 열량측정법으로 측정한다. 시간 t동안에 열이 확산하는 거리 x는

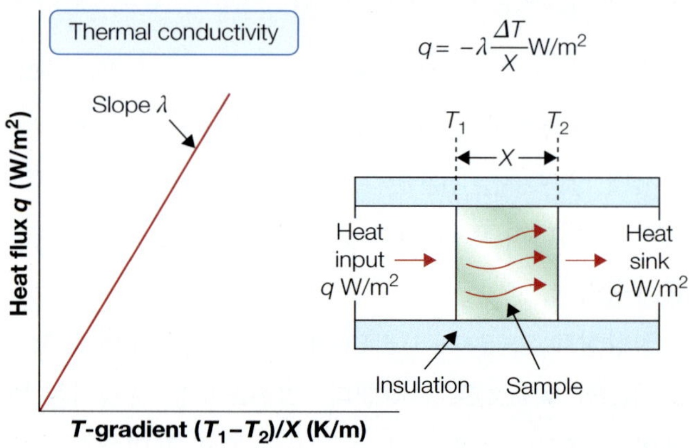

그림 3.14 열전도도 λ는 온도구배(dT/dX)에 의한 열유속을 이용하여 측정한다.

$$x \approx \sqrt{2at} \tag{3.15}$$

정상상태 열유동

어떤 열교환기의 교환면적이 $A = 0.5\ \text{m}^2$이다. 온도 $T_1 = 100\ ^\circ\text{C}$인 유체로부터 온도 $T_2 = 20\ ^\circ\text{C}$인 유체로 열을 전달한다. 교환기 벽은 두께 $X = 2\ \text{mm}$의 구리판으로 만들어졌고, 그 열전도도는 $\lambda = 350\ \text{W/m.K}$이다. 한 유체로부터 다른 유체로 시간당 얼마나 많은 에너지가 흐를까?

풀이 온도구배는 $dT/dX = 80/0.002 = 40{,}000\ ^\circ\text{C/m}$이고 면적 A를 통하여 3,600초 동안에 흐르는 에너지의 총량은,

$$Q = A\,t\,q = A\,t\,\lambda \frac{dT}{dX} = 2.5 \times 10^{10}\ \text{J} = 25\ \text{GJ}$$

과도상태 열유동

벽두께가 $X = 3\,\text{mm}$인 유리 찻잔에 끓는 물을 붓고 나서 찻잔을 잡고 탁자까지 옮길 수 있을 정도로 너무 뜨거워지기 전까지 몇 초의 여유가 있을까? 유리의 열전도도는 $\lambda = 1.1\,\text{W/m.K}$이고, 밀도는 $\rho = 2{,}450\,\text{kg/m}^3$이며, 비열은 $C_p = 800\,\text{J/kg.K}$이다.

풀이 데이터를 식 (3.14)에 대입하면 유리의 열확산도는 $a = 5.6 \times 10^{-7}\,\text{m}^2/\text{s}$이고, 이를 식 (3.13)에 대입하여 대략적인 시간을 구할 수 있다.

$$t \approx \frac{X^2}{2a} = 8\text{초}$$

대부분의 재료는 열을 가하였을 때 팽창한다(그림 3.15). 단위 온도 변화당 열변형도는 선팽창계수 α(단위: K^{-1} 또는 더 편리하게 마이크로스트레인/°C, 즉 10^{-6}/°C)로 나타낸다. 재료가 열등방성이면 단위 온도당 부피팽창은 3α이다. 등방성이 아니면 둘 이상의 열팽창계수가 필요하고, 부피팽창은 주열변형도(principal thermal strains)의 합이 된다.

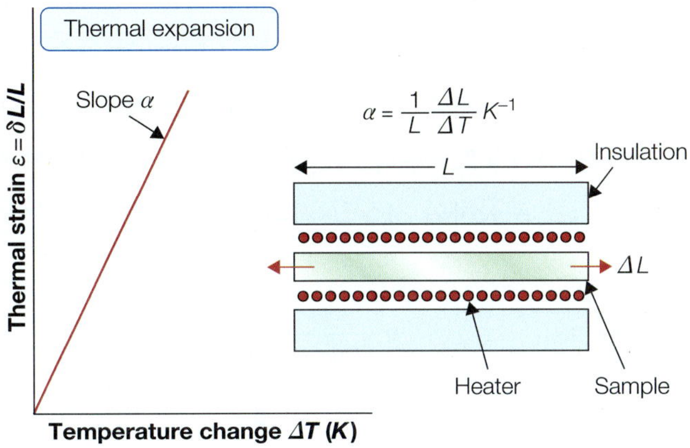

그림 3.15 선팽창계수 α는 샘플을 가열하였을 때 단위 길이당 길이의 변화를 잰다.

열충격저항 ΔT_s(단위: K 또는 °C)은 재료를 손상 없이 갑자기 급냉각할 수 있는 최대 온도차이다. 열충격저항과 크리프저항은 고온 설계에서 중요하다. 크리프는 시간에 의존하는 느린

열응력

알루미늄 파이프가 콘크리트 빌딩의 벽면에 단단히 고정되어 있다. 더운 날 건물의 벽면은 태양열의 직접 복사에 80 °C까지 상승시키고, 알루미늄의 열팽창이 콘크리트의 열팽창보다 크므로, 열응력이 발생한다. 처음에 고정하던 날의 온도가 20 °C라면 응력의 수준은 얼마일까?

풀이 부록 A에서 평균치로 알루미늄의 열팽창계수는 $\alpha = 22.5 \times 10^{-6}$/°C이고, 콘크리트의 열팽창계수는 $\alpha = 9 \times 10^{-6}$/°C이다. 따라서 열변형도는 $\Delta\alpha\,\Delta T = 13.5 \times 10^{-6} \times 60 = 8.1 \times 10^{-4}$이며, 이것을 알루미늄의 압축탄성변형으로 감당해야 하나, 알루미늄의 탄성계수 $E = 75\,\text{GPa}$을 고려하면 열응력은 $\Delta\alpha\,\Delta T\,E = 61\,\text{MPa}$이 된다. 이는 연성의 알루미늄에 항복을 일으키기에 충분한 수준이다.

변형이고 $(1/3)T_m$ 또는 $(2/3)T_g$ 이상의 온도에서 재료가 하중을 받았을 때 발생한다. 크리프를 예방하는 설계는 특수한 주제이다. 여기서는 단순히 최고사용온도 T_{max} 이상, 또는 고분자의 경우 '열에 의한 변형이 시작하는 온도(heat deflection temperature)' 이상에서 사용하는 것을 피하도록 한다.

전기적 특성

전기비저항 ρ_e(SI 단위: Ω.m, 보통은 μΩ.cm 사용)은 단위 정육면체의 마주보는 면 사이에 단위 전위당 저항으로, 그림 3.16과 같이 측정한다. 비저항의 범위는 우수한 전도체의 10^{-8} Ω.m(= 1 μΩ.m)으로부터 우수한 절연체의 10^{16} Ω.m(= 10^{24} μΩ.cm)까지 매우 넓다. 전기전도도 κ_e[단위: Siemens/meter(S/m) 또는 $(\Omega.m)^{-1}$]는 비저항의 역수이다.

절연체(또는 유전체)를 전기장 안에 놓으면 분극해서 표면에 전하가 나타나면서 흔히 절연체 내부를 전기장으로부터 차단한다. 분극하는 정도는 유전상수 ε_r(단위 없음)로 측정된다(그림 3.17). 공기를 포함하여 사실상 거의 모든 기체의 유전상수는 대략 1이다. 대부분의 절연체는

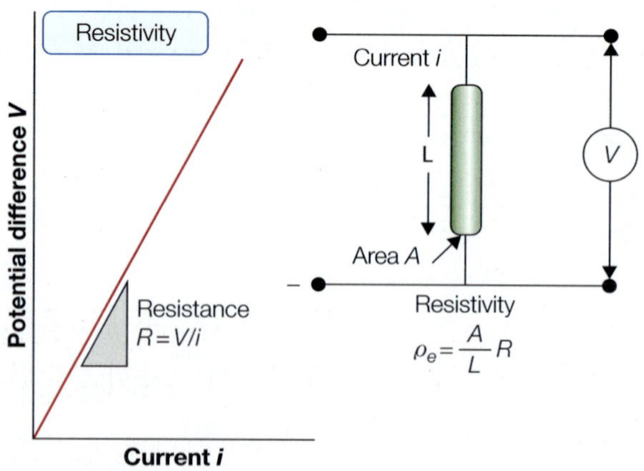

그림 3.16 전기비저항 ρ_e은 전위구배 (V/L)를 전류밀도 (i/A)로 나누어 구한다. $\rho_e = AR/L$

비저항과 저항

텅스텐은 $\kappa_e = 8.3 \times 10^6$ S/m의 전기전도도를 갖는다. 반지름이 $r = 100$ μm이고 길이가 $L = 1$ m인 텅스텐 와이어의 저항은 얼마인가?

풀이 텅스텐의 비저항은 $\rho_e = 1/\kappa_e = 1.2 \times 10^{-7}$ Ω.m이므로 와이어의 저항은

$$R = \rho_e \frac{L}{\pi r^2} = 3.8\,\Omega$$

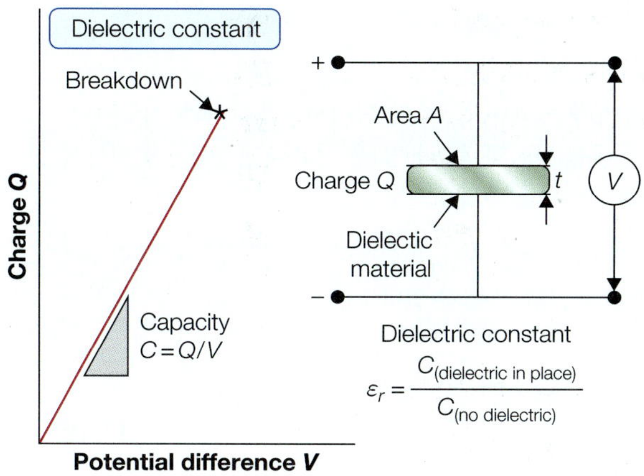

그림 3.17 유전상수 : 절연체가 분극 할 수 있는 능력을 나타내는 척도

2~30 사이의 값을 가지나, 밀도가 낮은 발포재의 경우에는 공기가 많은 부분을 차지하므로 1에 가깝다.

유전상수로는 무엇을 측정하는 것인가? 두 개의 전도체 사이가 유전체로 격리된 것이 커패시터이다. 커패시터는 전하를 저장하는데, 전하 Q(단위: coulombs)는 양단 사이의 전위차 V(단위: volts)에 비례한다.

$$Q = C\,V \tag{3.16}$$

여기서 C(단위: farads)는 전기용량이다. 공기로 분리된 평행한 두 판(단면적 A)으로 이루어진 커패시터의 전기용량은,

$$C = \varepsilon_0 \frac{A}{t} \tag{3.17}$$

여기서 ε_0는 공기의 고유 유전상수(8.85×10^{-12} F/m, F는 farads)이다. 공기가 아닌 어떤 유전체로 채워지면 그것의 분극 때문에 전기용량은 증가한다. 전기장 E에 대항하는 분극에 의해 발생하는 전기장은 전하를 유지하는 데 필요한 전위차 V를 감소시킨다. 그러므로 축전기의 용량은 다음과 같은 값으로 증가한다.

$$C = \varepsilon \frac{A}{t} \tag{3.18}$$

여기서 ε는 유전체의 고유 유전상수이고 단위는 ε_0의 경우와 동일하다. 다만 이것보다는 공기에 대한 상대적인 값인 유전상수 ε_r을 사용하는 것이 일반적이다.

표류 축전용량

어떤 커패시터를 충전하고 방전하는 데 필요한 시간상수는 $\tau = RC$이고, 여기서 R은 회로의 저항이다. 이는 전자회로의 표류 축전용량(인접하는 도선 또는 부품 사이의 축전용량)은 회로의 반응속도를 저하시킨다는 의미이다. 어떤 재료를 선택하면 이를 최소화할 수 있는가?

풀이 도체는 저항 R을 최소화할 수 있도록 비저항 ρ_e이 낮은 재료를 선택하고, 절연체는 C를 최소화할 수 있도록 유전상수 ε_r이 낮은 재료를 선택하면, τ를 최소화할 수 있다.

$$\varepsilon_r = \frac{C_{with\ dielecletric}}{C_{no\ dielectric}} = \frac{\varepsilon}{\varepsilon_o} \tag{3.19}$$

따라서 전기용량은

$$C = \varepsilon_r \varepsilon_o \frac{A}{t} \tag{3.20}$$

이고, 커패시터가 충전되었을 때 저장된 에너지는

$$\frac{1}{2} Q V = \frac{1}{2} C V^2 \tag{3.21}$$

이며, 이는 매우 클 수 있다. 전기용량이 farads(F)로 측정되는 초대형 커패시터는 하이브리드 자동차를 구동하기에 충분한 에너지를 저장한다.

전기장 내의 분극은 전하를 띤 입자(전자, 이온, 쌍극자모멘트를 가진 분자)의 작은 변위를 동반한다. 진동하는 전기장에서 전하를 띤 입자는 두 가지의 배열 상태 사이를 오간다. 전하의 움직임은 손실이 없다면 전압과 90도의 위상차가 나는 전류에 해당한다. 실제 유전체에서는 전하를 띤 입자의 움직임이 에너지를 손실하여 전류와 전압의 위상차가 90도보다 작다(그림 3.18). 90도에서 차이가 나는 정도를 손실위상(δ)이라 부른다. 발산인자(D)로도 불리는 손

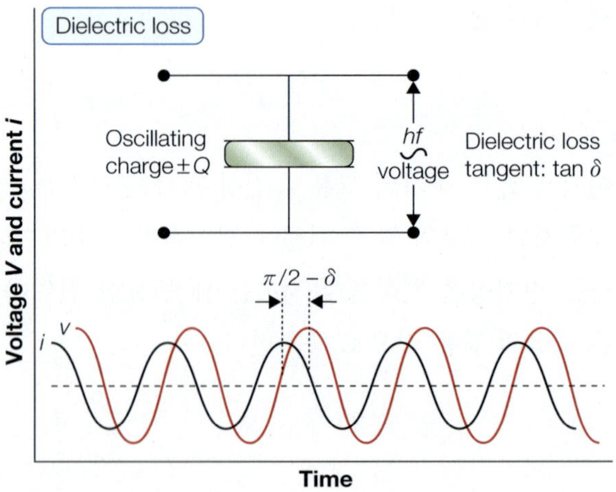

그림 3.18 유전손실 : 이는 본문에서 설명하는 것처럼 유전(손실) 가열에 중요하다.

유전손실 가열

나일론 부품이 전기장의 세기 $E = 10^4$ V/m, 주파수 $f = 10^{10}$ Hz인 마이크로웨이브 공간에 100초 동안 놓여 있다. 나일론의 유전손실인자는 $L = 0.1$이고, 밀도는 $\rho = 1130$ kg/m^{3}이며, 비열은 $C_p = 1650$ J/kg.K이다. 열손실은 없다고 가정할 때 부품의 온도는 얼마나 올라갈까?

풀이 전기장에 의해 발생하는 열은 $Q = Pt = f\,E^2\varepsilon_0\,L\,t = 8.85 \times 10^7$ J/m^{3}이다. 나일론의 단위 부피당 열용량은 $C_p\rho = 1.86 \times 10^6$ J/m^3.K이므로 온도상승은

$$\Delta T = \frac{f\,E^2\varepsilon_0\,L\,t}{C_p\rho} = 47.6°\mathrm{C}$$

실탄젠트($\tan\delta$)는 이 각도의 탄젠트 값이다. 전력손실인자(P_f)는 손실위상의 사인값으로 최대 전압에서 유전체에 저장된 에너지가 한 주기동안 손실되는 비율을 나타낸다. 따라서 그 값이 작은 경우에 유전손실과 손실탄젠트는 사실상 같다.

$$P_f \approx D \approx \tan\delta \approx \sin\delta \tag{3.22}$$

여기서는 목적을 위해 더욱 효과적인 것으로 손실인자 L을 손실탄젠트와 유전상수를 곱한 값으로 정의한다.

$$L = \varepsilon_r \tan\delta \tag{3.23}$$

이는 유전체가 변동하는 전기장 내에서 발산하는 에너지이다. 만일 유전손실을 최소화 또는 최대화하는 재료를 선택하려면 L을 기준으로 하면 된다.

유전체가 주기적으로 변동하는 전기장(진폭 E, 주파수 f) 내에 놓이면, 유전손실 P가 발산하면서 전기장도 따라서 감쇠된다. 단위 부피당 발산하는 전력(W/m^3)은

$$P \approx f\,E^2\varepsilon\tan\delta = f\,E^2\varepsilon_0\varepsilon_r\tan\delta = f\,E^2\varepsilon_0 L \tag{3.24}$$

이고, 여기서 ε_r은 재료의 유전상수이며 $\tan\delta$는 손실탄젠트이다. 이 전력손실은 열로 나타난다. 주파수가 높을수록, 전기장이 강할수록, 손실인자(L)가 클수록, 열이 많이 발생하고 에너지 손실이 커진다. 가끔은 재료 공정에서 유전손실을 이용할 때도 있다. 예를 들면 고분자의 고주파가열 용접이 그것이다.

절연파괴전위(단위: MV/m)는 절연체가 파괴되고 손상을 주는 충격파 전류가 흐르게 되는 전위구배이다. 이를 측정하려면 마주보는 두 개의 판 재료 사이에 일정한 비율로 60 Hz의 교류 전위를 증가시키며 절연파괴 될 때까지 가한다. 통상적인 전위구배는 1~100 MV/m이다.

광학적 특성

모든 재료는 얼마간의 빛을 통과시킨다. 금속의 경우에는 극히 적지만 말이다. 재료 내부에서의 광속 υ는 항상 진공에서의 광속 c보다 작다. 그 결과 재료표면에 입사각 α로 부딪히는 광선은 그보다 작은 굴절각 β로 재료 속에 들어간다. 굴절률 n(단위 없음)은 다음과 같이 정의한다.

$$n = \frac{c}{\upsilon} = \frac{\sin\alpha}{\sin\beta} \tag{3.25}$$

굴절률은 유전상수 ε_r와 다음과 같은 관계가 있다.

$$n \approx \sqrt{\varepsilon_r}$$

굴절률은 파장과 관련이 있으며 따라서 빛의 색깔에 따라 달라진다. 재료의 밀도가 높을수록, 유전상수가 클수록 굴절률이 크다. $n = 1$일 때 입사광이 온전히 재료 안으로 들어오지만, $n > 1$이면 일부는 반사된다. 표면에 요철이 없고 매끄러우면 하나의 광선으로 반사되고 표면이 거칠면 여러 방향으로 흩어진다. 반사되는 비율 R은 굴절률과 다음의 관계를 갖는다.

$$R = \left(\frac{n-1}{n+1}\right)^2 \times 100 \tag{3.26}$$

따라서 n이 증가할수록 R은 100%에 가까워진다.

환경친화 특성

생산에너지(단위: MJ/kg)는 1 kg의 재료를 광석이나 원료로부터 추출하는 데 필요한 에너지이다. 이에 관련된 CO_2 발생지표(단위: kg/kg)는 1 kg의 재료를 생산하는 동안 대기로 배출되는 이산화탄소의 질량이다. 이를 포함하여 다른 환경친화속성에 대해서는 제15장에서 다룬다.

3.5 요약과 결론

기계설계를 위한 재료에는 여섯 개의 중요한 가족이 있다. 그것은 금속, 세라믹, 유리, 고분자, 탄성중합체, 그리고 이들 중 둘 이상의 특성을 결합한 하이브리드 재료이다. 하나의 재료 가족에는 공통점이 있다. 세라믹과 유리는 단단하고 취성이며 부식에 강하다. 금속은 연성이고 강인하며 열 및 전기 전도체이다. 고분자는 가볍고 성형이 쉬우며 전기 부도체이다. 탄성중합체는 탄성한계 내에서 대변형이 가능하다. 이러한 공통점이 분류를 효과적으로 해준다. 그러나 설계를 할 때 우리는 재료가족의 제한조건에서 벗어나 일정한 특성윤곽을 식별하는 표지로서 재료의 명칭을 사용하고자 한다. 이로써 다음 장들에서 설계가 제안하는 '이상적인' 윤곽과 비교하여 우리의 재료선택을 이끌 것이다. 그러기 위하여 열적, 기계적 설계에서 중요한 특성들을 이 장에서 정의하였다. 제4장에서는 선택의 자유를 최대화하는 방향으로 이 특성들을 나열하는 방법을 논할 것이다.

3.6 심화학습을 위한 참고문헌

재료특성의 정의는 공업용 재료에 관한 수많은 일반 교재에서 찾을 수 있다. 그중 일부를 아래에 수록한다.

Ashby, M.F. and Jones, D.R.H. (1996) *Engineering materials 1: an introduction to their properties, applications and design* (3rd ed.), Pergamon Press, Oxford, UK. ISBN 0-7506-3081-7. (재료에 관하여 설계 중심의 접근방법을 도입한 입문서)

Ashby, M.F., Shercliff, H, and Cebon, D. (2010) *Materials: Engineering, science, processing and design* (2nd ed.), Butterworth-Heinemann, Oxford, UK. ISBN 13-978-1-85617-743-6. (재료특성 차트를 이용하여 재료를 잘 소개하고 사례연구를 통하여 재료선택을 전개한 입문 수준의 교재)

Askeland, D.R. and Phule, P.P. (2006) *The science and engineering of materials* (5th ed.), Thomson, ISBN 0-534-55396-6. (잘 알려진 재료 교재로 공업용 재료를 과학적 측면에서 잘 다룬 책)

ASM Engineered Materials Handbook (2004) "*Testing and characterization of polymeric materials*", ASM International, Metals Park, OH, USA. (고분자 시험 공정을 상세히 설명한 온라인 자료, 회원제로 구독 가능)

ASM Handbooks, Volume 8 (2004) "*Mechanical testing and evaluation*", ASM International, Metals Park, Ohio, USA. (금속과 세라믹의 시험 공정을 상세히 설명한 온라인 자료, 회원제로 구독 가능)

ASTM Standards Vols. 08.01 and 08.02 (1988): *Plastics, Vol. 04.02* (1989); *Concrete, Vols. 01.01 to 01.05* (1990); *Steels, Vol. 02.01*; *Copper alloys, Vol. 02.03*; *Aluminum alloys, Vol. 02.04*; *Non-ferrous alloys, Vol. 02.05*; *Coatings, Vol. 03.01*; *Metals at high and low temperatures, Vol. 04.09*; *Wood, Vols. 09.01 and 09.02*, American Society for Testing Materials, 1916 Race Street, Philadelphia, PA, USA. ISBN 0-8031-1581-4. (ASTM은 재료시험의 표준을 정한다.)

Budinski, K.G. and Budinski, M.K. (2010) *Engineering Materials, Properties and Selection*, (9th ed.) Prentice-Hall, Englewood Cliffs, NJ, USA. ISBN 978-0-13-712842-6. (재료특성과 공정 두 가지를 다 잘 다룬 인정받는 재료 관련 책)

Callister, W.D. (2010) *Materials Science and Engineering, an Introduction* (8th ed.) John Wiley, New York, USA. ISBN 978-0-470-41997-7. (교재로 인정받은 재료과학 책으로 북미에서 널리 쓰인다.)

Charles, J.A., Crane, F.A.A. and Furness J.A.G. (1997) *Selection and Use of Engineering Materials*, 3rd edition. Butterworth-Heinemann, Oxford, UK. ISBN 0-7056-3277-1. (설계주도보다는 재료과학 주도의 재료선택 접근)

Dieter, G.E. (1999) *Engineering Design, A Materials and Processing Approach*, (3rd ed.) McGraw-Hill, New York, USA. ISBN 9-780-073-66136-0. (균형 잡히고 인정받은 책으로, 공학설계에서 재료와 공정의 위치에 초점을 맞추었다.)

Farag, M.M. (2008) *Materials and Processes Selection for Engineering Design* (2nd ed.), CRC Press, Taylor and Francis, ISBN 9-781-420-06308-0. (재료과학 위주로 재료선택에 접근)

Shackleford, J.F. (2009) *Introduction to materials science for engineers* (7th ed.), Prentice-Hall, Englewood Cliffs, NJ, USA. ISBN 978-0-13-601260-3. (잘 알려진 재료 교재로 설계를 잠시 곁눈질함)

제 4 장 재료특성 차트

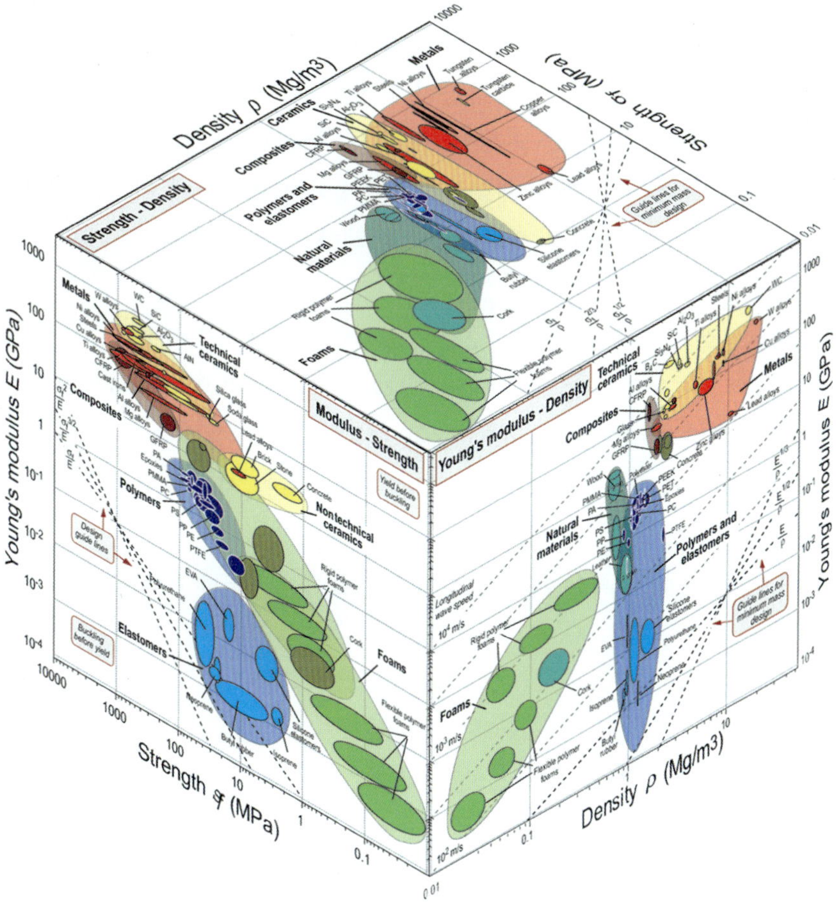

재료특성 공간의 3차원 구성 슬라이스 : 탄성계수-강도-밀도 슬라이스

Materials Selection in Mechanical Design, DOI: 10.1016/B978-1-85617-663-7.00004-7

4.1 서론과 개요

재료특성이 성능을 제한한다. 설계를 제한하는 특성들이 갖는 값의 범위를 파악하기 위해 특성들을 훑어볼 방법이 필요하다. 하나의 특성은 값의 크기대로 나열한 목록이나 막대 차트로 나타낼 수 있다. 그러나 어떤 부품의 성능이 딱 하나의 특성에만 의존하는 경우는 드물다. 거의 항상 특성들의 조합이 문제된다. 예를 들어 가벼우면서도 강성이 큰 재료, 내식성이 좋으면서도 열전도성이 우수한 재료, 인성을 가졌으면서 강도가 높은 재료에 대한 필요성이다. 여기서 두 개의 특성을 각각의 축으로 두고 특성공간에서 각 재료클래스가 차지하는 영역과 각 재료가 차지하는 위치를 그래프로 그리는 아이디어가 등장한다.

그 결과로서 차트들은 여러 방면에서 유용하다. 많은 정보를 빽빽하면서도 접근 가능한 형태로 압축하였고, 재료특성 사이의 상관관계를 밝혀 데이터를 확인하고 추정하는 데 도움을 준다. 이 책의 나중에 나오는 장들은 재료선택에 공정이 재료특성에 미치는 영향을 파악하는데, 형상이 어떻게 구조적인 효율을 향상하는지 이해하고 추가적인 재료 개발의 방향을 설정하는데 도구로 쓰인다.

재료선택 차트에 숨겨진 아이디어는 4.2절에 실제로 차트를 소개하면서 간략하게 설명되어 있다. 그 다음 절은 차트들을 직접 소개하므로 그다지 간략하지 않다. 전부 읽을 필요는 없지만 차트를 유창하게 읽고 해석할 수 있으며, 차트에 나타나는 설계 지침의 의미를 이해할 수 있을 정도로 충분히 공부하는 것이 좋다. 나중에 어떤 차트를 사용하게 된다면 올바르게 해석하기 위해 여기에 주어진 배경지식까지 읽기를 권한다.

머리말에 언급하였듯이 교육을 목적으로 이 차트들을 복사, 배포하는 것은 저작권법에 위배되지 않는다.[1)]

4.2 재료특성의 탐색

어떤 공업용 재료의 각 특성은 일정한 범위를 갖는다. 그 범위가 때로는 매우 넓어서 많은 특성들이 10^5배 이상의 차이를 보인다. 이를 보여주는 한 가지 방법은 탄성계수에 대해서 나타낸 그림 4.1과 같은 막대 차트다. 각 막대는 한 가지 재료를 나타낸다. 막대의 길이는 재료

---

1) 일련의 차트들을 www.grantadesign.com에서 다운로드할 수 있다. 이 장에 수록된 차트는 모두 Granta Design의 CES Edu 재료선택 소프트웨어로 만들었다. 이를 사용하면 재료특성의 쌍을 가로 세로 축에 둔 어떤 차트라도 만들 수 있다.

가 다양한 형태에서 갖는 탄성계수의 범위를 나타낸다. 재료들은 재료클래스에 따라 모여 있고, 각 재료클래스는 특징적인 범위를 차지한다. 금속과 세라믹은 높은 탄성계수를, 고분자는 낮은 탄성계수를, 하이브리드 재료는 넓은 범위에 걸친 탄성계수를 보여준다. 전체 범위는 10^6배 정도여서 로그 척도로 나타낼 수밖에 없다.

그림 4.2에 사용된 다른 방법으로는 더 많은 정보를 보여줄 수 있다. 여기서는 하나의 특성(탄성계수 E)과 다른 특성(밀도 ρ)을 양 축으로 로그 눈금의 그래프를 그렸다. 축의 범위는 가장 가볍고 약한 발포재로부터 가장 강성이고 무거운 금속까지 모든 재료를 포함하도록 정하였다. 그러다보니 범위가 너무 커서 역시 로그 척도로 그려야 한다. 그러면 한 재료가족(예를 들어 고분자)의 데이터가 차트의 특정 영역에 모여 있음을 알 수 있다. 하나의 재료가족과 관련된 하위 범위는 어떤 경우에도 그 특성의 전체 범위보다 작다. 그림에서 보듯이 한 재료가족의 데이터는 특성 테두리로 에워쌀 수 있다. 여러 개의 테두리가 차트에 나타나 있다. 그림 4.3은 실제 $E-\rho$ 차트인데, 각 재료 가족을 나타내는 테두리들이 있고, 그 안에 재료클래스와 하위클래스를 아우르는 흰색 버블(bubble)들이 있다.

이 모든 것은 충분히 간단하고 데이터를 그래프로 나타내는 편리한 방법일 뿐이다. 그러나 축과 척도를 적절히 선택하면 더 많은 것을 첨가할 수 있다. 고체 내에서의 음속은 탄성계수 E와 밀도 ρ에 좌우된다. 예를 들어 종파의 속도 υ는

$$\upsilon = \left(\frac{E}{\rho}\right)^{1/2}$$

또는(로그를 취하여)

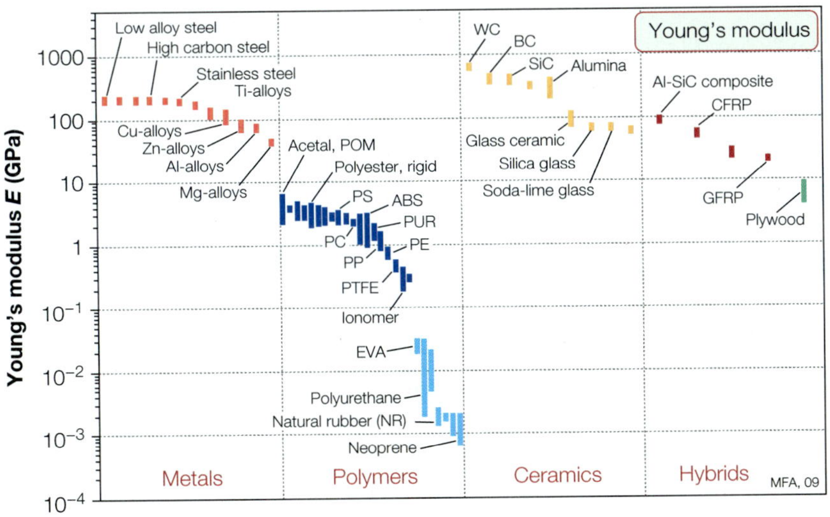

그림 4.1 고체 재료가족의 탄성계수를 나타낸 막대 차트 : 각 막대는 특정한 재료의 탄성계수의 범위를 보여주고, 일부에는 재료의 이름이 적혀 있다.

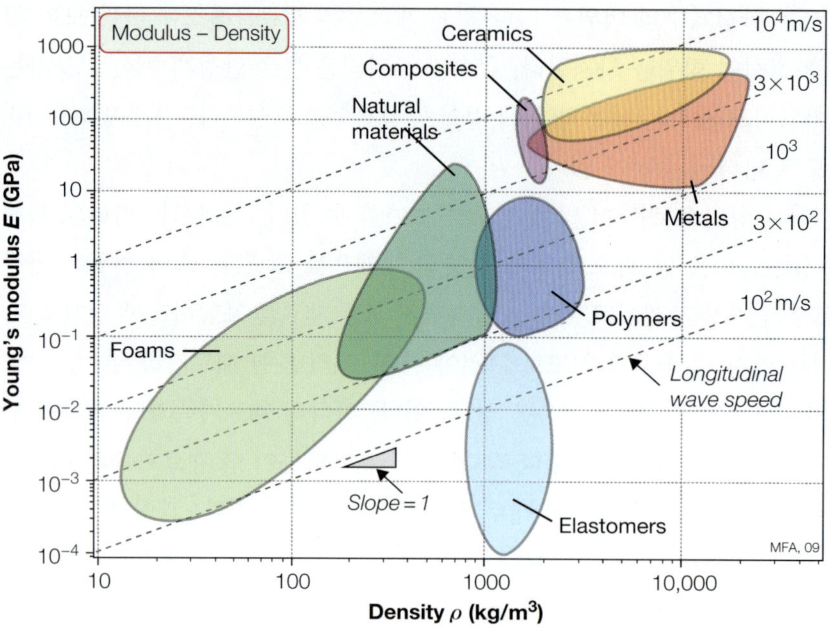

그림 4.2 재료특성 차트의 아이디어 : 탄성계수 E대 밀도 ρ의 그래프를 로그 척도로 그렸다. 각 재료 가족은 차트의 특정 영역을 차지한다. 로그 눈금 덕분에 탄성파 전파 속도 $\upsilon = (E/\rho)^{1/2}$를 평행 등속선으로 그릴 수 있다.

$$\log E = \log \rho + 2 \log \upsilon$$

음속 υ의 값을 고정하였을 때, 이 식은 그림 4.2와 4.3에 기울기 1인 직선으로 나타난다. 그래서 음속의 등속선들을 차트에 그려 넣을 수 있다. 그것은 서로 평행한 몇 개의 대각선(점선)으로 나타나고 종파의 속도가 같은 재료들을 연결한다. 모든 차트에는 이런 식의 기본관계를 추가할 수 있다. 뿐만 아니라 재료지수라고 불리는 설계 최적화 변수도 차트에 등고선으로 첨가할 수 있다. 이에 관해서는 제5장에서 다룬다.

기계적, 열적 특성들 중에는 재료를 특징 짓거나 또는 공학설계에 있어서 일차적으로 중요한 삼십 가지 정도가 있다. 그것들은 표 3.1에 수록하였는데 밀도, 탄성계수, 강도, 경도, 인성, 열 및 전기 전도도, 열팽창계수, 비열을 포함한다. 소개할 차트들은 표 4.1에 수록된 재료가족과 클래스의 특성 데이터를 보여준다. 재료가족의 목록은 그림 3.1의 여섯 가지에서 확대되었다. 더 일반적으로는 모두 하이브리드 재료에 속하지만 복합재료와 발포재와 천연소재를 분리하였다. 고성능 공업용 세라믹(예: 탄화규소)과 저급 비공업용 세라믹(예: 콘크리트나 벽돌) 역시 구분하였다. 각 재료가족 내에서 가족 특성의 전 범위를 포괄하며, 가장 많이 사용하는 대표적인 재료들의 데이터를 그래프에 그린다. 이런 식으로 한 재료가족의 굵은 테두리선은 표 4.1에 수록된 재료뿐만 아니라 재료가족에 속하는 거의 모든 재료의 데이터를 포함하게 된다.

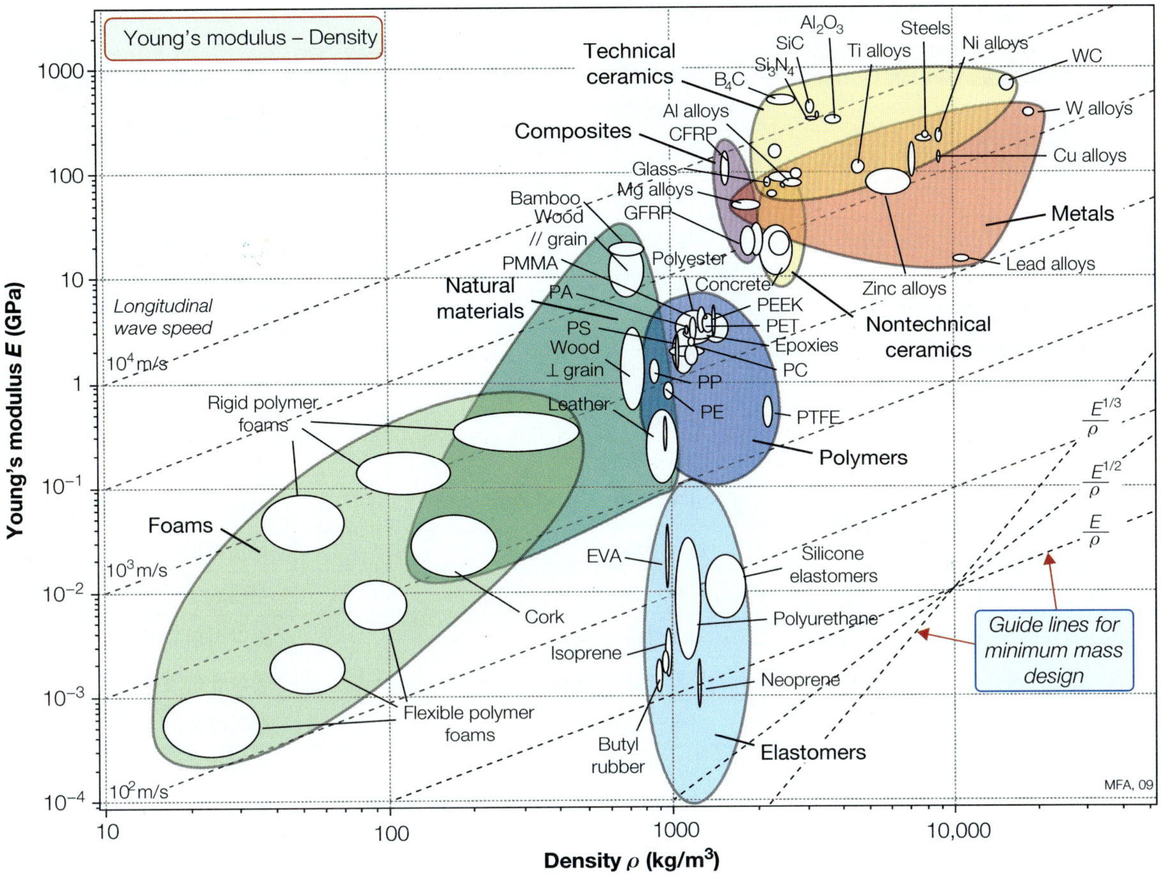

그림 4.3 탄성계수(E) 대 밀도(ρ)의 그래프 : 굵은 테두리선이 특정 재료가족의 데이터를 에워싼다. 대각선의 등고선은 종파 속도를 나타낸다. E/ρ, $E^{1/2}/\rho$, $E^{1/3}/\rho$이 일정한 값을 갖는 가이드라인(점선)은 최소 무게의 변형제한 설계를 위한 재료의 목록을 제공한다.

표 4.1 재료가족과 그에 속하는 재료클래스

재료가족	재료클래스	짧은 명칭
금속(공업용 금속과 합금)	알루미늄 합금	Al합금
	구리 합금	Cu합금
	마그네슘 합금	Mg합금
	니켈 합금	Ni합금
	탄소강	강철
	스테인리스강	스테인리스강
	주석 합금	Sn합금
	티타늄 합금	Ti합금

표 4.1 재료가족과 그에 속하는 재료클래스(계속)

재료가족	재료클래스	짧은 명칭
금속(공업용 금속과 합금)	텅스텐 합금	W합금
	납 합금	Pb합금
	아연 합금	Zn합금
세라믹 — 공업용 세라믹 (하중지탱 용도에 가능한 고성능 세라믹)	산화알루미늄	Al_2O_3(알루미나)
	질화알루미늄	AlN
	탄화붕소	B_4C
	탄화규소	SiC
	질화규소	Si_3N_4
	탄화텅스텐	WC
세라믹 — 비공업용 세라믹 (건설용 다공질 세라믹)	벽돌	벽돌
	콘크리트	콘크리트
	석재	석재
유리	소다석회 유리	소다석회유리
	붕화규산염 유리	붕화규산염유리
	실리카 유리	실리카유리
	유리세라믹	유리세라믹
고분자 (공업용 열가소성 수지와 열경화성 수지)	아크릴로나이트릴-부타디엔-스타이렌	ABS
	셀룰로스아세테이트	CA
	이오노머	이오노머
	에폭시	에폭시
	페놀	페놀
	폴리아마이드(나일론)	PA
	폴리카보네이트	PC
	폴리에스터	폴리에스터
	폴리에테르에테르키톤	PEEK
	폴리에틸렌	PE
	폴리에틸렌테레프탈레이트	PET
	폴리메틸메트아크릴레이트	PMMA
	폴리옥시메틸렌(아세탈)	POM
	폴리프로필렌	PP
	폴리스타이렌	PS
	폴리테트라플로로에틸렌	PTFE

표 4.1 재료가족과 그에 속하는 재료클래스(계속)

재료가족	재료클래스	짧은 명칭
고분자 (공업용 열가소성 수지와 열경화성 수지)	폴리염화비닐	PVC
탄성중합체 (공업용 고무, 천연고무 및 합성고무)	부틸고무	부틸고무
	EVA	EVA
	이소프렌 고무	이소프렌
	천연고무	천연고무
	폴리클로로프렌(네오프렌)	네오프렌
	폴리우레탄	PU
	실리콘고무	Silicone
하이브리드 재료 (복합재료, 발포재, 천연소재)	탄소섬유강화 플라스틱	CFRP
	유리섬유강화 플라스틱	GFRP
	탄화규소강화 알루미늄	SiC/Al
	유연성 고분자 발포재	유연성 발포재
	강직성 고분자 발포재	강직성 발포재
	코르크	코르크
	대나무	대나무
	나무	나무

다음에 나오는 차트들은 각 재료의 특성값 범위를 보여준다. 때때로 그 범위가 좁을 수 있다. 예를 들어 구리의 탄성계수는 순도와 질감 등의 영향에도 불구하고 평균값에서 수 퍼센트 정도밖에 벗어나지 않는다. 그러나 때로는 범위가 넓을 수도 있다. 금속의 강도는 조성, 가공경화 상태, 열처리 등에 따라 100배 이상 달라질 수 있다. 결정화도와 교차결합의 정도는 고분자의 탄성계수에 큰 영향을 준다. 기공률은 세라믹의 강도에 영향을 미친다. 구조에 민감한 이런 특성들은 차트에서 굵은 테두리선 내에 길쭉하게 늘어진 버블로 나타난다.

4.3 재료특성 차트

탄성계수와 밀도는 우리에게 익숙한 특성들이다. 탄성계수의 영향으로 강철은 단단하고 고무는 유연하다. 납이 무겁고 코르크가 물에 뜨는 것은 밀도의 효과이다. 그림 4.3은 공업용 재료의 탄성계수(영의 계수) E와 밀도 ρ을 전 범위에 걸쳐 보여준다. 특정 재료가족의 재료 데이터는 차트상에서 밀집하여 굵은 선 테두리로 에워쌀 수 있다. 동일한 재료가족 테두리가 모든 차트에 그려져 있다. 그것들은 표 4.1의 주요 재료가족 명칭에 해당한다.

고체의 밀도는 원자나 이온의 원자량, 크기, 결정구조인 세 가지 요소에 의해 좌우된다. 원자의 크기는 $2 \times 10^{-29}\ \mathrm{m}^3$의 두 배 이내로 비슷비슷하다. 원자충진율 또한 많아야 두 배 정도밖에 차이나지 않는다. 조밀충진(close-packed)구조의 원자충진율이 0.74, 다이아몬드 입방구조와 같이 열린 구조는 약 0.34이다. 따라서 밀도의 넓은 범위는 주로 원자량의 차이에 기인한다(수소 1, 우라늄 238). 금속은 무거운 원자가 빽빽하게 밀집되어 밀도가 높고, 고분자는 거의 탄소(원자량 12)와 수소로 구성되고 저밀도의 비결정질 또는 결정질로 이루어져 밀도가 낮다. 또한 세라믹은 가벼운 O, N, C 원자를 포함하기 때문에 대체로 금속보다 밀도가 낮다. 가장 가벼운 원자를 가장 열린 구조로 배열한 고체라 하더라도 1,000 kg/m^3 정도의 밀도를 갖는다. 이보다 밀도가 낮은 재료는 기공을 많이 포함한 셀 구조로 이루어진 발포재이다.

대부분의 재료에서 탄성계수는 결합 강성과 단위 부피당 결합의 밀도 두 가지 인자에 따라 결정된다. 결합은 스프링과 같으며, 그것의 스프링상수는 S(단위: N/m)이다. 영의 계수 E는 대략

$$E = \frac{S}{r_o} \tag{4.1}$$

이다. 여기서 r_o는 '원자 크기'(r_o^3는 평균 원자부피 또는 이온부피)이다. 탄성계수의 범위가 넓은 이유는 대체로 S값의 범위가 넓기 때문이다. 공유결합은 강성이 크고(S = 20~200 N/m), 금속결합과 이온결합은 강성이 조금 더 약하다(S = 15~100 N/m). 다이아몬드는 탄성계수가 매우 높은데 이는 탄소 원자가 작아서 결합밀도가 높고, 원자들이 매우 강한(S = 200 N/m) 스프링으로 결합되어 있기 때문이다. 금속은 조밀충진구조이므로 결합밀도가 높고 결합이 다이아몬드만큼은 아니더라도 매우 강하기 때문에 탄성계수가 크다. 고분자는 강한 다이아몬드 형의 공유결합과 약한 수소결합 또는 반데르발스 결합(S = 0.5~2 N/m) 두 가지를 다 포함한다. 고분자가 변형될 때에는 약한 결합이 늘어나는 것이고, 그 때문에 탄성계수의 값이 작다.

그러나 약한 결합(S = 0.5 N/m)으로 이루어진 크기가 큰($r_o = 3 \times 10^{-10}$ m) 원자조차도 탄성계수의 값은 대략

$$E = \frac{0.5}{3 \times 10^{-10}} \approx 1\,\mathrm{GPa} \tag{4.2}$$

이다. 이것이 진정한 고체에 대한 하한치이다. 차트는 많은 재료가 이보다 낮은 탄성계수를 갖

고 있음을 보여주는데, 이들은 탄성중합체이거나 발포재이다. 고분자 탄성중합체는 약한 이차 결합이 녹아서(이들의 유리천이온도 T_g는 상온보다 낮음) 길고 헝클어진 분자사슬과 관련된 아주 약한 '엔트로피' 복원력만 남았기 때문에 E가 작다. 또한 발포재는 하중이 가해졌을 때 셀 벽이 쉽게 구부러지기 때문에 탄성계수가 작다. 이에 관하여 제11장에서 더 살펴볼 것이다.

차트에 보이듯이 공업용재료의 탄성계수는 0.0001 GPa(저밀도 발포재)에서 1,000 GPa(다이아몬드)까지 10^7배의 차이가 나고[2], 밀도는 0.01 이하에서 20 Mg/m^3까지 2,000배의 차이가 난다. 세라믹은 전체적으로 굉장히 강직하고 금속은 약간 덜하다. 그러나 탄성계수가 10 GPa 이하인 것은 없다. 그에 반해 일반적인 고분자의 탄성계수는 0.8~8.0 GPa 사이에 있다. 이보다 탄성계수가 작은 재료는 탄성중합체 또는 발포재이다.

로그 눈금 덕분에 더 많은 정보를 포함할 수 있다. 앞 절에서 설명하였듯이 재료 내에서의 탄성파 속도와 그 재료로 만든 부품의 고유진동수는 $(E/\rho)^{1/2}$에 비례한다. $(E/\rho)^{1/2}$의 등속선이 차트에 그려져 있고 종파 속도가 표시되어 있다. 속도는 50 m/s 이하(연성 탄성중합체)부터 10^4 m/s를 약간 초과한 값(강성 세라믹)까지 다양하다. 한편, 알루미늄과 유리는 낮은 밀도 때문에 탄성계수가 낮아도 파동을 빠르게 전파시킨다. 낮은 탄성계수 때문에 발포재 내부의 전파 속도가 느리다고 예상할지 모르지만 낮은 밀도가 그 효과를 상쇄한다. 이와 유사하게 목재에

재료특성에 대한 개관

금속 중에서 어떤 클래스가 가장 가벼운가? 어떤 클래스가 가장 무거운가? 어떤 클래스가 가장 강성이 높은가? 어떤 클래스가 가장 강성이 낮은가?

풀이 차트를 훑어보면 마그네슘 합금이 가장 가볍고 텅스텐 합금이 가장 무겁다. 텅스텐 합금은 또한 금속 중에서 가장 강성이 높고 납 합금이 가장 강성이 낮다. 차트들은 이 장과 이어지는 장에서 모두 이런 방식으로 신속한 비교를 위해 활용된다.

음속의 비교

재료 내에서 종파의 전달 속도가 3,000 m/s인 금속이 필요하다. 그림 4.3을 이용하여 후보재료를 찾아보라.

풀이 차트를 읽어보면 아연 합금, 구리 합금, 텅스텐 합금이 모두 종파의 속도가 3,000 m/s에 가까운 재료들이다.

2) 밀도가 매우 낮은 발포재와 젤(액체로 가득찬 분자 수준의 발포재라고 생각할 수 있음)은 이보다 탄성계수가 낮을 수 있다. 예를 들어, 젤라틴(Jello에 사용)은 탄성계수가 약 10^{-5} GPa이다. 그 강도와 파괴인성 또한 차트의 하한선 아래에 위치한다.

서는 결에 수직 방향으로는 속도가 느리지만, 결에 평행한 방향으로는 거의 강철에서만큼 빠르다. 이는 악기를 설계할 때 이용하는 특징이다.

이 차트는 무게를 최소화해야 하는 설계를 위한 재료선택의 보편적 문제 해결을 돕는다. 세 가지의 가장 일반적인 하중인가 방식에 대응하는 가이드라인이 그려져 있다. 그것들은 제5장, 제6장에서 다루는 방법으로, 최소 무게의 강성제한 설계를 위한 재료선택에 이용된다.

강도-밀도 차트(그림 4.4)

고체의 탄성계수는 재료 별로 비교적 정확한 값을 갖는 잘 정의된 물리량이지만, 강도는 그렇지 못하다. 그림 4.4에 강도 대 밀도의 그래프를 나타내었다.

'강도'라는 단어는 정의를 필요로 한다(3.3절 참고). 금속과 고분자에서는 항복강도를 뜻하는

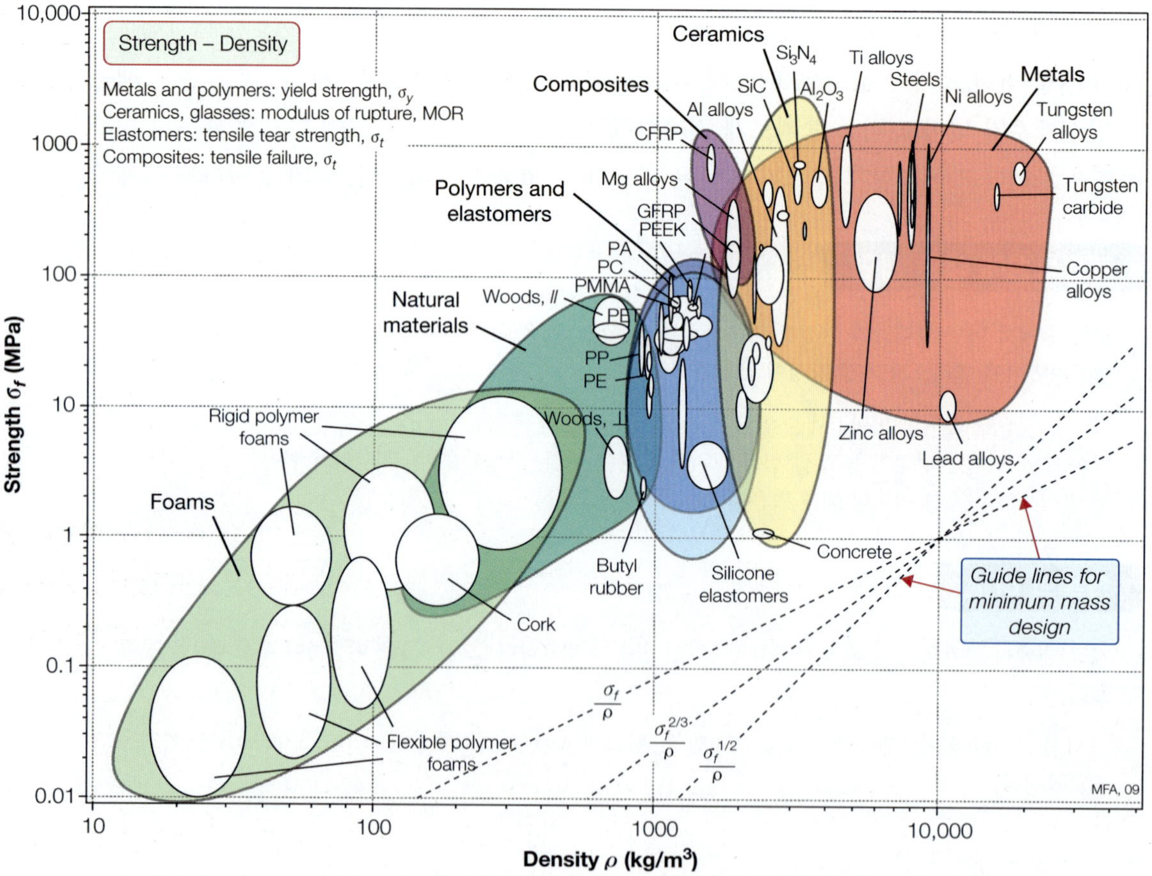

그림 4.4 강도(σ_f)대 밀도(ρ)의 그래프 : (금속과 고분자는 항복강도, 세라믹은 압축강도, 탄성중합체는 찢김강도, 복합재료는 인장강도). σ_f/ρ, $\sigma_f^{2/3}/\rho$, $\sigma_f^{1/2}/\rho$가 일정한 값을 갖는 가이드라인은 최소 무게의 항복제한 설계에 쓰인다.

데, 재료의 범위가 가공강화된 것과 풀림된 것까지 포함하므로 그 범위가 매우 넓다. 취성 세라믹의 경우 그래프에 나타낸 강도는 굽힘강도 또는 파단계수(MOR)이다. 이것은 인장강도보다 약간 크지만 압축강도보다 훨씬 작다. 취성 세라믹에서 압축강도는 인장강도보다 10~15배 더 크다. 탄성중합체의 경우에 강도는 인장 찢김강도를 뜻한다. 복합재료의 경우는 인장 파단강도(압축강도는 섬유좌굴 때문에 30%까지 약할 수 있다)이다. 각기 다른 파손기구에도 불구하고 우리는 일차적인 비교를 위해 이 모든 경우에 기호 σ_f를 사용할 것이다.

한 재료의 강도 버블이 수직 방향으로 상당히 늘어난 것은 합금된 정도, 가공경화, 결정립의 크기, 기공률 등에 의해 야기된 넓은 범위를 반영한다. 앞에서와 같이 재료가족에 속한 재료는 서로 모여 있어 굵은 테두리선으로 에워쌀 수 있으며, 차트의 특정 영역을 차지한다.

공업용 재료 강도의 범위는 탄성계수와 마찬가지로 0.01 MPa 이하(포장재나 에너지 흡수 장치에 쓰이는 발포재)에서부터 10^4 MPa(다이아몬드의 강도)까지 10^6배 정도의 차이가 난다. 이 넓은 범위를 이해하는 데 가장 중요한 개념은 격자저항 또는 페이얼스응력(소성전단에 대한 결정구조 고유의 저항)이다. 결정의 소성전단은 전위의 이동과 관련이 있다. 순수 금속은 결합이 국부적이지 않은 때문에 전위의 이동을 거의 방해하지 않으므로 부드럽고, 세라믹은 국부적인 공유결합과 이온결합(구조가 전단될 때 끊어졌다가 다시 형성되어야 함)이 전위를 제자리에 고정하기 때문에 단단하다. 비결정질 고체의 경우에는 고분자사슬의 두 부분의 상대적 미끄러짐 또는 유리 네트워크 안의 작은 분자 무리의 전단과 같은 흐름 과정의 단위 단계당 에너지를 생각할 수 있다. 그 강도는 격자저항과 근원이 같다. 단위단계가 강한 결합(무기질 유리에서와 같은 결합)을 끊는 것을 포함한다면 재료는 강하고, 단지 약한 결합(예를 들어 고분자의 반데르발스결합)을 끊는 것만을 포함한다면 재료는 약하다. 파괴에 의한 재료의 파손도 비슷한 경우인데, 격자저항이나 비결정질에서의 비슷한 응력이 충분히 커서 원자 분리(파괴)가 먼저 일어나기 때문이다.

격자저항이 낮으면 재료의 미끄러짐에 장애물을 도입하여 강화할 수 있다. 금속에 합금 원소, 입자, 결정 입계와 다른 전위(가공경화)를 더하는 것, 고분자에 교차결합을 도입하거나 특정 방향으로 분자사슬을 배열함으로써 재료가 변형할 때 약한 반데르발스결합뿐만 아니라 강한

가벼우면서 고강도

어떤 재료가 강도(σ_f)대 밀도(ρ)의 비가 가장 큰가? 그림 4.4를 이용하여 찾아내 보라.

풀이 차트에서 σ_f/ρ의 값이 가장 높은 재료는 왼쪽 위에 위치한다. (σ_f/ρ)의 비는 차트에 기울기 1인 직선으로 나타나 있다. 오른쪽 아래에 세 가지 가이드라인이 있으며, 그중에서 기울기 1인 직선을 끌어올려 보면 탄소섬유강화고분자(CFRP)복합재료가 찾는 것임을 알 수 있다.

공유결합까지 끊어지도록 유도하는 것이 이에 속한다. 한편, 격자저항이 높으면 더 이상의 경화는 불필요하고, 파괴를 억제하는 것이 더 중요하다.

이 차트의 중요한 용도는 경량 강도제한설계에서의 재료선택이다. 연결봉, 기둥, 빔과 판의 최소무게 설계와 관성력이 중요한 움직이는 부품의 항복제한설계를 위한 재료선택의 가이드라인을 표시하였다. 그 쓰임은 제5장과 제6장에서 설명한다.

탄성계수-강도 차트(그림 4.5)

고장력 강철은 좋은 스프링을 만든다. 그러나 고무 또한 그러하다. 어떻게 서로 다른 재료가 같은 용도에 들어맞을까? 이것과 함께 다른 의문들이 가장 유용한 차트 중의 하나인 그림

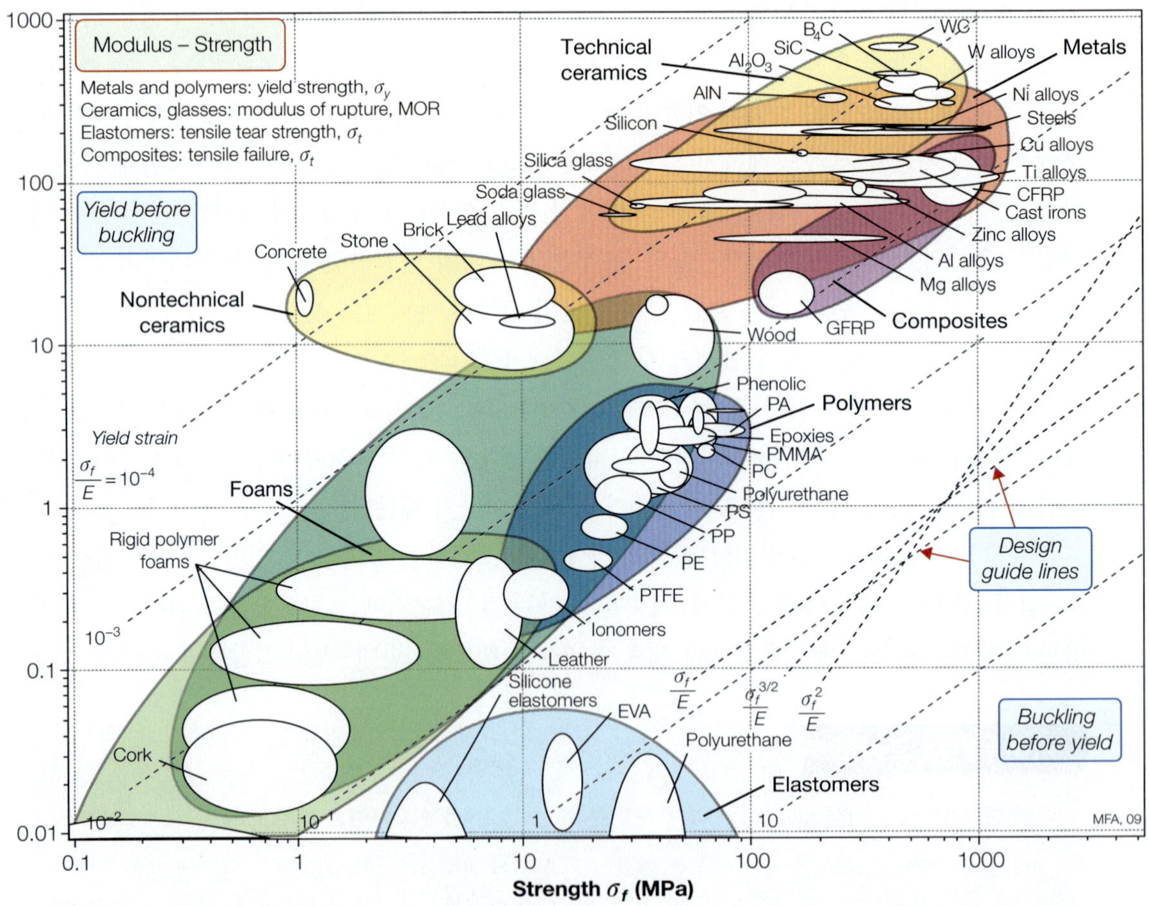

그림 4.5 탄성계수(E) 대 강도(σ_f)의 그래프 : 설계 가이드라인은 스프링, 축, 칼날, 격판, 경첩을 위한 재료선택을 돕는다. 가이드라인의 쓰임은 제5장과 제6장에서 설명한다.

4.5에서 해결된다.

차트는 탄성계수 E 대 강도 σ_f의 그래프이다. '강도'의 기준은 앞에서와 같다. 금속과 고분자의 항복강도, 세라믹의 굽힘강도, 탄성중합체의 찢김강도, 복합재료와 목재의 인장강도를 모두 σ_f의 기호로 나타낸다. 항복변형도(yield strain), 즉 재료가 선형탄성을 벗어나는 순간의 변형도, σ_f/E의 등고선을 평행한 직선으로 표현한다.

항복변형도를 먼저 살펴보자. 공업용 고분자의 항복변형도는 0.01~0.1 사이로 매우 크다. 금속의 항복변형도는 이보다 최소한 10배는 작다. 복합재료와 목재는 금속 중 가장 강한 것들과 함께 0.01 등고선에 위치한다. 탄성중합체는 예외적으로 낮은 탄성계수 때문에 그 값이 1~10으로 다른 재료가족보다 크다.

원자간 힘이 작용하는 거리는 매우 짧아서 결합이 원래 길이의 10% 이상 늘어나면 끊어진다. 그러므로 결합을 끊기 위해 필요한 힘은 대략

$$F^* \approx \frac{Sr_o}{10} \tag{4.3}$$

이다. 여기서 S는 앞에서도 나왔지만 결합강성이다. 고체의 파괴변형도는 대략

$$\frac{\sigma_f}{E} \approx \frac{F^*}{r_o^2} / \left(\frac{S}{r_o}\right) = \frac{1}{10} \tag{4.4}$$

이다. 차트에서 보듯이 일부 고분자에서는 파손변형도(failure strain)가 이만큼 크다. 대부분의 고체에서는 두 가지 이유 때문에 파손변형도가 이에 미치지 못한다.

첫째, 국부적이지 않은 결합(결합에너지가 원자와 최인접원자 뿐만 아니라 많은 수의 다른 원자들과의 상호작용에서 발생하는 경우)은 전단 시 끊어지지 않는다. 금속결합과 특정 전단방향의 이온결합이 이러하다. 예를 들어 순도가 높은 금속은 E/10,000 정도의 낮은 응력에도 항복하므로 공학적으로 사용하려면 강화기구를 필요로 한다. 공유결합은 국부적이고, 그 때문에 공유결합으로 이루어진 고체는 저온에서 E/10 정도로 항복강도가 높다. 그것의 측정은 압입(indentation)으로 가능한 경우도 있긴 하지만, 두 번째 이유인 일반적으로 결함을 포함하고 있다는 약점 때문에 어렵다. 두 번째 이유인 결함은 응력집중의 원인으로 작용하여 '이상적인' E/10보다 훨씬 낮은 응력에서도 전단이나 파괴를 전파할 수 있다. 탄성중합체의 경우 예외적인데(강도의 크기가 E와 비슷함), 이는 변형 시 탄성계수가 결합길이의 늘어남이 아니라 헝클어진 분자사슬의 엔트로피 변화로부터 유도되기 때문이다.

강도가 높고 탄성계수가 낮은 재료는 오른쪽 아래에 있다. 이 재료들은 판이나 기둥으로 하중을 받았을 때 항복에 앞서 좌굴하는 경향이 크다. 왼쪽 위의 재료들은 탄성계수가 높고 강

강한 고체

그림 4.4의 강도-밀도 차트를 이용하여 강도가 1000 MPa 이상인 멤버를 포함하는 세 가지 재료클래스를 찾아보라.

풀이 강철, 티타늄 합금, 탄소섬유강화(CFRP)복합재료는 모두 강도가 1,000 MPa 이상인 멤버를 포함한다.

도가 낮아 좌굴하기 전에 항복한다. 스프링을 만들기에 좋은 재료를 선택하는 방법은 아직 나오지 않았다. 차트를 거기에 활용하는 방법은 차트에 나온 가이드라인과 관계가 있으며, 제6장의 6.7절에서 설명한다.

비강성-비강도 차트(그림 4.6)

많은 설계는 특히, 움직이는 것들을 위한 설계는 최소무게에서 강성이 크고 강도가 높아야 한다. 이를 돕기 위해 그림 4.5의 데이터를 각 재료의 밀도 ρ로 나눈 뒤에 그림 4.6에 다시 나타내어 E/ρ 대 σ_f/ρ의 그래프를 그렸다.

복합재료, 특히 CFRP는 가장 매력적인 비특성들을 가진 재료가족으로 항공우주산업에서 점점 더 많이 사용되고 있다. 세라믹은 단위 무게당 강성이 엄청나게 높고, 단위 무게당 강도도 금속만큼 높다. 금속은 상대적으로 높은 밀도 때문에 관심의 대상에서 벗어난다. 고분자는 낮은 밀도 때문에 이전 차트보다 이 차트에서 더 빛을 발한다.

이 차트는 가벼운 스프링이나 에너지 저장장치의 재료를 선택하는 데에도 활용한다. 이것도 6.7절에 가면 나온다.

파괴인성-탄성계수 차트(그림 4.7)

재료의 강도를 증가시키는 것은 재료가 소성을 유지하고 취성파괴로 인해 파손되지 않는 한도 내에서 유용하다. 균열전파에 대한 저항의 척도가 파괴인성이다. 그림 4.7이 파괴인성 대 탄성계수 E의 차트이다. 범위는 0.01 $MPa.m^{1/2}$ 이하에서 100 $MPa.m^{1/2}$ 이상까지 넓다. 값이

가벼우면서 고강도

고급 산악자전거는 가벼우면서도 강해야 하므로 (σ_f/ρ)의 비가 특별히 높은 재료로 만들어진다. 어떤 금속클래스가 강도(σ_f)대 밀도(ρ)의 비가 가장 큰가?

풀이 그림 4.6을 보면 티타늄 합금이 가장 큰 것을 알 수 있다.

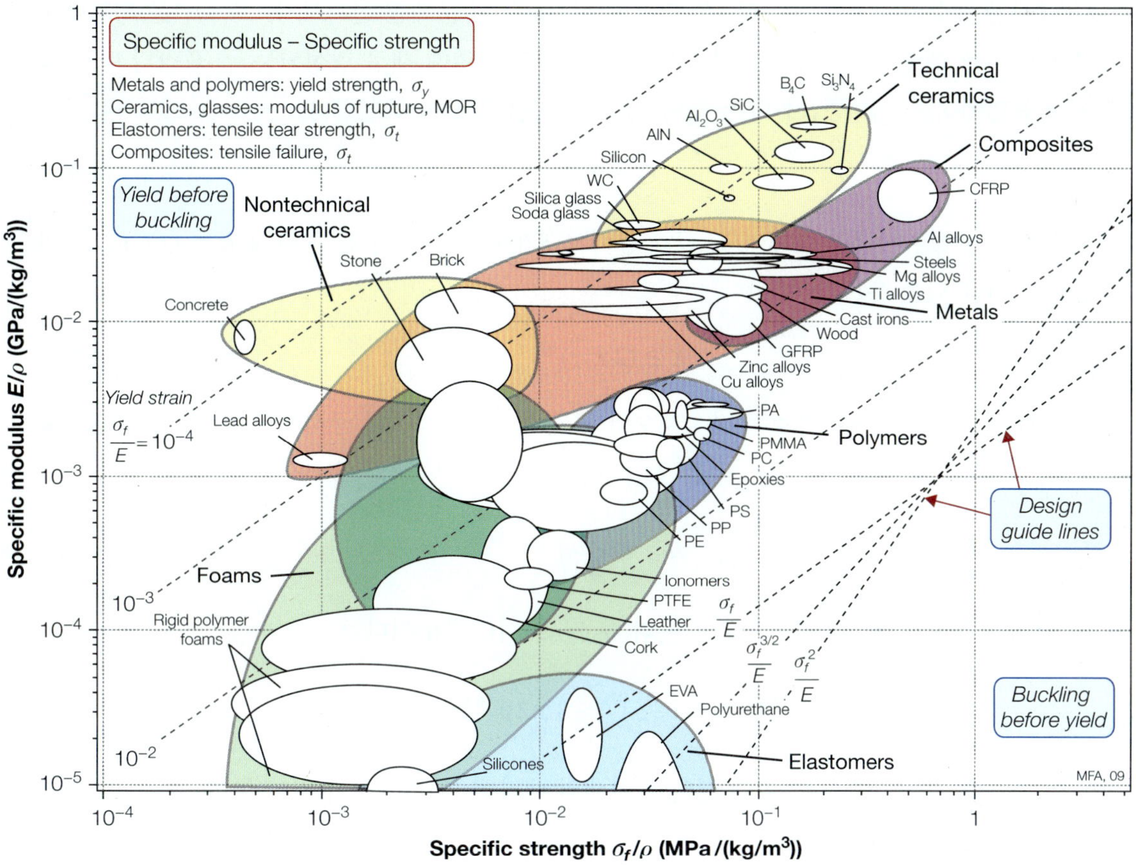

그림 4.6 비탄성계수(E/ρ) 대 비강도(σ_f/ρ)의 그래프 : 설계의 가이드라인은 가벼운 스프링과 에너지 저장장치의 재료선택을 돕는다.

낮은 쪽에 취성재료가 속한다. 취성재료는 하중을 가하였을 때 파괴되기 전까지 탄성을 유지하고, 선형탄성 파괴역학에 잘 들어맞으며 이때 파괴인성은 잘 정의된 특성이다. 값이 높은 쪽은 매우 강인한 재료들로 파괴되기 전까지 상당한 소성변형을 보인다. 이 경우에 K_{1c} 값은 대략적이며, 임계 J적분(J_c)과 임계 균열개구변위(δ_c)로부터 유도된다[예를 들어, $K_{1c} = (E\,J_c)^{1/2}$]. 그렇다 하더라도 그것은 재료의 등급을 매기는 데 도움이 된다. 차트는 금속이 공업용 재료 중에서 절대적인 우위를 차지하는 이유 중의 하나를 보여준다. 금속의 K_{1c}는 거의 다 전통적인 설계에서 하한으로 여기는 18 MPa.m$^{1/2}$ 이상이다.

일반적으로 고분자의 파괴인성은 세라믹이나 유리의 파괴인성과 비슷하다. 그렇지만 고분자는 공학적인 구조에 널리 쓰이고, 세라믹은 취성 때문에 훨씬 조심하여 다룬다. 그림 4.7은 이 명백한 모순의 해결을 돕는다. 우선 파괴의 필요조건 문제를 살펴보자. 그 조건은 외부에서 충분히 일을 해주거나 탄성에너지를 방출하여 파괴에 의해 새로 형성되는 두 표면의 단위 넓이당 표면에너지 γ을 공급한다는 것이다. 이를 다음과 같이 표현한다.

$$G \geq 2\gamma \tag{4.5}$$

여기서 G는 에너지방출 속도이다. G와 응력확대계수 K 사이의 표준 관계 $K = (EG)^{1/2}$을 이용하여 다음 식을 유도할 수 있다.

$$K \geq (2E\gamma)^{1/2} \tag{4.6}$$

고체 재료의 표면에너지 γ는 탄성계수와 관계가 있다. 적절히 근사하면 $\gamma \approx E\,r_o/20$ (r_o은 원자 크기)이고 이를 이용하여 다음 식을 얻는다.

$$K \geq E\left(\frac{r_o}{20}\right)^{1/2} \tag{4.7}$$

이 식의 오른편을 K_{1c}의 하한치로 잡는다. r_o는 2×10^{-10} m이다.

$$\frac{(K_{Ic})_{\min}}{E} = \left(\frac{r_o}{20}\right)^{1/2} \approx 3 \times 10^{-6}\ \mathrm{m}^{1/2} \tag{4.8}$$

이 조건은 차트의 오른쪽 아래 영역에 회색의 대각선 띠로 그려져 있다. 이는 K_{1c}의 하한치를 지정한다. 화학반응이나 특별한 전위구조에 저장되어 있던 탄성에너지가 피로 하중으로 인해 발산하는 것과 같은 다른 에너지 원천이 있지 않고는 그 띠 아래로 내려갈 수 없다. 그런 경우에 K_{1c}의 응력부식균열 임계값이라는 뜻으로 $(K_1)_{scc}$나 피로균열 전파 시 K_1의 최소범위라는 뜻으로 $(\Delta K_1)_{threshold}$라는 기호를 사용한다. 가장 취성인 세라믹은 파괴 순간에 흡수되는 에너지가 표면에너지보다 아주 조금밖에 많지 않기 때문에 그 임계값에 가장 가깝게 놓여있다. 반대로 금속, 고분자, 복합재료가 파괴될 때에는 보통 균열전파에 따른 소성변형 때문에 흡수되는 에너지가 훨씬 더 많다. 이에 대해서는 다음 차트에서 더 설명하겠다.

인성에 의한 비교

폴리프로필렌(PP)의 파괴인성(K_{1c})은 4 MPa.m$^{1/2}$ 정도이고, 알루미늄의 경우 약 10배 정도 높다. 그러나 변형제한 설계의 경우 인성(G_c)이 더 중요한 특성이다. 그림 4.7을 이용하여 인성을 기준으로 두 재료를 비교해보라.

풀이 알루미늄과 폴리프로필렌(PP)은 거의 정확하게 같은 값의 인성(10 kJ/m^2)을 갖는다.

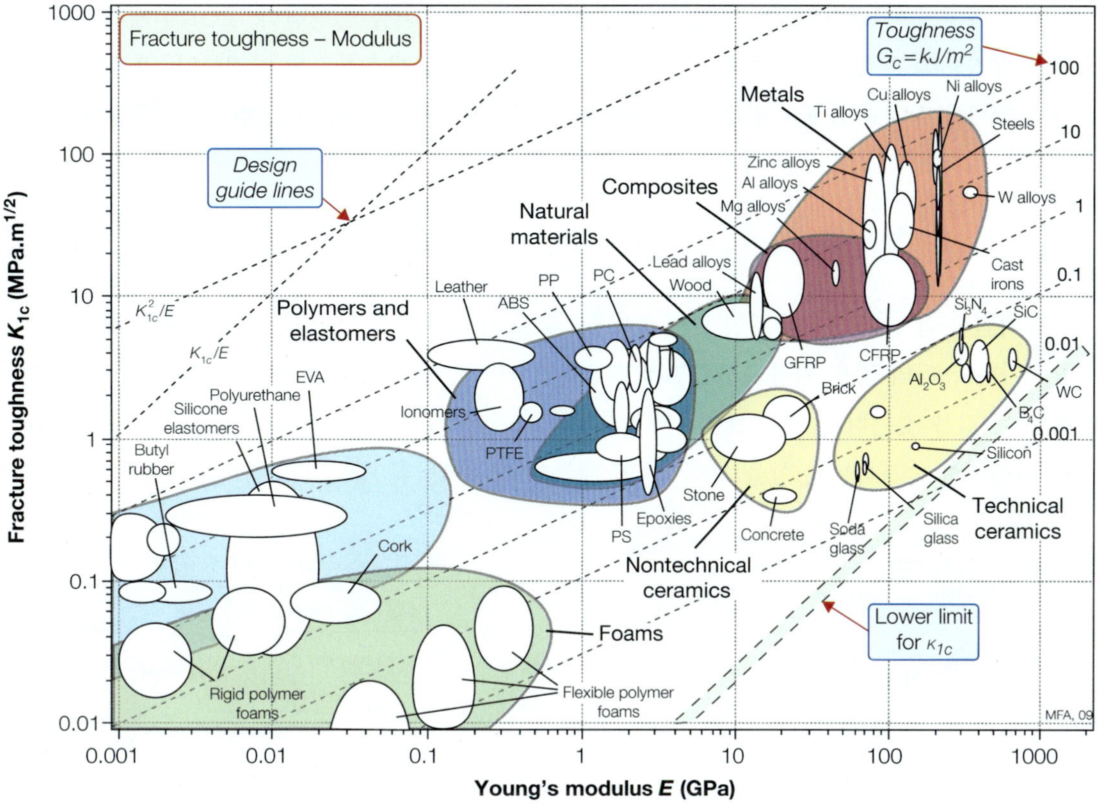

그림 4.7 파괴인성(K_{1c}) 대 탄성계수(E)의 그래프 : 직선들은 K_{1c}^2/E(대략 파괴에너지 또는 인성 G_{1c}와 같은 값)의 일정한 값을 나타낸다. 이것과 K_{1c}/E의 일정 상수 가이드라인은 파괴방지 설계를 돕는다. 회색 띠 영역이 파괴의 '필요조건'을 나타낸다. 실제로 부식이나 피로하중의 조건에서는 이 한계 아래에서도 파괴는 일어난다.

그림 4.7에는 겉보기 파괴 표면에너지($G_c \approx K_{1c}^2/E$)의 척도인 인성 G_c의 등고선이 그려져 있다. 고체의 진짜 표면에너지 γ는 10^{-4}~10^{-3} kJ/m^2 정도이다. 차트는 인성 값이 10^{-3} kJ/m^{2}에서 시작해서 10^5배인 100 kJ/m^{2}에 이른다는 것을 보여준다. 이러한 척도에서 세라믹(10^{-3}~10^{-1} kJ/m^2)은 고분자(10^{-1}~10 kJ/m^2)보다 인성이 훨씬 작다. 이는 공학설계에서 고분자가 세라믹보다 더 널리 쓰이는 부분적인 이유이다. 이러한 문제는 제6장의 6.10절에서 더 자세히 다룬다.

파괴인성-강도 차트(그림 4.8)

균열의 끝에 응력이 집중되면 선단에 프로세스 영역이 발생한다. 이는 연성 고체에서는 소성역, 세라믹에서는 미세균열 영역, 복합재료에서는 층간분리, 섬유-기지 분리, 섬유뽑힘이 일어난 영역이다. 프로세스 영역 내에서는 소성력과 마찰력에 대항해서 에너지가 소모되고,

이것이 측정된 파괴에너지 G_c와 진짜 표면에너지 2γ의 차이를 설명한다. 소모된 에너지의 양은 대략적으로 프로세스 영역의 크기 d_y와 영역 내에서의 재료강도에 비례한다. 프로세스 영역의 크기를 구하려면 $r = d_y/2$이고, 균열의 응력장($\sigma = K/\sqrt{2\pi r}$)을 재료 강도 σ_f와 같다고 놓으면,

$$d_y = \frac{K_{1c}^2}{\pi \sigma_f^2} \tag{4.9}$$

파괴인성 대 강도의 그래프인 그림 4.8에서 프로세스 영역의 크기 d_y(점선)은 매우 취성인 세라믹이나 유리의 경우 원자크기로부터, 가장 연성인 금속의 경우 거의 1 m까지 엄청나게 차이 나는 값을 갖는다는 것을 보여준다. 영역의 크기가 일정할 때, 파괴인성은 예상대로 강도에 비례해서 증가하는 경향을 보인다. 이 때문에 그림 4.8의 데이터가 차트의 대각선 주위에

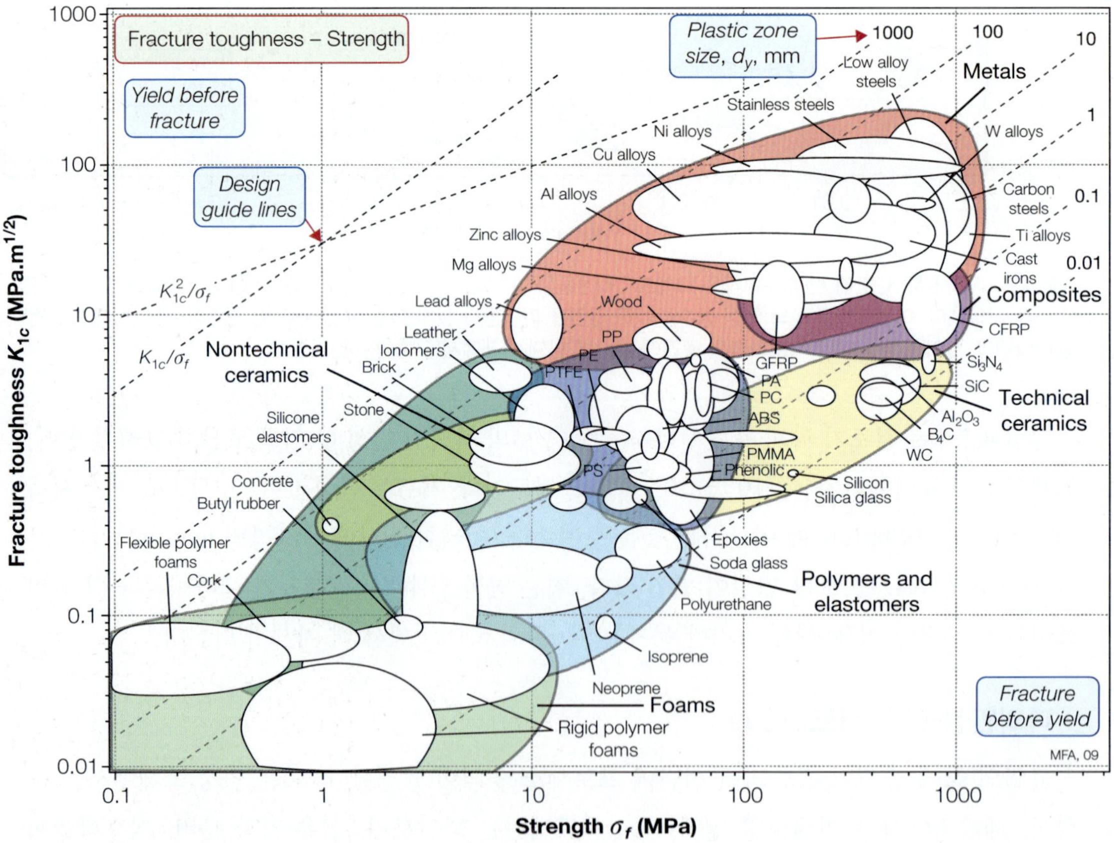

그림 4.8 파괴인성(K_{1c}) 대 강도(σ_f)의 그래프 : 등고선은 균열 끝의 프로세스 영역의 직경과 거의 같은 ($K_{1c}^2/\pi\,\sigma_f^2$)값이다. 설계 가이드라인은 손상허용설계의 재료선택에 쓰인다.

유효한 파괴인성 시험

파괴인성(K_{1c}) 시험이 유효하려면 시편의 치수가 균열 선단에 형성되는 프로세스 영역의 직경의 최소한 10배 이상이어야 한다. 그림 4.8을 이용하여 ABS에 대한 시험이 유효하기 위한 시편 크기를 추산해 보라.

풀이 ABS의 프로세스 영역의 직경은 약 1 mm이다. 파괴인성 시험이 유효하려면 시편의 치수가 최소한 10 mm는 넘어야 한다.

모여 있다.

오른쪽 아래의 재료는 강도가 높고 인성이 낮아서 항복 이전에 파괴된다. 왼쪽 위의 재료는 그 반대로 파괴 이전에 항복한다.

이 차트는 하중지탱 구조의 안전한 설계를 위한 재료선택에 활용할 수 있다. 자세한 사례연구 내용은 6.10절과 6.11절에 나온다.

손실계수-탄성계수 차트(그림 4.9)

종은 전통적으로 청동으로 만든다. 유리로 만들 수도 있고(실제로 만들기도 함), 돈이 많다면 탄화규소로도 만들 수 있다. 금속, 유리, 세라믹은 적절한 환경에서 진동하는 물체의 매우 중요한 재료특성인 고유감쇠 또는 '내부마찰'이 작다. 고유감쇠는 그림 4.9에 나타낸 손실계수 η로 측정한다.

고유감쇠와 이력현상(hysteresis)의 기구는 다양하다. 일부는('감쇠' 기구) 특정한 시간상수를 가진 프로세스와 관련이 있어 에너지 손실이 특성 진동수를 중심으로 분포한다. 나머지는('이력' 기구) 시간과 관계없는 기구로, 모든 진동수에서 에너지를 흡수한다. 금속에서 대부분의 손실은 전위의 이동이 야기하고 '이력' 기구에 기인한다. 납이나 순알루미늄과 같이 연한 금속에서 손실이 크다. 청동이나 고탄소강처럼 합금이 심한 금속은 용질원자가 전위를 고정시키므로 손실이 적다. 그리고 이런 재료가 종에 제격이다. Mn-Cu 합금에서는 변형도에 기인한 마르텐사이트 변태로 인해, 마그네슘에서는 쌍정변형 때문에 예외적으로 손실이 크다. 금속의 길쭉한 버블은 합금과 가공강화의 결과이며 접근 가능한 넓은 범위를 보여준다. 공업용 세라믹은 상온에서 엄청난 격자저항이 전위를 고정시키므로 감쇠가 작다.

한편, 다공질 세라믹은 균열로 가득차서 하중을 가하면 표면이 부딪혀 닳으면서 에너지를 발산한다. 일부 주철의 높은 감쇠도 비슷한 이유에서 비롯된다. 고분자에서는 분자사슬들이 하중을 가하였을 때 서로 마주하여 미끄러지고, 그 상대 운동에서 에너지가 손실된다.

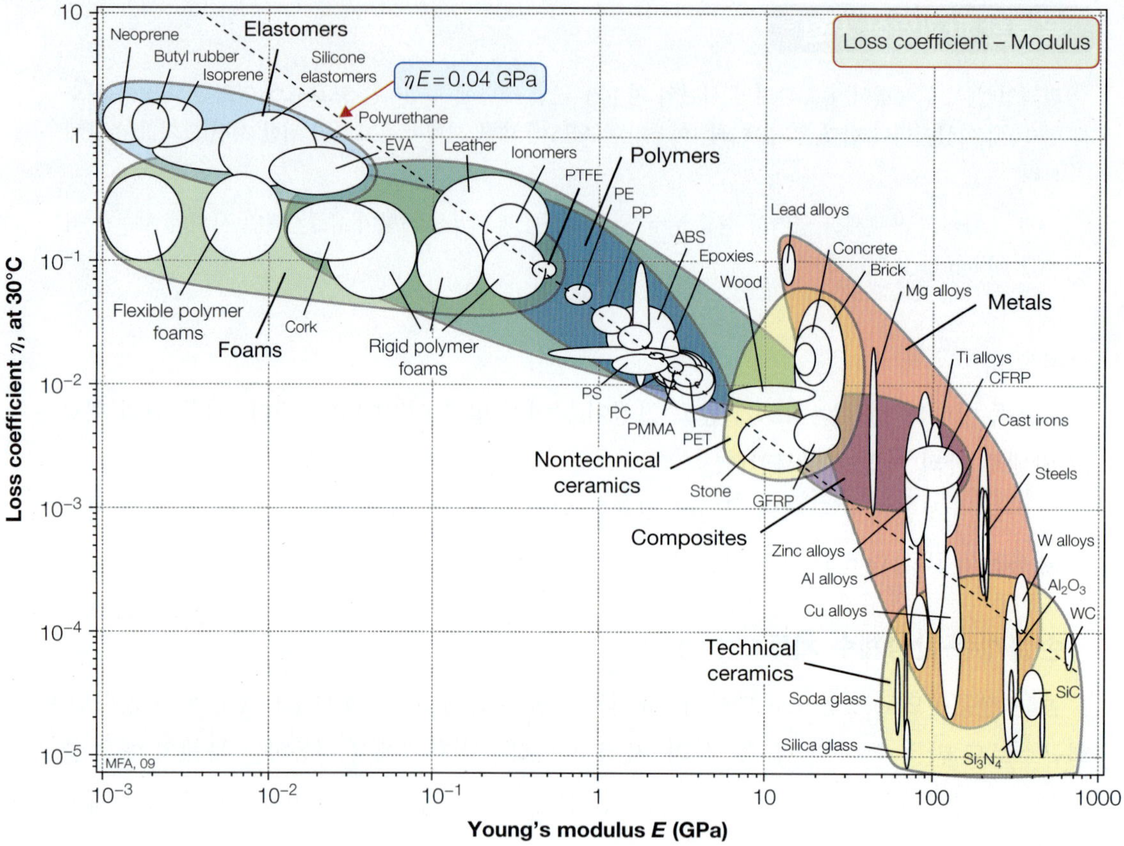

그림 4.9 손실계수(η) 대 탄성계수(E)의 그래프 : 가이드라인은 $\eta E = C$ 조건에 해당한다.

미끄러짐이 쉬운 정도는 해당온도(T는 이 경우에 상온)와 유리천이온도 T_g의 비에 따라 다르다. $(T/T_g) < 1$일 때, 이차결합들은 움직이지 않고 탄성계수가 크고 감쇠는 상대적으로 낮다. $(T/T_g) > 1$일 때, 이차결합들이 녹아서 사슬 미끄러짐이 용이하며 탄성계수는 낮고 감쇠가 높다. 이는 그림 4.9에 보이는 η와 E 사이의 명백한 반비례 관계를 설명해준다. 사실 고분자, 목재, 고분자기지 복합재료에서 근사적으로

$$\eta = \frac{4 \times 10^{-2}}{E} \tag{4.10}$$

이고, 이때 E의 단위는 GPa이다.

진동 감쇠

소형 기계공구의 진동을 감쇠시키기 위한 마운팅 재료를 구한다. 그림 4.9를 이용하여 마운팅으로 사용하도록 손실계수 η값이 가장 큰 금속재료를 찾아보라.

풀이 납 또는 납 합금이 최선의 선택이다.

진동에 의한 발열

회전 속도 $f = 5{,}000$ rpm인 원심분리기가 PTFE(Teflon) 마운트에 부착되어 있다. 밸런싱이 잘 안되어 원심분리기가 진동하면서 매 사이클마다 최대 $\sigma_{max} = 8$ MPa의 응력을 PTFE에 발생시킨다. 만일 원심분리기가 10분 동안 계속 작동하고 PTFE로부터 열손실이 없다면, 온도가 얼마나 상승할까? PTFE의 부피비열은(그림 4.11에서 읽을 수 있음) $\rho C_p = 2 \times 10^6$ J/m^3.K로 잡고, 필요한 다른 재료특성들은 그림 4.9에서 찾을 수 있다.

풀이 그림 4.9로부터 PTFE의 탄성계수는 $E = 0.4$ GPa이고 손실계수는 $\eta = 0.08$이다. 어떤 사이클에서 PTFE에 저장되는 최대 탄성에너지는

$$U_{max} = \frac{\sigma_{max}^2}{2E} = 10^4 \text{ J/m}^3$$

그중에서 $\Delta U = 2\pi\eta U_{max}$[식 (3.10)참조]가 매 사이클마다 잃어버리는 양이다. 따라서 10분 동안 PTFE 속으로 들어간 에너지는

$$U_{10mins} = 2\pi\eta U_{max}(10f) = 2.52 \times 10^8 \text{ J/m}^3$$

이 값을 PTFE의 부피비열로 나누면 온도상승은 126 °C가 된다. 마운트가 과열되는 것을 방지하려면 마운트를 통한 열전도에 의해 열이 빠져나가도록 해야 할 필요가 있다.

열전도도-전기비저항 차트(그림 4.10)

정상상태의 재료 속 열흐름에 관여하는 재료특성이 열전도도 λ(단위: W/m.K)이다. 금속의 자유전자는 '자유로워서' 금속 격자 안에서 구름처럼 돌아다닌다. 각 전자는 $(3/2)kT$의 운동에너지를 지니고(k는 볼츠만상수) 충돌에 의해 이 에너지가 전달되는 것이 바로 열전도 현상이다. 열전도도는 다음과 같이 나타낸다.

$$\lambda = \frac{1}{3} C_e \bar{c}\, l \tag{4.11}$$

여기서 C_e은 전자의 단위 부피당 비열, $\bar{c}$는 전자의 속도(2×10^5 m/s), l은 전자의 평균자유거리로 순금속에서는 보통 10^{-7} m 정도이다. 심하게 합금된 고용체(스테인리스강, 니켈바탕초내열 합금, 티타늄 합금)에서는 고용된 원자가 전자를 산재시켜 평균자유거리를 원자크기 수준($\approx 10^{-10}$ m)으

로 줄이고 그에 따라 λ도 줄어든다.

전위차를 주면 이 전자들이 격자 사이로 이동하여 재료가 전기전도성을 띤다. 전기전도도 κ는 여기서 비저항 ρ_e(SI 단위: Ω.m, 통상적으로 μΩ.cm)의 역수로 계산하는데 그 범위는 다른 특성보다 훨씬 큰 10^{28}배의 차이가 날 정도로 넓다. 전기전도도는 운반체(전자)의 밀도와 그 평균자유거리에 비례하고 여기서 비데만–프란츠 관계가 나온다.

$$\lambda \propto \kappa = \frac{1}{\rho_e} \tag{4.12}$$

물리량 λ와 ρ_e가 그림 4.10의 두 축이다. 금속의 데이터는 왼쪽 위에 있다. 점선이 비데만-프란츠 관계가 잘 들어맞음을 보여준다.

차트의 나머지 영역은 어떠한가? 세라믹과 고분자에서는 전자가 열전도에 역할을 하지 못

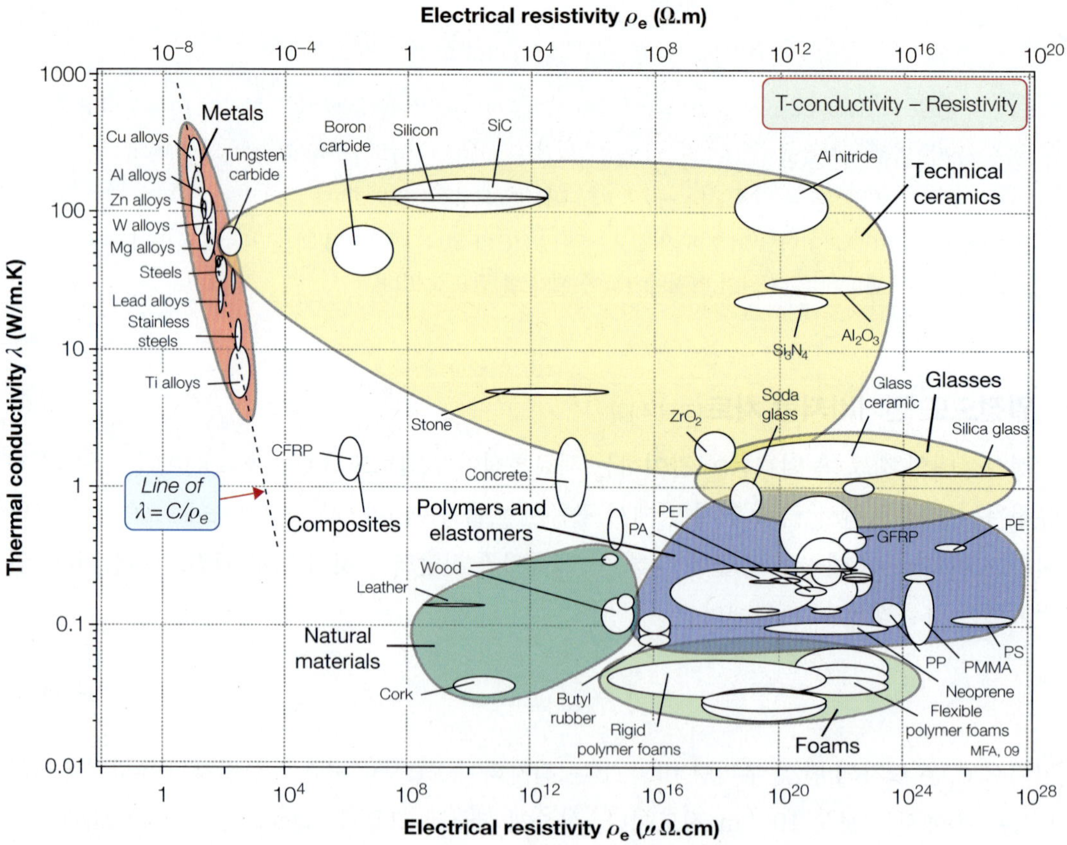

그림 4.10 열전도도(λ) 대 전기비저항(ρ_e)의 그래프 : 금속에서 이 두 가지는 서로 반비례한다.

한다. 대신 음자(phonon; 짧은 파장의 격자 진동)가 열을 운반한다. 음자는(비조화진동을 통해) 음자끼리 산란하거나, 불순물, 격자 결함, 표면에 의해 산란된다. 이것이 음자의 평균자유거리 l을 결정한다. 열전도도는 여전히 식 (4.11)로 구한다. 다만 식 (4.11)을 다음과 같이 다르게 표현할 수 있다.

$$\lambda = \frac{1}{3}\rho\, C_p\, \bar{c}\, l \tag{4.13}$$

여기서 $\bar{c}$는 탄성파 전파 속도(약 10^3 m/s, 그림 4.3 참고)이고, ρ는 밀도, C_p는 단위 질량당 비열(단위: J/kg.K)이다. 상온에서의 다이아몬드처럼 결정이 특히 완벽하고 온도가 디바이 온도보다 훨씬 낮을 때, 음자전도도가 높다. 그러한 연유로 단결정 탄화규소와 질화알루미늄의 열전도도는 구리만큼 높다.

유리의 낮은 열전도도는 불규칙한 비결정질 구조에서 비롯된다. 분자사슬의 전형적인 길이(약 10^{-9} m)가 평균자유거리를 결정한다. 고분자는 탄성파 전파 속도 $\bar{c}$가 낮고(그림 4.3) 무질서한 구조 가운데 평균자유거리가 작기 때문에 열전도도가 낮다. 가장 열전도도가 낮은 재료는 다공성이 강한 내화벽돌, 코르크, 발포재이다. 그들의 열전도도는 셀 내부에 존재하는 기체의 낮은 열전도도에 의해 제한된다.

흑연(C)과 많은 금속간화합물(B_4C 등)은 금속처럼 자유전자를 가졌지만 그 수가 적고 비저항이 높다. 공공이나 불순물 원자 같은 결함은 이온결합 고체에서 양이온을 만들어내고, 그 균형을 맞출 전자를 필요로 한다. 이 전자들은 이온에서 이온으로 이동하며 전하를 전달하는데 밀도가 낮아 천천히 이동한다. 공유결합 고체와 대부분의 고분자는 자유전자가 없어 부도체($\rho_e > 10^{12}\,\mu\Omega$.cm)이다. 그들은 그림 4.10의 오른쪽에 있다.

충분히 큰 전위차에서는 모든 재료가 전도성을 띤다. 전위차가 원자에서 전자를 떼어내고 가속하여 이웃 원자와 충돌하게 하면 더 많은 전자가 떨어져 나오는 연쇄반응이 일어난다. 이때의 임계 전위차가 제3장에서 정의한 절연파괴전위 V_b(단위: MV/m)이다.

열 전도체이면서 전기 절연체

어떤 재료가 좋은 열전도체이면서 동시에 전기 절연체인가(이는 통상적인 조합이 아님)? 그림 4.10을 이용하여 찾아내 보라.

풀이 차트에 의하면 질화알루미늄, 알루미나, 질화규소가 그러한 특성을 가졌다. 오른쪽 위에 위치한다.

열전도도-열확산도 차트(그림 4.11)

앞에서 언급하였듯이 열전도도는 정상상태의 재료 내의 열흐름을 결정한다. 과도상태의 열흐름을 결정하는 것은 열확산도 a(단위: m^2/s)이다. 이 두 가지는 다음 관계를 갖는다.

$$a = \frac{\lambda}{\rho C_p} \tag{4.14}$$

여기서 ρ(단위: kg/m^3)은 밀도이고 ρC_p는 부피비열(단위: $J/m^3.K$)이다. 그림 4.11은 상온에서 열전도도, 열확산도, 부피비열의 관계를 보여준다.

λ와 a의 데이터는 범위가 거의 10^5배이다. 고체 재료는 대각선을 따라 배열되어 있다.[3)]

$$\rho C_p \approx 3 \times 10^6 \text{ J/m}^3.\text{K} \tag{4.15}$$

일반적으로,

$$\lambda = 3 \times 10^6 a \tag{4.16}$$

이고 여기서 λ는 W/m.K, a는 m^2/s를 단위로 갖는다. 일부 재료는 이 법칙에서 벗어나 부피비열이 평균보다 낮다. 가장 크게 벗어나는 재료는 다공성 고체인 발포재, 저밀도 내화벽돌, 목재 등이다. 그들의 낮은 밀도는 단위 부피당 원자수가 적고 구조 전체의 부피에 대하여 평균하였을 때 ρC_p값이 낮음을 뜻한다. 그 결과 발포재는 열전도도가 낮지만(그 때문에 단열재로 널리 쓰임) 열확산도까지 낮은 것은 아니다. 열을 많이 전도하지는 못하더라도 정상상태에는 빠르게 도달한다. 이러한 특성은 설계에서 매우 중요하여 6.13절의 사례연구에서 다룬다.

열 버퍼

장비를 갑작스러운 온도변화로부터 보호하는 좋은 방법은 그것을 열확산도가 아주 낮은 재료로 만든 케이스에 넣는 것이다. 왜냐하면 외부의 온도 변화가 내부에 전달되는데 긴 시간이 걸릴 것이기 때문이다. 그림 4.11을 사용하여 이 목적에 맞는 재료를 찾아보라.

풀이 차트에 의하면 이소프렌고무, 네오프렌고무, 부틸고무가 가능성이 높은 후보재료이다.

---

3) 이는 N개의 원자를 포함한 고체의 진동모드가 $3N$개라는 점을 지적함으로서 이해할 수 있다. 각 모드는 (고전적 근사식에서) 절대온도 T에서 kT의 열에너지를 흡수하고, 진동비열은 $C_p \approx C_v = 3N/k$이다. 여기서 K는 볼츠만 상수(1.34×10^{-23} J/K)이다. 원자당 부피 Ω는 거의 모든 고체에서 1.4×10^{-29} m^3의 두 배 이내의 값을 갖는다. 그러므로 원자 N개의 부피는 $(N\Omega)m^3$이다. 부피비열은 (차트에 보이듯이) $\rho C_v \cong 3Nk/N\Omega = \frac{3k}{\Omega} = 3 \times 10^6$ $J/m^3.K$이다.

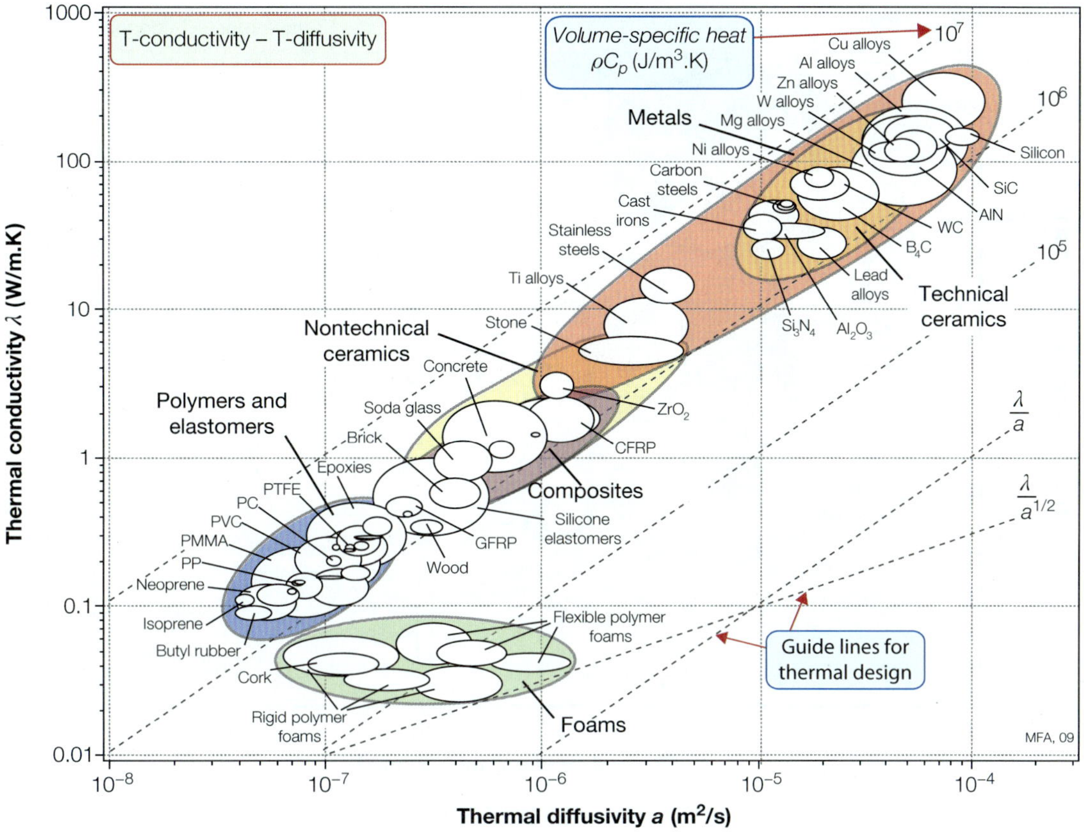

그림 4.11 열전도도(λ) 대 열확산계수(a)의 그래프 : 등고선은 부피비열 ρC_p을 나타낸다. 세 특성 모두 온도에 따라 달라진다. 여기 데이터는 상온에서의 것이다.

열팽창계수-열전도도 차트(그림 4.12)

거의 모든 고체는 가열하였을 때 팽창한다. 원자와 원자 사이의 결합은 원자들의 상대변위가 작을 때 선형 탄성 스프링처럼 행동한다. 그러나 변위가 크면 스프링은 비선형이 된다. 대부분의 결합은 원자들을 서로를 향해 밀었을 때 더 단단해지고 잡아 늘였을 때 덜 단단한데, 그 때문에 비조화적(anharmonic) 결합이다. 상온에서도 원자의 열진동은 변위가 크다. 온도를 높이면 결합의 비조화성으로 인해 결합된 원자를 밀어내고 평균 거리가 증가한다. 이 효과는 선팽창계수로 측정된다.

$$\alpha = \frac{1}{l}\frac{dl}{dT} \tag{4.17}$$

여기서 l은 물체의 길이이다.

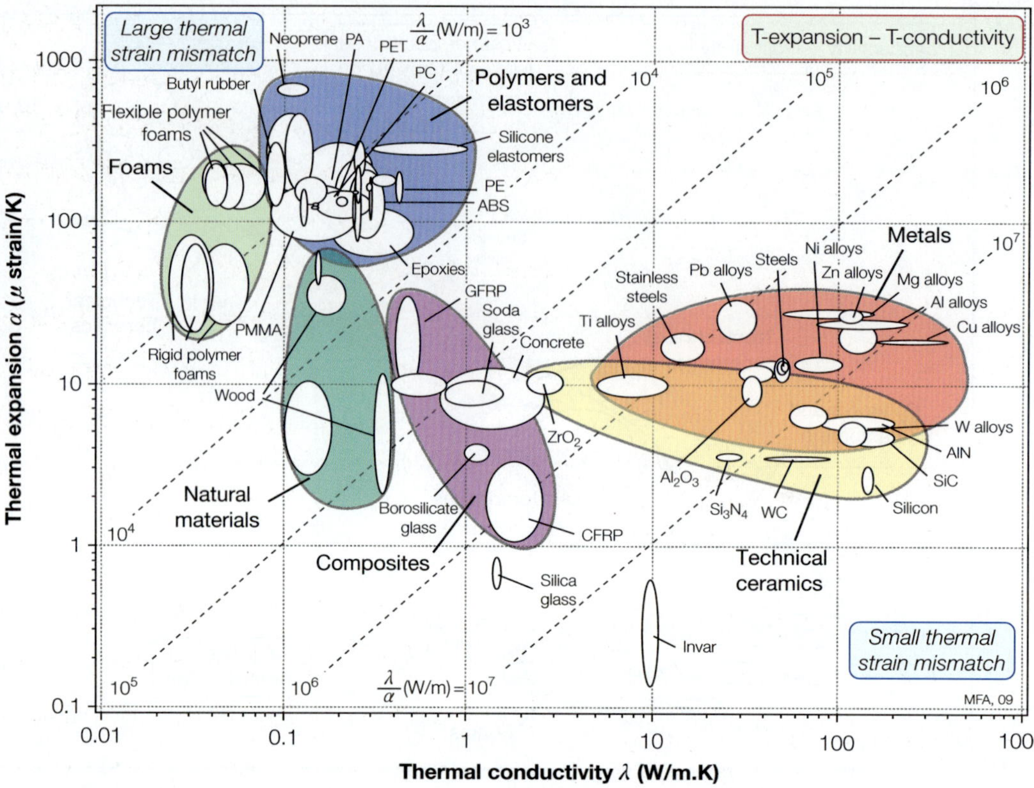

그림 4.12 선팽창계수(α) 대 열전도도(λ)의 그래프 : 등고선은 열변형변수 λ/α이다. 니켈 합금인 인바(Invar)를 그래프에 추가하였다. 이 재료는 상온 부근에서 온도 변화에 따라 많이 변형되어서는 안 되는 정밀기기 설계에 유용하다.

열팽창계수 대 열전도도의 그래프가 그림 4.12에 그려져 있다. 고분자는 a값이 금속의 10배, 세라믹의 100배 정도로 크다. 이는 고분자의 반데르발스 결합이 매우 비조화적이기 때문이다. 다이아몬드, 실리콘, 실리카(SiO_2)는 비조화성이 낮은(즉, 변형도가 커도 거의 선형탄성을 유지함) 공유결합으로 이루어져 있어서 열팽창계수도 작다. 복합재료는 고분자기지라 하더라도 강화섬유(특히 탄소섬유)가 매우 적게 팽창하기 때문에 α값이 작다.

이 차트는 열변형방지 설계에 중요한 (λ/α)의 등고선을 보여준다. 니켈 합금인 인바(invar)

열 액츄에이터

어떤 액츄에이터는 그 활성 요소의 열팽창을 이용하여 힘을 발생시키기도 한다. 그림 4.12를 이용하여 가장 큰 열팽창계수를 갖는 재료를 찾아보라.

풀이 왼쪽 위에 위치한 네오프렌고무가 가장 큰 열팽창계수를 갖는다.

를 그래프에 추가하였다. 이 재료는 상온 부근에서 굉장히 작은 열팽창계수를 가지므로 온도 변화에 따라 많이 변형되어서는 안 되는 정밀장치 설계에 유용하다. 이는 정상적인 팽창과 자기변태에 의한 수축이 서로 상쇄되기 때문이다. 이를 활용하는 설계 응용사례는 제6장의 6.16절에서 다룬다.

열팽창계수-탄성계수 차트(그림 4.13)

열응력이란 물체가 가열 또는 냉각되었지만 팽창이나 수축이 억제된 경우에 나타나는 응력이다. 이는 재료의 열팽창계수 α와 탄성계수 E에 따라 결정된다. 열팽창 이론의 표준적인 발전에 따라 다음 관계가 알려져 있다(더 자세한 것은 Cottrell책(1964)을 참조).

$$\alpha = \frac{\gamma_G \, \rho \, C_p}{3\,E} \tag{4.18}$$

여기서 γ_G는 그루나이젠 상수로 그 값은 0.4~4 사이에 분포하는데 대부분의 고체에서는 1에 가깝다. ρC_p이 거의 상수이므로[식 (4.15)] 결국 이 식은 α가 $1/E$에 비례함을 알려준다. 그림 4.13은 이것이 대체로 사실임을 보여준다. 가장 탄성계수가 높은 세라믹은 열팽창계수가 최소치에 가깝고, 탄성계수가 가장 낮은 탄성중합체는 가장 많이 팽창한다. 배위수가 낮은 일부 재료(실리카와 일부 다이아몬드입방구조 또는 Zinc-blende구조 재료)는 횡파 모드에서 에너지를 선택적으로 흡수할 수 있으므로 γ_G 값이 매우 작고(음수인 경우도 있음) 열팽창계수 또한 작다(예를 들어 실리카). 인바를 포함한 다른 재료들은 큐리온도까지 가열하면 강자성을 잃으면서 수축하고, 좁은 온도범위에서 거의 팽창하지 않아 정밀기기와 유리금속 밀봉에 유용하다.

또 한 가지 유용한 사실은 재료의 탄성계수가 대략 녹는점 T_m에 비례한다는 점이다.

$$E \approx \frac{100\,k\,T_m}{\Omega} \tag{4.19}$$

여기서 k는 볼츠만상수이고 Ω는 구조 안의 원자당 부피이다. 이 식과 식 (4.15)를 ρC_p 대신 식 (4.18)에 대입하면

$$\alpha = \frac{\gamma_G}{100\,T_m} \tag{4.20}$$

이다. 열팽창계수는 녹는점에 반비례한다. 즉, 모든 고체가 녹기 직전에 열변형도는 거의 상수인 γ_G에만 의존하며, 대략 1% 정도로 일정하다. 식 (4.18), (4.19), (4.20)는 특성 상관관계의 사례들로서 재료특성을 추정하고 확인하는 데 유용하다(부록 A의 A.12절).

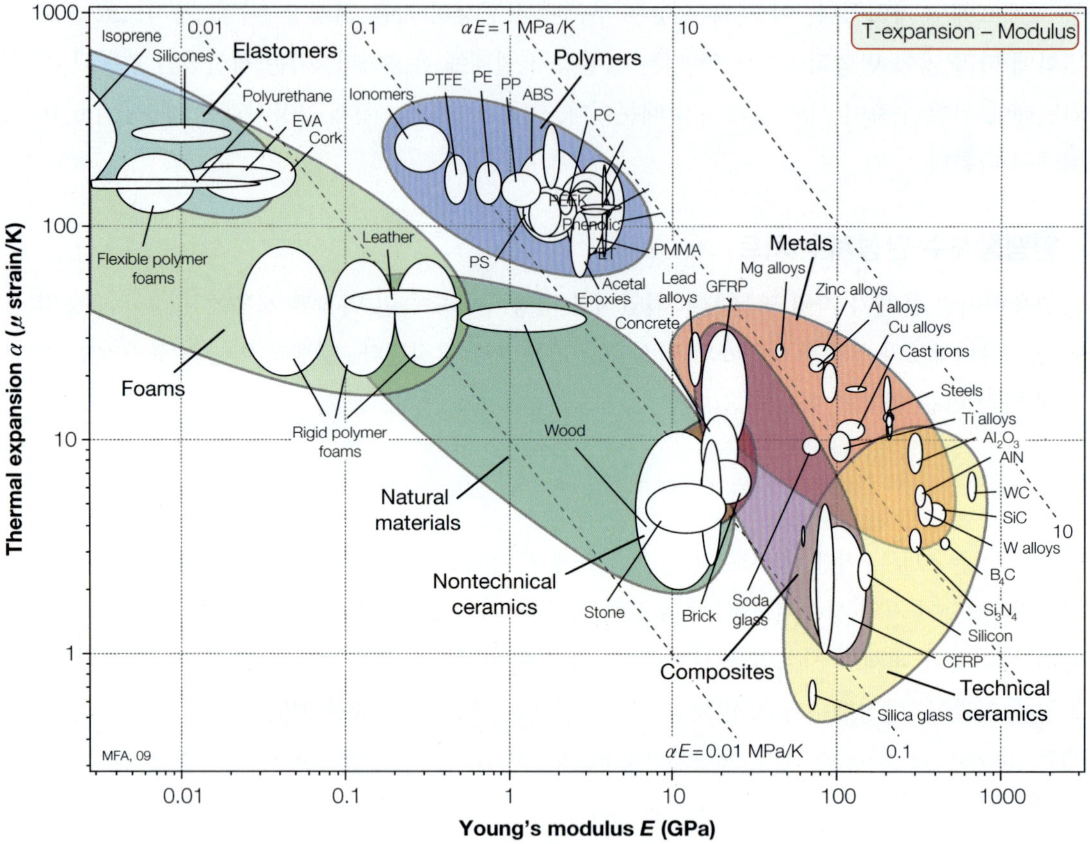

그림 4.13 선팽창계수(α) 대 탄성계수(E)의 그래프 : 등고선은 샘플이 축방향으로 구속되어 있을 때 섭씨 1도의 온도변화에 의해 발생하는 열응력을 보여준다. 두 축 또는 세 축을 구속한 경우에는 보정인자 C가 필요하다(본문 참고).

물체의 열팽창이나 열수축이 억제될 때마다 열응력이 발생한다. 열응력이 충분히 클 경우 항복, 파괴, 탄성 붕괴(좌굴)를 야기한다. 보통 외부 제한조건으로 인한 열응력(예를 들어 양끝이 고정된 막대)과 외부 제한조건 없이 내부의 온도 기울기 때문에 생기는 열응력을 구분한다. 둘 다 그림 4.13에 대각선들로 나타낸 αE에 비례한다. 정확히 말해서 구속된 시스템에서 섭씨 1도

열응력

양 끝이 단단히 고정된 강철봉에 100℃의 온도 변화가 생기면 대략 얼마 정도의 열응력이 발생할까? 그림 4.13을 사용하여 찾아보라.

풀이 차트에 의하면 강철에서 $\alpha E \approx 3$ MPa/K 이므로 100 °C의 온도 변화는 약 300 MPa의 응력을 발생시킨다.

의 온도 변화에 의해 발생한 응력 $\Delta\sigma$ 또는 구속되지 않은 시스템에서 갑작스러운 표면온도 변화로 인한 섭씨 1도당 응력은 다음과 같다.

$$C\,\Delta\sigma = \alpha\,E \tag{4.21}$$

여기서 상수 C의 값은 1축구속일 경우 1이고, 2축구속 또는 보통 퀜칭의 경우 $(1-\nu)$, 3축구속의 경우 $(1-2\nu)$이며, 여기서 ν는 푸아송 비이다. 이 응력은 보통 1 MPa/K 정도로 크고, 재료가 갑자기 가열되거나 냉각되었을 때 항복하거나 균열이 생기거나 쪼개지거나 좌굴하게 한다.

최고사용온도 차트(그림 4.14)

온도는 다방면으로 재료의 성능에 영향을 준다. 온도가 올라가면 크리프가 일어나 하중을 지탱하는 능력이 떨어질 수 있다. 또 열화되거나 분해되어 화학구조 변형으로 사용할 수 없게 된다. 또한 산화되거나 다른 방식으로 환경과 상호작용하여 기능을 수행하지 못하게 된다. 이 중 어떤 이유에서든 그 재료를 사용하기에 위험해지는 대략의 온도를 최고사용온도 T_{max}라 하며, 그림 4.14는 이것을 나타낸 차트다. 이 차트는 각 재료가족과 재료를 쓸 수 있는 응력과 온도의 범위를 대략적으로 보여준다. 가장 강한 고분자조차도 200 °C 이상에서는 강도

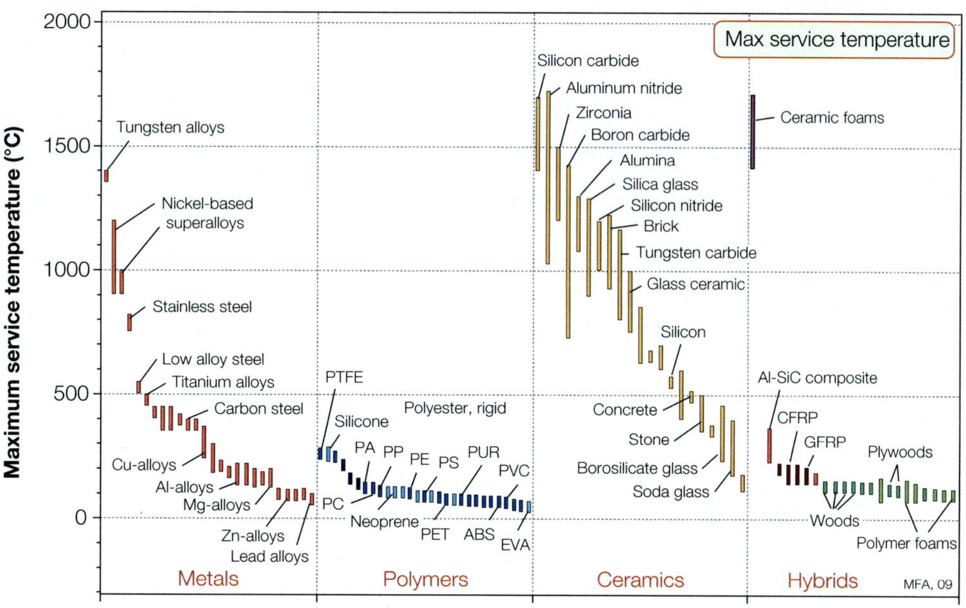

그림 4.14 최고사용온도의 그래프 : 최고사용온도 이상에서는 재료를 사용할 수 없다.

스테인리스 강철의 사용온도

스테인리스 강철을 500 °C에서 가동하는 구조의 일부에 사용하기로 하였다. 안전할까?

풀이 그림 4.14에 의하면 스테인리스 강철의 최고사용온도는 700~850 °C 범위이다. 500 °C에서 사용하는 것은 실용적으로 안전하다.

가 매우 낮고, 대부분의 금속도 800 °C에 이르면 연해진다. 세라믹만이 1,500 °C 이상까지 강도를 유지한다.

마찰과 마모 차트(그림 4.15 및 4.16)

흔히 신은 고체를 창조하였고 악마가 표면을 만들었다고 한다. 표면은 여러 문제의 주범이다. 표면이 접촉하고 미끄러질 때에는 마찰이 존재하고, 마찰은 마모를 가져온다. 마찰공학자(마찰과 마모를 연구하는 사람들을 일컫는 집합명사)들은 이 두 현상으로 인해 발생하는 에너지 손실과 닳는 기기로 인한 엄청난 비용에 대해 말하기를 좋아한다. 마찰을 제거한다면 엔진, 기어상자, 동력전달 계통 등의 효율이 증가하고, 마모가 없다면 그것들의 수명이 길어질 것은 확실하다. 그러나 완전히 부정적인 이미지를 받아들이기 전에, 마모 없이는 종이에 연필로, 칠판에 분필로 글을 쓸 수 없고, 마찰 없이는 가장 약한 경사에서도 미끄러진다는 점을 기억해야 한다.

마찰과 마모 특성은 하나의 재료만의 속성이 아니라, 거의 모든 경우에 한 재료가 그 사이에 다른 재료가 있는 채로 다른 재료 위를 미끄러질 때의 속성이다. 그 조합의 수가 너무 많아서 간단하고 조직적인 선택이 어렵다. 베어링, 구동장치, 미끄럼 밀폐재(sliding seal)를 위한 재료선택은 주로 경험에 의존한다. 이 경험은 참고자료(부록 D)에 들어 있어서, 결국에는 그것을 참고해야 한다. 그렇지만 마찰계수와 마모율의 크기에 대한 감각을 얻고, 그것들이 재료가족과 어떤 관계를 갖는지 알아보는 것도 유용하다.

두 표면이 수직하중 F_n하에 접촉하여 서로 미끄러질 때, F_s의 힘이 운동을 방해한다. 이 힘은 F_n에 비례하지만 표면의 넓이와는 관계가 없다. 이 사실은 마찰 연구의 가장 중요한 결과이다. 왜냐하면 그것은 두 표면이 완전히 접촉한 것이 아니라, 작은 부분들만 접촉한다는 사실을 암시하기 때문이다. 그 작은 부분들의 넓이는 명목상의 접촉 넓이 A_n과 관계가 없다. 마찰계수 μ는 다음과 같이 정의한다.

$$\mu = \frac{F_s}{F_n} \tag{4.22}$$

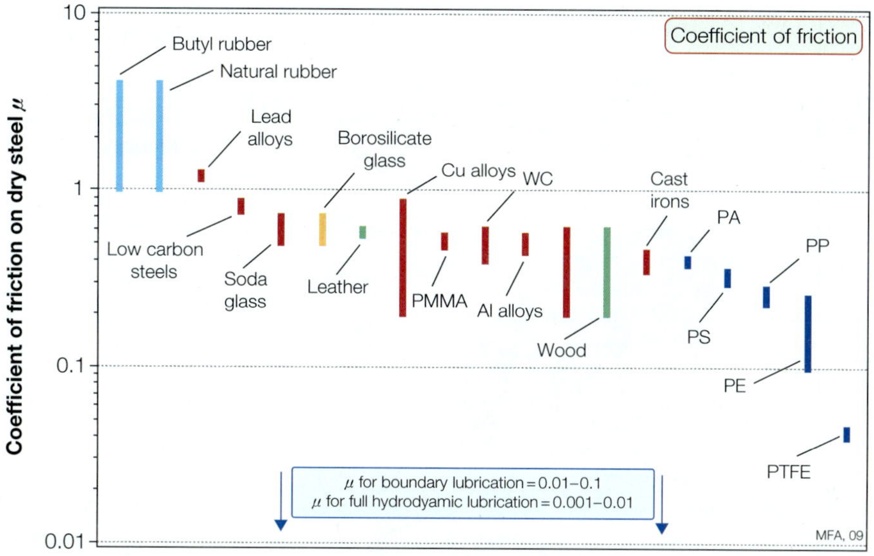

그림 4.15 무윤활로 강철 대항면 위를 미끄러지는 재료의 마찰계수 μ

강철 대항면(counterface) 위를 무윤활로 미끄러질 때의 대략적인 μ값이 그림 4.15에 나타나 있다. 보통 $\mu \approx 0.5$이다. 어떤 재료는 서로 비볐을 때 붙어버리거나(예를 들어 윤활유를 바르지 않은 연한 금속) 한 표면의 탄성계수가 충분히 낮아서 다른 재료에 동화(conform)되기 때문에(예를 들어 울퉁불퉁한 콘크리트 위의 고무) 그 값이 훨씬 더 높다. 정반대의 케이스로 PTFE, 흑연으로 윤활된 청동베어링이 연마된 강철 위로 미끄러지는 경우와 같이 마찰계수가 예외적으로 낮은 조합도 있다. 이 경우에 마찰계수는 0.04까지 내려가며, 물론 윤활된 표면의 마찰에 비하면 아직도 높은 값이지만, 차트의 아래 영역에 나타나 있다.

표면이 서로 미끄러질 때 마모가 발생한다. 한 쪽이 다른 쪽보다 훨씬 단단하더라도 양쪽 표면에서 재료가 손실된다. 마모율 W는 전통적으로 다음과 같이 정의한다.

$$W = \frac{\text{접촉면으로부터 제거된 재료의 부피}}{\text{미끄러진 거리}} \tag{4.23}$$

단위는 m^2이다. 우리 목적에 맞게 더 쓸모 있는 것은 비마모율(specific wear rate)이다.

$$\Omega = \frac{W}{A_n} \tag{4.24}$$

비마모율에는 단위가 없다. 비마모율은 다음의 비율

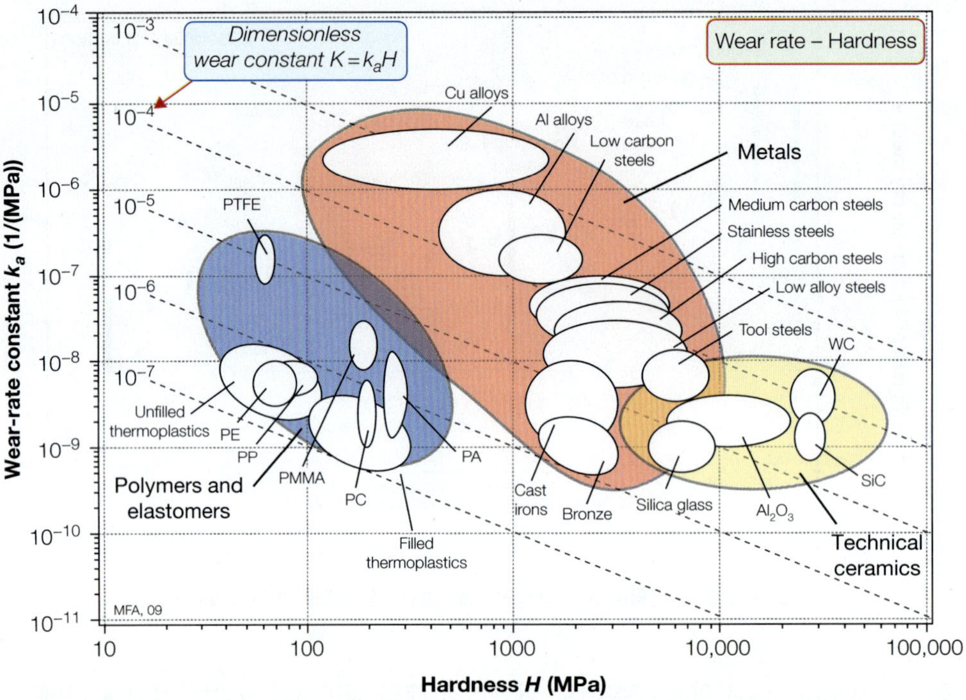

그림 4.16 표준마모속도 k_a 대 경도 H의 그래프 : 경도의 단위로 Vickers 대신 MPa을 사용하였다. [H(MPa) = 10 H_V]차트는 일반 공업용 재료의 속성에 대한 개관을 보여준다.

$$k_a = \frac{W}{F_n} = \frac{\Omega}{P} \tag{4.25}$$

을 거의 상수로 유지하면서 지지압력 P(수직항력, F_n을 명목상 넓이, A_n으로 나눈 것)와 함께 증가한다. k_a(단위: MPa^{-1})은 서로 미끄러지는 쌍의 마모 경향을 나타내는 마모속도상수이다. k_a 값이 크면 일정 지지압력하에서 마모가 빠르다.

지지압력 P는 설계에서 지정하는 물리량이다. 표면이 정적 압력을 버텨내는 능력은 경도로 나타낸다. 그러므로 최대지지압력 P_{max}가 둘 중 더 연한 표면의 경도 H에 비례함을 짐작할 수 있다.

$$P_{max} = CH$$

여기서 C는 상수이다. 그리하여 지지표면의 비마모율을 다음과 같이 표현한다.

$$\Omega = k_a P = C\left(\frac{P}{P_{max}}\right)k_a H \tag{4.26}$$

마모속도상수 k_a와 경도 H의 두 가지 재료특성이 이 식에 등장한다. 그것들은 그림 4.16에 그려졌고, 대각선 방향의 등고선은

$$K = k_a H \tag{4.27}$$

이라는 단위 없는 물리량을 나타낸다. 우선 특정 재료가족(예를 들어 금속)에 속하는 재료는 낮은 마모율이 높은 경도와 결부된다는 점을 반영하여 그림을 가로질러 아래로 기울어진 대각선에 분포한다. 주어진 지지압력 P하의 베어링에 가장 좋은 재료는 k_a값이 작은 것으로 그림의 아래쪽에 가장 가깝게 위치한다. 한편, 크기 면에서나 무게 면에서 효율적인 베어링은 최대지지압력보다 충분히 낮은 값(P/P_{max}가 상수값을 유지하도록)으로 하중을 가하고, 이를 위해서는 $k_a H$의 값이 낮은 재료일수록 최선이다.

비용 막대그래프 차트(그림 4.17)

탄성계수, 강도, 전도도와 같은 특성은 시간에 따라 변하지 않는다. 비용은 시간에 따라 변하므로 골치 아프다. 구리나 은과 같은 재료의 kg당 비용은 공급, 희소성, 투기, 인플레이션의 영향으로 상당하게 오르내린다. kg당 비용의 데이터는 일부 재료에 한해 일간지나 무역잡지에 나오고, 나머지는 데이터 구하기가 좀 더 힘들다. 킬로그램당 비용의 대략적인 값과 m^3당 비용이 그림 4.17(a)와 (b)에 나타나 있다. 가장 흔히 쓰이는 재료(유리, 강철, 알루미늄, 많이 쓰이는 고분자)들이 \$0.5~2/kg 정도이다. 고분자는 밀도가 낮아서 금속보다 m^3당 비용이 적다.

베어링 재료

그림 4.16을 이용하여 일정한 베어링 압력에서 내마모성이 좋은 두 가지 금속과 두 가지 고분자를 찾아보라.

풀이 차트에 의하면 청동, 주철, 폴리카보네이트(PC), 나일론(PA)이 훌륭한 선택이다.

고분자 가격량

가장 저렴한 고분자 네 가지는?

풀이 그림 4.17에 의하면 가장 저렴한 고분자는, 무게를 기준으로 해도 부피를 기준으로 해도, 폴리프로필렌(PP), 폴리에틸렌(PE), 폴리염화비닐(PVC), 폴리스타이렌(PS)이다. 이들이 범용 고분자로서 가장 대량으로 사용된다.

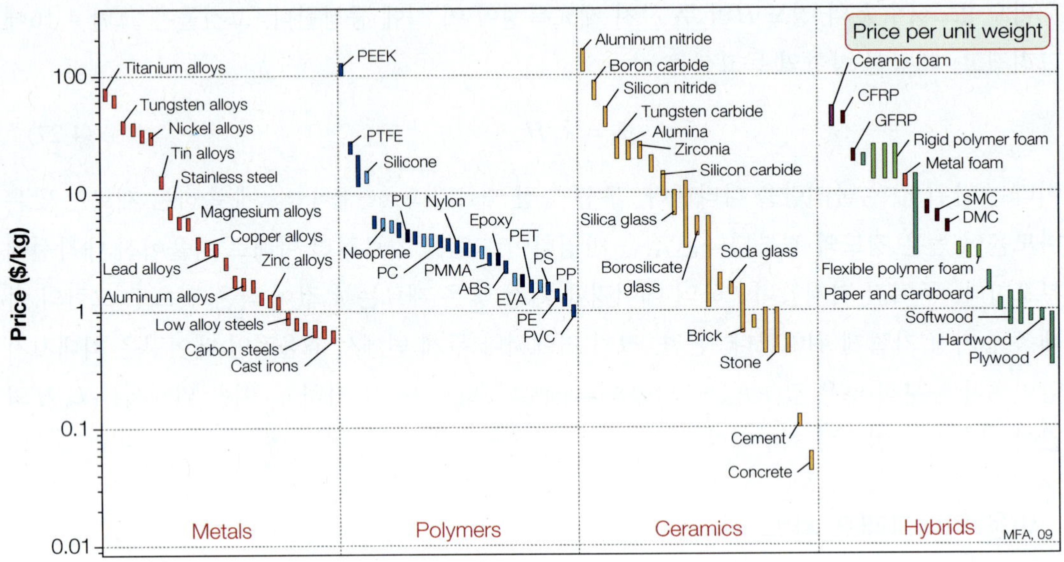

(a)

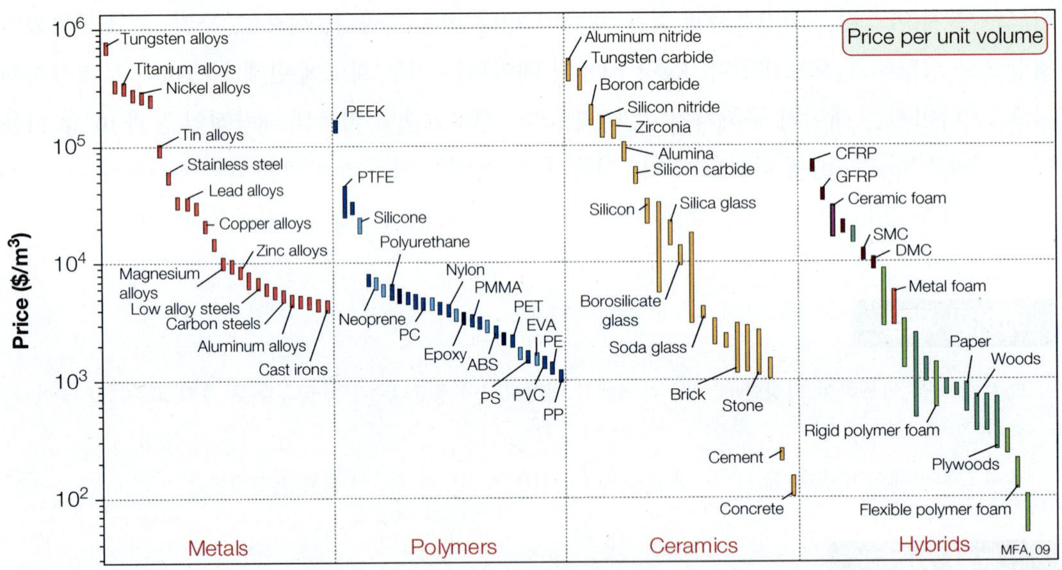

(b)

그림 4.17 (a) kg당 비용의 대략적 수치 : 흔한 재료는 $1 /kg 정도, 특수 재료는 훨씬 더 비싸다. (b) 재료의 m^3당 비용 : 고분자는 밀도가 낮아서 거의 모든 재료에 비해 단위 부피당 비용이 적다.

탄성계수-상대비용 차트(그림 4.18)

최소비용 설계에서 재료선택은 탄성계수, 강도, 단위 부피당 비용을 포괄하는 지수를 이용한다. 인플레이션과 화폐단위의 영향을 보정하기 위해 단위 부피당 상대비용 $C_{v,R}$을 정의한다.

$$C_{v,R} = \frac{(\text{kg당 비용}) \times \text{해당 재료의 밀도}}{(\text{kg당 비용}) \times \text{탄소강 철근의 밀도}} \tag{4.28}$$

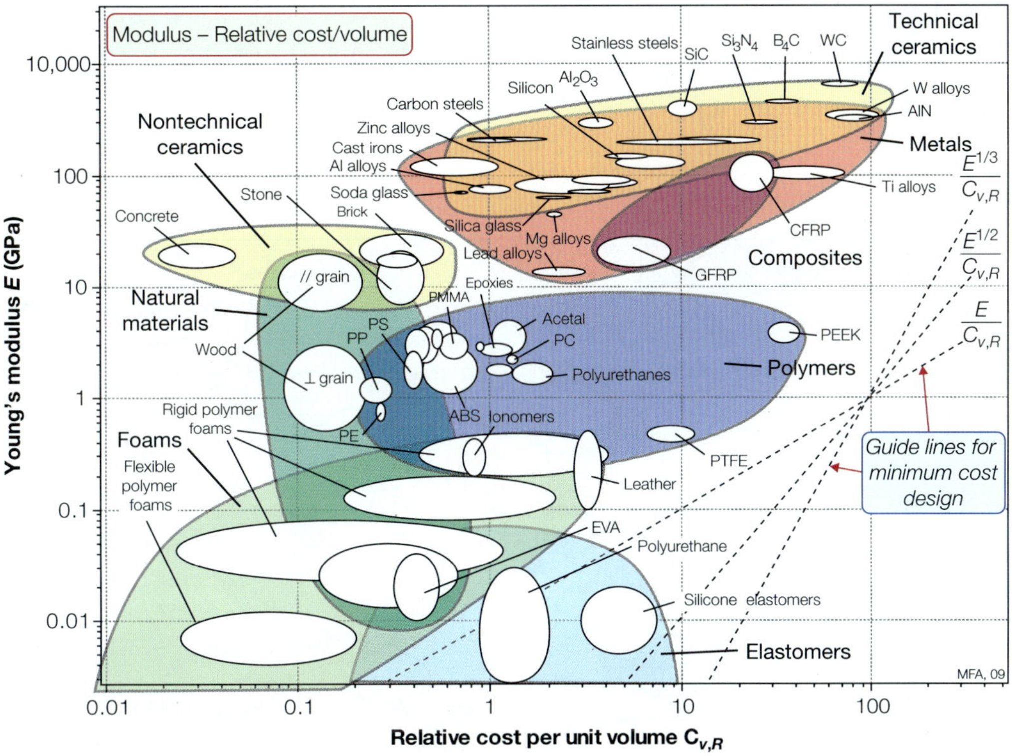

그림 4.18 탄성계수 E 대 단위 부피당 상대비용 $C_{v,R}$의 그래프 : 설계 가이드라인은 단위 비용당 강성을 최대화하는 선택을 돕는다.

상대 가격량

폴리프로필렌(PP)과 폴리에틸렌(PE)은 강철에 비하여 단위 무게당 가격이 더 싼가 더 비싼가? 단위 부피당으로 따지면 어떤가?

풀이 그림 4.17에 의하면 두 고분자는 단위 무게당으로는 강철보다 비싸다. 그러나 훨씬 낮은 밀도로 인하여 단위 부피당으로는 더 싸다. 적절한 비교를 원한다면 무엇이 기준이 되어야 할까? 해답은 나중에 설명하겠지만 단위 기능당이다.

이 책을 쓰던 당시, 철근의 가격은 \$0.3/kg이었다.

그림 4.18은 탄성계수 E 대 단위 부피당 상대비용 $C_{v,R}$을 그래프로 나타낸 것이다. 값싸고 강직한 재료가 오른쪽 아래에 분포한다. 강직하면서도 싼 재료선택 가이드라인이 그래프에 그려져 있다.

강도-상대비용 차트(그림 4.19)

그림 4.19를 이용해서 싸고 강한 재료를 선택한다. 차트는 이전에 정의한 강도 대 위에서 정의한 상대비용을 그래프로 나타내었다. 이전에 강도를 정의하는 데 사용된 조건은 여기에도 적용된다.

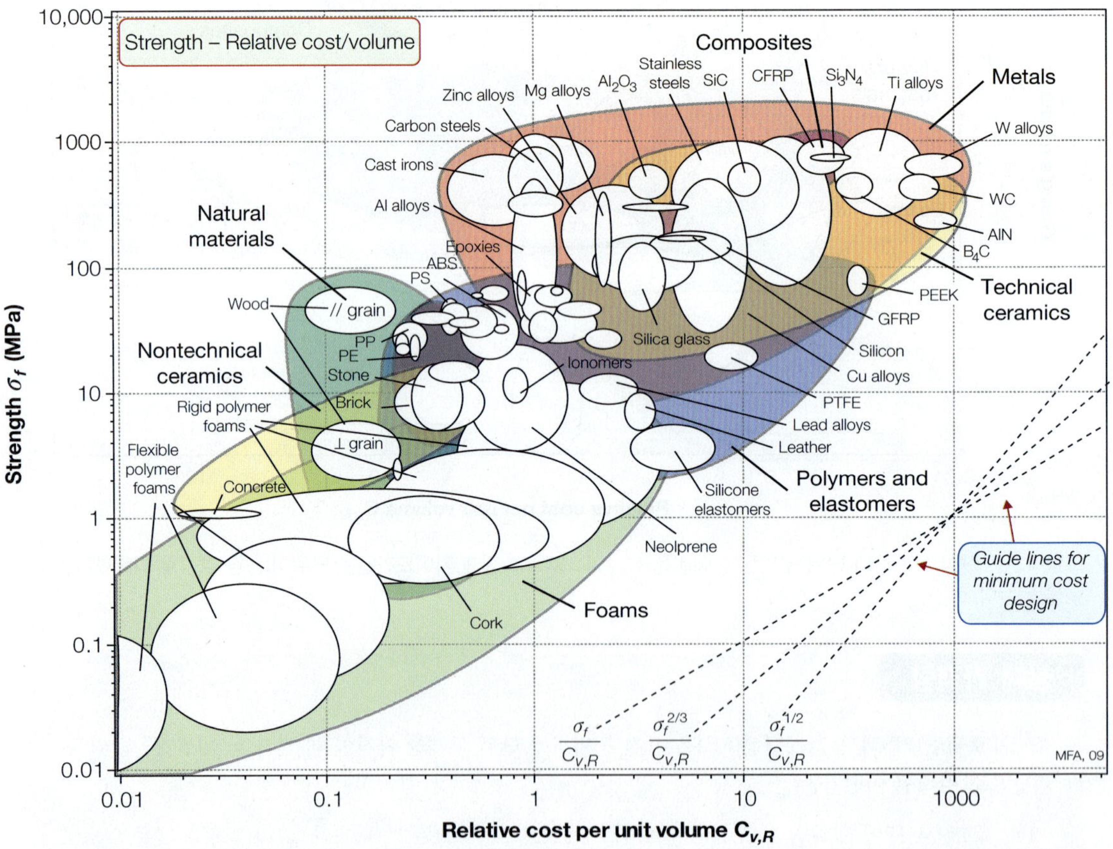

그림 4.19 강도 σ_f 대 단위 부피당 상대비용 $C_{v,R}$의 그래프 : 설계 가이드라인은 단위 비용당 강도를 최대화하는 선택을 돕는다.

이 차트와 그림 4.18에 나타난 데이터는 이전의 다른 차트보다 덜 미덥고, 예상할 수 없이 변화한다는 점을 강조한다. 이 불길한 경고에도 불구하고 두 차트는 진실로 유용하다. 그것들은 '단위 비용당 기능'이라는 기준에 따른 재료선택을 가능하게 한다. 제6장의 6.5절에 그런 예가 나온다.

4.4 요약과 결론

재료의 공학적 특성은 재료선택 차트로써 효율적으로 표현된다. 18개의 차트가 이 장에서 소개되었으며, 나중에 더 추가될 것이다. 차트들은 재료특성을 고밀도이면서 접근하기 쉽게 요약하며, 각 재료가족과 재료클래스에 대한 범위를 보여준다. 축을 합리적으로 정함으로써 더 많은 정보를 표현할 수 있다. 탄성계수 대 밀도의 차트는 종파속도 $(E/\rho)^{1/2}$를 보여주며, 파괴인성 대 탄성계수의 그래프는 인성 G_c를 보여준다. 열전도도 대 열확산도의 그래프는 부피비열 ρC_ρ를 보여주며, 강도 대 탄성계수의 그래프는 에너지 저장용량 (σ_f^2/E)을 보여준다.

차트의 가장 놀라운 특징은 각 재료가족에 속하는 재료들이 서로 모인다는 점이다. 예를 들어 금속은 탄성계수와 밀도의 범위가 넓음에도 불구하고 고분자, 세라믹, 복합재료의 테두리와 확연히 구분되는 영역을 차지한다. 강도, 인성, 열전도도와 나머지 특성도 마찬가지이다. 차지하는 영역들이 겹칠 때도 있지만, 항상 전체적 구조 안에서 특징적인 위치를 고수한다.

재료가족의 위치와 그 관계는 간단한 물리적 용어들의 정의로 이해할 수 있다. 여기에는 결합특성, 원자충진율, 격자저항, 구조의 진동모드 등이 있는데 모두 원자결합과 원자충진의 함수이다. 특성을 결정짓는 데 있어서 미세구조에 대한 언급이 거의 없었다는 점이 이상하게 보일 수도 있다. 그러나 차트들은 재료특성 간의 일차적 차이가 원자의 질량, 원자간 결합력의 특성, 원자충진의 기하학적 구조에서 비롯됨을 분명하게 보여준다. 제13장에서 다룰 것이지만 합금, 열처리, 소성가공은 모두 미세구조에 영향을 미치고, 그에 따라 많은 차트에서 특성들이 길쭉한 버블을 형성한다. 그러나 그 영향은 결합과 구조에 비해 10배 이상 작다.

모든 차트는 하나의 공통점을 지닌다. 재료로 채워진 영역과 그렇지 않은 영역이 구분된다. 어떤 영역에는 원자 크기와 원자들을 결합하는 힘의 성격 때문에 기본적으로 재료가 분포할 수 없다. 그러나 원리적으로는 분포할 수 있음에도 비어있는 영역이 있다. 그런 영역에 재료를 분포하게 만들면 그 신소재들은 새로운 설계 가능성을 열 것이다. 그렇게 하는 방법을 제11장, 제12장에서 논의한다.

차트들은 활용의 여지가 많다. 한 가지는 데이터의 확인과 승인(부록 A)이다. 이 경우에는 4.3절에서 설명한 재료특성의 테두리에 포함되는 범위와 재료특성 간의 수많은 관계(예를 들어 $E\Omega = 100\,k\,T_m$)를 이용한다. 다른 한 가지는 신소재의 개발과 용도의 정립이다. 하나 또는 그 이상의 차트에서 미처 커버하지 못하는 구멍을 메워주는 신소재는 일반적으로 향상된 설계 잠재력을 제공한다. 그러나 무엇보다 가장 중요한 것은 차트들이 재료선택 절차의 근간을 이룬다는 것이다. 다음 장들에서 재료선택을 자세히 다룬다.

4.5 심화학습을 위한 참고문헌

재료의 기계적 특성의 물리적 근원에 관한 최고의 저술은 여전히 Cottrell 책(1964)이다.

Ashby, M.F., Shercliff, H, and Cebon, D. (2009) *Materials: Engineering, science, processing and design* (2nd ed.), Butterworth-Heinemann, Oxford, UK. ISBN 978-1-85617-895-2. (이 책에서 훨씬 더 완벽하게 전개한 내용을 소개하는 수준의 입문서)

Budinski, K.G. and Budinski, M.K. (2010) *Engineering Materials, Properties and Selection* (9th ed.), Prentice-Hall, Englewood Cliffs, NJ, USA. ISBN 978-0-13-712842-6. (재료특성과 공정 두 가지를 모두 잘 다룬 인정받는 재료 관련 책)

Cottrell, A.H. (1964) *Mechanical Properties of Matter*, Wiley, New York, USA. Library of Congress Number 65-14262. (고체, 액체, 기체의 기계적 특성을 설명하는 기본 방정식의 간단한 유도와 통찰로 가득하고 명료한 책)

Dieter, G.E. (1999) *Engineering Design, A Materials and Processing Approach* (3rd ed.), McGraw-Hill, New York, USA. ISBN 9-780-073-66136-0. (균형 잡히고 인정받은 책으로, 공학설계에서 재료와 공정의 위치에 초점을 맞추었다.)

Farag, M.M. (2008) *Materials and Processes Selection for Engineering Design* (2nd ed.), CRC Press, Taylor and Francis, ISBN 9-781-420-06308-0. (재료과학 위주로 재료선택에 접근)

Shackleford, J.F. (2009) *Introduction to materials science for engineers* (7th ed.), Prentice-Hall, Englewood Cliffs, NJ, USA. ISBN 978-0-13-601260-3. (잘 알려진 재료 교재로 설계를 잠시 곁눈질함)

Tabor, D. (1978) *Properties of Matter*, Penguin Books, London, UK. (Cottrell의 책처럼 명료함과 함께 물리적 통찰이 특징적이다.)

제 5 장 재료선택 – 기초

인장, 굽힘, 비틀림, 압축 하중을 받는 구성요소를 가진 구조물 : 재료지수를 함께 나타내었음. (Stansted Airport 사진 제공 : Norman Poster and Partners, London)

Materials Selection in Mechanical Design. DOI: 10.1016/B978-1-85617-663-7.00005-9

5.1 서론과 개요

이 장에서는 선택의 기본적인 절차를 제시하여, 재료와 기능 사이의 연결고리를 형성한다 (그림 5.1). 재료는 밀도, 강도, 비용, 부식에 대한 저항 등의 속성들을 가지고 있다. 설계는 낮은 밀도, 높은 강도, 높지 않은 비용, 바닷물에 대한 부식저항과 같은 특정한 속성윤곽(attributes profile)을 요구한다. 기회를 놓치지 않기 위해서는 모든 재료를 염두에 두고 시작하는 것이 중요하다. 혁신적인 선택을 내려야 한다면 설계과정 초기에 이를 숙지해야 한다. 나중까지 기다리면 이미 많은 결정이 내려졌기 때문에 과감한 변화를 주기 어렵다. 때를 놓치면 불가능해진다.

두 줄로 정리하자면, 문제는

1. 바람직한 속성윤곽을 작성하고
2. 실제 공업용 재료와 비교하여 가장 적합한 것을 찾는 일이다.

첫 단계는 설계 요구조건을 조사하고 그것이 재료선택에 가하는 제한조건을 알아보는 해석 단계다. 먼저 속성한계를 만족하지 못하는 재료를 가려내기로 엄청나게 많은 범위를 줄인다. 성능을 최대화하는 능력에 따라 순위 매기기로 범위를 더 좁힌다. 가려내고 순위를 매기는 기준은 기능, 제한조건, 설계목표, 자유변수를 분석하여 설계 요구조건으로부터 이끌어낸다. 어떻게 하는지를 이 장에서 설명한다.

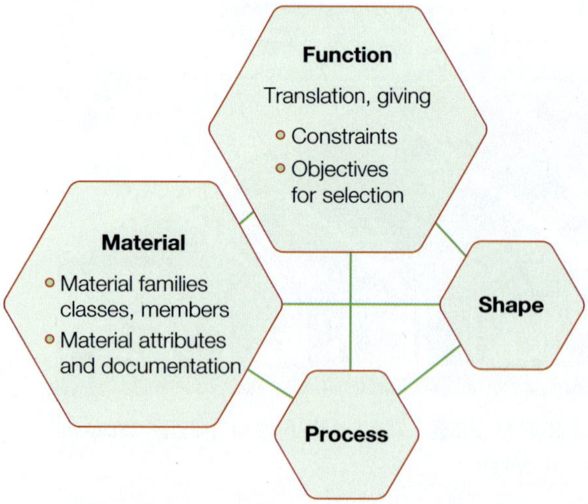

그림 5.1 재료선택은 기능에 의해 결정된다. 형상도 종종 선택에 영향을 미친다. 이 장과 다음 장에서는 형상과 무관한 재료선택을 다룬다.

제4장에 소개한 재료특성 차트들은 이러한 기준과 함께 사용하도록 설계되었다. 속성한계와 재료지수가 그 위에 그려지고, 설계를 위한 최선의 재료들을 골라낸다. 이 모든 과정을 소프트웨어에 반영함으로써 설계의 도구로 사용할 수 있으며 컴퓨터의 도움을 받아 재료를 선택한다. 그 과정은 신속하면서도 "만약에 ……하다면 어떻게……?" 식의 측면 사고(lateral thinking)를 가능하게 한다. 이러한 방법을 사용한 많은 사례가 제6장에 소개된다.

5.2 선택의 전략

재료 속성

그림 5.2는 재료 세상이 어떻게 가족, 클래스, 하위클래스(subclass), 멤버로 나누어지는지를 보여준다. 각 멤버는 속성의 집합, 즉 특성으로 고유한 존재가 된다. 예를 들어 재료 세상은 '금속'이라는 가족을 포함하고, 금속은 '알루미늄 합금'이라는 클래스를, 그것은 다시 '6000시리즈'라는 하위클래스를, 그리고 마침내 '6061 합금'이라는 멤버를 포함한다. 이것과 재료 세상의 모든 다른 멤버는 기계적, 열적, 전기적, 광학적, 화학적 특성, 가공성, 비용, 접근성, 재료를 사용함에 따른 환경에 미치는 영향을 포함한 속성의 집합에 의해 특성화된다. 이를 특성윤곽(property profile)이라 한다. 선택은 재료 자체의 특성윤곽과 설계가 요구하는 속성윤곽이 가장 잘 부합하는 것을 찾는 과정이다.

선택 전략

이 절은 선택의 전략에 관한 것이다. 어떤 제품의 선택으로 시작하는 것이 재료에 대한 선택으로 시작하는 것보다 간단하다. 아이디어는 같지만 재료는 문제를 더 복잡하게 만든다.

새로운 승용차가 필요하다고 하자. 당신의 요구조건을 만족하려면 가족형 4도어 중형세단으로서 모터보트를 견인하는 데 충분하도록 최소한 150마력의 가스엔진을 장착한 것이어야 한다. 이 모든 조건을 만족하면서 구입비용과 운영비용을 모두 고려할 때 가급적 저렴한 것을

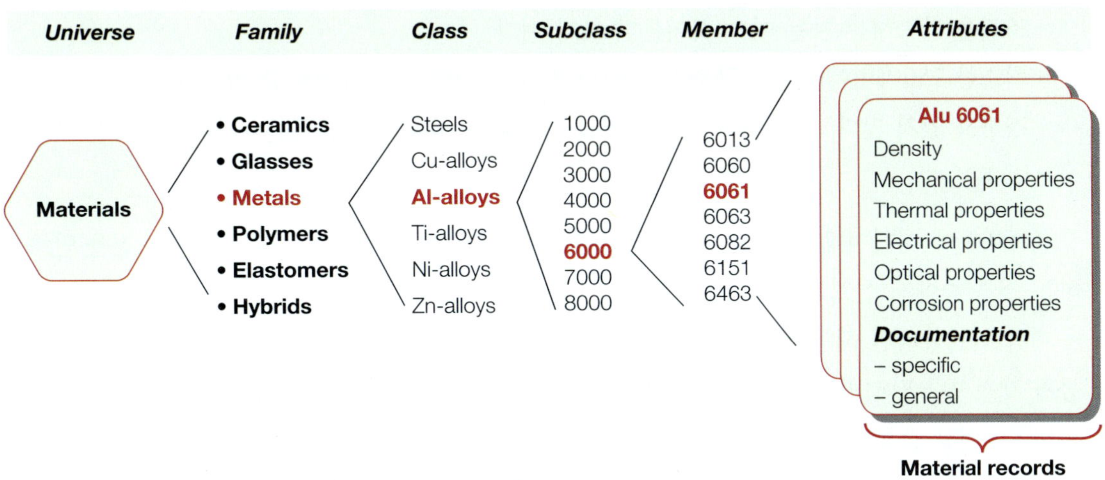

그림 5.2 재료 세상의 분류체계와 속성 : 컴퓨터 소프트웨어에 데이터를 이런 계통구조로 저장한다.

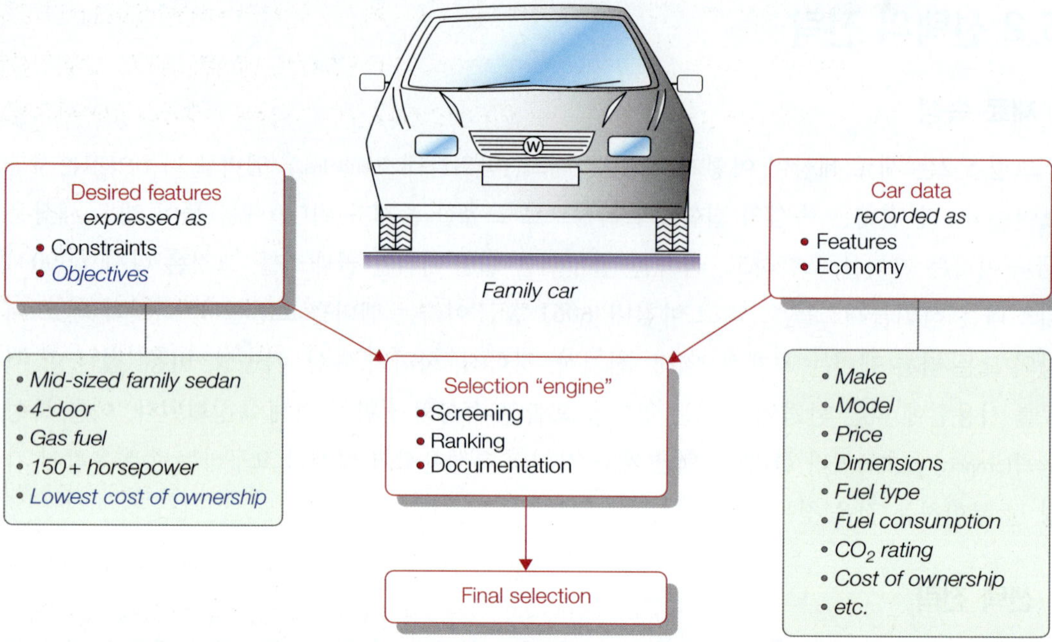

그림 5.3 자동차 선택–선택전략의 예 : 요구되는 특징들이 제한조건이므로 이를 이용하여 적합하지 않은 차들을 가려낸다. 남은 후보들을 소유자의 비용을 기준으로 순위를 매긴다.

원한다(그림 5.3 왼쪽). 세 가지 제한조건은 다음과 같이 나와 있으나, 그것들이 모두 동일한 형태는 아니다.

- 가스엔진을 장착한 가족형 4도어 중형세단이라는 요구조건은 간단한 제한조건이다. 이 조건을 만족하는 차는 어느 것이든 후보가 된다.
- 최소한 150마력이라는 요구조건은 출력에 대한 하한치는 규정하고 있지만 상한치는 규정하고 있지 않다. 이것이 한계치 제한조건이다. 150마력 이상이면 어떤 차도 일단 후보가 된다.

최소비용에 대한 바람은 목표, 즉 수월성의 기준이다. 가장 바람직한 차는 제한조건을 만족하는 것들 중에서 설계목표(함수)를 최소화하는 것이 된다.

계속 진행하려면 해당하는 승용차에 대한 정보가 필요하다(그림 5.3 오른쪽). 자동차 잡지, 자동차 제작사나 딜러의 웹사이트에 그런 정보가 나열되어 있다. 리스트에는 차량 형식과 크기, 도어 수, 연료 종류, 엔진 출력, 가격 등이 나와 있고 자동차 잡지에는 추가적으로 소유자의 비용(운영비용, 세금, 보험, 유지보수, 감가상각)을 $/마일 또는 유로/km 단위로 나타낸다.

이제는 결정을 내려야 할 시점이다(그림 5.3 가운데). 선택 엔진(여기서는 당신의 판단)은 모든 자동차들 중에서 제한조건을 사용하여 4도어 가스엔진 가족형 세단이 아닌 것들을 가려낸다. 많은 차들이 이러한 제한조건을 만족하므로 아직도 남은 리스트가 길다. 그것들에 대하여 순위를 매겨 가장 최선의 선택이 맨 위에 오도록 할 방법이 필요하다. 설계목표가 그 도구이다. 아직 남아 있는 후보군에 대하여 소유자의 비용을 기준으로 순위 매기기를 시행하여 가장 작은 값을 맨 위에 오도록 하면 된다. 가장 저렴한 것 하나를 선택하기 보다는 위에서부터 세 개나 네 개 정도를 선택하고, 참고문헌정보를 이용하여 그들의 다른 특징들(배송 시일, 트렁크 크기, 시트의 안락감, 무상 수리 보증기간 등)에 대하여 깊이 있게 살펴보는 것이 좋다. 그리하여 특징들에 대한 선호도와 비용상의 적은 차이를 잘 저울질하여 선택하도록 한다.

이러한 방법은 여러 부문에서 결정을 내릴 때 도구로 사용된다. 새로운 제품의 설계 선택사항 중에서 결정해야 할 때, 새로운 공장의 가동 방법 중에서 최적화해야 할 때, 새로운 타운의 입지를 선정할 때 그리고 재료를 선택할 때이다. 다음을 살펴보자.

재료를 선택하는 것은 설계 요구조건과 설계를 구현하는 데 사용될 수 있는 재료특성 사이에 가장 잘 부합하는 것을 찾는 것이다. 그림 5.4는 바로 앞의 선택전략을 안전헬멧의 보호용 바이저 재료의 선택에 적용한 것이다. 왼쪽에는 재료가 만족해야 하는 요구조건이 제한조건

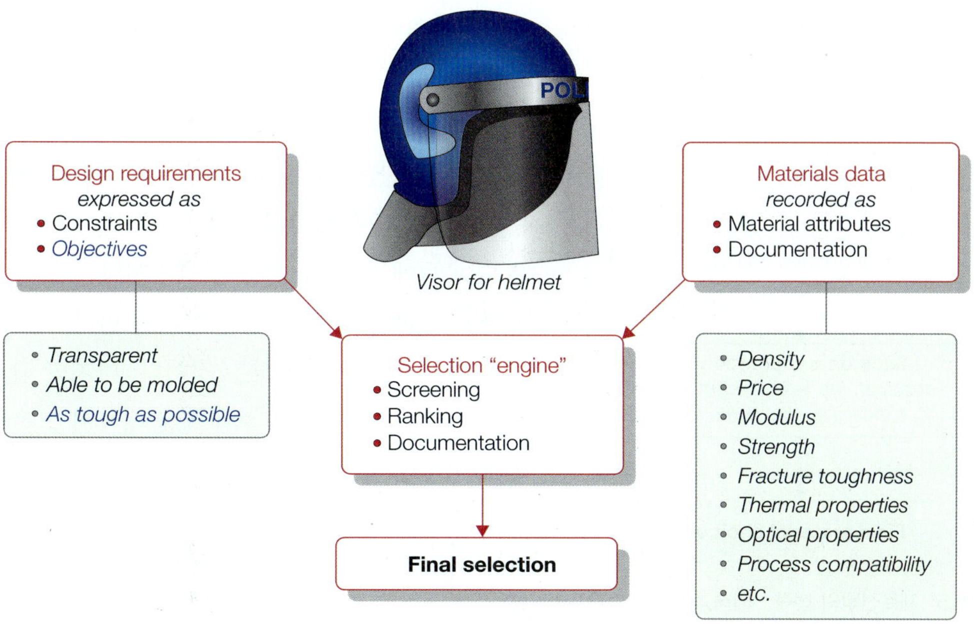

그림 5.4 재료의 선택 : 설계 요구조건은 우선 제한조건과 설계목표로 나타낸다. 제한조건은 가려내기에 사용한다. 남은 후보들을 재료지수로 표현된 설계목표를 기준으로 순위를 매긴다.

과 설계목표로 나와 있다. 제한조건은 몰딩이 가능해야 하고 동시에 투명해야 한다. 설계목표는 얼굴을 보호하는 물건이므로 깨지더라도 비산하지 말아야하므로 파괴인성이 가급적 높아야 함을 뜻한다.

오른쪽에는 공급자의 데이터시트, 핸드북, 웹사이트, 재료선택을 위해 특별히 고안된 소프트웨어로부터 얻은 재료 속성 데이터베이스가 나열되어 있다. 비교 엔진(이번에도 당신의 판단)은 왼쪽의 제한조건을 오른쪽의 재료들에 적용하여 조건을 만족하지 못하는 재료들을 가려낸 다음 자동차의 경우처럼 남은 후보재료들의 리스트를 만든다. 이 리스트를 파괴인성을 기준으로 순위를 매긴다. 마지막으로 제한조건을 만족하면서 파괴인성치가 가장 높은 세 개의 재료에 대해 참고문헌정보를 통하여 다른 특징들을 깊이 있게 살펴본다.

그러나 마냥 단순하지만은 않다. 자동차의 요구조건은 매우 판단하기 쉽다. 도어 수, 연료 종류, 출력 등 이는 제작사의 리스트에 명확하게 나와 있다. 어떤 제품의 구성요소에 대한 설계 요구조건은 그것이 무엇을 해야 하는가는 지정하지만, 그 재료가 어떤 특성을 가져야 하는지를 지정하지는 않는다. 따라서 재료선택의 첫 단계는 해석인데 흔히 약간은 애매한 설계 요구조건을 재료 데이터베이스에 적용할(그림 5.5 윗부분) 수 있는 구체적인 제한조건과 설계목표로 변환하는 것이다. 그 다음은 가려내기인데, 마치 새 차를 고를 때처럼 제한조건을 만족하지 못하는 재료들을 제거하는 것이다. 그에 이어서 순위 매기기를 하는데, 남은 재료들에 대하여 비용의 최소화라든가 충격저항의 극대화와 같은 수월성 기준을 만족하는 능력에 따라 순서대로 나열하는 것이다. 마지막 단계는 가장 유망한 몇 개의 후보재료에 대하여 그것들이 현재 어떻게 활용되고 있으며, 파손사례는 어떠한지 그것들을 활용한 설계는 얼마나 우수하였는지 등의 깊이 있는 정보를 확인한다. 따라서 이 단계를 참고문헌정보라고 부른다. 각 단계를 좀 더 자세히 살펴보자.

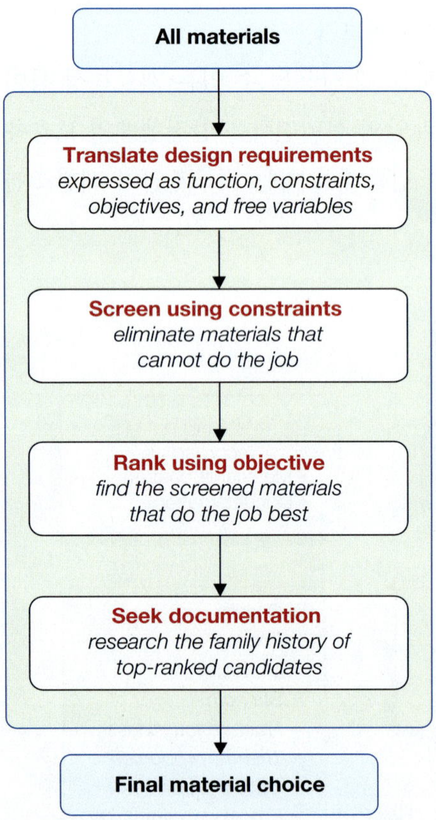

그림 5.5 재료선택의 전략 : 해석, 가려내기, 순위 매기기, 참고문헌정보의 네 가지 주요 단계를 나타낸다.

해석

어떤 부품이 해야 할 일을 정의하는 설계 요구조건을 어떻게 재료에 대한 처방전으로 옮길까? 모든 공업 부품은 하중을 지탱하거나 압력을 지지하거나 열을 전달하는 등 하나 또는 그 이상의 기능을 수행한다. 이는 제한조건이 허용하는 한계 내에서 행해져야 한다. 제한조건의 예로는 크기를 고정하거나 부품이 파손되는 일 없이 설계 하중과 압력을 견뎌야 하거나 전도의 유무, 특정 온도와 환경에서 작동해야함 등이 있다. 부품을 설계할 때, 설계자에게는 최대한 저렴하게, 가볍게, 안전하게 또는 일부를 절충하여 만드는 식의 설계목표가 있다.

설계목표에 맞추어 최적화할 때 몇몇 변수를 조절할 수 있다. 설계 요구조건에서 크기를 통제하지 않는다면 설계자는 자유롭게 크기를 바꿀 수 있고, 가장 중요한 재료선택을 할 때에도 자유롭다. 우리는 이것을 자유변수라 부른다. 기능, 제한조건, 설계목표, 자유변수(표 5.1)는 재료선택의 경계조건을 정의하고, 하중 지탱 요소의 경우 단면의 형상을 결정한다. 설계 요구조건을 재료특성과 연결시키는 첫 걸음이 바로 이 네 가지를 명확히 하는 일이다.

표 5.1 기능, 제한조건, 설계목표, 자유변수

기능	어떤 역할을 하는가?
제한조건*	타협의 여지없이 반드시 지켜야 하는 조건은? 양보할 수 있지만 만족되면 좋은 조건은?
설계목표	무엇을 최대화 혹은 최소화해야 하는가?
자유변수	어떤 변수를 설계자가 자유롭게 바꿀 수 있는가?

*종종 '강한' 제한조건과 '약한' 제한조건을 구분하는 것이 유용하다. 강성과 강도는 아마도 절대적인 요구조건(강한 제한조건)이고, 비용은 양보 가능한 요구조건(약한 제한조건)이다.

헬멧 바이저의 설계 요구조건

안전헬멧의 바이저가 최대의 안면보호를 제공할 수 있는 재료가 필요하다.

해석

명쾌한 시야를 확보하려면 바이저는 투명해야 한다. 전면에서, 측면에서 그리고 아래쪽으로부터 얼굴을 보호하려면 바이저는 이중으로 곡면을 이루어야 하므로, 재료는 몰딩이 가능한 것이어야 한다. 그러므로 투명할 것과 몰딩이 가능할 것이라는 두 가지 제한조건을 갖는다.

바이저의 파괴는 얼굴에 상처를 줄 수 있으므로, 안전을 극대화하는 것은 파괴에 대한 저항을 극대화하는 것으로 해석될 수 있다. 파괴에 대한 저항을 나타내는 재료특성이 파괴인성 K_{1c}이다. 그러므로 설계목표는 K_{1c}의 극대화이다.

가려내기 : 속성한계

공정한 선택에서는 그림 5.5의 '해석' 아래의 단계를 통해 제외되기 전까지 모든 재료를 후보로 고려한다. 제일 첫 단계 '가려내기'에서는 한 가지 이상의 속성이 설계가 부여한 제한조건을 벗어나기 때문에 절대로 쓸 수 없는 후보를 제외시킨다. 예를 들어 '부품은 끓는 물속에서 작동해야 한다' 또는 '부품은 투명해야 한다'는 조건은 성공적인 후보가 갖추어야 할 최고 사용온도와 광학적 투명성의 속성에 명백한 한계를 부과한다. 이를 속성한계(attribute limit)라 부른다.

순위 매기기 : 재료지수

속성한계는 남아 있는 후보재료의 순위 매기기에는 도움이 되지 않는다. 이를 위해서는 최적화 기준이 필요하다. 그러한 기준은 아래에 나오는 재료지수에서 찾는다. 재료지수는 한계를 벗어나지 않은 후보가 기능을 얼마나 잘 수행하는지를 표현한다. 성능은 단 하나의 특성에 의해 제한을 받을 때도 있고, 특성의 조합에 의해 제한을 받을 때도 있다. 부양(buoyancy)을 위한 최적의 재료는 밀도 ρ가 낮고, 단열에 가장 좋은 재료는 열전도도 λ가 작다. 이 경우에는 단 하나의 특성이 크거나 작으면 성능이 바로 최대가 된다. 그러나 나중에 나오겠지만, 가볍고 강성이 큰 연결봉에 필요한 최선의 재료는 비강성 E/ρ (E는 탄성계수) 값이 가장 큰 것이다. 스프링용으로 최선의 재료는 σ_f^2/E (σ_f는 파손응력) 값이 가장 큰 것이다. 특정 설계에서 성능을 극대화하는 특성 또는 특성의 집합을 재료지수라 한다. 이런 지수는 그 수가 많고 각각 성능의 어떤 면을 극대화하는 것과 결부된다.[1] 재료지수는 수월성의 기준을 제공하여, 주어진 용도에서 성능에 따른 재료의 순위 매기는 것을 가능하게 한다.

요약하자면, 가려내기는 작업을 수행할 능력이 있는 후보를 골라내고, 순위 매기기는 그중에서 작업을 가장 잘 수행하는 것을 고른다.

헬멧 바이저를 위한 가려내기와 순위 매기기

몰딩이 가능하면서 투명한 재료에 대한 탐색 결과가 다음의 리스트이다. 처음 네 개는 열가소성 플라스틱이고 마지막 두 개는 유리이다. 파괴인성치는 부록 A에서 찾을 수 있다.

---

1) 성능 극대화는 종종 다른 어떤 것의 최소화를 의미한다. 비용이 그러하고, 운송수단에서 질량 또한 그렇다. 이 경우에 비용이 적거나 가벼운 부품이 성능을 향상시킨다.

재료	[평균 파괴인성] K_{1c} (MPa.m$^{1/2}$)
폴리카보네이트 (PC)	3.4
셀룰로스 아세테이트 (CA)	1.7
폴리메틸메타아크릴레이트 (PMMA)	1.2
폴리스타이렌 (PS)	0.9
소다석회유리	0.6
붕소규산염유리 (Pyrex)	0.6

제한조건에 의해 가능성 있는 후보재료는 여섯 개로 줄었다. 파괴인성을 기준으로 순위를 매기면 PC, CA, PMMA 순서로 가장 최적의 후보군이 정해진다.

참고문헌정보

지금까지 결과는 제한조건을 벗어나지 않고, 수월성의 기준을 요구되는 대로 최대화 또는 최소화하는 순위를 매긴 후보의 목록이다. 그냥 제일 위에 있는 것을 골라도 되겠지만 그것은 질 나쁜 비밀을 품고 있을 수도 있다. 그것의 장단점은? 그에 대한 세간의 평은? 그것의 신용 등급은? 공정을 더 진행하기 위해 각 후보의 상세한 윤곽, 즉 참고문헌정보(그림 5.5 아래)가 필요하다.

참고문헌정보는 가려내기에 사용하는 조직적인 특성 데이터와 굉장히 다르다. 보통 그것은 시각적 또는 회화적으로 서술된다. 재료의 이전 사례연구, 특정 환경에서의 상세한 부식 양상, 입수 가능성과 가격에 대한 정보, 환경에 미치는 영향이 그에 속한다. 이런 정보는 편람, 공급자의 데이터 시트, CD로 된 데이터소스, 월드와이드웹(www)에서 찾을 수 있다. 참고문헌정보는 설계 요구조건과 재료 속성이 딱 들어맞도록 후보 명단을 최종 선택으로 줄일 수 있게 도와준다. 왜 이 모든 단계가 필요한가?

가려내기와 순위 매기기 없이는 후보가 너무 많아서 참고문헌정보 또한 많고, 그 안으로 파고 들어가는 것은 선택에 도움이 되지 않는다. 그러나 일단 가려내기 단계에서 실용적인 후보를 점찍어 놓으면, 적은 수의 후보에 대한 참고문헌정보만 살펴보면 된다.

헬멧 바이저를 위한 재료의 참고문헌정보

이 시점에서는 앞에서 찾은 가장 순위가 높은 후보재료 세 가지가 어떻게 사용되는지를 아는 것이 중요하다. 신속한 웹 검색에 의하면 다음과 같다.

폴리카보네이트

안전가리개 및 보안경, 렌즈, 전등 갓, 안전헬멧, 방탄유리판

셀룰로스 아세테이트

안경테, 렌즈, 보안경, 공구 핸들, 텔레비전 스크린 커버, 장식용 외장, 자동차 운전대

PMMA(Plexiglas)

각종 렌즈, 조종석 캐노피, 비행기 창문유리, 보관용기, 공구 핸들, 보안경, 전등, 자동차 후미등

이 결과는 매우 긍정적이다. 세 가지 모두 보안경과 보호용 스크린에 사용된 역사를 가지고 있다. 리스트에서 1등인 폴리카보네이트는 보호용 헬멧에 사용된 사례가 있다. 따라서 우리는 이 재료의 높은 파괴인성치와 함께 최적의 재료로 자신있게 선택할 수 있다.

국지적 여건

후보들이 경쟁하는 가운데 최종 선택은 종종 기존의 사내 전문기술, 장비, 지역 공급자의 유무 등의 지역별 조건에 좌우된다. 여기서는 조직적인 과정은 도움이 되지 않고, 대신 지역 내 지식에 기초해서 결정해야 한다. 이는 조직적인 과정의 결과물이 무관하다는 뜻이 아니다. 어느 재료가 가장 좋은지 아는 것은 설령 지역별 조건을 이유로 그 재료를 사용하지 않기로 하였더라도 항상 중요하다.

참고문헌정보에 대해서는 나중에 더 완벽하게 알아보기로 하고, 여기서는 속성한계와 재료지수의 유도에 집중한다.

5.3 재료지수

제한조건은 속성한계를 결정짓는다. 설계목표는 재료지수를 정의하는데 우리는 재료지수의 극한값을 추구한다. 설계목표가 제한조건과 상관관계가 없으면 재료특성이 바로 재료지수가 된다. 더욱 바람직하게는 상관관계가 있는 경우에 재료지수는 위에서 인용한 몇 가지처럼 특성들의 조합이다. 그들은 어디로부터 오는가? 이 절에서 설명한다.

잠시 가장 간단한 기계 부품을 생각해보자. 부품에 가해지는 하중은 대체로 인장력, 굽힘, 비틀림, 압축력의 조합으로 분해된다. 거의 항상 하나의 하중이 우세하므로, 하중의 방식에 따라 부품에 이름을 붙인다. 연결봉은 인장하중을, 빔과 패널은 굽힘모멘트를, 샤프트는 비틀림(torque)을, 기둥은 축방향 압축하중을 견딘다. 연결봉, 빔, 샤프트, 기둥이라는 이름은 각각 어떤 기능을 암시한다. 여기서 우리는 이 중 일부에 대하여 제한조건, 설계목표, 그리고 결과로서 얻어지는 재료지수를 탐색하여 보기로 한다.

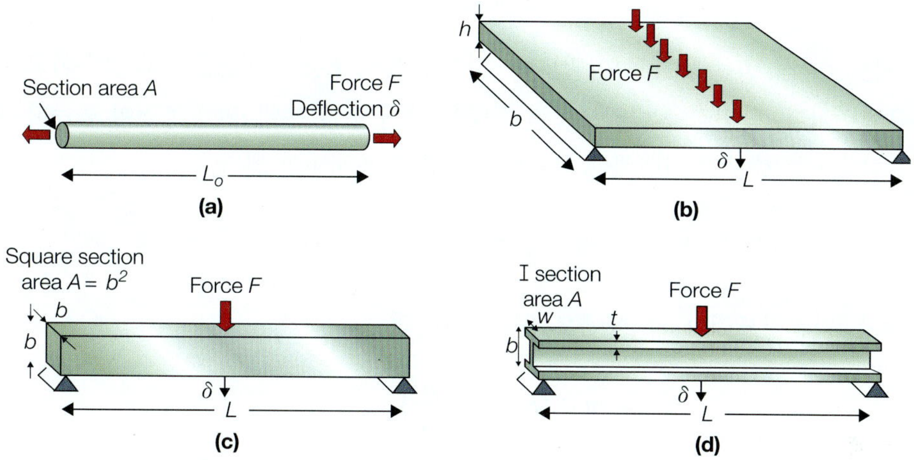

그림 5.6 일반적인 형태의 구조요소 : (a) 연결봉, 인장 하중, (b) 패널, 굽힘 하중, (c)와 (d) 빔, 굽힘 하중

교통기관의 가동에너지와 배출가스는 가동 중에 소모되는 연료에 의해 지배된다. 시스템이 가벼울수록 연료를 적게 소모하고 탄소 배출도 적어진다. 따라서 시작하는 포인트로서 좋은 것은 최소질량 설계이지만, 물론 다른 제한조건들, 예를 들어 강성도나 강도는 여전히 가장 중요하다. 그림 5.6에 일반적인 형태로서 연결봉, 패널, 빔이 하중을 받는 형태를 나타내었다.

질량의 최소화 : 가볍고 강한 연결봉 이 장의 표지에 나온 것과 같은 복엽기에 필요한 연결봉의 설계가 필요하다. 그림 5.6(a)처럼 파손되지 않고 인장력 F^*를 지탱할 수 있으면서 가급적 가벼운 원기둥형 연결봉이 필요하다. 길이 L은 주어지지만 단면적 A는 주어지지 않았다. 여기서 '성능의 최대화'는 '안전하게 하중 F^*를 지탱하면서 질량을 최소화'한다는 뜻이다. 해석된 설계 요구조건이 표 5.2에 수록되어 있다.

우선 최대화 또는 최소화되어야 할 물리량을 나타내는 공식을 찾는다. 여기서는 그것이 연결봉 막대의 질량 m이고 이를 최소화해야 한다. 목표함수라 불리는 공식은

표 5.2 가볍고 강한 연결봉의 설계 요구조건

기능	연결봉(tie-rod)
제한조건	길이 L 고정(기하학적 제한조건) 파손 없이 인장하중 F^*를 지탱해야 한다(기능 제한조건).
설계목표	연결봉 질량 m의 최소화
자유변수	단면적 A 재료의 선택

$$m = A\,L\,\rho \tag{5.1}$$

여기서 A는 단면적, ρ는 원재료의 밀도다. 길이 L과 힘 F는 주어졌으므로 상수이고, 단면적 A는 자유변수이다. 단면적을 줄임으로써 질량을 줄일 수 있는데, 제한조건이 붙는다. 단면적 A는 인장하중 F를 충분히 지탱해야 하므로 다음을 만족시켜야 한다.

$$\frac{F^*}{A} \le \sigma_f \tag{5.2}$$

여기서 σ_f는 파손강도이다. 두 식에서 A를 소거하면

$$m \ge (F^*)(L)\left(\frac{\rho}{\sigma_f}\right) \tag{5.3}$$

이 결과 식을 보라. 첫 괄호는 주어진 하중 F이다. 두 번째 괄호는 주어진 기하학적 형상(연결봉의 길이 L)을 지정한다. 마지막 괄호에 재료특성들이 들어있다. 안전하게[2] F^*를 지탱하는 가장 가벼운 연결봉은 ρ/σ_f 값이 가장 작은 재료로 만든다. 이것을 이 설계의 재료지수로 정의하고 최소치를 구할 수도 있지만, 보통은 특정한 속성을 다룰 때 최대화하는 방향으로 물리량을 표현한다. 그러므로 식 (5.3)의 재료특성 항의 역수를 취하여 재료지수 M_t(아래첨자 t는 tie를 뜻함)를 정의한다.

$$M_{t1} = \frac{\sigma_f}{\rho} \tag{5.4}$$

파손되지 않고 하중 F^*를 지탱하는 가장 가벼운 연결봉은 이 지수, 즉 그림 4.6에 그려진 '비강도'가 최대인 것이다. 강성이 크고 가벼운 연결봉(강도 σ_f가 아닌 강성 S가 제한조건으로 주어진 경우)을 찾기 위한 지수도 비슷한 계산을 통해 구한다.

$$M_{t2} = \frac{E}{\rho} \tag{5.5}$$

여기서 E는 탄성계수(영의 계수)이다. 이번에는 지수가 '비강성'인데 이것 또한 그림 4.6에 나온다. 두 경우에 하나의 특성이 아닌 재료특성의 조합이 지수에 나타나는데, 이는 질량 m을 최소화하는 설계목표가 제한조건 중 하나인 파손되거나 심하게 휘지 않고 하중 F를 지탱한다는 조건과 상관관계를 갖기 때문이다.

이 절차를 보라. 연결봉의 길이는 지정되었지만 단면적은 자유로이 선택할 수 있다. 설계

2) 현실적으로 안전계수 S_f가 항상 계산에 들어가서 식 (5.2)는 $F/A = \sigma_f/S_f$가 된다. 그러나 각 재료에 같은 안전계수를 적용한다면 그 값은 선택에 영향을 미치지 않으므로 여기서는 생략한다.

목표가 질량 m을 최소화하는 것이다. 질량 m에 대한 방정식을 쓰면 그것이 목표함수가 된다. 그러나 제한조건이 존재한다. 첫째는 연결봉이 항복 없이, 둘째는 지나친 굽힘없이, 하중 F를 지탱하는 것이다. 이를 이용하여 자유변수를 소거하고, 재료특성들의 조합으로 표현된 지수 M을 최대화하는 것을 찾는다. 출발할 때부터 무엇이 제한조건들인지, 무엇을 최대화 또는 최소화 하려는 것인지, 어떤 변수가 지정되었는지, 어떤 변수가 자유인지가 분명하다면 실제로 그리 어렵지 않다.

여기까지는 쉬웠다. 이제 좀 더 어려운, 그리고 중요한 예로 넘어간다.

질량의 최소화 : 가볍고 강성이 큰 패널 패널은 탁자 상판처럼 평평한 판이다. 길이 L과 너비 b는 지정되지만 두께는 자유롭게 바꿀 수 있다. 여러 가지 형상으로 사용된다. 패널은 가운데에 굽힘 하중을 받는다[그림 5.6(b)]. 강성 제한조건을 만족시키려면 하중 F에 의해 δ 이상 처지면 안 된다. 그리고 설계목표는 가급적 가벼운 패널이므로 최소 질량 m으로 이를 구현하는 것이다. 표 5.3에 설계 요구조건이 정리되어 있다.

표 5.3 가볍고 강성이 큰 패널의 설계 요구조건

기능	패널(panel)
제한조건	굽힘강성($S \geq S^*$) 지정(기능 제한조건) 길이 L과 너비 b 지정(기하학적 제한조건)
설계목표	패널의 질량 m 최소화
자유변수	패널의 두께 h 재료의 선택

연결봉의 경우와 마찬가지로 목표함수는 질량에 대한 표현이다.

$$m = A\,L\,\rho = b\,h\,L\,\rho$$

패널의 굽힘강성 S는 최소한 S^*와 같거나 커야하므로,

$$S = \frac{C_1 EI}{L^3} \geq S^* \tag{5.6}$$

여기서 C_1은 하중의 분포에 따라 결정되는 상수(부록 B에서 찾을 수 있음)이고, I는 단면적의 이차모멘트로 단면이 직사각형인 패널에서는 다음과 같다.

$$I = \frac{b\,h^3}{12} \tag{5.7}$$

두께 h를 줄이면 질량을 최소화할 수 있지만, 강성 제한조건을 만족하는 한도 내에서만 그렇다. 위의 두 식을 이용해 목표함수에서 h를 소거하면,

$$m = \left(\frac{12S^*}{C_1 b}\right)^{1/3} (bL^2) \left(\frac{\rho}{E^{1/3}}\right) \tag{5.8}$$

← 재료특성

기능 제한조건 / 기하학적 제한조건

여기서 S^*, L, b, C_1의 값은 모두 지정되었으므로 유일한 자유변수는 재료의 선택이다. 재료지수는 재료특성의 조합으로 표시된 마지막 괄호 안의 것이며, 역수를 취하여 최대화하는 것을 찾는다. 즉 가볍고 강성이 큰 패널에 최적인 재료는 다음 재료지수를 최대화하는 재료이다.

$$M_{p1} = \frac{E^{1/3}}{\rho} \tag{5.9}$$

동일한 유도 과정으로 강성도가 아니라 강도에 대한 제한조건으로 구한 지수는 다음과 같다.

$$M_{p2} = \frac{\sigma_y^{1/2}}{\rho} \tag{5.10}$$

이들은 앞에서의 재료지수 E/ρ나 σ_y/ρ와 별로 다르지 않아 보이지만, 실제로는 다르다. 잠시 후에 알게 될 것이지만, 그것들에 의해 다른 재료선택이 이루어질 것이다.

이제 다른 하나의 굽힘과 관련된 문제를 살펴보자. 형상이 중요한 역할을 하게 된다.

질량의 최소화 : 가볍고 강성이 큰 빔 빔은 여러 가지 형상으로 사용된다. 직사각형 단면의 단일체, 원통형 튜브, I-빔 등이다. 이들 중 어떤 것들은 너무 많은 기하학적 자유변수를 가져서 앞에서의 방법을 직접 적용할 수 없다. 그러나 만약 단면 형상이 자기비례형(self-similar)이라면, 즉 단면의 전체적인 크기가 변함에 따라 각 치수가 같은 비율로 변한다면, 문제를 다룰 수 있다. 그러므로 빔에 대하여 2단계로 나누어 생각해보자. 첫째는 미리 지정된 간단한 형상(예: 정사각형 단면)의 가볍고 강성이 큰 빔에 최적의 재료를 찾아본다. 둘째는 보다 효율적인 형상을 사용하면 같은 강성을 가지면서 얼마나 더 가볍게 할 수 있을지에 대하여 탐색해 본다.

단면적 $A = b \times b$인 정사각형 빔은 단면 크기는 변하더라도 정사각형 모양은 유지된다. 일정한 길이 L의 빔 가운데에 굽힘 하중을 가한 경우[그림 5.6(c)], 강성 S에 대한 제한조건을 만족시키려면 하중 F에 의해 δ 이상 휘거나 처지면 안 된다. 그리고 설계목표는 가급적 가벼운 빔이다. 표 5.4에 설계 요구조건이 해석되어 있다.

앞에서와 마찬가지로 진행하면 목표함수는 질량에 대한 표현으로,

$$m = A\,L\,\rho = b^2\,L\,\rho \qquad (5.11)$$

빔의 굽힘강성 S는 최소한 S^*와 같거나 커야하므로,

$$S = \frac{C_2\,EI}{L^3} \geq S^* \qquad (5.12)$$

여기서 C_2는 하중의 분포에 따라 결정되는 상수(부록 B), I는 단면적의 이차모멘트로 단면이 정사각형인 빔에서는 다음과 같다.

$$I = \frac{b^4}{12} = \frac{A^2}{12} \qquad (5.13)$$

표 5.4 가볍고 강성이 큰 빔의 설계 요구조건

기능	빔
제한조건	길이 L 지정(기하학적 제한조건) 단면 형상 정사각형(기하학적 제한조건) 지나친 처짐이 없이 굽힘하중 F를 지지해야 함. 즉, 굽힘강성 S가 지정된 값 S^* 이상일 것 (기능 제한조건)
설계목표	빔의 질량 m 최소화
자유변수	단면적 A 재료의 선택

주어진 길이 L에 대하여 강성도 S^*는 정사각형 단면의 크기를 변화시켜 조정할 수 있다. 위의 두 식을 이용해 목표함수에서 b(또는 A)를 소거하면

$$m = \left(\frac{12S^*L^3}{C_2}\right)^{1/2}(L)\left(\frac{\rho}{E^{1/2}}\right) \qquad (5.14)$$

여기서 S^*, L, C_2의 값은 모두 지정되었거나 상수이다. 괄호는 앞에서처럼 기능 요구조건, 기하학적 형상, 재료의 순서로 배열하였다. 가볍고 강성이 큰 빔에 최적인 재료는 다음 재료지수를 최대화하는 재료이다.

$$M_{b1} = \frac{E^{1/2}}{\rho} \qquad (5.15)$$

동일한 유도 과정으로 강성도가 아니라 강도에 대한 제한조건으로 구한 지수는 다음과 같다.

$$M_{b2} = \frac{\sigma_y^{2/3}}{\rho} \qquad (5.16)$$

이 해석은 정사각형 단면에 대한 것이지만 실제로는 단면 형상이 일정하게 유지되는 한 어떤 형상의 단면을 가진 빔에도 적용할 수 있다. 이는 식 (5.13)의 결과로서 단면적의 이차모멘트 I는 항상 단면적 A^2와 상수항의 곱으로 나타낼 수 있으므로, 단면적의 변화는 상수 C_2의 값을 바꿀 뿐 지수 자체에는 변화가 없기 때문이다.

위에서 언급한 바와 같이 실제 빔은 굽힘하중에 대한 효율을 향상시킨 단면을 가짐으로써 더 적은 재료를 사용하여 같은 강성도를 얻을 수 있다. 즉, 단면적 A를 일정하게 유지하면서 단면 형상을 바꾸면 모멘트 I를 증가시킬 수 있다. 이것은 벽두께가 얇은 튜브나 I-빔처럼 더 많은 재료가 빔의 중립면(neutral axis)으로부터 가급적 멀리 존재하게 함으로써 얻어질 수 있다 [그림 5.6(d)]. 어떤 재료들은 다른 재료들보다 더 쉽게 그러한 효율적인 형상으로 만들 수 있다. 따라서 재료지수 M_b를 기준으로 재료들을 비교할 때 약간의 주의가 필요하다. 재료지수가 낮은 재료일지라도 보다 효율적인 형상으로 만들 경우에는 다른 것들을 따라잡을 수 있다. 이 문제에 대해서는 제9장에서 더 자세히 검토할 것이다.

재료비의 최소화 : 저렴한 연결봉, 패널, 빔 설계목표가 질량의 최소화가 아니라 비용의 최소화라면 지수가 달라진다. 재료의 가격이 C_m \$/kg이라면 질량 m인 부품을 만드는 데 소요되는 재료비는 mC_m이 된다. 연결봉, 패널, 빔의 재료비에 대한 목표함수는

$$C = m\,C_m = A\,L\,C_m\,\rho \tag{5.17}$$

앞에서와 같이 재료지수를 구하는 과정을 진행하면 식 (5.4) & (5.5), 식 (5.9) & (5.10) 식 (5.15) & (5.16)에서 각각 ρ을 $C_m\rho$로 대체한 결과를 얻는다. 그러므로 강도에 대한 제한조건을 만족하면서 비용을 최소화하는 연결봉의 선택에 필요한 재료지수는 다음과 같다.

$$M = \frac{\sigma_f}{C_m\,\rho} \tag{5.18}$$

여기서 C_m은 kg당 재료비이다. 저렴하고도 강성이 큰 패널에 대한 지수는

$$M_{p1} = \frac{E^{1/3}}{C_m\,\rho} \tag{5.19}$$

등이다. 그러나 명심할 것은 재료비는 형상을 가진 부품을 얻는데 필요한 비용의 일부라는 점이다. 그에 추가하여 성형하고, 결합하고, 마감질하는 비용, 즉 제조비용이 남아 있다.

재료지수는 얼마나 일반적인가? 이제 방법을 일반적인 용어로 설명하기에 좋은 때가 왔다. 구조 요소란 하중지탱, 열전달, 에너지저장 등의 물리적 기능을 수행하는 부품이다. 즉 그것은

기능 요구조건을 만족시킨다. 기능 요구조건은 설계에 의해 명시된다. 연결봉은 주어진 인장 하중을 지탱해야 하고, 스프링은 특정 복원력을 제공하거나 에너지를 저장해야 하고, 열교환기는 주어진 열흐름을 전달해야 한다.

구조요소의 성능은 기능 요구조건, 기하학적 형상, 원재료의 특성 세 가지가 결정한다.[3] 성능 P는 다음과 같은 식으로 기술한다.

$$P = [(\text{기능 요구조건 } F), (\text{기하학적 형상 } G), (\text{재료특성 } M)]$$

또는

$$P = f\,(F, G, M) \tag{5.20}$$

성능 척도 P는 부품 성능의 어떤 측면(예를 들어 질량, 부피, 비용, 수명)을 기술하고 f는 '……의 함수'라는 뜻이다. 최적설계는 P를 최대화 혹은 최소화하는 재료와 기하학적 형상을 선택하는 것이다.

식 5.20의 세 그룹의 변수는 다음과 같이 쓸 수 있을 때 '분리가능'이라고 한다.

$$P = f_1\,(F) \cdot f_2\,(G) \cdot f_3\,(M) \tag{5.21}$$

여기서 f_1, f_2, f_3는 각각 별개의 함수이고 이들을 그저 곱해 놓았다. 분리 가능한 경우(그런

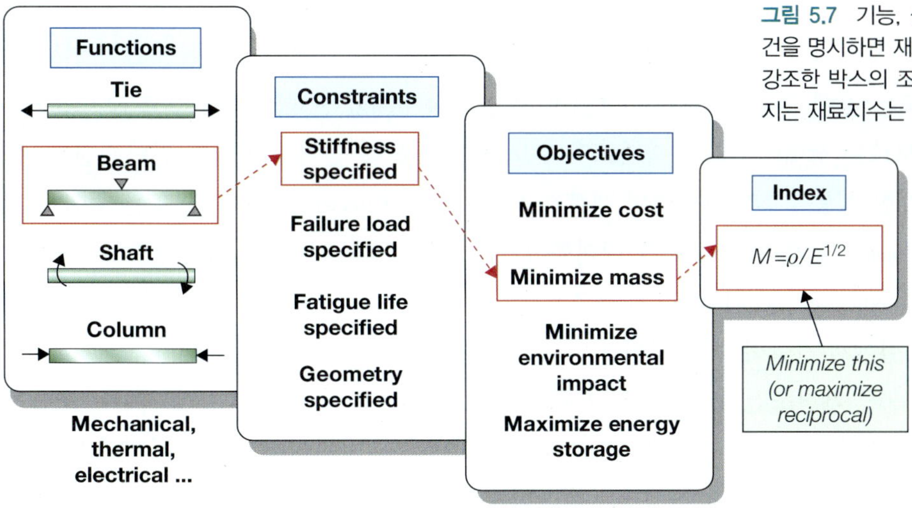

그림 5.7 기능, 설계목표, 제한조건을 명시하면 재료지수가 나온다. 강조한 박스의 조합으로부터 얻어지는 재료지수는 $E^{1/2}/\rho$ 이다.

3) 제9장에서 네 번째 것으로 단면의 형상을 추가한다.

표 5.5 재료지수의 예

기능, 설계목표, 제한조건	지수
연결봉, 최소무게, 강성 지정	$\frac{E}{\rho}$
빔, 최소무게, 강성 지정	$\frac{E^{1/2}}{\rho}$
빔, 최소무게, 강도 지정	$\frac{\sigma_y^{2/3}}{\rho}$
빔, 최소비용, 강성 지정	$\frac{E^{1/2}}{C_m\rho}$
빔, 최소비용, 강도 지정	$\frac{\sigma_y^{2/3}}{C_m\rho}$
기둥, 최소비용, 좌굴하중 지정	$\frac{E^{1/2}}{C_m\rho}$
스프링, 최소무게, 에너지저장 지정	$\frac{\sigma_y^2}{E\rho}$
단열재, 최소비용, 열유속 지정	$\frac{1}{\lambda C_p\rho}$
전자석, 최대전자기장, 온도상승 지정	$\frac{C_p\rho}{\rho_e}$

* ρ = 밀도, E = 탄성계수, σ_y = 탄성한계, C_m = kg당 비용, λ = 열전도도, ρ_e = 전기비저항, C_p = 비열

경우가 보통임) 최적의 재료선택은 설계 세부사항과 독립적이 되고, 기하학적 형상 G와 기능 요구조건 F의 모든 값에 대해 동일하다. 그러면 복잡한 설계문제 전체를 풀지 않고 심지어 F와 G를 자세히 모르는 상태에서도 최적재료의 후보군을 찾을 수 있어 엄청나게 간단해진다. 모든 F와 G에 대한 성능을 최대화하려면 재료효율계수(material efficiency coefficient) 또는 줄여서 재료지수(material index)라 불리는 $f_3(M)$을 최대화하기만 하면 된다. 나머지 $f_1(F)$, $f_2(G)$는 구조효율계수(structural efficiency coefficient) 또는 구조지수(structural index)와 관계가 있다. 지금은 필요하지 않지만 5.6절에서 간단히 다룰 것이다.

기능, 설계목표, 제한조건의 조합으로 재료지수를 결정한다(그림 5.7). 따라서 지수는 조합을 대표하고 곧 부품이 수행하는 기능을 대표한다. 이 방법은 일반적이어서 다음에 나오는 장들에서 광범위한 문제에 적용된다. 표 5.5는 대표적인 재료지수와 각각의 지수가 해결해야 할 문제들의 예를 보여준다. 더욱 온전한 리스트는 부록 C에서 찾을 수 있다. 다음 장의 사례연구에 나오듯이 새로운 문제는 새로운 지수를 만들어낸다.

5.4 선택 절차

이제 네 단계를 하나의 체계적인 절차로 통합할 수 있다.

해석과 재료지수 유도

표 5.6에 모든 것이 나와 있다. 간단히 말하면, 설계에서 제한조건이 가해지는 재료 속성을 알아내고, 수월성의 기준으로 삼을 물리량(최소화 또는 최대화의 목표)을 정하고, 제한조건을 사용하여 자유변수를 소거하고, 수월성의 기준을 최적화하는 재료특성의 조합을 찾는다.

가려내기 : 속성한계 적용

모든 설계는 절대 양보할 수 없는 요구사항(제한조건)을 원재료에 부과한다. 이것을 어떻게 속성한계로 옮기는지 앞에서 설명하였다. 속성한계는 그림 5.8에서처럼 재료선택 차트에 수직이나 수평선으로 그려진다. 그림은 제4장에서 보던 식의 $E-\rho$차트를 보여준다. 그림에 표시된 것처럼 설계가 $E > 10$ GPa, $\rho < 3{,}000$ kg/m^{3}의 한계를 요구한다고 가정하자. 최적화 탐색은 '탐색 영역'이라고 표시한 작은 사각형 안에서만 해야 한다.

부식 저항, 마모 저항, 성형 가능성처럼 정량화하기 어려운 물리량도 일차적 한계로 나타날

표 5.6 해석

단계	할 일
1	설계 요구조건을 정의한다. (a) 기능 : 어떤 역할을 하는가? (b) 제한조건 : 필수적인 조건 – 강성도, 강도, 부식저항, 성형성 등 (c) 설계목표 : 무엇을 최대화 혹은 최소화해야 하는가? (d) 자유변수 : 제한되지 않는 변수는 무엇인가?
2	제한조건을 나열하고(항복이 없어야 함, 파손이 없어야 함, 좌굴이 없어야 함 등) 필요하다면 그와 관련된 식을 만든다.
3	기능 요구조건, 기하학적 형상, 재료특성에 따라 목표함수를 찾는다.
4	자유변수를 찾는다.
5	제한조건 관련 식을 목표함수에 대입하여 자유변수를 소거한다.
6	변수를 기능 요구조건 F, 기하학적 형상 G, 재료특성 M의 세 그룹으로 나눈다. 성능척도 $P \le f_1(F)\cdot f_2(G)\cdot f_3(M)$ 또는 성능척도 $P \ge f_1(F)\cdot f_2(G)\cdot f_3(M)$.
7	척도 P를 최적화하는 물리량 M으로 표현된 재료지수를 찾는다. M은 수월성의 기준이다.

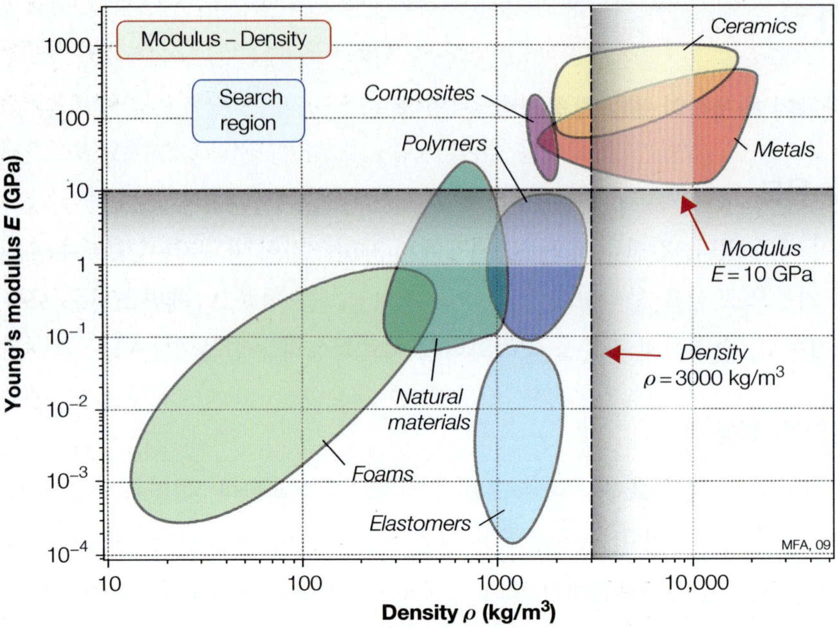

그림 5.8 $E-\rho$ 그래프 : E의 하한치와 ρ의 상한치를 표시

수 있다. 그것들은 다음과 같은 형식으로 표현될 것이다.

$$A > A^* \text{ 또는 } A < A^* \tag{5.22}$$

여기서 A는 속성(예를 들어 사용가능온도), A^*는 설계에 의해 결정되는, 초과하거나 또는 초과하지 말아야 할(예를 들어 부식 속도의 경우) 그 속성의 임계값이다.

속성한계를 너무 급하게 적용하지는 말아야 한다. 그 과정을 생략하는 것이 가능할 때도 있다. 너무 뜨거워지는 재료는 식히면 되고, 잘 부식되는 재료는 보호막을 입히면 된다. 많은 설계자들이 적절한 응력집중을 허용할 수 있는 '경험법칙'으로서 파괴인성 $K_{1c} > 15\ \text{MPa.m}^{1/2}$, 연성 $\varepsilon_f > 2\%$의 재료를 고집한다. 따라서 더 혁신적인 설계자라면 잘 이용할 수도 있는 재료를 배제한다. 위의 기준에 따르면 모든 고분자와 모든 세라믹이 배제되는데, 이는 설계 초기단계에서는 너무한 것이다. 이 단계에서는 될 수 있는 한 가능성을 널리 열어두어야 한다.

순위 매기기 : 차트상의 지수

다음 단계에서는 속성한계를 만족하는 재료 중에서 부품의 성능을 최대화하는 것을 찾는다. 가볍고 강성이 큰 부품 설계를 예로 들 것이다. 다른 재료지수도 비슷한 방식으로 사용한다.

그림 5.9에 앞에서처럼 탄성계수 E 대 밀도 ρ의 그래프가 로그 눈금으로 그려져 있다. 재료

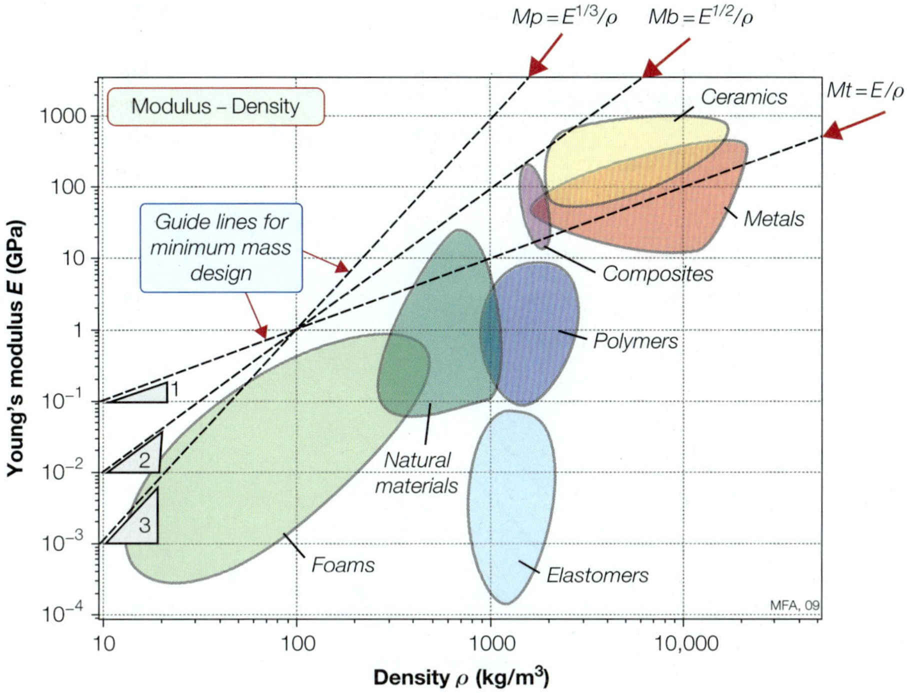

그림 5.9 $E-\rho$ 그래프 : 강성이 크고 가벼운 설계를 위한 세 재료지수의 가이드라인을 표시하였다.

지수 (E/ρ), $(E^{1/2}/\rho)$, $(E^{1/3}/\rho)$를 차트에 그릴 수 있다.

$$\frac{E}{\rho} = C$$

또는 로그를 취하여

$$Log(E) = Log(\rho) + Log(C) \tag{5.23}$$

이것은 $Log(E)$ 대 $Log(\rho)$의 그래프 위에 기울기 1인 평행직선의 무리들로, 각 직선의 상수 C의 값이 각기 다르다.

$$\frac{E^{1/2}}{\rho} = C \tag{5.24}$$

또는 다시 로그를 취하면

$$Log(E) = 2\,Log(\rho) + 2\,Log(C) \tag{5.25}$$

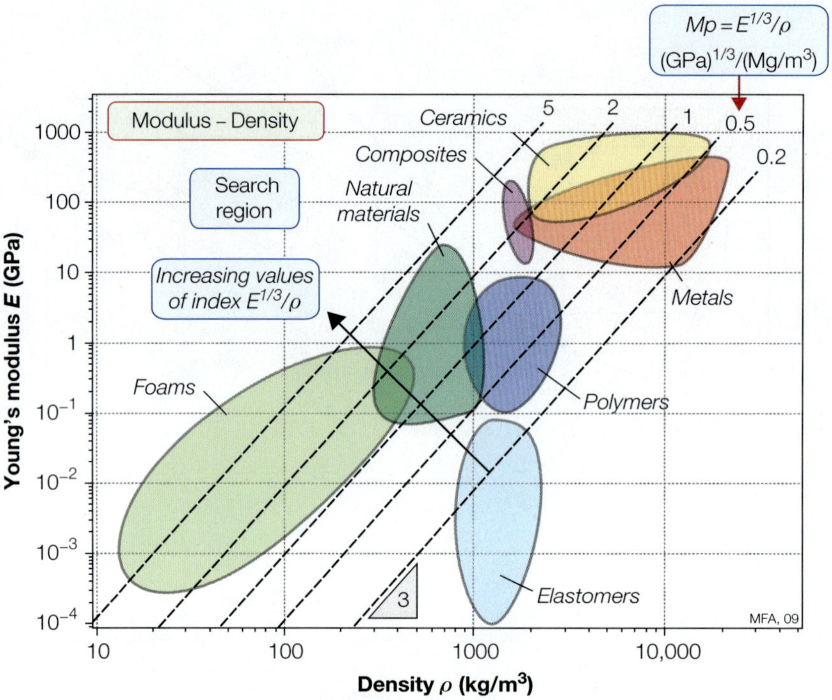

그림 5.10 $E-\rho$ 개념도 : 재료지수 $M = E^{1/3}/\rho$의 등고선 무리를 그렸다.

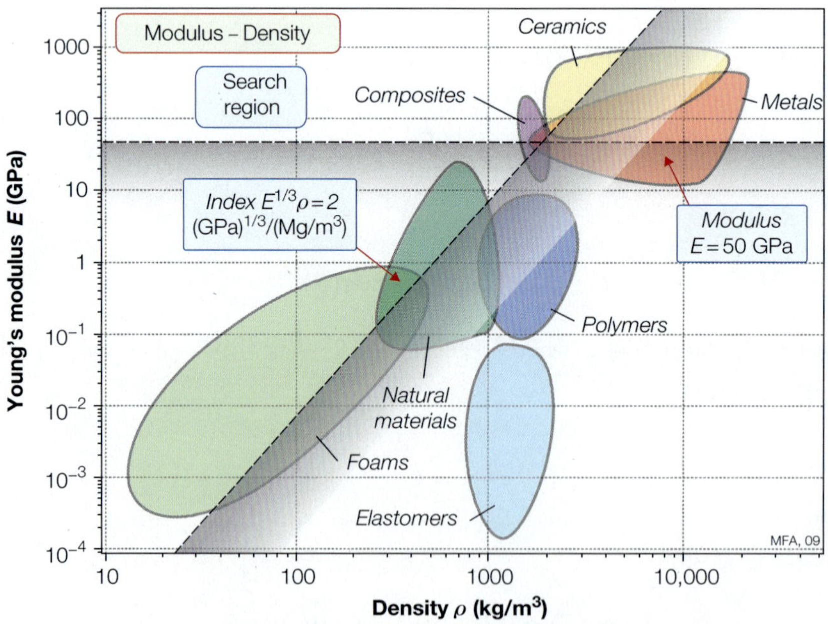

그림 5.11 지수 $M = E^{1/3}/\rho > 2\,(GPa)^{1/3}(Mg/m^3)$와 특성한계 $E > 50$ GPa를 기준으로 한 선택 : 탐색영역에 속한 재료들이 선택 절차에서 다음 단계의 후보가 된다.

이것도 평행직선들을 그리는데 기울기는 2이다.

$$\frac{E^{1/3}}{\rho} = C \tag{5.26}$$

이 경우에는 기울기가 3인 평행직선의 무리들로 표현된다. 이것을 선택 가이드라인이라 부른다. 이는 그 지수에 해당하는 평행직선의 기울기를 알려준다. 제4장의 차트들 중에서 해당하는 경우에 가이드라인의 기울기를 보여준다.

이제 각 하중방식에서 최적으로 성능을 최대화하는 재료의 후보군을 쉽게 읽어낼 수 있다. $E^{1/3}/\rho$ 등고선 위의 재료들은 좋고 아래의 재료들은 좋지 않다. 그림 5.10에 $E^{1/3}/\rho$의 값이 0.2~5 [단위: $GPa^{1/3}/(Mg.m^{-3})$]에 해당하는 직선의 등고선을 표시하였다. 이 단위에서 $M = 2$인 재료는 $M = 0.2$인 재료보다 10배 가벼운 빔을 만든다. 지수의 값이 우수한 재료의 후보군을 구할 때는 그림 5.11의 대각선 가이드라인처럼 합리적으로 적은 수의 후보만을 포함하는 영역을 남기는 직선을 지정한다. 속성한계를 추가하여 탐색 영역을 좁힐 수 있다. $E > 50$ GPa를 나타내는 수평선이 이에 해당한다. 지수선을 아래위로 움직이면 후보재료의 목록이 늘어나거나 줄어든다.

참고문헌정보

이제 재료선택 후보들의 순위를 매겼다. 마지막 단계로 후보재료의 성격을 깊이 탐구한다. 제한조건의 목록은 보통 간단한 속성한계로 표현할 수 없는 것들을 포함한다. 이것들은 대부분 주어진 환경에서 재료의 거동 또는 다른 재료와의 접촉 시 거동이나 재료가 성형, 접합, 표면처리 되는 방식의 측면과 관계가 있다. 이에 대한 정보는 핸드북, 제조업자의 데이터시트, 인터넷에서 구한다.

그리고 당연한 일이지만, 단지 제한조건처럼 보이지 않아서 그냥 넘어간 것도 있다. 신뢰도를 높이려면 설계 가이드라인, 각 후보재료를 고려한 사례연구, 파손분석을 찾아보고, 각 재료의 장단점과 단점을 극복하는 방법을 종합한 목록을 만든다. 이것들이 전부 참고문헌정보에 포함된다. 어떻게 찾는지는 부록 D를 참고하기 바란다.

5.5 컴퓨터 활용 선택

제4장의 차트들은 큰 그림을 보여주지만 하나의 차트에 나타낼 수 있는 재료의 개수는 한정되어 있다. 그것을 이용한 선택은 제한조건이 한두 가지일 때는 실용적이지만, 제한조건이 많으면(보통 그렇다) 특정 재료가 그것들을 전부 만족하는지 확인하는 것이 번거로워진다. 컴퓨터를 이용해 선택 과정을 수행하면 두 문제점도 동시에 극복할 수 있다.

하나의 예가 CES 재료 및 공정 선택 소프트웨어[4]이다. 데이터베이스는 그림 5.2에 나타낸 것과 같은 상하위계 질서구조로 정리된 재료에 대한 기록이다. 각 기록은 재료의 특성데이터를 구조화하여 포함하고, 각 데이터는 그 특성의 전형적인(또는 허용된) 범위를 아우르고 있다. 또한 글, 그림, 문헌정보 형식의 구조화되지 않은 데이터도 일부 포함한다. 데이터는 그림 5.12에 그 개략적으로 나타낸 바와 같은 검색 인터페이스를 제공하는 검색엔진으로 검색이 가능하다. 왼쪽은 단일특성 가려내기(예: 제3장의 표지 그림)에 쓰는 간단한 문답 인터페이스다. 제한을 받는 속성의 바람직한 상한치 또는 하한치를 입력하면 검색엔진은 속성이 한계를 벗어나는 재료를 전부 배제한다. 가운데는 두 번째 검색방법으로서 앞에 나온 그림 4.1과 같은 막

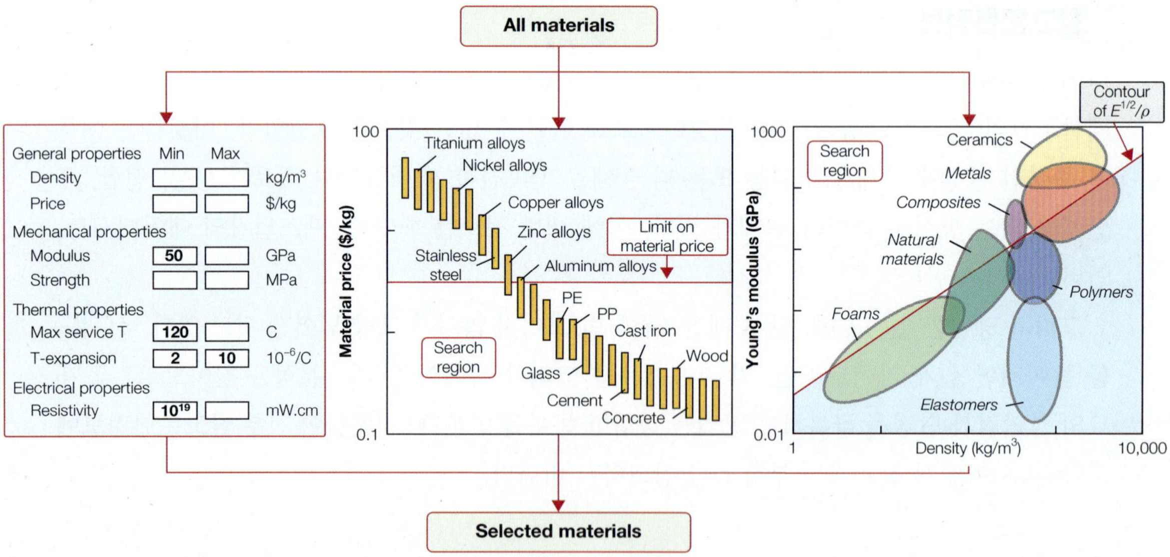

그림 5.12 CES 소프트웨어를 이용한 재료선택 : 그림은 세 가지 유형의 선택 창을 보여준다. 이들은 어떤 순서로도, 어떤 조합으로도 탐색이 가능하다. 탐색엔진은 여러 단계의 선택기준을 모두 통과한 후보재료를 찾아내준다.

4) Granta Design Ltd., Cambridge, UK (www.grantadesign.com)

대그래프 차트이다.

이것과 그림 5.12의 오른쪽 버블 차트는 제한을 가하고 동시에 순위 매기기를 하는 방법이다. 특성(막대 차트)이나 특성들(동그라미 차트)의 제한된 값을 경계로 한 선택선이나 선택박스(창)를 차트 위에 중첩하여 회색 영역의 재료를 배제하고 제한조건을 전부 만족하는 재료를 찾는다. 대신 순위를 구하려면(필요한 모든 제한조건을 부여한 후), 선이나 박스를 옮겨 몇 개의 재료만 선택되도록 조정한다. 그러고도 안에 남아있는 재료들이 우등한 후보들이다.

5.6 구조지수

구조의 최적설계에 대한 책(예: Shanley, 1960)을 보면, 기계적 하중을 받는 부품에 대한 재료 이용의 효율은 여기서 정의된 재료지수, 제9장에 나오는 형상을 기술하는 형상계수, 식 (5.21)의 G, F를 포괄하는 구조지수, 이 세 가지의 곱에 좌우된다. 이 책의 주제(재료와 공정의 선택)는 재료지수와 형상에 집중한다. 그러나 부분적으로 최적설계의 고전이론과 연결 맥락을 유지하기 위해, 또는 구조가 크기의 제한을 받을 때 우리에게도 유용하므로 간단히 구조지수를 살펴보려 한다.

최소질량 설계에서[식 (5.3), (5.8), (5.14)] 설계 효율의 척도는 m/L^3이다. 예를 들어 가볍고 강한 연결봉에 대한 식 (5.3)을 다음과 같이 쓸 수 있다.

$$\frac{m}{L^3} \geq \left(\frac{F^*}{L^2}\right)\left(\frac{\rho}{\sigma_f}\right) \tag{5.27}$$

같은 방법으로 가볍고 강성도가 큰 패널에 대한 식 (5.8)은 다음과 같아진다.

$$\frac{m}{L^3} \geq \left(\frac{12}{C_1}\right)^{1/3}\left(\frac{b^2 S^*}{L^3}\right)^{1/3}\left(\frac{\rho}{E^{1/3}}\right) \tag{5.28}$$

또한 가볍고 강성도가 큰 빔에 대한 식 (5.14)는 다음과 같아진다.

$$\frac{m}{L^3} \geq \left(\frac{12}{C_2}\right)^{1/2}\left(\frac{S^*}{L}\right)^{1/2}\left(\frac{\rho}{E^{1/2}}\right) \tag{5.29}$$

여기서 (m/L^3)는 밀도와 단위가 같다. 즉, 이 유사밀도가 작을수록 주어진 크기의 구조물이 더 가볍고 구조효율이 높다. 식 오른편의 첫 괄호는 상수이다. 마지막은 재료지수이다. 가운데의 F/L^2(강도제한 설계), Sb^2/L^3(강성제한 설계), S/L(강성제한 설계)은 구조지수라 불린다. 단위는 응력과 같고, 하중 세기의 척도이다. 재료 사용을 최소화하는 최적설계 부분은 구조지수가 같다면 어떤 크기의 구조물에도 최적이다. 여기서는 성능방정식에서 구조지수를 가려내는 방식으로 표현하였고, 제6장의 사례연구에서 이 방식을 따르기로 한다.

최소비용 부품에 대한 구조지수는 최소질량의 경우와 같다.

5.7 요약과 결론

재료선택은 네 단계로 행한다.

- 해석: 기능, 제한조건, 설계목표, 자유변수에 입각하여 설계 요구조건을 해석한다.
- 가려내기: 제한조건에서 속성한계를 유도하고 적용하여 이를 만족하는 재료의 후보군을 골라낸다.
- 순위 매기기: 재료지수, 즉 어떤 성능의 척도를 최대화 혹은 최소화하는 재료들의 순위를 매긴다.
- 참고문헌정보: 가장 순위가 높은 후보재료군에 대하여 참고문헌정보를 구한다. 재료의 역사, 확립된 용도, 관련 환경에서의 속성, 취득가능성 등을 조사하여 충분히 상세한 그림이 그려질 때까지, 그리하여 최종선택이 결정될 수 있도록 한다.

종이에 인쇄된 차트는 과제의 첫 단계를 돕고 넓은 시각을 유지하게 해주는(모든 재료를 고려함) 장점이 있다. 그러나 재료의 특성도 많고 재료지수로 나타나는 이 특성들의 조합은 훨씬 많다. 각각을 나타낸 차트를 전부 그리는 것은 비실용적이다. 그렇게 한다 해도 해상도에 한계가 있다. 컴퓨터를 이용하면 두 문제를 동시에 극복하여 재료 세상 전부를 탐색하며 세부사항이 필요할 때마다 제공받을 수 있다.

여기서 설명한 재료선택 절차는 제7장에서 다중 제한조건과 상충 설계목표를 다루는 문제로 확대되고, 제9장에서 단면 형상의 효과까지 포함하는 수준으로 연장된다. 거기까지 가기 전에 우선 지금까지 설명한 원리를 여러 가지 사례연구에 적용하여 그 아이디어를 공고히 하는 것이 좋겠다. 제6장에서 이를 다룬다.

5.8 심화학습을 위한 참고문헌

아래의 책은 최적화 방법과 그것의 재료공학에의 응용에 대하여 다루고 있다.

Arora, J.S. (1989) *Introduction to Optimum Design*, McGraw-Hill, New YUSA. ISBN 0-07-002460-X. (최적화 이론의 용어와 방법을 소개)

Ashby, M.F., Shercliff, H, and Cebon, D. (2007) *Materials: Engineering, science, processing and design*, Butterworth-Heinemann, Oxford, UK. ISBN 978-0-7506-8391-3. (재료특성 차트를 이용하여 재료를 잘 소개하고 사례연구를 통하여 재료선택을 전개한 입문 수준의 교재)

Dieter, G.E. (1999) *Engineering Design, A Materials and Processing Approach* (3rd ed.), McGraw-Hill, New York, USA. ISBN 9-780-073-66136-0. (균형 잡히고 인정받은 책으로, 공학설계에서 재료와 공정의 위치에 초점을 맞추었다.)

Gordon, J.E. (1976) *The new science of strong materials, or why you don't fall through the floor* (2nd ed.), Penguin Books, Harmondsworth, UK. ISBN 0-1402-0920-7. (읽기 쉬운 책으로, 소성과 파괴와 그것들을 방지하는 재료설계법을 다룬다.)

Gordon, J.E. (1978) *Structures, or why things don't fall down*, Penguin Books, Harmondsworth, UK. ISBN 0-1402-1961-7. (위 책의 짝으로, 구조설계를 다룬다.)

Shanley, F.R. (1960) *Weight-Strength Analysis of Aircraft Structures* (2nd ed.), Dover Publications, Inc. New York, USA. Library of Congress Number 60-50107. (절판되었지만 꼭 언급할 만한 가치가 있는, 경량 구조설계에 관한 책)

제 6 장

재료선택 – 사례연구

영국 케임브리지에서 캠에 장착된 노 젓기 영상 (사진 제공 : Andrew Dunn)

Materials Selection in Mechanical Design. DOI: 10.1016/B978-1-85617-663-7.00006-0

6.1 서론과 개요

이 장은 제5장에서 다룬 재료선택 방법을 구체적으로 설명해주는 사례연구의 모음으로 구성되었다. 이 사례연구들은 여러 세부사항의 누적에 의해 그 방법이 애매하게 되는 것을 피하기 위해 일부러 단순화시켰다. 대부분의 경우 그렇게 하더라도 잃을 것은 별로 없다. 제5장의 5.3절에 주어진 것과 같은 이유로, 단순한 사례에 대한 최선의 재료선택은 보다 복잡한 사례에 대한 최선의 재료선택과 동일하다.

각 사례연구는 동일한 방식으로 구성되어 있다.

(1) 문제의 기술 : 상황과 배경을 설정함.

(2) 해석 : 기능, 제한조건, 설계목표, 자유변수들을 파악하고, 그로부터 속성한계와 재료지수를 이끌어냄.

(3) 선택 : 재료 전체 메뉴로부터 가려내기와 순위매기기를 통하여 적은 숫자의 가능한 후보군으로 압축함.

(4) 추록 : 결과 및 선택 방법론적 철학에 대한 보조적인 설명을 담음.

처음 몇 가지의 사례는 단순하지만 방법을 잘 설명해준다. 뒤에 있는 사례들은 보다 덜 명백하지만 설계목표와 제한조건들을 파악하고 구별하기 위해 명료한 사고를 필요로 한다. 이점에 혼동이 있을 경우 이상하고 잘못된 결론으로 이어질 수 있다. 항상 상식을 적용해야 한다. 재료의 선택이 해당 용도에 전통적으로 사용되어 온 재료를 포함하고 있는가? 후보군 내에 일부 재료는 명백하게 부적절한 것인가? 만일 그렇다면 보통 제한조건을 간과하였거나 설계목표를 잘못 적용하였기 때문에 그렇게 된 것이다. 해결책은 그것들을 다시 생각해보라는 것이다.

대부분의 사례연구들은 제4장의 하드카피 차트를 사용한다. 마지막 부분에는 컴퓨터 활용 재료선택 방법을 보여준다.

6.2 노(oars) 재료

노를 젓는 보트를 발명한 것은 이집트 사람들로 생각된다. 노가 있는 보트는 기원전 3300년에서 3000년경 이집트에 세워진 기념비에 새겨진 부조에 나타나 있다. 증기력을 사용하기 전의 보트는 삿대질로, 돛으로, 또는 노를 저어 추진할 수 있었다. 노는 앞의 두 가지보다 통제가 용이하기 때문에, 이에 대한 군사적 목적의 가능성을 로마인, 바이킹, 또는 베니스 상인들도 잘 이해하고 있었다.

템스강에서 노 젓기 경주의 기록은 1716년으로 거슬러 올라간다. 원래 경주에 참가하였던 사람들은 사람과 물품을 강을 건너 실어 나르는 데 사용되는 나룻배를 저어야 하는 뱃사공들이었다. 점차 상류 신사들도 경주에 참여하게 되었고(옥스퍼드와 케임브리지 대학의 젊은 신사들이 유명), 경주의 규칙과 장비도 세련되게 되었다. 실질적으로 보트와 노의 개발에 자극이 주어진 것은 1900년에 이르러 노 젓기 경주가 올림픽 경기로 채택되면서 부터이다. 그 이후 보트와 노 제작에 필요한 재료와 제작기술이 활성화되었다. 일례로 노의 경우를 고려해본다.

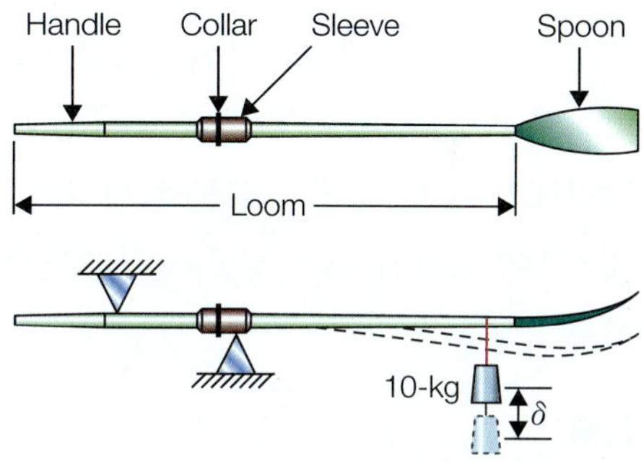

그림 6.1 노 : 노는 아래 그림에 보인 것과 같은 방식으로 측정되는 강성을 기준으로 하여 설계가 이루어지며, 가급적 가벼워야 한다.

해석 기계적으로 말하면 노는 굽힘 하중을 받는 빔이다. 노는 노 젓는 사람의 힘에 의해 가해지는 굽힘모멘트를 부러지지 않고 전달할 수 있을 만큼 충분히 튼튼해야 한다. 또한 노 젓는 사람의 특색과 부합할 수 있게 적절한 '감각'을 줄 수 있도록 견고해야 하며, 가장 중요한 것은 가능한 한 가벼워야 한다. 강도상의 제한조건을 만족시키는 것은 쉬운 일이다. 노는 강성에 의거하여 설계하는데, 즉 주어진 하중하에서 허용되는 탄성변형을 줄 수 있도록 설계한다.

그림 6.1의 윗부분은 노를 보여주고 있다. 날 혹은 '스푼'은 노걸이 내에서 정위치를 주기 위한 슬리브나 칼라(collar)를 가지고 있는 '축(loom)'에 붙어 있다. 그림의 아랫부분에는 노의 강성을 어떻게 측정하는지 보여주고 있다. 10 kg의 무게가 칼라로부터 2.05 m 상부의 노에 걸려 있고, 이 포인트에서 처짐 δ가 측정된다. 노가 연성인 경우 거의 50 mm 정도 처지게 되고, 강성인 경우 단지 30 mm에 불과하다. 노를 주문하는 사람은 이에 의거하여 원하는 노의 강성이 얼마가 되어야 할지 정할 수 있다.

노는 가급적 가벼워야 하며 추가되는 무게는 선체가 물에 적셔지는 영역과 항력을 증가시킨다. 그렇기 때문에 다음과 같은 노가 필요하다. 노는 최소 무게를 가지고 지정된 강성을 가진 빔이라야 한다. 우리가 원하는 재료지수는 제5장에서 식 (5.15)로 유도되었다. 가볍고 강성이 보장되는 노의 경우는 다음과 같다.

$$M = \frac{E^{1/2}}{\rho} \tag{6.1}$$

표 6.1 노의 설계 요구조건

기능	노 – 가벼운 강성 빔
제한조건	• 길이 L 지정 • 굽힘강성 S^* 지정 • 인성 $G_c > 1\,\text{kJ/m}^2$
설계목표	질량의 최소화
자유변수	• 축의 직경 • 재료의 선택

여기서 E는 탄성계수(영의 계수)이고 ρ는 밀도이다. 또 다른 명백한 제한조건도 있다. 노를 떨어뜨릴 경우, 때때로 날 부분이 충돌하게 된다. 재료는 이러한 경우에 견딜 수 있도록 충분히 강인해야 하며, 그렇기 때문에 취성이 있는 재료(인성 G_c이 $1\,\text{kJ/m}^2$ 미만인 것)는 받아들일 수 없다. 표 6.1에 요약된 것과 같은 요구조건들이 주어졌을 경우 노를 제작하기 위해 어떤 재료를 선택할 것인가?

선택 그림 6.2는 적절한 차트를 보여주고 있다. 재료의 탄성계수 E가 밀도 ρ에 대하여 도시되어 있다. 지수 M의 선택선은 5.4절에 설명된 것과 같이 기울기가 2이고 각 재료의 소그룹이 그 위에 남아있을 수 있도록 위치하고 있다. 이들은 가장 큰 M 값을 가지는 재료들로서 다른 제한조건(단순하게 인성과 관련된 속성의 한계)도 만족시킬 수 있는 최선의 선택을 할 수 있는 것들이다. 이들은 세 종류의 재료를 포함한다. 목재, 탄소섬유강화플라스틱, 일부 세라믹(표 6.2)이다. 세라믹은 취성이 있고 그림 4.7의 인성-탄성계수 차트에서 설계에 의해 요구된 조건을 충족시키는 데 모두 실패하고 있음을 볼 수 있다. 이에 따라 추천 가능한 것은 명확하게 된다. 목재 혹은 이보다 더 나은 것으로서 CFRP로 노를 제작하는 것이다.

추록 이제 노를 어떠한 재료로 만들어야 할 것인지 알게 되었다. 그러면 현실적으로 무슨 재료를 사용해야 하는가? 경주용 노와 스컬(sculls) 노는 목재나 혹은 고성능 복합재료인 탄소섬

표 6.2 노(oars) 재료

재료	지수 $M(\text{GPa}^{1/2}/(\text{Mg/m}^3))$	비고
대나무	4.0~4.5	카누용 노의 전통적인 재료
목재	3.4~6.3	싸고 전통적인 재료이나, 천연적인 가변성이 있음
CFRP	5.3~7.9	목재만큼 양호, 목재 이상으로 특성 제어 가능
세라믹	4~8.9	M이 양호, 그러나 인성이 낮고 비용이 높음

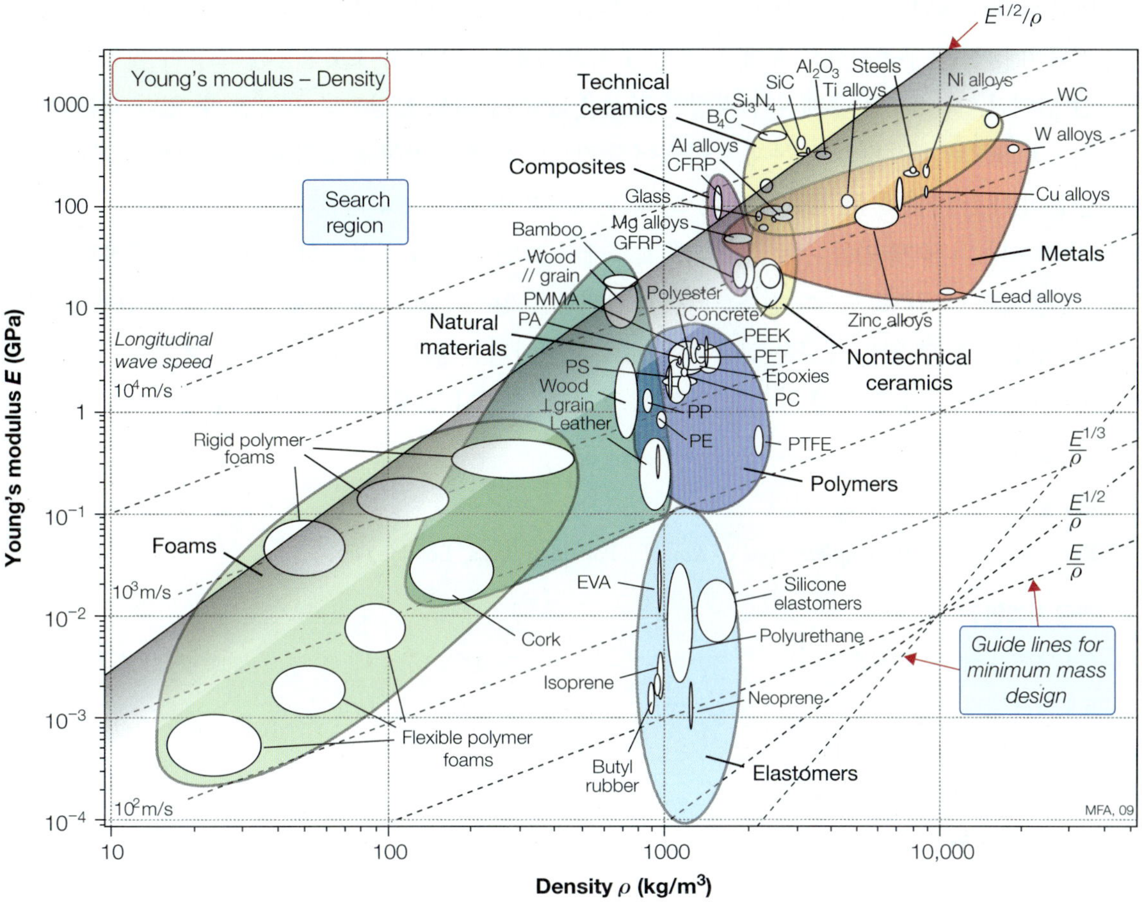

그림 6.2 노 재료 : CFRP는 그 구조를 조절할 수 있기 때문에 목재보다 낫다.

유강화에폭시로 만들어진다.

목재로 만든 노는 100년 전에 만들어진 것처럼 대부분 장인들의 수공 기술에 의해 오늘날에도 만들어지고 있다. 노의 축과 날은 미국 북부나 캐나다의 싯카(Sitka) 가문비나무로 만들어지고 있으며 북쪽으로 갈수록 생장기간이 짧기 때문에 나뭇결이 치밀하게 되어 품질이 더 좋다. 목재는 가늘고 긴 조각으로 잘라 네 개의 조각을 층층으로 붙여서 강성이 고르게 되도록 만들고 날 부분은 축에 접착시킨다. 초벌 완성된 노는 몇 주 동안 선반에 보관하여 정착이 이루어지도록 한 후, 수작업으로 재단 및 연마를 하여 가공한다. 최종 완성된 가문비나무 노의 무게는 4.0~4.3 kg 정도이며, 가격은 2004년 기준으로 약 $250 정도이다.

복합재료로 만든 날은 동일한 강성을 유지하면서도 목재보다 약간 가볍다. 각 구성 부품은 에폭시기지 내의 탄소섬유 또는 유리섬유 혼합물로 가공되며 조립과 접착이 이루어진다. 복합재료의 장점은 부분적으로 무게를 가볍게 하고(전형적인 무게는 3.9 kg) 성능의 조절이 훨씬 용이한 것이다. 축(shaft)은 구매자가 지정한 강성을 맞추기 위해 몰딩으로 제작할 수 있다. 최근까지는 CFRP로 제작된 노는 목재로 만들어진 것보다 비용이 많이 들었지만, 탄소섬유의 가격이 충분히 내린 까닭에 두 재료로 만든 노의 가격은 거의 비슷하게 되었다.

이보다 더 좋게 만들 수는 없을까? 차트에서 보면 최소한 정상적인 제작방법을 사용할 경우, 목재와 CFRP로 만들어진 노가 가장 가벼움을 알 수 있다. 현재 차트상에는 없지만 무게를 더욱 낮출 수 있는 새로운 고급 복합재료나 경사기능재료(얇고 아주 강성인 외피와 밀도가 낮은 코어로 구성됨)가 있다면 더 좋은 것도 가능할 것이다. 그러나 현재로는 두 가지 재료 모두 가능성은 없어 보인다.

참고문헌

Redgrave, S. (1992) *Complete Book of Rowing*, Partridge Press, London, UK.

관련 사례연구

6.3 대형 망원경용 반사경

6.4 탁자 다리 재료

10.2 인력구동 비행기 날개보(spars)

10.3 경주용 자전거 포크(forks)

6.3 대형 망원경용 반사경

세상에는 아주 대형의 광학망원경들이 있다. 새로 만들어진 것들은 복잡하고 교묘한 방책을 사용하여 하늘에서 추적을 행할 때의 정밀도를 유지하고 있다(보다 상세한 사항은 추록에 있음). 독자가 만일 간단한 망원경을 원한다면, 단 하나의 정확한 거울로 반사경을 만들 수도 있다. 이와 같은 것으로 가장 큰 망원경은 러시아 코카서스 산맥의 젤렌추크스카야(Zelenchukskaya) 인근에 있는 세미보드리크(Mount Semivodrike) 산에 위치하고 있다. 반사경의 직경은 6 m(236인치)이다. 충분한 강성을 갖기 위해 유리로 제작된 반사경은 두께가 약 1 m에 이르고 무게는 70 ton에 달한다.

대형 망원경(236인치) 제작 총비용은, 망원경 그 자체가 천문학적인 것처럼 약 3억 달러의 천문학적인 비용이 들었다. 반사경 자체에 소요된 비용은 이 총비용의 단지 5%에 불과하였고 나머지는 망원경을 고정하고, 위치를 잡아주며 하늘에서 추적을 행함에 따라 이동시켜주는 메커니즘의 제작비용이다. 이 메커니즘은 빛의 파장의 그것과 동일한 정도의 정밀도를 가진 (빛의)수집 시스템과 비교하였을 때 반사경의 위치를 잡아주기 위해 더욱 확실히 견고해야 한다. 첫눈에는 반사경의 질량 m을 두 배로 할 경우에 응력을 지탱하기 위해서(나아가 변형과 변위까지) 지지구조의 각 단면도 두 배가 되어야 할 필요가 있다고 생각할 수도 있다. 그러나 보다 무거운 구조체는 자체의 무게로 인해 어긋나게 된다. 실제로 각 단면은 m^2로 증가되어야 하며, 이에 따라 비용도 역시 증가한다.

20세기 이전에 반사경은 스페큘럼 메탈(밀도 약 8 Mg/m^3)로 제작되었다. 그 이후에 반사경은 유리(밀도 2.3 Mg/m^3)로 제작되어 왔으나, 은으로 전면을 코팅하기 때문에 유리가 가진 광학적 특성이 사용되는 것은 아무것도 없다. 유리가 채택된 것은 단지 그 자체가 가지고 있는 기계적 특성 때문이었고 70 ton의 유리는 은 100 nm(약 30 g)를 지탱하기 위해 정교하게 만들어진 지지물일 따름이었다. 어느 누가 반사경 제작용 재료에 대해서 근본적으로 새로운 시각을 가지고, 보다 가볍고 저렴한 망원경을 제작할 수 있는 경로를 제안할 수 있을까?

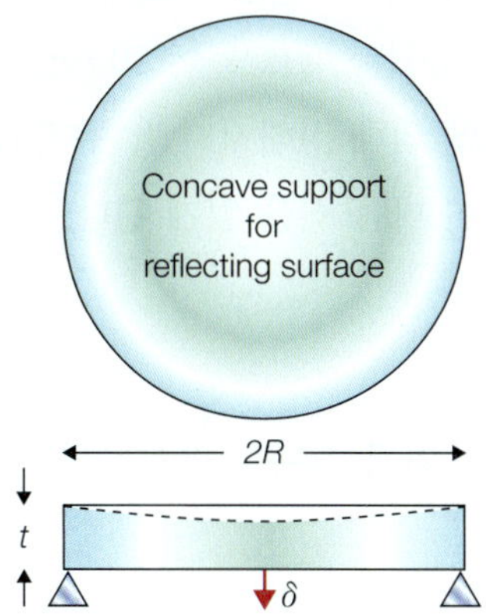

그림 6.3 대형 광학망원경의 반사경을 가장자리에서 단순지지 된 원반으로 단순화하였다. 중앙부의 처짐의 크기는 빛의 파장보다 작아야만 한다.

해석 가장 단순화시켜 본다면, 반사경은 직경이 $2R$이고 두께가 t인 원반으로서 주변 구조물에 의해 지탱되고 있는 것으로 볼 수 있다(그림 6.3). 수평으로 놓였을 경우에는 그 자체의 무게 m으로 인해 처짐이 일어나 어긋나게 되지만 수직으로 놓였을 경우 처짐이 그리 현저하게 일어나지는 않을 것이다. 이와 같은 뒤틀림(초점거리를 변경시키고 렌즈의 수차를 유발함)은 망원경의 성능을 저해하지 않도록 절대로 어느 한계 이상을 넘기지

표 6.3 천체 망원경 반사경의 설계 요구조건

기능	정밀 반사경
제한조건	• 반경 R 지정 • 자체무게에 의해 δ 이상 처짐이 생기면 안 됨 • 고도의 치수 안정성 : 크리프가 없어야 하고, 열팽창이 낮아야 함
설계목표	질량 m의 최소화
자유변수	• 반사경의 두께 t • 재료의 선택

않도록 작아야 하며, 실제로 반사경 중앙에서의 처짐 δ는 빛의 파장보다 작아야 한다. 추가적인 요구조건들로서 다음과 같은 것들이 있다. 고차원적 안정성(크리프가 없을 것)과 낮은 열팽창이다(표 6.3).

반사경의 질량(바로 우리가 최소화하고자 하는 특성)은 다음과 같고

$$m = \pi R^2 t \rho \tag{6.2}$$

여기서 ρ는 원반 재료의 밀도이다. 수평으로 놓인 원반 중앙에서 자체 무게로 야기되는 탄성 처짐 δ가 푸아송 비 0.3과 함께 다음과 같이 주어져 있다(부록 B).

$$\delta = \frac{3}{4\pi} \frac{m g R^2}{E t^3} \tag{6.3}$$

이 식에서 g는 중력가속도, 9.81 m/s^{2}이고 E는 앞에서와 같이 탄성계수(영의 계수)이다. 처짐의 크기는, 예를 들어 10 μm를 넘지 않아야 할 것이 요구된다. 원반의 직경 $2R$은 망원경의 설계에 의해 정해지지만, 두께 t는 자유변수가 된다. t의 해를 구한 후에 이를 첫 번째 식에 대입하면 다음 식을 얻게 된다.

$$m = \left(\frac{3g}{4\delta}\right)^{1/2} \pi R^4 \left[\frac{\rho}{E^{1/3}}\right]^{3/2} \tag{6.4}$$

가장 가벼운 반사경은 다음과 같은 재료지수가 가장 큰 것으로 만들어진 것이다.

$$M = \frac{E^{1/3}}{\rho} \tag{6.5}$$

다음과 같은 나머지 제한조건들은 재료 자체 속성의 한계로 취급한다. 크리프를 피하기 위해 용융점 500 °C 이상을 필요로 하고, 수분 흡습이 없을 것 그리고 낮은 열팽창계수($a < 20 \times 10^{-6}$/K) 등이다.

선택 여기서 무게를 최소화하기 위한 탄성설계의 또 다른 사례를 검토한다. 이에 적합한 차트는 탄성계수 E와 밀도 ρ의 관계를 보여주는 것이지만, 그 위에 도시하려는 선은 ($M = E^{1/3}/\rho$ = 상수)인 조건의 기울기 3을 가진 선이다(그림 6.4). 유리는 M = 1.7 (GPa)$^{1/3}$.m^3/Mg에 놓여 있다. M 값이 큰 재료일수록 바람직하고 낮을수록 좋지 않다. 유리는 강철이나 스페큘럼 메탈보다 훨씬 좋지만(때문에 대부분의 반사경은 유리로 만들어졌음) 마그네슘, 여러 가지 세라믹, 탄소섬유 및 유리섬유 강화플라스틱 또는(예기치 못한 발견이지만) 강직성 발포고분자(stiff foamed polymers)보다 좋지 않다. 재료별 속성한계를 적용하기 전 후보재료 목록은 표 6.4에 주어져 있다.

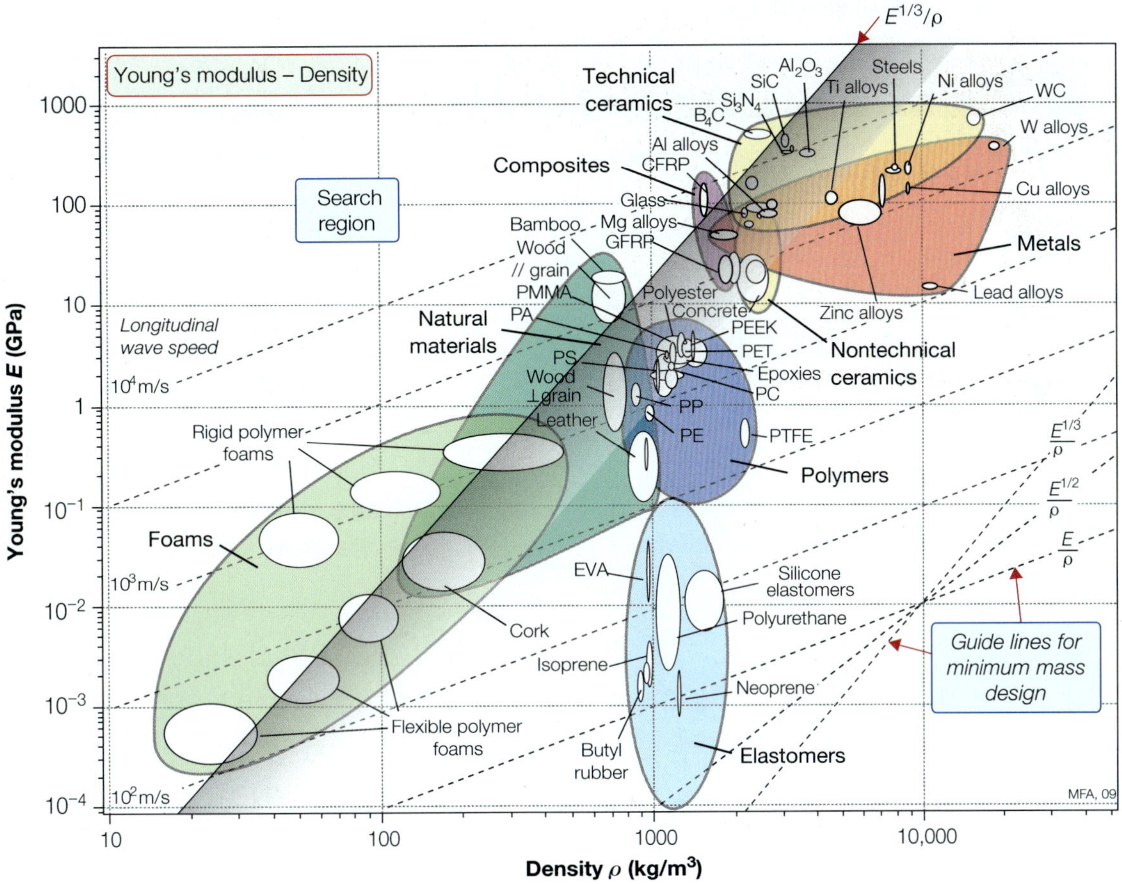

그림 6.4 천체망원경 반사경(거울)용 재료 : 유리는 대부분의 금속재료보다 나으며, 금속재료로는 마그네슘이 바람직하다. 탄소섬유강화플라스틱 재료는 무게를 가장 최소로 할 수 있는 가능성이 있지만 치수안정성 측면에서 특성이 부족할 수 있다. 발포유리 또한 가능한 후보재료가 된다.

물론, 이와 같은 선택의 다른 측면도 반드시 따져봐야 한다. 식 (6.4)로부터 계산된 반사경의 질량은 표에 나열되어 있다. CFRP 반사경은 유리로 만든 것보다 무게가 절반 미만이며, 그렇기 때문에 지지구조물의 제작비용은 4배 이상 저렴하게 할 수 있다. 발포재를 사용할 경우 비용절감은 더욱 커지게 된다. 그렇지만 이를 가지고 만드는 것이 가능할 것인가?

처음부터 폴리스타이렌 발포재나 혹은 CFRP 중에서 어느 것을 선택할 것인가 하는 문제를 생각하는 것은 비현실적인 것으로 보인다. 그러나 16배의 비용절감 가능성은 아주 막대하기 때문에 검토해 볼 가치가 있다. 표면에 은을 코팅하기에 충분할 정도로 광학적으로 평탄한 면을 얻기 위해 반사경 지지대(폴리스타이렌 혹은 CFRP)의 표면에 실리콘고무의 얇은 막이나 에폭시

표 6.4 5.1미터(200인치) 망원경의 반사경 거울지지대 재료

재료	$M = E^{1/3}/\rho$ ($GPa^{1/3}/(Mg/m^3)$)	m(tonne) (2R = 5.1m로 잡음)	비고
강철 (또는 스페큘럼 메탈)	0.74	73.6	매우 무거움. 원래 선택된 재료
GFRP	1.5	25.5	치수안정성이 충분치 못함 – 전파망원경에는 사용
Al합금	1.6	23.1	유리보다 무겁고 열팽창이 큼
유리	1.7	21.6	현재 사용되는 재료
Mg합금	1.9	17.9	유리보다 가벼우나 열팽창이 큼
CFRP	3.0	9	매우 가벼우나 치수안정성 불량 – 전파망원경에는 사용
폴리스타이렌 발포재	4.5	5	매우 가벼우나, 치수안정성 불량, 발포 유리?

를 캐스팅 성형하는 방법은 있다. 가장 명백한 장애물은 고분자재료의 안정성이 결여된다는 점인데, 이 재료들은 시간이 지남에 따라 습도, 온도 등에 따라 치수가 변한다. 그러나 유리 그 자체도 탄소섬유를 넣어서 강화할 수 있고, 폴리스타이렌 발포재보다 밀도가 높지만 고체 유리보다 가벼운 발포유리로 만들 수도 있다. 발포유리와 탄소섬유강화유리 두 가지 모두 고체 유리와 같이 화학적 및 환경적인 치수안정성을 가지고 있다. 이 재료들을 사용할 경우 더 크고 더 가벼운 반사경을 만들 수 있을 것이다.

추록 물론 다른 선택의 여지 역시 있다. 엄격한 설계기준($\delta < 10\ \mu m$)과 같은 것은 사용되는 재료의 참조 없이 공학적인 설계에 의해 부분적으로 극복할 수 있다. 하와이 마우나케아 산에 있는 8.2 m 일본 망원경이나 칠레의 쎄로파라날실라(Cerro Paranal Silla)에 있는 초대형망원경(VLT)은 각각 유압이나 혹은 압전식 잭 어레이로 지지되는 얇은 유리 반사경을 가지고 있다. 이들은 반사경의 자세에 따라서 변하도록 제어가 이루어지는 분산된 힘을 바탕체 후면에 전체적으로 전달한다. 역시 마우나케아 산에 있는 켁(Keck) 망원경은 각 세그먼트로 분할되어 있고, 각각의 세그먼트는 광학적인 초점을 맞추기 위해 독립적으로 위치가 잡히도록 되어있다. 그러나 이와 같은 기계적 시스템의 실용적인 한계로 인하여 아직은 반사경 자체의 강성 목표치를 충족시킬 것을 요구하고 있다. 최소 무게로 충분한 강성은 설계 요구조건이지만, 재료선택의 기준은 변함없이 그대로이다.

전파망원경은 파장이 빛보다 긴 전파를 검출하기 때문에 광학망원경만큼 정밀하게 치수가 제

한될 필요는 없다. 그러나 이들은 광학망원경에 비해 훨씬 크고(예를 들어 직경이 6 m 보다는 60 m), 이 때문에 유사한 뒤틀림의 문제를 가지고 있다. 마이크로웨이브는 mm 대역의 파장을 가지고 있고, 거울면의 정밀도는 0.25 mm를 요구한다. 최근에 건설된 도쿄대학의 전파망원경은 이를 만족하고 있으며 CFRP를 사용하여 만들어졌다. 이 망원경의 포물면 반사경은 6,000개의 CFRP 패널로 만들어졌고, 각 패널은 거시적 뒤틀림을 보상하기 위해 자동제어가 이루어진다. 근래에 제작되는 망원경은 CFRP로 만들어지고 있는데, 그 이유는 바로 우리가 추론하여 얻은 결론과 동일한 것이다.

관련 사례연구

6.16 정밀측정기기의 열변형을 최소화할 수 있는 재료

6.4 탁자 다리 재료

가구 디자이너 루이기 타볼리노는 단순함에 도전하는 가벼운 무게의 탁자를 구상하였는데, 얇은 강화유리판에 상호 간격이 넓게 가느다란 원통형 다리가 지지하고 있는 형상의 것이다(그림 6.5). 각 다리는 (가늘게 만들 수 있도록) 확실히 튼튼해야 하고 (탁자의 이동이 용이하도록) 가능한 한 가벼워야 한다. 이들은 또한 탁자의 상부를 지지해야 하고 탁자에 무엇이 놓이든지 좌굴이 일어나는 일이 없어야 한다(표 6.5). 어떠한 재료를 추천할 수 있을 것인가?

해석 이것은 두 개의 설계목표를 가지고 있는 문제이다.[1] 무게는 최소화해야 하고, 날씬함은 최대화해야 한다. 여기에 하나의 제한조건으로 좌굴 저항이 있다. 먼저 무게를 최소화하는 문제를 고려한다. 탁자의 다리는 밀도가 ρ이고 탄성계수가 E인 기둥이다. 이것의 길이 L, 최대

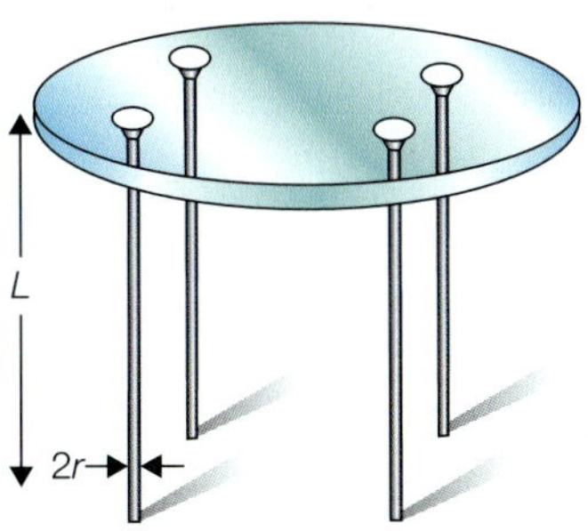

그림 6.5 날씬한 원통형 다리를 가진 가벼운 탁자 : 무게를 가볍게 하는 것과 다리를 가늘게 하는 것은 독립적인 설계목표이고, 두 가지 목표는 다리가 탁자에 하중이 놓였을 경우에 좌굴이 일어나지 않아야 하는 요구조건에 의한 제한을 받고 있다. 최선의 선택은 $E^{1/2}/\rho$ 및 E의 값이 둘 다 높은 재료를 선택하는 것이다.

1) 복수 개의 설계목표를 취급하는 공식적인 방법은 제7장에서 다루게 된다.

표 6.5 탁자 다리의 설계 요구조건

기능	기둥(압축하중을 지탱)
제한조건	• 길이 L 지정 • 절대로 설계 하중하에서 좌굴이 일어나지 않아야 함 • 사고로 충격을 받더라도 절대로 파괴되면 안 됨
설계목표	• 질량 m의 최소화 • 종횡비의 극대화
자유변수	• 다리의 직경, $2r$ • 재료의 선택

로 지탱해야 할 하중 F는 설계에 의해서 결정되고, 이들은 고정값을 가지고 있다. 다만, 다리의 반경 r은 자유변수이다. 주어진 목표함수에 따라서 다리의 질량 m을 최소화하기를 원한다고 하자.

$$m = \pi r^2 L\rho \tag{6.6}$$

그리고 좌굴 없이 하중 F를 지탱해야 하는 제한조건을 따른다고 한다. 길이 L인 기둥의 탄성 좌굴하중 F_{crit}과 반경 r은(부록 B 참조)

$$F_{crit} = \frac{\pi^2 E I}{L^2} = \frac{\pi^3 E r^4}{4 L^2} \tag{6.7}$$

I는 기둥 단면적의 이차모멘트로 $I = \pi r^2/4$를 이용하여 위와 같이 얻어진다. 하중 F는 절대로 F_{crit}를 초과하면 안 된다. 자유변수 r에 대해서 해를 구하고, 이를 식에 대입하여 m을 구하면 다음 식이 얻어진다.

$$m \geq \left(\frac{4F}{\pi}\right)^{1/2} (L)^2 \left[\frac{\rho}{E^{1/2}}\right] \tag{6.8}$$

각 재료의 성질은 마지막 괄호의 쌍에 그룹별로 묶여져 있다. 탁자의 무게는 다음 식으로 결정되는 재료지수의 값이 가장 큰 재료들 중에서 선택하여 최소화할 수 있다(이 결과는 부록 C에서 직접 취할 수도 있다).

$$M_1 = \frac{E^{1/2}}{\rho}$$

이제 다리를 가늘게 하는 문제가 있다. 식 (6.7)을 F_{crit}이 F와 같도록 놓고 변환하면 좌굴이 일어나지 않는 가장 가는 다리의 식이 얻어진다.

$$r \geq \left(\frac{4F}{\pi^3}\right)^{1/4} (L)^{1/2} \left[\frac{1}{E}\right]^{1/4} \tag{6.9}$$

가장 가는 다리는 재료지수의 값이 가장 큰 재료로 만들어진 것이다.

$$M_2 = E$$

선택 우리는 $E^{1/2}/\rho$ 및 E 두 가지 값이 모두 높은 재료의 후보군을 찾아야 한다. 여기서 $E-\rho$ 차트가 다시 필요하다(그림 6.6). 기울기 2의 가이드라인이 차트상에 그려져 있고 이것은 $E^{1/2}/\rho$ 값들에 대한 각 선들로 구성된 격자의 기울기를 정의한다. 가이드라인은 상향으로(기울기는 유지한 채) 합리적으로 작은 후보군이 가이드라인 상방에 남을 수 있을 때까지 이동시킬 수 있고 이것을 $M_1 = 5\,\text{GPa}^{1/2}/(\text{Mg/m}^3)$인 위치에서 볼 수 있다. 이 선의 위쪽에 있는 재료

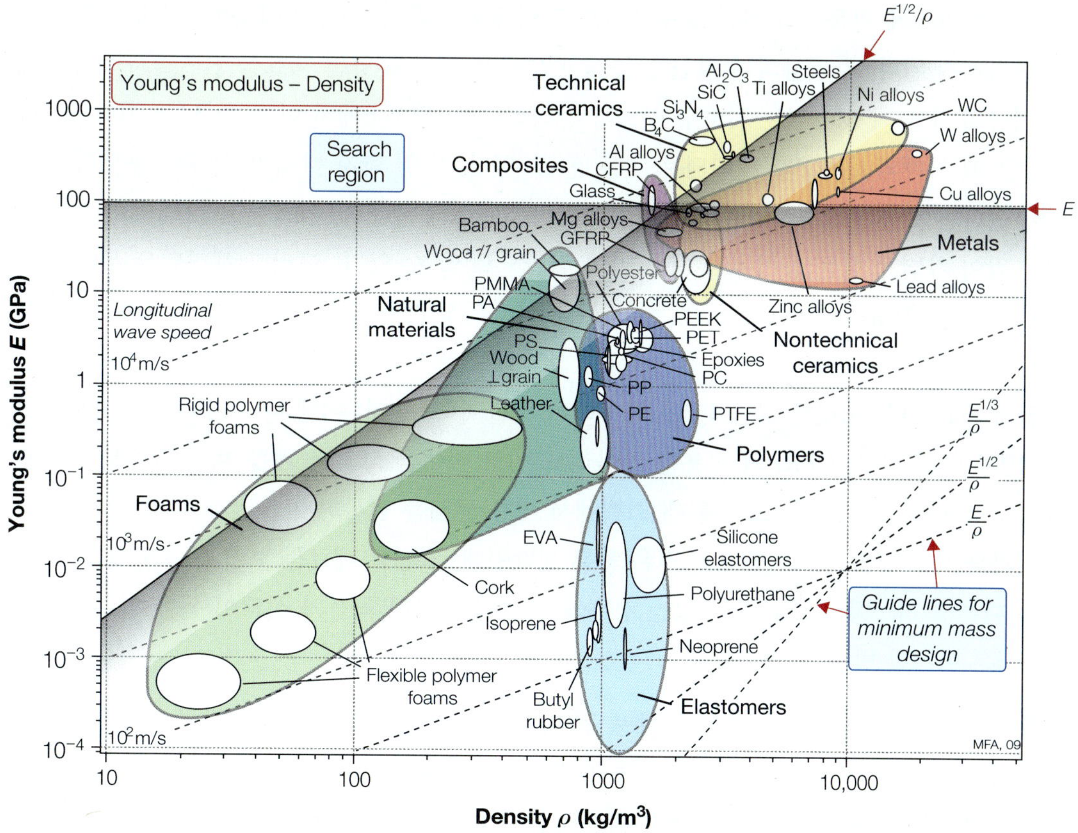

그림 6.6 가볍고 가는 다리용 재료 : 목재는 양호한 재료가 될 수 있고, CFRP 복합재료 역시 목재보다 높은 탄성계수를 가지고 있어서 가볍고 가늘어야 할 다리로서 바람직한 재료이다. 세라믹은 명시된 설계상의 요구조건을 만족하지만 취성이 있다.

표 6.6 탁자 다리 재료

재료	Typical M_1 ($GPa^{1/2}/(Mg/m^3)$)	Typical M_2 (GPa)	비고
GFRP	2.5	20	CFRP보다 저렴, 그러나 M_1 및 M_2가 낮음
목재	4.5	10	뛰어난 M_1 미흡한 M_2 저렴하고 전통적인 재료, 믿을 수 있음
세라믹	6.3	300	뛰어난 M_1 및 M_2, 그러나 취성이 있으므로 제외
CFRP	6.6	100	뛰어난 M_1 및 M_2, 그러나 값이 비쌈

들은 M_1의 값이 높다. 이 재료들은 그림에서 확인할 수 있다. 목재(전통적인 탁자 다리 재료), 복합재료(특히 CFRP), 그리고 특정한 엔지니어링 세라믹이다. 고분자재료는 강성이 충분하지 못하여 제외되며 금속재료 역시 마찬가지인데, 이들은(가장 가볍다는 마그네슘 합금조차도) 너무 무겁다.

다리를 가늘게 만들어야 하는 요구조건으로 인해 E 값은 될수록 커야하며, 선택의 폭은 더욱 좁아지게 된다. 차트상의 수평선은 동일한 E 값을 가지고 있는 재료들을 연결시켜 주는데 그 이상의 값을 가지고 있는 것일수록 보다 강직하다. 그림 6.6에서 이 선을 M_1 = 100 GPa에 놓았을 때 목재와 GFRP가 제외되는 것을 볼 수 있다. 만일 탁자 다리가 실제로 충분히 가늘어야 한다면 가능한 후보재료는 CFRP와 세라믹으로 요약된다. 이 재료들은 다리의 무게를 목재와 같이 가볍게 하는 동시에 두께는 거의 절반으로 할 수 있다. 그러나 세라믹은 우리가 아는 바와 같이 취성을 가지고 있으며, 이 재료는 파괴인성 값이 낮다. 탁자 다리는 용도 외로 부딪치거나 또는 차이거나 남용될 수 있는데, 상식적으로 적절한 인성을 요하는 추가적인 제한조건이 필요하다. 이것은 그림 4.7을 사용하여 행할 수 있는데, 이에 따라 세라믹은 제외되고 CFRP가 남게 된다. CFRP의 비용은 타볼리노 씨로 하여금 그의 설계를 재검토하게 하는데, 그것은 또 다른 문제이다. 그는 원래 스펙에서 비용 문제를 언급하지 않았다.

결과를 표로 만들어 배열해보는 것은 좋은 생각인데, 최선의 재료를 보여줄 수 있을 뿐만 아니라 다른 고려사항이 포함되어 있을 경우에 차선의 대안이 최선의 선택이 됨을 알 수 있다. 표 6.6은 이러한 방법을 보여준다.

추록 독자들 역시 튜브형 다리가 통째로 된 다리보다 확실히 가볍다고 말할 수 있을 것이다. 사실이다. 그러나 이들은 또한 보다 뚱뚱해진다. 그러므로 이것은 타볼리노 씨가 추구하는 두 가지의 설계목표(가벼움과 날씬함) 중에서 상대적인 중요성에 따라야 하고 오직 그만이 결정할 수 있다. 만일 그가 뚱뚱한 다리를 받아들이도록 설득할 수 있다면 튜브를 사용하여 제작하는 것을 고려할 수도 있고, 이에 따라서 재료의 선택이 달라질 수 있다. 단면 형상이 변수가 되는 경우의 재료선택은 제9장에서 다루게 된다.

세라믹 재질의 다리는 인성이 낮기 때문에 제외되었다. 만일(있을 성 싶지는 않지만) 목표가 가볍고 가는 다리를 가진 고온의 조건에서 사용하는 탁자를 설계하는 것이었다면, 세라믹 재질의 다리를 재검토해야 할 것이다. 취성 문제는 탁자 다리를 남용으로부터 보호하는 방책을 통해, 또는 미리 압축응력을 걸어주어 회피할 수도 있다.

관련 사례연구

6.2 노(oars) 재료

6.3 대형 망원경용 반사경

8.5 상충 설계목표 : 탁자다리 재검토

10.2 인력구동 비행기 날개보(spars)

10.3 경주용 자전거 포크(forks)

10.5 탁자 다리 한 번 더 재검토 : 가늘게 할 것인가 가볍게 할 것인가?

6.5 비용 : 건축 구조재료

대부분의 사람들에게 있어 구입하는 가장 비싼 물건은 아마 그들이 거주하는 집이다. 집값의 거의 절반은 집을 짓는데 사용되는 재료비이며, 이 재료들은 대량으로 사용된다(주택 한 채는 약 200톤, 대형 아파트 한 동은 약 20,000톤). 이 재료들은 세 가지의 방식으로 사용된다. 건물을 구조적으로 지탱하거나 바깥 날씨로부터 보호하기 위한 외피, 그리고 '내장재'로서 열, 소리 등과 같은 것들을 차단하기 위한 용도이다.

구조용 재료를 선택하는 것을 고려해보자(그림 6.7). 이 재료들은 충분히 강직하고, 강해야 하며 저렴해야 한다. 재료가 강직하면 건물이 바람의 하중이나 내부적인 하중에 의해 과도하게 휘어지지 않을 것이다. 재료가 강하면 건물이 붕괴될 위험이 없을 것이다. 그리고 재료가 저렴해야 이와 같은 재료를 대량으로 사용할 수 있을 것이다. 건물의 구조적인 골조는 외부 환경에 노출되는 경우가 거의 없으므로 일반적으로 눈에 보이지 않

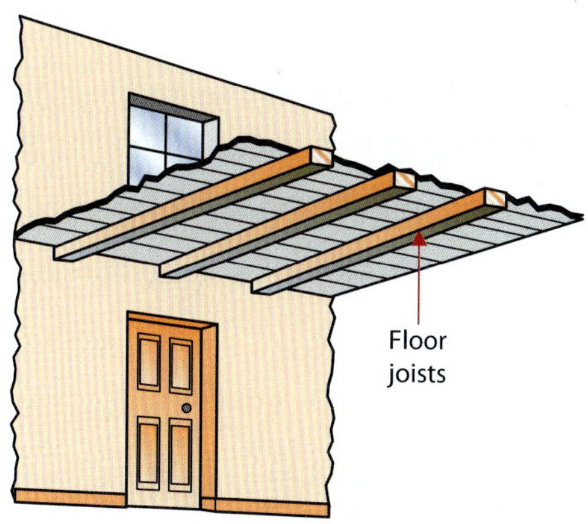

그림 6.7 세 가지의 폭 넓은 역할을 수행하는 건물용 재료 : 골조는 기계적인 지지체를 구성하며, 외피는 주변 환경을 격리시키고, 내장 재료는 열, 빛, 소리를 제어한다. 선택 기준은 기능에 따라 좌우된다.

표 6.7 바닥 빔의 설계 요구조건

기능	바닥 빔
제한조건	• 길이 L 지정 • 강성 : 설계 하중하에서 절대로 지나치게 휘면 안 됨 • 강도 : 설계 하중하에서 절대로 파손이 일어나면 안 됨
설계목표	• 비용 C의 최소화
자유변수	• 빔의 횡단면 A • 재료의 선택

는다. 그러므로 부식에 대한 저항성이나 외관과 같은 기준은 여기서 그리 중요하지 않다. 따라서 설계목표는 다음과 같이 단순하다. 강도 및 강성을 최저 비용으로 확보하는 것이다. 보다 구체적으로는 바닥 들보(joist) 재료를 선택하는 것을 고려해본다. 표 6.7에 여러 가지 요구조건이 요약되어 있다.

해석 바닥 들보는 굽힘하중을 받는 빔이다. 최소 질량 m을 가진 강직한 빔의 재료지수는 제5장에서 다루었다[식 (5.11)~(5.15)]. 빔의 비용 C는 빔을 만든 재료의 질량 m을 kg당 비용 C_m으로 곱한 것이 되고

$$C = m\,C_m = A\,L\rho\,C_m \tag{6.10}$$

이것이 문제의 목표함수가 된다. m을 제5장에서와 같이 처리하여 진행하면, 최소비용을 가지는 강직한 빔 재료의 지수가 다음과 같이 됨을 알 수 있다.

$$M_1 = \frac{E^{1/2}}{\rho\,C_m}$$

강성보다 강도가 제한조건이 될 경우의 재료지수는 이전에 유도되지 않았다. 여기서 그 지수를 유도한다. 목표함수는 아직 식 (6.10)이지만, 제한조건은 강도가 되어 빔은 절대로 파손 없이 F를 지지해야 한다. 빔의 파손 하중은(부록 B, B.4절) 다음과 같고

$$F_f = C_2\,\frac{I\,\sigma_f}{y_m\,L} \tag{6.11}$$

여기서 C_2는 상수이고 σ_f는 빔 재료의 파손강도이며, y_m은 빔의 중립축으로부터 깊이가 d이고 폭이 b인 장방형 빔의 바깥쪽 요소까지의 거리이다. 빔의 형상 비율은 고정되어 $d = \alpha b$이고, 여기서 α는 종횡비로서 전형적으로 2라고 가정한다. 이것과 $I = bd^3/12$을 식 (6.10)에서 A를 소거하기 위해 사용하면 하중 F_f을 지탱하는 빔의 비용을 얻게 된다.

$$C = \left(\frac{6\sqrt{\alpha}}{C_2}\frac{F_f}{L^2}\right)^{2/3}(L^3)\left[\frac{\rho C_m}{\sigma_f^{2/3}}\right] \tag{6.12}$$

재료지수값이 가장 큰 재료를 선택해야 질량을 최소화할 수 있다.

$$M_2 = \frac{\sigma_f^{2/3}}{\rho C_m}$$

선택 강성을 우선적으로 고려한다. 그림 6.8(a)가 이에 적합한 차트로 단위 체적당 비용 ρC_m 대비 탄성계수 E 차트를 보여준다(이 차트에서는 제4장에서 정의된 상대비용 C_R을 ρC_m 대신 사용하였지만 이로 인해 선택에 있어서 아무런 차이가 발생하지 않음). 그림자 진 대역은 M_1에 대한 적절한 기울기를 가

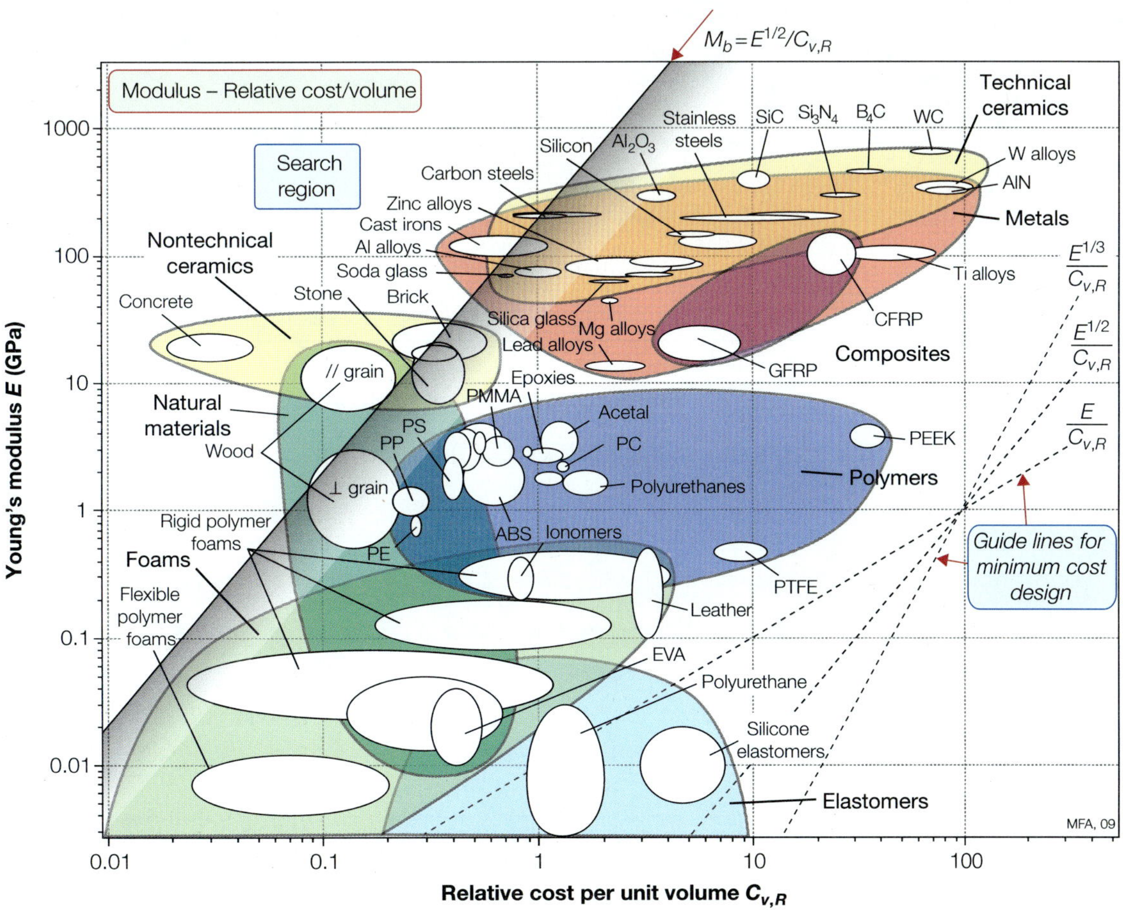

그림 6.8(a) 건물 골조용의 저렴하고 강성이 큰 재료의 선택

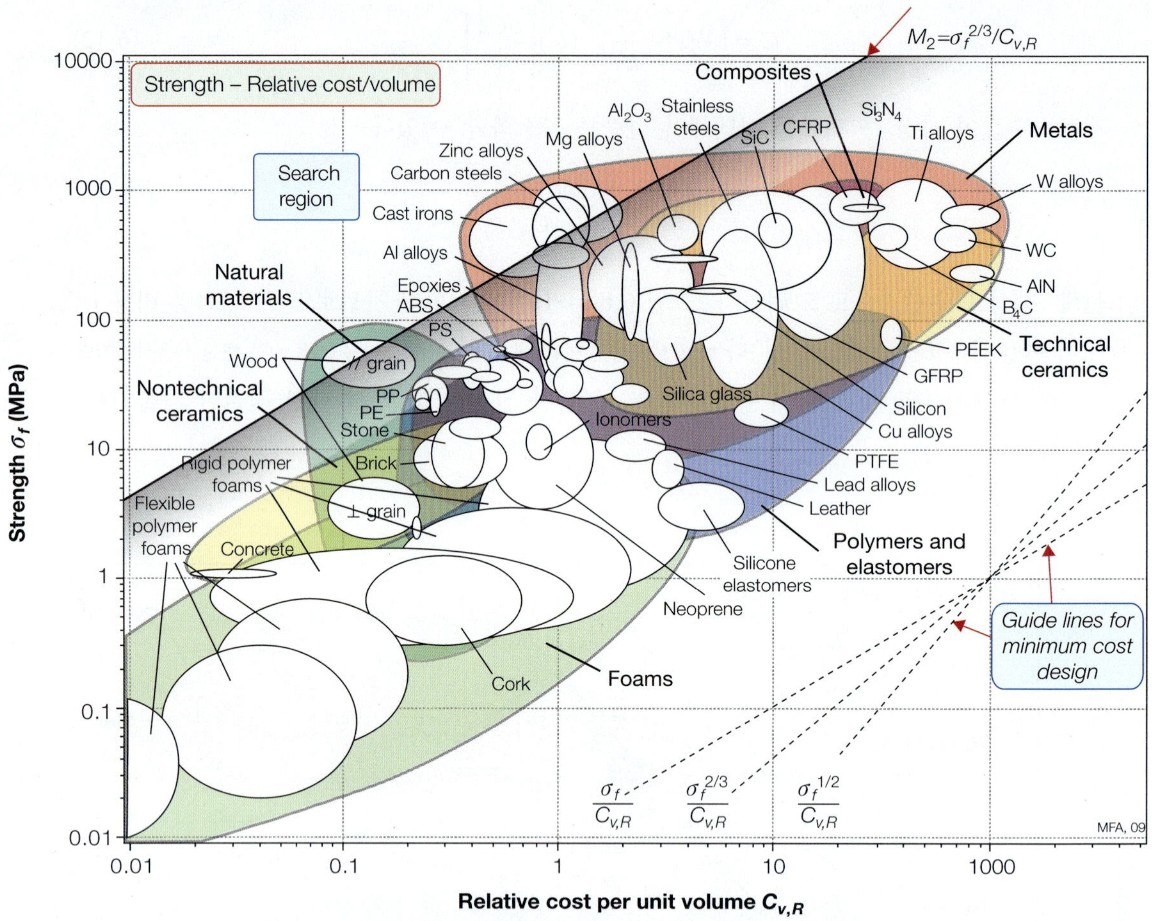

그림 6.8(b) 건물 골조용의 저렴하고 강한 재료의 선택

표 6.8 건축 구조재료

재료	M_1 ($GPa^{1/2}/(Mg/m^3)(\$/kg)$)	M_2 ($MPa^{2/3}/(kg/m^3)(\$/kg)$)	비고
콘크리트	160	14	압축하중에만 사용
벽돌	12	12	
석재	9.3	12	
목재	21	90	인장 및 압축하중에 사용, 단면형상도 자유로움
주철	17	90	
강철	14	45	

지고 있으며, 이에 따라 콘크리트, 석재, 벽돌, 목재, 주철, 탄소강이 제외된다. 그림 6.8(b)는 상대비용 대비 강도를 보여준다. 그림자 진 대역 — 이번에는 M_2 — 역시 거의 동일한 선택 결과를 보여준다. 이 결과는 표 6.8에 값과 함께 나열되어 있다. 이것들이 바로 건물 건축을 위해 사용되어 왔고, 사용되고 있는 재료들이다.

추론 콘크리트, 석재, 벽돌은 압축강도만을 가지고 있다. 건물의 형태(기둥, 아치)는 이와 같은 재료를 이러한 방식으로 사용하게 한다. 목재, 강철, 강화콘크리트는 인장강도와 압축강도 두 가지를 다 가지고 있고, 강철의 경우에는 그 밖에도 효율적인 형상을 부여할 수 있어서(제9장에서 다루게 되는 I-단면, 박스 단면, 튜브 같은 것들) 이러한 재료로 만들어진 건물은 보다 자유로운 형태를 가질 수 있다.

때때로 과거에 살았던 건축가들이 20세기 후반에 다시 나와서 파이버글래스(GFRP), 알루미늄 합금, 스테인리스 강철과 같은 재료를 가지고 건축을 해보는 것은 어떨까라는 의견이 제시된 적이 있다. 경우에 따라 그렇게 될 수도 있겠지만, 마지막 두 가지의 건은 연관된 벌칙에 대한 아이디어를 주고 있는데, 동일한 강성과 강도를 구현하기 위한 비용이 5~50배 정도의 사이에 있을 정도로 크다는 것이다. 토목공사(건축물, 교량, 도로 등)는 재료집약적인 것으로서 공사 재료에 사용되는 비용이 완성된 제품 비용을 지배하고 있으며, 그 사용량 역시 엄청나다. 이 때문에 가장 저렴한 재료를 선택할 수밖에 없으며, 설계 역시 이러한 재료를 어떻게 사용할 것인가에 집중하게 된다.

참고문헌

Cowan, H.J. and Smith, P.R. (1988) *The Science and Technology of Building Materials*, Van Nostrand-Reinhold, New York.

Doran, D.K. (1992) *The Construction Reference Book*, Butterworth-Heinemann, Oxford, UK.

관련 사례연구

6.2 노(oars)

6.4 탁자 다리

10.4 바닥 들보(joist) : 목재, 대나무, 혹은 강철?

6.6 플라이휘일 재료

플라이휘일은 에너지를 저장한다. 어린이들의 장난감에서 볼 수 있는 것과 같이 작은 것들은 납으로 만들어져 있다. 구형의 증기엔진은 플라이휘일을 가지고 있는데, 이것들은 주철로 만들어져 있다. 자동차 역시 플라이휘일을 가지고 있는데(눈에 보이지는 않더라도) 동력 전달을 부드럽게 하기 위한 것이다. 보다 최근에 플라이휘일은 자동차 동력의 저장과 회생 제동 시스템의 용도로 제안되어 얼마 만들어지지는 않았지만 일부는 고강도의 강철로, 일부는 복합재료로 만들어졌다. 납, 주철, 강철, 복합재료에는 기이한 다양성이 존재한다. 플라이휘일의 재료로서 무엇이 최선의 선택이 될 것인가?

효율적인 플라이휘일은 단위 무게당 에너지를 가능한 한 많이 저장하는 것이다. 플라이휘일은 회전함에 따라 그 자체의 각속도 ω를 증가시키고 에너지를 더욱 많이 저장한다. 그 한계는 원심력의 하중에 의해 발생하는 고장(파손)에 따라 정해지는데, 만일 원심 응력이 인장강도(혹은 피로강도)를 초과하게 되면 플라이휘일은 이탈되어 날아가 버리게 된다. 하나의 제한조건으로서 명백하게 이와 같은 일이 일어나지 않아야 한다.

어린이 장난감의 플라이휘일은 이러한 관점에서 보면 효율적이지 않다. 플라이휘일의 속도는 어린이가 잡아당기는 힘에 의해 한계가 있고, 결코 원격으로 파괴 속도까지 접근하지 않는다. 이 케이스에서는 자동차 엔진의 플라이휘일과 마찬가지로, 우리는 미리 정해진 일정한 각속도에서 단위 체적당 저장되는 에너지를 극대화하는 것으로 하기로 한다. 플라이휘일의 바깥

표 6.9(a) 에너지극대화 플라이휘일의 설계 요구조건

기능	에너지 저장용 플라이휘일
제한조건	• 바깥 반지름 R 고정 • 절대로 파괴가 일어나지 않아야 함 • 균열허용한계를 보장하기 위한 적절한 인성 필요
설계목표	• 단위 무게당 동적에너지의 극대화
자유변수	• 재료의 선택

표 6.9(b) 고정속도 플라이휘일의 설계 요구조건

기능	어린이 장난감용 플라이휘일
제한조건	• 바깥 반지름 R 고정
설계목표	• 고정 각속도에서 단위 체적당 동적에너지의 극대화
자유변수	• 재료의 선택

반지름 R 또한 제한조건이 되는데, 한정된 공간 내에 장착해야 하기 때문이다.

이에 따른 해답은 플라이휘일의 적용 상황에 따라 좌우된다. 효율적인 에너지저장 시스템의 플라이휘일을 최적화하는 전략은 어린이 장난감의 경우와는 다르다. 두 가지 서로 다른 경우에 설계 요구조건이 표 6.9(a)와 6.9(b)에 나열되어 있다.

해석 효율적인 플라이휘일의 첫 번째 유형은 파손되지 않으면서 단위 무게당 에너지를 가능한 한 많이 저장하는 것이다. 반지름이 R이고 두께가 t인 고체 원반이 각속도 ω로 회전하는 것을 생각해본다(그림 6.9). 플라이휘일에 저장되는 에너지 U는(부록 B 참조)

$$U = \frac{1}{2}J\omega^2 \tag{6.13}$$

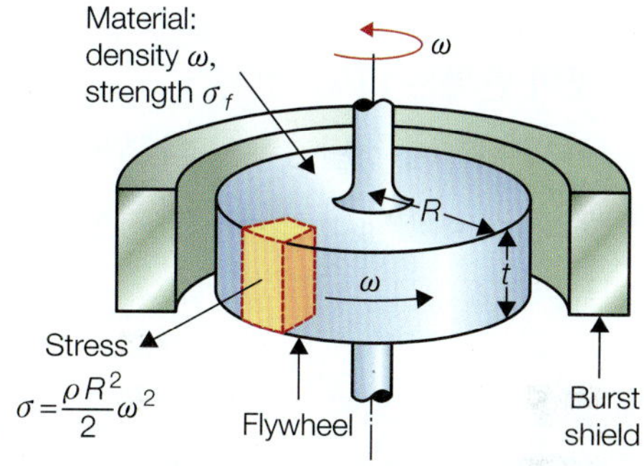

그림 6.9 플라이휘일 : 저장할 수 있는 최대 동적 에너지는 플라이휘일의 강도에 의해 제한된다.

여기서 $J = (\pi/2)\rho R^4 t$는 원반의 극관성모멘트이고 ρ는 원반 재료의 밀도로서 다음과 같은 식이 나오게 된다.

$$U = \frac{\pi}{4}\rho R^4 t\omega^2 \tag{6.14}$$

원반의 질량은 다음과 같고

$$m = \pi R^2 t\rho \tag{6.15}$$

극대화하고자 하는 물리량은 단위 질량당 동적에너지로서 마지막 두 식의 비가 된다.

$$\frac{U}{m} = \frac{1}{4}R^2\omega^2 \tag{6.16}$$

플라이휘일이 회전함에 따라 저장되는 에너지가 증가하지만, 원심 응력 역시 증가하게 된다. 균일한 두께를 가지는 회전 원반의 최대 주응력은 다음과 같고(부록 B 참조)

$$\sigma_{\max} = \left(\frac{3+\nu}{8}\right)\rho R^2\omega^2 \approx \frac{1}{2}\rho R^2\omega^2 \tag{6.17}$$

여기서 ν는 푸아송 비($\nu \approx 1/3$)이다. 이 응력은 절대로 파손응력 σ_f(적절한 안전계수를 고려해야 하나, 여기서는 생략함)을 초과하지 않아야 한다. 이에 의해서 각속도 ω와 원반의 반지름 R이 정해진다(자유변수). 마지막 두 식 사이에서 $R\omega$를 소거하면 다음 식이 얻어진다.

$$\frac{U}{m} = \frac{1}{2}\left(\frac{\sigma_f}{\rho}\right) \tag{6.18}$$

고성능 플라이휘일을 제작하기 위한 최선의 재료는 재료지수가 높은 재료이다.

$$M_1 = \frac{\sigma_f}{\rho} \tag{6.19}$$

이것의 단위는 kJ/kg이다.

이제 어린이 장난감용인 다른 플라이휘일을 생각해 보자. 여기서는 일정한 각속도 ω에서 단위 체적당 최대의 에너지를 저장하는 재료를 찾아야 한다. 주어진 ω에서 단위 체적당 에너지는[식 (6.2)로부터]

$$\frac{U}{V} = \frac{1}{4}\rho R^2 \omega^2$$

R 및 ω는 설계에 의해 고정되어 있으므로 최선의 재료는 다음 식을 최대화해주는 것이라야 한다.

$$M_2 = \rho \tag{6.20}$$

선택 그림 6.10은 강도-밀도의 차트를 보여준다. M_1 값들은 기울기 1인 선의 격자에 대응하고 있다. 이와 같은 하나가 M_1 = 200 kJ/kg의 값에서 대각선으로 나타나 있다. M_1 값이 높은 후보재료는 차트의 왼쪽 위 검색영역 쪽으로 놓여 있다. 여기서 최선의 선택 재료는 기대하지 않았던 것으로 복합재료 중에서도 특히 CFRP와 고강도 티타늄 합금, 그리고 일부 세라믹인데, 그러나 세라믹은 낮은 인성 때문에 배제된다.

그렇지만 어린이 장난감용으로 납으로 만든 플라이휘일은 어떠한가? CFRP와 납이 서로 다른 것처럼 이보다 더 상이한 재료는 거의 없을 것이다. 하나는(CFRP) 강하고 가볍지만 다른 하나는(납) 부드럽고 무겁다. 왜 납을 사용하는가? 그 이유는 어린이 장난감용의 경우, 제한조건이 다르기 때문이다. 아무리 덩치가 큰 어린이라 할지라도 장난감의 플라이휘일이 파손에 이를 정도로 빨리 돌리지는 못한다. 대신 각속도 ω는 구동 메커니즘에 의해 제한되어 있다[당김줄(pull-string), 마찰구동(friction-drive)]. 따라서 이미 알고 있는 바와 같이 가장 최선의 재료는 가장 밀도가 높은 것이다. 그림 6.10에 있는 두 번째의 선택 라인은 Mg/m^3의 값에서 지수 M_2를 보여준다. 이 라인의 우측에 있는 검색영역 2에서 재료를 찾아야 한다. 납은 양호하고 문제가 없는 재료이다. 주철은 이보다 덜 양호하지만 값이 저렴하다. 황금, 백금, 우라늄은 이보다 더 낫지만(차트에는 없음), 다른 이유로 인해 적절하지 못할 수 있다.

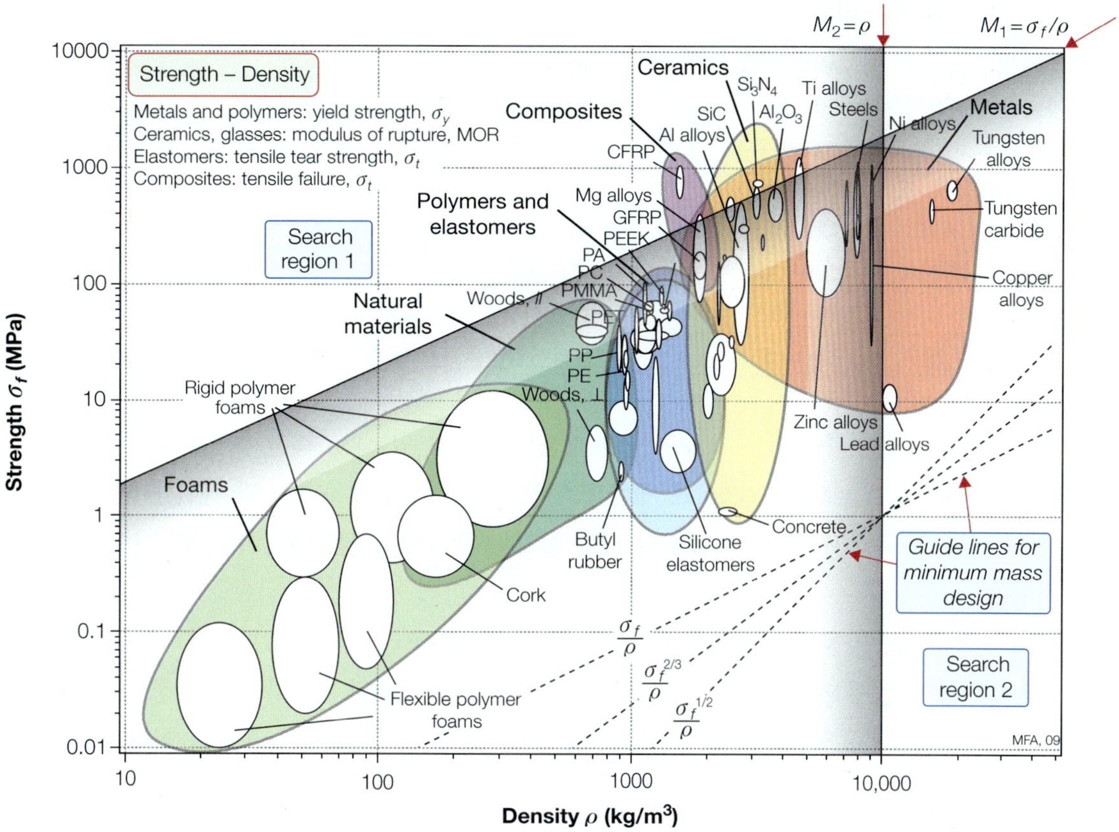

그림 6.10 플라이휘일 재료 : 복합재료가 최선의 재료이다. 납이나 주철과 같은 전통적인 플라이휘일 재료는 성능이 강도가 아닌 회전 속도에 의해 제한될 경우에 바람직하다.

추록 CFRP 로터는 약 400 kJ/kg 정도를 저장할 수 있다. 이와 대조적으로 납으로 만든 플라이휘일은 분해되기 전까지 단지 1 kJ/kg만 저장할 수 있고, 주철로 만들어진 플라이휘일의 경우는 30 kJ/kg 정도이다. 이 모든 것들은 가솔린의 에너지밀도 약 20,000 kJ/kg에 비하면 작은 것이다. 그렇다 하더라도 플라이휘일의 밀도는 고려할 만한 이유가 있는데, 파손이나 고장으로 인한 급작스러운 이탈이 있을 경우 파국적인 결과를 가져올 수 있기 때문이다. 원반은 반드시 파열방호물(burst-shield)로 둘러싸여 있어야 하고, 불균형 힘을 피하기 위해 제조공정에서 엄밀한 품질관리가 필수적이다. 이러한 것들이 트럭이나 버스에서 사용되는 수많은 복합재료 에너지저장 플라이휘일과 풍력발전을 매끄럽게 하기 위한 에너지 저장장치로서 실현되었다.

이제 본론에서 약간 벗어난 문제로 전기자동차 문제를 생각해 보기로 하자. 석유-전기 하이브리드 자동차는 이미 에너지를 저장하기 위해 발전된 납축전지 기술을 사용하여 도로를 주

표 6.10 동력원별 에너지밀도

동력원	에너지 밀도(kJ/kg)	비고
가솔린/휘발유	20,000	탄화수소의 산화 — 산소 질량 미포함
로켓연료	5,000	산화제가 연료의 일부를 구성하므로 탄화수소보다 낮음
플라이휘일	Up to 400	매력적이지만 검증 필요
리튬-이온 전지	Up to 350	매력적이나 비용이 높고 수명에 제한이 있음
니켈-카드뮴 전지	170~200	리튬-이온 전지보다 저렴함
납축전지	50~80	수용 가능한 범위에서는 무게가 큼
스프링 고무 밴드	Up to 5	플라이휘일보다는 매우 덜 효율적인 에너지 저장방법임

행하고 있다. 그러나 축전지는 자체적인 문제점을 가지고 있는데, 축전지가 저장할 수 있는 에너지 밀도는 낮고(표 6.10 참조), 무게 제한으로 인해 자동차의 성능과 운행 범위에 한계를 갖게 한다. 최상의 축전지와 에너지밀도가 대략 동등한 플라이휘일을 제작하는 것은 충분히 실용적이다.

따라서 전기자동차용 플라이휘일에 대하여 심각하게 고려하게 되었다. 한 쌍의 역회전 CFRP 원반은 강철제 파열방호물 내에 들어 있다. 원반에 내장된 자석들은 하우징 내에 코일 근처를 지나가면서 유도전류를 발생시켜 바퀴를 구동하는 전동 모터로 동력을 이끌어 낸다. 그러한 플라이휘일은 전기자동차에 사용할 경우 가솔린 엔진과 비교하여 비용면에서 충분히 경쟁력이 있으며, 국지적인 환경문제도 전혀 유발하지 않는다.

참고문헌

Christensen, R.M. (1979) *Mechanics of Composite Materials*, Wiley Interscience, New York, p.213 et seq.

Lewis, G. (1990) *Selection of Engineering Materials*, Part 1, Prentice Hall, NJ, p.1

Medlicott, P.A.C. and Potter, K.D. (1986) The development of a composite flywheel for vehicle applications, in Brunsch, K., Golden, H.D., and Horkert, C.M. (Eds.) *High Tech — the Way into the Nineties*, Elsevier, Amsterdam, p.29

관련 사례연구

6.7 스프링 재료

6.11 안전 압력용기

8.3 다중 제한조건 : 고성능 엔진용 커넥팅롯드

6.7 스프링 재료

각 스프링의 형태는 아주 다양하고(그림 6.11과 표 6.11) 용도도 여러 가지가 있는데, 축 스프링(axial springs, 예를 들어 고무 밴드), 판 스프링(leaf springs), 코일 스프링(helical springs), 나선 스프링(spiral springs), 토션바 스프링(torsion bars) 등을 생각해 보면 알 수 있다. 이들의 형태나 용도와 관계없이 최소의 체적을 가지는 가장 최상의 스프링 재료는 σ_f^2/E의 값이 가장 높아야 한다. 혹은 σ_f^2/E의 값을 가장 크게 하면서 무게가 최소가 되는, 즉 $\sigma_f^2/\rho E$을 최대화하는 재료이다(아래에 유도되어 있다). 차트에 있는 것들 중에서 가장 유용한 두 가지를 도입하기 위한 방편으로 이것을 사용하기로 한다. 비강도 σ_f/ρ에 대한 비탄성계수 E/ρ와 강도 σ_f에 대한 탄성계수 E가 도시되어 있다(그림 4.5 및 4.6).

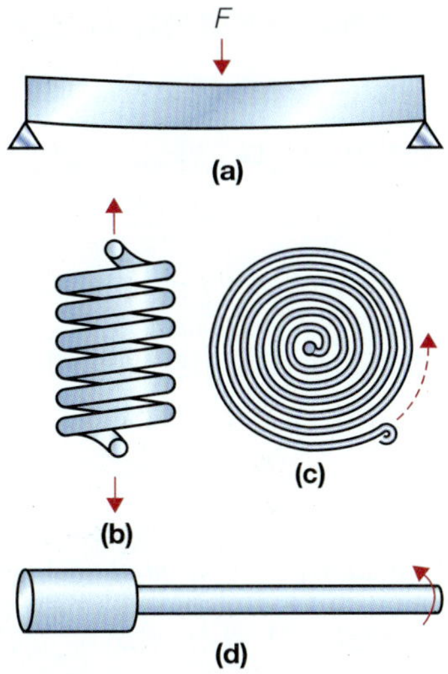

그림 6.11 스프링은 에너지를 저장한다. 어느 스프링이라도 최상의 재료는 스프링의 형태나 하중이 주어지는 방식과 관계없이 가장 높은 σ_f^2/E 값, 혹은 만일 무게가 중요한 경우 가장 높은 $\sigma_f^2/\rho E$을 주는 재료이다.

해석 스프링의 일차적인 기능은 탄성에너지를 저장하고, 에너지가 필요한 경우 이 에너지를 다시 방출하는 것이다. 응력 σ로 균일하게 응력을 받고 있는 재료 블록 내에 단위 체적당 저장되어 있는 탄성에너지는 다음과 같고

$$W_v = \frac{1}{2}\frac{\sigma^2}{E} \tag{6.21}$$

여기서 E는 탄성계수이다. 여기서 W_v를 극대화해야 한다. 만일 응력 σ가 항복강도 또는 파손강도 σ_f을 초과하면 손상을 입게 되므로 여기서 제한조건은 $\sigma < \sigma_f$가 된다. 따라서 극대 에너지 밀도는 다음과 같이 된다.

표 6.11 스프링의 설계 요구조건

기능	탄성 스프링
제한조건	파손이 없어야 함, 스프링 전체를 통해 $\sigma < \sigma_f$
설계목표	• 단위 체적당 최대 저장 탄성에너지 혹은, • 단위 무게당 최대 저장 탄성에너지
자유변수	재료의 선택

$$W_v = \frac{1}{2}\frac{\sigma_f^2}{E} \tag{6.22}$$

토션바 스프링이나 판 스프링은 축 스프링에 비해 효율이 떨어지는데 그 이유는 재료 대부분에 온전하게 하중이 걸리지 않기 때문이다. 예를 들어 중립축 재료의 경우 하중이 온전하게 걸리지 않는다. 판 스프링의 에너지 밀도는 다음과 같고

$$W_v = \frac{1}{4}\frac{\sigma_f^2}{E}$$

그리고 토션바 스프링의 경우는 다음과 같다.

$$W_v = \frac{1}{3}\frac{\sigma_f^2}{E}$$

그러나 이 결과가 보여 주듯이, 이것은 재료선택에 대해 아무런 영향을 미치지 못한다. 스프링 재료로서 가장 최상의 것은 스프링의 형태에 관계없이 다음 식의 값이 가장 크게 되도록 하는 것이다.

$$M_1 = \frac{\sigma_f^2}{E} \tag{6.23}$$

만일 체적보다 무게가 문제될 경우에는, (단위 무게당 에너지를 얻기 위해)당연히 이것을 밀도 ρ로 나누어야 하고, 다음 식의 값을 높게 만드는 재료를 찾아야 한다.

$$M_2 = \frac{\sigma_f^2}{\rho E} \tag{6.24}$$

선택 최소 체적을 가지는 스프링의 재료선택을 그림 6.12(a)에서 볼 수 있다. 기울기가 2인 가이드라인을 따라 동등한 $M_1 = \sigma_f^2/E$ 값을 가지는 재료들이 나열되어 있고, M_1 값이 높은 재료가 우측 하단 방향으로 놓여 있다. 굵은 라인은 계열의 하나이고 해당 재료의 후보군이 좌측에 노출되도록 위치하고 있다. 최상의 선택 재료는 라인의 위쪽 끝 부분에 놓여있는 고강도 강철이다. 다른 재료들 역시 대상이 될 수 있는데, CFRP(현재 트럭용 스프링으로 사용), 티타늄 합금(좋은 재료이지만 값이 비쌈), 나일론(어린이 장남감에 종종 나일론 스프링이 사용되고 있음) 그리고 고분자 탄성중합체가 있다. 선택 과정을 통해서 거의 모든 종류의 재료(금속, 고분자, 탄성중합체, 복합재료)들로부터 어떻게 후보재료를 가려내는지 주목하기 바란다. 결과는 표 6.12(a)에 주석과 함께 나열되어 있다.

가벼운 스프링용 재료선택은 그림 6.12(b)에서 볼 수 있다. 다음 식의 값이 동등한 재료들이

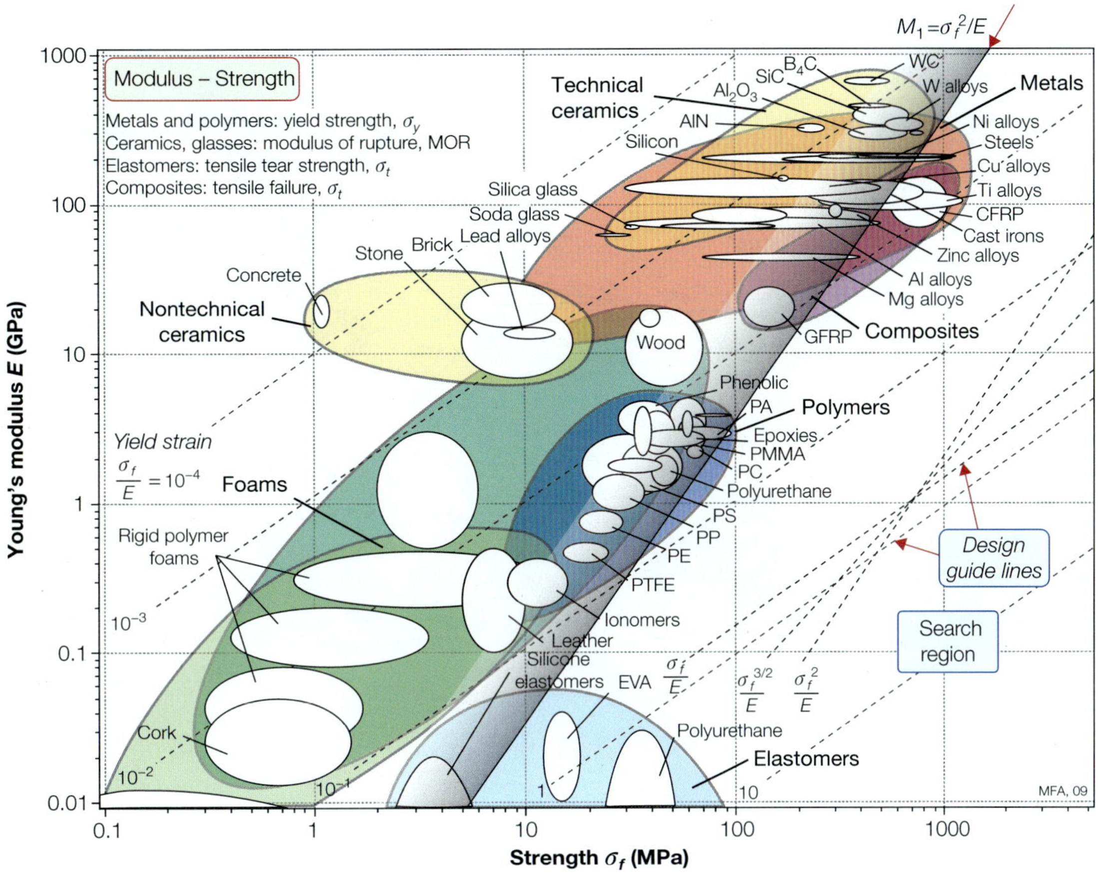

그림 6.12(a) 소형 스프링 재료 : 고강도 '스프링' 강철이 양호한 재료이다. 유리, CFRP, GFRP는 모두 올바른 여건하에서 양호한 스프링을 만들 수 있다. 탄성중합체는 우수한 재료이다. 세라믹은 인장강도가 낮기 때문에 제외되었다.

표 6.12(a) 효율이 높은 소형 스프링 재료

재료	$M_1 = \sigma_f^2/E$ (MJ/m^3)	비고
티타늄 합금	4~12	가격이 고가, 내식성이 있음
CFRP	6~10	성능면에서 강철과 대등, 가격이 비쌈
스프링강	3~7	전통적인 재료, 성형과 열처리가 용이
나일론	1.5~2.5	가격이 싸고 형상 제작이 용이, 손실계수가 높음
고무	20~50	스프링강 보다 양호, 손실계수가 높음

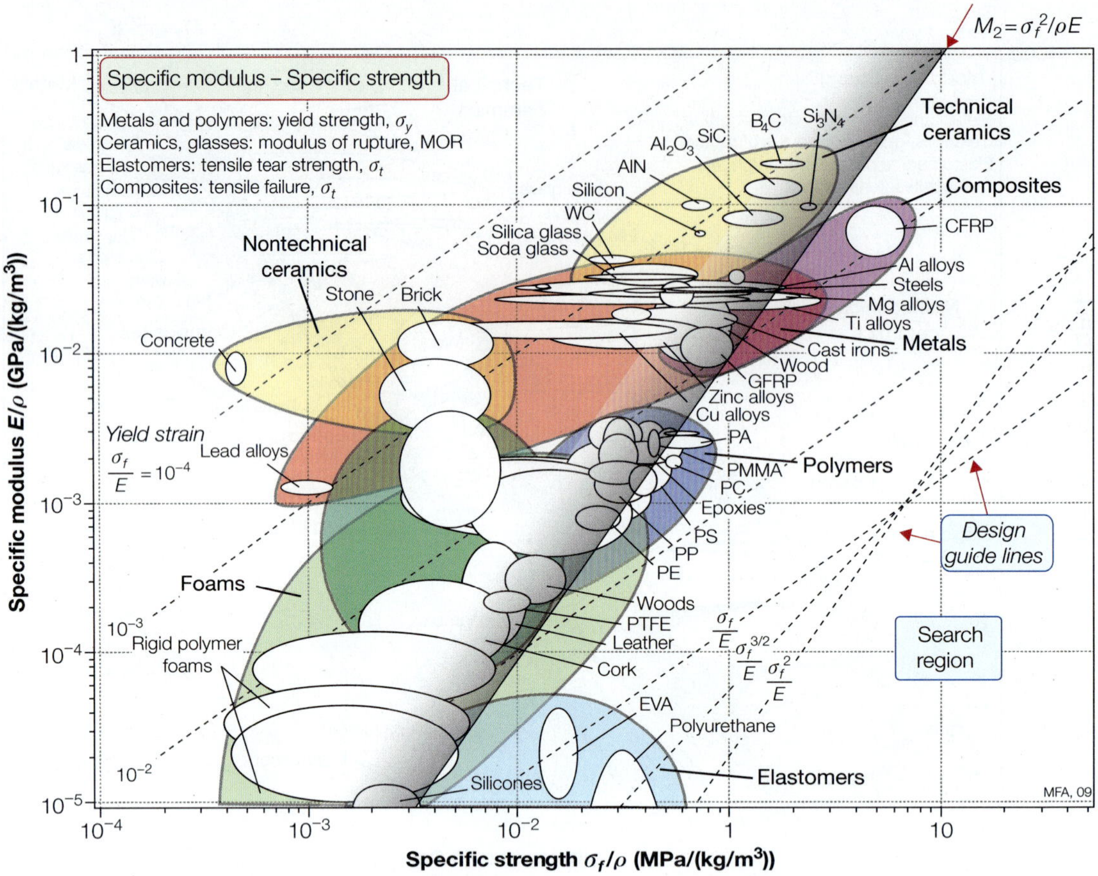

그림 6.12(b) 가벼운 스프링 재료 : 금속은 밀도가 높기 때문에 불리한 재료이다. 복합재료는 양호한 재료가 되며 목재 역시 마찬가지이다. 탄성중합체는 우수한 재료이다.

표 6.12(b) 가벼운 스프링 재료

재료	$M_2 = \sigma_f^2/\rho E$ (kJ/kg)	비고
티타늄 합금	0.9~2.6	강철보다 양호, 내식성 있음, 가격이 비쌈
CFRP	3.9~6.5	강철보다 양호, 가격이 비쌈
GFRP	1.0~1.8	스프링강보다 양호, CFRP에 비해 저렴함
스프링강	0.4~0.9	밀도가 높아서 부적절
목재	0.3~0.7	무게로 보면 목재는 양호한 스프링을 만듦
나일론	1.3~2.1	강철만큼 양호, 손실계수가 높음
고무	18~45	뛰어난 재료, 스프링강 보다 20배 양호, 그러나 손실계수가 높음

기울기가 2인 가이드라인을 따라 늘어서 있다.

$$M_2 = \left(\frac{\sigma_f}{\rho}\right)^2 \Big/ \left(\frac{E}{\rho}\right) = \frac{\sigma_f^2}{\rho E} \tag{6.25}$$

$M_2 = 1\,\text{kJ/kg}$ 값에서 하나를 볼 수 있다. 금속은 밀도가 높기 때문에, 복합재료보다 불리하고 고분자 탄성중합체보다 더욱 불리하다. (고무 밴드는 단위 무게당 최상의 스프링강철에 비해, 대략 8배 이상의 에너지를 저장할 수 있다.) 후보재료들은 표 6.12(b)에 나열되어 있다. 전통적으로 양궁의 재료로 쓰이는 목재가 이제 나타난다.

추록 스프링 재료선택에 있어서 수많은 추가 고려사항들이 적용된다. 자동차 서스펜션용 스프링은 반드시 피로와 부식에 대한 저항성이 있어야 하며, 엔진밸브 스프링은 높은 온도를 충분히 견딜 수 있어야 한다. 보다 미묘한 특성의 하나로서 그림 4.9에서 알아본 손실계수가 있다. 고분자는 상대적으로 높은 손실인자를 가지고 있고 진동하게 되면 에너지를 발산하지만, 금속은 강하게 경화되어 있을 경우 그렇지 못하다. 고분자는 상온에서도 크리프가 일어나기 때문에 꾸준한 하중을 받는 스프링 재료로서는 부적합하지만, 대부분의 시간 동안 응력을 받지 않는 스프링이라면 스프링의 제작 설치에 있어서 완벽하게 양호한 재료이기도 하다.

참고문헌

Boiton, R.G. (1963) The mechanics of instrumentation, *Proc. Int. Mech. Eng. 177*(10), pp.269~288.

Hayes, M. (1990) Materials update 2: springs, *Engineering*, May, p.42.

관련 사례연구

6.8 탄성 경첩(hinge)과 커플링

10.7 유연한 형상 : 낱장(leaf) 및 가닥(strand) 구조

10.8 초고효율 스프링

12.7 그립(grip)에 이완이 일어나지 않는 커넥터

6.8 탄성 경첩(hinge)과 커플링

자연에서 탄성 경첩을 보다 많이 사용하고 있는 예를 보면 피부, 근육, 연골조직들은 모두 크고 재현 가능한 굴곡이 역시 가능하다. 사람의 몸 역시 굴곡과 비틀림경첩(torsion hinges)으로 설계되어 있어서 인체의 각 구성요소 간에 하중을 전달하거나 연결하는 인대는 탄력적으로 굴곡이 일어나는 중에도 제한된 상대적 움직임을 허용할 수 있게 만들어져 있다(그림 6.13 및 표

표 6.13 탄성 경첩의 설계 요구조건

기능	탄성 경첩
제한조건	파손이 일어나면 안 됨. 경첩 전체를 통해 $\sigma < \sigma_f$
설계목표	탄성 굴곡의 극대화
자유변수	재료의 선택

6.13). 어떤 재료를 사용해야 좋은 경첩을 만들 수 있을 것인가?

해석 상자 뚜껑에 사용할 경첩을 고려해보자. 상자의 경우, 뚜껑과 경첩은 하나의 공정에 의해 형상이 만들어진다. 경첩은 그림에 있는 것과 같이 상자가 닫힘에 따라 탄력적으로 굴곡이 일어나는 얇은 띠(인대) 재료이고, 축 방향으로는 별로 하중을 받지는 않는다. 그러므로 최상의 경첩 재료는 항복 혹은 파손(고장)이 없이(주어진 얇은 띠의 치수에서) 가장 최소의 반경으로 굴곡이 일어나는 재료가 된다.

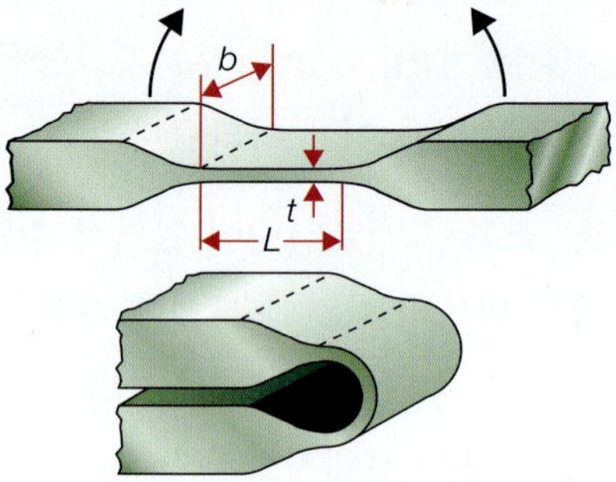

그림 6.13 탄성 또는 '천연' 경첩 : 인대는 아무런 손상 없이 반복적으로 굴곡할 수 있어야 한다. 샴푸 병의 마개가 한 사례이다. 탄성 경첩은 고성능의 용도에 사용되고 있고, 자연 속에서 폭넓게 발견할 수 있다.

두께가 t인 인대를 반경 R까지 탄성적으로 구부린 경우에 표면에 일어나는 변형도는

$$\varepsilon = \frac{t}{2R} \tag{6.26}$$

이다. 그리고 경첩이 탄성을 가지고 있으므로 최대 응력은

$$\sigma = E\frac{t}{2R} \tag{6.27}$$

이며, 이것은 절대로 항복강도 또는 파손강도 σ_f을 초과하면 안 된다. 따라서 인대를 손상 없이 구부릴 수 있는 최소 반경은 다음과 같다.

$$R \geq \frac{t}{2}\left[\frac{E}{\sigma_f}\right] \tag{6.28}$$

최상의 경첩 재료는 최소 반경으로 구부릴 수 있는 재료가 되는데, 즉 다음 지수의 값을 최대로 하는 재료가 된다.

$$M = \frac{\sigma_f}{E} \tag{6.29}$$

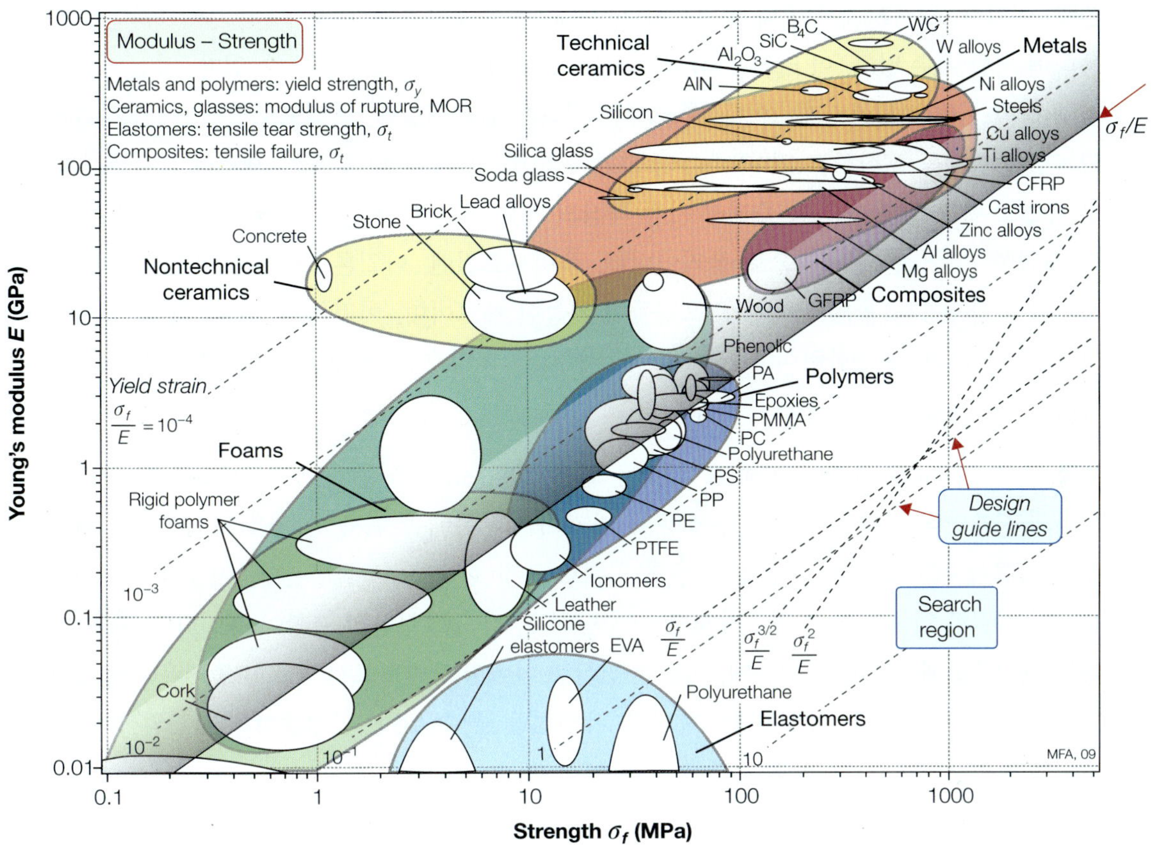

그림 6.14 탄성 경첩 재료 : 고분자 탄성중합체가 최상의 재료이지만, 다른 설계상 요구사항을 만족시킬 수 있는 적절한 견고성을 가지지 못할 수도 있다. 이러한 경우에는 나일론, PTFE, PE와 같은 고분자재료가 더 낫다. 스프링강은 덜 양호하지만 훨씬 더 강하다.

표 6.14 탄성 경첩 재료

재료	$M(\times 10^{-3})$	비고
폴리에틸렌	32	값이 싼 경첩, 병마개 등에 광범위하게 사용
폴리프로필렌	30	폴리에틸렌보다 강성이 있고 성형이 쉬움
나일론	30	폴리에틸렌보다 강성이 있고 성형이 쉬움
PTFE	35	내구성이 매우 좋음. PE, PP, 나일론 보다 고가임
탄성중합체	100~1000	뛰어난 재료, 그러나 탄성계수가 낮음
고강도 구리 합금	4	고분자보다 못함. 인장 강성이 요구될 때 사용
스프링강	6	

선택 여기서 $\sigma_f - E$ 차트가 다시 필요하다(그림 6.14). 후보재료는 기울기 1의 가이드라인을 사용하여 식별할 수 있고, 이 라인은 $M = \sigma_f / E = 3 \times 10^{-2}$의 위치에서 볼 수 있다. 경첩 재료로서 최상의 선택은 고분자재료이다. 후보재료 목록은 폴리에틸렌, 폴리프로필렌, 나일론 그리고 탄성중합체를 포함하고 있다(표 6.14). 고분자 탄성중합체는 비록 상자 자체의 몸체로서 너무 유연할 수도 있겠지만 이 중에서 가장 최상의 재료이다. 이와 같은 종류의 탄성 경첩을 가진 저렴한 제품들은 일반적으로 폴리에틸렌, 폴리프로필렌, 나일론으로 만들어진다. 스프링강이나 기타(인청동과 같은) 금속제 스프링들이 가능한 재료이며, 이것들은 높은 E와 함께 사용할 수 있는 σ_f / E을 조합하여(릴레이의 서스펜션에서와 같이) 양호한 위치안정성과 유연성을 줄 수 있다. 표 6.14에 보다 상세한 내용이 있다.

추록 고분자재료는 금속에 비해 보다 많은 설계상의 융통성을 준다. 탄성 경첩은 이와 같은 하나의 사례인데 상자와 경첩과 뚜껑의 세 가지 구성부품에 더해서, 이들을 조립하는데 필요한 나사류까지를 하나의 상자-경첩-뚜껑 일체로 조작 한 번으로 몰딩한다. 이들의 스프링과 유사한 성질로 인해 뚜껑이 정확하게 맞물려 닫히고, 각 구성부품의 결합이 용이하다. 다른 하나는 탄성중합체 커플링이 있는데, 이는 유연한 유니버설 조인트로서 양호한 충격흡수 특성과 함께 고도의 사각 방향, 평행 방향, 축 방향 유연성을 줄 수 있다. 탄성중합체 경첩의 경우 공학설계에 활용할 수 있는 많은 기회를 제공한다.

관련 사례연구

6.7 스프링 재료

6.9 씰(seal) 재료

6.10 취성 고분자를 이용한 굴곡제한 설계

10.7 유연한 형상 : 낱장(leaf) 및 가닥(strand) 구조

6.9 씰(seal) 재료

재사용이 가능한 탄성 씰은 편평한 두 표면 간에 압축을 준 재료로 이루어진 실린더로 구성되어 있다(그림 6.15). 씰은 접촉응력을 유지할 때 최대 접촉폭 b를 형성해야 하며, 접촉응력은 편평한 표면에 손상을 주지 않을 정도로 충분히 낮아야 하고, 씰 그 자체는 당연히 여러 번 재사용할 수 있도록 탄성을 유지하고 있어야 한다. 어떤 재료를 써야 좋은 씰을 만들 수 있는가? 탄성중합체가 좋은 것은 누구나 알고 있다. 그러나 일을 제대로 해본다면 더 배울 수 있는 게

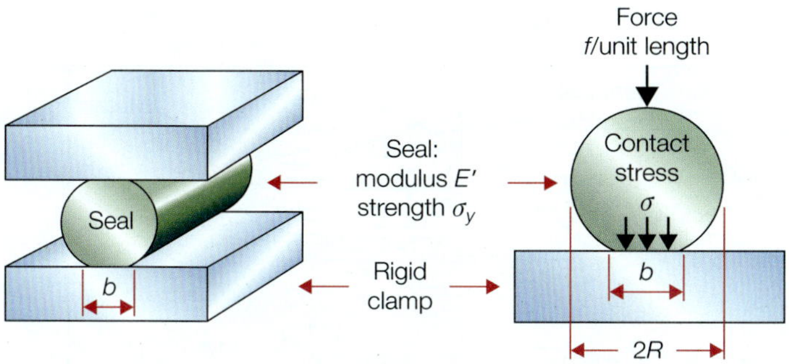

그림 6.15 탄성 씰(seal) : 양호한 씰은 그 자체 혹은 서로 맞닿는 표면에 손상하중을 주는 일이 없이 넓은 접촉면적을 준다.

표 6.15 탄성 씰(seal)의 설계 요구조건

기능	탄성 씰
제한조건	• 접촉 압력에 제한이 있음 • 비용이 저렴할 것
설계목표	표면에 대한 일치성 극대화
자유변수	재료의 선택

있을지도 모른다. 표 6.15에 있는 요구조건을 가지고 선택 작업을 해보기로 한다.

해석 직경이 $2R$이고 탄성계수가 E인 실린더가 단단한 표면상에서 단위 길이당 힘 f로 압축을 받으면 폭 b의(부록 B) 탄성 접촉면이 형성되며 크기는 다음과 같다.

$$b \approx 2.3\left(\frac{f\,R}{E}\right)^{1/2} \tag{6.30}$$

이 접촉폭이 극대화시켜야 할 목표함수가 된다. 씰과 표면의 접촉응력은 다음 식에 의해 적절하게 근사시킬 수 있다(부록 B).

$$\sigma = 0.57\left(\frac{f\,E}{R}\right)^{1/2} \tag{6.31}$$

제한조건 : 씰은 반드시 탄성을 유지하고 있어야 한다. 즉 σ는 씰 재료의 항복강도 또는 파손강도 σ_f보다 확실히 작아야 한다. 마지막 두 식을 이 조건과 함께 조합하면 다음 식이 얻어진다.

$$b \leq 4.0\,R\left(\frac{\sigma_f}{E}\right) \tag{6.32}$$

접촉폭은 다음의 재료지수를 극대화할 경우 최대가 된다.

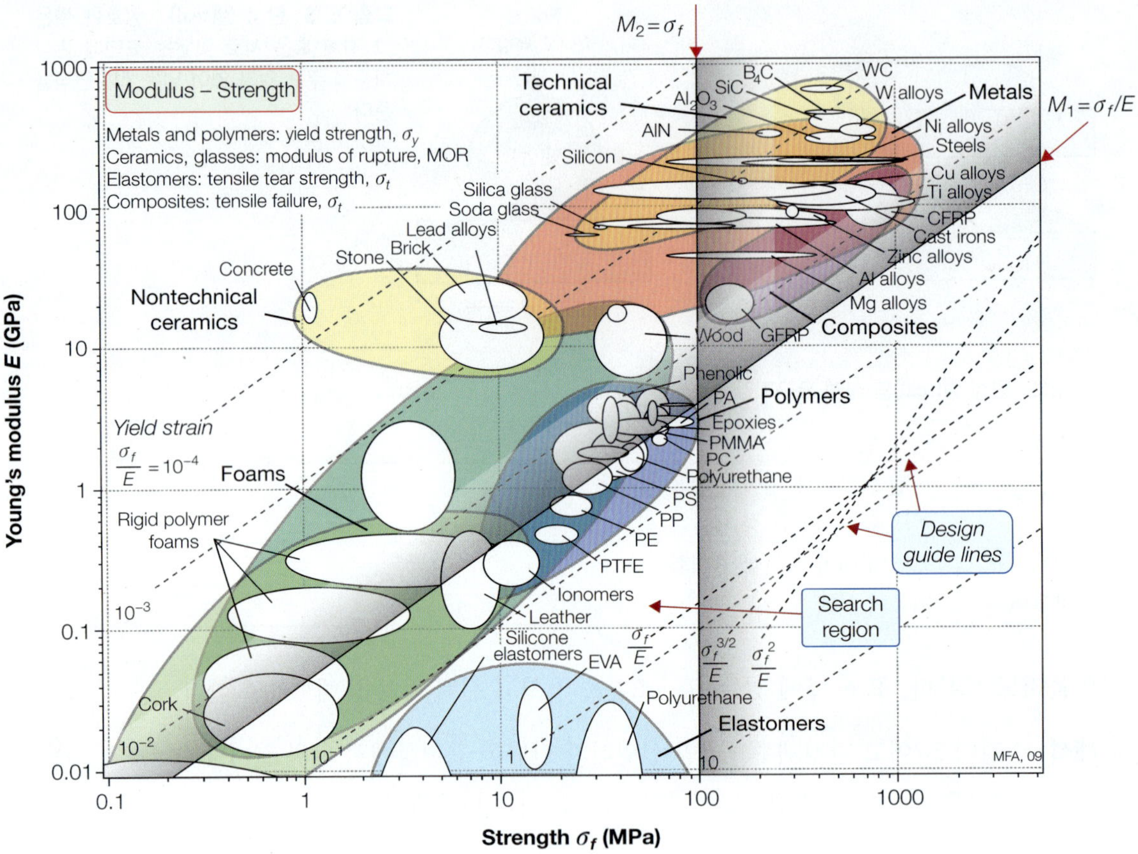

그림 6.16 탄성 씰 재료 : 탄성중합체, 유연성 고분자, 발포재는 양호한 씰을 만들 수 있는 재료이다.

표 6.16 재사용이 가능한 씰(seal) 재료

재료	$M_1 = \sigma_f / E$	비고
탄성중합체 EVA	0.7~1	자연스러운 선택 : 열과 일부 용제에 취약
폴리우레탄	2~5	씰 재료로 광범위하게 사용
실리콘고무	0.2~0.5	탄소-사슬의 탄성중합체보다 내열 능력이 높음, 화학적으로 불활성임
PTFE	0.05~0.1	가격이 비싸나 화학적으로 안정, 높은 내열 능력
폴리에틸렌	0.02~0.05	가격이 싸지만 영구 변형이 일어나기 쉬움
폴리프로필렌	0.2~0.04	가격이 싸지만 영구 변형이 일어나기 쉬움
나일론	0.02~0.03	접촉응력이 거의 상한치에 가까움
코르크	0.03~0.06	접촉응력이 낮음, 화학적으로 안정
고분자 발포재	up to 0.03	매우 낮은 접촉응력, 섬세한 씰에 사용

$$M_1 = \frac{\sigma_f}{E}$$

접촉응력 σ는 편평한 표면의 손상을 피하기 위해 낮게 유지되어야 한다. (최대 폭을 얻기 위해) 최대 접촉력이 주어졌을 때 이 값은 단순하게 씰의 파손강도인 σ_f이 된다. 100 MPa가 넘는 응력에 의해 편평한 표면에 손상이 일어났다고 가정하자. 접촉응력은 다음 식이 요구하는 것처럼 이보다 낮게 유지되어야 한다.

$$M_2 = \sigma_f \leq 100 \text{ MPa}$$

선택 두 개의 지수가 탄성중합체, 발포재, 코르크를 서로 가려내면서 그림 6.16의 $\sigma_f - E$ 차트상에 도시되어 있다. 후보재료는 표 6.16에 보충설명과 함께 나열되어 있다. M_2 = 100 MPa의 값이 모든 탄성중합체가 후보재료가 되는 것을 허용하고 있다. 만일 M_2 값이 10 MPa로 줄어든다면 거의 대부분의 탄성중합체가 제외되며, 발포 고분자가 최상의 선택 대안이 된다.

추록 여기서의 분석은 씰이 수행해야만 하는 기능에 주안점을 두고 있는데, 넓은 접촉면적, 제한된 접촉압력, 사용 환경에 대한 안정성 등이 그것이다. 탄성중합체는 접촉면적을 극대화한다. 발포재와 코르크는 접촉압력을 최소화한다. PTFE와 실리콘고무는 열과 유기용매에 대해 가장 우수한 저항성이 있다. 최종적인 재료선택은 씰이 사용되는 곳의 조건에 의해 결정될 것이다.

관련 사례연구

6.7 스프링 재료

6.8 탄성 경첩(hinge)과 커플링

6.10 취성 고분자를 이용한 굴곡제한 설계

균열전파에 대한 재료의 저항은 평면변형 파괴인성, K_{1c}로 측정한다. 기계공학 엔지니어들 사이에는 소위 경험법칙이 있는데, 파괴인성 K_{1c}가 15 MPa.m$^{1/2}$ 미만인 재료는 피한다는 것이다. 거의 대부분의 금속은 이 같은 조건을 통과하며, 이들이 가진 K_{1c} 값의 범위는 앞의 단위로 20~100 사이에 있다. 백주철과 몇몇 분말야금 재료들은 통과하지 못하는데, 이들은 10 MPa.m$^{1/2}$ 정도의 낮은 값을 가진다. 보통의 엔지니어링 세라믹은 1~6 MPa.m$^{1/2}$ 범위의 값을 가지고, 이에 대하여 기계공학 엔지니어들은 깊은 의구심을 가지고 있다. 그러나 공업용 고

표 6.17 굴곡제한 구조의 설계 요구조건

기능	취성파괴에 대한 저항
제한조건	• 설계 하중을 지정, 또는 • 설계 에너지를 지정, 또는 • 설계 굴곡을 지정
설계목표	체적을 최소화하는 것(질량, 비용)
자유변수	재료의 선택

분자재료는 이보다 더 인성이 낮은 0.5~3 MPa.m$^{1/2}$ 범위의 K_{1c} 값을 가짐에도 엔지니어들은 이 재료들을 통상적으로 사용하고 있다. 여기서 무슨 일이 일어나고 있는 것인가?

취성을 가진 재료에 변형이 일어나면, 재료가 파괴될 때까지 탄성 처짐이 일어난다. 이러한 경우에 응력은 다음과 같다.

$$\sigma_f = \frac{CK_{1c}}{\sqrt{\pi a_c}} \tag{6.33}$$

여기서 K_{1c}는 적절한 파괴인성의 값이고, a_c는 재료에 포함되어 있는 가장 큰 균열의 길이이다. C는 재료의 형상에 따라 좌우되는 상수이고, 대개 그 값이 약 1이다. 교량의 인장재(tension member)와 같은 하중제한 설계에 있어서 말하자면, 만일 응력이 식 (6.33)에 의해 주어진 값을 초과할 경우에는 한 부품이 부서져 버린다는 것이다. 여기서 우리는 당연히 K_{1c} 값이 높은 재료를 찾고자 한다.

그렇지만 모든 설계가 하중제한적인 것이 아니고, 일부는 에너지제한적인 것도 있고 굴곡제한적인 것도 있다. 이 때문에 선택기준은 달라진다. 그러면 표 6.17에 있는 세 가지의 제한조건에 따라 세 가지의 시나리오를 고려하기로 한다.

해석 하중제한 설계에 있어서 각 구성 부품은 파괴가 일어남이 없이 지정된 하중 혹은 압력을 충분히 견뎌야 한다. 평면변형 파괴인성 K_{1c}와 함께 가장 높은 균열 제한조건하에서의 K_c를 파악하는 것이 일상화되었는데 그 이유는 이 값이 보수적이기 때문이다. 이에 따라 식 (6.33)은 최소체적 설계를 위한 최상의 재료선택이 다음 식의 값을 극대화시키는 것임을 보여준다.

$$M_1 = K_{1c} \tag{6.34}$$

얇은 박판을 사용한 하중제한 설계에 있어서 평면응력 파괴인성이 보다 적절할 수도 있으며, 다층재료의 경우 계면 파괴인성이 문제가 될 수도 있다. 그럼에도 불구하고 요점은 명백하기 이를 데 없는 것이, 하중제한 설계에 있어서 가장 최선의 재료는 적절한 K_c의 값이 큰 재료들이 된다.

그러나 앞에서 언급한 바와 같이 모든 설계가 다 하중제한 설계는 아니다. 스프링이나 터빈, 플라이휘일과 같은 에너지 저장시스템은 에너지제한 설계에 해당한다. 스프링(그림 6.11)을 한 예로 들어 보기로 하자. 스프링의 단위 체적당 저장되는 탄성에너지의 크기는 다음 식과 같이 체적에 대해 취한 적분값이다.

$$U_e = \frac{1}{2}\sigma\varepsilon = \frac{1}{2}\frac{\sigma^2}{E}$$

응력은 식 (6.33)의 파괴응력에 의해 제한되어 있으므로 만일 '파손'이 '파괴'를 의미한다면, 스프링이 저장할 수 있는 최대 에너지는 다음과 같다.

$$U_e^{\max} = \frac{C^2}{2\pi a_c}\left(\frac{K_{1c}^2}{E}\right)$$

초기 결함의 크기가 주어졌을 경우, 다음 식의 값이 큰 재료를 선택하여 에너지를 극대화 할 수 있다.

$$M_2 = \frac{K_{1c}^2}{E} \approx G_c \qquad (6.35)$$

여기서 G_c는 인성이다(통상적인 단위: kJ/m^2).

세 번째의 시나리오는 변위제한(displacement-limited) 설계이다.[2] 그림 6.17에서처럼 꼭지잠금(snap-on)병뚜껑, 꼭지잠금쇠 등과 같은 것들이 변위제한 설계인데, 이들은 충분히 큰 탄성 변위를 가짐으로써 파손 없이 꼭지잠금 동작이 가능할 수 있어야 한다. 그러므로 충분히 큰 파손변형도 ε_f을 필요로 한다. 변형도는 후크의 법칙 $\varepsilon = \sigma/E$에 의해 응력과 연결되고, 응력은 파괴식 (6.33)에 의해 제한된다. 따라서 파괴변형도는 다음과 같다.

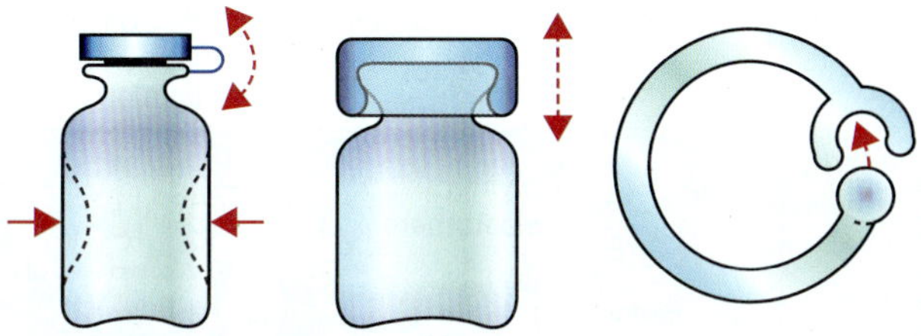

그림 6.17 하중제한 및 굴곡제한 설계 : 고분자재료는 탄성계수가 낮고, 흔히 굴곡제한 설계 방법을 필요로 한다.

$$\varepsilon_f = \frac{C}{\sqrt{\pi a_c}}\frac{K_{1c}}{E}$$

2) 여기서 변위제한 설계는 앞에서 나온 굴곡제한 설계와 같은 의미로, 또는 굴곡제한 설계를 포함하여 보다 광범위한 의미로 볼 수 있다. (역자 주)

따라서 변위제한 설계에 있어서 최상의 재료는 다음 식의 값을 극대화하는 재료가 된다.

$$M_3 = \frac{K_{1c}}{E}$$

선택 그림 6.18에서 탄성계수 E에 대하여 도시한 K_{1c} 차트를 보여준다. 차트를 통해 파괴인성 값 M_1, 인성 값 M_2, 굴곡제한 지수의 값 M_3을 비교할 수 있다. 엔지니어들의 경험법칙이 요구하는 것처럼 대부분의 모든 금속은 그림 6.18의 수평 선택 라인에서 볼 수 있는 하중제한 설계에 필요한 허용 수준인 15 MPa.m$^{1/2}$ 이상의 K_{1c} 값을 가지고 있다. 그러나 고분자재료와 세라믹은 그렇지 못하다.

그림 6.18에서 M_2를 보여주고 있는 라인은 1 kJ/m^{2}의 값에 위치하고 있다. M_2의 값이 이보다 큰 재료들의 경우에는 엔지니어들이 느끼기에 어느 정도 편안할 만큼의 충격저항성을 가지고 있다(또 다른 경험법칙). 금속, 복합재료, 몇몇 고분자재료의 경우 자격이 충분하지만 세

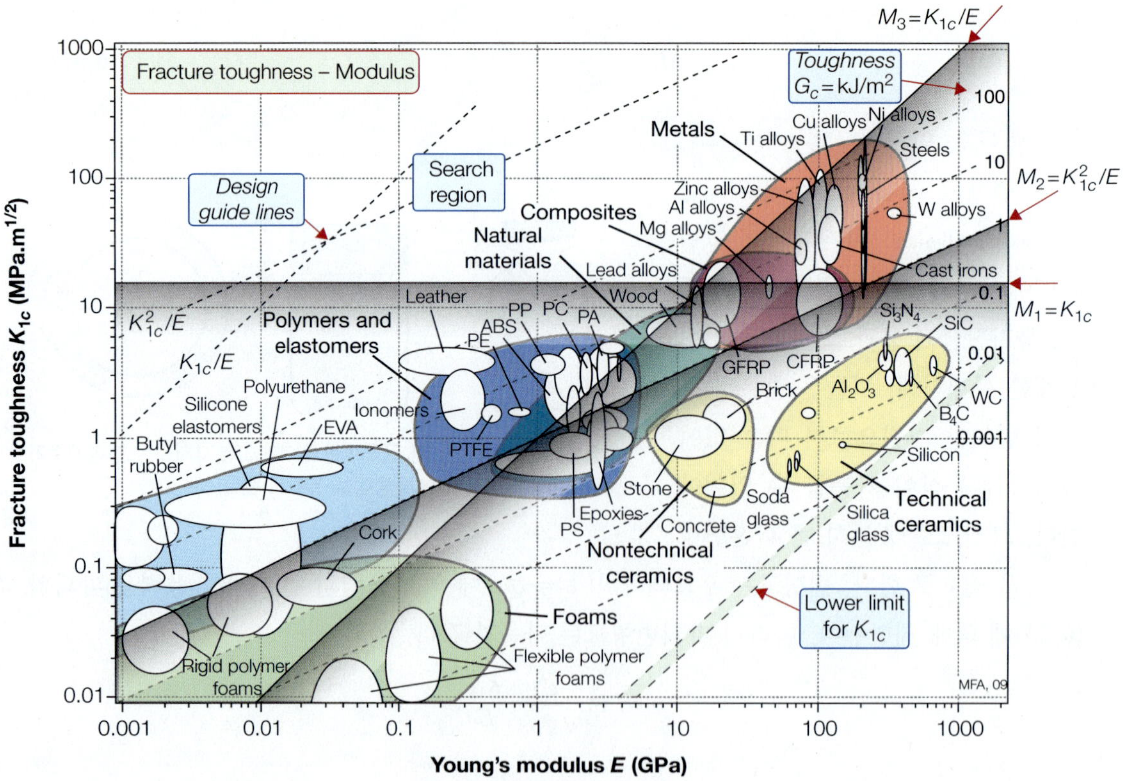

그림 6.18 하중제한, 굴곡제한, 에너지제한 설계의 재료선택 : 굴곡제한 설계에 있어서 고분자재료는 극히 낮은 파괴인성 값을 가지고 있음에도 불구하고 금속만큼 양호한 재료이다.

표 6.18 파괴제한 설계 재료

설계유형과 경험칙	재료
하중제한 설계 $K_{1c} > 15\ \text{MPa.m}^{1/2}$	금속, 고분자기지 복합재료
에너지제한 설계 $G_c > 1\ \text{kJ/m}^2$	금속, 복합재료, 일부 고분자
변위제한 설계 $K_{1c}/E > 10^{-3}\ \text{m}^{1/2}$	고분자, 탄성중합체, 가장 인성이 강한 금속들

라믹의 경우는 그렇지 못하다. 굴곡제한 설계를 하게 될 경우 그림은 다시 달라진다. 라인은 $10^{-3}\ \text{m}^{1/2}$의 값에서 재료지수 $M_3 = K_{1c}/E$를 보여준다. 이것은 고분자재료의 응용범위가 왜 광범위한지를 설명해주는데, 설계가 굴곡제한적일 경우 고분자재료 특히 나일론, 폴리카보네이트, 폴리스타이렌은 최상의 금속재료보다 더 낫다(표 6.18).

추록 이 그림은 더 의미심중하다. 기계공학 엔지니어들의 금속재료에 대한 애정은(그리고 보다 최근에는 복합재료에 대한 것 역시) 단순히 이러한 재료들의 K_{1c} 값때문에 비롯된 것만은 아니라는 사실이다. 이 재료들은 세 가지 기준에 모두 양호한 재료들이다(K_{1c}, K_{1c}^2/E, K_{1c}/E). 고분자재료는 양호한 K_{1c}/E 값을 가지고 있고 K_{1c}^2/E 값 기준으로도 수용 가능하다. 세라믹의 경우 세 가지 기준에 모두 부실하다. 이것이 바로 엔지니어들이 세라믹에 대하여 깊은 불신을 가지는 근원이다.

참고문헌

파괴역학과 안전 기준에 대한 배경은 다음 서적에서 찾아 볼 수 있다.

Brock, D. (1984) *Elementary Engineering Fracture Mechanics*, Martinus Nijoff, Boston.

Hellan, K. (1985) *Introduction to Fracture Mechanics*, McGraw-Hill.

Hertzberg, R.W. (1989) *Deformation and Fracture Mechanics of Engineering Materials*, Wiley, New York.

관련 사례연구

6.7 스프링 재료

6.8 탄성 경첩(hinge)과 커플링

6.11 안전 압력용기

6.11 안전 압력용기

압력용기에 대해서는 단순한 에어로졸 캔으로부터 거대한 보일러에 이르기까지, 파괴가 일어나기 전에 누설이 일어나거나 항복이 일어나도록 하여 안전 설계가 이루어진다. 이와 같은

표 6.19 안전 압력용기 설계 요구조건

기능	압력용기(압력 p를 안전하게 저장)
제한조건	반경 R 지정
설계목표	• '파괴전 항복' 방식으로 안전도 극대화, 혹은 • '파괴전 누설' 방식으로 안전도 극대화
자유변수	재료의 선택

설계의 상세한 방법은 다양하다. 소형 압력용기는 아직 낮은 압력하에서도 용기에 포함되어 있을 수 있는 임의의 균열이 전파되어 전반적인 항복이 일어나도록 설계가 이루어진다[파괴전 항복, yield-before-break(YBB)]. 그러므로 항복에 의한 뒤틀림은 검출이 용이하고 압력을 안전하게 방출할 수 있다. 대형 압력용기의 경우, 이와 같은 설계는 가능하지 않을 수 있다. 대신 불안정 상태로 진행될 수 있는 가장 최소 크기의 균열길이가 압력용기 벽의 두께보다 길게 설계함으로써 안전 설계가 이루어지며[파괴전 누설, leak-before-break(LBB)], 이와 같은 누설은 검출이 용이하고 압력을 점진적으로 방출하게 되어 안전을 확보하게 된다(표 6.19). 이 두 가지의 기준은 서로 다른 재료지수를 찾게 만든다. 그것은 어떤 것일까?

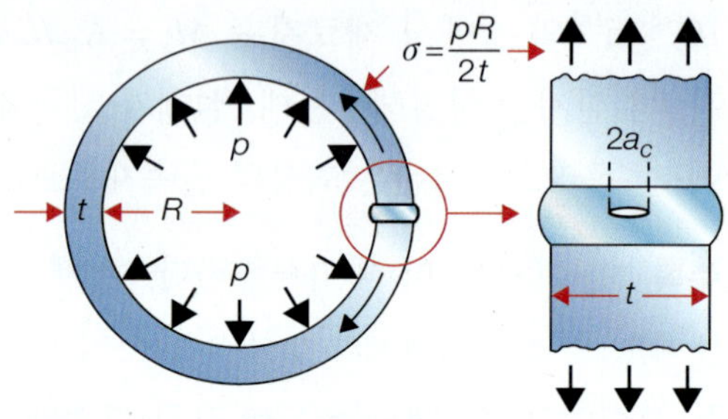

그림 6.19 결함을 가지고 있는 압력용기 : 소형 압력용기의 안전 설계를 하려면 파괴 전에 항복이 일어나도록 해야 하며, 대형 압력용기의 경우에는 파괴 전에 누설이 일어나도록 해야 할 필요가 있다.

해석 벽두께가 얇고 반경이 R인 구형 압력용기(그림 6.19)의 벽에 작용하는 응력은 다음과 같고,

$$\sigma = \frac{pR}{2t} \tag{6.36}$$

압력용기의 설계에 있어서 벽두께 t는 운전(작동) 압력 p하에서 이 응력이 용기 재료의 항복강도 σ_y보다 작게 되도록 선택한다.

소형 압력용기는 초음파나 X-선 탐상법 또는 보증시험을 통하여 용기에 직경 $2\,a_c$ 이상의 균열이나 결함이 없음을 확인할 수 있고, 이에 따라 균열의 진전에 필요한 임계응력은 다음 식과 같다.[3)]

3) 만일 압력용기의 벽두께가 충분히 얇아서 전반적인 항복 수준에 근접할 경우에는 평면응력 모드에서 파손이 일어나게 된다. 이 때문에 적절한 파괴인성 값의 크기는 평면변형에 대한 작은 값이 아니라, 평면응력에 대응하는 것이어야 한다.

$$\sigma = \frac{CK_{1c}}{\sqrt{\pi\, a_c^*}} \tag{6.37}$$

여기서 C는 1(unity)에 가까운 상수이고 K_{1c}는 평면변형 파괴인성이다. 사용응력이 이보다 작아지도록 보장하여 안전성을 확보할 수 있는데, 이에 따라 다음 식이 얻어진다.

$$p \leq \frac{2t}{R} \frac{K_{1c}}{\sqrt{\pi\, a_c^*}} \tag{6.38}$$

주어진 (R, t, a_c^*)에서 최대 압력은 다음 지수가 가장 큰 값을 가지는 재료에 의해 얻어진다.

$$M_1 = K_{1c} \tag{6.39}$$

그러나 이와 같은 설계는 이중 안전장치(fail-safe)가 확보된 것은 아니다. 만일 비파괴검사 작업에 실수가 있을 경우, 또는 만일 다른 이유로 인해 균열의 길이가 a_c^*보다 큰 것이 나타날 경우, 파국적인 결과가 뒤따르게 된다. 응력이 전반적인 항복응력에 이르렀다 하더라도 균열이 진전하지 않는 것이 보장된다면 더 큰 안전성을 확보할 것이다. 그것은 압력용기가 눈에 잘 띌 수 있도록 안정적으로 변형이 일어나게 하는 것이다. 이와 같은 조건은 σ을 항복응력 σ_y와 같도록 둠으로써 얻어지고, 다음과 같은 결과를 얻는다.

$$\pi a_c \leq C^2 \left[\frac{K_{1c}}{\sigma_y}\right]^2$$

허용 가능한 균열의 크기, 즉 압력용기의 건전성은 다음 식의 값이 가장 큰 재료를 사용할 경우 극대화할 수 있다.

$$M_2 = \frac{K_{1c}}{\sigma_y} \tag{6.40}$$

대형 압력용기는 X-선 또는 초음파 검사가 항상 가능하지는 않다. 그리고 이에 대한 보증시험을 실행하는 것도 실용적이지 못할 수 있다. 더 나아가 균열은 부식이나 주기적인 하중에 의해 비록 속도는 느리지만 안정적으로 성장할 수도 있으므로 압력용기 사용 수명의 초기에 한 번 실시하는 검사로는 충분하지 않다. 이에 따라 압력용기의 안전성은 압력용기 내면과 외면을 관통할 수 있는 큰 균열이라 하더라도 여전히 안정적인 범위에 있게 함으로써 보장받을 수 있다. 왜냐하면 이 경우에 누설이 일어나 압력용기의 이상을 쉽게 검출할 수 있기 때문이다. 이와 같은 조건은 응력이 다음과 같거나 혹은 작을 경우 항상 얻어질 수 있다.

$$\sigma = \frac{CK_{1c}}{\sqrt{\pi t/2}} \tag{6.41}$$

압력 p를 항복 없이 저장하기 위한 압력용기의 벽두께 t는 물론 다음 식과 같다. 식 (6.38)에서, 이것은 다음과 같음을 의미한다.

$$t \geq \frac{pR}{2\sigma_y} \tag{6.42}$$

이것을 앞의 식에 대입하면($\sigma = \sigma_y$와 함께) 다음 식이 얻어진다.

$$p \leq \frac{4\,C^2}{\pi\,R}\left(\frac{K_{1c}^2}{\sigma_y}\right) \tag{6.43}$$

최대 압력은 다음 지수를 최대화하는 재료를 사용하였을 때 가장 안전하게 얻어진다.

$$M_3 = \frac{K_{1c}^2}{\sigma_y} \tag{6.44}$$

M_1 및 M_2 모두 압력용기 벽의 항복강도 σ_y을 매우 작아지도록 함으로써 크게 할 수 있지만, 예를 들어 납은 두 가지 지수가 모두 높다 하더라도 압력용기의 재료로 선택할 수는 없을 것이다. 그것은 압력용기의 벽은 재료의 경제성과 무게를 가볍게 해야 하는 이유로 인해 가능한 한 얇아야 하기 때문이다. 가장 얇은 벽은 식 (6.42)에서 보면 항복강도 σ_y의 값이 가장 큰 것이다. 따라서 우리는 다음 식 역시 극대화하여 재료선택의 폭을 더욱 좁혀야 한다.

$$M_4 = \sigma_y \tag{6.45}$$

선택 이와 같은 선택기준들은 그림 6.20의 차트를 사용하여 살펴본다. 즉, 탄성한계 σ_f에 대해 도시되어 있는 파괴인성 값 K_{1C}이다. 재료지수 M_1, M_2, M_3, M_4는 기울기가 각각 0, 1, 1/2, 수직선으로 나타난다. '파괴전 항복'을 하나의 사례로 보기로 한다. 상수값 $M_2 = K_{1c}/\sigma_y$과 대응하는 대각선은 동등한 성능을 가진 재료들을 연결시켜 주는데, 이 라인의 위에 있을수록 나은 재료이다. 그림에서 프로세스 영역의 크기 10 mm에 상응하는 M_2 선택 라인은, 비록 PP, PE, PET와 같은 몇몇 고분자재료가 거의 이에 근접하다(가압 레몬에이드나 맥주 용기 등이 이러한 고분자재료로 만들어지고 있음). 하지만 가장 인성이 강한 강철, 구리 합금, 알루미늄 합금, 티타늄 합금 말고는 모든 것을 제외시키고 있다. 상세한 사항은 표 6.20에 주어져 있다.

다음과 같은 '파괴전 누설'의 선택기준으로 인해

$$M_3 = \frac{K_{1c}^2}{\sigma_y}$$

저합금강, 스테인리스강, 탄소강이 훨씬 더 좋다. 고분자는 더 이상 후보재료가 될 수 없다.

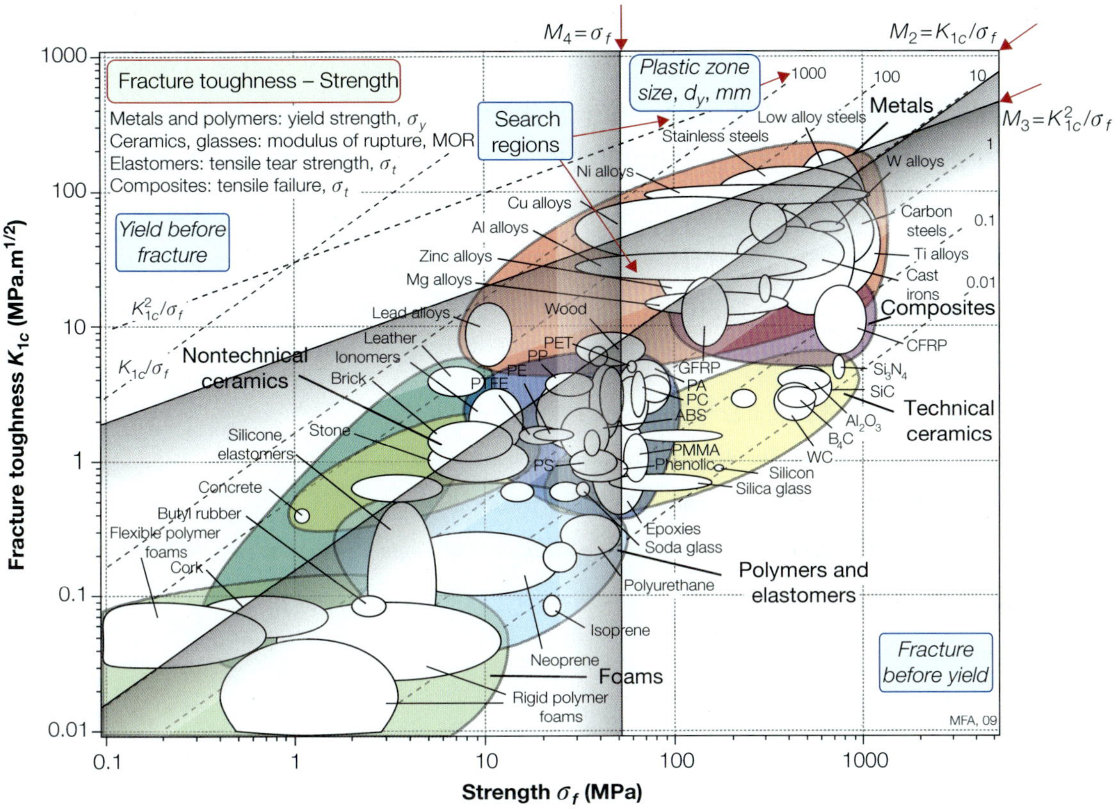

그림 6.20 압력용기용 재료 : 강철, 구리 합금, 알루미늄 합금은 '파괴전 항복' 기준을 가장 최상으로 충족시키는 재료이다. 이외에도 높은 항복강도를 가지고 있어서 높은 작용압력에 견딜 수 있다. 삼각형의 '탐색 영역' 내에 있는 재료들이 선택 가능한 최선의 재료들이다. '파괴전 누출' 기준 역시 기본적으로 동일한 선택을 하게 만든다.

표 6.20 안전 압력용기용 재료

재료	$M_2 = K_{1c}/\sigma_y$ ($m^{1/2}$)	$M_4 = \sigma_y$ (MPa)	비고
스테인리스강	0.35	300	원자로 압력용기는 316 스테인리스강으로 만들어짐
저합금강	0.2	800	이 재료가 이 분야에 사용되는 표준 재료임
구리	0.5	200	강하게 인발된 구리는 소형 보일러와 압력용기에 사용됨
알루미늄 합금	0.15	200	로켓 압력용기는 알루미늄임
티타늄 합금	0.13	800	가벼운 압력용기에 좋으나, 가격이 비쌈

추록 대형 압력용기는 항상 강철로 만들어진다. 모델용의 경우에는 예를 들어, 증기엔진 모델은 구리로 만들어졌다. 구리가 더 비싼 재료임에도 불구하고 선택되었는데, 그 이유는 부식에

대한 더욱 큰 저항성을 가졌기 때문이다. 부식 속도는 용기의 크기에 따라 비례하지 않는다. 부식을 통해 0.1 mm의 손실이 일어나는 것은 10 mm의 두께를 가지고 있는 압력용기에 있어서 심각한 것은 아니다. 하지만 만일 두께가 단지 1 mm에 불과하다면 문제가 된다.

보일러 사고는 과거에 흔히 일어났었기 때문에, 이에 관한 노래까지 생겨난 적이 있다. 요즘에는 그러한 사고는 드물지만 로켓이나 최신 항공기 설계처럼 안전계수가 최소한으로 삭감되었을 때, 압력용기는 아직도 가끔 사고가 발생한다. 이와 같은 상대적인 성공은 파괴역학이 공학 실무에 기여한 주요한 업적이다.

참고문헌

파괴역학과 안전 기준에 대한 배경은 다음 서적에서 찾아 볼 수 있다.

Brock, D. (1984) *Elementary Engineering Fracture Mechanics*, Martinus Nijoff, Boston.

Hellan, K. (1985) *Introduction to Fracture Mechanics*, McGraw-Hill.

Hertzberg, R.W. (1989) *Deformation and Fracture Mechanics of Engineering Materials*, Wiley, New York.

관련 사례연구

6.6 플라이휘일 재료

6.10 취성 고분자를 이용한 굴곡제한 설계

8.2 다중 제한조건 : 경량 압력용기

6.12 셰이커테이블 제작용 강직, 고감쇠 재료

셰이커는 만일 당신이 펜실베니아에 살고 있다면 희미하게 쇠락해가는 뉴잉글랜드 종파에 속한 일원을 의미하지만, 그들의 간소한 목재가구로도 알려져 있다. 그 밖의 지역에 살고 있는 이들에게는 이것은 진동시험을 하기 위한 장치이다(그림 6.21). 이 셰이커 장치는 최대 1,000 Hz의 주파수로 테이블을 구동시키는 전자석 액추에이터로 이루어져 있고, 테이블에는 시험대상체(우주탐사기, 자동차, 항공기부품, 또는 이와 유사한 것들)를 고정시킬 수 있게 되어 있다. 셰이커는 진동주파수 f와 진폭 A의 스펙트럼을 시험대상체에 가하고 그 반응을 탐색한다.

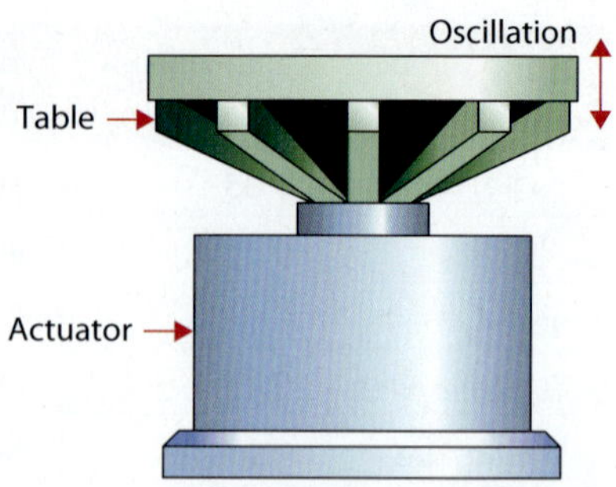

그림 6.21 셰이커테이블 : 테이블은 강직해야 할 필요가 있지만, 또한 고도의 고유 '감쇠' 또는 손실계수를 가져야 한다.

표 6.21 셰이커테이블의 설계 요구조건

기능	진동 시험용 테이블(셰이커테이블)
제한조건	• 반경 R 지정 • 클램핑 힘에 의해 일그러지지 않도록 충분한 강성이 있어야 함 • 고유진동 주파수가 최대 작동주파수 이상이어야 함(공진을 피하기 위해) • 표류(stray) 진동을 최소화하기 위한 높은 감쇠 • 조작 실수 혹은 충격에 견딜 수 있도록 인성이 충분해야 함
설계목표	동력 소모량의 최소화
자유변수	• 재료의 선택 • 테이블 두께 t

높은 주파수로 작동이 이루어지는 거대한 테이블은 엄청난 양의 동력을 발산한다. 일차 목표는 이것을 최소화하는 데 있지만, 표 6.21에 각 항목별로 정리된 많은 제한조건에 따라야 한다. 어떠한 재료를 사용하면 양호한 셰이커테이블을 제작할 수 있을까?

해석 사인(파)형의 입력과 함께 에너지소산형 진동 시스템에 의해 소진되는 동력 p(와트)는 다음과 같고

$$p = C_1\, m\, A^2\, \omega^3 \tag{6.46}$$

여기서 m은 테이블의 질량, A는 진동의 진폭, ω는 작동주파수(rad·s^{-1}), C_1은 상수이다. 작동주파수가 테이블의 공진주파수보다 낮을 경우에는 $C_1 \approx 1$이 된다. 진폭 A 및 주파수 ω는 사전에 주어진다. 테이블 자체를 흔드는 과정에서의 동력 손실을 최소화하려면 질량 m을 최소화해야만 한다. 여기서 테이블을 주어진 반경 R을 가진 원반으로 단순화하기로 한다. 두께는 t이고 자유변수로 둔다. 이에 따라 테이블의 질량은 다음과 같다.

$$m = \pi\, R^2\, t\, \rho \tag{6.47}$$

여기서 ρ는 테이블 재료의 밀도이다. 두께는 테이블의 굽힘강성에 영향을 준다. 이것은 테이블상에 시험대상체가 물려있는 하중하에서 테이블이 과도하게 휘어지는 것을 방지하고 자체의 최저 고유진동주파수를 결정하는 두 가지의 이유 때문에 중요하다. 굽힘강성 S는 다음과 같다.

$$S = \frac{C_2\, E\, I}{R^3}$$

여기서 C_2는 상수이다. 단면적의 이차모멘트 I는 t^3R에 비례한다. 따라서 주어진 강성 S 및 반

경 R에 대하여 다음 식이 얻어지고,

$$t = C_3 \left(\frac{S R^2}{E} \right)^{1/3}$$

여기서 C_3은 또 다른 상수이다. 가장 얇은 테이블은 다음 지수를 극대화하는 재료로 만들 수 있다.

$$M_1 = E$$

또한 위 식을 식 (6.47)의 t에 대입하면 다음 식을 얻는다.

$$m = C_3 \pi R^{8/3} S^{1/3} \left(\frac{\rho}{E^{1/3}} \right) \tag{6.48}$$

따라서 주어진 강성과 최저 진동 주파수하에서 다음 식의 값이 최대인 재료를 선택하면 테이블의 질량을 최소화할 수 있다.

$$M_2 = \frac{E^{1/3}}{\rho}$$

세 가지의 추가적인 요구조건이 있다. 첫째는 손실계수 η로 측정되는 기계적인 감쇠가 높아야 한다. 둘째로는 테이블의 항복강도와 파괴인성 K_{1c}가 부주의한 조작과 클램핑 힘에 충분하게 견딜 수 있어야 한다. 그리고 셋째로는 테이블이 너무 지나치게 두껍지 않아야 한다는 것이다.

선택 만일 한 축에 $E^{1/3}/\rho$ 그리고 다른 축에 손실계수 η을 가진 차트가 있다면 두 가지 모두 높은 재료를 읽어낼 수 있을 것이다. 물론 컴퓨터 활용 방법에서는 원하는 어떤 특성들의 조합도 가능하다. 하지만 지금은 일단 제4장의 차트를 이용하는 방법에 국한하여 생각하기로 하고, 2단계의 선택절차가 필요하다. 그림 6.4는 $E-\rho$차트이고 그 위에 $E^{1/3}/\rho$ 등고선을 쉽게 그릴 수 있다. 높은 값을 갖는 재료는 그 선 위에 혹은 바로 아래에 위치하며 표 6.22에 열거되어 있다. 이제 그림 6.22에 재현된 $E-\eta$ 차트를 살펴보자. 수직선은 제한조건 $E > 30$ GPa를 보여주고, 수평선은 제한조건 $\eta > 0.001$을 보여준다. 탐색영역에는 CFRP와 마그네슘, 알루미늄, 티타늄 합금 등이 포함되어 있다. 이 모든 것들이 가능한 후보재료이다. 표 6.22에서 각각의 특성을 비교하였다.

추록 강성도, 높은 고유진동수와 감쇠는 공학설계에 있어서 종종 추구되는 품질 속성이다. 셰이커테이블 재료의 선택은 주조 마그네슘 합금이 그 해답으로 발견되었다. 이 사례연구에서도

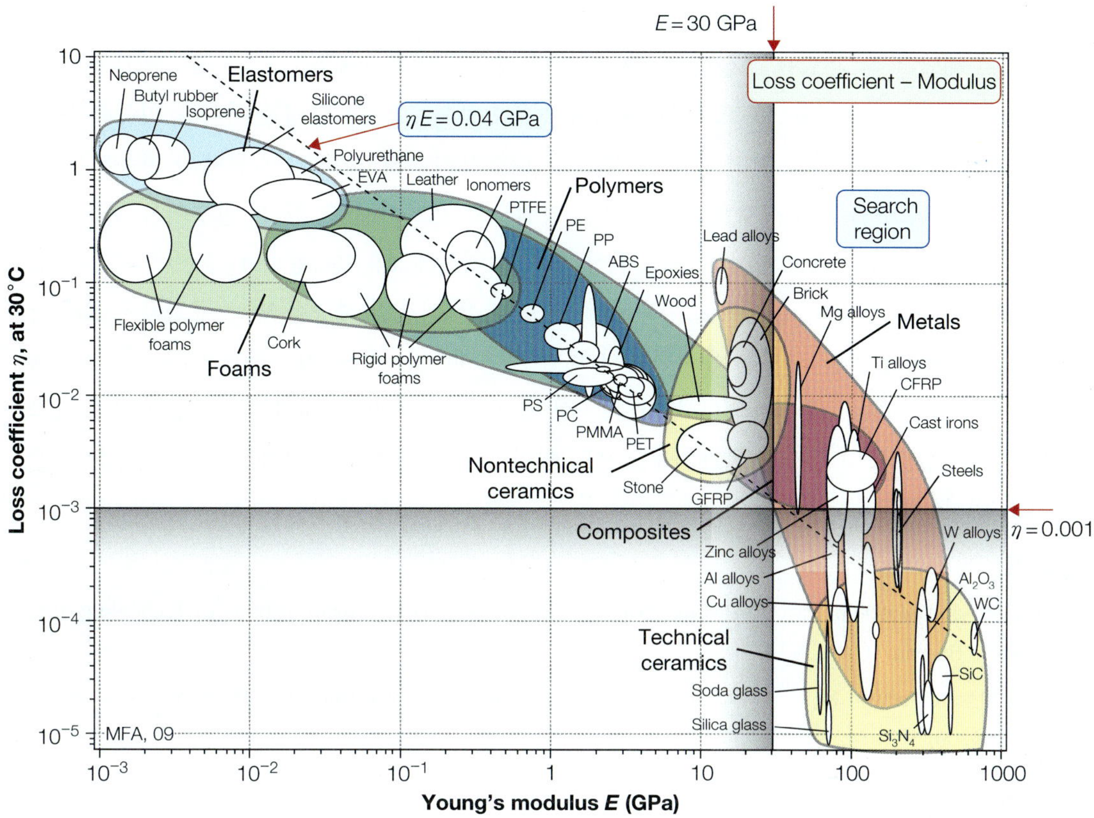

그림 6.22 셰이커테이블 재료선택 : 마그네슘 합금, 주철, CFRP, 콘크리트, 특수 고감쇠 망간-구리 합금이 후보재료이다.

표 6.22 셰이커테이블용 재료

재료	$M_2 = E^{1/3}/\rho$ $(GPa^{1/3}/(Mg/m^3))$	손실계수 η	파괴인성 K_{1c}	비고
Mg합금	Up to 2.3	Up to 0.03	15	재료특성 최상의 조합
Al합금	Up to 1.7	Up to 0.002	30	Mg, Ti보다 감쇠 적음
Ti합금	Up to 1.1	Up to 0.003	60	감쇠 좋으나 가격이 비쌈
CFRP	Up to 3.4	Up to 0.003	15	Mg합금보다 감쇠가 덜하나 가능한 재료
각종 세라믹	Up to 3.0	About 0.0002	3	낮은 감쇠, 파괴인성으로 탈락
각종 발포재	Up to 10	Up to 0.5	0.1	사용 하중을 견디기에 강도, 인성 부족

그렇지만 실제로도 마찬가지이다.

때때로 해답은 각 재료를 조합함으로써 가능한 경우가 있다(이에 관한 상세한 내용은 제11장에서 다루기로 함). 손실계수의 차트는 고분자재료와 탄성중합체가 고도의 감쇠를 가지고 있음을 보여준다. 진동에 취약한 강철 박판 패널은 자동차, 타이프라이터, 공작기계 등에서 활용되는 기술인 표면의 한 쪽을 고분자재료로 코팅하는 방법으로 감쇠시킬 수 있다. 알루미늄 구조물은 탄소섬유를 여기에 접착시켜서 강성을 향상시킬 수 있는데(고유진동수를 증가시킴), 이와 같은 접근방법은 때때로 항공기 설계에도 사용된다. 굽힘 혹은 비틀림 하중을 받는 구조물은 효율적인 형상을 통해 동일한 강성을 유지하면서 보다 가볍게 만들 수도 있는데(역시 고유진동수를 증가시킴), 예를 들면 립(rib)을 아랫면에 부착하는 것이 그것이다. 셰이커테이블은 물론이고 뉴잉글랜드 셰이커교도들의 간소한 목재가구조차도 이와 같은 효율적인 형상을 이용하는 방식을 활용하고 있다.

참고문헌

Tustin, W. and Mercado, R. (1984) *Random Vibrations in Perspective*, Tustin Institute of Technology Inc, Santa Barbara, CA, USA.

Cebon, D. and Ashby, M.F. (1994) Materials selection for precision instruments, *Meas. Sci. Technol.* 5, 296~306.

관련 사례연구

6.4 탁자 다리 재료

6.7 스프링 재료

6.16 정밀측정기기의 열변형을 최소화할 수 있는 재료

6.13 단기 등온 저장용기의 절연

군용기의 각 승무원들은 비상 상황에 대비하여 무선표지인 비콘(beacon)을 소지한다. 만일 탈출을 해야만 할 상황에서는 각 승무원은 그 자신이 시험적인 상황에 있음을 발견하게 되는데, 예를 들면 4 °C의 물속과 같은(대부분의 지구 표면은 넓은 바다로 이루어져 있고 평균 해수온도가 대략 이와 같음) 환경에서 비콘은 노출시간을 최소화하면서 동시에 아군의 구조 활동에 길잡이가 된다.

그러나 미소전자회로의 대사 작용은(인체의 신진대사와 마찬가지로) 낮은 온도에서는 흐트러지게 된다. 비콘의 경우, 자체의 발신 주파수부터 오차가 발생하기 시작한다. 내부에 전자부품을 가진 달걀 형상 패키지의 설계 스펙(그림 6.23)은 외부 표면의 온도가 30 °C까지 변하더라도 내

표 6.23 단기 단열의 설계 요구조건

기능	단기 단열
제한조건	벽두께는 절대로 w를 초과할 수 없음
설계목표	외부온도가 급격하게 떨어졌을 때 내부온도가 변하기 전까지의 시간 t를 최대화
자유변수	재료의 선택

면의 온도는 한 시간 동안 현저하게 변하지 않도록 요구하고 있다. 장치를 소형화하기 위하여 벽두께 w는 20 mm로 제한되어 있다. 이와 같은 패키지 제작에 가장 최선의 재료는 무엇일까? 보온병은 너무 부서지기 쉬우므로 배제한다.

어떤 종류의 발포재는 후보가 될 수 있지 않을까 하는 생각을 할 수도 있을 것이다. 그러나 이 사례는 직관 때문에 길을 잃고 헤매게 만드는 케이스이다. 그러므로 설계 요구조건(표 6.23)을 공식화하여 과제를 정상적인 방법으로 풀어가 보도록 한다.

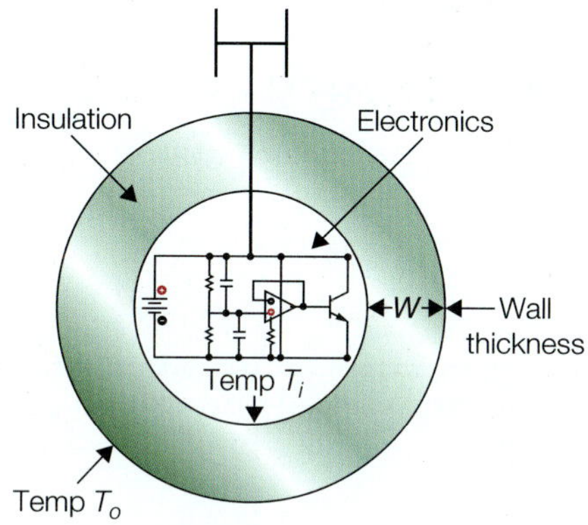

그림 6.23 등온 저장용기 : 이것은 외부 표면의 온도가 갑자기 변한 후로부터 내부의 온도가 변하기 시작하기 전까지의 시간을 극대화하도록 설계되어 있다.

해석 저장용기를 두께 w, 열전도도가 λ인 벽으로 모식화해 본다. 벽을 통과하는 열 유속 q는 일단 정상상태가 확립된 후에 다음과 같은 Fick의 제1법칙으로 주어진다고 하자.

$$q = -\lambda \frac{dT}{dx} = \lambda \frac{(T_i - T_o)}{w} \tag{6.49}$$

여기서 T_0은 외부표면의 온도이고 T_i은 내면의 온도이며, dT/dx는 온도구배이다(그림 6.23). 여기서 단 하나의 자유변수는 열전도도 λ이다. 열 유속은 λ값이 가장 낮은 벽체 재료를 사용할 경우에 최소화될 것이다. $\lambda - a$ 차트(그림 6.24)는 이것이 실제로 발포재임을 보여준다.

그러나 우리는 잘못된 질문에 대답하였다. 설계요약서에서는 벽체를 통과하는 열 유속을 최소화하는 것이 아니고, 내부 벽체의 온도가 눈에 띄게 변하기 시작하기 전까지의 시간을 문제 삼았다. 몸체의 표면온도가 갑자기 변하면 온도의 파장이라 부를 수 있는 것이 내부를 향하여 전파된다. 시간 t 동안에 침투해 들어가야 할 거리 x는 약 $\sqrt{2at}$가 된다. 여기서 a는 열확산도이고 다음과 같이 정의된다.

$$a = \frac{\lambda}{\rho C_p} \tag{6.50}$$

여기서 ρ는 밀도이고, C_p는 정압비열이다(부록 B). 벽체의 두께 w에 대해 정리하면 다음 식을 얻게 된다.

$$t \approx \frac{w^2}{2a} \tag{6.51}$$

그러므로 열전도도 λ가 아닌 열확산도 a가 가장 작은 값을 가진 재료를 선택하면 시간을 극대화할 수 있다.

선택 그림 6.24는 발포재의 열확산도가 특별히 낮지 않음을 보여주는데, 그 이유는 질량이 너무 적기 때문이며 이에 따라 열용량도 마찬가지로 작기 때문이다. 단일고체 고분자 또는 탄성

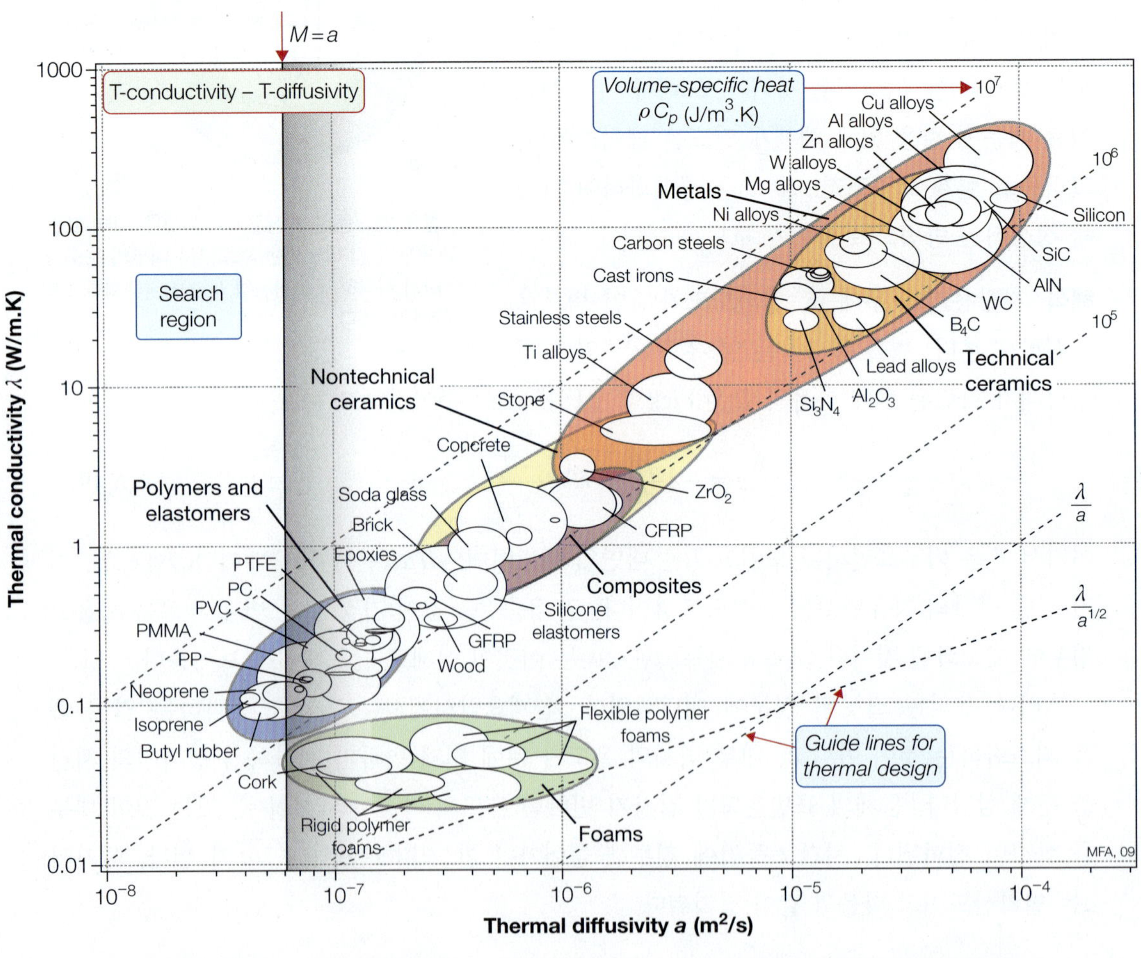

그림 6.24 단기 등온 저장용기의 절연 : 탄성중합체는 양호한 재료가 되지만 발포재는 그렇지 못하다.

표 6.24 단기 단열재료

재료	비고
탄성중합체 : 부틸고무, 네오프렌고무, 이소프렌고무 등	단기 단열 목적상 최상의 조합
상용 고분자 : 폴리에틸렌, 폴리프로필렌	탄성중합체보다 저렴하나, 단기 단열에는 약간 미흡
고분자 발포재	단기 단열에는 탄성중합체보다 한참 뒤떨어지나, 정상상태에서 장기 단열 목적에는 최상의 선택

중합체 내에서의 열확산은 더욱 낮은데, 이는 재료 자체가 예외적으로 큰 비열을 가지고 있기 때문이다. 단일고체 고무(네오프렌 또는 이소프렌)로 만들어진 패키지는 만일 두께가 같다면, 폴리스타이렌 발포재로 만들어진 패키지보다 더 무거움에도 불구하고 비콘의 수명을 10배는 길게 만들어 준다. 이에 대한 결론이 표 6.24에 요약되어 있다. 독자는 식 (6.51)을 사용하여 22 mm 두께를 가진 네오프렌($a = 5 \times 10^{-8}$ m^2/s, 그림 6.24) 고무 단일고체를 사용하면 외부온도의 변화가 있은 후로부터 내부온도가 많이 변하기 전까지의 간격이 1시간 이상 걸리도록 할 수 있음을 확인할 수 있다.

추록 이보다 더 나은 방법이 있다. 비결은 열을 흡수하는 다른 방법을 활용하는 것이다. 만일 발신기의 최소 작동온도(T_i)와 동일한 온도에서 고화가 일어나는 액체, 예를 들어 저융점 왁스를 발견할 수 있다면 이것을 '잠열흡수체(latent-heat sink)'로 사용할 수도 있을 것이다. 패키지 내부의 채널을 액체로 채워놓으면, 내부온도는 모든 액체가 고화될 때까지는 원하는 작동온도 이하로 떨어지지 않을 것이다. 응고잠열이 반드시 공급되어야 하므로 패키지에 큰 (겉보기)비열을 주게 되며, 이에 따라 온도 T_i에서 예외적으로 낮은 열확산도를 얻을 수 있다. 이와 동일한 아이디어가 이미 사용되고 있는데, 역으로 냉동실에 두었을 때 고체로 변하고 차가운 상태를 유지하는 동결팩의 경우 4 °C의 온도에서 용융됨으로써 휴대용 아이스박스에서 더운 맥주 캔을 둘러싸 냉각시키는 용도로 사용되고 있다.

참고문헌

Holman, J.P. (1981) *Heat Transfer* (5th ed.), McGraw-Hill, New York, NY, USA.

관련 사례연구

6.14 에너지 절약형 가마 벽체

6.15 수동 태양열 난방용 재료

6.14 에너지 절약형 가마 벽체

대형 도자기 가마(그림 6.25)의 한 점화주기 동안의 에너지 비용은 상당히 큰 비용이라고 볼 수 있다. 이 비용의 일부로서 가마 벽체를 통한 열전도에 의해 손실되는 에너지 비용이 있다. 이 비용은 가마 벽체를 열전도도 λ가 낮은 재료로 만들고 벽체를 두껍게 함으로써 절감할 수 있다. 나머지는 가마를 원하는 작동온도까지 상승시키기 위해 사용되는 에너지의 비용이 있고, 이 비용은 벽체 재료를 열용량 C_p가 낮은 재료로 선택하고 벽체를 얇게 만들면 줄일 수 있다. 이와 같이 명백하게 상충되는 설계목표를 만족시킬 수 있는 재료지수가 있는가? 만일 있다면 가마 벽체로 사용하기에 어떤 재료를 선택하는 것이 바람직할 것인가? 이 경우에도 재료선택은 표 6.25의 설계 요구조건을 기준으로 이루어진다.

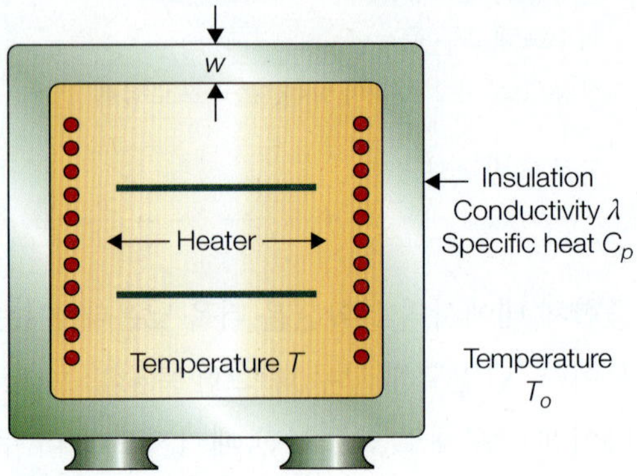

그림 6.25 가마 : 점화가 일어나면 가마의 벽체가 먼저 작동온도까지 가열되고 이후에 온도가 유지된다. 가마 벽체를 통해 선형 온도구배가 이루어지는 것으로 생각할 수 있다.

해석 가마가 점화되면 내부온도는 주변온도 T_o로부터 점화시간 t시간 동안 유지되는 작동온도 T_i까지 신속하게 올라간다. 점화시간 t 동안에 소진되는 에너지는 앞에서 말한 바와 같이 두 가지 기여를 한다. 첫 번째는 밖으로 전도되는 열량으로, 정상상태에서 단위 면적당 열전도에 의한 열손실 Q_1은 열전달 제1법칙에 의해 다음과 같다. 만일 시간 t 동안 점화상태가 유지되었다면

$$Q_1 = -\lambda \frac{dT}{dx} t = \lambda \frac{(T_i - T_o)}{w} t \tag{6.52}$$

표 6.25 가마 벽체의 설계 요구조건

기능	가마의 단열(주기적 가열 및 냉각)
제한조건	• 최대 작동온도 1,000 °C • 가마 벽체의 두께는 공간 문제로 제한이 있을 수 있음
설계목표	점화주기의 에너지 소비량 최소화
자유변수	• 가마 벽체의 두께 w • 재료의 선택

표 6.26 에너지절약형 가마용 재료

재료	$M = a^{1/2}/\lambda$ ($m^2K/W.s^{1/2}$)	벽두께(mm)	비고
내화벽돌	5×10^{-3}	100	확실한 선택 : 밀도가 낮을수록 성능이 향상됨. 특수 내화벽돌의 M 값은 3×10^{-3} 정도로 높음
콘크리트	2×10^{-3}	110	고온용 콘크리트는 온도 1000 °C까지 견딜 수 있음
유리, 탄소의 발포재	Up to 10^{-2}	140	둘 다 최상의 단열재이지만 사용온도 온도가 800 °C로 제한됨
목재	2×10^{-3}	60	스티븐슨의 '로켓' 증기엔진의 보일러는 목재로 단열이 이루어졌음
고무 고체	$2\times10^{-3}\sim3\times10^{-3}$	50	재료지수값이 양호, 벽이 매우 얇아야 할 경우에 효과적임. 150 °C 이하 온도조건에만 사용해야 하는 제한이 있음
고분자 고체	2×10^{-3}		
고분자 발포재, 코르크	$3\times10^{-3}\sim6\times10^{-2}$	50~140	M 값이 가장 높아 주택의 단열에 사용 150 °C 이하 온도조건에만 사용해야 하는 제한이 있음

기 때문이다.

이 또한 발포재가 양호한 재료가 되는 이유인데, 발포재는 열전도도가 낮고 열용량도 또한 낮다. 밤에는 열 공급이 중지되는 중앙집중식 난방 주택은 가마와 유사한 주기적인 영향을 받는다. 여기서(T_i이 비교적 낮으므로) 최선의 선택은 고분자 발포재, 코르크, 또는(발포재와 유사한 열적 특성을 가지고 있는) 유리섬유가 된다. 그러나 이 사례연구가 보여주듯이, 밤에 열 공급을 중단한다고 해서 생각처럼 많은 에너지 절감이 이루어지는 것은 아니다. 그 이유는 아침에 다시 벽체의 열용량만큼 열을 공급해주어야 하기 때문이다.

참고문헌

Holman, J.P. (1981) *Heat Transfer* (5th ed.), McGraw-Hill, New York, NY, USA.

관련 사례연구

6.13 단기 등온 저장용기의 절연

6.15 수동 태양열 난방용 재료

6.15 수동 태양열 난방용 재료

태양에너지를 주택 난방용으로 포집하는 방안은 여러 가지가 있는데 태양전지, 액체충진 열교환기, 고체 열저장고 등이 있다. 이들 중 가장 단순한 것은 열저장 벽체인데, 두꺼운 벽체로서 바깥쪽은 낮 시간 동안에 직접 햇볕에 노출시켜서 가열하고, 여기로부터 밤중에 벽체의 내면에 공기를 불어주어 열을 추출해내는 것이다(그림 6.27). 이와 같은 방식에서 필수 요소는 벽체를 통한 열 흐름의 시간상수가 약 12시간이 되도록 하는 것이다. 이에 따라 바깥쪽 면이 먼저 낮에 태양열로 가열된 후에 벽체 내면이 따뜻해져 밤에 약 12시간 동안 낮에 받은 열을 내어놓게 하는 것이다. 건물 설계와 관련된 이유 때문에 벽체의 두께는 절대로 0.5 m 이상 넘지는 않는 것으로 가정하기로 한다. 어떤 재료를 사용해야 벽체로 포집된 열의 방출시간을 12시간까지 유지하면서 에너지 포집을 극대화할 수 있을 것인가? 표 6.27에 여러 가지 설계 요구조건이 요약되어 있다.

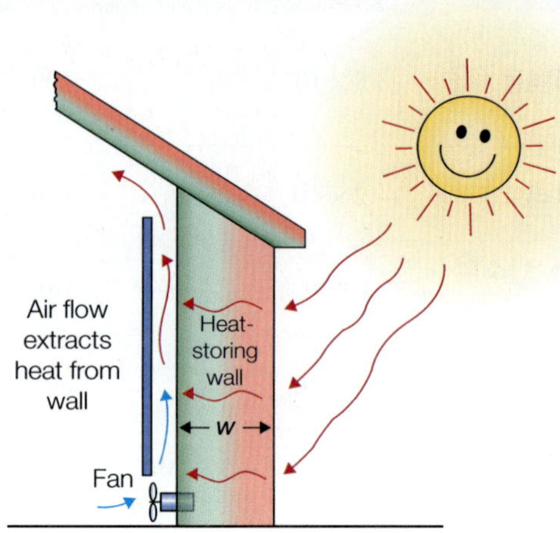

그림 6.27 열저장 벽체 : 낮 시간 동안에 태양 볕이 벽체의 외면을 비추고, 밤에는 벽체의 내면으로부터 열이 빠져나온다. 벽체를 통한 열확산 시간은 반드시 12시간이 되어야 한다.

해석 벽체 단위 면적당 열용량 Q는 온도 간격 ΔT를 통하여 가열될 때 다음과 같은 설계목표 함수가 된다.

$$Q = w\,\rho\,C_p\,\Delta T \tag{6.57}$$

표 6.27 수동 태양열 난방의 설계 요구조건

기능	열저장 매체
제한조건	• 벽을 통한 열확산 시간 $t \approx 12$ hours • 벽두께 $w \leq 0.5$ m • 적정 작동온도 $T_{max} > 100\,°C$
설계목표	단위 재료비용당 열 저장량 극대화
자유변수	• 벽두께 w • 재료의 선택

여기서 w는 벽체의 두께이고, ρC_p는 부피비열이다. 12-hour의 시간상수가 중요한 제한조건이다. 시간 t 동안의 열확산거리는 앞에서 사용된 근사식에 의해 적절하게 추정할 수 있다(부록 B 참조).

$$w = \sqrt{2at} \tag{6.58}$$

여기서 a는 열확산도이다. 자유변수 w를 소거하면 다음 식이 주어진다.

$$Q = \sqrt{2t}\,\Delta T a^{1/2} \rho C_p \tag{6.59}$$

$a = \lambda/\rho C_p$(여기서 λ는 열전도도) 관계를 이용하면 다음 식이 얻어진다.

$$Q = \sqrt{2t}\,\Delta T\left(\frac{\lambda}{a^{1/2}}\right)$$

따라서 벽체의 열용량은 다음 식의 값이 가장 높은 재료를 선택하여 극대화할 수 있다.

$$M = \frac{\lambda}{a^{1/2}} \tag{6.60}$$

이것은 앞에 나왔던 사례연구에서 얻은 재료지수의 역수이다. 벽체의 두께 w에 대한 제한조건은 [식 (6.58)로부터] 다음과 같은 조건을 요구하는데

$$a \le \frac{w^2}{2t}$$

벽체의 두께 $w \le 0.5$ m이고 시간 $t = 12$ h(약 4×10^4 s), 이에 따라 다음과 같은 속성한계를 얻는다.

$$a \le 3 \times 10^{-6}\ \mathrm{m^2/s} \tag{6.61}$$

선택 그림 6.28은 열확산도 a와 열전도도 λ의 관계를 보여주는 그래프이며, 여기에 지수 M과 a의 한계가 나타나 있다. 그것은 표 6.28에 있는 재료들을 찾아내주고 있는데, 이 재료들은 벽체 두께의 제한조건을 만족시키는 동시에 M을 극대화하고 있다. 단일고체 재료는 양호하나 다공질 재료나 발포재(벽체 재료로 흔히 쓰임)는 그렇지 못하다.

추록 이 모든 재료들이 괜찮더라도 비용 문제는 어떠할 것인가? 만일 이러한 방식을 주택 난방에 사용하려 한다면, 비용 문제는 중요한 고려사항이 된다. 부록 A의 표 A.3와 A.11에서 가져온 단위 체적당 대략적인 재료비가 표 6.28에 나열되어 있다. 여기서 보면 콘크리트, 석재, 벽돌이 선택 가능한 후보군으로 제시되고 있다.

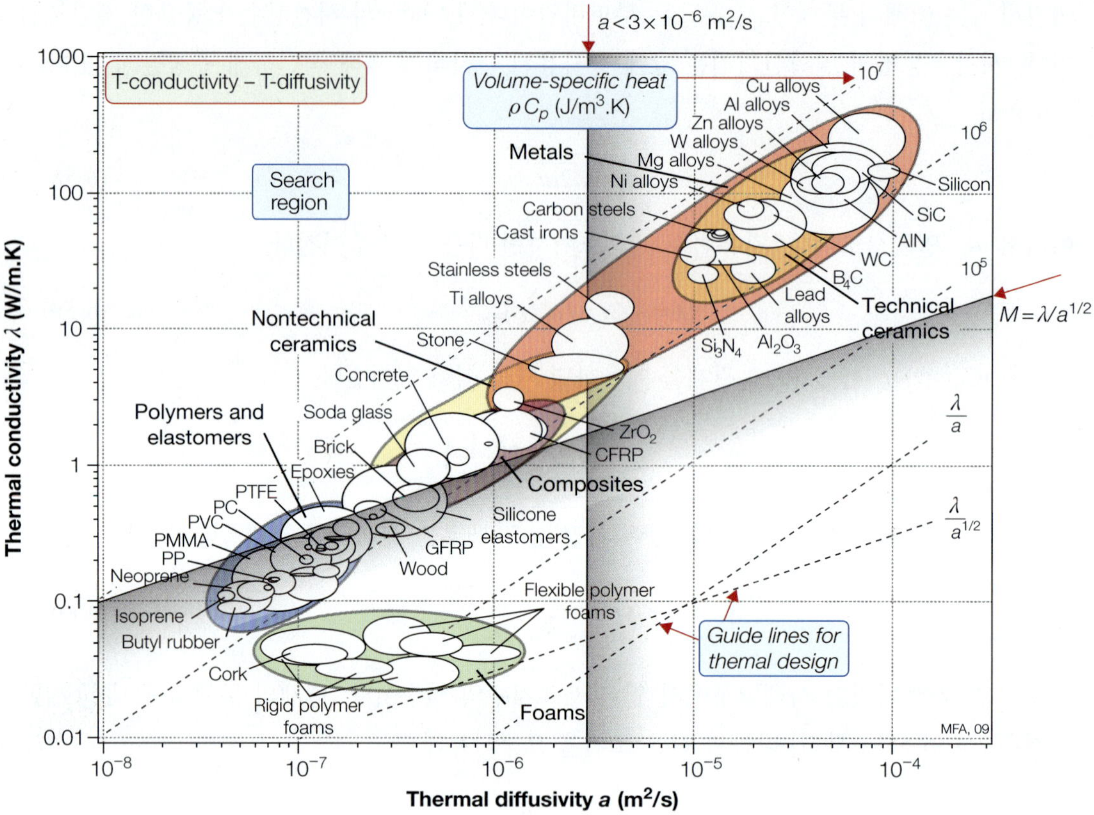

그림 6.28 열저장 벽체 재료 : 시멘트, 콘크리트, 석재는 실용적인 선택 재료가 되며, 벽돌의 경우 이보다 좋지 못하다.

표 6.28 수동 태양열 저장용 재료

재료	$M = \lambda/a^{1/2}$ ($W.s^{1/2}/m^2.K$)	추정 비용($\$/m^3$)	비고
콘크리트	2.2×10^3	200	최상의 선택 — 최저비용에 양호한 성능
석재	3.5×10^3	1,400	단열이 커서 콘크리트보다 양호한 성능, 그러나 더 비쌈
벽돌	10^3	1,400	콘크리트보다 미흡
유리	1.6×10^3	10,000	사용가능 — 벽의 일부는 유리로 할 수 있음
티타늄	4.6×10^3	200,000	예상치 못한 재료, 그러나 타당한 선택, 비쌈

관련 사례연구

6.13 단기 등온 저장용기의 절연

6.14 에너지 절약형 가마 벽체

6.16 정밀측정기기의 열변형을 최소화할 수 있는 재료

측정기기의 정밀도는 초정밀 서브마이크로미터 변위게이지의 예처럼 고유한 강성도와 온도구배로 인한 치수 변화에 의해 제한을 받는다. 탄성 처짐에 대한 보정 방안을 마련할 수 있고, 열팽창에 따른 보정 방안 역시 측정기기가 균일한 온도하에 있을 경우 가능하다. 온도구배는 정말 문제인 것이 이 때문에 형상의 변화 즉, 장치의 뒤틀림이 발생하며 이는 보정이 가능하지 않다. 진동에 대한 민감도 역시 문제가 되는데, 고유진동에 의해 노이즈가 발생하여 측정값이 부정확하게 된다. 그렇기 때문에 뒤틀림이 일어나지 않는다는 보장만 있다면, 정밀측정기기 설계에 있어서 열팽창을 허용하는 것을 받아들일 수 있다(Chetwynd, 1987). 또한 고유진동수가 아주 높다면 탄성 처짐도 허용된다.

그러면 정밀측정기기의 재료로서 무엇이 적합한 재료가 될 것인가? 표 6.29에 설계 요구조건이 정리되어 있다.

해석 그림 6.29는 이와 같은 정밀측정기기를 도식적으로 보여준다. 그림은 탐침, 프레임(force loop), 액추에이터, 센서로 구성되어 있다. 여기서는 프레임 제작용 재료를 대상으로 삼아 선택해보기로 한다. 일반적으로 이 부분은 열원을 감당해야 하는데, 열원으로는 장치를 조작하는 사람의 손가락, 또는 보다 통상적으로 열을 발생시키는 전기전자 부품들이 있다. 한쪽 끝은 열원에 연결되어 있고 다른 한쪽은 주위에 노출되어 있으며, 끝 부분을 제외한 나머지 부분이 절연되어 있는 막대를 통해 일차원적으로 열이 흐르는 것으로 단순화하여 생각하면 적절한 재료지수를 발견할 수 있다. 정상상태하에서 열전달 푸리에 법칙은

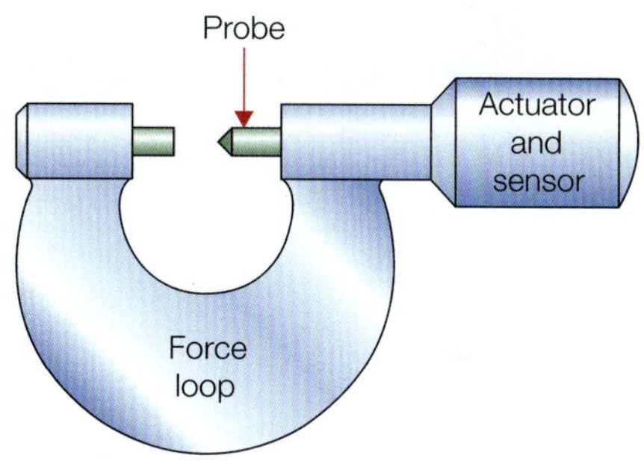

그림 6.29 정밀측정기기의 개략도 : 초정밀 치수 측정장치로는 원자힘현미경(AFM)과 주사터널링현미경(STM) 등이 있다.

표 6.29 정밀측정기기의 설계 요구조건

기능	정밀측정기기의 프레임
제한조건	• 열 유속을 견뎌야 함 • 진동을 견뎌야 함
설계목표	위치 정밀도 극대화(뒤틀림의 최소화)
자유변수	재료의 선택

$$q = -\lambda \frac{dT}{dx} \tag{6.62}$$

여기서 q는 단위 면적당 입력되는 열이고, λ는 열전도도, (dT/dx)는 이에 따라 일어나는 온도 구배이다. 변형도는 온도차의 함수로 다음과 같이 나타낼 수 있다.

$$\varepsilon = \alpha(T - T_o) \tag{6.63}$$

여기서 α는 열팽창계수이고, T_o는 주변 온도이다. 뒤틀림은 변형의 구배에 비례하므로

$$\frac{d\varepsilon}{dx} = \alpha \frac{dT}{dx} = \left(\frac{\alpha}{\lambda}\right)q$$

따라서 주어진 형상과 열 흐름에서 다음 지수값이 큰 재료를 선택함으로써 뒤틀림$(d\varepsilon/dx)$을 최소화할 수 있다.

$$M_1 = \frac{\lambda}{\alpha} \tag{6.64}$$

다른 하나의 문제는 진동이다. 외력에 의한 진동 발생에 대한 민감도는 장치의 고유진동수를 가능한 한 높게 함으로써 최소화할 수 있다. 굽힘 진동은 가장 낮은 주파수를 가지는데, 이것은 다음에 비례한다.

$$M_2 = \frac{E^{1/2}}{\rho}$$

이 재료지수값이 크면 진동 문제를 최소화할 수 있다. 물론 재료비가 너무 비싸면 안 된다.

선택 그림 6.30은 재료의 열전도도 λ에 대해 도시된 선팽창계수이다. 점선의 등고선은 λ/α의 일정한 값을 보여준다. 탐색영역은 $\lambda/\alpha = 10^7$ W/m인 선에 의해 가려내지고, 이로부터 표 6.30과 같이 후보재료 목록이 도출되었다. 그림 4.3의 $E - \rho$ 차트로부터 가져온 $M_2 = E^{1/2}/\rho$의 값도 표에 포함되어 있다. 금속 중에서는 구리, 텅스텐, 특수니켈 합금인 인바(Invar)가 최상의 M_1 값을 갖지만 밀도가 높은 단점이 있고 이 때문에 M_2 값이 미흡하다. 최선의 선택 재료는 실리콘(Si)인데, 높은 순도로 큰 단면을 얻을 수 있는 재료이다. 탄화규소(SiC) 역시 선택 가능한 대안이다.

추록 나노 스케일의 측정 및 영상 시스템에는 여기서 분석한 문제점이 그대로 나타난다. 원자힘현미경과 주사터널링현미경 두 가지 모두 전형적으로 압전식 액추에이터와 측정대상 표면에 대한 탐침(probe)의 근접도를 감지하기 위한 전자장치와 함께 프레임에 지지되어 있는 탐

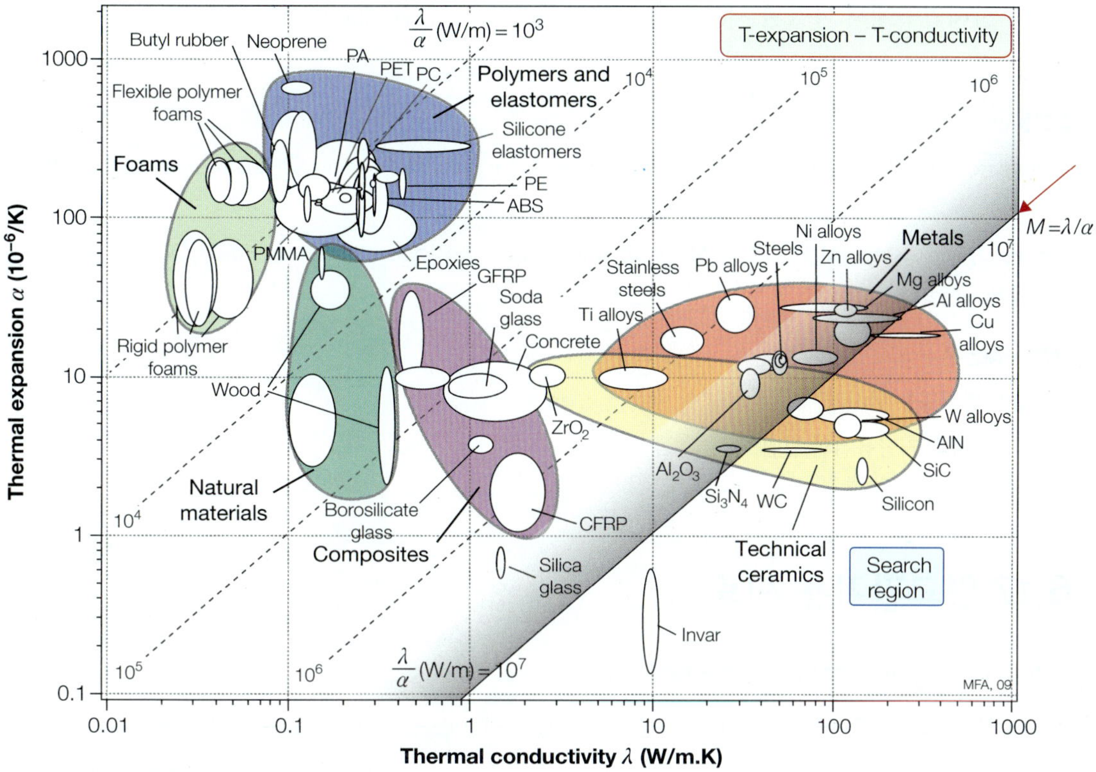

그림 6.30 정밀측정기기용 재료 : 금속은 세라믹보다 바람직하지 못한데 그 이유는 낮은 고유진동수를 갖기 때문이다. 실리콘이 아마 최상의 재료가 될 것이다.

표 6.30 열변형을 최소화할 수 있는 재료

재료	$M_1 = \lambda/\alpha$ (W/m)	$M_2 = E^{1/2}/\rho$ (GPa$^{1/2}$/(Mg/m^3))	비고
실리콘(Si)	6×10^7	5.2	뛰어난 M_1 및 M_2
탄화규소(SiC)	3×10^7	6.4	뛰어난 M_1 및 M_2, 그러나 실리콘에 비해 형상을 얻기가 어려움
구리	2×10^7	1.3	밀도가 높아서 M_2 값이 미흡함
텅스텐	3×10^7	1.1	구리, 은, 금보다 나음. 그러나 실리콘이나 SiC 보다는 미흡
알루미늄 합금	10^7	3.3	가장 싸고 가장 쉽게 형상을 얻을 수 있는 재료

침에 의존하고 있다. 일반 가정에서는 비디오리코더나 하드디스크 구동장치의 메커니즘이 정밀기기인데, 두 가지 모두 관련된 전자장치와 함께 센서(읽기/쓰기 헤드)가 프레임에 부착되어 있

다. 이 사례연구에서 파악된 재료들은 프레임을 만들기 위한 재료로서는 최상의 선택이 될 것이다.

참고문헌

Chetwynd, D.G. (1987) Selection of structural materials for precision devices, *Precision Engineering*, 9(1), 3.

Cebon, D. and Ashby, M.F. (1994) Materials selection for precision instruments, *Meas. Sci. Technol.*, 5, 296

관련 사례연구

6.3 대형 망원경용 반사경

6.13 단기 등온 저장용기의 절연

6.17 열교환기용 재료

이번과 다음의 사례연구는 5.5절에 기술된 CES 소프트웨어를 사용하여 심층적으로 재료선택을 행하는 방법에 대한 것이다.

열교환기는 한 유체로부터 열을 취하여 이것을 두 번째의 유체로 전달한다(그림 6.31). 증기엔진의 연소관어레이도 일종의 열교환기인데, 화실의 뜨거운 연소가스로부터 열을 취하여 보일러 내에 있는 물로 전달한다. 공기조화기의 핀(fin)부착 배관도 열교환기로서, 실내 공기로부터 열을 취하여 이것을 공조기의 작동유체로 쏟아붓는다. 모든 열교환기의 핵심 요소는 배관의 벽처럼 두 유체를 분리하는 격막(membrane)이다. 이것은 열을 전달해야만 하고, 종종 아주 클 수도 있는 압력차가 이를 가로질러 존재한다.

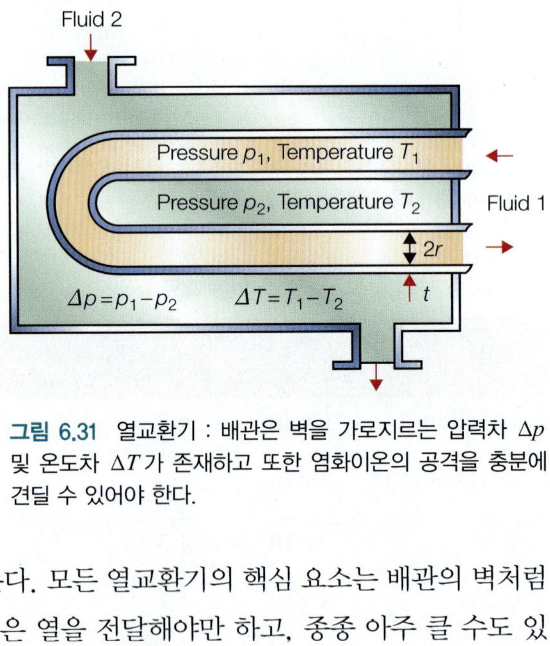

그림 6.31 열교환기 : 배관은 벽을 가로지르는 압력차 Δp 및 온도차 ΔT가 존재하고 또한 염화이온의 공격을 충분에 견딜 수 있어야 한다.

열교환기 제작용으로 가장 최상의 재료는 어떤 것인가? 혹은 보다 구체적으로 두 유체 간에 실질적인 압력차가 존재하고 그중 한 유체에는 염화이온이 포함되어(바닷물) 있을 경우, 전도제한 열교환기의 재료로서 무엇이 가장 최상의 재료인가? 표 6.31에 여러 가지 설계 요구

표 6.31 열교환기의 설계 요구조건

기능	열교환기
제한조건	• 압력차 Δp에 견뎌야 함 • 염화이온에 견뎌야 함 • 작동온도 최대 150 °C • 비용이 적절해야 함
설계목표	• 단위 면적당 열 흐름의 극대화(최소체적 열교환기) 혹은 • 단위 질량당 열 흐름의 극대화(최소질량 열교환기)
자유변수	• 배관의 벽두께 t • 재료의 선택

조건이 요약되어 있다.

해석 먼저 열 흐름에 관한 간단한 배경지식이 필요하다. 열은 한 유체로부터 격막을 통해 다른 유체로 이동하는데, 유체 1로부터 대류 전달에 의해 튜브 내로 들어가 튜브 벽을 통해 전도되고 다시 유체 2로 대류에 의해 전달된다. 대류에 의해 튜브 내로 들어가는 열 유속(W/m^2)은 다음과 같은 열전달식으로 기술된다.

$$q = h_1 \Delta T_1 \tag{6.65}$$

여기서 h_1은 열전달계수이고 ΔT_1은 유체 1로부터 벽체 내부로 표면을 가로지르는 온도차이다. 열전도는 열전도식(푸리에 법칙)으로 기술되며, 1차원의 열흐름은 다음과 같은 형식을 가진다.

$$q = \lambda \frac{\Delta T}{t} \tag{6.66}$$

여기서 λ는 벽체(두께 t)의 열전도도이고 ΔT는 이를 가로지르는 온도차이다. 표면 1에서의 열저항을 $1/h_1$, 표면 2에서는 $1/h_2$, 벽 자체의 열저항을 t/λ로 생각하는 것이 도움이 된다. 이에 따라 열 유속의 연속성에 의해 총 저항 $1/U$는 다음 식과 같아야 한다.

$$\frac{1}{U} = \frac{1}{h_1} + \frac{t}{\lambda} + \frac{1}{h_2} \tag{6.67}$$

여기서 U는 '총 열전달계수'로 불린다. 유체 1로부터 유체 2로 가는 열 유속은 다음 식에 의해 주어진다.

$$q = U(T_1 - T_2) \tag{6.68}$$

여기서 $(T_1 - T_2)$는 두 작동유체간의 온도차이다.

어느 한 유체가 가스라면 공기조화기의 경우처럼 튜브 표면에서의 대류 열전달이 열저항의 대부분을 차지하며, 이 경우 핀은 거기를 통해 열전달이 가로질러 이루어질 수 있는 표면적을 증가시키기 위해 사용된다. 그러나 두 유체가 모두 액체일 경우에는, 대류 열전달이 빠르고 튜브 벽을 통한 열전도가 열저항의 대부분을 차지하게 되는데, $1/h_1$ 및 $1/h_2$는 t/λ에 비하면 미미하므로 이 경우에는 t/λ을 최소화하기 위해 단순한 튜브 또는 판상 부품을 사용하여 벽두께를 가능한 한 얇게 만든다. 이제 두 번째의 사례, 즉 열 흐름이 식 (6.66)에 의해 적절하게 기술되는 전도제한 열전달을 검토한다.

길이가 L, 각각의 반경이 r, 벽두께가 t인 n개의 튜브가 있는 열교환기를 고려하자. 우리는 총 열흐름을 극대화하는 재료를 찾아 선택하고자 한다.

$$Q = qA = \frac{A\lambda}{t}\Delta T \tag{6.69}$$

여기서 $A = 2\pi r L n$는 튜브로 이루어진 총 표면적을 의미한다.

이것이 목표함수가 된다. 제한조건은 그림 6.31에 있는 것처럼, 벽두께는 벽체 내부 및 외부 간의 압력 Δp를 지지하기에 충분할 정도로 두꺼워야 한다는 것이다. 이 제한조건은 벽 내부의 응력이 튜브 벽 재료의 탄성한계 σ_y(안전계수를 곱해야 하지만 여기서는 무시하고 넘어감) 아래로 유지되어야 할 것을 요구한다.

$$\sigma = \frac{\Delta pr}{t} < \sigma_y \tag{6.70}$$

이것은 t의 최솟값을 요구한다. 식 (6.69) 및 (6.70)에서 t를 소거하면 다음 식이 얻어진다.

$$Q = \frac{A\Delta T}{r\Delta p}(\lambda\sigma_y) \tag{6.71}$$

튜브 벽의 단위 면적당 열흐름 Q/A는 다음 식을 극대화하면 최대가 된다.

$$M_1 = \lambda\sigma_y \tag{6.72}$$

선택에 있어서 네 가지의 추가적인 고려사항이 등장한다. 염화이온을 함유하고 있을 것으로 생각되는 물(바닷물)로 이루어진 작동유체 내 부식에 견딜 수 있는 재료를 선택하는 것이 필수적이다. 비용 역시 마찬가지로 관심을 가져야 한다. 최대 작동온도 역시 적절해야 하고 재료는 압연하여 튜브나 판을 만들 수 있도록 충분한 연성을 가져야 한다.

선택 그림 6.32의 $\lambda - \sigma_f$ 차트를 이용하여 M_1 값이 큰 재료를 찾는 예비조사 결과는 구리합

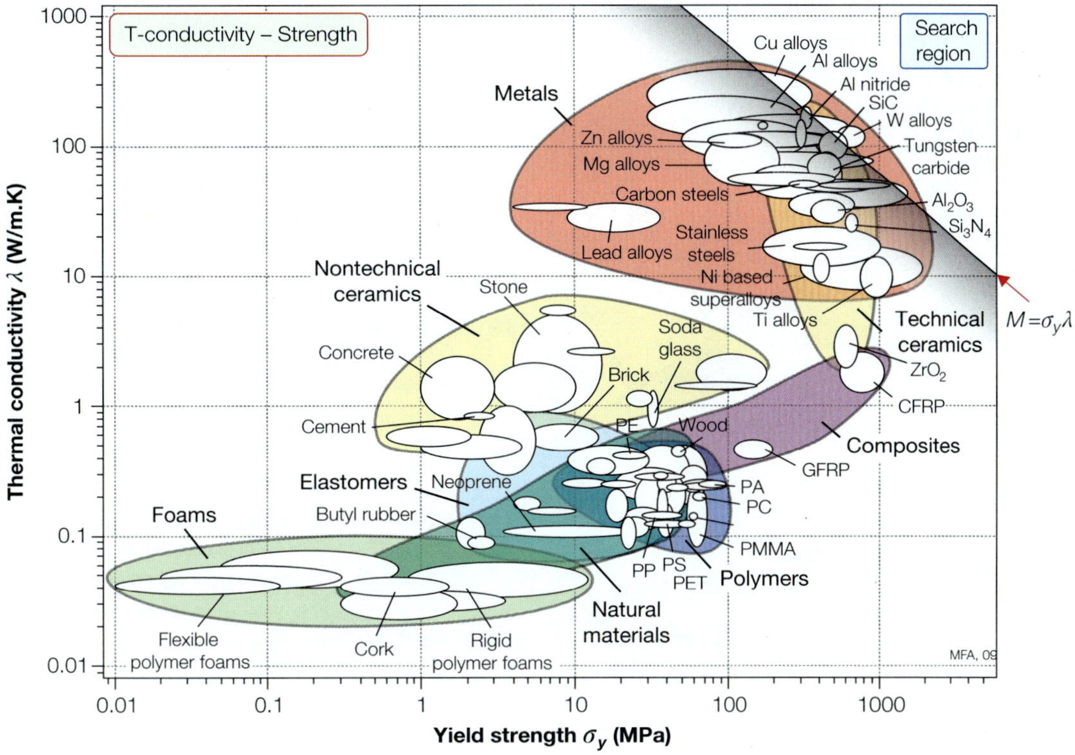

그림 6.32 열전도도 λ에 대한 항복강도(탄성한계) σ_y의 차트로 재료지수 M_1을 보여준다.

금을 하나의 가능한 후보로 제시하고 있다. 더 완벽하게 찾아보기 위하여 CES 소프트웨어를 활용한다.[4] 적용하는 제한조건은 최고사용온도 150 °C, 연신율 30%, 재료 단가 \$6/kg 미만에 바닷물에 대한 내식성이 '매우 양호' 등급을 받아야 하고 구리 합금에 한한다. 이를 바탕으로 새로운 차트를 그리면 그림 6.33의 $\lambda - \sigma_y$ 차트이고 $M_1 = \sigma_y \lambda$를 극대화하는 재료들을 찾는다. 표 6.32에 그 결과를 정리하였다.

추록 이론상 열전도는 열 흐름을 제한할 수 있지만, 말로만 할 수 없는 것들이 열교환기 내에서 진행된다. 흔한 작동유체의 하나인 바닷물은 보트에 붙어 있는 따개비처럼 튜브 벽체에 달라붙어 증식하는 생물오염 유기체로 가득 차 있어서 유체의 흐름을 저해하는 높은 열저항층을 생성시킨다. 참고문헌정보를 찾아보면 일부 재료의 경우 생물오염에 있어서 다른 재료보다 높은 저항성이 있음을 알 수 있다. 구리-니켈 합금의 경우 특히 이 점에 있어서 양호한데, 그 이

4) CES Edu 소프트웨어 Level 3 (*www.Grantadesign.com*)

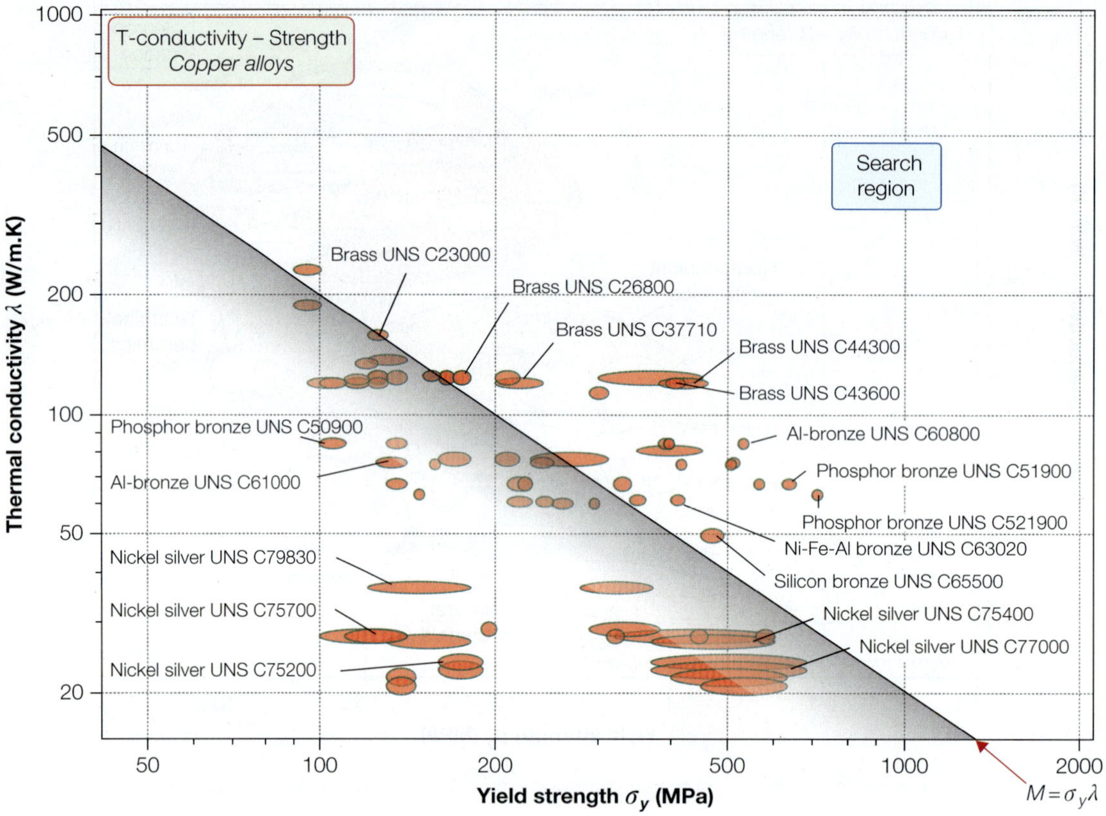

그림 6.33 구리 합금에 대하여 보다 상세하게 나타낸 $\lambda - \sigma_y$ 차트에 재료지수 M_1을 보여준다.

표 6.32 열교환기용 재료

재료	$M_1 = \lambda\sigma_y$ (W.MN/m^3.K)	비고
황동(naval brass)	5×10^4	탈아연화가 쉽게 일어남
인청동	4×10^4	값이 싸지만, 알루미늄청동만큼의 내식성은 없음
알루미늄청동(단조)	3.8×10^4	경제적이고 실용적인 선택
니켈-철-알루미늄청동	2.5×10^4	내식성이 보다 좋으나, 보다 값이 비쌈
실리콘청동	2.2×10^4	알루미늄청동보다는 못함

유를 보면 아마 유기체들이 농도가 매우 낮다 하더라도 구리염을 좋아하지 않기 때문이 아닌가 생각된다. 그렇지 않다면, 이와 같은 문제는 유체에 화학 억제제를 첨가하거나 혹은 보트 선주들에게는 전통적인 유휴시간인 겨울철에 긁어내는 수밖에 없을 것이다.

때에 따라 열교환기의 무게를 최소화하는 것이 중요할 수도 있다. 재료지수 M_1 대신 Q/m의 최댓값(여기서 m은 튜브의 질량)을 주는 재료를 찾기 위한 계산을 반복하여 다음 지수를 얻을 수 있다.

$$M_2 = \frac{\lambda \sigma_y^2}{\rho} \tag{6.73}$$

여기서 ρ는 튜브 재료의 밀도이다. 강도 σ_y는 이제 제곱으로 증가하는데, 그 이유로는 무게가 밀도와 마찬가지로 벽체의 두께에 의해 좌우되며, 벽체의 두께는 $1/\sigma_y$와 같이 변하기 때문이다[식 (6.67)]. 이와 비슷하게 가장 저렴한 열교환기는 다음 식의 값이 가장 큰 재료로 만들어진 것이다.

$$M_3 = \frac{\lambda \sigma_y^2}{C_m \rho} \tag{6.74}$$

여기서 C_m은 재료 kg당 가격이다. 두 가지 사례에 있어서 알루미늄 합금이 점수를 높게 받고 있는데, 이는 값이 싸고 가볍기 때문이다. 재료선택 과정을 볼 수는 없지만 CES 소프트웨어를 사용하면 즉각적으로 탐색해 볼 수 있다.

참고문헌

Holman, J.P. (1981) *Heat Transfer* (5th ed.), McGraw-Hill, New York, NY, USA.

관련 사례연구

6.11 안전 압력용기

6.16 정밀측정기기의 열변형을 최소화할 수 있는 재료

6.18 마이크로칩 열흡수체

6.18 마이크로칩 열흡수체

마이크로칩은 밀리와트 정도밖에 소모하지 않지만 부피가 매우 작다. 소모전력은 작으나 전력 밀도가 크다. 칩은 작아지고 작동 속도가 증가하면서 발열이 문제가 된다. 오늘날 개인용 컴퓨터의 펜티엄칩은 섭씨 85도까지 올라가서 강제냉각을 필요로 한다. 다중칩모듈(*MCM*)은 하나의 회로기판 위에 칩을 130개까지 끼워 넣는다. 발열을 조절하기 위해 칩을 열흡수체에 부착한다(그림 6.34). 이때 칩과 흡수체의 열적 접촉이 잘 이루어지도록 해야 한다. 열흡수체는 이제 중요한 부품으로 전자칩의 개발에 제한조건을 추가한다. 흡수체의 성능을 어떻게 최

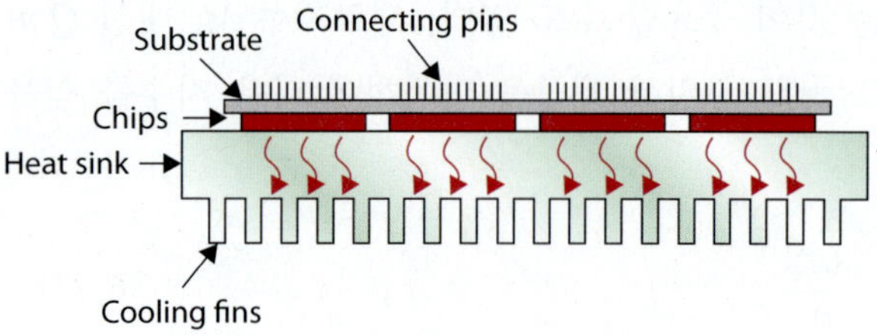

그림 6.34 고성능 마이크로칩을 위한 열흡수체 : 재료는 전기부도체이면서 열을 최대한 잘 전도해야 한다.

표 6.33 열흡수체의 설계 요구조건

기능	열흡수체
제한조건	재료는 우수한 부도체여야 한다. $\rho_e > 10^{18}\ \mu\Omega.\text{cm}$ 최고사용온도 > 150 °C 크기는 지정되어 있다.
설계목표	열전도도 λ의 최대화
자유변수	재료의 선택

대화할 수 있을까?

칩과 흡수체 사이의 전기적 결합과 잘못 흐르는 전기용량을 방지하려면, 열 흡수체가 우수한 부도체여야 한다(비저항 $\rho_e > 10^{18}\ \mu\Omega.\text{cm}$). 그러나 열을 칩에서 최대한 빨리 빼내려면 열전도도 λ가 최대한 커야 한다. 이에 대한 해석 단계가 표 6.33에 요약되어 있다. 여기서 크기는 설계의 다른 측면에 의해 제한되고 있음을 전제로 한다.

해석 비저항은 (예/아니오)가 분명한 제한조건으로 취급한다. '우수한 부도체'의 조건을 만족시키지 못하는 재료, 즉 표에 명시된 수치보다 비저항이 크면 배제한다. 열전도도는 설계목표로 취급한다. 제한조건을 적용한 후 남은 재료 중에서 λ값이 가장 큰 것들을 골라 순위를 매긴다. 열전도도는 이 설계에서 재료지수이다. 설계에 의해 크기가 이미 결정되었다고 전제하면, 열흐름을 최대화하는 자유변수는 단 하나이다. 그것은 바로 재료의 선택이다. 그래서 절차는 비저항으로 가려내기하고 열전도도로 순위 매기기 하는 것이다.

선택 이 단계들은 그림 4.10에 나왔었고 그림 6.35에 재현된 $\lambda - \rho_e$ 차트를 이용하여 수행할 수 있다. $\rho_e = 10^{18}\ \mu\Omega.\text{cm}$에 수직선을 그리고, 그 위에 있는 재료 중에서 λ값이 가장 큰 것을 고른다. 결과는 질화알루미늄 AlN, 알루미나 Al_2O_3, 질화규소 Si_3N_4가 해당된다. 셋 중에서 질화알루미늄이 가장 높은 열전도도를 갖는다.

그림 6.35의 $\lambda - \rho_e$ 차트는 모든 클래스의 재료를 포함하지만 각 클래스에 대해서는 단지 몇몇 재료만 보여주고 있다. 더 완벽하게 찾아보기 위하여 CES 소프트웨어를 활용하여 제한

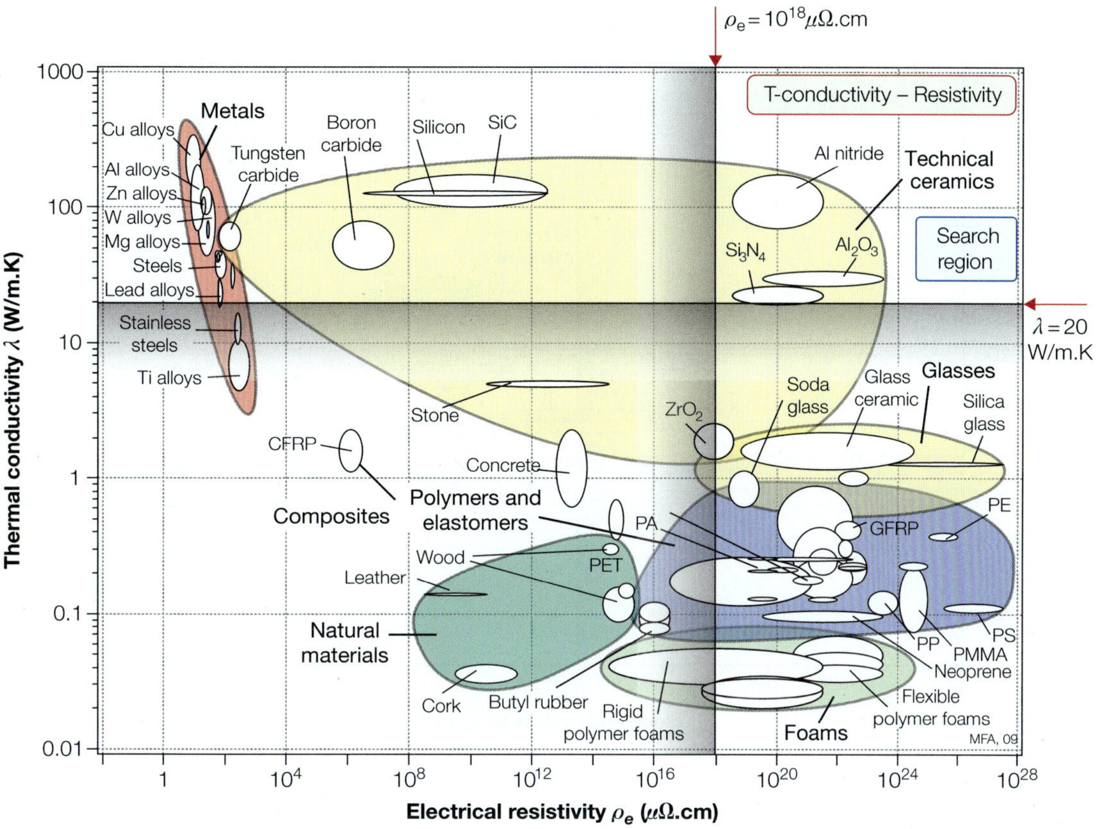

그림 6.35 $\lambda - \rho_e$차트에 속성한계 $\rho_e > 10^{18}\ \mu\Omega$.cm와 지수 λ를 그렸다. λ 선택선의 위치를 위로 올려 선택의 범위를 좁혀간다.

조건 $\rho_e = 10^{18}\ \mu\Omega$.cm, $\lambda \geq 20$ W/m.K, 그리고 최고사용온도 120 °C 이상을 적용한다. 결과는 그림 6.36에 주어진 것처럼 앞에서 이미 거론된 세 가지 재료 외에도 베릴리아 BeO, 마그네시아 MgO, 다이아몬드 C와 같은 재료가 추가로 검색되었다. 특히 다이아몬드는 다른 어느 재료보다도 3배 이상 열전도도가 높다. 다이아몬드는 단연 돋보이지만 너무 비싸서 아마도 실용적이지는 못할 것이다. 베릴륨 화합물은 독성이 있어서 역시 실용성이 떨어진다. 결국 최종적인 답은 질화알루미늄으로 귀착된다.

추록 '질화알루미늄의 용도'로 웹을 검색하여 신속하게 참고문헌정보를 수집하면 다음과 같은 정보를 얻는다. 【질화알루미늄의 전형적인 용도 : 미세전자회로의 기판 겸 열흡수체, 마이크로칩 운반체, 전자부품(창, 발열체, 척, 클램프 링, 가스분배 판)】 열흡수체에 대하여 특별히 언급하고 있다. 이 방법은 신속하게 믿을만한 선택을 할 수 있게 해준다.

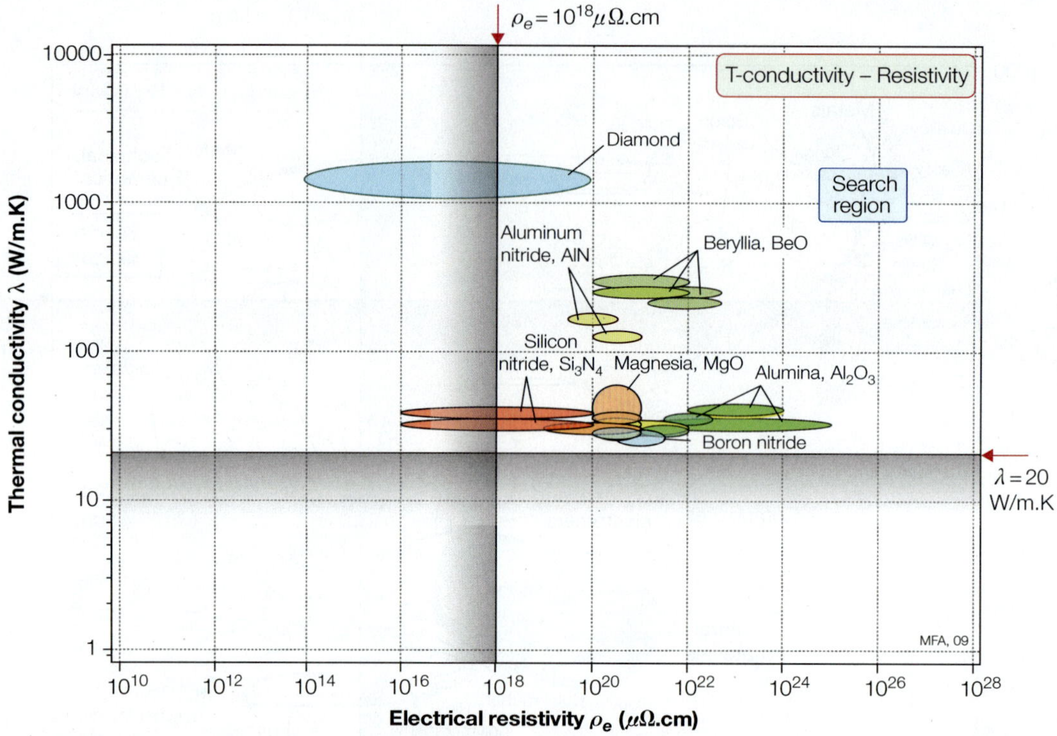

그림 6.36 탐색영역을 더 확대한 $\lambda - \rho_e$ 차트에 동일하게 속성한계 $\rho_e > 10^{18}$ $\mu\Omega$.cm와 지수 λ을 그렸다. λ 선택선의 위치를 위로 올려 선택의 범위를 좁혀간다. 확대된 차트로 더 자세한 선택이 가능해진다.

6.19 레이돔(radome) 재료

BBC[5)]가 허가받지 않고 텔레비전을 보는 당신을 적발하려 한다면, 그들은 당신의 집 밖에 고주파 방사를 검출하기 위한 장비를 구비한 아무런 표시가 없는 밴을 주차시킬 것이다. 이 자동차는 평범하기 그지없는 외관을 가졌지만, 한 가지 중요한 측면에서 보통의 자동차와는 다르다. 차체 표피가 압연 강판으로 만들어지지 않고, 마이크로웨이브를 잘 통과시키는 재료로 만들어져 있다. 차체의 요구조건은 우주로부터 오는 고주파 신호를 잡아내는 민감한 검출기를 감싸게 되는 돔형 보호막 혹은 선박, 항공기, 우주선의 레이더 설비를 보호하기 위한 것과 거의 동일하다. 이것들을 만들기 위한 가장 최상의 재료는 무엇이 될 것인가?

5) 영국 BBC 방송국(The British Broadcasting Corporation)은 텔레비전 시청자가 지불한 시청료로부터 수입을 취하고 있다. 시청료를 내지 않을 경우 BBC의 수입이 줄어들게 되므로, 정교한 추적 방법의 필요성이 요구되고 있다.

표 6.34 레이돔의 설계 요구조건

기능	레이돔
제한조건	• 압력차 Δp를 견뎌야 함 • 최대온도 T_{max}까지 견뎌야 함
설계목표	초단파 송수신 시의 유전손실을 최소화해야 함
자유변수	• 외피의 두께 t • 재료의 선택

레이돔의 기능은 가능한 한 전기적 성능에 영향을 거의 미치지 않으면서 마이크로웨이브 안테나를 주변 환경의 악영향으로부터 차폐시키는 것이다. 포착하기에 너무 약한 입력신호의 검출을 시도할 때에는 레이돔을 통과함에 따라 생기는 신호의 작은 감쇠마저도 시스템의 민감도를 떨어뜨린다. 그럼에도 불구하고 레이돔은 돔의 내측과 외측 간의 압력 차이에 의해 일어나는 구조적인 하중을 충분히 견뎌야 하고, 초음속 비행기의 경우에는 높은 온도도 견뎌야 한다. 표 6.34에 여러 가지 설계 요구조건이 요약되어 있다.

해석 그림 6.37은 이상적인 레이돔을 보여준다. 반경 R 및 두께 t이고 내부와 외부 표면간의 압력차 Δp를 지탱하는 초단파에 투명한 재질의 반구형 외피로 되어 있다. 레이돔의 성능을 결정하는 두 가지 결정적인 재료특성은 유전상수 ε_r과 전기 손실탄젠트 $\tan\delta$이다. 손실에는 두 가지의 유형이 있다. 그것은 반사와 흡수이다. 반사되는 신호의 분율은 유전상수 ε_r와 관련이 있으며, 신호의 주파수가 높을수록 반사되는 분율이 증가한다. 공기의 유전상수는 1이고 만일 이와 동일한 유전상수를 가진 레이돔을 만드는 것이 가능하다면, 어떠한 전파도 반사하지 않고 통과시킬 것이다(스텔스 기술은 이것의 실현을 추구함).

두 번째로 흔히 더 중요한 것으로 손실은 신호가 레이돔의 외피를 통과할 때 흡수가 일어남에 의해 발생한다. 주파수 f (cycles/s)인 전자기파가 손실탄젠트 $\tan\delta$인 유전체를 통과하면, 두께 dt를 통과함에 따른 전력손실의 분율은 다음과 같이 표현된다.

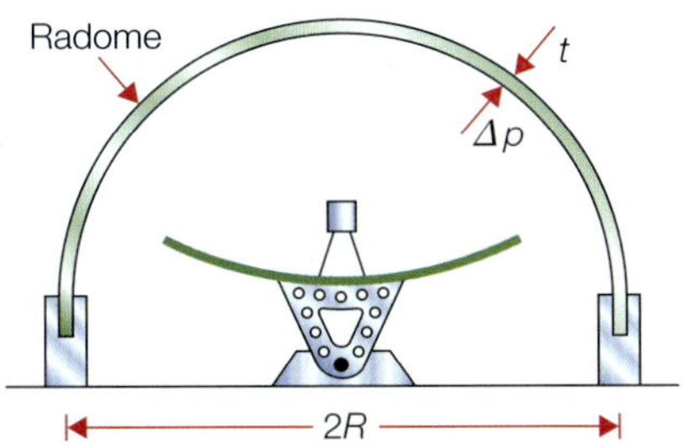

그림 6.37 레이돔(radome) : 레이돔은 마이크로웨이브를 잘 통과시켜야 하고, 바람의 하중을 견뎌야 하며, 그리고 많은 경우에, 압력차를 지탱해야 한다.

$$\left|\frac{dU}{U_o}\right| = \frac{fA^2\varepsilon_o}{2}(\varepsilon_r \tan\delta)\,dt \tag{6.75}$$

여기서 A는 파의 전기적인 진폭이고 ε_o는 진공의 유전상수이다. 따라서 두께 t의 얇은 외피(shell)일 경우 단위 면적당 손실은 다음과 같다.

$$\left|\frac{\Delta U}{U_o}\right| = \frac{fA^2\varepsilon_o t}{2}(\varepsilon_r \tan\delta) \tag{6.76}$$

이것이 우리가 최소화하고자 하는 목표함수이고, 이는 외피를 가능한 한 얇게 만들어야 실현할 수 있다. 그러나 압력차 Δp를 지탱해야 하는 필요성이 제한조건을 구성한다. 압력차는 외피에 응력을 생성시킨다.

$$\sigma = \frac{\Delta p\, R}{2t} \tag{6.77}$$

만일 Δp를 지탱해야 한다면 이 응력은 반드시 외피 재료의 파손응력 σ_f보다 작아야 하며, 이에 따라 다음과 같은 두께에 대한 제한조건이 부가된다.

$$t \geq \frac{\Delta pR}{2\sigma_f}$$

이것을 식 (6.76)에 대입하여 다음 식이 얻어진다.

$$\left|\frac{\Delta U}{U_o}\right| = \frac{fA^2\varepsilon_o \Delta pR}{4}\left(\frac{\varepsilon_r \tan\delta}{\sigma_f}\right) \tag{6.78}$$

따라서 다음 재료지수를 극대화하면 전력손실이 최소화된다.

$$M = \frac{\sigma_f}{\varepsilon_r \tan\delta} \tag{6.79}$$

선택 그림 6.38의 $\sigma_f - \varepsilon_r \tan\delta$ 차트를 이용한 예비 가려내기 결과 고분자는 M 값이 매력적이긴 하지만 강도가 미흡함을 보여준다. 어떤 세라믹의 경우 M 값이 양호하고 고온에서도 안정적이다. 이 두 가지 재료클래스에 대하여 좀 더 자세히 알아보자. 해당하는 차트는 그림 6.39(a) 보통 고분자와 유리섬유강화고분자에 대한 것이고, 그림 6.39(b) 세라믹과 유리에 대한 것이다. 세로축은 σ_f이고 가로축은 $\varepsilon_r \tan\delta$이다. 두 그림 모두 M에 해당하는 기울기 1의 선택 가이드라인을 보여주고 있다. 선택의 결과는 표 6.35에 요약되어 있다. 첫 번째 줄의 재료인 테플론(PTFE), 폴리에틸렌, 폴리프로필렌은 M 값을 극대화한다. 만일 강도가 높아야 하

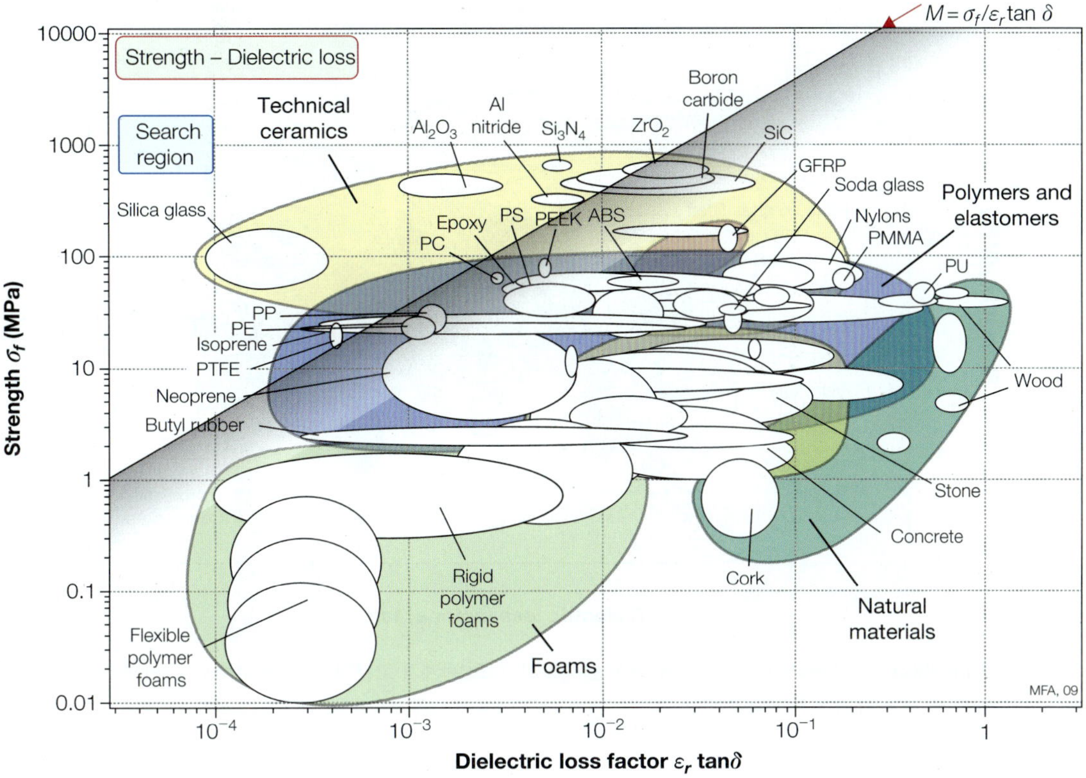

그림 6.38 유전손실인자 $\varepsilon_r \tan\delta$에 대한 탄성한계 σ_f의 관계가 도시되어 있으며, 재료지수 M을 보여준다.

표 6.35 레이돔 재료

재료	비고
PTFE, 폴리에틸렌, 폴리프로필렌, 폴리스타이렌, 폴리페닐린설파이드(PPS)	최소 유전손실, 그러나 상온 부근으로 제한됨
유리섬유강화 폴리에스터, PTFE, 폴리에틸렌, 폴리프로필렌, 폴리아마이드이미드(polyamideimide)	약간 유전손실이 큼, 그러나 강도와 온도에 대한 저항이 더 높음
실리카, 알루미나, 베릴리아, 질화규소	가열의 정도가 극심한 (대기권)재진입 운반체 및 로켓용 레이돔

거나 충격에 대한 저항이 필요할 경우 두 번째 줄의 유리섬유강화고분자 복합재료가 최상의 선택이 된다. 추가적으로 고온 조건이 포함될 경우에는 세 번째 줄에 나열된 세라믹 재료가 후보재료가 된다.

추록 실제 레이돔은 무슨 재료로 만들어져 있을까? 고분자재료 중에서도 PTFE와 폴리카보

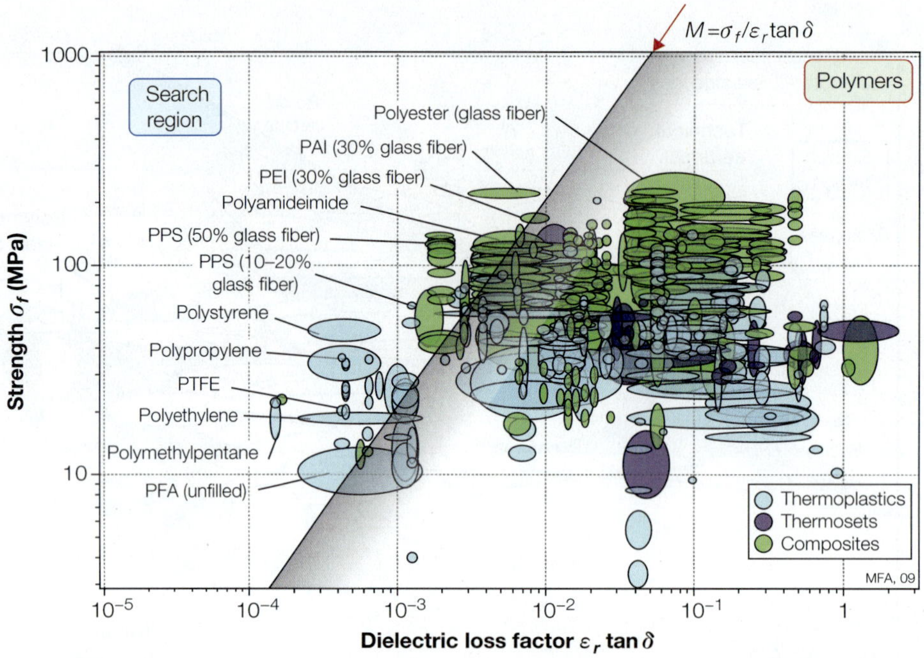

그림 6.39(a) 유전손실인자 $\varepsilon_r \tan\delta$에 대한 탄성한계 σ_f의 관계가 고분자, 첨가된 고분자, 복합재료에 국한하여 더 자세하게 도시되어 있다.

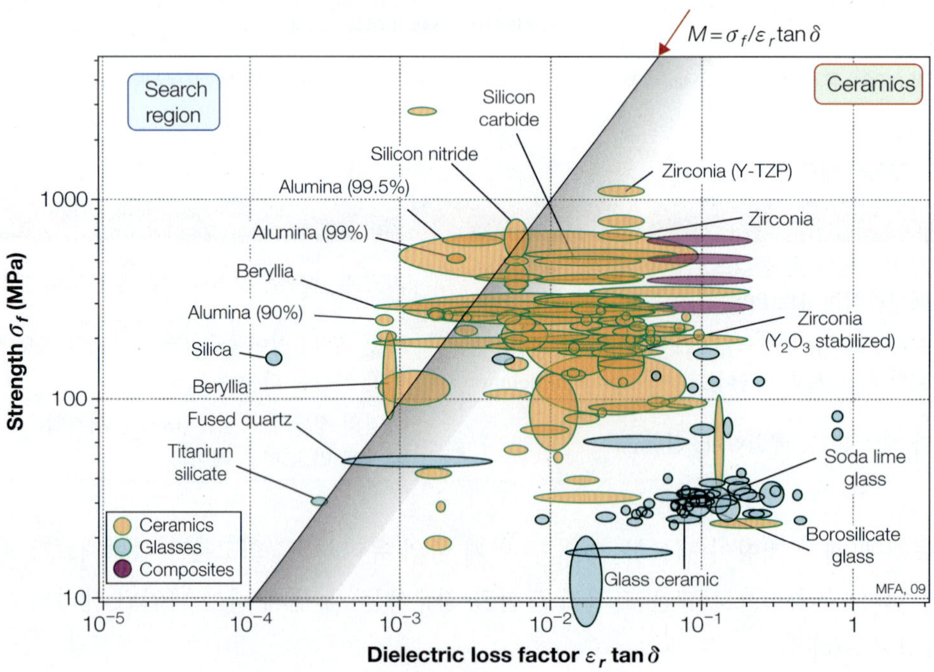

그림 6.39(b) 유전손실인자 $\varepsilon_r \tan\delta$에 대한 탄성한계 σ_f의 관계가 세라믹과 유리에 국한하여 더 자세하게 도시되어 있다.

네이트가 가장 흔히 사용되는 재료이다. 두 재료 모두 매우 유연하다. BBC 밴의 경우처럼 구조적인 강성이 요구될 경우에는, 다소간의 성능에 손실이 있더라도 GFRP(유리직물로 강화시킨 에폭시 또는 폴리에스터)가 사용된다. 성능을 보장해야 하는 것이 우선인 경우에는 대신 유리섬유강화PTFE 복합재료가 사용된다. 외피가 300 °C까지 가열되는 경우에는 폴리이미드 수지류가 이 요구조건을 충족시킬 수 있으며, 이보다 사용온도가 더 높을 경우에는 세라믹을 선택해야 한다. 실리카(SiO_2), 알루미나(Al_2O_3), 베릴리아(BeO), 질화규소(Si_3N_4) 모두 사용될 수 있다. 우리가 찾아낸 재료선택 결과가 모두 들어있다.

참고문헌

Huddleston, G.K. and Bassett, H.L. (1984) in Johnson, R.C. and Jasik, H. (Eds.), *Antenna Engineering Handbook* (2nd ed.), McGraw-Hill, New York, Chapter 44.

Lewis, C.F. (1988) Materials keep a low profile, *Mech. Eng.*, June, 37~41.

관련 사례연구

6.11 안전 압력용기

8.2 다중 제한조건 : 경량 압력용기

6.20 요약과 결론

제6장의 사례연구는 재료의 선택에 있어서 초기의 광범위한 재료의 메뉴로부터 적은 후보군 재료를 찾아내기까지 어떻게 노력하고, 시험하고, 계속하여 검사하는지를 설명하고 있다. 대부분의 설계는 재료에 대해 어떤 타협 불가능한 요구조건을 만들어내는데, 예를 들면 어떤 재료가 반드시 온도 T보다 높은 조건에 견뎌야 한다든지 혹은 부식성 유체 F에 견뎌야 한다든지 등이다. 이러한 제한조건들은 몇 개 되지 않는 광범위한 재료클래스로 선택의 폭을 좁혀준다. 선택의 폭은 성능을 극대화 하거나($E^{1/2}/\rho$과 같은 조합) 혹은 안전도를 극대화 하거나(K_{1c}/σ_f와 같은 조합) 또는 열전도, 단열($a^{1/2}/\lambda$와 같은 조합)을 추구함에 따라 더욱 좁혀지게 된다. 이에 따라 경제성에 대한 고려와 아울러 다음 단계의 제한조건을 적용해 볼 적은 숫자의 후보재료 군이 선택된다. 이들 재료 중에서 최종적인 선택은 각 재료의 특성에 대한 보다 상세한 정보, 제조방법에 관한 고려사항, 경제성과 심미성에 따라 결정된다. 이에 대해서는 이어지는 장에서 계속 논의될 것이다.

6.21 심화학습을 위한 참고문헌

아래에 나열된 책들은 재료선택에 관한 상세한 사례연구를 제공한다. 이 문헌들은 일반적으로, 우리가 여기서 한 것처럼 백지상태로부터 시작하는 것은 아니고, 후보군 재료의 목록을 이미 알고 있다고 가정하고 각 재료 간의 상대적인 이점을 논의하고 있다.

Callister, W.D. (2003) *Materials Science and Engineering, An Introduction* (6th ed.), John Wiley, New York, USA. ISBN 0-471-13576-3.

Charles, J.A., Crane, F.A.A. and Furness, J.A.G. (1997), *Selection and Use of Engineering Materials*, 3rd edition, Butterworth-Heinemann, Oxford, UK. ISBN 0-7506-3277-1. (재료선택에 관한 재료과학적 접근방법)

Dieter, G.E. (1999) *Engineering Design,vA Materials and Processing Approach* (3rd ed.), McGraw-Hill, New York, USA. ISBN 9-780-073-66136-0. (균형 잡히고 인정받은 책으로, 공학설계에서 재료와 공정의 위치에 초점을 맞추었다.)

Farag, M.M. (2008) *Materials and Processes Selection for Engineering Design* (2nd ed.), CRC Press, Taylor and Francis, ISBN 9-781-420-06308-0. (재료과학 위주로 재료선택에 접근)

Lewis, G. (1990) *Selection of Engineering Materials*, Prentice-Hall, Englewood Cliffs, NJ, USA. ISBN 0-13-802190-2. (대체로 사례연구에 기초하여 공학설계에서의 재료선택을 다룬 책)

Shackleford, J.F. (2009) *Introduction to materials science for engineers* (7th ed.), Prentice-Hall, Englewood Cliffs, NJ, USA. ISBN 978-0-13-601260-3. (설계에 약간 기울어진 재료 교재로 잘 알려진 책)

제 7 장

다중 제한조건과 상충 설계목표

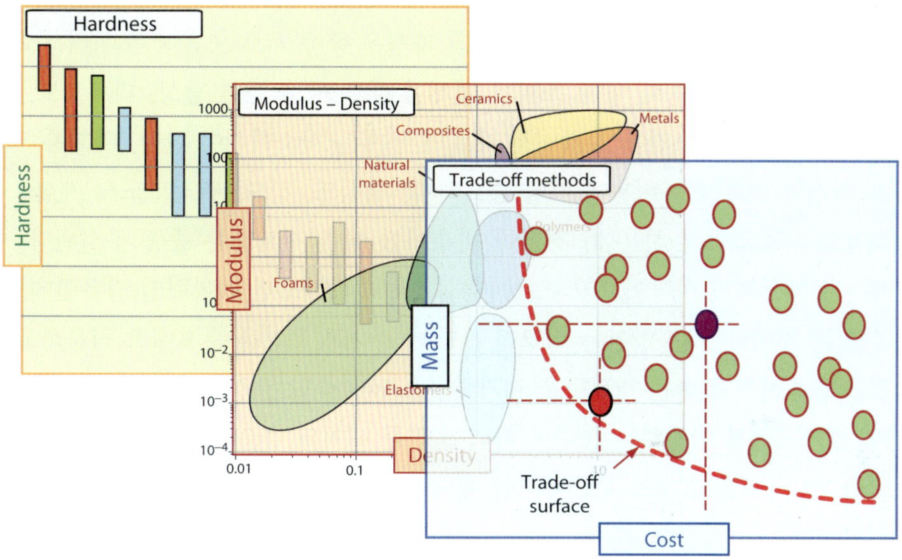

경량화와 비용절감이라는 상충되는 설계목표에 따른 절충 전략

Materials Selection in Mechanical Design. DOI: 10.1016/B978-1-85617-663-7.00007-2

7.1 서론과 개요

우리가 살아가면서 내리는 대부분의 결정에는 절충이 따르기 마련이다. 때때로 상충되는 제한조건을 처리하는 데 절충이 필요하다. 한 청구서 대금을 지불해야 하고 다른 청구서 대금도 지불해야 한다면, 가장 급한 대금을 지불할 것이다. 다른 하나의 고비는 서로 제각각인 목표들의 균형을 잡는 것이다. 우리는 부유해지기를 원하면서 또한 행복하기를 원한다. 부유함과 행복함이라는 서로 척도가 다른 것 사이의 균형을 잡아야 하기 때문에 이것을 해결하는 일은 더 어렵다.

재료와 공정의 선택에서도 그러하다. 선택의 과정은 종종 서로 충돌하는 여러 가지의 제한조건을 충족해야 한다. 항공기 날개 스파를 설계할 때를 예로 들면 강성, 피로강도, 인성, 기하학적 형상에 대한 제한조건을 지키면서 재료의 무게는 최소화해야 한다. 일회용 뜨거운 음료용 컵을 설계할 경우에는 비용이 가장 중요하다. 강성도, 강도, 열전도도의 제한조건을 지키면서 비용을 최소화해야 하는데, 경험에 비추어볼 때 열전도도는 종종 무시된다. 이런 종류의 문제는 설계목표가 하나이고(무게 또는 비용의 최소화) 제한조건이 여럿인 경우인데, 제5장에서 이미 살펴본 것이다. 해결방안은 비교적 간단하다. 제한조건을 순서대로 적용하고 각 단계에서 그것을 충족하지 못하는 재료들을 제거한다. 그 후에 남는 것들이 가능한 재료의 후보군이다. 단일 설계목표를 만족하는 능력에 따라 순위를 매기고, 1순위 후보에 대하여 자료를 깊이 있게 검토한다. 보통 그것으로 끝나지만 때때로 추가 작업이 필요하다. 이에 대해서는 7.2절에서 설명한다.

다른 종류의 문제들은 하나 이상의 설계목표를 가지는데 이 경우에는 충돌이 더 심하다. 자연이라는 제약이 있는 한, 어떤 목표를 가장 잘 만족시키는 재료선택은 보통 다른 목표를 가장 잘 만족시키지는 못한다. 가장 가벼우면서도 저렴한 항공기 날개 스파용 재료를 선택해야 하는 설계자는 명백한 어려움에 직면하게 된다. 보통 가벼운 재료는 가격이 비싸고 가격이 싼 재료는 무겁기 때문이다. 과제를 진행시키기 위하여 설계자는 무게와 비용을 절충하는 방법을 필요로 하는데, 이러한 문제는 아직 다루어 본 적이 없다.

다중 제한조건과 상충 설계목표를 가진 문제들을 처리하는 주관적이지만 빠른 방법들이 여럿 있다. 특히 '가중치'와 '퍼지논리'를 활용하는 방법들이 있는데 이 장 끝의 부록에서 그것들을 다룬다. 이것들은 문제를 이해하고 인식하는 데 일견 좋은 방법인 듯하지만, 개인적인 판단에 심하게 의존하므로 결정에 주관성이 개입되는 한계가 있음을 알아야 한다. 이러한 주관성은 다중 제한조건의 경우 '활성제한조건 방법'을 이용하여 해결하고(7.2절) 상충 설계목표의 경

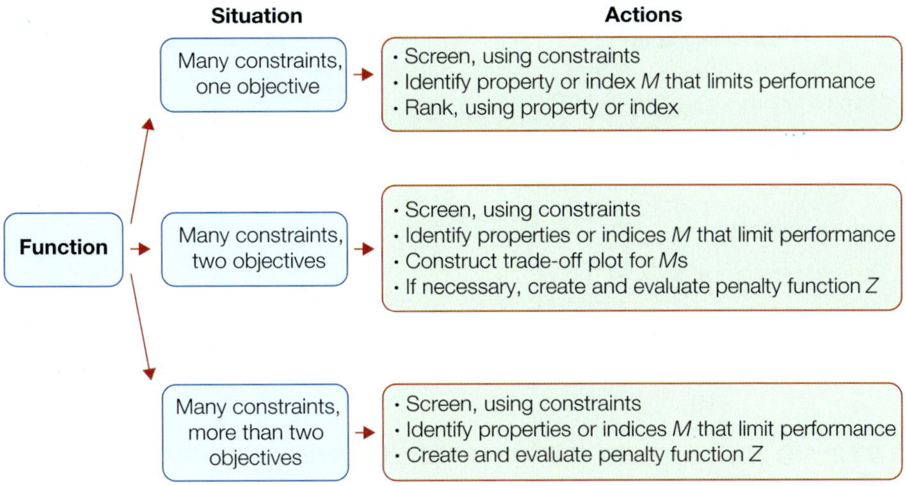

그림 7.1 다중 제한조건과 상충 설계목표에 따른 재료선택을 처리하는 전략

우 하나의 '벌칙함수'로 결합함으로써(7.3절) 제거할 수 있다. 이는 다중기준 최적화의 표준적인 도구들이다. 이를 사용하기 위해 모든 설계목표를 최소화되어야 하는 양으로 표현하는 규칙을 채택해야 한다. 그렇지 않으면 벌칙함수 방법이 제대로 작동하지 않는다.

이제부터 중요한 내용이 나온다. 그림 7.1이 로드맵이며 맨 위의 경로에서 시작하여 차례대로 아래쪽으로 내려갈 것이다.

7.2 다중 제한조건에 따른 선택

거의 모든 재료선택의 문제는 과도하게 제한되어 있다. 이는 자유변수보다 제한조건이 더 많다는 뜻이다. 앞서 제5장과 제6장에서 다중 제한조건을 다룬 바 있다. 그 내용을 복습하자면 먼저 설계 요구조건에 의해 부여되는 제한조건들과 설계목표를 찾고 다음과 같은 단계로 적용한다.

- 제한조건을 차례대로 적용하여 가려내기 한다.
- 설계목표(흔히 질량, 부피, 비용)를 기술하는 성능지표, 또는 알기 쉽게 성능지표식에 등장하는 재료지수를 이용하여 순위를 매긴다.
- 최상위 후보군에 대한 참고문헌정보를 찾고 이를 기반으로 최종 선택을 내린다.

1단계와 2단계가 그림 7.2에 나타나 있으며, 이를 핵심적인 방법론으로 여긴다. 왼쪽 박스

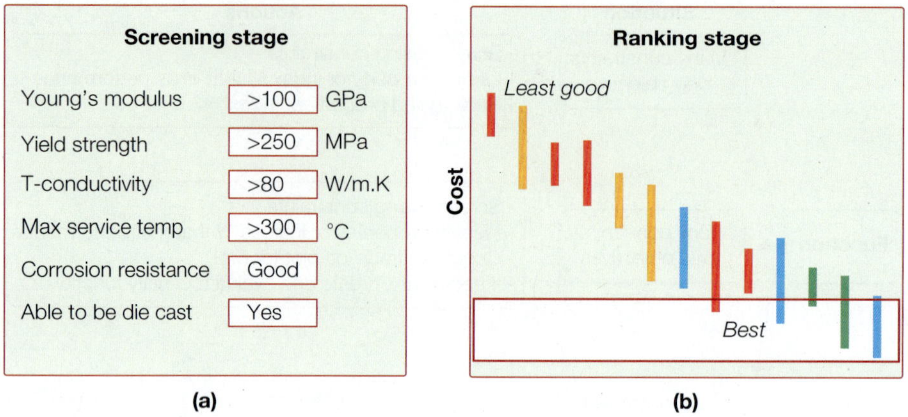

그림 7.2 다중 제한조건(a)과 단일 설계목표(b)에 따른 선택 : 제한조건을 사용하여 가려내기하고, 설계목표에 의해 순위를 매김.

에는 재료특성이나 내식성과 같은 요구조건, 특정 공정으로 가공 가능성에 제한조건을 적용함으로써 가려내기 하는 것이 나타나있다. 오른쪽 박스는 살아남은 후보 재료들의 비용에 대한 막대그래프로 후보 재료들이 어떻게 순위가 매겨지는지를 보여준다. 참 간단하게 보인다.

그러나 꼭 그렇지만은 않다. 하나 이상의 제한조건에 의해 제한될 수 있는 단일 설계목표의 특별한 사례의 경우 얘기가 달라진다. 예를 들어 최소 질량의 연결봉(tie-rod)의 설계 요구조건은 강성도와 강도 두 가지를 다 만족시켜야 해서 질량에 관한 두 개의 독립적인 식이 유도될 수 있다. 이러한 상황은 제5장의 식 (5.3)을 정확히 따르면서 아래 그림 7.3에 나타낸 일련의 추론과정으로 나타낼 수 있다.

강성이 지배적인 제한조건일 때 연결봉의 질량을 m_1, 강도가 지배적일 때의 질량을 m_2라 한다. 두 조건을 모두 만족시키려면 질량은 m_1과 m_2 중에서 큰 값이어야 한다. 이는 아래와 같이 표현된다.

$$\widetilde{m} = \max(m_1, m_2) \tag{7.1}$$

여기서 우리는 최소의 $\widetilde{m}$을 제공하는 재료를 찾아야 한다. 이는 최적화에서 흔히 나타나는 '최대-최소' 문제의 예이다. 2개 혹은 그 이상의 후보군에 대하여 각 지표의 큰 값을 구한 다음 그중에서 최솟값을 찾아야 한다.

해석적인 방법 만일 지표(여기서는 질량)가 지배변수(그림 7.3에 나타낸 두 개의 성능방정식의 오른편)의 연속함수인 경우 최대-최소 문제를 푸는 효과적인 방법들이 존재한다. 그러나 여기서는 지배변수 중 하나가 재료이고, 각각 고유한 특성치를 갖는 재료들의 커다란 집합을 다루고 있다. 즉

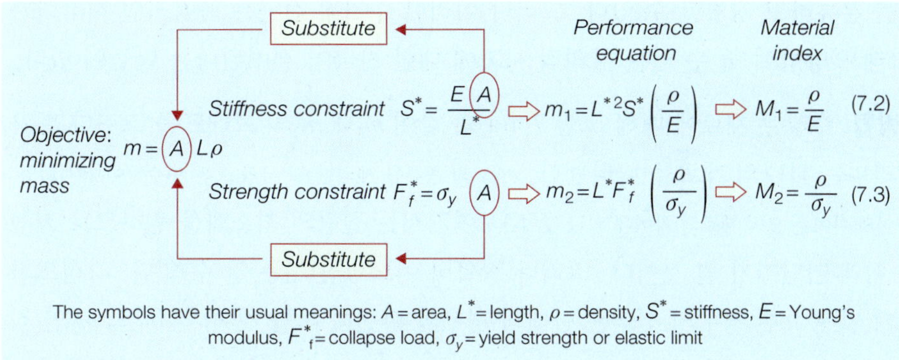

그림 7.3 단일 설계목표(여기서는 질량 최소화)에 두 개의 제한조건인 경우 각각의 재료지수를 가진 두 개의 성능방정식이 나온다.

문제가 연속형이 아니고 이산형(discrete)이다.

이 문제를 푸는 한 가지 방법은 각 재료에 대해 m_1과 m_2을 수치화하고, 각 재료에 대해 둘 중 큰 값을 부여하고, 부여된 수치를 비교하여 순위를 매겨 최솟값을 찾는 것이다. 여기 예제가 있다.

선택 가능한 후보재료의 수가 셋이 아닌 3,000개 존재한다면 간단한 컴퓨터 프로그래밍에

다중 제한조건의 예제

길이 L, 강성도 S, 최대하중 F_f 값이 다음과 같이 주어질 때 가장 가벼운 연결봉 재료를 선택하라.

$$L^* = 1\,\text{m} \quad S^* = 3 \times 10^7\ \text{N/m} \quad F_f^* = 10^5\ \text{N}$$

풀이 이 값들과 아래 표의 재료특성 값을 식 (7.2)와 (7.3)에 대입하면 표의 m_1, m_2 값을 얻는다. 마지막 칼럼은 식 (7.1)에 따라 구한 $\widetilde{m}$ 값이다. 이러한 설계 요구조건에서는 두 가지 제한조건을 모두 만족시키는 가장 가벼운 재료인 Ti-6Al-4V가 최선의 선택이다.

재료	ρ (kg/m^3)	E (GPa)	σ_y (MPa)	m_1 (kg)	m_2 (kg)	$\widetilde{m}$ (kg)
강철 1020	7,850	200	320	1.12	**2.45**	2.45
알루미늄 6061	2,700	70	120	1.16	**2.25**	2.25
Ti-6Al-4V	4,400	115	950	**1.15**	0.46	**1.15**

만일 제한조건이 다음과 같이 바뀐다면 선택은 어떻게 달라질까?

$$L^* = 3\,\text{m} \quad S^* = 10^8\ \text{N/m} \quad F_f^* = 3 \times 10^4\ \text{N}$$

이제는 강철이 가장 좋은 선택이 된다. 확인해보라.

의해 이를 분류하고 정렬할 수 있다. 그러나 이러한 수치적 접근은 즉각적인 시각화가 불가능하고, 그래프 방법이 줄 수 있는 창의적 사고에 대한 자극이 결여된다는 단점이 있다.

그래프 방법 수많은 재료에 대해 그림 7.4(a)와 같이 m_1대 m_2의 그래프를 그린다고 가정하자. 각 동그라미는 하나의 재료를 나타낸다. (재료의 종류를 제외한 두 식의 모든 변수들이 제시되었기에 각 동그라미 사이의 차이는 오직 재료의 차이에 의한 것이다.) 여기서는 질량의 최소화를 원하므로 최선의 선택은 왼쪽 아래 어딘가가 될 것이다. 그러나 정확히 어느 곳인지는 알 수 없다. 강성도가 중요하고 강도가 덜 중요한 경우의 선택은 반대의 경우와 확실히 다를 것이다. $m_1 = m_2$인 직선이 차트를 두 부분으로 나눈다. 한 쪽은 $m_1 > m_2$이고 제한조건 1이 우세하고, 다른 쪽은 $m_1 < m_2$이고 제한조건 2가 우세하다. 영역 1에서는 m_1이 더 크므로 그것을 최소화하는 것이 목표이고, 영역 2에서는 이와 반대이다. 이는 $m_1 = m_2$ 직선상에 모서리를 둔 박스 형상의 선택영역을 정의한다. 박스가 왼쪽 아래쪽으로 더 가까이 갈수록 $\widetilde{m}$가 작아진다. 마지막까지 박스 안에 남은 재료가 최선의 선택이 된다.

이것이 다중 제한조건하에서의 재료선택에 대한 아이디어를 설명한 것이지만, 이를 시행하는 더 좋은 방법이 있다. m_1, m_2을 축으로 한 그림 7.4(a)는 L^*, S^*, $F_f{}^*$의 특정한 값에 대한 것이다. 그 값이 변하면 새 차트가 필요하다. 대신에 그림 7.4(b)처럼 성능방정식에 들어 있는 재료지수 $M_1 = \rho/E$, $M_2 = \rho/\sigma_y$을 축으로 한다고 가정하자. 이제 재료를 나타내는 각 버블은

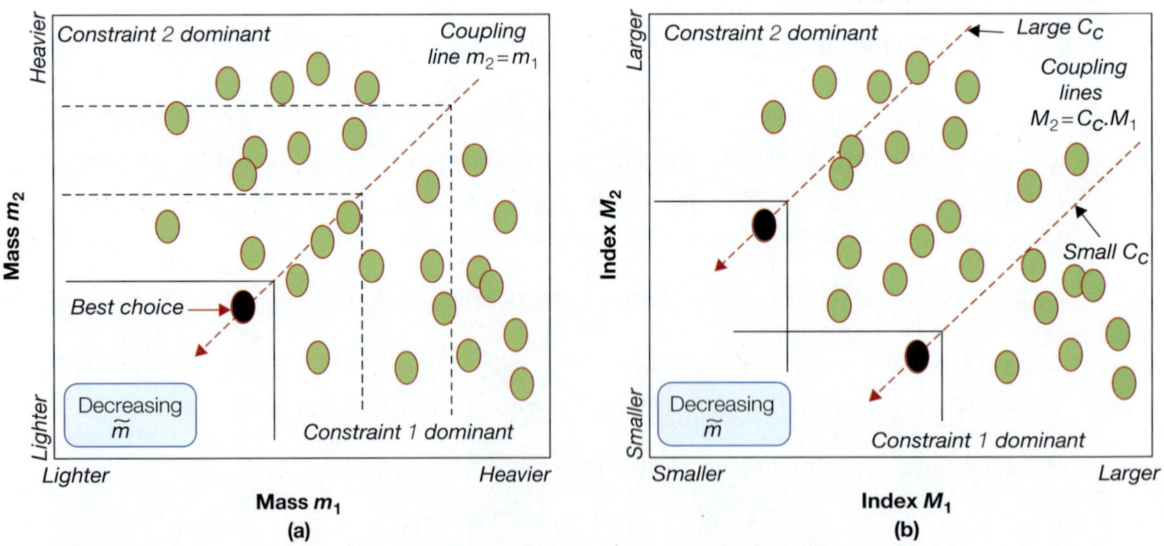

그림 7.4 최대-최소 문제에 대한 그래프 방법 : (a) 성능지표(여기서는 질량 m)를 이용한 결합 선택. (b) 더 일반적인 접근-재료지수 M과 결합상수 C_c을 이용한 결합 선택.

재료 특성에 의해서만 좌우되고, 버블의 위치는 L^*, S^*, F_f^*의 값에 독립적이다. $m_1 = m_2$ 조건을 식 (7.2)과 (7.3)에 대입하면 다음 관계를 얻는다.

$$M_2 = \left(\frac{L^* S^*}{F_f^*}\right) M_1 \tag{7.4}$$

또는 로그함수로 나타내어

$$Log(M_2) = Log(M_1) + \log\left(\frac{L^* S^*}{F_f^*}\right) \tag{7.5}$$

이는 기울기 1인 직선을 나타내고 그 위치는 $(L^* S^* / F_f^*)$ 값에 좌우된다. 이 직선을 결합선(coupling line), $(L^* S^* / F_f^*)$를 결합상수(coupling constant)라 부르고 C_c로 나타낸다. 선택의 전략은 여전히 같다. 결합선을 모서리로 하는 박스를 왼쪽 아래로 이끈다. 그러나 이제 차트는 더 일반적이어서 L^*, S^*, F_f^*의 모든 값을 다룬다. 이들 중 하나를 바꾸거나 부품의 기하학적 형상(여기서는 L^*)을 바꾸면 결합선이 옮겨지고 선택 결과가 달라진다.

제 8장에 이와 관련된 예제와 풀이가 나와 있다.

7.3 상충 설계목표

실제 재료선택에서는 거의 항상 상반되는 설계목표들 사이에서 절충이 이루어져야 한다. 특히 다음 세 가지가 자주 나타난다.

- 질량 최소화 : 이동하거나 움직여야 하고 진동하며 때로는 한정된 힘에 재빨리 반응해야 하는 것들을 설계할 때의 일반적인 요구사항(항공우주, 육상 교통시스템).
- 부피 최소화 : 재료절감 효과, 공간 절약이 점점 더 중요해짐(더 얇고 작은 휴대전화, 노트북, MP3 플레이어 등. 일정한 부피 속에 더 많은 기능을 탑재하는 것에 대한 요구).
- 비용 최소화 : 수익성은 비용과 효용의 차이에 의해 좌우된다(더 자세한 것을 제13장과 제16장에서 다룬다). 그 차이를 증가시키는 가장 확실한 방법은 비용을 줄이는 것이다.

여기에 이제 네 번째 설계목표를 추가해야 한다.

- 환경영향의 최소화 : 재료의 생산, 제품의 제조와 사용으로 인한 환경 폐해(제15장)

물론 특정 용도에 국한된 다른 설계목표들도 있다. 일부는 위의 네 가지가 다르게 표현된 것에 불과하다. (출력/무게)비의 극대화의 설계목표는 주어진 출력에 대해 질량을 최소화하는 것으로 다르게 표현된다. 일부는 신뢰도 최대화(주어진 신뢰도에서 비용을 최소화하는 것으로 표현할 수 있긴 하지만)와 같이 공학적으로 정량화할 수 있으나 성능, 스타일, 이미지, 마케팅의 혼합인 소비자 호감의 극대화처럼 그렇게 할 수 없는 것도 있다.

그러므로 네 가지 공통 설계목표가 있고 각각은 성능계수 P_i로 나타낼 수 있다. 거의 모든 제품의 설계에는 적어도 두 가지가 필연적으로 수반된다. 하나의 설계목표에 최적인 선택이 일반적으로 다른 설계목표에는 해당하지 않기 때문에 충돌이 일어난다. 그렇다면 가장 좋은 선택은 어느 설계목표에도 최적은 아니지만, 서로의 상호의존성이 허용하는 한 각각의 최적치에 가장 가까운 값으로 가도록 타협하는 것이다. 이는 핵심적인 문제를 부각시킨다. 질량을 비용과 어떻게 비교하며 혹은 부피를 환경영향과 어떻게 비교할 것인가? 그림 7.3의 성능방정식과는 달리 각 지수는 서로 다른 단위로 측정되므로 서로 비교할 수 없다. 이를 다룰 전략이 필요하지만 우선은 몇 가지 정의를 소개한다.

절충 전략 질량(성능지표 P_1)과 비용(성능지표 P_2)을 최소화하면서 최고사용온도, 내식성과 같은 특정 환경에서의 제한조건의 집합도 만족시켜야 하는 경우를 고려해 보자. 최적화 이론의 표준 용어설명에 따라 '해'를 모든 제한조건을 만족하지만 설계목표 중 어느 하나에도 최적은 아닌 가능한 재료선택으로 정의한다. 그림 7.5는 가능한 해를 찾기 위한 P_1과 P_2의 도표이고, 각 버블이 해를 가리킨다. P_1을 최소화하는 버블은 P_2을 최소화하지 않고 반대의 경우도 마찬가지이다. A와 같은 일부 해는 최적과 거리가 멀고, 그 해에 의해 그려지는 박스 안의 모든 해는 A보다 P_1과 P_2의 값이 모두 작다. A와 같은 해를 다른 해에 의해 '지배되었다(dominated)'고 한

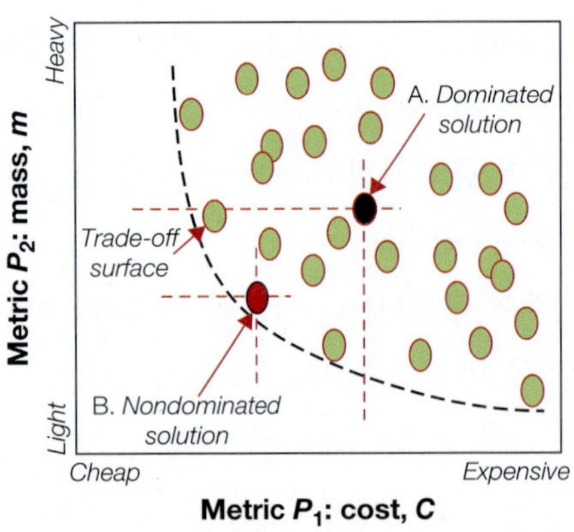

그림 7.5 다중 설계목표 : 질량과 비용을 함께 최소화하는 재료를 찾는다. 버블 하나하나가 모든 제한조건을 만족하는 재료선택 '해'이다. 절충 표면은 '지배되지 않은 해'들을 연결한다.

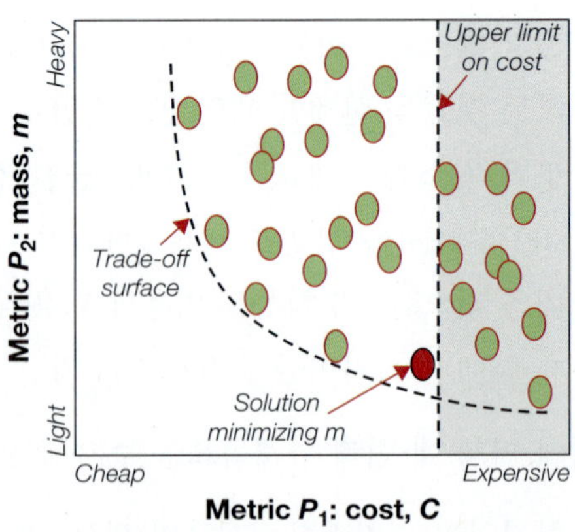

그림 7.6 비용에 간단한 제한조건이 부여된 절충도표 : 이제 최소 질량의 해를 찾아낼 수 있으나, 이것은 진정한 최적화가 아니다.

다. B와 같은 해는 더 이상 작은 P_1과 P_2의 값이 존재하지 않는 특징을 갖는다. 이런 해는 '지배되지 않은 해(non-dominated solution)'라 부른다. 이들이 이루는 선이나 표면을 지배되지 않은 혹은 최적의 절충표면이라 한다. 지배되지 않은 해들의 집합에 해당하는 P_1과 P_2의 값들을 '파레토 집합(Pareto set)'이라 한다.

더 나아가기 위해서는 세 가지 전략이 있다. 절충표면 위에 있거나 절충표면에 가까운 해들이 가장 좋은 타협안이다. 다른 것들은 제외해도 된다. 흔히 적은 수의 집합을 찾고 직관으로 그것들의 순위를 매긴 후 참고문헌정보를 찾을 수 있다(전략 1). 또는 둘 중 하나의 설계목표를 그림 7.6에 보이는 것처럼 제한조건으로 표현할 수 있다(전략 2). 여기서는 비용에 상한을 그었고, 그렇게 되면 다른 제한조건을 최소화하는 해를 찾아낼 수 있다. 그러나 이것은 규칙위반이며 진정한 최적화가 아니다. 따라서 진정한 최적화를 얻기 위해서는 '벌칙함수'를 이용하는 전략 3이 필요하다.

벌칙함수 절충표면은 설계목표 사이에 최선의 타협안을 제공하는 해의 부분집합을 찾아내 줄 수 있다. 그러나 궁극적으로 우리는 단일한 해를 원한다. 이를 구하는 하나의 방법은 다양한 설계목표들을 단일의 목표함수로 결합시키고, 그 함수의 최솟값이 가장 선호하는 해가 되도록 수식화하는 것이다. 이를 위해 국소적으로 선형(linear)인 벌칙함수[1] Z를 정의한다.

$$Z = \alpha_1 P_1 + \alpha_2 P_2 + \alpha_3 P_3 + \dots \tag{7.6}$$

최선의 재료는 Z값이 가장 작은 것이다. α들은 교환상수(또는 효용상수, 척도상수)라 부르고, 성능의 단위를 Z의 단위로 변환하는데 보통은 화폐단위($)이다. 교환상수는 다음과 같이 정의한다.

$$\alpha_i = \left(\frac{\partial Z}{\partial P_i}\right)_{P_j,\, j \neq i} \tag{7.7}$$

이것들은 다른 모든 조건이 일정할 때, 주어진 성능지표의 단위 증가당 벌칙의 증가를 나타내는 척도이다. 예를 들어 P_2가 질량 m이면 α_2는 m의 단위 증가에 따른 Z의 변화를 나타낸다.

흔히 최소화할 설계목표들 중 하나는 비용 C이므로 $P_1 = C$라 놓는다. 그러면 벌칙함수 Z를 화폐단위로 측정하는 것이 알맞다. 이러한 가정하에서 C의 1단위 증가는 Z를 1단위 증가시킨다. 그 결과 $\alpha_1 = 1$이고 식 (7.6)은 다음과 같아진다.

$$Z = C + \alpha_2 P_2 + \alpha_3 P_3 + \dots \tag{7.8}$$

1) 가치함수, 효용함수로도 불린다. 이 방법은 극소점을 찾아준다. 다만 탐색 공간이 넓은 경우, 교환상수 α_i의 값 자체가 성능지표 P_i의 값에 좌우될 수 있음을 인식해야만 한다.

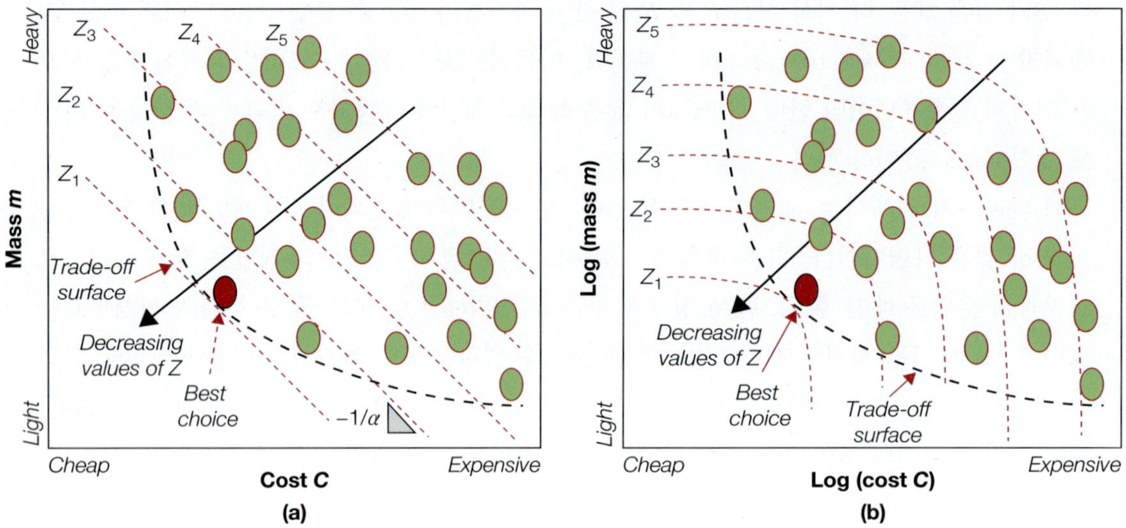

그림 7.7 (a) 절충표면 도표에 벌칙함수 Z가 중첩되어 있다. Z의 등고선들은 기울기 $-1/\alpha$을 갖는다. 절충표면에 접하는 등고선이 최적의 해를 나타낸다. (b) 같은 데이터를 로그 척도로 그렸으며, 여기서는 선형관계가 곡선으로 나타난다.

이제 앞에 나왔던 예를 생각해 보자. $P_1 = C$(비용), $P_2 = m$(질량)이면

$$Z = C + \alpha m \tag{7.9}$$

또는

$$m = -\frac{1}{\alpha}C + \frac{1}{\alpha}Z \tag{7.10}$$

그러면 α는 m의 단위 증가에 따른 Z의 변화량이다. 식 (7.10)은 m과 C의 선형적인 관계를 정의한다. 이 관계는 그림 7.7(a)처럼 각각의 Z값에 대한 서로 평행한 등고선으로 나타난다. 직선의 기울기는 교환상수의 역수 $-1/\alpha$이다. Z값은 왼쪽 아래로 갈수록 줄어들고, 가장 좋은 선택이 그 부분에 분포한다. 최적의 해는 등고선이 절충표면에 접하는 곳에서 가장 가까운 것인데, 그 경우에 Z값이 가장 작기 때문이다. 그러나 이 단계에서 선택을 단 하나의 후보로 좁히는 것은 바람직하지 않다. 아직 참고문헌정보에서 무엇이 나타날지 알지 못한다. 따라서 접점에 가장 가까이 위치하는 해들의 부분집합을 선택한다.

한 가지 특이사항을 지적하겠다. 거의 모든 재료선택 차트는 로그 척도로 그려지고 거기에는 정당한 이유가 있다(제4장). 선형적인 관계가 로그 척도에서는 그림 7.7(b)와 같이 곡선으로 나타난다. 그러나 절차는 여전히 같다. 최선의 후보군은 이 곡선들 중 하나가 절충표면에 접하는 점에 가장 가까운 것들이다.

벌칙함수의 사용

소형 트럭의 무게절감에 대한 교환상수는 $12/kg으로, 트럭의 사용수명에 걸쳐 무게절감이 가져오는 가치가 절감된 무게 kg당 12달러라는 의미이다. 트럭 제작사는 세 가지 모델을 출시하고 있다. 첫째는 차체를 강철판으로 제작한 것이고, 둘째는 알루미늄을 사용하여 $2,500 비싸지만 300 kg 가벼우며, 셋째는 탄소섬유복합재료를 사용하여 $8,000 비싸지만 500 kg 가볍다. 어느 것을 구매하는 것이 가장 현명한 선택일까?

풀이 강철판으로 만든 트럭(1)과 알루미늄판으로 만든 트럭(2)에 대한 벌칙함수는 각각,

$$Z_1 = C_1 + \alpha\, m_1$$

$$Z_2 = C_2 + \alpha\, m_2$$

Z_2가 Z_1보다 얼마라도 작아야만 알루미늄판으로 만든 트럭이 매력적일 수 있다.

$$\Delta Z = Z_2 - Z_1 = C_2 - C_1 + \alpha(m_2 - m_1) = 2500 - 12 \times 300 = -1100$$

알루미늄판으로 만든 트럭을 구매하는 것이 $1,100 절약되므로 더 현명한 선택이다. 같은 계산을 복합재료 판으로 만든 트럭에 대하여 반복하면 $\Delta Z = +\ \$2{,}000$을 얻으므로 이는 현명한 선택이 못된다.

상대 벌칙함수 종종 그렇듯이 기존의 용도를 위해 더 좋은 재료를 찾을 때에는 새로운 재료의 선택을 기존의 것과 비교하는 것이 효과적이다. 그러기 위해 '상대 벌칙함수'를 다음과 같이 정의한다.

$$Z^* = \frac{C}{C_o} + \alpha^* \frac{m}{m_o} \tag{7.11}$$

여기서 첨자 '0'은 기존 재료의 특성 그리고 Z^*와 α^*의 별표(*)는 단위가 없음을 의미한다. 상대 교환상수 α^*는 주어진 성능의 증가분에 대한 가치의 증가분의 척도이다. 따라서 Z가 일정할 때 $\alpha^* = 1$은 다음을 의미한다.

$$\frac{\Delta C}{C_o} = -\frac{\Delta m}{m_o} \tag{7.12}$$

그러므로 질량을 반으로 줄이면 비용을 반으로 줄이는 효과를 낸다.

그림 7.8은 상대 절충도표를 보여준다. 여기서는 다시 선형적인 척도를 사용하였으며, 가로축과 세로축은 각각 (C/C_o)와 (m/m_o)이다. 현재 사용되는 재료는 좌표 (1,1)에 위치한다. A구역의 해는 기존 재료보다 가볍고 싸며, B구역의 해는 싸지만 무겁고, C구역의 해는 가볍지만 더 비싸고, D구역의 해는 관심을 끌지 않는다. Z^*의 등고선을 그림에 그릴 수 있다(여기서

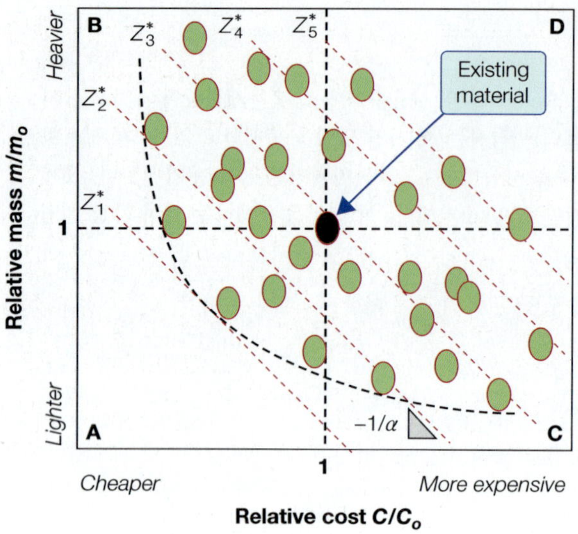

그림 7.8 상대 절충도표 : 이는 기존 재료의 질량, 비용을 낮추는 것을 목표로 대안재료를 탐색할 때 효과적이다. 기존 재료는 좌표 (1,1)에 있다. A 영역에 속한 해가 더 가볍고 더 저렴하다.

는 로그 척도가 아니므로 직선임). 상대 절충표면에 접하는 등고선이 최적 탐색 영역을 표시한다. 로그 척도를 사용하면 Z^*의 등고선은 곡선이 된다. 제8장의 사례연구들에서 상대 벌칙함수를 활용할 것이다.

따라서 교환상수의 값을 알고 있다면, 완전히 체계적인 선택이 가능하다. 그러나 그런 경우가 드물다는 점이 바로 큰 어려움이다. 계속하여 이에 대하여 알아보자.

교환상수 α의 값 교환상수는 성능지표의 단위 증가에 따른 벌칙의 척도, 즉 성능지표의 단위 증가에 따른 가치 혹은 '효용'의 감소이다. 교환상수의 크기와 부호는 용도에 따라 달라진다. 따라서 승용차에서 무게절감의 효용은 중요함에도 불구하고 비교적 작은데, 항공우주에서는 훨씬 크다. 주택의 단열에서 열전달의 효용은 집의 난방에 사용되는 에너지 비용과 직접 관련된다. 반면에 전력전자기기의 열교환장치의 효용은 그것이 전기적 성능을 증가시키므로 훨씬 클 것이다. 효용은 진짜 비용 절감을 나타내므로 현실적일 수 있다. 그러나 때때로 효용은 인지되는 것이어서 소비자는 희소성, 광고, 유행의 영향을 받아 이런 성능지표들의 실제 가치보다 더 지불하거나 또는 덜 지불할 수 있다.

많은 공학적인 용도에서 교환상수는 시스템의 수명주기에 걸친 비용에 대한 기술적 모델로부터 대략적으로 유도될 수 있다. 따라서 교통시스템에서의 무게절감의 효용은 시스템의 수명주기에 걸쳐 평가된 연료절감이나 증가된 적재하중의 가치에 근거를 둔다. 표 7.1은 값의 추정치들을 보여준다. 가장 놀라운 점은 그 값의 범위가 엄청나게 넓다는 것이다. 교환상수는 재료가 사용될 용도에 극단적으로 좌우된다. 이것이 바로 항공기에서 보편적으로 쓰이는 알루

표 7.1 교통시스템의 질량-비용 절충을 위한 교환상수 α

교통시스템	추정 근거	교환상수 α(US$/kg)
가정용 승용차	연료절감	1~2
트럭	적재하중	5~20
민간항공기	적재하중	100~500
군용기	적재하중, 성능	500~1,000
우주선	적재하중	3,000~10,000

미늄 합금을 자동차에 사용하기 어렵고, 민간 항공기에 비해 군용기에 티타늄 합금이 더 널리 쓰이며, 베릴륨의 사용은 우주선에나 국한되는 이유이다.

교환상수는 다양한 방식으로 추산할 수 있다. 적재하중을 우주로 발사하는 비용은 대략 \$3,000~\$10,000/kg의 범위에 있다. 우주선 구조의 무게를 1 kg 줄이면 그만큼의 적재하중이 늘어나고, 표에 나타난 α의 범위가 나온다. 적재하중의 증가 또는 연료절감을 기준으로 비슷한 추산을 하면 민간항공기, 상업용 트럭, 승용차에 대한 교환상수 값이 나온다. 이 값들은 연료 가격의 변화, 연료 경제를 증대하기 위한 입법 등의 변화를 반영하므로 시간이 흐름에 따라 변한다. 특수한 상황은 이를 극단적으로 변화시킬 수 있다. 예를 들어 자사의 엔진에 대해 특정한 (출력/무게) 비를 보장한 항공기엔진 제작사는 그것이 자신의 약속을 지키는 유일한 방법이라면 1 kg을 줄이기 위해 \$1,000 이상을 지불할 용의가 있을 수도 있고, 유일한 방법이 아니라면(벌칙으로 표현했을 때) kg당 \$1,000의 비용만 지불할 것이다.

이들 교환상수의 값들은 공학적인 기준에 기반을 둔다. 더 추정하기 어려운 것은 인지된 가치에 기반을 둔 교환상수 값들이다. 자전거의 가격-무게 절충이 하나의 예이다. 자전거 광에게는 가벼운 자전거가 더 좋은 자전거이다. 그림 7.9는 자전거를 타는 사람들이 얼마나 무게절감을 중시하는지 보여준다. 이는 자전거 잡지의 데이터를 이용한 자전거의 질량-비용 절충도표이다. 절충선의 모든 점에서의 접선은 교환상수를 짐작하게 해준다. 교환상수는 질량에 따라 \$20~\$2,000/kg이다. 하지만 보통의 자전거 타는 사람이 자전거 무게를 1 kg 줄이기 위해 \$2,000을 지불하는 것이 말이 되는가? 동전 하나 소비하지 않고 자신의 몸무게를 줄여 자신과 자전거의 질량의 합을 줄이는 것이 가능한데 말이다. 물론 가능할 수 있는데, 대부분의 경우 그것은 인지된 가치이다. 광고의 목표 중 한 가지는 제품의 인지되는 가치를 증가시켜 비용의 증가 없이 가치를 증가시키는 것이다. 이는 가정용 승용차의 교환상수에 영향을 주고 티타늄 손목시계, 탄소섬유 안경테, 여러 운동기구에 색다른 재료의 사용을 촉진한다. 이런 경우 α값은 추정하기 훨씬 더 어렵다.

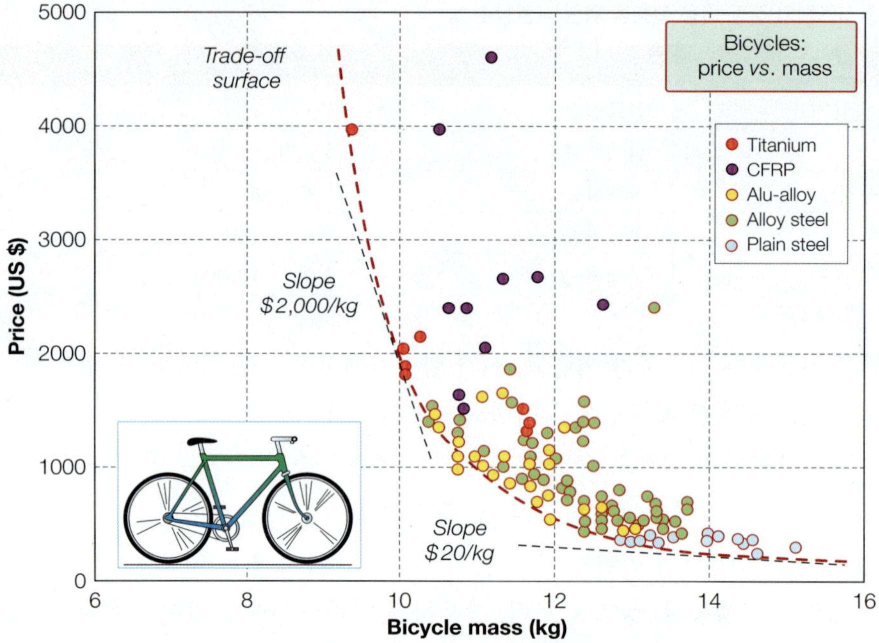

그림 7.9 자전거 잡지의 데이터를 이용한 자전거의 비용-질량 절충도표 : 해는 각 자전거 프레임을 만든 재료의 종류별로 다른 색으로 구분되어 있다. 절충표면의 어떤 점에서의 접선의 기울기는 교환상수의 추정치를 알려준다. 교환상수의 값은 용도에 따라 달라진다. 저렴한 자전거를 찾는 소비자에게 무게절감의 가치는 작지만($20/kg), 성능을 중시하는 자전거 광에게 그 가치는 매우 클 수 있다($2,000/kg).

교환상수의 추정을 어렵게 하는 다른 요인들이 있다. 하나의 예로 제품의 생산, 사용, 폐기 과정에서 야기되는 환경에 대한 폐해, 즉 환경영향이 있다. 환경영향의 최소화는 현재 비용 절감만큼이나 중요한 설계목표가 되었다. 기발한 설계는 비용을 너무 많이 증가시키지 않으면서 환경영향을 줄일 수 있다. 그러나 환경영향의 단위 감소는 얼마의 가치에 해당하는가? 교환상수를 합의하거나 부여하기 전에는 설계자로서는 답하기 어려운 질문이다.

그러나 겉으로 보는 것만큼 아주 어렵지는 않다. 다음 절에서 설명하겠지만 교환상수가 부정확할 때에도 공학적으로 쓸모 있는 결정을 내릴 수 있다.

교환상수는 선택에 어떻게 영향을 미치는가? 재료선택을 위한 탐색 공간의 불연속성은 절충표면에서의 얻어진 해가 특정 범위의 α 값에 대하여 최적임을 의미한다. 즉 그 범위 밖에서는 다른 해가 최적치가 된다. 범위가 넓을 수 있으므로 그 범위에 속하는 어떤 교환상수 값에 대해서라도 같은 재료선택으로 이어진다. 이는 그림 7.10에 나타나 있다. 설명을 간단히 하기 위해 이 해들을 옮겨서, 이 그림에서는 세 개만 잠재적으로 최적이 되도록 했다. $\alpha \le 0.1$(즉

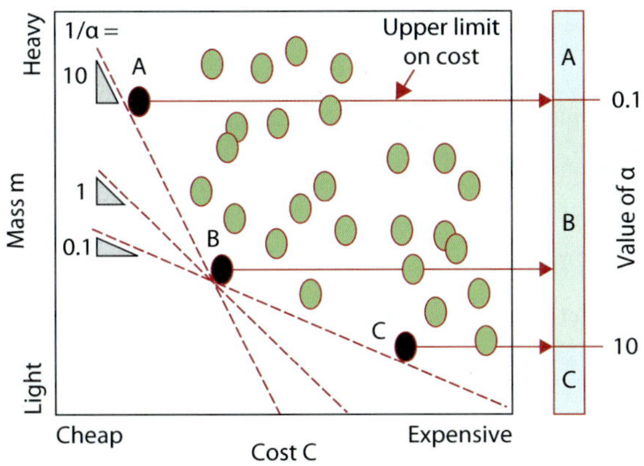

그림 7.10 종종 하나의 재료(또는 후보재료군)가 넓은 범위의 교환상수 값에 대해 최적이다. 그러면 교환상수의 근사치는 재료선택의 최종 결론에 정확하게 도달하는데 충분한 것이다.

$1/\alpha \geq 10$)일 때에는 A가 최적이고, $0.1 < \alpha < 10$일 때에는 B가 최적이며, $\alpha > 10$일 때에는 C가 최적이다. 이 정보는 α 값의 범위를 보여주고 최적치가 바뀌는 지점으로 나누고, 각 범위에서 최적인 해를 명시하여 그림의 오른편에 막대로 나타내었다.

7.4 요약과 결론

재료지수 방법은 간단한 일련의 제한조건들을 지키면서 단일 설계목표를 최소화하여 재료를 선택하는 간단하고 투명한 절차를 제공한다. 그러나 그렇게 간단한 경우는 드물다. 서로 다른 성능지표들이 경쟁하므로 그것들 사이의 타협점을 찾아야 한다.

경쟁하는 제한조건과 설계목표의 중요성 순위를 매기는 데 판단이 개입할 수 있다. 다음의 7.6절에서 설명하는 가중치나 퍼지이론은 그런 판단을 더 공식적으로 만들지만, 그 결과를 흐리게 할 수 있다. 가능하다면 판단은 분석으로 대체되어야 한다. 다중 제한조건의 경우 이는 활성 제한조건을 찾고 설계를 그것에 기초함으로써 이루어진다. 이 절차는 재료지수들을 연결하는 결합방정식을 유도함으로써 그래프로 나타낼 수 있다. 그런 후 지수들을 축으로 하는 재료선택 차트를 간단히 활용하여 모든 제한조건을 만족하면서 성능을 최대화하는 재료의 부분집합을 명확히 찾는다. 다중 설계목표는 하나 이상의 교환상수 α_i가 들어간 벌칙함수 Z를 필요로 한다. 벌칙함수는 모든 설계목표를 같은 단위(보통 비용의 단위)로 표현해준다. Z의 최소화가 최적 선택으로 이어진다. 다중 제한조건이나 상충 설계목표하에서 가장 좋은 재료의 선택은 결코 명백하지 않다. 그렇기에 여기서 전개한 방법들이 효과적이라고 할 수 있다.

7.5 심화학습을 위한 참고문헌

Ashby, M.F. (2002) Multi-objective optimization in material design and selection, *Acta Mater. 48*, 359~369. (재료선택에서의 절충표면과 효용함수의 사용에 대한 탐색)

Bader, M.G. (1997) Composites applications and design, in *Proc. ICCM-11, Gold Coast, Australia, Vol. 1*, ICCM, London. (복합재료선택에 적용된 절충 방법의 예)

Bourell, D.L. (1997) Decision matrices in materials selection, In G.E. Dieter (Ed.), *ASM Handbook*, Vol. 20: *Materials Selection and Design*, pp.291~296, ASM International, ISBN 0-87170-386-6. (가중치와 결정 매트릭스의 사용에 대한 소개)

Clark, J.P., Roth, R. and Field, F.R. (1997) Techno-economic issues in material science, In G.E. Dieter (Ed.), *ASM Handbook*, Vol. 20: *Materials Selection and Design*, pp.255~265, ASM International, ISBN 0-87170-386-6. (재료선택에서의 비용과 효용 분석방법, 환경영향 문제를 탐색하였다.)

Dieter, G.E. (2000) *Engineering Design, a Materials and Processing Approach* (3rd ed.), pp.150~153 and pp.255~257. McGraw-Hill, ISBN 0-07366-136-8. (공학설계에서의 재료와 공정의 역할에 초점을 맞춘, 균형 있고 평판이 좋은 교과서)

Field, F.R. and de Neufville, R. (1988) Material selection—maximizing overall utility, *Metals and Materials*, June, 378~382. (자동차 산업에서의 재료선택에 적용한 효용 분석의 요약)

Goicoechea, A., Hansen, D.R. and Duckstein, L. (1982) *Multi-Objective Decision Analysis with Engineering and Business Applications*, Wiley, New York, USA. ISBN 0-4710-64017. (다중 설계목표의 의사결정 이론을 위한 좋은 입문서)

Keeney, R.L. and Raiffa, H. (1993) *Decisions with Multiple Objectives: Preferences and Value Trade-offs*, (2nd ed.), Cambridge University Press, Cambridge, UK. ISBN 0-521-43883-7. (여러 개의 서로 경쟁하는 설계목표가 있는 경우의 의사결정 방법에 대한 가독성 높은 입문서)

Papalambros, P.Y., and Wilde, D.J. (2000) *Principles of Optimal Design, Modeling and Computation* (2nd ed.), Cambridge University Press, Cambridge, UK. ISBN 0-521-62727-3. (공학 최적설계 방법의 소개)

Pareto. V. (1906) Manuale di Economica Politica, Societa Editrice Libraria, Milano, Italy, Translated into English by Schwier, A.S. (1971) as "*Manual of Political Economics*", Macmillan, New York, USA. (많이 인용되지만 거의 읽히지 않는 책. 다중 설계목표 최적화에 대한 접근으로 사용된 절충표면 개념의 원전)

Sawaragi, Y., Nakayama, H. and Tanino, T. (1985) *Theory of Multi-Objective Optimization*, Academic Press Inc., Orlando, Florida, USA. ISBN 0-12-620370-9. (다중 설계목표 최적화의 모든 세부 사항을 수록함. 충분히 자세하나 처음 공부하기에는 적절하지 못함)

7.6 부록 : 가중치 방법과 퍼지(fuzzy)논리 방법

요구되는 강성도(제한조건 1)와 강도(제한조건 2)를 갖고 가급적 가벼운(하나의 설계목표) 제품을 원한다고 하자. 강성을 위해 탄성계수 E가 큰 재료를 선택할 수 있고, 그것들의 일부가 탄성한계 σ_y가 높아 강도 조건을 만족시키고, 그중의 일부가 낮은 밀도 ρ을 가져 가벼울 것이다. 또는 주어진 강성도(하나의 제한조건)를 갖고 가급적 가볍고(설계목표 1) 값싼(설계목표 2) 재료를 원한다면, 제한조건을 적용한 후 살아남은 것들 중 가벼운 것들을 찾고 그중에서 저렴한 것들을 찾을 수 있다. 어떤 선택 시스템들은 이렇게 작동하지만 제한조건인 강성도, 강도, 무게, 비용의 상대적인 중요성을 결정하는 데 지침이 없으므로 이는 좋은 발상이 아니다. 그리고 이는 사소한 문제가 아니다. 이 상대적인 중요성이 바로 알루미늄을 항공우주용 구조물에, 강철을 지상의 구조물에 최적의 구조용 재료로 선택하게 하는 것이다.

이 상대적인 중요성의 문제는 오래된 것이다. 엔지니어들은 적어도 한 세기동안 그것을 극복하는 방법을 탐색해 왔다. 전통적인 접근법은 각 제한조건과 설계목표에 '가중치'를 부여하고 그것을 사용하여 아래에 요약된 방식으로 선택의 지침을 제시하였다. 이러한 접근의 이점은 숙련된 엔지니어들이 상대 가중치를 평가하는 데 능숙하다는 것이고, 결점은 인간의 판단에 의존한다는 점이다. 가중치 평가에서 판단은 사람마다 다를 수 있고, 더 미묘한 문제들도 있다. 그중 하나가 아래에서 논의된다. 그런 연유로 이 장은 체계적인 방법에 초점을 맞추었다. 그러나 전통적인 접근법도 아직 널리 사용되므로 알고는 있어야 한다.

가중치 방법

가중치는 판단을 정량화하려는 노력이다. 이 방법은 다음과 같이 실행된다. 핵심 특성이나 지수를 찾고 그것들의 값 M_i을 유력한 후보군에 대해 표로 만든다. 절대치가 많이 차이날 수 있고 단위에 따라 달라지므로 각각을 가장 큰 지수 $(M_i)_{\max}$로 나누어, 가장 큰 값이 1이 되도록 한다. 그 다음 상대적 중요도를 표현하는 0~1의 값인 가중치 w_i을 곱한다. 이는 가중치를 감안한 지수 W_i가 된다.

$$W_i = w_i \frac{M_i}{(M_i)_{\max}} \tag{7.13}$$

용접성이나 마모저항과 같이 수치로 쉽게 표현되지 않는 특성의 경우 수치 대신에 A~E 등급을 매기고(A = 5 : 매우 좋음부터 E = 1 : 매우 나쁨까지), 앞에서처럼 가장 큰 등급으로 각각을 나눈다. 부식 속도와 같이 최소화해야 하는 특성의 경우, 최솟값인 $(M_i)_{\max}$을 사용하여 다음 형태로 표현한다.

$$W_i = w_i \frac{(M_i)_{\max}}{M_i} \tag{7.14}$$

가중치 w_i는 합계가 1이 되도록 선택한다. 즉, $w_i < 1$이고 $\sum w_i = 1$이다. 가중치를 부여하는 법은 여러 가지가 있다(7.5절 참조). 모두 정도는 다르지만 판단을 필요로 한다. 가장 중요한 특성에 가장 큰 w값을 주고, 두 번째로 중요한 특성에 두 번째로 큰 w값을 주고 그렇게 계속 한다. W_i는 식 (7.13)과 (7.14)를 이용하여 계산하고 합산한다. 가장 좋은 선택은 다음과 같은 합계의 값이 가장 큰 것이다.

$$W = \sum_i W_i \tag{7.15}$$

간단해 보이지만 일부는 명백하고(가중치 부여의 주관성 같은 것들), 일부는 미묘한 문제들이 있다. 여기에 사례가 있다.

가볍지만(낮은 ρ) 강한(높은 σ_y) 부품을 만드는 재료의 선택이 하나의 사례이다. 아래 표 7.2는 네 가지 가능한 후보의 값을 보여준다. 무게가 강도보다 더 중요한 요소라는 판단에 따라 무게에 더 큰 가중치를 주고

$$w_1 = 0.75$$

강도에는 더 작은 가중치를 준다.

$$w_2 = 0.25$$

식 (7.13)과 (7.14)에서와 같이 지수값을 표준화하고 식 (7.15)에 의해 합산하여 W값을 구한다. 표의 마지막에서 두 번째 칼럼이 그 결과를 보여준다. 베릴륨이 명백히 가장 좋고, Ti-6Al-4V가 둘째, 알루미늄 6061이 셋째이다. 그러나 매우 비싸고 독성을 가진 베릴륨을 선택에서 배제했을 때 어떻게 될지 알아보자. 같은 절차를 통해 마지막 칼럼의 W값을 보면 알루미늄 6061이 첫째, Ti-6Al-4V가 둘째이다. 채택 불가능한 하나의 재료를 제거하자 남은 재료의 순위가 바뀌었다. 가중치를 정확하게 선택할 수 있다고 하더라도 후보재료군에 대한 결과의 의존성은 우리를 심란하게 한다. 이 방법은 태생적으로 불안정하고 적절하지 못한 후보재료 선택에 민감하다.

표 7.2 가중치 사용 예

재료	ρ (Mg/m^3)	σ_y (MPa)	W (Be 포함)	W (Be 배제)
강철 1020	7.85	320	0.27	0.34
알루미늄 6061-T4	2.7	120	0.55	**0.78**
티타늄(Ti-6Al-4V)	4.4	950	0.57	0.71
베릴륨(Be)	1.86	170	**0.79**	–

퍼지(fuzzy)논리 방법

퍼지논리는 가중치에서 한 단계 더 나아간 것이다. 그림 7.11 왼쪽 위에 재료가 주어진 범위 내의 *R*값의 특성을 가질 확률 *P*(*R*)을 보여준다. 여기서 특성은 네 가지 재료 A, B, C, D 각각에 대해 잘 정의된 범위를 갖는다. 전문용어로 값이 또렷(crisp)하다. 오른편 위에 보이는 선택기준은 특성에 요구되는 *R*값의 범위를 지정하는데, 이것이 흐릿(fuzzy)하다. 즉, 특성에 요구되는 이상적인 범위를 정의하는 잘 정의된 코어가 있고 넓은 베이스가 있어 특성치가 허용될 수 있는 경계영역을 포함하도록 범위를 확장하는데, 베이스의 모서리에 접근할수록 허용가능성이 감소한다. 이는 선택이 성공적일 확률 *S*(*R*)을 정의한다.

두 그림을 중첩시키면 그림 7.11의 왼쪽 아래에 보이는 것과 같은 단일선택 단계를 보여준다. 적합성은 *P*(*R*).*S*(*R*)으로 측정한다. 여기서는 재료 B가 완전히 채택 가능하므로 가중치 1을 부여한다. 재료 A는 채택 가능하지만 0.5의 더 낮은 가중치를 얻는다. C는 약 0.25의 가중치로 채택 가능하고, D는 채택 불가능하므로 가중치가 0이다. 첫 번째 선택 단계의 끝에 데이터베이스의 각 재료는 하나의 가중치를 부여받았다. 이 절차는 다른 제한조건과 설계목표에서 유래하는 지수들을 포함할 수 있는 이후의 단계에서도 반복된다. 각 재료의 가중치를 결합하여(예를 들어 서로 곱함으로써) 0(전혀 불가능)과 1(모든 기준에 완벽하게 부합) 사이의 초가중치를 부여한

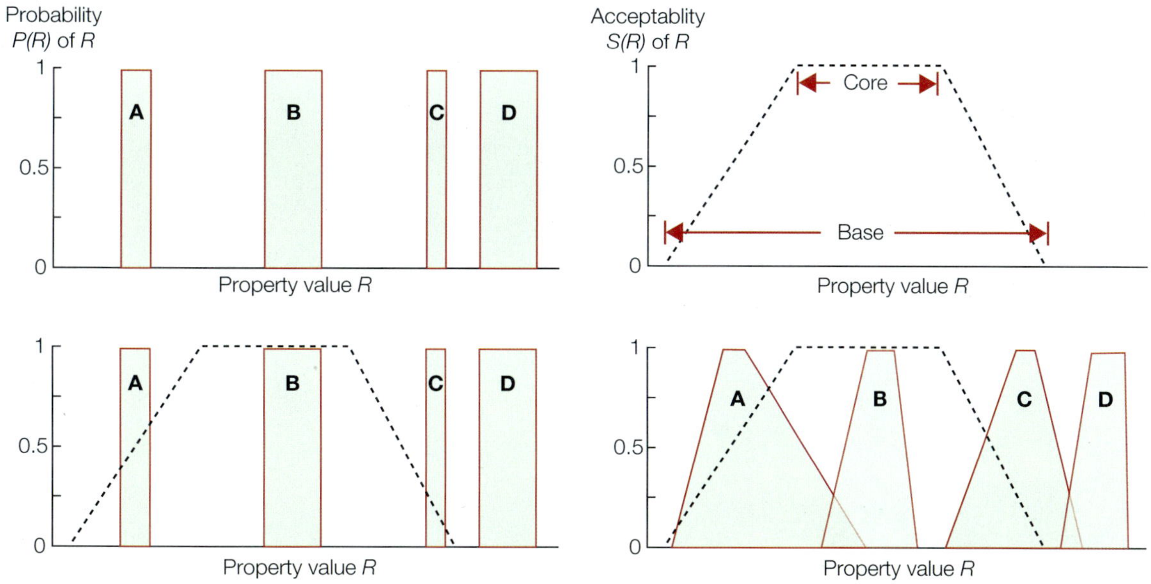

그림 7.11 퍼지(fuzzy)논리 선택방법 : 명확하게 정의된 특성들에 흐릿한(fuzzy) 선택기준(상단)을 결합하여 각 재료에 대한 가중치를 부여한다(하단 왼쪽). 하단에 보이듯 특성 자체가 흐릿한 범위로 주어질 수 있다(하단 오른쪽).

다. 이 방법은 그림 7.11의 오른쪽 아래에 보이듯 재료 특성이나 지수, 선택기준에 흐릿한 경계를 부여함으로써 더 정교하게 만들 수 있다. 정도는 다르지만 코어와 베이스의 위치를 선택하는 기술들이 존재한다. 그러나 기술이 정교해지더라도 $S(R)$의 범위 선택이 판단의 문제라는 근본적인 문제점은 남아 있다.

가중치와 퍼지논리 방법은 더 철저한 분석이 실용적이지 않을 때 이점을 갖는다. 첫 번째 단계로 좋은 방법이다. 그러나 정말로 복잡한 설계에서 가장 좋은 재료를 찾고 싶다면 7.2절, 7.3절의 방법들이 필요하다.

제 8 장

다중 제한조건과 상충 설계목표 – 사례연구

디스크브레이크와 캘리퍼

Materials Selection in Mechanical Design. DOI: 10.1016/B978-1-85617-663-7.00008-4

8.1 서론과 개요

이 사례연구들은 앞 장에서 설명한 기법들이 실제로 어떻게 사용되는지 보여준다.[1] 불필요한 세부내용들의 설명을 피하기 위해 신중하게 간략화 되었으나 처음 나타낸 것에서 내용이 크게 달라지지 않는다. 재료의 선택은 기본적으로 상세한 기하학적인 값보다는 물리학적 원리에 따라 결정되며, 이에 따라 많은 세부사항이 제거되었지만 그와 상관없이 이 원리는 재료 선택 시 여전히 유효하다. 제7장에서 전개된 방법들은 광범위하게 효과적이어서 제8장의 사례연구는 물론 나중에 다른 장에서도 사용될 것이다. 참고문헌은 각 절의 마지막에 관련 사례연구와 함께 수록하였다.

8.2 다중 제한조건 : 경량 압력용기

무엇이 경량 압력용기를 만드는 데 최선의 재료인가? 용기의 반경 R은 정해져 있다. 압력용기는 항복에 의한 파손이나 취성파괴에 의한 파손 없이 압력 p를 유지할 수 있어야 한다. 그리고 될수록 가벼워야 한다(표 8.1).

이것은 7.2절에서 다루었던 것과 같은 유형의 최대-최소의 문제이다. 또한 압력용기는 6.11절의 주제이기도 하다. 거기서 얻어진 결과의 일부를 이 새로운 문제를 푸는 데 사용하고자 한다.

해석 벽이 얇은 구형 압력용기(그림 6.19)의 질량은

표 8.1 설계 요구조건 : 경량 압력용기

기능	가벼운 압력용기(압력 p를 안전하게 유지)
제한조건	• 반경 R 지정됨. • 항복에 의한 파손이 없어야 함. • 취성파괴에 의한 파손이 없어야 함.
설계목표	질량 최소화
자유변수	• 용기 벽두께 t • 재료의 선택

1) 이제 차트가 점점 복잡해진다. 특성들이 결합된 형태로 축을 잡는다. 어떤 것은 앞에서 유도하였던 지수들이고, 다른 것들은 새로운 것이다. 모두 CES 소프트웨어(*www.grantadesign.com*)로 만들어 졌는데, 이 책의 다른 모든 차트들도 마찬가지이다.

$$m = 4\pi R^2 t\rho$$

여기서 t는 벽두께, ρ는 압력용기 재료의 밀도이다. 이것이 우리가 최소화하고자 하는 목표 함수이다.

압력용기의 벽에 작용하는 응력은

$$\sigma = \frac{pR}{2t} \tag{8.1}$$

항복에 의한 파손이 없어야 한다는 조건으로부터 $\sigma < \sigma_y$이고(σ_y는 압력용기 재료의 항복강도), 그로부터 벽두께는 다음과 같이 구해진다.

$$t \geq \frac{pR}{2\sigma_y}$$

따라서 질량은,

$$m_1 \geq 2\pi R^3 p\left(\frac{\rho}{\sigma_y}\right) \tag{8.2}$$

여기에 포함된 재료지수는

$$M_1 = \frac{\rho}{\sigma_y} \tag{8.3}$$

취성파괴에 의한 파손이 없어야 한다는 조건으로부터 $\sigma < \sigma_f$이고, 여기서는 다음과 같다.

$$\sigma_f = \frac{K_{1c}}{C\sqrt{\pi a_c^*}}$$

여기서 $2a_c^*$는 용기 벽에 존재하는 가장 큰 균열 또는 결함의 직경, C는 1로 잡아도 되는 상수이고, K_{1c}는 평면변형 파괴인성이다. 벽두께는 다음과 같이 구해진다.

$$t \geq \frac{pR\sqrt{\pi a_c^*}}{2K_{1c}}$$

따라서 질량은,

$$m_2 \geq 2\pi R^3 p\sqrt{\pi a_c^*}\left(\frac{\rho}{K_{1c}}\right) \tag{8.4}$$

여기에 포함된 재료지수는

$$M_2 = \frac{\rho}{K_{1c}} \tag{8.5}$$

식 (8.2)과 (8.4)의 질량을 같게 놓으면 지수 M_1과 M_2을 연결해주는 결합선이 얻어진다.

$$M_2 = \frac{1}{\sqrt{\pi a_c^*}} \cdot M_1 \tag{8.6}$$

즉, $C_c = 1/\sqrt{\pi a_c^*}$는 결합상수이다.

선택 두 지수 M_1과 M_2는 각각 8.1과 8.2의 축으로 사용되었다. 두 그림에는 균열길이 a_c^*의 여러 가지 다른 값에 대한 결합선들의 위치를 보여주고 있다. 재료가 포함할 수 있는 가장 큰 균열크기(통상 균열 탐지에 사용된 비파괴검사의 분해능)를 보여주는 결합선을 선택한다. 그보다 위에서는 파괴 제한조건이 질량을 결정짓고, 그보다 아래에서는 항복 제한조건이 질량을 결정짓는다.

첫 차트는 모든 종류의 재료에 대하여 보여주고 있으나 해상도가 낮다. 선택은 박스의 모서리가 적절한 결합선에 놓이도록 하고 결합선을 따라 박스를 끌어내려 M_1과 M_2을 동시에 최소화하면서 참고문헌정보의 도움을 받을 수 있을 정도의 적은 수의 후보재료만이 남을 때까지 계속한다. 차트는 알루미늄 합금과 강철이 최선의 선택임을 암시한다. 더 자세히 살펴보려면 그림 8.2에 제공된 정보를 활용한다.[2)] 수평축과 수직축은 모두 앞에서와 동일하나 후보재료는 고강도저합금강, 스테인리스강철, 알루미늄 합금, 고분자기지 복합재료에 국한되었다. 차트

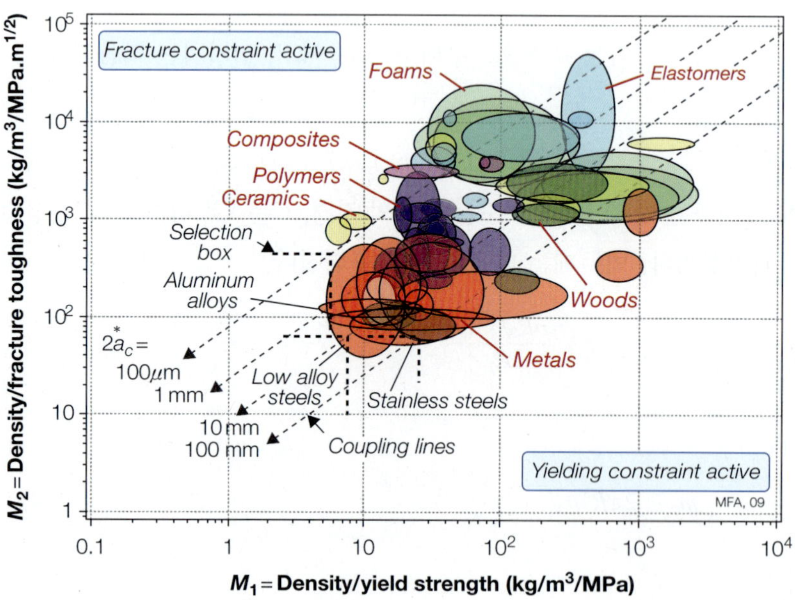

그림 8.1 과다제한된 설계는 결합방정식으로 연결된 두 개 이상의 성능지표를 낳는다. 대각선 방향으로의 점선 등고선은 균열길이 $2a_c^*$의 네 가지 값에 대한 결합방정식을 나타낸다. 선택창은 적절한 결합선과 교차하면서 박스 모양의 탐색영역을 보여준다.

2) CES 소프트웨어로 작성되었음.

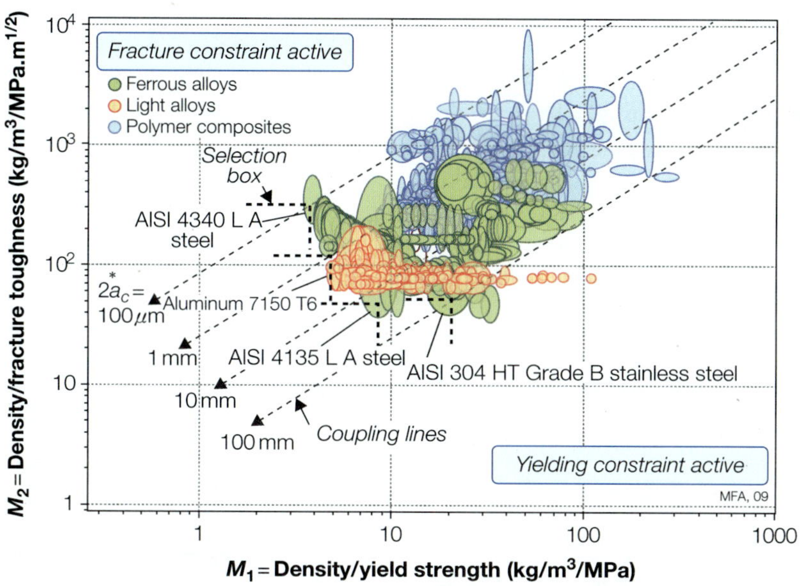

그림 8.2 그림 8.1과 같은 차트이지만 해상도를 높여 탐색영역을 자세하게 보여준다. 녹색과 붉은색과 파랑색으로 나타낸 960개의 버블들은 각각 강철, 알루미늄 합금, 고분자기지 복합재료에 대한 데이터를 나타낸다.

표 8.2 경량 압력용기 재료

균열 크기, $2a_c^*$ (mm)	선택된 재료
0.1	저합금강 AISI 4340(206 °C에서 뜨임)
1	알루미늄 합금 7150-T6
10	저합금강 AISI 4135(뜨임처리)
100	스테인리스강철 AISI 304(HT grade B)

는 앞에서 살펴본 것을 재확인해주면서 주어진 균열길이 a_c^*에 대하여 가장 가벼운 압력용기를 만들 수 있는 특정한 재료를 결정해준다. 여기서는 선택의 절차가 아주 극단적으로 하나의 연결선에 하나의 재료가 남을 때까지 진행되었다. 결과는 표 8.2에 정리되어 있다.

관련 사례연구

6.11 안전 압력용기

8.3 다중 제한조건 : 고성능엔진용 커넥팅롯드

고성능 엔진, 컴프레서, 펌프를 연결하는 커넥팅롯드는 임계점에 놓여 있다. 만약 그것이 파단 될 경우 대참사가 발생함에도 불구하고 관성력과 베어링에 걸리는 하중을 최소화하기 위하

표 8.3 설계 요구조건 : 커넥팅롯드

기능	왕복운동 엔진 또는 펌프의 커넥팅롯드
제한조건	• 고주기피로에 의한 파손이 없어야 함. • 탄성 좌굴에 의한 파손이 없어야 함. • 행정 길이에 따라 커넥팅롯드의 길이 L이 정해짐.
설계목표	질량 최소화
자유변수	• 단면적 A • 재료의 선택

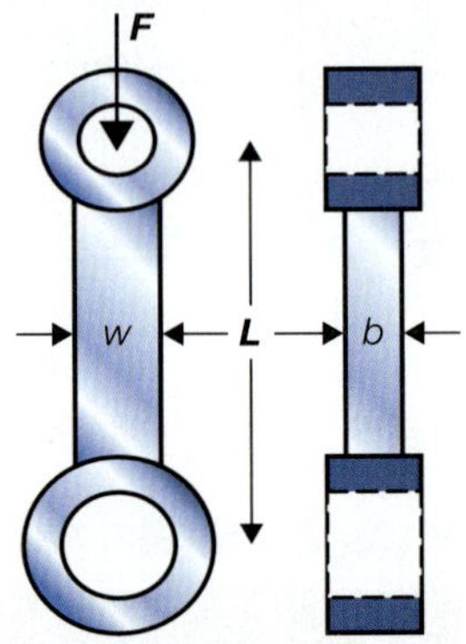

그림 8.3 커넥팅롯드 : 절대로 좌굴이 발생하거나 피로파괴가 일어나서는 안 된다. 다중 제한조건의 대표적인 사례이다.

여 커넥팅롯드는 그 한계에 가까울 정도로 가볍고 강한 재료를 사용하여 될수록 가볍게 해야 한다. 최소비용이 설계목표일 때에는 커넥팅롯드는 종종 매우 저렴한 주철로 만들어지기도 한다. 그러나 설계목표가 성능의 최대화라고 할 때 커넥팅롯드를 만들기 위해 어떤 것이 최선의 재료가 될 수 있을까? 표 8.3은 두 가지 제한조건과 함께 최소 질량의 커넥팅롯드를 위한 설계 요구조건을 요약한 것이다. 피로나 탄성 좌굴에 의해 파손되는 일 없이 최고하중 F가 전달되어야 한다. 간편하게 하기 위해서 샤프트는 직사각형 단면 $A = bw$를 가진다고 생각한다(그림 8.3).

해석 이것은 직전의 문제와 마찬가지로 '최대-최소' 문제이다. 목표함수는 질량에 대한 근사식으로 다음과 같다.

$$m = \beta\, A\, L\, \rho \tag{8.7}$$

여기서 L: 커넥팅롯드의 길이, ρ: 제작된 물체의 밀도, A: 샤프트 단면적, β: 베어링 하우징의 질량을 고려하기 위해 곱하는 상수이다.

피로 제한조건은

$$\frac{F}{A} \leq \sigma_e \tag{8.8}$$

σ_e는 커넥팅롯드에 사용된 재료의 피로한계를 나타낸다. (일반적인 안전계수는 재료선택 시 영향을 끼치지 않기 때문에 앞으로도 계속하여 우리는 이러한 식에 들어있는 안전계수는 생략한다.) 식 (8.8)을 사용하여 식 (8.7)의 A를 소거함으로써 피로 제한조건을 만족하는 커넥팅롯드의 질량을 알게 해준다.

$$m_1 = \beta\, F\, L\left(\frac{\rho}{\sigma_e}\right) \tag{8.9}$$

여기에 포함된 재료지수는 다음과 같다.

$$M_1 = \frac{\rho}{\sigma_e} \tag{8.10}$$

한편, 좌굴 제한조건에 의해 최고 압축하중 F가 오일러 하중을 초과하지 않아야 하므로,

$$F \le \frac{\pi^2 EI}{L^2} \tag{8.11}$$

여기서 $I = \dfrac{b^3 w}{12}$이고(부록 B), $b = \alpha w$로 두면 α는 단면의 비율을 나타내는 '형상인자'이며, 식 (8.7)에서 A를 소거하여 다음과 같이 질량에 대한 두 번째 식이 나온다.

$$M_2 = \beta\left(\frac{12\,F}{\alpha\,\pi^2}\right)^{1/2} L^2 \left(\frac{\rho}{E^{1/2}}\right) \tag{8.12}$$

여기에 포함된 두 번째 재료지수는 다음과 같다.

$$m_2 = \frac{\rho}{E^{1/2}} \tag{8.13}$$

안전을 유지하기 위하여 커넥팅롯드는 두 가지 제한조건을 모두 만족해야 한다. 일반적으로 활성 제한조건은 주어진 길이 L에 대한 질량 m이 가장 큰 경우이다. 그림 8.4는 하나의 재료에서 m이 L에 따라 바뀌는 양상을 보여준다[식 (8.9)와 (8.12)]. 짧은 커넥팅롯드들은 피로파괴를 일으키기 쉽고, 긴 것들은 좌굴을 일으키기 쉽다.

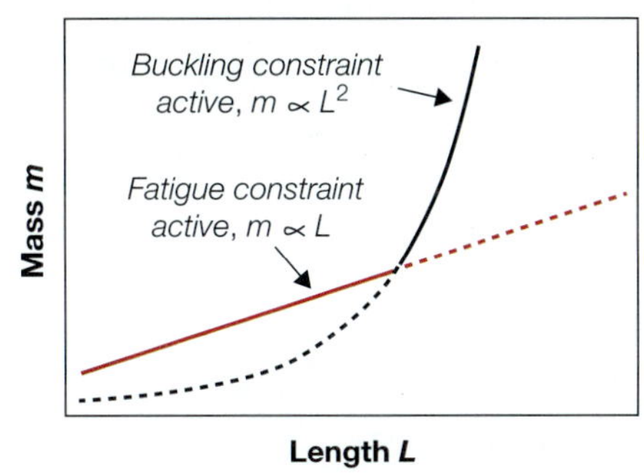

그림 8.4 커넥팅롯드의 질량을 나타내는 식은 길이 L의 함수로 주어짐을 개략적으로 보여준다.

선택 첫째로 표 8.4에 나와 있는 제한된 종류의 재료들 사이에서 커넥팅롯드의 재료선택을 생각해보자. 이 경우의 조건은 L = 200 mm, F = 50 kN, α = 0.8, β = 1.5이다. 표에 피로 제한조건을 만족시키는 봉의 질량 m_1과 좌굴 제한조건을 만족시키는 질량 m_2가 열거되어 있다[식 (8.9) 및 식 (8.12)]. 재료 중 세 개에 대해서는 피로가 활성 제한조건이고, 두 개에 대해서는 좌굴이 활성 제한조건이다. 표 마지막 칼럼에서 $\widetilde{m}$은 각 재료에 대한 m_1과 m_2 중에서 큰 값이고, 두 가지 제한조건을 모두 만족시킬 수 있는 최소한의 질량이다. 가장 가벼운 커넥팅롯드를 가능하게 해주는 재료는 가장 작은 $\widetilde{m}$값에 해당하는 재료이다. 따라서 티타늄 합금 Ti-6Al-4V이고, 금속기지복합재료 Duralcan 6061-20%SiC가 간발의 차로 두 번째이다. 그리고 이것들은

표 8.4 커넥팅롯드 재료의 선택

재료	ρ (kg/m^3)	E (GPa)	σ_e (MPa)	m_1 (kg)	m_2 (kg)	$\tilde{m} = \max(m_1, m_2)$ (kg)
구상흑연주철	7150	178	250	**0.43**	0.22	0.43
HSLA 강철 4140 (유냉, 315 °C 뜨임)	7850	210	590	0.20	**0.28**	0.28
알루미늄 주조합금 (S355.0)	2700	70	95	**0.39**	0.14	0.39
Al-SiC$_p$ 복합재료 (Duralcan)	2880	110	230	**0.18**	0.12	0.18
티타늄 합금 (Ti-6Al-4V)	4400	115	530	0.12	**0.17**	**0.17**

주철 커넥팅롯드 무게의 절반도 안 된다.

그런데 이는 방법을 사용하는 한 가지 길이 될 수는 있지만 최선은 아니다. 그 이유로 첫째, 여러 번의 '임의 선택' 절차가 표에 열거된 재료를 찾아내기 위해 사용된 것으로 보이지만 그것이 어떻게 진행되었는지 자세히 설명되고 있지 못하다는 것이다. 그리고 둘째, 얻어진 결과는 단지 앞에 주어진 F와 L값에 대해서만 적용되며, 이것들이 바뀌면 재료의 선택도 바뀐다는 사실이다. 만일 이러한 제약으로부터 벗어나려면 그래프 방법이 그 해답이다.

피로와 좌굴에 모두 견딜 수 있는 커넥팅롯드의 질량은 두 질량 m_1, m_2 중 더 큰 쪽이다[식 (8.9)와 (8.12)]. 두 질량을 같게 두면 결합선의 식을 얻을 수 있다.

$$M_2 = \left[\left(\frac{\alpha\pi^2}{12}\cdot\frac{F}{L^2}\right)^{1/2}\right]\cdot M_1 \tag{8.14}$$

대괄호 안의 항이 결합상수 C_c이며 이는 (F/L^2) 항을 포함한다. 이 항은 5.6절에서 다루었던 '구조하중계수'이다.

M_1과 M_2가 최적으로 결합된 재료는 이 지수들을 축으로 하는 차트를 그려서 찾는다. 그림 8.5가 그것을 보여주는데, 경합금의 데이터베이스를 사용하고 비교대상으로 주철도 포함하였다. $\alpha = 0.8$로 잡았을 때 두 가지 (F/L^2) 값에 대한 결합선이 차트에 그려졌다. 두 가지 극단적인 선택을 보여주고 있는데, 하나는 구조하중계수(F/L^2)가 높을 때 최선의 후보재료 집합을 찾아내었고, 그 반대는 그것이 낮을 때이다. 베릴륨과 그 합금들은 이 범위 내의 모든 C_c값에 대하여 최선의 선택으로 나타났다. 그것들을 제외하면, (F/L^2)가 높을 때에는$(F/L^2 = 5\text{ MPa})$ Ti-6Al-4V와 같은 티타늄 합금이 최선의 선택이고, 낮을 때에는$(F/L^2 = 0.05\text{ MPa})$ AZ61과 같은 마그네슘 합금이 알루미늄 합금 혹은 티타늄 합금보다 더 가벼운 해를 제공한다. 표 8.5에 이러한 결과를 정리하였다.

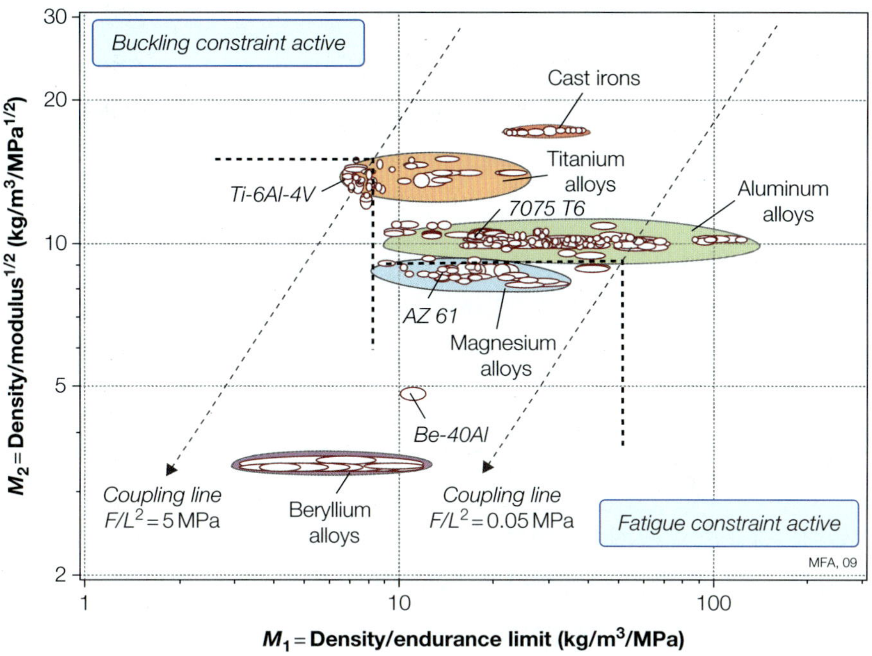

그림 8.5 커넥팅롯드에 대한 결합 제한조건 만들기 : 대각선 방향으로의 점선은 (F/L^2)의 두 가지 극단적인 값에 대한 결합방정식을 나타낸다. 박스 모양의 탐색 영역을 보여준다.

표 8.5 고성능 엔진용 커넥팅롯드 재료

재료	비고
마그네슘 합금	AZ61과 유사한 합금들이 다방면으로 훌륭한 성능을 나타냄.
티타늄 합금	F/L^2 값이 높을 경우 Ti-6Al-4V 합금이 최선의 선택임.
베릴륨 합금	최상의 선택이지만, 제조공정이 어렵고 매우 비쌈.
알루미늄 합금	티타늄이나 마그네슘보다 저렴하나 성능이 떨어짐.

추록 커넥팅롯드는 표 8.5의 모든 재료로부터 만들어져 왔다. 보통 자동차의 알루미늄과 마그네슘 합금, 경주용 자동차의 티타늄과 (거의 드물게)베릴륨 등이다. 재료선택에서 CFRP까지 고려했다면 그것도 우리가 사용한 기준을 잘 만족시키는 것을 알았을 것이다.

이러한 결론은 이 재료를 사용하기 위해 뭔가를 시도했던 다른 사람들에 의해 얻어졌다. 최소한 세 가지 설계의 CFRP 커넥팅롯드의 원형이 만들어졌다. 하지만 CFRP 커넥팅롯드를 설계하는 것은 쉽지 않다. 연속섬유를 사용하는 것은 필수적이며 섬유가 샤프트와 베어링 하우징을 함께 감싸도록 감아져야 하고, 샤프트는 높은 비율의 섬유를 포함해야 하는데 섬유는 힘

F가 작용하는 방향에 평행하게 놓여야 한다. 하나의 과제로서 이것을 어떻게 할 수 있을까 생각해보라.

관련 사례연구

6.4 탁자 다리 재료

8.4 다중 제한조건 : 고자장전자석 코일

10.3 경주용 자전거 포크(forks)

10.5 탁자 다리 한 번 더 재검토 : 가늘게 할 것인가 가볍게 할 것인가?

8.4 다중 제한조건 : 고자장전자석 코일

저명한 물리학자들은 높은 자장하에서 물체에 어떤 일이 발생하는지에 깊은 관심을 가지고 있다. 여기서 고자장이라 함은 50 테슬러(T) 혹은 그 이상을 의미한다. 이러한 고자장을 얻는 방법은 오래된 방식에 의존할 수밖에 없는데, 그것은 그림 8.6에서 개략적으로 보여주는 것과 같이 전선으로 감은 코일을 통해 막대한 전류를 흘려보내는 것이다. 영구자석(실용한계: 1.5 T)도 초전도자석(현재 한계: 25 T)도 그렇게 높은 자장을 얻을 수 없다. 전류가 흐르는 한 전류는 펄스자장을 발생시킨다. 자장의 상한과 지속시간은 코일 재료에 의해 결정된다. 만약 자장의 세기가 너무 높으면 자장의 힘 때문에 코일이 부서져 버리고, 만약 지속시간이 너무 길면 녹을 수도 있다. 그래서 코일 재료의 선택이 중요하다. 그럼 어찌 해야 하는가? 답은 펄스의 지속시간에 달렸다.

펄스자장은 표 8.6에 나타난 것처럼 지속시간과 세기에 따라 분류된다. 자장을 만들어내는 자석이 살아남기 위한 요구조건은 표 8.7에 요약되어 있다. 이 요구조건으로부터 유도된 두 가지 제한조건과 함께 한 가지 설계목표가 자장의 최대화이다. 살아남기 위한 조건은 코일이 자장에 의해 발생하는 방사력(radial force)을 견딜 만큼 충분히 강해야 하고, 너무 과열되지 않아야 한다.

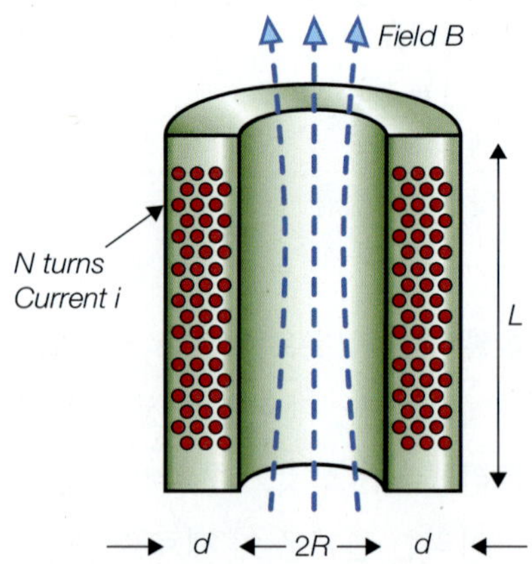

그림 8.6 고자장전자석 코일 : 두 가지 제한조건이 있다. 전자석이 과열되어서는 안 되며, 또한 방사상으로 작용하는 자장의 힘에 의한 파손이 일어나서도 안 된다.

해석 세부적인 모델링은 조금 복잡하므로 우선 몇 개의 분별력 있는 추측(intelligent guess; IG)과 함께 시작해보자. 첫째, 만일 코일이 하중을 지탱해야 한다면(첫 제한

표 8.6 펄스자장의 지속시간과 자장의 세기

분류	지속시간	자장의 세기
연속형	1 s~∞	< 30 T
장	100 ms~1 s	30~60 T
표준	10~100 ms	40~70 T
단	10~1000 μs	70~80 T
초단	0.1~10 μs	< 100 T

표 8.7 고자장전자석 코일의 설계 요구조건

기능	전자석 코일
제한조건	• 기계적인 파손이 없어야 함. • 온도 상승 < 100 °C • 코일의 반경(R)과 길이(L)는 정해져 있음.
설계목표	자장 최대화
자유변수	코일 재료의 선택

조건) 그들은 충분히 강해야 하는데, 더 강하면 더 높은 자장에서 견딜 수 있기 때문이다. 그래서 우리는 높은 탄성한계(σ_y)를 가진 재료를 원한다(IG 1). 둘째, 저항 R_e의 코일을 통해 시간 t_p 동안 흐르는 전류 i는 $i^2R_et_p(J)$의 열을 발생하고, 이것이 부피 V에서 일어난다면 온도 상승은

$$\Delta T = \frac{i^2 R_e t_p}{VC_p\rho}$$

이다. 여기서 C_p는 재료의 비열이고 ρ는 밀도이다. 그래서 전류를 최대화하기 위해서 우리는 $R_e/C_p\rho$값이 작은 재료나, 일정한 코일 형상에서 저항 R_e는 비저항 ρ_e에 비례하므로 $\rho_e/C_p\rho$ 값이 작은 재료가 필요하다(IG 2).

두 가지 추측이 모두 타당하며 이것은 오랜 경험을 통해 받아들여지고 있다. 높은 σ_y의 재료를 찾는 간단한 조사를 하거나 반대로 목표함수를 최소화시켜야 하는 형태로 표현하는 방식에 입각하여 낮은 $M_1 = 1/\sigma_y$와 낮은 $M_2 = \rho_e/C_p\rho$을 가진 후보재료 집합을 찾아낼 수 있다. 이 두 가지는 1,200개의 금속과 합금에 대하여 그림 8.7에 도시하였다. 잠시 검은색 선택 박스는 무시하도록 하자. 지수들의 최선의 조합으로 얻은 재료들은 재료가 몰려있는 영역의 더 낮은 지점에 놓여있다. 짧은 펄스라면 강도가 지배적인 제한조건이고 M_1이 낮은 재료가 요구되므로 A 부근의 것들이 최선의 선택이다. 긴 펄스라면 발열이 지배적인 제한조건이고 M_2이 낮은 재료가 요구되므로 B 부근의 재료가 그 답이 될 것이다.

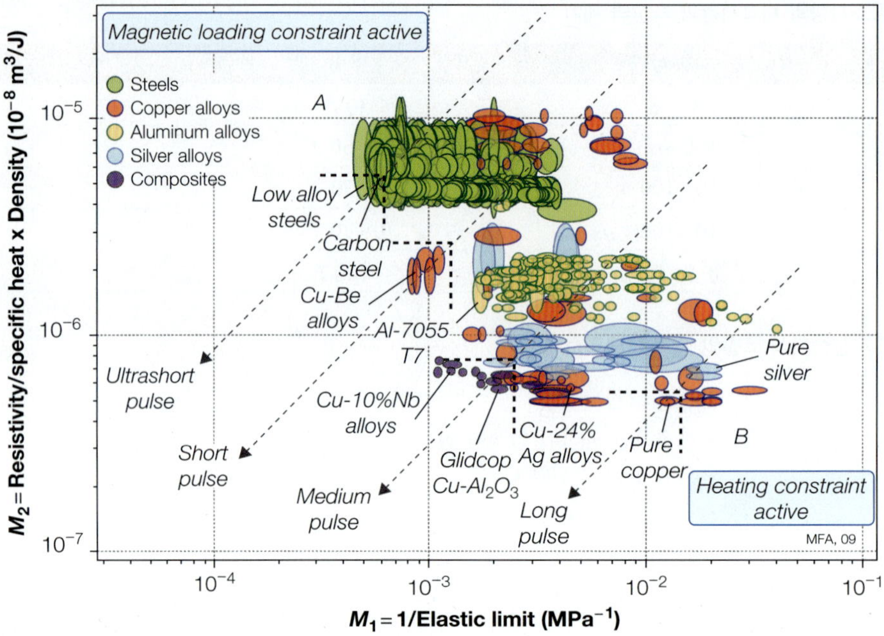

그림 8.7 고성능 전자석 또는 전기모터용 코일의 재료선택에 사용되는 A, B 두 개의 재료군 : 분별력 있는 추측(IG)으로 유도되고 모델링에 의해 검증된 M_1과 M_2을 양 축으로 하고 있으며, 이에 따라 주어진 펄스 지속시간에 따른 선택창의 정확한 위치가 결정될 수 있다.

이는 확실한 진전이며 어쩌면 그것으로 충분할 수도 있다. 만약 우리가 더 정확한 결과를 원한다면, 비록 그것이 분별력있는 것이기는 해도 추측에 의한 선택을 그만두고 더 세부적인 모델링을 필요로 하는 '최대-최소' 방법을 적용해야 한다. 이를 위해서는 모델링은 좀 더 많은 것을 포함해야 하는데, 만약 너무 어렵다면 다음 절인 '선택'으로 넘어가라.

먼저 자력으로 인한 파괴를 생각해보자. 그림 8.6과 같이 긴 솔레노이드에서 자장 B(단위: Weber/m^2)는

$$B = \frac{\mu_o N i}{L} \cdot \lambda_f \cdot F(\alpha, \beta) \tag{8.15}$$

이다. 여기서 μ_o는 공기의 투과율($4\pi \times 10^{-7}$ Wb/A.m), N은 코일을 감은 수, i는 전류, L은 코일의 길이, λ_f는 절연체의 두께에 따르는 충진율(fill-factor, λ_f = 전도체의 단면적/코일의 단면적)이고, $F(\alpha, \beta)$는 자석의 비율에 따른 기하학적 상수(형상인자)인데, 여기서는 그 값이 별로 상관없다.

자장은 전류가 흐르는 코일에 힘을 발생시키며, 힘은 표면력(surface force)이 아니라 사실상 체적력(body force)임에도 불구하고, 마치 압력용기의 압력과 같이 방사상으로 작용한다. 그 크

기는 단위 면적당

$$p = \frac{B^2}{2\mu_o \cdot F(\alpha, \beta)}$$

이고, 압력은 코일과 그 케이스에 응력 σ을 발생시킨다.

$$\sigma = \frac{pR}{d} = \frac{B^2}{2\mu_o \cdot F(\alpha, \beta)} \cdot \frac{R}{d} \tag{8.16}$$

이것이 코일의 항복강도(σ_y)를 초과해서는 안 되며 자장 B에 대한 첫 번째 제한은

$$B_1 \leq \left(\frac{2\mu_o d\sigma_y \cdot F(\alpha, \beta)}{R} \right)^{1/2} \tag{8.17}$$

이고, 자장은 σ_y을 최대화하면 된다. 즉, 다음 재료지수를 최소화하면 된다.

$$M_1 = \frac{1}{\sigma_y} \tag{8.18}$$

이로써 IG 1이 입증되었다.

이제 과열에 의한 파괴를 고려하자. 큰 자력을 가진 자석은 코일의 저항을 감소시키기 위하여 초기에 액체질소에 의해 −196 °C로 냉각된다. 만약 코일이 상온 이상으로 따뜻해지면, 일반적으로 저항 R_e는 매우 커지게 된다. 펄스의 전체에너지 $\int i^2 R_e dt \approx i^2 \overline{R_e} t_p$는 열로 변환되고 (여기서 $\overline{R_e}$는 가열 사이클 동안의 평균 저항값이고 t_p는 펄스의 지속시간) 생성된 열의 방출에 필요한 시간이 충분하지 않기 때문에 이 에너지는 코일의 온도를 ΔT만큼 상승시킨다.

$$\Delta T = \frac{i^2 \overline{R_e} t_p}{C_p \rho V} = \frac{B^2}{\mu_o^2} \cdot \frac{\rho_e t_p}{d^2 C_p \rho} \tag{8.19}$$

여기서 ρ_e는 코일 재료의 비저항이고, V는 체적, C_p는 비열(J/kg.K), ρ는 밀도이다. 만약 온도의 상한이 200 K라면 $\Delta T_{\max} \leq 100$ K이고 자장 B에 대한 두 번째 제한은

$$B_2 \leq \left(\frac{\mu_o^2 d^2 C_p \rho \lambda_f \Delta T_{\max}}{t_p \rho_e} \right)^{1/2} F(\alpha, \beta) \tag{8.20}$$

이다. 자장은 다음 재료지수를 최소화하면 최대화된다.

$$M_2 = \frac{\rho_e}{C_p \rho} \tag{8.21}$$

이는 IG 2와 잘 부합한다. B에 대한 두 개의 식은 그림 8.8에서 펄스 지속시간 t_p의 함수로써

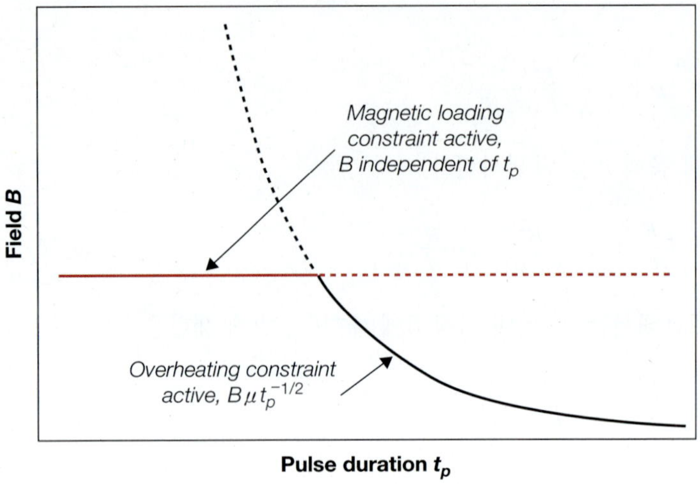

그림 8.8 자장 B에 대한 두 개의 식을 개략적으로 도시하면, 활성 제한조건이 어느 것인지 나타난다.

도시되었다. 짧은 펄스는 강도가 활성 제한조건이며, 긴 펄스는 발열이 활성 제한조건이다.

선택 표 8.8에는 세 가지 종류의 코일 재료 후보에 대한 물성치가 나와 있다. 여섯 번째 칼럼은 강도가 활성 제한조건인 경우에 자장의 세기 B_1을 나타낸다. 일곱 번째 칼럼은 발열이 활성 제한조건인 경우 다음의 설계 요구조건에 따라 평가된 자장의 세기 B_2을 나타낸다.

$$t_p = 10\text{ ms},\ \lambda_f = 0.5,\ \Delta T_{\max} = 100\text{ K},\ F(\alpha, \beta) = 1,\ R = 0.05\text{ m},\ d = 0.1\text{ m}$$

구리 합금에 대해서는 강도가 활성 제한조건이며, 강철에 대해서는 발열이 활성 제한조건이다. 마지막 칼럼에는 활성 제한조건에 대한 한계 자장 $\widetilde{B}$을 보여주고 있으며, 구리-니오븀 복합재료가 가장 큰 $\widetilde{B}$을 제공한다.

지금까지는 잘 진행되었다. 그러나 우리에게는 바로 앞 절에서 겪었던 것과 같은 문제가 남아있다. 누군가 표에 제공된 세 가지의 재료를 미리 선택하였는데, 다른 것을 선택하면 어떻게 되는가? 그리고 여기서 얻은 선택 결과는 앞에 언급된 치수와 10 ms의 펄스 지속시간(t_p)에 대한 것인데 만약 이를 바꾸면 어떻게 되는가? 이 때문에 그래프 방법이 필요하다.

표 8.8 고자장전자석 코일 재료의 선택(펄스 지속시간 10 ms)

재료	ρ (kg/m^3)	σ_y (MPa)	C_p (J/kg.K)	ρ_e (10^{-8} Ω.m)	B_1 (Wb/m^2)	B_2 (Wb/m^2)	$\widetilde{B}$ (Wb/m^2)
고전도성 구리	8940	250	385	1.7	**35**	113	35
Cu-15%Nb 복합재료	8900	780	368	2.4	**62**	92	**62**
HSLA 강철	7850	1600	450	25	89	**30**	30

표 8.9 고자장전자석 코일 재료

재료	비고
연속형 및 긴 펄스	
고전도성 구리	저자장, 긴 펄스 자석에 최선의 선택(발열 제한)
순은	
짧은 펄스	
구리-알루미나 복합재료(Glidcop)	고자장, 짧은 펄스 자석에 최선의 선택(발열 및 강도 제한)
고전도성 구리-카드뮴 합금	
고전도성 구리-지르코늄 합금	
고전도성 구리-크롬 합금	
드로잉한 구리-니오븀 복합재료	
초단 펄스, 초고자장	
구리-베릴륨-코발트 합금	고자장, 짧은 펄스 자석에 최선의 선택(강도 제한)
고강도저합금강(HSLA)	

그림 8.6에서 교차점은 식 (8.17)과 (8.20)을 같게 놓았을 때 얻어지며, 결합선은

$$M_2 = \left[\frac{\mu_o R d \lambda_f F(\alpha, \beta) \Delta T_{\max}}{2t_p}\right] \cdot M_1 \tag{8.22}$$

과 같고, 대괄호 안의 항은 결합상수 C_c이며 펄스 지속시간 t_p의 함수이다.

이제 그림 8.7로 돌아가 보자. 앞서 언급한 것처럼 양 축은 두 개의 지수 M_1과 M_2로 나타낸다. 여기서 세 개의 선택은 한 개의 초단 펄스 자석과 다른 두 개의 긴 펄스 자석이다. 각각의 선택 박스는 일정한 B의 등고선이며 그 코너는 적절한 펄스 지속시간에 대한 결합선 위에 놓여있다. 주어진 펄스 지속시간에 대하여 최선의 선택은 결합선을 따라 아래쪽으로 가장 멀리 놓여있는 박스이다. 그 결과는 표 8.9에 요약되어 있다.

추록 여기서 전개된 것처럼 사례연구는 지나치게 단순화되어 있다. 오늘날의 자석 설계는 매우 정교하며 전자석 및 초전도 자석이 최대 9단계까지 얽혀있는 구조로, 기하학적 형상이 가장 중요한 요소가 되고 있다. 하지만 코일 재료의 선택은 명백하다. 펄스가 길면 비저항이 최우선 고려사항이고, 매우 짧으면 강도이며 이에 대한 최선의 선택은 여기에 기술된 바와 같다. 유사한 고려사항이 초고속 회전 모터, 버스바(bus bars), 릴레이에 사용되는 코일의 재료선택에 적용된다.

참고문헌

Herlach, F. (1988) The technology of pulsed high-field magnets, *IEEE Transactions on Magnetics*, *24*, 1049.

Wood, J.T., Embury, J.D. & Ashby, M.F. (1995) An approach to material selection for high field magnet design, *Acta Metal. et Mater.* *43*, 212.

관련 사례연구

8.3 다중 제한조건 : 고성능엔진용 커넥팅롯드

8.5 상충 설계목표 : 탁자 다리 재검토

이제 결합된 다중 제한조건의 문제로부터 상충 설계목표쪽으로 관심을 돌려 7.3절에서 공부한 방법을 적용해보자. 간단한 사례에서부터 시작하는데 날씬한 탁자 다리 재료의 선택 문제로 다시 돌아간다.

해석 설계 요구조건은 타볼리노 씨에 의해 그가 만드는 탁자에 대하여 설정되었으며(표 6.5 참조), 두 개의 설계목표가 주어졌다. 즉 탁자 다리는 가급적 가벼우면서도 날씬한 것이 요구된다. 다리 하나의 질량 m[식 (6.8)]은 다음 식에 비례한다.

$$M_1 = \frac{\rho}{E^{1/2}}$$

그리고 굵기 $2r$[식 (6.9)]는 다음 식에 비례한다.

$$M_2 = \frac{1}{E}$$

타볼리노 씨는 두 가지 모두를 최소화하고자 한다.

선택 이 문제처럼 설계목표가 다수인 경우의 문제를 푸는 적절한 방법은 절충도표를 그리는 것이다. 그림 8.9가 바로 그러한 예로 수직축은 M_1, 수평축은 M_2이다. 보기에 편하게 철합금, 경합금, 복합재료, 목재만을 도시하였는데, 이 부분집합이 조건을 만족하는 것으로 생각되는 거의 모든 후보재료를 포함하기 때문이다. 재료클래스에 따라 매우 뚜렷하게 군집을 이루고 있는데, 이는 재료들의 탄성계수와 밀도가 모두 매우 좁은 범위에 걸친 특성이기 때문이다.

전나무나 가문비나무로 만든 탁자 다리는 다른 어떤 재료로 만든 다리보다 가벼울 수 있다. 복합재료로 만들면 거의 마찬가지로 가벼우면서도 더 가늘게 만들 수 있다. 그러나 놀랍게도

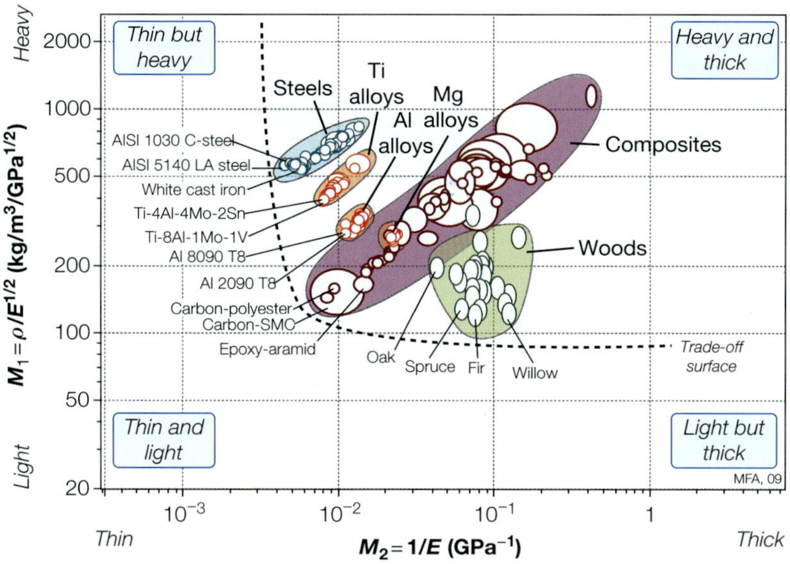

그림 8.9 탁자 다리에 대한 절충도표 : 절충표면에 가까이 접한 재료들이 결정되었다.

그것이 모든 재료 중 가장 가늘게 다리를 만들 수 있는 것은 아니고, 실제로는 강철이 가장 가는 다리를 만들어준다. 경합금으로는 강철보다 더 가벼운 다리를 만들 수 있지만 강철처럼 가는 다리를 만들 수는 없다. 종합적으로 복합재료가 아주 작은 무게와 매력적인 날씬함을 제공하는 최선의 타협안이다.

추록 그러나 지난 6.4절에서도 반문하였듯이 속이 빈 튜브로 만든 다리가 더 가볍지 않을까? 굵어서 안 된다고 하였으나 얼마나 굵어지는가? 혹시 튜브 형상으로 만드는 것이 최선의 타협안일 가능성은 없는가? 이에 대한 답은 10.5절에서 찾을 수 있을 것이므로 조금 더 기다려 보기 바란다.

유사 사례연구

6.4 탁자 다리 재료

8.6 상충 설계목표 : 첨단 전자제품의 초박형 케이스

노트북 컴퓨터, 휴대전화, PDA, MP3 등 첨단 전자제품의 날씬함은 설계에 있어 대세이다. 이상적으로 말하면 당신의 셔츠 주머니에 제품을 넣고 그것이 거기에 있는지도 모르는 장치이다. 케이스는 충격으로부터 전자부품들을(특히 디스플레이) 보호하기 위해 충분한 강성과 강도

표 8.10 설계 요구조건 : 소형 휴대용 전자제품 케이스

기능	가볍고, 얇고 (싼) 덮개
제한조건	• 굽힘강성, S^*, 지정됨 • 치수 L, W 지정됨
설계목표	• 케이스의 두께 최소화 • 케이스의 질량 최소화
자유변수	• 케이스의 벽두께 t • 재료의 선택

를 가져야 한다. 전통적으로 케이스는 ABS나 폴리카보네이트 몰딩으로 만들어졌다. ABS 케이스가 충분한 강성을 가지기 위해서는 최소한 두께가 2 mm 이상이어야 하는데, 이는 얇음과 가벼움이 최고의 가치로 인식되는 오늘날의 설계 관점에서는 너무 큰 것이다. 그러나 케이스를 너무 얇게 만든 결과로 얻은 대가는 혹독한데, 깔고 앉아버린 휴대전화나 책갈피 속에 파묻힌 노트북 컴퓨터 등을 예로 들 수 있다. 케이스의 강성이 충분하지 못하면 제품이 휘게 되고 디스플레이 스크린이 손상된다. 여기서 과제는 최소한 두께 2 mm짜리 ABS 케이스와 같은 정도의 강성을 유지하면서 더 얇고 더 가벼운 케이스용 재료를 찾는 것이다. 기억할 것은 가장 얇은 것이 가장 가벼운 것은 의미하지는 않는다는 사실이고 그 역도 마찬가지이다. 아마도 절충이 필요할 것이다. 표 8.10에 설계 요구조건을 정리하였다.

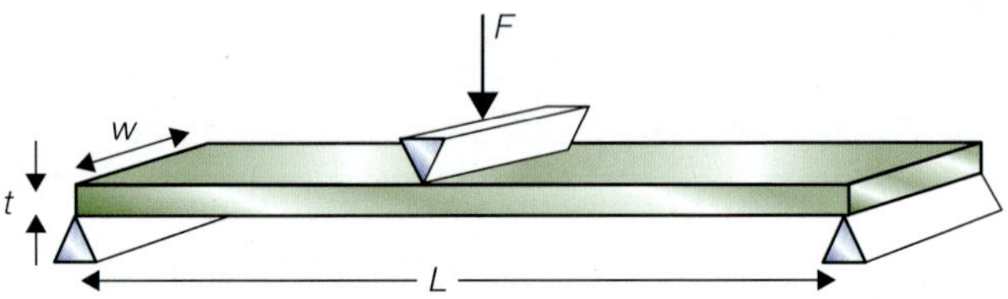

그림 8.10 케이스는 굽힘하중을 받는 치수 $L \times W$, 두께 t인 패널로 형상을 단순화할 수 있다.

해석 그림 8.10에 주어진 것처럼 케이스의 한 패널에 걸리는 하중을 이상화할 수 있다. 외부하중이 케이스를 휘게 만들 것이다. 굽힘강성은

$$S = \frac{48\,EI}{L^3} \ (\text{여기서, } I = \frac{Wt^3}{12}) \tag{8.23}$$

이고 여기서 E는 탄성계수, I는 패널 단면적의 이차모멘트, 그리고 L, W, t는 그림에 나타낸 것과 같은 치수이다. 패널이 그 역할을 제대로 수행하기 위해서는 강성도 S가 설계기준인 S^*보다 같거나 커야 한다. 두 식을 연결하여 t에 대해서 정리하면 식 (8.24)를 얻는다.

$$t \geq \left(\frac{S^* L^3}{4EW}\right)^{1/3} \tag{8.24}$$

가장 얇은 패널은 다음 재료지수를 최소화하는 재료로부터 만들어질 수 있다.

$$M_1 = \frac{1}{E^{1/3}}$$

단위 면적당 패널의 질량 m_a는 단순히 ρt이며, 여기서 ρ는 밀도이다. 가장 가벼운 패널은 다음 재료지수의 값을 최소화함으로써 만들 수 있다.

$$M_2 = \frac{\rho}{E^{1/3}} \tag{8.25}$$

우리는 현존하는 강성도 S^*의 ABS 패널을 비교 기준으로 사용한다. 만약 ABS가 탄성계수 E_o, 밀도 ρ_o을 가지면, 어떤 다른 재료(계수 E, 밀도 ρ)로 만든 패널의 두께 t와 ABS 패널의 두께 t_o와의 두께 비는 식 (8.24)를 사용하여

$$\frac{t}{t_o} = \left(\frac{E_o}{E}\right)^{1/3} \tag{8.26}$$

으로 표현되며, 단위 면적당 상대 질량은 다음과 같다.

$$\frac{m_a}{m_{a,o}} = \left(\frac{\rho}{E^{1/3}}\right)\left(\frac{E_o^{1/3}}{\rho_o}\right) \tag{8.27}$$

우리는 가능한 해를 찾기 위해 t/t_o와 $m_a/m_{a,o}$ 사이의 절충점을 찾아보고자 한다.

선택 그림 8.11은 선택에 필요한 도표를 보여주는데, 단순화를 위해 몇 가지 클래스의 재료만을 선택적으로 도시하였다. 좌표축의 중앙인 (1,1)에 ABS가 위치하도록 하고 그것을 중심으로 네 개의 구역으로 나누었다. A구역의 해는 ABS보다 두 배 정도나 얇고 가볍다. B구역과 C구역의 해는 하나의 지표에 대해서는 더 낫지만 다른 하나의 지표에 대해서는 더 못하고, D구역의 해는 두 지표 모두에 대해서 더 좋지 못하다. 최적의 선택을 찾기 위해 점선으로 표현된 것처럼 절충표면을 그려 넣었다. 이 표면에 접하거나 가까운 해들은 최소한 하나 이상의 기준에 대하여 좋은 선택이며, 직관적으로 A구역 안이나 근처에 있는 것이 최선의 선택일 것이다.

이 정도로 이미 두께나 무게의 절감을 가져다 줄 수 있는 재료선택을 안내하는 것은 충분하다. 만약 좀 더 알고 싶으면 우리는 상대 벌칙함수(relative penalty function)를 사용해야 한다. Z^*를 재화(currency)의 단위로 하여 다음과 같이 정의한다.

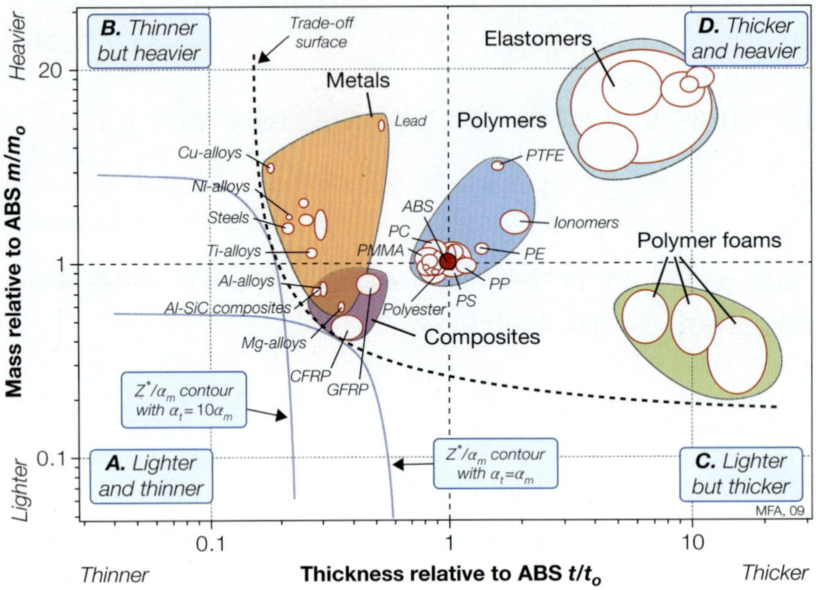

그림 8.11 대안재료로 만들어진 케이스의 상대 두께와 질량 : 절충표면에 가까이 접한 재료들이 결정되었다.

$$Z^* = \alpha_t^* \frac{t}{t_o} + \alpha_m^* \frac{m_a}{m_{a,o}} \tag{8.28}$$

교환상수 α_t^*는 두께의 감소비율에 따른 벌칙의 감소(또는 가치의 증가)를 측정할 수 있고, α_m^*는 질량의 감소비율에 따른 벌칙의 감소(또는 가치의 증가)를 측정할 수 있다. 예를 들어, $\alpha_t^* = \alpha_m^*$로 놓으면 양쪽에 동등하게 가치를 둔다는 의미이다. 그러면 동등한 벌칙 Z^*를 갖는 해는 다음과 같은 곡선 위에 위치한다.

$$\frac{Z^*}{\alpha_m^*} = \frac{t}{t_o} + \frac{m_a}{m_{a,o}} \tag{8.29}$$

여기서 우변의 첫 항은 식 (8.26)에 의해, 둘째 항은 식 (8.27)에 의해 주어진다. 이것을 금속, 고분자, 복합재료의 선택에 대하여 그림 8.12에 도시하였다. ABS는 고분자 군의 가운데에 위치한다. CFRP, GFRP, 티타늄, 알루미늄, 마그네슘 합금은 모두 기존 케이스에 비하여 더 낮은 Z^*값을 나타내므로 더 나은 선택이 될 수 있다.

지금까지의 그래프에 의한 문제해결은 특정한 $(\alpha_t^* / \alpha_m^*)$ 비의 단일 가치에 대한 것이다. 만일 얇음과 가벼움에 대한 상대적인 중요도가 달라진다면 순위도 달라지므로, 좀 더 일반적인 방법이 필요하다. 그것은 절충도표에 벌칙함수의 등고선을 그려 넣음으로써 얻을 수 있으며, 그림 8.11에 두 가지 예를 파랑색으로 도시하였다. 식 (8.29)의 선형관계는 Z^* / α_m^*가 왼쪽 아

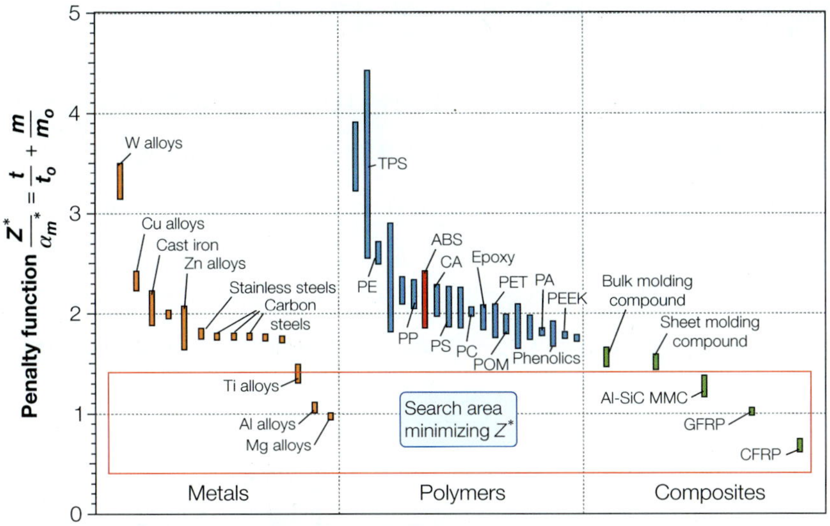

그림 8.12 $\alpha_t = \alpha_m$일 때의 벌칙함수 Z/α_m : ABS는 고분자 칼럼의 중간 부근에 위치한다. 그보다 아래쪽일수록 재료는 벌칙이 낮고 더 좋은 선택이 된다.

래로 향할수록 감소하는 경향으로 몇 개 곡선의 집단으로 그려진다. 로그 척도이기 때문에 직선으로 나타나지는 않는다. Z^* / α_m^*의 절대값은 문제가 되지 않으며, 우리가 필요로 하는 건 그림 8.11에서처럼 어느 등고선이 절충표면에 접하는 점을 찾는 것이다. 이 점에 가장 가까운 해가 최적의 선택이며, 이는 CFRP, 마그네슘 합금, Al-SiC복합재료이다.

만약 $\alpha_t^* = 10\alpha_m^*$으로 둔다면 이는 가벼운 것보다는 얇은 것이 더 가치가 있다는 것을 뜻하며, 곡선이 그림 8.11의 다음 위치로 이동하는 것을 의미한다. 이제는 티타늄과 심지어 강철이 매력적인 후보들이 된다.

추록 극단적인 얇음과 경량화가 처음으로 주요 설계 추세가 되었던 1997년으로 돌아가면, 여기에 이른 결론은 새로운 것이었다. 그 당시에는 이동식 전자제품의 거의 모든 케이스들이 ABS나 폴리카보네이트, 때때로 강철로 만들어졌다. 12년 이상이 지난 오늘날에는 알루미늄, 마그네슘, 티타늄, 심지어 CFRP로 만들어진 케이스들을 현재 시장에서 찾아볼 수 있다. 1997년부터 시작된 이 사례연구의 가치는 체계적인 선택 방법이 다목적 선택에 적용가능하다는 것을 보여준다는 데 있다.

관련 사례연구

8.7 상충 설계목표 : 디스크브레이크 캘리퍼 재료

8.7 상충 설계목표 : 디스크브레이크 캘리퍼 재료

비용이 재료선택에 중요한 요소라는 질문에 "아니요"라는 대답을 듣는다면, 이는 정말 아주 특별한 경우이다. 하지만 재료가 우주선에서 극도로 중요한 기능(구조재로서 베릴륨, 방사선 스크린에 필요한 이리듐 등)을 수행하는 데 필요한 경우 때로는 있을 수 있다. 이는 의료시술이나 극도로 경쟁적인 스포츠에서도 일어날 수 있는데, 금니를 해 넣는 것이 그 하나요, 경주용 오토바이에는 요구되는 높은 열전도도 때문에 순은으로 만든 실린더헤드를 써야 하는 것이 다른 하나이다. 여기 또 다른 사례가 있는데, 포뮬러 1 경주용 자동차의 브레이크 캘리퍼 재료이다.

해석 브레이크 캘리퍼는 길이 L, 폭 b, 두께 t인 두 개의 빔으로 단순화할 수 있다(이 장의 커버 그림과 그림 8.13). 각 빔은 브레이크가 작용할 때 굽힘력을 받으며, 브레이킹이 열을 발생시키기 때문에 뜨거워진다. 아래쪽 그림은 하나의 빔을 개략도로 나타낸 것이며, 길이 L과 폭 b가 주어져 있다. 빔의 강성도 S가 매우 중요하다. 만약 S가 부적절하면 캘리퍼가 휘게 되고 이는 브레이크 효율을 떨어뜨리고 진동을 발생시킨다. 브레이크에서 발생된 열의 일부는 캘리퍼를 통해 외부로 전달되어야 하므로 열전달 능력 또한 중요하다.

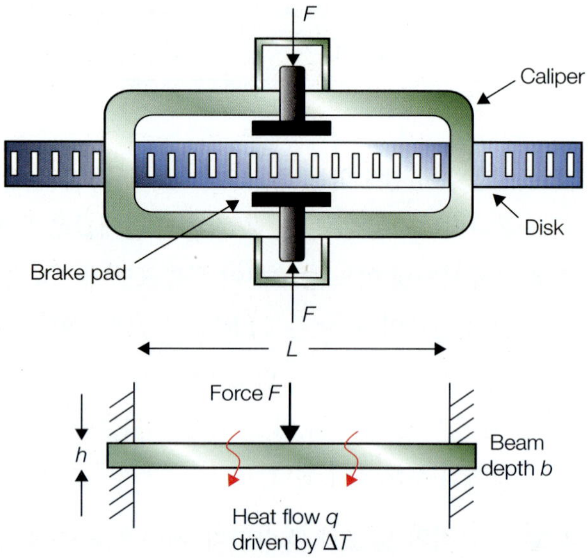

그림 8.13 브레이크 캘리퍼의 개략도 : 캘리퍼의 긴 팔은 굽힘하중을 받으며, 과열방지를 위해 열전도도가 좋아야 한다.

표 8.11 설계 요구조건 : 브레이크 캘리퍼

기능	브레이크 캘리퍼
제한조건	• 굽힘강성, S^* 지정됨 • 치수 L, b 지정됨
설계목표	• 캘리퍼의 질량 최소화 • 캘리퍼를 통한 열전달 극대화
자유변수	• 캘리퍼의 벽두께 h • 재료의 선택

표 8.11은 이러한 요구조건들을 정리한 것이다.

처음에는 질량의 최소화와 열전달의 최대화의 두 설계목표를 가지고 시작해라. 캘리퍼의 질량은 하나의 빔으로부터 구해지며 그 단위 면적당 질량은 단순히

$$m_a = h\rho \text{ (단위: kg/m}^2\text{)} \tag{8.30}$$

로 표현된다. 여기서 ρ는 만들어진 재료의 밀도이다. 열전달 q는 빔 재료의 열전도도 λ에 의존한다. 단위 면적당 열흐름은

$$q_a = \lambda \frac{\Delta T}{h} \text{ (단위: Watts/m}^2\text{)} \tag{8.31}$$

이며, 여기서 ΔT는 표면간의 온도차이다.

L, b, ΔT는 정해져 있으며, 유일한 자유변수는 두께 h이다. 하지만 캘리퍼는 휘거나 과도하게 진동하지 않게끔 충분한 강성이 있어야 한다는 제한조건이 있다. 이를 위해

$$S = \frac{C_1 EI}{L^3} = \frac{C_1 Ebh^3}{12L^3} \geq S^* \text{ (단위: N/m)} \tag{8.32}$$

위 식을 사용하며, 여기서 S^*는 요구되는 강성, E는 탄성계수, C_1은 하중분포에 의존하는 상수이며, $I = bh^3/12$는 빔의 단면적의 이차모멘트이다. 따라서 다음과 같이 나타낼 수 있다.

$$h \geq \left(\frac{12S^*}{C_1 bE}\right)^{1/3} L \tag{8.33}$$

이것을 식 (8.30)과 (8.31)에 넣으면 캘리퍼 단위 면적당 질량 m_a과 그것을 통하여 전달되는 열 q_a에 대한 식을 다음과 얻는다.

$$m_a \geq \left(\frac{12S^*}{C_1 b}\right)^{1/3} L \left(\frac{\rho}{E^{1/3}}\right) \text{ (단위: kg/m}^2\text{)} \tag{8.34}$$

$$q_a \geq \frac{\Delta T}{L}\left(\frac{C_1 b}{12S^*}\right)^{1/3} (\lambda E^{1/3}) \text{ (단위: W/m}^2\text{)} \tag{8.35}$$

첫 번째 식은 다음 재료지수를 포함하고,

$$M_1 = \frac{\rho}{E^{1/3}}$$

두 번째 식은 다음 재료지수를 포함한다.

$$M_2 = \frac{1}{\lambda E^{1/3}}$$

선택 브레이크 캘리퍼의 표준재료는 구상흑연주철이다. 이것은 싸고 단단하지만, 무겁고 상대적으로 열전도도가 낮다. 이것을 비교 대상으로 삼아 주철의 값(밀도 ρ, 탄성계수 E, 열전도도 λ)을 기준으로 식 (8.34)와 (8.35)를 상대 질량과 상대 열전도도로 변환하면 다음과 같다.

$$\frac{m_a}{m_{a,o}} = \left(\frac{\rho}{E^{1/3}}\right)\left(\frac{E_o^{1/3}}{\rho_o}\right) \tag{8.36}$$

$$\frac{q_{a,o}}{q_a} = \frac{\lambda_o\, E_o^{1/3}}{\lambda\, E^{1/3}} \tag{8.37}$$

q_a에 대한 식은 이들을 모두 최소화하는 최선의 재료선택을 위해서 변환되었다. 그림 8.14는 이들을 축으로서 보여주는 차트이며 주철의 점(1,1)을 기준으로 네 부분으로 나누어진다. 각각의 거품들은 재료를 나타낸다. 양쪽의 설계목표를 모두 만족하는 주철보다 나은 재료는 왼쪽 아래의 것들이다. 예를 들면 알루미늄 캘리퍼는 무게가 절반이고 열전도도는 2배이다. 최종선택은 베릴륨이나 베릴륨–알루미늄 합금(Be–40Al)이다.

좀 더 알고 싶으면 상대 벌칙함수를 사용한다.

$$Z^* = \alpha_m^*\left(\frac{m_a}{m_{a,o}}\right) + \alpha_q^*\left(\frac{q_{a,o}}{q_a}\right) \tag{8.38}$$

괄호 속의 항은 식 (8.36)과 (8.37)에서 주어졌으며, 교환상수 α_m^*과 α_q^*는 주철을 기준으로 할 때 무게절감의 비율과 열전달 증가의 상대적인 값을 나타낸다. 벌칙함수는 (α_q^*/α_m^*) 비의 세

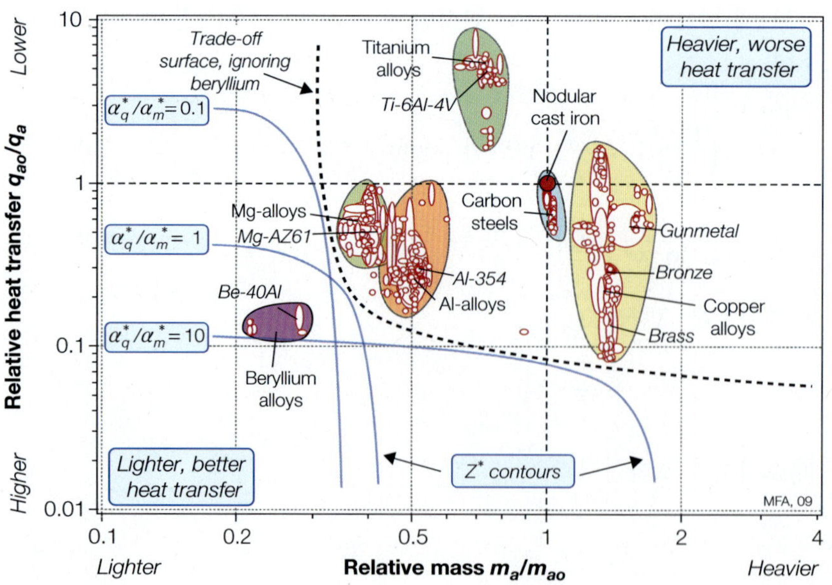

그림 8.14 식 (8.36)과 (8.37)을 축으로 사용한 차트 : 베릴륨과 그 합금이 질량 최소화와 열전달 극대화 모두를 만족하는 최선의 재료이다. 하지만 이런 색다른 금속을 배제한다면, 선택은 α_q^*/α_m^*값에 따라 결정된다. 세 가지 α_q^*/α_m^* 값에 대한 절충표면과 벌칙곡선이 나타나 있다.

가지 값에 대하여 그림 8.14에 도시하였다. 다른 모든 조건을 만족하는 '색다른' 존재인 베릴륨 합금을 제외하면 각각은 절충표면에 접한다. $(\alpha_q^* / \alpha_m^*) = 0.1$로 둔다면 질량 감소가 가장 중요한 의미를 가지며, 마그네슘 합금이 최상의 선택이다. 만약 질량 감소와 열전달이 똑같이 중요하다면$(\alpha_q^* / \alpha_m^* = 1)$ 알루미늄 합금이 좋은 선택이 된다. 또한 만약 열전달이 가장 중요하게 고려된다면 $(\alpha_q^* / \alpha_m^* = 10)$, 구리 합금이 좋다. 그러나 정말 최상의 것을 원한다면 그것은 베릴륨(합금)일 수밖에 없다.

추록 한때 페라리 경주용 자동차는 베릴륨 브레이크 캘리퍼를 채택하기도 했었다. 오늘날엔 포뮬러1 자동차경주의 인기를 더욱 높이기 위해 사용하는 재료를 제한하면서 베릴륨 합금의 사용은 불허하게 되었다.

관련 사례연구

6.16 정밀측정기기의 열변형을 최소화할 수 있는 재료

8.6 상충 설계목표 : 첨단 전자제품의 초박형 케이스

8.8 요약과 결론

대부분의 설계는 과도하게 제한되어 있다. 그것은 여러 개의 서로 경쟁하고 종종 상충되는 요구조건들을 동시에 만족해야 한다. 그러나 서로 상충하는 문제에도 불구하고 최적의 선택은 여전히 가능하다. 제7장에서 소개된 '활성 제한조건'을 통해 두 가지 이상의 제한조건을 최적으로 만족시킬 수 있는 재료선택이 가능하다. 여기서 세 개의 사례연구를 통하여 이를 설명하였는데, 둘은 기계적인 사례이고 나머지 하나는 전기-기계적인 사례이다.

우리가 해결해야 하는 보다 큰 문제는 설계가 둘 이상의 상충된 설계목표들을 만족시켜야 하는 경우이다. 여기서는 질량, 부피, 비용, 환경영향의 최소화와 같은 모든 설계목표들을, 예를 들어 '공통된 재화'로서 하나의 단위로 표현해야 할 필요가 있다. 변환 인자는 '교환상수'로 불리며 교환상수의 값을 추산하는 것이 이러한 문제 해결에 있어서 중요한 단계가 된다. 이런 과정을 통하여 설계목표들을 결합하는 벌칙함수 Z가 구성되고, 이 Z를 최소화하는 재료가 적절하게 균형이 잡힌 방법으로 모든 설계목표를 만족시킨다. 가장 명백한 공통재화는 비용 그 자체이며, 비용과 다른 설계목표 사이의 '교환비율'이 확립되어야 한다. 이는 질량이나 그 밖에 다른 설계목표에 대해서도, 최소한 원리적으로는 적용가능하다. 이 방법은 다른 세 가지의 사례연구를 통해 설명되어 있다.

제 9 장

재료와 형상의 선택

압출 제품의 단면형상 (사진 제공 : Thomas Publishing)
www.thomasnet.com/articles/image/plastic-extrusions. jpg

Materials Selection in Mechanical Design, DOI: 10.1016/B978-1-85617-663-7.00009-6

9.1 서론과 개요

이제 지금까지의 과정을 잠시 멈추고 형상이 재료의 거동 방식을 변화시키는 데에 어떻게 사용되는지 곰곰이 생각해보자. 재료는 탄성계수와 강도를 가지고 있지만, I-빔 또는 속이 비어있는 튜브 형상으로 만들면 굽힘이나 비틀림 하중을 받았을 때 보다 강성이 크고 강하게 만들 수 있다. 재료는 또한 얇은 낱장(leaf)으로 만들어 적층하거나, 선의 형태로 만들고 나선 형상으로 감아내면 보다 강성이 낮게 만들 수도 있다. 얇게 만들어진 형상은 열을 발산시키는 데 도움을 주고, 쎌 형상(cellular)은 열을 보존하는 데 도움을 준다. 전기정전용량을 극대화하기 위한 형상, 자기장을 보존하기 위한 형상, 광학적인 반사, 회절, 굴절을 제어하기 위한 형상, 음향을 반사시키기 위한 형상, 음향을 흡수하기 위한 형상들이 있다. 형상은 매끄럽게 또는 거칠게 만들거나 미끄럽게 또는 쥘 수 있게 만들어 재료의 느낌을 바꾸는 데 사용되기도 한다. 그리고 물론 밀로의 비너스 상이 대리석 덩어리가 아닌 아름다운 여신인 것은, 그 자체가 바로 형상으로 조각이 이루어졌기 때문이다. 이것은 내용이 매우 풍부한 주제이다.

여기서 우리는 그중 일부로서 형상이 재료의 기계적인 효율을 증가시키기 위해 사용될 수 있는 방법에 대해 알아보기로 한다. 형상을 가진 단면은 고체 단일체 단면보다 굽힘, 비틀림, 축방향 압축 하중을 보다 효율적으로 견딘다. '형상을 가진'이란 의미는 횡단면이 튜브 형태, 박스형 단면, I-단면 등을 의미한다. '효율적'이란 의미는 주어진 하중 조건에서 단면이 가능한 한 적은 재료를 사용한다는 의미이다. 튜브, 박스, I-단면을 '단순형상'으로 부르기로 한다. 샌드위치 패널(얇은 하중지탱 외피가 발포재나 벌집형의 코어와 접합된 것)과 트러스구조(예를 들어 Warren truss)를 적용함으로써 더욱 더 큰 효율도 가능하다.

이 장에서는 재료선택 방법에 형상도 포함시키기로 한다(그림 9.1). 흔히 이것은 필요 없기도 한데, 제6장의 사례연구에서 형상은 전혀 고려하지 않았거나 개재되었더라도 재료선택에 있어서 변수가 되지는 않았다. 즉, 동일한 형상에 대하여 서로 다른 재료를 가지고 비교가 이루어졌다. 그러나 서로 다른 단면을 가진 두 가지의 재료를 얻을 수 있는 경우나 설계에 있어서 형상이 문제가 되는 경우에는 보다 일반적인 문제로 확대된다. 아주 광범위한 재료들과 가능한 단면형상 중에서 성능을 극대화하려면 어떤 조합을 찾아내어 선택할 수 있을 것인가의 문제이다. 자전거의 사례를 들어보기로 하자. 자전거의 포크는 굽힘하중을 받는다. 예를 들어 강철이나 목재로 만들 수 있다. 초기의 자전거는 목재를 사용하여 만들어졌다. 그러나 강철은 벽이 얇은 튜브로 만들어질 수 있음에 비해 목재는 그렇지 못하고 흔히 고체 단면을 가진다. 단일체 목재로 만든 자전거는 동일한 강성을 유지하는 조건에서 (동일한 형상의)강철로 만들어진

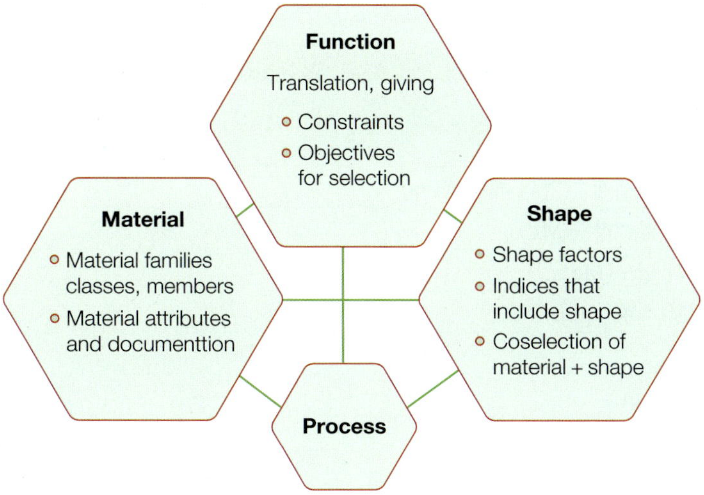

그림 9.1 단면 형상은 특정 하중모드에 대하여 중요하다. 형상이 새로운 항으로서 변수가 될 경우에는 형상계수는 일부 재료지수에 나타나며, 이것으로 인해 재료와 형상의 최적 선택이 가능해진다.

자전거 보다는 확실히 가볍다. 하지만 강철 튜브로 만들어진 자전거보다 가벼울 수 있을 것인가? I-단면형상 마그네슘 재료는 더욱 가볍지 않을까? 어떻게 하면 가장 최선의 재료와 형상의 조합을 선택할 수 있을 것인가? 그것이 문제이다.

이 장에서는 이와 같은 문제들에 대한 해답을 구하는 절차를 개략적으로 보여준다. 여기에는 형상계수(shape factor)의 정의가 필요하다. '재료'는 특성은 있으나 형상이 없는 것으로 간주된다. 구성요소 또는 '구조'는 재료가 형상으로 만들어진 것을 의미한다(그림 9.2). 형상계수는 재료 사용상 효율의 척도이다. 더 나아가 이들은 제5장에서 다룬 바와 같은 재료지수의 정의를 가능하게 하며, 이제 여기에 형상이 포함되게 되었다. 형상이 일정할 경우 재료지수는 제5장의 경우와 동일하게 되지만, 형상이 변수가 될 경우에는 형상계수가 재료지수의 식에 포함된다. 이 장에서 다루는 아이디어는 제5장에서보다 약간 더 어려운데, 이들의 중요성은 그것이 만들어내는 재료의 선택과 하중지탱 구조의 설계 사이의 상관관계에 달려있다. 그러한 결과가 어떻게 얻어졌는지를 파악하고 싶은 독자는 전체 스토리를 모두 읽어보아야 할 것이다. 편의상 표 9.1에 전개과정에서 사용되는 기호들을 나열하였다.

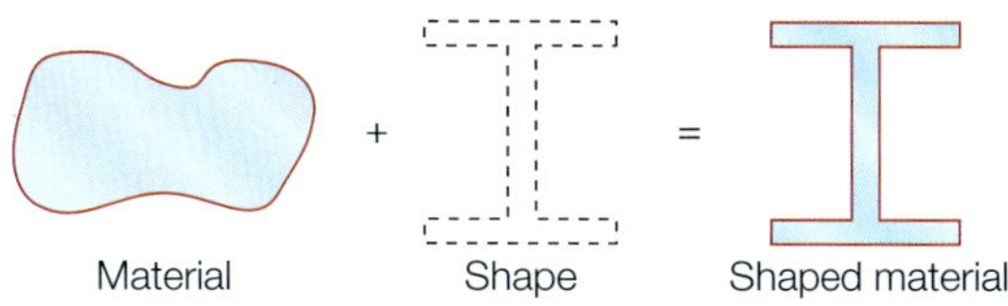

그림 9.2 기계적인 효율은 재료를 거시적 형상과 조합하여 얻을 수 있다. 형상은 차원이 없는 형상계수 ϕ로 특성화된다. 모형도는 Parkhouse(1984)에 의해 제시되었다.

표 9.1 기호의 정의

기호	정의
M	모멘트(Nm)
F	힘(N)
E	단면을 가진 재료의 탄성계수(영의 계수, GPa)
σ_f	단면을 가진 재료의 파손강도(MPa)
ρ	단면을 가진 재료의 밀도(Mg/m^3)
m_l	단면의 단위 길이당 질량(kg/m)
A	형상의 단면적(m^2)
I	단면적의 이차모멘트(m^4)
I_o	기준 단면(정사각형)의 이차모멘트(m^4)
Z	형상의 단면계수(m^3)
Z_o	기준 단면(정사각형)의 단면계수(m^3)
ϕ_B^e	탄성굽힘 변형의 거시적 형상계수(−)
ϕ_B^f	굽힘파손의 거시적 형상계수(−)
ϕ_T^e	탄성비틀림 변형의 거시적 형상계수(−)
ϕ_T^f	비틀림파손의 거시적 형상계수(−)
Ψ_B^e	탄성굽힘 변형의 미시적 형상계수(−)
Ψ_B^f	굽힘파손의 미시적 형상계수(−)
(EI)	굽힘강성의 필수적인 항($N.m^2$)
$(Z\sigma_f)$	굽힘강도의 필수적인 항(N.m)
t	웹(web)과 플랜지(flange)의 두께(m)
c	웹의 높이(m)
d	샌드위치 단면의 높이($2t + c$, m)
b	단면(플랜지)의 폭(m)
L	단면의 길이(m)

9.2 형상계수

부품에 걸리는 하중은 축방향으로 작용하는 힘, 굽힘모멘트를 발생하는 힘, 비틀림으로 작용하는 힘으로 분해할 수 있다. 보통 이 중에서 하나가 지배적이어서 구조요소들은 해당되는 하중을 견딜 수 있도록 특별하게 설계가 이루어지고, 그에 따른 보편적인 이름을 가지고 있다. 따라서 연결봉은 인장하중을 견디고 빔은 굽힘모멘트를 견딘다. 또한 축은 토크를 견디고 기

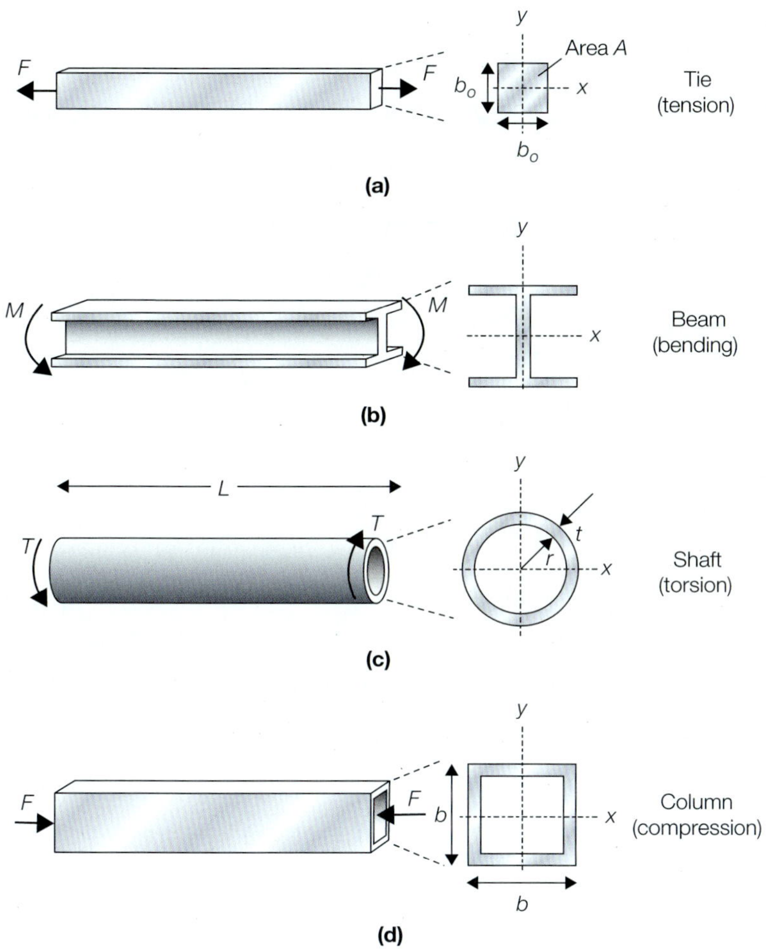

그림 9.3 하중이 부여되는 일반적인 모드와 이를 지탱하기 위해 선택된 단면 형상 : (a) 축방향 인장, (b) 굽힘, (c) 비틀림, (d) 좌굴에 이를 수 있는 축방향 압축

둥은 축방향의 압축하중을 견디는 요소이다. 그림 9.3은 하중에 잘 저항하는 형상에 부여되는 하중의 모드를 보여준다. 이것을 만드는 요점은 최상의 재료와 형상의 조합이 하중이 부여되는 모드에 좌우된다는 것이다. 그에 따라 우리는 각 모드를 분리하고 각각 별도로 다룬다.

축방향 인장의 경우 횡단면의 면적은 중요하지만 그 형상은 별로 중요하지 않은데, 동일한 면적을 가진 모든 단면은 동일한 하중을 견딜 것이기 때문이다. 굽힘의 경우에는 그렇지 않은데, 속이 빈 박스나 I-단면을 가진 빔의 경우는 동일한 단면적을 가진 고체 단면보다 우수하다. 비틀림 역시 자체적으로 효율적인 형상이 있는데, 예를 들어 원형의 튜브는 고체 단면이나 I-단면에 비해 보다 효율적이다. 이러한 특성을 평가하려면 계량화가 필요한데, 이는 형상을 이루는 재료와는 독립적으로 단면 형상의 구조적인 효율을 측정하는 방법이다. 한 가지 알기 쉬운 것으로 형상을 가진 단면의 강성 또는 강도를 동일한 단면적의 '중립적' 기준형상(단일

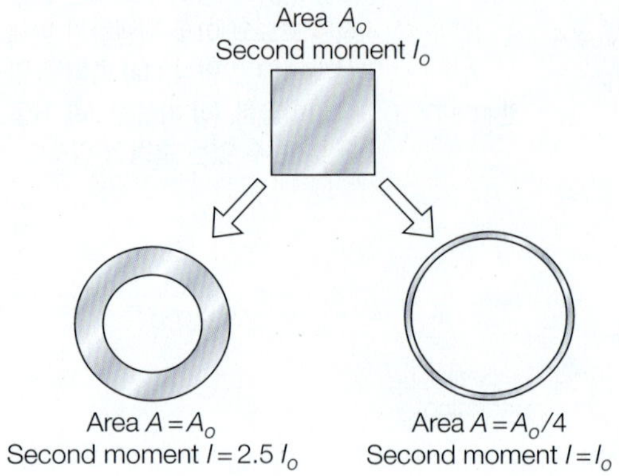

그림 9.4 굽힘강성(EI)에 미치는 단면 형상의 효과 : 정사각형 단면과 비교하였을 때, 왼쪽 튜브는 같은 단면적에서 2.5배 더 강성도가 크고, 오른쪽 튜브는 동일한 강성도를 갖지만 4배나 가볍다.

고체 정사각형 단면)의 강성 또는 강도에 대한 비로 나타낸 ϕ가 있다는 것이다. 따라서 이것은 형상을 가진 단면과 단위 길이당 질량, m_l이 동일한 효과를 나타낸다(그림 9.4).

빔의 탄성 굽힘 빔[그림 9.3(b)]의 굽힘강성 S는 EI에 비례한다.

$$S \propto \frac{EI}{L^3}$$

여기서 E는 탄성계수(영의 계수)이고 I는 굽힘축(x-축)에 관한 길이 L인 빔 단면적의 이차모멘트이다.

$$I = \int_{section} y^2\, dA \tag{9.1}$$

여기서 y는 굽힘 축에 대하여 측정된 수직거리이고 dA는 y에서의 단면적의 미분요소이다. 일반적인 단면의 모멘트 I 값과 면적 A 값이 표 9.2의 처음 두 열에 나열되어 있다. 보다 더 복잡한 형상들에 대해서는 근삿값으로 하였지만 여기서 요구되는 수준에는 충분하다. 한 변의 길이가 b_o이고 단면적 $A = b_o^2$인 정사각형 기준단면 빔에 대한 단면적의 이차모멘트 I_o 는 다음과 같다.

$$I_o = \frac{b_o^4}{12} = \frac{A^2}{12} \tag{9.2}$$

여기서나 또 다른 곳에서 아래 첨자 'o' 는 정사각형 기준단면을 의미한다. 형상을 가진 단면의 굽힘강성은 동일한 면적 A를 갖는 단일 고체 정사각형 단면의 굽힘강성에 비하여 형상계수 ϕ_B^e에 의한 것만큼 차이가 나고, 여기서 ϕ_B^e는 다음과 같다.

$$\phi_B^e = \frac{S}{S_o} = \frac{E\,I}{E\,I_o} = \frac{12\,I}{A^2} \tag{9.3}$$

여기서 ϕ_B^e을 탄성굽힘 형상계수로 부른다. 이는 차원이 없음을 알 수 있다. I는 (길이)^{4}의 차원을 가지며 A^2도 마찬가지이다. 즉 형상계수는 단지 형상에 의해서만 좌우되며 크기에 의해 좌우되지 않는 것을 의미하는데, 빔은 만일 그 형상이 동일하다면 크거나 작거나 동일한 ϕ_B^e 값을 가진다.[1)] 이것을 그림 9.5에서 볼 수 있다. 각 그룹의 세 구성원은 스케일이 서로 다르지만 동일한 형상계수를 가지고 있다. 각 구성원은 서로 이웃하는 것들을 확대하였거나 축소한 것이다. 표 9.2에서 A와 I의 식으로부터 계산된 공통적인 형상에 대한 굽힘 형상효율계수 ϕ_B^e는 표 9.3의 첫 번째 열에 나열되어 있다. 고체의 등축단면(원, 정사각형, 육각형, 팔각형)은 모두 1에 아주 가까운 값들을 가지며, 실용적인 목적상 이들은 모두 1로 설정한다. 그러나 만일 단면이 신장될 경우 또는 단면에 중공이 있거나 I-단면이 되는 경우, 사정은 바뀌게 된다. 벽의 두께가 얇은 튜브나 가느다란 I-빔은 ϕ_B^e의 값이 50이나 그 이상도 될 수 있다. $\phi_B^e = 50$의 값을 가진 빔은 동일한 무게의 고체 빔보다 50배 더 강성이 높다.

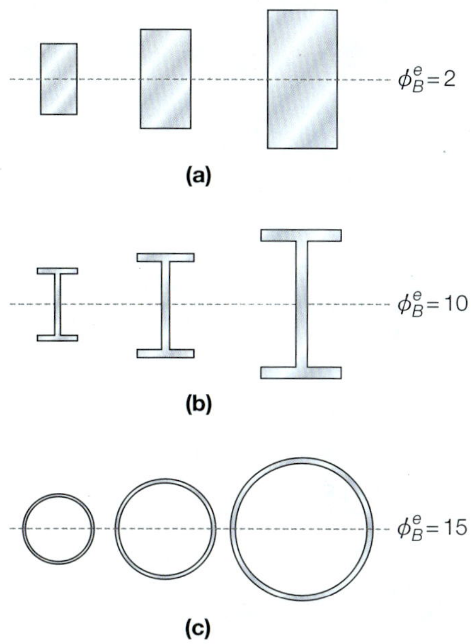

그림 9.5 (a) $\phi_B^e = 2$인 직사각형 단면의 집합, (b) $\phi_B^e = 10$인 I-단면의 집합, (c) $\phi_B^e = 15$인 튜브의 집합 : 집합 내 각 구성원은 크기는 다르지만 형상은 동일하다.

그림 9.6은 각 ϕ_B^e 값의 A에 대해서 I를 작도

표 9.2 여러 가지 단면의 모멘트와 단위

단면 형상	면적 $A(\mathrm{m}^2)$	모멘트 $I(\mathrm{m}^4)$	모멘트 $K(\mathrm{m}^4)$	모멘트 $Z(\mathrm{m}^3)$	모멘트 $Q(\mathrm{m}^3)$
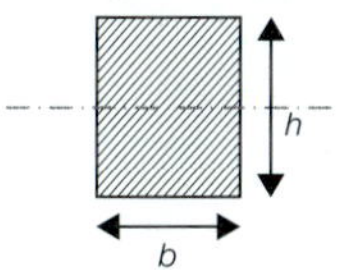	bh	$\frac{bh^3}{12}$	$\frac{bh^3}{3}\left(1-0.58\frac{b}{h}\right)$ $(h > b)$	$\frac{bh^2}{6}$	$\frac{b^2h^2}{(3h+1.8b)}$ $(h > b)$
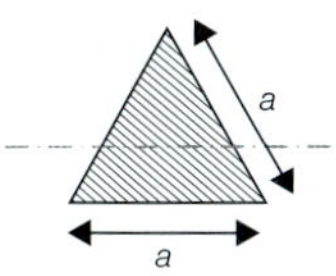	$\frac{\sqrt{3}}{4}a^2$	$\frac{a^4}{32\sqrt{3}}$	$\frac{\sqrt{3}\,a^4}{80}$	$\frac{a^3}{32}$	$\frac{a^3}{20}$
	πr^2	$\frac{\pi}{4}r^4$	$\frac{\pi}{2}r^4$	$\frac{\pi}{4}r^3$	$\frac{\pi}{2}r^3$

1) 이 탄성 효율계수는 선회반경 R_g와 $\phi_B^e = 12R_g^2/A$의 관계를 갖는다. 이는 또한 Shanley(1960)의 '형상인자' k_1과 $\phi_B^e = 12k_1$의 관계를 갖는다.

표 9.2 여러 가지 단면의 모멘트와 단위(계속)

단면 형상	면적 A(m)	모멘트 I(m^4)	모멘트 K(m^4)	모멘트 Z(m^3)	모멘트 Q(m^3)
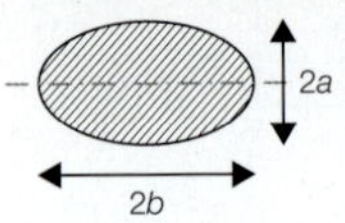	πab	$\frac{\pi}{4}a^3 b$	$\frac{\pi a^3 b^3}{(a^2+b^2)}$	$\frac{\pi}{4}a^2 b$	$\frac{\pi}{2}a^2 b$ $(a < b)$
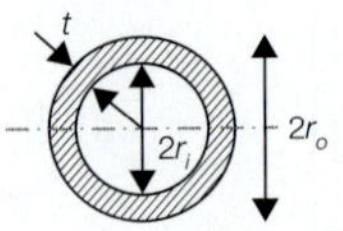	$\pi(r_o^2 - r_i^2)$ $\approx 2\pi rt$	$\frac{\pi}{4}(r_o^4 - r_i^4)$ $\approx \pi r^3 t$	$\frac{\pi}{2}(r_o^4 - r_i^4)$ $\approx 2\pi r^3 t$	$\frac{\pi}{4r_o}(r_o^4 - r_i^4)$ $\approx \pi r^2 t$	$\frac{\pi}{2r_o}(r_o^4 - r_i^4)$ $\approx 2\pi r^2 t$
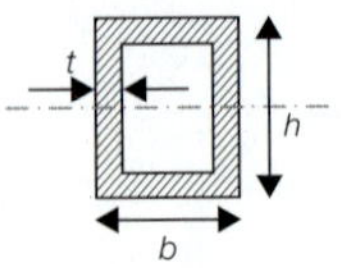	$2t(h+b)$ $(h, b \gg t)$	$\frac{1}{6}h^3 t\left(1+3\frac{b}{h}\right)$	$\frac{2tb^2h^2}{(h+b)}\left(1-\frac{t}{n}\right)^4$	$\frac{1}{3}h^2 t\left(1+3\frac{b}{h}\right)$	$2tbh\left(1-\frac{t}{h}\right)^2$
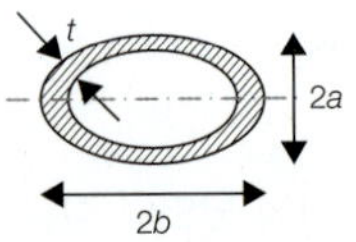	$\pi(a+b)t$ $(a, b \gg t)$	$\frac{\pi}{4}a^3 t\left(1+\frac{3b}{a}\right)$	$\frac{4\pi(ab)^{\frac{5}{2}}t}{(a^2+b^2)}$	$\frac{\pi}{4}a^2 t\left(1+\frac{3b}{a}\right)$	$2\pi t(a^3 b)^{\frac{1}{2}}$ $(b > a)$
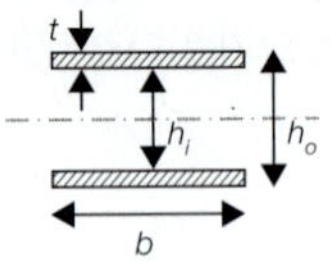	$b(h_o - h_i)$ $\approx 2bt\ (h, b \gg t)$	$\frac{b}{12}(h_o^3 - h^{3_i})$ $\approx \frac{1}{2}bth_o^2$	–	$\frac{b}{6h_o}(h_o^3 - h_i^3)$ $\approx bth_o$	–
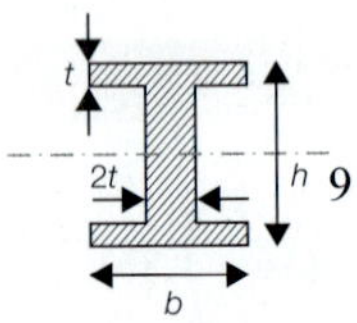	$2t(h+b)$ $(h, b \gg t)$	$\frac{1}{6}h^3 t\left(1+3\frac{b}{h}\right)$	$\frac{2}{3}bt^3\left(1+4\frac{h}{b}\right)$	$\frac{1}{3}h^2 t\left(1+3\frac{b}{h}\right)$	$\frac{2}{3}bt^2\left(1+4\frac{h}{b}\right)$
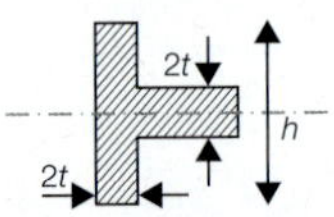	$2t(h+b)$ $(h, b \gg t)$	$\frac{t}{6}(h^3 + 4bt^2)$	$\frac{t^3}{3}(8b+h)$	$\frac{t}{3h}(h^3 + 4bt^2)$	$\frac{t^3}{3}(8b+h)$
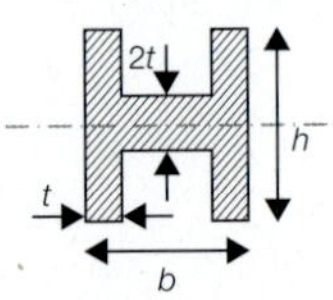	$2t(h+b)$ $(h, b \gg t)$	$\frac{t}{6}(h^3 + 4bt^2)$	$\frac{2}{3}ht^3\left(1+4\frac{b}{h}\right)$	$\frac{t}{3h}(h^3 + 4bt^2)$	$\frac{2}{3}ht^2\left(1+4\frac{b}{h}\right)$

한 것이다(식 9.3). $\phi_B^e = 1$의 등고선은 정사각형 기준단면의 빔을 기술하고 있다. $\phi_B^e = 10$ 및 $\phi_B^e = 100$인 경우, 그림의 왼쪽 아래에 아이콘으로 나타낸 것과 같이 보다 효율적인 형상을 나

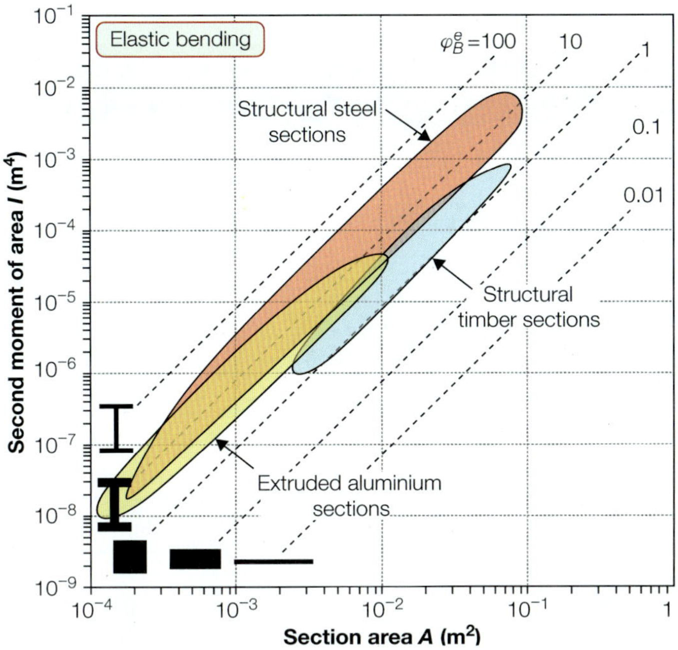

그림 9.6 단면적 A에 대해 도시한 단면적의 이차모멘트(I): 효율적인 구조는 I/A^2 비의 값이 높고 비효율적인 구조(쉽게 굽힘이 일어나는 구조)는 그 값이 낮다. 현실적인 구조의 단면은 그림자 드리운 영역에 있는 I 및 A 값들을 가진다. A와 재료에 따라 좌우되는 최대 형상효율 ϕ_B^e 값은 한계가 있음에 유의하여야 한다.

타내는데, 각각의 경우에 굽힘 축은 수평방향이다. 그러나 항상 강성이 높은 축만이 필요한 것은 아니다. 스프링, 요람(cradle), 서스펜션, 케이블, 기타 구조들은 높은 인장강도를 가졌으되 충분히 유연해야 하는데, 이는 낮은 굽힘강성을 필요로 한다. 따라서 낮은 형상효율을 원하게 된다. 이는 $\phi_B^e = 0.1$ 및 $\phi_B^e = 0.01$의 등고선으로 제시된 것처럼, 굽힘 축을 포함하는 평면으로 재료를 얇은 판이나 와이어 형태로 펼침으로써 얻을 수 있다.

축의 탄성 비틀림 굽힘에 대해 잘 저항하는 형상도 비틀림이 있을 때에는 그리 좋지 못할 수 있다[그림 9.3(c)]. 축의 강성은 토크 T를 비틀림 각 θ로 나눈 것으로 GK에 비례하며, 여기서 G는 전단계수이고 K는 단면적의 비틀림모멘트이다. 원형 단면의 경우 K는 단면적의 극모멘트(polar moment) J와 동일하다.

형상계수의 계산

반지름 r = 10 mm이고 벽두께 t = 1 mm인 튜브가 있다. 단위 길이당 질량 m_l 값이 동일한 고체 단일체 원기둥형에 비하여 굽힘강성이 얼마나 더 높을까?

풀이 차이는 두 형상계수의 비이다. 표 9.3에 의하면 튜브의 형상계수는 $\phi_B^e = (3/\pi)(r/t) = 9.55$ 고체 단일체 원기둥형의 형상계수는 $\phi_B^e = 3/\pi = 0.955$이다. 따라서 튜브가 10배 더 강성이 높다.

표 9.3 형상계수

단면 형상	탄성굽힘 형상계수 ϕ_B^e	탄성비틀림 형상계수 ϕ_T^e	굽힘파손 형상계수 ϕ_B^f	비틀림파손 형상계수 ϕ_T^f
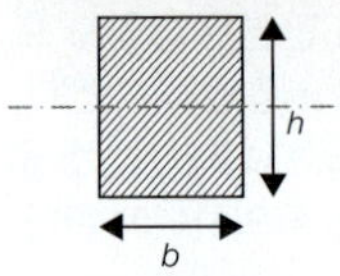	$\frac{h}{b}$	$2.38\frac{h}{b}\left(1-0.58\frac{b}{h}\right)\ (h>b)$	$\left(\frac{h}{b}\right)^{0.5}$	$1.6\sqrt{\frac{b}{h}}\frac{1}{\left(1+0.6\frac{b}{h}\right)}$ $(h>b)$
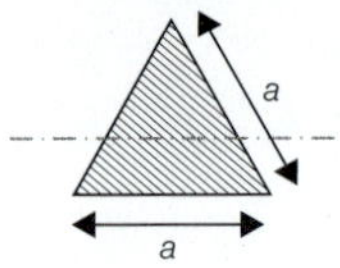	$\frac{2}{\sqrt{3}}=1.15$	0.832	$\frac{3^{\frac{1}{4}}}{2}=0.658$	0.832
	$\frac{3}{\pi}=0.955$	1.14	$\frac{3}{2\sqrt{\pi}}=0.846$	1.35
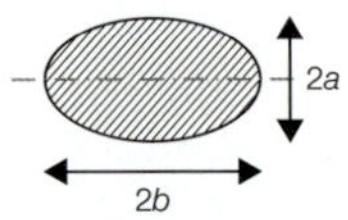	$\frac{3}{\pi}\frac{a}{b}$	$\frac{2.28\,a\,b}{(a^2+b^2)}$	$\frac{3}{2\sqrt{\pi}}\sqrt{\frac{a}{b}}$	$1.35\sqrt{\frac{a}{b}}\ (a<b)$
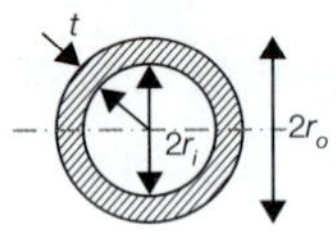	$\frac{3}{\pi}\left(\frac{r}{t}\right)\ (r\gg t)$	$1.14\left(\frac{r}{t}\right)$	$\frac{3}{\sqrt{2\pi}}\sqrt{\frac{r}{t}}$	$1.91\sqrt{\frac{r}{t}}$
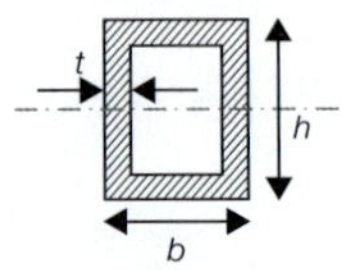	$\frac{1}{2}\frac{h}{t}\frac{\left(1+3\frac{b}{h}\right)}{\left(1+\frac{b}{h}\right)^2}$ $(h,b\gg t)$	$\frac{3.57b^2\left(1-\frac{t}{h}\right)^4}{th\left(1+\frac{b}{h}\right)^3}$	$\frac{1}{\sqrt{2}}\sqrt{\frac{h}{t}}\frac{\left(1+\frac{3b}{h}\right)}{\left(1+\frac{b}{h}\right)^{\frac{3}{2}}}$	$3.39\sqrt{\frac{h^2}{bt}}\frac{1}{\left(1+\frac{h}{b}\right)^{\frac{3}{2}}}$
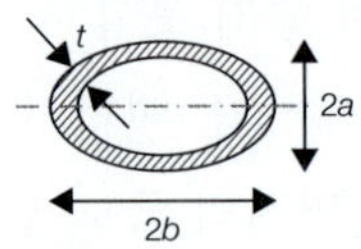	$\frac{3}{\pi}\frac{a}{t}\frac{\left(1+3\frac{b}{a}\right)}{\left(1+\frac{b}{a}\right)^2}$ $(a,b\gg t)$	$\frac{9.12(ab)^{\frac{5}{2}}}{t(a^2+b^2)(a+b)^2}$	$\frac{3}{2\sqrt{\pi}}\sqrt{\frac{a}{t}}\frac{\left(1+3\frac{b}{a}\right)}{\left(1+\frac{b}{a}\right)^{\frac{3}{2}}}$	$5.41\sqrt{\frac{a}{t}}\frac{1}{\left(1+\frac{b}{a}\right)^{\frac{3}{2}}}$
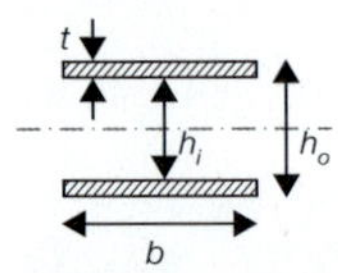	$\frac{3}{2}\frac{h_o^2}{bt}\ (h,b\gg t)$	–	$\frac{3}{\sqrt{2}}\frac{h_o}{\sqrt{bt}}$	–
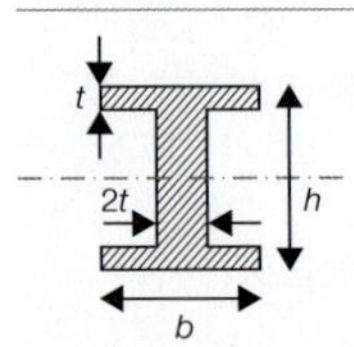	$\frac{1}{2}\frac{h}{t}\frac{\left(1+3\frac{b}{h}\right)}{\left(1+\frac{b}{h}\right)^2}$ $(h,b\gg t)$	$1.19\left(\frac{t}{b}\right)\frac{\left(1+\frac{4h}{b}\right)}{\left(1+\frac{h}{b}\right)^2}$	$\frac{1}{\sqrt{2}}\sqrt{\frac{h}{t}}\frac{\left(1+3\frac{b}{h}\right)}{\left(1+\frac{b}{h}\right)^{\frac{3}{2}}}$	$1.13\sqrt{\frac{t}{b}}\frac{\left(1+\frac{4h}{b}\right)}{\left(1+\frac{h}{b}\right)^{\frac{3}{2}}}$

표 9.3 형상계수(계속)

단면 형상	탄성굽힘 형상계수 ϕ_B^e	탄성비틀림 형상계수 ϕ_T^e	굽힘파손 형상계수 ϕ_B^f	비틀림파손 형상계수 ϕ_T^f
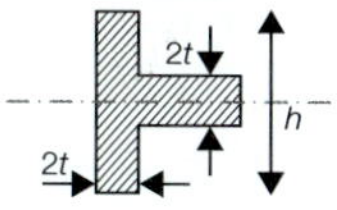	$\frac{1}{2}\frac{h}{t}\frac{\left(1+\frac{4bt^2}{h^3}\right)}{\left(1+\frac{b}{h}\right)^2}$ $(h,b \gg t)$	$0.595\left(\frac{t}{h}\right)\frac{\left(1+\frac{8b}{h}\right)}{\left(1+\frac{b}{h}\right)^2}$	$\frac{3}{4}\sqrt{\frac{h}{t}}\frac{\left(1+\frac{4bt^2}{h^3}\right)}{\left(1+\frac{b}{h}\right)^{\frac{3}{2}}}$	$0.565\sqrt{\frac{t}{h}}\frac{\left(1+\frac{8b}{h}\right)}{\left(1+\frac{b}{h}\right)^{\frac{3}{2}}}$
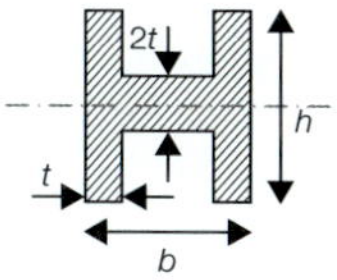	$\frac{1}{2}\frac{h}{t}\frac{\left(1+\frac{4bt^2}{h^3}\right)}{\left(1+\frac{b}{h}\right)^2}$ $(h,b \gg t)$	$1.19\left(\frac{t}{h}\right)\frac{\left(1+\frac{4b}{h}\right)}{\left(1+\frac{b}{h}\right)^2}$	$\frac{3}{4}\sqrt{\frac{h}{t}}\frac{\left(1+\frac{4bt^2}{h^3}\right)}{\left(1+\frac{b}{h}\right)^{\frac{3}{2}}}$	$1.13\sqrt{\frac{t}{h}}\frac{\left(1+\frac{4b}{h}\right)}{\left(1+\frac{b}{h}\right)^{\frac{3}{2}}}$

$$J = \int_{\text{section}} r^2 \, dA \tag{9.4}$$

여기서 dA는 단면의 중심으로부터 측정된 반경방향 거리 r에서 단면적의 미분요소이다. 원형 단면이 아닌 경우, K는 J보다 작으며 비틀림 각 θ와 토크 T의 다음과 같은 관계에 의해 정의된다.

$$S_T = \frac{T}{\theta} = \frac{GK}{L} \tag{9.5}$$

여기서 L은 축의 길이이고 G는 축 재료의 전단계수이다. K에 대한 근사식의 값이 표 9.2에 나와 있다.

앞에서와 같이 탄성비틀림 형상계수는 형상을 가진 단면의 비틀림강성 S_T와 동일한 길이 L과 단면 A를 가진 고체 정사각형 단면 축의 비틀림강성 S_{T_o}에 대한 비로 정의되었고, 식 (9.5)를 사용하면 다음 식이 얻어진다.

$$\phi_T^e = \frac{S_T}{S_{To}} = \frac{K}{K_o} \tag{9.6}$$

고체 정사각형 기준단면의 비틀림모멘트 K_o는 다음과 같고(표 9.2의 맨 위 줄에서 $b = h$로 둠),

$$K_o = 0.14\, A^2$$

이므로 다음 식을 얻는다.

$$\phi_T^e = 7.14 \frac{K}{A^2} \tag{9.7}$$

이 값도 역시 고체 정사각형 단면의 경우 1이며, 어떠한 등축 고체 단면이라도 1에 가까운 값을 갖는다. 그러나 벽이 얇은 형상, 특히 튜브의 경우 그 값이 매우 커질 수 있다. 앞에서와 같이 동일한 ϕ_T^e 값을 가지는 단면들은 크기는 다를지언정 형상마저 다르지는 않다. 표 9.2의 K 및 A 식으로부터 얻은 형상계수 값들이 표 9.3에 실려 있다.

굽힘에서의 파손 소성변형은 응력이 어디선가 먼저 항복응력 σ_y에 도달하면 일어나고, 파괴는 이 응력이 처음으로 파괴강도 σ_{fr}을 초과하면 일어나며, 피로파괴는 만일 응력이 반복적으로 작용하고 그 수준이 내구한도 σ_e을 넘게 되면 일어난다. 이 중 어느 것이라도 파손을 유발한다. 앞에서와 같이 σ_f을 파손응력의 기호로 사용하며, 그 의미는 '항복, 파괴 또는 피로를 처음으로 유발하는 국소적 응력'이다.

굽힘에 있어서 응력은 중립축으로부터 가장 멀리 떨어진 지점 y_m에서 가장 크며, 이는 빔 표면에 해당하고 그 크기는 다음과 같다.

$$\sigma = \frac{M\, y_m}{I} = \frac{M}{Z} \tag{9.8}$$

여기서 M은 굽힘모멘트이다. 재료의 파손은 이 응력이 처음으로 σ_f에 도달하면 일어난다. 따라서 빔의 파손 문제에서는 형상이 단면계수 $Z = I/y_m$을 통하여 반영된다. 형상을 가진 빔의 강도 효율계수 ϕ_B^f는 Z/Z_o의 비로 측정되고, 여기서 Z_o는 동일한 단면적 A를 가진 정사각형 기준단면 빔의 단면계수이다.

$$Z_o = \frac{b_o^3}{6} = \frac{A^{3/2}}{6} \tag{9.9}$$

따라서 굽힘파손 형상계수는

$$\phi_B^f = \frac{Z}{Z_o} = \frac{6\,Z}{A^{3/2}} \tag{9.10}$$

이다. 다른 형상효율계수와 마찬가지로 이것도 차원이 없으며, 따라서 단면의 크기와는 무관하고 고체 정사각형 단면의 빔에 대한 값은 1이다. 표 9.2에 주어진 단면계수 Z로부터 유도된 다른 형상계수의 식들이 표 9.3에 나와 있다. 파손 형상효율계수가 10인 빔은 동일한 무게를 가진 고체 단일체 정사각형 단면의 빔보다 굽힘강도가 10배 강하다. 그림 9.7은 각 ϕ_B^f 값의 A에 대해서 Z를 작도한 것이다[식 (9.10)]. 앞에서와 같이 $\phi_B^f = 1$인 직선은 정사각형 기준단면의 빔을 나타내고 있다. 다른 직선들은 아이콘으로 나타낸 것처럼 효율이 높거나 낮은 형상에 대한 값을 나타낸다.

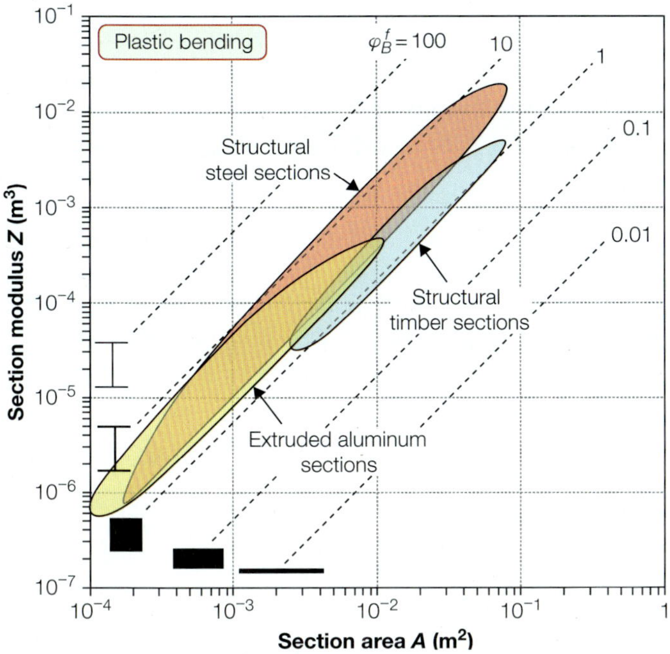

그림 9.7 단면적 A에 대해 도시한 단면계수 Z : 효율적인 구조는 $Z/A^{3/2}$ 비의 값이 높고 비효율적인 구조(쉽게 굽힘이 일어나는 구조)는 그 값이 낮다. 현실적인 구조의 단면은 그림자 드리운 영역에 있는 Z 및 A 값들을 가진다. A와 재료에 따라 좌우되는 최대 형상효율 ϕ_B^f 값에는 한계가 있음에 유의하여야 한다.

비틀림에서 파손 비틀림의 경우에는 문제가 더욱 복잡해진다. 원형 단면의 봉이나 튜브가 토크 T를 받게 될 경우[그림 9.3(c)] 전단응력 τ는 축의 중심으로부터 반경 방향의 거리가 r_m인 바깥쪽 표면에서 최대가 된다.

$$\tau = \frac{Tr_m}{J} \tag{9.11}$$

비틀림에서의 J/r_m은 굽힘에서의 I/y_m과 같은 특성을 갖는다. 원형 단면이 아니면서 끝단이 자유롭게 걸쳐 비틀릴 수 있는 경우, 최대 표면응력은 다음과 같이 얻어진다.

$$\tau = \frac{T}{Q} \tag{9.12}$$

형상계수의 평가

높이 $h = 100$ mm, 폭 $b = 100$ mm, 벽두께 $t = 5$ mm인 정사각형 박스 단면의 빔이 있다. 굽힘 파손에 대한 형상계수 ϕ_B^f는 얼마이며 단일 고체 정사각형 단면 빔에 비하여 얼마나 더 강한가?

풀이 표 9.3에 의하면 튜브의 형상계수는 $\phi_B^f = \frac{1}{\sqrt{2}}\sqrt{\frac{h}{t}}\frac{\left(1+3\frac{b}{h}\right)}{\left(1+\frac{b}{h}\right)^{\frac{3}{2}}} = 4.47$이다. 따라서 단위 길이당 질량 m_l 값이 동일한 고체 단일체 정사각형 단면 빔에 비하여 박스 단면이 4.5배 더 강하다.

형상화에 의한 강도의 향상

길이 L의 날씬한 고체 원기둥이 하중 F를 지탱한다. 만일 과도한 하중이 걸리면 기둥은 탄성좌굴로 파손된다. 동일한 단면적의 속이 빈 튜브기둥으로 바꾼다면 하중지탱능력이 얼마나 향상될까?

풀이 식 (9.14)의 I_{min}을 식 (9.3)으로부터 구한 $\phi_B^e A^2/12$로 대체하면,

$$F_c = \frac{n^2 \pi^2 A^2}{12 L^2} E \phi_B^e$$

파손하중은 튜브에 대한 형상계수와 원기둥에 대한 형상계수의 비만큼 증가한다. 얇은 벽두께 튜브의 형상계수는 $\phi_B^e = 3r/\pi t$이고 원기둥의 형상계수는 $\phi_B^e = 3/\pi$이다. 따라서 r/t의 비만큼 증가한다.

여기서 단위가 m^3인 Q는 J/r_m 또는 Z의 역할을 한다. 이로써 비틀림파손 형상계수 ϕ_T^f을 정의할 수 있으며 앞에서와 같은 방식으로,

$$\phi_T^f = \frac{Q}{Q_o} = 4.8 \frac{Q}{A^{3/2}} \tag{9.13}$$

이고 Q와 ϕ_T^f 값들이 표 9.2와 표 9.3에 나와 있다. 고체 단일체 등축단면을 가진 축들은 모두 ϕ_T^f 값이 1에 가깝다.

완전 소성굽힘 또는 비틀림이 일어나는(단면 전체적으로 항복강도를 초과하는 것과 같은) 경우에는 추가적인 형상계수의 쌍을 포함하게 된다. 완전 소성굽힘의 경우에 대한 형상계수 ϕ_B^{pl}의 값이 표 9.3의 마지막 칼럼에 나와 있다. 일반적으로 말하면 소성변형의 개시에 대하여 잘 저항하는 형상은 완전 소성변형에 대해서도 역시 잘 저항한다. 그러므로 ϕ_B^{pl}은 ϕ_B^f과 크게 다르지 않다. 이들에 대한 새로운 형상계수는 현 단계에서는 필요하지 않다.

축방향 하중과 기둥의 좌굴 길이가 L인 기둥이 압축하중을 받을 때, 가해지는 하중이 오일러 하중(F_c)을 초과하면 탄성 좌굴이 일어난다.

$$F_c = \frac{n^2 \pi^2 E I_{min}}{L^2} \tag{9.14}$$

여기서 n은 끝단의 구속조건(end-constraints)에 의해 좌우되는 상수이다. 좌굴에 대한 저항은 단면적의 이차모멘트의 최솟값 I_{min}에 의해 좌우된다. 이에 해당하는 형상계수(ϕ_B^e)는 탄성굽힘의 형상계수[식 (9.3)]에서 I를 I_{min}으로 대치한 것이 된다.

9.3 형상효율의 한계

이제 결론이 나오게 되었다. 만일(가능한 한 적은 양의 재료를 사용하여) 강성이 있고, 강하면서 효율적인 구조를 만들고자 할 경우에는 형상효율계수를 가능한 한 크게 만들어야 한다. 그러면 이것은 ϕ 값이 크면 클수록 좋을 것으로 보일 수도 있다. 하지만 여기에는 제한이 있다. 이에 대해서는 뒤에서 다루기로 한다.

실용적인 한계 실용적으로 단면을 가늘게 만드는 데에는 한계가 있고, 이로 인해 주어진 재료에 있어서 최대로 얻을 수 있는 형상효율이 결정된다. 이러한 한계는 제조공정상의 제한조건으로 인해 인가될 수 있는데, 단순히 난이도가 높거나 또는 효율적인 형상을 만드는 데 소요되는 비용이 너무 클 수 있기 때문이다. 이보다 흔한 것은 재료 자체가 가지고 있는 고유 특성에 의해 주어지는데, 그 이유는 이러한 특성이 단면의 파괴모드를 결정짓기 때문이다. 이와 같은 한계점들을 두 가지 방법으로 탐색해보기로 한다. 첫 번째 방법은 실험적인 방법으로 강철, 알루미늄 등 실제 재료로 만들어진 형상을 검사하고, 얻을 수 있는 단면의 한계 효율을 기록해 가면서 탐색하게 된다. 두 번째 방법은 형상을 가진 단면의 기계적 안정성을 분석하는 것이다.

빔, 축, 기둥의 표준 단면은 일반적으로 각기둥의 형태를 가지고 있다. 각기둥 형상은 압연, 압출, 연신, 인발, 펄트루젼에 의해 용이하게 만들어진다. 단면은 단일 고체, 밀폐된 중공(튜브나 박스), 또는 개방된 중공(예를 들어, I-, U-, L-단면)의 형상을 가질 수 있다. 각 형상 클래스는 어떤 범위 내의 재료를 가지고 만들 수 있다. 구조용 강재, 압출 알루미늄, 펄트루젼 GFRP(유리섬유강화 폴리에스터 또는 에폭시), 목재 등의 재료는 표준 단면 제품으로 구할 수 있다. 그림 9.8에 이네 가지의 재료로 만들어진 1,880개의 표준 단면형상에 대한 I 및 A(그림 9.6의 축과 같음)의 값을 볼 수 있고, 여기에 형상계수 ϕ_B^e 값이 중첩되어 있다. 일부 단면은 $\phi_B^e \approx 1$의 값을 가지는데 이들은 원기둥형 고체 또는 정사각형 단면 고체이다. 보다 흥미로운 것은 어떤 재료도 ϕ_B^e 값이 65 이상 되는 것은 없다는 사실인데 형상효율에 상한선이 존재하는 것이다. Z와 A(그림 9.7의 축과 같음)에 대한 유사한 도시는 ϕ_B^f 값의 상한이 약 15임을 나타낸다. 이 데이터를 재료별로 분리시키면[2] 각각 자체적인 형상의 상한선이 있고 이들이 서로 매우 다름을 발견하게 된다. 비틀림 형상계수에 있어서도 역시 유사한 한계가 있다. 이들은 표 9.4에 나열되어 있고, 그림 9.6 및 9.7에 그림자가 드리운 대역으로 도시되어 있다.

2) Birmingham and Jobling (1996); Weaver and Ashby (1997).

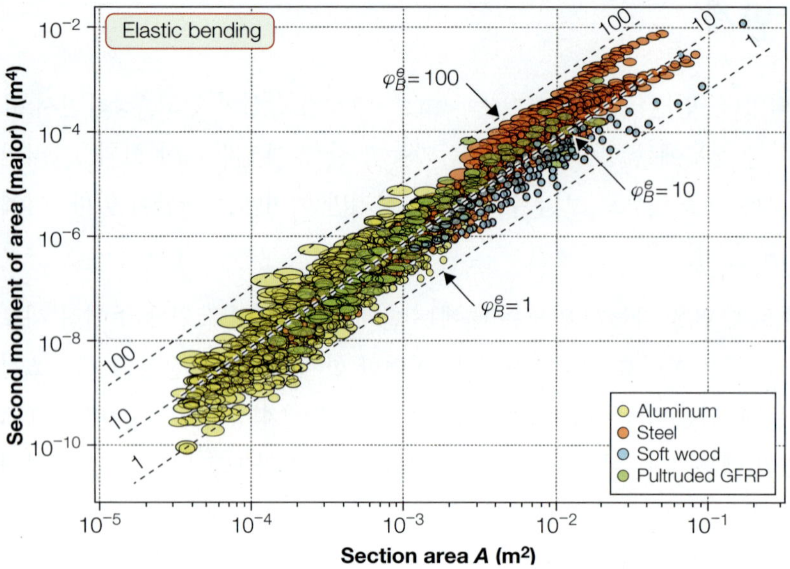

그림 9.8 강철, 알루미늄, 펄트루젼 GFRP, 나무의 표준단면에 대하여 도시한 log (I)대 log (A) 그림 : ϕ_B^e의 등고선이 보이고, 여기에 상한선이 있음을 나타낸다. 이와 유사하게 log (Z)대 log (A)로 도시한 그래프는 ϕ_B^f의 상한선을 보여준다. 각 한계는 재료에 따라 결정된다.

표 9.4 형상계수 ϕ_B^e, ϕ_T^e, ϕ_B^f, ϕ_T^f에 대한 실용적 상한

재료	$(\phi_B^e)_{max}$	$(\phi_T^e)_{max}$	$(\phi_B^f)_{max}$	$(\phi_T^f)_{max}$
구조용 강철	65	25	13	7
알루미늄 합금 6061	44	31	10	8
GFRP 및 CFRP	39	26	9	7
고분자(예 : 나일론)	12	8	5	4
목재(고체 단면)	5	1	3	1
탄성중합체	< 6	3	–	–

형상효율의 상한치는 중요하다. 이는 가벼운 구조 또는 비용 등의 이유로 재료의 사용량을 최소화해야 하는 설계에 있어서 중심적인 것이다. 이에 따라 두 가지의 질문이 나올 수 있다. 무엇이 형상효율의 상한치를 결정짓는 요인인가? 그리고 왜 이 한계는 재료에 의해 좌우되는가? 하나의 간단한 설명이라면 이들을 만드는 것의 어려움을 말할 수 있다. 강철을 예로 들면 얇은 벽을 가진 튜브 형상으로 인발하거나(압연, 판금가공, 용접을 통해) I-단면의 형태를 가공할 수 있어서 형상계수의 값도 50정도까지 높은 것이 보통이다. 나무는 이만큼 용이하게 형상을 만들 수는 없는데 합판 기술을 사용하여 원칙적으로 얇은 튜브나 I-단면을 만들 수는 있지만, 실제로는 형상계수 ϕ_B^e 값이 5 이상 나가는 것은 아주 드물다. 이것이 제조공정상의 제한조건이다. 복합재료 역시 이러한 재료들을 얇은 벽두께의 형상으로 만들 수 있는 현재 기술상의 어려

움과 고비용으로 인해 비록 기술이 지금 존재한다 하더라도 제한을 받을 수 있다.

그렇지만 형상효율에 대해 보다 근본적인 제한조건이 존재한다. 이것은 국소적인 좌굴과 관련이 있다.

국소적 좌굴에 의해 부과되는 한계 효율적인 형상이 만들어질 수 있다면, 효율의 한계는 각 파괴모드간의 경쟁에 의해 설정될 것이다. 비효율적인 단면은 단순한 방식으로 파손이 일어날 것인데 항복을 하거나, 파괴되거나 대규모 좌굴에 의해 피해를 보게 될 것이다. 보다 큰 효율을 추구함에 있어서 형상은 단순한 파괴모드에서 파괴에 필요한 수준으로 하중을 증가시키는 방향으로 선택된다. 그러나 이럴 경우 구조는 새로운 파괴모드, 특히 국소적 좌굴이 포함된 모드가 지배적으로 작용하는 하중에 가깝게 밀려가게 된다. 두 가지 또는 그 이상의 파괴모드가 거의 동일한 하중에서 발생하는 형상의 한계 효율에 접근하는 것은 형상의 특성이다.

왜 그럴까? 단순하게 생각하여 설명해보기로 한다. 만일 하나의 메커니즘에 의한 파괴가 다른 것들보다 낮은 하중에서 발생한다면, 단면의 형상은 이를 억제하기 위해 맞추어 조정이 이루어질 수 있다. 그러나 이러한 조정은 또 다른 메커니즘이 지배적으로 되기 시작할 때까지 하중을 상향으로 밀어 올리게 된다. 만일 형상이 단일 인자(ϕ)에 의해 기술되고 있는데 만일 동일한 하중에서 두 개의 메커니즘이 발생한다면, 더 이상 형상의 조정으로 사정을 개선할 수 없기 때문에 중지할 수밖에 없다. 웹(web)이나 립(rib) 같은 보강재(stiffener)를 추가하는 것은 추가적인 변수를 주는 것이 되어 형상을 더욱 최적화할 수 있겠지만, 여기서는 그러한 사항까지는 고려하지 않기로 한다.

이러한 내용을 가장 최선의 방식으로 설명하려면 간단한 사례가 필요하다. 음료수용 빨대를 생각해보자. 이것은 벽두께가 얇게 만들어졌고 직경이 약 5 mm 정도인 중공의 튜브 형태를 가지고 있다. 빨대의 재료는 폴리스타이렌이지만, 실제로 사용된 재료의 양은 그리 많지 않다. 만일 빨대가 단일 고체의 실린더 형태로 줄어든다면 이 실린더는 직경이 1 mm도 되지 않을 것이고, 폴리스타이렌의 탄성계수가 낮기 때문에 굽힘강성도 낮아질 것이다. 만일 이것을 충분히 굽혀버리면 소성 항복에 의해 파손이 일어날 것이고, 만일 이보다 더 굽힌다면 파괴가 일어날 것이다. 이제 이것을 원래 빨대 형상으로 되돌려서 굽혀보자. 이 경우 전보다 더욱 강성이 있지만, 굽힘이 진행됨에 따라 단면은 달걀 형태로 변하면서 어느 순간에 갑자기 예측할 수 없게 찌그러짐에 의해 파손이 이루어진다. 이는 국소적 좌굴의 한 형태이다(한번 시험해보라).

더욱 완전한 분석에 따르면[3] 제조공정상의 제한조건에 제재를 받지 않을 경우, 실용적인 최

3) 심화학습을 위한 참고문헌 중에서 Gerard(1956), Weaver and Ashby(1998) 참조

대 형상효율은 실제로 국소적 좌굴의 발현에 의해 정해짐을 나타내고 있다. 벽체가 두꺼운 단면의 경우, 굽힘하중을 받게 되면 국소적 좌굴이 일어나기 이전에 항복이 일어난다. *I*와 *Z*를 증가시키는 방법으로 보다 가늘게 만들어, 자체적인 강성과 항복하기까지 견딜 수 있는 하중을 증가시키고 효율적으로 만들 수 있다. 그러나 더욱 가늘어진 단면 벽의 좌굴이 일어나기 시작하는 하중은 감소하게 된다. 국소적 좌굴이 일어나는 하중이 항복지점 아래로 떨어지면 좌굴에 의해 파손이 일어나게 된다. 좌굴은 매우 결함 의존적이고 급작스러우며 예측 불가능한 붕괴로 이어지므로 이것은 바람직하지 않다. 그림 9.8과 같이 상세하게 도시한 내용이 함축하고 있는 의미는 실제 단면이 형상효율의 상한을 설정하여 국소적 좌굴을 피할 수 있도록 설계가 이루어져야 한다는 것이다. 그리 놀랄 일은 아닐지라도 이 한계는 낮은 강도에서 높은 탄성계수를 가진 재료는 항복이 쉽게 일어나지만 좌굴은 쉽게 일어나지 않는 것과 같다. 다시 말해 재료에 의해 좌우된다는 점이다. 이로부터 간략한 주먹구구식 계산이 뒤따르는데,

$$(\phi_B^e)_{\max} \approx 2.3\left(\frac{E}{\sigma_f}\right)^{1/2} \tag{9.15a}$$

그리고[4)]

$$(\phi_B^f)_{\max} \approx \sqrt{(\phi_B^e)_{\max}} \tag{9.15b}$$

이다. 이 식으로부터 각 재료의 최대 형상효율에 대한 근사 추정치를 얻을 수 있다. 나무의 경우, 이 식에 의하면 표준 목재 단면보다 훨씬 큰 형상효율을 가질 수 있다. 이와 같은 높은 효율은 합판 기술을 사용하여 실현할 수 있지만 단면은 표준단면이 아니다.

정밀한 하중조건이 알려져 있고, 국소적 좌굴을 억제하기 위해 보강재와 웹을 맞춤형으로 적용할 수 있다면 훨씬 높은 효율이 가능하다. 이것은 파손 또는 새로운 국소적 좌굴 모드가 나타나기 전까지 ϕ의 값을 더욱 더 증가시키는 것이 가능함을 의미한다. 또한 한 단계 더 나아간 구조화의 체계에 의해 제한될 수 있으며, 궁극적으로는 ϕ의 값은 단지 제조공정상의 제한조건에 의해서만 제한될 수도 있다. 그러나 이것은 일반적인 재료와 형상의 선택에 있어서 우리가 필요로 하는 것보다 갈수록 점점 더 복잡해진다. 여기서는 식 (9.15)로 충분할 것이다.

4) $I/Zh \approx 0.5$ 일 때 얻어진 결과(여기서 *h*는 단면의 깊이)

9.4 재료와 형상의 동시 선택

강성제한 설계 $E-\rho$ 재료특성 차트는 단면을 만들 수 있는 재료의 특성을 나타낸다. 그림 9.6의 형상효율 차트는 강성에 미치는 형상의 영향에 관한 정보를 나타내고 있다. 이들을 서로 연계시키면[5] 단면의 성능을 탐색할 수 있다. 그림 9.9에서 두 개의 차트가 정사각형의 서

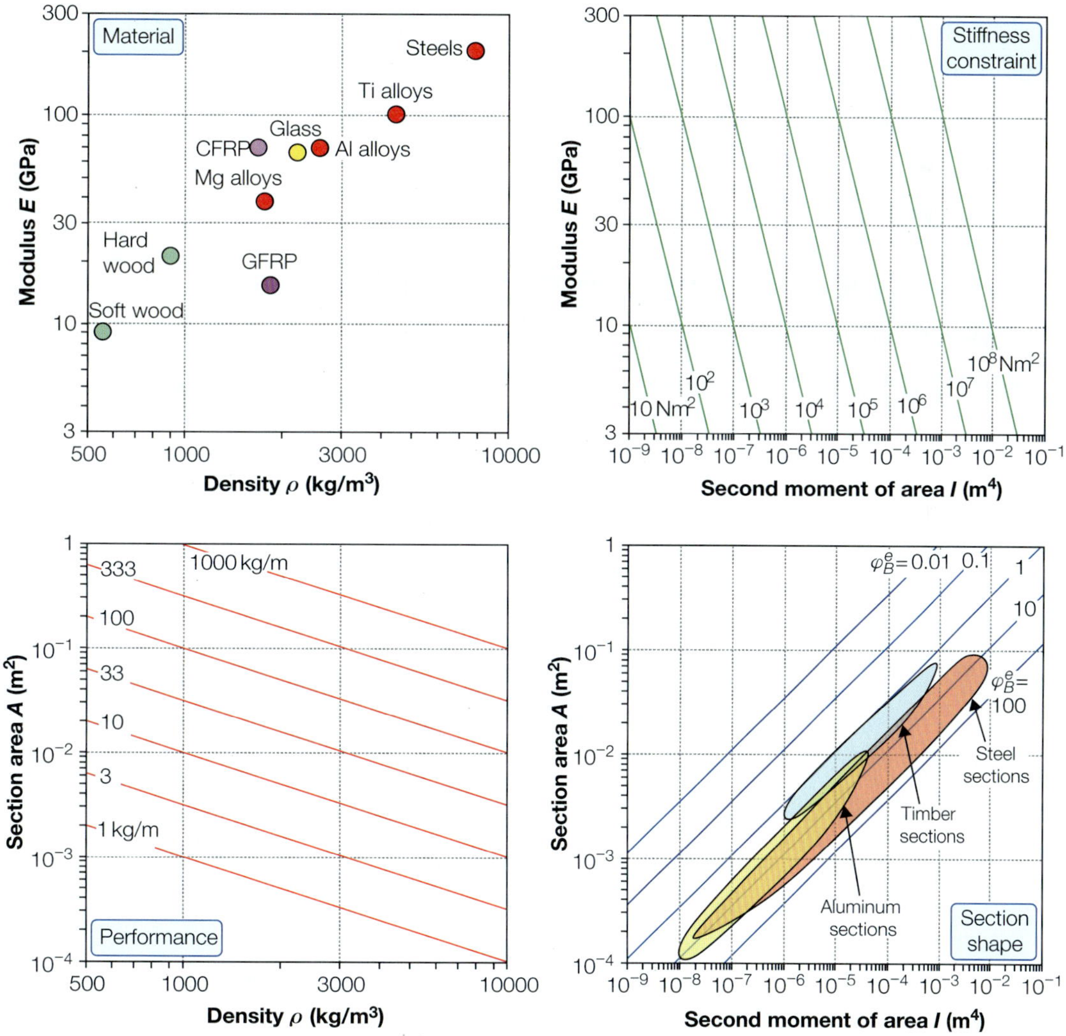

그림 9.9 강성제한 설계에 필요한 구조 단면 탐색을 위한 4-사분면 차트 조합도 : 각 차트는 자체 축을 이웃 사분면의 차트와 공유하고 있다.

5) 심화학습을 위한 참고문헌 중에서 Birmingham and Jobling (1996) 참조

로 반대되는 모서리에 위치하고 있다. 재료특성 차트(여기서는 단지 몇 개의 재료들만 있는 보다 단순화된 것)는 상부 좌측에 있다. 형상효율 차트는 우측 하단에 있는데, 그림 9.8과 같은 방식으로 빨강, 노랑, 파랑으로 그림자 드리운 대역이 재료가 밀집된 영역으로 나타나도록 그렸지만, I가 수평축에 놓이고 A가 수직축에 위치하도록 축이 바뀌어 있다. 나머지 두 개의 사분면은 자동적으로 처음 두 가지의 차트와 축을 공유하는 또 다른 두 개의 차트를 형성한다. 우측 상단에 있는 차트는 E와 I의 축을 가지고 있으며 대각선은 단면의 굽힘강성 EI를 나타낸다. 좌측 아래에 있는 차트는 A와 ρ의 축을 가지고 있고 평행인 대각선들은 성능의 척도를 보여주는데, 단면의 단위 길이당 질량 $m_l = \rho A$이다.

이 차트의 조합은 강성제한 단면의 평가와 비교를 할 수 있게 한다. 이것은 여러 가지 방식으로 사용할 수 있는데, 다음과 같은 것이 전형적인 사례이다. 그 과정이 그림 9.10에 구체적으로 설명되어 있다.

- 그림의 첫 번째 사분면에 단면을 만들 재료를 선택하여 재료의 탄성계수 E와 밀도 ρ을 재료차트상에 표시한다.
- 원하는 단면강성(EI)을 선택한다. 이것은 단면이 반드시 충족시켜야 할 제한조건이다. 재

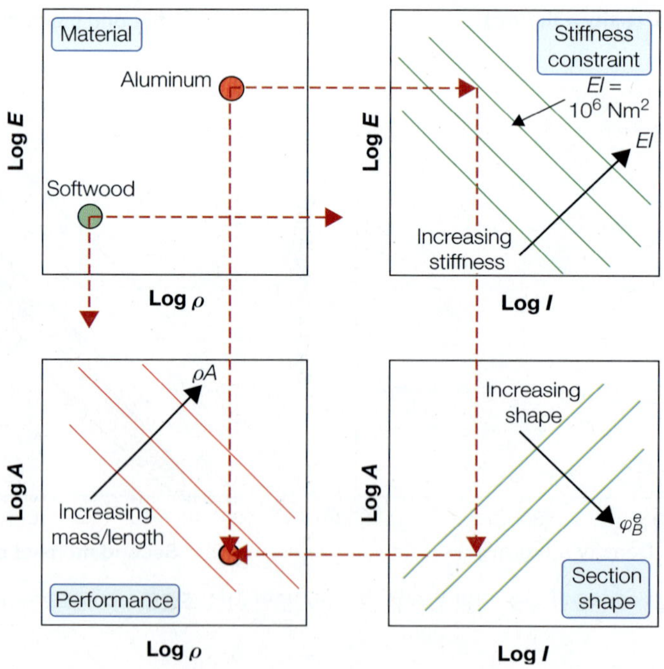

그림 9.10 4-사분면 차트가 어떻게 사용되는지를 보여주는 개략적 시범

료의 E값으로부터 수평선으로 연장하여 두 번째 사분면에 있는 제한조건 차트에 있는 적절한 등고선까지 도달하게 한다.

- 이 지점으로부터 수직선을 내리그어 세 번째 사분면에 있는 형상차트 위 해당 단면의 형상계수 ϕ_B^e을 나타내고 있는 선까지 도달하게 작도한다. 그림자 진 대역의 밖에 있는 I와 A의 값들은 허용되지 않는 값들이다.
- 이 지점으로부터 마지막 사분면(좌측 아래에 있는) 내에 있는 성능차트로 수평선을 그어 연장하여 연결한다. 재료차트 내에 있는 재료의 밀도 ρ로부터 수직선을 내리긋는다. 서로 만나는 교차점이 단면의 단위 길이당 질량을 보여준다.

그림 9.11에 나타낸 사례는 굽힘강성 10^6 N.m^{2}의 제한조건하에서 두 가지 모두 $\phi_B^e = 10$인 압연강철과 압출 알루미늄, $\phi_B^e = 2$인 목재 단면의 질량을 비교하고 있다. 이 중에서 압출 알루미늄 형상이 가장 가벼운 빔을 가능하게 한다. 특기할 사항으로 효과적인 형상을 가진 강철 빔은 주어진 굽힘강성에서 강철의 밀도가 목재보다 12배나 더 높음에도 불구하고, 목재로 만들어진 것의 무게와 거의 같을 정도로 가볍다. 왜냐하면 강철의 경우는 보다 높은 형상계수를 활용할 수 있기 때문이다.

강도제한 설계 추론하는 과정은 앞에서와 비슷한 경로를 따라간다. 그림 9.12에서 강도(σ_f)-밀도(ρ) 재료특성 차트는 좌측 상단에 위치하고 있다. Z-A 형상 차트(축이 교차하고 있는 그림 9.7)는 우측 하단에 위치하고 있다. 앞에서와 같이 나머지 두 개의 사분면에 차트 두 개가 더 만들어진다. 이번에는 σ_f 및 Z 축을 가진 제한조건 차트가 우측 상단에 위치하고 대각선은 단면의 굽힘강도 $Z\sigma_f$을 보여준다. 좌측 하단에 위치하고 있는 성능차트는 앞에서와 같이 동일하게 A와 ρ의 축을 가지고 있고, 대각 방향의 등고선 역시 성능의 측정지표(metric)를 보여 주는데 단면의 단위 길이당 질량 $m_l = \rho A$이다.

이것은 강성제한 설계에 사용된 것과 동일한 방식으로 사용된다. $\phi_B^f = 15$인 강철, $\phi_B^f = 10$인 알루미늄, $\phi_B^f = 5$인 GFRP를 가지고 요구되는 파손모멘트가 $Z\sigma_f = 10^4$ N.m일 경우에 대하여 시도해보자. 결과적으로 GFRP가 가장 가벼운 해답을 줄 수 있음을 발견하게 될 것이다.

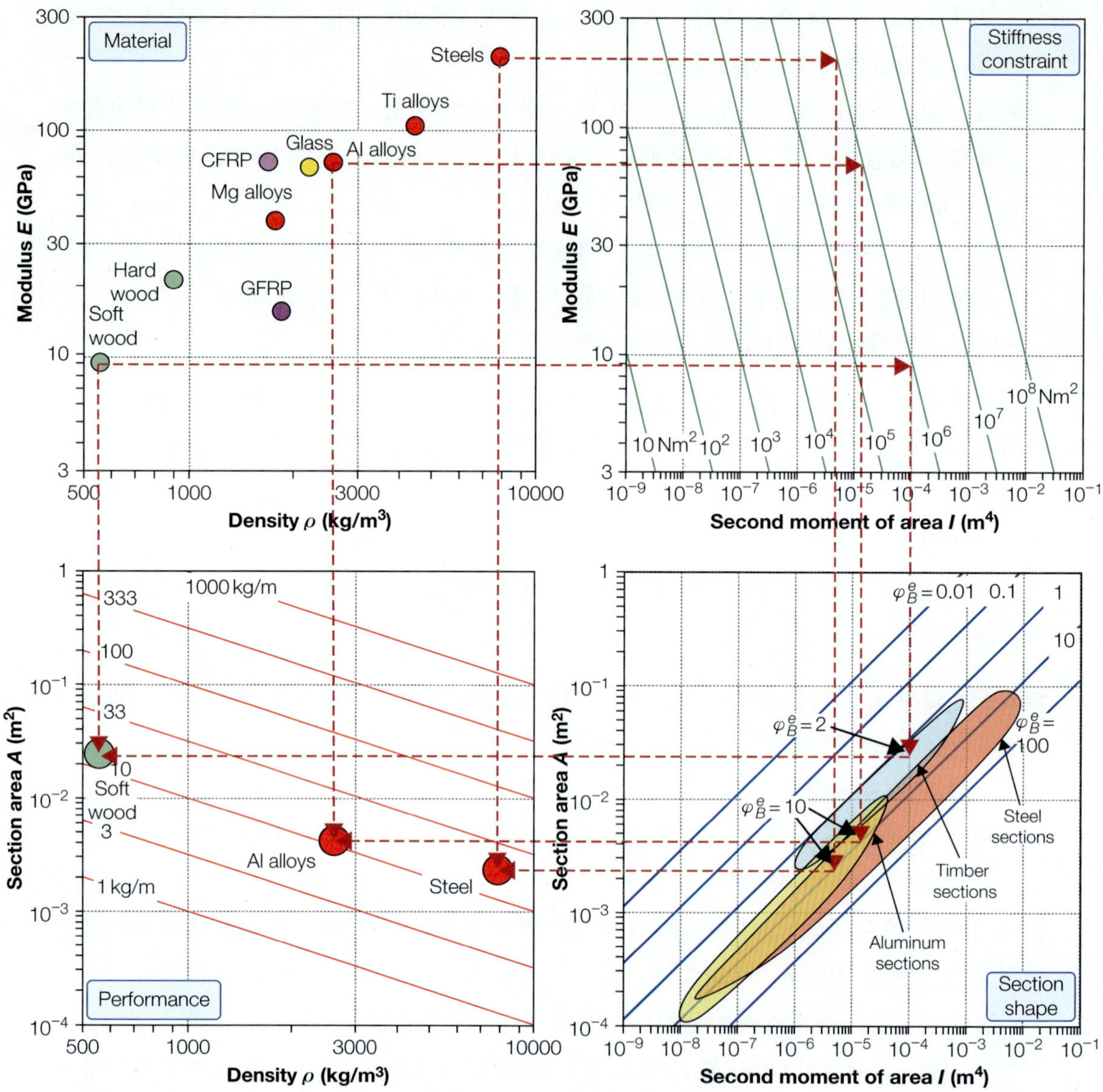

그림 9.11 $EI = 10^6$ N.m^{2}일 경우 강성제한 설계에서 강철, 알루미늄, 나무의 단면 비교 : 알루미늄이 10 kg/m로 가장 가벼운 단면을 가능하게 하고, 강철은 거의 3배나 무겁다.

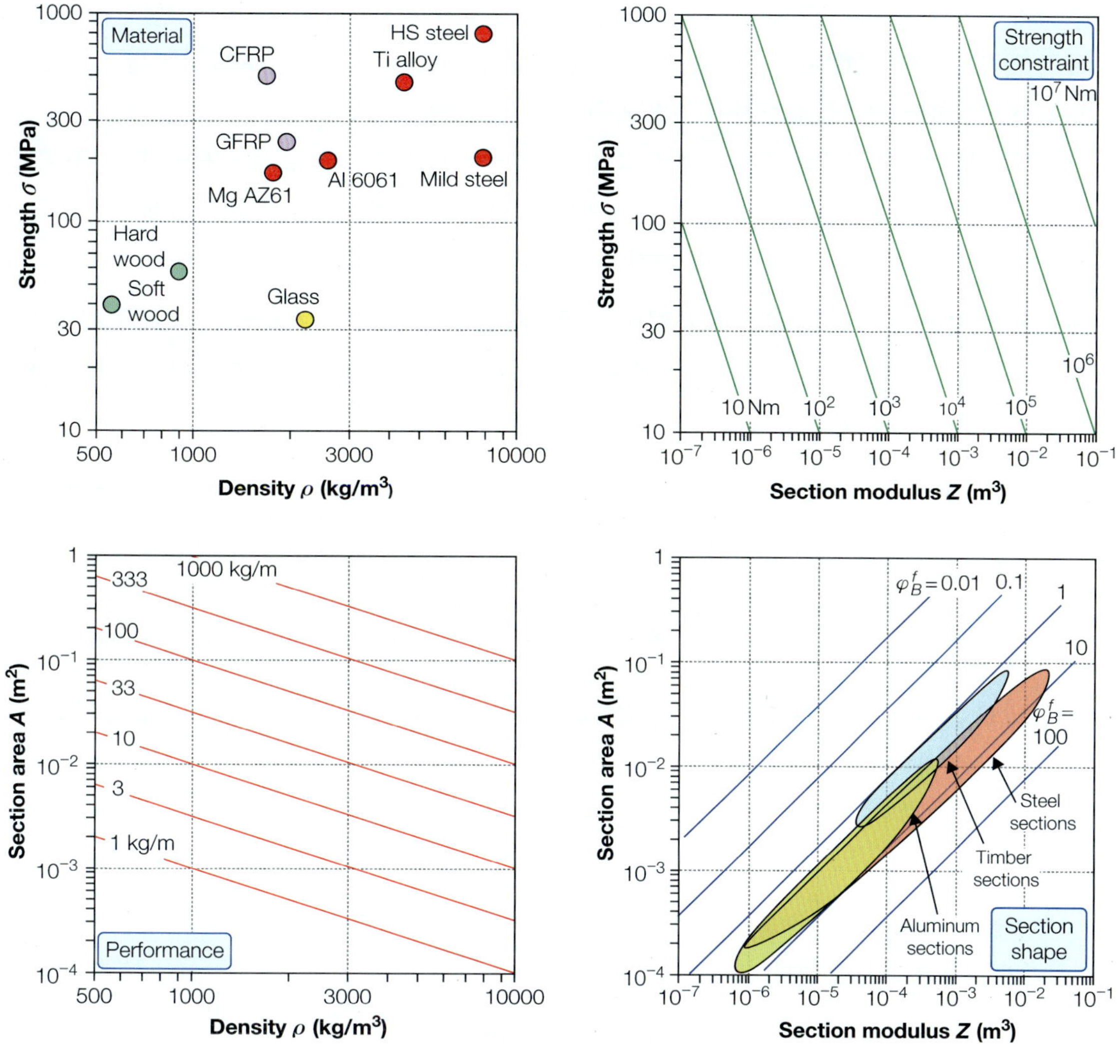

그림 9.12 강도제한 설계용 구조적 단면 탐색을 위한 4-사분면 차트 조합도 : 강성제한 설계에서와 마찬가지로 각 차트는 이웃하는 차트들과 자체의 축을 공유한다.

9.5 형상이 포함된 재료지수

그림 9.9 및 9.12에서의 차트 배열은 재료, 형상, 제한조건, 성능목표를 비록 어색하기는 하지만 도해적인 방식으로 연결하고 있다. 이보다 깔끔한 방법도 있는데, 이것들을 제5장의 재료지수에 포함시키는 것이다. 하지만 대부분 지수들은 이와 같이 세련되게 할 필요가 없음을

기억해야 하는데, 이들이 특성화하는 성능은 형상에 좌우되지 않기 때문이다. 그렇지만 강성제한 및 강도제한 설계는 해당된다. 이 경우에 지수는 재료-형상 조합의 효과를 규명할 수 있도록 적절한 형상계수를 포함하여 조정될 수 있다.

이 방법은 아래의 최소 무게 설계에 설명되어 있다. 이 또한 다른 설계목표에 대해서도 확실한 방식으로 적용할 수 있다. 이 방식은 제5장에서 유도된 방식을 따르고 형상계수에 포함하기 위한 추가적인 단계를 하나 더 거친다.

빔의 탄성 굽힘 지정된 굽힘강성이 S_B^*이고 길이가 L인(제한조건) 빔 재료를 질량 m이 최소가 되도록(설계목표) 선택하는 문제를 고려해보자. 길이가 L인 빔의 질량 m과 단면적 A는 앞에서처럼 다음과 같이 주어져 있다.

$$m = A\,L\,\rho \tag{9.16}$$

이것의 굽힘강성은 다음과 같다.

$$S_B = C_1 \frac{EI}{L^3} \tag{9.17}$$

여기서 C_1은 빔에 하중이 분산되는 방법에만 좌우되는 상수이다. 식 (9.3)을 사용하여 I를 $\phi_B^e A^2/12$로 대체하면 다음 식을 얻는다.

$$S_B = \frac{C_1}{12}\frac{E}{L^3}\phi_B^e A^2 \tag{9.18}$$

이것을 식 (9.16)에 있는 A를 소거하기 위해 사용하고, 지정된 설계목표 강성 S_B^*을 대입하면 빔의 질량은 다음과 같다.

$$m = \left(\frac{12\,S_B^*}{C_1}\right)^{1/2} L^{5/2}\left[\frac{\rho}{(\phi_B^e E)^{1/2}}\right] \tag{9.19}$$

이 식 내에 있는 모든 것들은 꺾쇠괄호 내에 있는 항을 제외하고 정해지며, 괄호 속의 것들은 단지 재료와 형상에만 의존한다. 동일한 형상을 가진 빔의 경우(ϕ_B^e 값이 일정) 최선의 재료는 $E^{1/2}/\rho$의 값이 최대가 되는 재료이다. 이는 제5장에서 얻어진 결과와 동일하다. 그러나 만일 가장 가벼운 재료-형상의 조합을 원할 경우에는, 다음 지수의 값이 가장 큰 재료를 선택해야 한다.

$$M_1 = \frac{(\phi_B^e E)^{1/2}}{\rho} \tag{9.20}$$

형상을 통한 효율의 향상

강성이 크고 가벼운 빔을 얻으려면 형상을 가진 재료가 필요하다. 표 9.5에 네 가지 재료의 특성과 전형적인 형상을 수록하였다. 어느 재료-형상 조합으로 동일한 강성도에 대하여 가장 가벼운 빔을 얻을 수 있는가?

풀이 표 (9.5)의 끝에서 두 번째 칼럼은 고정된 단순 형상에 대한 지수 $E^{1/2}/\rho$값이다. 그러한 경우에 목재가 강철의 2배 이상으로 가장 큰 값을 보인다. 그러나 각 재료를 효율적으로 형상화하면 마지막 칼럼처럼 목재는 가장 낮은 값을 갖고, 심지어 강철이 더 높다. 알루미늄 합금이 강철과 GFRP를 제치고 최선의 결과를 보여준다.

표 9.5 가볍고 강성이 있는 빔 재료와 형상의 선택

재료	ρ (Mg/m^3)	E (GPa)	ϕ_B^e	$E^{1/2}/\rho$	$(\phi_B^e E)^{1/2}/\rho$
강철 1020	7.85	205	20	1.8	8.2
알루미늄 6061-T4	2.7	70	15	3.1	**12.0**
GFRP(등방성)	1.75	28	8	2.9	8.5
목재(참나무)	0.9	13.5	2	**4.1**	5.8

축의 탄성 비틀림 축의 탄성 비틀림의 경우도 과정은 비슷하다. 단면적 A 및 길이 L인 축에 비틀림이 일어난다고 하자. 축은 각도 θ을 통해 비틀림이 일어난다. 비틀림강성 $S_T = T/\theta$는 최소 질량을 가지고 지정된 목표 강성 S_T^*을 만족해야 한다. 이 경우 축의 비틀림강성은 다음과 같이 된다.

$$S_T = \frac{KG}{L} \tag{9.21}$$

여기서 G는 전단계수이다. 식 (9.7)을 사용하여 K를 ϕ_T^e로 대체하면 다음 식이 얻어진다.

$$S_T = \frac{G}{7.14\,L}\phi_T^e A^2 \tag{9.22}$$

이것을 식 (9.16)에 있는 A를 소거하기 위해 사용하고, 지정된 목표 강성 S_T^*을 대입하면 다음 식이 얻어진다.

$$m = \left(7.14\,\frac{S_T^*}{L^3}\right)^{1/2} L^{3/2}\left[\frac{\rho}{(\phi_T^e G)^{1/2}}\right] \tag{9.23}$$

최선의 재료-형상의 조합은 $(\phi_T^e G)/\rho^{1/2}$의 값이 가장 큰 것이다. 전단계수 G는 탄성계수(영

실험적인 데이터로부터 형상계수 구하기

속이 빈 튜브 형상의 알루미늄 압출 단면이 복잡하게 립(rib)이 달린 상태로 단위 길이당 질량 $m_l = 0.3$ kg/m를 갖는다. 길이 $L = 1$ m의 압출품이 $W = 10$ kg의 중앙하중을 받아 $\delta = 2$ mm의 처짐이 발생하였다. 형상계수는 얼마인가? (알루미늄의 탄성계수 70 GPa, 밀도 2,700 kg/m^3, 3점굽힘에 대하여 $C_1 = 48$, 부록 B)

풀이 하중 W에 의한 힘은 $F = Wg = 98.1$ N이다. 빔의 강성도는 $S_B = F/\delta = 4.9 \times 10^4$ N/m이므로, 식 (9.25)에 이를 대입하면 $\phi_B^e = 13.2$가 나온다.

의 계수) E와 밀접한 관계가 있다. 실용적인 목적상 $G \approx (3/8)E$로 근사시키면 지수는 다음과 같이 바뀐다.

$$M_2 = \frac{(\phi_T^e E)^{1/2}}{\rho} \tag{9.24}$$

동일한 형상을 가진 축의 경우 이것은 다시 $E^{1/2}/\rho$로 환원된다. 축이 재료와 형상에서 모두 같지 않을 경우에는 이 재료지수[식 (9.24)]를 사용해야 한다.

식 (9.19)와 (9.23)은 교량이나 트러스와 같은 복잡한 구조의 형상계수를 계산하기 위한 방법을 주고 있다. 일례로 식 (9.19)를 역으로 바꾸면 다음 식을 얻는다.

$$\phi_B^e = \frac{12\, S_B^*}{C_1} \frac{L^5}{m^2} \left[\frac{\rho^2}{E}\right] \tag{9.25}$$

따라서 만일 구조의 질량, 길이, 굽힘강성이 알려져 있다면(대형 교량의 경간에 대해서는 그러함) 기존 교량 경간 재료의 밀도와 탄성계수는 50에서 200 사이의 값을 갖는다. 이것은 아주 큰 값들이고 표 9.4에 있는 최댓값보다 큰 값들이다. 이렇게 되는 이유로 교량은 둘 또는 그 이상의 구조 레벨을 가지는 '구조화된 구조물'이기 때문이다. ϕ 값이 높은 것은 형상효율이 구조화 체계에 의해 증가될 수 있는 방식을 보여주는 하나의 사례이다.

빔과 축의 파손 과정은 동일하다. 길이 L인 빔이 굽힘 하중을 받을 경우 지정된 하중 F를 파손 없이 충분히 지탱해야 하고 가능한 한 가볍게 만들어야 한다. 단면 형상이 변수가 되는 경우에 최선의 재료선택은 다음과 같이 발견할 수 있다. 만일 하중이 모멘트를 초과하게 되면 파손이 일어난다.

$$M_f = Z\,\sigma_f$$

여기서 Z는 단면계수이고 σ_f는 파손이 일어날 때의 응력이다. Z를 식 (9.10)에 있는 형상계수

재료-형상 조합의 선택

강하고 가벼운 빔을 얻으려면 형상을 가진 재료가 필요하다. 표 9.6에 네 가지 재료의 특성과 형상을 수록하였다. 어느 재료-형상 조합으로 동일한 굽힘강도에 대하여 가장 가벼운 빔을 얻을 수 있는가?

풀이 끝에서 두 번째 칼럼은 고정된 단순 형상에 대한 지수 $\sigma_f^{2/3}/\rho$값이다. 그러한 경우에 목재가 강철의 2배 이상으로 가장 큰 값을 보인다. 그러나 각 재료를 효율적으로 형상화하면 마지막 칼럼처럼 목재는 가장 낮은 값을 갖고, 심지어 강철이 더 높다. 알루미늄 합금이 강철과 GFRP를 제치고 최선의 결과를 보여준다.

표 9.6 가볍고 강한 빔 재료와 형상의 선택

재료	ρ (Mg/m^3)	σ_f (MPa)	ϕ_B^f	$\sigma_f^{2/3}/\rho$	$(\phi_B^f \sigma_f)^{2/3}/\rho$
강철 1020(표준열처리)	7.85	330	5	6.1	17.8
알루미늄 6061-T4	2.7	110	4	8.5	**21.4**
GFRP SMC(등방성)	1.75	80	3	9.3	19.3
참나무(결방향)	0.9	50	1.5	**15**	19.7

ϕ_B^f로 대체하면 다음 식이 얻어진다.

$$M = \frac{\sigma_f}{6}\phi_B^f A^{3/2} \tag{9.26}$$

이것을 빔의 질량을 얻기 위해 식 (9.16)에 대입하면 다음 식이 얻어진다.

$$m = (6\,M)^{2/3} L \left[\frac{\rho^{3/2}}{\phi_B^f \sigma_f}\right]^{2/3} \tag{9.27}$$

최선의 재료-형상의 조합은 다음 지수의 값이 가장 큰 것이다.

$$M_3 = \frac{(\phi_B^f \sigma_f)^{2/3}}{\rho} \tag{9.28}$$

비틀림 파손에 대한 유사한 분석 결과 다음 식을 얻는다.

$$M_4 = \frac{(\phi_T^f \sigma_f)^{2/3}}{\rho} \tag{9.29}$$

형상이 일정할 경우 두 지수들은 우리에게 이미 친숙한 $\sigma_f^{2/3}/\rho$로(제5장) 환원되지만, 재료뿐만 아니라 형상도 서로 비교해야만 할 경우에는 전체 지수를 반드시 사용해야 한다.

9.6 재료지수와 그래프를 이용한 동시 선택

형상의 효과를 가진 재료를 재료특성 차트에 도시할 수 있다. 그리고 모든 선택의 기준을 동일하게 적용할 수 있다. 어떻게 되는지 여기서 살펴보자.

탄성 굽힘에 대한 지수[식 (9.28)]은 다음과 같이 다시 쓸 수 있다.

$$M_1 = \frac{(\phi_B^e E)^{1/2}}{\rho} = \frac{(E/\phi_B^e)^{1/2}}{\rho/\phi_B^e} = \frac{E^{1/2}}{\rho} \tag{9.30}$$

이 식은 탄성계수 E와 밀도 ρ을 가진 재료가 구조화되면, 재료는 다음 식과 같은 탄성계수와 밀도를 가진 새로운 재료로 간주될 수 있다는 것을 말해준다.

$$E^* = \frac{E}{\phi_B^e} \quad \& \quad \rho^* = \frac{\rho}{\phi_B^e} \tag{9.31}$$

그림 9.13에서 개략적으로 나타낸 $E-\rho$ 차트를 볼 수 있다. '새로운' 재료특성 E^*과 ρ^*를

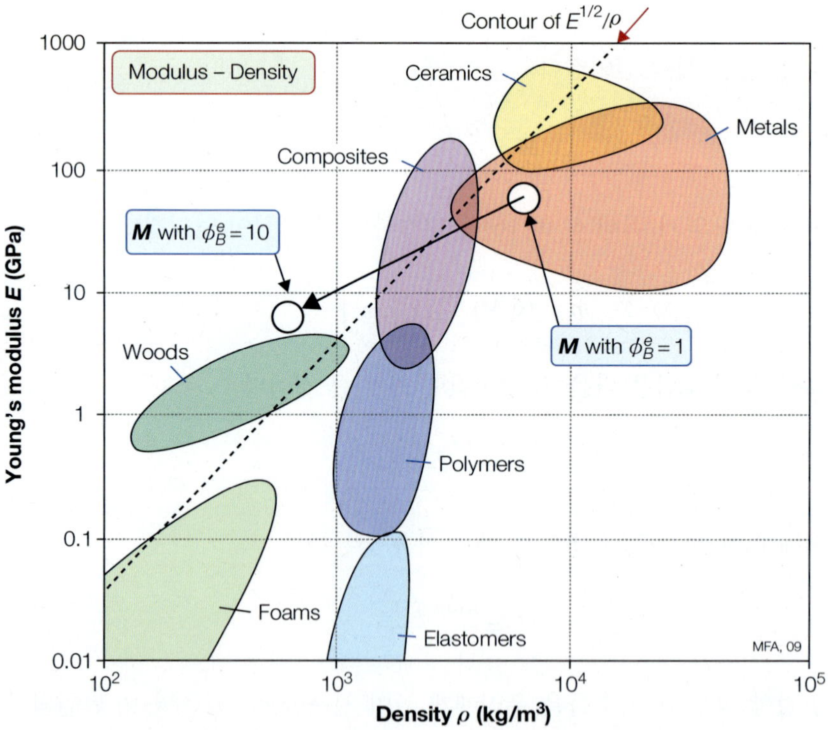

그림 9.13 구조화된 재료는 끊어진 선택선(점선) 아래의 위치로부터 그 위로 움직이며 마치 탄성계수 $E^* = E/\phi_B^e$이고 밀도 $\rho^* = \rho/\phi_B^e$인 새로운 재료처럼 거동을 한다. 교재 내용에 기술되어 있는 바와 같이 유사한 과정을 굽힘강도에 대해서도 적용할 수 있다.

이 위에 작도할 수 있다. 형상을 도입하면(즉 $\phi_B^e = 10$) 그림에서 볼 수 있는 것과 같이 재료 M을 기울기 1인 선을 따라 E, ρ의 위치로부터 $E/10$, $\rho/10$인 좌측 하부로 옮기게 된다. (재료)선택 기준은 전과 같이 그림 위에 작도되어 있는데, 지수값이 $E^{1/2}/\rho$인 상수 값은 예를 들어 기울기 2의 직선과 같이 작도된다. 그림에서 볼 수 있듯이 하나의 $E^{1/2}/\rho$의 값을 가진 경우에는 끊어진 선(점선)이 된다. 형상의 도입은 재료를 이 점선 아래 위치로부터 점선 위로 옮겼는데, 이는 성능이 향상된 것을 의미한다. 축의 탄성 비틀림에 대해서도 이와 동일한 방식으로 다룬다.

강성보다 강도에 기준을 둔 최소 질량을 가지는 재료선택도 비슷한 과정을 사용한다. 굽힘하중에서 파손에 대한 재료지수는 [식 (9.28)] 다음과 같이 다시 쓸 수 있다.

$$M_3 = \frac{(\phi_B^f \sigma_f)^{2/3}}{\rho} = \frac{[\sigma_f/(\phi_B^f)^2]^{2/3}}{\rho/(\phi_B^f)^2} = \frac{\sigma_f^{*\,2/3}}{\rho^*} \tag{9.32}$$

강도 σ_f와 밀도 ρ을 가진 재료에 형상이 부여되면, 굽힘하중을 받을 때 새로운 강도와 밀도를 가지고 있는 재료처럼 거동한다.

$$\sigma_f^* = \frac{\sigma_f}{(\phi_B^f)^2} \quad \& \quad \rho^* = \frac{\rho}{(\phi_B^f)^2} \tag{9.33}$$

그 나머지는 명백하다. 형상을 도입하면(예를 들어 $\phi_B^f = 3$) 앞의 차트에서처럼, 재료 M을 취하여 기울기 1인 선을 따라 재료지수 라인 아래에 있는 σ_f, ρ의 위치로부터 그 위에 있는 $\sigma_f/9$, $\rho/9$의 위치로 옮기게 된다. 이에 따라 다시 성능의 향상이 이루어졌다. 비틀림 파손은 ϕ_B^f 대신 ϕ_T^f을 사용하여 분석할 수 있다.

이와 같은 접근방법을 사용하였을 때 값은 도시한 점들이 그들 자체의 일반성을 간직하고 있는 것들이다. 때문에 이것은 이전의 다른 어떤 (선택)기준에 의해서라도 가장 가벼운 연결봉, 빔, 패널을 가져다주는 재료를 정확하게 찾아내는 것을 가능하게 한다.

9.7 구조화된 재료 : 미시적 형상계수

자연계에서 생존의 문제는 구조효율과 밀접하게 연계되어 있다. 주어진 셀룰로오스 자원을 사용하여 나무는 높이 자랄수록 더 많은 햇볕을 받을 수 있게 된다. 동물은 할당된 수산화인회석으로 가장 강한 뼈대 구조를 만들어 대부분의 싸움에서 이기고, 포식자가 아니고 먹잇감일 경우에는 포식자보다 더욱 빠르게 달릴 수 있어야 한다. 구조효율은 생존을 의미한다. 자연이 어떻게 이것을 수행하는지 의문을 가져보는 것도 가치 있는 일일 것이다.

미시적 형상 표 9.2와 표 9.3에 나타낸 형상들은 그들의 거시적인 형상을 통해 효율성을 실현하고 있다. 구조적 효율성은 다른 방식으로 실현될 수도 있는데, 작은 스케일의 형상을 통해 미시적인 또는 미세구조적인 형상을 통해 실현할 수 있다(그림 9.14). 목재가 하나의 사례가 된다. 목재의 단단한 고체 구성요소(셀룰로오스 복합체, 리그닌, 기타 고분자)는 작은 각기둥 형상의 쎌 구조로 되어 있으며, 고형분을 나뭇가지, 줄기의 굽힘 또는 비틀림의 축으로부터 멀리 분산시켜 강성과 강도 두 가지를 모두 증가시킨다. 추가되는 효율성은 ϕ와 똑같은 정의로 미시적 형상계수 Ψ에 의해 규명될 수 있다. 미시적 형상의 특성은 구조가 그 자체를 반복하는 것인데, 이것은 광범위하다. 미세구조적인 고형분은 그 자체의 권한 측면에서 '재료'로 생각될 수도 있는데, 이것은 탄성계수, 밀도, 강도 등을 가지고 있다. 형상은 쎌의 크기에 비해 그 크기가 클 경우라면 그 자체로 특성을 유지하면서 그 자체를 떼어낼 수 있다. 예를 들면 나무로 I-단면을 제작하는 것도 가능한데, 이와 같은 단면은 그림 9.15에 의해 제시된 것과 같이 미시적인 형상과 마찬가지로(앞에서 정의된 것과 같이) 거시적인 형상을 가진다. 바로 다음에 나무로 만든 I-빔의 경우 전체 형상계수는 목재의 미시적 형상계수와 I-빔 구조의 형상계수의 곱이 됨을 보여줄 것이고, 이것은 큰 값이 될 수 있다.

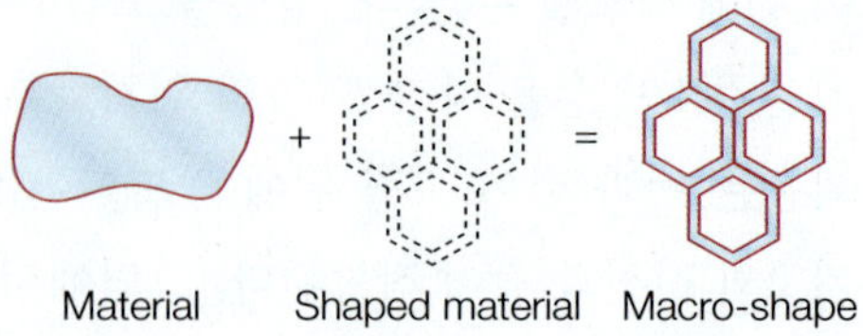

그림 9.14 기계적인 효율성은 그 자체를 광범위한 구조를 얻기 위해 반복하는 미시적 또는 내부적인 형상을 가진 재료를 조합하여 얻을 수 있다. 형상은 미시적 형상계수 Ψ에 의해 설명될 수 있다.

많은 천연재료들이 미시적 형상을 가지고 있다. 나무는 한 예에 불과하다. (동물의)뼈, 식물의 줄기나 잎사귀, 오징어의 뼈 모두 가벼운 무게에 높은 강성을 주는 구조를 가지고 있다. 비록 사람이 그런 것을 만들어내는 것이 가능할 것으로 보이지만, 인공적인 재료의 사례를 생각하는 것이 더 어렵다. 그림 9.16은 미시적인 형상과 함께 네 가지의 광범위한 구조를 보여주는데 모두 자연에서 발견할 수 있다. 첫 번째는 목재 구조와 유사한 육각기둥 구조의 쎌이다. 이것은 쎌이 정육각형일 경우 횡단면상에서 등방성을 가진다. 두 번째는 종려나무에서 전형적으로 나타나는 발포재 기지로 분리되어 있는 섬유의 배열이고, 이것 역시 평면상에서 등방성을 가진다. 세 번째는 일부 식물의 줄

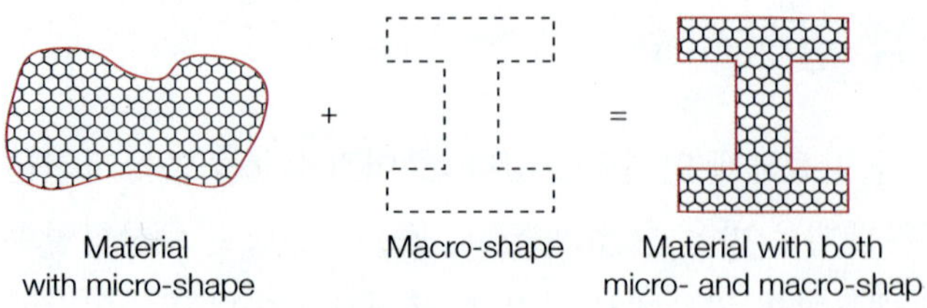

그림 9.15 미시적인 형상은 효율적인 구조를 얻기 위해 거시적인 형상과 조합할 수 있다. 전체적인 형상계수는 미시적 형상계수와 거시적 형상계수의 곱이 된다.

기와 같이 발포재 기지로 분리되어 있는 동심 원통형 셸의 축대칭 구조이다. 그리고 네 번째는 적층구조로 갑오징어의 외피처럼, 복수의 샌드위치 패널과 같은 형상이다.

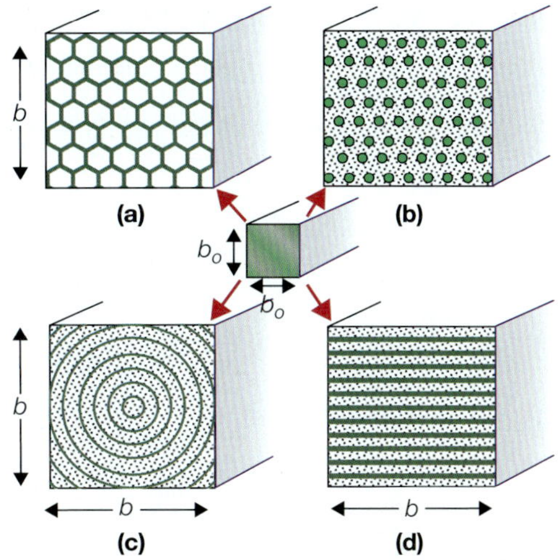

그림 9.16 네 가지의 역학적으로 매우 효율적인 미시적 구조가 형성된 재료들 (a) 정육각기둥 형상의 셀, (b) 발포재 기지로 둘러싸인 섬유, (c) 발포재가 사이에 들어있는 동심 원통형 쉘 (d) 발포재 층으로 분리되고 평행하게 적층된 판의 샌드위치 패널

미시적 형상계수 그림 9.16과 같이 한 변이 b_o인 고체 사각단면 빔이 일정한 질량에서, 그것을 둘러싸고 있는 큰 사각구조들 중 하나로 확대되었을 때 굽힘강성의 이득을 고려해보자. 원래 단일 고체 빔의 굽힘강성 S_s는 그 자체의 탄성계수 E_s와 단면적의 이차모멘트 I_s의 곱과 비례한다.

$$S_s \propto E_s\, I_s \tag{9.34}$$

여기서 아래첨자 's' 는 '고체 빔의 특성'을 의미하고 $I_s = b_o^4/12$ 이다. 질량이 일정한 상태에서 빔이 확장되면 밀도는 ρ_s로부터 ρ로 떨어지고 한 변의 길이는 b_o로부터 b로 증가하여 다음 식이 얻어진다.

$$b = \left(\frac{\rho_s}{\rho}\right)^{1/2} b_o \tag{9.35}$$

이 결과와 함께 빔의 단면적의 이차모멘트는 I_s로부터 증가하여 다음 식이 얻어진다.

$$I = \frac{b^4}{12} = \frac{1}{12}\left(\frac{\rho_s}{\rho}\right)^2 b_o^4 = \left(\frac{\rho_s}{\rho}\right)^2 I_s \tag{9.36}$$

만일 그림 9.16(a), (b), (c)에 있는 셀, 섬유, 링이 각각 빔의 축에 평행하게 뻗어 있다면, 이 축에 평행한 탄성계수는 단일체 고체에 대한 값 E_s로부터 변하여 다음 식과 같이 된다.

$$E = \left(\frac{\rho}{\rho_s}\right) E_s \tag{9.37}$$

확장된 빔의 굽힘강성은 EI와 같이 정의되며, 그렇기 때문에 원래의 고체 빔보다 아래의 계수만큼 더 강해진다.

$$\Psi_B^e = \frac{S}{S_s} = \frac{E\,I}{E_s I_s} = \frac{\rho_s}{\rho} \tag{9.38}$$

우리는 Ψ_B^e을 '탄성굽힘에 대한 미시적 형상계수'라고 부르기로 한다. 그림 9.16(a)에 있는 것과 같은 육각기둥 구조의 경우에는 단순히 상대밀도 ρ/ρ_s의 역수가 된다. 단일 고체 빔일 경우 한계값으로 ($\rho = \rho_s$일 때에)Ψ_B^e의 값은 당연히 1이 된다. 굽힘에 의한 파손에 대해서도 유사한 형상계수를 얻을 수 있다.

$$\Psi_B^f = \left(\frac{\rho_s}{\rho}\right)^{1/2} \tag{9.39}$$

비틀림의 경우 항상 그렇듯이 문제가 보다 어려워진다. 환상의 대칭이 있는 그림 9.16(c)의 구조가 비틀리게 될 경우 링은 동심의 튜브와 같이 작용하며, 이 경우에는 분명 이득이 있다.

$$\Psi_T^e = \frac{\rho_s}{\rho} \quad \& \quad \Psi_T^f = \left(\frac{\rho_s}{\rho}\right)^{1/2} \tag{9.40}$$

다른 것들은 I-단면이 굽힘에는 양호하나 비틀림에 대해서는 불량한 것과 동일한 이유로 인해 오히려 낮은 비틀림 강성 및 강도를 가진다(따라서 낮은 미시적 형상계수).

탄성계수 E_s와 강도 $\sigma_{f,s}$인 단일 고체 단면이 미세구조를 가짐에 따라서 새로운 E와 σ_f 값을 가진 고체로 변환하는 것이다. 만일 이 새로운 고체가 효율적인 거시적 형상을 가졌을 경우(예를 들어, 튜브 또는 I-단면) 이것의 굽힘강성은 당연히 형상계수 값 ϕ_B^e 만큼 더 증가할 것이다. 따라서 (미시적 형상을 가진)새로운 고체 빔의 강성은 원래 단일 고체 빔의 강성을 기본으로 계수항의 곱으로 표현되어 다음과 같다.

$$S = \Psi_B^e \, \phi_B^e \, S_s \tag{9.41}$$

즉, 두 가지 형상계수를 곱한 값이 된다. 강도의 경우에도 마찬가지로 동일하다.

이것은 구조적 계열화와 그것이 가져다주는 혜택에 대한 사례이다. 이를 좀 더 연장시키는 것도 가능하다. 예를 들면 개별적인 셀 벽이나 층도 구조화할 수 있으며 전체 형상계수에 세

미시적 형상에 의한 강성 향상

원래 단일 고체 단면을 가지던 빔이 그림 9.16에 보이는 것처럼 각기둥 형상으로 확장되면 굽힘강성 EI는 얼마나 증가하는가? 만일 발포재와 같은 구조로 확장되어 $E = (\rho/\rho_o)^2 E_s$가 되면 굽힘강성은 얼마나 증가하는가?

풀이 식 (9.38)의 형상계수 Ψ_B^e는 미시적 각기둥 구조의 강성도를 원래의 단일 고체의 강성도에 대한 비로 나타낸다. 굽힘강성의 증가는 $\Psi_B^e = \rho_s/\rho$로 나타낼 수 있다. 발포재에 대해서 상대밀도에 근거한 발포재 탄성계수를 사용하여 동일한 계산을 반복하면 $\Psi_B^e = 1$이다. 발포재로 하는 것은 굽힘강성에 이득이 없다.

번째의 곱하기 항을 주게 되는데, 이것들 또한 구조화시킬 수 있다. 자연은 좋은 효과를 얻기 위해 행하지만, 인공구조의 경우 어려움이 있다. 제조 과정에는 구조화의 수준에 따라 부과되는 경제적 제약으로 인한 명백한 어려움이 있다. 그리고 이보다 덜 명백한 것이기는 하지만 신뢰도의 문제도 있다. 만일 어떤 구조가 모든 수준에서 최적화 될 수 있다면, 어느 한 수준에서 구성요소의 파손은 그 상위 수준의 파손을 야기한다. 급기야 구조 전체의 파손으로 이어지는 연쇄작용을 유발하게 될 것이다. 구조가 복잡할수록 모든 수준에서 무결성을 보장하는 것은 더욱 어려워지게 된다. 이러한 문제점은 각 수준에 다중화하거나 안전계수를 도입하여 극복할 수 있지만, 이는 효율의 누적 손실을 의미한다. 구조에 있어서 대개 보통 두 가지 수준을 유지하는 것이 할 수 있는 한 실용적인 방법이다.

앞에서도 지적한 바와 같이 미시적 형상 구조재료는 새로운 재료로 간주될 수 있다. 이것들은 고유한 밀도, 강도, 열전도 등을 가지고 있다. 애로점이 있다면 단지 재료의 '특성'이 크기에 좌우될 경우 샘플의 크기가 쎌 크기정도 밖에 되지 않는다는 것이다. 이것은 미시적 구조를 가진 재료를 차트상에 작도할 수 있음을 의미한다. 실제로 목재의 경우 이 차트에 이미 나와 있고 제5장에서 이끌어낸 모든 재료의 선택 기준이 미시적 구조를 가진 재료에 변함없이 적용된다. 이와 같은 사고의 연장선이 제12장에서 더 깊이 다루어지고 있으며, 천연재료의 범위까지 차트에 포함되어 있다.

9.8 요약과 결론

설계자는 하중지탱 부품의 성능 최적화를 도모하기 위해 두 그룹의 변수들을 사용하는데, 재료의 특성과 단면의 형상이다. 이들은 서로 독립적이지 않다. 최선의 재료선택은 주어진 사용 조건하에서 재료 자체가 가진 형상이나 또는 재료로 성형이 가능한 형상에 의존한다.

네 가지 형상계수를 정의하면 형상에 의한 기여분을 분리할 수 있다. 먼저 탄성굽힘 및 빔

표 9.7 형상계수의 정의*

설계 제한조건*	굽힘	비틀림
강성도	$\phi_B^e = \dfrac{12\,I}{A^2}$	$\phi_T^e = \dfrac{7.14\,K}{A^2}$
강도	$\phi_B^f = \dfrac{6\,Z}{A^{3/2}}$	$\phi_T^f = \dfrac{4.8\,Q}{A^{3/2}}$

* A, I, K, Z, Q 는 교재 내에 정의되어 있고 표 9.2에 정리되어 있다.

의 좌굴에 대한 ϕ_B^e이고, 두 번째로 축의 탄성비틀림에 대한 ϕ_T^e이다. 세 번째로 굽힘하중 하에서 빔의 소성파손에 대한 ϕ_B^f이며, 마지막으로 비틀린 축의 소성파손에 대한 ϕ_T^f이다(표 9.7). 각 형상계수는 차원이 없는 수이고 각 하중모드에 있어서 재료 사용의 효율성을 특징짓는다. 이들은 고체 정사각형 단면을 가졌을 경우 네 가지 모두 1이 되도록 정의되었다. 따라서 모든 등축 고체 단면(원기둥, 정육각형 기둥, 기타 다각형 단면)은 형상계수의 값이 1에 가까운 값을 가진다. 그러나 재료를 굽힘 또는 비틀림의 축으로부터 멀리 분산시킬 수 있는 효율적인 형상(I-빔, 중공을 가진 튜브나 박스 단면 등)은 이보다 훨씬 큰 값을 가진다. 표 9.3에 일반적인 형상에 대하여 정리되어 있다.

재료를 가지고 만들어 낼 수 있는 형상은 실제로 제조공정상의 제한조건과 단면이 국소적 좌굴을 겪기 전에 먼저 항복이 일어나야만 하는 제한조건으로 인해 제재된다. 이러한 제약은 '형상 차트'상에 작도할 수 있고, 재료특성 차트와 함께 네 가지 차트의 배열로 조합하게 되면(그림 9.9 및 그림 9.12) 가능한 대안이 될 수 있는 재료-형상 조합의 탐색이 가능하다. 현재 이것은 교육적인 내용이지만 보다 효율적인 대안도 있는데, 형상계수를 포함하는 (재료)지수를 개발하는 것이다. 지정된 굽힘강성을 만족하면서 가장 가벼운 빔을 얻기 위한 최선의 재료-형상 조합은 재료지수의 값을 다음과 같이 극대화하는 것이다.

$$M_1 = \frac{(E\,\phi_B^e)^{1/2}}{\rho}$$

지정된 강도를 만족하면서 가장 가벼운 빔을 얻기 위한 최선의 재료-형상 조합은 다음과 같은 재료지수의 값을 극대화하는 것이다.

$$M_3 = \frac{(\phi_B^f\,\sigma_f)^{2/3}}{\rho}$$

이들 지수를 사용하면 형상을 가진 재료를 차트에 도시할 수 있다. 그리고 제5장에서 다루었던 재료지수와 동일하게 재료선택에 적용된다.

비틀림에 대해서도 ϕ_T^e와 ϕ_T^f 값을 포함하는 유사한 조합으로 지정된 강성 또는 강도를 만족하면서 가장 가벼운 축을 얻을 수 있다. 여기서 '성능'의 기준은 최소 무게를 가지고 주어진 설계 요구조건을 만족시키는 것이다. 또한 다른 재료-형상의 조합은 다른 '성능' 기준을 극대화할 수 있는데, 예를 들면 무게보다는 비용을 최소화하거나 에너지 저장을 극대화하는 것이다. 재료-형상 조합을 선택하는 과정은 사례를 통해서 가장 잘 설명할 수 있다. 이에 관한 내용은 다음 장에서 찾아보기로 한다.

9.9 심화학습을 위한 참고문헌

Ashby, M.F. (1991) Material and shape, *Acta Metall. Mater.* 39, 1025-1039. (제9장의 바탕을 이루는 아이디어에 대한 논문이 처음으로 발표되었음)

Birmingham, R.W. and Jobling, B. (1996) *Material selection: comparative procedures and the significance of form, International Conference on Lightweight Materials in Naval Architecture*, The Royal Institution of Naval Architects, London. (그림 9.12 및 그림 9.15에 있는 것과 같은 4-사분면 차트에 관한 내용이 소개되어 있음)

Gerard, G. (1956) *Minimum Weight Analysis of Compression Structures*, New York University Press, New York, USA. Library of Congress Catalog Number 55-10052. (이것과 아래에 인용된 Shanley의 저서에서 최소무게설계 원칙을 확립하고 있음. 두 가지 모두 불행하게도 현재 절판되었지만 도서관에서 찾아볼 수는 있음)

Gere, J.M. and Timoshenko, S.P. (1985) *Mechanics of Materials*, Wadsworth International, London, UK. (탄성 고체역학에 관한 기초)

Gibson, L.J. and Ashby, M.F. (1997) *Cellular Solids*, 2nd edition, Cambridge University Press, Cambridge, UK. ISBN 0-521-49560-1. (모든 형태의 발포재 및 셀 형상 고체의 구조 및 특성에 관한 광범위한 소개)

Gibson, L.J.,Ashby, M.F., & Hurley, B. (2010) *Cellular Solids in nature*, Cambridge University Press, ISBN 978-0-521-19544-7. (천연적으로 구조화된 재료에 대한 탐구)

Parkhouse, J.G. (1984) Structuring: A Process of Material Dilution, In Nooshin (Ed.), *Third International Conference on Space Structures*, Elsevier, London, UK, p.367. (Parkhouse는 구조체에서 재료 효율을 분석하는 것에 대한 이례적인 접근방법을 개발하고 있음)

Shanley, F.R. (1960) *Weight-Strength Analysis of Aircraft Structure* (2nd ed.), Dover Publications, New York, USA. Library of Congress Catalog Number 60-501011. (이것과 위에 인용된 Gerard의 저서에서 최소무게설계 원칙을 확립하고 있음. 두 가지 모두 불행히도 현재 절판되었지만 도서관에서 찾아볼 수는 있음)

Timoshenko, S.P. and Gere, J.M. (1961) *Theory of Elastic Stability*, McGraw-Hill Kogakusha Ltd, London, UK. Library of Congress Catalog Number 59-8568. (탄성좌굴에 관한 결정적인 교재)

Weaver, P.M. and Ashby, M.F. (1998) Material limits for shape efficiency, *Prog. Mater. Sci.* 41, 61-128. (표준 단면의 형상효율과 이 장에서 사용된 결과치인 굽힘 및 비틀림에 대한 실용적으로 최대 형상계수를 유도해낸 분석에 관한 해설)

Young, W.C. (1989) *Roark's Formulas for Stress and Strain* (6th ed.), McGraw-Hill, New York, USA. ISBN 0-07-100373-8. (응력, 변형도에 관한 일종의 공식 옐로페이지로, 수천 개의 표준 역학문제의 해를 모아놓은 목록)

제 10 장

재료 및 형상의 선택 – 사례연구

한 쌍의 동력비행기 : 경량의 프레임들은 핀결합 알루미늄 튜브 (사진 제공 : Microlight Flying 편집인 David Bremner)

Materials Selection in Mechanical Design. DOI: 10.1016/B978-1-85617-663-7.00010-2

10.1 서론과 개요

이 장은 제6장, 제8장과 마찬가지로 사례연구의 모음집이다. 각 사례는 사분면 차트와 형상 효율을 포함하고 있는 재료지수를 사용한다. 다만 이들은 단면 형상이 직접적으로 성능에 영향을 미치는 제한된 문제의 클래스에서만 필요하다. 즉 구성요소의 일차적인 기능이 굽힘, 비틀림, 또는 좌굴이 일어나게 하는 하중을 지탱하는 것과 같은 경우이다.

형상을 포함하고 있는 지수는 재료와 형상의 동시 선택을 최적화하는 도구를 제공한다. 이에 관한 중요한 사항이 표 10.1에 요약되어 있다. 선택 과정에 있어서 첫 번째로 하는 일은 사용할 수 있거나 만들어질 수 있는 재료와 단면 형상의 후보들을 파악하는 것이다. 각 후보의 관련 재료특성과 형상계수를 표로 정리하고 관련 지수를 평가하게 된다. 최선의 재료 및 형상의 조합은 재료지수의 값이 가장 큰 것이다. 동일한 정보를 재료선택 차트상에 작도하여 문제에 대한 도해적인 해를 만들 수도 있고, 이를 사용하면 한층 더 실현성 있는 대안에 대한 가능성을 유추할 수 있다.

이 방법은 다른 용도가 있다. 이 방법은 천연재료(이들의 대부분이 매우 효율적임)가 진화해 온 방식에 대한 영감을 준다. 대나무가 하나의 사례인데, 내부적인 또는 미시적 형상과 튜브 형태의 거시적 형상 두 가지를 모두 가지고 있어서 매력적인 특성을 주고 있다. 이와 다른 측면들은 이어지는 사례연구에서 다루게 될 것이다.

10.2 인력구동 비행기 날개보(spars)

대부분의 공학적 설계는 어려운 절충과 타협인데, 가능한 한 최선을 다해 여러 개의 목표와 제한조건하에서 상충되는 요구조건을 충족시켜야 하기 때문이다. 그러나 인력 비행기의 날개보 설계의 경우, 목적은 단순하다. 날개보는 가능한 한 가벼워야 하며, 날개의 공기역학적 효율을 유지할 수 있도록 충분한 강성을 가져야 한다. 강도, 안전 및 비용까지 기록을 깨뜨리기 위해서라면 거의 문제되는 일은 없다. 비행기는 두 개의 주 날개보를 가지고 있다(그림 10.1). 각 날개를 지

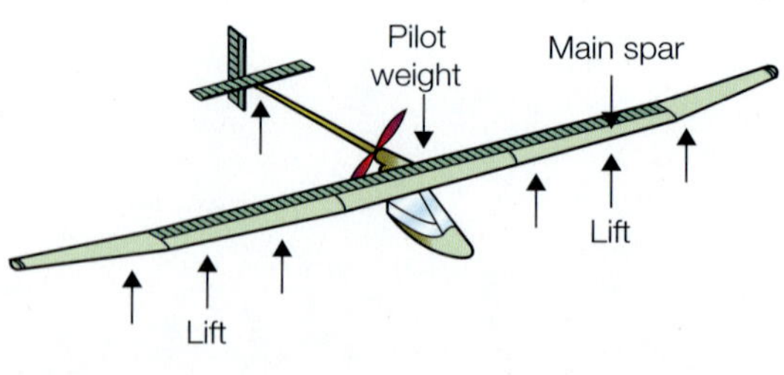

그림 10.1 인력구동 비행기에 걸리는 하중은 두 개의 날개보가 지탱하게 되는데, 하나는 날개를 펼쳐 지지하고 다른 하나는 날개를 꼬리에 연결한다. 두 개의 날개는 최저 무게로 강성을 발휘할 수 있도록 설계가 되어있다.

표 10.1 형상이 감안된 지수 : 최소무게의 강성제한 및 강도제한 설계

구성요소의 형상, 하중조건, 제한조건	강성제한 설계	강도제한 설계
연결볼트(인장) 하중, 강성, 길이는 지정. 단면적은 자유	$\frac{E}{\rho}$	$\frac{\sigma_f}{\rho}$
빔(굽힘하중을 받음) 자중 혹은 외부 하중을 받음. 강성, 강도, 길이는 지정. 단면적과 형상은 자유	$\frac{(\phi_B^e E)^{1/2}}{\rho}$	$\frac{(\phi_B^f \sigma_f)^{2/3}}{\rho}$
토션 바 혹은 튜브(비틀림) 외부 하중을 받음. 강성, 강도, 길이는 지정. 단면적과 형상은 자유	$\frac{(\phi_T^e E)^{1/2}}{\rho}$	$\frac{(\phi_T^f \sigma_f)^{2/3}}{\rho}$
기둥(압축 스트러트) 좌굴 혹은 소성 파쇄에 의한 붕괴하중, 길이는 지정. 단면적과 형상은 자유	$\frac{(\phi_B^e E)^{1/2}}{\rho}$	$\frac{\sigma_f}{\rho}$

지하고 있는 가로방향 날개보와 꼬리날개 조립체를 지탱하고 있는 세로방향 날개보이다. 두 가지 모두 일차적으로는 굽힘하중을 받게 된다(비틀림하중은 여기서는 무시하지만, 실제로는 무시할 수 없다).

지금까지 약 60대 정도의 인력구동 비행기가 성공적인 비행을 했다. 제1세대의 비행기는 발사(balsa)나무와 가문비나무로 만들어졌다. 제2세대는 하중에 견디는 구조를 만들기 위해 알루미늄합금으로 만든 튜브 형상의 자재에 의존하였다. 현재는 제3세대로서 형상에 맞게 몰딩한 탄소섬유/에폭시 날개보를 사용한다. 이와 같은 진화는 어떻게 이루어져 왔는가? 그리고 앞으로 어디까지 진화할 수 있을 것인가?

해석 및 선택 우리는 주어진 굽힘강성에서 재료의 질량을 최소화하는 재료 및 형상의 조합을 찾아야 한다(표 10.2). 극대화해야 할 지수는 표 10.1에 있는 것을 가져오면 다음과 같다.

$$M_1 = \frac{(\phi_B^e E)^{1/2}}{\rho} \tag{10.1}$$

일곱 개의 재료에 대한 데이터가 표 10.3에 정리되어 있다. 만일 모두 형상이 동일하다면, M_1은 이미 친숙한 $E^{1/2}/\rho$로 환원되고 순위는 네 번째 칼럼에 있는 것과 같다. 발사(balsa)나무와 가문비나무는 다른 경쟁 재료에 비해 현저하게 낫다. 목재는 이례적으로 효율적인데 지금 모형 비행기를 만드는 사람들이 이것을 사용하는 이유가 바로 이 때문이다. 과거에는 실제 비행기를 만드는 사람들도 여기에 전적으로 의지하였다. 단면에 형상을 부여한 효과는 목재의 경우 직사각형으로, 알루미늄과 CFRP의 경우는 박스형 단면을 사용함으로써 마지막 칼럼에 있

표 10.2 비행기 날개보의 설계 요구조건

기능	비행기 날개의 날개보
제한조건	• 지정된 강성(stiffness) • 지정된 길이
설계목표	질량의 최소화
자유변수	• 재료의 선택 • 단면의 형상 및 스케일

표 10.3 비행기 날개보의 재료

재료	탄성계수 E (GPa)	밀도 ρ (kg/m^3)	지수* $E^{1/2}/\rho$	형상계수 ϕ_B^e	지수* M_1 $(\phi_B^e E)^{1/2}/\rho$
발사(balsa)나무	4.6	210	**10**	2	14
가문비나무	10.3	450	8	2	11
강철	205	7,850	1.8	25	9
Al 7075-T6	70	2,700	3	25	15
CFRP	115	1,550	7	10	**22**
베릴륨(Be)	300	1,840	9.3	15	**36**
Be-38%Al	185	2,100	6.5	15	25
붕화규산염유리	63	2,200	3.6	10	11

* 각 지수의 값은 각 재료특성의 평균치에 의거하고 있다. 각 지수의 단위는 (GPa)$^{1/2}$/(Mg/m^3) 이다.

는 결과를 주고 있다. 여기에 나열되어 있는 형상계수들은 전형적으로 공업적 사용이 가능한 형상에 대한 것으로 각 재료에 대한 최댓값보다는 아주 낮은 것이다. 이제 알루미늄이 목재보다 약간 더 낫고 CFRP가 전체 모든 것 중에서 최상이다.

9.6절에서 다룬 방법을 사용하여 이와 동일한 정보를 그림 10.2에서 도시적으로 볼 수 있다. 각 형상은 새로운 탄성계수 $E^* = E/\phi_B^e$ 및 $\rho^* = \rho/\phi_B^e$와 함께 새로운 재료로 취급되고 있다. E^*와 ρ^*의 값은 차트상에 작도되어 있다. $\phi_B^e = 20$인 알루미늄 튜브와 $\phi_B^e = 10$인 CFRP의 우월성이 뚜렷하게 증명되고 있다.

추록 왜 목재가 그렇게 좋은가? 형상이 없다면 목재는 무겁게 형상이 부여된 강철과 마찬가지 일 것이다. 목재가 좋은 이유는 목재에 형상이 부여되었기 때문이며 목재의 세포 구조는 내부적인 미시적 형상을 주고 있어서, 굽힘하중에 대하여 재료로써 성능을 증가시켜준다. 이것이 I-빔에 대한 자연의 해답이다. 얇은 벽두께를 가진 알루미늄 튜브의 인발 기술이 진보함으로써 목재를 가지고 재현할 수 없는 형상계수를 얻을 수 있게 되었다. 알루미늄으로 하여금

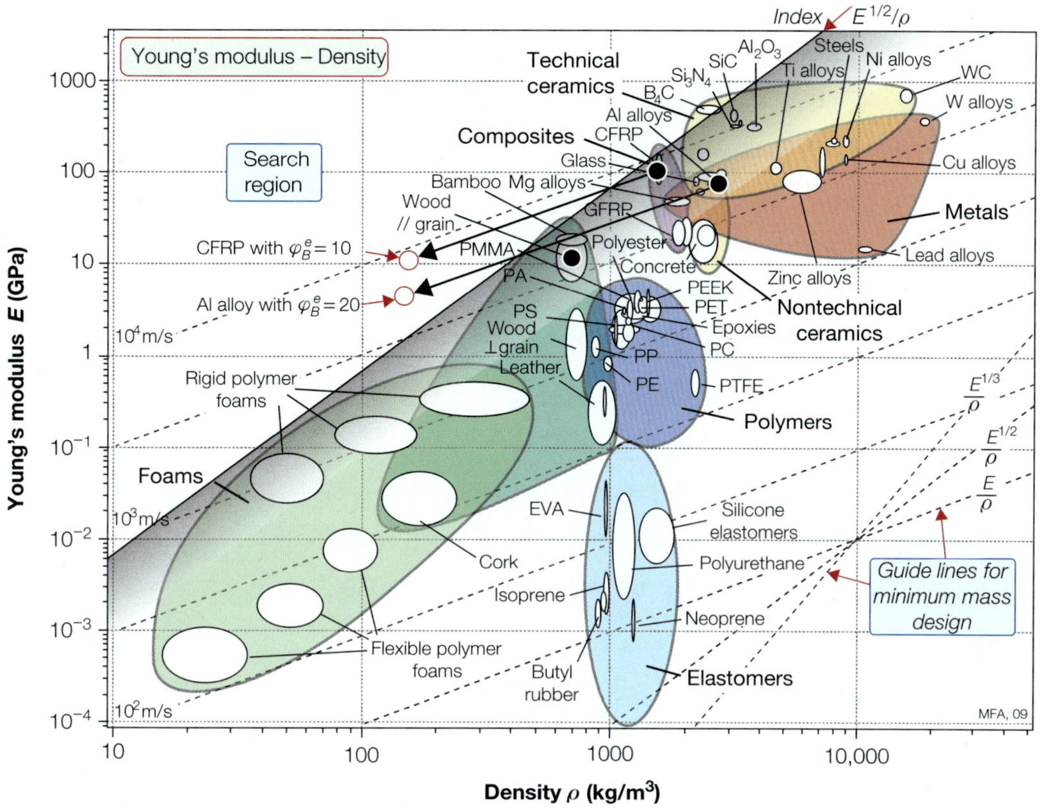

그림 10.2 비행기 날개보의 재료 및 형상이 탄성계수-밀도 차트상에 작도되어 있다. 형상계수 10의 CFRP로 만들어진 날개보는 형상계수 20의 알루미늄으로 만들어진 날개보 및 형상계수가 1에 가까운 목재로 만들어진 날개보를 능가하고 있다.

성능의 첨단에 놓일 수 있게 하였는데 제2세대 인력구동 비행기의 설계자들이 알루미늄이 아닌 다른 것을 찾아 빠져나오지 못한 것도 사실이다. 물론 여기에도 한계는 있는데 튜브가 너무 얇으면(제9장에서 설명된 바와 같이) 구겨지거나 꺾일 수 있기 때문에, 알루미늄 형상계수의 상한은 40 정도로 설정한다. 밀도는 낮으면서 더 높은 탄성계수를 가진 첨단재료의 필요성에 의해, 요구조건은 CFRP가 충족시킬 수 있게 되었다. 형상을 부여하게 되면 CFRP는 이 모든 것들을 능가한다.

이보다 더 나은 재료를 발견할 수 있겠는가? 쉽지는 않겠지만, 만일 실제로 그럴만한 가치가 있다면 가능할 지도 모른다. 제11장은 하나의 재료가 그 자체적으로 가능한 어떤 것이라도 능가할 수 있는 재료의 조합을 설계하는 방법을 다루고 있다. 이러한 문제는 다음에 다루기로 한다. 단 하나만의 재료로 할 수 있는 것은 무엇이 있겠는가? 만일 $E^{1/2}/\rho$ 값을 가지고 순위를 매긴다면 다이아몬드, 붕소 그리고 아! 베릴륨처럼 우주 구조물을 만드는 데 사용되는 금속들이 첫머리에 나오는 목록을 얻을 수 있을 것이다. 뒤이어 더 많은 세라믹이 나오게 되는데, 이것들은 취성을 가지고 있고 유용한 형상으로 만드는 것이 어렵기 때문에 가능성이 없다. 그리고 한참 아래로 내려가면 마그네슘 합금과 알루미늄 합금이 있다. 그러나 이것 외에 세라믹의 중간에는 유리가 있다. 유리 날개보로 만들어진 글라이더라고? 헛소리처럼 들릴 수 있지만 잠시 생각해보자. 인성이 부여된 유리, 방탄유리, 바닥재용 유리는 구조재로 사용할 수 있다. 그리고 이것은 형상을 만드는 것이 쉽다. 또 값이 그리 비싼 것도 아니다.

그러면 베릴륨이나 유리에 형상을 부여하였다고 가정해보자. 이 중 어느 것이라도 CFRP를 능가하는 것이 있을까? 다시 말하지만 쉽지는 않아도 가능할지도 모른다. 여기서 다시 생각해 볼 필요가 있다. 이론적으로[식 9.15(a)] 베릴륨은 형상계수를 60까지 줄 수 있고, 유리는 30이다. 보다 현실적으로는 각각 형상계수 15와 10 정도가 가능하다. 표의 하단부는 이것 모두가 의미하는 것을 보여주고 있다. 베릴륨은 큰 폭으로 CFRP를 능가한다. 유리는 그렇지 못하지만 유리에 대한 것은 생각이었을 따름이다. 보다 상세한 내용은 제12장을 참조하기로 한다.

참고문헌

인력구동 비행에 관한 문헌. 이와 관련된 문헌은 방대하다.

Bliesner, W. (1991) The design and construction details of the marathon eagle, in Technology for Human Powered Aircraft, *Proceedings of the Human-powered Aircraft Group Half Day Conference*. The Royal Aeronautical Society, London, UK, 30 January 1991. (기록-갱신 비행기를 제작하기 위한 또 다른 시도들에 대한 상세한 내역)

Drela, M. and Langford, J.D. (1985) Man-powered flight, *Scientific American*, p.122. (1985년까지의 인력비행에 대한 상세한 역사)

Grosser, M (1981) *Gossamer Odyssey*, Dover Publications, New York, USA. ISBN 0-48626645-1. (Gossamer 콘도르 및 군함조의 설명, 인력비행의 세계 신기록을 잡기 위한 시도)

Nadel, E.R. and Bussolari, S.R. (1988) The Daedalus project: physiological problems and solutions, *American Scientist*, July-August. (Daedalus 프로젝트의 설명, 크레타 섬에서 그리스 본토 까지 인력비행의 경쟁–Daedalus와 그의 아버지의 신화 같은 경로)

Sherwin, K. (1971) *Man-powered flight*, Model & Allied Publications, Argus Books Ltd.

Sherwin, K. (1976) *To fly like a bird*, Bailey Brothers & Swinfen Ltd., ISBN 561-00283-5.

관련 사례연구

6.5 비용 : 건축 구조재료

10.3 경주용 자전거 포크(forks)

10.4 바닥 들보(joist) : 목재, 대나무, 혹은 강철?

10.3 경주용 자전거 포크(forks)

자전거 설계에서(그림 10.3) 첫 번째로 고려할 사항은 강도이다. 강성 역시 문제가 되지만, 초기 설계 기준은 프레임과 포크가 정상적인 사용 과정에서 항복이 일어나면 안 되도록 하는 것이다. 포크에 주어지는 하중은 굽힘하중이 지배적이다. 만일 경주용 자전거일 경우에는 질량이 우선적인 고려사항이 되는데, 포크는 가능한 한 가벼워야만 한다. 포크의 재료로 무엇이 최선의 재료와 형상이 될 것인가?

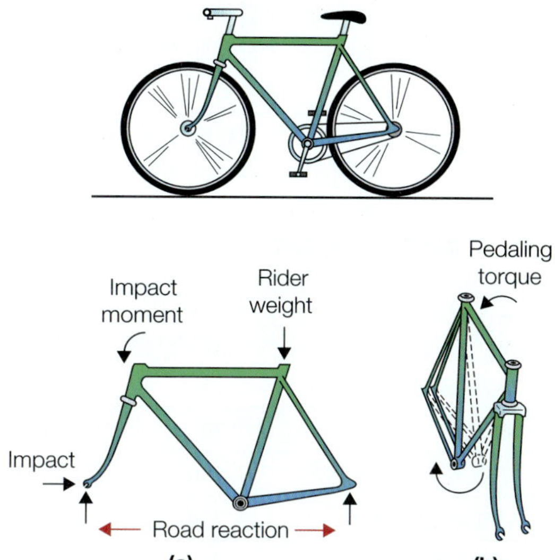

그림 10.3 자전거 : 자전거 포크(forks)는 굽힘하중을 받는다. 가장 가벼운 포크는 규정된 하중하에서 소성파괴가 일어나지 않도록 $(\phi_B^f \sigma_f)^{2/3}/\rho$ 의 값이 가장 큰 재료와 형상으로 만들어져야 한다.

해석 및 선택 우리는 포크를 소성 붕괴 또는 파괴 없이 최대 하중 P를 견뎌내야 하는 길이 L의 빔으로(두 가지 모두 설계에 의해 고정되어 있다고 가정함) 모형화하기로 한다. 포크는 반지름 r을 가진 튜브 형상이고 벽체의 두께 t는 고정되어 있다. 여기서 질량을 최소화 해야 한다. 포크는 가볍고 강한 빔이다. 하중과 형태에 대한 보다 상세한 사항은 불필요한데, 최상의 재료와 형상은 표 10.1에서 다음 지수의 값이 가장 큰 것이다.

$$M_2 = \frac{(\phi_B^f \sigma_f)^{2/3}}{\rho} \tag{10.2}$$

표 10.5에 일곱 개의 후보재료가 그들의 특성과 함께 나열되어 있다. 만일 포크가 단순고체 단면일 경우, 즉 $\phi_B^f = 1$이면 가문비나무가 이긴다(표의 마지막에서 두 번째 칼럼 참조). 대나무는 특별한 재료인데, 그 이유는 중공의 튜브 형태로 자라고 거시적 형상계수 ϕ_B^f가 약 2.2가 되어 단순고체 단면의 가문비나무보다 굽힘강도가 월등하기(마지막 칼럼) 때문이다. 그러나 다른 재료에도 형상효율이 적용된다면 순위가 바뀌게 된다. 표에 나열되어 있는 형상계수들은 통상적인 생산 방법을 사용하여 실현할 수 있는 것들이다. 강철은 양호한 재료가 되며 CFRP는 이보다 더 낫고 티타늄6-4도 아직까지는 더 낫다. 강도제한 설계의 경우에 마그네슘 합금은 자체 밀도가 낮음에도 불구하고 미흡한 재료이다.

표 10.4 자전거 포크의 설계 요구조건

기능	자전거 포크(forks)
제한조건	• 설계 하중 이내에서 파괴가 일어나면 안 됨 –강도 제한 • 길이가 지정됨
설계목표	질량의 최소화
자유변수	• 재료의 선택 • 단면의 형상

표 10.5 자전거 포크용 재료

재료	강도 σ_f (MPa)	밀도 ρ (kg/m^3)	형상계수 ϕ_B^f	지수* $\sigma_f^{2/3}/\rho$	지수 M_2^* $(\phi_B^f \sigma_f)^{2/3}/\rho$
가문비나무(노르웨이)	75	450	1.5	**39**	51
대나무	70	700	2.2	34	41
강철(Reynolds 531)	880	7,850	7.5	12	46
Al합금(6061-T6)	250	2,700	5.9	15	49
Ti합금(Ti-6Al-4V)	950	4,420	5.9	22	72
Mg합금(AZ61)	165	1,810	4.25	17	45
CFRP	375	1,550	4.25	33	**87**

* 지수값들은 재료특성의 평균치에 의거한 것이다. 지수의 단위는 $(\mathrm{MPa})^{2/3}/(\mathrm{Mg/m^3})$이다.

추록 자전거는 표에 나열되어 있는 일곱 가지 재료로 만들어져 왔고, 이 중 여섯 가지의 재료로 만들어진 것을 아직까지 구매할 수 있다. 초창기의 자전거는 목재로 만들어졌고 오늘날의 경주용 자전거는 강철, 알루미늄, CFRP로 만들어지며, 때때로 파괴저항을 향상시키기 위해 유리 혹은 케블라(Kevlar)의 층 사이에 탄소섬유를 끼워 넣기도 한다. 강도와 내충격성이 특히 중요한 산악자전거의 경우 강철 혹은 티타늄의 포크를 사용한다.

직선 빔의 끝에 수직으로 걸리는 하중의 이론을 예리한 각도로 하중을 받는 휘어진 빔에 적용하는 것과 같은 무심한 방식 때문에 독자는 혼란스러울 수도 있다. 경고는 필요치 않다. (제5장 5.4절에서 설명된 바와 같이)성능식 내에서 기능적 요구조건(F), 형상(G), 재료(M)를 기술하는 변수는 서로 분리할 수 있고, 하중이 걸리는 상세한 내역과 형상(G)은 F와 G에는 영향을 미치지만 M에는 영향을 미치지 않는다. 이것이 하나의 사례인데 빔의 곡률과 하중이 가해지는 각도는 최소무게 조건에서 굽힘에 대한 강도의 설계 요구조건에만 좌우되는 재료지수를 변경시키지 않는다.

참고문헌 : 자전거 설계

Oliver, T. (1992) *Touring Bikes, a Practical Guide*, Crowood Press, Wiltshire, UK. ISBN 1-85223-339-7. (튜브 세트를 만드는 데 사용되는 강철의 데이터에 관한 표가 들어 있어서 자전거 재료 및 제작에 관한 좋은 정보 출처임.)

Sharp, A. (1979) *Bicycles and Tricycles, an Elementary Treatise on Their Design and Construction*, The MIT Press, Cambridge, MA, USA. ISBN 0-262-69066-7. (제목과는 달리 기초적인 논문과는 한참 거리가 먼 내용이 들어 있고, 1977년에 초판이 발행되었음. 자전거의 역학에 대한 지식이 필요할 경우 그 내용을 찾아볼 수 있는 서적임.)

Watson, R. and Gray, M. (1978) *The Penguin Book of the Bicycle*, Penguin Books, Harmondsworth, UK. ISBN 0-1400-4297-0. (왓슨과 그레이는 자전거의 역사와 사용에 대해 기술하고 있음. 설계, 역학 또는 재료에 관한 내용은 그리 많지 않음.)

Whitt, F.R. and Wilson, D.G. (1982) *Bicycling Science* (2nd ed.), The MIT Press, Cambridge, MA, USA. ISBN 0-262-73060- X. (자전거에 열성을 가지고 있는 두 MIT 교수들의 저서, 샤프(Sharp)의 책보다 쉽게 소화할 수 있고, 재료에 관한 좋은 장이 포함되어 있음.)

Wilson, D.G. (1986) A short history of human powered vehicles, *The American Scientist*, 74, 350. (전형적인 사이언티픽 아메리칸 기사 자료. 좋은 내용, 균형 잡힌 서술 및 표현 구성으로 초심자에게 적절한 요점을 제공함.)

Mountain Bike, Which Bike?, *Cycling and Mountain Biking*과 같은 자전거 잡지들은 구입 가능한 자전거 및 각각의 특성에 관한 광범위한 데이터 — 유형, 제작자, 가격, 무게, 기어 — 세트 등과 같은 자료를 제공한다.

관련 사례연구

6.5 비용 : 건축 구조재료

10.2 인력구동 비행기 날개보

10.4 바닥 들보(joist) : 목재, 대나무, 혹은 강철?

10.4 바닥 들보(joist) : 목재, 대나무, 혹은 강철?

바닥은 들보 위에서 지지되고 있는데, 벽 사이의 간격을 결정짓는 빔이 지지하고 있다(그림 6.7 및 10.4). 과도하게 처지거나 파손이 일어나지 않고 규정된 굽힘하중(바닥 하중)을 지탱할 들보가 필요하고, 반드시 가격이 저렴해야 한다고 가정을 해보자. 전통적으로 미국과 유럽에서 들보는 가로:세로의 비가 2:1이고, 탄성 형상계수(표 9.3) $\phi_B^e = 2$를 주는 장방형 단면을 가진 목재 또는 강철로 만들어졌다. 아시아 국가들에서는 자연적 형상계수 $\phi_B^e = 3.2$인 대나무가 소형 건물의 경우 목재 대신 사용되고 있다. 그러나 목재는 갈수록 구하기가 힘들어지고 건물은

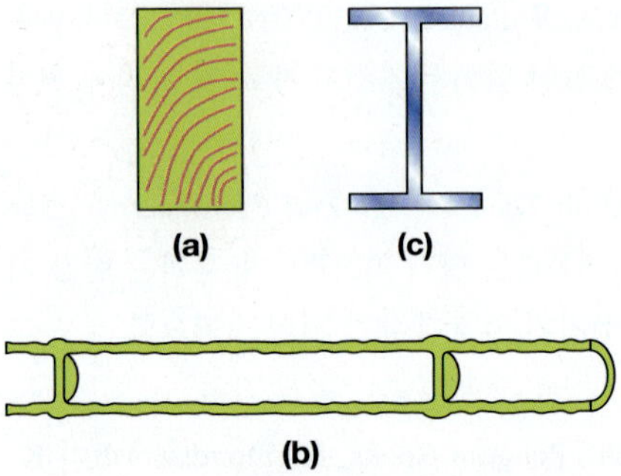

그림 10.4 목재 빔의 횡단면($\phi_B^e = 2$)과 강철 I-빔($\phi_B^e = 10$) : 형상계수 ϕ_B^e의 값은 표 9.3의 공식을 사용하여 각 빔의 치수(dimension) 비로부터 계산되었다.

점점 크기가 커지고 있기 때문에, 일차적인 구조재로 강철이 목재나 대나무를 대체하고 있다. 표준 I-단면 강철 들보는 형상계수가 $5 < \phi_B^e < 25$의 범위에 있다(다른 I-단면은 이보다 더 큰 값을 가질 수 있다). 강철 I-들보는 목재로 만들어진 것보다 더 나은 선택이 될 것인가? 표 10.6에 설계 요구조건이 요약되어 있다.

해석 및 선택 먼저 강성을 고려해보자. 주어진 강성을 가진 가장 값이 저렴한 대나무는 가장 큰 아래 지수값을 가지는 것이다(표 10.1에서 비용을 최소화하기 위해 ρ을 ρC_m으로 대체).

$$M_1 = \frac{(\phi_B^e E)^{1/2}}{C_m \rho} \tag{10.3}$$

탄성계수 E, 밀도 ρ, 재료비용 C_m 및 형상계수 ϕ_B^e에 대한 데이터는 재료지수 M_1의 값과 함께 형상 포함 및 형상을 포함하지 않고 표 10.7에 나열되어 있다. $\phi_B^e = 25$의 값을 가지는 강철 빔의 경우 목재보다 약간 큰 M_1 값을 가지며, 이것은 동일한 강성에서 목재보다 약간 저렴하다는 의미가 된다.

그러나 강도 면에서는 어떠할까? 규정된 강도를 가지는 가장 가벼운 빔을 선택하는 것은 아래 재료지수를 극대화하는 것이다.

$$M_2 = \frac{(\sigma_f \phi_B^f)^{2/3}}{C_m \rho} \tag{10.4}$$

파괴강도 σ_f, 형상계수 ϕ_B^f, 지수 M_2 또한 모두 표에 주어져 있다. 목재는 가장 효율적인 강

표 10.6 바닥 들보의 설계 요구조건

기능	바닥 들보
제한조건	• 길이 지정 • 강성(Stiffness) 지정 • 강도(Strength) 지정
설계목표	재료비용의 최소화
자유변수	• 재료의 선택 • 단면의 형상

표 10.7(a) 바닥 들보용 재료

재료	밀도 ρ (kg/m^3)	비용 C_m (US$/kg)	굽힘탄성계수 E (GPa)	굽힘강도 σ_f (MPa)
목재(소나무)	490	1.0	9.5	41
대나무	700	1.9	17	42
강철	7,850	0.65	205	355

표 10.7(b) 바닥 들보용 재료지수

재료	형상 계수 ϕ_B^e	형상 계수 ϕ_B^f	지수 $E^{1/2}/C_m\rho$	지수* M_1 $(\phi_B^e E)^{1/2}/C_m\rho$	지수 $\sigma_f^{2/3}/C_m\rho$	지수* M_2 $(\phi_B^f \sigma_f)^{2/3}/C_m\rho$
목재(소나무)	2	1.4	**6.3**	898	**24**	**30**
대나무	3.2	2.2	3.1	5.5	9	14
강철	15	4	2.8	**11**	9.8	25

* 각 지수의 값들은 각 재료특성들의 평균치에 의거하고 있다.
탄성변형에 대한 각 지수들의 단위는 (GPa)$^{1/2}$/(k$/m^3)이고 파손의 경우 (MPa)$^{2/3}$/(k$/m^3)이다.

철 I-빔보다도 더 나은 성능을 보여준다.

추록 그러므로 결론은 단위 재료비용당 성능이 문제가 되는 경우에는, 들보용으로 사용될 표준 목재와 표준 강철 형강 중에서 선택을 하기 위해 생각해야 할 것이 그리 많지는 않다. 일반적인 말처럼 이것은 전혀 놀랄 일은 아닌데, 만일 어느 하나가 다른 하나보다 월등하게 낫다면 그 다른 하나는 더 이상 존재하지 못할 것이기 때문이다. 그렇지만 조금 더 깊이 들여다보면 어느 시장에서는 목재가 지배하고 있고, 대나무 역시 고유한 시장이 있으며 또 다른 강철도 마찬가지이다. 왜 그럴까?

목재와 대나무는 일부 국가의 경우 고유한 토산물이고 국지적으로 자라지만, 강철은 관련된 운반비용과 함께 더 추가적인 손질이 필요하기 때문이다. 목재 구조물을 조립하는 것은 강철 구조물을 조립하는 것에 비해 쉽다. 또한 치수에 실수가 있어도 허용되는 범위가 넓으며 현장에서 마무리 손질을 할 수 있고, 어느 곳에서라도 망치로 못을 박을 수 있다. 이것은 사용자에게는 편리한 재료이다.

그러나 목재는 (천연적인)가변성이 있는 재료이며, 우리 인간처럼 시간의 공격에 취약하고 잔인한 곰팡이, 곤충, 날카로운 이빨을 가진 작은 포유류의 먹잇감이다. 이들이 만들어 내는 문제들은 소형 건축물(예를 들어 주택)에서라면 쉽게 극복할 수 있다 하더라도, 대형 상업용 건축물(예를 들어 사무실 블록 등)에서는 보다 큰 위험부담을 만들어내며 이를 바로잡는 것도 더욱 어렵다. 이러한 측면에서는 강철이 승자가 된다.

참고문헌

Cowan, H.J. and Smith, P.R. (1988) *The Science and Technology of Building Materials*, Van Nostrand Reinhold, New York, USA. ISBN 0-442-21799-4. (구조물, 피복재, 단열 및 건물의 내장 표면재에 관한 광범위한 조사보고서로 주제에 관한 탁월한 입문 서적임.)

Farrelly, D. (1984) *The Book of Bamboo*, Sierra Club Books. ISBN 0-87156-825-X. (대나무와 그 수많은 변종에 대한 소개서)

Janssen, J.J. (1995) *Building with Bamboo : A Handbook*, ISBN 1-85339-203-0. (대나무는 아직까지 건축자재로서 큰 중요성을 유지하고 있어서 바닥재, 깔개, 바구니 제작에 쓰이고 있다. 대나무를 사용하는 건축 기술은 오랜 역사를 가지고 있고, 그 내용이 이 책에 기록되어 있다.)

관련 사례연구

6.5 비용 : 건축 구조재료

10.2 인력구동 비행기 날개보

10.3 경주용 자전거 포크(forks)

10.5 탁자 다리 한 번 더 재검토 : 가늘게 할 것인가 가볍게 할 것인가?

루이기 타볼리노의 탁자(6.4절, 그림 6.5)는 대단한 성공작이었다. 하지만 그는 보다 저렴한 원통형 다리를 가진 가구류를 개발하고자 하였다. 그중 일부는 가느다란 다리를 가지고 있고 다른 것들은 가벼워야 한다. 그는 재료와 형상을 탐색하는 보다 보편적인 방법을 필요로 하고 있다.

해석 및 선택 튜브는 비록 r/t를 너무 크게 만들면 국소적인 좌굴이 일어나기 때문에 비실용적이긴 하지만, 거의 모든 반경 r 및 어떠한 두께 t 라도(제9장으로부터 이미 알고 있는 바와 같이) 만들 수는 있다. 루이기는 그가 만드는 가구의 다리 재료로 GFRP를 선택하였고, 이 재료의 경우 최대 가능한 형상계수는 $\phi_B^e = 10$으로 $r/t = 10.5$에 해당한다(표 9.3). 얇은 벽두께의 튜브 횡단면의 면적 A와 단면적의 이차모멘트 I는 다음과 같다.

$$A = 2\pi r t \quad \& \quad I = \pi r^3 t$$

이로부터

$$r = \left(\frac{2I}{A}\right)^{1/2} \tag{10.5}$$

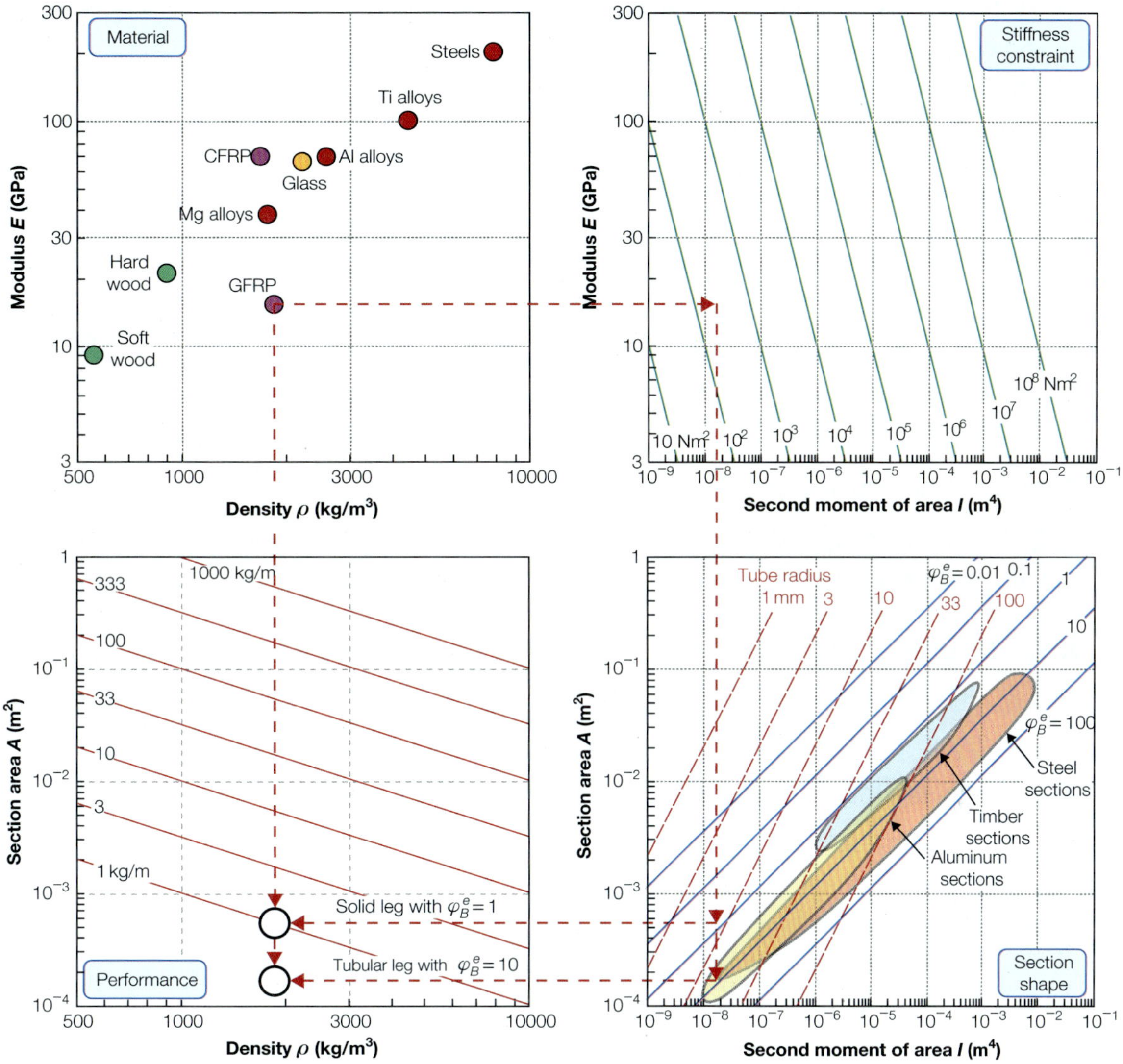

그림 10.5 튜브를 사용한 강성제한 설계를 탐색하기 위한 차트 조합도 : *A-I* 사분면은 이제 튜브 반경 *r*의 등고선을 가진다. 가장 가느다란 GFRP 다리는 $\phi_B^e = 1$의 값을 가지는 것이다. 가장 가벼운 것은 $\phi_B^e = 10$이고, 이것이 GFRP의 최댓값이다.

이것은 *r*의 등고선을 그림 10.5의 네 개의 사분면 선도 중 *A-I* 사분면(오른쪽 아래)에 도시하는 것을 가능하게 하며(기울기가 1인 선의 그룹을 형성함), 이로부터 질량을 최소화하거나 또는 두께를 최소화하는 것을 선택하는 데 사용할 수 있다.

루이기는 이것을 다음과 같은 방법으로 사용할 수도 있다. 그는 원기둥형이고 버팀목이 없는 길이 $L = 1\,\text{m}$의 다리를 가진 탁자를 설계한다. 안전을 위해 각 다리는 반드시 좌굴이 일어나는 일이 없이 50 kg을 지탱해야 하며, 이에 따라 다음 식을 만족시키는 것이 필요하다.

$$\frac{\pi^2}{4}\frac{E\,I}{\ell^3} \geq 500\ N$$

이로부터

$$E\,I \geq 200\ \text{N}\cdot\text{m}^2$$

루이기는 이제 그림 10.5에 나타낸 것과 같은 방법으로 장방형의 선택 경로(굵은 점선)를 따라 네 개의 사분면에 작도한다. 가장 가벼운 다리는 얻을 수 있는 ϕ_B^e의 값이 가장 큰 것인데(GFRP의 경우는 10), 그렇지만 이것은 반경의 외곽선으로부터 읽을 수 있는 것과 같이 다리 하나의 반지름이 거의 20 mm에 가까운 뚱뚱한 다리를 가져온다. 가장 가는 다리는 단순고체 단면 형상의 다리이고, 이것은 $\phi_B^e = 1$의 값을 가진다. 이것은 반지름이 5 mm에 불과하여 훨씬 가늘지만, 거의 세 배 정도 더 무겁다.

추록 그러므로 루이기는 뚱뚱하면서 가벼운 것과 가늘면서 무거운 것 사이의 어느 지점으로 절충을 해야만 한다. 혹은 그는 또 다른 재료를 사용할 수도 있다. 네 개의 사분면을 이용하는 방법의 강점은 그가 다른 재료를 쉽게 탐색할 수 있다는 것이다. 알루미늄을 가지고 ϕ_B^e의 상한을 15 정도로 하고 구성을 다시 해보거나 또는 GFRP를 가지고 CFRP의 경우와 같은 상한값 정도에서 구성해보는 것은 단지 순간적인 일에 불과하다.

관련 사례연구

6.4 탁자 다리 재료

8.5 상충 설계목표 : 탁자 다리 재검토

10.6 강철 판재의 강성 증가

강철 판재를 어떻게 하면 더 강성이 크게 만들 수 있을 것인가? 이렇게 만들기를 바라는 이유는 여러 가지가 있을 수 있다. 그중 가장 확실한 이유로는 강성제한 설계가 이루어진 박판 구조를 지금 있는 것보다 더 가볍게 하기 위해서, 각 패널로 하여금 좌굴이 일어나는 일이 없이 면내 압축하중을 지탱하기 위해서, 그리고 박판 구조의 고유진동수를 올리기 위한 것 등이 있다. 굽힘강성은 $E \cdot I$에 비례한다(E는 영의 계수, I는 박판 단면적의 이차모멘트로 단위폭당 $t^3/12$와 같음. 여

표 10.8 강성이 증가된 강철 판재의 설계 요구조건

기능	강성제한 구조를 위한 강철 판재
제한조건	• 최대편차 판재 두께의 ±5배 이내로 프로파일 평탄도 제한 • 제조비용이 저렴해야 함
설계목표	판재의 굽힘강성 극대화
자유변수	프로파일 단면

기서 t는 박판의 두께이다). 거의 210 GPa로 일정한 강철의 탄성계수를 바꾸기 위해 우리가 할 수 있는 것은 그리 많지 않다. 이에 대한 답은 형상을 약간 추가하는 것으로서, I를 증가시키는 것이다. 그러므로 표 10.8에 있는 설계 요구조건을 고려해보기로 하자.

해석 및 선택 박판 강철을 보다 강직하게 만들어내는 오래된 방법은 이것을 주름지게 만드는 것으로, 대략적인 사인곡선(sinusoidal) 모양의 프로파일을 주는 것이다. 이와 같은 파상의 주름은 주름 자체에 수직한 축에 관해서 박판 단면적의 이차모멘트를 증가시킨다. 어느 한 방향으로 굽힘에 대한 저항은 이에 따라 증가되지만, 횡방향으로는 전혀 변함이 없다.

주름이 단서가 되는데, 그렇지만 유용성이 있게 하려면 박판 자체를 어느 한 방향이 아닌 모든 방향으로 강하게 만들어야 한다. 육각형 격자 딤플(그림 10.6)이 이것을 실현하고 있다. 이제 어느 굽힘 방향으로도 딤플이 만들어지지 않은 방향은 없다. 딤플은 꼭 육각형일 필요는 없으며, 딤플과 교차하지 않고는 가로질러 직선을 그을 수 없는 방식으로 배열이 가능한 어떠한 패턴이라도 가능하다. 그렇지만 육각형이 아마 그 모든 것들 중에서 최선의 것일 것이다.

그림 10.6의 하단에 있는 것과 같이 단면 $A-A$가 확대되어 있는 이상적인 횡단면을 고려해보자. 전과 같이 형상계수를 딤플이 주어진 판재의 강성과 이렇게 만들어지기 전 원래의 판재의 강성의 비로 정의한다. 평평한 판재의 단위폭당 단면적의 이차모멘트는 다음과 같고

$$I_o = \frac{t^3}{12} \tag{10.6}$$

진폭 a로 딤플이 주어진 판재의 경우는 다음과 같다.

$$I \approx \frac{1}{12}(2a+t)^2\, t \tag{10.7}$$

이에 따라 형상계수가 주어지며, 주름을 주기 전 및 후의

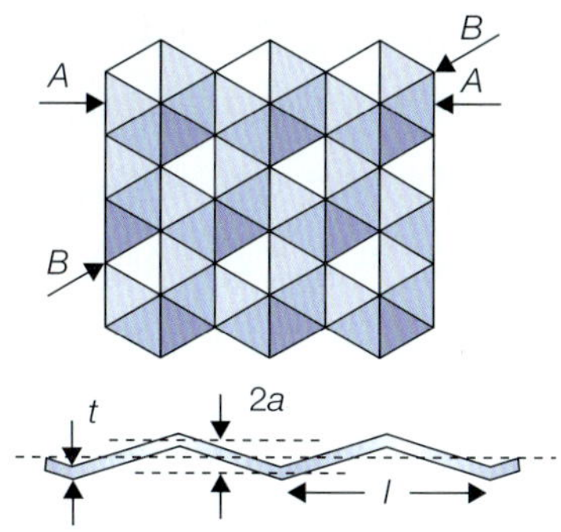

그림 10.6 인접한 육각형의 딤플이 굽힘강성과 강도를 증가시켜주고 있는 판재의 프로파일 : 단면 $A-A$의 형상계수들의 계산 값은 교재 내에 있다. 다른 궤적을 따르는 것들은 보다 낮지만 그래도 1보다는 현저하게 크다.

판재의 강성의 비로 앞에서와 같이 정의되었다.

$$\phi_B^e = \frac{I}{I_o} \approx \frac{(2a+t)^2}{t^2} \tag{10.8}$$

형상계수는 진폭이 제로일 경우에는 단일한 값을 가지지만, 진폭이 증가함에 따라 비례함을 유의하여야 한다. 굽힘하중을 받는 파손에 대한 형상계수는 다음과 같다.

$$\phi_B^f = \frac{Z}{Z_o} \approx \frac{(2a+t)}{t} \tag{10.9}$$

이 식들은 강성과 강도에 큰 이득이 있음을 예측하고 있다. 하지만 실제로는 장미빛 전망을 약간 덜하게 한다. 그 이유는 판재의 모든 횡단면에 딤플이 주어지면, 각 딤플의 정점을 잘라 통과하는 것들만이 정점의 높이와 동등한 진폭을 가지게 되고(기타 나머지는 이보다 낮음), 이들 중에서조차 단지 일부만이 이웃하는 딤플을 가지게 되기 때문이다. 예를 들면 단면 $B-B$는 그렇지 못하다. 이와 함께 국소적 좌굴의 위험성에 의해 한계가 있음에도 불구하고, 이득이 있는 것은 사실이다.

추록 딤플을 주는 것은 대부분의 박판 압연제품에 적용할 수 있다. 이것은 마지막 롤을 통과할 때에 망상의 딤플이 있는 짝지어진 롤(mating roll)에 의해 가능하며, 비용의 증가는 거의 없다. 이것은 강철 박판에 가장 많이 적용된다. 이것은 자동차 산업에서 범퍼 장갑, 좌석 프레임, 사이드임팩트 바(측면충격흡수장치)와 같이 기계적인 성능의 양보 없이 무게절감을 가능하게 하는 것과 같은 용도에 적용된다. 강성이 강화된 판재는 자체의 고유진동수를 상승시키는 데, 진동을 일으키는 것이 보다 어렵게 되어 패널의 진동을 억제하는 데 도움을 주게 된다.

그러나 마지막으로 경고해야 할 한마디가 있는데, 판재에 강성을 부여하게 되면 자체의 파괴기구를 변경시킬 수 있다. 평평한 판재는 굽힘이 일어나면 항복하는데 딤플이 주어진 판재의 경우, 만일 그것이 얇다면 국소적인 좌굴 모드로 파손이 일어날 수 있다. 바로 이것이 딤플이 주어진 박판의 용도 범위를 궁극적으로 제한하는 것이다.

참고문헌 : 딤플을 주어 박판의 강성을 증가시키기

Fletcher, M. (1998) Cold-rolled dimples gauge strength, *Eureka*, May issue, p.212. (박판 패널의 굽힘 강성 및 강도를 증가시키기 위해 강철 박판에 형상을 부여하는 것에 대한 간략한 설명)

관련 사례연구

10.7 유연한 형상 : 낱장(leaf) 및 가닥(strand) 구조

10.7 유연한 형상 : 낱장(leaf) 및 가닥(strand) 구조

유연한 케이블, 판스프링, 나선 스프링, 유연한 경첩(hinge) 등은 높은 것이 아니라 낮은 구조효율을 필요로 한다. 여기서 요구조건은 하나 또는 두 개의 축에 대해서는 낮은 굽힘강성과 비틀림강성이 필요하되 다른 방향에 대해서는 높은 강성과 강도를 유지하는 것이다. 가장 간단한 사례는 형상계수 $\phi_T^e \approx 1$인 토션바이다[그림 10.7(a)]. 단일 판스프링[그림 10.7(b)]은 보다 낮은 ϕ_B^e 값을 가질 수 있다. $\phi_B^e = h/w$이며 치수는 그림에 정의되어 있다.

여러 가닥으로 꼰 케이블과 여러 낱장을 적층한 판스프링은 훨씬 더 낮다. 단면 $A = b^2$인 단순고체 사각형 빔이 각각의 반경이 r인 n 개의 원통형 가닥으로 나누어질 때 효율이 변경되는 것을 고려해보면[그림 10.7(c), (d)], 다음과 같은 식이 얻어진다.

$$n \pi r^2 = b^2 \tag{10.10}$$

원래의 원기둥형 막대의 축방향 강성은 EA, 굽힘강성 S_o, EI_o에 비례하고, 여기서 E는 재료의 탄성계수이고 I_o는 단면적의 이차모멘트이다. 케이블이 n개의 평행한 원기둥형 가닥으로 만들어져 있을 경우 축방향 강성은 변함이 없지만, 굽힘강성 S는 nEI에 비례하는 값으로 떨어지고 여기서 I는 가닥 하나의 단면적의 이차모멘트이다.
따라서

$$S \propto n E \frac{\pi r^4}{4} = \frac{1}{4\pi} E \frac{b^4}{n} \tag{10.11}$$

그러므로 또한 케이블의 구조효율은 다음과 같다.

$$\phi_B^e = \frac{S}{S_o} = \frac{n E I}{E I_o} = \frac{3}{n \pi} \tag{10.12}$$

가닥의 수 n은 매우 커질 수도 있으며, 축방향 강성을 변화 없이 그대로 유지한 채 큰 범위에 걸쳐서 굽힘강성(flexural stiffness)을 조정할 수 있도록 한다.

여러 낱장층 조립체는 보다 극적인 이방성조차

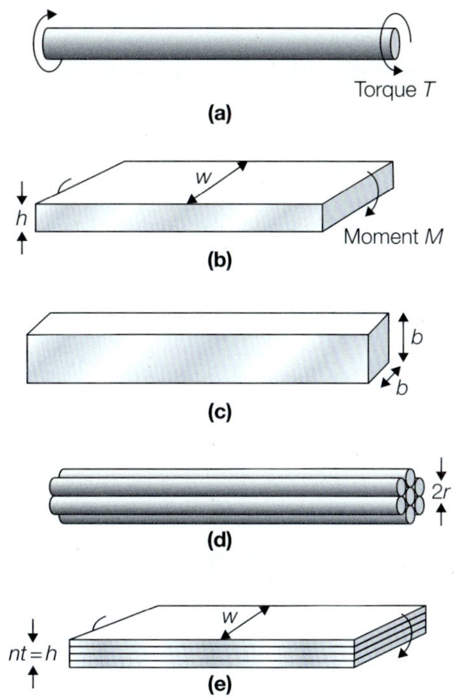

그림 10.7 (a) 단순형상 토션바, (b) 여러(낱장)층 구조를 위한 ϕ_B^e의 정의에 사용된 폭 w의 평평한 패널, (c) 케이블에 대한 ϕ_B^e의 정의에 사용된 표준 형상, (d) (c)에 있는 표준 형상과 동일한 단면적을 가진 케이블, 그러나 n개의 원기둥형 가닥으로 만들어져 있음, (e) (b)의 패널과 동일한 폭과 단면적을 가진 여러 낱장으로 적층된 구조

도 허용한다. 만일 그림의 (b)에 보인 것과 같은 두꺼운 낱장 판이 (e)에 보인 것과 같이 동일한 폭을 가진 얇은 낱장 판들의 적층구조로 나누어지게 된다면, 굽힘강성은 다음 식으로부터

$$S_o = E\, w\, h^3/12$$

변하여 다음 식과 같이 되며

$$S = n\, E\, wt^3/12$$

여기서 $t = h/n$이다. 적층구조의 형상효율은 다음과 같이 된다.

$$\phi_B^e = \frac{S}{S_o} = \frac{n\, t^3}{h^3} = \frac{1}{n^2} \qquad (10.13)$$

따라서 10개의 층을 가진 적층구조의 경우, 면내 강성은 변함없는 가운데 이와 동일한 두께를 가지고 있는 단일체 낱장(판)에 비해 100배 정도 강성이 낮아진다.

추록 분할이음구조가 구부러질 때 분할체끼리 서로 미끄러진다. 바로 위에서 행한 분석은 미끄럼을 방해하는 마찰이 없다고 가정한 것이다. 마찰이 크면 미끄러지는 것을 방해하고, 미끄럼이 시작될 때까지는 굽힘강성이 분할되지 않은 막대나 판재의 경우와 같다. 그래서 판스프링은 윤활을 하거나 사이사이에 테플론 심재를 끼어 넣어서 마찰을 줄이고 미끄럼을 용이하게 한다.

관련 사례연구

10.6 강철 판재의 강성 증가

10.8 초고효율 스프링

10.8 초고효율 스프링

스프링은 6.7절에서 알아본 바와 같이 에너지를 저장한다. 이것은 σ_f^2/E 값이 높은 재료를 사용하여 최고로 잘 만들 수 있고, 만일 질량이 체적보다 더 문제가 될 경우, $\sigma_f^2/\rho E$ 값이 높은 재료를 사용해야 한다. 또한 스프링의 단면에 형상을 부여하여 보다 효율적인 스프링을 만들 수 있다. 정확히 얼마나 더 그렇게 할 수 있는지는 다음에 드러난다. 우리는 스프링을 만든 재료 고체의 단위 체적당 저장되는 에너지를 성능의 척도로 취하고 극대화하기를 원한다. 단위 무게당 및 단위 비용당 에너지는 이와 유사한 과정을 통해 극대화 할 수 있다(표 10.9).

표 10.9 초고효율 스프링의 설계 요구조건

기능	효율적인 재료사용 스프링
제한조건	설계 하중하에서도 반드시 탄성을 유지해야 함
설계목표	단위 체적(질량, 비용)당 저장에너지의 극대화
자유변수	• 재료의 선택 • 단면의 형상

해석 및 선택 먼저 한 층의 판스프링을 고려해보기로 한다[그림 10.8(a)]. 판스프링은 탄성적으로 굽혀져 있는 빔이다. 힘 F가 주어졌을 때, 굽혀진 빔에 저장되어 있는 에너지는 다음과 같고

$$U = \frac{1}{2}\frac{F^2}{S_B} \tag{10.14}$$

여기서 스프링의 굽힘강성 S_B는 식 (9.17)에 의해 혹은 I를 ϕ_B^e로 대체한 후에는 식 (9.18)에 의해 다음과 같이 주어진다.

$$S_B = \frac{C_1}{12\,L^3}\,E\,\phi_B^e A^2 \tag{10.15}$$

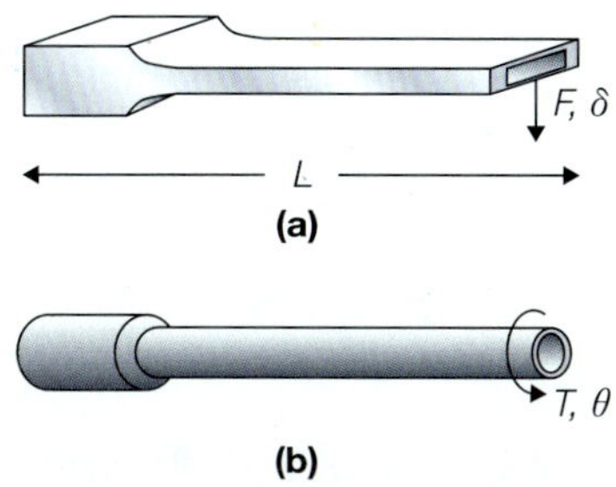

그림 10.8 중공 스프링(hollow springs)은 단순고체단면(solid) 스프링에 비해 재료를 보다 효율적으로 사용한다(a). 굽힘에 있어서 가장 최상인 것은 장방형 혹은 타원형의 중공 단면이며, 비틀림에 있어서 최상은 튜브(형상의 단면)이다(b).

식 (10.14)의 힘 F는 항복의 개시에 의해 제한을 받으며, 이것의 최댓값은 다음과 같다.

$$F_f = C_2 Z\frac{\sigma_f}{L} = \frac{C_2}{6\,L}\,\sigma_f\,\phi_B^f\,A^{3/2} \tag{10.16}$$

(상수 C_1 및 C_2 는 부록 B의 B.3 및 B.4절에 표로 정리되어 있다.) 이들을 조합하면 스프링이 저장할 수 있는 최대에너지를 얻을 수 있고

$$\frac{U_{\max}}{V} = \frac{C_2^2}{6\,C_1}\left(\frac{(\phi_B^f\,\sigma_f)^2}{\phi_B^e\,E}\right) \tag{10.17}$$

여기서 $V = AL$은 스프링 내 고체의 체적이다. 스프링을 만들기 위한 최상의 재료와 형상은(최소의 재료를 사용하는 것인데) 다음 식으로 표현되는 지수를 최대화하는 것이다.

$$M_1 = \frac{(\phi_B^f\,\sigma_f)^2}{\phi_B^e\,E} \tag{10.18}$$

단면 형상이 고정된 경우, 두 개의 ϕ를 포함하는 비(ratio)는 상수가 되는데, 이에 따라 ϕ_f^2/E

값이 가장 큰 재료를 선택하는 것이 최상이 되며(이것은 전에 얻었던 결과와 동일하다.) 형상이 가변적일 경우, 가장 효율적인 형상은 $(\phi_B^f)^2/\phi_B^e$의 값이 큰 것이 된다. 이와 같은 비율의 값들은 표 10.10에 스프링의 효율에 대한 형상계수로 정리되어 있고 중공 박스형 및 타원형 단면은 단순고체 단면에 비해 세 배 이상 효율적이다.

토션바(torsion bar)와 나선 스프링은 비틀림 하중을 받는다[그림 10.3(b)]. 비슷한 계산 과정을 통해 다음 식이 얻어진다.

$$\frac{U_{\max}}{V} = \frac{1}{6.5}\frac{(\phi_T^f\,\sigma_f)^2}{\phi_T^e\,G} \tag{10.19}$$

비틀림 스프링으로 가장 효율적인 재료와 형상은 다음 식의 값을 가장 크게 주는 것이고

$$M_2 = \frac{(\phi_T^f\,\sigma_f)^2}{\phi_T^e\,E} \tag{10.20}$$

여기서 G는 $3E/8$로 대체되었다. 선택 기준은 동일하다. 형상이 변수가 되지 않을 경우라면, 최상의 토션바 재료는 σ_f^2/E 값이 높은 것들이다. 표 10.10은 $(\phi_T^f)^2/\phi_T^e$ 값이 단순고체 단면 실린더에 비해 두 배가 되는 중공을 가진 튜브가 최상의 형상이고, 기타 나머지 모든 것들이 이보다 효율이 낮음을 보여준다. (단위체적 대신) 단위 무게당 최대 에너지를 저장할 수 있는 스프링은 식 (10.18)과 (10.20)에서 E를 $E\rho$로 대체하였을 때 주어진 (재료)지수를 이용하여 선

표 10.10 스프링의 효율을 위한 형상계수

단면 형상	$(\phi_B^f)^2/\phi_B^e$	$(\phi_T^f)^2/\phi_T^e$
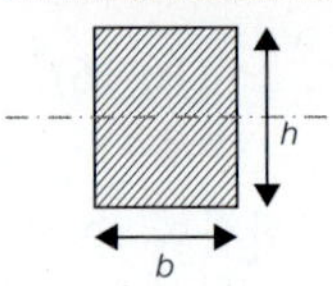	1	$1.08\frac{b^2}{h^2}\frac{1}{\left(1+0.6\frac{b}{h}\right)\left(1-0.58\frac{b}{h}\right)}$
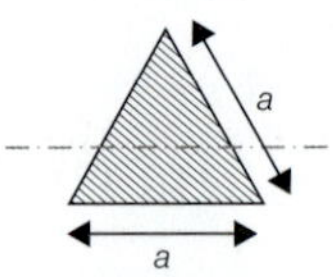	0.38	0.83
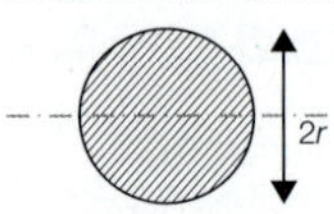	0.75	1.6
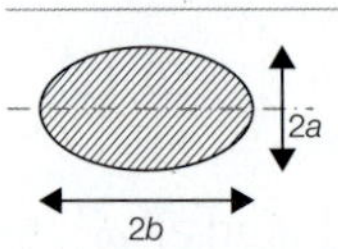	0.75	$0.8\left(1+\frac{a^2}{b^2}\right)\ (a > b)$

표 10.10 스프링의 효율을 위한 형상계수(계속)

단면 형상	$(\phi_B^f)^2/\phi_B^e$	$(\phi_T^f)^2/\phi_T^e$
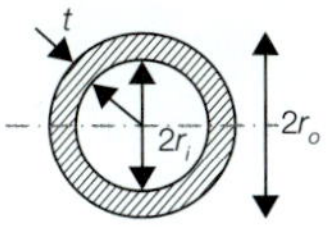	1.5	3.2
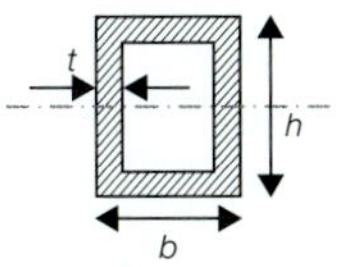	$\dfrac{(1+3b/h)}{(1+b/h)}\ (h, b >> t)$	$3.32\dfrac{1}{(1-t/h)^4}\cdots\cdots(h, b >> t)$
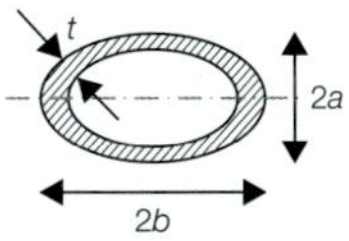	$\dfrac{3}{4}\dfrac{(1+3b/a)}{(1+b/a)}\ (a, b >> t)$	$3.2\dfrac{(1+a^2/b^2)}{(1+a/b)}\left(\dfrac{b}{a}\right)^{3/2}\ (a, b >> t)$
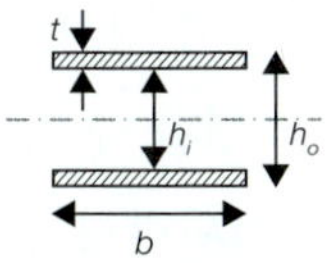	3	–
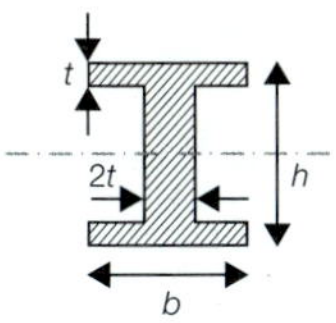	$\dfrac{(1+3b/h)}{(1+b/h)}\ (h, b >> t)$	$1.07\dfrac{(1+4\,h/b)}{(1+h/b)}\ (h, b >> t)$
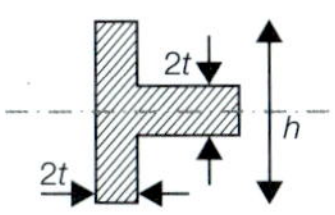	$1.13\dfrac{(1+4bt^2/h^3)}{(1+b/h)}\ (h >> t)$	$0.54\dfrac{(1+8\,b/h)}{(1+b/h)}\ (h, b >> t)$
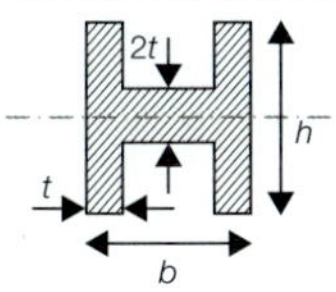	$1.13\dfrac{(1+4bt^2/h^3)}{(1+b/h)}\ (h >> t)$	$1.07\dfrac{(1+4\,h/b)}{(1+h/b)}\ (h, b >> t)$

택할 수 있다. 단위 비용당 최대 에너지의 경우, E를 $EC_m\rho$로 대체하여 얻을 수 있고, 여기서 C_m은 kg당 재료비용이다.

추록 중공 스프링은 진동 또는 요동이 있는 장치와 관성력을 극소화해야만 하는 기기에서 흔히 사용된다. 중공 타원형 단면은 굽힘 하중을 받는 스프링으로 폭넓게 사용되며, 중공 튜브의 경우는 비틀림 하중을 받는 경우에 사용된다. 이 문제와 관련하여 보다 상세한 사항은 Boiten의 고전적인 논문(1963)에서 발견할 수 있다.

추가 참고문헌 : 효율적인 스프링의 설계

Boiten, R.G. (1963) Mechanics of instrumentation, *Proc. Int. Mech. Eng.* 177, 269. (정밀기기 기계적 설계의 결정적인 분석)

관련 사례연구

6.7 스프링 재료

10.7 유연한 형상 : 낱장(leaf) 및 가닥(strand) 구조

10.9 요약과 결론

하중을 받아 굽힘, 비틀림 혹은 좌굴이 일어나는 구성요소의 설계에 있어서 설계자는 성능 최적화를 하기 위한 두 그룹의 변수를 가지게 되는데, 재료를 선택하는 것과 단면의 형상을 선택하는 것이다. 최선의 재료선택은 재료 자체가 가진 형상이나 또는 재료로 성형할 수 있는 형상에 따라 달라진다. 제9장의 과정은 재료와 형상이 하나로 묶인 선택을 최적화하기 위한 방법을 준다.

이러한 방법을 사용하는 절차가 제10장에서 설명되었다. 종종 설계자는 특정 형상을 가지고 있는 특정 재료의 재고를 가지고 있다. 그러면 적절한 재료지수의 값이 가장 최대가 되는 것과 함께(표 10.1에 지수가 나열되어 있음) 성능을 극대화하게 된다. 때때로 단면은 특별하게 설계가 이루어질 수 있고, 이렇게 되면 재료특성과 설계 하중은 파손을 낳는 국소적 좌굴이 일어나지 않는 범위 내에서 실용적인 형상계수의 최댓값을 결정하게 된다. 다시 말하면 이 과정은 재료와 형상의 최적화된 선택을 가져다준다.

미시적 형상과 거시적 형상을 조합하면 구조효율에 있어서 더 한층 이득을 얻는 것이 가능하다. 이에 대해서는 나중에 좀 더 살펴보기로 하자.

제 11 장 하이브리드 재료의 설계방법

Composite structure

Sandwich structure

Segmented structure

Cellular structure

하이브리드 재료

Materials Selection in Mechanical Design. DOI: 10.1016/B978-1-85617-663-7.00011-4

11.1 서론과 개요

말 사육사들은 왜 말과 당나귀를 교배시켜 노새가 태어나게 하는가? 농부들은 왜 잡종 옥수수를 순종보다 선호하는가? 노새는 그 완고함으로 가장 유명하고, 잡종 옥수수와 마찬가지로 번식을 할 수 없으므로 세대마다 다시 교배해야 한다. 그런데 왜 계속 만드는가? 왜냐하면 노새나 잡종 옥수수는 그들의 조상보다 덜 좋은 속성도 있지만, 억셈, 체력, 병에 대한 저항성과 같이 더 좋은 속성들도 가지기 때문이다. 식물학 용어인 '잡종 강세성'이 이를 잘 보여준다.

그러면 이제 하이브리드 재료(hybrid materials)라는 발상을 탐색해 보자. 하이브리드 재료란 둘 이상의 재료를 합쳤을 때 각 단일 재료에서 얻을 수 없는 속성을 갖도록 만든 조합이다(그림 11.1 중앙). 노새의 경우처럼 일부 속성은 덜 좋을 수 있지만(예: 비용) 우리가 원하는 면이 향상된다면 뭔가 성취된 것이다. 입자강화 또는 섬유강화 복합재료가 한 종류의 하이브리드 재료이며 이 외에도 샌드위치 구조(sandwich structure), 셀 구조(cellular structure), 분할이음 구조(segmented structure) 등이 있다. 이 장에서는 구성요소의 선택, 이들의 형태구성과 부피분율, 축척도에 중점을 두면서 하이브리드 재료의 설계 방법들을 살펴보겠다(표11.1). 이 새로운 변수들은 설계공간을 확장하고 특정한 특성윤곽을 갖는 '신소재'의 창조를 가능하게 한다.

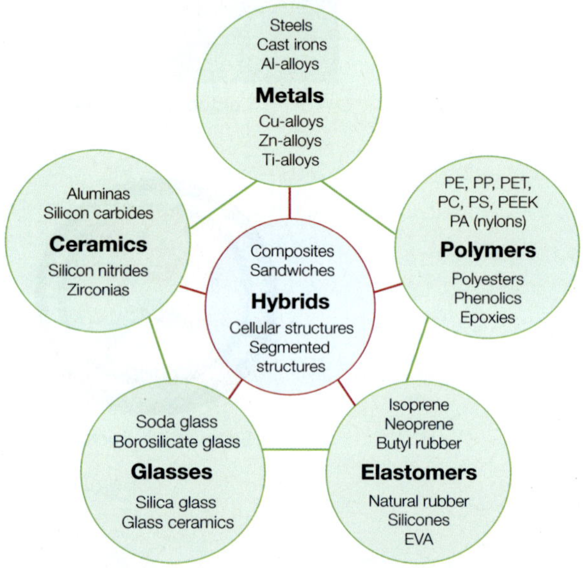

그림 11.1 하이브리드 재료는 둘 이상의 단상재료 혹은 하나의 단상재료와 빈 공간의 조합체이다. 하이브리드 재료로는 섬유강화복합재료, 입자강화복합재료, 발포재와 격자구조 재료, 샌드위치 구조 재료, 거의 모든 천연소재를 들 수 있다.

그리고 이는 우리들에게 두드러진 하나의 숙제를 던져준다. 샌드위치 구조와 같은 하이브리드 재료를 폴리카

표 11.1 하이브리드 설계의 구성성분

구성요소	결합될 재료의 선택
형태구성	구성요소의 모양과 연결성
체적비	각 구성요소의 부피분율
축척도	구조 단위의 길이 축척도

보네이트 또는 티타늄 같은 단일재료와 어떻게 비교할 것인가? 이것들을 비교하기 위해서는 샌드위치 구조를 한 재료의 외피가 다른 재료의 코어에 결합된 하이브리드로서뿐만 아니라 고유의 유효특성을 갖는 하나의 '재료'로 고려해야만 한다. 그래야만 비교가 가능해진다.

여기서 채택된 접근법은 정밀하기보다는 폭넓은 접근이다. 우리의 목적은 대안 하이브리드의 특성들을 훑어보고 비교하는 방법들을 정리하여 주어진 설계 요구조건을 가장 잘 만족하는 특성들을 찾는 것이다. 일단 재료와 형태구성을 선택하면 최적화 절차, 유한요소해석 같은 표준 방법으로 그것들을 수정할 수 있다. 그러나 표준 방법이 잘 하지 못하는 것은 대안적인 재료-형태구성 조합을 빠르게 훑어보는 것이다. 이런 점에서 아래에 전개하는 재료와 형태구성을 변수로 갖는 근사법이 쓸모가 있다.

'형태구성'이라는 용어는 부연 설명을 필요로 한다. 그림 11.2는 교량의 서로 다른 네 가지 형태구성이다. 첫 번째 예에서는 모든 부재가 압축하중을 받는다. 두 번째 예에서는 교량이 하중을 받는 방식에 따라 부재는 인장하중과 압축하중을 모두 받을 것이다. 세 번째와 네 번째 예에서는 현수 케이블이 순수하게 인장하중을 받도록 되어 있다. 이들 네 종류의 형태구성은 각각 최적화가 가능하지만, 아무리 최적화해도 어느 한 종류의 형태구성을 다른 종류의 형태구성으로 진화하게 할 수는 없다. 왜냐하면 각각 고유의 변수들로 특징지어지는 형태구성 측면에서 전혀 별개의 모습으로 바뀌어야 하기 때문이다.[1)]

하이브리드 설계도 이와 똑같은 특징을 가지며, 여러 종류의 하이브리드는 형태구성에 따

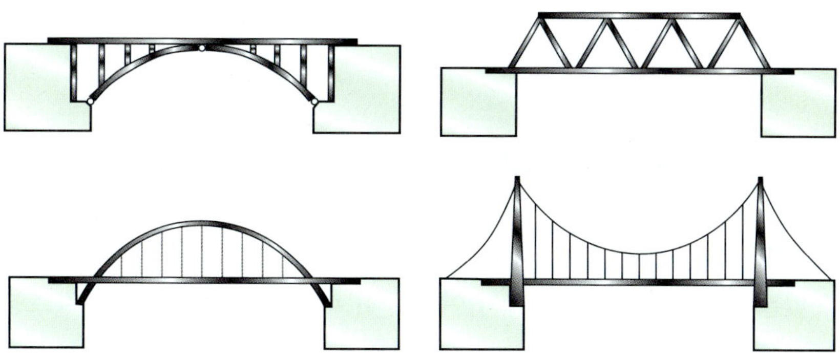

그림 11.2 교량용 네 가지의 형태구성 : 각자는 설계변수와 성능이 다르다. 어느 하나의 형태구성을 선택한 후에 성능의 최적화가 달성될 수 있다.

1) 어느 정도의 위상적 최적화(형태구성의 개발)를 가능하게 하는 수치해석 방법이 생겨나고 있다. 그것들은 이렇게 작동한다. 먼저 경계에서 시작하고 그것을 초기상대밀도 0.5이고 초기밀도에 선형적으로 의존하는 특성들을 지닌 균질한 '재료'로 채운다. 기계적, 열적 제한조건과 그 구조가 지탱해야 하는 다른 하중의 제한조건을 부여하고, 수월성의 기준을 적용한 후(이에 대해서는 아래에서 더 자세히 논의함), 그것이 수월성 지표를 증가시키는 변화만을 유지하면서 상대밀도 1과 0인 영역으로 응축되도록 한다. 이 방법은 컴퓨터 계산을 많이 요하지만 재료를 효율적으로 사용하는 형태구성을 제안하는 데 얼마간 성공하였다(참고문헌 참조).

라 구분된다. 여기서 우리는 각각 구별되는 복수의 불연속 구성요소를 갖는 네 가지 하이브리드 재료를 중점적으로 다룬다. 제11장의 표지에 실린 사진이 그것들이 어떻게 생겼는지를 알려준다. 수없이 다른 이름으로 불리어 생겨나는 혼란을 방지하기 위해 다음과 같은 이름을 사용하기로 한다. 즉, 복합재료 구조, 샌드위치 구조, 셀 구조, 분할이음 구조이다. 복합재료는 2개의 고체 구성요소를 조합한 것이며 강화재인 입자나 섬유가 기지에 함유되어 있는 형태인 것이다. 복합재료의 특성은 이들 구성요소의 평균값으로 대략 나타나며 거시적으로는 마치 단일재료처럼 거동하도록 되어 있다. 샌드위치 구조는 보통 저밀도의 코어재료의 양면 혹은 한 면에 탄성계수나 강도가 큰 외피재료로 접합되어 있어 등가 탄성계수가 구성재료 어느 쪽보다도 커진다. 셀 구조는 재료와 공간의 조합으로 경우에 따라서 빈 공간에 물질이 채워져 있다. 셀 구조에는 두 가지 타입이 있는데, 하나는 버팀목(strut)의 연결성이 나빠서 격자가 하중을 받으면 버팀목이 휘어지도록 허용하는 경우이고, 다른 하나는 버팀목의 연결성이 좋아서 굽힘을 억제하고 버팀목 자체가 신축(stretch)변형이 일어나도록 하는 경우이다. 분할이음 구조란 구조물이 1차원, 2차원, 3차원의 많은 다른 단위구조로 분할될 수 있는 구조를 말한다. 분할된 요소는 낮아진 강성도와 함께 재료를 불연속적인 단위들로 나눔에 따라 손상허용 특성도 함께 나눈다.

우리가 채택할 접근법은 각 형태구성의 특성을 추정하는 상한치/하한치 법이다. 이 방법을 활용하여 주어진 형태구성에서 주어진 구성요소의 재료특성을 계산할 수 있다. 재료선택 차트 위에 이들 특성을 그릴 수 있고, 따라서 이 차트가 형태구성과 재료를 선택하는 도구로 활용될 수 있다.

11.2 재료-특성 차트의 여백 채우기

제4장의 모든 차트에는 한 가지 공통사항이 있다. 그들의 일부 영역에는 재료가 채워져 있지만, 해당하는 재료가 없는 영역도 있다. 차트상의 여백이다(그림 11.3). 재료가 없는 차트영역 중에서 어떤 영역은 구성 원자를 묶어주는 인력 특성과 원자 크기 등과 관련된 근본적인 원인으로 재료를 채우는 것이 불가하다. 그러나 어떤 영역들은 원리적으로는 채울 수 있음에도 비어 있다.

이런 여백에 해당하는 재료(또는 재료의 조합)를 개발한다면 무엇을 얻을 수 있을까? 재료지수는 이것이 유익한 곳을 보여준다. 그림 11.3에는 한 재료지수(E/ρ)의 등고선이 그려져 있다.

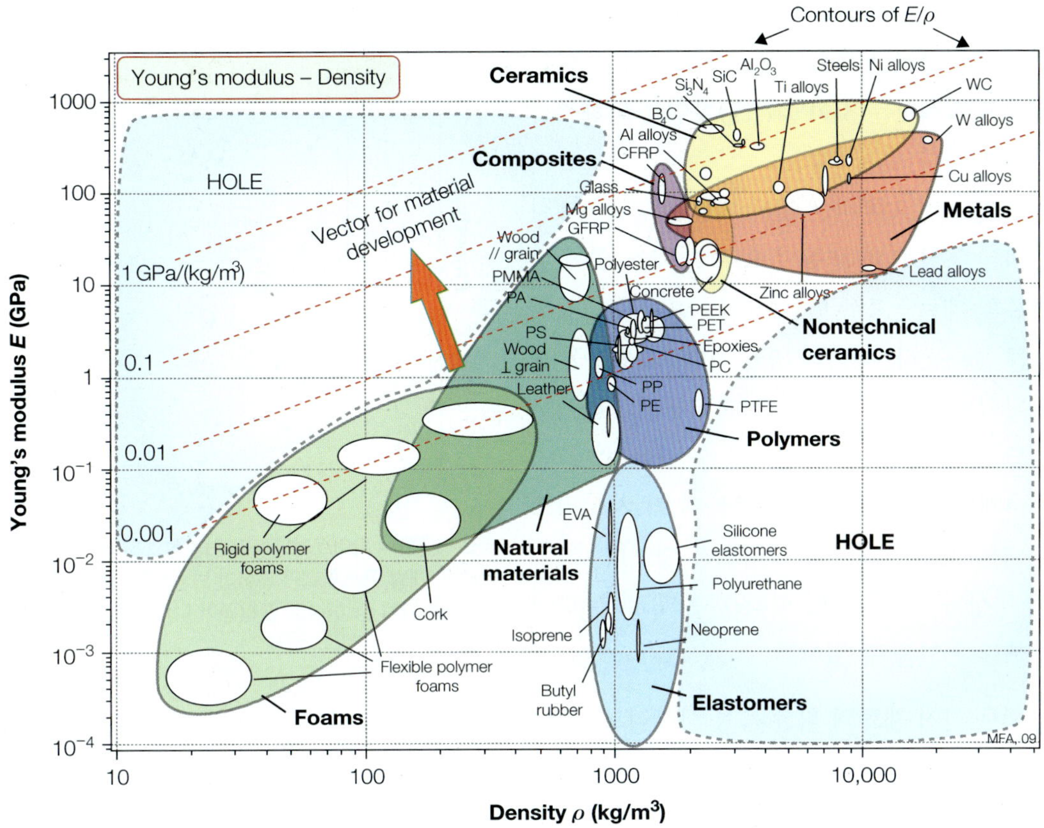

그림 11.3 비탄성계수(E/ρ)의 등고선과 함께 나타낸 탄성계수-밀도 차트의 여백 : 이미 채워진 영역을 화살표 방향으로 확장하는 재료개발벡터는 기존의 어떤 재료보다도 큰 비강성을 가진 구조를 가능하게 해주는 재료를 추구한다.

채워진 영역이 화살표 방향으로 확장된다면(E/ρ 값의 증가) 그것은 더 가벼우면서도 더 강직한 구조를 만들 수 있음을 뜻한다. 화살표는 등고선에 수직 방향을 가리키는데, 그것이 재료 개발 벡터이다.

여백을 채우는 한 가지 방법은 실은 이미 확립된 것으로 새로운 금속 합금, 새로운 고분자 화학구조, 새로운 유리와 세라믹 조성의 개발로 특성 차트의 채워진 부분을 확장하는 것이다. 그림 1.2가 이것이 오랜 세월동안 어떻게 진행되어 왔는지 보여준다. 그러나 신소재의 개발은 고비용에 불확실한 과정인 데다가 성과는 계단식으로 눈에 띄는 것이 아니라 점진적이다. 따라서 하나의 대안으로 이미 존재하는 두 가지 이상의 재료를 조합하여 그들의 특성을 중첩시키는, 즉 하이브리드 재료를 만드는 것이 있다. 탄소섬유 및 유리섬유 강화 복합재료의 경이로운 성공이 하나의 극단적인 사례라면, 발포재(재료와 공간의 하이브리드)는 다른 하나의 극단적인 사례로, 재료특성 차트의 여백을 채우기 위해서는 그러한 하이브리드가 설계될 수 있는 방법을 탐색하는 것이 옳은 방향임을 말해주기에 충분하다.

우리가 얻고자 하는 것은 어떤 것일까? 그림 11.4는 특성 P_1과 P_2를 축으로 한 차트 위에 두 종류의 재료군으로 만들어지는 영역을 도식적으로 보여준다. 각각의 영역 안에 그 재료군 중 하나씩(M_1, M_2)을 골랐다. 이 두 재료로 하이브리드를 만들어 무엇을 성취할 수 있을까? 그림은 4개의 시나리오를 보여주는데 각 시나리오는 전형적인 특정 하이브리드 유형이다. 재료의 형상과 조합방식에 따라 다음과 같은 하이브리드를 얻을 수 있다.

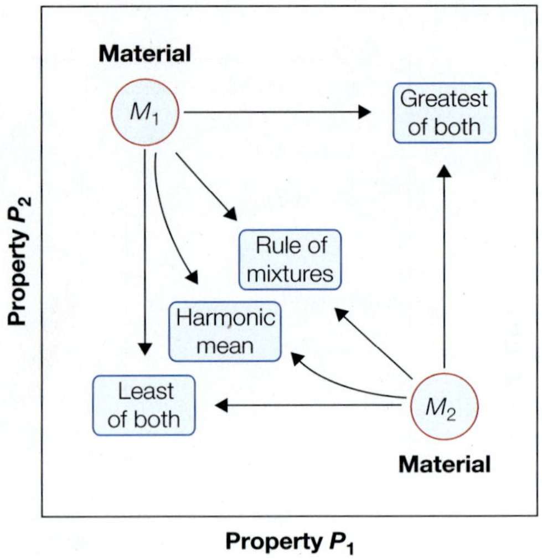

그림 11.4 하이브리드화의 가능성 : 하이브리드의 특성은 개별 구성재료의 특성이 반영되어 나타나며, 가능한 몇 가지 중 하나로 결합되어 나타난다.

- 두 가지 재료의 최상 특성 시나리오 : 각각이 갖는 최상의 특성을 함께 발현토록 하는 이상적인 하이브리드 재료를 만드는 경우이다. 예를 들어, 아연을 도금한 연강의 경우 아연 도금 층은 부식방지 기능을 가지며 연강은 강도와 인성을 유지해 준다. 유약을 바른 도자기의 경우 유리 외피층은 불연성과 내구성 기능을 가지며 도자기 재료인 점토는 성형성과 저비용의 장점을 보여준다.
- 혼합법칙(rule of mixtures)을 따르는 시나리오 : 두 재료가 조합되어 있는 일정한 부피의 하이브리드 재료는 각 재료의 특성을 부피분율에 따라 가중한 산술평균의 특성을 갖게 되는 경우에 해당한다. 예를 들어 단일방향 섬유강화 복합재료는 혼합법칙에 가까운 축방향 탄성계수를 나타낸다.
- 열등 지배 시나리오 : 두 가지 재료를 하이브리드화 했을 때 혼합법칙 특성보다 떨어지고 특성의 산술평균보다 조화평균에 가까운 경우로, 입자강화 복합재료의 강성도가 전형적인 예이다. 이 경우에는 하이브리드 결과가 우수하지는 못하지만 경우에 따라 효과적일 수 있다.
- 두 가지 재료의 최악 특성 시나리오 : 두 가지 재료의 최악의 특성을 발현하게 하는 경우이다. 소방 물뿌리개 장치에는 주변 온도가 왁스의 녹는점보다 높을 때 자동으로 녹아내려 물 스프레이가 작동하도록 하는 왁스-금속 하이브리드 재료를 이용한다.

이와 같은 시나리오는 어느 정도 잘 정리되었다. 그러나 여기에 수록된 것이 전부는 아니다. 다른 조합도 얼마든지 가능하다. 아래에서 살펴보자.

언제 하이브리드가 하나의 재료가 되는가? 하이브리드를 고려하고 논의함에 있어서 일종의 양면성이 있다. 충진된 고분자, 복합재료, 목재처럼 어떤 것들은 이미 하나의 재료로 취급되고 각각 고유한 재료특성을 가지고 평가된다. 반면 다른 것들은 아연 도금한 강철판을 예로 들어보면, 비록 강철의 강도에 아연의 표면특성을 가진 새로운 재료로 간주할 수는 있지만 통상 하나의 재료(강철)에 부수적인 재료(아연)가 코팅으로 적용된 것으로 받아들여 진다. 샌드위치 패널도 양면성을 보여주는데, 어떤 때에는 두 개의 외피재료가 하나의 코어재료에 의해 분리된 것으로 보기도 하고, 다른 때에는 자체적으로 밀도, 굽힘강성, 강도를 가진 하나의 재료로서 다른 고체 재료와 비교되기도 한다. 어느 것이든 재료로 부르기 위해서는, 그리고 기존 재료처럼 알기 쉽게 평가하기 위해서는 설계자가 그 재료를 사용하여 설계할 때 기존의 방법을 사용할 수 있어야 한다. 그러나 우리가 하이브리드 구조 자체를 설계하려고 한다면, 우선 하이브리드 구조를 해체해서 어떤 선택된 형태구성으로 재료와 재료를 조합해 보거나 혹은 재료와 빈 공간을 조합하여 생각해 보아야 한다.

11.3 하이브리드화 방법 : 'A+B+형태구성+축척도'

실용적으로 정의하면 하이브리드 재료란 특정한 공학적 목적을 최적으로 달성하기 위해 미리 정해놓은 형태구성, 체적비, 축척으로 두 종류 이상의 재료를 조합하여 만든 재료를 말한다. 따라서 본 절의 제목을 'A+B+형태구성+축척도'로 하였다. 여기서 A와 B는 특정 재료뿐만 아니라 기체나 빈 공간을 선택할 수도 있다. 이러한 새로운 설계변수는 선택의 폭을 단상(monolithic) 재료로 한정할 경우에는 얻기 어려운 특성을 최적화하여 구할 수 있게 함으로 설계 공간을 확장시켜 준다.

하이브리드화의 기본개념을 그림 11.5에 나타낸다. 단상재료는 많은 공학설계의 기초가 되는 특성들의 어떤 포트폴리오를 제공해준다. 설계 요구조건은 재료-특성 차트 공간을 일정 영역으로 한정시킬 것이다. 만일 이 일정영역에 이미 재료가 있다면 그 설계 요구조건이 만족되는 해답이 단상재료로 구해진다. 하지만 만일 그 설계 요구조건이 예외적 수요에 해당하면 어떤 하나의 재료로는 그 요구조건을 만족시킬 수 없게 된다. 즉, 그 설계 요구조건은 재료-특성 차트 공간에서 여백에 해당하는 것이다. 이러한 경우를 해결하기 위해서는 서로 상충되는 요

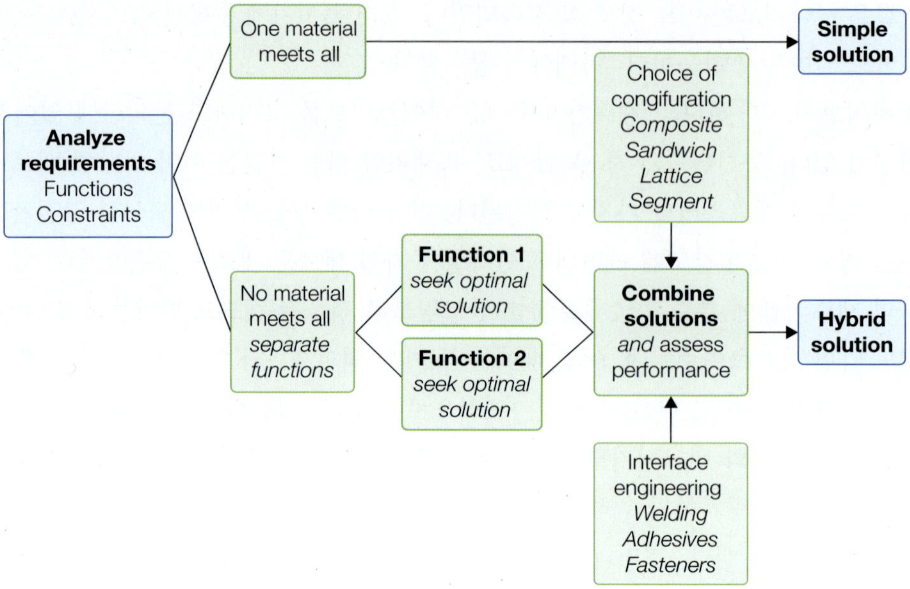

그림 11.5 주어진 설계 요구조건을 만족시키기 위한 하이브리드 설계 시의 단계

구조건들을 확인하고 분리하여 각 요구조건에 대한 최적재료 해답을 구한 뒤, 각 요구조건의 희망속성을 유지하는 방식으로 최적재료 해답을 조합하는 것이다(hybrid solution). 최선책으로는 질량이나 가격의 최소화, 성능우수 지표의 극대화와 같은 설계 동기를 유발하는 성능 측정기준으로 측정함으로써 가장 순위가 높은 것을 선택하는 것이다. 여러 가지 조합이 후보군으로 수월성지표를 사용하여 순위를 매겨 탐색되고 평가된다. 결과물은 구성요소재료와 형태구성에 의한 하이브리드 재료의 설계규격서이다.

11.4 복합재료 구조

항공기, 자동차, 스포츠장비의 설계자는 모두 강성과 강도, 인성이 좋으면서 가벼운 재료를 원하는 공통점을 가지고 있다. 이에 걸맞은 단상재료로는 마그네슘, 알루미늄, 티타늄 계열의 경금속 합금이 있으며, 이들의 특성 향상을 위해 많은 연구가 이루어진다. 그러나 이들보다는 고분자가 훨씬 밀도가 낮아 가볍다. 그렇지만 고분자는 강성이 아주 부족하다. 세라믹의 강성이 훨씬 크고, 미세입자나 가는 섬유상으로 만들 경우 강도도 훨씬 커진다. 결국 이들 재료를 조합하여 입자강화 복합재료나 섬유강화 복합재료라는 하이브리드 가족을 만들게 된 것이다.

원리적으로는 어떤 두 가지의 재료라도 조합하여 복합재료를 만들 수 있고, 그림 11.6과 같이 여러 가지 기하학적인 형상으로 혼합될 수 있다. 이 절에서는 하이브리드 재료가 충분히 높은 밀도를 가지고, 구성요소 사이가 강하게 접합되어 하중을 받았을 때 계면이 분리되는 일이 없는, 복합재료의 경우로 한정하여 다루기로 한다. 강화재의 크기는 원자나 분자, 전위 간격의 크기보다 충분히 커서 연속체 역학을 적용할 수 있다.

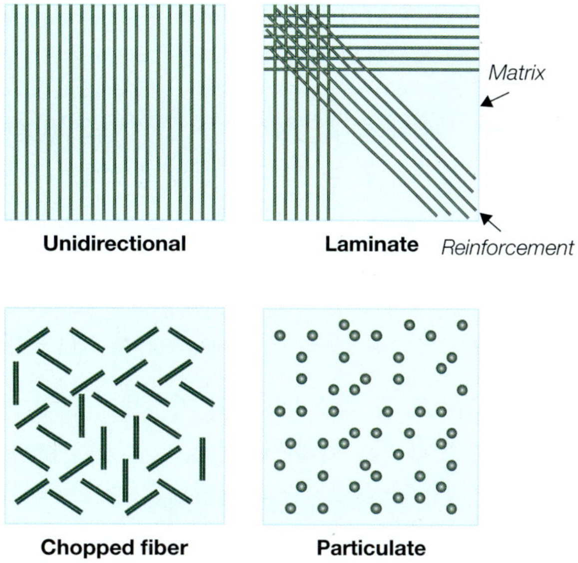

그림 11.6 복합재료 유형에 따른 하이브리드 개략도 : 일방향 섬유강화, 적층구조 섬유강화, 절단된 단섬유강화, 입자강화 복합재료. 본문에 설명하는 상한치와 하한치가 이들의 특성을 결정한다.

구성요소의 크기보다 큰 거시적 측면에서 보면 복합재료는 자신의 기계적, 열적, 전기적 특성을 가진 균일 고체처럼 거동한다. 이런 거동을 정밀하게 계산하기에는 어려우므로 그 특성의 상한치와 하한치로 데이터의 경계 및 범위를 설정하여 쉽게 표현하기도 한다. '경계'라는 용어는 매우 엄정한 한계를 의미하며, 어떤 특성치가 절대로 초과하거나 미달해서는 안 되는 기준선이다. 경계를 설정하는 것은 항상 가능한 것이 아니라서 차선책으로 그 값 너머에는 특성 값이 존재할 확률이 거의 없는 한계를 설정하는 것이 고작이다. 중요한 점은 그림 11.6에 보이는 강화재와 기지재의 모든 형태구성으로부터 나오는 특성을 데이터 경계와 범위로 표기함으로써 구성요소의 기하학적인 형상을 개별적으로 모델링할 필요가 없게 되는 것이다.

수월성 기준(criteria of excellence) 어떤 주어진 하이브리드 재료의 장점을 평가하기 위해서는 수월성 기준이 필요하다. 이는 제5장의 재료지수에 의해 가능하다. 하이브리드의 어떤 재료지수가 기존 재료의 동일 재료지수를 초과하는 값을 보이면 그 하이브리드 재료는 목적을 달성한 것으로 볼 수 있다.

밀도 부피분율 f의 강화재(밀도 ρ_r)가 부피분율 $(1-f)$의 기지재(밀도 ρ_m)와 기공이 없이 복합재료를 형성할 때, 복합재료의 밀도 $\widetilde{\rho}$는 혼합법칙(부피분율로 가중된 산술평균)에 의해서 구해진다.

$$\widetilde{\rho} = f\rho_r + (1-f)\rho_m \tag{11.1}$$

강화재의 기하학적 형상은 강화재의 최대 충진율(강화재 부피분율 f에 대한 상한치)을 결정할 때를 제외하고는 중요하지 않다.

탄성계수 복합재료의 탄성계수는 잘 알려진 Voigt and Reuss bounds로 범위가 정해진다. 탄성계수의 상한치 $\widetilde{E}_u$는 하중을 받을 때 2개의 구성요소에 똑같은 변형도가 발생하는 것으로(iso-strain) 가정하여 구할 수 있다. 이때 응력은 국부적 응력들의 체적평균이 되며, 복합재료의 탄성계수는 혼합법칙을 따르게 된다.

$$\widetilde{E}_u = f\,E_r + (1-f)E_m \tag{11.2a}$$

여기서 E_r과 E_m은 각각 강화재와 기지재의 영의 계수이다. 반면에 하한치 $\widetilde{E}_L$는 2개의 구성요소가 똑같은 응력을 지탱한다고(iso-stress) 가정하여 구해진다. 이때 변형도는 국부적 변형도의 체적평균이 되고 복합재료의 탄성계수는

$$\widetilde{E}_L = \frac{E_m\,E_r}{f\,E_m + (1-f)E_r} \tag{11.2b}$$

더 정밀한 경계를 구하는 것이 가능하지만, 단순한 것이 방법을 설명하는 데 적절하다. 복합재료의 상한치와 하한치가 어떻게 이용되는지 다음의 사례를 통해 살펴보자.

사례 11–1. 높은 비강성(stiffness-to-weight)을 위한 복합재료 설계

현재 빔이 알루미늄으로 만들어져 있다고 하자. 베릴륨은 알루미늄보다 더 가볍고 덜 휜다. 알루미나(Al_2O_3) 세라믹은 훨씬 덜 휘지만, 전혀 가볍지 않다. 이들 재료 중의 하나와 알루미늄을 하이브리드화하여 제5장에서 유도된 지수 $E^{1/2}/\rho$로 대표되는 수월성 기준에 의해 측정되는 성능이 향상될 수 있을까?

그림 11.7은 $E-\rho$ 특성 차트의 일부이다. 세 그룹의 재료, 즉 알루미늄 및 Al합금, 알루미나, 베릴륨(Be)을 보여주고 있다. 그들을 혼합함으로써 만들어지는 복합재료의 밀도는 식 (11.1)에 의해 정확히 주어지고 탄성계수는 식 (11.2a)와 식 (11.2b)의 상한치와 하한치에 의해 경계 지어진다. 이들 탄성계수의 경계값은 강화재의 부피분율에 의존하게 된다. 탄성계수-밀도의 관계에 대한 상한치와 하한치는 부피분율 f를 매개변수로 이용하여 그림 11.7과 같은 $E-\rho$ 차트에 그려질 수 있다. 알루미늄과 알루미나를 조합하여 얻어지는 어떤 복합재료도 그림 내의 Al-Al_2O_3 영역에 포함된 탄성계수를 갖게 될 것이다. Al-Be 복합재료도 유사하게 설명될 수 있다. 섬유강화재를 사용할 경우 상한치 근처의 종탄성계수를 가질 것이며, 입자강화 복합재료나 일방향섬유강화 복합재료의 횡탄성계수는 하한치 근처의 값을 가질 것이다.

복합재료의 수월성지표 $E^{1/2}/\rho$을 보여주는 그리드(grid) 모양을 그림 11.7 차트에 중첩하여 그렸다. Al-Be 복합재료의 경계 울타리는 그리드 선에 거의 수직방향으로 뻗쳐 있다. 반면에 Al-Al_2O_3 복합재료의 울타리는 그리드 선에 약간의 각도로 경사져 있다. Be섬유는 동일한 부피분율에서 알루미나섬유보다 거의 4배나 큰 $E^{1/2}/\rho$ 성능을 보여줄 수 있는 것이다. 입자 강화재를 사용하는 경우에는 그 차이가 더 드라마틱하다. Al-Be의 하한치 경계선은 그리드 선에 거의 수직하므로, 베릴륨 입자의 부피분율 30%는 복합재료의 $E^{1/2}/\rho$를 1.5

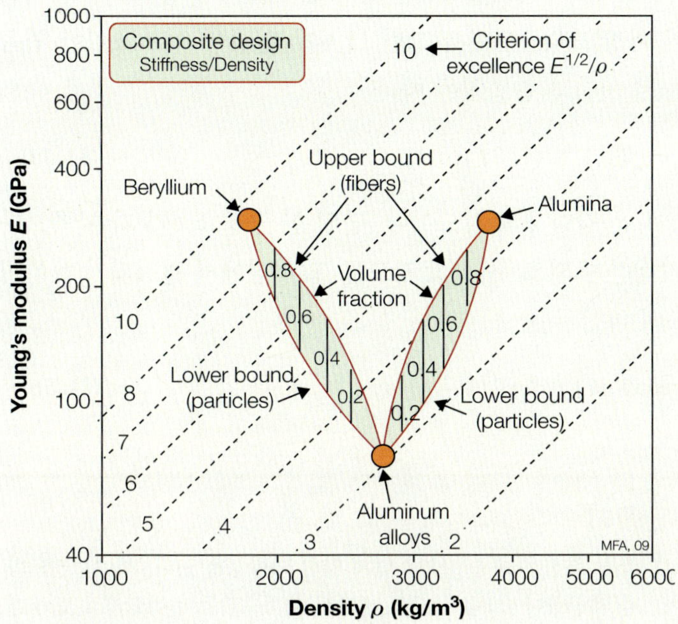

그림 11.7 알루미늄 합금, 베릴륨(Be), 알루미나(Al_2O_3)를 보여주는 $E-\rho$ 특성 차트의 일부 : 그것들을 혼합하여 만들어지는 하이브리드 재료의 탄성계수에 대한 경계를 보여준다. 대각선으로 나타낸 등고선들은 수월성 기준 $E^{1/2}/\rho$이다.

배로 크게 한다. Al-Al_2O_3의 하한치 경계선은 초기에는 $E^{1/2}/\rho$ 그리드 선에 평행하여 알루미나 입자의 부피분율 30%가 별로 효과를 나타내지 못한다. 즉, 베릴륨과 알루미나 모두 복합재료의 탄성계수를 증가시키지만, 베릴륨은 복합재료의 밀도를 감소시킨다. 수월성 지표는 탄성계수보다는 밀도에 민감하였던 것이다.

상용화된 합금 AlBeMet(62%Be-38%Al)은 이러한 아이디어를 활용한 것이다. 두 금속은 서로 불용성이며 Al-Be의 2상 복합재료를 만들면 $(E^{1/2}/\rho) = 6.5$를 얻을 수 있는데, 알루미늄 단독으로는 그 값이 3.1이다.

강도 제11장에서 설명하는 모든 경계 및 범위 중에서 강도에 관한 것이 가장 불만족스럽다. 문제 자체의 비선형성, 파손기구의 복잡성[2], 강도와 인성의 불순물이나 공정 중 발생한 결함에 대한 민감성이 정확한 모델링을 어렵게 한다. 문헌을 찾아보면 특별한 케이스에 대한 여러 가지 계산을 발견할 수 있다. 예를 들면 일방향 섬유에 의한 강화 또는 낮은 농도로 분산된 구형 입자 등에 관한 것들이 있다.

연속섬유강화 복합재료에 작용하는 하중이 증가함에 따라, 한 쪽 구성요소가 항복을 일으키거나 파괴될 때까지 하중은 구성요소들 사이에 재분포하게 된다[그림 11.8(a)]. 항복점 이상이 되면 복합재료는 영구변형이나 손상을 겪게 되지만, 그래도 여전히 하중을 지탱한다. 최종

2) 여기서는 방법을 설명할 수 있는 한 가장 간단한 처리를 보여준다. 복합재료의 파손기구에 관한 더 완전하고 복잡한 모델링은 11.9절 '참고문헌'으로 미룬다.

적인 파손은 항복이나 파괴 또는 두 가지 모두를 필요로 한다. 복합재료는 구성요소가 동시에 모두 파괴상태에 도달할 때 강도가 가장 크다. 그래서 그림 11.6에 '일방향'으로 표기한 연속 섬유강화 플라이의 상한치는 탄성계수처럼 혼합법칙에 따라

$$(\widetilde{\sigma}_f)_{u,a} = f(\sigma_f)_r + (1-f)(\sigma_f)_m \tag{11.3a}$$

여기서 $(\sigma_f)_m$은 기지재의 강도, $(\sigma_f)_r$은 강화재의 강도이다. 만일 한 구성요소가 다른 쪽보다 먼저 파괴되면 하중은 남은 쪽이 지탱하게 되고, 사실상 강도는 그 시점에서 결정되기 때문이다. 그러므로 인장하중하에서 강도의 하한치는,

$$(\widetilde{\sigma}_f)_{L,a} = \text{Greater of } [f(\sigma_f)_r, (1-f)(\sigma_f)_m] \tag{11.3b}$$

사례 11-2. 이방성(anisotropy) 만들기

두꺼운 단상(bulk monolithic) 고체의 탄성, 소성 특성은 종종 자연스럽게 약한 이방성을 띤다. 하이브리드화는 의도적으로 큰 이방성을 창출하는 방법을 제공한다. 그림 11.7의 예에서 살펴보았듯이 복합재료 탄성계수에 대한 상한치 경계선과 하한치 경계를 보여준다. 일방향 섬유복합재료의 종방향 특성은 상한치 경계 근처에 있고 횡방향 특성은 하한치 경계 근처에 있다. 종방향과 횡방향 특성값의 차이를 나타내는 수직 폭으로 이방성을 측정할 수 있다. 일방향 연속섬유강화 복합재료는 이 예에서 경계값의 비로 주어지는 이방성비(anisotropy ratio) R_a를 가진다.

$$R_a = \frac{\widetilde{E}_u}{\widetilde{E}_L} = f^2 + (1-f)^2 + f(1-f)\left(\frac{E_m}{E_r} + \frac{E_r}{E_m}\right)$$

그림 11.7에서 최대 R_a 값은 1.5이다. 열적 특성에 관련된 더 극적인 예가 제12장에 다시 나온다.

횡방향 강도[그림 11.8(b)]를 구하는 것은 더욱 어렵다. 그것은 계면결합 강도, 섬유분포, 응력집중, 기공의 존재에 따라 달라지기 때문이다. 일반적으로 횡방향 강도는 기지 자체의 강도보다 낮고, 파괴변형도(ϵ_f) 역시 기지재보다 낮다. 변형하지 않는 강화재(입자, 섬유)와 강하게 결합된 연성 기지재의 소성변형은 강화재에 의해 제한된다. 이러한 경우에 기지재의 항복강도가 실제로 약간 더 커지는 효과를 얻게 되고, 복합재료의 강도의 상한치는

$$\text{Lesser of}\left[(\widetilde{\sigma}_f)_{u,t} \approx (\sigma_f)_m\left(\frac{1}{1-f^{1/2}}\right), (\widetilde{\sigma}_f)_{u,t} \approx (\sigma_f)_r\right] \tag{11.4a}$$

더욱이 강화재에 의한 응력집중과 섬유-기지 계면의 분리 때문에 횡방향 강도는 기지재 자체의 강도보다도 낮은 것이 보통이다. Hull(1996)은 인장강도의 대략적인 하한치를 다음과 같이 제시하고 있다.

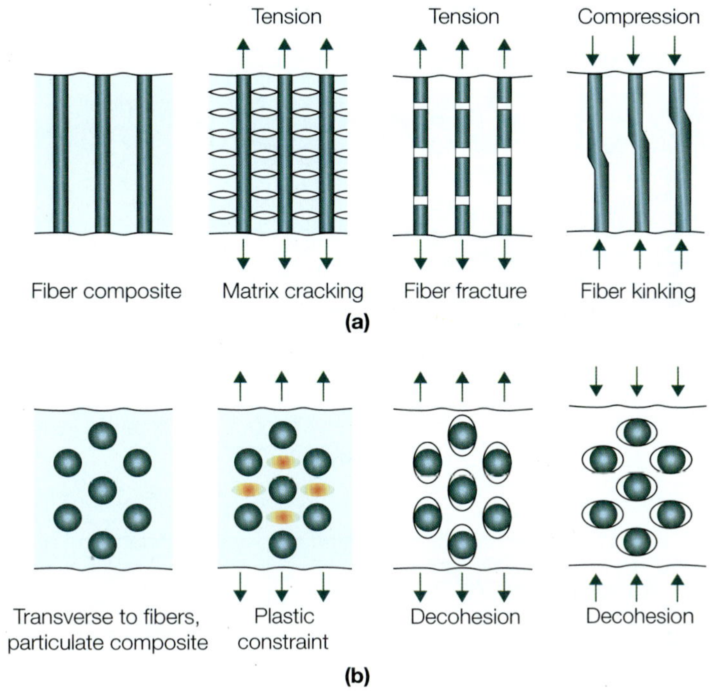

그림 11.8 복합재료의 파손 모드

$$(\widetilde{\sigma}_f)_{L,t} \approx (\sigma_f)_m(1 - f^{1/2}) \tag{11.4b}$$

한 쌍의 상한치와 하한치는 탐색해야 할 대상으로서 가능성 있는 강화재와 기지재의 선택을 가능하게 해준다. 그림 11.9는 유리섬유강화에폭시 복합재료 플라이의 축방향 및 횡방향 강도의 한계를 보여준다.

연속섬유강화 복합재료는 압축하중하에서 섬유 비꼬임에 의해 파손될 수 있다[그림 11.8(a)의 맨 오른쪽]. 비꼬임은 기지재의 전단강도[대략 $(\sigma_f)_m/2$]에 의해 저지된다. 이에 따라 섬유 좌굴에 필요한 축방향 압축응력은,

$$(\widetilde{\sigma}_c)_{u,a} = \frac{1}{\vartheta}\frac{(\sigma_f)_m}{2} \approx 14(\sigma_f)_m \tag{11.5}$$

여기서 ϑ는 최초에 섬유방향과 압축응력의 방향이 어긋난 각도이며 단위는 라디안(radian)이다. 섬유가 잘 배열된 복합재료의 경우에 실험적으로 얻는 전형적인 값은 $\vartheta \approx 0.035$이며, 그에 따라 식 (11.5)의 오른쪽 값이 얻어졌다. 이것과 식 (11.3a)의 값 중에서 작은 쪽이 진정한 상한치가 된다. 그러나 어긋난 각도가 클 경우, 즉 $\vartheta \approx 1.0$일 경우 강도의 감소는 현저해진다.

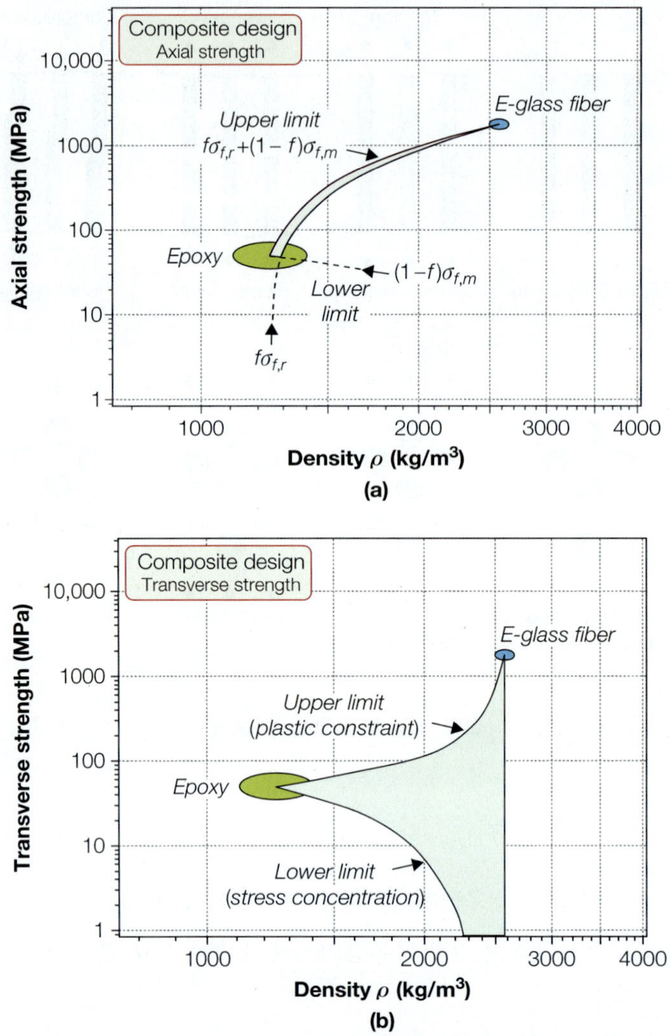

그림 11.9 복합재료 단층 플라이의 축방향(a) 및 횡방향(b) 강도의 한계

따라서 우리는 압축강도의 하한치로 기지재의 압축강도 $(\sigma_f)_m$을 선택한다.

비열 고체의 정압비열 C_p는 정적비열 C_v와 사실상 같다. 만일 비열이 같다면 복합재료의 단위 체적당 열용량은 밀도의 경우와 같이 혼합법칙으로 나타낼 수 있다.

$$\widetilde{\rho}\,\widetilde{C}_p = f\,\rho_r (C_p)_r + (1-f)\rho_m (C_p)_m \tag{11.6}$$

여기서 $(C_p)_r$과 $(C_p)_m$은 각각 강화재와 기지재의 비열이다. 밀도가 이 식에 들어가는 이유는 C_p의 단위가 J/kg.K이기 때문이다. 복합재료의 비열이 혼합법칙에 의한 결과와 약간 차이가 날 수 있는데, 그 이유는 복합재료가 열을 받으면 구성요소 간에 열팽창이 달라져서 국부적인 압력을 구성요소에 주고 이것이 구성요소의 비열을 약간 변화시키기 때문이다. 그러나 그 효과가 매우 작아서 여기서는 더 이상 문제 삼지 않아도 좋다.

열팽창계수 복합재료의 열팽창은 어떤 방향에서는 구성요소보다 더 클 수도 있고 다른 방향에서는 더 작을 수 있다. 이것은 주변형도(principal strain)가 탄성계수와 푸아송 비에 관련되어 있기 때문이다. 따라서 열팽창 시에 기지가 강화섬유에 의해서 특정방향으로 팽창하지 못한다면 그에 수직방향으로 더 많이 팽창할 것이다. 열팽창계수에 대한 근사적 하한치는

$$\widetilde{\alpha}_L = \frac{E_r \alpha_r f + E_m \alpha_m (1-f)}{E_r f + E_m (1-f)} \tag{11.7}$$

이 식은 탄성계수가 모두 동일하다면 단순 혼합법칙으로 귀결된다. 열팽창계수에 대한 상한치는

$$\widetilde{\alpha}_u = f\alpha_r(1+\nu_r) + (1-f)\alpha_m(1+\nu_m) - \alpha_L[f\nu_r + (1-f)\nu_m] \tag{11.8}$$

여기서 α_r과 α_m은 각각 강화재와 기지재의 열팽창계수이며, ν_r과 ν_m은 각각의 푸와송비이다.

열전도도 열전도도는 정상상태에서 고체내의 열유동을 결정한다. 열 접촉이 양호하게 접합되어 있는 두 재료로 구성된 복합재료는 각 구성 재료의 열전도도 λ_r, λ_m의 사이에 해당하는 열전도도 λ를 갖게 된다. 서로 평행한 연속섬유를 가진 일방향 섬유강화 복합재료의 종방향(섬유방향) 열전도도는 다음 식과 같은 혼합법칙으로 주어진다.

$$\widetilde{\lambda}_u = f\,\lambda_r + (1-f)\lambda_m \tag{11.9}$$

이 열전도도는 일방향 복합재료 열전도도의 상한치이며 다른 각도에서의 열전도도는 이보다 낮아지게 된다. 일방향 복합재료의 횡방향(섬유와 수직방향) 열전도도는 하한치 근처에 있게 되며 다음의 Maxwell식으로 표현된다.

$$\widetilde{\lambda}_L = \lambda_m\left(\frac{\lambda_r + 2\lambda_m - 2f(\lambda_m - \lambda_r)}{\lambda_r + 2\lambda_m + f(\lambda_m - \lambda_r)}\right) \tag{11.10}$$

입자강화 복합재료의 열전도도 역시 이 하한치에 가깝다. 만일 강화재와 기지재 사이의 계면접합 상태가 나쁠 경우, 즉 계면부에 박리가 발생했거나 계면층을 별도로 삽입한 경우, 또는 강화재와 기지재의 탄성계수 차이가 너무 클 경우에는(왜냐하면 이 경우에는 계면임피던스를 크게 하는 음자(phonon)를 반사시키기 때문이다.) 열전도도는 위의 하한치보다 더 떨어질 것이다.

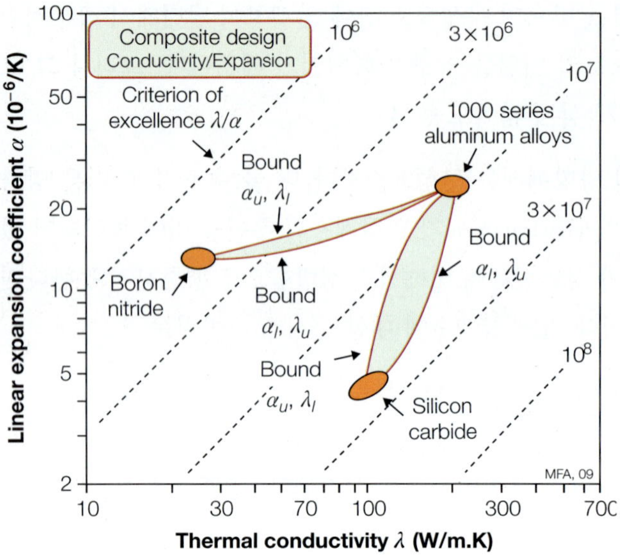

그림 11.10 열팽창계수 α와 열전도도 λ에 대한 Al합금, 질화보론(BN), 탄화규소(SiC)의 재료선택 차트와 지수 λ/α의 그리드 선

열확산계수 열확산계수는 열전도도와 다음과 같은 관계를 가지며,

$$a = \frac{\lambda}{\rho C_p}$$

온도장이 시간에 따라 변하는 과도적인 조건하의 열유동을 결정한다. 위 식에서 보듯이 열확산계수는 3개의 기본적 특성 λ, ρ, C_p로부터 유도된다. 이 중에서 ρ, C_p는 식 (11.1)과 (11.6)으로 표현되므로 복합재료의 열확산계수는 다음 식으로 표현된다.

$$\tilde{a} = \frac{\tilde{\lambda}}{f\,\rho_r(C_p)_r + (1-f)\rho_m(C_p)_m} \tag{11.11}$$

복합재료 열확산계수의 상한치와 하한치는 위 식의 $\tilde{\lambda}$을 식 (11.9)와 식 (11.10)의 $\tilde{\lambda}$로 대체함으로써 구할 수 있다.

사례 11-3. 열적 반응 제어 응답용 복합재료 설계

열적-기계적 설계에는 비열 C_p, 열팽창계수 α, 열전도도 λ, 열확산계수 a를 수반하게 된다. 복합재료의 이들 특성은 식 (11.6)~(11.11)에 의해 범위의 경계가 지어진다. 이 식들은 많은 지수에서 이용되고 있다. 그중 하나가 제6장 6.16절에서 유도된 열적 뒤틀림(thermal distortion)을 최소화하기 위한 기준으로, 지수 λ/α를 최대화하는 것이다.

그림 11.10은 $\alpha-\lambda$ 재료선택 차트이며 지수 λ/α의 그리드 선을 중첩한 것이다. 세 그룹의 재료, 즉 Al합금, 질화보론(BN), 탄화규소(SiC)를 보여주고 있다. Al-BN, Al-SiC의 열적 특성은 경계식을 보여주는 선으로

범위경계가 만들어진다. (이전의 예에서의 ρ와 달리 α와 λ 둘 다 상한치와 하한치가 있으므로 각 재료 쌍에 대해 네 가지 가능한 조합이 있다. 그림에 나타난 것들이 네 쌍 중에서 가장 바깥쪽에 있는 것들이다.) Al 기지재 내의 SiC강화재가 성능지수 λ/α를 증가시키고 BN강화재는 지수를 저하시키고 있음을 바로 알 수 있다.

유전상수(dielectric constant) 복합재료의 유전상수 $\tilde{\varepsilon}$는 다음과 같이 혼합법칙으로 구해진다.

$$\tilde{\varepsilon}_d = f\,\varepsilon_{d,r} + (1-f)\varepsilon_{d,m} \tag{11.12}$$

여기서 $\varepsilon_{d,r}$와 $\varepsilon_{d,m}$는 각각 강화재와 기지재의 유전상수이다.

전기전도도와 퍼컬레이션 복합재료의 각 구성요소의 전기전도도 κ가 비슷한 크기일 경우 전기전도도의 상한치와 하한치는 관련 열전도도 식에서 λ를 κ로 대체함으로써 구해진다. 하지

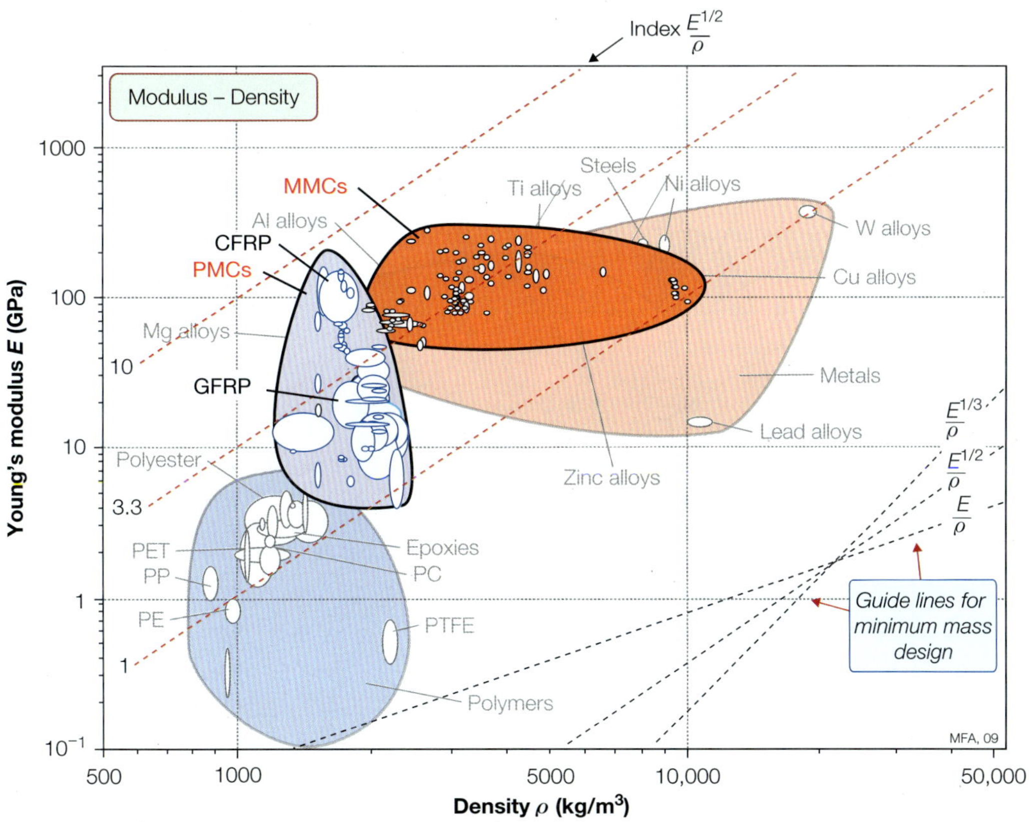

그림 11.11 고분자기지(PMC) 및 금속기지(MMC) 복합재료가 탄성계수-밀도 차트의 채워진 영역을 확장시킨다. PMCs와 MMCs로 표기된 각각의 굵은 테두리 안의 작은 버블이 하나의 복합재료를 가리킨다. 데이터는 CES Edu '09 데이터베이스로부터 취하였다.

만 구성요소의 전기전도도 값이 서로 큰 차이를 보일 때에는(예, 절연 고분자재료 기지재에 분산되어 있는 금속분말), 퍼컬레이션(percolation) 문제가 발생한다. 퍼컬레이션 문제는 제12장 12.3절에서 다시 살펴보기로 한다.

복합재료로 재료특성 차트의 여백 채우기 복합재료의 개발로 재료특성 차트의 여백을 어떻게 채울 수 있는지를 보여주는 두 개의 그림으로 이 절을 마치고자 한다. 그 첫째는 그림 11.11이며, 탄성계수-밀도($E-\rho$) 차트의 일부이다. 단상 금속과 단상 고분자로 채워진 영역이 희미한 붉은색과 희미한 파랑색으로 나타내어져 있고 각각의 멤버들이 회색으로 지시되어 있다. 그림 4.3에서 따온 것이다. 고분자기지 복합재료는 굵은 테두리에 자주색 영역으로, 금속기지 복합재료는 굵은 테두리에 붉은색 영역으로 나타내었다. 둘 다 이전에는 비어있던 공간으로 확장되어 들어간 것을 볼 수 있다. 가볍고 강성이 큰 구조에 대한 재료지수(E/ρ, $E^{1/2}/\rho$, $E^{1/3}/\rho$) 중 어

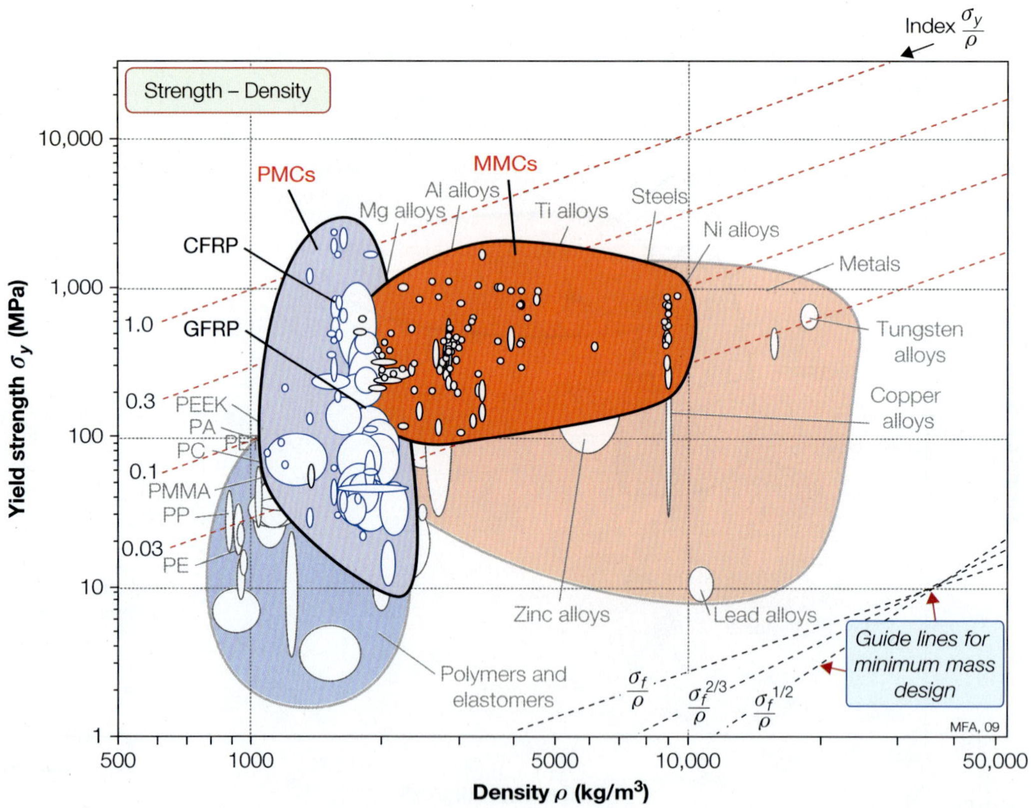

그림 11.12 고분자기지(PMC) 및 금속기지(MMC) 복합재료가 강도-밀도 차트의 채워진 영역을 확장시킨다. PMCs와 MMCs로 표기된 각각의 굵은 테두리 안의 작은 버블이 하나의 복합재료를 가리킨다. 데이터는 CES Edu '09 데이터베이스로부터 취하였다.

느 것을 수월성 기준으로 사용하더라도 이전에는 얻을 수 없었던 성능을 복합재료가 가능하게 해주는 것을 알 수 있다.

그림 11.12는 강도-밀도($\sigma_y - \rho$)에 대하여 비슷한 상황을 보여준다. 색깔로 구별한 것은 그림 11.11과 동일하다. 여기서도 복합재료는 재료들이 몰려있는 영역을 확장시키면서 가볍고 강한 구조에 대한 재료지수(σ_y/ρ, $\sigma_y^{2/3}/\rho$, $\sigma_y^{1/2}/\rho$) 중 어느 것을 수월성 기준으로 사용하더라도 향상된 성능을 가져다준다.

11.5 샌드위치 구조

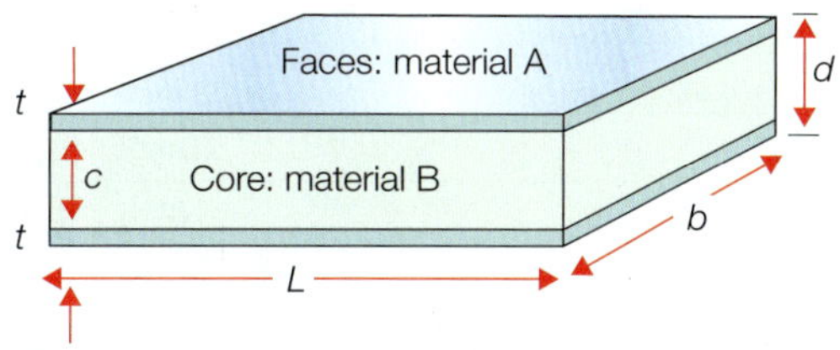

그림 11.13 샌드위치 패널 : 외피 두께 t, 코어 두께 c, 패널 두께 d

샌드위치 패널은 하이브리드 개념의 축소판이다. 그것은 규정된 형상과 크기로 두 가지의 재료를 조합하는 것이며, 한 재료는 외피로서 다른 재료는 코어(core)로서 형태를 구성한다. 샌드위치 패널은 낮은 무게로 높은 굽힘탄성과 높은 굽힘강도의 구조물을 제공해 준다(그림 11.13). 외피재가 코어재로 분리된 형상의 샌드위치 구조는 굽힘하중과 좌굴하중에 잘 견딜 수 있는 구조물이 되며 단면부의 관성모멘트 I와 단면계수 Z를 증가시킨다. 샌드위치 구조는 무게절감이 크게 중요한 제품, 즉 항공기, 전철, 자동차, 휴대용 구조물, 스포츠장비에 적용된다. 자연도 역시 샌드위치 설계를 이용하고 있으며 예를 들면 인간 두개골 단면, 새의 날개, 많은 식물의 줄기와 잎새는 고체 외피 사이가 저밀도 발포재와 같은 코어로 채워진 구조이다.[3)]

각각의 두께 t인 외피재는 하중의 대부분을 지탱하므로 강성과 함께 강도가 커야 한다. 또한 외피층은 외부 환경과 접촉하므로 샌드위치 패널이 사용될 때의 환경에 견딜 수 있어야 한다. 두께 c의 코어재는 체적의 대부분을 차지하므로 가벼워야 하며 전체패널이 하중지탱 단위체로서 거동할 때 발생하는 전단응력을 충분히 견딜 수 있을 만큼 강건하고 강도가 커야 한다. 하지만 코어층이 외피층보다 훨씬 두껍다면 이 전단응력은 작아진다.

재료로서의 샌드위치 구조물 지금까지 우리는 샌드위치를 구조물로 다루었다. 즉, 재료 B로

---

3) Allen(1969)과 Zenkert(1995)가 공학적 구조용으로 사용되는 샌드위치 패널의 설계에 대한 좋은 입문서이다. Gibson et al. (2010)은 동일한 원리가 자연계에도 사용되고 있음을 보여준다.

표 11.2 기호

기호	의미와 통용되는 단위
t, c, d	외피 두께, 코어 두께, (전체) 패널두께(m)
L, b	패널의 길이, 너비(m)
m_a	패널의 단위 면적당 질량(kg/m^2)
$f = 2t/d$	외피가 차지하는 상대 부피(분율)
$(1 - f) = c/d$	코어가 차지하는 상대 부피(분율)
I	단면적의 이차모멘트(m^4)
ρ_f, ρ_c	외피와 코어의 밀도(kg/m^3)
$\widetilde{\rho}$	패널의 등가 밀도(kg/m^3)
E_f	외피의 탄성계수(영의 계수, GPa)
E_c, G_c	코어의 영의계수, 전단계수(GPa)
$\widetilde{E}_{in\text{-}plane}$, $\widetilde{E}_{flex}$	패널의 등가 면내 탄성계수, 등가 굽힘 탄성계수(GPa)
σ_f	외피의 항복강도(MPa)
σ_c, τ_c	코어의 (인장)항복강도, 전단 항복강도(MPa)
$\widetilde{\sigma}_{in\text{-}plane}$	패널의 등가 면내 항복강도(MPa)
$\widetilde{\sigma}_{flex\,1}$, $\widetilde{\sigma}_{flex\,2}$, $\widetilde{\sigma}_{flex\,3}$	패널의 파손기구에 따른 등가 굽힘강도(MPa)

된 코어로 지탱되는 재료 A로 된 외피를 가진 구조물이며, 각 재료는 각자 나름의 밀도와 특성을 다르게 갖는다. 하지만 이제 샌드위치 구조물을 자기 자신의 고유한 특성 세트를 가진 하나의 재료로 생각하여 기존재료와 비교하여 보자. 이를 위하여 샌드위치에 대한 등가재료 특성을 계산하고, 그것을 복합재료의 경우와 마찬가지로 tilde를 붙여서 $\widetilde{\rho}$, $\widetilde{E}$ 식으로 표기하자. 이러한 특성 $\widetilde{\rho}$, $\widetilde{E}$ 들은 탄성계수-밀도 차트에 도시되고 다른 모든 재료들과 직접적으로 비교될 수 있다. 모든 재료지수를 사용한 모든 절차는 변함이 없다. 이 절에서 나타난 기호들은 표 11.2에 수록되어 있다.

실험에 의한 구조화된 재료의 등가 특성 구하기

샌드위치 구조를 셸 형태의 코어에 의해 분리되어 있는 고체 외피라고 생각하자. 패널은 질량을 부피로 나눈 값, 즉 m_a/d이고, 이때 m_a는 패널의 단위 면적당 질량이고 $d = 2t + c$ 전체 두께이다. 패널은 굽힘강성 EI를 가지며, 이는 패널에 굽힘하중을 가하면서 처짐(δ)을 측정하여 구한다. 우리는 균질재료와 등가인 $\widetilde{\rho} = \rho$와 $\widetilde{EI} = EI$를 정의한다. 여기서 $\widetilde{I} = bd^3/12$로 실제 패널과 동일한 치수를 갖는 균질한 (등가)패널에 대한 단면적의 이차모멘트이다. 따라서 등가 밀도와 등가 탄성계수는

$$\widetilde{\rho} = \frac{m_a}{d} \tag{11.13}$$

$$\widetilde{E} = \frac{12\,EI}{b\,d^3} \tag{11.14}$$

패널이 파손될 때까지 하중을 가하면 파손모멘트 M_f를 실험적으로 측정할 수 있다. 그러면 등가 굽힘강도를 정의할 수 있는데, $\widetilde{Z}\,\widetilde{\sigma}_{flex} = M_f$이고 $\widetilde{Z} = bd^2/4$로 패널의 (완전 소성)단면계수이다. 따라서 등가 굽힘강도는

$$\widetilde{\sigma}_{flex} = \frac{4\,M_f}{b\,d^2} \tag{11.15}$$

여기서 간단한 예로 방법을 설명한다.

보잉 항공기의 객실 바닥에 사용된 탄소-아라미드 샌드위치 패널에 대한 시험 결과는 다음과 같다.

외피 재료	탄소/페놀수지 복합재료 두께 0.25 mm
코어 재료	아라미드 하니캄, 셀 직경 3.2 mm, 밀도 147 kg/m^3
패널 단위 면적당 질량, m_a	2.69 kg/m^2
패널 길이, L	510 mm
패널 너비, b	51 mm
패널 두께, d	10.0 mm
굽힘강성, EI	122 Nm^2
파손모멘트, M_f	196 Nm

식 (11.13)으로부터 등가 밀도는,

$$\widetilde{\rho} = \frac{m_a}{d} = 269 \text{ kg/m}^3$$

식 (11.14)로부터 등가 탄성계수는,

$$\widetilde{E} = \frac{12\,EI}{b\,d^3} = 28.8 \text{ GPa}$$

식 (11.15)로부터 등가 굽힘강도는,

$$\widetilde{\sigma}_{flex} = \frac{4\,M_f}{b\,d^2} = 154 \text{ MPa}$$

해석에 의한 샌드위치 구조의 등가 특성 구하기

이 절에서 우리는 샌드위치 패널의 강성과 강도에 대한 수식을 구하고 그것들을 균질재료에 등가인 특성으로 나타내었다. 기호는 앞의 표 11.2에 나와 있다.

등가 밀도 샌드위치의 등가 밀도는

$$\widetilde{\rho} = f\rho_f + (1-f)\rho_c \tag{11.16}$$

여기서 f는 외피가 차지하는 부피분율이다 : $f = 2t/d$

기계적 특성 샌드위치 패널은 굽힘 시에 강건하고 강도가 크도록 설계된다. 샌드위치 패널을 하나의 재료로 간주할 때, 면내(in-plane) 탄성계수와 강도를 굽힘 탄성계수와 강도로부터 구분해야 한다. 면내 탄성계수 $\widetilde{E}_{in\text{-}plane}$와 면내 항복강도 $\widetilde{\sigma}_{in\text{-}plane}$는 혼합법칙에 의해 적절한 근사식으로 주어진다.

등가 굽힘탄성계수 굽힘 시 샌드위치 패널의 특성은 상당히 다르다. 굽힘 컴플라이언스(강성도의 역수)에는 두 가지가 기여한다. 하나는 패널 전체로서의 굽힘에 의한 것이고, 다른 하나는 코어의 전단에 의한 것이다(그림 11.14). 두 가지는 합산된다. 굽힘강성은

$$EI = \frac{b}{12}(d^3 - c^3)E_f + \frac{bc^3}{12}E_c$$

한편, 전단강성은 다음과 같다.

$$AG = \frac{b\,d^2}{c}G_c$$

여기서 치수 d, c, t, L은 그림 11.13에 나타내었으며, E_f는 외피재의 탄성계수이고 G_c는 코어재의 전단계수이며, A는 단면적이다.

처짐을 합산하여

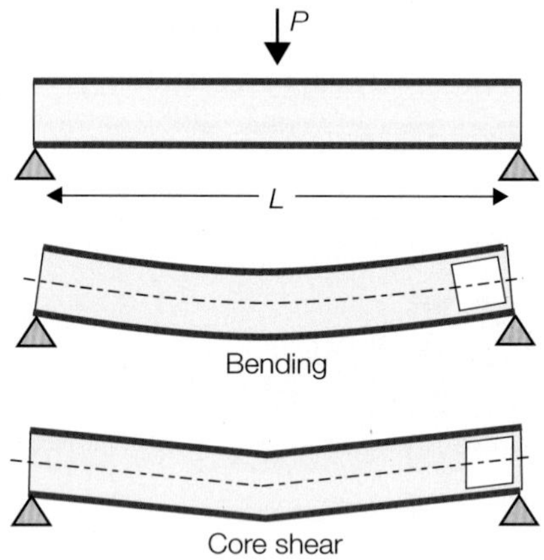

그림 11.14 샌드위치 패널의 굽힘강성 : 패널 전체의 굽힘변형과 코어의 전단변형이 모두 기여한다.

$$\delta = \frac{12PL^3}{B_1 b[(d^3 - c^3)E_f + c^3 E_c]} + \frac{PL_c}{B_2 d^2 b G_c} \tag{11.17}$$

상수 B_1, B_2의 값은 표 11.3에 정리된 바와 같이 하중 형태에 따라 결정된다. '등가' 재료에 대한 처짐 $\delta = (12PL^3/\widetilde{E}bd^3)$와 비교하면

$$\frac{1}{\widetilde{E}_{flex}} = \frac{1}{E_f\left[(1-(1-f)^3) + \dfrac{E_c}{E_f}(1-f)^3\right]} + \frac{B_1}{B_2}\left(\frac{d}{L}\right)^2 \frac{(1-f)}{G_c} \tag{11.18}$$

표 11.3 하중 모드를 나타내는 상수들

하중모드	설명	B_1	B_2	B_3	B_4
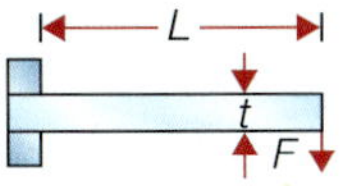	캔틸레버, 끝 하중	3	1	1	1
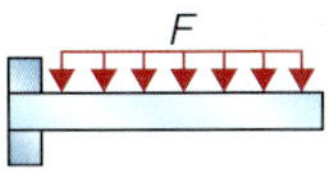	캔틸레버, 고르게 분포한 하중	8	2	2	1
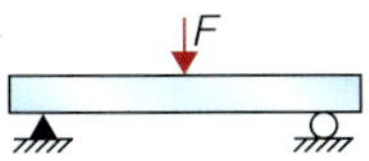	3점 굽힘, 중앙 하중	48	4	4	2
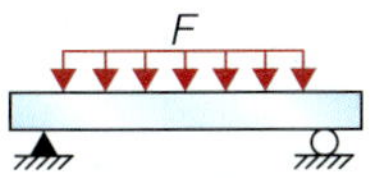	3점 굽힘, 고르게 분포한 하중	384/5	8	8	2
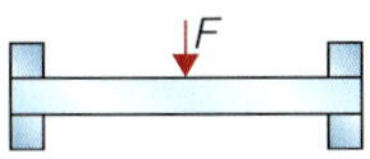	양끝 고정, 중앙 하중	192	4	8	2
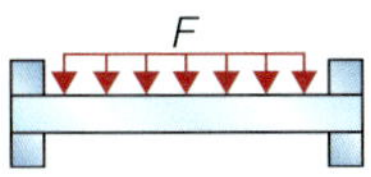	양끝 고정, 고르게 분포한 하중	384	8	12	2

굽힘-전단 균형을 뜻하는 $(d/L)^2$항을 제외하면 등가 특성은 크기에 무관하다. 당연히 재료의 특성은 크기에 무관해야 한다. 따라서 유일한 변수가 외피와 코어의 상대인 두께로 나타낼 수 있는 f이다. 굽힘강성(EI)은 $\widetilde{EI}$를 구성함으로써 구할 수 있다.

등가 굽힘강도 샌드위치 패널은 매우 여러 가지 모드로 파손된다(그림 11.15). 파손기구는 서로 경쟁하며, 가장 낮은 하중에서 작동하는 것에 의해 지배된다. 우선 각 모드에 대한 등가 굽힘강도를 계산하고 그중에서 최젓값을 찾는다.

외피 항복 샌드위치의 완전소성(파손)모멘트는

$$M_f = \frac{b}{4}\{(d^2 - c^2)\sigma_f + c^2\sigma_c\}$$

$c/d = (1-f)$라는 점을 이용하면 식 (11.15)로부터 외피 항복이 지배적인 파손모드일 때, 다음과 같은 등가 파손강도를 얻는다.

$$\widetilde{\sigma}_{flex\,1} = (1-(1-f)^2)\sigma_f + (1-f)^2\sigma_c \tag{11.19}$$

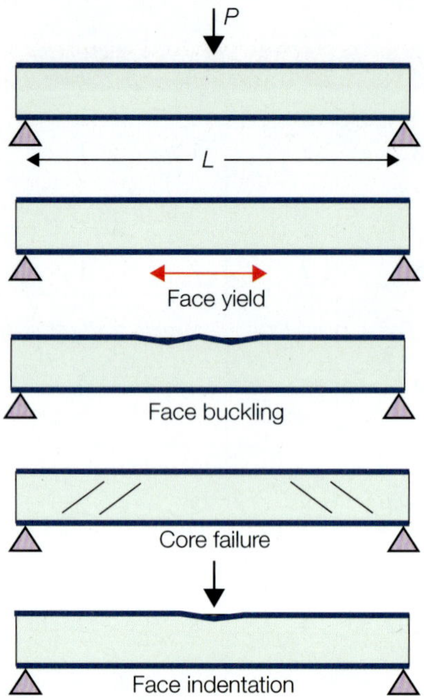

그림 11.15 샌드위치 패널의 굽힘에서의 파손모드 : 외피 항복, 외피 좌굴, 코어 전단, 코어 압입

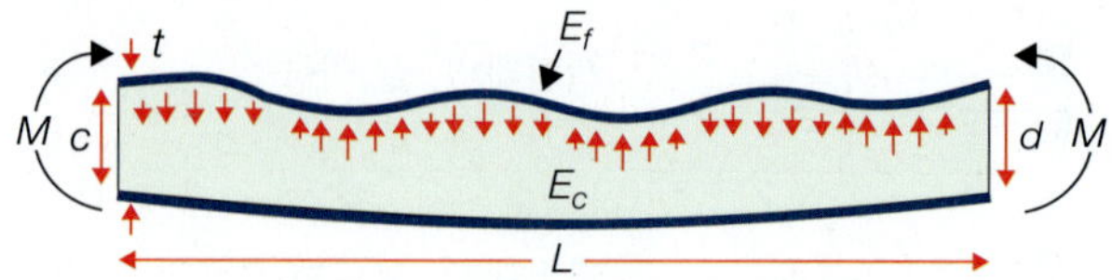

그림 11.16 샌드위치 외피 좌굴

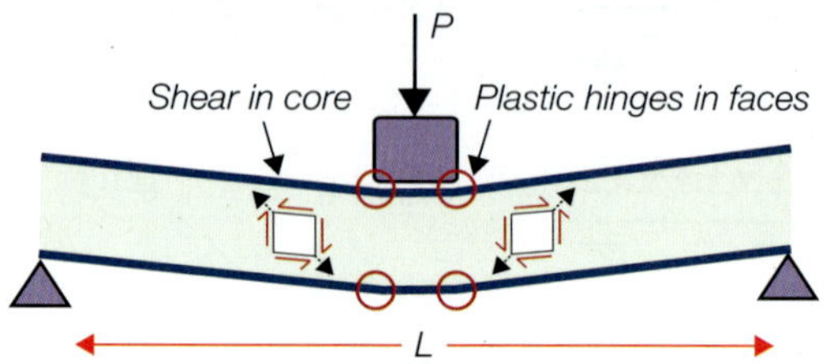

그림 11.17 샌드위치 코어 전단

이는 역시 크기에 무관하다.

외피 좌굴 굽힘하중하에서 한쪽 외피는 압축응력을 받는다(그림 11.16). 외피가 좌굴하면 샌드위치는 파손된다. 좌굴이 발생할 때[4] 외피의 응력은

$$\sigma_b = 0.57(E_f E_c^2)^{1/3} \tag{11.20}$$

좌굴은 외피가 얇고 코어가 거의 지탱하지 못할 때에만 문제가 된다. 따라서 파손모멘트는 다음과 같은 근사식으로 잘 나타낼 수 있다.

$$M_f = 2\,\sigma_b\, t\, b\, c = 1.14(E_f E_c^2)^{1/3}\, t\, b\, c$$

따라서 외피 좌굴이 지배적인 파손모드일 때, 다음과 같은 등가 파손강도를 얻는다.

$$\tilde{\sigma}_{flex\,2} = 1.14\, f(E_f E_c^2)^{1/3} \tag{11.21}$$

---

4) 이 식과 여기에 인용된 다른 식들을 유도하는 과정은 제11장의 참고문헌 중 Ashby et al.(2000)과 Gibson and Ashby(1997)에 나와 있다.

코어 전단 전단에 의한 파손은(그림 11.17) 다음 하중에서 일어난다.

$$P_f = B_4 bc\left(\tau_c + \frac{t^2}{cL}\sigma_f\right)$$

여기서 첫 항은 코어 전단에 의한 결과이고, 둘째 항은 외피에 소성 경첩이 형성되는데 따른 것이다. 아래와 같이 놓으면

$$P_f = \frac{B_3 bd^2}{4L}\widetilde{\sigma}_3$$

따라서 코어 전단이 지배적인 파손모드일 때, 다음과 같은 등가 파손강도를 얻는다.

$$\widetilde{\sigma}_{flex\,3} = \frac{B_4}{B_3}\left\{4\frac{L}{d}(1-f)\tau_c + f^2\sigma_f\right\} \tag{11.22}$$

상수 B_3, B_4의 값은 표 11.3에 정리된 바와 같이 하중 형태에 따라 결정된다. 발포재가 그렇듯이 코어가 대체적으로 등방성일 경우 τ_c는 $\sigma_c/2$로 대체할 수 있다. 하니캄 코어처럼 등방성으로 보기 어려우면 τ_c는 유지되어야 한다.

압입 압입 압력 $P_{ind} = p/a$는 다음과 같다.

$$\frac{F}{ab} = P_{ind} = \frac{2t}{a}(\sigma_y^f\,\sigma_y^c)^{1/2} + \sigma_y^c \tag{11.23}$$

이 식으로부터 우리는 압입을 피할 수 있는 최소 외피두께를 구할 수 있다. 관심이 있다면 11.9절의 참고문헌 중에서 Ashby et al.(2000)을 찾아보기 바란다.

샌드위치 구조의 효율성 샌드위치는 그림 11.18과 11.19처럼 단상재료와 비교될 수 있다. 그림 11.18은 표 11.4의 데이터를 이용하여 샌드위치의 등가 밀도 $\widetilde{\rho}$[식 (11.16)]와 등가 굽힘탄성계수 $\widetilde{E}_{flex}$[식 (11.18)]를 보여준다. 여기서는 주어진 d/L 값에 대하여 CFRP 외피 적층판은 고성능 발포재 코어와 여러 가지 다른 $2t/d$ 비율로 결합하였을 때 그림과 같은 궤적을 나타낸다. 2중으로 휘어진 곡선의 형태는 굽힘모드와 전단모드의 상호작용에 기인한다. 대각선 방향의 점선으로 나타낸 등고선은 가볍고 강성이 큰 패널의 지수를 보여준다.

$$M_3 = \frac{E^{1/3}}{\rho}$$

단위 무게당 강성의 관점에서 최적화된 패널은 등고선과 궤적이 서로 접하는 조건에서 얻어진다. 그림으로부터 이것이 대략 $f \approx 0.04$에 해당하며, 샌드위치 패널이 같은 강성도의 CFRP

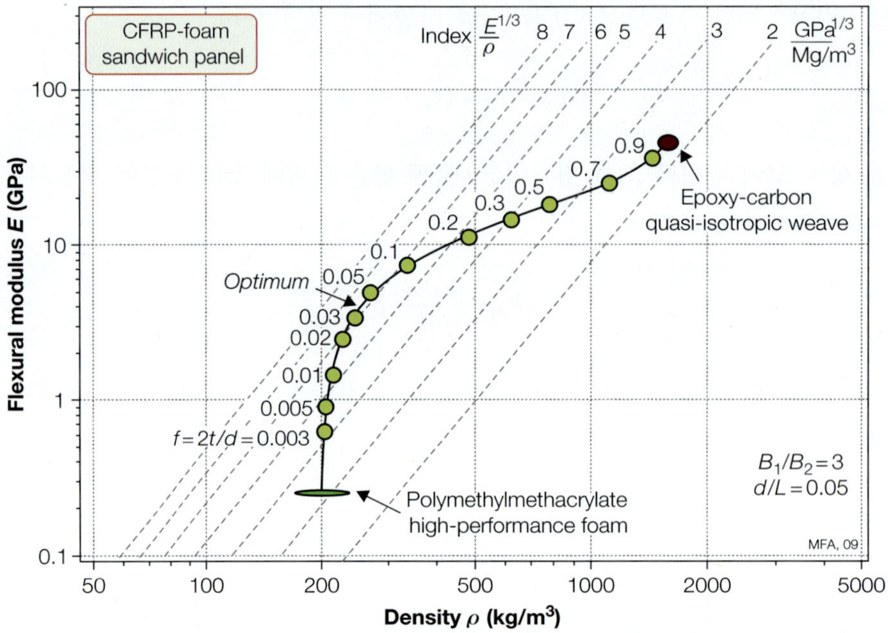

그림 11.18 CFRP-발포재 샌드위치의 등가 탄성계수와 등가 밀도가 단상재료의 경우와 비교되어 있다. $E^{1/3}/\rho$의 등고선은 샌드위치의 외피:코어의 최적 비율을 구할 수 있게 해준다.

단일체 패널에 비하여 2.8배 더 가볍다. 이는 같은 질량의 다른 패널에 비하여 $(2.8)^3 = 22$배 더 강성도가 크다는 것을 의미한다.

강도에 대해서도 비슷한 분석이 가능하지만, 다만 여기서는 여러 가지 파손기구가 서로 경쟁하는 문제점 때문에 다소 복잡해진다. 우리는 등가 파손강도를 $\tilde{\sigma}_{flex\,1}$, $\tilde{\sigma}_{flex\,2}$, $\tilde{\sigma}_{flex\,3}$ 중에서 가장 작은 값으로 잡음으로 서로 경쟁하는 파손기구에 따른 특성을 고려할 수 있다. 여기에 설정된 조건하에서 $f < 0.025$이면 외피 좌굴이 지배적이고, $0.025 < f < 0.1$이면 외피 항복이, $f < 0.1$이면 코어 전단이 지배적이다. 따라서 궤적에 의한 테두리는 CFRP와 발포재로 이루어진 샌드위치로 얻을 수 있는 강도의 범위를 나타내며, 단상재료와 직접 비교가 가능하게 해준다. 대각선 방향의 점선으로 나타낸 등고선은 가볍고 강한 패널의 지수를 보여준다.

$$M_6 = \frac{\sigma_f^{1/2}}{\rho}$$

이는 굽힘강도가 주요 요구조건인 경우에 재료 효율을 측정하는 지수이다. 최적의 조건은 $f = 0.1$ 바로 아래에 위치하고, 그 조건하에서 샌드위치 패널은 같은 강도의 CFRP 단일체 패널에 비하여 2배 더 강하다. 이는 같은 질량의 다른 패널에 비하여 $(2)^2 = 4$배 더 강하다는 것

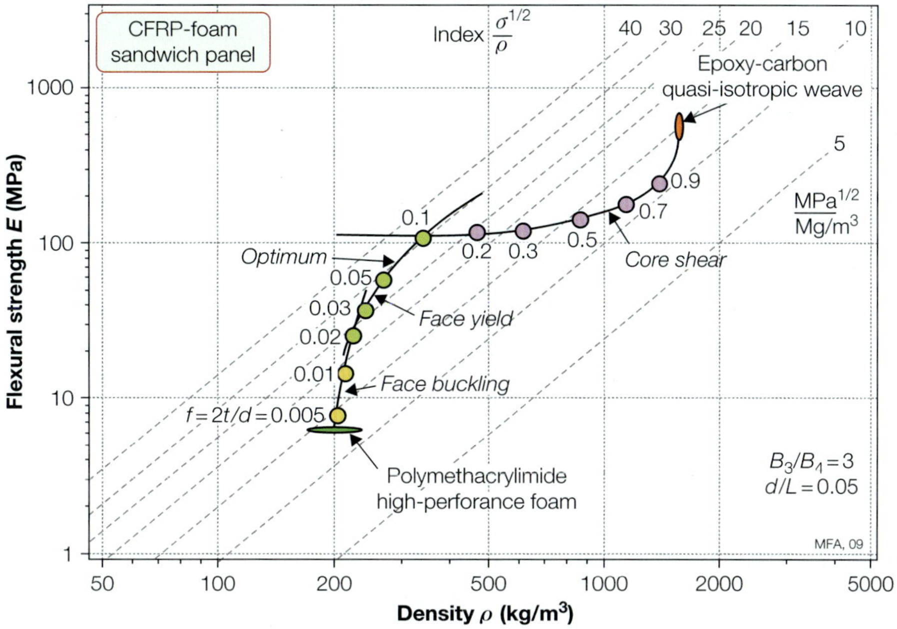

그림 11.19 CFRP-발포재 샌드위치의 등가 강도와 등가 밀도가 단상재료의 경우와 비교되어 있다. 궤적에 의한 테두리는 경쟁하는 여러 파손모드 중에서 가장 약한 것을 보여준다. $\sigma^{1/2}/\rho$의 등고선은 샌드위치의 외피 : 코어의 최적 비율을 구할 수 있게 해준다. 압입은 두께 비 $2t/d$의 최솟값으로 지정함으로써 포함된다.

표 11.4 샌드위치의 외피와 코어 재료에 대한 데이터

외피 또는 코어 재료	밀도 ρ(kg/m^3)	탄성계수 E(GPa)	강도 σ_f(MPa)
CFRP 직물 준등방성	1570	46	550
폴리메타아크릴이미드 발포재	200	0.255	6.8

을 의미한다.

압입은 국소적인 파손기구이기 때문에 여기서는 경쟁상대로 포함되지 않았다. 압입은 압입자의 접촉(또는 충격) 면적에 따라 달라지는데, 그것은 패널의 주된 설계목적이 아니기 때문이다. 압입 하중과 면적에 대한 최악의 경우를 추산함으로써 예방이 가능하며, 압입을 견디는 데 필요한 t/d 값을 계산할 수 있다. 이는 식 (11.23)을 사용하여 안전성이 보장되는 t/d 의 하한치를 계산하고, 그것을 그림 11.19의 궤적에 제한조건으로 적용하는 것이다.

열적 특성 샌드위치 패널의 비열 C_p는 식 (11.6)의 혼합법칙을 따른다. 면내 열전도도 $\lambda_{/\!/}$도 역시 식 (11.9)의 규칙을 따른다. 두께방향 열전도도 $\lambda_{\perp}$은 조화평균 식으로

$$\tilde{\lambda}_{\perp} = \left(\frac{f}{\lambda_f} + \frac{(1-f)}{\lambda_c}\right)^{-1} \quad (11.24)$$

로 주어진다. 면내 열팽창량은 외피재와 코어재가 다른 열팽창계수를 가졌지만 서로 접합되어 있으므로 똑같은 변형도를 겪어야 한다는 사실 때문에 계산하기 복잡하다. 이런 제한조건을 고려하여 면내 열팽창계수는 다음 식으로 구해진다.

$$\tilde{\alpha}_{/\!/} = \frac{f\,E_f\,\alpha_f + (1-f)E_c\,\alpha_c}{f\,E_f + (1-f)E_c} \quad (11.25)$$

두께방향 열팽창계수는 더 간단하며 다음과 같은 가중적 평균식으로 구해진다.

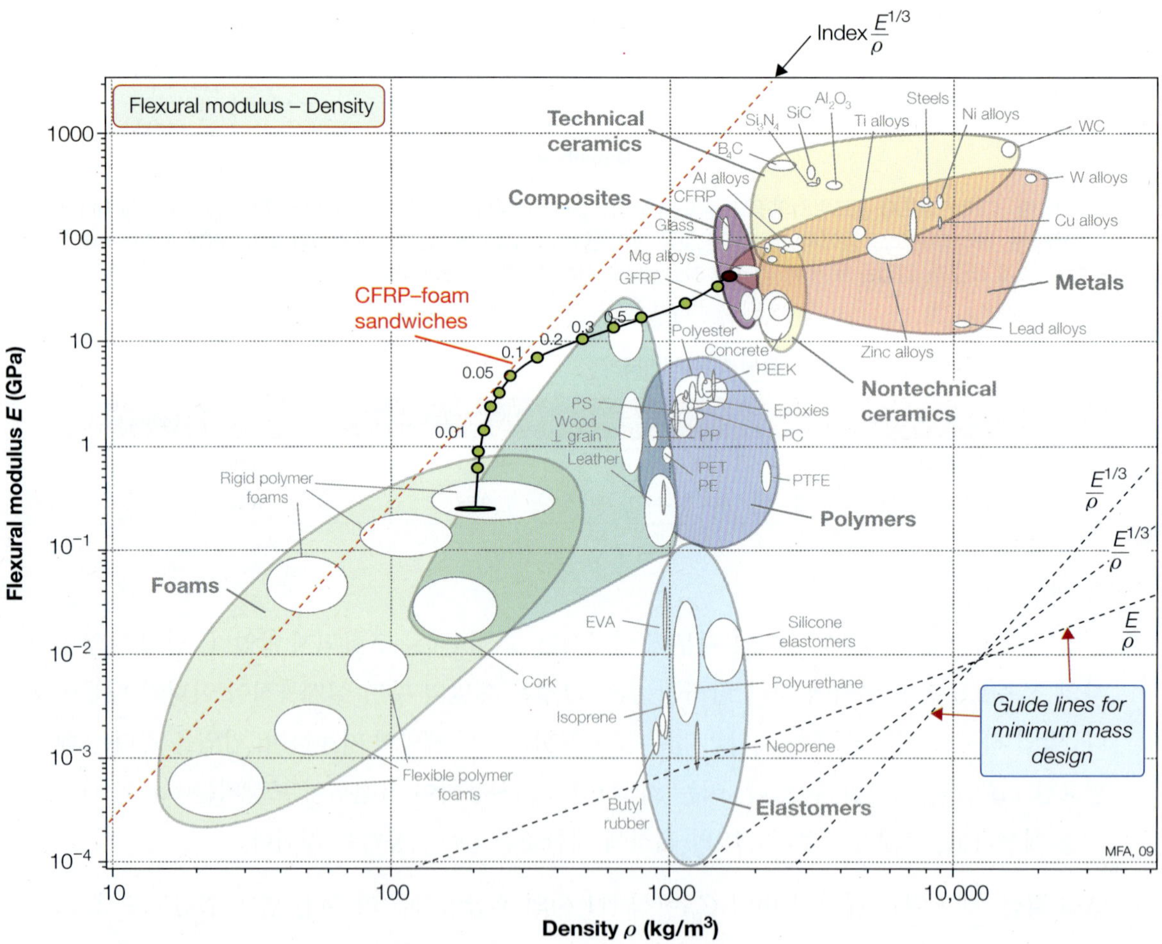

그림 11.20. 그림 11.18의 샌드위치 데이터가 탄성계수-밀도 차트에 겹쳐 그려졌으며, 굽힘강성의 지수 $E^{1/3}/\rho$의 특출한 값을 보여준다.

$$\widetilde{\alpha}_{\perp} = f\,\alpha_f + (1-f)\alpha_c \tag{11.26}$$

두께방향 열확산계수는 일정한 값이 아니라 시간에 따라 달라진다. 짧은 시간에 열이 코어층을 전파하지 못하기 때문에 열확산계수는 외피층만의 함수가 될 것이고 긴 시간이 흐르면 열확산계수는 $\widetilde{\lambda}/\widetilde{\rho}\,\widetilde{C}_p$ 값에 근접해 갈 것이다.

전기적 특성 샌드위치 패널의 유전상수는 복합재료의 경우처럼 식 (11.12)에 $f = 2t/d$를 넣은 혼합법칙으로 구해진다. 고분자 발포재는 매우 낮은 유전상수를 가지므로, GFRP 외피와 고분자 발포재로 구성된 샌드위치 패널은 극히 낮은 유전손실을 보이면서 강성과 강도가 큰 샌드위치 쉘 구조가 된다. 면내 전기전도도(in-plane electrical conductivity)도 역시 혼합법칙을 따른다. 두께방향 전기전도도는 열전도도의 경우처럼 식 (11.24)에 상응한 조화평균 식으로 구해진다.

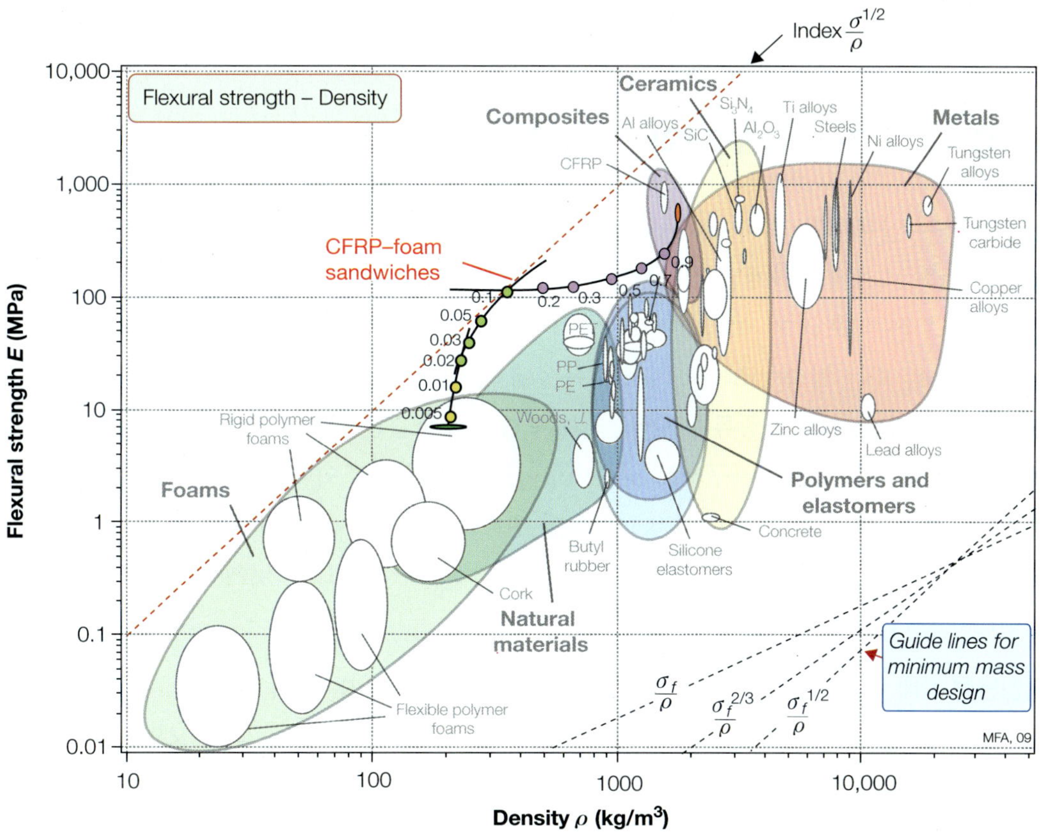

그림 11.21 그림 11.19의 샌드위치 데이터가 강도-밀도 차트에 겹쳐 그려졌으며, 굽힘강도의 지수 $\sigma^{1/2}/\rho$의 특출한 값을 보여준다.

샌드위치 구조로 재료특성 차트의 여백 채우기 바로 앞 절에서와 마찬가지로 샌드위치 구조를 도입함으로써 재료특성 차트의 여백을 어떻게 채울 수 있는지를 보여주는 두 개의 그림으로 이 절을 마치고자 한다. 그 첫째는 그림 11.20이며, 굽힘탄성계수-밀도($E-\rho$) 차트의 일부이다. 금속, 고분자, 세라믹, 복합재료, 발포재로 채워진 영역이 희미한 색깔 바탕의 테두리로 나타내어져 있고 각각의 멤버들이 회색으로 지시되어 있다. 그림 11.18의 CFRP-발포재 샌드위치에 대한 강성도-밀도 궤적이 겹쳐 그려져 있다. $0.01 < f < 0.2$에 해당하는 영역은 이전에 비어 있던 영역이다. 가볍고 강성이 큰 패널에 대한 재료지수 ($E^{1/3}/\rho$)를 수월성 기준으로 사용할 때 이전에는 얻을 수 없었던 성능을 샌드위치가 가능하게 해주는 것을 알 수 있다.

그림 11.21은 강도-밀도($\sigma_f-\rho$)에 대하여 비슷한 상황을 보여준다. 색깔로 구별한 것은 그림 11.20과 동일하다. 그림 11.19의 강도-밀도 궤적이 겹쳐져 그려 있다. 여기서도 샌드위치는 재료들이 몰려있는 영역을 확장시키면서 가볍고 강한 패널에 대한 재료지수 ($\sigma_f^{1/2}/\rho$)를 수월성 기준으로 사용할 때 향상된 성능을 가져다준다.

11.6 셀 구조 : 발포재와 격자구조

셀 구조는 발포재와 격자(lattice)구조로 나누어지며, 고체와 기체의 하이브리드이다. 기체의 특성은 언뜻 보기에 무관계한 것처럼 보이나 그렇지 않다. 단열재로 사용되는 저밀도 발포재의 열전도도는 내포된 기체의 열전도도에 의해서 결정된다. 유전상수나 절연파괴전위(breakdown potential), 또는 압축성조차도 기체의 특성에 의존한다.

셀형 고체에는 두 가지 종류가 있다. 첫째는 발포재와 같은 구조로 굽힘변형이 지배적인 구조이다. 둘째는 삼각형 격자구조로 신축변형이 지배적인 구조이다. 그들은 기계적 특성에서 분명한 차이를 보인다. 예를 들어 0.1의 상대 밀도(고체 셀 벽이 체적의 10%를 차지)를 갖는 발포재는 똑같은 상대밀도를 갖는 삼각형 격자재료보다 탄성계수가 1/10로 낮아진다. 따라서 형태구성이라는 말이 여기서 특별한 의미를 갖게 된다.

굽힘변형 지배 구조(bending-dominated structures) 발포재는 고분자, 금속, 세라믹, 유리를 발포제로 팽창시킨 셀 구조의 고체이다. 그림 11.22는 저밀도 발포재의 이상적 셀 모양을 나타낸다. 셀 구조가 굽힘변형이 일어나기 쉬운 구조로 되어 있다. 그것은 기체나 유체를 내포하는 빈 공간을 둘러싼 고체 셀 벽 혹은 셀 모서리로 구성되어 있다. 셀 모양 고체는 상대밀도로서 특징을 나타내는데, $t \ll L$인 본 그림의 구조에서는

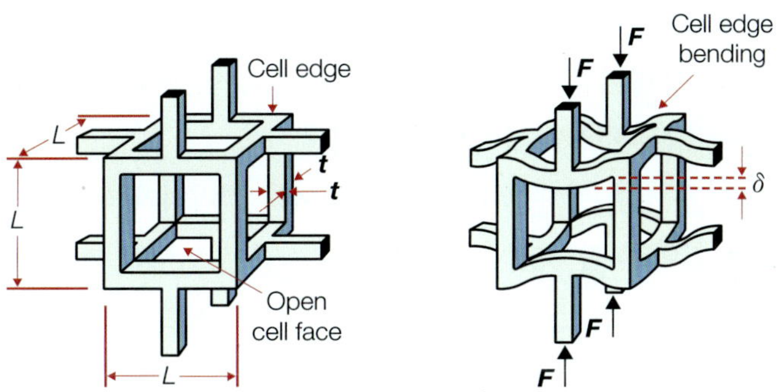

그림 11.22 저밀도 발포재 단위 셀 : 하중을 받으면 셀 모서리가 굽혀지면서 저탄성계수 거동을 보인다.

$$\frac{\widetilde{\rho}}{\rho_s} = \left(\frac{t}{L}\right)^2 \tag{11.27}$$

가 된다. 여기서 $\widetilde{\rho}$는 발포재의 밀도, ρ_s는 발포재를 이루는 고체의 밀도, L은 셀 크기, t는 셀 모서리의 두께이다.

발포재는 하중을 받으면 셀 벽에 굽힘변형이 일어나게 되는데, 그 결과에 대하여 지금부터 분석해보자.

기계적 특성 그림 11.23은 굽힘변형이 지배하는 발포재의 압축 응력-변형도 곡선을 보여준다. 이 재료는 선형탄성거동을 보이다가 등가 탄성계수 $\widetilde{E}$가 탄성한계에 도달하는 시점에서 셀 모서리가 항복, 좌굴 또는 파괴를 개시할 것이다. 이후 발포재는 거의 일정한 플래토 응력(plateau

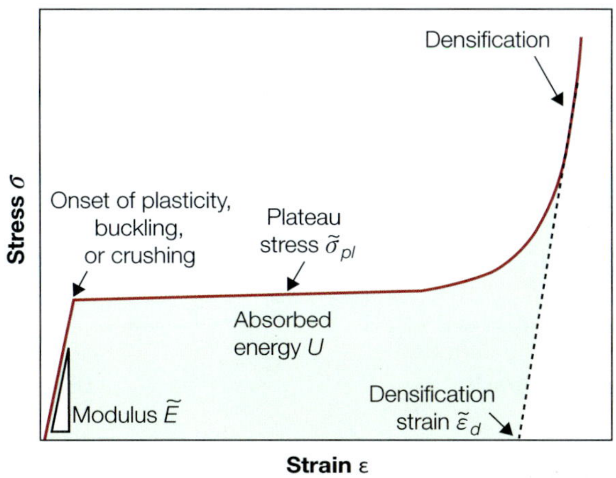

그림 11.23 플래토 응력은 셀 벽의 좌굴, 소성 굽힘, 파괴에 의해 결정된다.

stress $\widetilde{\sigma}_{pl}$)에서 셀의 반대쪽 구조가 서로 맞닿을 때까지 붕괴를 계속해가고[붕괴변형도(densification strain) $\widetilde{\varepsilon}_d$], 급기야는 응력이 급히 상승하게 된다. 기계적 특성의 계산법은 다음에 설명하지만, 더 자세한 것은 참고문헌에서 찾아볼 수 있다.

윈거리에서 압축응력을 걸면 셀 모서리에 힘 $F \propto \sigma L^2$을 가하게 되어 모서리부를 구부러지게 하고 그림 11.22와 같이 처짐 δ를 일으킨다. 이 그림에 보이는 개방형 셀 구조에서 굽힘에 의한 처짐은

$$\delta \propto \frac{FL^3}{E_s I} \tag{11.28}$$

으로 구해진다(부록 B.3 참조). 여기서 E_s는 발포재를 구성하는 고체부분의 탄성계수, I는 사각단면 $t \times t$의 셀 모서리에 대한 단면적의 이차모멘트($I = t^4/12$)이다. 셀이 겪는 전체 압축변형도는 결국 $\varepsilon = 2\delta/L$이 된다. 이들 결과를 조합하면 발포재의 등가 탄성계수 $\widetilde{E} = \sigma/\varepsilon$는 다음과 같다.

$$\frac{\widetilde{E}}{E_s} \propto \left(\frac{\widetilde{\rho}}{\rho_s}\right)^2 \text{ (굽힘변형 지배 거동)} \tag{11.29}$$

즉, $\widetilde{\rho} = \rho_s$일 때 $\widetilde{E} = E_s$이므로 비례상수가 1에 근접할 것으로 기대되는 바와 같이 실험과 수치해석에 의해 확인되었다. 제곱에 비례하므로 상대밀도가 조금만 감소해도 그림 11.24(a)처럼 탄성계수가 크게 떨어진다.

이와 유사한 방식으로 발포재의 붕괴거동을 모델화하고 플래토 응력을 공식화할 수 있다.

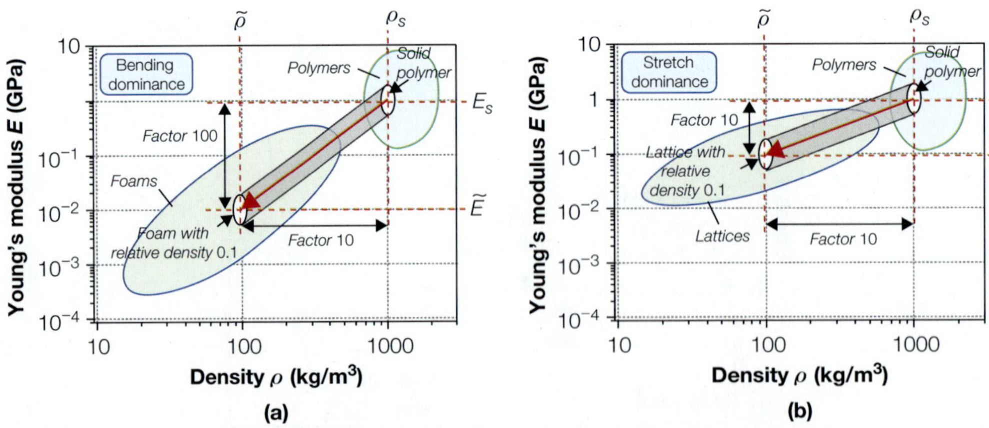

그림 11.24 발포재는 (a)와 같이 저탄성계수, 저밀도의 굽힘지배 구조를 만들어낸다. 격자구조는 연신지배 구조이며 같은 밀도의 발포재에 비하여 훨씬 큰 탄성계수를 갖는다.

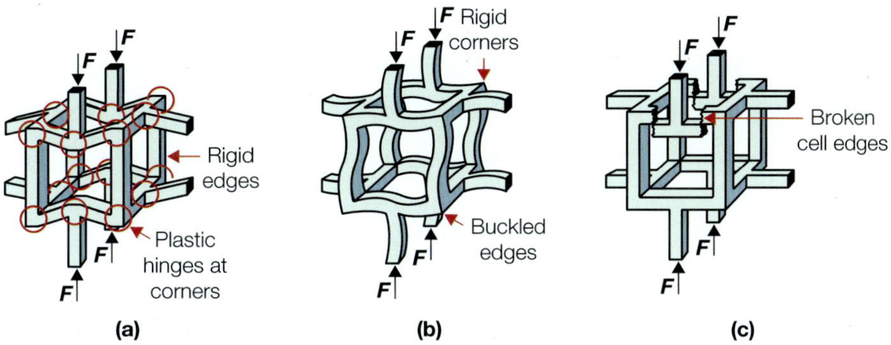

그림 11.25 발포재의 붕괴거동 : (a) 발포재가 플라스틱이면 탄성한계 이상으로 하중을 받을때 셀 모서리부가 소성적으로 굽혀짐. (b) 탄성중합체 발포재는 셀 모서리부의 탄성좌굴로 인해 붕괴함. (c) 취성 발포재는 셀 모서리부가 연속적으로 파괴하여 붕괴함.

그림 11.25(a)에 보인 바와 같이 셀에 작용하는 힘 F가 다음 식과 같은 완전소성모멘트 M_f를 초과했을 때 셀 벽은 항복하게 된다(부록 B 식 B.4 참고).

$$M_f = \frac{\sigma_s t^3}{4} \tag{11.30}$$

여기서 σ_s는 발포재를 구성하는 재료의 항복강도이다. 이 완전소성모멘트는 원거리 응력 σ와 $M \propto FL \propto \sigma L^3$로서 관련되어 있다. 이들 결과를 조합하면 파괴강도 $\widetilde{\sigma}_{pl}$을 다음 식으로 구할 수 있다.

$$\frac{\widetilde{\sigma}_{pl}}{\sigma_{f,s}} = C\left(\frac{\widetilde{\rho}}{\rho_s}\right)^{3/2} \text{ (굽힘변형 지배 거동)} \tag{11.31}$$

여기서 비례상수, $C \approx 0.3$는 실험과 수치계산을 함께 활용하여 구해지게 된다.

탄성중합체 발포재는 셀을 구성하는 고체부의 항복에 의해서가 아니라 탄성좌굴에 의해서 붕괴한다[그림 11.25(b)]. 취성 발포재는 셀 벽 자체가 파괴되어 붕괴한다[그림 11.25(c)]. 소성붕괴의 경우처럼 단순 비례증감법(simple scaling law)으로 이들 거동을 잘 설명할 수 있다. 탄성좌굴에 의한 붕괴는 응력이 다음 식의 $\widetilde{\sigma}_{el}$을 초과할 때 발생한다(부록 B).

$$\frac{\widetilde{\sigma}_{el}}{E_s} \approx 0.05\left(\frac{\widetilde{\rho}}{\rho_s}\right)^2 \tag{11.32}$$

또한, 셀 벽 파괴에 의한 붕괴는 응력이 다음 식의 $\widetilde{\sigma}_{cr}$을 초과할 때 발생한다.

$$\frac{\widetilde{\sigma}_{cr}}{\sigma_{cr,s}} \approx 0.3\left(\frac{\widetilde{\rho}}{\rho_s}\right)^{3/2} \tag{11.33}$$

여기서 $\widetilde{\sigma}_{cr,s}$는 셀 벽 재료의 굽힘강도이다. 발포재의 내부구조가 붕괴한 후에 응력이 급속도로 증가하면서 발생하는 고밀도화는 순전히 기하학적인 변화거동으로 일어나는 것이다. 이 과정에서는 셀의 반대쪽 벽이 서로 접촉하게 되며 더 이상의 굽힘이나 좌굴은 일어나지 않는다. 고밀도화는 다음 식의 변형도 $\widetilde{\varepsilon}_d$에서 시작하는 것으로 알려져 있다.

$$\widetilde{\varepsilon}_d \approx 1 - 1.4\left(\frac{\widetilde{\rho}}{\rho_s}\right) \tag{11.34}$$

발포재는 종종 쿠션이나 포장용 혹은 충격방지용으로 활용된다. 발포재 단위 체적당 흡수할 수 있는 유효에너지 $\widetilde{U}$는 다음 식으로 대략 구해진다.

$$\widetilde{U} \approx \widetilde{\sigma}_{pl}\,\widetilde{\varepsilon}_d \tag{11.35}$$

여기서 $\widetilde{\sigma}_{pl}$는 플래토 응력으로 발포재의 종류에 따라 항복강도, 탄성좌굴강도 혹은 파괴강도 중에서 가장 낮은 것에 해당한다.

이러한 거동은 그림 11.22에 나타낸 이상적인 구조를 가진 개방셀 발포재(open-cell foam)로 국한되는 것이 아니다. 대부분의 밀폐셀 발포재(closed-cell foam)도 역시 비례증감법을 따르는데, 이는 일견 예상하지 못한 결과로서 밀폐셀에서는 발포재가 하중을 받을 때 셀 면이 박막형 응력(membrane stress)을 지탱해야 하고 이런 거동은 밀폐셀 발포재의 강성과 강도가 상대밀도에 거의 선형적으로 의존하도록 하기 때문이다. 즉, 셀 면이 아주 얇다는 전제하에 셀 면은 아주 낮은 응력에서 좌굴을 일으키거나 파단하고, 따라서 강성과 강도에 대한 셀 면의 기여도는 작으므로 셀 모서리부가 하중의 대부분을 지탱하게 되는 것이다.

열적 특성 발포재의 비열(단위 $J/m^3.K$)은 고체부와 기체부의 혼합법칙으로 주어진다. 개방셀 발포재의 열팽창계수는 구성 재료인 고체부의 열팽창계수와 같다. 강고한 밀폐셀 발포재의 열팽창계수도 고체부만의 열팽창계수와 같으나, 저밀도 탄성중합체로 구성된 발포재는 다소 다르다. 이는 셀 내부에 있는 기체의 팽창이 발포재 자체를 확장시킬 수 있으며 겉보기로 발포재의 열팽창계수를 더 크게 하는 것이다.

대부분의 발포재에서는 셀의 크기가 충분히 작아서 셀 안에 있는 기체의 대류는 완전히 억제된다. 따라서 발포재의 열전도도는 셀 벽을 통해서 또한 셀 안의 기체를 통해서 전도되는 것의 합이 되며 다음과 같은 근사식으로 구하게 된다.

$$\widetilde{\lambda} = \frac{1}{3}\left(\left(\frac{\widetilde{\rho}}{\rho_s}\right) + 2\left(\frac{\widetilde{\rho}}{\rho_s}\right)^{3/2}\right)\lambda_s + \left(1 - \left(\frac{\widetilde{\rho}}{\rho_s}\right)\right)\lambda_g \tag{11.36}$$

여기서 λ_s는 고체부의 열전도도이고 λ_g는 기체부의 열전도도(건조한 공기의 경우 0.025 W/m.K)이

발포재의 특성 추산

폴리에틸렌 발포재가 150 kg/m^{3}의 밀도를 가진다. 폴리에틸렌의 밀도, 탄성계수, 강도, 열전도도는 표에 실려 있다. 발포재의 밀도, 탄성계수, 강도, 열전도도는 어떻게 예상되는가?

	밀도 ρ(kg/m^3)	탄성계수 E_s(GPa)	굽힘강도 $\sigma_{f,s}$(MPa)	열전도도 λ_s(W/m.K)
고 분자량 폴리에틸렌	950	0.94	33	0.195

풀이 발포재의 상대밀도는 $\widetilde{\rho}/\rho_s = 0.16$이다. 식 (11.29), (11.31), (11.36)을 사용하여 다음과 같이 추산된다.

	탄성계수 E_s(GPa)	굽힘강도 $\sigma_{f,s}$(MPa)	열전도도 λ_s(W/m.K)
고 분자량 PE 발포재	0.024	0.63	0.04

다. 이 식에서 기체와 관련된 항은 중요한데, 단열을 목적으로 하는 발포재는 제작 시 사용하는 발포제의 λ_g를 낮게 선택해야 한다.

전기적 특성 전기절연용 발포재는 상대밀도가 작아짐에 따라 유전상수 $\widetilde{\varepsilon}_r$이 다음 식과 같이 '1'(공기나 진공에 해당하는 값)에 가깝도록 낮아야 좋다.

$$\widetilde{\varepsilon}_r = 1 + (\varepsilon_{r,s} - 1)\left(\frac{\widetilde{\rho}}{\rho_s}\right) \quad (11.37)$$

여기서 $\varepsilon_{r,s}$는 발포재를 구성하는 고체부의 유전상수이다. 전기전도도는 열전도도와 같이 비례증감법(scaling law)을 따른다.

격자 : 연신변형 지배 구조(stretch-dominated structures)

기존의 발포재는 셀 모서리의 형태구성이 굽힘변형을 일으키기 쉽기 때문에 강성이 낮다. 만일 셀 모서리부가 연신변형(신장 혹은 압축)을 하도록 발포재의 형태구성을 달리한다면 강성이 커지지 않을까? 마이크로트러스 격자구조(micro-truss lattice structures)의 아이디어는 이 생각으로부터 나온 것이다. 이 구조를 이해하기 위해서는 우리는 단순하면서도 심오한 기초법칙의 하나로 맥스웰 안정성 기준(Maxwell stability criterion)을 필요로 한다.

그림 11.26에서처럼 b개의 버팀목과 j개의 무마찰 조인트로 구성된 핀 결합 프레임이 하중을 받을 때 강건해서 접혀지지 않는 조건(정적으로나 운동학적으로 일정 형태를 유지하는 조건)은 다음과 같다.

$$M = b - 2j + 3 = 0 \text{ (2차원 구성)} \quad (11.38)$$

$$M = b - 3j + 6 = 0 \text{ (3차원 구성)} \tag{11.39}$$

만일 $M < 0$이면, 그 프레임은 하나의 메커니즘이 된다. 즉 그것은 강성과 강도가 0인 상태가 되어 하중을 받게 되면 붕괴하게 되는 것이다. 만일 그 프레임에서 조인트부가 잠금되어 있으면 버팀목들이 회전하지 않을 것이며 하중을 받을 때 버팀목들이 그림 11.22처럼 굽힘변형 할 것이다. 대신에 만일 $M \geq 0$이면, 그 프레임은 메커니즘이 되지 못한다. 외부하중을 받게 되면 버팀목들은 핀 결합이라 할지라도 인장이나 압축을 받게 되어, 연신변형이 지배적인 구조가 되는 것이다. 가늘고 날씬한 빔은 굽힘 시보다 신축 시에 훨씬 큰 강성을 갖기 때문에 이와 같은 프레임의 조인트부를 잠금 시켜도 전체의 강성에 별 차이를 주지 못한다. 요약하건데 연신지배형 구조물은 높은 구조적 효율을 보이나 굽힘지배형 구조물은 구조효율이 낮다.

기계적 특성 위의 기준들은 효율적인 마이크로 격자 구조물의 설계를 위한 토대를 제공한다. 그림 11.22의 셀 구조물의 경우, $M < 0$이며 굽힘거동이 지배적이다. 하지만 그림 11.27의 구조물은 $M > 0$이며 거의 등방적으로 신축 변형이 지배적인 구조이다. 이 구조물이 단순 인장하중을 받게 되면 하중 방향에 관계없이 구조물을 구성하는 버팀목들의 평균 1/3은 인장력을 받

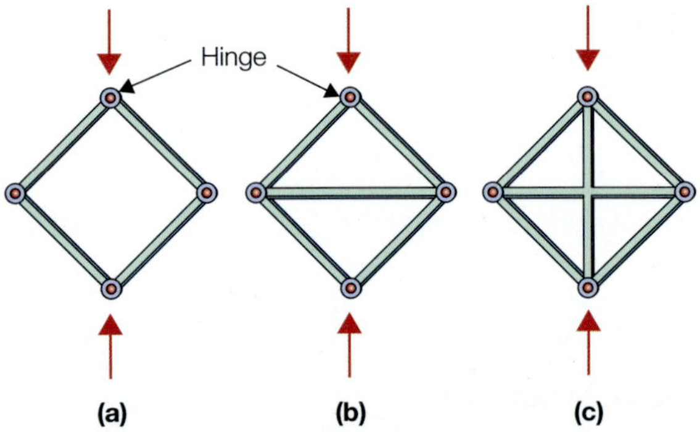

그림 11.26 핀 결합 프레임 (a)는 하나의 메커니즘이다. 만일 결합부가 용접되어 있으면 모서리가 굽힘변형 할 것이다. 삼각형 셀을 이루는 핀 결합 프레임 (b)는 더 강성이 높은데, 가로지른 막대가 인장응력을 받아 붕괴에 저항하기 때문이다. 프레임 (c)는 과도하게 구속되어, 수평막대를 조이면 외부에서 가해준 하중이 없어도 수직막대에 인장이 걸린다.

격자구조의 특성 추산

연신변형 지배구조인 폴리에틸렌 격자가 150 kg/m³의 밀도를 가진다. 폴리에틸렌의 밀도, 탄성계수, 강도, 열전도도는 바로 앞의 예제와 같다. 격자의 밀도, 탄성계수, 강도, 열전도도는 어떻게 예상되는가?

풀이 격자의 상대밀도는 $\tilde{\rho}/\rho_s = 0.16$이다. 식 (11.40), (11.41), (11.36)을 사용하여 다음과 같이 추산된다.

	탄성계수 E_s(GPa)	굽힘강도 $\sigma_{f,s}$(MPa)	열전도도 λ_s(W/m.K)
고 분자량 PE 격자	0.05	1.8	0.04

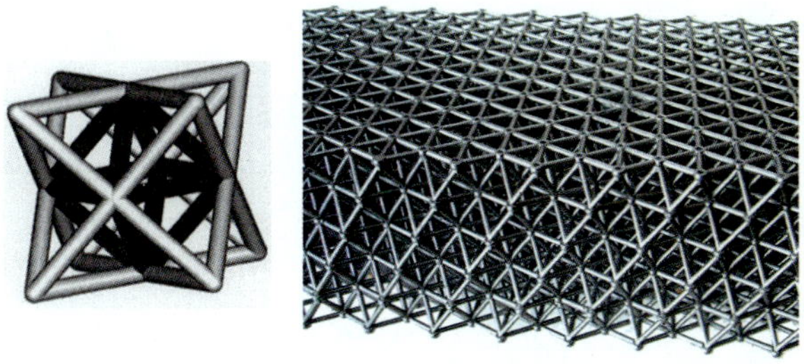

그림 11.27 마이크로트러스 구조물과 그 단위 셀 : 이는 연신지배 구조이고 과도하게 구속되어 있다. 즉, 고유응력이 걸린 상태가 될 수 있다.

게 된다. 즉, 연신변형이 지배적이면서 등방적으로 탄성변형하는 경우, 구조물의 탄성계수 $\widetilde{E}$는

$$\frac{\widetilde{E}}{E_s} \approx \frac{1}{3}\left(\frac{\widetilde{\rho}}{\rho_s}\right) \text{ (등방 연신변형 지배 거동)} \tag{11.40}$$

이며, 탄성계수는 밀도의 변화에 대하여 제곱이 아니라 선형적으로 비례하므로 같은 밀도에 대하여 훨씬 강성이 큰 구조를 제공한다. 붕괴는 셀 모서리가 항복할 때 일어나며, 붕괴응력 $\widetilde{\sigma}$도 역시 선형적으로 비례한다.

$$\frac{\widetilde{\sigma}}{\sigma_{f,s}} \approx \frac{1}{3}\left(\frac{\widetilde{\rho}}{\rho_s}\right) \text{ (등방 연신변형 지배 거동)} \tag{11.41}$$

이 식은 구조물이 하중을 받을 때 구성하는 버팀목이 인장 혹은 압축으로 항복한다고 가정한 것이기 때문에 상한치를 나타낸다. 만일 버팀목이 가늘고 날씬하다면, 버팀목은 항복이 일어나기 전에 좌굴을 일으킬 것이다. 그러면 식 (11.32)의 발포재의 탄성좌굴에서처럼 '강도'는 다음과 같다.

$$\frac{\widetilde{\sigma}_{el}}{E_s} \approx 0.2\left(\frac{\widetilde{\rho}}{\rho_s}\right)^2 \tag{11.42}$$

열적 및 전기적 특성 굽힘/연신 변형모드의 차이가 기계적 특성에는 깊은 영향을 주지만, 열적 또는 전기적 특성에는 별로 영향을 미치지 않는다. 이는 위에서 발포재에 대하여 살펴본 식들에 의해 적절히 설명될 수 있다.

셀 구조로 재료특성 차트의 여백 채우기 제4장의 모든 차트들은 '발포재'로 명명된 테두리를 가졌고 상용 고분자 발포재의 특성이 어디쯤에 놓여 있는지를 보여준다. 이는 탄성계수-밀도($E-\rho$) 차트의 일부인 그림 11.28에 강조되어 나타나 있다. 고분자 발포재 테두리는 식 (11.29)에 의해 예측되듯이 기울기 2인 직선을 따라 확장되어 있다. 반면에 식 (11.40)에 의해 예측할 수 있는 격자구조는 기울기 1인 직선을 따라 확장되어 있다. 두 가지 모두 $E-\rho$ 특성

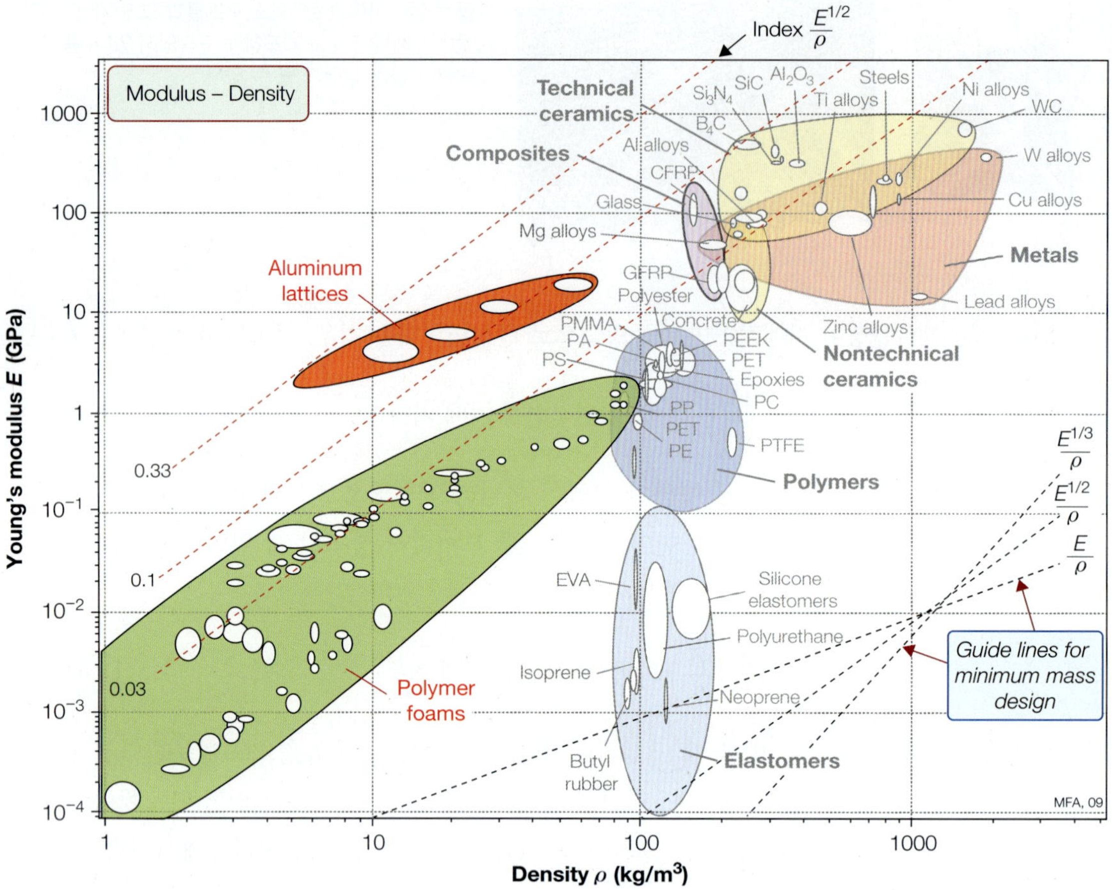

그림 11.28 발포재와 마이크로트러스 구조는 재료와 공간의 하이브리드이다. 그들의 기계적 특성은 그들의 구조에 달렸다. 발포재는 보통 굽힘지배 거동을 보이며 기울기 2인 직선을 따라 놓여 있다. 마이크로트러스 구조는 연신지배 거동을 보이며 기울기 1인 직선을 따라 놓여 있다. 두 가지 모두 수십 년 동안 이 차트의 여백을 채워 왔다.

차트에서 단상 고체로는 채울 수 없었던 영역을 채우고 있다. 격자구조는 채워진 영역을 재료지수 $E^{1/2}/\rho$ 및 $E^{1/3}/\rho$의 값을 증가시키는 방향으로 확장하고 있다.

11.7 분할이음(segmented) 구조

설계변수로서의 세분화

단면 형상은 구조물의 굽힘강성과 강도를 낮추기도 하고 증가시키기도 한다. 굽힘변형이 불가피한 스프링, 유연성이 있는 케이블 및 기타 구조물은 인장강도가 높으면서도 구성요소의 형상에 따라서 굽힘강성을 낮게 할 수 있다. 이는 제10장 10.7절에 설명한 바와 같이 소재를 여러 가닥이나 판상으로 형상변경시킴으로써 가능하다. 가느다란 가닥이나 판재들은 쉽게 구부러지지만 그 단면이 구부러질 때 연신변형은 발생하지 않는다. 즉 n가닥으로 구성된 케이블은 전체가 하나의 고체덩어리 구조인 경우보다 $(3/\pi n)$배 만큼 강성이 낮아진다. n개의 판상 패널은 단일 고체보다 $(1/n^2)$배 만큼 강성이 낮아진다.

세분화는 혼합을 가능하게 한다. 만일 하나 이상의 분할체(segment)가 다른 재료로 대체되었을 때, 그러한 조합은 단상재료에서는 찾아볼 수 없는 특성의 조합으로 태어난다. 이 방법은 아래에 설명하는 사례로 가장 잘 보여줄 수 있다.

세분화는 다른 방식으로도 활용될 수 있다. 즉 손상허용 특성을 구조물에 부여할 수 있다는 점이다. 총알이 유리창을 치면 산산조각이 나지만, 작은 유리벽돌을 쌓아 만든 판은 작은 유리벽돌 한두 장을 손실하겠지만 전체가 깨져버리지는 않는다. 이것이 손상허용성이다. 소재를 세분화하여 분리함으로써 한 개의 분할체 내에 있는 균열이 연결된 주변 분할체로 침투하지 못하도록 하여 국부적 손상은 허용하지만 전체 손상은 허용하지 않는 것이다. 이것은 '위상학적 강인화(topological toughening)'의 원리이다. 돌이나 벽돌은 취성이지만 그것으로 지은 건물은

경간거리가 긴 송전선 케이블용 재료

경간거리가 긴 전력케이블용 재료를 예로 들자. 이 재료의 목적은 전기저항을 최소화하면서 동시에 고정부위간 길이(span)를 최대로 허용하기 위해 강도를 극대화해야 한다. 이 경우는 제9장에서 설명한 다목적 최적화의 예가 된다. 각 목표함수가 최솟값으로 구해지도록 표시법을 통일하였으므로, 전기비저항(resistivity) ρ_e와 항복강도의 역수 $1/\sigma_y$가 최소가 되는 재료를 구하도록 한다. 그림 11.7에 그 결과를 나타냈는데, 설계 요구조건을 가장 잘 만족시키는 재료가 좌측 하단부 근처에 있어야 한다. 그런데 여기가 여백으로 남아 있음을 인식해야 한다. 이 그림에 그려진 1700가지 금속과 합금의 특성은 붉은 점선 위에 위치하는 것이다. 가장 낮은 저항을 가진 구리, 알루미늄이나 이들의 합금은 강도가 아주 크지는 못하다. 강도가 가장 강한 인발한 탄소강이나 저합금강은 전기전도도가 아주 좋지는 않다.

이제, 케이블 단면적의 50%를 각각 차지하도록 구리와 강철을 엮어 짠 가닥(interleaving strand)으로 만들어진 케이블을 고려해보자. 만일 강철은 전류를 전달하지 않고 구리는 하중을 지탱하지 않는다고 하는 가장 비관적인 경우를 가정하면, 케이블의 성능은 이 그림에 나타낸 점 영역(구리 전기저항의 2배, 강철의 강도의 1/2배)에 놓여 있을 것이다. 즉, 재료-특성 차트 공간에서 비어 있는 일부 영역에 위치하며 이전에는 불가능했던 성능을 제공하는 것이다. 만일 구리와 강철의 단면적 비율을 달리하면 이 그림에서 회색으로 칠해진 새로운 영역에 해당하는 특성을 얻게 된다. 또한, 'OFHC 구리' 대신에 '1000시리즈 Al합금'을 사용하여 조합하면 알루미늄과 강철의 하이브리드를 통해 다른 특성 영역을 확보할 수 있는 것이다. 그 조합체들은 특성 측면에서 ρ_e와 σ_y의 조합이 덜 좋다고 하더라도, 더 가볍고 더 저렴할 수 있어 널리 사용될 수도 있다.

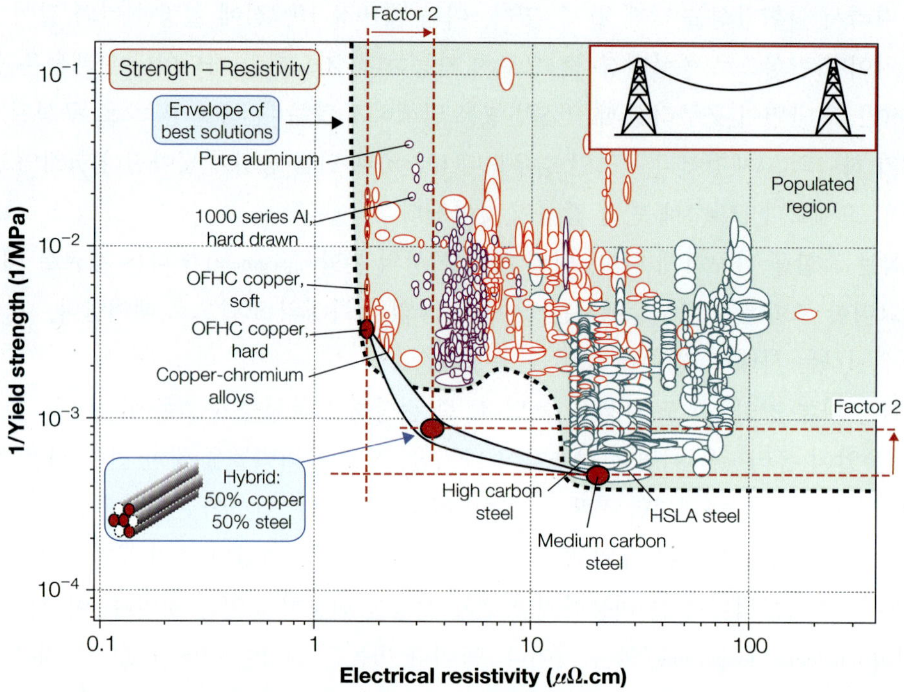

그림 11.29 높은 강도와 전기전도도를 갖는 하이브리드 재료의 설계 : 그림은 1,700개 금속과 합금에 대하여 전기비저항과 인장강도의 역수를 보여준다. 주어진 구성은 냉간압출된 OFHC 구리와 중탄소강의 하이브리드이지만, 차트 자체는 여러 가지 하이브리드가 가능함을 나타낸다.

시멘트와 같은 접합제를 사용하지 않은(dry-stone building) 경우에도 지진 등의 지각 운동 시에 약간의 국부적 손상은 일으키겠지만 전체적 붕괴 없이 생존하는 사례에 해당한다.

위상학적 손상허용성에 대해서는 간단히 말해서 두 가지 원리가 작동한다. 하나는 구조적인 단위체의 불연속성이고 다른 하나는 구조물 전체로 하중을 지지할 수 있는 단위체 간의 상호체결성이다. 벽돌형 배열을 가진 구조물의 경우 큰 하중을 지탱할 수 있으며 압축과 전단 하중에 대해서 손상허용성이 있으나, 인장하중 시에는 붕괴하기 쉽다[그림 11.30(a)]. 가닥구조나 다층구조를 가진 구조물의 경우에는 인장하중 시에 손상허용성을 보이는데 그 이유는 하나의 가닥이 깨져서 생성된 균열이 이웃하는 가닥을 통과하여 전파하기 어렵기 때문이다. 그런 원리로 여러 개의 가닥으로 구성된 로프나 케이블이 인장하중에 강한 것이다. 조각그림 맞추기와 같은 형태구성[그림 11.30(b)]은 면내 인장, 압축, 전단력을 지지할 수 있지만, 약 $\sqrt{R/r}$ 의 응력집중계수를 도입하여 강도를 낮게 평가해야 한다. 여기서 R은 단위조각의 유효반경, r은 단위조각간 상호체결부의 유효반경이다.

11.9절에 열거된 참고문헌에 따르면 특별한 세트의 위상학을 개발하였는데, [그림 11.30(c)]에 도시된 바와 같이 구조 단위체의 압축 경계조건이나 강체 경계조건에 의존하여 면외하중과 면외모멘트에도 견딜 수 있는 연속층상구조를 만들었다. 이것은 비평면적 표면을 가진 상호체결 단위체 구조를 제작함으로써 가능해진 것으로, 구조단위체의 표면은 배열평면과 이에 수직한 면의 양쪽으로 곡률을 가진 것이다. 그 평면배열체가 외면을 따라 공간적으로 구속된다고 가정하면, 그 둥지 모양은 구조단위체의 상대 운동을 제한하고 구조단위체들을 서로 체결하게 된다. 이러한 위상학적 상호체결성은 구조물의 표면보호를 위한 세라믹 피복이나 라이닝 용도로 활용될 수 있는 연속층을 제작할 수 있게 한다. 물론 구조단위체를 한 개의 재료만으로 만들 필요는 없다. 위상학적 체결의 유일한 요구조건은 상호체결 형상에 있기 때문에 그 구조단위체는 한 재료가 아닌 서로 다른 재료로 만들어질 수 있다. 벽돌 벽을 쌓는 건축업자가 통풍용으로 기공이 있는 벽돌을 일부 넣는 경우나 채광을 위해 투명한 벽돌을 넣는 경우가 있는데 분할이음구조 하이브리드의 설계자는 구조단위체에 사용될 재료의 선택을 다양하게 함으로써 기능성을 추가할 수 있는 것이다.

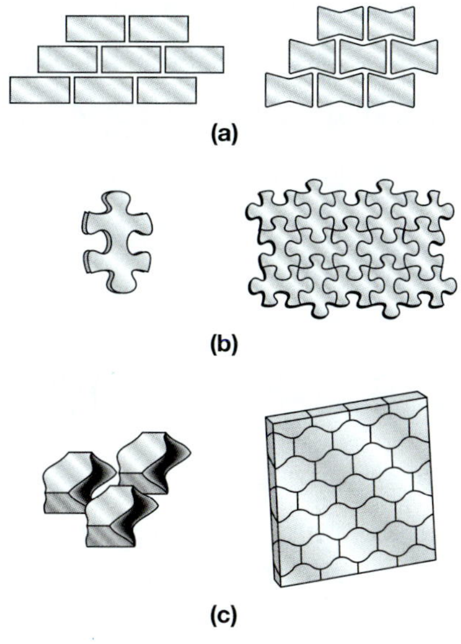

그림 11.30 위상학적 상호체결의 사례 : 접착되어 있지 않아도 하중을 지탱함. (a) 벽돌쌓기형 조립체, (b) 조각그림 맞추기의 2차원적인 형태구성, (c) 조각그림 맞추기의 단위체로서 면외하중이나 굽힘모멘트도 지탱할 수 있다.

11.8 요약과 결론

공업용 재료의 특성은 개별 특성을 하나의 차원으로서 간주하여 다차원공간의 축들로서 표현될 수 있다. 제4장에서는 이러한 공간이 어떻게 매핑될 수 있는지를 보여주었다. 이런 특성공간에 대한 단면을 작도하여 특성공간 차트를 만들면 어떤 영역은 채워져 있고 다른 영역은 비어 있다. 이 빈 공간은 선택된 형태구성과 축척도에서 2개 이상의 재료를 조합하는 하이브리드화에 의해 채워질 수 있다. 설계 요구조건은 다차원적인 재료-특성차트 공간에서 작은 영역만이 유효하도록 국한시킬 수 있다. 그 영역이 단상재료로 채워진다면 요구조건은 만족되는 것이다. 하지만 어떤 재료로도 채워지지 않으면 하이브리드를 통해 구할 필요가 있다. 이를 위해 다양한 형태구성이 선택될 수 있으며 각자는 다른 조합의 기능성을 제공한다. 각 형태구성은 한 세트의 경계치나 등가 특성의 상한치/하한치로 특징지어 진다. 이 장에서 설명된 방법들은 재료-형태구성에 대한 대안적 조합을 구하기 위한 수단을 제공해준다. 제12장은 이들을 사용하는 사례를 보여준다.

11.9 심화학습을 위한 참고문헌

하이브리드 재료 일반

Bendsoe, M.P. and Sigmund, O. (2003) *Topology Optimization: Theory Methods and Applications*, Springer–Verlag, Berlin, Germany. ISBN 3-540-42992-1. (형태구성과 축척도를 최적화하는 최신 방법들을 최초로 포괄적으로 다루었다.)

Kromm, F.X., Quenisset, J.M., Harry, R. and Lorriot, T. (2001) An example of multimaterial design, *Proc. Euromat '01*, Rimini, Italy. (하이브리드 설계를 최초로 다룬 논문 중 하나)

McDowell, D.L., Allen, J., Mistree, F., Panchal, J., and Choi, H-J (2009) *Integrated design of multiscale materials and products*, Elsevier, ISBN 978-1-85617-662-0

복합재료

Ashby, M.F. (1993) Criteria for selecting the components of composites, *Acta Mater*. 41, 1313-1335. (이 장에서 전개한 방법들을 소개하면서 복합특성에 대한 모형들을 망라했다.)

Budiansky, B. and Fleck, N.A. (1993) Compressive failure of fibre composite, *J. Mech. Phys. Solids*, 41, 183~211. (복합재료의 압축에서 섬유의 비꼬임에 대한 결정적인 해석)

Chamis, C.C. (1987) In *Engineers' Guide to Composite Materials*, pp.3-8~3-24. Am. Soc. Metals, Materials Park, Ohio, USA. (복합재료 특성에 대한 모형들을 망라했다.)

Clyne, T.W. and Withers, P.J. (1993) *An introduction to metal matrix composites*, Cambridge University Press, ISBN 0-521-41808-9. (금속기지 복합재료의 모델링에 대한 광범위한 입문서)

Hull, D. and Clyne, T.W. (1996) *An introduction to composite materials*, Cambridge University Press, ISBN 0-521-38855-4. (고분자기지 복합재료의 모델링에 대한 광범위한 입문서)

Schoutens, J.E. and Zarate, D.A. (1986) Structural indices in design optimization with metal matrix composites. *Composites* 17, 188. (복합재료 특성에 대한 모형들을 망라했다.)

Watt, J.P., Davies, G.F. and O'Connell, R.J. (1976) *Rev. Geophys. Space Phys*. 14, 541. (복합재료 특성에 대한 모형들을 망라했다.)

샌드위치 구조

Allen, H.G. (1969) *Analysis and Design of Structural Sandwich Panels*, Pergamon Press, Oxford, UK. (이 분야의 성경 : 샌드위치 설계의 원리를 정립한 책)

Ashby, M.F., Evans, A.G., Fleck, N.A., Gibson, Lorna, J., Hutchinson, J.W. and Wadley, H.N.G. (2000) *Metal Foams: A Design Guide*, Butterworth-Heinemann, Oxford. ISBN 0-7506-7219-6. (발포금속의 특성에 대한 실험적, 이론적 근거를 정립하는 책으로 실제 발포재의 데이터와 응용사례를 포함한다.)

Gill, M.C. (2009) *Simplified sandwich panel design*, www.mcgillcorp.com/doorway/pdf/97_Summer.pdf

Pflug, J. and Verpoest, I. (2006) Sandwich materials selection chart, *Journal of Sandwich Structures and Materials*, 8(5), 407~421.

Pflug, J., Vangrimde, B. and Verpoest, I. (2003) *Material efficiency and cost effectiveness of sandwich materials*, SAMPE US Proceedings.

Pflug, J., Verpoest, I. and Vandepitte, D. (2004) SAND.CORE Workshop, Brussels, December.

Zenkert, D. (1995) *An Introduction to Sandwich Construction*, Engineering Advisory Services Ltd., Solihull, UK, published by Chameleon Press Ltd., London, UK. ISBN 0-947-81777-8. (샌드위치 구조의 기본 분석을 가르치는 입문서)

셀 구조

Deshpande, V.S., Ashby, M.F. and Fleck, N.A. (2001) "Foam topology: bending versus stretching dominated architectures", *Acta Mater.* 49, 1035~1040. (굽힘변형 지배 구조 대(對) 신축변형 지배 구조에 대한 논의)

Gibson, L.J. and Ashby, M.F. (1997) *Cellular Solids: Structure and Properties* (2nd ed.), Cambridge University Press, Cambridge, UK. ISBN 0-521-49560-1. (발포재의 특성, 성능, 용례를 분석하고 11.6절의 식들에 대한 유도와 실험적 증명을 제공하는 단행본)

Gibson, L.J. and Ashby, M.F., and Harley, B. (2010) *Cellular materials in nature and in medicine*, Cambridge University Press, Cambridge, UK. ISBN 9-7805-2119-5447. (자연에서 관찰되는 셀구조 재료의 구조, 역학, 용도에 대하여 탐구한 단행본)

분할이음 구조

Dyskin, A.V., Estrin, Y. Kanel-Belov, A.J. and Pasternak, E. (2001) Toughening by fragmentation: how topology helps", *Advanced Engineering Materials* 3, 885~888. (굽힘하중을 지탱하면서 손상허용을 주는 interlocking 형태구성을 소개하는 논문)

Dyskin, A.V., Estrin, Y. Kanel-Below, A.J. and Pasternak, E. (2003) Topological interlocking of platonic solids: a way to new materials and structures, *Phil. Mag.* 83, 197~203. (굽힘하중을 지탱하면서 손상허용을 주는 interlocking 형태구성을 소개하는 두 논문)

Autruffe, A., Pelloux, F., Brugger, C., Duval, P., Brechet, Y. and Fivel, M. (2007) Indentation behavior of interlocked structures made of ice: Influence of the friction coefficient, *Advanced Engineering Materials* 9, 664~666.

Stauffer, D. and Aharony, A. (1994) *Introduction to Percolation Theory* (2nd ed.), Taylor and Francis, London, UK. (퍼컬레이션 이론에 대한 개인적이지만 가독성 높은 입문서)

Weibull, W. (1951). A statistical distribution functiom of wide applicability. *J. Appl. Mech.* 18, 293. (취성 고체의 "weakest-link" 모형의 창시자)

제 12 장

하이브리드 재료 – 사례연구

하이브리드 재료를 전폭적으로 사용한 경주용 요트 : 마스트와 기둥은 CFRP, 선체는 GFRP/CFRP 외피에 폴리메틸아크릴아마이드 발포재 코어로 구성된 샌드위치, 돛은 케블라-나일론 혼방에 가열접합한 PET 외피

Materials Selection in Mechanical Design. DOI: 10.1016/B978-1-85617-663-7.00012-6

12.1 서론과 개요

제11장에서는 네 가지 타입의 하이브리드, 즉 복합재료, 샌드위치 구조물, 격자 구조물, 분할이음 구조물을 언급하였다. 각 하이브리드 타입은 특성-모델(해당 하이브리드의 특성이 분석되고 평가되도록 하는 모델) 세트를 통해 설명되었다. 본 장에서는 그 특성-모델 세트를 이용하여 하이브리드를 특정한 필요 목적(단상재료로는 만족시킬 수 없는)에 맞추어 가면서 설명하고자 한다.

12.2 금속기지 복합재료의 설계

문제 구조물에 가해지는 하중에서 가장 흔한 상태는 굽힘하중이다. 굽힘모멘트를 받치고 있는 재료를 최소무게로 설계할 때 그 재료에 대한 수월성의 평가척도는 지수 $E^{1/2}/\rho$이다. 여기서 E는 종탄성계수, ρ는 밀도이다. 알루미늄 합금과 마그네슘 합금은 이 평가척도로 보면 아주 우수하다. 티타늄 합금과 탄소강/합금강 종류는 보다 떨어진다. 이들 중에서 가장 우수한 마그네슘의 성능은 더 좋아질 수 있을까? 표 12.1은 설계목표 항목을 나타낸다.

해결방법 그림 12.1은 금속류와 섬유류에 대한 $E-\rho$의 차트이다. 마그네슘 합금이 붉은 색 금속류 울타리의 가장 왼쪽 끝에 위치한다. 수월성의 평가기준은 대각선들의 세트와 비교하여 평가되는데 왼쪽 위 방향으로 갈수록 증가한다. 마그네슘이 알루미늄보다 약간 더 높고 티타늄이나 강철보다는 많이 더 높다.

표 12.2는 밀도와 탄성계수에 대한 중첩법칙(superposition rules)을 요약하고 있다. 네 가지의 마그네슘기지 복합재료에 의해서 구현 가능한 성능 영역을 중첩규칙을 통해 작성하여 보자. 각 영역의 위쪽 모서리는 상한치가 되고, 아래쪽 모서리는 하한치가 된다. 섬유부피분율에 대한 상한치를 0.5로 하면 각 영역 안에서 수직막대로서 그려진다. 즉, 그 수직막대 아래쪽의 빗금이 그어진 부분을 구현할 수 있는 것이다. 수월성지표가 가장 높은 마그네슘-섬유 조합이 단위 무게당 강성을 가장 크게 할 것이다.

표 12.1 패널의 재료를 위한 설계 요구조건

기능	가볍고 강성인 빔
제한조건	마그네슘 기지
설계목표	굽힘에서 단위 무게당 강성 최대화하기(지수 $E^{1/2}/\rho$)
자유변수	강화재 선택과 부피분율

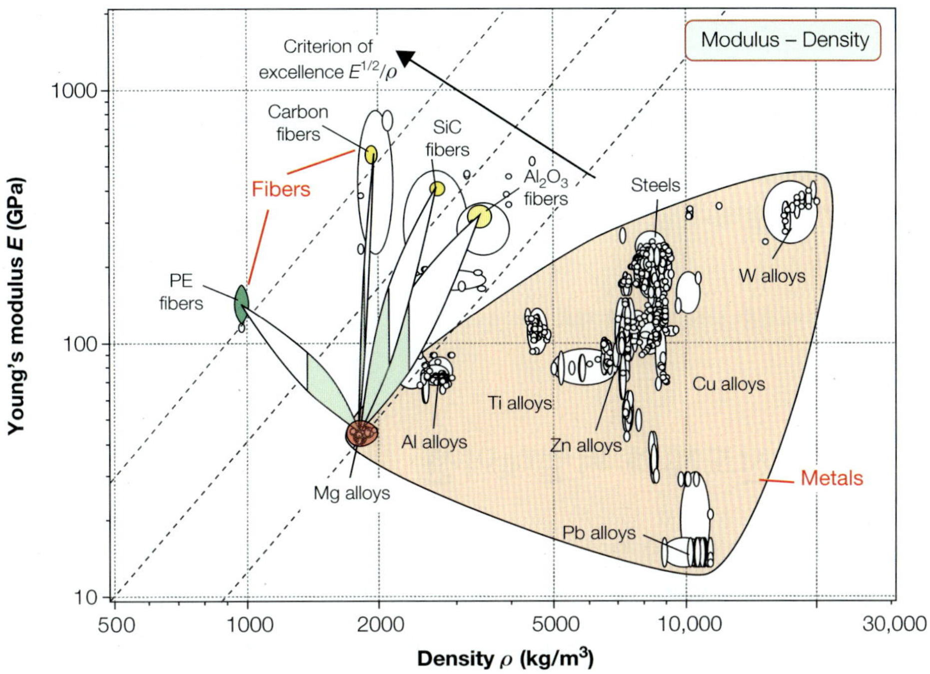

그림 12.1 가능한 마그네슘기지 복합재료 : 각종 섬유와 Mg 합금간의 복합재료는 표 12.2의 상한치와 하한치 식에 의해 탄성계수와 밀도의 가능영역으로 표시된다. 녹색으로 그늘진 영역은 섬유 부피분율을 0.5까지 확장하는 경우이다.

표 12.2 복합재료의 밀도와 탄성계수에 대한 중첩공식들*

특성	하한치	상한치
밀도	$\widetilde{\rho} = f\,\rho_r + (1-f)\rho_m$(정확)	
탄성계수	$\widetilde{E} = \dfrac{E_m E_r}{f\,E_m + (1-f)E_r}$	$\widetilde{E} = f\,E_r + (1-f)E_m$

*아래첨자 m은 기지, r은 강화재를 뜻하며, f는 부피분율이다.

결과 그림 12.1을 한 눈에 보더라도 인발형 폴리에틸렌(PE)섬유와 마그네슘기지 복합재료가 가장 기대할 만하다. 마그네슘-탄소는 보다 약간 떨어지며 마그네슘-SiC, 마그네슘-Al_2O_3는 더욱 떨어진다. 위의 해결 절차는 잠정적 판단이 빨리 이루어지도록 해주고 있다.

추록 마그네슘-PE 복합재료는 위와 같이 좋아 보이나 실제로는 어떻게 제조할지가 관건이다. PE섬유는 고강성, 고강도, 저중량이란 수월성 때문에 로프나 케이블용으로 보통 사용되고 있다. 하지만 120 °C이상의 온도에서 쉽게 파괴되므로 주조하거나 섬유 둘레에 마그네슘을 소결하는 것은 부적절하다. 섬유상 PE로 복합재료를 제조하기 보다는 인발된 PE 시트를 이용하여 마그네슘 시트 사이에 PE 시트를 접착함으로써 다층형의 적층재를 제조하는 것이 하나의 제조방법으로 천거될 수 있다. 또 하나의 제조법으로는 에폭시수지 속에 마그네슘 분말을 산포시킨 혼합체를 만들어 PE섬유를 충진시키기 위한 기지로 사용하는 것을 예로 들 수 있다. 만일 이들 제조법이 모두 어렵다면 마그네슘기지-탄소섬유의 복합재료가 매력적인 하이브리드로서 선택될 수 있다.

관련 사례연구

6.12 셰이커테이블 제작용 강직, 고감쇠 재료

12.3 유연한 전도체와 퍼컬레이션

문제 특수 장비의 분리 가능한 씰에 필요한 재료가 요구된다. 재료는 사이에 끼어들어 갈 양쪽 곡면에 순응하여 형상을 바꿀 수 있어야 하고, 전하가 형성되는 것을 방지하도록 전기전도성이 좋아야 하며 몰딩이 가능해야 한다. 표 12.3에 요구조건을 요약하였다.

해결방법과 결과 금속, 탄소, 몇몇 탄화물과 금속간화합물들은 훌륭한 전도체이나 그것들은 강성이 크고 몰딩이 불가능하다(그림 12.2). 열가소성 및 열경화성 고무는 몰딩이 가능하고 유연하지만, 그것들은 전도체가 아니다. 어떻게 하면 그들을 결합할 수 있을까? 만일 제품이 잘 관리된 환경하에서 사용될 것이라면 금속코팅 고분자가 답이 될 수 있을 것이지만, 코팅은 쉽게 손상된다. 만일 반영구적이고 유연한 제품이 필요하다면, 표면전도 보다는 부피전도가 절실하다. 이는 전도체를 고분자 내에 분산시켜 얻을 수 있다. 하지만 얼마나 많이 그리고 어떤 형상으로 할 것인가는 과제이다.

똑같은 크기의 전도성 구형입자와 비전도성 구형입자들을 항아리에 넣고 흔들어 혼합한다고 생각하자. 만일 전도성 입자의 수가 아주 적어서 서로 접촉하는 전도성 구형입자가 없다면 전체 어레이는 분명히 부도체가 된다. 각 전도성 구형입자가 단 한 개의 다른 전도성 구형입

표 12.3 유연한 전도체 재료를 위한 설계 요구조건

기능	유연한 전도성 고체
제한조건	• 표면형상에 순응할 수 있도록 낮은 탄성계수 • 전기전도를 위해 낮은 비저항($\rho_e < 1000\ \mu\Omega$.cm)
설계목표	몰딩이 가능해야 함
자유변수	기지재, 강화재, 형상구성, 부피분율의 선택

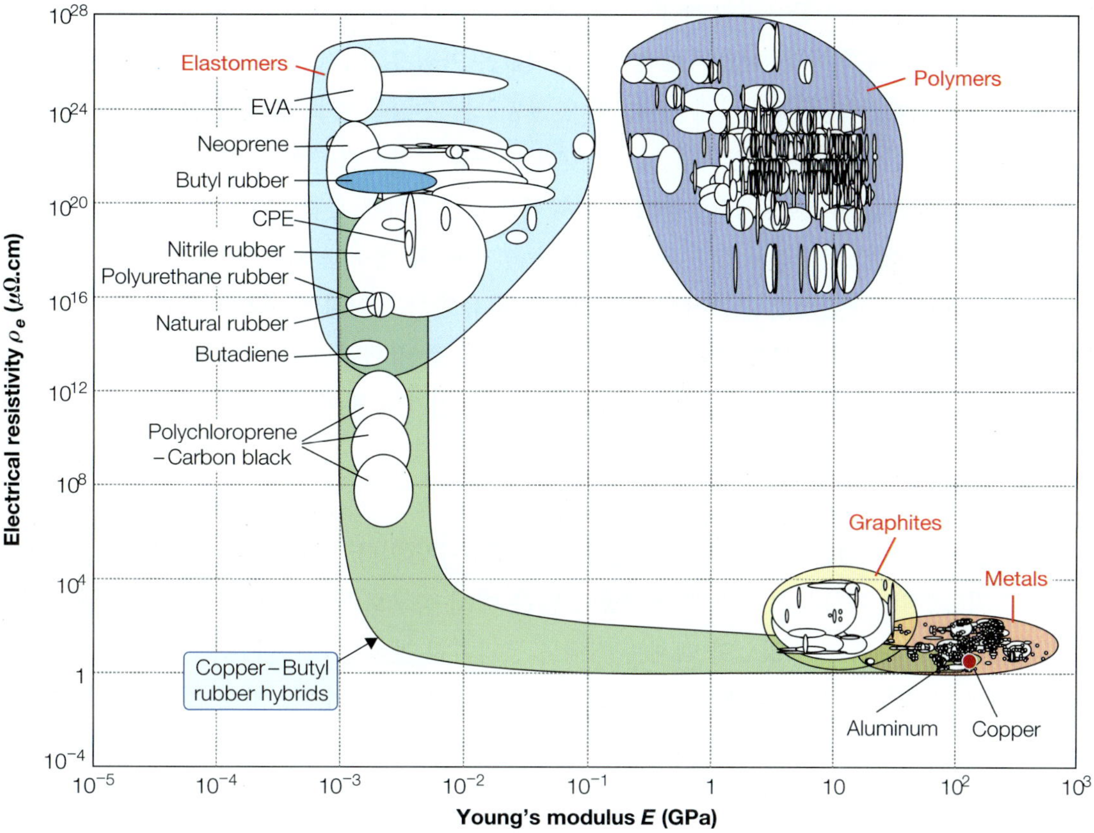

그림 12.2 전도성 입자나 섬유가 부도체인 고무 속에 충진되면, 재료특성 차트의 여백이 채워진다. 탄소충진 부틸고무가 여기에 해당한다.

자와 접촉해도 아직 연결통로가 확보되어 있지 않다. 평균적으로 각 전도성 입자가 두 개의 다른 전도성 입자와 접촉해도 통로는 아직 미흡한 것이다. 전도성 입자를 더 많이 넣어 큰 클러스터를 형성하면, 클러스터는 커졌지만 아직도 불연속적인 것이다. 부피전도를 위해서는 전도성 입자의 연결성이 필요하다. 접촉된 단일 트레일이 한쪽 표면에서 다른 쪽 표면까지 연결해 줄 때 그 어레이는 비로소 전도체가 되며, 이 시점에서 전도성 구형입자의 부피분율 f가 퍼컬레이션 문턱값(threshold) f_c에 도달하는 것이다. 퍼컬레이션 문제는 설명하기는 쉽지만 해답을 구하기는 어렵다.

1960년 이후 많은 연구가 하이브리드 설계와 관련된 퍼컬레이션 문제에 대한 근사해를 제공해왔다. 단순입방(SC) 충진의 경우 $f_c = 0.248$, 조밀충진의 경우 $f_c = 0.180$이다. 항아리에

넣고 흔들었던 것 같이 불규칙한 배열의 경우에는 그 중간값으로 약 0.2 근처에 있다.[1)]

구형입자의 크기를 작게 하면 퍼컬레이션 문턱값은 아직 0.2이지만, 첫 번째 연결통로의 폭이 얇아지고 극히 꾸불꾸불해지게 된다. 이 연결통로는 수많은 통로 중에서 실제로 전기전도성을 주는 유일한 통로이다. 전도성 입자의 부피분율을 증가시키면 전도성 통로의 수는 초기에는 $(f-f_c)^2$ 만큼 많아지고 그 후부터는 선형적으로 증가하여 혼합법칙에 귀결된다. 입자가 아주 작다면 양호한 전기전도체가 되기 위해서는 f가 40% 정도는 되어야 한다. 하지만 전도성 입자를 40%나 충진하면 고분자재료의 성형성과 유연성을 심하게 해치게 된다.

입자의 형상도 영향을 크게 주는데, 구형이 섬유상으로 바뀌면 섬유상 입자들은 서로 접촉하기 쉬워지며 퍼컬레이션 문턱값은 낮아진다. 섬유상 입자의 종횡비 $\beta = L/d$ (여기서 L: 섬유길이, d: 섬유직경)이면 실험적 결과로 퍼컬레이션 문턱값은 f_c로부터 대략 $f_c/\beta^{1/2}$로 낮아진다. 즉, 종횡비가 9라면 문턱값은 3배 낮아진다.

퍼컬레이션의 개념은 하이브리드 설계를 위한 필요수단이다. 전기전도도는 그와 같은 방식으로 가동한다. 거품상의 발포재나 기공이 많은 매체 속으로 액체가 통과하는 것과 유사하며 완전히 연결된 통로가 없으면 액체는 매체를 통과하지 못하는 것이다. 즉, 백만 개의 가능성 중에서 단 하나의 통로로 액체가 누출되는 것이다. 연결통로가 몇 개 더 많아지면 홍수처럼 누출된다. 퍼컬레이션 개념은 특히 구성요소의 특성이 극단적으로 차이가 날수록 연결 통로가 문제가 되기 때문에, 하이브리드 재료의 전달특성(열전도, 전기전도, 유체흐름, 확산에 의한 흐름 등)을 이해하는 데 특히 중요하다.

그림 12.2는 전기비저항-탄성계수 차트로 금속, 고분자, 복합재료가 도시되어 있다. 왼쪽 아래에 빈 여백이 있고 우리는 거기에 해당하는 특성의 조합을 가진 재료를 원한다. 녹색으로 칠한 L자형 테두리는 고무와 잘게 토막 낸 구리선의 하이브리드의 특성을 포함한다. 퍼컬레이션 문턱값(수 퍼센트 수준)에서 전기비저항은 급격하게 감소한다. 재료는 고무의 유연성을 모두 간직하면서 부피전도의 거동을 보여준다.

추록 이러한 아이디어를 활용한 전도성 고무는 다양하게 얻을 수 있다. 그러한 재료는 정전기방지 옷감이나 매트, 압력감지 요소부품, 땜납 안 쓰는 연결부품에 적용될 수 있을 것이다.

관련 사례연구

12.4 열전도와 전기전도의 극한조합

---

1) 이 결과들은 무한한 혹은 적어도 매우 큰 어레이에 대한 것이다. 실험의 결과는 보통 0.19~0.22 범위의 값으로 나오며, 샘플의 유한한 크기 때문에 얼마간의 편차가 있다.

12.4 열전도와 전기전도의 극한조합

문제 전기전도성이 양호한 재료는 언제나 열전도성 역시 좋다. 구리(Cu)는 전기전도성과 열전도성이 함께 우수하다. 이와 대조적으로 대부분의 고분자재료는 전기절연체(실용적 목적에서 전혀 불가능할 정도로 전기전도도가 낮다는 의미)이면서 열전도성도 나쁜 것이다. 폴리에틸렌(PE)이 한 예이다. 그래서 전기전도성과 열전도성에 대해 '고–고'나 '저–저'의 조합은 단상재료로도 만들 수 있으며 그런 재료는 많이 있다. 하지만 '고–저'나 '저–고'의 조합은 아주 드물어서 자연재료 중에는 거의 없다. 여기서 도전하고자 하는 것은 표 12.4에 요약되어 있다. Cu와 PE만을 이용해서(표 12.5에는 두 재료의 데이터) 이들 성능을 함께 구현할 수 있는 하이브리드 재료를 고안해보자.

해결방법 및 결과 그림 12.3은 가능성이 있는 두 가지의 하이브리드 형태구성을 보여준다. 두 가지 모두 '복합재료' 형태이지만 매우 다른 형태구성과 부피분율을 가진다. 첫째 형태구성은 미세하게 엉켜있는 구리선이 PE기지에 삽입되어 있는 상태이다. 이 재료의 성능을 설명하기 위해 11.4절의 상한치와 하한치 식을 도입한다. 전기전도도에 대한 식을 구하기 위해서는 12.3절에서 설명한 퍼컬레이션 기법을 활용해야 한다. 퍼컬레이션 문턱값은 높은 종횡비의 전도성 와이어를 사용하여 최소화 된다. 퍼컬

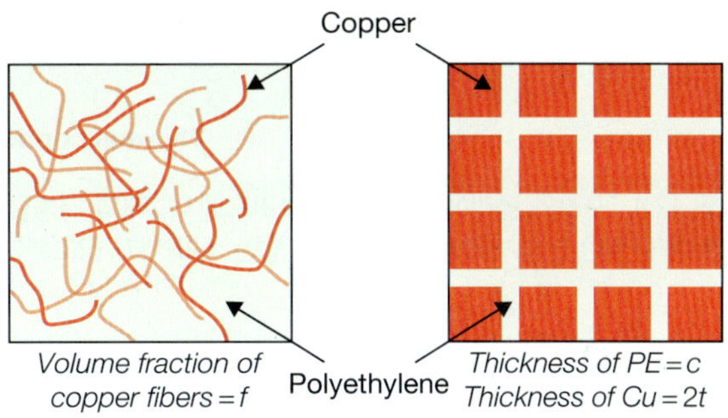

그림 12.3 구리와 폴리에틸렌으로 구성된 하이브리드에서 2개의 가능한 형태구성 : 여기서는 2차원적으로 보이나 3차원 하이브리드로 쉽게 확장된다. 왼쪽 형태구성은 높은 전기전도도를 보이지만 열전도도가 나쁘게 된다. 오른쪽 형태구성은 그 반대 특성을 갖는다.

표 12.4 구리와 폴리에틸렌으로 구성된 전도성 하이브리드의 설계 요구조건

기능	극단적인 전도성 조합
제한조건	재료 : 구리와 폴리에틸렌
설계목표	전기전도도와 열전도도의 차이 최대화
자유변수	형태구성과 두 재료의 부피분율

표 12.5 구리와 HDPE의 특성 데이터

재료	전기전도도($1/\mu\Omega$.cm)	열전도도(W/m.K)
고전도도 구리	0.6	395
고밀도 폴리에틸렌	1×10^{-25}	0.16

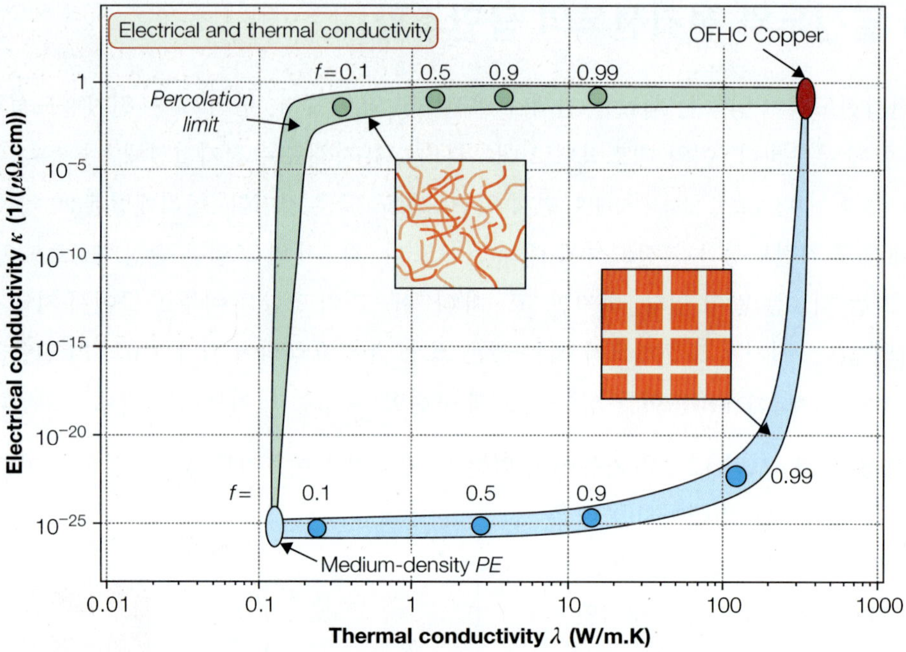

그림 12.4 구리와 폴리에틸렌의 하이브리드에서 2개의 가능한 형태구성은 전혀 다르게 열전도도와 전기전도도를 발현시키며 균질한 단상재료에서는 구할 수 없는 신소재가 창조된다.

레이션 문턱값보다 클 경우 전기전도도는 다음의 혼합법칙[식 (11.9)]을 따르는 경향이 있다.

$$\widetilde{\kappa}_1 = f\kappa_{Cu} + (1-f)\kappa_{PE} \tag{12.1}$$

이와 같은 불규칙 배열의 형태구성에 대한 열전도도는 식 (11.10)과 같은 하한치 근처에 있을 것이다. 즉,

$$\widetilde{\lambda}_1 = \lambda_{PE}\left(\frac{\lambda_{Cu} + 2\lambda_{PE} - 2f(\lambda_{PE} - \lambda_{Cu})}{\lambda_{Cu} + 2\lambda_{PE} - f(\lambda_{PE} - \lambda_{Cu})}\right) \tag{12.2}$$

복합재료의 특성 $\widetilde{\kappa}_1$과 $\widetilde{\lambda}_1$은 그림 12.4에 부피분율에 따라 나타내었는데, 위쪽 곡선이 되었다.

둘째 형태구성은 PE시트의 3개의 직교하는 PE시트족(three orthogonal families)이 구리 블록을 불연속으로 분리하는 다층(multi-layered) 복합재료이다. 다시 11.4절의 상한치와 하한치 식을 도입하자. PE층이 얇을 때 두께방향 (열, 전기)저항이 늘어나 전기전도도와 열전도도는 각각 다음 식처럼 조화평균으로 주어진다[식 (11.24)].

$$\widetilde{\kappa}_2 = \left(\frac{f}{\kappa_{Cu}} + \frac{(1-f)}{\kappa_{PE}}\right)^{-1} \tag{12.3}$$

$$\widetilde{\lambda}_2 = \left(\frac{f}{\lambda_{Cu}} + \frac{(1-f)}{\lambda_{PE}}\right)^{-1} \tag{12.4}$$

복합재료의 특성 $\widetilde{\kappa}_2$과 $\widetilde{\lambda}_2$도 역시 그림 12.4에 나타내었는데, 아래쪽 곡선이 되었다. 곡선의 형상은 두 가지 특성이 범위가 매우 다른 데 기인한다. 열전도도는 1000 정도의 범위를 보이는 반면, 전기전도도는 10^{25} 범위를 보인다. 두 가지의 하이브리드 형태구성은 결과적인 거동 면에서도 아주 다르다. 즉, 하이브리드화는 전기전도성과 열전도성의 극한적인 조합을 통해 새로운 재료를 창조할 수 있도록 한다.

추록 현재 첫째 타입의 하이브리드 재료는 컴퓨터나 TV 캐비넷에 대한 전기적 차단을 위해 널리 사용되고 있다. 둘째 타입의 하이브리드는 별로 사용되지 않지만, 대규모 전기전도가 커플링손실과 와전류손실로 이어지게 되는 고전력 전자장치의 열흡수체(heat sinks)로서 적용될 수 있다. 이런 타입의 하이브리드를 어떻게 만들까? 아마도 PE필름과 Cu시트를 서로 끼워 만든 다층 더미를 가열 접합하고 층상구조에 수직하게 주사위 모양으로 썰어낸 후, 다시 PE필름을 간지로 하여 조각들을 다시 쌓는다. 이를 세 번 반복하면 최종적으로 둘째 타입의 하이브리드 재료가 만들어질 것이다.

관련 사례연구

6.17 열교환기용 재료

12.3 유연한 전도체와 퍼컬레이션

12.7 그립부가 이완되지 않는 커넥터

12.5 냉장고의 벽

문제 그림 12.5와 같은 냉장고 벽의 패널은 두 가지의 주요 기능을 가지고 있다. 첫째 기능은 단열 특성을 갖추기 위해 두께방향 열전도도($\widetilde{\lambda}_{\perp}$)가 최소화 되어야 한다. 둘째 기능은 기계적인 것으로 벽 구조물은 어느 정도 이상의 강

그림 12.5 냉장고 : 컨테이너 유닛의 패널은 단열체여야 하고 외부환경에 대한 보호체이면서 굽힘강성과 강도가 커야 한다.

성과 강도를 갖추어야 하며 내용물이 얹혀 있는 선반을 지탱시켜야 한다. 첫째, 주어진 패널 두께에 대해 $\widetilde{\lambda}$을 최소화시켜야 한다. 둘째, 굽힘탄성계수($\widetilde{E}_{flex}$)를 최대화하는 재료나 하이브리드를 찾음으로써 해결될 수 있다.

해결방법과 결과 '샌드위치' 타입의 하이브리드를 선택하고 외피재와 코어재를 여러 가지로 조합하여 그 성능을 서로 간에 혹은 단상재료와 어떻게 비교할 것인지 탐구하도록 한다. 샌드위치에 대한 $\widetilde{E}_{flex}$ 값은 식 (11.18)에 의해 구해지며 두께방향 열전도도는 식 (11.24)에 의해 주어진다. 단순화된 식들이 표 12.7에 정리되어 있다. 여기서 t는 외피층 두께, d는 패널 두께, E_f는 외피재의 탄성계수, λ_f와 λ_c는 각각 외피재와 코어재의 열전도도, K_s는 코어가 전단변형함으로써 생기는 저감계수로 코어에 전단력이 전혀 없을 경우에는 1이지만 잠정적으로 0.5로 한다.

그림 12.6은 열전도도 $\widetilde{\lambda}_{\perp}$와 굽힘컴플라이언스(flexural compliance) $1/\widetilde{E}_{flex}$를 이용하여 양쪽 변수의 크기가 최소가 되도록 도시한 그림이다. 연강 외피와 경질 PVC 코어를 가진 샌드위치 패널의 대략적 성능을 위 표의 식을 사용하여 각각 네 가지 외피/코어 두께 비율에 대하여 도시하였다. 그림에서 알 수 있듯이 샌드위치 패널은 단일체의 금속, 복합재료, 고분자, 발포재로는 만족시킬 수 없는 성능의 강성과 단열성의 조합을 가능하게 한다. 외피와 코어의 다른 조합(예를 들어, 알루미늄이나 SMC 외피층과 폴리스타이렌 발포재 코어층)의 경우도 이 그림을 통해 효과적으로 평가될 수 있다. 물론 어떤 조합도 연강-PVC 조합만큼 좋은 성능을 낼 수는 없다.

표 12.6 단열용 패널을 위한 설계 요구조건

기능	단열용 패널
제한조건	• 진동을 막고 내부 하중을 지탱하기에 충분한 강성 • 저렴해야 함 • 사용 환경에 견뎌야 함 • 너무 두껍지 않을 것
설계목표	절연
자유변수	외피층과 코어층의 재료 : 두 재료의 두께 비

표 12.7 샌드위치 강성과 열전도도를 위한 중첩공식들

특성	하한치	상한치
굽힘탄성계수	$\widetilde{E}_{flex} = \left(1 - \left(1 - \frac{2t}{d}\right)^3\right) E_f K_s$	$\widetilde{E}_{flex} = \left(1 - \left(1 - \frac{2t}{d}\right)^3\right) E_f$
두께방향 열전도도	$\widetilde{\lambda}_{\perp} = \left(\frac{2t/d}{\lambda_f} + \frac{(1-2t/d)}{\lambda_c}\right)^{-1}$ (정확)	

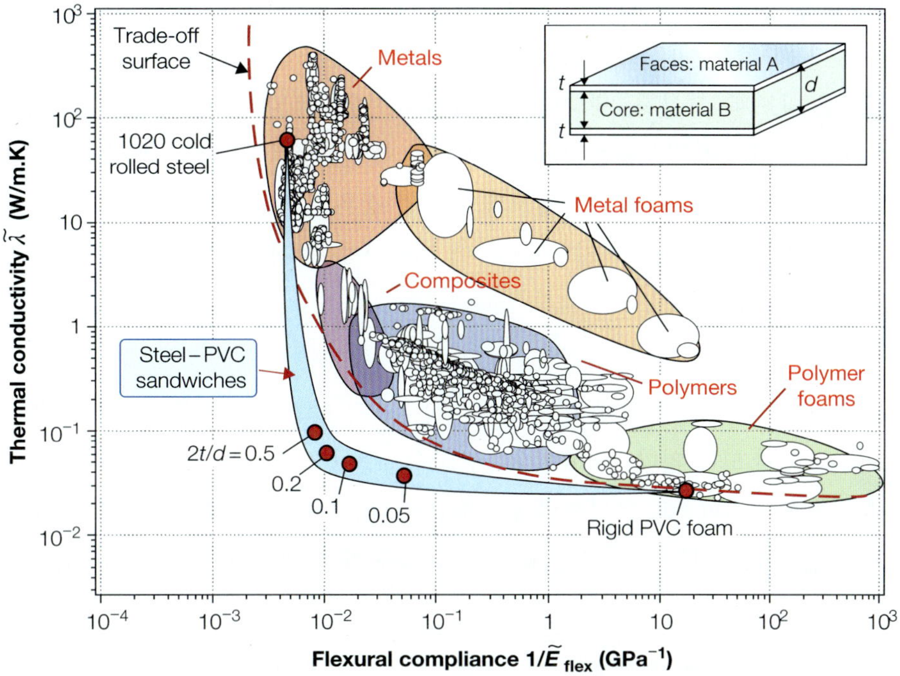

그림 12.6 파랑색으로 나타낸 L자형 궤적은 강철 외피와 PVC 발포재 코어로 이루어진 샌드위치의 열적 성능을 수직 축으로 하고 기계적 성능을 수평축으로 하여 도시하였으며, 두 가지 모두 최소화되어야 한다.

추록 접착기술이 지난 20년간 급속히 발전하였으므로 현재는 어떤 두 가지 종류의 재료도 높은 접합강도로 접합할 수 있는 접착제를(값이 비싼 접착제도 있지만) 구할 수 있다. 따라서 샌드위치 패널의 제작 자체는 그다지 문제가 아니다.

관련 사례연구

6.14 에너지 절약형 가마 벽체

12.6 전자파 투과용 재료

12.6 전자파 투과용 재료

문제 마이크로파에 투명한 레이돔이 제6장 6.19절에 소개된 바 있다. 이러한 레이돔은 굽힘 강성과 굽힘강도를 필요로 하면서 유전상수 ε_r이 가능한 낮은 얇은 패널이나 셀 구조로 되어 있다. 이 경우 하이브리드가 단상재료보다 더 좋은 성능을 제공할 수 있을까?

해결방법과 결과 샌드위치구조로는 굽힘강성과 강도를 제공하면서 전기적 특성도 어느 정도 제어할 수 있다. 따라서 이 점에 착안하여 표 12.8의 요구조건을 만족시켜 보자.

그림 12.7은 발포재, 고분자, 세라믹에 대하여 유전상수 ε_r에 대해 도시한 굽힘강도 σ_{flex}를 보여준다. 대부분의 고분자재료는 2에서 5사이의 유전상수를 가진다. 유전응답은 광범위한 특성이어서 만일 이들 고분자재료가 발포재 구조일 경우 유전상수는 상대밀도에 따라 선형적으로 감소하며 다음 식과 같이 저밀도에서 1에 접근하게 된다[식 (11.37)].

$$\widetilde{\varepsilon}_r = 1 + (\varepsilon_{r,s} - 1)\left(\frac{\widetilde{\rho}}{\rho_s}\right) \tag{12.5}$$

여기서 $\varepsilon_{r,s}$는 발포제를 만든 고체 재료의 유전상수이고 $(\widetilde{\rho}/\rho_s)$는 상대밀도이다. 하지만 발포재는 강도가 그다지 크지 않다. GFRP는 유전상수가 5이고 강도가 훨씬 강하다. 그림 12.7에 나타낸 재료 중에서 외피층과 코어층의 후보재료로 다양하게 하여 검토한 것을 토대로, GFRP 외피와 저/중밀도로 확장된 고분자 발포재의 코어를 가진 샌드위치 구조물을 검토하기로 하

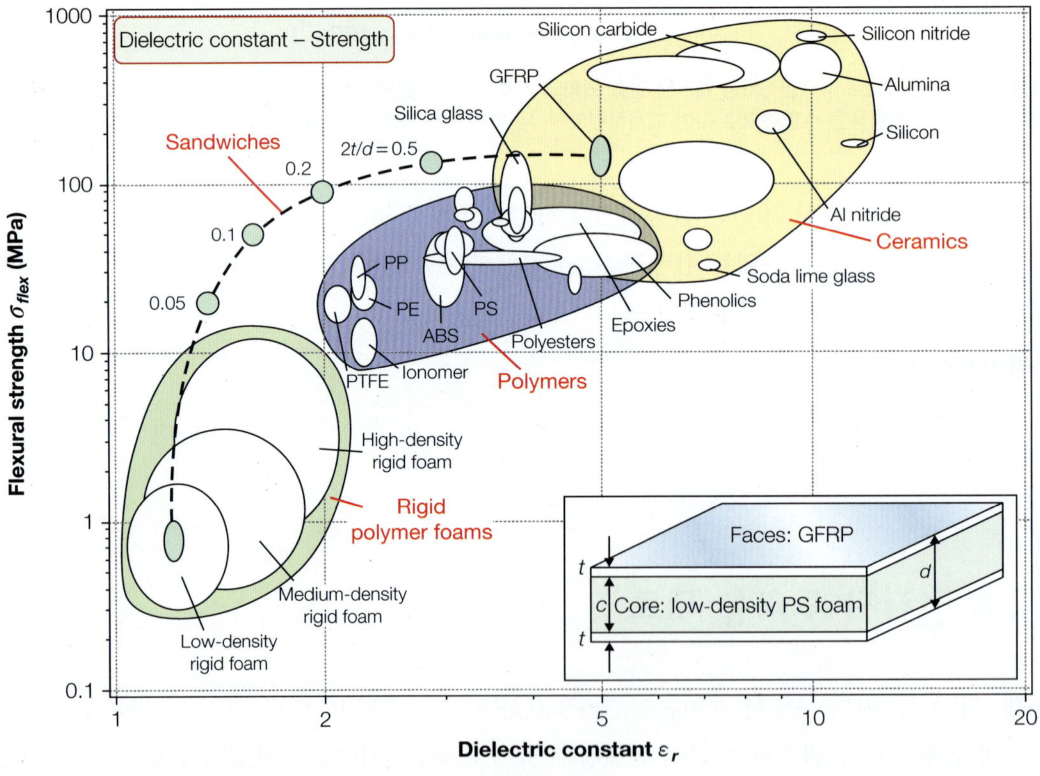

그림 12.7 낮은 유전상수를 갖는 재료를 구하기 위한 굽힘탄성계수와 유전상수 관계 그림 : 점선 궤적은 GFRP와 고분자 발포재의 하이브리드로 조합될 수 있는 가능성을 보여준다.

표 12.8 낮은 유전상수를 갖는 레이돔 표피를 위한 설계 요구조건

기능	전자파 감지기 보호를 위한 재료
제한조건	굽힘강도 σ_{flex}에 대한 제한조건 만족
설계목표	유전상수 ε_r 최소화
자유변수	• 외피와 코어의 재료선택 • 두 재료의 두께 비

자. 이것이 적절히 제조되고 코어재가 충분한 강도를 가지고 있다면 샌드위치 구조물의 굽힘강도[식 (11.19)]는

$$(\widetilde{\sigma}_{flex})_u = [1-(1-f)^2]\sigma_f + (1-f)^2\sigma_c \tag{12.6}$$

이다. 이 구조물의 유전상수는[식 (11.12)]

$$\widetilde{\varepsilon}_r = f\varepsilon_f + (1-f)\varepsilon_c \tag{12.7}$$

이다. 이러한 구조물에 필요한 하이브리드를 찾아내는 가장 단순한 방법은 $f = 2t/d$를 연계 매개변수로 하여 위의 두 식을 도시해 보는 것이다. 그림 12.7에 그 결과를 보여준다. 샌드위치는 굽힘강도와 유전상수를 겸비하여 그림에 나타낸 어떤 균질 단상재료보다도 월등한 성능을 보여준다. 사실은 가장 최상의 복합재료보다도 좋은 성능을 보여준다. 그림에서는 요구되는 굽힘강도를 정하고 샌드위치 궤적에서 그에 해당하는 $2t/d$값과 수평축에서 유전상수를 읽어낼 수 있다.

참고문헌

Huddleston, G.K. and Bassett, H.L. (1984), In Johnson, R.D. and Jasik, H. (Eds.), *Antenna Engineering Handbook* (2nd ed.), McGraw-Hill, New York, ISBN 0071475745.

Lewis, C.F. (1998), Materials keep a low profile, *Mechanical Engineering* (June), 37~41.

관련 사례연구

6.19 레이돔(radome) 재료

12.7 그립부가 이완되지 않는 커넥터

문제 승용차에는 수 km의 배선이 있다. 승용차가 유선구동 제어시스템으로 전환됨에 따라 회선의 길이는 더욱 증가할 것이다. 전선에는 끝이 있으며 반드시 어떤 부품과 연결되어 있

다. 문제는 그 커넥터들이다. 시간이 지나면서 커넥터는 느슨해지며 결국 연결이 상실된다.

자동차 메이커들은 시장 지배력을 강화하기 위해 현재는 적어도 300,000 km를 주행할 수 있고 평균 10년간 사용할 수 있도록 설계된 차들을 생산하고 있다. 전기시스템은 승용차의 수명시간 동안 수리 없이 작동하는 것이 요구된다. 전기시스템의 건전성 확보가 중요하다. 유선구동 되는 자동차에 느슨해진 커넥터가 있다면 운전자는 느낌이 좋지 않을 것이다. 엔진과 배기시스템에 붙어 있는 계측장치가 증가함에 따라 많은 커넥터들이 열을 받게 되고, 어떤 것은 200 °C까지 전기적 접촉이 양호하게 유지되어야 한다.

오늘날 커넥터용 주된 재료는 구리-베릴륨 합금(Cu-2%Be)이다. 이 재료는 우수한 전기전도도를 보이면서 연결부에 요구되는 조임력(clamping force)을 주고 스프링처럼 작동하는 데 필요한 고강도를 보여준다. 하지만 이 재료의 최대 내구온도는 130 °C정도일 뿐이다. 이보다 높은 온도에서는 커넥터에 크리프에 의한 응력이완이 생기면서 조임력이 느슨해진다. 이 문제를 풀기 위한 방법을 제시해보라.

해결방법과 결과 방법은 커넥터에 필요한 기능들을 분리하고, 각각에 대한 가장 좋은 재료를 선택한 후 재료들 간의 양립성을 검토하고 그들을 조합하여 하이브리드를 만드는 것이다. 기능 (1) 전기를 잘 통할 것. 구리가 가장 양호하며 어떤 다른 실용 재료도 이보다 좋지 않다. 구리 합금(그중에서 구리-베릴륨 합금)은 강도가 크지만 전기전도도가 약간 떨어지고 가격이 비싼 것이 흠이다. 여기서는 양호한 전기전도도를 제공하는 구리를 선택하기로 한다. 기능 (2) 차량 수명동안 조임력이 유지될 것. 기능 2를 만족시키기 위해 선택된 재료는 구리에 접합되어 있어야 할 것이다. 서로 다른 재료가 상호 접합된 상태에서 열을 받아 뒤틀리지 않기 위해서는 열팽창계수가 같아야 한다.

그림 12.8과 12.9는 그 선택방향을 제시하고 있다. 그림 12.8은 Cu, Cu-2%Be, 일정범위의 강철에 대하여 최고사용온도, 열팽창계수를 보여준다. 그림의 굵은 점선 박스는 구리와 같은 열팽창계수를 갖는 재료들을 나타내고 있다. 오스테나이트 스테인리스 강철 302와 304는 열팽창계수 면에서 구리와 유사하며 훨씬 더 높은 온도에서 사용될 수 있다. 하지만 좋은 스프링

표 12.9 커넥터용 설계 요구조건

기능	전기 커넥터를 위한 하이브리드 전도체
제한조건	• 양호한 전기적 접촉 제공 • 자동차 수명 내내 200 °C에서 조임력 유지
설계목표	비용 최소화
자유변수	재료 1과 재료 2 : 두 재료의 두께 비

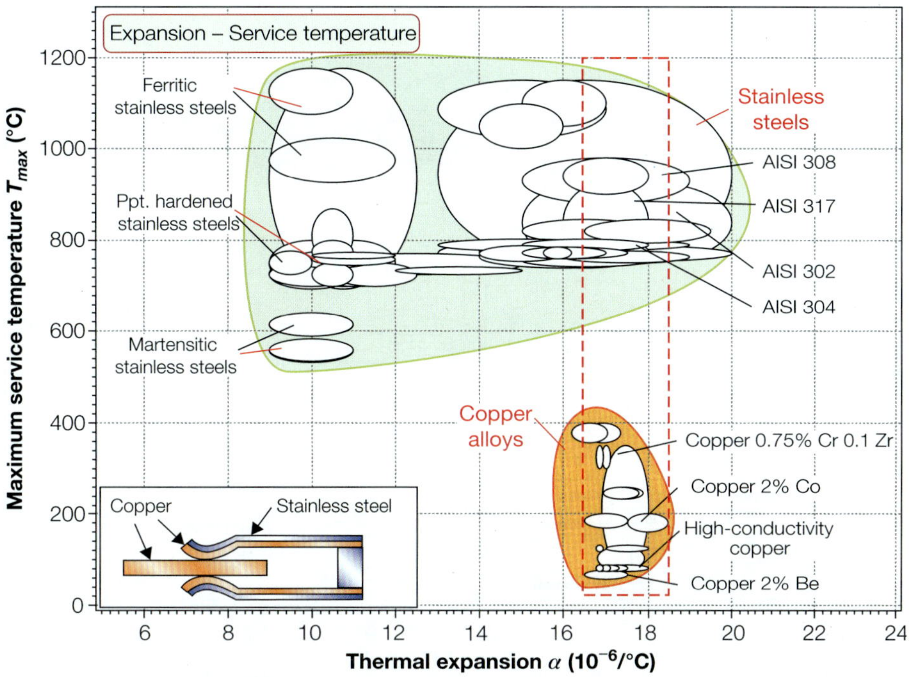

그림 12.8 하이브리드 커넥터 : 높은 열팽창에 적응할 수 있고 200 °C 이상에서 고온 강도 및 강성도를 유지할 수 있는 재료를 찾아야 한다. 여기서는 구리가 높은 전기전도도를 갖기 때문에 재료 1의 후보로, 스테인리스 강철 302 또는 304는 재료 2를 위한 좋은 선택이 된다.

재료가 될 수 있을까? 그리고 가격이 알맞은 수준일까? 그림 12.9가 이에 대한 답을 준다. 스프링으로 좋은 재료(제6장의 6.7절)는 σ_f^2/E 값이 커야 한다. 이것을 그림 12.9의 한 축으로 표시한다. 다른 한 축은 킬로그램당 가격이다. 즉, 302와 304 스테인리스 강철은 단련 상태에서 스프링재로 사용하기에 Cu-2%Be와 성능은 거의 동등하면서 가격이 훨씬 싸다.

추록 제안된 해결방안은 그림 12.8과 12.9에 삽입 그림으로 나타낸 것처럼 구리와 302 스테인리스의 하이브리드를 롤접합(roll-bonded)하여, 이중층을 형성한 부품이다. 물론 각 층의 두께와 최상의 냉간가공도, 성형성, 사용 환경에서의 내구성을 확보하기 위한 하이브리드 부품의 세부 설계방안이 필요할 것이다. 다만 이는 우리에게 분별있고 신속하며 효율적인 접근방법을 보여준다.

관련 사례연구

6.7 스프링 재료

10.8 초고효율 스프링

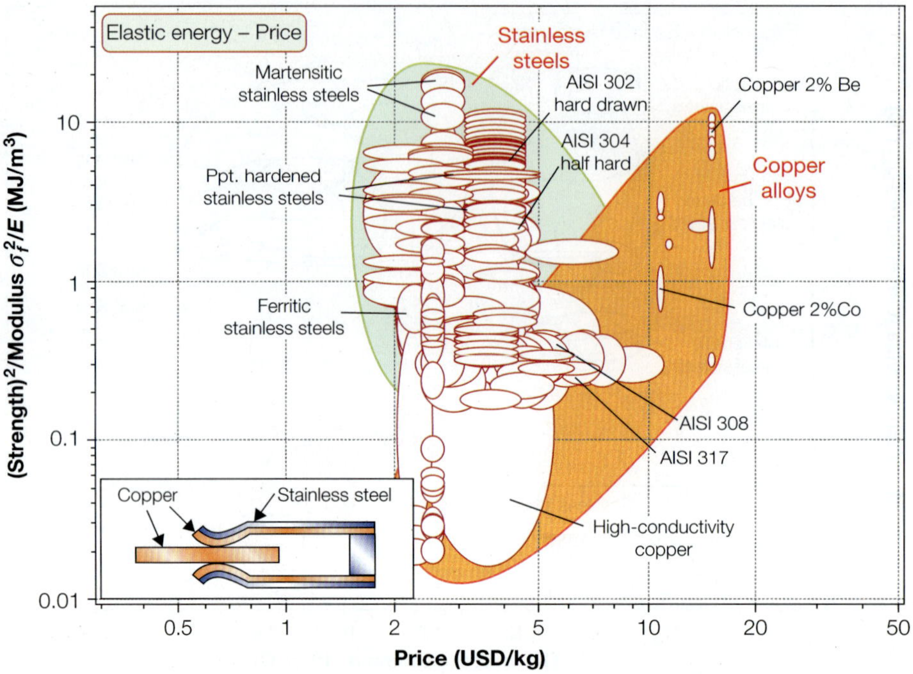

그림 12.9 커넥터의 두 가지 기능 : 전기전도성이 좋아야 하고 조임력이 풀리지 않아야 한다. 구리와 스테인리스강철은 Cu-2%Be보다 훨씬 가격이 싸며 그들을 롤접합(roll-bonding)하면 가격이 높아지지만 대량생산으로 가격을 낮출 수 있다.

12.8 이방성의 활용 : 열방사 표면

문제 단상재료로 만들어진 소스팬이 개방형 불꽃으로 가열되면 국부적인 과열부위가 생겨나서 내용물을 태울 수 있다. 이는 소스팬이 얇아서 전체 팬 표면이 균일한 온도가 될 수 있도록 열이 횡방향으로 퍼져 나가기보다는 더 빨리 팬 두께를 통과하기 때문이다. 보통 소스팬 재료로 사용되는 금속은 주철, 알루미늄, 스테인리스 강철, 구리이며, 등방성의 열전도도를 보인다. 우리가 실제로 원하는 것은 두께방향보다 횡방향으로 열전도도가 더 커야 하는 것이다. 이층형(혹은 다층형) 하이브리드로서 이를 달성할 수 있다. 표 12.10은 이와 같은 상황을 요약하고 있다.

해결방법과 결과 이층구조의 평면(그림 12.10의 삽입 그림)에 전달되는 열은 2개의 평행한 전파통로를 가진다. 전달되는 전체 열은 각 통로에서의 열의 합이다. 재료 1의 층이 두께 t_1, 열전도도 λ_1을 가지며 재료 2의 층은 두께 t_2, 열전도도 λ_2을 가지고 서로 접합되어 있다면, 이들 층

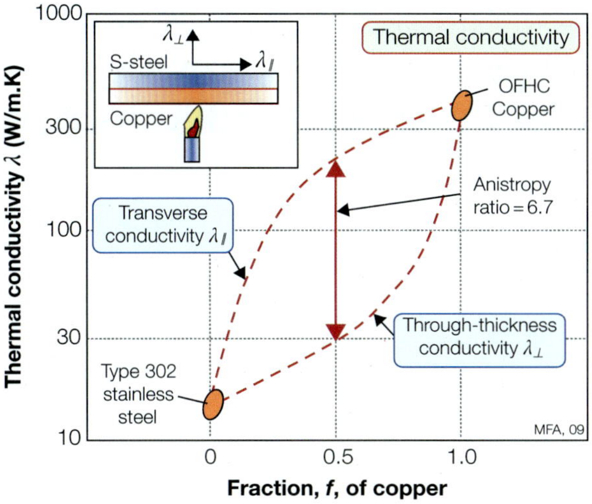

그림 12.10 이방성 만들기 : 구리와 스테인리스 강철의 이층구조로써 좋은 열전도성과 열 이방성 비 6 이상을 가진 신소재를 만들 수 있다.

표 12.10 패널의 열방사 성능을 위한 설계 요구조건

기능	열방사 표면
제한조건	200 °C까지 뒤틀림 없음
설계목표	양호한 열전도성 유지하면서 열 이방성 최대화
자유변수	재료 1, 재료 2 : 두 재료의 두께 비

에 평행한 방향의 열전도도 $\tilde{\lambda}_{/\!/}$은[식 (11.9)에서 $f = t_1/(t_1 + t_2)$],

$$\tilde{\lambda}_{/\!/} = f\lambda_1 + (1-f)\lambda_2 \tag{12.8}$$

또한 이들 층에 수직방향의 열전도도 $\lambda_\perp$은 식 (11.24)의 조화평균이다.

$$\tilde{\lambda}_\perp = \left(\frac{f}{\lambda_1} + \frac{(1-f)}{\lambda_2}\right)^{-1} \tag{12.9}$$

이 이층구조가 열팽창계수가 크게 다른 재료로 구성된다면, 소스팬은 열을 받게 될 때 뒤틀릴 것이다. 따라서 소스팬을 잘 만들기 위해서는 열팽창계수가 거의 비슷한 한 쌍의 재료를 찾되, 식 (12.8)과 (12.9) 사이의 차이가 가능한 크도록 열전도도는 가능한 많이 차이나는 재료를 찾아야 한다.

결과 구리는 아주 좋은 열전도체이다. 12.7절의 사례연구에서 보았듯이 구리와 스테인리스(302, 304) 강철은 열팽창계수는 잘 맞지만 열전도도가 크게 다름을 알 수 있다. 그림 12.10은 구리(λ_1 = 390 W/m.K)와 오스테나이트계 스테인리스 강철(λ_2 = 16 W/m.K)로 된 이층구조의 $\tilde{\lambda}_{/\!/}$

와 $\tilde{\lambda}_{\perp}$을 상대적인 두께의 비 f의 함수로 나타낸 것이다. $\tilde{\lambda}_{/\!/}$과 $\tilde{\lambda}_{\perp}$ 사이의 최대 차이는 대략 $f = 0.5$(각 재료가 두께의 1/2씩 차지할 경우)에서 발생하였다. 이때 두 방향의 열전도도의 비(열 이방성 비)는 6.7이다. 하이브리드화를 통해 특성 차트의 점유영역을 색다른 차원으로까지 확장하여 열 이방성을 확대할 수 있는 것이다.

관련 사례연구

6.15 수동 태양열 난방용 재료

12.7 그립부가 이완되지 않는 커넥터

12.9 천연재료의 역학적 효율

일반적인 원리로서 자연은 선택을 통해 생명체의 모든 부분을 효율적으로 사용하려고 부단히 노력하고 있다. (150년 전 찰스 다윈 씀)

천연소재는 놀랄 만큼 효율적이다. 여기서 효율적이라는 말의 뜻은, 식물이나 동물이 기능하는 방식에 의해서 복잡한 주어진 요구조건을 천연소재가 만족시키고 있으면서 이를 위해 가능한 적은 양의 재료를 이용하고 있다는 것이다. 이런 요구조건 중에서 많은 부분이 본질적으로 기계적인 것이다. 예를 들어 생물체의 질량이나 바람으로 인해 만들어지는 정적이고 동적인 하중을 지탱할 필요성, 탄성에너지를 축적하거나 방출할 필요성, 큰 각도로 굽혀질 필요성, 좌굴이나 파괴에 저항할 수 있을 필요성이 그것이다.

실제로 모든 천연소재들은 하이브리드이다. 이것들은 비교적 적은 수의 고분자, 세라믹 혹은 그 자체로 복합재료인 구성단위로 구성되어 있다. 예를 들어 식물의 세포벽은 셀룰로오스(cellulose), 헤미셀룰로오스(hemi-cellulose), 펙틴(pectin)의 조합체이며 목질화될 수 있다. 동물의 세포조직은 콜라겐(collagen), 엘라스틴(elastin), 케라틴(keratin), 치틴(chitin), 칼슘염, 실리카와 같은 미네랄로 구성되어 있다. 이렇게 제한된 구성성분으로부터 자연은 놀랄 만큼의 범위로 구조화된 하이브리드를 만들고 있는 것이다. 일반 목재, 대나무, 야자나무는 리그닌(lignin)/헤미셀룰로오스 기지에 셀룰로오스 섬유가 함유되어 있으며 벽두께가 가변적이고 속이 비어있는 각형 셀의 형상을 가진다. 머리카락, 손톱, 뿔, 양털, 파충류의 비늘, 발굽은 케라틴으로 만들어지고, 곤충의 표피는 단백질 기지에 치틴이 함유된 구조이다. 연체동물의 껍질은 탄산칼슘이 주성분이고, 약간의 단백질이 결합되어 있다. 상아, 뼈, 뿔(horn)은 벽돌 모양의 수산화어패타이트가 콜라겐으로 접착되어 있는 구조이다. 콜라겐은 동물의 연성 및 경성 생체조직에서 기본적인 구조요소이다.

역학적인 관점에서 보면 개별적인 구성단위에 대해 아주 특별한 것은 없다. 셀룰로오스 섬유의 탄성계수는 나일론 낚시줄과 거의 같지만 강철보다는 상당히 낮다. 셀룰로오스 섬유를 함침한 리그닌-헤미셀룰로오스 기지는 에폭시와 아주 비슷한 특성을 가진다. 수산화애퍼타이트(hydroxyapatite)는 인공 세라믹과 유사한 파괴인성치를 가지므로 취성이다. 그래서 생물체의 구성요소의 형태구성은 천연소재의 놀랄만한 효율성을 불러일으키는 것이다.

목재나 뼈를 구성하는 형태구성의 복잡한 계통도를 그림 12.11과 12.12에 보여준다. 나무의 강성도, 강도, 인성은 그림 12.11의 왼쪽에 나타낸 것처럼 대부분 셀룰로오스 분자의 강성도, 강도, 인성으로부터 유래된다. 결정질 마이크로피브릴(microfibrils)은 약 30~60 나노미터 길이의 정렬된 분자로 구성된다. 이것이 층상구조의 강화섬유 역할을 하며 기지는 비결정질의 리그닌과 헤미셀룰로오스이다. 층상의 적층구조는 그림 12.11의 오른쪽에 나타낸 것처럼 4층 패턴으로 되어 있으며, 섬유배열 방향이 셀의 벽을 이루는 구조재료가 된다. 주벽(primary cell wall)의 피브릴은 목화솜처럼 불규칙하게 서로 엮여 있으며, 그 다음의 층들에서는 피브릴이 평행하게 정렬되고 조밀충진되어 있다. 바깥층(S_1)은 피브릴이 왼손감기와 오른손감기가 교대로 층상으로 감긴 구조이다. 그 아래에 중간층(S_2)은 피브릴이 셀의 길이 방향에 거의 평행하게 놓여있다. 맨 안쪽의 층(S_3)은 다시 (S_1)층과 같은 구조를 갖는다. 셀 전체로는 셀룰로오스 성분이 없는 리그닌-펙틴 복합체인 매개층(그림에는 안 보임)에 의해 인접하는 셀과 접합되어 있다.

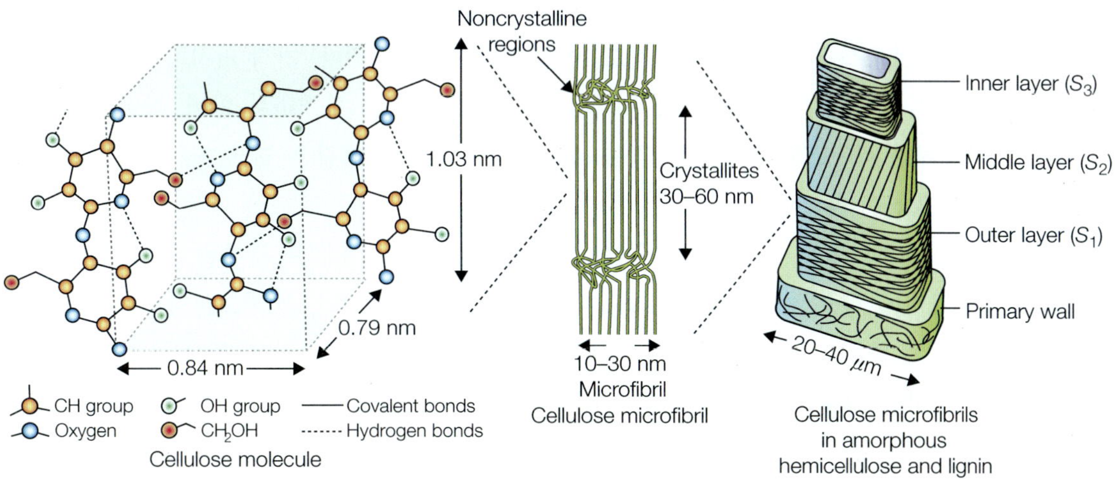

그림 12.11 나무의 계통적 구조

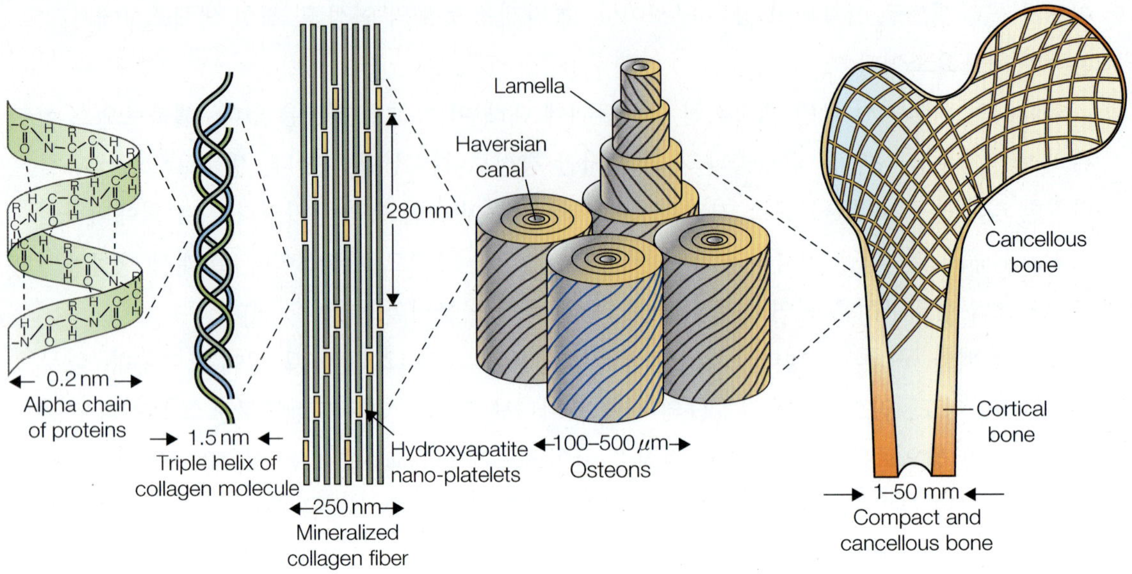

그림 12.12 뼈의 계통적 구조

뼈와 나무의 매우 다른 화학적 분자구조에도 불구하고, 뼈의 계통적 구조와 나무의 계통적 구조가 매우 닮아 있음은 흥미로운 사실이다(그림 12.12). 여기서 시작점은 그림의 왼쪽에 보이는 콜라겐 분자의 3중 나선구조이다. 모재의 경우와 달리 이것은 강화재가 아니라 기지재이다. 수산화어패타이트 나노 판상체는 미숙한 생체조직에 침착되고 시간이 흐르면서 부피분율이 증가하여 성숙한 골조직(osteon)을 형성하는데, 미네랄로 채워진 콜라겐 섬유의 규칙적인 층상구조가 성인의 체중과 구조적인 하중을 지탱할 수 있는 강성도와 강도를 가진 구조의 구성 요소이다. 셀룰로오스 분자의 강성도, 강도, 인성으로부터 유래된다. 가장 거시적인 스케일에서 거의 완전한 밀도의 단단한 골조직이 전체 뼈의 바깥 부분을 차지하는 반면, 작은 기둥모양 요소로 채워진 다공질의 뼈는 척추골(vertebrae), 두개골(skull)과 같은 쉘 형태, 대퇴골(femur)처럼 긴 뼈의 양끝을 채운다.

인공적인 공업재료처럼 천연소재의 구성단위는 여러 가지 클래스로 분류될 수 있다. 바이오세라믹 재료[탄산칼슘, 아라곤나이트(aragonite), 수산화애퍼타이트], 천연 고분자재료[유기질 구성체 블록 : 셀룰로오스 같은 다당류, 치틴, 콜라겐, 견사, 케라틴 같은 단백질], 천연고무[엘라스틴, 레질린(resilin), 압덕틴(abductin), 피부, 동맥, 연골(cartilage)]가 그것이다. 이들은 일정 범위의 하이브리드를 만들기 위해 조합될 수 있고 그들 하이브리드에는 복합재료와 샌드위치 구조[뼈, 사슴뿔(antler), 법랑질(enamel), 상아질(dentine), 조개, 산호], 쎌 구조[목재, 코르크, 야자나무, 대나무, 해면골조직(trabecular bone)], 분할이음 구조(비늘, 머리카락) 등이 있다. 이들 천연소재의 특성은 공업용재료와 마찬가지로 재료-특성 차트를 이용하여 탐색되고 서로 비교될 수 있다. 이 장에서는 천연 하이브리드와 그것을 구성하는 기본 블럭의 특성에 대하여 특성차트를 살펴보는 것으로 마치고자 한다.

탄성계수-밀도 차트 그림 12.13은 탄성계수 E와 밀도 ρ에 대한 데이터를 보여준다. 천연소재의 클래스별 데이터는 큰 테두리로 둘러싸여 있으며 클래스 내의 재료 종류는 굵은 테두리 안의 작은 버블로 나타난다. 일반 목재, 야자나무, 코르크, 발포재와 닮은 해면골조직, 산호는 각각의 테두리로 둘러싸여 있다. 천연섬유[견사(silk), 아마(flax), 황마(jute) 등]도 나름대로 테두리를 가지며, 미네랄로 채워진 생체조직(뼈, 쉘 등)이나 연성 조직(인대, 연골 등)도 마찬가지이다. 이들의 탄성계수가 섬유방향이나 단위세포에 평행(기호 ∥)한 경우와 수직(기호 ⊥)한 경우에 달라지면 각각 구별하여 도시하였다. 해면골조직의 경우 특히 넓은 밀도의 변화를 나타내

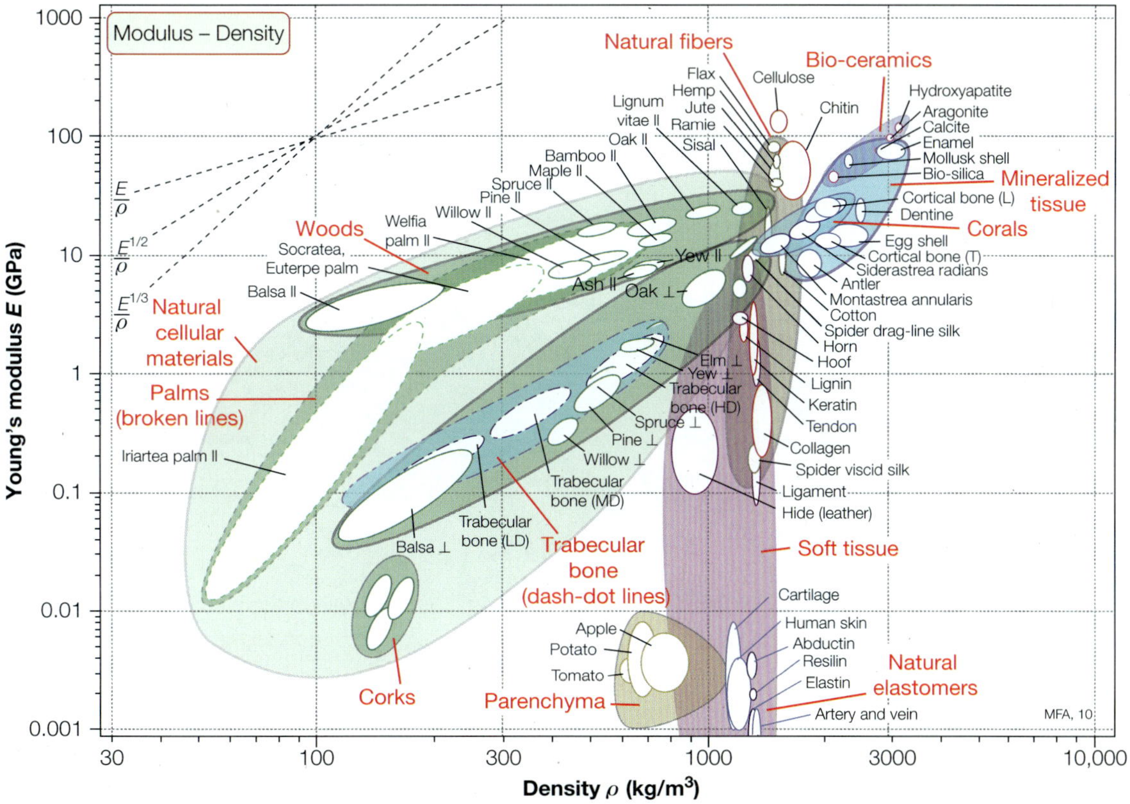

그림 12.13 천연소재에 대한 재료-특성 차트 : 여기서는 탄성계수와 밀도의 관계를 보여준다. 점선으로 나타낸 가이드라인은 경량성과 강성도 측면에서 구조적으로 효율적인 재료를 가려내는 데 사용된다.

므로 큰 테두리 안에 고밀도(HD), 중밀도(MD), 저밀도(LD)의 세 개의 버블로 나타내었다. 비강성을 나타내는 안내선 E/ρ, $E^{1/2}/\rho$, $E^{1/3}/\rho$이 보이며 각각은 특정모드의 하중에 대한 재료지수를 나타낸다.

인장하중 시의 효율은 지수 E/ρ로 측정되는데, 가장 효율이 우수한 천연소재는 셀룰로오스이다. 이는 강철의 E/ρ보다 2.6배 더 커서 천연섬유인 아마, 대마(hemp), 황마 섬유가 그렇게 우수한 높은 값을 갖는 근거가 된다. 일반 목재나 야자나무, 대나무는 굽힘에 특히 효율적이고 좌굴에 대한 저항이 크다. 이는 단위세포에 평행하게 하중을 받을 때 굽힘 재료지수 $E^{1/2}/\rho$가 크다는 점에서 알 수 있다. 발사(balsa) 나무의 경우 $E^{1/2}/\rho$가 강철의 5배나 클 수 있는 것이다.

인장강도-밀도 차트 그림 12.14는 강도 σ_f와 밀도 ρ에 대한 데이터를 보여준다. 색깔로 구별한 것이나 테두리로 분류하는 방식은 그림 12.13과 동일하다. 천연세라믹의 경우 인장강도

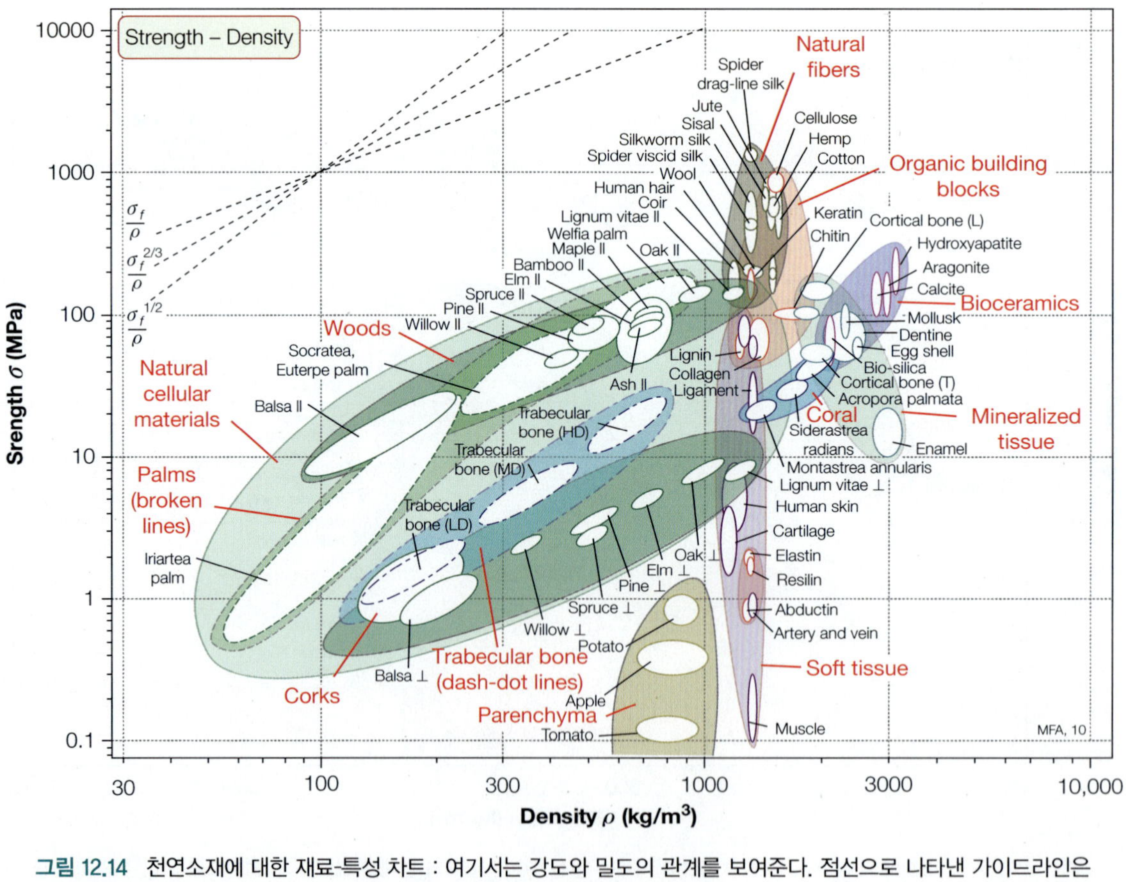

그림 12.14 천연소재에 대한 재료-특성 차트 : 여기서는 강도와 밀도의 관계를 보여준다. 점선으로 나타낸 가이드라인은 경량성과 강도의 측면에서 구조적으로 효율적인 재료를 가려내는 데 사용된다.

는 굽힘강도(MOR)로 나타내고 빔의 굽힘 시 기호(T)로 나타낸다. 천연고분자와 탄성중합체의 경우 강도는 인장강도를 가리키며, 천연 셀 구조 소재에 대해서는 재료의 고유 특성에 따라 인장응력은 플래토 응력이나 굽힘강도(MOR)(기호 T)로서 나타내게 된다. 이들의 강도가 섬유 방향이나 단위세포에 평행(기호 ∥)한 경우와 수직(기호 ⊥)한 경우에 달라지면 각각 구별하여 도시하였다.

인장강도에 대한 진전은 비강도 σ_f/ρ가 큰 쪽으로 전개될 것이며, 굽힘이나 좌굴 강도에 대한 진전은 $\sigma_f^{2/3}/\rho$가 큰 재료를 구하는 쪽으로 전개될 것이다. 견사와 셀룰로스는 σ_f/ρ값이 가장 크며, 실크는 탄소섬유보다도 σ_f/ρ값이 더 크다. 아마, 대마, 무명 섬유도 이 지수가 크다. 대나무와 야자나무, 일반 목재는 $\sigma_f^{2/3}/\rho$값이 커서 굽힘파괴에 잘 견딜 수 있다.

탄성계수-강도 차트 천연소재의 강도 σ_f와 탄성계수 E에 대한 데이터는 그림 12.15에 나타나 있다. 두 특성의 조합은 중요한 의미를 가진다. σ_f^2/E값이 큰 재료는 탄성에너지를 저장하여 좋은 스프링재료로 활용된다. σ_f/E값이 큰 재료는 뛰어난 레질리언스(resilience)를 가진다. 이 그림에는 양쪽 모두에 대해 그려져 있다. 견사(거미줄의 견사 성분 포함)는 스프링강이나 고무를 능가하는 σ_f^2/E값을 가지며 예외적으로 효율적인 재료이다. 한편 지수 σ_f/E가 크다는 것은 재료가 회복 가능한 변형량이 크다는 의미로, 좋은 탄성경첩용 재료로 사용될 수 있다. 야자나무(코코넛 목재)는 일반 목재보다 이 지수가 더 높아서 속도가 센 바람에도 부러지지 않고 휘어졌다가 복원될 수 있다. 자연은 이런 원리를 잘 이용하여, 표피, 가죽, 연골조직이 굽힘 경첩과 비틀림 경첩으로 작용하도록 한다.

인성-탄성계수 차트 재료의 인성은 균열의 전파에 대한 재료의 저항으로 측정된다. 천연소재의 인성 G_c과 탄성계수 E에 대한 제한된 데이터를 그림 12.16에 나타내었다. 부품이 파괴되지 않고 주어진 충격에너지를 흡수해야 한다면 이를 위한 최상의 선택은 G_c의 값이 가장 큰 재료일 것이다. 이들 재료가 그림 12.16의 상단에 나와 있다. 사슴뿔(antler), 발굽, 대나무, 일반 목재가 돋보인다. 대신에 균열이 내재된 어떤 부품이 주어진 하중을 파괴 없이 지탱해야 할 때, 재료를 가장 안전하게 선택하는 방법은 파괴인성 $K_{1c} \approx (EG_c)^{1/2}$ 값이 가장 큰 재료를 선택하는 것이다. 그림 12.16의 상단 왼쪽에서 하단 오른쪽으로 대각선 방향으로 기울어진 등고선들은 $(EG_c)^{1/2}$ 지수값을 나타낸다. 연체동물 껍질과 치아 법랑질이 돋보인다.

많은 공업용 재료들(강철, 알루미늄 합금 등)은 가장 좋은 천연소재보다도 훨씬 높은 K_{1c}와 G_c값을 가진다. 하지만 진주층(nacre), 상아질, 뼈, 법랑질과 같은 천연세라믹의 인성은 알루미나와 같은 기존의 공업용 세라믹에 비해 열배 정도 높다. 그렇게 인성이 높은 것은 천연세라믹의 분

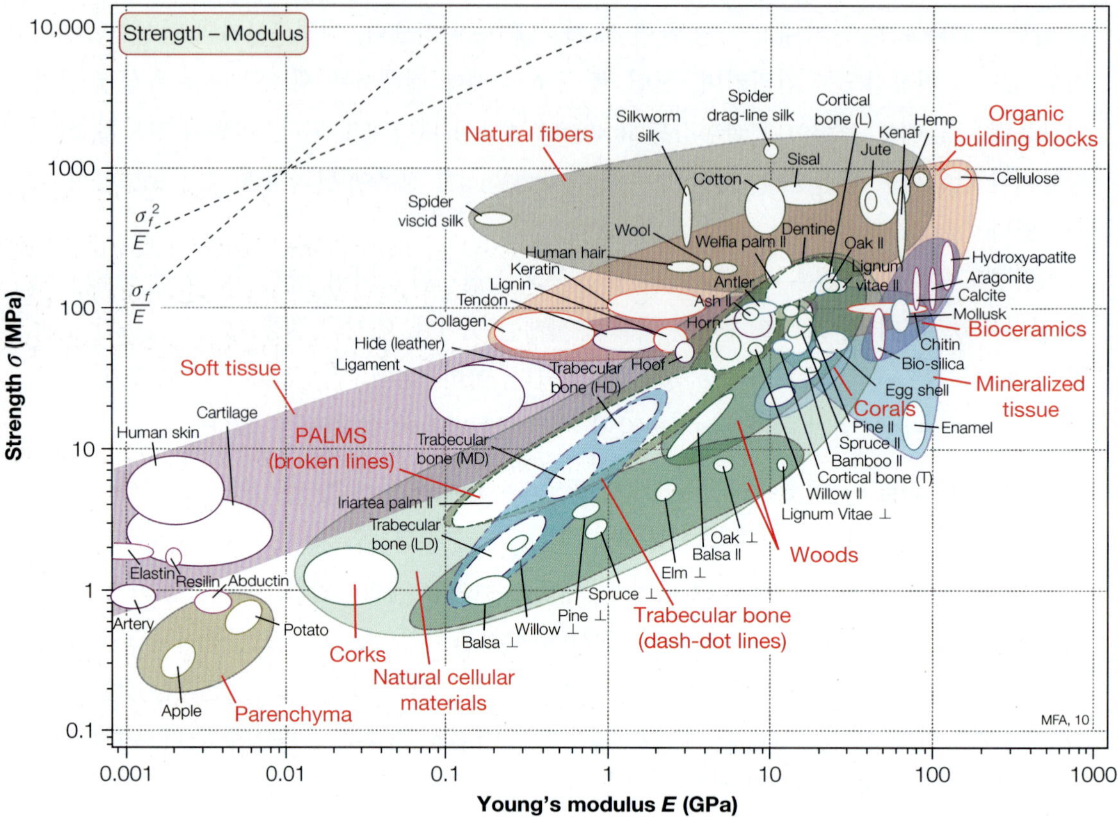

그림 12.15 천연소재에 대한 재료-특성 차트 : 여기서는 강도와 탄성계수(영의 계수)의 관계를 보여준다. 점선으로 나타낸 가이드라인은 단위 체적당 탄성에너지를 가장 많이 축적하여 좋은 탄성경첩을 제공하는 재료를 가려내는 데 사용된다.

할이음 구조에 기인한다. 탄산칼슘, 수산화애퍼타이트나 아라곤나이트와 같은 세라믹의 편상체들은 약간의 고분자 접착제(주로 콜라겐 접착제)로 서로 접합될 때 그 하이브리드의 인성은 미네랄성분이 감소함에 따라 증가하고 콜라겐 양이 많아짐에 따라 증가한다.

추록 여기 소개된 차트는 천연소재들이 자신에게 유용한 점을 가장 잘 활용하도록 진화해 간다는 다윈의 생각을 뒷받침한다. 그러한 방식이 좀 더 일찍부터 이용된다는 의미에서 효과적이다. 하지만 그 이상의 무엇이 더 있다. 따라서 더 심도 있는 성찰을 원한다면 12.9절에 수록된 문헌을 읽어보기 바란다.

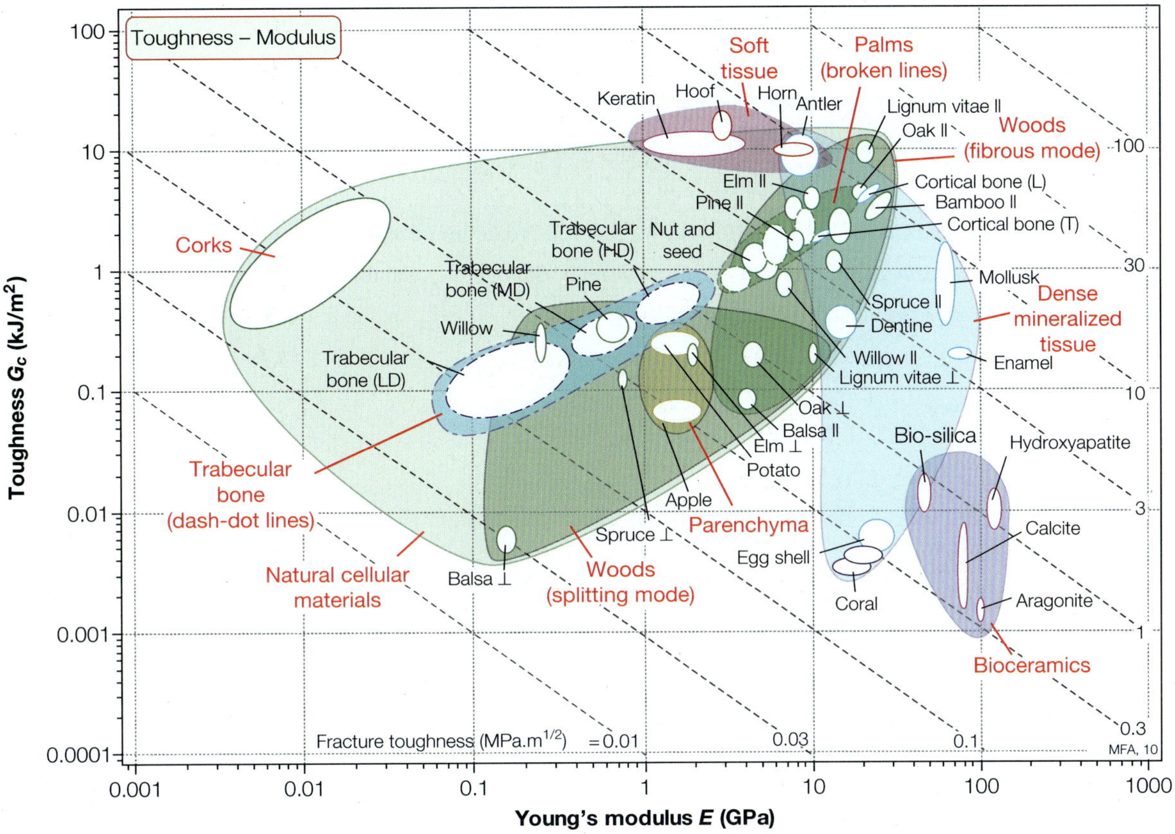

그림 12.16 천연소재에 대한 재료-특성 차트 : 여기서는 인성과 탄성계수(영의 계수)의 관계를 보여준다. 대각선 방향으로 점선으로 나타낸 등고선은 파괴인성 $(EG_c)^{1/2}$을 나타낸다.

12.10 심화학습을 위한 참고문헌 : 천연소재, 부록 D

Beukers, A. and van Hinte, E. (1998), *Lightness: The Inevitable Renaissance of Minimum Energy Structures*, 010 Publishers, Rotterdam. ISBN 9-064-50334-6.

Currey, J.D., Wainwright, S.A. and Biggs, W.D. (1982), *Mechanical Design in Organisms*, Princeton University Press, Princeton, USA. ISBN 0-691-08308-8.

Gibson, L.J. and Ashby, M.F., and Harley, B.A. (2010), *Cellular materials in nature and in medicine*, Cambridge University Press, Cambridge, UK. ISBN 9-7805-2119-5447. (자연에서 관찰되는 셀구조 재료의 구조, 역학, 용도에 대하여 탐구한 단행본)

McMahon, T. and Bonner, J. (1983), *On Size and Life*, American Books, New York. ISBN 0-716-75000-7.

Sarikaya, M. and Aksay, I.A. (Eds.) (1995), *Biomimetics: Design and Processing of Materials*, AIP Press, Woodbury. ISBN 1-563-96196-2.

Thompson, D'A.W. (1992), *On Growth and Form*, Dover Publications. ISBN 0-486-67135-6.

Vincent, J.F.V. (1990), *Structural Biomaterials* (revised ed.), Princeton University Press, Princeton, ISBN 0-691-02513-4.

Vincent, J.F.V. and Currey, J.D. (1980), The mechanical properties of biological materials, In *Proceedings of the Symposia of the Society for Experimental Biology* 34, Cambridge University Press for the Society for Experimental Biology.

제 13 장

공정과 공정선택

금형압력주조(die casting) (사진 제공 : Thomas Publishing, New York, USA)

Materials Selection in Mechanical Design. DOI: 10.1016/B978-1-85617-663-7.00013-8

13.1 서론과 개요

공정은 재료를 성형하고, 결합하고, 마감질 하는 방법들이다. 사형주조(sand casting), 사출성형(injection molding), 용접(fusion welding), 전해연마(electro-polishing) 등이 그것이며, 수백 가지의 다양한 제조공정이 존재한다. 제작할 부품에 대한 제조공정의 선택은 사용할 재료, 부품의 크기, 형상, 요구되는 정밀도, 수량 등 한마디로 설계 요구조건에 따라 달라진다.

공정을 선택하려면 먼저 공정을 분류해야만 한다. 13.2절에서 그러한 분류에 대하여 알아볼 것이다. 그리고 13.3절로 이어져 공정 가족과 그들의 속성에 대하여 알아보고, 그들이 다룰 수 있는 재료와 만들어 낼 수 있는 형상과 제공할 수 있는 정밀도에 대하여 살펴본다.

공정은 두 가지 기능을 동시에 가졌다. 명백한 기능은 성형하고, 결합하고, 마감질하는 것이다. 덜 분명한 기능은 특성을 조절하는 것이다. 금속은 압연(rolling)과 단조(forging)를 통해서 강해지며, 강철은 열처리를 통하여 경도와 인성이 향상된다. 고분자는 인발(drawing)을 통하여 탄성계수와 강도가 향상되며, 세라믹은 핫프레스에 의해 강도가 향상된다. 공정과 특성의 상관관계는 13.4절에서 더 자세히 다루어 질 것이다.

따라서 설계 요구조건의 변경은 제조공정 흐름도의 변경을 수반하기도 한다. 따라서 제조공정의 다양성을 감안할 때, 부품의 설계 단계에 있어서 최적화된 제조공정 선택은 이후의 가격 상승 정도를 결정한다는 점에서 매우 중요하다.

공정선택, 즉 공정속성과 설계 요구조건 사이에서 가장 알맞은 조합을 찾는 것은 13.5절과 13.6절의 주제이다. 거기서 소개될 방법을 사용함에 있어서 반드시 기억해야 할 것은, 그림 13.1에 나타낸 바와 같이 재료, 형상, 공정 사이의 상호작용이다. 재료특성과 형상은 공정선택을 제한한다. 예를 들어 연성재료에는 단조, 압연, 인발 등의 방법을 사용할 수 있으나 취성재료는 아마 분말법으로 성형해야 할 것이다. 상온 또는 비교적 쉽게 얻을 수 있는 고온에서 낮은 점성의 액체로 존재하는 재료의 경우 주조할 수 있고, 굳이 다른 방법을 사용할 필요가 없다. 형상도 역시 공정선택에 영향을 미친다. 얇고 가느다란 형상은 압연이나 인발을 통해서 가공될 수 있지만 주조를 통해서는 불가능하다. 속이 빈 형상의 경우 단조를 통해서는 가공하기 어렵지만 주조나 몰딩(molding)을 통해서는 가능하다. 반면에 공정도 특성에 영향을 미치는데, 압연과 단조는 금속의 경도와 집합조직을 바꾸고 함유된 개재물의 방향성을 조절하여 강도나 연성을 증가시킨다. 또한 열처리를 통해서 강도와 연성과 인성의 조절이 가능하다. 복합재료는 공정을 거친 후에만 원하는 물성치를 얻을 수 있다. 그 이전까지는 오직 섬유 다발과 고분자 기지에 불과할 뿐이다.

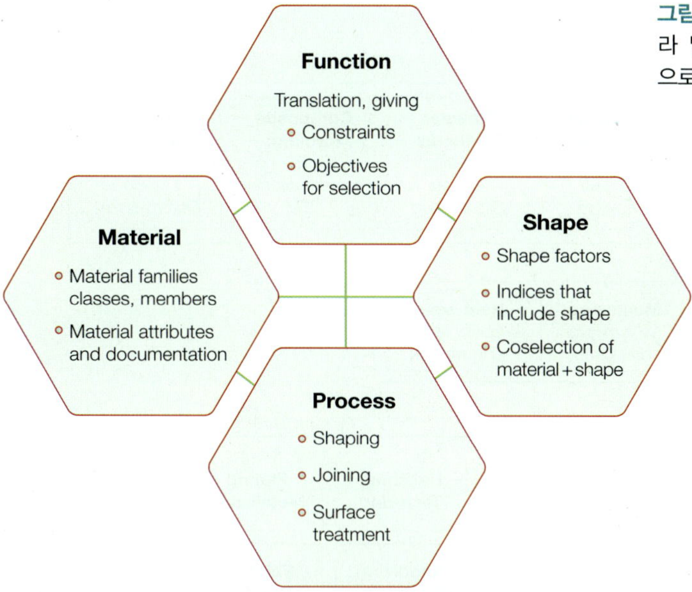

그림 13.1 공정의 선택은 재료와 형상에 따라 달라지며, '공정속성'은 선택을 위한 기준으로 사용된다.

설계의 다른 측면과 마찬가지로 공정선택은 반복적인 작업이다. 첫 번째 반복은 한 가지 이상의 선택 가능한 공정 루트를 부여하는 것이다. 그러면 가급적 가장 바람직한 루트에 의해 제조공정이 쉽도록 설계가 재고되어야 한다. 최종적인 선택은 공정 소요비용을 기준으로 이루어져야 하며, 이 단계에서는 13.6절에서 다룰 공정비용 모델을 사용해야 한다. 또한 공정사례와 문서화된 공정 경험, 유사한 제품의 생산에 사용된 공정 루트의 사례 등이 참고문헌정보로 활용되어야 한다. 참고문헌정보는 공정과 제품 간의 품질 관계에서 효율적인 방법을 찾아내는 데 도움을 준다. 문서화는 또한 공정과 재료 특성 사이의 상관성을 다루는 데 있어서 도움이 된다.

늘 그렇듯이 본 장의 끝에는 요약과 함께 심화학습에 도움이 될 만한 참고문헌들을 간단한 설명을 곁들여 수록하였다.

13.2 공정의 분류

제조공정은 그림 13.2의 제목에 제시된 것과 같은 방법으로 분류될 수 있다. 1차공정은 형상을 만드는 것으로 첫 번째 열은 여섯 가지의 1차 공정클래스이다. 주조, 몰딩, 소성가공(deformation), 분말법(powder methods), 복합재료성형, 급속조형(rapid prototyping, RP)과 같은 특수방법,

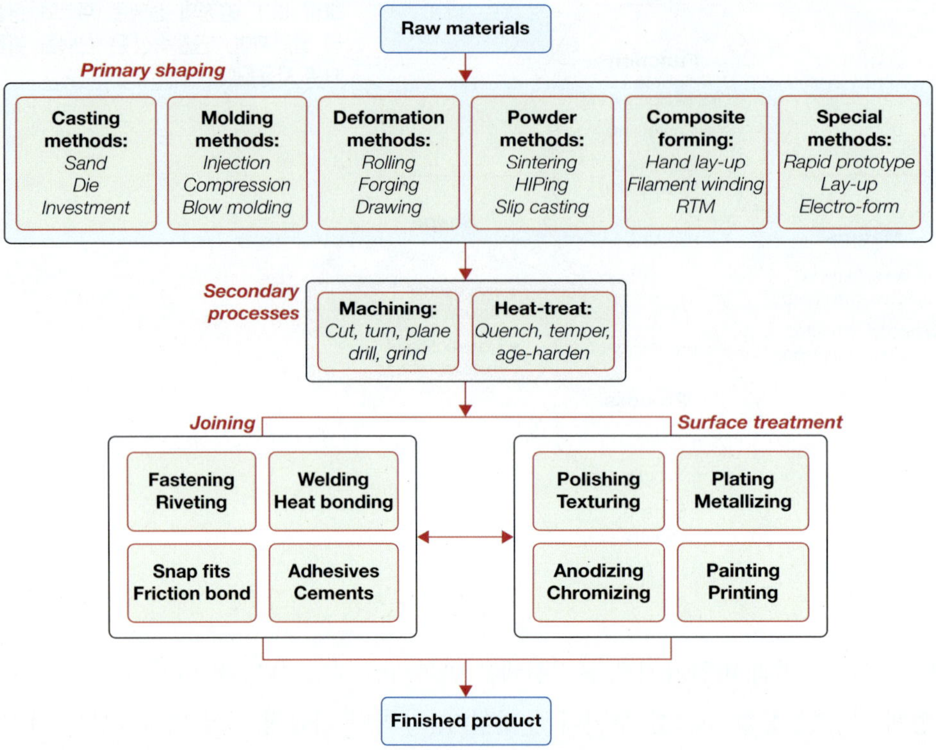

그림 13.2 공정의 분류 : 첫 번째 열은 성형공정 가족 중 1차 공정클래스를 나타내고 있다. 그 아래에 2차 공정클래스인 절삭가공과 열처리가 나와 있고 마지막으로 결합과 마감질(표면처리) 공정 가족이 나타나 있다.

2차 공정은 형상과 특성을 개선시키는 것인데, 여기에는 이미 성형된 제품에 어떤 특징을 부여하기 위한 '절삭가공'이나, 표면 또는 질량 전체의 특성 개선을 위한 열처리 등이 포함된다. 마지막 3차 공정클래스로 결합과 표면처리 또는 마감질이 나와 있다.

그림 13.2의 장점은 제조공정 루트에 따른 진행이 흐름도와 같이 나타나 있다는 점이다. 하지만 이 그림의 순서에 너무 얽매일 필요는 없으며 각 단계별 순서는 설계의 요구에 맞추어 바뀔 수 있다. 그림이 의미하는 바는 공정이 크게 성형, 결합, 마감질의 세 가지로 구성된다는 사실이다. 한 공정에서의 속성은 다른 공정에서의 속성과는 매우 다르므로 데이터를 조합하고 구성하는 데 있어서 개별적으로 처리되어야 할 필요가 있다.

공정을 보다 상세한 부분까지 조직적으로 구성하기 위하여 우리는 이미 제5장에서 재료에 대해 사용했던 것처럼 공정을 체계적으로 분류할 필요가 있다. 그림 13.3이 그 일부분인데, 공정 세상은 크게 성형, 결합, 마감질의 세 공정 가족으로 구성된다. 이 그림에서는 성형 가족의 분류를 확장하여 주조, 소성가공, 몰딩 등의 공정클래스로 확장하였다. 몰딩의 경우 그 구성

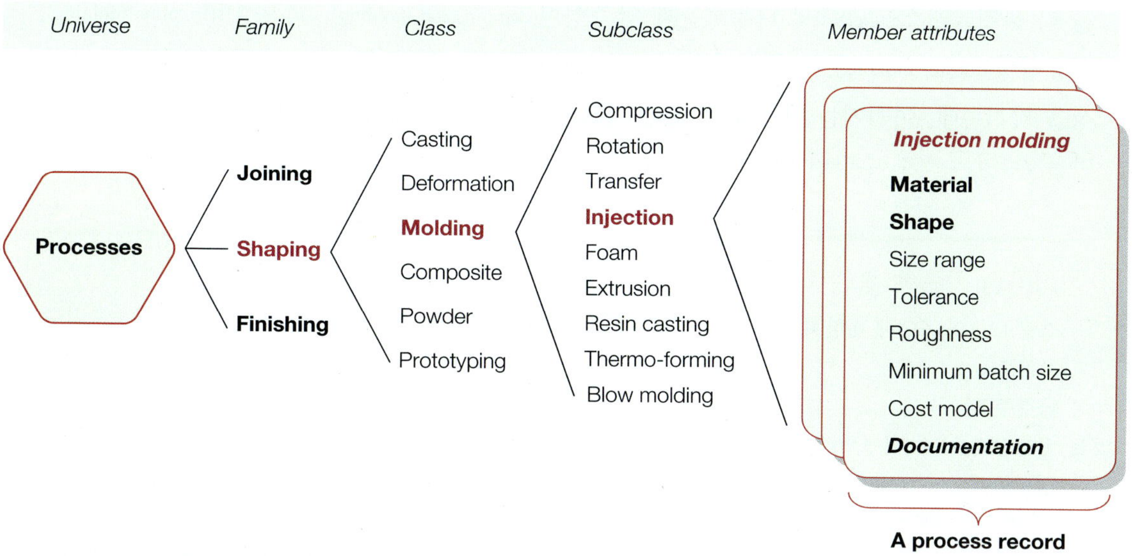

그림 13.3 성형 가족에 대하여 더욱 세분된 공정이 나열되어 있다. 각각의 구성요소는 일련의 속성들로 나타날 수 있다. 공정의 선택은 설계요구조건에 맞게 이 요소들을 결합시키는 것이다.

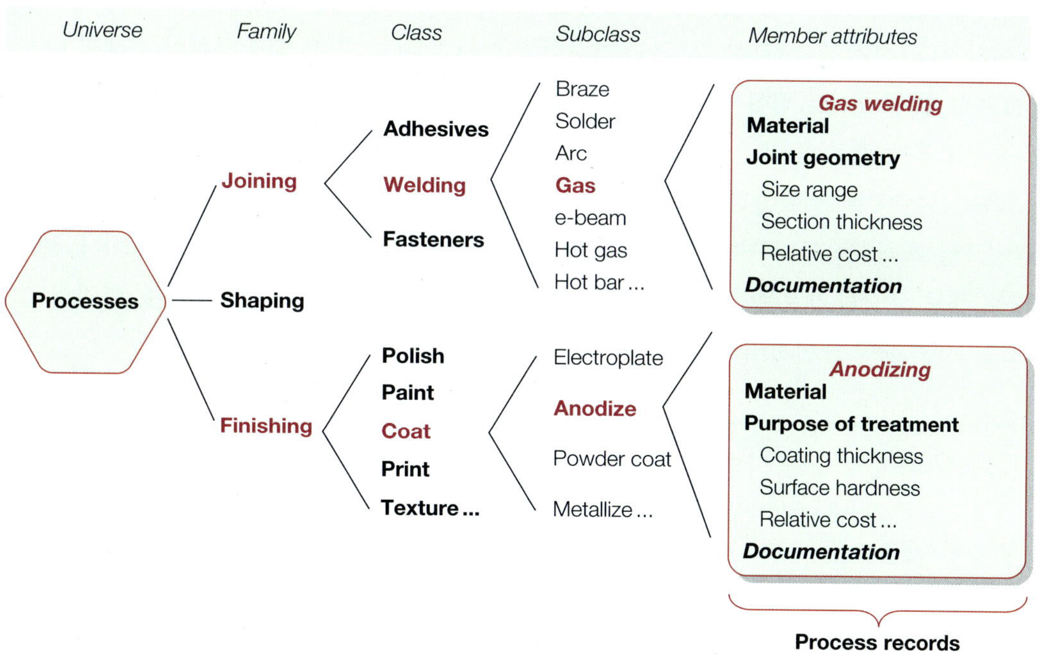

그림 13.4 결합과 마감질 가족을 부분적으로 확대하여 다시 나타낸 공정 세상의 체계도

을 더 하위클래스(subclass)로 나누었는데 압축성형(compression molding), 회전성형(rotation molding), 이송성형(transfer molding), 사출성형(injection molding) 등이 그것이다. 이들 각각은 나름대로의 속성을 가지는데, 여기에는 사용할 수 있는 재료, 제작 가능한 형상과 크기, 정밀도, 경제적으로 만들 수 있는 최소 수량인 뱃치크기 등이 있다.

성형공정 가족에 속한 다른 공정클래스의 확장 사례

– 그림 13.3의 몰딩에 대한 확장처럼 주조 공정클래스에 대하여 확장해보면,

1. 사형주조
2. 금형주조
3. 금형압력주조(다이캐스팅)
4. 정밀주조

다른 두 공정 가족은 그림 13.4에 부분적으로 확대되어 나타나 있다. 결합 가족은 크게 접착(adhesive), 용접(welding), 이음(fastener)의 세 가지 공정클래스로 나눌 수 있으며, 이 그림에는 용접의 경우를 확대하여 나타내었다. 앞에서와 마찬가지로 각 방법은 나름대로 속성을 가지고 있다. 첫째는 그 방법으로 결합될 수 있는 재료이다. 그 다음에는 성형에서의 속성 리스트와는 달라진다. 여기서 결합되는 부위의 기하학적 형상과 함께 그 부분에 하중이 가해질 방식이 중요하다. 마찬가지로 접합부의 해체 가능성, 수밀(watertight) 여부, 전기전도성 여부 등이 중요한 요구조건이 될 수 있다.

그림의 아랫부분에는 마감질 가족에 속하는 공정클래스를 확대하여 나타내었으며, 그중 하나인 코팅(coating)을 확대하여 이에 속한 몇몇 하위클래스 공정을 보여준다. 성형이나 결합과 마찬가지로 코팅될 재료는 중요한 속성이 되지만, 다른 속성들은 역시 달라진다. 여기서 가장 중요한 것은 해당 표면처리의 목적(보호, 표면경화, 외관 등)과 코팅의 순서이다.

결합공정 가족에 속한 다른 공정클래스의 확장 사례

– 그림 13.4의 코팅에 대한 확장처럼 이음 공정클래스에 대하여 확장해보면,

1. 리벳과 스테플
2. 나사를 가진 이음단추
3. 재봉(sewing)
4. 끼워맞춤

이러한 배경지식을 바탕으로 우리는 공정들에 대하여 신속하게 훑어볼 수 있는 학습을 시작

할 수 있으며, 관련된 설명은 가능한 한 간결하게 이루어질 것이다. 자세한 사항은 13.9절에 나와 있는 여러 참고문헌에서 찾아보기 바란다.

13.3 공정 : 성형, 결합, 마감질

성형 공정

주조 (그림 13.5) 주조는 액체를 금형 속으로 주입한 후 냉각을 통해서 고체로 변화시키는 방법이다. 주조는 다음에 나올 몰딩에 비해서 사용되는 재료가 낮은 점성을 지닌다는 점에서 차이를 가지고 있다. 주조에 쓰이는 재료는 자체 무게에 의해서 몰드 속으로 채워지거나, 작은 압력을 가해서 몰드 속으로 주입된다. 일회용 사형주조의 경우 주형비용이 적게 드는 반면 뱃치 크기가 큰 금형압력주조(die casting)에 쓰이는 금형의 경우 비용이 매우 많이 든다. 이 두 가지 극단적인 경우 사이에 쉘몰드, 왁스몰드, 석고몰드 등 다른 주조법이 존재한다.

주조제품의 형상은 액체가 주형의 모든 부분에 잘 흘러 들어가고, 주형 내에서 순차적인 응고가 일어나도록 하며 수축기공이 발생하지 않도록 설계되어야 한다. 또한 접합되는 부분의 단면두께가 가능한 한 2배 이상 차이가 나지 않도록 단면의 두께는 균일해야 한다. 주조 작업을 마쳤을 때 패턴과 주조제품을 주형으로부터 꺼내기 쉽도록 형상이 설계되어야 한다. 그리고 키가 들어간 형상을 피해야 하는데 그 이유는 고체가 응고되고 수축하면서 열간균열(hot tear)을 발생시킬 가능성이 높기 때문이다. 공차와 주물의 표면 상태는 정밀도가 떨어지는 사형주조로부터 정밀도가 높은 다이캐스팅에 이르기까지 다양하며, 이는 13.6절에서 설명한다.

액체금속이 금형 속으로 흘러들어갈 때, 그 흐름은 난류(turbulent)인 관계로 표면의 산화물이나 이물질을 제품 내부로 끌어들여 주조결함을 만들어 낼 수 있다. 이와 같은 문제는 그림 13.5에 나타낸 것과 같이 진공이나 고압의 가스를 가하여 금속액체의 흐름을 층류(laminar)로 만들어 줌으로써 해결이 가능하다.

몰딩 (그림 13.6) 몰딩은 용융되었을 때 점성이 아주 큰 재료에 적합한 주조법이라 할 수 있다. 점도가 높은 고온의 유체는 높은 압력하에서 금형 속으로 주입된 후 냉각을 통해 응고된다. 금형은 반복적으로 가해지는 압력, 온도, 제품을 분리할 때 발생하는 마모 등을 견뎌야 하므로 비용이 많이 든다. 정교한 형상들은 몰딩으로 만들 수 있지만, 금형의 형상이 복잡한 탓과 제품을 금형으로부터 분리하는 방안 때문에 불리할 수 있다. 반면에 열성형(thermo-forming)을 위한 금형의 경우 비용이 저렴하다. 열성형의 변종으로 단일체 금형 위로 가열된 플라스틱판을

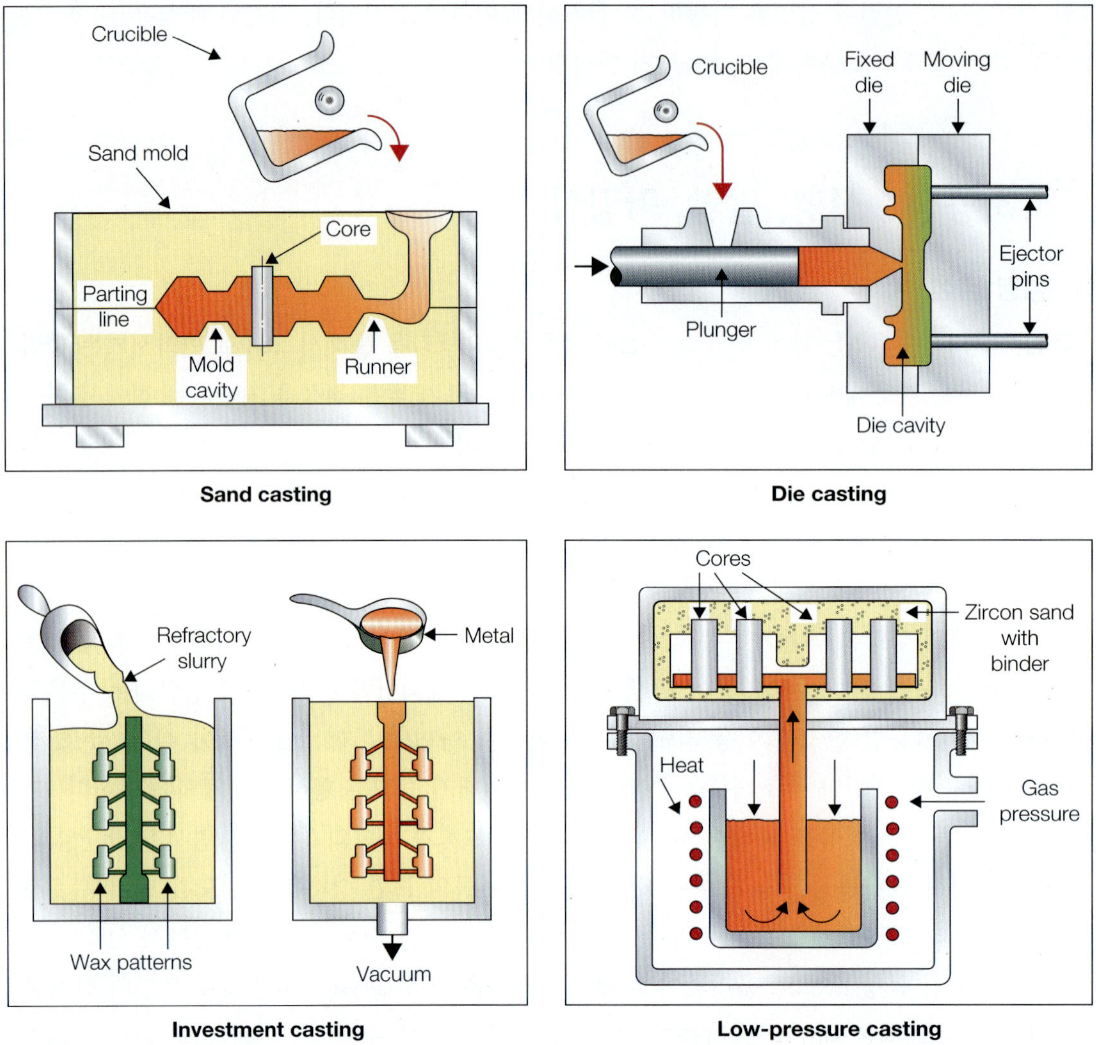

그림 13.5 주조 공정 : 사형주조에서는 액체금속을 분리된 양면으로부터 결합된 모래 주형의 공간 속으로 붓게 된다. 금형압력주조에서는 강한 압력으로 액체를 금형 속으로 밀어 넣는다. 정밀주조에서는 왁스로 만든 패턴을 내화물 모래 속에 넣은 다음 패턴을 녹여 버리고, 그 빈 공간을 금속으로 채운다. 한편, 압력주조의 경우 공기와 금형 속으로 들어가는 액체금속의 흐름을 조절함으로써 아래로부터 금속을 채우게 된다.

올려놓은 다음 가스압력이나 진공 등을 사용하여 압착하는 방법이 있다. 송풍성형 또한 분할이 가능한 외곽 금형 위로 고분자나 유리를 압착시키기 위해 가스압력을 사용한다. 이는 신속하고 생산 단가가 낮은 공정이어서 우유병과 같이 값싼 제품의 대량생산에 아주 적합하다. 금속처럼 고분자도 인발에 의해 성형할 수 있기 때문에 이론상 막대, 튜브 그리고 일정한 단면을 가진 모든 제품은 이 방법을 적용하여 생산할 수 있다.

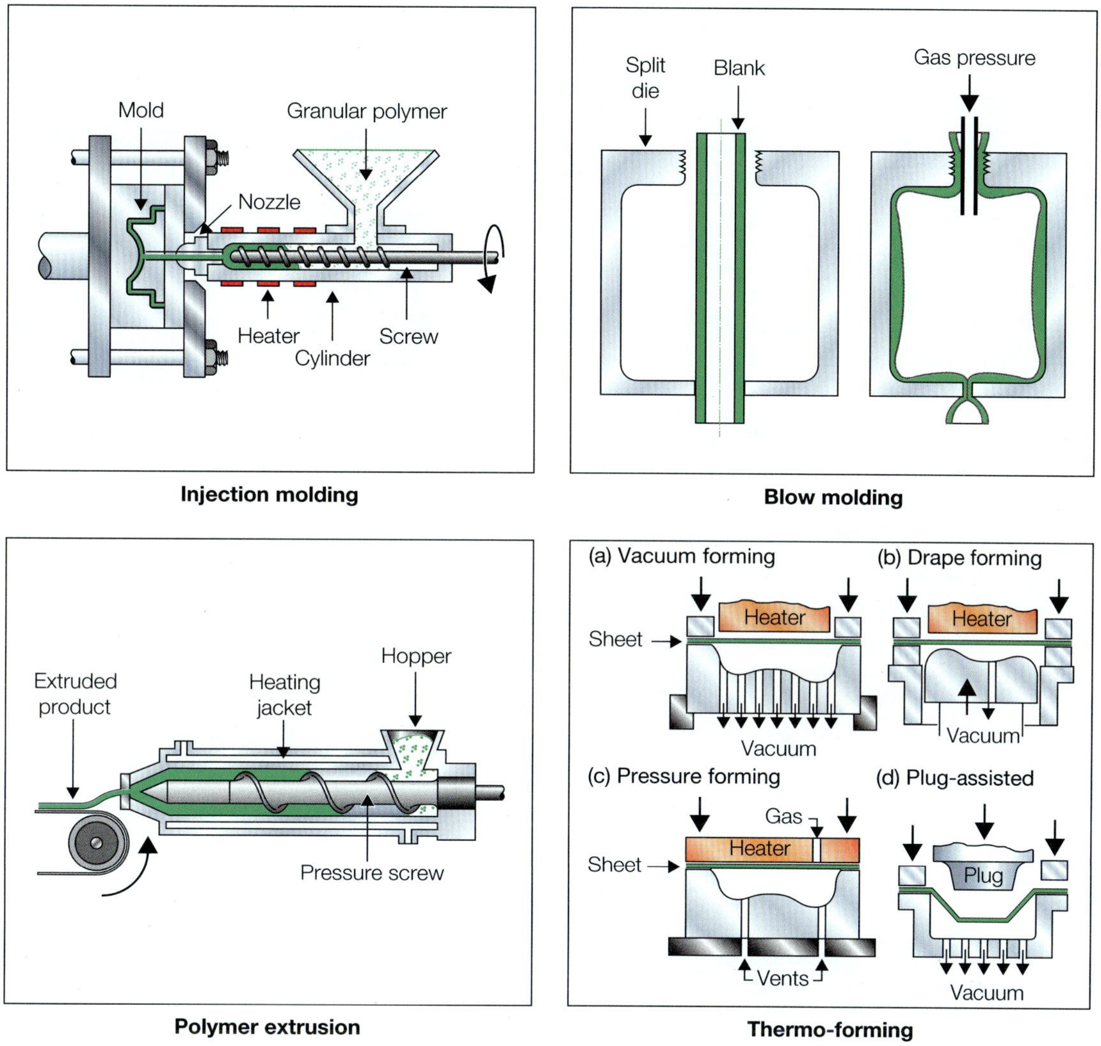

그림 13.6 몰딩 공정 : 사출성형은 입상의 고분자를 가열하고, 스크류피더에 의해서 압착, 전단변형하면서 금형 속으로 주입하는 방법이며, 송풍성형은 튜브 형태의 뜨거운 고분자나 유리 내부에 가스압력을 채워서 외곽 금형의 내면까지 팽창시키는 방법이다. 고분자 압출은 일정한 형상을 가진 단면이 압출을 이용해 금형을 통과하면서 제작되는 방법이며, 열성형은 열가소성의 판을 가열한 다음 진공이나 가스압력을 이용해 일정한 형상을 가진 외곽금형 벽에 압착하여 제작하는 방법이다.

소성가공 (그림 13.7) 이 공정은 열간, 온간, 냉간으로 나누어지는데, 재료의 용융점(T_m)에 따라 결정된다. 열간$(T > 0.55\,T_m)$ 압출, 단조, 압연은 몰딩과 공통점이 많지만, 사용되는 재료가 점성 액체가 아니라 완전한 고체라는 점에서 다르다. 고온으로 올라가면 항복강도가 낮아지고 즉시 재결정이 일어날 수 있으므로 기본적으로 소성가공 공정은 온도에 따라 그 특징이 달라진다.

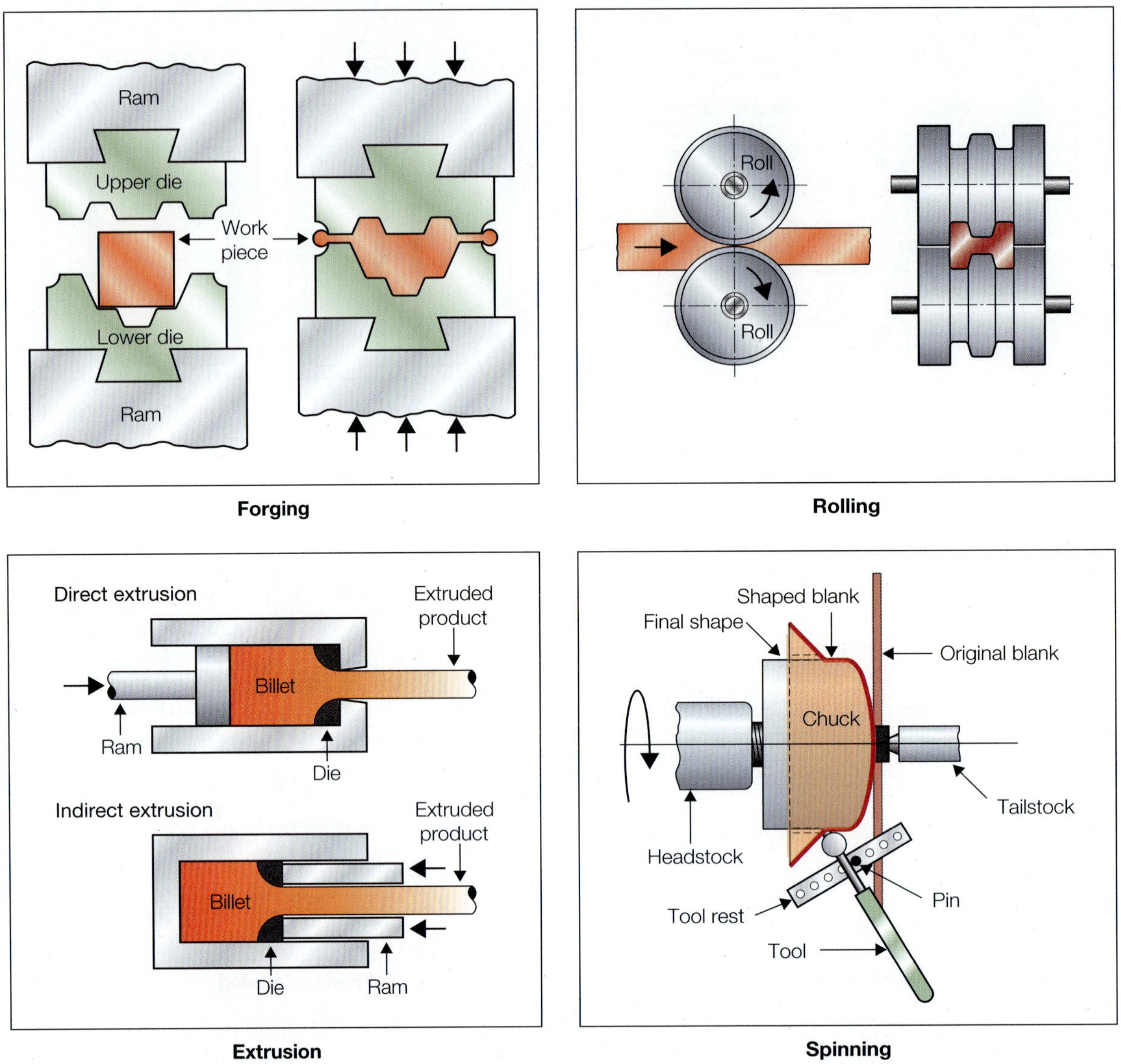

그림 13.7 소성가공 : 단조는 프레스에 고정되어 있는 두 금형 사이에 금속 덩어리를 놓고 눌러서 성형하는 방법이며, 압연은 빌릿이나 막대가 두 개의 롤 사이에서 압착에 의한 변형으로 그 단면이 줄어드는 것을 이용하는 방법이다. 압출은 일정한 단면을 가진 기둥모양의 제품을 만들기 위해서 금속에 압력을 가하여 다이를 통과하도록 밀어내는 방법이다. 이들 방법은 모두 열간($T > 0.85\,T_m$), 온간($0.35\,T_m < T < 0.55\,T_m$), 냉간($T < 0.35\,T_m$) 가공이 가능하다. 스피닝(spinning)은 연성 금속의 스피닝 디스크를 목재 혹은 플라스틱 패턴 위에서 부드러운 곡면을 가진 공구를 이용하여 반복적으로 눌러 붙여 성형시키는 방법이다.

온간가공($0.35\,T_m < T < 0.55\,T_m$)은 재료의 회복을 가능하게 하지만 재결정은 일으키지 않는다. 냉간($T < 0.35\,T_m$) 단조, 압연, 인발은 최종 제품의 강도를 증가시키는 가공경화 효과는 있지만 높

은 가공압력이 필요하다는 불리한 점이 있다.

단조 부품의 경우에는 두께와 곡률반경의 급속한 변화를 피할 수 있도록 설계되어야 하는데, 그렇지 않으면 큰 국부변형이 요구되어 자칫하면 재료가 찢어지거나 접혀지는 일이 유발될 수 있기 때문이다. 금속의 열간 단조는 형상에 많은 변화를 줄 수 있지만, 일반적으로 산화와 왜곡으로 인해 표면상태가 열악하고 허용오차가 커지는 문제점을 가지고 있다. 냉간 단조는 보다 높은 정밀도와 표면 마감질을 보장하지만 상대적으로 높은 단조압력이 필요하고, 가공경화 때문에 소성변형에 한계가 있다는 단점이 있다.

분말법 (그림 13.8) 분말법은 재료의 미세한 입자를 압착(pressing)하고 소결(sintering)시켜서 형상을 제작하는 방법이다. 분말은 냉간 압착으로 압분체(compact)로 만들어지고 이후 소결된다. 일반적으로 분말은 확산에 의한 결합을 위해 0.8 T_m까지 가열된다. 가열된 다이 내에서 압축되거나, 얇은 예비성형체 형태로 가열되어 정수압하에서 가열된다(HIPing; hot isostatic pressing). 용융점이 너무 높아서 주조하기 힘들거나 강도가 너무 높아서 쉽게 변형시킬 수 없는 금속의 경우, 화학적인 방법을 이용하여 분말로 만들고 이 방법으로 성형한다. 사실 이러한 공정은 다루기 힘든 재료에만 국한된 것이 아니라 거의 대부분의 재료는 분말로 만든 다음 열과 압력을 가하여 성형할 수 있다.

분말법은 자동차나 전자제품의 기어나 베어링과 같이 작은 금속부품의 생산에 가장 널리 쓰인다. 이는 재료의 사용에 있어서 경제적일 뿐 아니라, 주조나 소성가공 또는 절삭가공 될 수 없는 재료까지 사용할 수 있다는 점에서 이득이다. 그리고 분말법을 거친 제품은 마감질이 거의 필요 없다. 다만, 압력이 분말베드에 균일하게 미치지 못하기 때문에 압분체의 길이는 그 직경의 2.5배를 넘어서는 안 된다. 단면은 거의 일정해야 하는데 그 이유는 분말이 구석까지 쉽게 채워지기 어렵기 때문이다. 또한 형상이 단순해서 소결 후 다이에서 제품을 꺼내기 쉬워야 한다.

세라믹의 경우 용융점이 너무 높아서 주조하기가 어렵고 변형이 불가능하므로 일반적으로 분말법을 통해서 성형한다. 슬립주조에서는 물과 분말을 섞어 반죽을 만들어 주형 속으로 붓는다. 주형 벽을 통해 물이 흡수되고, 반 건조된 슬러리의 표면이 내벽을 감싸게 된다. 남은 액체는 버리고 건조시킨 슬러리 쉘은 세라믹이 되도록 굽는다. 분말사출성형(PIM: 점화플러그 절연체 제조방법)은 고분자 바인더와 혼합된 세라믹 분말을 보통 방법으로 몰드에 채우고 구워서 바인더를 태워 날려 보내고 분말을 소결시킨다.

복합재료 성형법 (그림 13.9) 이 방법은 연속섬유 또는 토막 낸 섬유로 강화된 고분자기지 복합

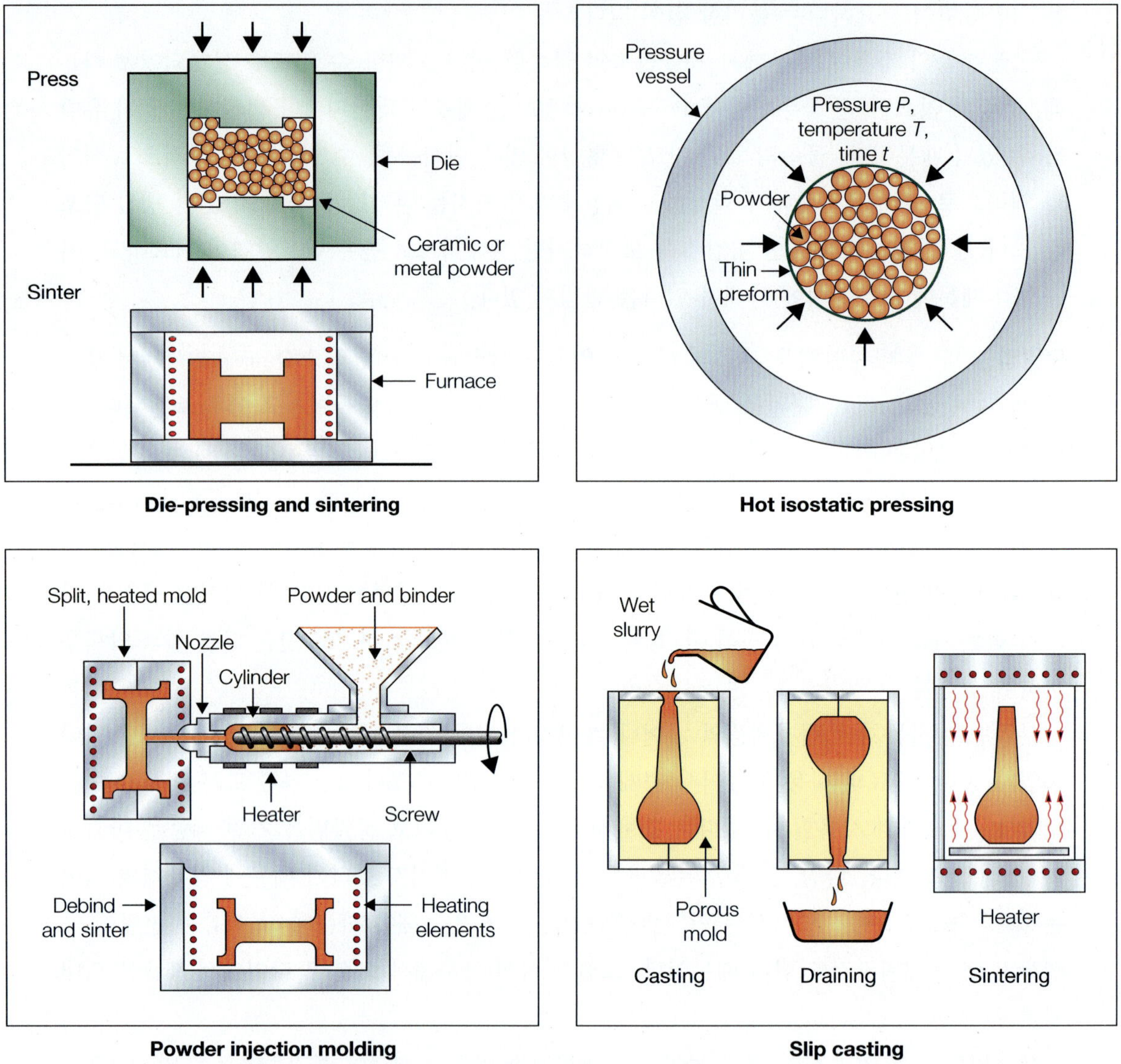

그림 13.8 분말법 : 다이프레싱과 소결은 흔히 바인더를 혼합한 분말을 금형에 압착시켜 압분체를 만든 다음 고온으로 가열하여 굽는 방법이다. 열간정압프레싱은 얇게 형상화된 쉘 혹은 예비성형체를 가열하면서 외부에서 가해준 가스압력으로 압축하는 방법이다. 분말사출성형은 분말과 바인더를 금형 속으로 밀어 넣고 가열하여 굽는 방법이다. 슬립주조는 물을 바탕으로 분말 반죽을 만들어 다공성 석고 몰드에 부어 넣으면 몰드가 수분을 흡수하여 분말 쉘을 얻고 이를 다시 가열하여 굽는 방법이다.

재료를 제작하는 방법이다. 큰 부품의 경우 필라멘트와인딩으로 제조하거나, 미리 함침시킨 탄소섬유, 유리섬유, 케블라섬유의 매트(pre-preg)를 쌓아서 원하는 두께로 압력을 가해 눌러주면서 가열하여 경화시키는 방법을 이용한다. 공정의 일부는 자동화될 수 있지만 공정은 여전

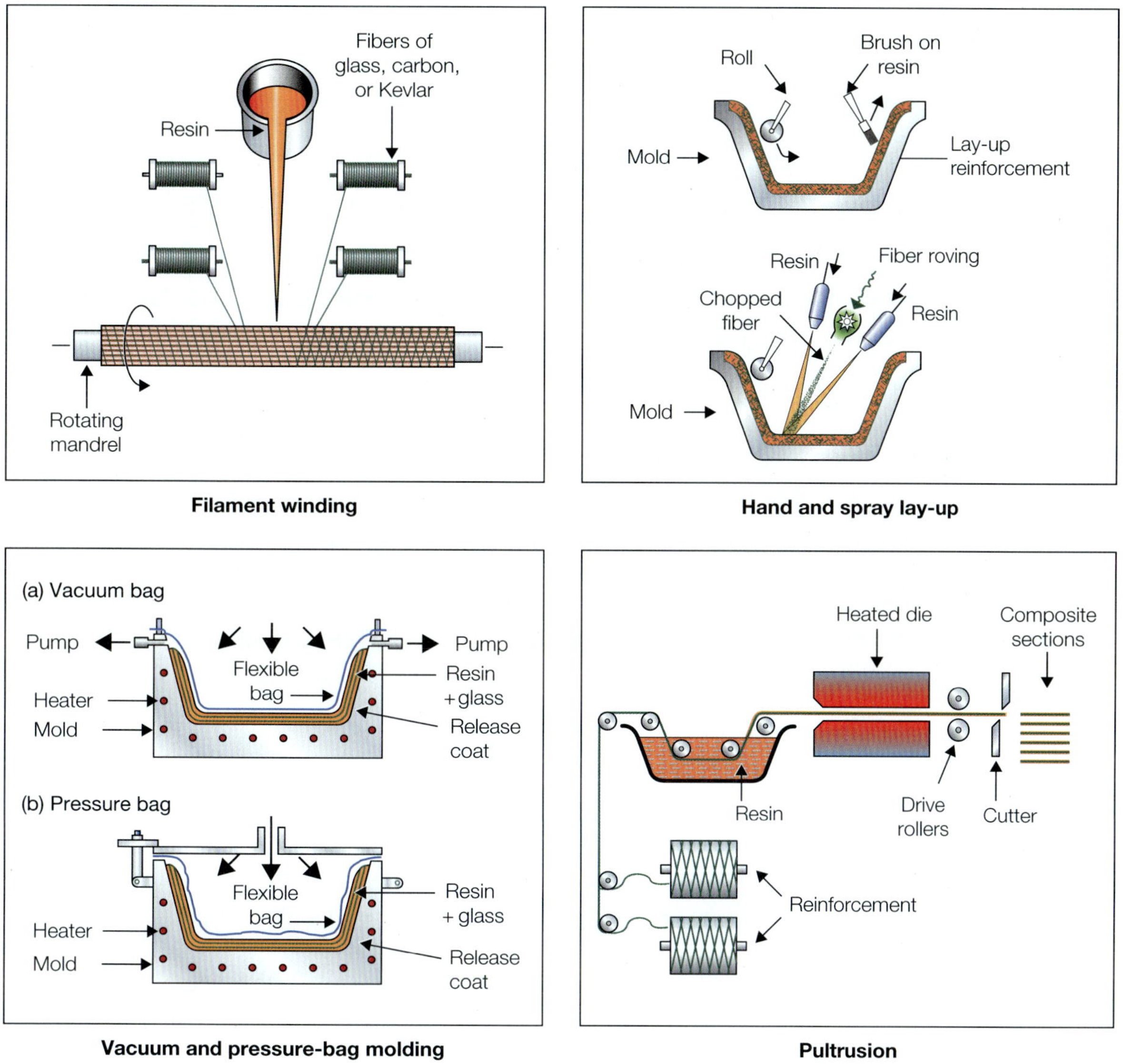

그림 13.9 복합재료 성형법 : 필라멘트와인딩은 유리, 케블라, 탄소 섬유다발을 맨드렐 위에 감으면서 수지와 경화제의 혼합물을 함침시키는 방법이다. 스프레이 적층법은 섬유 강화재를 몰드에 층층이 쌓으면서 수지와 경화제의 혼합물을 롤러로 눌러주거나 스프레이로 뿌려주는 방법이다. 진공백 및 압력백 몰딩은 수지와 경화제의 혼합물로 함침시킨 섬유 강화재를 몰드에 층층이 쌓고 진공을 이용하거나 압력을 가하면서 동시에 가열하여 고분자화(경화)시키는 방법이다. 펄트루젼은 수지 욕조를 통과시킨 섬유다발을 가열된 다이 사이로 통과시켜 일정한 단면의 제품을 연속적으로 제조하는 방법이다.

히 느리다. 만일 부품이 항공우주용처럼 아주 중요한 부품이라면, 그 제품의 건전성을 판단하기 위해서 부가적으로 초음파검사가 필요하다. 진공백(vacuum-bag) 또는 압력백(pressure-bag) 몰딩을 이용하면 높은 건전성을 얻을 수 있는데, 이들 방법에서는 고분자가 경화되기 전에 기지재 내의 기포 등이 압착되어 제거되기 때문이다. 적층법은 작은 수량의 고성능 수제품을 제작하기에 가장 적합하다.

자동차 범퍼, 테니스 라켓 등 보다 일반적인 제품을 제조하는 데 사용되는 복합재료는 짧게 토막낸 섬유로 만들어지는데, 이것은 섬유를 포함하고 있는 기지재의 반죽을 압착하고 가열해서 만든다. 이는 BMC(bulk molding compound)나 SMC(sheet molding compound)로 불리며, 이보다 묽은 유체의 혼합물을 다이(die) 속으로 흘려보내는 사출성형법에 의해서도 제조될 수 있다. 섬유를 정렬시키는 데 있어서 유체 흐름의 패턴은 아주 중요하므로, 설계자는 복합재료의 품질을 원하는 수준으로 만들기 위해서 제조자와 밀접한 관계로 일해야 한다.

쾌속조형(RPS; Rapid prototyping system) (그림 13.10) RPS는 CAD의 솔리드모델링 소프트웨어에서 생성된 수치데이터를 이용해 만들어지는 복잡한 형상의 견본을 가능하게 해준다. RPS의 동기는 영상화에 있다고 할 수 있다. 대상체의 미학적인 측면은 아마 시제품일 때에만 분명할 것이며, 이것은 패턴 제작에 관한 것일 수 있다. 시제품은 그것을 패턴으로 삼아 기존의 공정에 사용하는 몰드가 만들어질 수 있도록 견본제품(master)이 되어야 한다. 또는 복합적인 조립체에서 얽힌 기하학적인 형상을 확인하는 데 충분하고, 부품이 서로 잘 맞고 조립될 수 있으며 접근이 가능함을 보장할 수 있어야 한다.

모든 RPS는 내부의 기공과 돌출부 그리고 다른 교차하는 요인들에 기인하는 복잡한 형상을 만들어 낼 수 있으나, 현재까지는 정밀도가 ±0.3 mm 정도로 제한된다. 모든 쾌속조형 방법은 마치 3차원 프린팅처럼 층층이 쌓아올려 형상을 만들어내며, 따라서 느리다. 하나를 제조하는 데 보통 4~40시간 정도 소요되며, 다음과 같이 크게 여섯 가지로 분류할 수 있다.

1. 열가소성 수지를 주사형 헤드에 주입한 다음 그것을 치약에서 얇은 층이 나오는 것 같이 짜내거나(fused deposition modeling, FDM) 또는 작은 방울로 스며나오게 하거나(BPM) 또는 버블젯 프린터와 같이 형상화된 어레이로 분출시켜(3D-printing) 형상을 만들어낸다.
2. 스테레오 리소그래피(Stereo-lithography, SLA)는 레이저로 광감응성 수지의 중합을 유도하여 고체를 형성시킨다. 매번 주사시킨 후에는 고체가 형성된 제품은 새롭게 공급된 수지가 그 표면을 덮을 수 있도록 위치가 점점 낮아진다.
3. 적층대상체제조(Laminated object manufacture, LOM)는 주사된 레이저로 접착이 가능하도록 바인더를 함유한 종이를 자른 다음, 절단된 한 장의 얇은 종이 층을 가열하여 바로 다음 층과 접착시킨다.

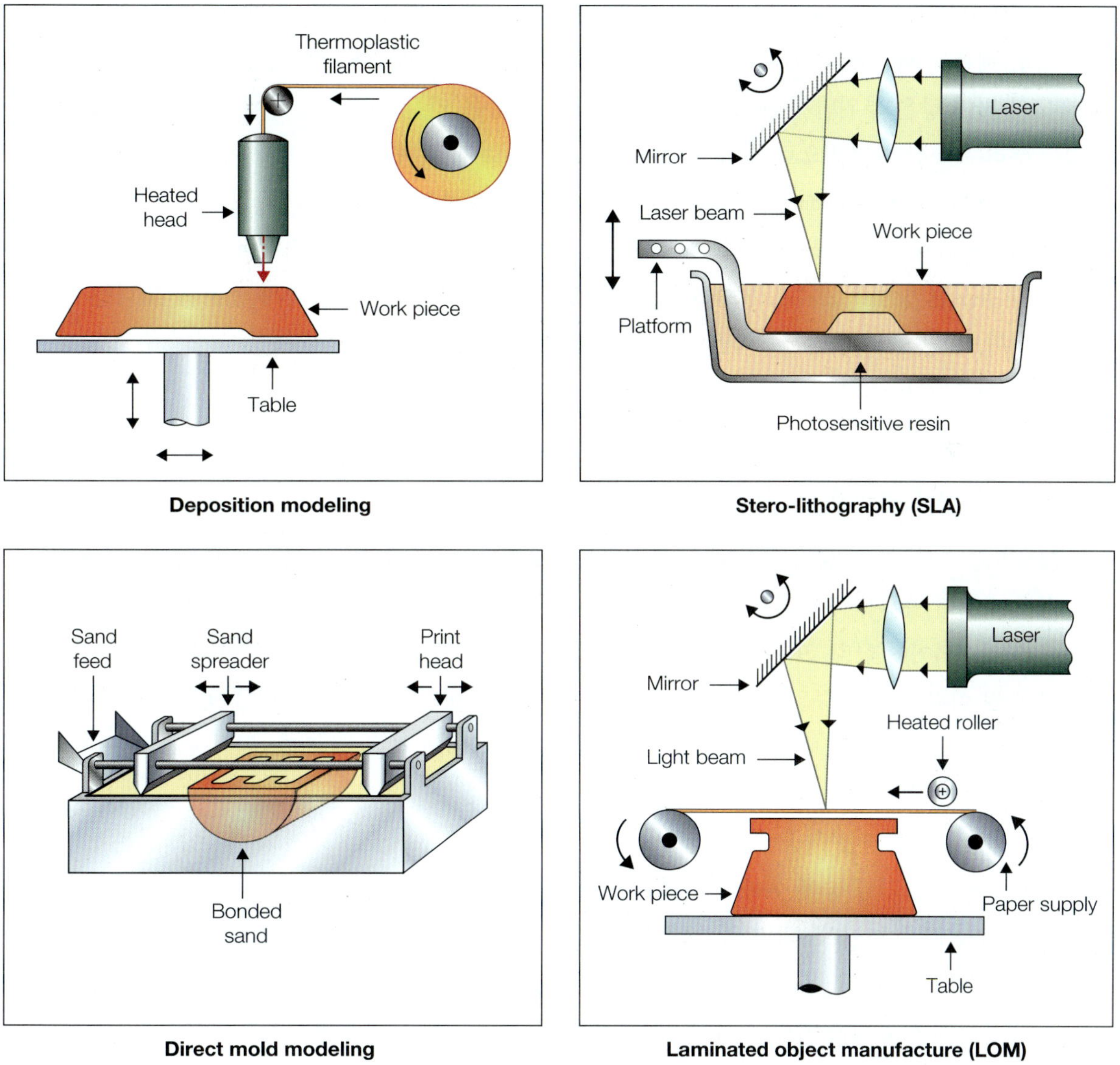

그림 13.10 쾌속조형 : 증착모델링(deposition modeling)과 ballistic particle manufacture(BPM)은 고분자를 한 방울씩 붙여서 형상을 만드는 방법이다. 스테레오 리소그래피(SLA)는 수지의 레이저유도 경화 특성을 이용하여 고체 형상을 만드는 방법이다. 직접몰드모델링(Direct mold modeling, DMM)은 주사형 프린터헤드로부터 나오는 바인더를 선택적으로 분사함으로써 모래 주형을 층층이 쌓는 방법이다. 적층대상체제조(LOM)는 주사형 레이저 빔으로 절단되고 열감응성 수지로 접착된 종이를 층층이 쌓아 올려 고체 형상을 만드는 방법이다.

4. 고체바닥경화법(Solid ground curing, SGC)은 미소전자회로 등을 만들 때 사용하는 것과 같은 스크린프린팅 기술이다. 여러 단계의 스크린을 사용하여 자외선을 쪼이면 광감응성 수지를 차례로 경화시켜 적층된 모양을 형성한다.

5. 레이저선택소결(Selective laser sintering, SLS)은 열가소성 고분자, 금속, 세라믹을 대상으로 직접 제품을 제작할 수 있다. SLA에서와 마찬가지로 분말 베드에 레이저를 주사시키면 레이저 빔이 닿은 부위만 선택적으로 소결시켜 얇은 층을 만든다. 그 층 위에 새로운 분말층을 뿌려주고 같은 방법으로 레이저 주사를 반복함으로써 3차원 형상을 만들어낸다.
6. BSM(Bonded sand molding)은 아주 복잡한 대형 금속 제품을 쉽게 만들 수 있다. 널려있는 모래(주물사)에 잉크젯 프린터 헤드와 같은 멀티젯 헤드로 바인더를 뿌려주어 레이저선택소결과 유사한 방법으로 주형(몰드)을 만들 수 있는데, 차이는 매우 신속하게 만들 수 있다는 점이다. 일단 몰드가 만들어지면 나머지 모래로부터 분리되고 그 다음은 통상적인 주조 공정에 사용된다.

실제로 RPS에 의해서 만들어진 시제품은 실리콘 몰딩의 견본제품으로 사용되고, 고온용 수지나 금속으로 주조될 수 있는 모형으로 활용될 때 효과적이다.

절삭가공 (그림 13.11) 금속, 고분자, 세라믹 등으로 만들어진 거의 모든 공업 제품들은 제조공정에서 어떤 종류의 절삭가공을 거치기 마련이어서 제품들은 그립(grip)이나 지그의 사용이 쉽도록 설계되어야 한다. 또한 높은 대칭성을 갖도록 설계되어야 하는데, 형상이 대칭이면 가공이 훨씬 쉬워진다. 금속은 절삭성, 즉 칩의 형성이 쉬운 정도와 매끈한 표면을 얻을 수 있는 정도 그리고 경제적으로 공구수명을 늘려주는 정도에 있어서 매우 다르다. 절삭성이 나쁘다는 것은 곧 비용의 증가를 의미한다.

대부분의 고분자는 최종 형상으로 성형된다. 필요에 따라 가공을 하기도 하지만, 낮은 탄성계수로 인하여 가공 중에 심하게 탄성변형될 우려와 가공(하중)을 견딜 수 있는 한계가 낮기 때문에 쉽지 않은 편이다. 반면에 세라믹과 유리는 가공(하중)을 견딜 수 있는 한계가 높고 좋은 마감질 상태가 되도록 연삭하고 연마할 수 있는데 망원경의 거울을 한 예로 들 수 있다. 한편 특수 용도에 사용되는 여러 가지 절삭가공 방법도 있다. 예를 들면 방전가공(EDM), 초음파 절단, 화학 밀링, 워터젯, 샌드젯, 전자빔 절단, 레이저빔 절단 등이 있다.

금속 판재를 가공하는 방법으로는 펀칭, 벤딩, 스트레칭을 들 수 있다. 펀칭에서 판의 두께보다 작은 직경의 구멍을 뚫는 것은 불가능하다. 판재를 굽힐 수 있는 최소곡률을 성형성(formability)이라 부르며, 때로는 판재 두께의 배수로 나타내기도 하는데, 예를 들어 1은 성형성이 좋은 것에 해당하며 1/4은 평균치라고 할 수 있다. 곡률반경은 가능한 한 큰 것이 좋으며 두께보다 작아서는 안 된다. 성형성은 또한 판재가 넥킹이나 찢어짐 없이 펴지거나 잡아당겨질 수 있는 양을 결정하기도 한다. 성형한계도(forming-limit diagram)는 더 정확한 정보를 주는데 그것은

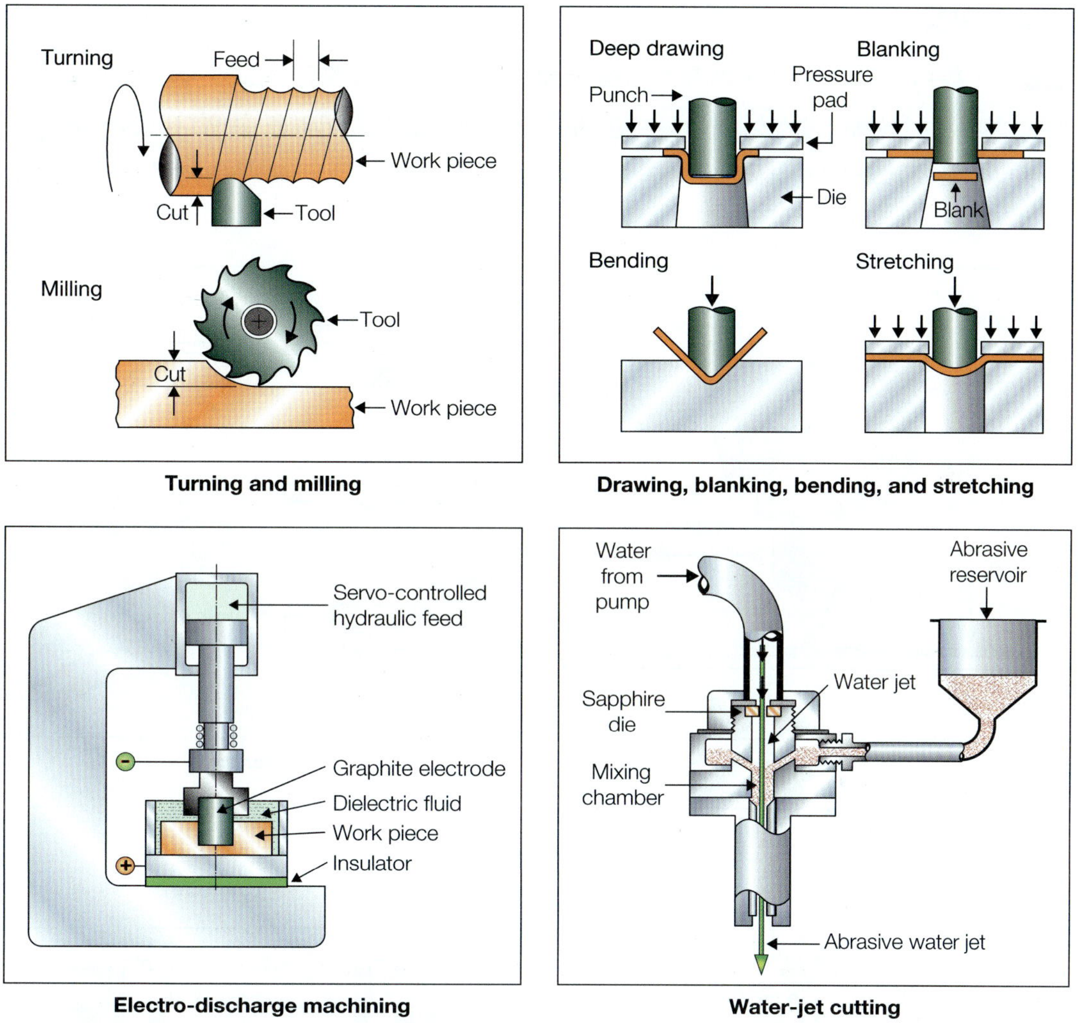

그림 13.11 절삭가공 : 선반과 밀링에서는 날카롭고 단단한 공구의 팁이 가공물의 표면에서 칩을 잘라낸다. 인발, 블랭킹, 벤딩, 스트렛칭에서는 판재를 성형하고 잘라내어 평평하거나 접시 형상을 만든다. 전해방전가공에서는 파라핀과 같은 절연체에 잠긴 가공물과 흑연전극 사이의 전기적 방전에 의해 제품을 원하는 형태로 형상화한다. 워터젯 절삭에서는 고속으로 뿜어내는 워터젯 속에 포함된 연마제가 재료를 침식하여 그 경로를 따라 가공이 이루어진다.

판재의 평면에서 파단이 일어날 수 있는 주변형도(principal strain)의 조합을 보여준다. 따라서 변형도가 이 한계를 넘지 않도록 제품이 설계되어야 한다.

절삭가공은 흔히 주조품, 몰딩제품, 분말제품에 적용되어 마감질 상태를 향상하고 허용공차를 맞추기 위한 이차적인 공정으로 사용된다. 높은 마감질 상태와 엄격한 허용공차는 가격을 상승시키므로, 어느 것이든 과도하게 요구하는 것은 바보짓이다.

결합 공정

결합 (그림 13.12) 결합은 여러 가지 방법에 의해 가능하다. 거의 모든 재료가 건전성을 보장하는 접착제를 사용해서 결합이 가능하지만 내구력이 있는 접착은 어려울 수 있다. 접합(bonding), 리벳팅(riveting), 스테플링(stapling), 똑딱이음(snap fitting)은 고분자나 금속 등을 결합시키기 위해

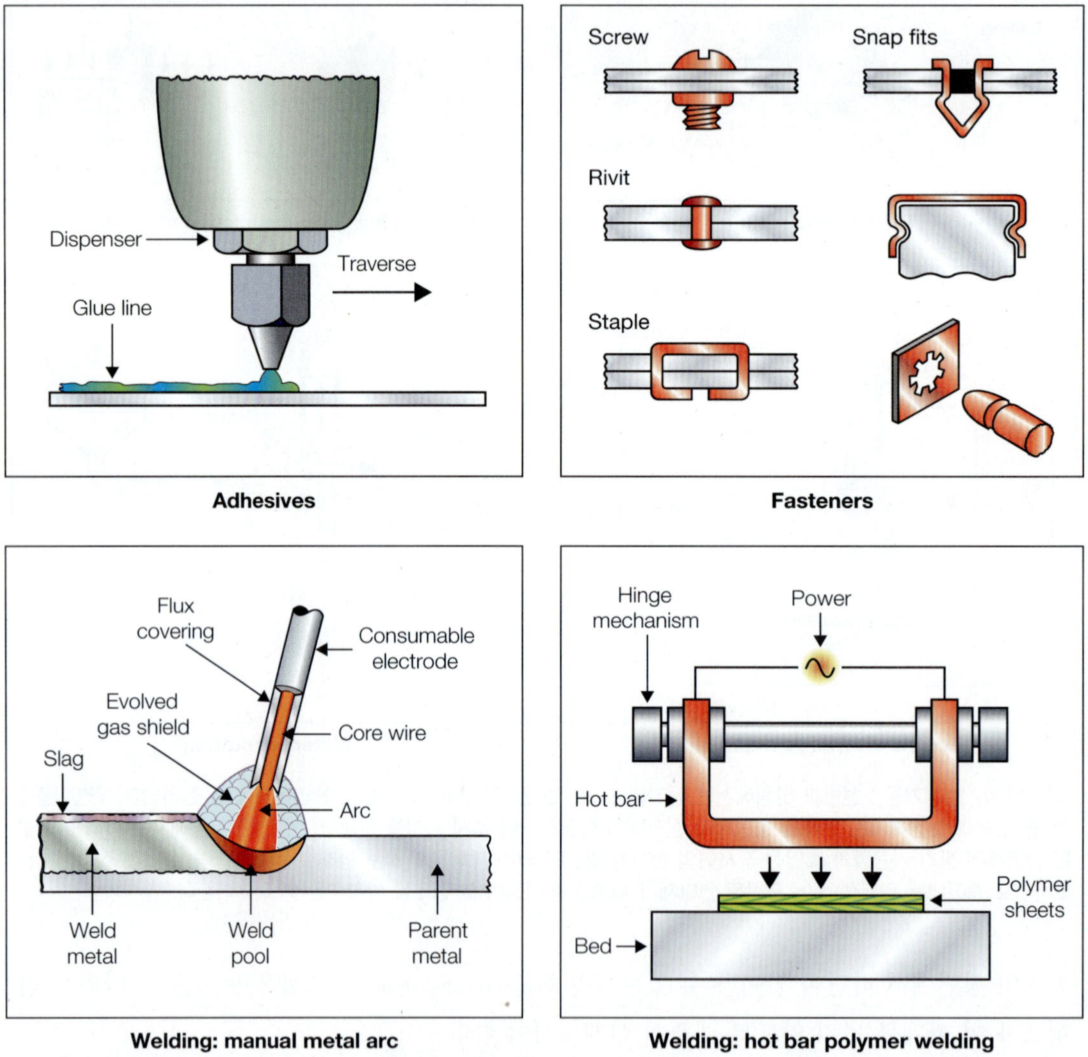

그림 13.12 결합 공정 : 접착은 접착제의 필름을 한쪽 표면에 바르고 다른 면을 맞대어 누른다. 이음은 볼트체결(bolting), 리벳팅(riveting), 스테플링(stapling), 똑딱이음단추(push-through snap fastener, rod-to-sheet snap fastener 등)를 이용해서 이루어진다. 금속용접은 모재 금속이 녹고 용접봉(filler rod)으로부터 녹아나온 금속이 결합이나 코팅을 위해서 추가되는 방법이며, 열가소성 고분자 용접은 열이 고분자 제품에 가해짐과 동시에 압력을 가하여 결합시키는 방법이다.

서 주로 사용되는 방법이다. 이 방법들은 필요할 때 다시 분리할 수 있다는 특징이 있다. 결합의 가장 대표적인 종류인 용접의 경우, 금속이나 고분자의 접합에 광범위하게 사용된다. 또한 특수한 결합공정이 개별 재료클래스의 특성에 맞도록 개발되었다. 마찰 용접과 마찰 점용접은 마찰에 의해서 생성되는 열과 소성변형을 이용하여 이종금속간의 결합을 가능하게 한다. 세라믹은 확산접합에 의해 세라믹, 유리, 금속과 접합될 수 있다.

부품이 용접되려면 사용된 재료가 충분한 용접성을 가지고 있어야 한다. 절삭성과 마찬가지로 이것은 기본적인 물성치의 조합을 측정하기 때문이다. 낮은 열전도도를 갖는 재료는 적은 열로도 용접이 가능하지만 냉각 중에 큰 변형이 생길 우려가 있다. 반면 열팽창이 낮으면 초래되는 열응력이 낮고 뒤틀림의 위험도 작아진다. 또한 고용강화 합금이 시효경화 합금보다 유리한 것은 용접부의 양쪽에 항상 존재하는 열영향부에서는 과시효(over-aging)와 연화가 일어나기 때문이다.

용접은 항상 내부응력을 남기게 되는데, 이는 모재의 항복강도와 대략 같은 수준이다. 잔류응력은 열처리에 의해서 해소될 수 있지만 비용이 많이 든다. 따라서 좋은 설계를 통해 부작용을 줄이는 것이 효과적이다. 이러한 효과를 거두기 위해서는 용접될 부품은 항상 동일한 두께가 되도록 노력해야 하고, 용접부는 응력과 변형에 덜 취약한 부위에 놓이도록 하고, 용접부의 수는 가능한 한 줄여야 한다.

이음단추(fastener)를 대량으로 사용하는 것은 비용이 많이 든다. 그렇기 때문에 용접이나 가장자리접어잇기(crimping) 또는 접착제의 사용이 더 경제적일 수 있다. 한편, 조립을 위한 설계(DFA)는 조립시간을 최소화하는 데 필요한 체크리스트를 제공한다.

마감질공정

마감질은 부품이나 결합품의 표면에 적용하는 처리공정이다. 제품의 기계적, 공학적 특성을 개선하거나 외관을 향상시키는 데 이 공정을 적용한다.

공학적 특성 개선을 위한 마감질 (그림 13.13) 연삭(grinding), 래핑(lapping), 연마(polishing)는 베어링 표면과 같이 정밀도와 표면거칠기의 향상이 필요한 곳에 적용된다. 전기도금(electro-plating)은 얇은 금속 층을 제품의 표면에 입힘으로써, 부식이나 마멸에 대한 저항성을 높여준다. 도금과 도장(painting)은 넓은 볼록면을 가진 간단한 부품의 형상에 적용하기는 쉽지만, 채널, 홈, 구멍에는 효과적으로 미치기 힘들다. 애너다이징(anodizing), 인산염 처리(phosphating), 크롬산염 처리(chromating)는 얇은 산화막이나 인산염, 크롬산염 층을 표면에 생성시킴으로써 내식성을 증가시킨다.

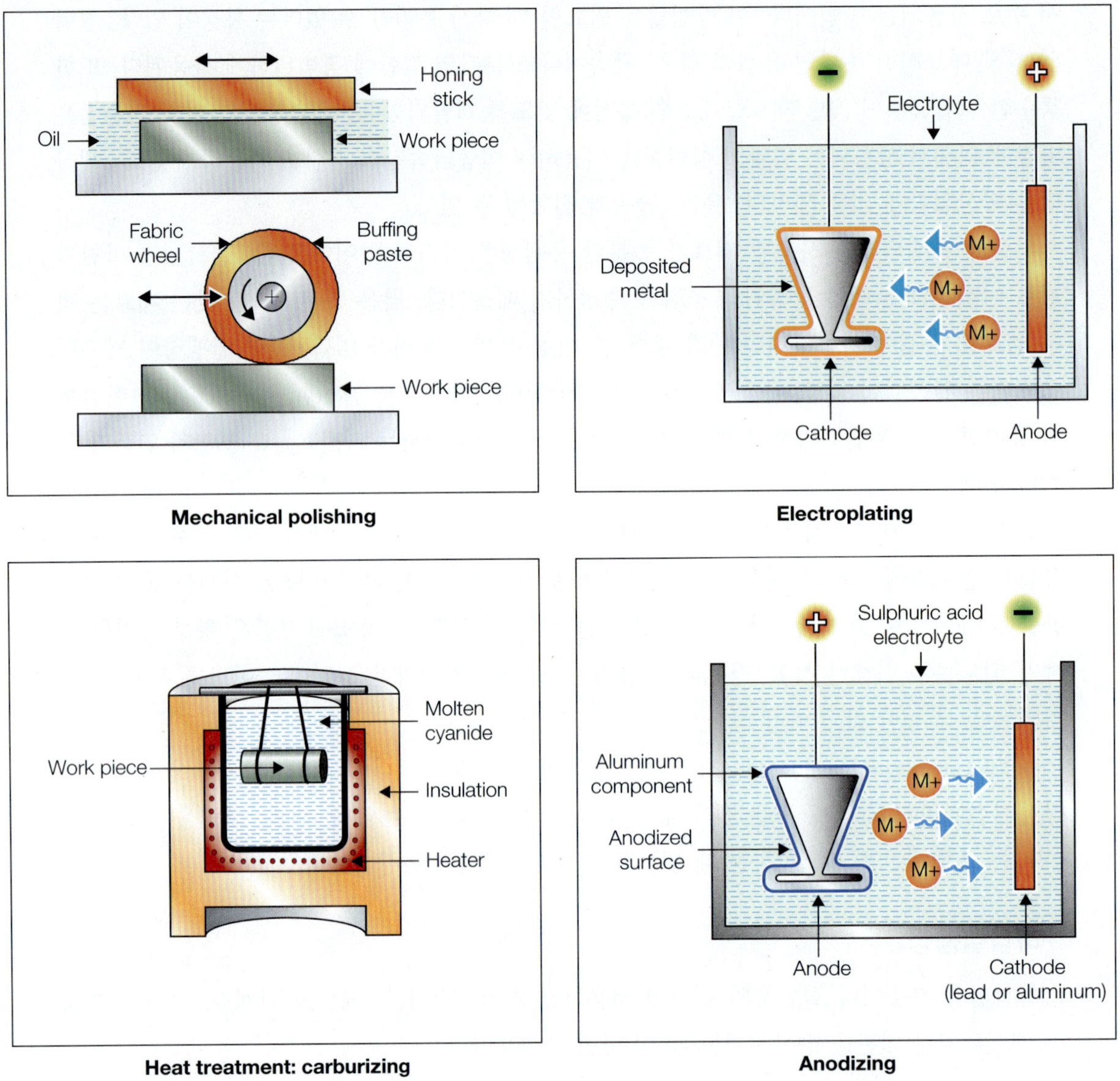

그림 13.13 재료를 보호하고 물성치를 향상시키기 위한 마감질공정 : 기계적 연마; 곱게 분쇄된 연마제를 사용하면 재료 표면의 거칠기가 줄어들고 정밀도가 증가한다. 전기도금; 도금 조에서 금속이 전기증착에 의해서 전도체 제품에 도금된다. 열처리; 분말베드나 용융액으로부터 탄소, 질소, 인, 알루미늄이 내부로 확산되어 제품의 표면층이 경화되고 내식성이 향상된다. 애너다이징; 산화성 도금 조에서 알루미늄, 마그네슘, 티타늄, 아연 제품의 표면에 산화막 층이 형성된다.

열처리는 여러 재료로 만들어진 다양한 부품에 필요한 공정이다. 시효경화형 알루미늄 합금, 티타늄 합금, 니켈 합금은 잘 제어된 열처리로 석출을 통해 강도가 높아진다. 시효경화는 고온에서 용체화처리 후 담금질(quenching)하고 보다 낮은 온도에서 다시 시효처리함으로써 얻어진다. 강철도 비슷한 경로로 처리함으로써 강도와 인성을 향상시킨다. 오스테나이트화 온도(약 800 °C)에서 퀜칭한 다음 뜨임(tempering)을 실시한다. 이는 침탄처리와 같이 제품을 통째로 처리할 수도 있고 불꽃경화, 유도(induction)경화, 레이저 표면경화 등의 방법을 사용하여 제품 표면층만을 처리할 수도 있다.

담금질은 매우 급속한 냉각을 의미하여 잔인한 공정이다. 급격한 열 이동에 따른 수축은 제품에 뒤틀림과 균열을 발생시키기에 충분한 큰 응력을 유발한다. 열응력은 불균일한 온도 분포에 따른 것이며, 이는 제품의 기하학적 형상과 관련이 있다. 과도한 열응력을 피하려면 단면 두께가 가급적 일정해야 하며, 어느 곳도 지나치게 두꺼워서 담금질속도가 충분한 열처리 효과를 얻는데 필요한 임계냉각속도 아래로 떨어져서는 안 된다. 응력집중은 담금질 균열의 원인이 되므로 절대적으로 피해야 한다. 몰딩(주조 포함)하거나 소성가공한 재료는 내부응력을 가지고 있을 가능성이 높으며, 이러한 잔류응력은 또 다른 열처리 방법인 응력제거풀림 처리에 의해 최소한 부분적으로라도 제거될 수 있다.

외관의 미려함 향상을 위한 마감질 (그림 13.14) 아래에 언급되는 공정들은 재료의 외관이나 촉감을 향상시키는 데 사용되는 공통점이 있다. 여기에는 전기도금과 산화막 처리를 예로 들고 있다. 페인팅은 가장 널리 쓰이는 방법이다. 유기용매를 바탕으로 하는 페인트는 높은 마감질 효과를 가지는 내구성 코팅이 가능하지만 용매가 환경문제를 유발하는 측면이 있다. 한편 수성 페인트는 이 환경문제를 극복할 수 있지만 건조하는 데 시간이 많이 걸리고 칠해진 페인트 막이 완전하지 못하다는 단점이 있다. 고분자 분말코팅과 나일론, 폴리프로필렌, 폴리에틸렌 등 열가소성 고분자분말 분사 필름은 표면에 접착되어 보호막을 형성하는데, 선명한 색을 띄게 할 수도 있다.

스크린인쇄(screen printing)는 유성잉크를 마스킹 필름이 원하지 않는 곳에는 침투되지 않도록 하면서 메쉬를 통하여 짜내는 것이다. 완전한 컬러인쇄를 위해서는 4개의 스크린을 연속적으로 사용해야 한다. 스크린인쇄는 평평한 면을 디자인하는 데 많이 쓰인다. 곡면의 경우 패드프린팅을 사용해야 하는데, 이는 금속연판을 정해진 패턴으로 에칭한 다음 잉크를 칠하고 부드러운 고무 패드 위에 뽑아내는 것이다. 그러면 패드는 제품 위로 압착되고, 그 표면에는 막이 남게 된다. 유연한 고무 패드이므로 표면의 곡률을 따라 적용이 가능하다.

공정 자체에 대해서는 이 정도로 충분하며, 더 자세한 사항은 13.9절에 나와 있는 참고문헌을 찾아보기 바란다. 이제 공정이 재료특성을 위해 어떤 일을 할 수 있는지 살펴보자.

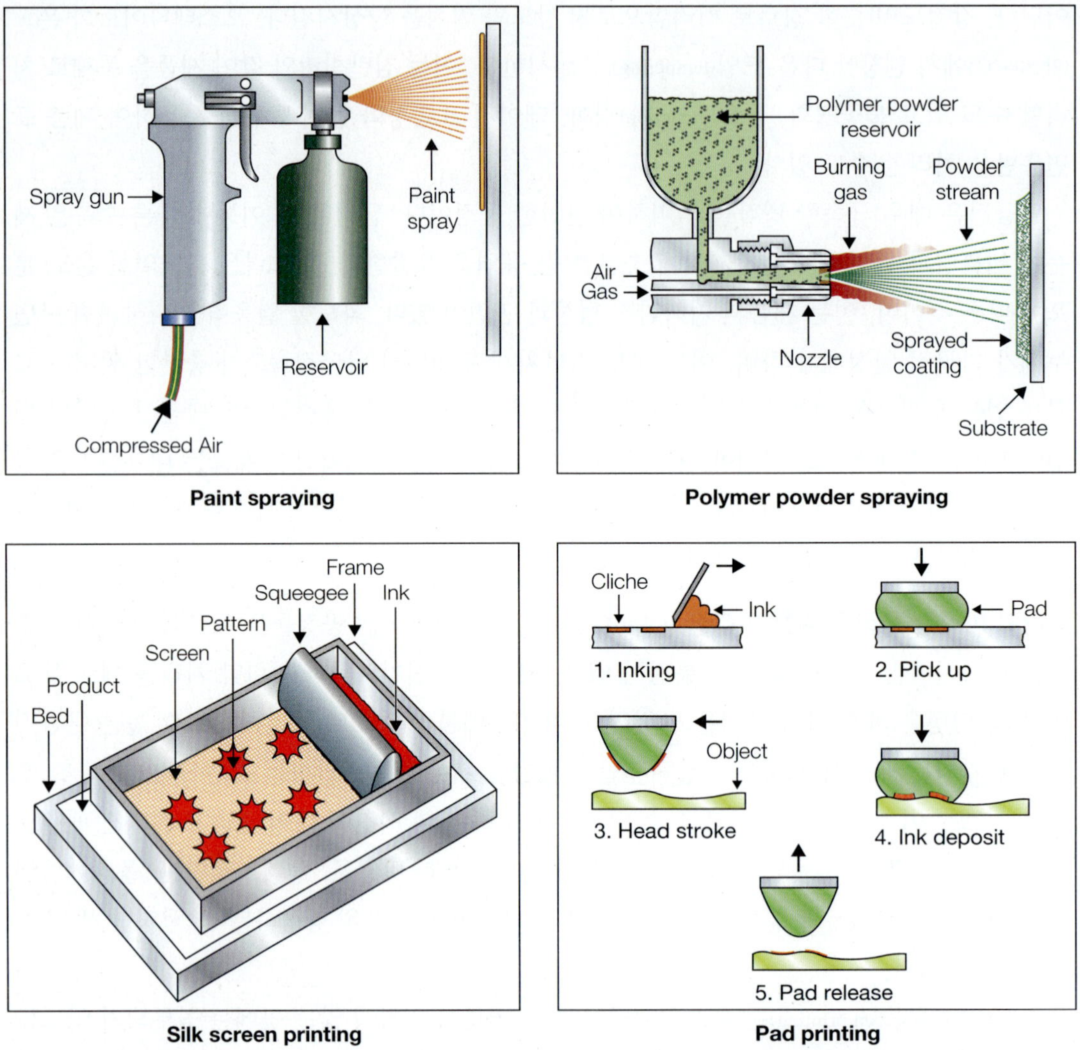

그림 13.14 외관을 향상시키기 위한 마감질공정 : 페인트 스프레이; 유기성 혹은 수성 용매에 녹은 안료가 제품의 표면 장식을 위해 뿌려진다. 고분자 분말코팅; 가스불꽃 내에서 직접 분사를 통해 표면에 뿌리거나 분말 베드에 가열된 제품을 담궈 열가소성의 피막을 형성한다. 실크스크린 인쇄; 잉크가 방해패턴이 있는 스크린의 표면 위에 뿌려지게 되는데, 이때 방해패턴으로 인해 오로지 선택된 부분에만 잉크가 투과된다. 패드프린팅; 잉크가 칠해진 패턴이 고무 패드 위로 들려지는 것으로 곡면이나 불규칙 표면을 가진 제품에 적용한다.

13.4 특성 향상을 위한 공정

재료특성 차트에서 길게 늘어진 버블은 공정에 의해 재료의 특성이 조절될 수 있는 정도에 대한 느낌을 준다. 탄성계수 대 강도 차트인 그림 13.15는 금속에 대하여 합금이나 열처리 또는 냉간가공에 의하여 두 가지 특성을 어느 정도까지 조절할 수 있을지를 보여준다. 복합재료와 발포재에 대해서는 아주 다른 모양의 버블이 나타나는데, 전자는 섬유의 분율과 방향에 따라서 후자는 기공율이나 상대밀도(제11장)로 측정할 수 있는 발포의 정도에 의해 특성이 정해짐을 나타내고 있다. 고분자와 탄성중합체의 탄성계수와 강도는 사슬의 길이와 교차결합의 정도에 의해 결정되는데, 이는 공정에 의해 직접적으로 조절되는 분자구조에 의존하는 측면을 보여주는 사례이다. 세라믹의 특성 중 강도는 특히 기공율에 의존하는데 공정에 의해 직접적인 영향을 받는 미세조직이 관건임을 보여주는 또 다른 사례이다.

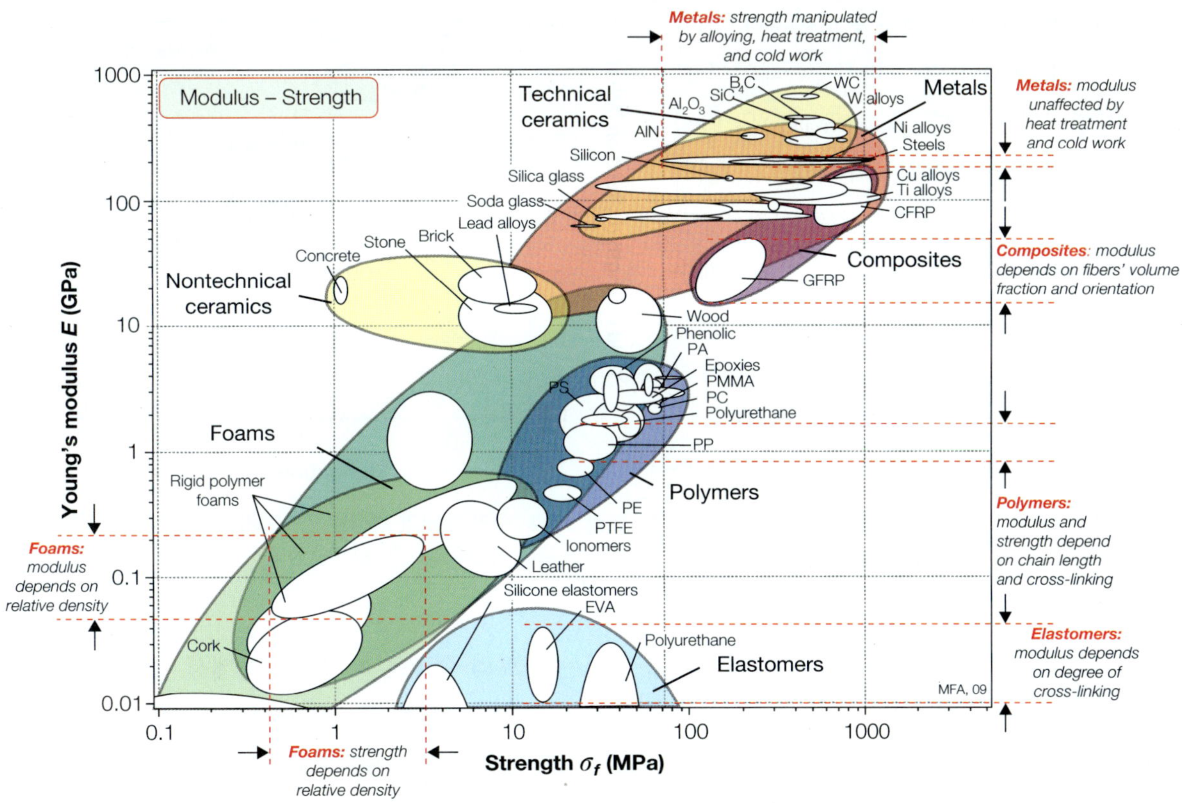

그림 13.15 재료특성 차트의 버블이 늘어난 형상은 특성이 공정에 의해 조절될 수 있는 정도에 대한 대략적인 이해를 제공한다.

이미 그림 11.7과 그림 11.10에서 섬유의 분율, 형상, 방향이 복합재료의 특성을 어떻게 좌우하는지, 그림 11.24에서 발포재 밀도와 연결도가 셀 구조 고체의 특성에 얼마나 지대한 영향을 미치는지 알 수 있었다. 고분자의 경우 조성, 사슬길이, 교차결합의 정도에 따라 강도는 5배 범위에서, 파괴인성치는 20배 범위까지 변화한다. 블렌딩, 첨가제, 강화재, 가소제를 사용하면 더욱 큰 변화를 얻을 수 있다. 그림 13.16은 이러한 처리가 폴리프로필렌(PP)의 탄성계수와 파괴인성치에 미치는 영향을 보여준다. EPR이나 EDPM과 같이 탄성중합체와의 블렌딩이나 공중합(copolymerization)은 탄성계수를 감소시키지만 파괴인성치(K_{1c})와 인성(G_c)을 증가시킨다. 저렴한 유리, 탈크, 탄산칼슘 분말을 첨가하면 탄성계수는 2배 이상 증가하지만 인성은 좀 손해볼 수 밖에 없다. 가소제(분자량이 낮은 고분자로 블렌딩)를 사용하면 탄성계수를 더 현저하게 낮출 수 있다. 이러한 처리 중에서 골라 사용하면 고분자의 탄성계수는 100배까지, 인성은 10배까지 조절할 수 있다.

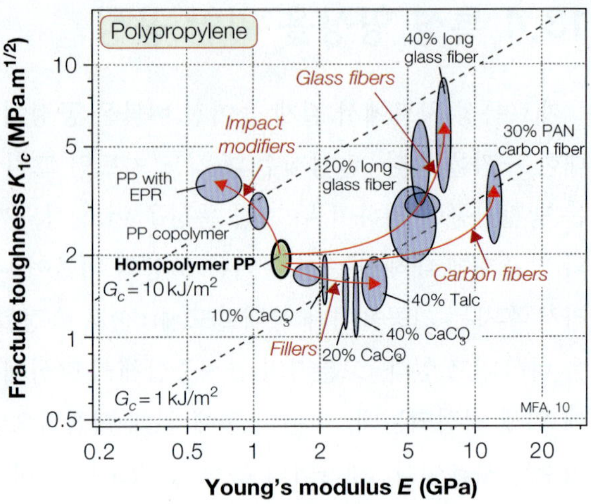

그림 13.16 폴리프로필렌의 강도와 인성에 미치는 첨가제, 충격완화제, 강화섬유의 효과

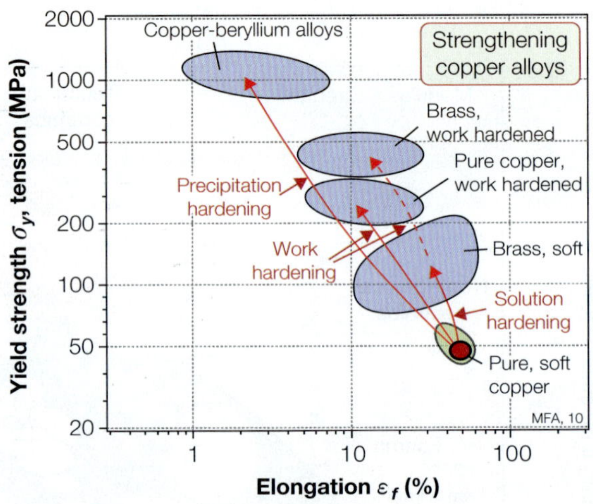

그림 13.17 구리 합금의 연성을 감소시키는 강화기구 : 강화기구는 흔히 복합적으로 작용하며, 강도가 높을수록 연성은 낮아진다.

재료과학자나 엔지니어들이 조절하기를 원하는 재료의 수많은 특성들 가운데서 금속과 합금의 강도는 아마 가장 많은 연구가 이루어진 것이다. 그 이유는 표 13.1에 열거된 금속과 합금의 사용처를 보면 쉽게 이해할 수 있다. 고용강화, 석출경화, 가공경화는 원하는 강도와 인성의 조합을 얻기 위해 복합적으로 이용된다. 그림 13.17은 이러한 강화기구가 구리의 강도를 크게 증가시키는 것을 보여준다. 호사다마라고나 할까 좋은 일에는 그만한 희생이 따라야 한다. 여기서 강도 증가에 따른 반대급부는 연신율의 감소인데, 파단연신율 ε_f로 측정하였다.

강도와 연성은 구조에 민감한 특성으로 조성과 미세조직에 따라 달라지며, 그러므로 공정에 의해 조절이 가능하다. 경도, 피로강도, 파괴인성, 열전도도, 전기전도도 역시 구조에 민감한 특성들이다. 이러한 특성들의 특정한 조합을 만들어내기 위해 많은 공정들이 잘 정제되었다. 이들은 그림 13.18과 13.19와 같이 미니 특성차트로 가장 잘 나타낼 수 있다. 열교환기나 화학공업 장치에 쓰이는 재료는 열전달이 중요하므로 높은 강도와 열전도도가 필요하다. 그림 13.18은 이 두 가지 특성이 세 가지 주요 강화기구(가공경화, 석출경화, 고용강화)의 각각에 의해 어떻게 변하는지를 보여준다. 가공경화는 전도도를 별로 변화시키지 않으면서 강도를 현저히 증가시키는 반면에, 고용강화와 석출경화는 강도를 증가시키면서 전도도를 떨어뜨린다. 고속모터나 송전선로와 같은 전기적인 용도에는 높은 강도와 전기전도도가 함께 필요하다.

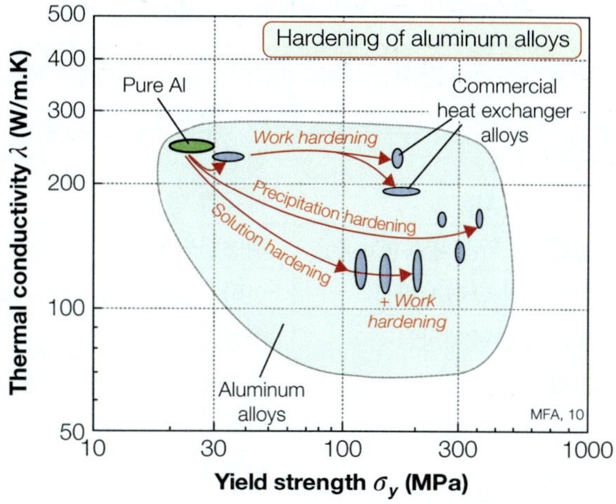

그림 13.18 알루미늄 합금의 열전도도와 강도에 대한 고려

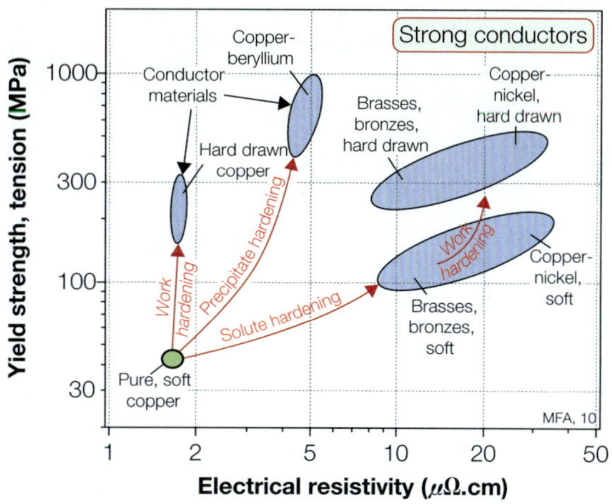

그림 13.19 전선용 재료에 최선의 선택은 강도가 높고 비저항이 낮은 것이지만, 강화기구는 비저항을 증가시킨다. 다만, 가공경화나 석출경화가 고용강화보다는 비저항을 증가시키는 경향이 덜하다.

그림 13.19는 가장 우수한 전도체의 하나인 구리에 대하여 동일한 변화를 보여준다. 용질원자를 첨가함으로써 강도가 증가하지만 용질원자는 또한 산란 중심으로 작용하여 전기비저항도 증가시킨다. 가공경화의 근원인 전위는 강도 향상에 도움이 되나 용질원자 만큼은 아니지만 역시 전자를 산란시킨다. 석출물은 가장 큰 강도향상 효과를 가져 오지만 전기전도도는 조금만 감소시킨다. 그러므로 석출경화(잔류 용질원자가 적어야 함)와 가공경화가 전도체를 강화시키

표 13.1 금속합금의 전형적인 용도와 사용되는 강화기구

합금	용도	고용강화	석출경화	가공경화
순 알루미늄	포일(foil)			√√√
순 구리	전선			√√√
주조 Al, Mg	자동차 엔진부품	√√√	√	
청동(Cu-Sn), 황동(Cu-Zn)	해양선박용 부품	√√√	√	√
비열처리 단련Al합금	선박, 음료수캔, 일반구조물	√√√		√√√
열처리 단련Al합금	항공기 구조	√	√√√	√
저탄소강	자동차, 기계구조, 선박, 캔	√√√		√√√
저합금강	자동차 부품, 공구류	√	√√√	√
스텐리스강	압력용기	√√√	√	√√√
주조 Ni합금	제트엔진 터빈	√√√	√√√	

기호 : √√√ = 정례적으로 사용, √ = 가끔 사용

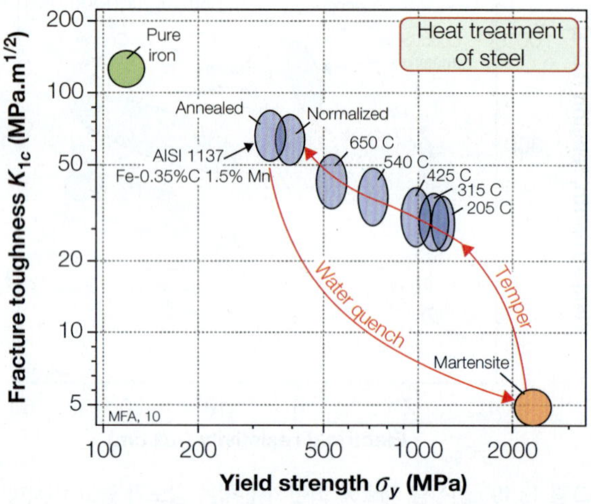

그림 13.20 열처리에 의한 보통 탄소강의 파괴인성과 항복강도의 변화

는 가장 좋은 방법이다.

특성 향상을 위한 공정 중에서 어느 것 보다도 중요한 것이 강철의 열처리이다. 그림 13.20은 중탄소강의 열처리 공정을 보여준다. 강철을 용체화처리(완전히 FCC 구조의 오스테나이트로 바뀔 때까지 가열)하여 모든 탄소를 고용시킨 다음 물이나 기름에 담금질하면 매우 단단하고 취성인 마르텐사이트로 변태된다. 그 상태로는 파괴인성치가 너무 낮아 구조용 재료로는 거의 쓸모가 없으므로, 템퍼링에 의해 경도와 항복강도를 낮추지만 인성을 회복하게 되는데, 그 정도는 템퍼링 온도(와 시간)에 따라 달라진다. 이를 조정하여 원하는 특성의 조합을 얻을 수 있다.

그러므로 공정은 재료특성을 조절함에 있어서 중심적인 역할을 한다. 공정은 형상을 창조하는 능력은 물론 특성을 창출해내는 능력에 따라 선택되어야 한다.

13.5 체계적인 공정선택

선택의 전략

공정을 선택하는 전략은 재료선택의 전략과 대등하다. 그림 13.21에 보면 공정선택의 단계가 이제는 낯익은 해석, 가려내기, 순위매기기, 참고문헌정보로 구성됨을 보여준다.

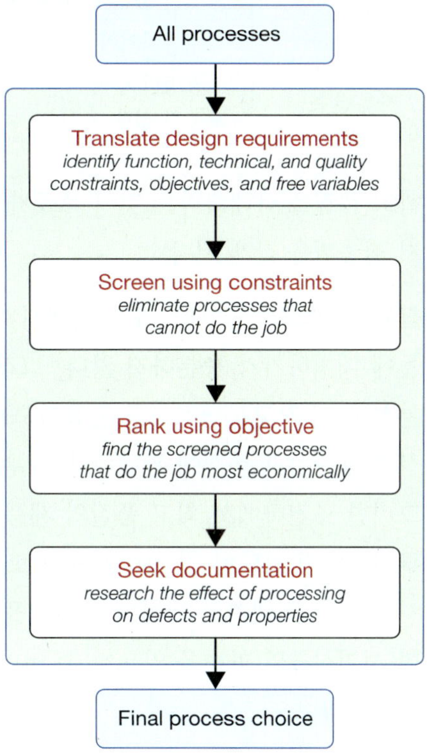

그림 13.21 공정선택의 절차에 관한 흐름도 : 공정선택은 재료선택과 대등하게 진행된다.

해석 이전에 살펴본 장에서 기능이 재료와 형상에 대한 최초의 선택을 결정짓는다는 사실을 알았다. 이런 선택은 공정선택에 제한조건을 부여한다. 두 가지 형태의 제한조건을 고려하는 것이 좋다. 기술적인 제한조건 : 이 공정으로 원하는 것을 얻을 수 있는가? 품질 제한조건 : 그리고 충분히 잘된 것을 얻을 수 있는가? 재료와 공정의 적합성이라는 한 가지 기술적 제한조건은 항상 거기에 있다. 품질 제한조건은 결함을 피하면서 원하는 정밀도, 표면조건, 특성윤곽을 얻는 것이다. 공정에 있어서 통상적인 목표는 비용의 최소화이다. 자유변수는 대부분 '공정의 선택' 자체 또는 온도나 유속과 같은 공정변수로 국한된다. 표 13.2는 해석 단계에서 얻을 수 있는 성과를 요약한 것이다.

가려내기 이 단계에서는 제한조건을 적용하여 만족하지 못하는 공정을 가려낸다. 많은 공정 속성들은 단순히 어떤 범위의 숫자로 주어진다. 공정이 다룰 수 있는 부품의 크기나 질량, 그 공정으로 얻을 수 있는 정밀도나 표면거칠기 등이다. 다른 공정 속성들은 숫자로 주어지지 않는다. 예를 들면 공정으로 다룰 수 있는 재료의 리스트가 있다. '마그네슘 합금으로 만든 약 3 kg 질량을 가진'과 같은 요구조건은 공정 속성과 비교되어, 마그네슘을 형상화할 수 없거나 3 kg이나 나가는 부품을 다룰 수 없는 공정을 쉽게 탈락시킨다.

순위매기기 앞에서와 마찬가지로 순위매기기는 하나 이상의 목표를 기준으로 이루어지는데, 가장 분명한 목표 중의 하나는 비용의 최소화이다. 어떤 특별한 용도에 대해서는 비용에 불문

표 13.2 공정 요구조건의 해석

기능	공정은 무엇을 해야 하는가?(성형? 결합? 마감질?)
제한조건	• 어떤 기술적 한계를 만족해야 하는가?(재료 및 형상 적합성) • 어떤 품질 한계를 만족해야 하는가?(정밀도, 결함의 방지 등)
설계목표	최대화되어야 하는 것과 최소화되어야 하는 것은 무엇인가?(비용? 시간? 품질?)
자유변수	• 공정의 선택 • 공정 실행 조건

하고 품질을 극대화하는 것이 목표가 될 수도 있지만, 대부분의 경우에는 비용과 품질 사이에서 절충점을 찾게 된다.

참고문헌정보 가려내기와 순위매기기만으로는 품질이나 생산성과 같이 다루기 어려운 속성들에 대처하기가 충분하지 않다. 그러한 것들은 설계 가이드라인, 실무교범, 사례연구, 파손분석 등의 참고문헌정보를 활용함으로써 가장 잘 분석될 수 있다. 가장 중요한 기술적 전문성은 생산성과 품질에 관련된다. 모든 형태의 생산 장비에는 최적의 가동조건 범위가 있으며 그러한 조건하에서 최고 품질의 제품을 생산할 수 있다. 그 가동조건 범위 밖에서 생산이 이루어진다면 과도한 기공이나 균열 또는 잔류응력과 같은 제작결함을 유발하게 된다. 이는 다시 불량품의 폐기로 이어져 생산성을 떨어뜨리거나, 만일 실수로 제품이 사용자에게 흘러가면 시기상조의 파손을 일으킬 수 있다. 그러므로 참고문헌정보는 선택의 실행에 필수적인 일부분이다.

전략의 구현

앞에서 설명한 바와 같이 각 공정은 한 묶음의 속성으로 특징지을 수 있고, 막대차트나 간단한 상관관계 매트릭스로 편리하게 나타낼 수 있다. 이러한 자료는 공정을 가려내는 데 있어서 필요한 선택 도구이다. 책에 나와 있는 것과 같이 인쇄된 표는 필연적으로 제한된 소수의 공정들과 속성을 다루게 된다. 컴퓨터를 활용하면 훨씬 많은 공정들과 속성들을 다룰 수 있다.

재료-공정 적합성 그림 13.22는 주어진 재료-공정 적합성을 보여주는 매트릭스이다. 맨 위에는 성형공정이 열거되어 있으며 적합한 각 재료가족을 알아보기에 편하게 다른 색깔로 나타내었다. 이를 가려내기에 사용하는 과정은 매우 알기 쉽다. 재료를 먼저 선택하고, 공정을 가려내든가 또는 역으로 공정을 먼저 선택하고 재료를 가려내면 된다. 매트릭스에 대각선으로 분포된 다른 색깔의 동그라미는 금속, 고분자에 속하는 각 재료클래스가 고유한 공정 루트를 가짐을 보여준다. 어떤 공정은 중복하여 적용되기도 한다. 예를 들어 분말법은 금속과 세라믹

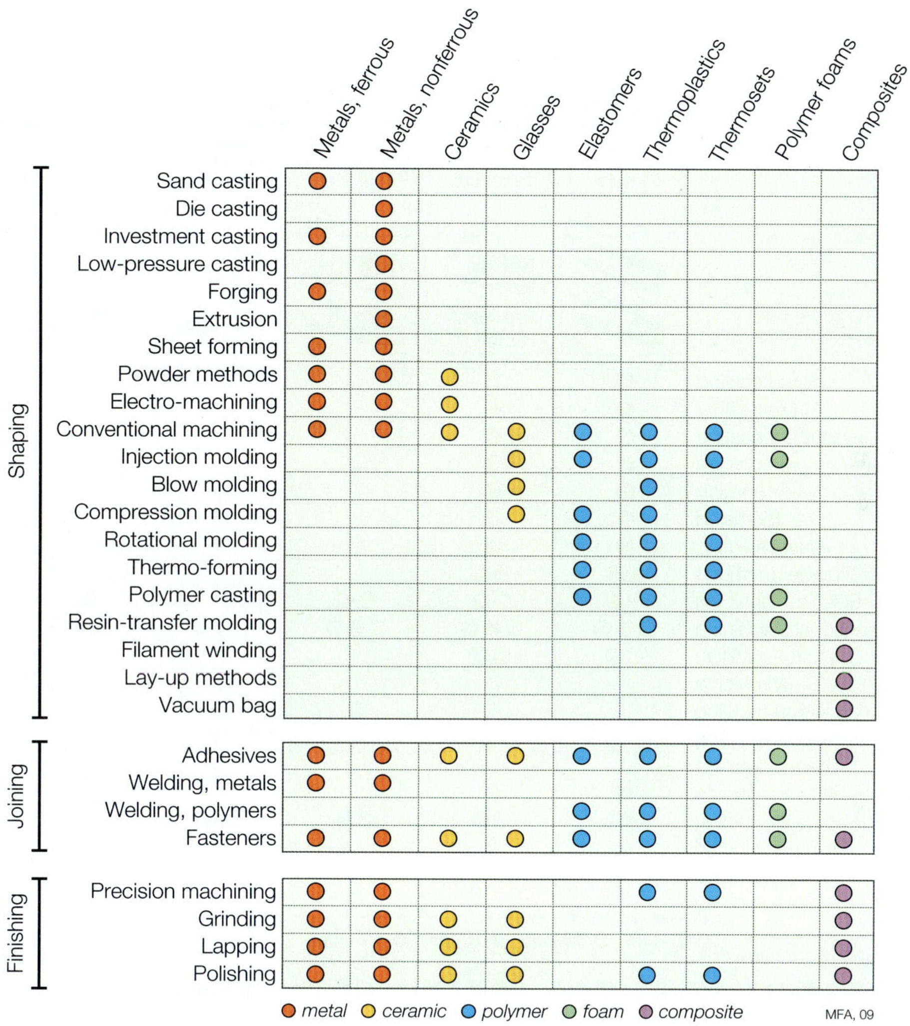

그림 13.22 공정-재료 매트릭스 : 각각의 색깔로 나타낸 동그라미는 공정과 재료가 서로 적합함을 뜻한다.

에 모두 적합하며, 몰딩 또한 고분자와 유리에 모두 적합하다. 한편 절삭가공은 거의 모든 재료 가족에 다 적용 가능하다. 접착제나 이음단추를 사용하는 결합공정도 거의 모든 재료에 적용 가능한 반면, 용접은 재료에 맞추어 적용할 수 있는 용접법이 결정된다. 마감질공정은 주로 단단한 재료, 특히 금속재료에 사용되며 고분자재료의 경우 최종 형상으로 몰딩하고 장식을 목적으로 하는 것 외에는 거의 추가적인 마감질이 뒤따르지 않는다. 이에 대해서는 나중에 다시 설명할 것이다.

공정-형상 적합성 형상은 가장 특징짓기 힘든 속성이다. 많은 공정들은 사용하는 도구나 재료

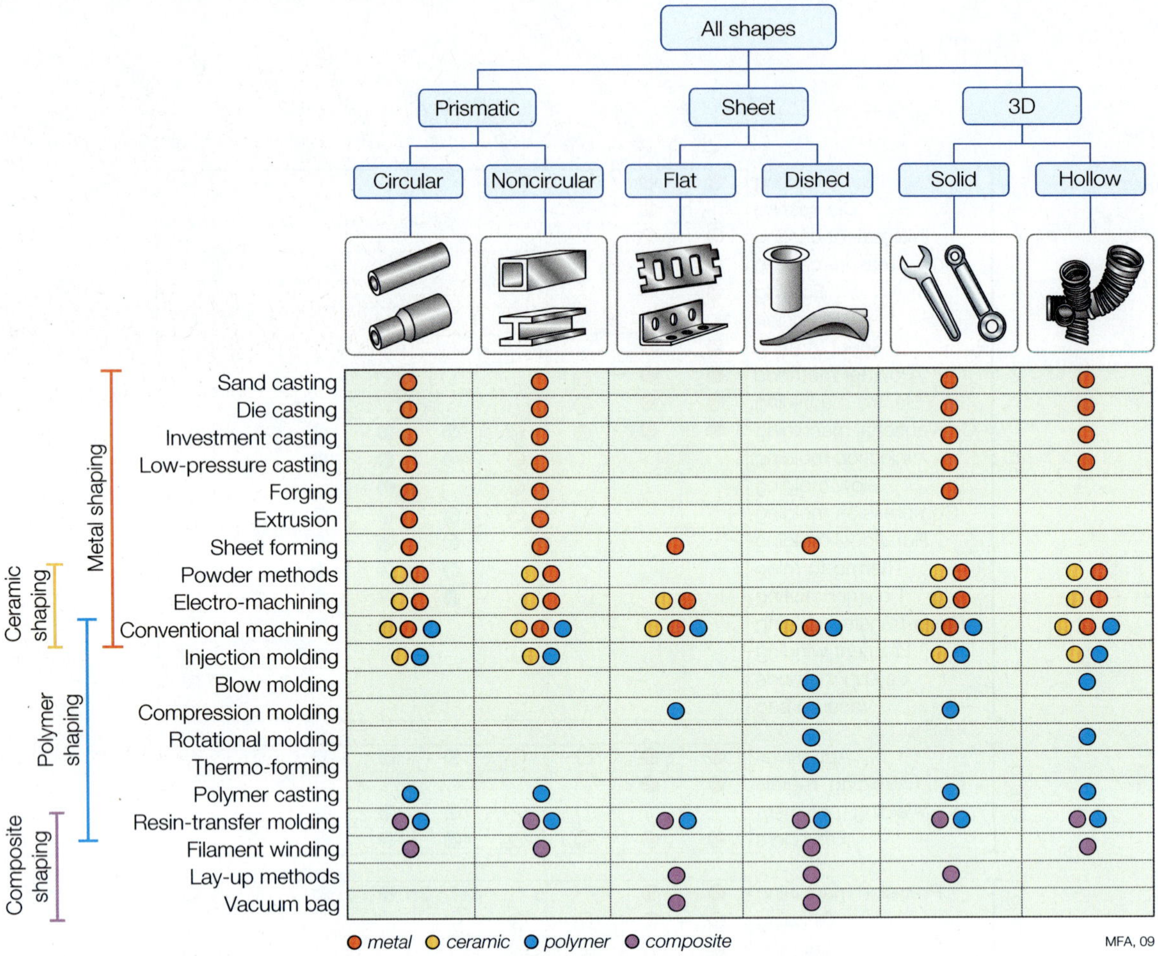

그림 13.23 공정-형상 매트릭스 : 재료의 적합성에 대한 정보는 맨 왼쪽에 나와 있다.

의 회전이나 이송을 포함하기 때문에 축대칭, 대칭이동, 균일하게 유지되는 두께 등을 고려하는 것이 좋다. 선반가공은 축대칭 형상을 만든다. 압출, 인발, 압연은 단면이 원형이든 아니든 일정한 단면의 형상을 만든다. 스탬핑이나 드로잉 같은 판재성형 공정은 평평한 형상 또는 움푹 파인 접시 형상을 만든다. 어떤 공정은 3차원 형상을 만들며, 일부는 속이 빈 형태의 3차원 형상을 만들지만 다른 일부는 그렇지 못하다. 그림 13.23은 이러한 분류 방법에 대해서 다루고 있다. 압연, 압출, 인발로 만들어지는 일정단면(prismatic) 형상이 왼쪽에 나타나 있으며, 이들은 모두 무한한 길이로 연속적인 제조가 가능하다는 공통적인 특징을 갖는다. 다른 형상들은 그렇지 못하므로 제조공정이 불연속적이고, 이러한 공정을 뱃치(batch)공정이라 부른다. 연속공정은 철도 레일이나 튜브, 판재, 박판과 같은 표준형 자재의 생산에 아주 적합하다. 원통형 압연롤에 의해 박판이 만들어지며, 형상롤에 의해 철도 레일처럼 조금 더 복잡한 단면의 형상이 만들어진다. 압출은 다양한 형상에 알맞은 연속공정으로서, 특히 내부 채널이나 길이방향 보강재(rib, stiffener)를 포함한 복잡한 형상도 단일 공정으로 제조할 수 있다.

공정-형상 매트릭스는 공정과 형상의 상관관계를 나타내고 있다. 그러므로 만약에 어떤 공정으로 우리가 원하는 형상을 만들어내지 못한다면, 두 번째 공정을 추가한 일련의 공정체인을 통하여 부가적인 가능성을 얻을 수 있다. 예를 들어 주조 후에 절삭가공을 하는 경우가 그것이다. 그러나 반드시 기억해야 할 것은 공정의 추가는 비용의 상승을 초래한다는 사실이다.

성형공정 : 질량과 단면두께 그림 13.24에 나타낸 것처럼 어떤 공정으로 만들 수 있는 제품의 크기에는 제한이 있다. 공정별로 적합한 재료를 고유한 색깔로 나타낸 것은 앞에서와 같고, 어

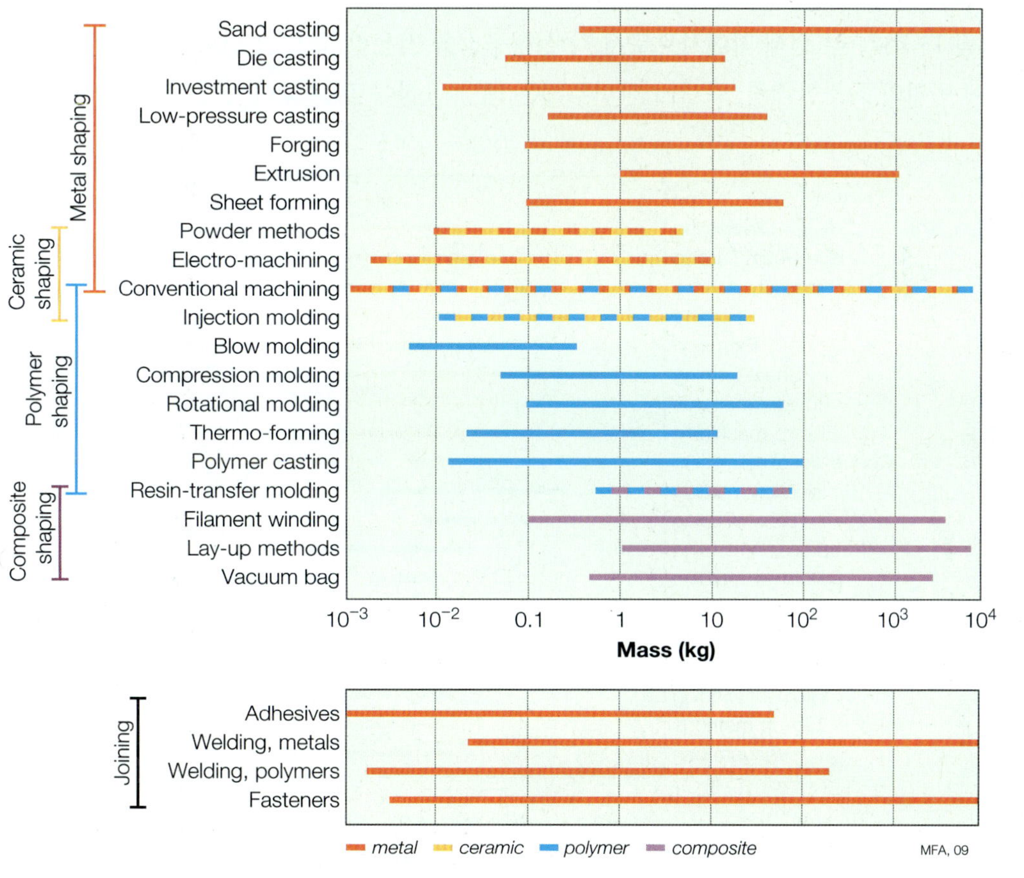

그림 13.24 공정-질량범위 차트 : 결합공정을 포함함으로써 알기 쉬운 공정체인을 찾아볼 수 있다.

떤 공정이 하나 이상의 재료 가족에 모두 적합한 경우에는 두 가지, 세 가지 색깔로 나타내었다. 제품의 크기는 부피 또는 질량으로 나타낼 수 있는데, 이는 수천, 수만 배나 다른 반면 밀도는 고작 50배 정도 차이가 나기 때문에 부피나 질량 어느 쪽으로 나타내어도 별 차이가 나지 않는다. 즉, 무슨 재료로 만들더라도 큰 물건은 무겁기 마련이다. 대부분의 공정은 무게로 1,000배 정도 차이가 나는 범위에서 이루어진다. 이러한 속성은 극단적인 경우에 매우 뚜렷한 차별화의 기준이 될 수 있음에 주목하자. 왜냐하면 아주 많은 부품들이 0.1~10 kg 범위에 있고, 그러한 범위에 대해서는 기본적으로 모든 공정이 적합하기 때문이다.

각각의 수평 막대는 해당 공정을 아주 큰 어려움 없이 적용할 수 있는 크기의 범위를 보여준다. 모든 공정이 최소한계나 최대한계를 넘어 적용될 수는 있지만, 그러할 경우 공정에 사용되는 장비가 표준형이 아니기 때문에 추가비용이 발생할 위험은 감수해야 한다. 그러므로 실제로 가려내기 할 때에는 간발의 차로 탈락한 공정도 필요에 따라서는 다시 고려하고 포함시킬 수 있어야 한다.

그림 13.25는 두 번째 막대차트로서 각 성형공정을 적용할 수 있는 단면두께 범위를 보여준다. 이 범위의 최소한계치, 즉 최소단면두께는 해당 공정이 갖는 물리적인 원리의 한계에 따라

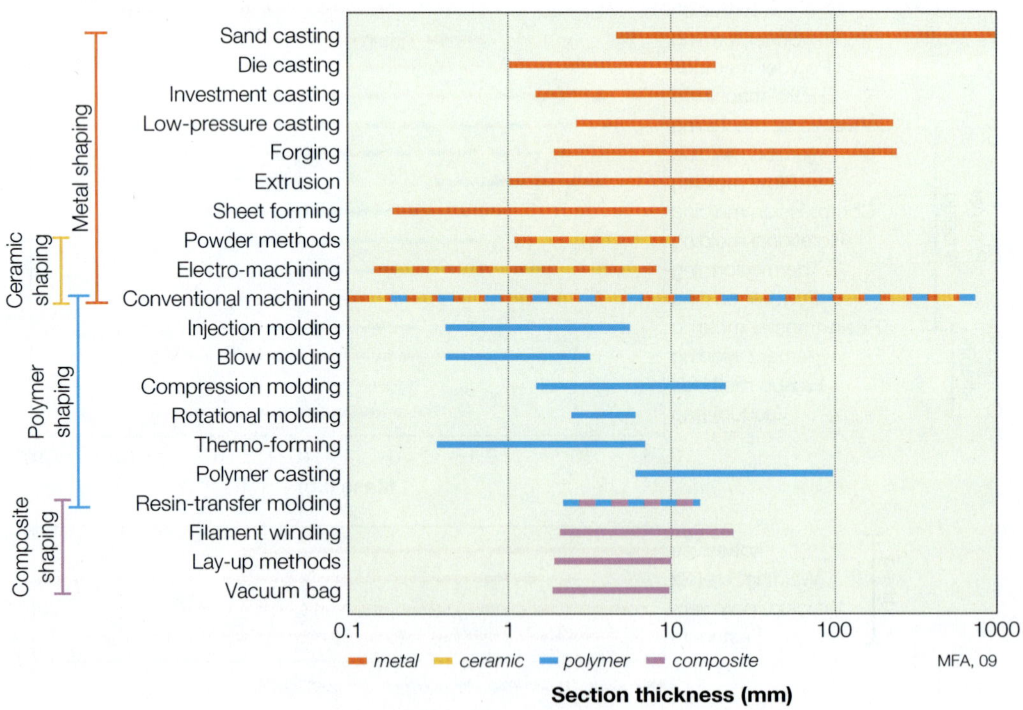

그림 13.25 공정-단면두께 차트

결정된다. 이러한 한계의 기원에 대해서는 다음 절에서 살펴보기로 한다.

크기와 단면두께의 물리적 한계 주조와 몰딩은 모두 액상 또는 반액상 재료의 흐름에 의존한다. 단면두께의 최소한계는 흐름의 물리학에 의해 결정된다. 점도와 표면장력은 좁은 채널의 흐름을 방해하는데, 얇은 두께의 넓은 표면은 열손실을 가져와 흐르는 액상 재료를 냉각시키고 채널이 채워지기 전에 점도를 높인다(그림 13.26). 순금속은 일정 온도에서 응고하면서 점도가 불연속적으로 증가하지만, 합금의 응고는 일정한 온도범위에 걸쳐 일어난다. 이는 '머시 존(mushy zone)'으로 알려져 있으며, 이 범위에서 합금은 일부는 액체, 일부는 고체이다. 이 범위는 합금의 조성에 따라 몇 도에서 수백 도까지 이르며, 따라서 합금 주조에서의 액체금속 흐름은 합금의 조성에 의존한다. 일반적으로 금형압력주조나 고압 몰딩 공정으로는 얇은 단면

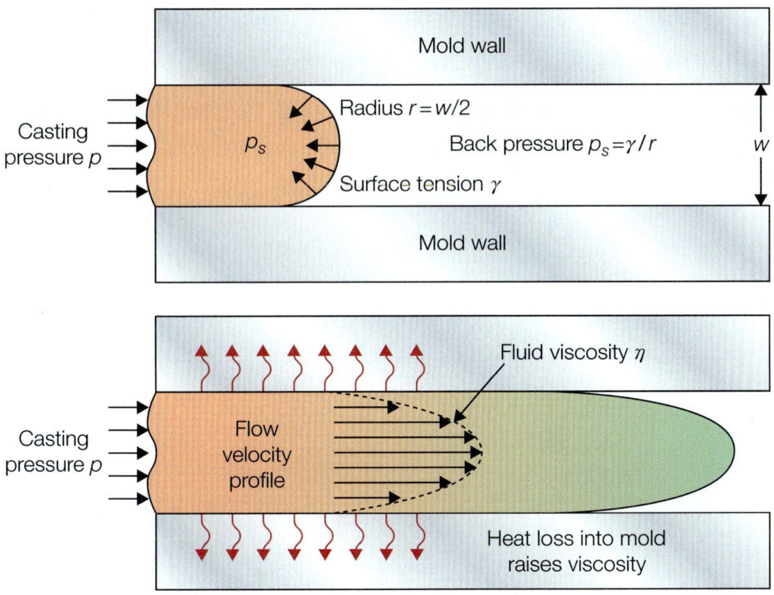

그림 13.26 액체금속이나 고분자의 흐름은 (a)처럼 표면장력에 의해, 그리고 (b)처럼 점착력에 의해 방해를 받는다. 몰드벽으로 열을 빼앗김으로써 점도가 증가하고 시기상조 응고를 유발할 수도 있다.

얇은 채널에서의 흐름

아주 기묘한 형상의 알루미늄 주조품을 위한 주형에 폭이 불과 10 μm인 채널이 있다. 그 부분을 채우는 데 1기압(0.1 MPa) 정도로 가압하는 것으로 충분할까? 알루미늄 합금 액체의 표면장력은 1.1 J/m^2이다.

풀이 표면장력을 극복하고 폭이 $2x$인 채널을 액체금속으로 채우는 데 필요한 압력은 $p = \gamma / x$이다. 따라서 가압력 1기압으로 채울 수 있는 가장 좁은 채널의 폭은

$$2x = \frac{2\gamma}{p} = \frac{2.2}{1 \times 10^6} = 2.2 \times 10^{-5} = 22\ \mu m$$

1기압의 가압력은 채널을 채우는 데 충분하지 않다. 5기압 정도면 아마 넉넉하게 채울 수 있을 것이다.

의 제품을 제조할 수 있지만, 장비가격이 비쌀 뿐만 아니라 빠른 난류성 흐름에 의해 기공이 발생하기 쉽고 몰드를 손상시킨다.

주조나 몰딩에 있어서 크기나 단면두께의 최대한계는 수축 문제에 의해 제한된다. 주조나 몰딩 제품은 바깥쪽부터 먼저 냉각되고 응고하여 견고한 외피를 형성한다. 내부가 뒤따라 응고하면서 부피변화에 따라 제품이 뒤틀리거나, 외피에 균열이 발생하거나, 내부에 수축공이 만들어진다. 이러한 종류의 문제점은 단면의 변화가 심한 부위에서 가장 심각한데, 구속에 의한 인장응력이 열간균열을 발생시키므로 구속된 상태에서 열에 의한 수축으로 균열이 발생한다. 조성이 다르면 열간균열에 민감도가 달라지는데, 이는 재료, 공정, 설계 사이에 밀접한 상관관계가 있음을 보여주는 또 다른 예이다.

소성변형에 의한 금속의 성형(열간 또는 냉간 압연, 단조, 압출)에도 흐름은 밀접한 관련이 있다. 압연, 단조, 압출에서 성형될 수 있는 가장 얇은 단면은 소성흐름에 의해 제한을 받는데, 이는 마치 주조에서 가장 얇은 단면이 액체금속의 점성에 의해 제한을 받는 것과 같다. 단면두께가 얇아질수록 소성에 더 큰 압력(압연)이나 힘(단조)이 필요해지는데, 그림 13.27에 이러한 문제를

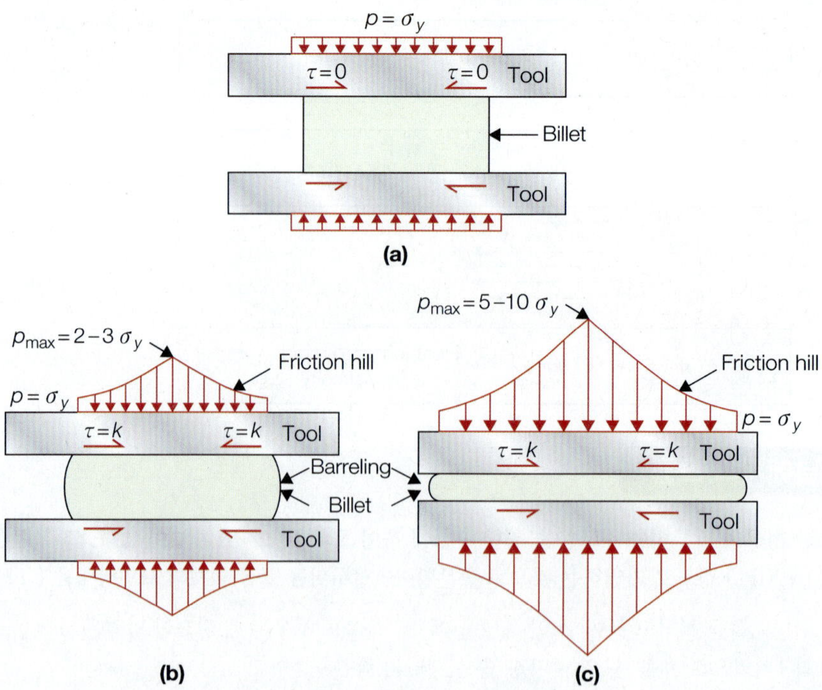

그림 13.27 마찰과 형상비가 단조에 미치는 영향 : (a) 마찰이 매우 낮은 경우의 일축 압축, (b) 점착마찰이 존재할 경우 접촉압력은 마찰력언덕(friction hill)을 따라 증가하고, (c) 형상비가 클수록 압력의 증가하여 결국 얻을 수 있는 얇은 두께를 제한한다.

나타내었다. 마찰은 다이와 압연롤 아래의 압력분포를 변화시킨다. 윤활이 충분할 경우 (a)처럼 하중은 거의 완벽한 일축하중이고 재료는 항복응력(σ_y)에서 소성흐름이 일어난다. 마찰이 존재하면 (b)처럼 재료는 다이와의 접촉면에서 전단변형하며 압력은 급격히 증가하는데, 이는 마찰에 의해 재료의 흐름이 방해를 받아 '마찰력언덕'을 형성하는 결과로 나타난다. 압력분포 곡선 아래의 면적이 성형에 필요한 총 하중이 되므로 마찰이 증가하면 필요한 하중이 증가한다. 그림이 (c)처럼 단면의 형상비(폭/두께)가 클수록 소성변형을 일으키는 데 필요한 압력은 높아진다. 이는 마찰과 단면두께의 관계에서 근본적인 한계가 있음을 보여주는 것으로 아주 얇은 단면의 경우 아무리 높은 압력을 가하더라도 그저 다이에 달라붙을 뿐 소성변형이 일어나지 않는다.

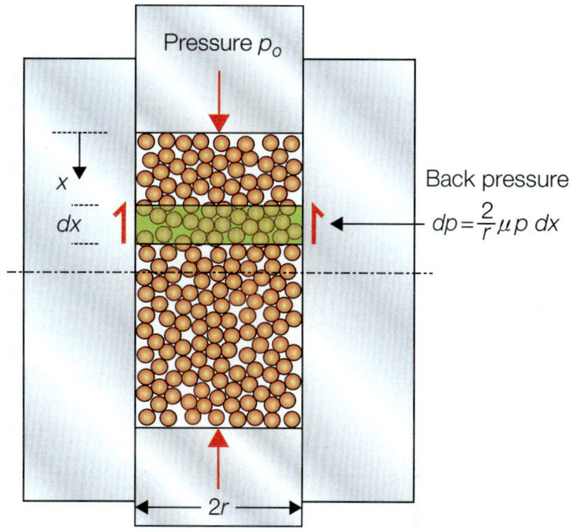

그림 13.28 분말단조에서 폭에 대한 높이의 형상비는 금형벽 마찰에 의해 제한되는데, 마찰은 표면으로부터의 거리에 따라 압착력을 지수함수로 감소시킨다.

마찰은 또한 분말법 공정에서 형상비(aspect ratio)를 제한한다. 외부에서 가해진 압력은 금형

분말 프레싱에서의 형상비 제한

금형벽 마찰계수가 $\mu = 0.5$라면 금형벽마찰에 의해 그림 13.28에서와 같은 원통형 분말체에 얼마나 큰 압력 감소가 발생할까?

풀이 두께 dx인 녹색 밴드에서 슬라이딩을 방해하는 마찰력은 $2\pi\, r\, \mu\, p\, dx$이고, 여기서 p는 상부 펀치 경계면으로부터 x만큼 떨어진 거리에서의 압력이다. 이것을 원통형 분말체의 단면적 πr^2로 나누어주면 압력 감소를 얻는다.

$$dp = -\frac{2}{r}\mu\, p\, dx$$

$x = 0(p = p_o)$부터 $x = x(p = p(x))$까지 적분하면,

$$p(x) = p_o \text{epx} - \frac{2\mu\, x}{r}$$

마찰계수 $\mu = 0.5$라면 원거리 압력 p_o의 절반으로 압력이 떨어질 형상비는,

$$\frac{x}{r} = -\frac{1}{2\mu}\ln\left(\frac{1}{2}\right) = 0.69$$

해답은 마찰계수를 감소하도록 금형벽에 윤활을 사용해야 할 것이다.

벽 마찰에 의해(그림 13.28) 줄어들게 되는데, 만일 형상비가 너무 크다면 제품의 중앙부에는 분말을 압착하는 데 충분한 압력이 가해지지 못한다.

공차와 표면거칠기 제품의 정밀도와 표면 마감질은 품질을 나타내는 속성이며, 각각 공차와 표면거칠기(R)로 측정된다. 일반적으로 제품의 크기가 결정되면 표면조건도 결정된다. 다만, 모든 표면에 대하여 지정해야 하는 것은 아니다. 밀폐상태를 유지해야 하는 플랜지의 접촉면이나 홈을 따라 움직이는 슬라이더처럼 접촉면에 있어서 표면조건은 매우 중요하다. 표면의 품질은 또한 피로균열 생성 방지에도 중요하고 외관상의 미려함을 위해서도 중요하다. 치수(y)에 대한 공차(T)는 $y = 100 \pm 0.1$ mm, 또는 $y = 50^{+0.01}_{-0.001}$ mm 식으로 나타내며, 후자는 작은 쪽보다 큰 쪽으로 더 여유가 있음을 나타낸다. 표면거칠기는 $R < 100\ \mu$m 식으로 상한치로써 규정한다. 표 13.3에 여러 가지 제품에 통상적으로 요구되는 표면거칠기를 나타내었다. 표에는 또한 이러한 표면조건을 얻을 수 있는 가공방법도 나와 있다.

표면거칠기는 그림 13.29처럼 표면의 불규칙성에 대한 척도이다. 이는 다음과 같이 표면 윤곽의 높낮이의 평균제곱근(RMS; root-mean-square)으로 정의된다.

$$R^2 = \frac{1}{L}\int_o^L y^2(x)\,dx \tag{13.1}$$

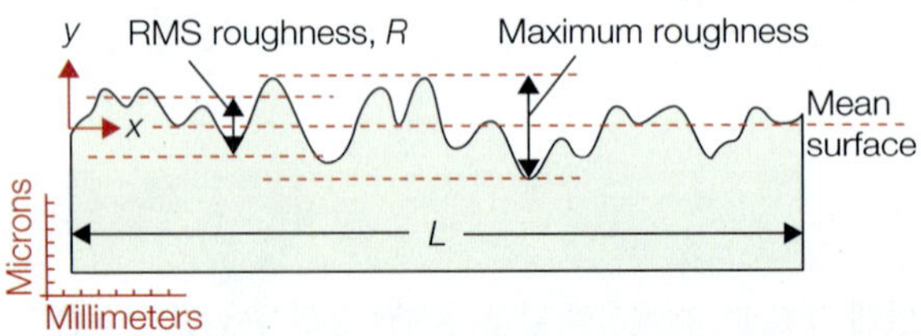

그림 13.29 불규칙한 표면을 보여주는 단면(잘 보여주기 위해 수직방향으로 과장되었음) : 불규칙성은 표면거칠기 R의 평균제곱근으로 측정된다.

측정하는 방법 중 하나는 가볍고 날카로운 탐침으로 x 방향으로 훑으면서 마치 음악레코드판 재생하듯이 수직 변위 $y(x)$를 기록한다. 표면의 불규칙도를 레이저간섭계를 사용하여 매핑하는 광학 표면거칠기 측정계는 더 신속하고 정확하다. 공차 T는 명백히 $2R$보다 크

표 13.3 마감질의 수준

마감질(μm)	공정	대표적인 적용사례
$R = 0.01$	래핑	거울
$R = 0.1$	정밀연삭 또는 래핑	고품위 베어링
$R = 0.2 - 0.5$	정밀연삭	실린더, 피스톤, 캠, 베어링
$R = 0.5 - 2$	정밀(절삭)가공	기어, 범용 기계부품
$R = 2 - 10$	절삭가공	낮은 하중 베어링, 덜 중요한 부품
$R = 3 - 100$	주조상태	베어링과 관계없는 표면

다. 실제로 공차는 RMS 값이기 때문에, 최고 거칠기, 즉 공차의 절대값 하한치는 $5R$ 정도가 된다. 실제 공정에서 얻어지는 공차의 범위는 $(10\sim1000)R$ 정도이다.

그림 13.30과 그림 13.31에는 재료 가족을 고유한 색깔로 나타낸 것은 앞에서와 같고, 어떤 공정으로 가능한 공차와 거칠기가 나와 있다. 마감질에 대한 데이터는 성형공정 아래에 별도로 추가하였다. 사형주조의 경우 거친 표면이 생기지만 금속주형을 사용한 주조는 좀 더 매끄러운 표면이 가능하다. 그러나 금속에 적용하는 어떤 공정도 $T = 0.1\,\text{mm}$, $R = 0.5\,\mu\text{m}$ 보다 나은 공차와 표면거칠기는 얻을 수 없다. 높은 치수 정확성과 우수한 마감질이 가능한 절삭가공은 주조나 소성가공 공정 뒤에 원하는 수준의 공차나 마감질 수준을 얻기 위해 자주 사용되어, 공정체인을 형성한다. 금속과 세라믹의 경우 높은 정밀도와 매끈함을 얻기 위해 표면을 연삭하거나 래핑할 수 있다. 대형망원경의 반사경은 1미터 혹은 그 이상의 치수에 $5\,\mu\text{m}$에 달하는 공차와 공차의 1/100 정도의 표면거칠기를 갖는다. 그러나 이와 같은 정밀도와 마감질에는 많은 비용이 드는데, 공정에 소요되는 비용은 공차와 표면처리의 조건이 까다로울수록

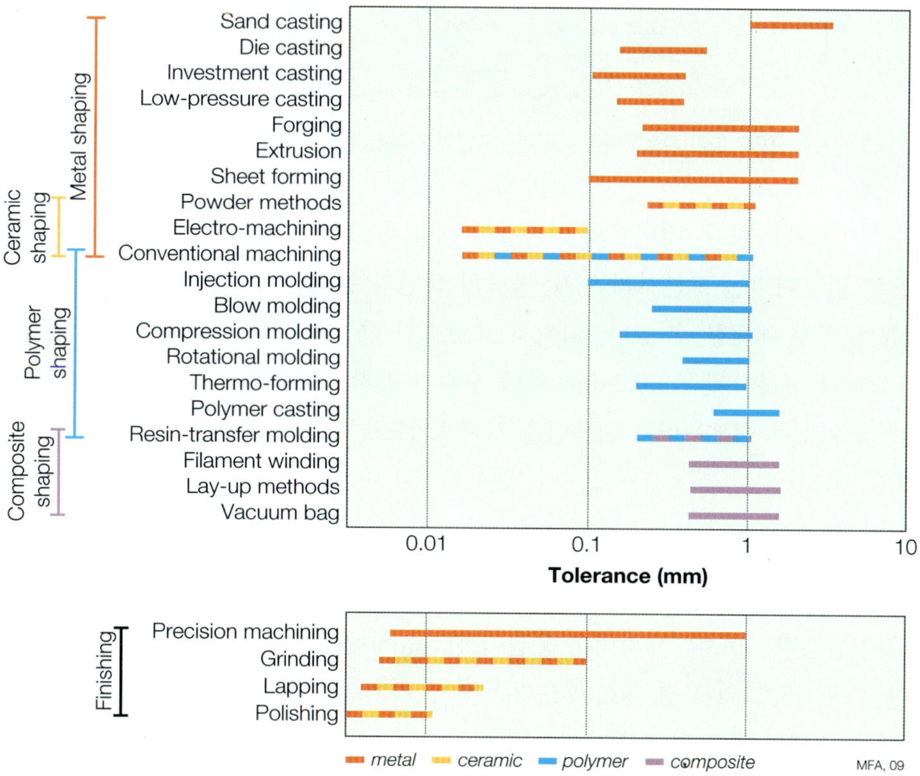

그림 13.30 공정-공차 차트 : 마감질공정을 포함함으로써 간단한 공정체인에 대한 검토가 가능해진다.

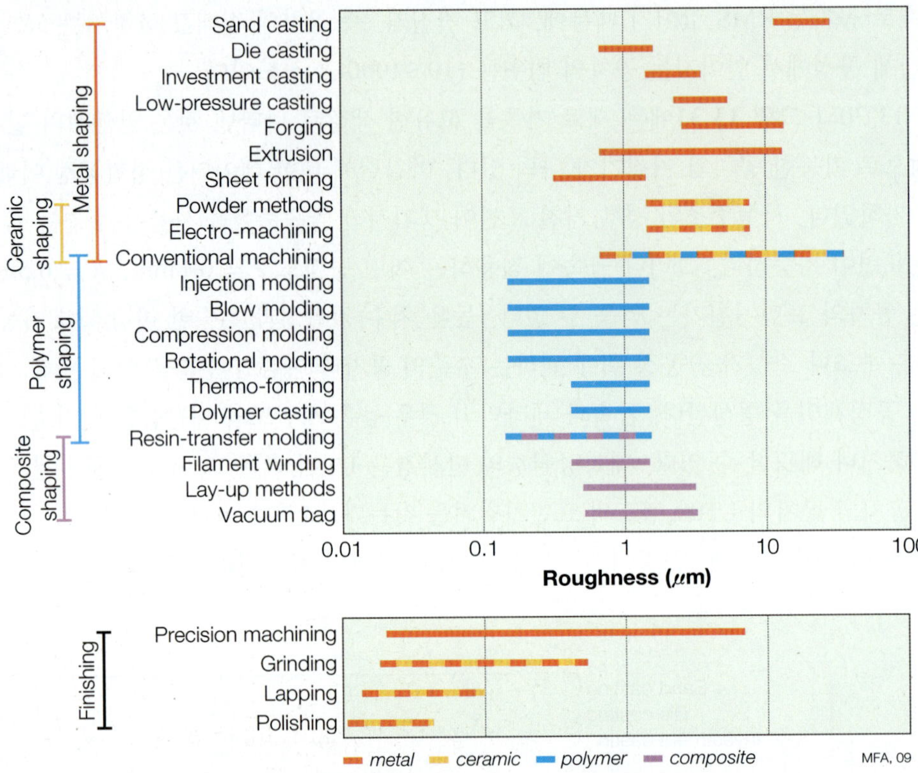

그림 13.31 공정-표면거칠기 차트 : 마감질공정을 포함함으로써 간단한 공정체인에 대한 검토가 가능해진다.

기하급수적으로 증가한다. 정밀도와 마감질에 대한 과도한 요구는 비용의 증가를 유발한다.

몰딩으로 만들어지는 고분자의 경우 몰드의 표면과 동일한 수준의 표면거칠기를 얻을 수 있기 때문에 아주 매끈할 수 있다. 따라서 표면조건 향상을 위해 추가적인 절삭가공은 불필요하다. 그러나 고분자에서 ±0.2 mm 보다 우수한 공차를 얻기란 거의 힘들다. 왜냐하면 몰딩에 의해 남아있는 내부응력이 뒤틀림을 가져오기도 하고, 사용 중에 크립이 생길 수도 있기 때문이다.

결합 : 재료의 적합성 금속, 고분자, 세라믹, 유리를 결합하는 방법은 매우 다르다. 어떤 재료는 접착제를 사용하여 접합할 수 있지만 다른 재료는 접합할 수 없다. 고분자의 용접방법은 금속의 용접방법과 다르며, 세라믹은 용접이 불가능하여 확산접합이나 글레이즈접합으로 결합시킨다. 그림 13.22의 공정-재료 매트릭스는 네 가지의 결합공정 클래스를 포함하고 있다.

서로 다른 종류의 재료 간에 결합이 이루어질 경우에는 결합공정이 양쪽 재료 모두에 적합해야 한다. 접착제와 이음단추는 다른 재료 간의 결합을 가능하게 하지만, 대부분의 경우에 용

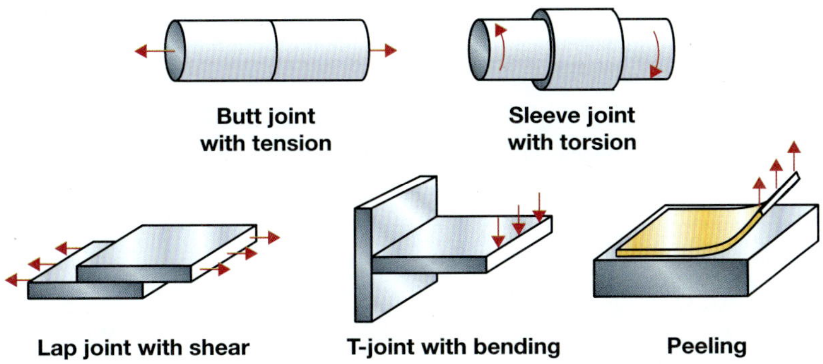

그림 13.32 결합부 형상과 하중 모드

접은 그렇지 못하다. 이종금속 간의 결합부는 전기적인 접점처럼 작용하여 결합부가 젖을 경우 양단간 전위차에 의한 부식현상이 발생한다. 이는 중간에 절연층을 삽입하여 양쪽 표면을 분리시킴으로써 방지할 수 있다. 열팽창계수의 차이는 결합부에 내부응력을 유발하여 온도가 많이 변하면 뒤틀리거나 손상을 일으킬 수도 있다. 이종재료 간의 결합에 적합한 공정을 찾는 구체적인 내용은 참고문헌정보에서 가능하다.

결합부 형상과 하중 모드 그림 13.32에 예시한 바와 같이 결합부의 형상과 하중이 가해지는 양상도 공정의 선택에 영향을 미친다. 접착제를 사용한 접합부는 전단에는 잘 견디지만 잡아벗기는 하중에는 약하다. 접착테이프를 떼어내는 작업을 연상해 보라. 접착접합부는 넓은 면적을 필요로 한다. 따라서 겹치기접합부에는 효과적이나 맞대기접합부에는 그렇지 못하다. 리벳이나 스테플 역시 겹치기접합부로서 전단하중에는 아주 적합하나 인장에는 덜 효과적이다. 용접이나 나사를 가진 이음단추는 더 광범위하게 효과적으로 사용될 수 있지만, 이 경우에도 역시 형상과 하중모드에 알맞은 공정을 선택하는 것이 중요하다.

결합부의 이차적인 기능 결합부는 기체나 액체를 차단하는 밀폐(seal) 기능을 겸하기도 한다. 결합부에는 또한 열이나 전기를 전달하거나 차단하는 역할이 요구되기도 하고, 고온의 사용온도에서 작동되어야 할 수도 있다. 완전히 고정형일 수도 있지만, 사용수명이 다하면 재활용이나 재사용을 위해 분해되어야 할 수도 있다. 나사를 가진 이음단추나 용매나 열을 가하여 녹이거나 분리할 수 있는 접착제가 후자에 속한다.

표면처리 : 재료의 적합성 표면처리에 대한 재료공정의 적합성은 그림 13.22의 맨 아래 부분에 나와 있다. 앞에서 언급하였듯이 금속에 대한 표면처리는 고분자에 대한 표면처리보다 훨씬 중요하다.

표 13.4 표면처리에 의해 제공되는 기능

부식방지(내식성), 수용액	단열
부식방지(내식성), 기체 환경	(전기)절연
마모방지(내마모성)	자기특성
마찰제어	(외관)장식
피로저항(내피로성)	색깔
열전도	(광학)반사도

표면처리의 목적 모든 표면처리에는 비용이 추가되지만, 가치의 상승이 더욱 크다고 할 수 있다. 표 13.4에는 표면처리에 의해 제공되는 다양한 기능들을 열거하였다. 어떤 것들은 보호 목적으로, 다른 그룹은 기능 향상을 목적으로 그리고 또 다른 그룹은 주로 미관상의 목적으로 사용된다. 제품의 표면을 보호하면 제품 수명을 연장할 수 있고, 유지보수의 주기를 길게 할 수 있다. 절삭공구에 경질 코팅을 하면 더 빠른 절삭속도로 가공할 수 있고 따라서 생산성이 증대된다. 또한 표면경화 처리에 의해 저렴한 밑바탕 재료를 사용할 수 있는 길이 열린다. 예를 들어 값비싼 합금강을 사용하는 대신 저탄소 보통강철의 표면에 침탄처리를 하거나 경질 질화티타늄(TiN) 코팅을 함으로써 같은 목적을 달성할 수 있다.

표면처리의 이차적인 적합성 어떤 표면처리는 예를 들어 애노다이징 처리는 치수, 정밀도, 표면거칠기를 변화시키지 않는다. 전기도금이나 증착코팅은 치수를 약간 변화시키지만 더욱 완벽하게 매끄러운 표면을 만들어준다. 고분자 분말코팅은 비교적 두껍지만 매끄러운 표면층을 형성하는 반면에 용접코팅과 같이 두꺼운 표면층을 입히면서도 표면이 거칠어서 추가적인 마감질 처리가 필요한 경우도 있다. 시선(line-of-sight) 증착공정은 눈에 보이는 곳만 코팅하므로 시선이 미치지 못하는 곳은 코팅되지 않은 채로 남지만, 소위 던지는 힘(throwing power) 공정은 평면, 곡면, 심지어 오목하게 들어간 표면도 똑같이 코팅한다. 많은 표면처리 공정은 가열을 필요로 하므로 고온을 잘 견딜 수 있는 재료에만 적용될 수 있다. 어떤 페인트는 냉간에서 적용할 수 있지만 대부분의 페인트는 150 °C까지 가열하여 구워야 한다. 침탄처리나 질화처리 같은 열처리는 800 °C 정도의 고온으로 오랫동안 가열해야 하므로 코팅되는 바탕재료의 미세조직을 변화시킬 수도 있다.

13.6 순위매기기 : 공정 소요비용

어떤 제품이든 가격의 일부는 사용된 재료의 비용이 차지한다. 나머지는 제조비용으로 성형비용, 결합비용, 마감질비용이다. 자세히 들어가기에 앞서 비용을 최소화하기 위해 설계자가 알아두어야 할 네 가지 상식적인 규칙을 살펴보기로 한다.

표준화를 유지하라 만약 누군가가 당신이 원하는 부품을 이미 만들었다면, 그것을 만드는 것보다 구입하는 것이 분명히 더 싸다. 만약 구입할 수 없다면 비표준화된 형상이나 특수 주조나 단조로부터 만들기보다는 표준화된 형상(판재, 봉재, 튜브)으로부터 설계하고 만드는 것이 더 저렴하다. 가능한 한 많이 표준화된 재료를 사용해라. 이것이 재고 비용을 줄이고 생산자가 필요로 하는 치공구를 최소화시키며, 재활용에도 도움이 되는 방법이다.

단순화하라 만약 부품을 절삭가공하였다면 조립하라. 부품에 다시 지그를 붙이거나 다른 것과 결합하는 일을 반복하는 것은 비용을 상승시키며, 특히 특수한 치공구가 필요한 경우에는 더욱 그렇다. 만약 부품이 용접되거나 땜질된다면 용접공의 토치가 닿을 수 있도록 하고 용접 작업을 볼 수 있어야 한다. 만약 그것이 주조, 몰딩, 단조로 만들어졌다면 유체를 폭이 좁은 채널로 밀어 넣기 위해 비싼 고압이 필요로 하다는 점을 기억해야 한다. 그리고 오목하게 들어간 표면 형상은 아주 복잡한 금형이나 다이(die) 설계가 필요하다. 스스로 부품을 만든다고 생각하고 고려해 보라. 황당한가? 그렇다면 약간 재설계를 한다면 좀 덜 황당하겠는가?

결합하기 쉬운 부품을 만들어라 조립은 시간을 필요로 하고, 시간은 곧 돈이다. 총 간접비용이 그저 시간당 60달러라도 조립시간 매 1분은 1달러와 맞먹는 셈이다. 조립을 위한 설계(DFA)는 이러한 조립시간에 대한 상식적인 기준과 규칙을 강조한다. 이에 따른 원칙은 다음 세 가지로 요약할 수 있다.

1. 부품 수의 최소화
2. 조립 시 자동정렬 부품 설계
3. 빠른 결합법 사용 : 점용접이나 끼워맞춤이 나사를 가진 이음단추보다 빠르고 대부분의 경우 접착제보다도 빠르다.

필요한 것보다 더 높은 성능을 지정하지 마라 높은 성능은 가격을 상승시킨다. 고강도의 금속은 값비싼 첨가물로 인해 훨씬 무겁고, 고성능 고분자는 화학적으로 훨씬 복잡하며, 고성능 세라믹은 생산 공정에서 훨씬 더 많은 품질관리를 요구한다. 이러한 것들은 모두 가격을 상승시키는 요인이 된다. 게다가 고강도 재료는 제조하기 어렵다. 왜냐하면 금속이든 고분자든 상관없이 높은 성형압력이 필요하고 공구 마모가 심해지며 일반적으로 연성이 낮아서 소성변형 공정이 어렵거나 불가능해지기 때문이다. 이는 새로운 공정경로를 사용하여야 함을 의미한다. 전통적인 주조나 절삭가공 대신에 고온 고압하에서 더 비싼 금형 장비로 정밀주조나 분말성형 작업을 행하여야 한다. 고강도 재료는 고성능인 대신 비싼 대가를 치러야 하는데, 재료 자체가 비쌀 뿐만 아니라 공정비용도 매우 크다. 결국 공차와 표면거칠기의 문제로 이어지게 되는데, 정밀도와 마감질의 요구조건에 따라 비용은 기하급수적으로 상승한다. 답은 명확하다. 성능이 곧 돈이다. 과도한 성능을 요구하지 마라.

더 알아보기 위해서는 공정비용에 기여하는 요인들과 그 근원을 자세히 알아보아야 한다.

선택을 위한 경제성 기준

만약 당신이 연필 하나를 깎아야 된다면 칼을 이용하면 될 것이다. 대신에 만약 연필 1,000개를 깎아야 한다면 전기 연필깎이를 사는 편이 나을 것이다. 그리고 만약 당신이 1,000,000개의 연필을 깎아야 된다면 자동 연필깎이 시스템을 설치하는 편이 효율적일 것이다. 다른 길이와 직경을 가진 연필을 다룰 때에는 연필의 크기와 깎는 압력을 측정하는 센서를 가진 마이크로프로세서 제어 시스템, 즉 연필 크기를 인식하고 거기에 맞출 수 있는 지능형시스템을 갖추는 것이 현명할 것이다. 결국 공정의 선택은 당신이 깎고 싶어하는 연필의 숫자, 즉 뱃치크

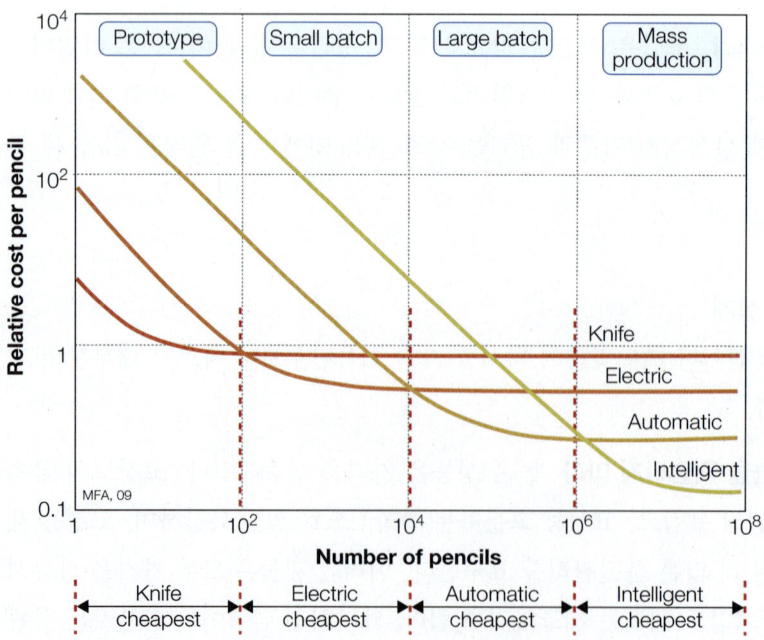

그림 13.33 네 가지 공정에 대한 뱃치크기와 연필깎이 비용의 도표 : 곡선은 모두 식 (13.5)의 형태를 나타낸다.

기에 달렸다. 최고의 선택은 연필 하나를 깎는데 드는 비용을 최소화하는 것이다.

그림 13.33은 뱃치크기에 따라서 연필 하나를 깎는 비용이 어떻게 달라지는가를 보여주는 개념도이다. 칼은 비싸지 않으나 속도가 느리므로 인건비가 많이 들어간다. 다른 공정들은 점점 초기 투자가 높아지나 작업수행 속도가 빠르므로 인건비가 낮아진다. 초기 자본투자와 속도의 균형이 곡선의 형상을 결정짓게 되는데 이 그림에서 최고의 선택은 가장 낮은 곡선이다. 칼은 100개까지, 전기 연필깎이는 10^2~10^4 까지, 자동시스템은 10^4~10^6 까지 등이다.

경제적 뱃치크기 공정비용은 많은 수의 독립변수들에 의존하는데, 이 변수들이 모두 다 모델링에 의해 제어되는 것은 아니다. 비용 모델링은 다음 절에서 다루어질 것이지만, 모든 변수들을 다 제어할 수 없다는 뼈아픈 단점이 있지만, 그나마 보완해줄 수 있는 것이 경제적 뱃치크기이다. 이 장에서 소개된 공정에 대한 경제적 뱃치크기의 값은 그림 13.34에 나와 있다. 경제적 뱃치크기가 B_1~B_2 범위 내에 있는 공정은 경험적으로 찾은 것으로 생산량이 그 범위에 있을 때 경쟁력을 가진다. 마치 전기 연필깎이가 경제적 수량 범위인 10^2~10^4 내에 있는 것처럼 말이다. 가장 쉽게 경제적 선택을 할 수 있는 방법은 경제적 뱃치크기에 의해서 후보 공정의 순위를 매기고 당신이 원하는 범위에서 가장 경쟁력이 있는 것을 고르는 것이다. 그러나 잘못된 환상에 이끌리면 안 된다. 많은 변수들을 분명히 구별하면서 하나로 모으기는 쉽지 않다. 비용 모델링이 더 깊은 내막을 알려줄 것이다.

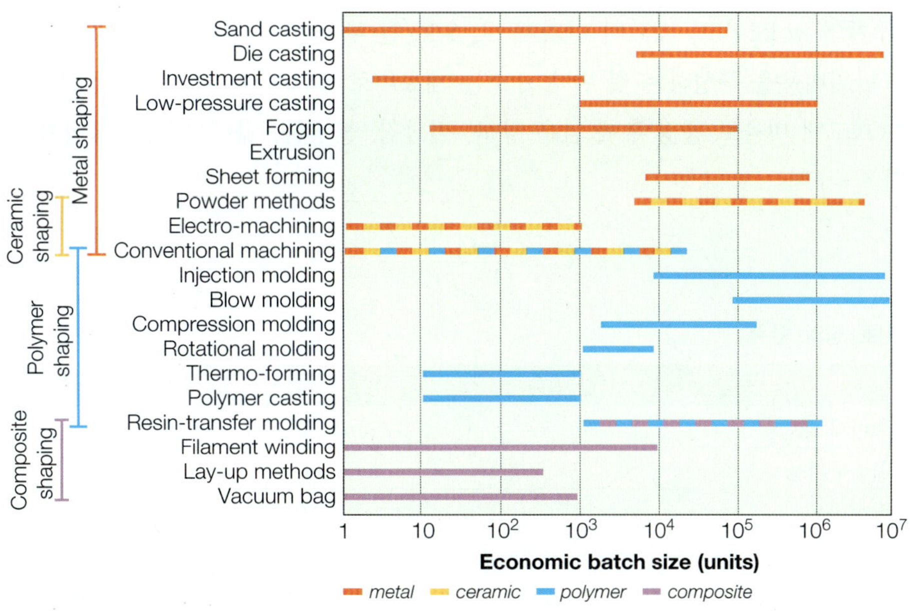

그림 13.34 경제적인 뱃치크기 차트

비용 모델링

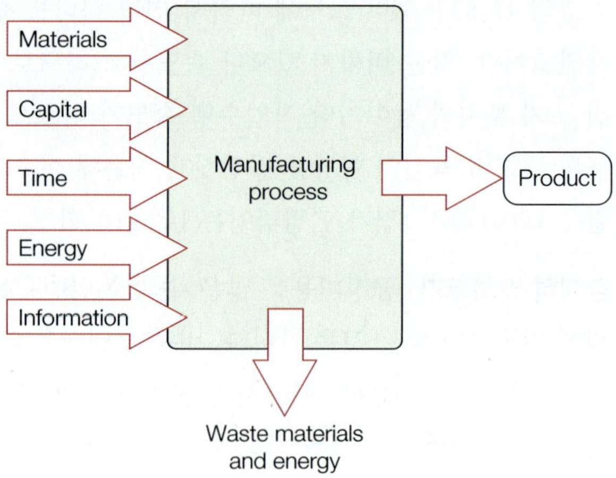

그림 13.35 가격 모델에 입력

제품의 생산은 각각 비용이 뒤따르는 자원을 소비하는 과정이며(그림 13.35), 최종 비용은 소비된 모든 자원에 해당하는 비용들의 합으로 나타낼 수 있다. 이것은 표 13.5에 자세히 나와 있다. 그러므로 질량 m인 제품을 생산하는 데 드는 비용은 공급 원자재비용 C_m을 내포하고 있다. 또한 생산에 사용된 전용 치공구의 비용 C_t($)과 주요장비의 가격 C_c($)도 포함된다. 뿐만 아니라 거기에는 또한 인건비, 관리비, 공장가동비용 등이 포함된 시간당으로 부과하는 간접비용 $\dot{C}_{oh}$($/h)도 포함된다. 만약 상당히 에너지 집중 공정이라면 공정별로 이를 부과할 수도 있지만, 일반적으로 에너지는 전체 간접비의 한 부분으로 취급하므로 우리도 여기서 $\dot{C}_{oh}$에 포함시키기로 한다. 마지막으로 자료조사와 연구개발, 로열티, 면허세 등을 뜻하는 정보비용도 단위 시간당으로 계산하여 간접비의 한 부분으로 취급한다.

이제 무게가 m kg이고, 재료비 단가가 C_m $/kg인 부품(생산의 기본단위)의 생산비용을 고려해 보자. 단위비용을 구성하는 첫 번째 요소는 재료비로 mC_m에 $1/(1-f)$를 곱한 것이다. 여기서 f는 스크랩 비율로 공정 후에 남은 탕구, 절삭칩, 불량품, 폐자재 등 스크랩이 차지하는 비율이다.

$$C_1 = \frac{mC_m}{(1-f)} \tag{13.2}$$

표 13.5 기호, 정의, 단위

자원	기호	단위
재료 : 소비재 포함	C_m	$/kg
자본 : 치공구비용	C_t	$
장비비용	C_c	$
시간 : 인건비, 관리비, 임대료를 포함한 간접비용	$\dot{C}_{oh}$	$/h
에너지 : 에너지 사용비용	C_e	$/h
정보 : 연구개발 또는 특허 사용비용	C_i	$/year

치공구비용 C_t는 다이, 몰드, 지그와 고정장치 등에 소요되는 비용으로 소위 전담비용이다. 이 비용은 해당 부품생산 공정에 고스란히 할당되어야 한다. 이것은 생산 수량 n에 따라서 상각 방식으로 반영할 수 있다. 또한 치공구는 마모되기 마련이며 만약 생산 공정이 길어지면 대체품이 필요할 것이다. 따라서 단가에 포함되는 치공구비용의 부담은 다음과 같다.

$$C_2 = \frac{C_t}{n}\left[Int\left(\frac{n}{n_t} + 0.51\right)\right] \tag{13.3}$$

여기서 n_t는 치공구 세트를 새 것으로 대체하기 전까지 생산할 수 있는 제품의 수이고 Int는 정수값을 취함을 뜻한다. 대괄호 속의 수치는 생산량 n이 n_t를 초과할 때마다 증가되는 치공구비용이다.

반면에 장비비용(C_c)은 전담비용으로 잘 고려하지 않는다. 예를 들어 분말프레스는 다른 다이(die) 세트나 금형을 설치함으로써 다양한 부품을 생산하는 데 사용될 수 있다. 일정한 수명을 가진 전용이 아닌 장비의 자본비용이나 자본 자체를 빌리는 데 들어간 비용은 감가상각기간 t_{wo}(통상 5년)로 나누어 간접비에 포함시킨다. 이제 C_c/t_{wo}는 연속적으로 사용되는 장비의 단위 시간당 비용이다. 그러나 장비가 연속적으로 사용되는 것은 매우 드문 일이며, 따라서 해당 장비가 실제 생산에 사용되는 비율을 반영한 부하계수 L을 넣어준다. 그러면 제품 한 개당 비용은 이 시간당 비용을 생산속도 $\dot{n}$으로 나눈 값이다.

$$C_3 = \frac{1}{\dot{n}}\left(\frac{C_c}{Lt_{wo}}\right) \tag{13.4}$$

마지막으로 간접비율 $\dot{C}_{oh}$가 있으며 이는 시간당 생산속도 $\dot{n}$(가동중지 시간을 고려한 평균치)로 나누어 줌으로써 제품 한 개당 비용이 된다.

$$C_4 = \frac{\dot{C}_{oh}}{\dot{n}} \tag{13.5}$$

총 성형공정 비용은 다음과 같이 4개 요소의 합으로 나타낼 수 있다.

$$C = \frac{mC_m}{(1-f)} + \frac{C_t}{n}\left[Int\left(\frac{n}{n_t} + 0.51\right)\right] + \frac{1}{\dot{n}}\left(\frac{C_c}{Lt_{wo}} + \dot{C}_{oh}\right) \tag{13.6}$$

이 식의 의미는 다음과 같다. 비용은 세 가지의 필수적인 요소를 가지는데, 첫째는 뱃치크기와 생산속도에 관계없는 단위 생산품당 재료비, 둘째는 제품 생산량의 역수에 비례하는($1/n$) 단위 생산품당 전담비용, 그리고 생산속도의 역수에 비례하는($1/\dot{n}$) 단위 생산품당 총 간접비용이다. 이 식은 비용 C와 뱃치크기 n의 관계를 보여주는 일련의 곡선을 나타내는데, 그림

13.33의 연필깎이에 대한 곡선과 같은 형태이다.

기술적 비용 모델링 식 13.6은 비용 모델링의 첫 단계이다. 기술적 비용 모델은 설계, 공정, 비용의 상호작용과 이해를 통해 뛰어난 예상을 가능케 한다. 초기 장치비용은 수량과 자동화 정도에 달려 있으며, 치공구비용과 생산성은 복잡성에 따라 다르다. 이와 같은 요소와 함께 많은 다른 요인들이 가격 모델에 적용될 수 있고, 이는 순위 경쟁 공정에 좀 더 나은 해답을 줄 수 있는 이론적, 경험적 수식 또는 검사 테이블로부터 정할 수 있다. 더 많은 발전된 해석을 원하는 독자들은 이 장 마지막에 있는 문헌들을 참고하길 바란다.

13.7 컴퓨터를 활용한 공정선택

가려내기 만약 공정속성이 데이터베이스 안에 저장되어 있으면 선택 차트는 만들어질 수 있고 선택박스를 훨씬 더 자유롭게 조정할 수 있다. 이전에 언급되었던 CES 플랫폼은 그러한 시스템의 한 예이다. 데이터베이스는 단일 공정의 특징적 기록들을 포함한다. 예제 13.1은 전형적인 기록의 일부로 사출성형에 대한 것이다. 개략도는 공정이 진행되는 것을 보여주며 짧은 설명으로 보완된다. 본 공정으로 만들 수 있는 형상, 형상과 물리적인 특징에 관련된 속성, 경제적 변수를 나타내는 속성 리스트로 이어지고, 마지막으로 설계 지침, 기술적인 사항, 전형적인 용도를 포함한 참고문헌정보로 끝맺는다. 수치적인 속성은 공정의 가능성의 범주를 나타내며 일정한 범위로서 저장된다. 각각의 기록은 그림 13.22의 공정-재료 매트릭스처럼 재료의 선택이 가려내기 기준으로 사용될 수 있도록 적합한 재료들의 기록과 연결되어 있다. 적은 숫자의 후보공정들이 2단계의 작업으로 추출된다. 먼저 설계 요구조건을 만족하지 못하는 공정을 제거하고, 남은 공정들에 대하여 경제성 기준을 적용하여 순위를 매긴다.

이것이 가능하도록 13.6절에 설명한 비용 모델이 CES 소프트웨어에 반영되었다. 기록에는 자본비용과 치공구비용(C_c와 C_t)의 범위와 생산속도($\dot{n}$)에 대한 대략적인 데이터가 포함되었다. 식 (13.6)은 다른 변수들, 즉 그 자체로는 공정속성이 아니어서 이 기록에 포함되지 않았으나 설계나 재료, 또는(그리고 공장의 위치에 따른) 경제성과 같은 데이터도 포함한다. 소프트웨어 사용자는 이 정보를 대화박스에 입력하는 방식으로 반드시 제공하여야 한다. CES 소프트웨어를 사용한 결과는 그림 13.33처럼 뱃치크기에 따른 비용의 분석이 된다.

더욱 자세한 정보는 참고문헌에 저자명 대신 Granta Design(2010)으로 기록된 원문에서 찾아볼 수 있다.

예제 13.1 사출성형 공정

사출성형은 제품 설계를 가장 크게 바꾸어 놓은 공정이다. 사출성형 제품은 제품 설계의 모든 분야에서 등장한다. 일반소비용 제품, 비즈니스, 산업, 컴퓨터, 통신, 의료 및 연구제품, 화장품 포장, 스포츠 장비 등, 열가소성 고분자 사출성형을 위한 가장 일반적인 장비는 그림에서 보여주는 왕복스크류 사출성형기이다. 고분자 알갱이가 나선형 압착기에 들어가서, 다이(die) 속의 하나 또는 여러 개의 채널(탕구)에서 힘을 받을 수 있도록 반죽모양으로 일관되게 섞이고 부드러워진다. 고분자는 압력을 받아 단단해지고 그 후 빠져나온다.

열가소성, 열경화성, 탄성중합체는 모두 사출성형에 사용될 수 있다. 다른 재료, 색깔, 모양의 요소일 때 동시 주입이 허용된다. 발포재사출성형은 불활성기체나 화학발포제(blowing agents)를 사용함으로써 큰 부품을 경제적으로 생산할 수 있으며 단단한 표면과 세포질의 내부 구조를 가진다.

형상	원형 프리즘	√
	비원형 프리즘	√
	고체 3D	√
	중공체(hollow) 3D	√
물리적 속성	질량 범위	0.01~25 kg
	단면두께 범위	0.4~6.3 mm
	공차	0.2~1 mm
	표면거칠기	0.2~1.6 μm
	표면거칠기 (A = very smooth)	A
경제적 속성	경제적 뱃치크기 (개)	10^4~10^6
비용 모델링	자본비용	3×10^4~7×10^5 USD
	재료 이용률	0.6~0.9
	생산속도 (개)	60~1,000/h
	치공구비용	3,000~30,000 USD
	공구수명 (개)	10^4~10^6

참고 문헌정보

설계 지침 : 사출성형은 질량기반의 복잡한 형상의 제품을 작고, 정밀한 고분자 제품으로 만드는 가장 좋은 방법이다. 이 방법은 표면 상태가 좋으며 공구로 텍스처나 패턴을 쉽게 만들 수 있으며 정밀하게 재생산이 가능하다. 장식 라벨은 제품의 표면에 만들 수 있다. (내부의 장식을 보라.) 유일한 마무리 작업은 탕구를 제거하는 것이다.

기술적인 사항 : 고융점의 어려움에도 불구하고(예, PTFE) 대부분의 열가소성 고분자는 사출성형에 사용할 수 있다. (단섬유 또는 입자로 강화된) 열가소성 고분자기지 복합재료는 강화재의 분율이 너무 높지 않은 경우에 사용될 수 있으며, 단면적의 변화가 큰 경우 권장하지 않는다. 작은 재주입각과 복잡한 형상의 경우 사용이 가능하지만, undercuts, screw threads, inserts와 같은 것들은 치공구비용을 상승시킨다.

전형적인 용도 : 하우징, 보관용기, 뚜껑, 손잡이, 공구 핸들, 배관 피팅, 렌즈, 장난감 등

13.8 요약 및 결론

넓은 범위의 가능한 성형, 결합, 마감질공정이 설계 엔지니어에게 주어진다. 각각은 나름대로의 특성을 가졌으며, 함께 사용하면 어떤 재료를 어떤 형상으로 성형하는 공정에 적합할 수 있지만, 다른 재료에는 부적합하다. 과거에 설계자는 이러한 선택의 문제에 부딪치면 국지적으로 활용 가능한 전문가를 찾거나 통상적인 방법에 의존했다. 그러나 이것은 혁신을 이끌어 낼 수 없으며 현재의 설계 방법에 부합할 수도 없다. 이 장에서 제시한 구조적이고 시스템적인 접근은 미래지향적인 것이다. 흥미로운 공정이 될 가능성이 있으면 배제하지 않도록 하였고, 사용자로 하여금 신속히 요구조건을 달성할 수 있는 공정으로 안내하였다.

재료선택과 마찬가지로 공정선택 매트릭스나 차트를 이용하여 절차를 구현하였다. 어떤 제품의 설계는 공정속성과 잘 알려진 조합을 결정한다. 이러한 설계 요구조건은 공정의 하나하나를 구분하는 차트에 설명되어 있다. 이 과정은 컴퓨터로 수행되며, 매우 큰 공정의 큰 포트폴리오로부터 속성을 기준으로 한 가려내기에 이어서 경제성을 기준으로 순위를 매김으로써 선택이 이루어진다. 물론, 공정선택에는 고려해야 할 사항들이 이보다 훨씬 더 많이 있다. 하지만 시스템적인 공정선택의 첫 걸음으로 지금까지 국지적인 경험이나 과거의 관습적인 과정을 대체할 수 있는 방법이라는 데 의의가 있다. 선택 범위의 축소는 무척 큰 도움을 준다. 보다 전문적인 지식을 위한 올바른 원문 데이터를 찾아내고, 올바른 질문을 할 수 있게 되었다. 그러나 여전히 최종 선택은 지역 경제나 조직 내의 사정에 따라야 하며, 그러한 것들은 어차피 개별 사례에 따라 결정되어야 한다.

13.9 심화학습을 위한 참고문헌

ASM Handbook Series (1971~2004), Vol. 4: Heat treatment; Vol. 5: Surface engineering; Vol. 6: Welding, brazing and soldering; Vol. 7: Powder metal technologies; Vol. 14: Forming and forging; Vol. 15: Casting; Vol. 16: Machining, ASM International, Metals Park, OH, USA. (공정에 대한 포괄적인 안내서 모음. 업데이트도 되고, 현재 온라인상에서 이용할 수 있다.) www.asminternaional.org/hbk/index.jsp

Bralla, J.G. (1998) *Design for Manufacturability Handbook* (2nd ed.), McGraw-Hill, New York, USA, ISBN 0-07-007139-X. (과장된 내용도 있으나, 제조 공정에 대한 풍부한 정보를 담았다.)

Bréchet, Y., Bassetti, D., Landru, D. and Salvo, L. (2001) Challenges in materials and process selection, *Prog. Mater. Sci.* 46, 407~428. (재료와 공정의 속성을 포착하는 지식 기반 방법을 탐색했다.)

Budinski, K.G. & Budinski, M.K. (2010) *Engineering materials, properties and selection* (9th ed.), Prentice Hall, ISBN 978-0-13-712842-6. (공정과 공업재료의 사용에 중점을 둔 아주 잘 알려진 교과서)

Campbell, J. (1991) *Casting*, Butterworth-Heinemann, Oxford, UK, ISBN 0-7506-1696-2. (주조공정의 기본적인 과학과 기술)

Clark, J.P. and Field, F.R. III (1997) Techno-economic issues in materials selection, in *ASM Metals Handbook*, Vol. 20. American Society for Metals, Metals Park, OH, USA. (기술적 비용 모형의 원리와 자동차 산업에서의 사용을 개관하는 논문)

Dieter, G.E. (1991) *Engineering Design, a Materials and Processing Approach* (2nd ed.), McGraw-Hill, New York, USA, ISBN 0-07-100829-2. (기술 설계에서의 재료와 공정의 지위에 초점을 맞춘 균형 잡히고 존경받는 교과서)

Esawi, A. and Ashby, M.F. (2003) Cost estimates to guide pre-selection of processes, *Mater. Design* 24, 605~616. (이 장에서 사용된 비용 추정 방법들을 연구한 논문)

Grainger, S. and Blunt, J. (1998) *Engineering coatings, design and application*, Abington Publishing, Abington, Cambridge, UK, ISBN 1-85573-369-2. (표면 내구성(일반적으로 표면 경도를 의미함)을 향상시키는 표면처리 공정에 대한 편람)

Granta Design (2010) *The CES Edu system* and other teaching resources, accessed from www.grantadesign.com/education/

Houldcroft, P. (1990) *Which process?*, Abington Publishing, Abington, Cambridge, UK, ISBN 1-85573-008-1. (이 유용한 책의 제목은 잘못된 인상을 준다. 이 책은 접합공정의 일부분인 강철 용접만 다룬다. 그러나 내용은 공정을 설계 요구조건에 잘 맞춘 우수한 내용이다.)

Kalpakjian, S. and Schmidt, S.R. (2008) *Manufacturing Processes for Engineering Materials* (5th ed.), Prentice Hall, Pearson Education, Inc., New Jersey, USA, ISBN 978-0-13-227271-1. (재료 공정에 대한 포괄적인 그리고 널리 사용되는 교과서)

Kalpakjian, S. and Schmidt, S.R. (2010) *Manufacturing Processes for Engineering Materials* (6th ed.), Prentice Hall, Pearson Education, Inc., New Jersey, USA, ISBN 978-0-13-608168-5. (재료 공정에 대한 포괄적인 그리고 널리 사용되는 교과서)

Lascoe, O. D. (1988) *Handbook of Fabrication Processes*, ASM International, Metals Park, Columbus, OH, USA, ISBN 0-87170-302-5. (조립 공정에 대한 참고서)

Shackelford, J.F. (2009) *Introduction to Materials Science for Engineers* (7th ed.), Prentice Hall, ISBN 978-0-13-601260-3. (공학 관점에서의 재료에 대하여 오랫동안 알려진 교과서)

Swift, K.G. and Booker, J.D. (1997) *Process selection, from design to manufacture*, Arnold, London, UK, ISBN 0-340-69249-9. (48 가지 공정의 세부사항에 대하여 표준 양식에 의거하여 공정선택의 길잡이를 제공할 목적으로 구조화되었음.)

Wise, R.J. (1999) *Thermal welding of polymers*, Abington Publishing, Abington, Cambridge, UK, ISBN 1-85573-495-8. (열가소성 수지의 가열 용접에 대한 입문서)

제 14 장

공정선택 – 사례연구

알루미늄 다이캐스팅 (사진 제공 : Aluminum Recovery Technologies, Kendallville, Indiana, USA)

Materials Selection in Mechanical Design. DOI: 10.1016/B978-1-85617-663-7.00014-X

14.1 서론과 개요

바로 앞 제13장에서는 공정선택의 체계적인 절차에 대하여 알아보았다. 여기서 입력은 설계 요구조건, 출력은 이를 충족시킬 수 있는 몇몇 공정들의 목록이다. 공정들끼리 경쟁이 벌어지면 비용모델에 의해 순위를 매긴다. 이 장에서는 이 방법들을 사례연구로 보여준다. 여섯 가지 사례 중 앞의 네 가지는 인쇄된 하드카피 차트를 사용한 선택이고, 나머지 두 가지는 컴퓨터 기반 선택이 어떻게 이루어지는지를 보여준다.

사례연구는 다음의 표준 양식을 따른다. 먼저 재료, 형상, 크기, 최소 단면, 정밀도, 마감질과 같은 설계 요구조건을 기록한다. 그 다음에는 탐색 영역을 명시하면서 이 요구조건들을 공정 차트에 도표화한다. 탐색 영역이 겹치는 여러 공정들이 설계 규격에 맞게 제품을 만들 수 있고, 이것들이 후보 공정들이다. 만약 어느 하나의 공정이 모든 설계 요구조건을 충족시키지 못한다면, 주조 후 절삭가공이나(예를 들어 한쪽 표면의 공차 요구조건을 충족하기 위해) 분말법 후 연삭가공과 같이 공정들을 연결해야 한다.

그 다음에 각 장의 끝에 주어진 참고문헌과 부록 D에 수록된 한층 더 방대한 데이터 출처로부터 가장 바람직해 보이는 공정들에 대하여 보다 상세한 정보를 찾는다. 최종적인 선택은 종종 특정한 회사, 지역, 나라에 한정된 국지적인 요인을 감안하면서 이 부분집합에서 시작된다.

14.2 알루미늄 커넥팅롯드의 주조

커넥팅롯드(con-rod)는 내연기관의 왕복운동을 회전운동으로, 펌프의 회전운동을 왕복운동으로 바꾸어 준다. 소형 알루미늄 합금 커넥팅롯드(그림 14.1)의 주조에 서로 경쟁되는 공정들을 제13장 비용모델을 사용하여 차별화하는 방법을 알아보자.

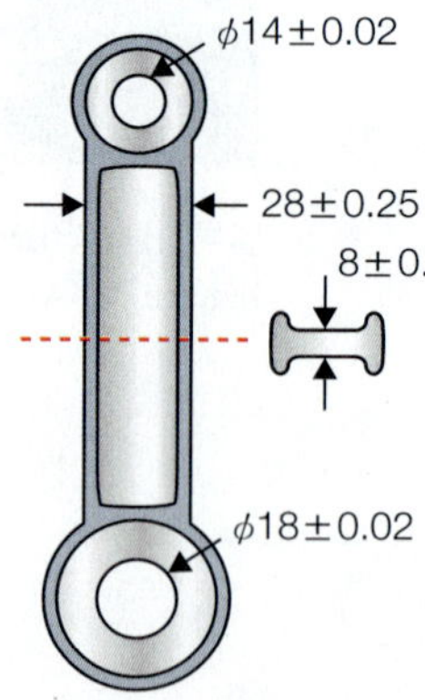

그림 14.1 커넥팅롯드 : 양단의 구멍과 그 측면은 나머지 몸체에 비하여 훨씬 더 높은 정밀도가 요구되므로 추가적인 절삭가공을 필요로 한다.

설계 요구조건 커넥팅롯드는 비철합금으로 만들어지는 단일 고체 3차원 형상이다. 크기는 질량이 약 0.3 kg이고 가장 얇은 단면이 8 mm 정도이다. 양단의 구멍과 그 측면은 어차피 요구되는 정밀도로 절삭가공되어야 하므로 주조품의 정밀도와 공차는 그리 엄격하지 않다. 뱃치크기는 100,000개 정도

표 14.1 커넥팅롯드에 대한 공정 요구조건

기능	커넥팅롯드	
제한조건	재료 : 알루미늄 주조 합금 형상 : 3차원 단일체 고체 추정 질량 : 0.3~0.4 kg 최소 단면두께 : 8 mm	기술적 제한조건
	공차 < 1.0 mm(표면), < 0.02 mm(구멍) 표면거칠기 : 중요하지 않음	기술적 제한조건
	뱃치크기 : 100,000	–경제적 제한조건
설계목표	비용의 최소화	
자유변수	• 공정의 선택 • 공정 시행조건	

표 14.2 커넥팅롯드의 성형 후보공정 리스트

공정	비고
사형주조(sand casting)	공정-공차 차트(그림 14.8)에서 보듯이 이들 중 어느 공정도 양단의 구멍 부위에 요구되는 공차를 만족시키지 못한다. 즉, 모두 추가로 절삭가공을 필요로 한다.
저압주조(low-pressure casting)	
금형압력주조(die casting)	

로 추산되며, 표 14.1에 공정 요구조건이 정리되어 있다.

공정선택 제한조건이 그림 14.4부터 그림 14.10까지 공정 매트릭스 차트에 표기되어 있다. 재료, 형상, 뱃치크기에 의해 차트에 나타난 대부분의 공정은 탈락하고 세 가지 주조공정과 고체블록으로부터 절삭하는 방법만이 남게 된다. 그러나 절삭가공은 재료의 낭비가 심하다는 점에서 탈락시키고, 결국 사형주조, 저압주조, 금형압력주조의 세 가지만이 남는다(표 14.2).

식 (13.6)의 모델에 의한 상대비용 분석에 의해 조금 더 자세한 분석이 가능하다. 적절한 데이터가 표 14.3과 같이 주어지는데, 여기서 모든 비용은 재료비용 $mC_m/(1-f)$에 대한 상대적인 값으로 나타나 있다. 결과는 그림 13.33의 사례를 따라 그림 14.2에 뱃치크기 n에 대한 단위당 비용 $\dot{C}$로 나타내었다. 뱃치크기가 작으면 단위비용은 치공구비용(식 13.6의 우변 두 번째 항)과 같은 고정비용의 영향이 절대적이다. 뱃치크기 n이 커지면서 이러한 고정비용의 영향은 줄어들고(물론 치공구의 수명이 n보다 크다는 가정하에서), 재료비, 인건비, 간접비 등의 유동비용에 의해 결정되는 값으로 일정해진다.

서로 경쟁되는 공정들은 보통 치공구비용 C_t와 생산속도 $\dot{n}$이 달라서 그림 14.2에서처럼 $C-n$ 곡선이 서로 교차하게 된다. 사형주조는 장치가 저렴하지만 생산속도가 느리다. 저압

표 14.3 앞의 표 14.2에 열거된 공정들의 비용모델 식에 대한 데이터

상대 비용*	사형주조	저압주조	금형압력주조	비고
재료비, $mC_m/(1-f)$	1	1	1	공정 무관 요인
기본간접비, $\dot{C}_{oh}$(시간당)	10	10	10	
감가상각기간, t_{wo}(년)	5	5	5	
부하계수	0.5	0.5	0.5	
전용 치공구비, C_t	210	2,000	16,000	공정 의존 요인
자본비용, C_c	1,800	8,000	30,000	
생산속도, $\dot{n}$(시간당)	3	10	50	
치공구수명, n_t(개)	200,000	500,000	1,000,000	

* 모든 비용은 재료비에 대한 상대적인 값으로 환산되었음.

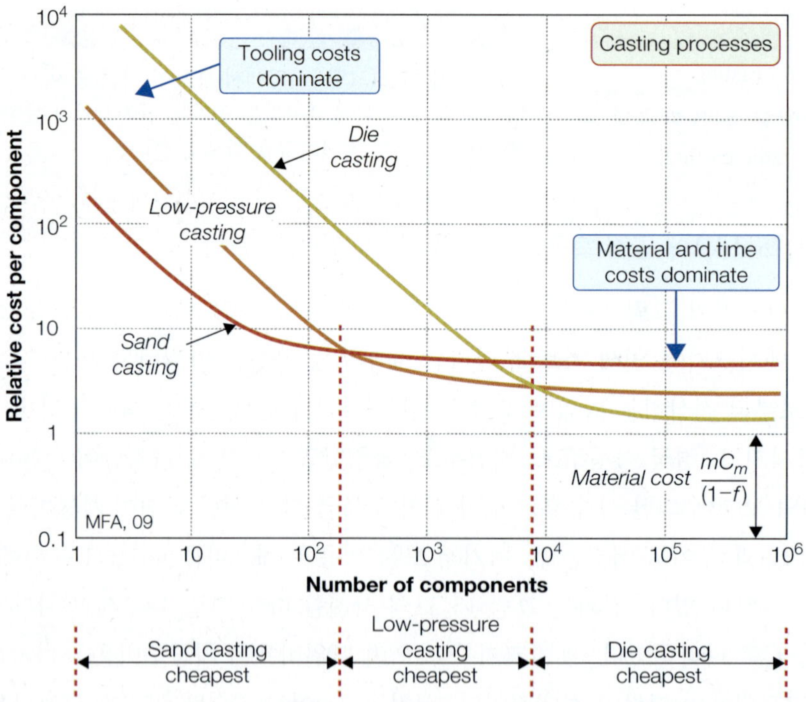

그림 14.2 뱃치크기에 따른 커넥팅롯드 주조공정의 상대비용 : 모든 비용은 재료비에 대한 상대적인 값으로 나타내었다.

주조는 금형비용이 사형주조에 비하여 높지만 생산속도가 좀 더 빠르다. 금형압력주조(다이캐스팅) 장치는 매우 고가이지만 생산속도도 매우 빠르다. 재료비, 인건비, 감가상각기간은 세 가지 공정 모두 동일하게 잡는다.

사형주조와 저압주조에 대한 곡선은 뱃치크기 200에서, 저압주조와 금형압력주조에 대한 곡선은 뱃치크기 8,000에서 교차한다. 200 이하에서는 사형주조가 가장 경제적이다. 저압주조는 뱃치크기 200에서 8,000 사이에서 다른 공정에 비하여 약간 더 경제적이다. 뱃치크기 8,000 이상에서는 금형압력주조가 가장 경제적인 선택이 된다. 뱃치크기 100,000에는 말할 것도 없이 금형압력주조가 최선의 선택이다. 뱃치크기가 작을 때는 치공구비용에 의해 거의 결정되며 재료비에는 거의 영향을 받지 않음에 주목하라. 그러나 뱃치크기가 커지면 비용모델 식의 두 번째 항의 기여도는 줄어든다. 그리고 생산속도가 빠를 때에는 개당 비용은 대략 재료비의 3배 정도까지 떨어지게 된다.

추록 공정선택에 고려된 정밀도와 표면거칠기 외에 품질과 관련된 다른 이슈도 있다. 사형주조는 거품이나 개재물을 포함하기 쉬운데 이는 커넥팅롯드처럼 반복되는 하중을 받는 부품에서는 피로균열 발생의 단초를 제공할 수 있다. 저압주조는 금속액체를 보다 부드럽게 금형 속으로 흐르게 함으로써 결함을 감소시킨다. 금형압력주조는 고압을 사용하므로 일반적으로 가장 고품질의 주조품을 생산한다. 이러한 것들을 고려하면 경제적인 뱃치크기의 분기점을 다소간 이동해야 하고 가장 고품질을 생산하는 공정의 뱃치크기 범위를 확장할 수 있다.

14.3 팬 성형

진공청소기에 쓰이는 팬(그림 14.3)을 설계할 때에는 아마 첫째는 저렴하고, 조용하며, 효율적이어야 할 것이다. 공정비용을 최소화하기 위해서는 날개가 모인 중심부가 그것과 결합되는 축에 잘 들어맞도록 절삭하는 것 외에는 최종 형상을 단일 공정으로 얻는 것이 중요하다. 이는 디스크나 날개에 절삭이나 마감질의 필요성을 없앰과 동시에 정밀도와 공차의 규격을 충족시킬 수 있는 단일 공정의 선택을 의미한다.

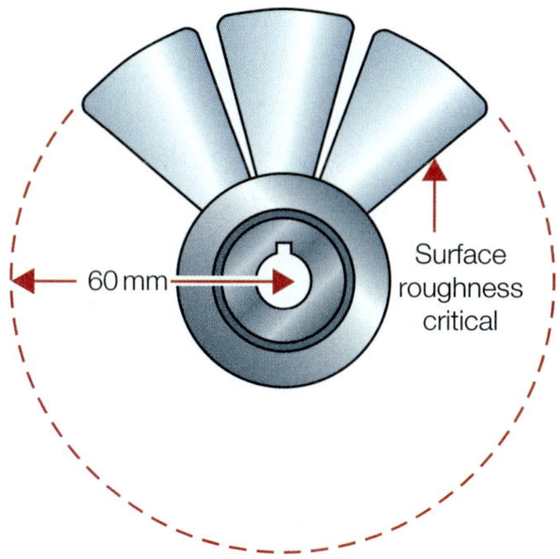

그림 14.3 팬은 나일론으로 만들며, 매끈한 표면과 상당한 수준의 정밀도를 요구한다. 또한 대량생산을 예상할 수 있다.

설계 요구조건 팬을 만들기 위해 선택된 재료는 나일론이다. 팬의 펌핑 속도는 반지름과 회전속도에 의해 결정되며 이는 팬의 크기를 결정한다. 설계자는 평균두께 4 mm인 12개의 날개를 가진 반지름 60 mm의 팬을 만들기 위해 필요한 것들을 계산한다. 팬에서 재료의 부피는 대략 표면적과 두께(약 10^{-4} m^3)의 곱으로, (나일론의 밀도 1,100 kg/m^3를 곱하면) 무게가 0.1~0.15 kg 범위이다. 팬은 꽤 복잡한 형상을 지니는데 대칭성이 높아 다소 간단해지기는 한다. 여기서는 팬을 3차원 단일체로 정의한다. 설계자의 관점에서는 균형과 표면거칠기가 실제적으로 중요한 요소이다. 그것들은(그리고 기하학적 형상은) 팬의 펌핑 효율을 결정하고, 소음발생에 영향을 미친다. 설계자는 ≤ 1 μm의 표면거칠기에 ±0.5 mm의 공차를 규정하고, 뱃치크기로 10,000개의 생산을 예상한다. 공정 요구조건은 표 14.4에 요약되어 있다. 어떤 공정들이 이 요구조건을 만족시킬 수 있는가?

공정선택 우선 선택 박스가 그려져 있는 재료-공정 및 형상-공정 매트릭스(그림 14.4 및 14.5)를 보자. 둘의 교차점은 다섯 종류의 성형 공정이고, 이는 두 번째 그림에 박스로 표시되었다. 질량과 단면두께(그림 14.6 및 14.7)를 기준으로 가려내기하면 고분자주조와 RTM이 탈락하고 세 종류가 남는다.

공차와 표면거칠기에 대한 제한조건은 상한치만을 규제한다(그림 14.8 및 14.9). 세 공정 모두 통과된다. 계획된 뱃치크기인 10,000개를 경제적 뱃치크기 차트에 도시하면(그림 14.10), 고체 블록으로부터의 절삭가공은 탈락하게 된다. 채택된 공정들은 표 14.5에 기재되어 있다.

표 14.4 팬에 대한 공정 요구조건

기능	팬	
제한조건	재료 : 나일론 형상 : 3차원 단일체 추정 질량 : 0.1~0.15 kg 최소 단면두께 : 4 mm	기술적 제한조건
	공차 ±0.5 mm 표면거칠기 : ≤ 1 μm	품질 제한조건
	뱃치크기 : 100,000	–경제적 제한조건
설계목표	비용의 최소화	
자유변수	• 공정의 선택 • 공정 시행조건	

표 14.5 팬의 성형 후보공정 리스트

공정	비고
사출성형(injection molding)	사출성형은 모든 설계 요구조건을 만족함; 압축성형은 추가적인 마감질 작업이 필요할 수도 있음.
압축성형(compression molding)	

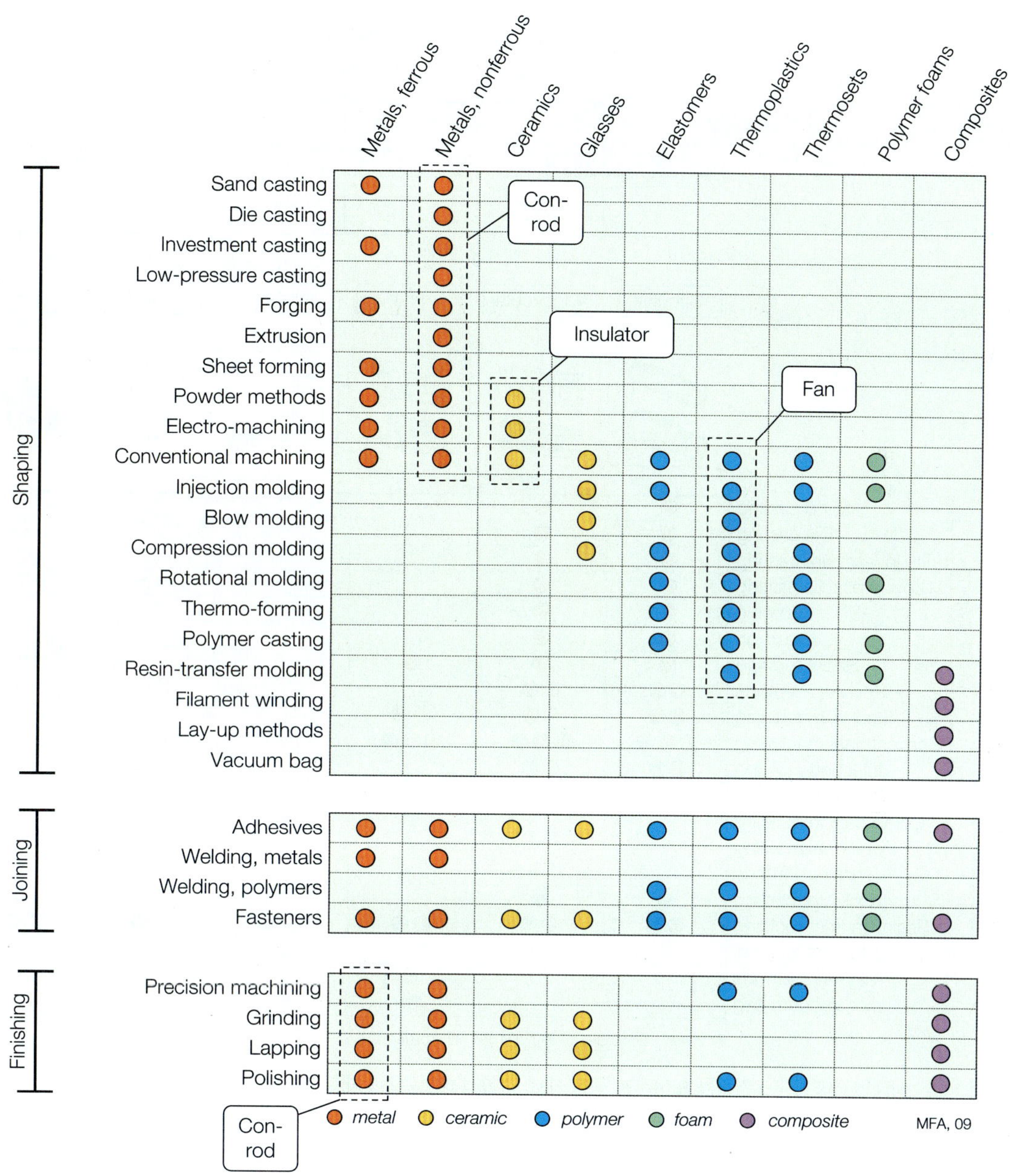

그림 14.4 사례연구의 요구조건들을 보여주는 공정-재료 적합성 매트릭스 : 결합공정과 마감질공정을 포함함으로써 공정들을 조합하여 더욱 엄격한 요구조건을 만족시킬 수 있는지를 확인할 수 있다.

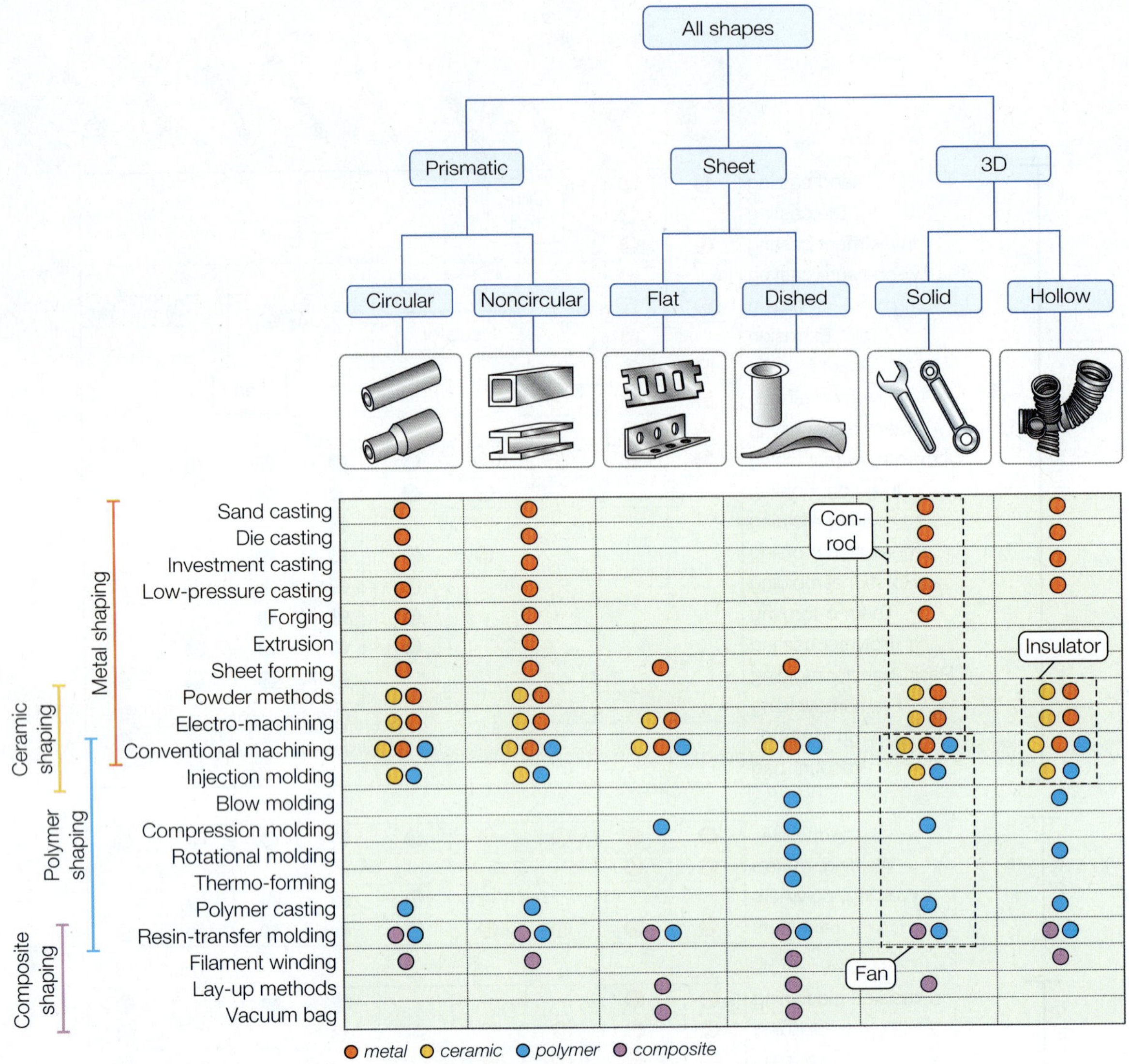

그림 14.5 사례연구의 요구조건들을 보여주는 공정-재료 적합성 매트릭스 : 재료 적합성에 대한 요약이 왼쪽에 나와 있다. 이러한 선택단계와 최종단계의 교차점이 공정선택의 범위를 좁혀준다.

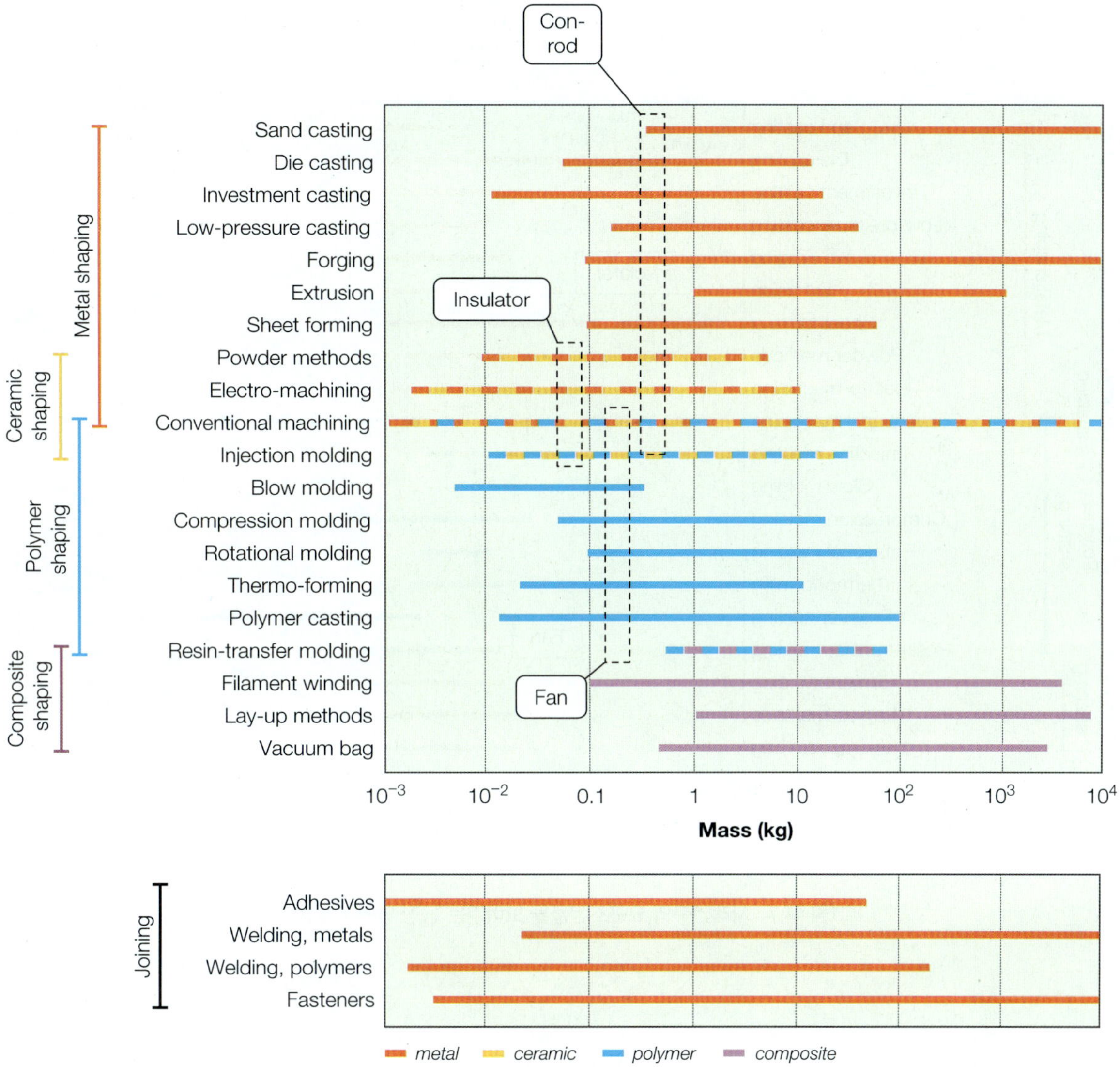

그림 14.6 세 가지 사례연구의 요구조건들을 보여주는 공정-질량 범위 차트 : 결합공정을 포함함으로써 대형구조물의 제작 가능성을 확인할 수 있다.

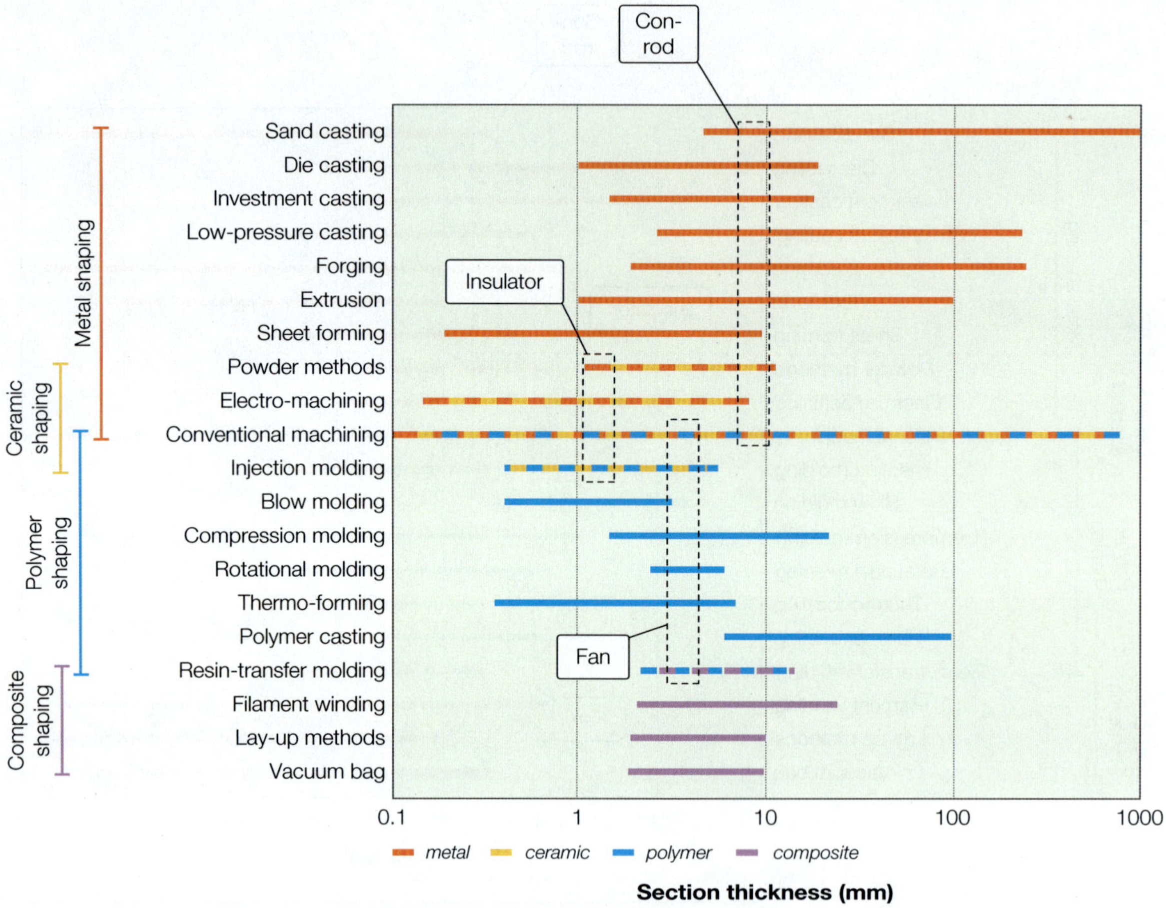

그림 14.7 사례연구의 요구조건들을 보여주는 공정-단면두께 차트

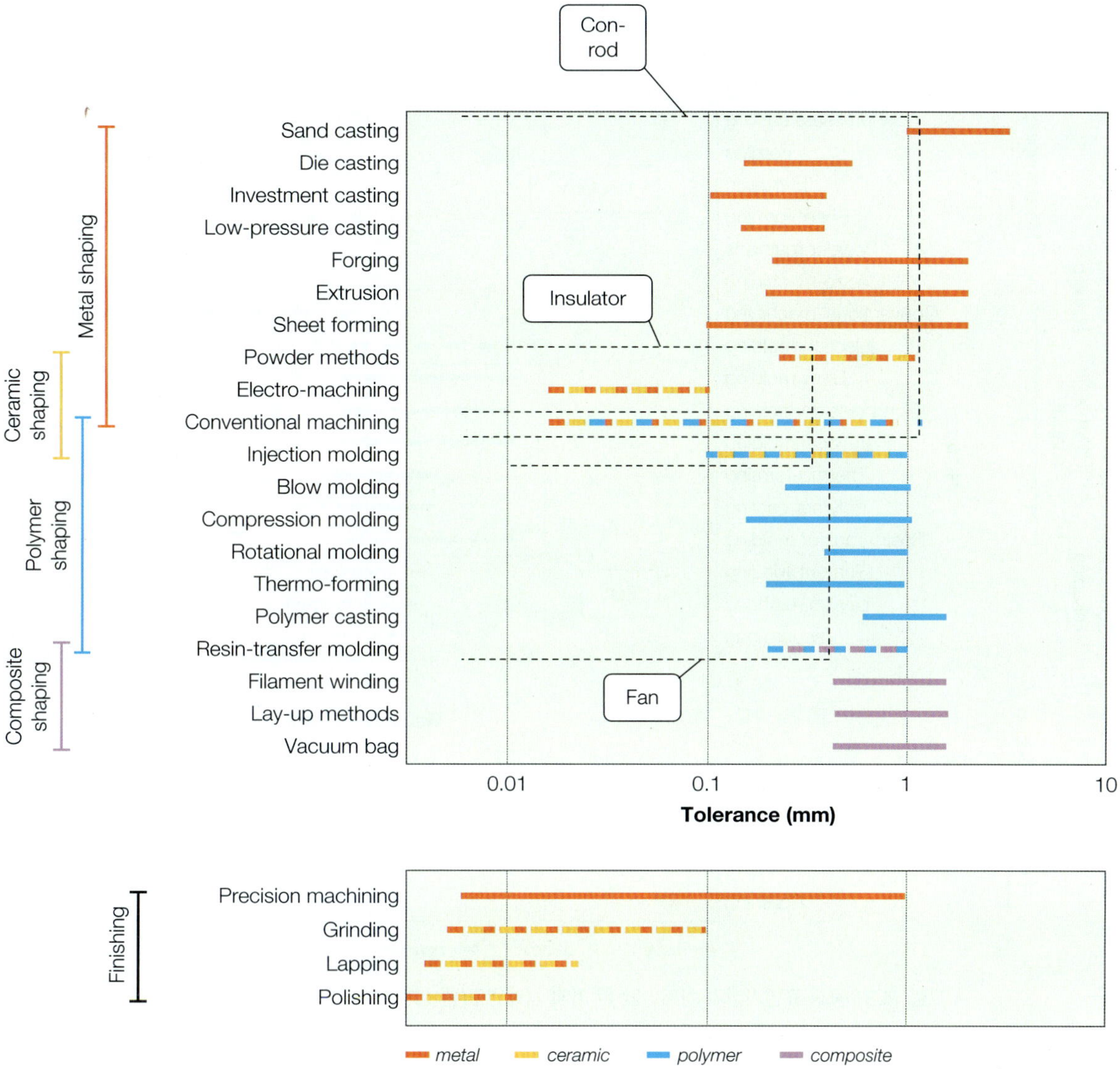

그림 14.8 사례연구의 요구조건들을 보여주는 공정-공차 차트 : 결합공정과 마감질공정을 포함함으로써 대형구조물의 제작 가능성을 확인할 수 있다. 공차와 표면거칠기에 대한 제한조건은 상한치만을 규제하므로 선택박스의 왼쪽은 열려 있다.

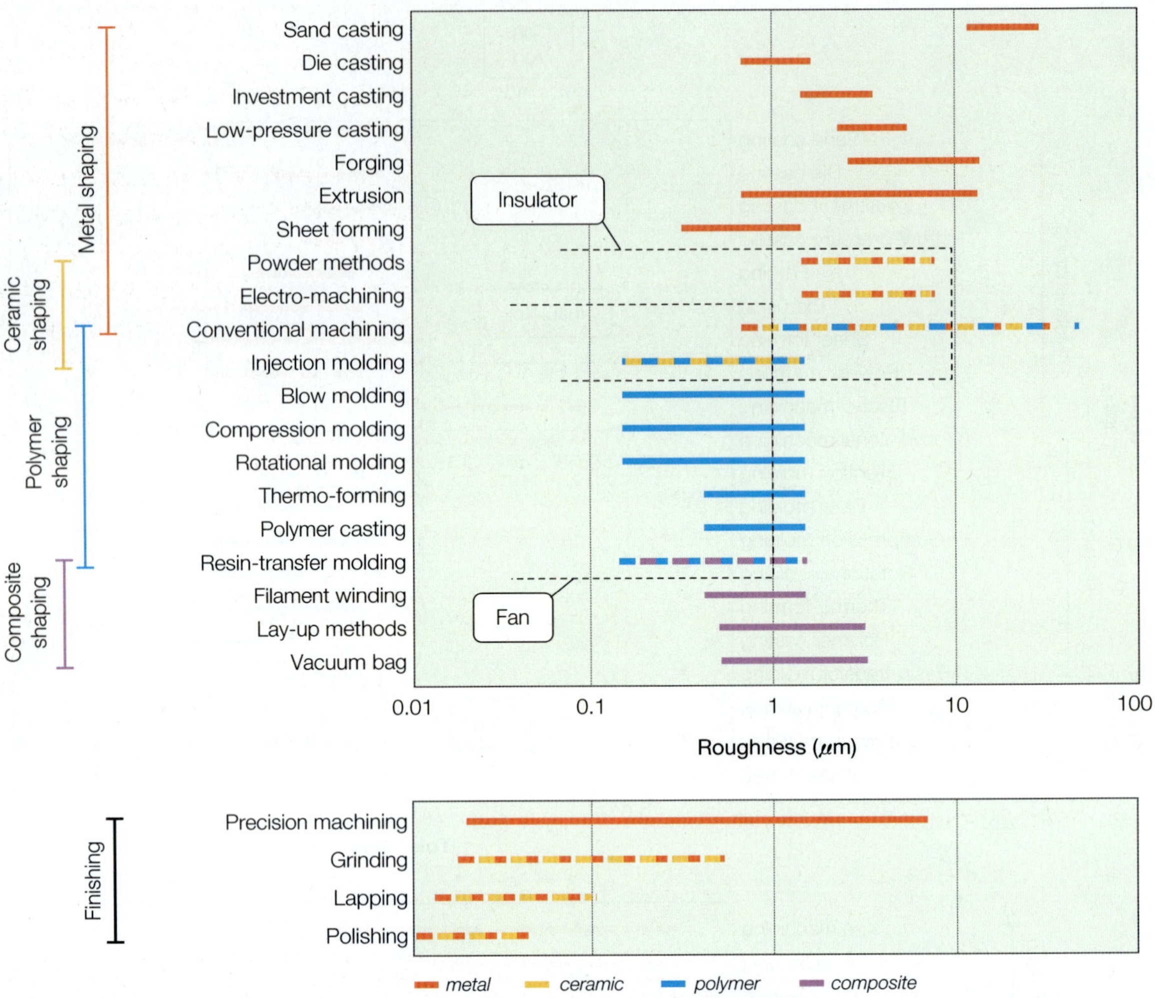

그림 14.9 공정-표면거칠기 차트 : 단 한 가지 사례연구(팬 성형)만이 이 조건에 해당한다.

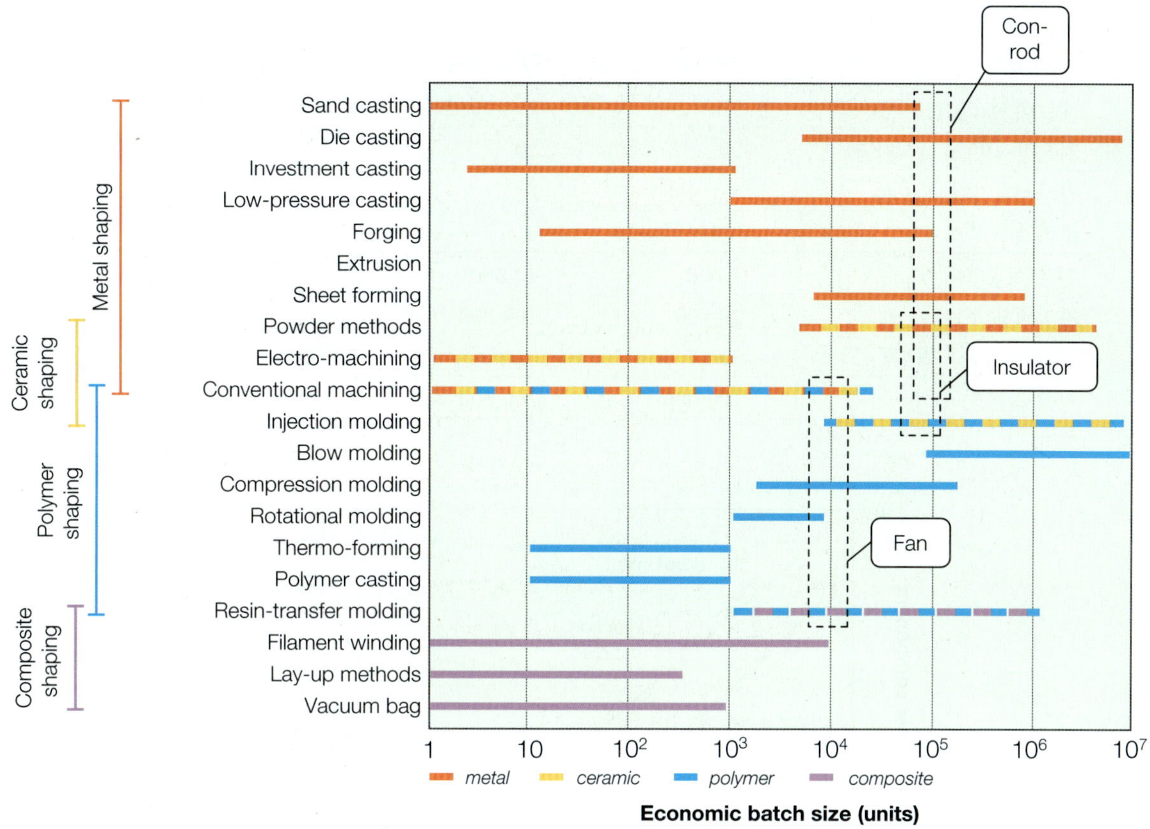

그림 14.10 세 가지 사례연구의 요구조건들을 보여주는 공정-경제적 뱃치크기 차트

조금 더 깊이 살펴보려면 비용모델을 사용해야 한다. 이를 활용하는 데 필요한 데이터는 표 14.6에 모아 놓았다.[1)] 그림 14.11이 결과로 얻은 뱃치크기-비용 곡선이다. 압축성형의 치공구 비용이 사출성형의 경우보다 저렴하지만 복수의 금형 공간을 사용하므로 생산속도가 느린 반면, 사출성형은 여러 개의 팬을 한 번에 만들어낸다. 이러한 차이가 두 곡선이 약 10,000개에서 교차하는 결과를 가져왔다. 그 아래에서는 압축성형이, 그 위에서는 사출성형이 더 저렴하다.

추론 항상 그렇듯이 이외에도 자본 투자, 국지적인 보유 기술, 간접비 비율 등에 대한 고려가 필요하다. 차트는 이런 사항들에 대해서는 답을 줄 수 없다. 그러나 공정선택의 범위를 좁히고, 대안을 제시하고, 최종 선택을 위한 배경지식을 제공할 수 있다.

---

1) CES 소프트웨어의 데이터베이스로부터 추출하였음.

표 14.6 앞의 표 14.5에 열거된 공정들의 비용모델 식에 대한 데이터

상대 비용*	압축성형	사출성형	비고
재료비, $mC_m/(1-f)$	1	1	공정 무관 요인
기본간접비, $\dot{C}_{oh}$(시간당)	20	20	
감가상각기간, t_{wo}(년)	5	5	
부하계수	0.5	0.5	
전용 치공구비, C_t	2,000	10,000	공정 의존 요인
자본비용, C_c	20,000	100,000	
생산속도, $\dot{n}$(시간당)	30	150	
치공구수명, n_t(개)	100,000	200,000	

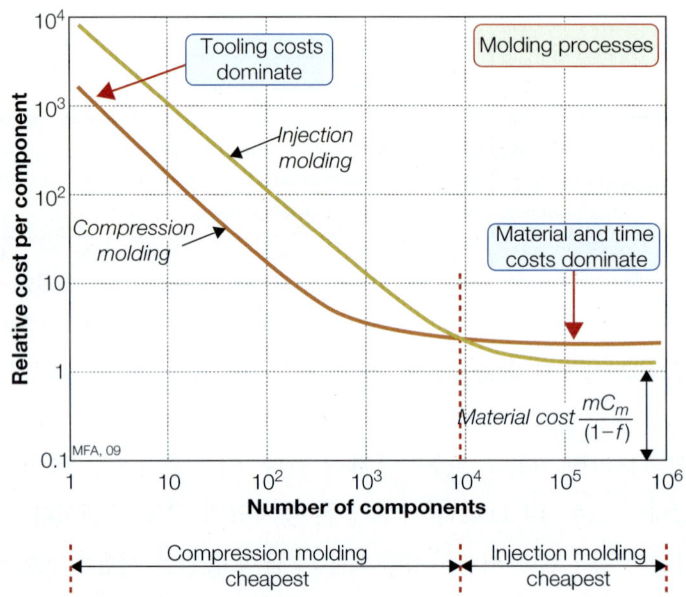

그림 14.11 팬은 나일론으로 만들며, 매끈한 표면과 상당한 수준의 정밀도를 요구한다. 또한 대량생산을 예상할 수 있다.

관련 사례연구

6.6. 플라이휘일 재료

14.2. 알루미늄 커넥팅롯드의 주조

14.4 점화플러그 절연체

공정선택에 인쇄된 하드카피 차트를 사용하는 어려움은 지금쯤 명백할 것이다. 차트는 해상도에 한계가 있고 사용하기 불편하다. 차트는 전체를 개괄적으로 이해하는 데는 도움이 되지만 궁극적인 선택에는 그리 쓸 만하지 않다. 컴퓨터에 기반을 둔 방법은 두 가지 문제를 극복할 수 있다.

제5장의 방법에 기초한 CES 시스템은 이미 설명하였다. 이 시스템을 사용하는 최선의 방법은 재료, 형상, 질량, 단면두께, 공차, 표면거칠기에 제한을 부여하여 모든 조건을 만족하는 공정들의 부분집합을 찾아내는 것이다. 경제성은 경제적 뱃치크기 막대 차트에 요구되는 생산규모를 도시하거나, 소프트웨어에 들어있는 비용모델을 실행함으로 점검한다. 공정 요구조건이 너무 많은 것들을 요구한다면 단일 공정으로 모든 것을 충족할 수는 없다. 그 경우에 절차는 가장 제한적인 요구조건(종종 공차와 표면거칠기)을 느슨하게 만들면서 다른 요구조건들을 충족하는 공정을 찾는 것이다. 그 후에 요구되는 마감질로 추가할 두 번째 공정을 찾는다.

다음 두 사례연구는 이러한 방법이 어떻게 수행되는지 보여준다.

설계 요구조건 점화플러그의 구성은 그림 14.12에 개략적으로 보여준다. 점화플러그는 여러 부품의 집합체로, 그중의 하나가 절연체이다. 이는 세라믹(알루미나)로 그림처럼 속이 빈 축대칭의 계단형으로 만들어진다. 무게는 약 0.05 kg, 최소 단면두께는 1.2 mm이다.

절연체는 조립품의 일부이기 때문에 정밀도가 중요하다. 설계는 ±0.3 mm의 정밀도와 10 μm 보다 나은 표면거칠기를 규격으로 제시한다. 절연체는 대량생산되고 계획된 뱃치크기는 100,000이다. 비용은 가능한 한 낮아야 한다. 표 14.7에 공정 요구조건이 요약되어 있다.

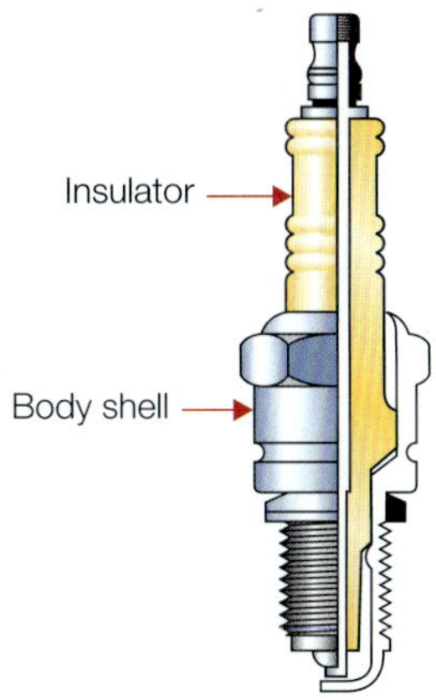

그림 14.12 점화플러그 : 사례연구에서는 절연체의 제조공정을 찾는다.

공정선택 앞절의 사례연구에서처럼 제한조건을 그림 14.4에서 그림 14.10까지의 적합성 매트릭스와 막대 차트에 도시한다. 그 결과로 분말법 하나만이 남는다. 다행히 요구되는 100,000은 경제적인 범위에 들어 있다(그림 14.6 참조).

분말법 가족은 다이프레싱, 소결, 핫프레스, 분말압출, 분말사출성형, 열간정압프레싱, 스프레이증착을 포함하여 매우 많다. 이러한 것들을 차트에 추가할 수 있으나 실제로는 매우 지겨운 작업이 된다. 컴퓨터 기반 환경에서 이러한 정보를 다룬다면 더 좋을 것이다. CES 시스

표 14.7 점화플러그 절연체에 대한 공정 요구조건

기능	절연체	
제한조건	재료 : 알루미나 형상 : 3차원 중공체 추정 질량 : 0.04~0.06 kg 최소 단면두께 : 1.5 mm	기술적 제한조건
	공차 : < ±0.3 mm 표면거칠기 : ≤ 10 μm	품질 제한조건
	뱃치크기 : 100,000	–경제적 제한조건
설계목표	비용의 최소화	
자유변수	• 공정의 선택 • 공정 시행조건	

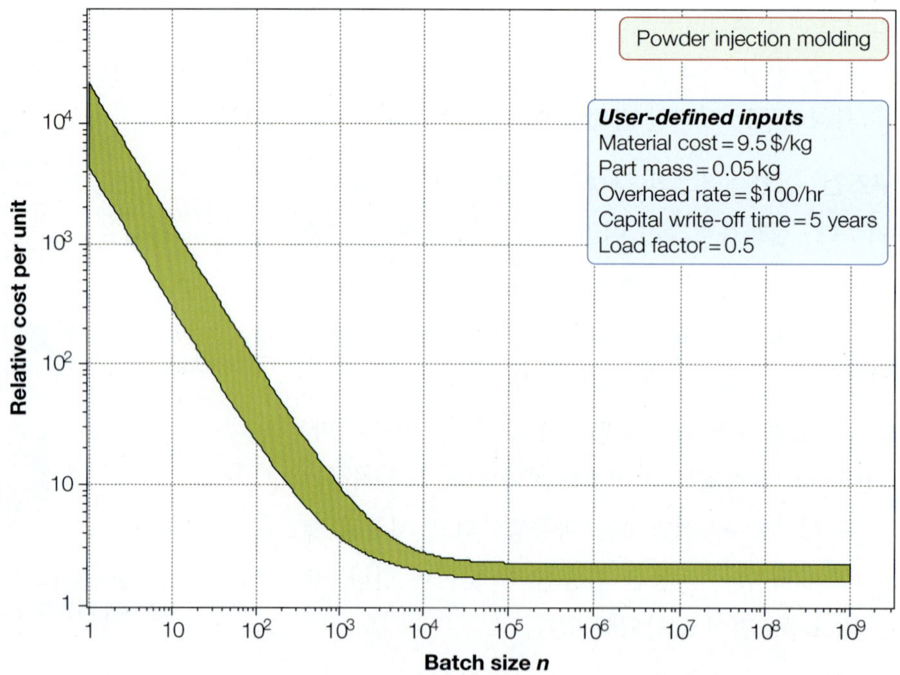

그림 14.13 소형 절연체의 분말사출성형 공정에 대한 뱃치크기와 단위당 비용 곡선 : 비용은 재료비에 대한 상대적인 값으로 환산되었다.

템에서 가능하다.

표 14.7의 제한조건을 적용하면 (다이프레싱 + 소결)과 분말사출성형(PIM) 두 공정만 남는다. 경제적 측면에 대해서는 제13장에서 이미 설명한 비용모델을 적용한다. 결과는 그림

14.13과 같이 재료비에 대한 상대적인 비용으로 환산하여, 뱃치크기-단위당 비용 곡선을 얻는다. 사용자가 입력해야 하는 데이터는 오른쪽 위의 박스에 나와 있다. 개당 비용은 뱃치크기가 작을 때는 높지만, 약 10,000개 이상의 뱃치크기에서는 재료비의 2배 수준으로 떨어진다.

추록 절연체는 상업적으로 PIM 공정으로 제조된다. 이와 같은 대량생산 부품은 경제성이 치열한 도전을 받는데, 가히 몇 센트를 다투는 수준이다. 제13장에 설명한 비용모델이 비용을 최소화하기 위한 최선의 장비와 최적의 공정조건을 선택하는 길을 알려줄 수 있다.

관련 사례연구

6.18 마이크로칩 열흡수체

14.5 매니폴드 재킷

14.5 매니폴드 재킷

설계 요구조건 그림 14.14의 매니폴드 재킷은 우주선 추진기관의 일부분이다. 이것은 니켈로 만들고, 무게가 7 kg 정도로 매우 크고, 비대칭의 속이 빈 3차원 복잡한 형상이다. 최소 단면두께는 약 2~5 mm이다. 정밀도와 표면거칠기에 대한 요구는 매우 엄격하다(공차 < ± 0.1 mm, 표면거칠기 < 20 μm). 극히 제한된 용도 때문에 20개만 만든다. 표 14.8에 공정 요구조건을 나타내었다.

그림 14.14 매니폴드 재킷 (Bralla, J.G., 1986, *Handbook of Product Design for Manufacturing*, McGraw-Hill, New York, USA로부터 인용하여 다시 그린 그림)

표 14.8 매니폴드 재킷에 대한 공정 요구조건

기능	매니폴드 재킷	
제한조건	재료 : 니켈 형상 : 3차원 중공체 추정 질량 : 7 kg 최소 단면두께 : 2~5 mm	기술적 제한조건
	공차 : < ± 0.1 mm 표면거칠기 : ≤ 20 μm	품질 제한조건
	뱃치크기 : 20	–경제적 제한조건
설계목표	비용의 최소화	
자유변수	• 공정의 선택 • 공정 시행조건	

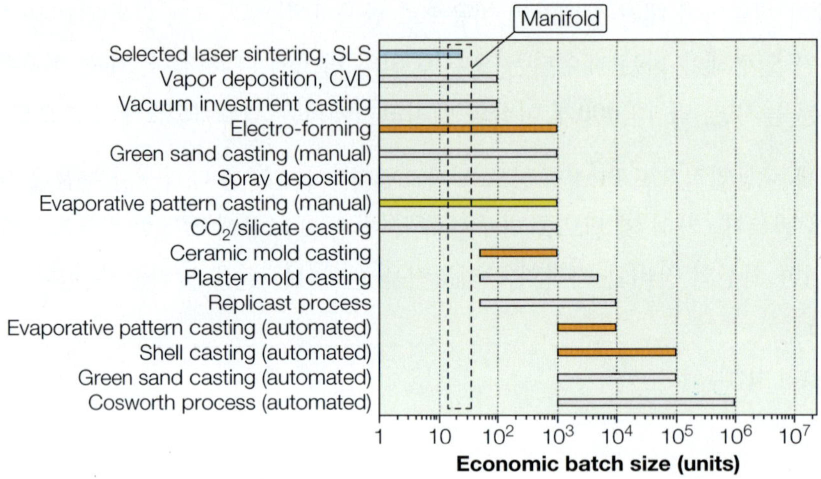

그림 14.15 컴퓨터 기반 환경에서 수행한 매니폴드 재킷 제조공정 선택의 결과 : 회색 막대로 표시된 공정들은 하나 이상의 제한조건을 만족하지 못한다.

공정선택 제한조건은 그림 5.12의 왼쪽과 같은 한계선택 대화상자에 제한조건들을 넣음으로써 적용된다. 재료 제한조건(니켈)과 형상 제한조건(비대칭 3차원 중공체)으로부터 많은 수의 공정들이 탈락한다. 그 결과로 그림 14.15의 경제적 뱃치크기 막대 차트에 15개가 남아 있다. 추가적인 제한조건으로 질량과 단면 두께를 적용하여 그림에 색깔로 나타낸 6개를 선택한다. 끝으로 가장 엄격한 제한조건인 공차와 표면거칠기를 적용하면 단 하나만 남으니, 전기성형법(electro-forming)이다. 공정은 요구되는 뱃치크기 범위에 해당한다.

추론 부록 D에 열거된 출처로부터 추가적인 정보를 검색해보면 니켈의 전기성형법이 매니폴드 재킷의 제조공정으로 확립되어 있으며 20 kg에 이르는 큰 제품까지 이 공정으로 정상적으로 만들어진다. 공정선택은 잘 된 것으로 보인다.

관련 사례연구

14.4 점화플러그 절연체

14.6 강철제 방열기 결합공정

그림 14.16은 프레스로 주름을 넣은 강철판으로 만든 국내산 방열기를 보여준다. 사례연구는 판과 판 사이의 이음새 접합공정이다.

설계 요구조건 공정은 재료와 적합해야 하는데, 여기서는 두께 1.5 mm의 저탄소강 판재이다. 겹치기 조인트에는 사용 중에는 아주 낮은 하중만 걸리지만 설치 중에는 오히려 인장과 전단하중이 걸릴 수 있다. 접합부는 열을 전달하고, 수밀성(watertight)을 가져야 하고, 최고 100 °C까지의 온도에 견뎌야 한다. 전체가 강철이기 때문에 수명이 다한 후에도 재활용을 위해 조인트를 분해할 필요는 없다. 표 14.9에 공정 요구조건을 해석하여 정리하였다.

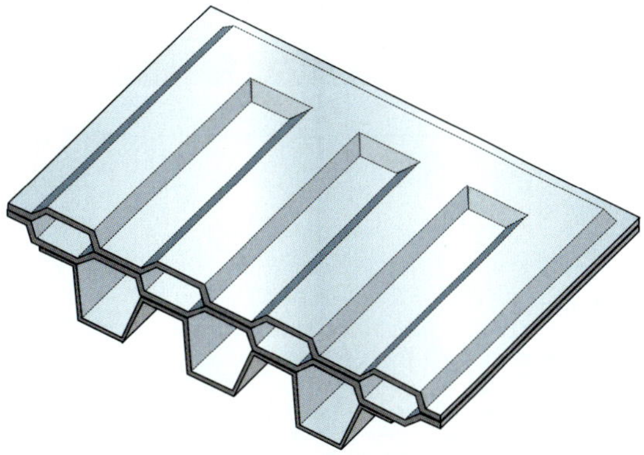

그림 14.16 국내산 방열기의 단면 : 세 쪽의 프레스 된 강철판이 겹치기조인트로 결합된다.

공정선택 CES 시스템은 52개의 결합공정에 대한 속성과 기록을 가지고 있다. 재료 적합성 제한조건을 적용하면 32개 공정이 남는다. 탈락한 공정 20개는 고분자 또는 복합재료에 특화된 것들이다. 조인트 형상, 하중모드, 단면두께의 제한조건을 적용하여 더 가려내기하면 20개가 남는다. 나아가 열전도성을 가져야 한다는 제한조건에 의해 12개로 줄어든다. 수밀성과 사용온도는 적용하더라도 이 부분집합을 더 이상 줄이지 못한다. 가려내기 단계를 통과한 공정들이 표 14.10에 열거되어 있다.

추록 이 단계에서 우리는 참고문헌정보를 구하게 되는데, 이에 따르면 폭발용접은 특별한 시

표 14.9 강철제 방열기에 대한 공정 요구조건

기능	국내산 방열기	
설계목표	비용의 최소화	
제한조건	재료 적합성 : 저탄소강 조인트 형상 : 겹치기 조인트 하중 모드 : 인장, 전단(과중하지 않음) 판재 두께 : 1~2 mm 조인트는 열전도성을 가져야 함 조인트는 수밀성을 유지해야 함 사용온도 > 100 °C 분해 필요성 없음	기술적 제한조건
자유변수	• 결합공정의 선택 • 공정 시행조건	

표 14.10 강철제 방열기 결합 후보공정 리스트

공정	비고
납땜	이종금속 간의 전기적 접촉으로 부식 발생 위험이 있음.
브레이징	
레이저빔용접	고가의 특수한 공정들임.
전자빔용접	
폭발용접	
금속불활성가스아크(MIG)용접	잘 확립된 전통적인 용접 공정들임.
텅스텐불활성가스아크(TIG)용접	
수동금속아크(MMA)용접	
산소아세틸렌용접	
프로젝션용접	
씸(seam)용접	

설과 허가를 필요로 한다. 전자빔용접과 레이저빔용접은 고가의 장비를 필요로 하므로 경제적으로 공정을 수행하려면 공동사용 시설을 찾아야 할지도 모른다. 저항 점용접은 수밀성 제한조건에 걸려 탈락하였으나, 그 요구조건은 가장자리 접합부에만 해당한다.

품질에 대한 제한조건은 그리 엄격하지 않지만 뒤틀림이나 잔류응력이 심하면 인접 조인트와 맞추기 어려워질 수 있다. 저탄소강은 용접이 잘 되므로 균열이나 취성은 걱정하지 않아도 될 것으로 보이나, 확실히 해두려면 참고문헌정보에서 확인하는 것이 가능하다.

14.7 볼베어링 외륜의 표면경화

볼 베어링은 홈이 파여진 트랙을 따라 움직인다(그림 14.17). 볼베어링 외륜의 수명은 마모와 피로에 의해 제한된다. 마모와 피로는 모두 경도가 높은 재료를 사용하여 줄일 수 있다. 그러나 경도가 높은 재료는 인성이 부족하여 충격하중이나 오작동에 의해 외륜이 파괴될 위험이 잠재하게 된다.

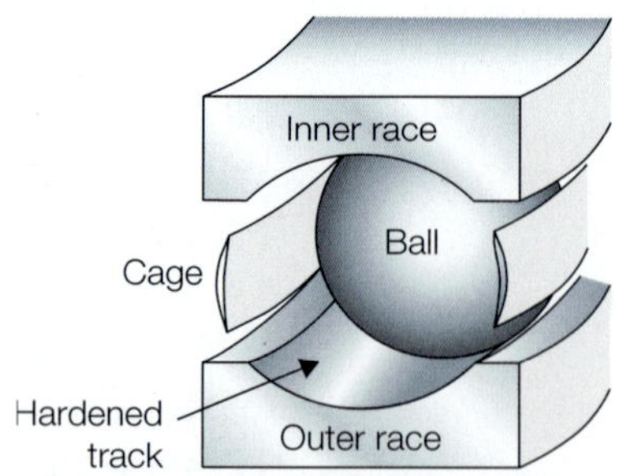

그림 14.17 볼 베어링 외륜과 내륜을 보여주는 단면 : 외륜의 표면은 내마모성과 내피로성을 위하여 표면경화처리된다.

설계 요구조건 해결책은 합금강을 사용하여 우수한 벌크 특성을 유지하면서 필요한 부위는 별도로 표면처리를 통

표 14.11 볼베어링 외륜의 표면경화처리에 대한 공정 요구조건

기능	볼베어링 외륜
설계목표	비용의 최소화
제한조건	재료 : 합금강 처리의 역할 : 내식, 내피로를 위한 표면경화 } 기술적 제한조건 휘어진 곡면 coverage : 좋아야 함 정밀도와 표면 마감질은 절대적으로 중요함 –품질 제한조건
자유변수	• 결합공정의 선택 • 공정 시행조건

표 14.12 볼베어링 합금강 외륜의 표면처리 후보공정 리스트

공정	비고
침탄처리	모두 고온에서의 확산지배 공정이므로 느리다. 참고문헌정보의 기록으로부터 더 상세한 내용을 얻을 수 있다.
침탄질화처리	
질화처리	
알루미나이징(aluminizing)	
보라이딩(boriding)	
크로마이징(chromizing)	

해 경도를 높이는 것이다. 그러므로 합금강의 표면경화처리를 통해 내마모성과 내피로성을 향상시킬 수 있는 공정을 찾는다. 볼베어링과 외륜 모두 정밀도가 매우 중요하다. 따라서 선택된 공정은 치수나 표면거칠기에 있어서 양보할 수 없다. 표 14.11에 공정 요구조건을 해석하여 정리하였다.

공정선택 CES 시스템은 46개의 표면처리 공정에 대한 기록을 가지고 있다. 많은 것들이 합금강에 적합하다. 표면처리의 목적인 내피로성과 내마모성 향상을 적용하면 확실한 가려내기가 되어 8개의 공정만이 후보로 남는다. 매우 평활한 표면조건에 대한 요구를 적용하면 표면에 코팅이나 소성변형을 하는 공정은 추가적인 마감질의 필요성 때문에 탈락한다. 더 나아가 휘어진 곡면 coverage가 아주 좋아야 한다는 조건을 적용하면 표 14.12에 열거된 여섯 개의 공정이 후보공정으로 남는다. 이들에 대한 기록은 공정과 그것의 전형적인 용도를 보여준다.

추록 이 단계에서 더 나아가려면 참고문헌정보를 구하게 된다. 표면경도와 경화된 표면층의 깊이는 처리온도와 시간, 강철의 조성과 같은 공정변수에 영향을 받는다. 경제성도 물론 고려해야 한다. 볼베어링 외륜은 막대한 수량이 만들어지는데, 크기는 다양하더라도 형상은 변하지 않는다. 그러한 이유로 전용 생산 장비가 고가임에도 경쟁력을 가질 수 있다.

14.8 요약과 결론

공정선택은 일견 마법처럼 보인다. 경험자는 알지만 그 밖에 다른 사람들은 공정선택이 어떻게 이뤄지는지 추측조차 할 수 없다. 그러나 이 장에서 살펴보았듯이 꼭 그렇지도 않다. 제13장에서 전개하고 제14장에서도 예시한 체계적인 접근법은 크기, 형상, 복잡성, 정밀도, 거칠기, 그리고 (바로 제5장의 체계적인 방법으로 선택된)재료와 같은 설계 정보만을 사용하여 가능한 경쟁력 있는 공정들의 부분집합을 가려낸다. 이 방법은 최선의 선택 하나를 제시하지는 않는다. 그러려면 각 사례에 국한된 고려사항에 너무 크게 좌우되기 때문이다. 그러나 후보공정을 가려냄으로써 사용자에게 최종 선택에 필요한 세부사항을 제공하는 데이터 출처(부록 D에 나열된 것들로부터 시작)로 안내한다.

제 15 장

재료와 환경

Materials Selection in Mechanical Design. DOI: 10.1016/B978-1-85617-663-7.00015-1

15.1 서론과 개요

모든 인간 활동은 우리가 살고 있는 환경에 얼마간의 영향을 준다. 환경은 이에 대처할 어느 정도의 능력을 가지고 있어, 어느 정도의 충격은 영구적 손상없이 환경으로 흡수될 수 있다. 그러나 현재의 인간 활동이 그 한계를 빈번하게 초과하여, 우리가 현재 살고 있는 세계의 삶의 질을 감소시키고 미래 세대의 복지를 위협하고 있음이 자명하다. 공업제품의 제조, 사용, 그에 결부된 재료와 에너지 소비가 환경파괴의 주범에 속한다. 그 심각성은 다음 문장에서 생생하게 드러난다. 전 세계의 연평균 성장률을 3%로 가정하면 우리는 전 인류의 역사에서보다 더 많은 자원을 채굴, 가공, 폐기할 것이다.

'환경을 위한 설계(design for the environment)'는 일반적으로 현재의 설계방법을 조정하여 측정 가능하고 알려져 있는 환경 악화를 바로 잡으려는 노력으로 해석된다. 여기서 생각하는 시간 단위는 평균적인 제품의 기대수명인 10년 정도이다. '지속가능성을 위한 설계(design for sustainability)'는 좀 더 긴 시간의 관점으로, 미래 세대의 수요를 침해하지 않으면서 현재의 수요를 만족하는 생활 방식에 순응하는 것이다. 여기서의 시간 단위는 덜 명확하지만 수십, 수백 년 단위이고, 이에 요구되는 순응은 훨씬 규모가 크다. 이 장에서는 환경을 위한 설계에서의 재료와 공정의 역할에 초점을 맞춘다. 지속가능성은 사회적, 정치적 변화도 요구하지만 여기서는 다루지 않는다.

이 장에서의 아이디어는 '심화학습을 위한 참고문헌'의 첫 번째(Ashby, 2009)의 내용에서 더 심도있게 전개되어 있으므로 참고하기 바란다.

15.2 재료의 수명주기

문제의 본질은 그림 15.1에 보이는 재료의 수명주기를 검토함으로써 드러난다. 대부분 재생될 수 없는 원광석이나 공급 원료가 가공되어 공업재료가 된다. 이는 사용되기 위한 제품으로 제조하고 수명을 다하면 폐기하는데, 일부만 재활용하고 나머지는 소각하거나 매립한다. 이 주기의 각 단계에서 에너지와 재료가 소비되고 설상가상으로 CO_2와 기타 방출물(열, 기체, 액체, 고체 쓰레기)도 나온다.

문제는 이들 원치 않은 부산물의 총합이 종종 이들에 대한 환경의 수용능력을 초과한다는 것이다. 어떤 피해는 국부적이어서 그것의 원인을 추적하여 구제 조치를 취할 수 있다. 어떤 피해는 국가적이고 어떤 피해는 전 세계적이어서 구제 조치가 폭넓은 사회적, 조직적 선행 조

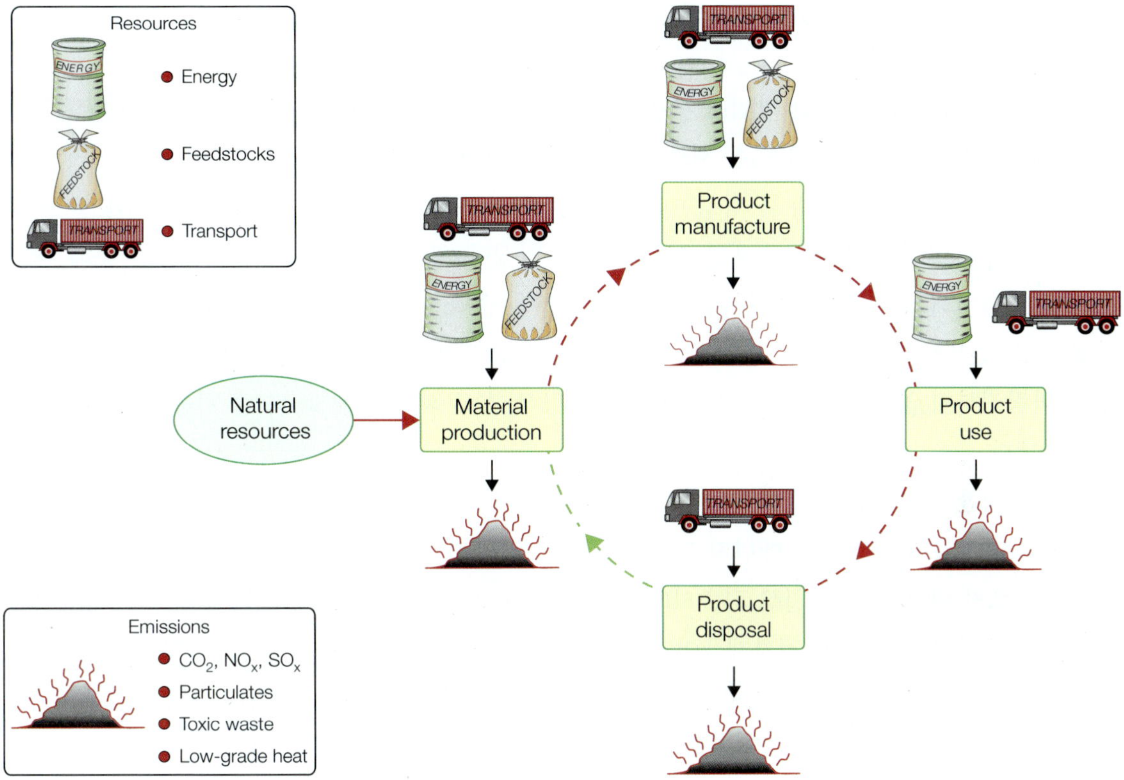

그림 15.1 재료수명 주기 : 원광석이 채굴되어 가공됨으로써 하나의 재료를 얻는다. 이들이 제품으로 만들어져 사용되다가 제품수명이 다하면 폐기되거나 재활용된다. 각 단계에서 에너지와 재료가 소비되며 폐열과 고체, 액체, 기체 상태의 방출물을 쓰레기로 생성한다.

건을 필요로 한다. 현재의 많은 환경관련 법령은 손상을 주는 활동에 대해 소량 감축을 목표로 하고 있다. 예를 들어 승용차의 평균 휘발유 소비를 20% 감축하도록 요구하는 규정은 자동차업체에게 큰 도전으로 여겨진다.

지속가능성은 완전히 다른 종류의 해답을 요구한다. 환경과의 장기적 평형을 회복하기 위해 필요한 조정은 아무리 보수적으로 추정하더라도 그림 15.1의 흐름을 1/4 이하로 감소시켜야 할 것으로 예상된다. 인구 증가와 그에 따른 기대치의 증가는 선진국들이 달성하는 어떤 소량의 감축도 충분히 상쇄한다. 이것이 가장 큰 도전이고 어려운 조정을 필요로 하며 아직 합의된 해결법이 존재하지 않는다. 그러나 이는 여전히 친환경 설계의 장기적 추진동력으로 모든 창조적 사고의 배경으로 남을 것이다.

15.3 재료와 에너지소비 시스템

재료를 보존하는 명백한 방법은 제품을 작게 만들고 오래 쓸 수 있게 하고, 수명이 다했을 때 재활용하는 것이라 여겨진다. 재료와 에너지는 그림 15.2의 예와 같이 복잡하고 고도의 상호작용을 갖는 체계의 일부를 형성한다. 여기서 신기술, 계획된 퇴출, 부의 증대, 교육, 인구 증가와 같은 소비의 1차 촉진제들은 제품 사용 양상에 영향을 주고, 그러한 양상을 통해 재료와 에너지의 소비와 발생하는 부산물에도 영향을 준다. 그림에서 선으로 연결한 것은 영향을 주고 있음을 의미하는데, 빨간선은 긍정적이고 널리 바람직한 영향을, 검정선은 부정적이고 바람직하지 않은 영향을, 빨강-검정선은 긍정적, 부정적 영향을 둘 다 줄 가능성이 있음을 나타낸다.

이 그림은 복잡성을 보여주고 있다. 예를 들어 신기술의 영향선과 그 결과들을 따라가 보자. 신기술은 재료 효율적이고 에너지 효율적인 제품을 더 많이 제공하지만, 새로운 기능성을 제공함으로써 현 제품들을 일찍 퇴출시키고 아직 유효한 수명을 가진 제품을 새 것으로 바꾸고 싶은 욕구를 만들어낸다. 전자제품이 주된 예로, 대부분의 제품이 아직 기능을 가지고 있음에도 버려진다. 이 간단한 수준에서 겉보기에 명백한 지표인 길어진 수명의 결과를 관찰해 보라.

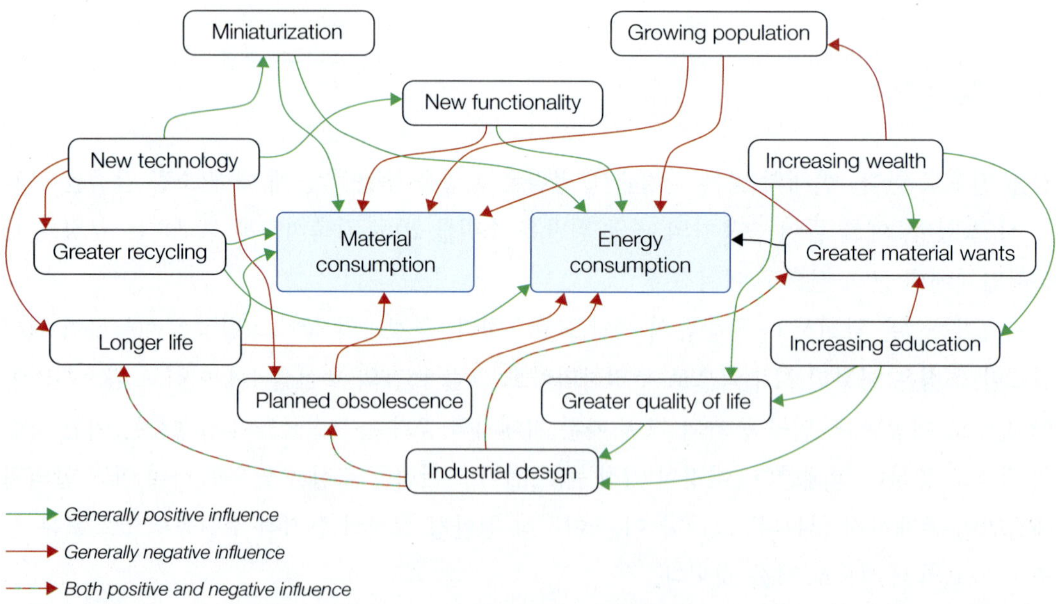

그림 15.2 재료와 에너지의 소비에 미치는 영향 : 친환경설계(eco-design)를 시스템의 문제로 보는 것이 핵심이다. '좋은' 재료를 선택하고 '나쁜' 재료를 피하기보다는 시스템의 요구사항에 재료를 맞추어 가는 것이 중요하다.

이는 분명히 재료 보존을 돕는 긍정적 영향이 있는 반면, 신기술이 더 에너지 효율적인 제품(특히 오늘날의 자동차, 전자제품, 가전제품)을 만드는 시대에 중고제품의 수명을 늘리는 것은 에너지 소비에 부정적인 영향을 줄 수 있다.

마지막 예로 제16장의 주제인 산업디자인의 이중적인 영향을 고려해 보자. 과거로부터 지속되어 온 디자인은 소중하게 간직되고 보존되는 제품을 창조한 능력의 증거이다. 그러나 오늘날에는 그런 능력이 '새로운 것'이라야 바람직하고 조금이라도 '낡은 것'으로는 흥미를 끌지 못한다는 인식을 바탕으로, 계획적인 퇴출을 통해 소비를 진작시키는 강력한 도구로 빈번히 활용된다.

제품의 사용 패턴 표 15.1은 제품 사용패턴의 일람표이다. 첫째 줄의 제품은 주 기능을 수행하기 위해 에너지를 필요로 한다. 둘째 줄의 제품은 에너지 없이 주 기능을 수행할 수 있지만 안락함, 편리성, 안전성을 이유로 2차 기능을 위해 에너지를 소비한다. 마지막 줄의 제품은 사람의 힘 이외의 에너지를 필요로 하지 않고 주 기능을 수행한다. 맨 윗줄의 부하계수(load factor)는 사용 강도에 대한 대략적인 지표로, 물론 편차가 클 것이다.

재료와 공정의 선택은 그림 15.1의 모든 단계에 영향을 준다. 생산에서는 자원의 배출 및 정련처리의 원치 않은 부산물을 통해, 제조에서는 성형, 결합, 마감질 가공의 효율성과 청결도를 통해, 사용에서는 경량설계, 높은 열효율, 저에너지 소모를 통한 에너지 보존능력을 통해, 폐기에서는 재사용, 해체, 재활용을 가능하게 하는 능력을 통해 영향을 준다.

그림 15.1의 네 단계 중의 하나가 지배적인 경우가 일반적이다. 잠시 단순화시키자면 에너지 소비를 각 단계의 투입물과 바람직하지 않은 부산물의 척도로 취하기로 하고 그것을 사용 부문의 특징 평가(character-appraisal)에 이용해 보자. 그림 15.3은 이 척도를 이용한 증거를 제시한다. 여기에는 두 가지 중요한 특징이 있다. 첫째, 하나의 단계가 거의 항상 지배적이며 제품

표 15.1 제품클래스에 따른 사용 패턴 일람표

	높은 부하계수	중간 부하계수	낮은 부하계수
주요 전력소비 제품	승용차 열차 비행기	텔레비전 냉장고	커피메이커 진공청소기 세탁기
부수 전력소비 제품	주거시설(열, 빛)	주차장(빛)	식기류, 옷(세탁)
전력소비 없는 제품	교량 도로	가구 자전거	카누 텐트

에너지 중심 ↕ 재료 중심

큰 영향 ←→ 적은 영향

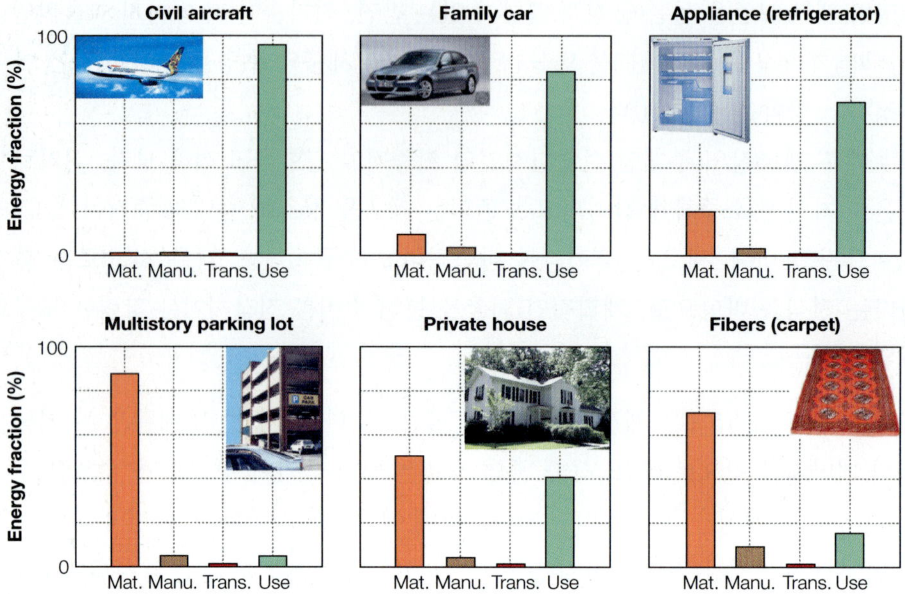

그림 15.3 여러 실용제품에 대한 그림 15.1의 각 단계에서 소비되는 대략의 에너지 비율

수명 중에 소비되는 에너지의 80% 이상(종종 훨씬 더 많이)을 설명한다. 만일 큰 변화가 이루어져야 한다면 목표가 되어야 하는 것은 바로 이 단계이다. 다른 단계에서의 1/2이나 1/10의 감소는 전체적으로 별로 영향을 주지 않는다. 둘째, 단계들 사이의 차이가 그림 15.3만큼 크다면 정밀도는 중요하지 않다. 2배의 오차는 그다지 변화를 주지 못한다는 것이다. 정밀한 측정에 대한 욕구는 측정하는 사람들의 본성이고, 그들에게는 정밀한 데이터의 취득이 최종 목표가 되어야 한다. 그러나 데이터의 정밀도가 떨어져도 일을 진척시킬 수는 있다. 정밀하지 못한 데이터로부터 정밀한 판단을 내리는 것이 가능하다. 많은 환경속성 정보가 정밀하지 않기 때문에 이는 매우 중요한 고려사항이다.

15.4 재료의 환경속성

재료 생산 : 에너지와 가스배출

그림 15.1의 네 단계에서 소비되는 에너지의 대부분은 화석연료로부터 나온 것이다. 일부는 그대로 가스, 석유, 석탄, 코크스의 형태로 소비된다. 대부분은 먼저 전기로 전환되는데 유럽의 평균 변환효율이 약 38%이다. 모든 전기가 화석연료에서 나온 것은 아니며 수력, 원자

력, 풍력, 조력 발전도 있다. 그러나 노르웨이(수력 70%)와 프랑스(원자력 80%)를 제외하면 주된 에너지원은 화석연료이다. 유럽 국가들의 전력망은 필요에 따라 서로에게 전력공급이 가능하도록 연결되어 있기 때문에 유럽의 공급되는 전력(킬로와트)당 평균 화석연료에너지에 대하여 생각해보는 것이 적절하다.

재료 1 kg을 만드는 데 소비되는 화석연료에너지를 생산에너지(embodied energy)라 한다. 그 에너지의 일부는 만들어진 재료에 저장되며 수명을 다한 후에 재사용할 수 있다. 대부분 석유에서 만들어지는 고분자는 또 다른 의미에서 에너지를 내포하고 있다. 생산 시에 일차 공급원료로 들어가는 석유의 에너지를 포함하고 있는 것이다. 목재와 같은 천연소재도 식물의 성장 중에 흡수된 태양에너지에서 유래한 '내재된' 혹은 '포함된' 에너지를 내포하고 있다. 내재된 에너지가 생산에너지에 포함되어야 하는지에 대해서는 견해가 다를 수 있다. 고분자와 목재뿐 아니라 금속도 화학반응에 의해, 또는 금속을 세밀한 분말의 형태로 태움으로써 회복될 수 있는 내재에너지를 내포하고 있다고 볼 수 있다. 그러므로 고분자의 생산에너지를 기록할 때는 내재에너지를 생략하고, 금속의 경우 포함시키는 것은 일관성이 없어 보인다. 이런 이유로 생산에너지를 기록할 때 재생 불가능한 자원으로부터 나온 내재에너지를 포함시키며, 그

표 15.2 AA1000 시리즈 단련 알루미늄 합금의 환경속성

재료 생산 : 에너지와 가스배출	
생산에너지	195~210 MJ/kg
이산화탄소	9~10 kg/kg
산화질소 계열	72~79 g/kg
산화황 계열	120~140 g/kg
재료가공에너지	
주조 에너지	2.5~2.8 MJ/kg
기화에 필요한 최소에너지	17~19 MJ/kg
90%소성변형에 필요한 최소에너지	2.55~2.8 MJ/kg
수명 종료	
조기퇴출	예
재활용	예
생분해	아니오
소각	아니오
매립	가능
재활용 에너지	17~20 MJ/kg
재활용 비율	52~58%

내재에너지는 25~250 MJ/kg의 범위에 들고 이보다 훨씬 큰 경우도 가끔 있다. 내재에너지의 존재는 다른 결과도 초래한다. 어떤 재료를 재활용하기 위한 에너지는 때때로 그 재료가 처음 생산되기 위해 필요한 에너지보다 훨씬 적게 든다. 이는 재료의 내재에너지가 보전되기 때문이다. 그 값은 전형적으로 10~100 MJ/kg의 범위에 있다.

재료 1 kg의 생산에는 바람직하지 않은 가스 방출물(emission)이 따라오고 그중 CO_2, NO_x, SO_x, CH_4가 모두를 걱정시키는 문제(지구 온난화, 산성화, 오존층 파괴)를 일으킨다. 이 가스의 양은 꽤 많다. 화석연료에너지를 이용하여 알루미늄 1 kg을 생산하기 위해서는 CO_2 9 kg, NOx 40 g, SO_x 90 g을 발생한다(표 15.2). 재료 생산은 일반적으로 독성 폐기물, 분진과 같은 바람직하지 않은 부산물도 만들어내는데, 이런 것들은 원칙적으로 방출 장소에서 처리할 수 있다.

각 재료의 생산에너지와 CO_2배출 부담에 대한 대략적인 데이터는 부록 A에 실려 있다.

재료가공에너지 추산(평균 변환효율 15%에서)

많은 가공공정은 용융(주조), 기화(증착), 소성변형(소성가공)에 의존한다. 이러한 공정에 요구되는 에너지의 대략적인 크기에 대해 인지하는 것이 도움이 된다. 재료 공정에 사용되는 1차 에너지(등가인 석유의 양으로 환산)는 몇 단계의 에너지 변환을 거치게 되는데, 각 단계의 변환효율은 1보다 작다. 많은 공정들이 1차 에너지로부터 변환된 전기에너지를 사용하는데, 변환효율은 약 38%이다. 전기를 가열이나 전열가공(전열성형)에 사용하면 효율은 더 낮아진다. 자투리나 폐기된 재료 그 밖의 폐자재는 그 자체로 에너지가 투입된 것이므로, 주조나 몰딩이나 단조 공정을 개선하면 최대한 줄일 수 있다.

다른 공정에는 다른 에너지변환 과정이 필요하며, 모든 변환은 에너지 손실을 낳는다. 아래에서 설명하겠지만 용해하고, 몰딩하고, 기화시키고, 소성가공하는 데 필요한 에너지를 추산할 수 있다. 그러나 이를 1차 에너지를 기준으로 나타내려면 각 변환단계의 변화효율로 나누어 주어야 한다. 사례를 들어보기 위하여 총 변환효율을 15%로 설정하는 것이 현실적이라 할 수 있다.

용융 재료가 용융되기 위해서는 녹는점까지 온도를 올리는 데 최소한의 열이 필요하고, 그 다음으로 녹는 데 용융잠열을 추가로 필요로 한다.

$$H_{\min} = C_p(T_m - T_o) + L_m \tag{15.1}$$

여기서 $H_{\min}$은 용융을 위한 kg당 최소에너지, C_p는 비열, T_m은 녹는점, T_o는 주변온도이다. L_m과 C_pT_m사이에는 다음과 같이 밀접한 상관관계가 존재한다.

$$L_m \approx 0.4\, C_p T_m \tag{15.2}$$

금속과 합금의 경우 $T_m \gg T_o$ 이므로 다음 식이 성립한다.

$$H_{\min} \approx 1.4\, C_p T_m \tag{15.3}$$

15%의 효율을 가정할 때 금속 1 kg을 녹이는 추정 에너지 H_m^*는

$$H_m^* \approx 8.4\, C_p T_m \tag{15.4}$$

가 된다. 여기서 별표(*)표시는 추정치(estimate)임을 가리킨다. 금속과 합금에서 H_m^*의 값은 1~8 MJ/kg 범위에 있다.

증발 대략적으로 증발잠열 L_v는 용융잠열 L_m보다 24±5배 정도 커서 비등점 T_b는 용융점 T_m보다 2.1±0.5배 정도 더 높다. 15%의 효율을 가정하면 재료 1 kg을 증발시키기 위한(PVD 증착에서처럼) 추정에너지는 다음 식과 같다.

$$H_v^* \approx 76\, C_p T_m \tag{15.5}$$

금속과 합금의 경우, H_v^*값은 6~60 MJ/kg 범위에 있다.

소성변형 압연이나 단조와 같은 소성가공 공정들은 일반적으로 큰 변형도를 수반한다. 평균 유동응력(flow stress) $(\sigma_y + \sigma_{uts})/2$, 변형도를 $\varepsilon = 1.0$, 효율을 15%로 가정할 때 kg당 소성변형 에너지는 다음과 같다.

$$W_D^* = 3(\sigma_y + \sigma_{uts}) \tag{15.6}$$

여기서 σ_y는 항복강도, σ_{uts}는 인장강도이다. 금속과 합금에서 W_D^*값은 0.05~2 MJ/kg이다.

주조나 소성가공은 해당 재료 자체의 생산에너지에 비해 적은 가공에너지를 필요로 하지만, 기화나 증착 가공에 필요한 에너지는 훨씬 더 커서 재료 생산에너지에 필적할 수 있다.

수명 종료

그림 15.4가 수명 종료 시에 선택할 수 있는 옵션을 보여준다. 매립, 소각, 재활용, 재생 또는 업그레이딩, 재사용이 그것이다.

매립 매립은 대체적으로 거부되고 있다. 이미 심각한 문제가 생겨나고 있는 것이 유럽 여러 나라에서 매립지가 거의 대부분 포화상태이다. 이에 따라 정부는 매립세를 부과하기 시작하였으며 현재 톤당 50유로 정도이지만 올라갈 것으로 예상되는데, 이는 그림 15.4의 다른 채널

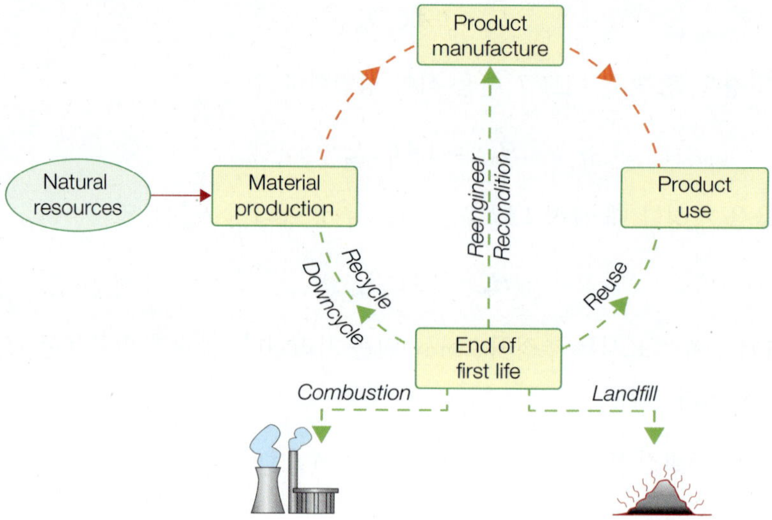

그림 15.4 수명 종료 시의 옵션 : 매립, 소각, 재활용, 재생 또는 업그레이딩, 재사용

로 폐기물을 유도하기 위한 것이다.

소각과 폐열 이용 알다시피 재료는 에너지를 포함하고 있다. 그것들은 버리기 보다는 잘 제어된 소각에 의해 열을 포집하고 재료가 가진 에너지의 일부를 회수하여 재사용하면 좋을 것이다. 하지만 그것이 말처럼 쉬운 것은 아니다. 우선 가연성인 재료를 불연성인 것들로부터 분리할 필요가 있다. 그 다음에는 소각인데, 유독성 증기나 잔류물이 남지 않도록 고온에서 정교하게 제어된 조건을 유지하면서 연소시켜야 하므로 고가의 장비가 필요하다. 에너지 회수는 완벽할 수 없는데, 연소 자체가 불완전하거나 들어오는 폐기물이 습기를 포함하고 있기 때문이다.

재활용 재활용은 에너지를 소모하고 이 에너지에서도 가스가 방출된다. 그러나 재활용에너지는 최초 생산에너지에 비해 일반적으로 작으므로, 재활용은 가능하기만 하다면 에너지 효율적인 방안이다. 그러나 비용 효율적이지 않을 수 있으며 이는 재료의 분산 정도에 의존하게 된다. 생산 시나 제조 시에 발생한 자투리(scrap)는 한 장소에 모아져 있어 이미 효율적으로(거의 100% 회수) 재활용되고 있다. 널리 분포된 자투리(버려진 제품에 포함된 재료)는 수집하고 분리하고 깨끗하게 만들기 위해 비용이 훨씬 많이 든다. 많은 재료들은 저급 용도로 재사용 될 수는 있지만 재활용 될 수는 없다. 예를 들어 연속섬유 복합재료는 잘게 절단되어 충진제로 사용할 수 있지만 섬유와 수지로 경제적으로 재분리 할 수 없다. 거의 모든 재료들은 통제 불가능한 불순물 축적을 피하기 위해 깨끗한 재료 투입을 필요로 한다. 따라서 그림 15.4에서 재료 자체와 그것이 들어가는 제품에 따라 양상이 달라진다.

재가공 재가공은 제품이나 활용 가능한 부품을 재생하거나 업그레이드하는 것을 말하는데, 실행하는 데는 어떤 기준을 만족해야 한다. 한 가지 사례가 제품의 디자인이 고정되었거나 제품 생산에 사용된 기술의 발전이 워낙 느려서 재생된 제품이 여전히 활용가치가 있는 경우이다. 예를 들면 주택이나 사무실 공간, 도로나 철도와 같은 인프라 구조 등으로 이들은 모두 막대한 양의 재료를 사용하는 용도이다.

재사용 재사용은 중고품 상태임을 알면서도 구매할 의사가 있는 소비자층에 제품을 재분포시키는 것이다. 중고차처럼 최초의 사용 목적과 동일한 목적으로 사용할 수도 있지만, 경우에 따라서는 버스를 이동식 주택으로 사용하는 것처럼 약간 다른 목적으로 활용하기도 한다. 자선단체가 운영하는 가게는 의류나 책이나 다른 어떤 물건이든지 원래 소유주에게는 버림받았지만 그것을 사가는 사람에게는 일정한 가치가 있는 제품들을 취급한다. 재사용은 수명 종료 시에 선택할 수 있는 가장 이로운 옵션이다.

15.5 친환경 선택

환경에 미치는 영향을 최소화하는 재료를 선택하기 위해 15.2절에서 했듯이 우리는 먼저 해당 제품의 수명 주기의 어느 단계가 가장 기여도가 높은지 물어야 한다. 그에 대한 대답이 개선을 위한 전략 선택을 돕는다(그림 15.5). 그 전략들을 아래에 설명한다.

재료생산 단계 재료생산이 수명 주기의 지배적 단계라면 이것을 목표로 삼아야 한다. 음료수 용기가 하나의 예를 제공한다(그림 15.6). 재료의 추출과 생산 시에 재료와 에너지를 소비하지만, 기여도가 작은 운송을 제외하면 생산 이후에는 에너지를 소비하지 않는다. 재료를 추출하고 정련할 때 소비되는 에너지(표 15.2의 생산에너지)를 평가척도로 이용한다. CO_2, NO_x, SO_x 방출량이 그와 연관이 있지만, 그 관계가 그리 간단하지 않다. 재료 1 kg을 생산하는 데 필요한 에너지를 H_p라 하면 단위 체적당 생산에너지는 $H_p\rho$가 된다(ρ는 재료의 밀도).

그림 15.7과 15.8의 차트는 세라믹, 금속, 고분자, 복합재료(하이브리드)에 대해 그 두 가지를 정량적으로 보여준다. 'kg당'인 경우(그림 15.7) 첫 번째 용기의 재료인 유리는 생산에너지가 가장 낮은 반면, 강철은 생산에너지가 높다. 고분자 생산은 강철보다 훨씬 높은 부담을 준다. 알루미늄과 여타 경량 합금은 모든 재료 중에서 생산에너지가 가장 높다. 그러나 이들 재료를 'm^3당'으로 비교한다면(그림 15.8) 결론이 다르다. 유리는 여전히 가장 낮은 값을 보이는데, PE,

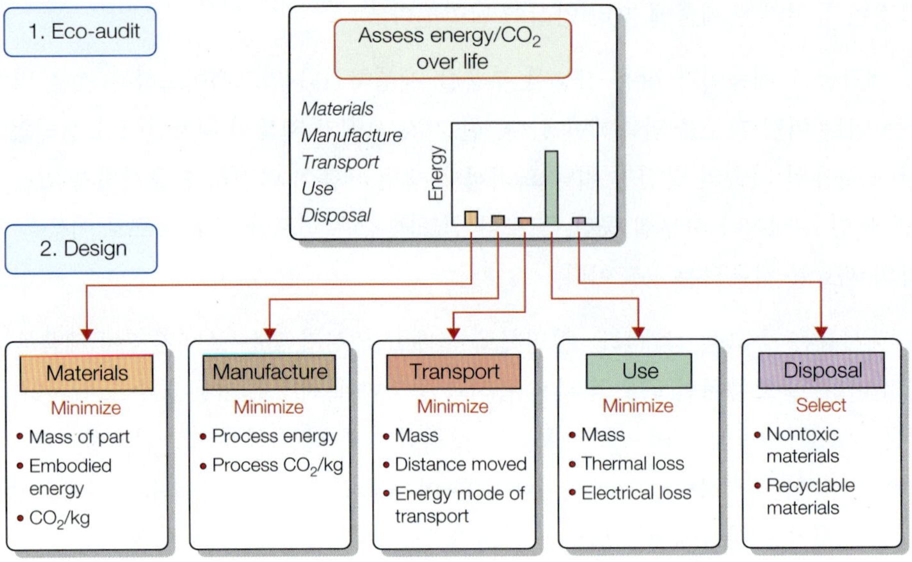

그림 15.5 환경을 위한 합리적 설계는 목표로 삼을 단계의 분석에서 출발한다. 이 결정은 환경에 대한 그 단계의 영향을 최소화하는 선택 방법을 안내해 준다.

그림 15.6 액체용기 : 유리, PE, PET, 알루미늄, 강철. 모두 재활용 할 수 있다. 어느 것이 생산에너지가 가장 낮을까?

PP와 같은 일상용품 고분자가 강철보다 부담이 적으며 GFRP 복합재료는 강철보다 약간 더 높다. 그런데 'kg당' 비교나 'm^3당' 비교가 올바른 방법인가? 그런 경우는 드물다. 생산 단계에서 환경 영향에 대처하기 위해서는 에너지, CO_2 부담, 단위 기능당 환경영향 지수값을 최소화하도록 노력해야 한다.

에너지함량(energy content)을 포함하는 재료지수는 무게나 비용에 대한 것과 똑같은 방식으로 구한다(제5장). 최소에너지함량에서 강성 제한조건을 만족시켜야 하는 빔을 위한 재료선택을 예로 들어 보겠다. 질량이 아닌 에너지함량을 최소화시키는 것을 목표로 제5장의 유도과정을 되풀이하면 성능방정식(performance equations)과 재료지수를 구하게 되는데, 이는 제5장의 방정

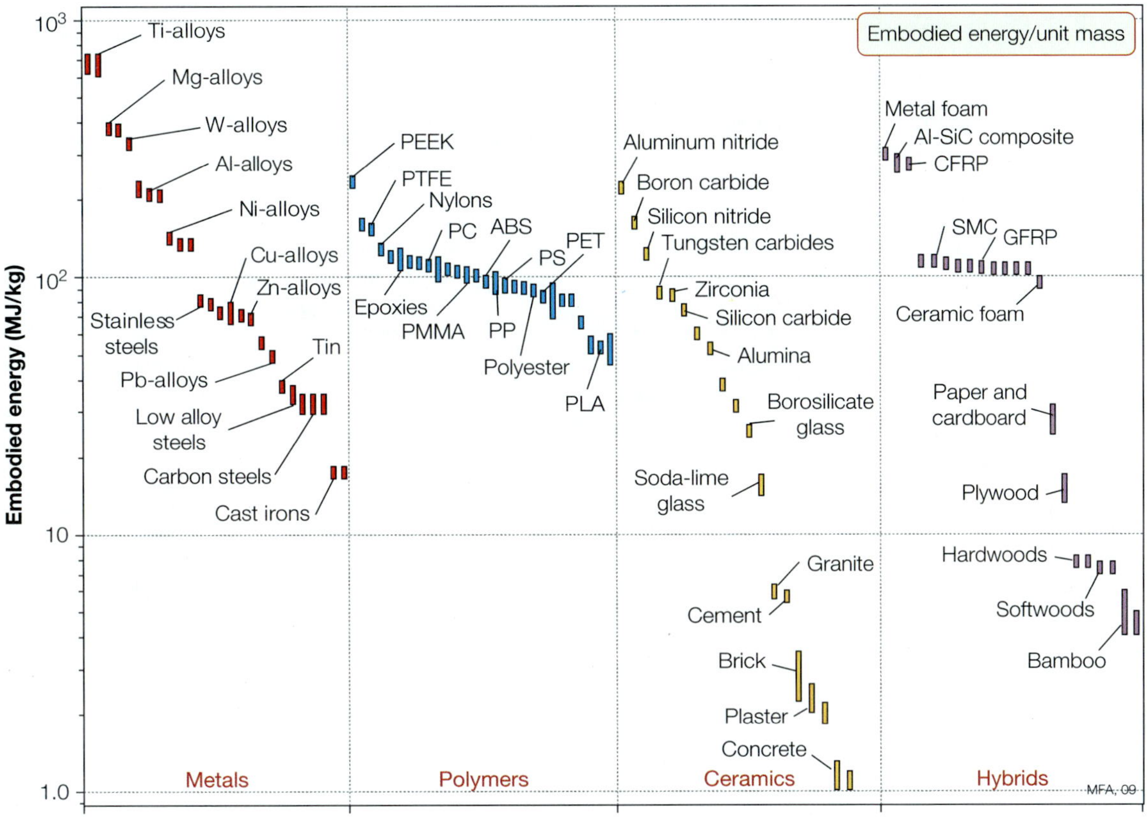

그림 15.7 단위 질량당 생산에너지 (데이터는 부록 A에 있음)

식에서 단순히 ρ를 ρH_p로 대체한 것이다. 따라서 주어진 강성과 길이의 빔의 생산에너지를 최소화시키는 최상의 재료는 다음의 지수가 큰 값을 가지는 것들이다.

$$M_1 = \frac{E^{1/2}}{H_p \rho} \tag{15.7}$$

여기서 E는 빔 재료의 탄성계수이다. 최소에너지함량을 갖는 강성이 큰 연결봉은 $E/H_p\rho$ 값이 큰 재료로, 강성이 큰 판은 $E^{1/3}/H_p\rho$ 값이 큰 재료로 만드는 것이 최선이다.

강도도 같은 방식으로 설명할 수 있다. 주어진 굽힘강도와 최소에너지함량을 갖는 빔을 위한 가장 좋은 재료는 다음 지수의 값이 큰 재료이다.

$$M_2 = \frac{\sigma_f^{2/3}}{H_p \rho} \tag{15.8}$$

여기서 σ_f는 빔 재료의 파괴강도이다. 다른 지수도 유사하게 유도된다.

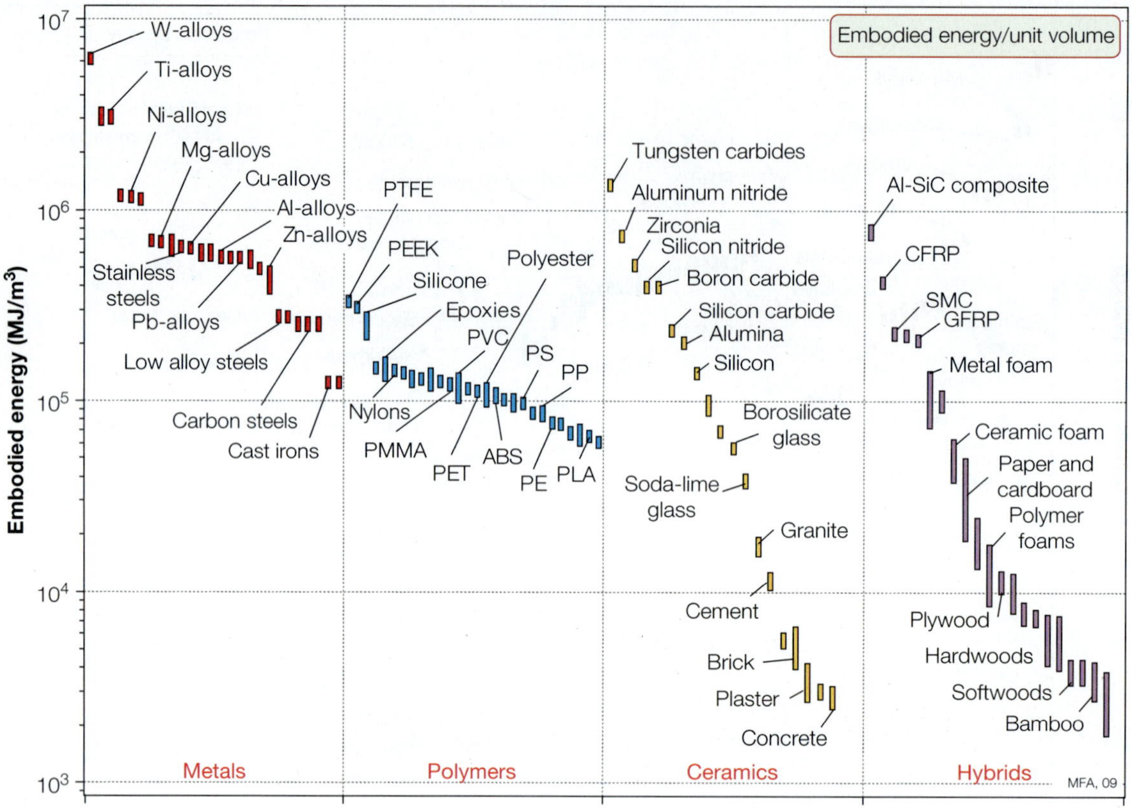

그림 15.8 단위 부피당 생산에너지

그림 15.9와 15.10은 단위 기능당 생산에너지를 최소화하기 위한 한 쌍의 재료선택 차트이다. CO_2 부담에 대하여 이와 유사한 차트를 CES 소프트웨어를 이용하여 작성할 수 있다. 그림 15.9는 $H_p\rho$를 가로축으로 하는 탄성계수 E를 보여주고, 선택선들은 가장 흔한 세 가지 성능지수의 기울기를 나타낸다. 그림 15.10은 $H_p\rho$를 가로축으로 하는 강도 σ_f(제4장에서와 같이 정의됨)를 보여주고, 여기서도 선택선들은 가장 흔한 세 가지 성능지수의 기울기이다. 두 차트는 최소에너지설계를 위한 개략적 데이터를 주고, 최소질량설계를 위한 $E-\rho$나 $\sigma_f-\rho$ 차트와 똑같은 방식으로 이용된다.

대부분의 고분자는 석유로부터 만들어진다. 이는 고분자가 에너지 집약적(energy-intensive)이라는 서술로 연결되고, 고분자의 미래에 대해 뭔가를 암시한다. 그림 15.9와 15.10의 두 차트는 가장 흔한 하중 형태인 굽힘 시에 단위 기능당으로 봤을 때 대부분의 고분자가 알루미늄, 마그네슘, 티타늄 원재료보다 생산에너지가 적고 몇 가지는 강철에 필적함을 보여준다. 강철,

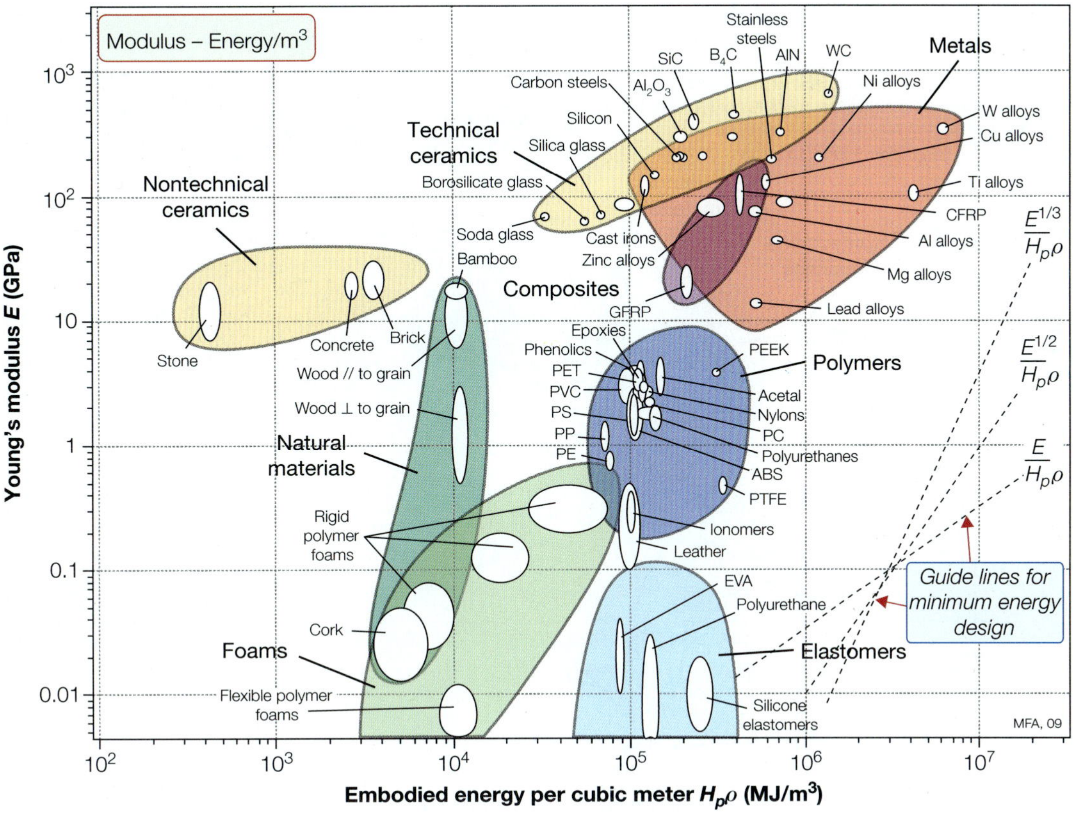

그림 15.9 최소생산에너지를 가진 강성(stiffness)을 구하기 위한 재료선택 차트 : 그림 4.3과 같은 방식으로 이용된다.

알루미늄, 마그네슘과 같은 금속 생산에 소비되는 에너지의 대부분은 원광석을 단일 원소 금속으로 만드는 데 사용되므로 재활용 시에 훨씬 적은 에너지를 필요로 한다. 따라서 효율적인 수집과 재활용으로 에너지 절약에 중요한 기여를 할 수 있다.

제품생산 단계 앞에서 살펴본 바와 같이 재료의 생산에는 에너지가 필요하다. 물론 생산 시에 에너지를 절감하는 것은 중요하다. 그러나 더 중요한 것은 제조 중에 생기는 방출물과 독성 쓰레기가 영향을 국지적으로 크게 줄 수 있다는 점이다. 예를 들어 종이 제조에는 매우 많은 양의 물을 사용한다. 역사적으로 하수(wastewater)는 알칼리성 물질과 입자들로 심하게 오염되어 있었으며 그것이 내보내져 강물을 황폐하게 했다. 오늘날 최고의 종이제작소는 공장에 들어오는 물만큼 깨끗하고 순수한 물을 배출한다. 예전 공산주의 국가의 생산 장소는 영구적으로 오염되어 있다. 다른 곳에서 좋은 처리방법을 이용하여 똑같은 재료를 생산할 경우에는 그런 문제가 없다. 청결한 제조가 여기서의 답이다.

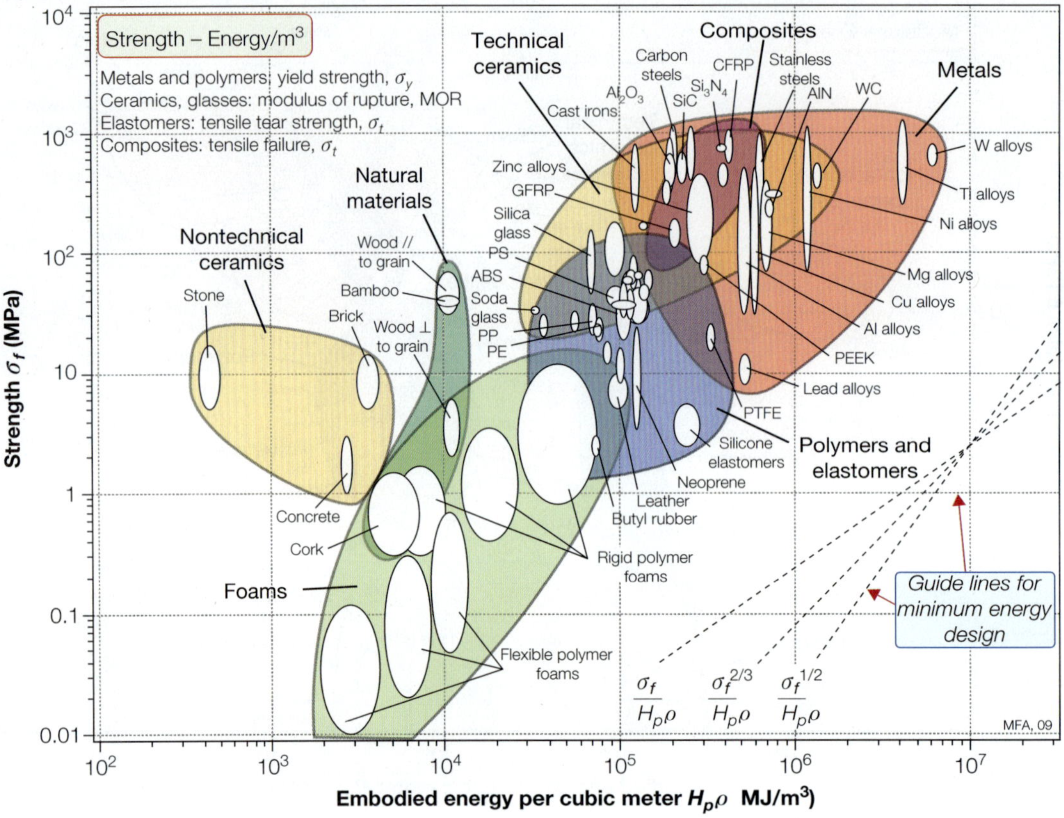

그림 15.10 최소생산에너지를 가진 강도(strength)를 구하기 위한 재료선택 차트 : 그림 4.4와 같은 방식으로 이용된다.

사용 단계 에너지 소비 제품의 사용 단계에서 발생하는 환경 영향은 재료 자체의 에너지함량과는 관계가 없다. 오히려 에너지함량 최소화는 종종 사용에너지에 반대효과를 가져올 수 있다. 사용에너지는 기계적, 열적, 전기적 효율을 최대화함으로써 최소화된다. 수송기계의 연료효율(MJ/km)은 차량 자체의 질량과 밀접한 관계가 있어 질량을 최소화하는 것이 설계목표가 된다. 냉장이나 난방 시스템의 에너지 효율은 그 시스템에 출입하는 열유동(heat flux)을 최소화함으로써 향상되므로, 이 경우 열전도도나 열관성(thermal inertia)을 최소화하는 것이 설계목표가 된다. 전기의 생산과 송전, 변환의 에너지 효율은 도체 내의 저항 손실을 최소화함으로써 최대화된다. 여기서의 목표는 강도, 비용 등의 요구조건을 만족시키면서 전기저항을 최소화하는 것이다. 이런 목표들을 만족시키는 재료선택이 바로 이 책에서 이전의 장들에서 다룬 내용이다.

폐기 단계 제품 수명의 최종 단계에서는 환경 관련 결과가 여러 측면을 지닌다. 폐기 절차에 대한 규제 입법, 재활용 요구, 매립 세금, 재활용 보조금 지급 등을 통하여 점점 더 강하게 시장으로 하여금 수명종료 시의 선택을 분산시킨다.

15.6 사례연구 : 음료수 용기와 충돌 방호벽

음료수 용기의 에너지함량

문제 그림 15.6의 용기는 제품수명의 첫 번째와 두 번째 단계(재료생산 단계, 제품제조 단계)에서 에너지를 소비하는 제품의 예이다. 따라서 에너지, 발생 가스, 분진 방출의 최소화를 위한 재료 선택은 그 두 단계에 초점을 맞춘다. 표 15.3에 이에 대한 요구조건들을 요약하고 있다.

다섯 가지 서로 비교되는 용기 유형의 질량, 구성 재료, 각 재료의 구체적인 에너지 함량이 표 15.4와 15.5에 나와 있다. 이 제품들의 생산에는 몰딩이나 소성가공이 필요하며 각 공정에 소비되는 대략적인 에너지도 나와 있다. 또한 다섯 가지 재료 모두 재활용될 수 있다. 어느 유형의 용기가 담을 수 있는 음료수 단위 부피당 전체 에너지 소비지수가 가장 낮은가?

방법과 결과 표 15.5에서 에너지를 비교하면 용기의 성형에너지는 항상 첫째 단계인 재료의 생산에너지보다 작다. 유리의 경우에만 성형에너지가 중요하다. 지배적인 단계는 재료생산 단계이다. 각 재료에 대해 두 에너지를 합하고 리터당 용기 질량을 곱한 것으로 표 15.4의 마지

표 15.3 음료 용기의 설계 요구조건

기능	차가운 음료 용기
제한조건	재활용 필수
설계목표	단위 용량당 생산에너지 최소화
자유변수	재료의 선택

표 15.4 음료 용기의 세부사항

용기 유형	재료	질량(g)	부피당 질량 (g/Liter)	부피당 에너지 (MJ/Liter)
400-ml PET병	PET	25	62	5.4
1리터 PE 우유병	고밀도 PE	38	38	3.2
750-ml 유리병	소다 유리	325	433	8.2
440-ml Al캔	Al합금 5000 시리즈	20	45	9.0
440-ml 강철캔	보통 탄소강	45	102	**2.4**

표 15.5 음료 용기 재료용 데이터(부록 A)

재료	생산에너지(MJ/kg)	성형법	성형에너지(MJ/kg)
PET	84	몰딩	3.1
고밀도 PE	81	몰딩	3.1
소다 유리	15.5	몰딩	4.9
Al합금 5000 시리즈	210	디프드로잉	0.13
보통 탄소강	32	디프드로잉	0.15

막 칼럼에 보이는 순위를 매긴다. 강철은 가장 낮은 에너지 소비지수를 보이는 데 반해 유리와 알루미늄은 가장 높은 에너지 지수를 보인다.

충돌 방호벽

문제 운전자와 보행자를 보호하기 위한 방벽에는 두 가지 유형이 있다. 고속도로의 중앙분리대와 같은 정적인 방벽과 자동차의 완충장치(bumper) 같은 움직이는 방벽이 있다(그림 15.11). 정적인 방벽은 수만 마일의 길가에 늘어서 있다. 한번 설치되면 에너지 소모가 없고 CO_2를 방출하지 않으며 오랜 시간 동안 지속된다. 그림 15.1에 따른 지배적인 단계는 재료생산과 제조단계임을 알 수 있다. 반면 완충장치는 차량의 일부분으로 차량의 무게를 증가시켜 연료 소비를 증가시킨다.

여기서 지배적인 단계는 사용 단계이다. 만일 친환경설계(eco-design)가 목적이라면 위의 두 종류 방호벽에 대한 재료선택 기준은 달라질 것이다. 정적인 방호벽에 대한 기준으로 단위 생산에너지당 방호벽이 흡수할 수 있는 에너지를 최대화하고, 차량에 부착되는 완충장치에 대해서는 단위 질량당 흡수에너지를 기준으로 한다. 표 15.6은 이러한 설계 요구조건을 요약하고 있다.

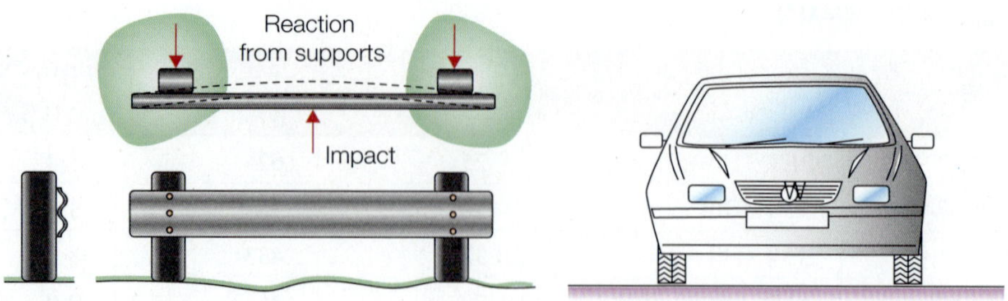

그림 15.11 두 가지 방호벽 : 왼쪽 그림은 정적인 벽이고 오른쪽 그림은 움직이는 차체에 부착된 완충장치(bumper)이다. 각각의 재료선택에 다른 환경기준이 요구된다.

표 15.6 방호벽을 위한 설계 요구조건

기능	에너지 흡수 방호벽
제한조건	재활용 필수
설계목표	• 단위 생산에너지당 흡수되는 에너지 최대화, 또는 • 단위 질량당 흡수되는 에너지 최대화
자유변수	재료선택

방법과 결과 충격을 받았을 때 방벽에는 굽힘 하중이 걸린다(그림 15.11). 방벽의 기능은 하중을 충격지점으로부터 지지구조물로 전달하는 것인데, 정적인 방벽의 토대나 자동차의 완충작용 요소로부터의 반응으로 하중을 지탱하거나 흡수하게 된다. 이를 위해서는 방벽의 재료는 높은 강도와 적절한 인성을 가져야 하고 재활용이 가능해야 한다. 그리고 정적인 방벽에 사용될 재료는 이러한 제한조건을 만족하면서 생산에너지를 최소화하는 것을 목표로 한다. 그리하여 전체 수명에 대한 총 에너지를 효과적으로 감소시킬 수 있기 때문이다. 15.5절에서 살펴본 바와 같이 이는 다음 지수를 크게 해주는 재료이다.

$$M_3 = \frac{\sigma_f^{2/3}}{H_p \rho} \tag{15.9}$$

여기서 σ_f는 재료의 항복강도, ρ는 밀도, H_p는 재료 킬로그램당 생산에너지이다. 자동차 범퍼의 경우에는 문제의 핵심이 생산에너지가 아니고 질량이다. 목표를 질량의 최소화로 바꾸면 다음 지수를 크게 해주는 재료를 추구하게 된다.

$$M_4 = \frac{\sigma_f^{2/3}}{\rho} \tag{15.10}$$

이러한 지수는 그림 15.10의 차트에 그려 넣어 재료선택에 활용할 수 있다. 그것은 숙제로 돌리는 대신 여기서는 재료지수 자체를 막대그래프로 나타내는 또 다른 방법을 소개한다. 그림 15.12와 15.13은 금속, 고분자, 고분자기지 복합재료에 대하여 위 재료지수 M_3, M_4의 결과를 도시한 것이다. 그림 15.12는 정적인 방호벽에 사용될 재료선택을 보여준다. 탄소강이나 주철, 목재를 선택함으로써 주어진 하중지탱 능력에 대하여 생산에너지를 최소화할 수 있으며, 다른 재료들의 추종을 불허한다. 그림 15.13은 움직이는 방호벽, 즉 완충장치에 사용될 재료선택을 보여준다. 여기서는 CFRP가 단위 무게당 강도 측면에서 단연 우세하나 재활용이 불가능하다. 보다 무겁지만 재활용이 가능한 것은 마그네슘, 티타늄, 알루미늄 합금이다. 고분자는 정적인 방호벽에서는 매우 좋지 않은 성능을 보였지만, 여기서는 우세한 후보 중 하나이다. 완충장치에는 고분자가 보강섬유를 사용하지 않더라도 강철만큼이나 좋은 재료이다.

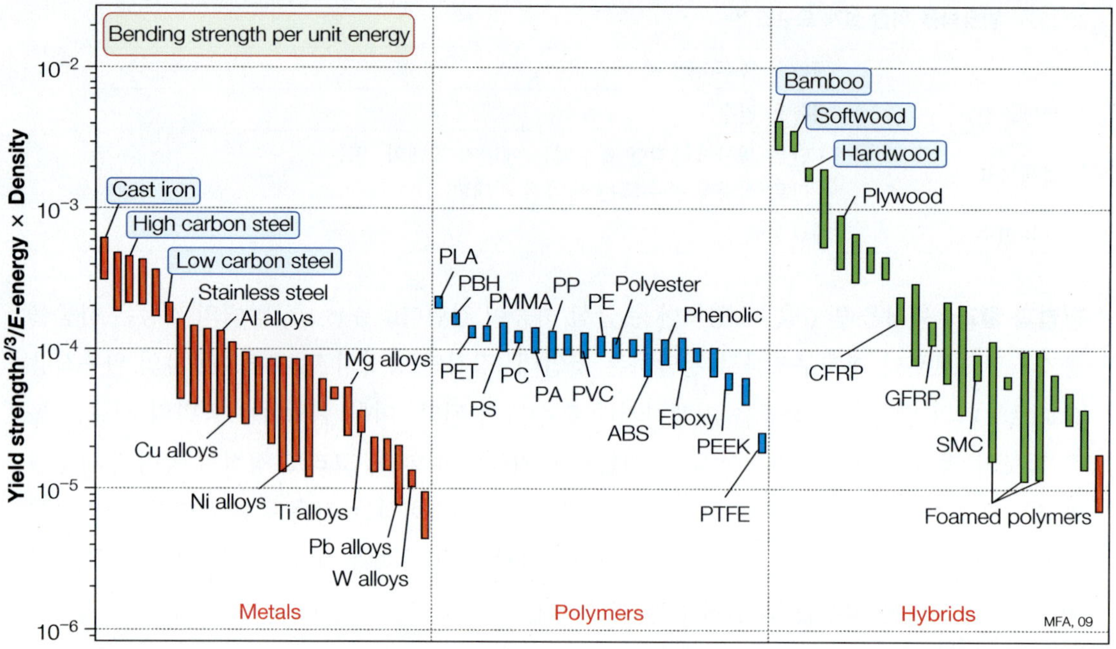

그림 15.12 고정된 방호벽을 위한 재료선택 : 지수의 단위는 $(MPa)^{2/3}(MJ/m^3)$이고, 주철, 탄소강, 저합금강, 목재가 최선의 선택이다.

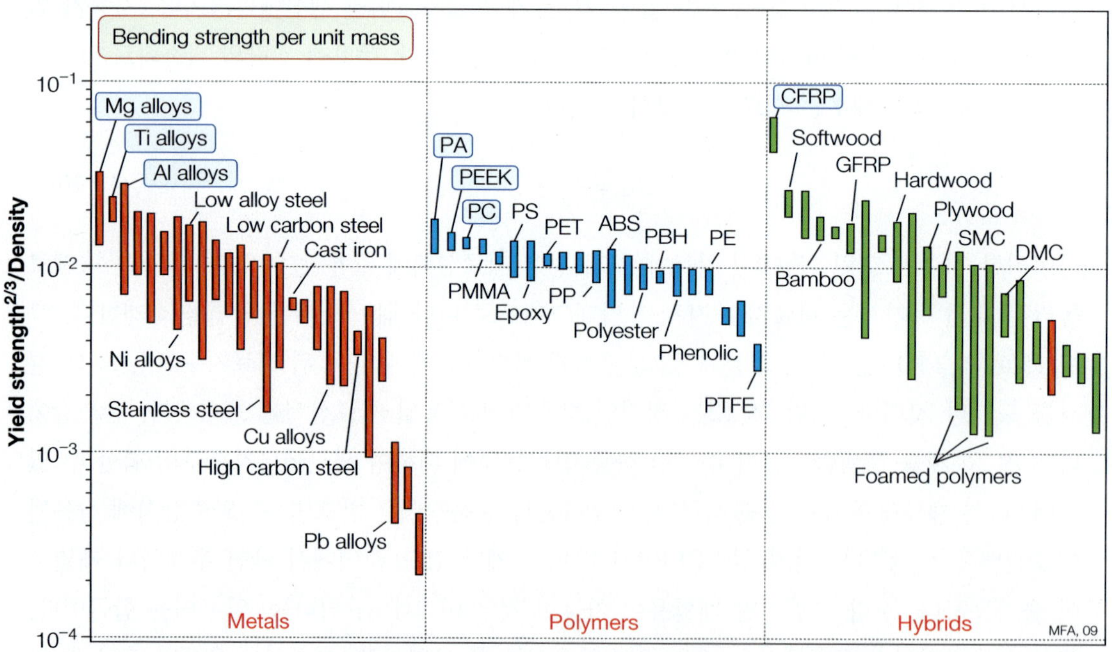

그림 15.13 움직이는 방호벽을 위한 재료선택 : 지수의 단위는 $(MPa)^{2/3}/(kg/m^3)$이고, CFRP와 경합금이 최선의 선택이며, 나일론과 폴리카보네이트는 강철과 비슷한 성능을 보여준다.

추록 금속제 방호벽은 그림 15.11의 왼쪽 윤곽을 갖는다. 곡률은 단면적의 이차모멘트를 증가시키고 따라서 굽힘강성과 강도도 증가된다. 이는 재료와 형상을 결합하여 설계를 최적화하는 사례에 해당한다(제9장 9.5절).

15.7 요약과 결론

친환경적인 목적을 만족하는 합리적인 재료선택을 위해서는 생산, 제조, 사용, 폐기라는 제품수명의 단계를 확인하는 것이 가장 중요하다. 이 모든 기준을 취급하기 위해 명백한 환경속성(에너지, CO_2, 기타 방출물, 독성, 재활용 여부 등) 데이터뿐 아니라 기계적, 열적, 전기적, 화학적 특성 데이터도 함께 요구된다. 따라서 재료생산이 지배적 단계라면 재료선택은 생산에너지나 부산물(예: CO_2)을 최소화하는 데 기초해야 한다. 그러나 제품사용 단계가 중요하다면 재료선택은 강성, 강도, 비용에 관한 여타 조건을 만족시키면서도 경량성, 열절연체로서의 수월성 혹은 전기전도체로서의 수월성에 근거해야 한다.

이 장에서는 그것을 위한 방법들을 제시하고 있는데, 이 방법들은 소프트웨어로 운용될 때 가장 효과적이다. 제5, 6, 13, 14장에서 설명되었던 CES Edu 시스템은 재료의 환경데이터를 포함하고 있어서 그림 15.3과 같은 방식으로 제품의 수명을 분석하는 데 환경영향을 고려하는 도구를 갖추고 있다.

15.8 심화학습을 위한 참고문헌

Ashby, M.F. (2009) *Materials and the environment*, Butterworth-Heinemann, ISBN 978-1-85617-608-8. (재료와 관련된 환경문제를 깊이 있게 다룰 수 있도록 배경, 방법, 데이터 등 자료를 제공하는 교과서)

CES Edu (2010). *The Cambridge Engineering Selector*, Granta Design. (재료선택 플랫폼에 선택 가능한 친환경설계 모듈이 있다. www.grantadesign.com)

Fuad-Luke, A. (2002) *The Eco-Design Handbook*, Thames and Hudson, London, UK. ISBN 0-500-28343-5. (친환경설계의 예시, 발상, 재료에 대한 대단한 Source Book)

Goedkoop, M.J., Demmers, M. and Collignon, M.X. (1995) *Eco-indicator '95 manual*, Pré Consultants and the Netherlands Agency for Energy and the Environment, ISBN 90-72130-80-4.

Goedkoop, M., Effting, S., & Collignon, M. (2000) *The Eco-indicator 99: A damage oriented method for life cycle impact assessment*, Manual for Designers. (Pré Consultants는 선두적인 재료수명 주기 분석

도구를 선전하고 환경영향지수 방법을 지지한다. http://www.pre.nl)

ISO 14001 (1996) and ISO 14040 (1997, 1998, 1999) Environmental management system-specification with guidance for use, International Organization for Standardization(ISO), Geneva, Switzerland.

Kyoto Protocol (1997) United Nations, Framework Convention on Climate Change, Document FCCC/CP1997/7/ADD.1 Environmental management — life cycle assessment (and subsections), Geneva, Switzerland. (온실가스 배출을 1990년 배출량에 대비하여 제한하자는 선진국 사이의 합의. 미국은 2008~2012년 사이에 1990년 배출량에서 7%까지 경감하기로 했고, 유럽 국가들은 더 엄격한 기준에 합의하였다.)

Lovins, L.H., von Weizsacker, E. and Lovins, A.B. (1998) *Factor Four: Doubling Wealth, Halving Resource Use*, Earthscan Publications, London, UK. ISBN 1-85383-406-8. (자원 생산성은 4배로 성장할 수 있고 그래야 한다는, 즉 한 단위의 자연 자원에서 얻은 부가 4배로 증가하여 세계가 2배로 잘 살면서 1/2배만 사용할 수 있다고 주장하는 영향력 있는 책)

Mackay, D.J.C. (2008) *Sustainable energy — without the hot air*, Cambridge University: Department of Physics, www.withouthotair.com/. (MacKay는 에너지원과 에너지의 사용에 대한 토론에서 상식적인 수준으로 잘 대처하고 있음. 뜨거운 공기를 대체하는 신선한 공기)

Mackenzie, D. (1997) *Green design: design for the environment* (2nd ed.), Lawrence King Publishing, London, UK. ISBN 1-85669-096-2. (화려하게 만들어진 건축, 포장, 제품 설계에서의 친환경설계의 사례연구 모음)

Meadows, D.H., Meadows, D.L., Randers, J. and Behrens, W.W. (1972) *The Limits to Growth — 1st Report of the Club of Rome*, Universe Books, New York, USA. (자원 고갈의 가능성을 경고하는 중추적인 책으로, 분석에 사용된 데이터의 의심스러운 질 때문에 빛이 바랬지만, 그럼에도 불구하고 지금은 더 널리 수용되는 이후의 연구와 관점들에 촉매가 되었다.)

Schmidt-Bleek, F. (1997) *How much environment does the human being need — factor 10 — the measure for an ecological economy*, Deutscher Taschenbuchverlag, Munich, Germany. (저자는 진정한 지속가능성이 선진국의 에너지와 자원 소비의 10배 경감을 요한다고 주장한다.)

Wenzel, H., Hauschild, M. and Alting, L. (1997) *Environmental Assessment of Products, Vol. 1*, Chapman and Hall, London, UK. (Alting 교수는 덴마크의 친환경설계 연구를 주도하고 있다.)

제 16 장 재료와 산업설계

여기 두 승용차는 대략 같은 출력과 가격을 보이지만 스타일과 안락감 그리고 정교함에 있어서 매우 다르다. 둘이 같은 시장에서 경쟁한다면 어떻게 될까? 미학적인 측면과 연상, 인지의 관점에서도 고려해봐야 한다.

Materials Selection in Mechanical Design. DOI: 10.1016/B978-1-85617-663-7.00016-3

16.1 서론과 개요

좋은 설계는 제품제작을 가능하게 한다. 매우 뛰어난 설계는 즐거움까지도 줄 수 있다.

즐거움은 형태, 색깔, 질감, 느낌과 이들이 불러일으키는 연상에서 나온다. 즐거움을 주는 설계는 있는 그대로 자신을 대변한다. 독자적이고 유머가 담긴 설계도 매력적일 수 있지만, 일반적으로 속이는 것보다는 정직함이 더 큰 만족을 준다.

재료는 여기서 중심적인 역할을 한다. 신소재를 도입하는 주된 이유가 설계 시에 더 많은 자유를 누리기 위해서다. 지난 세기에 금속은 이전에 만들 수 없던 구조의 제작을 가능하게 해주었다. 주철은 수정궁을, 연철은 에펠탑을, 압연강철 케이블은 금문교를 가능하게 했고, 이들은 부정할 여지없이 모두 아름답다. 고분자로 밝은 색깔, 만족스러운 질감, 자유로운 형태를 얻을 수 있었기에 새로운 방식의 설계를 주도했고, 가장 좋은 예는 가정용품에서 찾아볼 수 있다. 주방용품, 헤어드라이어, 휴대전화, MP3 플레이어, 진공청소기는 재료를 널리 창의적으로 이용해서 즐거움을 주는 외관, 무게, 느낌, 형태를 만들어 낸 사례이다.

공업의 미학적 측면을 담당하는 사람들은 다소 헷갈리게 "산업디자이너"라고 불린다. 이 장에서 산업디자인의 주요 개념을 재료의 역할을 강조하면서 소개한다. 끝에는 사례연구가 나온다. 그러나 일단 주의할 점이 있다.

이전의 장에서는 재료와 공정을 체계적으로 선택하는 방법에 대해 기술했다. '체계적'이란 당신과 내가 각각 같은 절차를 이행한다면 결과물도 같고, 그 결과는 올해나 내년이나 같으리라는 뜻이다. 이런 맥락에서 산업설계는 체계적이지 않다. 여기서 성공은 패션, 관습, 학력에 민감하고, 광고와 연상에 의해 영향을 받거나 심지어 조작당하기까지 한다. 제16장의 관점은 부분적으로는 내가 보기에 분별력을 갖춘 저자들의 의견과 함께 일부는 내 의견으로 이루어져 있다. 독자 여러분이 이 장을 읽고 모든 것에 동의하지는 않더라도, 즐거움을 주는 설계에 대해 생각하게 된다면 그것으로 족하다.

이 장에서 소개하는 개념은 16.6절 '심화학습을 위한 참고문헌'의 첫 번째(Ashby & Johnson, 2010)에 보다 온전하게 기술되어 있다.

16.2 요구조건 피라미드

지금 내가 쓰고 있는 펜은 5달러를 주고 샀다(그림 16.1의 위). 적절한 상점을 찾아가면 1,000달러가 훨씬 넘는 펜도 구할 수 있다(그림 16.1의 아래). 그 펜은 내 펜 보다 200배 더 잘 써질까? 그

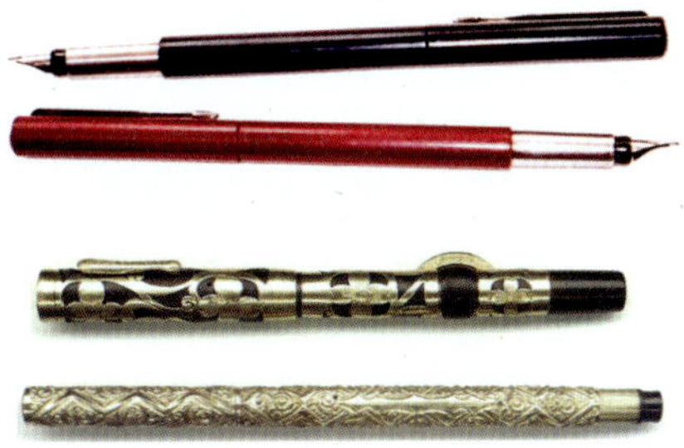

그림 16.1 싼 펜과 비싼 펜 : 선택된 재료(위의 두 펜은 아크릴, 아래 두 개는 금, 은, 에나멜)가 펜의 아름다움과 펜이 일으키는 연상을 주도한다. (사진 제공 : 아래 두 개 David Nishimura, vintagepens.com)

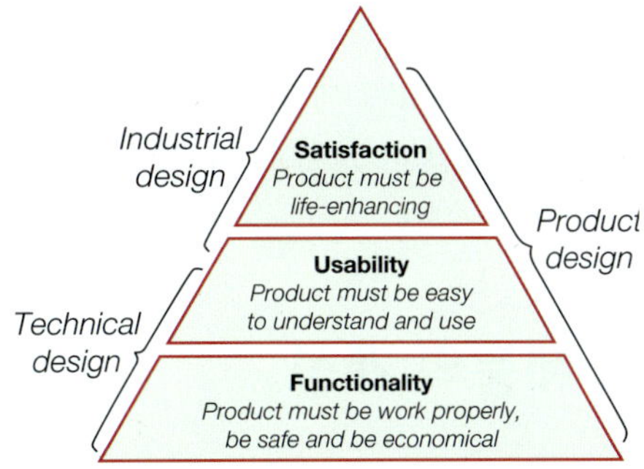

그림 16.2 요구조건 피라미드 : 아랫부분은 '기술적 설계,' 윗부분은 '산업설계'로 불리는 경향이 있어 동떨어진 작업으로 오해할 수 있다. 그보다는 세 단계가 연결되어 '제품설계'라는 하나의 공정을 이루는 부분이라고 생각하는 것이 낫다.

렇지 않을 것이다. 내 펜도 잘만 써진다. 그럼에도 그런 비싼 펜을 사는 사람들이 있다. 왜 그럴까?

제품의 비용은 제조와 광고에 드는 경비다. 제품의 가격은 소비자가 지불하는 금액이다. 그리고 제품의 가치는 소비자가 그것이 얼마나 쓸모 있다고 생각하는지에 달렸다. 비싼 펜은 소비자가 그럴만한 가치가 있다고 여기기 때문에 그런 가격을 유지한다. 가치를 결정하는 것은 무엇일까? 세 가지가 있다.

첫째 '기능성'은 견고한 기술적 설계에 의해 얻을 수 있으며, 분명히 큰 역할을 한다. 그림 16.2의 요구조건 피라미드의 기반을 이룬다. 제품은 잘 작동하고 안전하고 경제적이어야 한다. 기능성만으로는 부족하다. 제품은 이해하기 쉽고 작동하기 쉬워야 한다. 이것이 그림의 두 번째 단계인 '사용 편의성'이다. 세 번째이자 피라미드를 완성하는 단계는 제품이 '만족'을 주는 것, 즉 제품 사용자의 삶의 질을 향상시켜야 한다는 것이다.

제품의 가치는 제품이 기능성, 사용편의성, 만족의 세 가지 측면에서 소비자의 기대에 얼마나 부응하는지(혹은 기대를 넘어서는지) 가늠하는 척도다. 이를 제품의 개성이라 생각하자. 인간의 성격과 비슷하다. 훌륭한 성격의 소유자는 할 일을 잘하고 효율적으로 교제하고 같이 있으면 좋은 일이 생긴다. 매력 없는 사람은 위와 정반대다. 혐오스러운 사람은 모든 일을 너무도 기분 나쁘게 해서 옆에 있기조차 싫어진다.

제품도 이와 같다. 그림 16.1의 펜은 전부 잘 써지고 쓰기 쉽다. 엄청난 가격의 차이는 아래의 펜들은 위의 펜들이 제공할 수 없는 어떤 만족감을 준다는 사실을 암시한다. 가장 명확한 차이는 구성 재료다. 위의 두 개는 아크릴, 아래 두 개는 금, 은, 에나멜로 만들었다. 아크릴은 얼마간 쓰고 버리는 칫솔 손잡이의 원료다. 금과 은은 소중한 귀금속의 원료이고, 조상 대대로 전해 내려오는 장인의 세공 기술을 연상하게 한다. 물론 이는 둘 사이의 차이점의 일부일 뿐이다. 그렇다면 제품의 개성은 어떻게 창조할 수 있는가?

16.3 제품의 개성

그림 16.3은 제품의 개성을 해부하는 방법을 보여준다. 이것은 우리가 탐색할 개념들의 지도다. 다른 모든 지도처럼 매우 상세한 내용들이 들어 있지만, 우리가 길을 찾기 위해서는 꼭 필요하다. 가운데에는 설계 요구조건, 기능, 특징 등 '제품' 자체에 대한 정보가 있다. 이것들을 검토하고 발전시키는 과정은 바로 위 동그라미인 '상황'에 의해 결정된다. 그 위에 놓인 박스에 나타낸 것처럼 상황은 누가? 어디서? 언제? 왜? 라는 질문에 대한 대답으로 구성된다. 누가? 성인 여성의 마음을 끄는 제품을 만들려하는 설계자는 아이들이나 노인, 운동선수를 겨냥한 제품을 만들 때와 다른 선택을 하기 마련이다. 어디서? 집에서 쓰는 제품은 학교나 병원에서 쓰는 제품과 그 재료나 형태가 다를 것이다. 언제? 가끔씩만 사용하는 제품과 항상 사용하는 제품, 공식적인 자리에서 사용할 제품과 비공식적인 자리에서 사용할 제품은 다르게 설계한다. 왜? 일차적으로 실용성을 중시한 제품과 삶의 방식을 한눈에 대변하는 제품은 설계 시 내리는 결정이 다르다. 상황은 설계자가 해답을 찾는 과정에서 내리는 결정에 영향을 미치고 그것을 조절한다. 즉, 분위기를 결정한다.[1)]

그림 16.3의 '제품' 왼쪽으로 '재료' 정보와 재료를 성형, 결합, 마무리하는 '공정'에 대한 정보가 있다. 그것들은 각각 선택을 위한 소위 정보의 집대성 – 우리가 이미 살펴 본 재료 가족, 재료 클래스, 재료 멤버들이다. 이 책에서는 지금까지 피라미드 바닥을 차지하는 기능성을 제공할 수 있도록 재료를 선택하는 방법에 대해 설명했다. 재료와 공정은 제품에 소위 피와 살을 부여한다. 즉, 제품의 생리를 창조한다.

그림 16.3의 오른쪽에는 두 덩어리의 정보가 더 있다. 아래쪽의 '사용편의성'은 제품이 사용자의 감각적, 인지적, 동적 기능과 소통하는 방식을 특징짓는다. 제품의 성공을 위해서는 최대한 직관적이고, 너무 많은 노력이 필요하지 않은 작동모드와 시각, 청각, 촉각 반응을 통해 제품의 상태와 사용자의 행위에 대한 반응을 소통하는 체계가 있어야 한다. 얼마나 많은 제품

1) 많은 설계자들은 프로젝트를 진행할 때 흔히 가상적인 구매자들의 생활방식이나 취향을 파악하기 위하여 분위기판을 개설하고, 제품이 겨냥하는 소비자층의 모습, 제품이 사용될 것으로 예상하는 주변 환경, 소비자층이 소유하고 있을 만한 다른 제품들의 사진을 모은다.

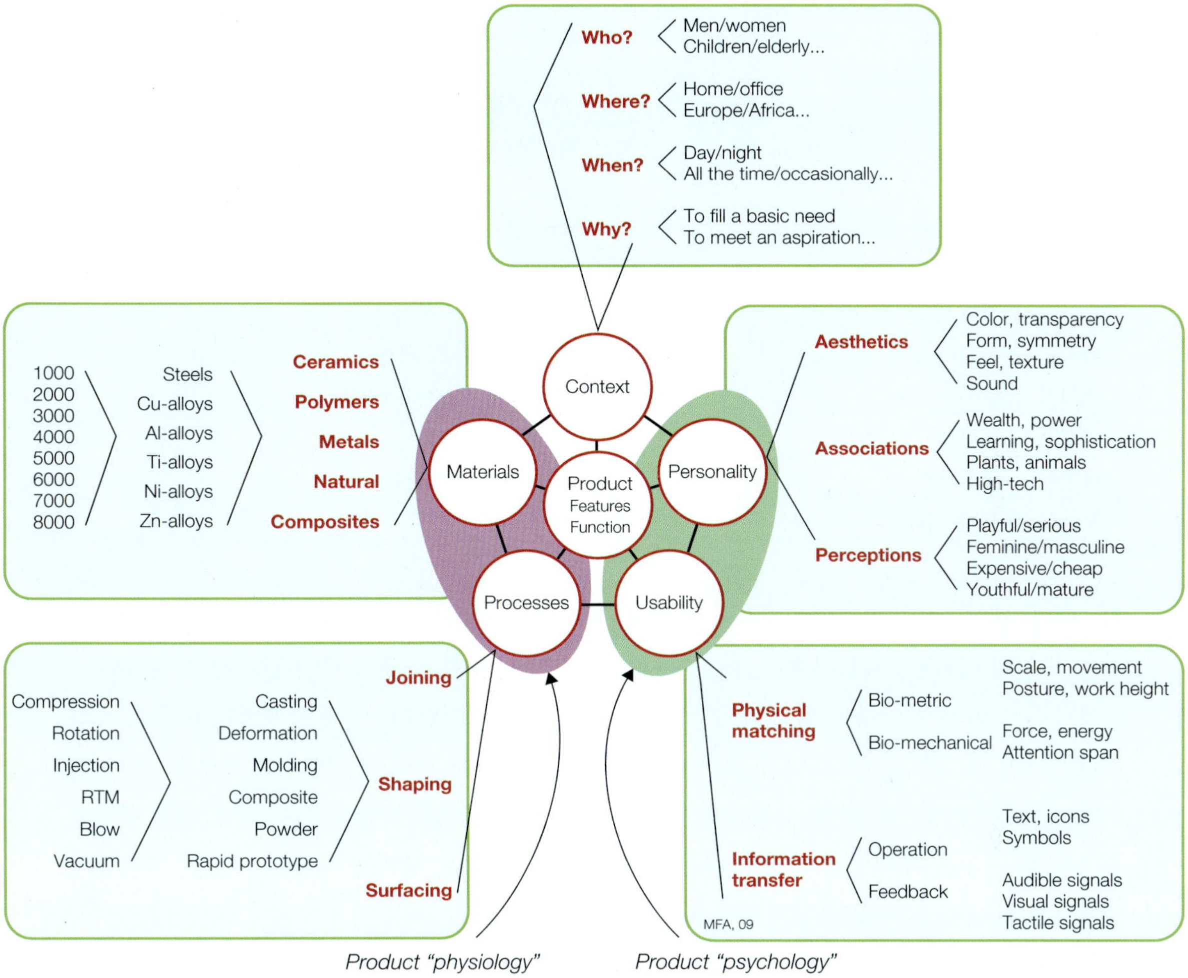

그림 16.3 제품 개성의 해부 : 상황은 의도나 분위기를 정의한다. 재료와 공정은 피와 살을 만든다. 사용가능성은 사용자와의 접촉을 통해 가능한다. 재료의 미학, 연상, 인지는 개성을 창조한다. 이 용어들은 본문에서 더 자세히 설명될 것이다.

이 이에 실패하고 잠재적 사용자를 잃어버리는지 놀라울 정도다. 오늘날 이에 대한 인식을 새롭게 하여, 더 많은 계층의 사람들이 사용할 수 있는 제품을 만들어 내려는 포괄적 설계에 대한 연구가 활발하다.

그림 16.3에서 마지막 남은 동그라미는 '개성'이다. 제품의 개성은 미학, 연상, 인지로부터 만들어진다. 이 세 단어는 설명을 필요로 한다.

마취약은 감각을 마비시킨다. '미학'은 정반대로 시각, 청각, 촉각, 미각, 후각의 오감을 자극하고 그것을 통해 뇌를 자극한다. '개성' 박스의 첫째 줄에 자세히 나오듯이 색깔, 형태, 질

표 16.1 인지되는 제품의 속성과 그 반대

인지(와 그 반대)	
적극적 ↔ 수동적	호화로운 ↔ 검소한
싼 ↔ 비싼	여성적 ↔ 남성적
고전적 ↔ 현대적	격식 차린 ↔ 친근한
비인간적 ↔ 친근한	수작업 ↔ 대량생산
똑똑한 ↔ 멍청한	정직한 ↔ 속이는
흔한 ↔ 흔하지 않은	유머 섞인 ↔ 진지한
장식된 ↔ 장식이 없는	친근한 ↔ 격식 차린
깨지기 쉬운 ↔ 견고한	짜증나는 ↔ 사랑스러운
일회용 ↔ 내구적	내구적 ↔ 일회용
따분한 ↔ 도발적인	성숙한 ↔ 청년다운
우아한 ↔ 꼴사나운	과거지향 ↔ 미래지향

감, 느낌, 냄새, 소리가 관건이다. 새 차의 냄새와 문이 닫히는 소리를 생각해 보라. 그것들은 절대 우연이 아니다. 자동차 제조자들은 차를 그렇게 만들기 위해 수백만 달러를 지출한다.

제품은 그림의 박스에서 두 번째 줄에 나오는 '연상'도 야기한다. 연상은 제품이 떠올리게 하는 이미지이다. 가령 랜드로버와 같은 스포츠범용차(SUV)는 형태와 색깔이 군용차를 닮았다. 1960년대와 1970년대 미국 자동차의 유선형화는 우주공간을 연상시켰다. 폭스바겐 비틀이 곤충을 닮은 것은 우연일지 몰라도 다른 것들은 아니다. 모든 형태는 제품이 겨냥한 고객층(누가?에 해당)의 눈길을 끌도록 설계자가 일부러 선택한 것이다.

마지막으로 가장 추상적인 '인지'가 있다. 인지는 제품이 관찰자에게서 유도하는 반응, 당신이 느끼게 해주는 방식이다. 여기에는 논란의 여지가 있다. 제품에 대한 인지는 시간에 따라 변하고 관찰자의 문화적 배경에 따라 다르다. 그러나 최종 분석에서 수많은 비슷한 모델 중에서 하나를 선호하게 만드는 것은 바로 인지이다. 인지는 '꼭 사야겠다'는 느낌을 유발한다(제16장의 표지 그림을 보라). 표 16.1에는 의미를 분명히 하기 위하여 몇 가지의 인지를 나타내는 단어를 반대의 경우와 함께 나열했다. 이들은 제품의 개성에 대한 의견을 주고받을 때 사용하는 어휘의 일부로 제품 리뷰와 제품 설계를 전문으로 다루는 잡지에서 발췌하였다.

16.4 재료와 공정으로 제품 개성 창조하기

재료는 그 자체로 개성을 갖는가? 재료가 '정직하게' 사용되어야 한다고 믿는 부류가 있다. 이는 속임수를 쓰거나 위장하면 안 되고 각 재료의 고유한 특성과 자연적 외관을 보존하면서 이용해야 한다는 뜻이다. 이는 장인정신에 뿌리를 두었다. 도공은 진흙과 유약을 다루는 기술로, 목수는 목재를 다루는 기술로, 은 세공사와 유리공인은 자신들의 기술로 재료의 고유한 특징을 활용하여 아름다운 물건을 만들어, 공예와 재료의 통일성을 유지하였다.

이는 존중해야 할 관점이긴 하지만 유일한 관점은 아니다. 설계의 완전성은 소비자가 중시하는 덕목이지만 소비자는 유머, 공감, 놀라움, 도발, 심지어는 충격도 중시한다. 이 중의 한 가지를 지닌 제품을 찾기는 어렵지 않고, 그런 제품들은 종종 속임수를 써서 재료를 활용한다. 고분자는 적응성이 강하여 자주 그런 용도로 이용된다. 그리고 물론 이는 어떻게 정의하느냐의 문제이기도 하다. 고분자의 주된 특성이 다른 재료를 흉내내는 능력이라 정의한다면, 그런 용도로 쓰이는 것은 충분히 정직한 것이다.

재료와 감각 : 미학적 속성

미학적 속성은 촉각, 시각, 청각, 미각, 후각의 감각에 관련된 것이다(표 16.2). 거의 누구나 금속은 차갑고 코르크는 따뜻하며, 와인 잔은 두드리면 소리가 울려 퍼지지만 백랍 컵의 소리

표 16.2 재료의 미학적 속성의 예

감각	특성	감각	특성
촉각	따뜻함	시각	광학적으로 투명함
	차가움		투명함
	부드러움		반투명함
	단단한		불투명함
	유연한		반사하는
	뻣뻣함		광택이 나는
청각	막힌		무광택
	둔한		질감이 있는
	날카로운	미각과 후각	쓴맛
	공명하는		단맛
	울리는		
	음조가 높은		
	음조가 낮은		

는 둔하고 거의 죽어 있다는 데 동의할 것이다. 폴리스타이렌 물컵은 눈으로 보기에는 유리컵과 구분되지 않지만 손으로 집어 들면 보다 가볍고 따뜻하고 덜 빳빳함을 느끼게 된다. 두드릴 때 나는 소리도 다르다. 그것이 주는 느낌은 유리와 너무도 달라서 상류 레스토랑에서는 절대 쓸 수 없다. 재료는 특정한 미학적 속성을 지닌다. 이를 정확히 집어내어 보자.

촉감 : 부드러움 ↔ 단단함/따뜻함 ↔ 차가움 강철은 단단하다. 유리도 그렇다. 다이아몬드는 이 둘보다 더 단단하다. 단단한 재료는 쉽게 긁히지 않아서 다른 재료에 자국을 내는 데 쓰인다. 보통 광택이 나고 마모에 강하며 오래간다. 재료가 단단하다는 인상은 비커스 경도 H_v와 직접적으로 관련된다. 이는 감각적 속성이 기술적 속성으로 직결되는 하나의 예이다.

'부드러움'은 '단단함'의 반대말처럼 들리지만 경도 H보다는 탄성계수 E와 더 관계가 있다.

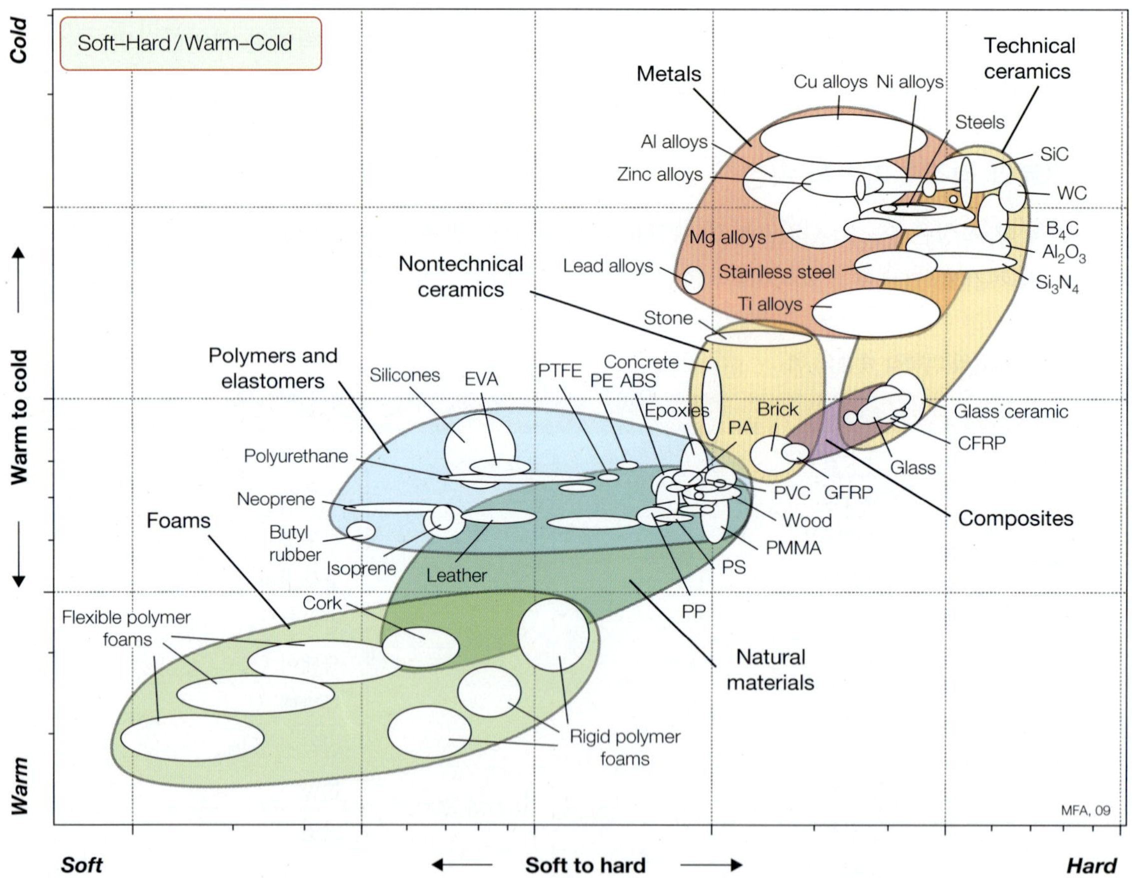

그림 16.4 재료의 촉감 : 발포재와 많은 천연재료들은 부드럽고 따뜻하다. 금속, 세라믹, 유리는 단단하고 차갑다. 고분자는 그 사이에 해당한다.

부드러운 재료는 손으로 쥐면 비껴가기도 하고 움푹 들어가기도 하고 흐물흐물하지만 손을 떼면 원래 모양으로 되돌아간다. 고무와 고분자 발포재가 부드러운 재료다. 둘 다 탄성계수가 보통의 '단단한' 고체보다 100에서 10,000배 작고, 그 때문에 부드럽게 느껴진다. 그림 16.4의 수평축이 $\sqrt{EH}$ 를 척도로 삼아 부드럽고 단단한 정도를 나타낸다.

재료가 손가락에서 빨리 열을 빼앗아 가면 '차갑다'고 느끼고 그렇지 않으면 '따뜻하다'고 느낀다. 이는 열전도도 λ와 관계가 있는데, 뿐만 아니라 정압비열 C_p에도 좌우된다. 즉, 차갑거나 따뜻하다는 느낌의 척도는 $\sqrt{\lambda C_p \rho}$ 이다. 이는 재료의 촉각적 특성을 잘 보여주는 그림 16.4의 다른 축에 나타나 있다. 고분자 발포재와 저밀도 목재는 따뜻하고 부드럽다. 발사와 코르크도 그렇다. 세라믹과 금속과 유리는 차갑고 단단하다. 고분자와 복합재료는 그 사이에 있다.

시각 : 투명도, 색깔, 반사도 금속은 불투명하다. 대부분의 세라믹은 다중 결정으로 이루어졌고 결정이 빛을 흩뜨리므로 불투명하거나 반투명하다. 고분자의 광학적 투명도는 광학적으로 우수한 투명도에서 완전히 불투명함까지 가장 광범위하다. 투명도는 보통 일상용어(불투명, 반투명, 투명, 물처럼 투명)를 붙인 4등급으로 나눈다. 그림 16.5는 흔한 재료의 투명도를 나타낸다. 데이터를 유용한 방식으로 나열하기 위해 다른 축은 비용으로 정했다. 투명도가 광학적으로 우수한 가장 싼 재료들은 유리, PS, PET, PMMA이다. 에폭시는 투명하지만 물처럼 투명하지는 않다. 나일론은 잘해야 반투명하다. 모든 금속, 대부분의 세라믹, 탄소로 채워지거나 탄소로 강화된 모든 고분자는 불투명하다.

색깔은 스펙트럼을 분석하여 정량화 할 수 있지만 이는 설계에 그다지 도움이 되지 않는다. 더 효율적인 방법은 팬톤(Pantone)[2]과 같은 색깔 도표를 이용한 색깔 맞추기이다. 일단 짝을 찾으면 각 색깔의 코드로 그것을 나타낼 수 있다. 마지막으로 반사도는 부분적으로는 재료에, 부분적으로는 표면의 상태에 따라 결정된다. 투명도처럼 보통 무광택(matte), 뿌연(eggshell), 반광택(semi-gloss), 광택(gloss), 거울(mirror)의 5등급으로 표시한다.

청각 : 음조와 밝기 재료를 두드렸을 때 나는 진동수(음조)는 재료 특성과 관계가 있다. 그림 16.6에서 음조의 척도 중 하나인 $\sqrt{E/\rho}$ 를 가로축으로 사용했다. 진동수가 음향 반응의 유일한 특징은 아니다. 감쇠계수 η도 고려해야 한다. 감쇠가 심한 재료는 둔하고 답답한 소리를 내고 감쇠가 적은 재료는 소리가 울려 퍼진다. 음향학적 밝기는 감쇠의 역수로 그림 16.6의 세로축으로 사용했다. 그것은 음향적으로 비슷한 재료끼리 묶는다.

2) 팬톤(www.pantone.com)은 색깔 맞추기 차트와 색깔의 연상과 인지에 대한 설명을 포함하여 색깔 선택에 대한 상세한 도움을 제공한다.

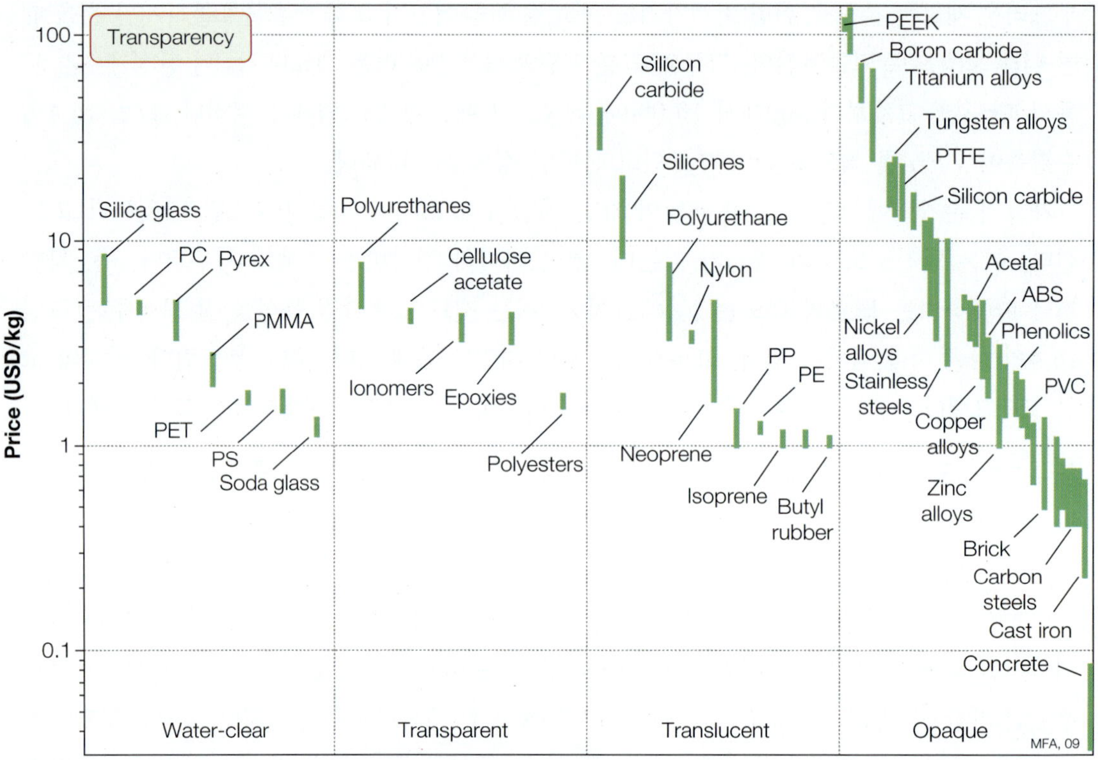

그림 16.5 여기서 투명도는 '물처럼 투명'에서 불투명까지 네 등급으로 나눈다. 물처럼 투명한 재료는 창문, 진열장 케이스, 렌즈에 사용된다. 투명과 반투명 재료는 빛을 통과하기도 하지만 그 속에서 퍼지게도 한다. 불투명 재료는 빛을 흡수한다.

청동, 유리, 강철을 두드리면 소리가 울려 퍼지고 상대적으로 소리의 음조가 높아서 종을 만드는 데 쓰인다. 이 기준에 따르면 알루미나도 소리가 울려 퍼지는 쪽에 속한다. 고무, 발포재, 많은 고분자는 소리가 둔하고 진동수가 낮아서 소리를 감쇠시킬 때 쓴다. 납 또한 둔하고 낮은 소리를 내고, 건물 방음재로 쓰인다.

위의 세 그림은 각 재료군이 특징적인 미학적 개성을 띤다는 것을 보여준다. 세라믹은 단단하고 차갑고 소리의 음조가 높고 음향학적으로 밝다. 금속도 상대적으로 단단하고 차가운데 청동을 포함한 어떤 금속은 두드리면 소리가 울려 퍼지고 납을 포함한 어떤 것들은 소리가 둔하다. 고분자와 발포재는 거의 천연재료와 비슷하게 따뜻하고 부드럽고 소리의 음조가 낮고 답답한 소리가 나는데, 그중 일부는 투명도가 광학적으로 우수하고 거의 전부 색칠이 가능하다. 그러나 경도가 낮아서 쉽게 긁히고 광택을 잃는다.

재료의 이런 특성들이 제품 개성에 기여한다. 제품은 원재료의 특성들 중 일부를 그대로 얻

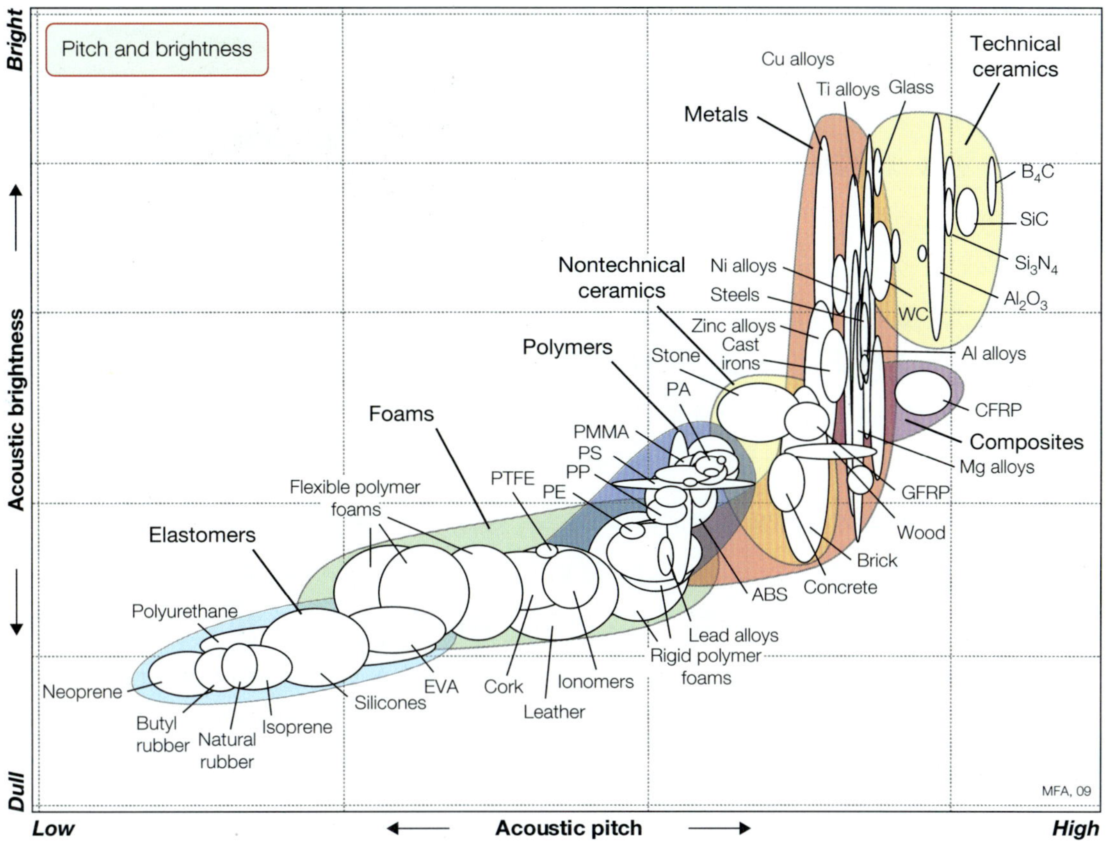

그림 16.6 재료의 음향 특성 : 와인글라스를 부딪혔을 때 울리는 소리는 유리가 높은 값의 음조를 가진 음향학적으로 '밝은' 재료이기 때문이다. 플라스틱 컵을 부딪치면 둔하게 툭 소리가 나는 것은 고분자가 유리보다 훨씬 덜 밝아서 같은 형상이라면 훨씬 낮은 주파수에서 진동하기 때문이다. 오른쪽 위의 재료들로는 좋은 종을 만들 수 있고, 왼쪽 아래의 재료들은 흡음이나 방음 용도에 좋다.

는다. 설계자는 이를 알고 제품의 개성을 창조하는 데 이용한다. 스테인리스강 계기판은, 자동차에서 쓰이든 오디오에서 쓰이든 CFRP나 연마된 목재나 가죽으로 만든 제품과는 다른 개성을 갖는다. 원재료의 미학적 특성의 일부를 제품도 역시 부분적으로 보유하기 때문이다.

재료와 마음 : 연상과 인지

재료는 확실히 미학적 특성을 가진다. 그러나 정말 개성을 가진다고 말할 수 있을까? 첫 눈에는 제품을 만드는 데 사용되기 전까지는 아니라고 생각하기 쉽다. 배우처럼 재료는 수행할 역할에 따라 여러 가지 개성을 가진다. 고급 가구의 목재는 장인정신을, 운반용 상자의 목재는 값싼 실용성을 연상시킨다. 카메라 렌즈의 유리는 정밀공학을, 맥주병의 유리는 일회용 포장의 의미를 갖는다. 부와 권력을 상징하는 금조차 도 미세회로에서는 기술적 기능성이라는 다른 의미를 갖는다.

그러나 잠시 생각해보자. 그림 16.7의 관은 나름의 엄숙한 분위기를 띤다. 눈으로 보기에 연마된 경목으로 만든 것 같다. 관을 하나 골라야 한다면 그림의 관에 특별한 반감을 갖지 않을 정도로 전형적인 모습이다. 그러나 만약 이것이 폴리스타이렌 발포재로 만들어 졌다는 이야기를 듣는다면 아무렇지도 않을까? 갑자기 쓰레기통 같고 경건해야 할 목적에 적합하지 않다고 느낄 것이다. 이로 미루어 볼 때 재료도 개성을 갖는 것 같다.

그림 16.7 관 : 나무가 장례식의 엄숙한 분위기에 어울리는 느낌을 준다. 플라스틱은 부적절하다.

재료를 통한 표현 목재에 대해 생각해보자. 나무는 결이 있는 천연재료로 다른 재료에 없는 표면 질감, 무늬, 색깔, 느낌을 갖는다. 나무를 만지면 느낌이 온다. 다른 재료보다 따뜻하다고 느껴지고 부드러워 보인다. 특정한 소리와 냄새가 있다. 전통과 역사가 있어 장인 정신을 연상시킨다. 완전히 똑같은 나무 조각은 존재하지 않는다. 목공은 결과 질감에 따라 나무 조각을 선택한다. 나무는 가치를 높인다. 싼 차의 내부는 플라스틱이고 비싼 차의 내부는 호두나무의 옹이와 송아지 가죽이다. 또한 오래 가고 시간이 흐르면서 특성이 추가된다. 나무로 만든 물건은 새 것이었을 때보다 오래되었을 때 가치가 더 높다. 가치에는 미학적 가치만 있는 것이 아니다. 설계자가 개성을 만들어 내기도 한다. 어쨌든 가치가 존재한다.

금속은 차갑고 깨끗하고 정확하다. 두드리면 소리가 울린다. 특히 연마했을 때는 빛을 반사한다. 사람들은 금속을 인정하고 믿는다. 절삭 가공된 금속은 강해 보이고 공학적으로 준비된 재료의 특성을 보인다. 금속은 튼튼함, 신빙성, 영구성을 연상시킨다. 금속의 강도는 성당처럼 생긴 기차역의 공간이나 다리의 날씬한 구조들을 가능하게 한다. 복잡하게 얽힌 레이스 같이 흐르는 듯한 형태로 만들거나 정교하고 복합적인 모양으로 성형할 수 있다. 인류의 역사와 금속의 역사는 서로 얽혀 있다. 청동기시대와 철기시대라는 명칭만 봐도 이 금속들이 얼마나 중요했는지 알 수 있다. 금속의 성질은 너무도 선명하게 정의되어, 강철같은 의지, 은처럼 맑은 목소리, 금처럼 빛나는 손길, 납처럼 무거운 시선 등 인간의 성질을 서술하는 데 쓰인다. 그리고 나무처럼 금속은 오래 가고 새로 연마했을 때보다 매력적인 녹을 얻는다. 청동 조각, 백랍 컵, 납 지붕을 생각해 보자.

세라믹과 유리는 예외적으로 오랜 전통을 지닌다(그리스의 도기와 로마의 유리공예). 거의 모든 색깔로 변신할 수 있고, 긁힘, 마멸, 탈색, 부식에 굉장히 강하여 쉽게 깨진다는 점만 제외하면 불멸의 재료이다. 은보다 더 가치가 높았던 적도 있는 베니스의 유리공예, 마이센(Meissen)의 도자기, 웨지우드(Wedgwood)의 도기 등 세라믹과 유리는 번창한 수공예 산업의 재료였다. 동시에 맥주병처럼 튼튼하고 실용적이기도 하다. 유리의 투명성은 눈에 보이기도 하고 보이지 않기도 해서 한 순간의 재료인 것처럼 느끼게 한다. 유리는 빛과 상호작용하여 빛을 투과, 굴절, 반사한다. 세라믹은 오늘날 최신 기술에 많이 쓰인다. 부엌의 스토브 윗면, 고압 고온 밸브, 우주선의 타일 등 극한 환경에 활용되는 재료이다.

마지막으로 고분자는 '싸고 가짜인 모조품'이라 불리곤 했고, 그만큼 널리 사용되었다. 일찍이 유럽에서 인기가 높았던 일본 수공예 도기의 색깔과 광택을 흉내내는데 플라스틱을 사용한 데서 시작되었다. 상품에 쓰이는 고분자는 싸다. 염색하고 성형하기 쉬워(그 때문에 가소성을 뜻하는 단어인 플라스틱으로 명명됨) 모방하기 쉽다. 세라믹과 달리 잘 긁히고 탈색하므로 시간의 흐름에 따라 퇴색한다. 왜 '싸고 가짜'라는 오명을 얻었는지 이제 이해할 것이다. 그런데 그것은 정당한 평가일까? 고분자만큼 많은 특성을 고루 지닐 수 있는 재료는 없다. 염색하면 세라믹처럼, 무늬를 찍으면 나무나 옷감처럼, 금속화하면 완벽하게 금속처럼 보인다. 유리만큼 투명하기도, 납만큼 불투명하기도 하고, 고무만큼 유연하거나 강화처리하면 알루미늄처럼 뻣뻣할 수도 있다.

플라스틱으로는 장신구의 보석, 유리컵이나 판유리, 주방 조리대의 나무, 옷감 중에서도 벨벳과 모피, 잔디조차도 흉내낼 수 있다. 그러나 이런 카멜레온 같은 속성에도 불구하고 특정한 개성을 가졌다. 금속이나 유리보다 훨씬 따뜻한 느낌을 준다. 쉽게 적응한다는 점은 고분자의 가장 특별한 점이다. 특히 밝은 색의 경쾌하고 유머가 담긴 설계에 잘 맞는다. 그러나 싸다는 특성은 장점이면서도 문제를 야기한다. 우리의 거리, 시골, 강이 폐비닐봉지와 포장재로 더럽혀지고 있는데, 이들은 매우 더디게 분해되는 재료이다.

재료, 공정, 사용편의성, 개성이 결합하여 '상황' 또는 '분위기'에 맞는 제품 개성을 창조하는 방법은 예를 들어 설명하는 것이 가장 효과적이다. 그림 16.8이 첫 번째 예이다. 왼쪽의 램프는 사무실용으로 설계되었다. 각이 졌고 실용적이며 옅은 회색이고 무겁다. 이것의 형태와 색깔은 컴퓨터 콘솔과 키보드를 떠올리게 하여 현대적인 사무실 테크놀로지

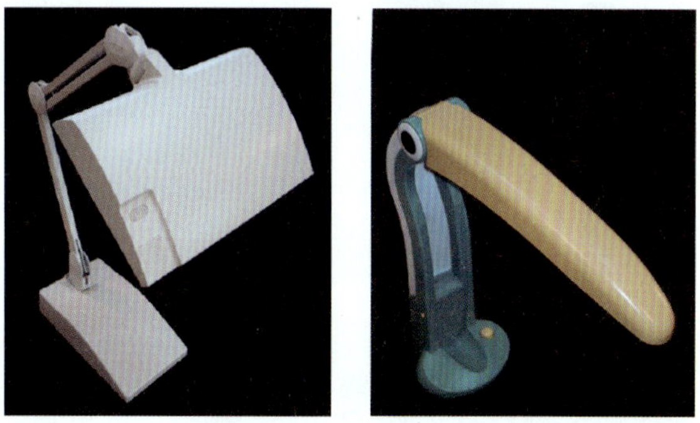

그림 16.8 램프 : 둘은 기술적 수준은 같지만 개성이 완전히 다르다. 재료, 공정, 형태, 무게, 색깔이 모두 개성에 기여한다.

를 연상시킨다. 형태와 무게는 안정성, 튼튼함, 효율성, (침실이 아닌 사무실에서의 작업에 대한)적합성을 전달한다. 재료와 공정은 이런 연상과 인지를 강화하도록 선택되었다. 에나멜을 칠한 프레임은 프레스로 찍고 접은 강철판이고, 받침대 부분은 주철, 반사판은 내충격 ABS로 둘러싸인 스테인리스 강철이다.

그림 16.8의 오른쪽의 램프는 왼쪽과 기능성, 사용편의성이 같다. 즉, 똑같은 기술적 수준에 해당한다. 그러나 공통점은 그것뿐이다. 이 제품은 바쁜 회사 중역이 아닌 어린 아이(또는 동심을 간직한 어른)를 위해 놀이방이나 침실용으로 설계되었다. 형태가 부드럽고 반투명의 대조되는 색깔이고 매우 가볍다. 염색한 아크릴을 반투명한 것과 불투명한 것 둘 다 사용해서 램프의 바깥쪽이 네온사인처럼 빛을 발하게 했다. 형태는 일부는 자연에서, 일부는 만화에서 영감을 얻은 것으로 경쾌한 분위기를 만든다. 내가 느끼기에는 장난스럽고 우습고 명랑하고 영리하면서도 그만큼 별나고 쉽게 손상될 것 같다. 인지는 개인적이기 때문에 당신은 다르게 느낄지도 모른다. 당신이 어떤 사람인지에 따라 다르다. 솜씨 좋은 설계자들은 그들이 겨냥하는 소비자층의 인지를 다룰 줄 안다.

두 번째 예는 그림 16.9에 나온다. 여기에 가정용 오디오시스템을 판촉하는 두 개의 방법이 대비되어 있다. 왼쪽은 수입이 넘쳐나고 최고만을 추구하며 최신 기술에 익숙하고(또는 중독된) 성공한 프로들을 위한 오디오시스템이다. 선형적 형태와 사각형, 원, 원기둥, 원뿔 등의 기본형 활용, 무광택 은색과 검은색을 보면 이 제품이 그냥 만들어진 것이 아니라 유명 디자이너가 심혈을 기울여 '설계'했다는 생각이 든다. 기하학적 형태와 마무리는 망원경, 전자현미경 같은 정밀기계 느낌을 주고, 형태는 오르간 파이프를 닮아 음악, 즉 문화적 분위기를 연상하게 한

그림 16.9 가정용 전자제품 : 왼쪽의 제품은 오른쪽의 것과 다른 소비자층을 겨냥한다. 각각의 개성(즉 미학적 특성, 연상, 인지의 조합)은 각 소비자층의 구미에 맞게 만들어졌다. 여기서 재료는 개성 창조에 핵심적 역할을 한다. (왼쪽 사진은 Bang & Olufsen 제공)

다. 남다른 기호의 상징으로 고품질의 최신 기술에 대한 인지를 유발한다. 형태가 연상과 인지에 큰 영향을 미치지만 재료 또한 그렇다. 닦은(brushed) 알루미늄, 스텐리스 강철, 검은 에나멜은 껴안기 위한 장난감에 사용될 재료가 결코 아니다.

오른쪽의 전자제품은 완전히 다르다. 이 회사는 적어도 제품의 외관만은 자주 바꾸지 않음으로써 시장점유율을 유지하고 늘리기까지 했다. (50년 전에 이것과 똑같이 생긴 라디오가 나에게 있었다.) 이것의 상황은 무엇일까? 현대기술을 꺼리는 사람들에게도, 현대기술이 집안 분위기와 충돌한다고 여기는 사람들에게도, 라디오는 집안에서 쓰라고 만들어졌다. 라디오 안의 전자기술은 충분히 현대적이지만 각 라디오는 형태가 단순하고 색깔은 파스텔 톤이며 촉감이 부드럽고 따뜻하다. 재료가 차이점을 만든다. 이 제품은 여섯 가지 이상의 색으로 된 스웨이드나 가죽 중에서 고를 수 있다. 형태와 재료의 조합은 편안한 가구, 가죽지갑과 핸드백(사치, 안락, 품위), 과거(안정성)를 연상시키고 견고한 장인기술, 신빙성, 복고풍 매력, 전통적이고 오래 지속되는 디자인을 인지하게 한다.

제품으로 만들어지기 전에도 재료에는 개성이 숨겨져 있다. 부끄러운 듯 안쪽에 파묻혀 항상 명백히 보이지 않고 쉽게 숨겨지고 위장되지만 적절히 다룰 경우 그 개성을 그대로 설계에 전달한다. 이 때문에 일부 재료는 특정 설계 스타일과 밀접하게 연관된다. 스타일은 미학, 연상, 인지의 조합으로 구성된 설계방식을 줄임말로 표현한 것이다. 초기 산업화 스타일(1800~1890)[3]은 산업혁명의 기술을 받아들여 주철이나 강철을 사용했고, 오래된 외관처럼 꾸미기 위해 정교하게 장식하곤 했다. 1860~1910년에 걸친 미술공예운동(Arts and Crafts Movement)은 이를 거부하고 대신 천연재료와 옷감으로 전통 수공예 품질을 지닌 제품을 창조했다. 그에 반해 아르누보(Art Nouveau, 1890~1918)는 연철과 청동주조의 유동적 형태와 지속성, 경목의 따뜻함과 질감, 유리의 투명성을 이용해 흐르는 듯하고 유기체적인 개성을 창조했다. 아르데코(Art Deco, 1918~1935) 운동은 처음으로 플라스틱(Bakelite와 Catalin)을 포함시켜 재료의 범위를 넓힘으로써 부자를 위한 사치품과 더 넓은 시장을 위한 대량생산 제품을 동시에 가능하게 했다. 바우하우스(Bauhaus, 1919~1933) 디자인의 단순하고 명시적인 개성은 크롬 도금한 강철배관, 유리, 몰딩 된 합판을 보면 확실히 알 수 있다. 플라스틱은 뻔뻔스러운 우상파괴적 팝아트(Pop Art, 1940~1960) 스타일에 이르러 처음으로 제품설계에서 어느 정도 성숙하게 되었다. 그 후로도 재료의 범위는 계속해서 늘어났지만 제품개성을 형성하는 데 기여하는 점은 그대로이다.

---

3) 연도는 물론 대략적이다. 설계 스타일은 구체적인 날짜에 시작되었다가 끝나는 것이 아니고 예전의 스타일에서 발전하거나 그에 대한 반응으로 나타나 종종 예전 스타일과 공존하고 종국에는 다음 스타일로 흡수된다.

16.5 요약과 결론

지금까지 우리는 무엇을 배웠는가? 만족의 요소는 현대적인 제품설계에서 핵심적 문제이다. 그것은 기능성을 부여하는 우수한 기술적 설계와 설계에 있어서 사용자의 요구를 적절히 고려한 인터페이스와 겨냥한 소비자층에 호소할 만한 제품을 창조하는 기발한 산업설계의 통합으로 얻을 수 있다.

재료는 여기서 중요한 역할을 한다. 기능성은 기술적 설계 요구조건을 안전하고 경제적으로 만족시키는 적절한 재료와 공정의 선택에 의존한다. 사용편의성은 정보를 전달하고 사용자의 행위에 반응하는 재료의 시각, 촉각 특성에 좌우된다. 무엇보다 제품의 미학, 연상, 인지는 선택된 재료와 공정에 큰 영향을 받고, 더하든 덜하든 재료 자체의 개성을 제품의 개성에 반영하게 된다.

소비자는 구매하는 제품에서 기능성 이상의 것을 기대한다. 선진국의 세련된 시장에서는 '내구력'이 과거의 유물이 되어버렸다. 설계자의 과제는 기능적 요구조건을 만족시키는 데 그치지 않고, 미학적, 감성적 조건도 함께 만족시켜야 한다. 제품은 영원한 우아함 또는 짜릿한 신선함 같이 소비자가 원하는 이미지를 갖고 소비자가 원하는 의미를 전달해야 한다. 어떤 일본인 제조업자는 "설계의 동력은 이제 필요성이 아니라 욕망이다."라고 말하기도 했다.

모든 사람이 이 관점을 받아들이지는 않을 것이다. 그러므로 우리는 조금 더 간단한 말로 마무리 지으려 한다. 잘된 설계는 제품 제작을 가능하게 한다. 매우 뛰어난 설계는 그에 더해 즐거움까지 준다. 이는 기발한 재료 활용으로 얻을 수 있다.

제16장의 내용이 흥미로워서 그에 대해 더 알아보고 싶다면 16.6절 참고문헌의 첫 번째 책에 자세히 나오므로 참고하기 바란다.

16.6 심화학습을 위한 참고문헌

Ashby, M.F. and Johnson, K. (2010) *Materials and Design — The Art and Science of Materials Selection in Product Design*, Butterworth-Heinemann, Oxford, UK. ISBN 0-7506-5554-2. (이 장에서 개관한 개념들을 자세히 살펴본다.)

Clark, P. and Freeman, J. (2000) *Design, a Crash Course*, The Ivy Press Ltd, Watson-Guptil Publications, BPI Communications Inc, New York, USA. ISBN 0-8230-0983-1. (기원전 5000년부터 지금까지의 제품 설계 역사를 재미있게 쓴 읽을거리)

Dormer, P. (1993) *Design since* 1945, Thames and Hudson, London, UK. ISBN 0-500-20269-9. (그림이

잘 되어있고 비싸지 않은 페이퍼백. 가구, 가정용 전기제품, 섬유에 산업설계가 미친 영향을 기록했다. 다루는 역사의 범위가 넓은 Haufe(1998)에 반해 현대 설계의 역사를 깊이 다룬다.)

Forty, A. (1986) *Objects of Desire — Design in Society since* 1750, Thames and Hudson, London, UK, p. 174 et seq. ISBN 0-500-27412-6. (프린트한 옷감, 가정용품, 사무용품, 교통수단의 설계 역사를 신선하게 개관했다. 고맙게도 설계자에 대한 찬양이 없고 설계자가 한 일보다 산업설계가 한 일에 주목했다. 다만 19세기 말이나 20세기 초에 그려진 흑백 그림이 실망스럽고, 현대적인 설계의 예는 몇 개 없다.)

Haufe, T. (1998) *Design, a Concise History*, Laurence King Publishing, London, UK. (독일어에서 번역됨). ISBN 1-85669-134-9. (경제적인 소프트커버. 학생에게(그리고 누구에게든) 산업설계를 소개하는 최고의 책. 짧고 포괄적이고 명료하며, 레이아웃이 보기 좋고, 작긴 하지만 그림이 좋다.)

Jordan, P.S. (2000) *Designing Pleasurable Products*, Taylor and Francis, London, UK. ISBN 0-748-40844-4. (필립스 설계회사 부속 미학연구소의 간부 Jordan은 오늘날의 제품이 기능을 수행하고, 사용가능하고, 기쁨을 유발해야 한다고 주장한다. 책 내용의 대부분이 제품에 대한 사용자의 반응을 끌어내는 시장연구 방법이다.)

Julier, G. (1993) *Encyclopedia of 20th Century Design and Designers*, Thames & Hudson, London, UK. ISBN 0-500-20261-3. (설계 역사의 간단한 요약. 그림들이 좋고 재품설계의 발전을 논하고 있다.)

Manzini, E. (1989) *The Material of Invention*, The Design Council, London, UK. ISBN 0-85072-247-0. (설계와 발명에서 재료의 역할에 대한 흥미로운 기술. 이탈리아어에서 번역되어 흥미롭고 영감을 주는 논평과 재료에 대한 전통적인 글에서 보기 힘든 어휘를 포함한다.)

McDermott, C. (1999) *The Product Book*, D & AD in association with Rotovison, UK. (존경받는 설계자들이 쓴 50개의 에세이. 각자 설계의 정의, 자신들의 회사의 역할, 제품 설계에의 접근법을 설명한다.)

Norman, D.A. (1988) *The Design of Everyday Things*, Doubleday, New York, USA. ISBN 0-385-26774-6. (인체공학과 사용하기 쉬운 설계를 강조하며, 제품 설계에 대한 통찰을 제공한다.)

제 17 장

변화의 구동력

Materials Selection in Mechanical Design, DOI: 10.1016/B978-1-85617-663-7.00017-5

17.1 서론과 개요

만일 변화를 향한 구동력이 없다면 모든 것이 현상대로 유지될 것이다. 이 책 첫머리의 그림 1.1이 주는 분명한 메시지는 사실은 그 정반대라는 점이다. 지금 모든 것들은 과거 어느 때보다 빠르게 변하고 있다. 우리가 살고 있는 이 세상에서 진화하는 환경은 설계의 경계조건을 바꾸고 있으며, 이에 따라 재료와 공정을 선택하는 조건도 바뀌고 있다.

이러한 변화는 몇 가지 구동력에 의해 이루어진다. 첫째는, 시장의 견인이다. 산업계는 더욱 가볍고, 더욱 고탄성, 고강도이거나 인성이 높으면서도 저렴한 재료, 그리고 극심한 온도나 환경에 더 잘 견디고, 더 우수한 기능성을 제공하는 재료를 요구한다. 둘째는, 과학의 밀어붙이는 힘이다. 이는 대학, 국립연구소, 기업연구소의 연구실에서 일하는 재료과학 전문가의 호기심지향 연구의 결과로 발생한다. 그 다음 구동력으로는 소위 메가 프로젝트로 부를 수 있는 것들이 있다. 역사적으로는 원자폭탄 개발을 위한 맨해튼 프로젝트나 우주탐사 경쟁, 각종 방위산업이 그것이며, 오늘날은 대체에너지 개발이나 노후화된 상하수도, 도로, 교량, 항공기 등의 유지보수 방안, 테러와의 전쟁 등을 들 수 있다. 또한 제품의 기능은 그대로 유지하거나 오히려 향상시키면서 소형화하려는 경향도 구동력의 하나이다. 그리고 제품의 안전성을 확보하기 위한 법제화 경향과 함께 최근의 판례로부터 확립된 제조물 배상책임을 강조하는 경향도 증가하고 있다.

제17장에서는 이러한 변화에 대하여 검토하고, 그러한 변화가 어떠한 방향으로 재료와 재료의 응용을 밀어붙이는지에 대하여 알아보기로 한다. 그림 17.1이 이러한 상황을 정리하여 보여주고 있다.

17.2 시장의 견인과 과학의 밀어붙임

시장의 힘과 경쟁

재료의 최종 사용자는 제품을 생산하는 제조산업이다. 그들은 어느 재료를 구매할지를 결정하고 재료의 효용을 최고로 할 수 있도록 제품의 설계를 조정하기도 한다. 이러한 결정은 물론 생산하는 제품의 특성에 기반을 두고 이루어진다. 예를 들어 무게가 100,000톤 이상 나가는 대형 토목구조용 재료는 무엇보다 저렴해야 한다. 경제성이 고려해야 할 다른 모든 조건에 우선한다. 반면에 스포츠용품, 군사용 장비, 우주탐사용 구조물, 생명 의료기기와 같은 하이

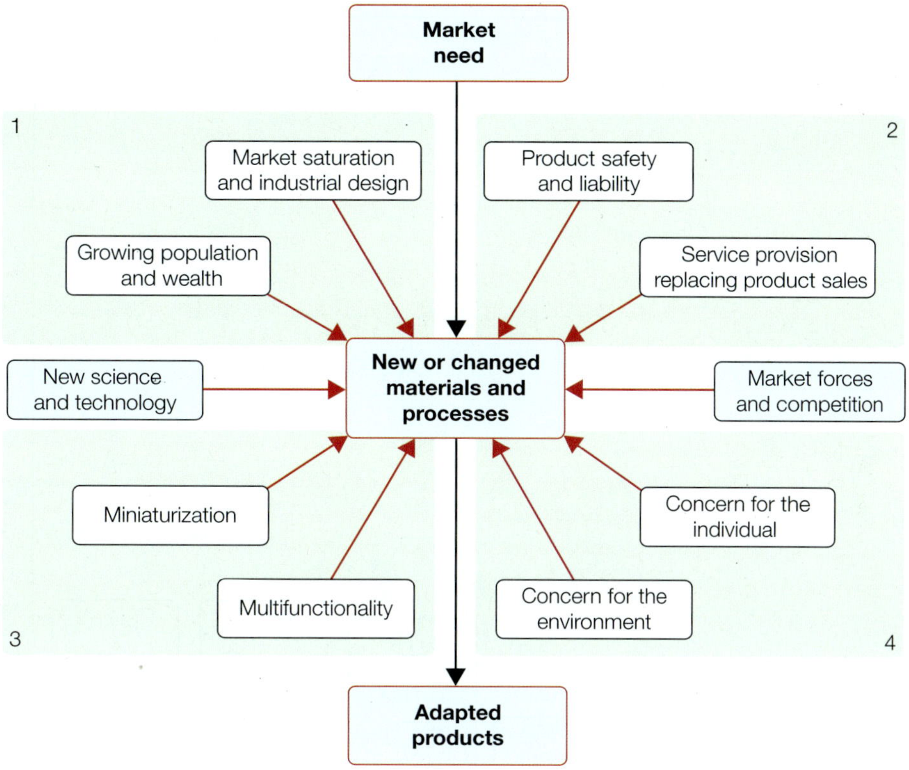

그림 17.1 변화의 구동력 : 각각의 영향은 재료와 공정의 선택에 미치고 새로운 재료의 개발을 촉진한다. 시장의 견인과 과학의 밀어붙임은 각각 그림의 맨 오른쪽과 맨 왼쪽에 보인다.

텍 제품용 재료에서는 가격은 덜 중요하다. 예를 들어 인공심장용 밸브에서 재료의 가격은 전혀 고려의 대상이 아니다. 경제성이 아니라 성능이 선택을 좌우한다.

제품의 판매가격은 여러 가지 요소로 구성된다. 그중 하나가 제품을 구현하는 데 사용된 재료비이지만, 거기에는 설계 단계까지 투입된 연구개발비용, 제조비용, 판매비용과 함께 패션이나 희소가치, 독점성 등과 같은 잠재적인 가치도 포함된다. 재료비가 판매가격의 큰 부분이라면(예를 들어 50%) 그것은 재료의 부가가치가 적은 것을 의미하며 제조자는 이윤이나 시장점유율을 증가시키기 위해 재료를 경제성 있게 사용할 수 있는 방법을 찾게 된다. 반면에 재료비가 판매가격에서 차지하는 비중이 아주 작다면(예를 들어 1%) 제조자는 제품의 성능을 향상할 수 있는 재료를 찾을 것이고 재료비에는 거의 신경을 쓰지 않게 된다.

기초지식을 가지고 그림 17.2와 그림 17.3을 검토해보자. 세로축은 제품을 구성하는 재료의 단위 무게당 가격($/kg)이다. 이것은 재료와 제품의 가격을 비교할 수 있는 일반적인 척도이

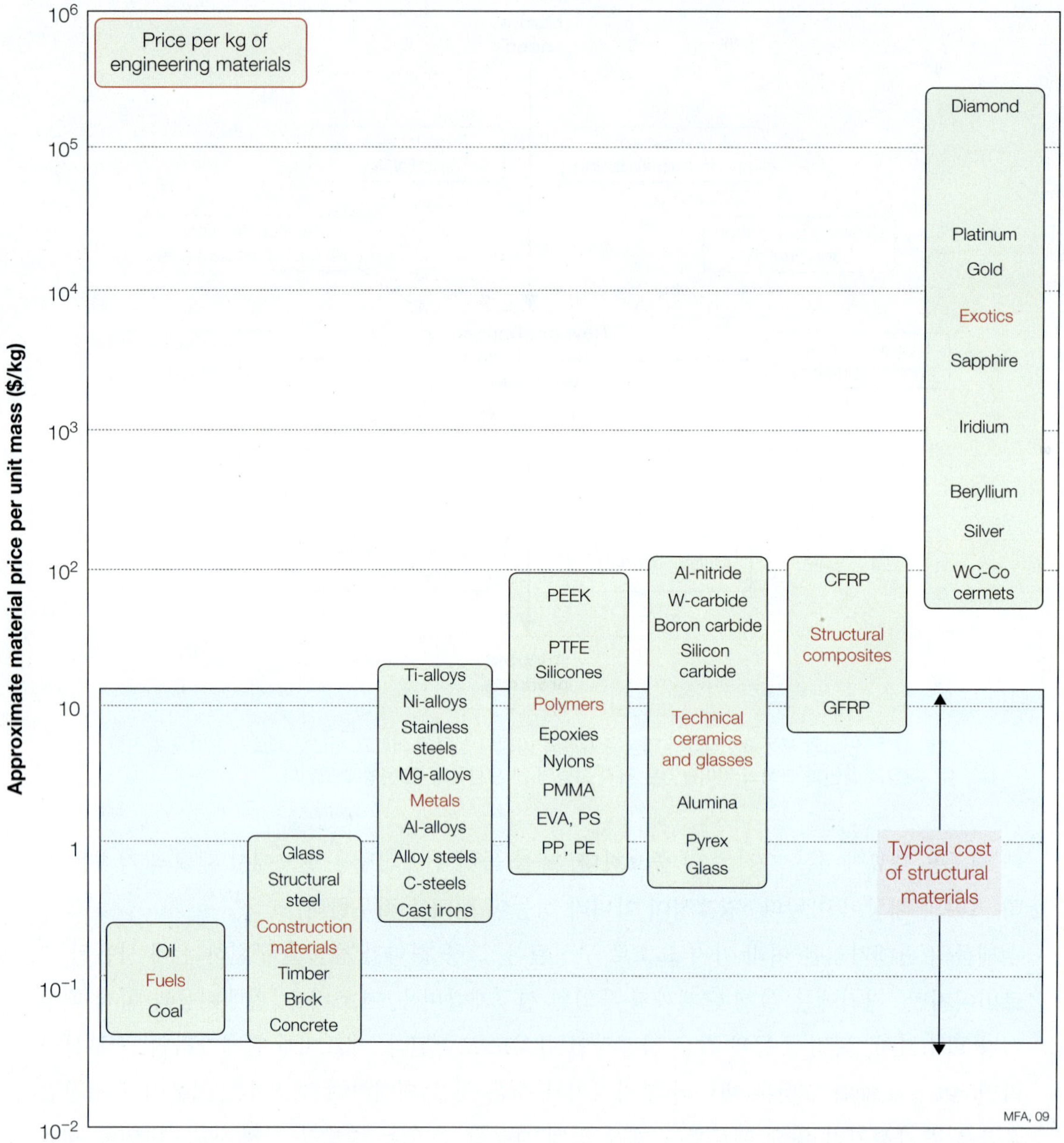

그림 17.2 재료의 단위 무게당 가격 : 회색영역은 제조업과 건설용으로 가장 널리 사용되는 필수재료들의 범위를 보여준다.

다. 이는 거친 척도이기는 하지만 애매하지 않고, 쉽게 결정할 수 있으며 부가가치도 어느 정도 연관성을 가지고 있는 등 장점이 많은 척도이다. 제품의 킬로그램당 가격이 재료비의 100

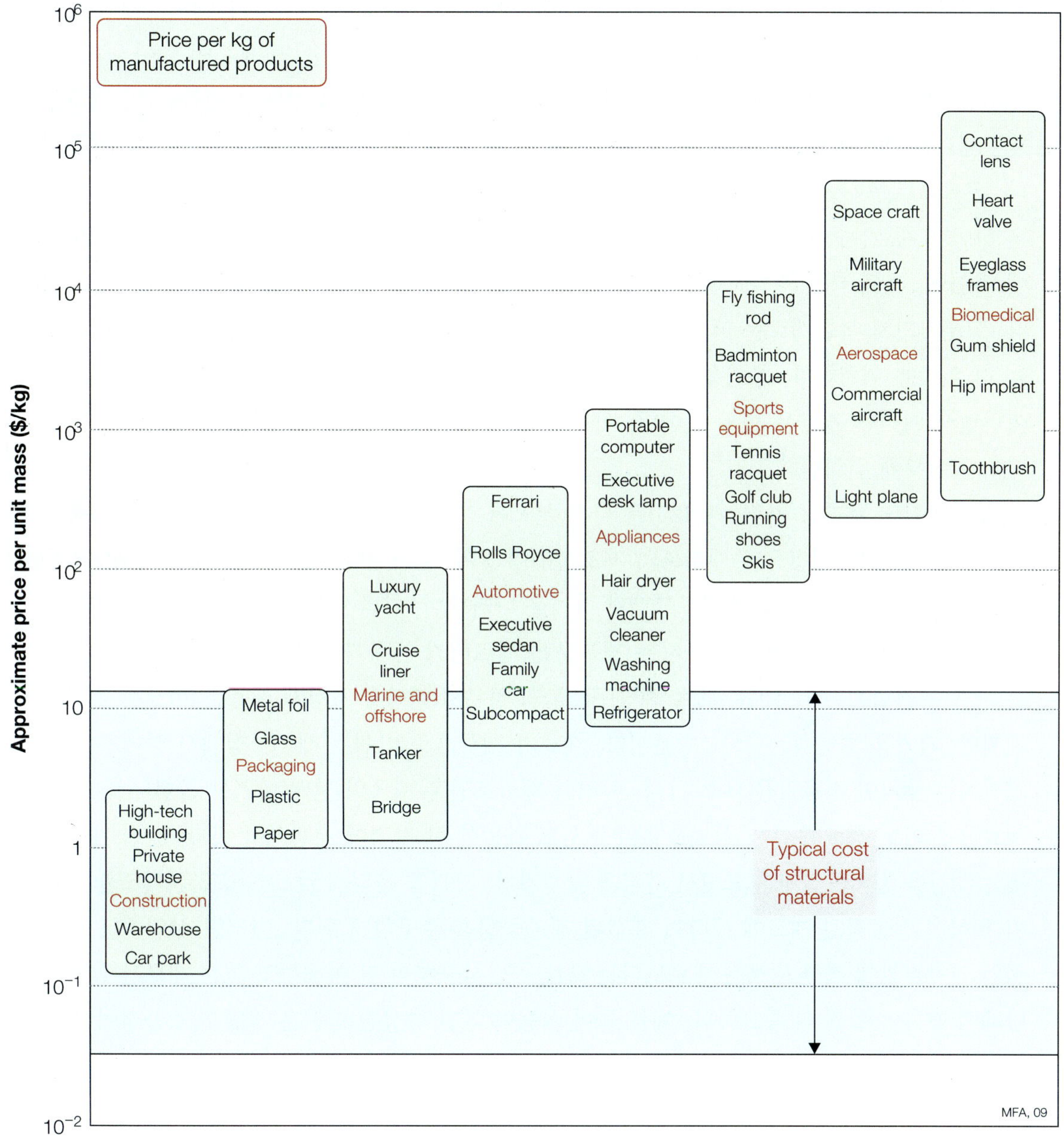

그림 17.3 제품의 단위 무게당 가격 : 박스는 이러한 제품을 만드는 데 가장 널리 사용되는 재료의 범위를 보여준다. 회색영역의 제품들은 재료 집약적이며, 그 위쪽에 위치한 제품들은 그렇지 않다.

배라면 그 제품은 재료비에는 덜 민감하고 아마도 비용보다 성능 중심의 제품일 것이다. 이러한 측면에서 같은 유리로 만들어졌음에도 불구하고 콘택트렌즈의 킬로그램당 가격은 단순한 유리병보다 100,000배나 비싸다. 또한 같은 폴리에틸렌(PE)으로 만들어 졌음에도 인공심장용 밸브는 플라스틱 병보다 역시 100,000배는 비싸다. 여기에는 분명 어떤 교훈이 있다.

우선 그림 17.2에서 재료의 단위 무게당 가격을 살펴보자. 벌크 형태의 건축용 및 제조용 필수재료는 회색영역으로 표시하였는데, 이들은 모두 킬로그램당 0.05~20 달러 범위에 있다. 콘크리트, 벽돌, 목재, 강철과 같은 건설용 재료가 맨 하단에 위치하고 티타늄 합금과 같은 하이텍 재료는 상단에 위치하고 있다. 고분자 재료도 비슷한 분포 범위를 보여 준다. PE는 맨 하단에, 흔히 테플론(Teflon)이라는 상품명으로 더 잘 알려진 PTFE는 상단에 위치하고 있다. 고분자기지 복합재료는 더 상단에 분포하는데 그중에서도 GFRP는 약간 아래쪽에 CFRP는 더 위쪽에 위치한다. 공업용 세라믹은 현재까지는 아직도 상단에 분포하지만 사용량이 늘어나면서 이러한 경향은 변할 것이다. 아주 소량 사용되는 특수재료들만이 회색영역을 한참 벗어난 상부에 위치한다.

제품의 단위 무게당 가격(그림 17.3)은 다른 분포를 보여준다. 용도에 따라 여덟 가지 제품군으로 나누었는데, 이것으로 대부분의 제조산업이 모두 포함된다. 이 그림에서도 회색영역은 제품을 구성하는 필수재료의 킬로그램당 가격을 나타내며, 따라서 그림 17.2의 회색영역과 정확히 일치한다. 회색영역에 분포하는 제품군은 재료비가 제품가격의 주요 부분인 특징을 갖는다. 토목건설용은 약 50%, 대형 해양구조물과 일부 소비자용 포장재 제품은 20%까지 떨어지지만, 자가용 승용차는 25% 수준이다. 재료가 제품으로 바뀌는 제조공정에서 얻어지는 부가가치는 낮지만 사용량은 매우 크다. 이러한 제한조건은 재료의 선택 범위를 좁힌다. 사용할 재료들은 어느 정도 수준의 성능을 갖추면서도 가능한 한 가격이 저렴해야 한다. 관련 제조업계는 성능을 떨어뜨리지 않으면서 가격을 낮추거나, 가격을 올리지 않으면서도 신뢰도를 높이기 위하여 전통적인 재료에 대하여 개선된 제조공정을 추구하게 된다. 이러한 산업에는 혁신적인 연구결과에 의한 새로운 재료보다는 오랫동안 사용하여 잘 이해하고 있는 재료를 활용한 단계적 향상이 훨씬 더 중요하다. 예를 들어 성능이 약간 향상된 강철은 정밀 제조공정이나 윤활기술에서 재빨리 채택되고 사용된다.

그림 17.3의 중간 이상 상부에 위치하는 제품은 기술적으로 훨씬 첨단제품들이다. 제품을 만드는 데 사용된 재료비는 10% 이하이고 어떤 경우에는 1% 이하이다. 제조공정에서 발생하는 부가가치는 매우 높다. 제품의 경쟁력은 재료의 성능과 밀접한 관련이 있다. 이 분야의 설계자들은 재료선택의 폭에 있어서 훨씬 자유로우며, 또한 우수한 특성을 갖는 새로운 재료를 쉽게 받아들일 준비가 되어있다. 이 경우에 시장의 견인력은 성능 때문이며 가격은 이차적인 고려 조건이다. 이러한 소량 사용, 고부가가치 제품군이 향상된 성능의 새로운 재료를 이끌어

낸다. 더욱 가볍고, 더욱 고탄성·고강도이거나 인성이 높은 재료 또는 덜 팽창하는 재료, 더 높은 전기전도도를 가진 재료를 추구하는 것이다.

제품군은 오름차순으로 정리되어 있는데 흔히 이런 질문을 유발한다. 수평축은 과연 무엇의 척도인가? 여기에는 매우 많은 인자들이 관련되어 있는데 그중 하나는 '정보의 용량'으로 규정할 수 있다. 콘택트렌즈나 인공심장밸브의 제조와 관련하여 축적된 지식은 분명히 맥주병이나 플라스틱 용기의 제조에 관련된 지식에 비하여 훨씬 클 것이다. 왼쪽에 위치한 제품군에 사용되는 재료에 대한 요구조건은 별로 많지 않다. 반면에 오른쪽에 위치한 제품군에서는 재료를 성능한계까지 밀어붙이며 동시에 최고의 신뢰도를 요구한다. 바로 이러한 특징이 정보 집약적일 것을 요구하는 이유이다. 하지만 그 밖에도 다른 인자들이 많이 있다. 시장의 규모, 경쟁의 유무, 잠재적 가치, 패션, 취향 등이 있다. 그렇기 때문에 이 그림은 지나치게 확대해석 되어서는 안 된다. 정보를 표현하는 방식으로 도움이 되는 것은 분명하지만 정량적인 (분석)도구는 아닌 것이다.

제조업계는 심지어 불경기일지라도 상당한 잠재적인 자원을 가지고 있으며, 각국 정부는 항상 그들이 필요로 하는 것을 지원하는 데 관심이 있다. 시장의 견인은 궁극적으로 변화를 향한 가장 강력한 구동력이다.

새로운 재료과학 — 호기심지향 연구

호기심 때문에 고양이를 죽일 수도 있지만, 그것은 혁신적인 공학을 향한 산소 같은 존재이다. 기술적 선진국들은 세 종류의 기관에서 이루어지는 연구를 지원함으로써 새로운 아이디어의 흐름을 원활하게 한다. 바로 대학, 국립연구소, 기업연구소가 그것이다. 이러한 연구기관에서 일하는 과학기술자들은 때로는 당장 경제적으로 효과를 기대할 수 없는 아이디어라 하더라도 추후 10년, 20년에 (실용)재료와 공정으로 발전할 수 있다면 그에 관한 연구를 계속하도록 지원받기도 한다. 현재 실용화되어 사용 중인 많은 재료들이 이런 방식으로 개발되었다. 나폴레옹3세 시절에 알루미늄은 화학적 경이의 대상이었다. 그는 순은보다 비싼 가격을 지불한 알루미늄 스푼을 지니고 다녔다. 그 당시에는 알루미늄이 지금처럼 실용화되어 있지 못하였다. 더 근래에 와서는 티타늄이 그 비슷한 역사를 갖고 있다. 또한 현재 변압기나 카세트 녹음기의 헤드에 중요하게 사용되는 비정질금속 또한 여러 해 동안 순전히 학문적 호기심의 대상에 불과한 시절이 있었다. 초전도체나 반도체가 시장의 견인에 대한 반응만으로 발견되었다고 보기는 어렵다. 그것은 장시간에 걸친 호기심 지향 연구의 결과 실용적으로도 충분히 매력적인 단계까지 발전할 수 있었다. 폴리에틸렌은 화학반응에 미치는 압력의 영향을 연구하던 화학자에 의해 발견된 것이지 다국적 기업의 영업 관리 또는 시장관리 부서에 의한 것이 아니다. 역사는 (인류의)끈질긴 호기심으로부터 개발된 재료와 공정의 사례들로 점철되어 있다.

새로운 재료나 기초연구의 결과물들은 끊임없이 나타난다. 어떤 것들은 이미 실용화의 문턱에 도달하였고, 다른 것들은 아직 그 중요성이 불분명한 것도 있다. 그러나 많은 것들이 최소한 혁신적인 기회를 제공할 충분한 가능성이 있다. 그중에서 최상의 것은 아마 새로운 시장을 창출할 것이다.

현재 상업적인 규모로 생산되는 단상 세라믹은 높은 경도, 화학적 안정성, 내마모성, 초고온저항성을 고루 갖추었다. 미소전자회로의 기판으로 사용하는 방법이 확립되었고, 내마모성 용도에 사용량이 증가하고 있으며, 열기관 엔진에 적용하는 연구가 계속되고 있다. 복합재료에 대한 연구개발의 방향도 보다 고온에서 하중을 지탱할 수 있는 쪽으로 옮겨지고 있다. 단섬유 또는 입자 탄화규소(SiC)강화 알루미늄과 같은 금속기지복합재료나 SiC입자강화 TiAl 또는 $MoSi_2$와 같은 금속간화합물기지 복합재료가 이러한 요구를 만족할 수 있다. 세라믹기지복합재료(예: 탄화규소섬유강화 알루미나) 또한 가능성이 높지만 세라믹 특유의 극심한 취성 때문에 새로운 설계 기법이 필요하다. 발포성 금속은 모재 금속에 비하여 90%까지 밀도를 낮출 수 있어서 경량, 고탄성 샌드위치 구조에서 복합재료와 경쟁이 가능하다.

인체에 이식할 목적으로 고안된 새로운 생체재료(bio-materials)는 그 위에 생체조직이 성장하여 거부반응 없이 안착되어야 한다. 350 °C까지 사용가능한 새로운 고분자의 개발은 훨씬 많은 용도에서 플라스틱이 금속을 대체할 수 있게 하였다. 자동차 엔진의 흡기구 매니폴드가 좋은 사례이다. 새로운 고무는 유연하면서도 강하고 질기다. 덕분에 씰(seal)이나 탄성 경첩, 진동흡수 코팅 등의 개선이 가능해졌다. 경사기능재료를 제조하는 기술은 부품 전체를 통해 조성과 미세구조에 연속적인 변화를 부여함으로써 외부표면은 부식에 잘 견디고 중간층은 질기며 내부는 단단한 특성을 함께 갖도록 하였다. 나노구조는 특별한 기계적, 전기적 특성을 약속하고 있다. 지능형 재료는 매몰된 센서를 통하여 스스로 진단하고 상태를 보고함으로써 (구조물의)안전계수를 낮출 수 있게 한다.

쾌속조형 기술의 발전으로 다이나 몰드 없이도 한 개 또는 몇 개의 복잡한 형상의 부품을 다양한 재료를 사용하여 만들어낼 수 있게 되었다. 마이크로미터 수준의 제작기술에 의해 미소전자기계시스템(MEMS)을 가능하게 하였다. 새로운 표면공학 기술은 어떤 부품의 표면층만을 합금하거나 코팅하거나 열처리하여 표면특성을 바꾸고 성능을 향상시킨다. 여기에는 레이저 경화 열처리, 접착이 용이한 고분자 또는 세라믹 코팅, 이온주입, 다이아몬드와 유사한 구조와 특성을 가진 초경 탄소박막의 증착 등이 포함된다. 새로운 (강력) 접착제는 리벳과 점용접을 대체한다. 접착제로 붙인 자동차는 꿈이 아닌 현실적 가능성으로 다가온다. 그리고 새로운 수학적 모델링과 공정제어 기법으로 훨씬 더 엄격한 조성과 미세조직의 제어가 가능하게 되어 비용을 절감하고 신뢰도와 안전성을 향상할 수 있다.

이 모든 것들이 이제는 현실로 다가오고 있다. 그 결과 새로운 설계를 가능하게 하고 이미 생산 중인 제품의 재설계를 촉진함으로써 시장점유율을 끌어올릴 것이다. 설계자는 정신 똑바로 차리고 있어야 한다.

17.3 인구와 부의 증가 그리고 시장의 포화

세계의 인구는 증가하고 있다. 그리고 그들이 소유한 부 또한 증가하고 있다. 현명하든 못하든 간에 우리는 더 많은 생산품을 소비하고 더욱 더 부자 되기를 원한다. 그런데 세계의 상품생산능력은 이보다 더 빠르게 성장하였으며, 결과적으로 개발국이나 개발도상국의 상품시장은 포화되었다. 어떤 상품을 원한다면 그것이 휴대전화, 냉장고, 자동차를 막론하고 줄서서 기다릴 필요가 없다. 예전에 유럽에서 살아본 사람들이라면 그 가게에 오직 하나밖에 없는 제품을 살 수 있을까 하는 바람으로 줄서서 기다렸던 추억이 남아 있을 것이다. 지금은 그 대신에 판매원이 여러분에게 다가와서 거의 동일한 가격의 거의 동일한 제품군 중에서 당신이 맘에 드는 제품을 고르는 작업을 도와주려 할 것이다.

이는 분명 어떤 결과를 가져왔다. 그 하나는 에너지와 재료 자원의 소비량을 대대적으로 늘게 한 것이다. 이것은 재료선택에 있어서 변화의 구동력으로서 제15장의 주제였다. 다른 하나는 시장의 포화상태에서 설계자는 어떤 방법이든 소비자의 관심을 끄는 방법을 찾아야 하기 때문에 나타난 문제이다. 날이 갈수록 공학적 품질의 우수성에만 의존해서 제품을 팔던 전통적인 방법들이 시각적 품질이나 '연상' 또는 조심스럽게 관리된 '인지'에 의존하는 방식으로 대체되거나 최소한 그렇게 함으로써 매출을 늘리고 있다. 이것 역시 재료와 가공방법(공정)의 선택에 영향을 미치게 되며 다름 아닌 제16장의 주제였다.

17.4 제조물 배상책임과 애프터서비스 규정

지금은 (공업)제품에 결함이 있을 경우 법에 의해 반드시 리콜해야 하며 결함을 해소시켜야 한다. 제품의 리콜은 엄청난 비용이 들고 회사의 이미지도 손상 받는다. 그림 17.3에서 위쪽으로 갈수록 결함이 있을 경우 그 심각성은 점점 커진다. 여섯 개의 볼펜이 들어 있는 팩 하나를 샀을 때 설령 그중 하나가 제대로 안 써진다고 하더라도 대단한 비극은 아니다. 1:6의 확률은 정규분포라면 표준편차에 해당하며 다른 표현으로 '1-시그마'이다. 그러나 당신이라면 '1-시그마'에 바탕을 둔 설계로 만들어진 비행기를 타겠는가? 안전에 치명적인 현대적 시스템은 '6-시그마'의 신뢰도를 기반으로 설계된다. 바꾸어 말하면 부품이나 조립체가 규격에 미달할 확률이 1억분의 1($1/10^9$) 이하인 것이다.

이러한 요구는 재료를 생산하고 처리하는 방법에 커다란 영향을 미친다. 신뢰도와 재현성을 보장하려면 훨씬 첨단화된 공정제어가 필요하고 가공 공정의 모든 요소들이 관리되고 입증되어야 한다. 개재물의 숫자가 훨씬 적은 청정 강철, 조성을 엄격하게 맞춘 알루미늄 합금, 가공 공정의 실시간 피드백제어, 품질과 건전성을 위한 새로운 비파괴시험, 임의추출 표본검사는 모두 품질유지를 보장하는 데 도움이 된다.

생산자에게 이러한 압력은 제품의 수명이 다하도록 책임을 요구하고, 유지보수나 대체를 소비자에게 손대지 못하게 하고 스스로 책임지도록 한다. 이렇게 하는 것은 그들이 생산한 제품을 관리하고, 대체하고, 낡은 후가 아니라 정상일 때 회수하여 재조정하고 다시 공급하는 방식이다. 생산자들은 더 이상 상품을 팔지 않고 (그 상품의 소유권을 유지한 채)서비스만을 팔 뿐이다. 다른 많은 대학들과 마찬가지로 우리 대학교는 복사기를 소유하지 않지만 우리는 캠퍼스에 많은 복사기를 가지고 있다. 복사기를 '소유'하는 대신 복사기 공급자와 일정 수준의 복사 용량을 보장하는 계약을 체결하는 것이다. 즉, '일주일에 몇 페이지' 식의 계약이라 할 수 있다.

이러한 현상은 복사기 설계자로 하여금 경제성에 관한 경계조건을 바꾸도록 하였다. 이제 더 이상 모든 기능을 가장 저렴하게 제공하는 복사기를 목표로 하는 것은 의미가 없으며, 일정 시간 동안 페이지당 가장 저렴한 가격에 복사를 할 수 있는가가 중요하게 되었다. 결과적으로 부품의 교환, 재생과 재조정, 모델 간 재료와 부품의 표준화가 쉬울 것이 우선적으로 고려할 사항이다. 더 이상 가장 오래 쓰는 복사기가 최상의 복사기가 아니다. 최고의 복사기는 생산자로 하여금 가장 저렴하게 재생, 업그레이드, 대체할 수 있는 복사기이다. 이것은 어떤 특별한 사례에만 해당하는 것은 아니다. 항공기 엔진 제조사는 이제 '시간당 추진력'을 공급하는 전략을 채택하였다. 이것은 복사기 제조사의 경우와 마찬가지 전략이다. 제조사는 엔진을 소유한 채로 사용자가 사용하는 것을 관찰하다가, 비용과 신뢰도와 동력공급 능력 사이의 상반관계가 최적화되는 시점에 항공기에서 엔진을 교체하게 된다.

법제화에 따른 규제는 또 다른 변화의 구동력을 제공한다. 근래에 제조업체는 그들의 제품에 포함되었거나 제조공정 중에 사용되는 많은 숫자의 유해물질을 등록하여야 한다. 사용량이 일정 수준의 문턱값을 넘으면, 재료는 반드시 교체되어야 한다. 유해물질에는 금속 카드뮴, 납, 수은과 그 화합물, 재료공정 중에 흔히 사용되는 화학약품들이 포함된다. 따라서 변화를 향한 구동력은 재료선택은 물론 재료가 성형되고, 결합되고, 마감질 되는 방법에도 영향을 미친다.

17.5 소형화와 다기능성

오늘날은 마이크로미터 수준의 정밀기계공학의 필요성이 증가하고 있다. CD나 DVD 플레이어에서는 재생용 헤드의 위치를 마이크로미터 수준에서 정밀하게 제어해야 한다. 하드디스크 드라이브는 훨씬 더 인상적이다. 불과 몇 제곱 밀리미터 넓이에 기가바이트의 정보를 기록하고 다시 읽어내는 것을 생각해 보라. 자동차 에어백을 작동시키는데, 이제는 일반화된 미소전자기계시스템(MEMS)은 아주 급하게 움직임을 멈추었을 때 관성에 의해 구부러지는 마이크로미터 두께의 외팔보 덕분이다. MEMS 기술은 이보다 훨씬 더 많은 것들을 약속하고 있다. 현재 사용 중인 비디오 프로젝터 중에는 LCD 스크린을 통해 빛을 통과시키는 방식 대신 서로 몇 마이크로미터 떨어진 상태에서 정전기적으로 구동시키는 거울 어레이로부터 반사시킴으로써 훨씬 더 높은 휘도를 가능하게 한다. 심지어는 정보처리를 위한 반도체스위칭 기술을 능가할 기계적 쌍안정스위칭(bi-stable mechanical switching)을 사용한 기계적 마이크로프로세서에 대한 연구도 이루어지고 있다.

이러한 장치의 구성부품을 더욱 작게 만들수록 점점 더 많은 기능을 그 장치 속에 집어넣을 수 있다. 제8장의 8.6절에서 이미 살펴보았듯이 휴대전화, PDA, MP3 플레이어, 그리고 무엇보다도 휴대용 컴퓨터는 워낙 작아서 주머니에 들어갈 수 있다. 이 모든 것들이 보호, 위치설정, 작동, 측정 등의 기계적 기능을 가진 구성부품들과 관련이 있다. 소형(정밀)공학은 더 이상 스위스제 시계로 상징되지 않는다. 그것은 매일같이 우리가 일하면서 접하게 되는 거의 모든 장치에도 해당된다.

소형화는 재료에 대해서도 새로운 요구를 불러왔다. 장치가 소형화되면서 기계적 파손이 설계의 제한요소가 되었다. 과거에는 케이싱, 커넥터, 자판, 모터, 작동기 등의 허용되는 크기와 무게에 여유가 있어서 굽힘강성, 강도, 마모율, 부식속도에도 충분한 안전계수를 줄 수 있었다. 그러나 이러한 특성들은 어느 것도 크기와 선형적인 비례관계에 있지 않다. 즉, 길이를 L이라고 했을 때 굽힘강성은 L^3 또는 L^4으로, 강도는 L^2 또는 L^3으로 변하고, 마모와 부식은 단위 시간당 두께의 손실로 나타낼 수 있으므로 $(1/L)$이다. 그러므로 장치가 점점 작아질수록 그 장치를 구현하는 데 사용될 재료에 대한 요구조건은 높아지게 된다.

이것은 분명 희소식은 아니다. 그러나 좋은 소식도 있는데, 그것은 장치가 소형화되면서 제작하는 데 필요한 재료의 양은 훨씬 더 줄어든 것이다. 더구나 소비자는 작은 크기에 강력한 기능을 원하며 만일 그렇게만 된다면 더 비싸게라도 지불할 용의가 있다. 결과적으로 전에 대형제품에서는 대접받지 못하던 고가의 고성능 재료가 새로운 소형화 시대에는 경쟁력을 갖게 된다. 에어백 작동기의 전기자(armature)는 무게가 고작 1 mg 정도로 어떤 재료로 만들더라도, 심지어 금으로 만든다 하더라도 원재료의 가격은 거의 문제가 되지 않는다.

그러므로 재료의 가격은 이제 더 이상 재료선택에 있어서 제한조건이 아니다. 오히려 자주 제한조건이 되는 것은 '공정'이다. 마이크로미터 크기의 정밀제품은 분명 새로운 '공정'을 필요로 한다. 스위스 시계 제조업체들은 그들만의 정밀도에 필요한 완벽한 공구를 완성하였지만 디지털시계는 정밀기계 시계 산업을 사양화시켰고 그들의 방식은 저비용에 대량생산을 요구하는 새로운 소형화 추세에 맞게 변화될 수 없었다. 반면에 마이크로프로세서 제조업체들은 이미 이러한 비기계적 시스템의 소형화 추세에 맞추어 제조공정을 마이크로머시닝에 알맞도록 바꾸었다. 그러나 이러한 방식을 채택함에 따라 사용가능한 재료의 리스트는 엄청나게 줄어들었다. 아직까지는 이러한 공정으로 형상화가 가능한 재료로는 실리콘, 실리콘의 산화물, 질화물, 탄화물, 구리와 금의 박막 정도가 있을 뿐이다. 전통적인 공학에서 주요 재료인 탄소강, 합금강, 알루미늄 합금, 폴리올레핀, 유리 등은 해당되지 않는다. 따라서 지금은 더 많은 재료의 선택이 가능하도록 마이크로성형 공정의 종류와 범위를 확대하는 일이 매우 중요한 연구개발의 대상으로 대두되었다.

17.6 환경과 개인에 관한 우려

우리는 탄소를 태워 경제활동을 유지하는 시대에 살고 있다. 화석연료로부터 얻는 에너지는 선진국에 높은 삶의 질과 함께 그 국민들을 부자로 만들어 주고 있다. 인구가 훨씬 많은 다른 나라들도 같은 수준의 삶의 질과 부유함을 열망하였고 목표를 향하여 상당한 수준으로 발전하였다. 하지만 이제는 더 이상 탄화수소 연료를 태워서는 필요한 에너지를 다 얻을 수 없는 시대로 빠르게 변하고 있으며, 설령 화석연료가 충분하다 하더라도 자연환경에 미치는 영향 때문에 사용을 규제해야 할 것이다(그림 17.1의 사사분면). 이 문제에 관한 단기적인 평가 결과와 그것이 재료선택에 미치는 영향은 제15장의 주제였다. 보다 장기적이고 지속가능한 개발을 가능하게 하는 데 필요한 변화는 훨씬 더 광범위해야만 할 것이다. 즉, 생산하는 방식, 우리 자신과 상품(화물)을 이동시키는 방식, 사용하는 재료에 지대한 영향을 주면서 이 모든 변화의 한가운데 서서 살아가야 하는 것이다.

이러한 변화의 구동력은 다분히 잠재적인 것이지만 한편으로는 그 결과가 어떠하리라는 것을 예측하게 해주는 것임을 분명히 짚고 넘어가야 한다. 연료전지 기술, 천연자원이나 안전한 원자력으로부터 얻는 에너지는 비록 모두 재료의 개발을 요구하고, 이 또한 단기적인 해결책에 불과하다는 말을 듣더라도 한참이나 진보된 것이라고 할 수 있다. 제15장의 서론부에서 인용하였던 다음과 같은 숫자를 생각해보라. 세계인구가 1년에 3%씩 증가한다면, 우리는 향후 25년 동안에 지금까지의 인류 역사상 행하였던 것보다 더 많은 재료를 채굴하고, 가공하고, 사용하게 될 것이다. 여전히 해답이 없는 질문은 '연간 세계인구 증가율이 3%일 때, 연간 경제성장률이 2~20%에 이르는 나라에 살면서 어떻게 에너지 또는 재료 소비량은 현재 수준으로 유지하거나 심지어는 감소하기를 기대하는가?' 이다.

부유함은 또 다른 차원의 얘기이다. 이는 재원을 건강 의료에 투입하게 하였는데, 사람들의 평균수명이 길어짐에 따라 이에 대한 요구가 증가하고 있다. 사람의 신체에서 놀랄 만큼 많은 장기들은 그 기능이 압도적으로 기계적이다. 예를 들면 치아는 음식물을 자르고 갈며, 뼈는 구조적인 하중을 지탱하고, 관절은 굴절운동을 가능하게 하며, 심장은 혈액을 펌프질하고 혈관은 압력을 견디면서 피를 온몸의 구석구석 전달하고, 근육은 움직임을 만들고, 피부는 유연하면서도 외부로부터 보호해 준다. 늙어서 노화되거나 사고를 당하면 흔히 이 기능들 중에서 하나 또는 그 이상에 장애가 발생한다. 기계적 기능만을 생각한다면, 이론적으로는 장기들을 교환하는 것이 얼마든지 가능하다. 하지만 그러한 치료가 필요한 환자 수는 무척이나 많고, 다른 사람의 신체 일부를 사용해야 하는 데 따른 윤리적인 문제를 포함한 여러 가지 어려움이 있기 때문에 인공장기를 개발하려는 노력이 생겨났다. 인공 치아 및 뼈의 이식, 엉덩이와 무릎 인공관절, 인공혈관(artery) 및 피부, 인공심장에 이르기까지 이미 광범위하게 사용되고 있다. 그러나 아직까지는 그것들이 엄청나게 비싸서 사용이 극도로 제한되고 있으며, 무엇보다 중요한 이유는 그것들이 아직은 실제 장기와 비교한다면 아주 조잡한 수준의 대체품이라는 점이다. 따라서 여기에는 변화를 향한 중요한 동기부여가 있으며, 모든 종류의 인공장기를 경제적인 가격으로 만들 수 있는 재료에 대한 연구도 그중의 하나이다.

연구에 의하면 이처럼 노령화되어 가는 세상에서는 많은 제품과 서비스의 사용 편의성이 늙은이나 젊은이, 건장하거나 못한 사람 가리지 않고 가장 중요한 요소로 나타난다. 최근까지도 많은 설계자들의 목표는 15~35세의 청년층을 겨냥한 시장을 사업의 주종으로 삼았고, 거기에 맞추어 상품을 개발하였으므로, 이러한 상품들은 종종 다른 계층의 사람들은 사용할 수 없었다. 눈치 빠른 회사들은 이 문제를 간파하고 제품과 서비스를 여러 계층의 폭넓은 고객들에게 어필할 수 있도록 다시 설계하고자 하였다. 미국의 OXO라는 회사는 Good Grips(쉬운 손잡이) 하나로 주방기구와 정원도구의 매출이 매년 50%씩 증가하였으며, 영국의 수퍼마켓 Tesco는 회사 홈페이지에서 스마트하지만 헷갈리는 그래픽을 제거하는 대신 내려받기를 쉽게 만들고 웹사이트 서핑을 알기 쉽게 함으로써 수천 명의 인터넷 구매 고객을 추가로 확보하였다. 이렇게 여러 계층의 사람들을 온라인 쇼핑으로 끌어들인 것이다. 포괄설계(inclusive design), 즉 제품과 서비스가 최대한 광범위한 수요자의 요구를 반영하도록 함을 보장하는 설계로서 사업에 성공한 케이스라 할 수 있다. 이러한 요구는 사회적인 측면에서도 마찬가지로 절실하다. 왜냐하면 현재에도 많은 사람들이 전자제품을 비롯한 많은 현대식 장비나 시설을 제대로 이용하지 못하는 것은 그것들을 사용하는 데 필요한 전문적인 지식이나 기술이 없기 때문이다.

물론 어떤 제품이든 어느 정도는 사용자를 배제한다. 예를 들어 어린이의 접근을 차단하는 약병 뚜껑처럼 경우에 따라서는 고의적일 수도 있다. 그러나 배제가 고의적인 것이 아니고 일상적인 것이 된다면 그것은 불필요하다. 많은 서비스는 제품을 사용하여 이루어지므로, 제품을 사용할 수 없는 사람들은 서비스도 받지 못하게 된다. 비디오리코더는 사용 편의성이 뒤떨어지는 대표적인 사례로 늘 거론되고 조롱받는 제품이다. 훨씬 많은 숫자의 현대적인 제품들이 장애자들(시각, 청각, 불구, 허약, 정신지체)에게는 그림의 떡이다. 이러한 설계상의 맹점을 극복하는 것은 정부의 기능 중 우선순위가 높아지는 항목이며, 제품 생산자에게도 점점 중요해지고 있다. 이러한 사고방식은 재료선택에도 영향을 미쳐서 선택을 위한 제한조건과 설계목표를 변화시킨다. 재료의 사용도 색깔이나 느낌을 통하여 제어기능과 교신하고, 쉽게 잡을 수 있게 하며, 절연하고 보호하는 데 중점을 두게 되었다.

17.7 요약과 결론

강력한 구동력은 성능이 향상된 신소재의 개발, 재료의 대체, 재료를 생산하고 사용하는 방법의 개선을 촉구한다. 시장의 견인과 군사적인 특전은 역사적으로 가장 영향력 있는 구동력이었고 지금도 여전히 강력하다. 과학자들의 재능 또한 놀랄 만큼 광범위하고 새로운 가능성이 부여된 새로운 재료들을 개발해 냄으로써 이러한 변화를 촉진하였다. 다만, 이 경우에는 실험실에서 개발되어 시장에 상업화되기까지 보통 15년 정도의 긴 시간이 걸린다.

오늘날은 새로운 구동력이 신소재의 개발과 사용을 촉진하고 있다. 부의 증가는 지금까지의 어떤 것보다도 정교한 제품을 추구하는 시장을 만들어 냈다. 이에 따른 경향은 크기는 작고 무게는 가벼우며, 기능이 향상된 제품에는 사용하는 재료의 기계적 성질에 대하여 더 높은 수준을 요구한다. 제조물 배상책임과 안전에 대하여 더 많은 주장이 제기되고, 파손과 오작동에 대하여 생산자가 책임을 져야 함에 따라 일관되게 재현이 가능한 특성을 갖추고 엄정하게 제어된 공정에 의한 재료를 요구한다. 자연환경에 대한 산업성장의 악영향에 관한 우려 때문에 그것을 최소화할 수 있는 방향으로 재료선택의 목표가 새로이 도입되었다. 또한 많은 제품들이 사용법이 너무 복잡하고 어려워서 사용자의 범위가 제한된다는 사실에 따라 설계와 제품화를 위한 재료선택의 방법에 대한 재평가도 이루어지고 있다.

결과적으로 어제는 최적이었던 제품이 오늘은 더 이상 최적이 아닌 것이다. 설계와 그것을 구현하기 위한 재료선택에는 항상 재평가의 여지가 남아있다.

17.8 심화학습을 위한 참고문헌

Defense and aerospace materials and structures, National Advisory Committee (NAC) Annual Report 2000. http://www.iom3.org/foresight/nac/html

Ashby, M.F., Ferreira, P.J., and Schodek, D.L. (2009) *Nanomaterials, nanotechnologies and design, an introduction for engineers and architects*, Butterworth — Heinemann, Oxford, UK. ISBN 978-0-7506-8149-0. (건축가의 관점에서 본 나노재료)

Keates, S. and Clarkson, J. (2004) *Countering Design Exclusion — an Introduction to Inclusive Design*, Springer-Verlag, London, UK. ISBN 1-85233-769-9. (설계의 배타성과 극복 대책에 깊이 있는 연구)

Starke, E.A. and Williams, J.C. (1999) Structural Materials: Challenges and Opportunities, *The Bridge*, 29(4) (The Bridge는 미국 공학한림원(NAE)이 발행하는 저널이다. 이 보고서와 Williams에 의한 다른 보고서도 NAE 웹사이트에서 찾을 수 있다.)

van Griethuysen, A.J. (Ed.) (1987) *New Applications of Materials*, Scientific and Technical Publications Ltd, The Hague, The Netherlands. ISBN 0-951362-0-5 (재료의 진화에 관한 네덜란드의 연구)

Williams, J.C. (1998) Engineering Competitive Materials, *The Bridge*, 28(4) (The Bridge는 미국 공학한림원(NAE)이 발행하는 저널이다. Williams 박사는 항공우주 분야의 산업계와 학계에서 많은 경험을 가졌다.)

부록 A 공업용 재료 데이터

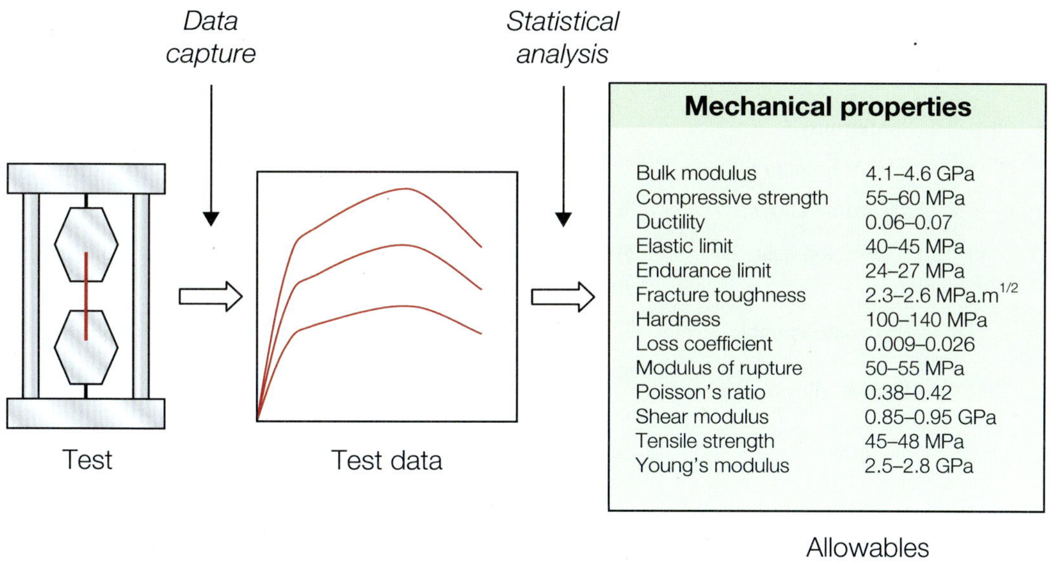

이 부록에는 공업용 재료에 공통인 이름과 용도, 그리고 각 재료의 특성치를 수록하였다.

Materials Selection in Mechanical Design. DOI: 10.1016/B978-1-85617-663-7.00018-7

표 A.1 재료 이름과 용도 : 금속과 합금

금속	용도
철강재료(Ferrous)	
주철(Cast irons)	자동차 부품, 엔진블록, 기계공구(구조용 부품), 공작기계 베드
고탄소강(High carbon steels)	절삭공구, 스프링, 베어링, 크랭크, 샤프트, 철도 레일
중탄소강(Medium carbon steels)	일반 기계공학적 용도(공구, 베어링, 기어, 축, 베어링)
저탄소강(Low carbon steels)	강구조물(연철); 교량, 석유시추, 선박; 콘크리트 철근; 자동차부품, 차체 패널; 아연도금 강판, 주석도금 강판; 포장용기(캔, 드럼)
저합금강(Low alloy steels)	스프링, 공구, 볼베어링, 자동차 부품(기어, 커넥팅롯드 등)
스테인리스강(Stainless steels)	교통기관, 화학 공장, 식품가공 공장, 원자력발전 설비, 가재도구(식기, 세탁기, 난로), 수술도구, 압력용기, 배관, 액화가스 용기
비철재료(Nonferrous)	
알루미늄 합금(Aluminum alloys)	
주조 합금(Casting alloys)	자동차 부품(엔진 실린더블록), 가재 도구(다리미)
비열처리 합금(Non-heat-treatable)	전기전도체, 열교환기, 튜브, 얇은 냄비(saucepan), 음료수 캔, 포일(foil), 경량(고속)선박, 건축용 패널
열처리 합금(Heat-treatable)	항공우주용 구조물, 자동차 차체와 패널, 경량 구조물, 특수선박
구리 합금(Copper alloys)	전기전도체, 전선, 전기회로기판, 열교환기, 보일러, 주방용품, 동전, 동상
납 합금(Lead alloys)	지붕과 벽의 피복재, 땜납, X선(방사선) 차폐재, 배터리 전극
마그네슘 합금(Magnesium alloys)	자동차용 주조품, 바퀴(프레임), 교통기관용 경량 부품, 핵연료 보관용기; 알루미늄 합금의 주합금원소
니켈 합금(Nickel alloys)	가스터빈, 제트엔진, 열전대, 동전; 스테인리스강의 주합금원소
티타늄 합금(Titanium alloys)	항공기 터빈블레이드; 항공우주용 구조물; 생체재료(임플랜트)
아연 합금(Zinc alloys)	금형압력주조(자동차 부품, 가재 도구, 장난감, 손잡이); 아연도금 강판용

표 A.1 재료 이름과 용도(계속) : 고분자와 발포재

고분자	약칭	용도
고무 또는 탄성중합체(Elastomer)		
부틸고무(Butyl rubber)		타이어, 씰, 진동방지용 마운트, 전기절연재, 튜브
에틸렌비닐아세테이트(Ethylene-vinyl-acetate)	EVA	포장재, 비닐백, 장갑, 필름, 단열재, 조깅화
이소프렌고무(Isoprene)	IR	타이어, 내장튜브, 단열재, 튜브, 신발
천연고무(Natural rubber)	NR	장갑, 타이어, 전기절연재, 튜브
네오프렌고무(Polychloroprene)	CR	수중의류, O-ring, 씰, 신발류

표 A.1 재료 이름과 용도(계속) : 고분자와 발포재

고분자	약칭	용도
우레탄고무 (Polyurethane elastomers)	el-PU	포장재, 호스, 접착제, 직물코팅
실리콘고무(Silicone rubber)		전기절연재, 전자부품 보호캡슐, 생체재료(임플랜트)
열가소성 고분자(Thermoplastic)		
아크릴로나이트릴-부타디엔-스타이렌	ABS	통신기기용 부품, 승용차 내장재, 여행가방, 장난감, 보트
셀룰로스 아세테이트 (Cellulose polymers)	CA	공구나 주방용품 손잡이, 장식용품, 펜
이오노머(Ionomer)	I	포장재, 투명포장용 재료, 골프공, 물병
폴리아마이드(Nylons)	PA	기어, 베어링, 배관, 포장재, 병, 기물, 로프, 옷감
폴리카보네이트(Polycarbonate)	PC	보안경, 차폐, 헬멧, 등불 부품, 의료용 부품
폴리에터에터키톤 (Polyetheretherketone)	PEEK	전기용품 커넥터, 경주용 자동차 부품, 섬유강화 복합재료
폴리에틸렌(Polyethylene)	PE	포장재, 비닐백, 신축성 튜브, 장난감, 인공관절
폴리에틸렌테레프탈레이트 (Polyethylene terephthalate)	PET	송풍성형 병, 필름, 오디오/비디오 테이프, 돛
아크릴(Polymethylmethacrylate)	PMMA	비행기 창문유리, 렌즈, 반사경, 등불 부품, CD
아세탈(Polyoxymethylene)	POM	지퍼, 가재도구, 주방용품, 손잡이
폴리프로필렌(Polypropylene)	PP	로프, 정원용 가구, 배관, 주전자, 전기 절연재, 인공잔디
폴리스타이렌(Polystryrene)	PS	장난감, 포장재, 식기류, 오디오 카세트/CD 케이스
폴리우레탄 플라스틱 (Polyurethane thermoplastics)	tp-PU	쿠션재, 좌석, 신발 바닥, 호스, 자동차 범퍼, 단열재
폴리염화비닐(Polyvinylchloride)	PVC	배관, 낙수홈통, 창문틀, 포장재
테플론(Polytetrafluoroethylene)	PTFE	프라이팬 코팅, 베어링, 스키, 전기절연재, 테이프
열경화성 고분자(Thermoset)		
에폭시(Epoxies)	EP	접착제, 복합재료 기지, 전자부품 보호캡슐
페놀수지(Phenolics)	PHEN	전기용 플러그와 소켓, 식기류, 손잡이, 접착제
폴리에스터(Polyester)	PEST	가구, 보트, 스포츠 용품
고분자 발포재(Polymer Foam)		
유연(Flexible) 발포재		포장재, 부표, 쿠션, 스펀지, 취침용 매트
강직(Rigid) 발포재		단열재, 샌드위치 패널, 포장재, 부표

표 A.1 재료 이름과 용도(계속) : 복합재료, 세라믹, 유리, 천연재료

재료	용도
복합재료(Composites)	
탄화규소강화알루미늄(SiC/Al)	자동차 부품, 스포츠 용품
탄소섬유강화플라스틱(CFRP)	경량구조물(항공우주, 자전거 프레임, 스포츠 기구, 보트 선체, 노, 스프링)
유리섬유강화플라스틱(GFRP)	보트 선체, 자동차 부품, 화학공업
세라믹(Ceramic)	
유리(Glass)	
보로실리케이트유리(Borosilicate glass)	오븐용 주방용품, 실험기기류, 헤드라이트
실리카유리(Silica glass)	고성능 창문유리, 도가니, 고온용 유리용품
소다석회유리(Soda-lime glass)	창문유리, 병, 튜브, 전구, 도기용 유약
다공질(Porous)	
벽돌(Brick)	건축물
콘크리트(Concrete)	일반 토목구조
석재(Stone)	건물, 건축, 조각상
공업용(Technical)	
알루미나(Alumina)	절삭공구, 점화 플러그, 미소전자회로기판, 밸브류
질화알루미늄(Aluminum nitride)	미소전자회로기판 및 열흡수체
보론카바이드(Boron carbide)	경량 방탄재, 노즐, 금형 다이, 정밀공구 부품
규소(Silicon)	반도체, 미소회로, 정밀기기, 적외선투과 유리창, MEMS
탄화규소(Silicon carbide)	고온가동 장치, 연삭연마 입자, 베어링, 방탄장갑판
질화규소(Silicon nitride)	베어링, 절삭공구, 금형 다이, 엔진부품
텅스텐카바이드(Tungsten carbide)	절삭공구, 드릴, 연삭숫돌
유리세라믹(Glass ceramics)	주방용품, 접시, 레이저, 망원경용 반사경
천연재료(Natural)	
대나무(Bamboo)	건축자재, (건축공사장의)비계/발판, 종이, 로프, 바구니, 가구
코르크(Cork)	코르크마개, 씰, 부표, 포장재, 바닥재
가죽(Leather)	신발, 의류, 가방, 벨트
목재(Wood)	건축자재, 마루, 문, 창문, 가구, 포장재, 스포츠 용품

표 A.2 용융점(T_m)과 유리천이온도(T_g)

	T_m(°C)	T_g(°C)		T_m(°C)	T_g(°C)
금속					
철강재료(Ferrous)					
주철	1130~1250		고탄소강	1289~1478	
중탄소강	1380~1514		저탄소강	1480~1526	
저합금강	1382~1529		스테인리스강	1375~1450	
비철재료(Nonferrous)					
알루미늄 합금	475~677		구리 합금	982~1082	
납 합금	322~328		마그네슘 합금	447~649	
니켈 합금	1435~1466		티타늄 합금	1477~1682	
아연 합금	375~492				
세라믹					
유리(Glass)					
소다석회유리		442~592	보로실리케이트유리		450~602
실리카유리		957~1557			
다공질(Porous)					
벽돌	927~1227		콘크리트	927~1227	
석재	1227~1427				
공업용(Technical)					
알루미나	2004~2096		질화알루미늄	2397~2507	
보론카바이드	2372~2507		규소	1407~1412	
탄화규소	2152~2500		질화규소	2388~2496	
텅스텐카바이드	2827~2920		유리세라믹		563~1647
복합재료					
SiC/Al	525~627				
GFRP	n/a		CFRP	n/a	
천연재료					
대나무		77~102	코르크		77~102
가죽		107~127	목재(길이방향)		77~102
목재(가로방향)		77~102			

표 A.2 용융점(T_m)과 유리천이온도(T_g)(계속)

	T_m(°C)	T_g(°C)		T_m(°C)	T_g(°C)
고분자					
고무(Elastomer)					
부틸고무		−73~−63	EVA		−73~−23
이소프렌고무(IR)		−83~−78	천연고무(NR)		−78~−63
네오프렌고무(CR)		−48~−43	폴리우레탄고무 (el-PU)		−73~−23
실리콘고무		−123~ −73			
열가소성(Thermoplastic)					
ABS		88~128	셀룰로스(CA)		−9~107
이오노머(I)		27~77	나일론(PA)		44~56
폴리카보네이트(PC)		142~205	PEEK		143~199
폴리에틸렌(PE)		−25~−15	PET		68~80
아크릴(PMMA)		85~165	아세탈(POM)		−18~−8
폴리프로필렌(PP)		−25~−15	폴리스타이렌(PS)		74~110
폴리우레탄(tp-PU)		120~160	PVC		75~105
테플론(PTFE)		107~123			
열경화성(Thermoset)					
에폭시	n/a		페놀수지	n/a	
폴리에스터	n/a				
고분자 발포재(Polymer Foam)					
유연 발포재(극저밀도)		112~177	유연 발포재(저밀도)		112~177
유연 발포재(중밀도)		112~177	강직 발포재(저밀도)		67~171
강직 발포재(중밀도)		67~157	강직 발포재(고밀도)		67~171

주) 결정질 고체의 경우에는 용융점을, 고분자 및 무기질 유리의 경우에는 유리천이온도를 수록하였다.
(n/a): (not applicable) 이 재료들은 녹지 않고 열분해 된다.

표 A.3 **밀도(ρ)**

	ρ(Mg/m³)		ρ(Mg/m³)		ρ(Mg/m³)
금속					
철강재료(Ferrous)					
주철	7.05~7.25	고탄소강	7.8~7.9	중탄소강	7.8~7.9
저탄소강	7.8~7.9	저합금강	7.8~7.9	스테인리스강	7.6~8.1
비철재료(Nonferrous)					
알루미늄 합금	2.5~2.9	구리 합금	8.93~8.94	납 합금	10.0~11.4
마그네슘 합금	1.74~1.95	니켈 합금	8.83~8.95	티타늄 합금	4.4~4.8
아연 합금	4.95~7.0				
세라믹					
유리(Glass)					
소다석회유리	2.44~2.49	보로실리케이트유리	2.2~2.3	실리카유리	2.17~2.22
다공질(Porous)					
벽돌	1.9~2.1	콘크리트	2.2~2.6	석재	2.5~3.0
공업용(Technical)					
알루미나	3.5~3.98	질화알루미늄	3.26~3.33	보론카바이드	2.35~2.55
규소	2.30~2.35	탄화규소	3.0~3.21	질화규소	3.0~3.29
텅스텐 카바이드	15.3~15.9	유리세라믹	2.2~2.8		
복합재료					
SiC/Al	2.66~2.90	CFRP	1.50~1.60	GFRP	1.75~1.97
천연재료					
대나무	0.60~0.80	코르크	0.12~0.24	가죽	0.81~1.05
목재(길이방향)	0.6~0.8	목재(가로방향)	0.6~0.8		
고분자					
고무(Elastomer)					
부틸고무	0.90~0.92	EVA	0.94~0.96	이소프렌고무(IR)	0.93~0.94
천연고무(NR)	0.92~0.93	네오프렌고무(CR)	1.23~1.25	폴리우레탄 고무(el-PU)	1.02~1.25
실리콘고무	1.30~1.80				

표 A.3 밀도(ρ)(계속)

	ρ(Mg/m^3)		ρ(Mg/m^3)		ρ(Mg/m^3)
열가소성(Thermoplastic)					
ABS	1.01~1.21	셀룰로스(CA)	0.98~1.30	이오노머(I)	0.93~0.96
나일론(PA)	1.12~1.14	폴리카보네이트(PC)	1.14~1.21	PEEK	1.30~1.32
폴리에틸렌(PE)	0.94~0.96	PET	1.29~1.40	아크릴(PMMA)	1.16~1.22
아세탈(POM)	1.39~1.43	폴리프로필렌(PP)	0.89~0.91	폴리스타이렌(PS)	1.04~1.05
폴리우레탄(tp-PU)	1.12~1.24	PVC	1.30~1.58	테플론(PTFE)	2.14~2.20
열경화성(Thermoset)					
에폭시	1.11~1.40	페놀수지	1.24~1.32	폴리에스터	1.04~1.40
고분자 발포재(Polymer Foam)					
유연 발포재(극저밀도)	0.016~0.035	유연 발포재(저밀도)	0.038~0.07	유연 발포재(중밀도)	0.07~0.115
강직 발포재(저밀도)	0.036~0.07	강직 발포재(중밀도)	0.078~0.165	강직 발포재(고밀도)	0.17~0.47

표 A.4 탄성계수 : 영의 계수(E)

	E(GPa)		E(GPa)		E(GPa)
금속					
철강재료(Ferrous)					
주철	165~180	고탄소강	200~215	중탄소강	200~216
저탄소강	200~215	저합금강	201~217	스테인리스강	189~210
비철재료(Nonferrous)					
알루미늄 합금	68~82	구리 합금	112~148	납 합금	12.5~15.0
마그네슘 합금	42~47	니켈 합금	190~220	티타늄 합금	90~120
아연 합금	68~95				
세라믹					
유리(Glass)					
소다석회유리	68~72	보로실리케이트유리	61~64	실리카유리	68~74
다공질(Porous)					
벽돌	15~25	콘크리트	25~38	석재	20~60

표 A.4 **탄성계수 : 영의 계수(E)**

	E(GPa)		E(GPa)		E(GPa)
공업용(Technical)					
알루미나	215~413	질화알루미늄	302~348	보론카바이드	400~472
규소	140~155	탄화규소	300~460	질화규소	280~310
텅스텐 카바이드	600~720	유리세라믹	64~110		
복합재료					
SiC/Al	81~100	CFRP	69~150	GFRP	15~28
천연재료					
대나무	15~20	코르크	0.013~0.05	가죽	0.1~0.5
목재(길이방향)	6~20	목재(가로방향)	0.5~3.0		
고분자					
고무(Elastomer)					
부틸고무	0.001~0.002	EVA	0.01~0.04	이소프렌고무 (IR)	0.0014~0.004
천연고무(NR)	0.0015 ~0.0025	네오프렌고무 (CR)	0.0007 ~0.002	폴리우레탄 고무(el-PU)	0.002~0.003
실리콘고무	0.005~0.02				
열가소성(Thermoplastic)					
ABS	1.1~2.9	셀룰로스(CA)	1.6~2.0	이오노머(I)	0.2~0.424
나일론(PA)	2.62~3.2	폴리카보네이트(PC)	2.0~2.44	PEEK	3.5~4.2
폴리에틸렌 (PE)	0.621~0.896	PET	2.76~4.14	아크릴 (PMMA)	2.24~3.80
아세탈(POM)	2.5~5.0	폴리프로필렌 (PP)	0.896~1.55	폴리스타이렌 (PS)	2.28~3.34
폴리우레탄 (tp-PU)	1.31~2.07	PVC	2.14~4.14	테플론(PTFE)	0.4~0.552
열경화성(Thermoset)					
에폭시	2.35~3.08	페놀수지	2.76~4.83	폴리에스터	2.07~4.41
고분자 발포재(polymer Foam)					
유연 발포재 (극저밀도)	0.0003~0.001	유연 발포재 (저밀도)	0.001~0.003	유연 발포재 (중밀도)	0.004~0.012
강직 발포재 (저밀도)	0.023~0.08	강직 발포재 (중밀도)	0.08~0.2	강직 발포재 (고밀도)	0.2~0.48

표 A.5 항복강도(σ_y)와 인장강도(σ_{uts})

	σ_y(MPa)	σ_{uts}(MPa)		σ_y(MPa)	σ_{uts}(MPa)
금속					
철강재료(Ferrous)					
주철	215~790	350~1000	고탄소강	400~1155	550~1640
중탄소강	305~900	410~1200	저탄소강	250~395	345~580
저합금강	400~1100	460~1200	스테인리스강	170~1000	480~2240
비철재료(Nonferrous)					
알루미늄 합금	30~500	58~550	구리 합금	30~500	100~550
납 합금	8~14	12~20	마그네슘 합금	70~400	185~475
니켈 합금	70~1100	345~1200	티타늄 합금	250~1245	300~1625
아연 합금	80~450	135~520			
세라믹					
유리(Glass)					
소다석회유리(*)	360~420	31~35	보로실리케이트 유리(*)	264~384	22~32
실리카유리(*)	1100~1600	45~155			
다공질(Porous)					
벽돌(*)	50~140	7~14	콘크리트(*)	32~60	2~6
석재(*)	34~248	5~17			
공업용(Technical)					
알루미나(*)	690~5500	350~665	질화알루미늄(*)	1970~2700	197~270
보론카바이드(*)	2583~5687	350~560	규소(*)	3200~3460	160~180
탄화규소(*)	1000~5250	370~680	질화규소(*)	524~5500	690~800
텅스텐 카바이드(*)	3347~6833	370~550	유리세라믹(*)	750~2129	62~177
복합재료					
SiC/Al	280~324	290~365	CFRP	550~1050	550~1050
GFRP	110~192	138~241			
천연재료					
대나무	35~44	36~45	코르크	0.3~1.5	0.5~2.5
가죽	5~10	20~26	목재(길이방향)	30~70	60~100
목재(가로방향)	2~6	4~9			

표 A.5 항복강도(σ_y)와 인장강도(σ_{uts})(계속)

	σ_y(MPa)	σ_{uts}(MPa)		σ_y(MPa)	σ_{uts}(MPa)
고분자					
고무(Elastomer)					
부틸고무	2~3	5~10	EVA	12~18	16~20
이소프렌고무(IR)	20~25	20~25	천연고무(NR)	20~30	22~32
네오프렌고무 (CR)	3.4~24	3.4~24	폴리우레탄고무 (el-PU)	25~51	25~51
실리콘고무	2.4~5.5	2.4~5.5			
열가소성(Thermoplastic)					
ABS	18.5~51	27.6~55.2	셀룰로스(CA)	25~45	25~50
이오노머(I)	8.3~15.9	17.2~37.2	나일론(PA)	50~94.8	90~165
폴리카보네이트 (PC)	59~70	60~72.4	PEEK	65~95	70~103
폴리에틸렌(PE)	17.9~29	20.7~44.8	PET	56.5~62.3	48.3~72.4
아크릴(PMMA)	53.8~72.4	48.3~79.6	아세탈(POM)	48.6~72.4	60~89.6
폴리프로필렌(PP)	20.7~37.2	27.6~41.4	폴리스타이렌 (PS)	28.7~56.2	35.9~56.5
폴리우레탄 (tp-PU)	40~53.8	31~62	PVC	35.4~52.1	40.7~65.1
테플론(PTFE)	15~25	20~30			
열경화성(Thermoset)					
에폭시	36~71.7	45~89.6	페놀수지	27.6~49.7	34.5~62.1
폴리에스터	33~40	41.4~89.6			
고분자 발포재(Polymer Foam)					
유연 발포재 (극저밀도)	0.01~0.12	0.24~0.85	유연 발포재 (저밀도)	0.02~0.3	0.24~2.35
유연 발포재 (중밀도)	0.05~0.7	0.43~2.95	강직 발포재 (저밀도)	0.3~1.7	0.45~2.25
강직 발포재 (중밀도)	0.4~3.5	0.65~5.1	강직 발포재 (고밀도)	0.8~12	1.2~12.4

(*) 세라믹의 경우 항복강도는 압축강도로 대체하는 것이 세라믹 관련 설계에서 더욱 적절하므로 그리하였음. 세라믹은 인장에서보다 압축에서 10배 정도 더 강하다는 사실에 주목하자.

표 A.6 (평면변형) 파괴인성(K_{Ic})

	K_{Ic}(MPa$\sqrt{m}$)		K_{Ic}(MPa$\sqrt{m}$)		K_{Ic}(MPa$\sqrt{m}$)
금속					
철강재료(Ferrous)					
주철	22~54	고탄소강	27~92	중탄소강	12~92
저탄소강	41~82	저합금강	14~200	스테인리스강	62~280
비철재료(Nonferrous)					
알루미늄 합금	22~35	구리 합금	30~90	납 합금	5~15
마그네슘 합금	12~18	니켈 합금	80~110	티타늄 합금	14~120
아연 합금	10~100				
세라믹					
유리(Glass)					
소다석회유리	0.55~0.7	보로실리케이트유리	0.5~0.7	실리카유리	0.6~0.8
다공질(Porous)					
벽돌	1~2	콘크리트	0.35~0.45	석재	0.7~1.5
공업용(Technical)					
알루미나	3.3~4.8	질화알루미늄	2.5~3.4	보론카바이드	2.5~3.5
규소	0.83~0.94	탄화규소	2.5~5	질화규소	4~6
텅스텐 카바이드	2~3.8	유리세라믹	1.4~1.7		
복합재료					
SiC/Al	15~24	CFRP	6.1~88	GFRP	7~23
천연재료					
대나무	5~7	코르크	0.05~0.1	가죽	3~5
목재(길이방향)	5~9	목재(가로방향)	0.5~0.8		
고분자					
고무(Elastomer)					
부틸고무	0.07~0.1	EVA	0.5~0.7	이소프렌고무(IR)	0.07~0.1
천연고무(NR)	0.15~0.25	네오프렌고무(CR)	0.1~0.3	폴리우레탄고무(el-PU)	0.2~0.4
실리콘고무	0.03~0.5				

표 A.6 (평면변형) 파괴인성(K_{Ic})(계속)

	K_{Ic}(MPa$\sqrt{m}$)		K_{Ic}(MPa$\sqrt{m}$)		K_{Ic}(MPa$\sqrt{m}$)
열가소성(Thermoplastic)					
ABS	1.19~4.30	셀룰로스(CA)	1~2.5	이오노머(I)	1.14~3.43
나일론(PA)	2.22~5.62	폴리카보네이트(PC)	2.1~4.6	PEEK	2.73~4.30
폴리에틸렌(PE)	1.44~1.72	PET	4.5~5.5	아크릴(PMMA)	0.7~1.6
아세탈(POM)	1.71~4.2	폴리프로필렌(PP)	3~4.5	폴리스타이렌(PS)	0.7~1.1
폴리우레탄(tp-PU)	1.84~4.97	PVC	1.46~5.12	테플론(PTFE)	1.32~1.80
열경화성(Thermoset)					
에폭시	0.40~2.22	페놀수지	0.79~1.21	폴리에스터	1.09~1.70
고분자 발포재(Polymer Foam)					
유연 발포재(극저밀도)	0.005~0.02	유연 발포재(저밀도)	0.015~0.05	유연 발포재(중밀도)	0.03~0.09
강직 발포재(저밀도)	0.002~0.02	강직 발포재(중밀도)	0.007~0.049	강직 발포재(고밀도)	0.024~0.091

주) K_{Ic}는 선형탄성파괴역학(LEFM)이 적용가능한 경우에만 유효하다(제8장 참조). 평면변형 인성(G_{Ic})은 다음 관계로부터 산정할 수 있다. $K_{Ic}^2 = EG_{Ic}/(1-\nu^2) \approx EG_{Ic} (\because \nu^2 \approx 0.1)$

표 A.7 열전도도(λ)와 열팽창계수(α)

	λ(W/m.K)	α(10^{-6}/C)		λ(W/m.K)	α(10^{-6}/C)
금속					
철강재료(Ferrous)					
주철	29~44	10~12.5	고탄소강	47~53	11~13.5
중탄소강	45~55	10~14	저탄소강	49~54	11.5~13
저합금강	34~55	10.5~13.5	스테인리스강	11~19	13~20
비철재료(Nonferrous)					
알루미늄 합금	76~235	21~24	구리 합금	160~390	16.9~18
납 합금	22~36	18~32	마그네슘 합금	50~156	24.6~28
니켈 합금	67~91	12~13.5	티타늄 합금	5~12	7.9~11
텅스텐 합금	100~142	4~5.6	아연 합금	100~135	23~28

표 A.7 열전도도(λ)와 열팽창계수(α)(계속)

	λ(W/m.K)	$\alpha(10^{-6}/C)$		λ(W/m.K)	$\alpha(10^{-6}/C)$
세라믹					
유리(Glass)					
소다석회유리	0.7~1.3	9.1~9.5	보로실리케이트 유리	1.0~1.3	3.2~4.0
실리카유리	1.4~1.5	0.55~0.75			
다공질(Porous)					
벽돌	0.46~0.73	5~8	콘크리트	0.8~2.4	6~13
석재	5.4~6.0	3.7~6.3			
공업용(Technical)					
알루미나	30~38.5	7.0~10.9	질화알루미늄	80~200	4.9~6.2
보론카바이드	40~90	3.2~3.4	규소	140~150	2.2~2.7
탄화규소	115~200	4.0~5.1	질화규소	22~30	3.2~3.6
텅스텐카바이드	55~88	5.2~7.1	유리세라믹	1.3~2.5	1~5
복합재료					
SiC/Al	180~160	15~23	CFRP	1.28~2.6	1~4
GFRP	0.4~0.55	8.6~33			
천연재료					
대나무	0.1~0.18	2.6~10	코르크	0.035~0.048	130~230
가죽	0.15~0.17	40~50	목재(길이방향)	0.31~0.38	2~11
목재(가로방향)	0.15~0.19	32~42			
고분자					
고무(Elastomer)					
부틸고무	0.08~0.1	120~300	EVA	0.3~0.4	160~190
이소프렌고무(IR)	0.08~0.14	150~450	천연고무(NR)	0.10~0.14	150~450
네오프렌고무 (CR)	0.08~0.14	575~610	폴리우레탄고무 (el-PU)	0.28~0.3	150~165
실리콘고무	0.3~1.0	250~300			
열가소성(Thermoplastic)					
ABS	0.19~0.34	84.6~234	셀룰로스(CA)	0.13~0.3	150~300
이오노머(I)	0.24~0.28	180~306	나일론(PA)	0.23~0.25	144~150
폴리카보네이트 (PC)	0.19~0.22	120~137	PEEK	0.24~0.26	72~194
폴리에틸렌(PE)	0.40~0.44	126~198	PET	0.14~0.15	114~120
아크릴(PMMA)	0.08~0.25	72~162	아세탈(POM)	0.22~0.35	76~201

표 A.7 **열전도도(λ)와 열팽창계수(α)(계속)**

	λ(W/m.K)	$\alpha(10^{-6}$/C)		λ(W/m.K)	$\alpha(10^{-6}$/C)
폴리프로필렌 (PP)	0.11~0.17	122~180	폴리스타이렌 (PS)	0.12~0.13	90~153
폴리우레탄 (tp-PU)	0.23~0.24	90~144	PVC	0.15~0.29	100~150
테플론(PTFE)	0.24~0.26	126~216			
열경화성(Thermoset)					
에폭시	0.18~0.5	58~117	페놀수지	0.14~0.15	120~125
폴리에스터	0.28~0.3	99~180			
고분자 발포재(Polymer Foam)					
유연 발포재 (극저밀도)	0.036~0.048	120~220	유연 발포재 (저밀도)	0.04~0.06	115~220
유연 발포재 (중밀도)	0.04~0.08	115~220	강직 발포재 (저밀도)	0.023~0.04	20~80
강직 발포재 (중밀도)	0.027~0.038	20~75	강직 발포재 (고밀도)	0.034~0.06	22~70

표 A.8 **열용량 또는 비열(C_p)**

	C_p(J/kg.K)		C_p(J/kg.K)		C_p(J/kg.K)
금속					
철강재료(Ferrous)					
주철	439~495	고탄소강	440~510	중탄소강	440~510
저탄소강	460~505	저합금강	410~530	스테인리스강	450~530
비철재료(Nonferrous)					
알루미늄 합금	857~990	구리 합금	372~388	납 합금	122~145
마그네슘 합금	955~1060	니켈 합금	452~460	티타늄 합금	520~600
아연 합금	405~535				
세라믹					
유리(Glass)					
소다석회유리	850~950	보로실리케이트유리	760~800	실리카유리	680~730
다공질(Porous)					
벽돌	750~850	콘크리트	835~1050	석재	840~920

표 A.8 열용량 또는 비열(C_p)(계속)

	C_p(J/kg.K)		C_p(J/kg.K)		C_p(J/kg.K)
공업용(Technical)					
알루미나	790~820	질화알루미늄	780~820	보론카바이드	840~1290
규소	668~715	탄화규소	663~800	질화규소	670~800
텅스텐카바이드	184~292	유리세라믹	600~900		
복합재료					
SiC/Al	800~900	CFRP	900~1040	GFRP	1000~1200
천연재료					
대나무	1660~1710	코르크	1900~2100	가죽	1530~1730
목재	1660~1710				
고분자					
고무(Elastomer)					
부틸고무	1800~2500	EVA	2000~2200	이소프렌고무(IR)	1800~2500
천연고무(NR)	1800~2500	네오프렌고무(CR)	2000~2200	폴리우레탄고무(el-PU)	1650~1700
실리콘고무	1050~1300				
열가소성(Thermoplastic)					
ABS	1390~1920	셀룰로스(CA)	1390~1670	이오노머(I)	1810~1890
나일론(PA)	1600~1660	폴리카보네이트(PC)	1530~1630	PEEK	1440~1500
폴리에틸렌(PE)	1810~1880	PET	1420~1470	아크릴(PMMA)	1490~1610
아세탈(POM)	1360~1430	폴리프로필렌(PP)	1870~1960	폴리스타이렌(PS)	1690~1760
폴리우레탄(tp-PU)	1550~1620	PVC	1360~1440	테플론(PTFE)	1010~1050
열경화성(Thermoset)					
에폭시	1490~2000	페놀수지	1470~1530	폴리에스터	1510~1570
고분자 발포재(Foam)					
유연 발포재(극저밀도)	1750~2260	유연 발포재(저밀도)	1750~2260	유연 발포재(중밀도)	1750~2260
강직 발포재(저밀도)	1120~1910	강직 발포재(중밀도)	1120~1910	강직 발포재(고밀도)	1120~1910

표 A.9 비저항과 유전상수

	비저항 ($\mu\Omega$.cm)	유전상수		비저항 ($\mu\Omega$.cm)	유전상수
금속					
철강재료(Ferrous)					
주철	49~56	–	고탄소강	17~20	–
중탄소강	15~22	–	저탄소강	15~20	–
저합금강	15~35	–	스테인리스강	64~107	–
비철재료(Nonferrous)					
알루미늄 합금	2.5~5.0	–	구리 합금	1.7~24	–
납 합금	15~22	–	마그네슘 합금	4.2~15	–
니켈 합금	6~114	–	티타늄 합금	100~170	–
텅스텐 합금	10.2~14	–	아연 합금	5.4~7.2	–
세라믹					
유리(Glass)					
소다석회유리	$8\times10^{17}\sim8\times10^{18}$	7.0~7.6	보로실리케이트 유리	$3\times10^{21}\sim3\times10^{22}$	4.6~6.0
실리카유리	$1\times10^{23}\sim1\times10^{27}$	3.7~3.9			
다공질(Porous)					
벽돌	$1\times10^{14}\sim3\times10^{16}$	7.0~10	콘크리트	$1.8\times10^{12}\sim1.8\times10^{13}$	8.0~12
석재	$1\times10^{8}\sim1\times10^{14}$	6.0~18			
공업용(Technical)					
알루미나	$1\times10^{20}\sim1\times10^{22}$	6.5~6.8	질화알루미늄	$1\times10^{19}\sim1\times10^{21}$	8.3~9.3
보론카바이드	$1\times10^{5}\sim1\times10^{7}$	4.8~8.0	규소	$1\times10^{6}\sim1\times10^{12}$	11~12
탄화규소	$1\times10^{9}\sim1\times10^{12}$	6.3~9.0	질화규소	$1\times10^{20}\sim1\times10^{21}$	7.9~8.1
텅스텐카바이드	20~100	–	유리세라믹	$2\times10^{19}\sim1\times10^{21}$	5.3~6.2
복합재료					
SiC/Al	5~12	–	CFRP	$1.7\times10^{5}\sim1\times10^{6}$	–
GFRP	$1\times10^{16}\sim2\times10^{22}$	4.2~5.2			
천연재료					
대나무	$6\times10^{13}\sim7\times10^{14}$	5~7	코르크	$1\times10^{9}\sim1\times10^{11}$	6~8
가죽	$1\times10^{8}\sim1\times10^{10}$	5~10	목재(길이방향)	$6\times10^{13}\sim2\times10^{14}$	5~6
목재(가로방향)	$2\times10^{14}\sim7\times10^{14}$	5~6			

표 A.9 비저항과 유전상수(계속)

	비저항 ($\mu\Omega$.cm)	유전상수		비저항 ($\mu\Omega$.cm)	유전상수
고분자					
고무(Elastomer)					
부틸고무	$1\times10^{15}\sim1\times10^{16}$	2.8~3.2	EVA	$3.2\times10^{21}\sim1\times10^{22}$	2.9~3.0
이소프렌고무(IR)	$1\times10^{15}\sim1\times10^{16}$	2.5~3.0	천연고무(NR)	$1\times10^{15}\sim1\times10^{16}$	3.0~4.5
네오프렌고무 (CR)	$1\times10^{19}\sim1\times10^{23}$	6.7~8.0	폴리우레탄고무 (el-PU)	$1\times10^{18}\sim1\times10^{22}$	5.0~9.0
실리콘고무	$3\times10^{19}\sim1\times10^{22}$	2.9~4.0			
열가소성(Thermoplastic)					
ABS	$3\times10^{21}\sim3\times10^{22}$	2.8~3.2	셀룰로스(CA)	$1\times10^{17}\sim4\times10^{20}$	3.0~5.0
이오노머(I)	$3\times10^{21}\sim3\times10^{22}$	2.2~2.4	나일론(PA)	$1.5\times10^{19}\sim1.1\times10^{20}$	3.7~3.9
폴리카보네이트 (PC)	$1\times10^{20}\sim1\times10^{21}$	3.1~3.3	PEEK	$3\times10^{21}\sim3\times10^{22}$	3.1~3.3
폴리에틸렌(PE)	$3\times10^{22}\sim3\times10^{24}$	2.2~2.4	PET	$3\times10^{20}\sim3\times10^{21}$	3.5~3.7
아크릴(PMMA)	$3\times10^{23}\sim3\times10^{24}$	3.2~3.4	아세탈(POM)	$3\times10^{20}\sim3\times10^{21}$	3.6~4.0
폴리프로필렌 (PP)	$3\times10^{22}\sim3\times10^{23}$	2.1~2.3	폴리스타이렌 (PS)	$1\times10^{25}\sim1\times10^{27}$	3.0~3.3
폴리우레탄 (tp-PU)	$3\times10^{18}\sim3\times10^{19}$	6.6~7.1	PVC	$1\times10^{20}\sim1\times10^{22}$	3.1~4.4
테플론(PTFE)	$3\times10^{23}\sim3\times10^{24}$	2.1~2.2			
열경화성(Thermoset)					
에폭시	$1\times10^{20}\sim6\times10^{21}$	3.4~5.7	페놀수지	$3\times10^{18}\sim3\times10^{19}$	4.0~6.0
폴리에스터	$3\times10^{18}\sim3\times10^{19}$	2.8~3.3			
고분자 발포재(Polymer Foam)					
유연 발포재 (극저밀도)	$1\times10^{20}\sim1\times10^{23}$	1.1~1.15	유연 발포재 (저밀도)	$1\times10^{20}\sim1\times10^{23}$	1.15~1.2
유연 발포재 (중밀도)	$1\times10^{20}\sim1\times10^{23}$	1.2~1.3	강직 발포재 (저밀도)	$1\times10^{17}\sim1\times10^{21}$	1.04~1.1
강직 발포재 (중밀도)	$3\times10^{16}\sim3\times10^{20}$	1.1~1.19	강직 발포재 (고밀도)	$1\times10^{16}\sim1\times10^{20}$	1.2~1.45

표 A.10 생산에너지와 CO_2배출 이력(Footprint)

	에너지 (MJ/kg)	CO_2(kg/kg)		에너지 (MJ/kg)	CO_2(kg/kg)
금속					
철강재료(Ferrous)					
주철	16~18	0.97~1.1	고탄소강	29~35	2.2~2.8
중탄소강	29~35	2.2~2.8	저탄소강	29~35	2.2~2.8
저합금강	32~38	2.2~2.8	스테인리스강	77~85	4.9~5.4
비철재료(Nonferrous)					
알루미늄 합금	200~220	11.2~12.8	구리 합금	68~74	4.9~5.6
납 합금	53~58	3.3~3.7	마그네슘 합금	360~400	22.4~24.8
니켈 합금	127~140	7.9~9.2	티타늄 합금	600~740	7.9~11
텅스텐 합금	313~346	19.7~21.8	아연 합금	70~75	3.7~4.0
세라믹					
유리(Glass)					
소다석회유리	14~17	0.7~1.0	보로실리케이트 유리	24~26	1.3~1.4
실리카유리	30~33	1.6~1.8			
다공질(Porous)					
벽돌	2.2~3.5	0.2~0.23	콘크리트	1.0~1.3	0.13~0.15
석재	5.5~6.4	0.3~0.34			
공업용(Technical)					
알루미나	50~55	2.7~3.0	질화알루미늄	209~231	11.3~12.5
보론카바이드	153~169	8.3~9.1	규소	56~62	3.8~4.2
탄화규소	70~78	6.3~6.9	질화규소	116~128	3.1~3.4
텅스텐카바이드	82~91	4.4~4.9	유리세라믹	36~40	2.0~2.2
복합재료					
SiC/Al	250~300	7.5~8.3	CFRP	259~286	16.1~18.3
GFRP	107~118	7.5~8.3			
천연재료					
대나무	4~6	0.3~0.33	코르크	4~5	0.19~0.22
가죽	102~113	4.1~4.5	목재(길이방향)	7~8	0.4~0.46
목재(가로방향)	7~8	0.45~0.49			

표 A.10 생산에너지와 CO_2배출 이력(Footprint)(계속)

	에너지 (MJ/kg)	CO_2(kg/kg)		에너지 (MJ/kg)	CO_2(kg/kg)
고분자					
고무(Elastomer)					
부틸고무	95~120	3.6~4.2	EVA	87~96	2.9~3.2
이소프렌고무(IR)	77~85	2.2~2.4	천연고무(NR)	62~70	1.5~1.6
네오프렌고무 (CR)	96~106	3.5~3.9	폴리우레탄고무 (el-PU)	109~120	4.5~4.9
실리콘고무	152~168	8.2~9.0			
열가소성(Thermoplastic)					
ABS	91~102	3.3~3.6	셀룰로스(CA)	108~119	4.4~4.9
이오노머(I)	102~112	4.0~4.4	나일론(PA)	121~135	5.5~5.6
폴리카보네이트 (PC)	105~116	5.4~5.9	PEEK	223~246	13.0~14.0
폴리에틸렌(PE)	77~85	2.0~2.2	PET	80~88	2.2~2.5
아크릴(PMMA)	94~110	3.4~3.8	아세탈(POM)	100~110	3.8~4.2
폴리프로필렌(PP)	85~105	2.6~2.8	폴리스타이렌 (PS)	86~99	2.7~3.0
폴리우레탄 (tp-PU)	113~125	4.6~5.3	PVC	68~95	2.2~2.6
테플론(PTFE)	145~160	7.1~7.8			
열경화성(Thermoset)					
에폭시	105~130	4.2~4.6	페놀수지	86~95	2.8~3.1
폴리에스터	84~93	2.7~3.0			
고분자 발포재(Polymer Foam)					
유연 발포재 (극저밀도)	103~115	4.0~4.8	유연 발포재 (저밀도)	103~115	4.0~4.8
유연 발포재 (중밀도)	103~115	4.0~4.8	강직 발포재 (저밀도)	105~110	3.5~4.0
강직 발포재 (중밀도)	105~110	3.5~4.0	강직 발포재 (고밀도)	105~110	3.5~4.0

표 A.11 대략적인 재료가격

	C_m($/kg)		C_m($/kg)		C_m($/kg)
금속					
철강재료(Ferrous)					
주철	0.57~0.69	고탄소강	0.72~0.8	중탄소강	0.67~0.74
저탄소강	0.63~0.7	저합금강	0.81~0.89	스테인리스강	6.5~7.2
비철재료(Nonferrous)					
알루미늄 합금	1.5~1.7	구리 합금	3.2~3.5	납 합금	3.2~3.5
마그네슘 합금	5.2~5.7	니켈 합금	33~37	티타늄 합금	67~74
아연 합금	1.2~1.3				
세라믹					
유리(Glass)					
소다석회유리	1.4~1.7	보로실리케이트유리	4.1~6.2	실리카유리	6.2~10
다공질(Porous)					
벽돌	0.62~1.7	콘크리트	0.041~0.062	석재	0.4~0.6
공업용(Technical)					
알루미나	18~27	질화알루미늄	100~179	보론카바이드	60~89
규소	9.1~15	탄화규소	15~21	질화규소	35~54
텅스텐 카바이드	19~29	유리세라믹	2.1~12		
복합재료					
SiC/Al	62~83	CFRP	40~44	GFRP	19~21
SMC	5.8~6.4	DMC	4.7~5.2		
천연재료					
대나무	1.4~2.1	코르크	2.8~14	가죽	17~21
목재	0.8~1				
고분자					
고무(Elastomer)					
부틸고무	3.7~4.1	EVA	1.5~1.7	이소프렌고무(IR)	2.9~3.2
천연고무(NR)	1.7~1.9	네오프렌고무(CR)	5.1~5.6	폴리우레탄 고무(el-PU)	4.9~5.3
실리콘고무	13~14				

표 A.11 대략적인 재료가격(계속)

	C_m($/kg)		C_m($/kg)		C_m($/kg)
열가소성(Thermoplastic)					
ABS	2.1~2.5	셀룰로스(CA)	3.9~4.3	이오노머(I)	2.8~3.7
나일론(PA)	3.3~3.6	폴리카보네이트(PC)	3.7~4.0	PEEK	100~120
폴리에틸렌(PE)	1.3~1.4	PET	1.5~1.7	아크릴(PMMA)	2.6~2.8
아세탈(POM)	3.3~3.8	폴리프로필렌(PP)	1.2~1.3	폴리스타이렌(PS)	1.4~1.6
폴리우레탄(tp-PU)	4.1~5.6	PVC	0.93~1.0	테플론(PTFE)	11~21
열경화성(Thermoset)					
에폭시	2.6~2.8	페놀수지	1.7~1.9	폴리에스터	4.1~4.5
고분자 발포재(Polymer Foam)					
유연 발포재(극저밀도)	2.9~3.1	유연 발포재(저밀도)	2.9~3.1	유연 발포재(중밀도)	2.9~3.1
강직 발포재(저밀도)	12~25	강직 발포재(중밀도)	12~25	강직 발포재(고밀도)	12~25

데이터 검증과 산정 방법

재료특성 데이터의 가치는 데이터의 정밀도와 완성도, 즉 품질에 달렸다. 품질을 유지하거나 향상시키는 한 가지 방법은 그것의 유효성을 검증하는 절차를 거치게 하는 것이다. 아래에 소개하는 바와 같은 특성범위의 검증과 무차원 상관관계는 그러한 절차를 위한 유력한 도구이다. 그런 절차는 또한 이가 빠진 데이터를 추정하여 채워 넣을 수 있는 부수적인 기능도 제공하는데, 이는 직접적인 측정이 불가능한 경우에 필수적인 것이다.

특성 범위

어떤 재료클래스이든 각 특성에는 나름대로 범위가 있다. 이를 표현하는 편리한 방법은 각 재료 가족과 클래스에 대하여 특성의 하한치(L)와 상한치(H)를 표기하는 것이다. 예를 들어 표 A.12에 탄성계수(영의 계수) E에 대하여 하한치는 E_L로, 상한치는 E_H로 나타낸 것을 보여준다.

모든 특성들이 이렇게 고유한 범위를 나타내며, 재료클래스가 제한적일수록 그 범위가 좁아

표 A.12 광범위한 재료클래스에 대한 탄성계수(E)의 범위

재료	E_L(GPa)	E_H(GPa)	재료	E_L(GPa)	E_H(GPa)
모든 고체	0.00001	1000			
재료클래스					
금속(철강재료)	70	220	금속(비철재료)	4.6	570
공업용 세라믹(*)	91	1000	유리	47	83
고분자(열가소성)	0.1	4.1	고분자(열경화성)	2.5	10
고분자(고무)	0.0005	0.1	고분자 발포재	0.00001	2
복합재료 (금속기지)	81	180	복합재료 (고분자기지)	2.5	240
목재(길이방향)	1.8	34	목재(가로방향)	0.1	18

(*) 공업용 세라믹이라 함은 SiC, Al_2O_3, ZrO_2 등 치밀하고 단상으로 이루어진 세라믹을 말한다.

지게 된다. 검증과 산정의 목적을 달성하기 위해서는 금속 가족을 주철, 강철, 알루미늄합금, 마그네슘 합금, 티타늄 합금, 구리 합금 등으로 세분하는 것이 좋다. 고분자는 열가소성, 열경화성, 탄성중합체(고무) 등으로 나누고, 세라믹과 유리도 공업용 세라믹, 도자기류, 실리케이트(규산염) 유리, 광물 등으로 나누면 정확도를 향상할 수 있다.

재료특성 간의 상관관계

강성이 큰 재료는 용융점이 높다. 밀도가 낮은 재료는 비열이 높다. 열전도도가 높은 금속은 전기전도도 역시 높다. 이러한 경험법칙은 두 가지 이상의 재료특성 간의 상관관계를 보여주는데, 재료특성은 무차원 특성 그룹의 값에 대한 상한, 하한으로 보다 정량적으로 나타낼 수 있다. 이는 다음과 같이 나타낸다.

$$C_L < P_1 P_2^n < C_H \tag{A.1}$$

또는

$$C_L < P_1 P_2^n P_3^m < C_H \tag{A.2}$$

여기서, P_1, P_2, P_3는 재료특성이고, n과 m은 지수(보통은 −1, −1/2, 1/2, 1), C_L과 C_H는 상한과 하한을 나타내는 무차원 상수로 그 두 값 사이에 특성 그룹이 존재한다. 상관관계는 데이터에 엄격한 제한조건을 부여하고, 재료선택 차트에 나타났던 굵은 테두리의 패턴을 얻게 한다. 하나의 사례가 열팽창계수 α(단위: K^{-1})와 용융점 T_m(단위: K) 또는 비결정질 재료의 경우에 유리천이온도(T_g) 사이의 관계이다.

$$C_L \le \alpha T_m \le C_H \tag{A.3a}$$

$$C_L \le \alpha T_g \le C_H \tag{A.3b}$$

식 (A.1)과 같은 상관관계라 할 수 있다. 이 그룹에 대한 무차원 한계 C_L과 C_H의 값을 여러 재료클래스에 대하여 표 A.13에 보여준다. 그 값의 범위는 특성범위가 10~100배 차이가 났던 것과는 달리 2~10배 정도 차이가 난다. 나중에 기술하겠지만, 이러한 것들이 데이터를 검증하고 산정하는 계통적인 기법의 바탕이 된다.

데이터 검증

데이터의 검증은 3단계로 이루어진다. 각각의 자료는 먼저 하나의 재료클래스에 배정되는데, 물론 더 높은 수준의 검증에서는 하위클래스에 배정되기도 한다. 이로써 그 자료가 검증될 특성범위와 상관관계의 한계가 정해진다. 그 다음에 데이터는 해당 재료클래스와 특성에 대한 범위의 한계 L과 H와 비교된다. 범위 안에 있으면 채택되고, 그렇지 못하면 검증을 위해 꼬리표를 붙여 둔다.

왜 그런 자질구레한 데까지 신경을 써야 하는가? 그것은 데이터의 건전성에 대한 확인이기 때문이다. 재료나 공정의 특성에 대한 많은 핸드북이나 데이터베이스에서 흔히 발견되는 오류는 잘못된 단위의 사용과 소수점을 잘못 찍어서 생기는 10배, 100배 또는 1/10, 1/100 식의 오류이다. 특성범위의 확인은 이런 종류의 오류를 잡아낸다. 만일 실제 사례를 원한다면 언제

표 A.13 광범위한 재료클래스에 대한 αT_m과 αT_g의 범위

상관관계* $C_L < \alpha T_m < C_H$	$C_L(\times 10^{-3})$	$C_H(\times 10^{-3})$	상관관계* $C_L < \alpha T_m < C_H$	$C_L(\times 10^{-3})$	$C_H(\times 10^{-3})$
모든 고체	0.1	56			
재료클래스					
금속(철강재료)	13	27	금속(비철재료)	2	21
공업용 세라믹	6	24	유리	0.3	3
고분자(열가소성)	18	35	고분자(열경화성)	11	41
고분자(고무)	35	56	고분자 발포재	16	37
복합재료 (금속기지)	10	20	복합재료 (고분자기지)	0.1	10
목재(길이방향)	2	4	목재(가로방향)	6	17

(*) 비결정질 고체의 경우에는 용융점(T_m) 대신 유리천이온도(T_g)를 사용한다.

든지 참고도서실의 핸드북을 잡고 실시해보라. 단 한 권도 오류 없이 통과하지는 못할 것이다.

세 번째 단계는 표 A.13에 보이는 것과 같은 각 특성의 무차원 그룹이 차례대로 만들어지고, 한계값 C_L과 C_H로 정해지는 범위와 비교된다. 값이 상관관계의 한계 범위에 들어오면 채택되는 것이고, 그렇지 못하면 따로 검증을 받아야 한다. 상관관계 범위 검증은 특성범위 검증에 비하여 더욱 정교하여 아주 미묘한 오류도 잡아내므로, 데이터의 품질을 더욱 향상시킬 수 있다.

데이터 산정

상관관계는 다른 하나의 효율적인 기능을 가지고 있다. 재료특성에 관한 우리의 지식에는 빈 구멍이 남아 있다. 많은 재료의 파괴인성은 아직 측정된 적이 없으며 전기 절연파괴전위도 마찬가지이며, 심지어 탄성계수조차 모두 알려져 있는 것은 아니다. 어떤 재료의 특성 데이터가 없을 경우 그 특성을 활용해야 하는 '가려내기' 절차에서는, 그 재료가 충분히 살아남을 수 있는 후보임에도 불구하고 잘못 판단하여 탈락시키게 될 것이다. 이러한 어려움을 극복하는 방법으로 상관관계와 범위의 한계에 의해 누락된 데이터의 추정치를 산정하고 사용자에게는 그것이 추정치임을 알 수 있게 하면 된다.

특성치를 추정하는 경우에는 검증하는 사용한 절차를 거꾸로 행한다. 우선 무차원 그룹이 더욱 정확하므로 이를 사용한다. 그것들은 놀랄 만큼 좋다. 하나의 예로서 폴리카보네이트의 열팽창계수(α)를 그 재료의 유리천이온도(T_g)로부터 추정해보자. 식 (A.3b)를 바꾸어 다음과 같이 산정식을 만들 수 있다.

$$\frac{C_L}{T_g} \leq \alpha \leq \frac{C_H}{T_g} \tag{A.4}$$

표 A.13으로부터 C_L과 C_H의 값을 찾고, 특정 폴리카보네이트 시편에 대한 $T_g = 420$ K를 대입하면 다음과 같은 평균값으로 추정할 수 있다.

$$\overline{\alpha} = 63 \times 10^{-3}\ \mathrm{K}^{-1} \tag{A.5}$$

폴리카보네이트의 잘 알려진 열팽창계수는이다.

$$\alpha = 54 \sim 62 \times 10^{-3}\ \mathrm{K}^{-1}$$

이는 추정치가 측정 데이터의 평균값에 대하여 9% 오차 범위 내에 있음을 보여주며, 이 정도라면 가려내기 목적으로는 매우 충분하다. 그러나 이것은 어디까지나 추정치임을 잊어서는 안 된다. 만일 열팽창이 그 설계에 있어서 아주 중대한 변수라면 더 나은 데이터나 직접 측정이 필수적이다.

상관관계에 의한 검증이 너무 소모적인 경우에만 특성범위에 의한 산정으로 대체한다. 이는 누락된 데이터의 아주 거친 1차 추정치를 제공할 뿐이며, 상관관계에 의한 산정보다 훨씬 덜 정확하지만, 가려내기 목적으로는 여전히 효과적인 값을 제공한다.

심화학습을 위한 참고문헌

Ashby, M.F. (1998) Checks and estimates for material properties. Cambridge University Engineering Department. *Proc. Roy. Soc. A.*, *454*, 1301~1321. (이것과 다음 참고문헌은 데이터 검증과 데이터 산정 방법의 세부적인 내용을 보여준다.)

Bassetti, D., Brechet, Y., & Ashby, M.F. (1998) Estimates for material properties: The method of multiple correlations. *Proc. Roy. Soc. A.*, *454*, 1323~1336. (이것과 바로 앞의 참고문헌은 데이터 검증과 데이터 산정 방법의 세부적인 내용을 보여준다.)

부록 B

표준형 문제의 풀이

Deflection of beams

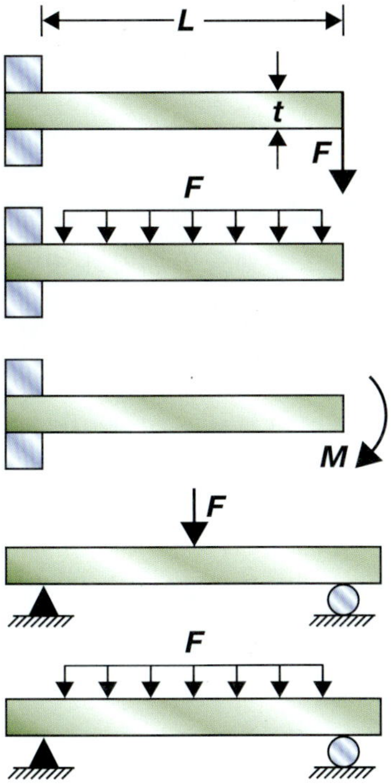

C_1	C_2
3	2
8	6
2	1
48	16
$\frac{384}{5}$	24

$$\delta = \frac{FL^3}{C_1EI} = \frac{ML^2}{C_1EI}$$

$$\theta = \frac{FL^2}{C_2EI} = \frac{ML}{C_2EI}$$

Materials Selection in Mechanical Design. DOI: 10.1016/B978-1-85617-663-7.00019-9

B.0 서론과 개요

모델링은 설계에 있어서 핵심적인 부분이다. 초기 단계에서는 대략적인 모델링을 통하여 '개념'이 도대체 제대로 작동할지를 확인해야 하고, 성능을 최대화할 수 있는 재료 특성의 조합을 찾아내야 한다. '구현' 단계에서는 보다 정확한 모델링으로 하중, 변위, 속도, 열 유속, 부품의 치수에 대하여 허용되는 값의 범위를 결정한다. 마지막 단계에서 모델링은 주요 부품의 응력, 변형도, 파손확률과 동력, 속력, 효율 등에 관한 정확한 값을 제공한다.

단순한 기하학적 형상과 하중조건이 많은 부품들에 대해서는 이미 모델링이 되어 있다. 보다 복잡한 많은 부품들도 이들 중 하나로 이상적으로 단순화시키면 대략적인 모델링 가능하다. 빔이나 기둥이나 압력용기는 처음부터 다시 개발할 필요가 없다. 통상적인 모든 하중조건하에서 그것들의 거동은 이미 해석되어 있다. 중요한 것은 해석의 결과가 존재하는지, 그것들을 어디서 찾을 수 있는지를 아는 것이다.

이 부록에는 여러 가지 표준형 문제에 대한 모델링의 결과를 요약하였다. 이들 결과의 효용가치는 결코 과대평가 되었다고 할 수 없다. 개념설계의 많은 문제들은 적절한 정밀도 수준에서, 여기에 주어진 해를 조합한 것으로 처리될 수 있다. 그리 중대하지 않은 부품들에 대해서는 심지어 상세설계 단계의 해석조차도 종종 같은 방식으로 처리될 수 있다. 설령 이러한 근사적인 해법이 정확도가 충분하지는 않더라도 그것이 통찰력은 충분한 가치가 있다.

이 부록은 15개의 절을 포함하고 있는데, 짧은 코멘트와 함께 각각의 경우에 구성방정식에 대한 결과를 수록하였다. 빔, 기둥, 토션바의 하중에 관한 문제, 접촉 응력과 균열 등 응력집중에 관한 문제, 압력용기와 진동하는 빔과 평판에 관한 문제, 열과 물질의 전달에 관한 문제들이다. 이것들은 부록 B.16에 열거한 수많은 출처로부터 추려낸 것이다.

B.1 역학적 반응에 대한 구성방정식

구조요소의 거동은 그것이 하중을 받았을 때 변형되는 메커니즘에 따라 결정된다. 굽힘하중을 받는 빔은 탄성변형으로 처질 수도 있고, 소성변형으로 항복할 수도 있다. 또한 크리프할 수도 있고, 취성 혹은 연성 파괴를 일으킬 수도 있다. 이러한 재료의 거동을 표현하는 방정식은 구성방정식으로 알려져 있다. 각 메커니즘은 각각 다른 구성방정식으로 나타내어지며, 여기에는 하나 이상의 재료특성이 포함된다. 탄성계수(영의 계수: E)나 푸아송비(ν)는 선형탄성변형에 대한 구성방정식에 포함되는 재료특성이고, 항복강도(σ_y)는 소성변형에 대한 구성방정식에, 크리프 상수 $\dot{\varepsilon}_o$, σ_o, n 은 크리프 변형에 대한 구성방정식에, 파괴인성(K_{1c})은 취성파괴에 대한 구성방정식에 포함되는 재료특성이다.

역학적인 변형에 대하여 널리 사용되는 구성방정식을 그림 B.1에 수록하였다. 각각의 경우에 인장응력에 의한 일축하중에 대한 방정식을 먼저 기술하고, 그 아래에 주응력 σ_1, σ_2, σ_3에 의한 다축하중에 대한 방정식을 기술하였다. 여기서 σ_1이 가장 큰 인장응력이고, σ_3이 가장 큰 압축응력(또는 가장 작은 인장응력)이다. 이것들이 역학적 반응을 결정짓는 기본 방정식들이다.

Elastic

Uniaxial $\quad \epsilon = \dfrac{\sigma}{E}$

General $\quad \varepsilon_1 = \dfrac{\sigma_1}{E} - \nu(\sigma_2 + \sigma_3) \quad$ etc.

Plastic

Uniaxial $\quad \sigma \geq \sigma_y$

$\sigma_1 - \sigma_3 \geq \sigma_y \qquad (\sigma_1 > \sigma_2 > \sigma_3) \quad$ or

General $\quad \left[\dfrac{1}{2}\{(\sigma_1 - \sigma_2)^2 + (\sigma_2 - \sigma_3)^2 + (\sigma_3 - \sigma_1)^2\}\right]^{\frac{1}{2}} > \sigma_y$

Creep

Uniaxial $\quad \dot{\varepsilon} = \dot{\varepsilon}_o\left(\dfrac{\sigma}{\sigma_o}\right)^n$

General $\quad \dot{\varepsilon}_1 = \dot{\varepsilon}_o \dfrac{\sigma_o^{n-1}}{\sigma_o^{n}} \{\sigma_1 - \dfrac{1}{2}(\sigma_2 + \sigma_3)\} \quad$ etc.

Fracture

Uniaxial $\quad \sigma \geq C K_{1c}/(\pi a)^{1/2}$

General $\quad \sigma_1 \geq C K_{1c}/(\pi a)^{1/2} \qquad (\sigma_1 > \sigma_2 > \sigma_3)$

E = Young's modulus
n = Poisson's ratio
σ_y = Plastic yield strength
n, ε_o, σ_o = Creep constants
K_{1C}, a = Fracture toughness, crack length
C ≈ 1 Tension
C ≈ 15 Compression

그림 B.1

B.2 단면의 모멘트

일정한 단면을 갖는 빔에 힘(F)에 의한 단순 인장하중이 걸리면 응력은 다음과 같다.

$$\sigma = F/A$$

여기서 A는 단면적이다. 빔의 반응은 해당하는 구성방정식으로부터 계산될 수 있다. 여기서는 단면의 중요한 특징이 넓이다. 다른 모드의 하중에 대해서는 더 높은 차수의 단면적의 모멘트가 필요하다. 흔하게 나타나는 여러 가지 단면에 대한 모멘트가 그림 B.2에 주어져 있다. 그것들의 정의는 다음과 같다.

이차모멘트(I)는 수평축(점선으로 표시하였음)을 기준으로 굽힘에 대한 단면의 저항을 나타낸다.

$$I = \int_{\text{section}} y^2 b(y)\, dy$$

여기서 y는 수평축으로부터 수직 방향으로의 거리이며, $b(y)$는 y지점에서 단면의 폭이다.

모멘트 K는 비틀림에 대한 단면의 저항을 나타낸다. 이는 원형 단면의 극(관성)모멘트 J와 같다.

$$I = \int_{\text{section}} 2\pi r^3\, dr$$

여기서 r은 원형 단면의 중심으로부터 방사상으로의 거리이다. 원형이 아닌 단면에서는 K는 J보다 작다.

단면계수는 $Z = I/y_m$로 나타낼 수 있으며, 주어진 굽힘모멘트(M)에 의해 발생하는 표면응력을 나타낸다. 여기서 y_m은 굽힘을 받는 빔의 중립축으로부터 표면까지의 수직거리이다.

$$\sigma = \frac{My_m}{I} = \frac{M}{Z}$$

마지막으로 모멘트 Z_p는 다음과 같이 정의되며,

$$Z_p = \int_{\text{section}} yb(y)\, dy$$

이는 완전소성굽힘에 대한 빔의 저항을 나타낸다. 굽힘하중하에서 빔의 완전소성모멘트는 다음과 같다.

$$M_p = Z_p \sigma_y$$

Section Shape	Area A m^2	Moment I m^4	Moment K m^4	Moment Z m^3	Moment Z_p m^3
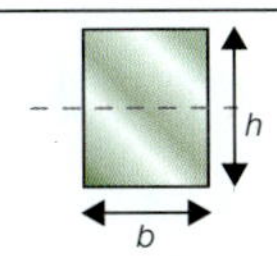	bh	$\frac{bh^3}{12}$	$\frac{bh^3}{3}(1-0.58\frac{b}{h})$ $(h>b)$	$\frac{bh^2}{6}$	$\frac{bh^2}{4}$
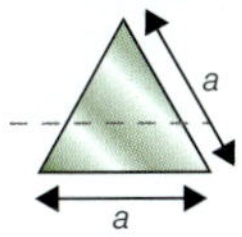	$\frac{\sqrt{3}}{4}a^2$	$\frac{a^4}{32\sqrt{3}}$	$\frac{\sqrt{3}\,a^4}{80}$	$\frac{a^3}{32}$	$\frac{3a^3}{64}$
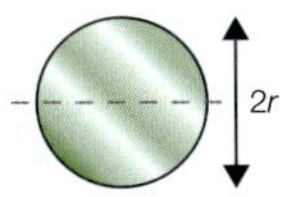	πr^2	$\frac{\pi}{4}r^4$	$\frac{\pi}{2}r^4$	$\frac{\pi}{4}r^3$	$\frac{\pi}{3}r^3$
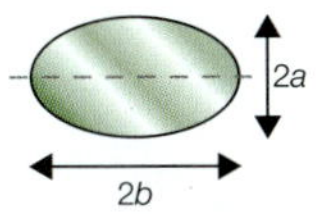	πab	$\frac{\pi}{4}a^3b$	$\frac{\pi a^3b^3}{(a^2+b^2)}$	$\frac{\pi}{4}a^2b$	$\frac{\pi}{3}a^2b$
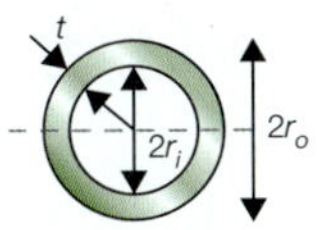	$\pi(r_o^2-r_i^2)$ $\approx 2\pi rt$	$\frac{\pi}{4}(r_o^4-r_i^4)$ $\approx \pi r^3t$	$\frac{\pi}{2}(r_o^4-r_i^4)$ $\approx 2\pi r^3t$	$\frac{\pi}{4r_o}(r_o^4-r_i^4)$ $\approx \pi r^2t$	$\frac{\pi}{3}(r_o^3-r_i^3)$ $\approx \pi r^2t$
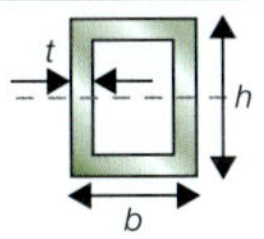	$2t(h+b)$ $(h, b >> t)$	$\frac{1}{6}h^3t(1+3\frac{b}{h})$	$\frac{2tb^2h^2}{(h+b)}(1-\frac{t}{h})^4$	$\frac{1}{3}h^2t(1+3\frac{b}{h})$	$bht(1+\frac{h}{2b})$
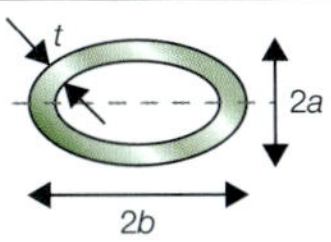	$\pi(a+b)t$ $(a, b >> t)$	$\frac{\pi}{4}a^3t(1+\frac{3b}{a})$	$\frac{4\pi(ab)^{5/2}t}{(a^2+b^2)}$	$\frac{\pi}{4}a^2t(1+\frac{3b}{a})$	$\pi abt(2+\frac{a}{b})$
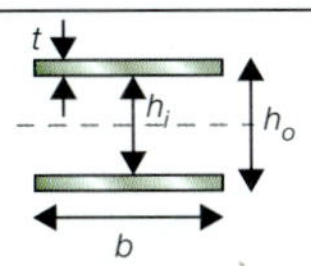	$b(h_o-h_i)$ $\approx 2bt$ $(h, b >> t)$	$\frac{b}{12}(h_o^3-h_i^3)$ $\approx \frac{1}{2}bth_o^2$	–	$\frac{b}{6h_o}(h_o^3-h_i^3)$ $\approx bth_o$	$\frac{b}{4}(h_o^2-h_i^2)$ $\approx bth_o$
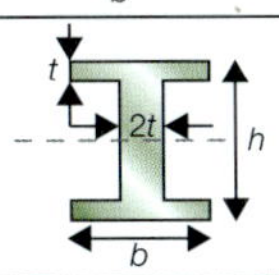	$2t(h+b)$ $(h, b >> t)$	$\frac{1}{6}h^3t(1+3\frac{b}{h})$	$\frac{2}{3}bt^3(1+4\frac{h}{b})$	$\frac{1}{3}h^2t(1+3\frac{b}{h})$	$bht(1+\frac{h}{2b})$
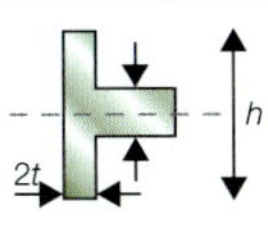	$2t(h+b)$ $(h, b >> t)$	$\frac{t}{6}(h^3+4bt^2)$	$\frac{t^3}{3}(8b+h)$	$\frac{t}{3h}(h^3+4bt^2)$	$\frac{th^2}{2}\left\{1+\frac{2t(b-2t)}{h^2}\right\}$

그림 B.2

B.3 빔의 탄성 굽힘

빔이 힘(F)이나 모멘트(M)에 의해 하중을 받으면 처음에 직선이던 축이 곡선으로 변형된다. 빔의 단면과 특성이 일정하고 깊이에 비하여 길이가 충분히 길며, 탄성한계 이상으로 응력을 받지 않는다고 하면, 처짐 δ와 회전각 θ는 탄성빔이론(부록 B.16)을 사용하여 계산할 수 있다. 빔의 길이 방향으로 x만큼 떨어진 위치에서 곡률을 나타내는 기본 미분방정식은 다음과 같다.

$$EI\frac{d^2y}{dx^2} = M$$

여기서 y는 측면 처짐이고, M은 빔의 x지점에서의 굽힘모멘트이다. E는 영의계수, I는 단면적의 이차모멘트이다(부록 B.2). M이 상수라면 이 방정식은

$$\frac{M}{I} = E\left(\frac{1}{R} - \frac{1}{R_o}\right)$$

가 되고, 여기서 R_o는 모멘트를 가하기 전의 곡률이고 R은 모멘트를 가한 후의 곡률이다. 처짐(δ)과 회전각(θ)은 빔(의 길이)을 따라 이 방정식을 적분하여 얻는다.

빔의 강성은 다음과 같이 정의되며,

$$S = \frac{F}{\delta} = \frac{C_1 EI}{L^3}$$

이는 탄성계수(E), 길이(L), 단면적의 이차모멘트(I)에 의존한다. 끝단의 기울기(θ)는 다음과 같이 주어진다.

$$\theta = \frac{FL^2}{C_2 EI}$$

흔히 등장하는 여러 가지 하중모드에서 처짐(δ)과 끝단의 기울기(θ)에 대한 수식은 다음 페이지에 C_1, C_2의 값과 함께 나와 있다.

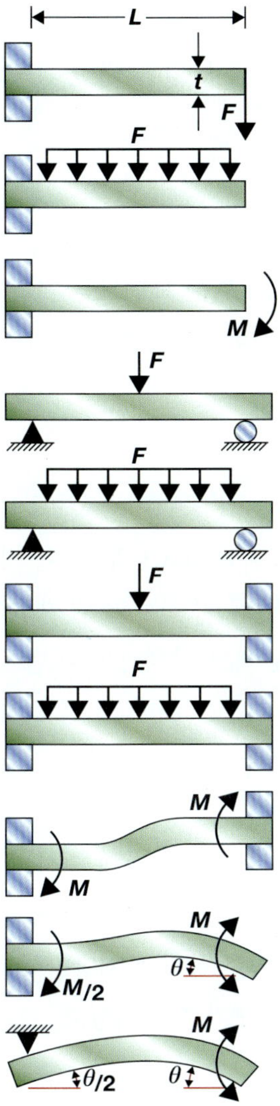

C_1	C_2
3	2
8	6
2	1
48	16
$\frac{384}{5}$	24
192	–
384	–
6	–
–	4
–	3

$$\delta = \frac{FL^3}{C_1EI} = \frac{ML^2}{C_1EI}$$

$$\theta = \frac{FL^2}{C_2EI} = \frac{ML}{C_2EI}$$

E = Young's modulus (N/m^2)
δ = Deflection (m)
F = Force (N)
M = Moment (Nm)
L = Length (m)
b = Width (m)
t = Depth (m)
θ = End slope (–)
I = See Table B.2 (m^4)
y = Distance from neutral axis (m)
R = Radius of curvature (m)

$$\frac{\sigma}{y} = \frac{M}{I} = \frac{E}{R}$$

그림 B.3

B.4 빔과 패널의 파손

단면이 일정한 빔이 모멘트 M에 의해 탄성적으로 굽힘하중을 받았을 때 중립축으로부터 y 만큼 떨어진 지점에서의 종방향(섬유방향) 응력 σ는,

$$\frac{\sigma}{y} = \frac{M}{I} = E\left(\frac{1}{R} - \frac{1}{R_o}\right)$$

여기서 I는 단면적의 이차모멘트(부록 B.2)이고, E는 영의 계수, R_o는 모멘트를 가하기 전의 곡률이고 R은 가한 후의 곡률이다. 그러한 빔의 표면 섬유에 걸리는 인장응력은,

$$\sigma = \frac{My_m}{I} = \frac{M}{Z}$$

여기서 y_m은 빔의 중립축으로부터 표면까지의 수직거리이다. 이 응력이 빔 재료의 항복강도 (σ_y)에 도달하면 표면에 작은 소성영역이 나타난다(그림 B.4 맨 위 Plasticity). 빔은 더 이상 탄성영역에 있지 않으며 그런 의미에서 파손되었다고 할 수 있다. 만일 이 응력이 빔 재료의 취성 파괴강도(σ_f) 또는 파단계수(MOR)에 도달하였다면 균열이 표면에서 발생하여 내부로 전파한다(그림 B.4 중간 Crack). 이 경우에는 빔이 확실히 파손된 것이다. 파손에 대한 세 번째 기준도 종종 중요하다. 이는 표면에서 형성된 송성 영역이 빔의 두께를 관통하여 소성 경첩을 형성한 것이다(그림 B.4 맨 아래 Plastic hinge).

이 세 가지 파손 형태 각각에 대하여, 그리고 여러 가지 하중모드 각각에 대하여 파손 모멘트와 파손하중이 그림에 나와 있다. 수식 중 'onset'으로 표시한 것은 처음 두 가지 파손 형태에 해당하는 것이고, 'full plasticity'로 표시된 것은 세 번째 파손 형태에 해당한다. 단면 형상에 관한 두 개의 새로운 함수가 포함되었다. 파손의 개시에는 Z가 포함되었고, 완전소성에는 Z_p가 포함되었는데, 두 가지 모두 부록 B.2에 정의되어 있다.

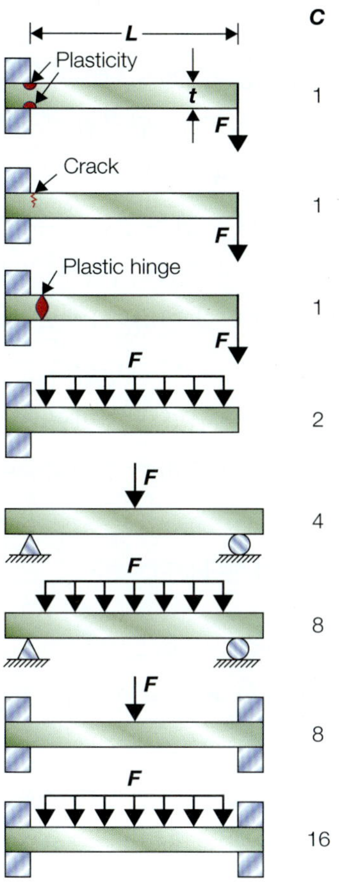

$$M_f = Z\sigma^* \quad \text{(onset)}$$

$$M_f = Z_p\sigma_y \quad \text{(full plasticity)}$$

$$F_f = CZ\frac{\sigma^*}{L} \quad \text{(onset)}$$

$$F_f = \frac{CZ_p\sigma_y}{L} \quad \text{(full plasticity)}$$

M_f = Failure moment (Nm)

F_f = Force at failure (N)

L = Length (m)

t = Depth (m)

b = Width (m)

I = See Table B.2 (m^4)

Z = See Table B.2 (m^3)

Z_p = See Table B.2 (m^3)

σ_y = Yield strength (N/m^2)

σ_f = Modulus of rupture (N/m^2)

σ^* = σ_y (plastic material)

= σ_f (brittle material)

그림 B.4

B.5 기둥(칼럼), 판, 쉘의 좌굴

충분히 날씬한 탄성 칼럼이 압축하중을 받으면 임계하중(F_{crit})에서 탄성좌굴로 파손된다. 이 하중은 끝단의 구속조건에 의해 결정되는데, 그중에서 네 가지 극단적인 케이스를 다음 그림 B.5에 수식으로 보여준다. 끝단은 위치와 방향으로 구속될 수 있다. 첫째는 끝단이 회전할 수는 있지만 굽을 수 없는 경우이고, 둘째는 굽을 수는 있으나 회전은 없는 경우, 셋째는 굽을 수도 있고 회전할 수도 있는 경우이다. 이러한 구속조건의 쌍이 칼럼의 끝단에 작용하였을 때 나타날 수 있는 다섯 가지의 케이스가 그림 B.5의 윗부분에 나와 있다. 각각의 경우는 상수 n값에 의해 평가될 수 있는데 n은 좌굴이 일어난 형상의 반파장 수에 해당한다.

굽힘모멘트 M의 추가는 두 번째 박스의 두 번째 항으로 나타낸 것만큼 좌굴하중을 감소시킨다. 임계하중(F_{crit}) 값이 음수라는 것은 좌굴을 방지하기 위하여 인장하중이 필요함을 뜻한다.

탄성 지지대는 처짐에 비례하는 측면 복원 압력(p)을 가져다준다.

$$p = ky$$

여기서 k는 단위 깊이당 지지대의 강성도이고 y는 국부적인 측면 처짐이다. 그 결과로서 세 번째 박스에 나타낸 양만큼 F_{crit} 값이 증가한다.

벽두께가 얇은 탄성 튜브는 네 번째 박스에 나타낸 것과 같은 외부 압력 p'에 의해 내부로 좌굴할 것이다. 여기서 I는 튜브 벽을 튜브 축에 평행하게 잘랐을 때 단면적의 이차모멘트이다.

얇거나 가느다란 형상은 항복이나 파괴 이전에 국부적으로 좌굴할 수 있다. 이에 따라 튜브 벽이나 웹의 두께를 얇게 만드는 데 있어서 실용적인 한계가 존재한다(제9장 참조).

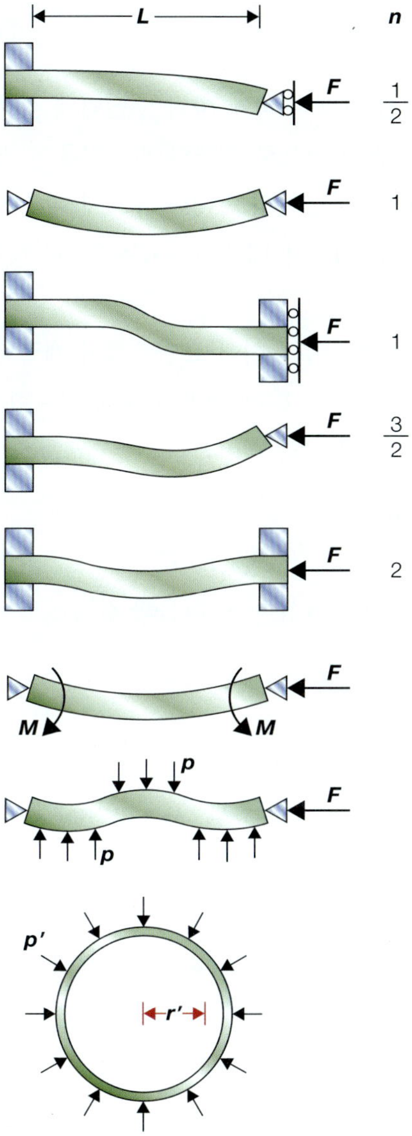

$$F_{crit} = \frac{n^2 \pi^2 EI}{L}$$

or $$\frac{F_{crit}}{A} = \frac{n^2 \pi^2 E}{(L/r)^2}$$

F = Force (N)
M = Moment (Nm)
E = Young's modulus (N/m^3)
L = Length (m)
A = Section area (m^2)
I = See Table B.2 (m^4)
r = Gyration radius (I/A)$^{1/2}$ (m)
k = Foundation stiffness (N/m^2)
n = Half-wavelengths in buckled shape
p' = Pressure (N/m^2)

$$F_{crit} = \frac{\pi^2 EI}{L^2} - \frac{M^2}{4EI}$$

$$F_{crit} = \frac{n^2 \pi^2 EI}{L^2} - \frac{kL^2}{n^2}$$

$$p'_{crit} = \frac{3EI}{(r')^3}$$

그림 B.5

B.6 축의 비틀림

토크(T)는 일정한 단면의 등방성 막대의 끝에서 막대의 축에 수직인 단면에 작용하여 비틀림각(θ)을 만들어낸다. 비틀림은 그림 B.6의 첫 번째 식으로 토크와 관련지을 수 있다. 이 식에서 G는 전단계수이고 K는 비틀림모멘트이다. 원형 단면의 막대나 튜브에 대해서 K는 단면의 극관성모멘트 J와 같다. 원형 이외의 모든 단면 형상에 대해서는 K는 J보다 작다. K의 상세한 값은 이 부록 B.2에 정의되어 있다.

만일 막대가 탄성변형을 멈추면 막대는 파손된다. 이는 최대 표면응력이 재료의 항복강도(σ_y)를 초과하거나 파괴응력에 도달하였을 때 일어난다. 원형 단면에 대해서는 회전축으로부터의 거리 r만큼 떨어진 지점에서 전단응력은 다음과 같다.

$$\tau = \frac{Tr}{K} = \frac{G\theta r}{K}$$

최대 전단응력($\tau_{\max}$)과 최대 인장응력($\sigma_{\max}$)은 표면에서 발생하며, 다음과 같다.

$$\tau_{\max} = \sigma_{\max} = \frac{Td_o}{2K} = \frac{G\theta d_o}{2L}$$

만일 $\tau_{\max}$가 $\sigma_y/2$를 초과하거나(Tresca 항복기준에 의해), 또는 $\sigma_{\max}$가 σ_{fr}를 초과하면 그림 B.6에 나타낸 것처럼 막대는 파손된다. 타원형, 정사각형, 직사각형, 삼각형 고체 단면의 막대에서 최대 표면응력은 단면의 장축의 중간점에 가장 가까운 표면 지점에서 발생한다. 이 응력은 단면에 최대한 큰 원을 그려 넣고 해당하는 지름을 갖는 원형단면 막대에 발생하는 표면응력을 계산함으로써 대략적으로 추정할 수 있다. 더욱 복잡한 단면 형상에 대해서는 특별한 고려가 필요하며, 많은 경우에 얇으면 좌굴에 의해 파손된다.

나선형 스프링은 비틀림 변형의 특별한 케이스이다. 지름이 R이고 n번 감긴 나선형 스프링에 힘 F에 의해 일어나는 연신변형(u)과 파괴하중(F_{crit})이 그림 B.6의 세 번째 박스에 나와 있다.

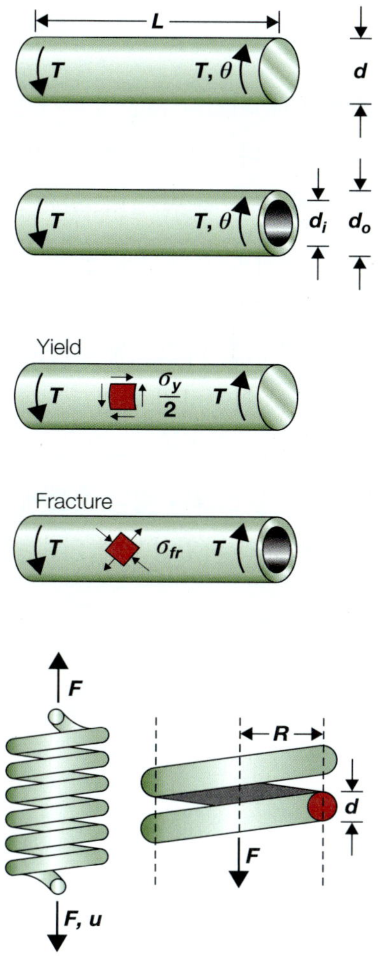

Elastic deflection

$$\theta = \frac{LT}{KG}$$

Failure

$$T_f = \frac{K\sigma_y}{d_o} \text{ (onset of yield)}$$

$$T_f = \frac{2K\sigma_f}{d_o} \text{ (brittle fracture)}$$

T = Torque (Nm)
θ = Angle of twist
G = Shear modulus (N/m^2)
L = Length (m)
d = Diameter (m)
K = See Table B.2 (m^4)
σ_y = Yield strength (N/m^2)
σ_f = Modulus of rupture (N/m^2)

Spring deflection and failure

$$u = \frac{64FR^3n}{Gd^4}$$

$$F_f = \frac{\pi}{32}\frac{d^3\sigma_y}{R}$$

F = Force (N)
u = Deflection (m)
R = Coil radius (m)
n = Number of turns

그림 B.6

B.7 정지 및 회전 디스크

얇은 디스크는 디스크의 양면에 압력차(Δp)가 존재할 때 휘거나 처짐이 발생한다. 처짐은 디스크에 응력을 발생시킨다. 그림 B.7의 첫 번째 박스에는 디스크의 가장자리가 단순지지된 경우에 나타나는 처짐과 최대응력(파손 예측에 중요함)을 보여준다. 두 번째 박스에는 디스크의 가장자리가 클램핑된 경우에 나타나는 처짐과 최대응력을 보여준다. 수평으로 놓인 얇은 디스크가 자체 무게에 의해 처지는 정도는 Δp를 디스크의 단면적당 질량($\rho g t$)으로 대체하면 구해진다. 여기서 ρ는 디스크 재료의 밀도, g는 중력가속도이다. 두꺼운 디스크에 대해서는 상황이 훨씬 복잡하다. 이에 관해서는 참고문헌(B.16)에 수록된 자료를 참고하기 바란다.

회전하는 디스크, 링, 실린더는 운동에너지를 저장한다. 원심력은 디스크에 응력을 발생시킨다. 나머지 두 박스는 각속도 ω(radians/sec)로 회전하는 디스크와 링의 운동에너지(U)와 최대응력(σ_{max})을 보여준다. 최대 회전속도와 에너지는 디스크의 파열강도에 의해 제한된다. 이는 최대응력 값을 재료강도에 맞추면 결정된다.

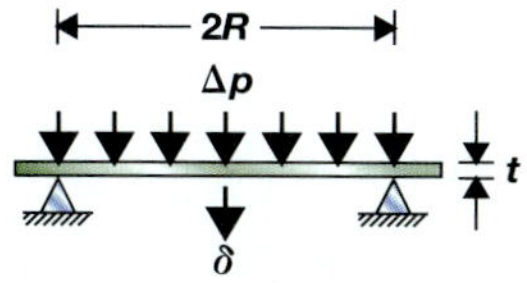

Simply supported

$$\delta = \frac{3}{4}(1-\nu^2)\frac{\Delta p R^4}{E t^3}$$

$$\sigma_{max} = \frac{3}{8}(3+\nu)\frac{\Delta p R^2}{t^2}$$

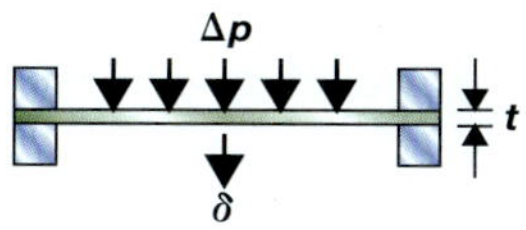

Clamped

$$\delta = \frac{3}{16}(1-\nu^2)\frac{\Delta p R^4}{E t^3}$$

$$\sigma_{max} = \frac{3}{8}(1+\nu)\frac{\Delta p R^2}{t^2}$$

δ = Deflection (m)
E = Young's modulus (N/m^2)
Δp = Pressure difference (N/m^2)
ν = Poisson's ratio

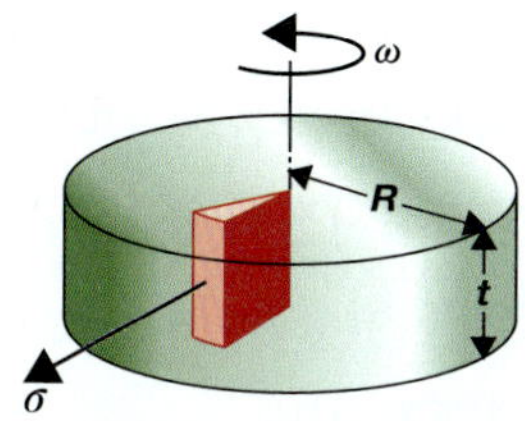

Disk

$$U = \frac{\pi}{4}\rho t \omega^2 R^4$$

$$\sigma_{max} = \frac{1}{8}(3+\nu)\rho\omega^2 R^2$$

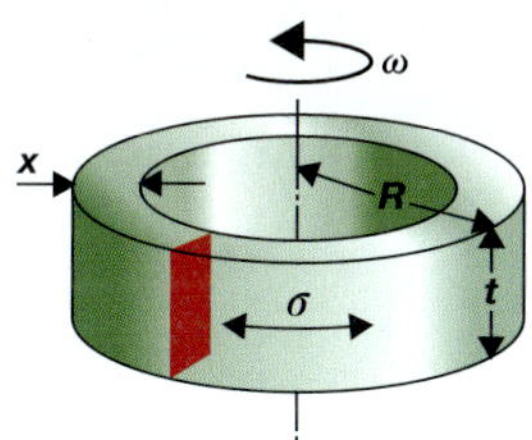

Ring

$$U = \pi \rho t \omega^2 R^3 x$$

$$\sigma_{max} = \rho\omega^2 R^2$$

U = Energy (J)
ω = Angular velocity (rad/s)
ρ = Density (kg/m^3)

그림 B.7

B.8 접촉응력

표면이 다른 무엇과 접촉하면 흔히 한 지점 또는 몇 개의 지점에서 만난다. 이 표면에 하중이 가해지면 이 접촉 지점은 탄성변형하여 평평해지고 접촉면적은 어떤 형태로든 파손이 일어날 때까지 증가한다. 파손은 압축응력(σ_c)에 의한 분쇄, 인장응력에 의한 파단(σ_t) 또는 항복(σ_s)이 있을 수 있다. 그림 B.8에는 접촉면적의 반지름(a), 중심에서 중심까지의 변위(u), 응력 σ_c, σ_t, σ_s의 최댓값을 정리하였다.

그림 B.8의 첫 번째 박스에는 동일한 탄성계수와 푸와송 비($\nu = 1/3$)를 갖는 재질의 평판 위에 구형 물체가 놓인 경우에 결과를 보여준다. 보다 일반적인 문제(Hertzian indentation)는 두 번째 박스에 나타내었다. 여기서는 반지름이 각각 R_1, R_2이고, 탄성계수와 푸와송 비가 각각 E_1, ν_1 그리고 E_2, ν_2인 두 개의 탄성체 구형 물체가 힘 F를 받으며 맞물려 있다.

만일 전단응력(σ_s)이 전단항복강도($\sigma_y/2$)를 초과하면 접촉지점의 중심 아래 약 $a/2$ 깊이에 소성구역이 나타나고서 맨 아래 두 그림처럼 완전소성역을 형성한다. 이 상태에 도달하면 접촉압력은 마지막 박스에 나타낸 것처럼 항복응력의 약 3배가 된다.

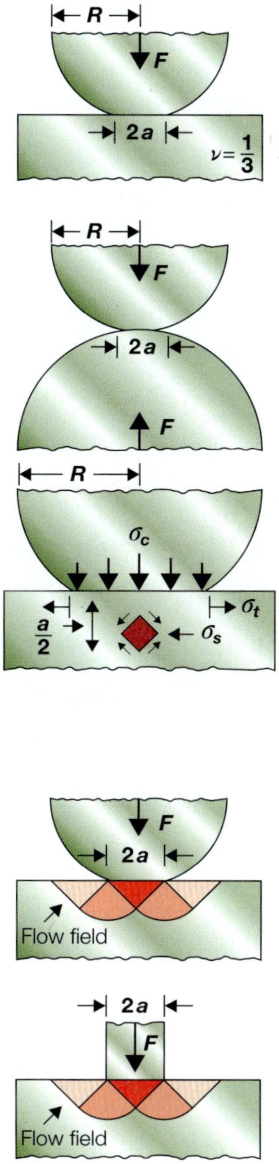

$$\left.\begin{aligned} a &= 0.7\left(\frac{FR}{E}\right)^{\frac{1}{3}} \\ u &= 1.0\left(\frac{F^2}{E^2 R}\right)^{\frac{1}{3}} \end{aligned}\right\} \nu = 0.33$$

$$a = \left(\frac{3}{4}\,\frac{F}{E^*}\,\frac{R_1 R_2}{(R_1+R_2)}\right)^{\frac{1}{3}}$$

$$u = \left(\frac{9}{16}\,\frac{F^2}{(E^*)^2}\,\frac{(R_1+R_2)}{R_1 R_2}\right)^{\frac{1}{3}}$$

$$(\sigma_c)_{max} = \frac{3F}{2\pi a^2}$$

$$(\sigma_s)_{max} = \frac{F}{2\pi a^2}$$

$$(\sigma_t)_{max} = \frac{F}{6\pi a^2}$$

R_1, R = Radii of spheres (m)

E_1, E_2 = Moduli of spheres (N/m^2)

ν_1, ν_2 = Poisson's ratio

F = Load (N)

a = Radius of contact (m)

u = Displacement (m)

σ = Stresses (N/m^2)

σ_y = Yield stress (N/m^2)

$E^* = \left(\frac{1-\nu_1^2}{E_1} + \frac{1-\nu_2^2}{E_2}\right)^{-1}$

$$\frac{F}{\pi a^2} = 3\sigma_y$$

그림 B.8

B.9 응력집중의 산정

탄성체에 구멍이나 홈, 단면적의 급격한 변화가 있으면 응력과 변형도가 집중된다. 소성변형, 파괴, 피로균열은 이들 지점에서 시작된다. 응력집중에서 국부적인 응력은 수치적으로 계산할 수는 있지만 종종 그럴 필요가 없는 대신 그림 B.9에 나타낸 수식으로 추산할 수 있다.

단면적의 급격한 변화에 의한 응력집중은 변화의 특성 치수(아래에 자세히 설명) 정도의 거리에서 소멸된다. 이는 생베낭의 원리(*St Venant's principle*)가 적용되는 예이다. 따라서 어떤 구조에서 최대 국부적인 응력은 구멍이나 홈 같은 국부적인 불연속의 존재를 고려하지 않은 공칭응력 분포를 구하고 거기에 응력집중계수를 곱하여 얻을 수 있다. 탄성 조건에서의 응력집중계수는 수식에 의해 대략적으로 주어진다. 여기서 σ_{nom}은 하중을 최소단면적으로 나눈 값이고, r는 응력집중을 일으키는 구멍이나 홈의 최소 곡률반경이며, c는 특성 치수이다. 특성 치수는 남은 살두께의 절반이나, 내재된 균열 길이의 절반이나, 모서리 균열의 길이나, 어깨부의 높이 중에서 가장 작은 값으로 결정된다. 그림 B.9는 각각의 경우에 해당하는 상황을 보여준다. 계수 α는 인장에 대해서는 약 2이지만 비틀림이나 굽힘에 대해서는 1/2에 가깝다. 이 식은 아주 정확한 값은 아닐지라도 수많은 설계 문제에 적절히 활용할 수 있는 근사식이라 할 수 있다.

최대 응력은 소성이나 파괴에 의해 제한된다. 소성변형이 시작되면, 응력집중은 일정하게 유지되면서 변형도집중(strain concentration)이 급격히 증가한다. 변형도집중은 보다 중요한 물리량이며, 거리가 멀어져도 빨리 감소하지 않을 수도 있다(생베낭의 원리가 적용되지 않음).

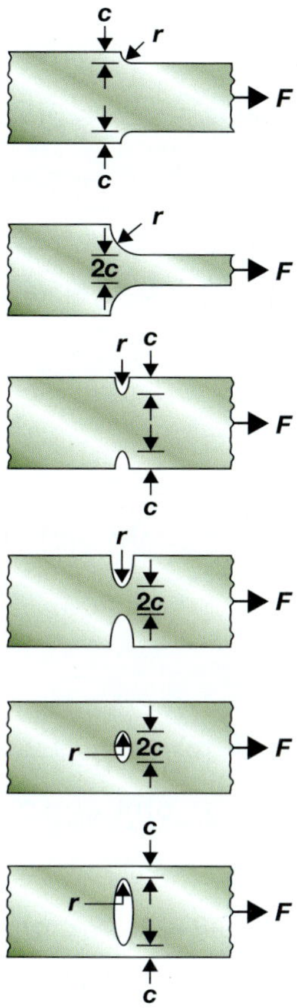

$$\frac{\sigma_{max}}{\sigma_{nom}} = 1 + \alpha \left(\frac{c}{r}\right)^{\frac{1}{2}}$$

F = Force (N)

A_{min} = Minimum section (m^2)

$\sigma_{nom} = F/A_{min}$ (N/m^2)

r = Radius of curvature (m)

c = Characteristic length (m)

α ≈ 0.5 (torsion)

α ≈ 2.0 (tension)

그림 B.9

B.10 예리한 균열

예리한 균열(선단의 곡률반경이 원자크기 수준)은 구멍이나 홈같이 둥근 응력집중부에 비하여 탄성체 내부에 훨씬 더 심한 응력집중을 유발한다. 일차적인 추산으로 국부적인 응력은 균열선단으로부터의 거리(r)에 따라 $1/r^{1/2}$로 감소한다. 무한 평판(그림 B.10의 맨 위 그림)에 내재된 길이 $2a$의 균열면에 수직하게 인장응력(σ)이 가해지면 국부적인 응력장(σ_ℓ)이 형성되고, 이는 균열을 포함하는 평면에서 인장응력이며 다음과 같다.

$$\sigma_\ell = \frac{C\sigma\sqrt{\pi a}}{\sqrt{2\pi r}}$$

여기서 r은 $\theta = 0$인 평면에서 균열선단으로부터의 거리, C는 상수이다. 모드 1(균열열림) 응력확대계수 K_1은 다음과 같이 정의된다.

$$K_1 = C\sigma\sqrt{\pi a}$$

여러 가지 모드에 대한 상수 C의 값은 그림 B.10에 주어져있다. 점 하중 또는 모멘트에 대한 응력은 그림 B.10의 아래쪽 수식에 의해 주어진다. $K_1 \geq K_{1c}$이면 균열은 성장한다(K_{1c}: 파괴인성).

균열의 길이가 시편의 어느 치수에 비해서도 그리고 작용하는 응력이 변하는 거리에 비해서도 매우 작을 때, 상수 C의 값은 내재된 균열에 대해서 1이고, 모서리 균열에 대해서 1.1이다. 일정한 하중을 받는 구조 내에서 균열이 성장하면 자유표면과 상호 작용하게 되고 따라서 보정계수가 필요하게 된다. 또한 탄성 굽힘하중을 받는 빔에서와 같이 응력장이 균일하지 않으면 상수 C의 값은 1이 아니다. 두 가지 사례를 그림에 나타내었다. 여기에 주어진 값은 근사값에 불과하지만 균열이 짧을 때에는 충분히 효과적이다. 균열 선단이 시편의 경계에 매우 가까울 때에는 좋지 않지만 여전히 대부분의 설계에 적절하게 사용될 수 있다. 상수 C의 더 정확한 값과 덜 자주 등장하는 하중조건들에 대해서는 참고문헌(B.16)에 수록된 문헌자료를 참고하기 바란다.

$$K_1 = C\sigma\sqrt{\pi a}$$

Failure when $K_1 \geq K_{1c}$

K_1 = Stress intensity ($N/m^{3/2}$)

σ = Remote stress (N/m^2)

F = Load (N)

M = Moment (Nm)

a = Internal crack half-length (m)

= Surface crack length (m)

w = Half-width (center) (m)

= Width (edge crack) (m)

b = Sample depth (m)

t = Beam thickness (m)

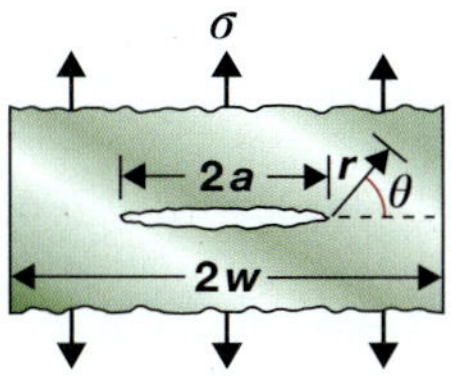

C

1.0 if $a \ll w$

$$\left(\frac{2w}{\pi a}\tan\frac{\pi a}{2w}\right)^{\frac{1}{2}}$$

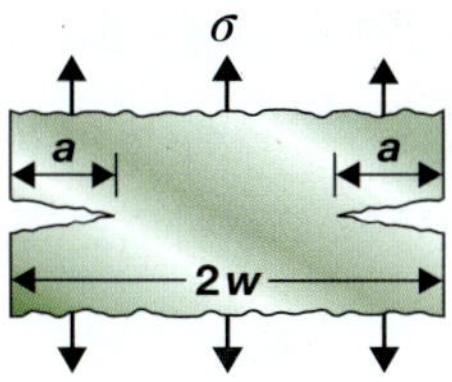

1.1 if $a \ll w$

$$\left(\frac{\frac{2w}{\pi a}\tan\frac{\pi a}{2w}}{1-\frac{a}{w}}\right)^{\frac{1}{2}}$$

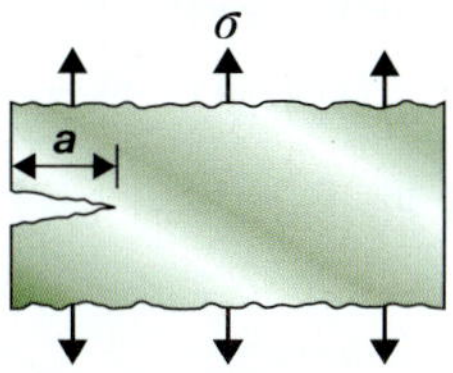

1.1 if $a \ll w$

$$\frac{1.1\left(1-0.2\frac{a}{w}\right)}{\left(1-\frac{a}{w}\right)^{\frac{3}{2}}}$$

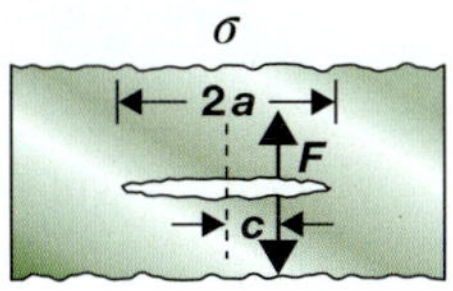

$$\frac{2}{\pi}\left(\frac{a+c}{a-c}\right)^{\frac{1}{2}}$$

Point load on crack face

$$\sigma = \frac{F}{2ab}$$

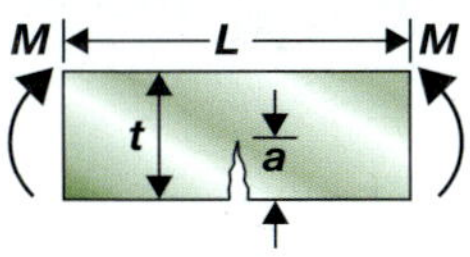

$$\frac{1.1\left(1-\frac{3}{2}\frac{a}{t}\right)}{\left(1-\frac{a}{t}\right)^{\frac{3}{2}}}$$

Moment on beam

$$\sigma = \frac{6M}{bt}$$

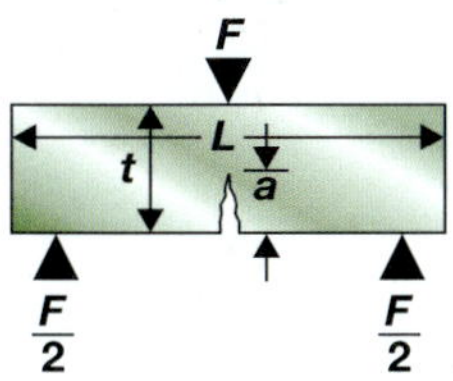

$$\frac{1.1\left(1-\frac{3}{2}\frac{a}{t}\right)}{\left(1-\frac{a}{t}\right)^{\frac{3}{2}}}$$

3-point bending

$$\sigma = \frac{3FL}{2bt}$$

그림 B.10

B.11 압력용기

벽두께가 얇은 압력용기는 멤브레인과 같이 취급되며, 이러한 근사해는 $t < b/4$일 때 합리적이다(b: 반지름). 용기 벽에 작용하는 응력은 그림 B.11에 주어져 있는데, 방사상 방향으로의 거리(r)에 따라 거의 변하지 않는다. 용기 표면에 접하는 평면에서의 응력(원통형 용기의 경우 σ_θ와 σ_z, 구형 용기의 경우 σ_θ와 σ_ϕ)은 내부 압력에 (b/t) 또는 $(b/2t)$를 곱한 값과 같다. 방사상 방향의 응력(σ_r)은 내부와 외부 압력의 평균값($p/2$)과 같다. 만일 외부 압력(p_e)을 고려하려면 그림 B.11에 주어진 식에서 p를 $(p - p_e)$로 대체하면 된다.

벽두께가 두꺼운 압력용기에서는 방사상 방향으로의 거리(r)에 따라 응력이 변하며, 내부에서 가장 높고 바깥 표면 쪽으로 갈수록 낮아진다. 주어진 수식은 내부와 외부 압력이 존재하는 경우 모두에 대하여 조정될 수 있으며, 내부와 외부 압력이 같을 때 용기 벽의 응력 상태는 다음과 같음을 고려하여 조정될 수 있다.

$$\sigma_\theta = \sigma_r = -p \qquad \text{(원통형 압력용기)}$$

$$\sigma_\theta = \sigma_\phi = \sigma_r = -p \qquad \text{(구형 압력용기)}$$

이를 이용하여 외부 압력에 관계된 항을 구하여야 하며, 앞에서처럼 단순히 p를 $(p - p_e)$로 대체하는 것으로는 부족하다.

압력용기는 폰 미제스 등가응력(*von Mises equivalent stress*)이 항복강도(σ_y)를 처음 초과할 때 항복으로 파손된다. 만일 가장 큰 인장응력이 파괴응력(σ_{fr})을 초과하면 파괴로 파손된다.

$$\sigma_{fr} = \frac{CK_{1c}}{\sqrt{\pi a}}$$

여기서 K_{1c}는 파괴인성치, a는 균열길이의 절반, C는 부록 B.10에서 소개된 상수이다.

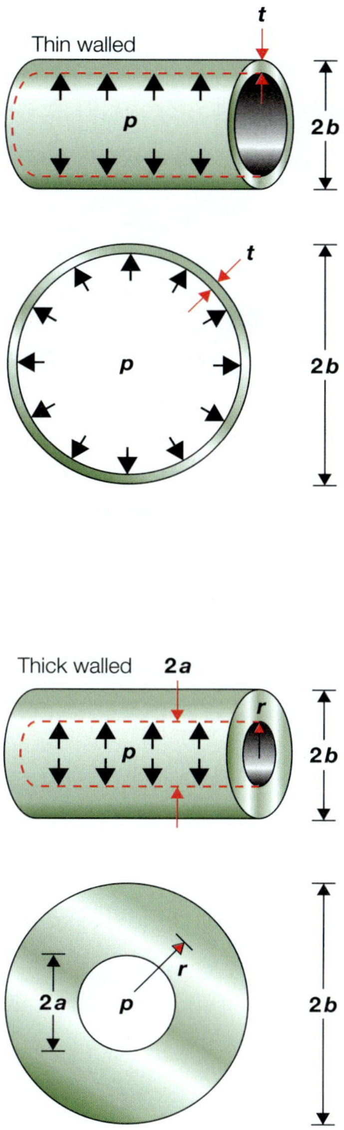

Cylinder

$$\sigma_\theta = \frac{pb}{t}$$

$$\sigma_r = -\frac{p}{2}$$

$$\sigma_z = \frac{pb}{2t} \qquad \text{(Closed ends)}$$

Sphere

$$\sigma_\theta = \sigma_\varphi = \frac{pb}{2t}$$

$$\sigma_r = -\frac{p}{2}$$

p = Pressure (N/m^2)

t = Wall thickness (m)

a = Inner radius (m)

b = Outer radius (m)

r = Radial coordinate (m)

Cylinder

$$\sigma_\theta = \frac{pa^2}{r^2}\left(\frac{b^2-r^2}{b^2-a^2}\right)$$

$$\sigma_r = -\frac{pa^2}{r^2}\left(\frac{b^2+r^2}{b^2-a^2}\right)$$

Sphere

$$\sigma_\theta = \sigma_\varphi = \frac{pa^3}{2r^3}\left(\frac{b^3+2r^3}{b^3-a^3}\right)$$

$$\sigma_r = -\frac{pa^3}{r^3}\left(\frac{b^3-r^3}{b^3-a^3}\right)$$

그림 B.11

B.12 진동하는 빔, 튜브, 디스크

고유진동수 중 하나로 진동하고 있는 댐핑되지 않은 시스템은 강성(K)인 스프링에 부착된 질량(m)의 물체로 단순화시킬 수 있다. 시스템의 최저 고유진동수는 다음과 같다.

$$f = \frac{1}{2\pi}\sqrt{\frac{K}{m}}$$

m과 K의 특별한 값에 의해 특별한 경우가 정해진다. 그것들은 근사적인 모델링에 효과적으로 사용될 수 있을 정도의 정확도로 추산될 수 있다. 높은 고유진동수는 그저 최저 고유진동수에 정수배한 것이다.

그림 B.12의 첫 번째 박스에는 여러 가지 다양한 끝단의 구속조건을 가진 균일한 빔의 굽힘모드 최저 고유진동수를 정리하였다. 예를 들어 첫 번째는 다음과 같이 빔의 유효질량을 실제질량의 1/4로 가정하여 추산될 수 있다.

$$m = \frac{m_o L}{4}$$

여기서 m_o는 빔의 단위 길이당 질량이고, K는 빔의 굽힘강성도(부록 B.3에서 F/δ로 주어짐)이다. 이러한 추산은 정확한 값과 약 2% 차이가 날 뿐이다. 튜브의 진동에 대해서도 튜브의 I와 m_o를 사용하여 유사하게 추산할 수 있다. 둘레방향 진동에 대해서는 튜브를 전개하여, 네 모서리 중 두 모서리가 단순지지되고 진동하는 평판처럼 취급함으로써 추산할 수 있다.

두 번째 박스는 단순지지되고 클램핑된 원형 평판 디스크에 대한 최저 고유진동수이다. 만일 디스크의 표면이 이중으로 곡면을 가졌다면 강성이 더 크고 더 높은 고유진동수를 갖는다.

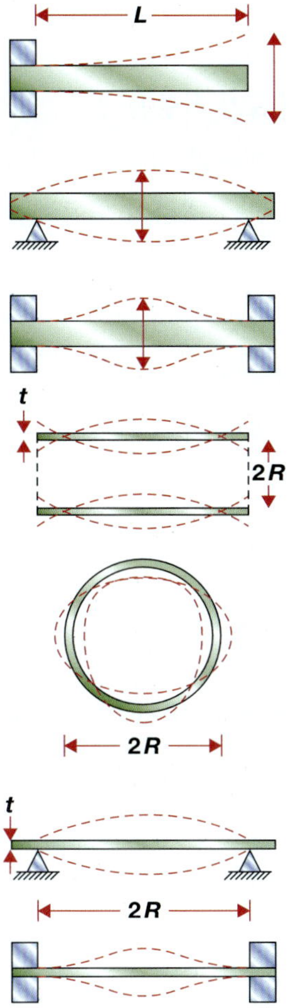

C_1 Beams and tubes

3.52

9.87

22.4

9.87

2.68

$$f = \frac{C_1}{2\pi}\sqrt{\frac{EI}{m_o L^4}}$$

f = Natural frequency (s^{-1})

$m_o = \rho A$ = Mass/length (kg/m)

ρ = Density (kg/m^3)

A = Section area (m^2)

I = See Table B.2

(9.87) $\begin{cases} \text{With } A = 2\pi R t \\ I = \pi R^3 t \end{cases}$

(2.68) $\begin{cases} \text{With } A = Lt \\ I = \dfrac{Lt^3}{12} \end{cases}$ L = Length of tube

C_2 Disks

1.44

2.94

$$f = \frac{C_2}{2\pi}\sqrt{\frac{Et^3}{m_1 R^4 (1-\nu^2)}}$$

$m_1 = \rho t$ = Mass/area (kg/m^2)

t = Thickness (m)

R = Radius (m)

ν = Poisson's ratio

그림 B.12

B.13 그리프와 크리프 파단

온도가 $1/3T_m$ 이상에서(T_m은 절대온도로 나타낸 용융점) 재료가 하중을 받으면 크리프한다. 재료의 크리프는 어떤 온도 T에서 인장응력(σ)이 걸렸을 때 재료의 거동으로 평가하는 것이 좋다. 이러한 조건하에서 정상상태 인장변형율($\dot{\varepsilon}_{ss}$)은 종종 응력에 대하여 거듭제곱으로, 온도에 대하여 지수함수로 변화한다.

$$\dot{\varepsilon}_{ss} = A\left(\frac{\sigma}{\sigma_o}\right)^n exp - \frac{Q}{RT}$$

여기서 Q는 활성화에너지, A는 크리프(반응) 속도상수, R은 기체상수이다. 따라서 일정한 온도에서라면 다음과 같이 간단히 나타낼 수 있다.

$$\dot{\varepsilon}_{ss} = \varepsilon_o\left(\frac{\sigma}{\sigma_o}\right)^n$$

여기서, $\dot{\varepsilon}_o(s^{-1})$, $\sigma_o(N/m^2)$, n은 크리프 상수이다.

구조 요소들의 크리프 거동은 그림 B.13에 요약되어 있다. 빔의 처짐 속도, 압입자의 변위 속도, 원통형 및 구형 압력용기의 상대밀도의 변화율 등을 인장크리프 상수에 근거하여 추산할 수 있게 해준다.

장기간에 걸친 크리프는 크리프 손상을 축적시켜 마침내 시간 t_f 이후에 파괴를 일으킨다. 그런 결과로 아래는 매우 효과적인 근사식이다.

$$t_f\dot{\varepsilon}_{ss} = C$$

여기서 C는 재료 특성에 따른 상수이다. 크리프–연성인 재료에서는 C의 값이 0.1에서 0.5 사이에 있고, 크리프–취성인 재료에서는 0.01 정도의 작은 값을 가진다.

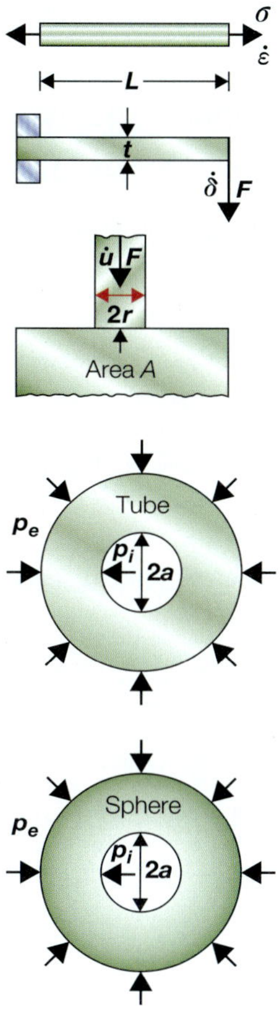

$$\dot{\varepsilon} = \dot{\varepsilon}_o \left(\frac{\sigma}{\sigma_o}\right)^n$$

$$\dot{\delta} = \frac{2\dot{\varepsilon}_o}{n+2} \left(\frac{(2n+1)}{n s_o} \frac{F}{b t}\right)^n \left(\frac{L}{t}\right)^{n+1} L$$

$$\dot{u} = C_1 \dot{\varepsilon}_o \sqrt{A} \left(\frac{C_2 F}{\sigma_o A}\right)^n$$

σ = Stress (N/m^2)

F = Force (N)

$\dot{\delta}, \dot{u}$ = Displacement rates (m/s)

$n, \ \dot{\varepsilon}_o, \sigma_o$ = Creep constants

L, b, t = Beam dimensions (m)

a, b = Radii of pressure vessels (m)

ρ = Relative density, $\frac{b^3 - a^3}{b^3}$

$\dot{\rho}$ = Rate of change of ρ

C_1, C_2 = Constants

$$\dot{\rho} = 2\dot{\varepsilon}_o \frac{\rho(1-\rho)}{(1-(1-\rho)^{1/n})^n} \left(\frac{2}{n} \frac{(p_e - p_i)}{\sigma_o}\right)^n$$

$$\dot{\rho} = \frac{3}{2}\dot{\varepsilon}_o \frac{\rho(1-\rho)}{(1-(1-\rho)^{1/n})^n} \left(\frac{3}{2n} \frac{(p_e - p_i)}{\sigma_o}\right)^n$$

그림 B.13

B.14 열과 물질의 흐름

열의 흐름은 전도나 대류 또는 복사에 의해 제한될 수 있다. 각각의 경우에 대한 구성방정식이 그림 B.14에 요약되어 있다. 첫 번째 식은 정상상태의 열전달을 나타내는 푸리에 제1법칙으로 열전도도(λ)가 포함되어 있다. 두 번째 식은 과도상태의 열전달을 나타내는 푸리에 제2법칙으로 열확산도(a)가 포함되어 있다. 열확산도(a)의 정의는

$$a = \frac{\lambda}{\rho C_p}$$

이고, 여기서 ρ는 밀도, C_p는 정압비열이다. 이 두 가지 미분방정식의 해는 다음 부록 B.15에 나와 있다.

세 번째 식은 대류열전달을 나타낸다. 대류는 (전도와 달리) 비오 수(Biot number)가 1보다 작을 때 열전달을 지배한다.

$$B_i = \frac{hs}{\lambda} < 1$$

여기서 h는 열전달계수, s는 시편의 특성 치수이다. 반면에 비오 수가 1 이상일 때 열전달은 전도에 의해 지배된다. 마지막 식은 복사열전달에 관한 슈테판–볼츠만의 법칙이다. 복사율(ε)은 완전 흑체의 경우 1이고 다른 모든 표면의 경우 1보다 작다.

물질 확산은 두 가지 푸리에 법칙처럼 한 쌍의 미분방정식으로 나타낼 수 있고, 방정식의 해도 유사하다.

$$J = -D\nabla C = -D\frac{dC}{dx} \text{ (정상상태)}$$

$$\frac{\partial C}{\partial t} = D\nabla^2 C = D\frac{\partial^2 C}{\partial x^2} \text{ (시간의존 흐름 : 과도상태)}$$

여기서 J는 흐름의 유속, C는 농도, x는 확산거리, t는 시간이다. 방정식의 해는 다음 부록 B.15에 나와 있다.

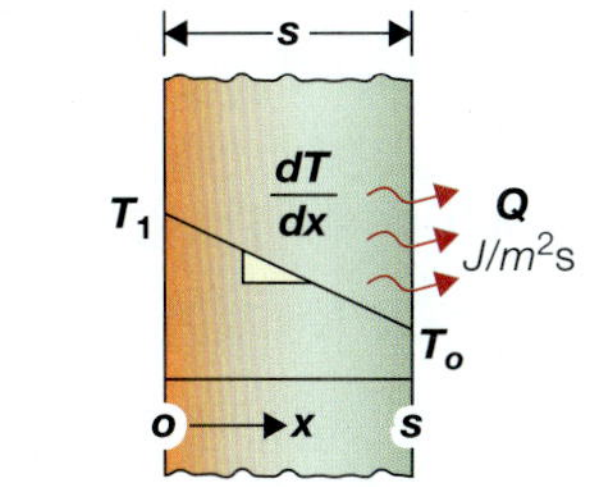

$$Q = -\lambda \nabla T = -\lambda \frac{dT}{dx}$$

Q = Heat flux (J/m^{2}s)

T = Temperature (K)

x = Distance (m)

λ = Thermal conductivity (W/mK)

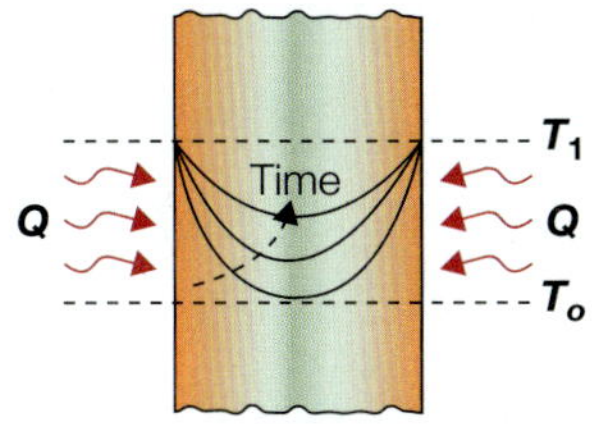

$$\frac{\delta T}{\delta t} = a \nabla^2 T = a \frac{\delta^2 T}{\delta x^2}$$

t = Time (s)

ρ = Density (kg/m^3)

C_p = Specific heat (J/kg.K)

a = Thermal diffusivity, $\frac{\lambda}{\rho C_p}$(m^2/s)

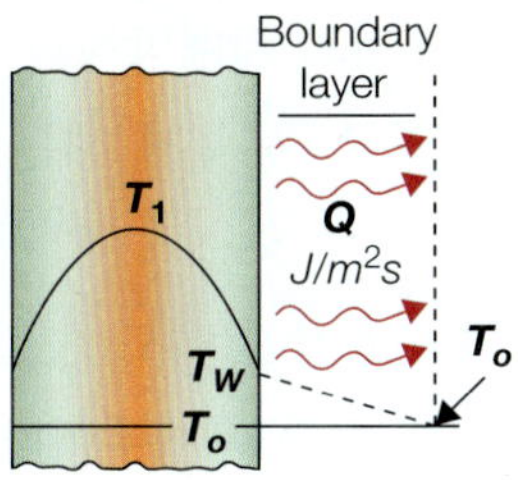

$$Q = h(T_w - T_o)$$

T_w = Surface temperature (K)

T = Fluid temperature (K)

h = Heat transfer coefficient (W/m^{2}K)

= 5–50 W/m^2.K in air

= 1,000–5,000 W/m^2.K in water

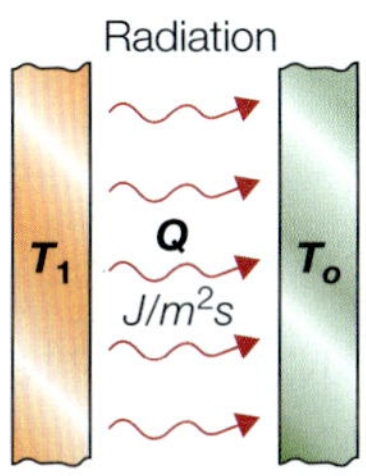

$$Q = \varepsilon \sigma (T_1^4 - T_o^4)$$

ε = Emissivity (1 for black body)

σ = Stefan's constant

= 5.67×10^{-8} W/m^2.K^4

그림 B.14

B.15 확산방정식의 해

여러 가지 표준 기하학적 형상에 대한 확산방정식의 해가 존재한다. 많은 실제 문제의 경우 이들 해를 이용하여 추산할 수 있기 때문에 해에 대하여 알고 있는 것이 유리하다.

정상상태에서는 온도 또는 농도 윤곽이 시간에 따라 변하지 않는다. 이는 그림 B.15의 첫 번째 박스 안에 다시 박스로 구별한 방정식처럼 표현된다. 그 아래에 이에 대한 해가 각각 일축 흐름, 원통 내에서의 방사상 흐름, 구 안에서의 방사상 흐름에 대하여 주어져 있다. 개별적인 상황에 해당하는 특수해는 경계조건에 따라 상수 A와 B를 정함으로써 얻어진다. 물질확산에 대한 해는 이들 식에서 온도(T)를 농도(C)로, 열전도도(λ)를 확산도(D)로 대체함으로써 얻어질 수 있다.

두 번째 박스 안에 다시 박스로 구별한 방정식은 과도상태(시간의존 흐름)에 대한 것으로 확산도(a 또는 D)가 위치에 따라 달라지지 않는다는 가정하에서의 지배방정식이다. 온도 윤곽, $T(x,t)$ 또는 농도 윤곽, $C(x,t)$에 대한 해가 그 아래에 주어져 있다. 첫 번째 해는 '박막' 해를 나타낸다. 온도 T_1(또는 농도 C_1)의 얇은 판이 시간 $t = 0$에서 온도 T_0(또는 농도 C_0)인 두 개의 반무한 블록의 사이에 끼어 있고 흐름이 허용된다. 두 번째 해는 처음에 각각 온도 T_0, T_1(또는 농도 C_0, C_1)에 있던 두 개의 반무한 블록이 시간 T에서 접촉되어 흐름이 허용된 경우이다. 마지막 해는 파장이 $\lambda/2\pi$이고 진폭이 A인 사인파 온도(또는 농도) 윤곽에 대한 시간 $t = 0$에서의 해이다.

모든 과도상태에 대한 문제는 결국 특성시간상수 t^*로 귀결됨에 주목하라.

$$t^* = \frac{x^2}{\beta a} \text{ or } \frac{x^2}{\beta D}$$

여기서 x는 시편의 치수이다. 달리 표현하면 모든 과도상태 대한 문제는 결국 특성길이 x^*로 귀결된다.

$$x^* = \sqrt{\beta a t} \text{ or } \sqrt{\beta D t}$$

여기서 t는 기하학적 형상에 따라 β가 $1 < \beta < 4$의 값을 가질 때 관찰 시간이다.

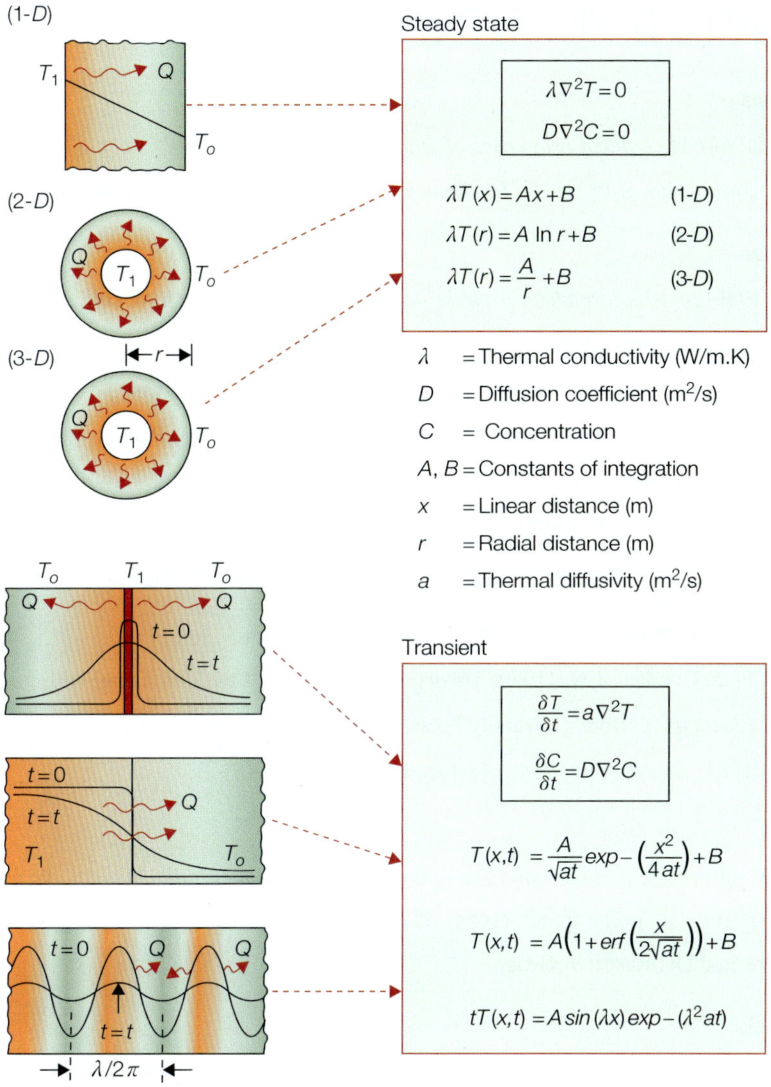
(1-D)
T_1 Q T_o
(2-D)
Q T_1 T_o
(3-D)
r
Q T_1 T_o
Steady state
$\lambda \nabla^2 T = 0$
$D \nabla^2 C = 0$
$\lambda T(x) = Ax + B$ (1-D)
$\lambda T(r) = A \ln r + B$ (2-D)
$\lambda T(r) = \frac{A}{r} + B$ (3-D)
λ = Thermal conductivity (W/m.K)
D = Diffusion coefficient (m^2/s)
C = Concentration
A, B = Constants of integration
x = Linear distance (m)
r = Radial distance (m)
a = Thermal diffusivity (m^2/s)
T_o T_1 T_o
Q Q
$t=0$
$t=t$
$t=0$
$t=t$
Q
T_1 T_o
$t=0$ Q Q
$t=t$
$\lambda/2\pi$
Transient
$\frac{\delta T}{\delta t} = a \nabla^2 T$
$\frac{\delta C}{\delta t} = D \nabla^2 C$
$T(x,t) = \frac{A}{\sqrt{at}} exp - \left(\frac{x^2}{4at}\right) + B$
$T(x,t) = A\left(1 + erf\left(\frac{x}{2\sqrt{at}}\right)\right) + B$
$tT(x,t) = A \sin(\lambda x) exp - (\lambda^2 at)$

그림 B.15

B.16 심화학습을 위한 참고문헌

Constitutive laws

Cottrell, A.H. (1964) *Mechanical properties of matter*, Wiley.

Gere, J.M. & Timoshenko, S.P. (1985) *Mechanics of materials* (2nd SI ed.), Wadsworth International.

Moments of area

Young, W.C. (1989) *Roark's formulas for stress and strain* (6th ed.), McGraw-Hill.

Beams, shafts, columns, and shells

Calladine, C.R. (1983) *Theory of shell structures*, Cambridge University Press.

Gere, J.M. & Timoshenko, S.P. (1985) *Mechanics of materials* (2nd ed.), Wadsworth International.

Timoshenko, S.P. & Goodier, J.N. (1970) *Theory of elasticity* (3rd ed.), McGraw-Hill.

Timoshenko, S.P. & Gere, J.M. (1961) *Theory of elastic stability* (2nd ed.), McGraw-Hill.

Young, W.C. (1989) *Roark's formulas for stress and strain* (6th ed.), McGraw-Hill.

Contact stresses and stress concentration

Timoshenko, S.P. & Goodier, J.N. (1970) *Theory of elasticity* (3rd ed.), McGraw-Hill.

Hill, R. (1950) *Plasticity*, Oxford University Press.

Johnson, K.L. (1985) *Contact mechanics*, Oxford University Press.

Sharp cracks

Hertzberg, R.W. (1989) *Deformation and fracture of engineering materials* (3rd ed.), Wiley.

Tada, H., Paris, P.C. & Irwin, G.R. (1985) *The stress analysis of cracks handbook* (2nd ed.), Paris Productions and Del Research Group.

Pressure vessels

Timoshenko, S.P. & Goodier, J.N. (1970) *Theory of elasticity* (3rd ed.), McGraw-Hill.

Hill, R. (1950) *Plasticity*, Oxford University Press.

Young, W.C. (1989) *Roark's formulas for stress and strain* (6th ed.), McGraw-Hill.

Vibration

Young, W.C. (1989) *Roark's formulas for stress and strain* (6th ed.), McGraw-Hill.

Creep

Finnie, I. & Heller, W.R. (1976) *Creep of engineering materials*, McGraw-Hill.

Heat and matter flow

Hollman, J.P. (1981) *Heat transfer* (5th ed.), McGraw-Hill.

Carslaw, H.S. & Jaeger, J.C. (1959) *Conduction of heat in solids* (2nd ed.), Oxford University Press.

Shewmon, P.G. (1989) *Diffusion in solids* (2nd ed.), TMS.

부록 C 재료지수

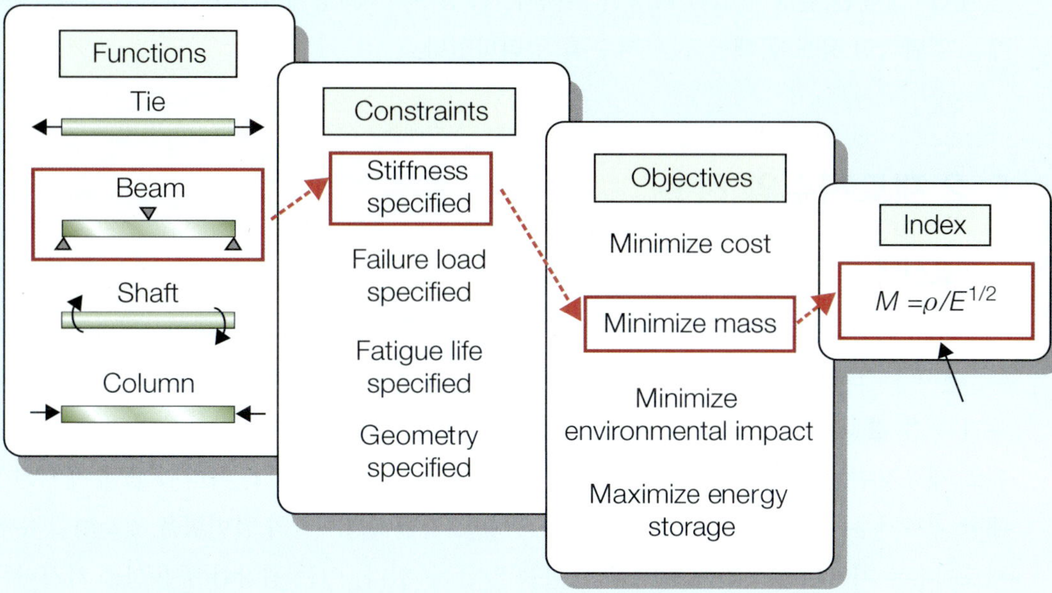

Materials Selection in Mechanical Design. DOI: 10.1016/B978-1-85617-663-7.00020-5

C.1 서론과 개요

어떤 부품의 성능(P)은 성능방정식에 의해 평가된다. 성능방정식은 재료특성의 그룹들을 포함하고 있다. 이 그룹은 '재료지수'이다. 때로는 그룹이 하나의 단일 특성일 수도 있다. 즉 어떤 빔의 성능이 강성도만에 의해 결정된다면 성능방정식은 탄성계수(E)라는 하나의 특성만을 포함한다. 더 흔하게 성능방정식은 둘 또는 그 이상의 재료특성의 그룹을 포함한다. 우리에게 익숙한 예로 비강성도(E/ρ) 또는 비강도(σ_f/ρ)를 비롯하여(여기서 σ_f는 금속의 경우 항복강도 또는 탄성한계이고 ρ는 밀도) 여러 가지 사례를 들 수 있다. 이것들이 최적의 재료선택을 결정하는 데 도움을 준다. 상세한 결정 방법과 다양한 사례가 제5장부터 제8장에 걸쳐 소개되어 있다. 부록 C에는 일반적인 용도에 해당하는 '지수'를 정리하였다.

C.2 재료지수의 사용

재료선택

부품은 기능을 가지고 있다. 안전하게 하중을 지탱하기, 열을 전달하기, 에너지를 저장하기, 열이나 전기를 차단하기 등이 그것이다. 각 기능은 해당하는 재료지수를 갖는다. 해당 지수가 높은 값을 갖는 재료는 그러한 측면에서 부품의 성능을 최대화한다. 제5장에 설명한 이유로 재료지수는 일반적으로 설계의 세부적인 사항과는 독립적이다. 따라서 표에 제시된 빔에 대한 재료지수는 빔의 자세한 형상과 독립적이며, 정밀측정기기의 열변형을 최소화할 수 있는 재료지수는 기기의 형상과 독립적인 것 등을 말할 수 있다. 이는 굉장한 통용성을 가져다준다.

재료 지정 또는 대체

새로운 재료는 지수가 비정상적으로 높거나 낮은 기능에 사용될 수 있는 잠재적인 가능성을 갖는다. 새로운 재료의 효율적인 사용은 그것의 지수를 구하고 기존에 이미 사용되고 있는 재료의 지수와 비교해 봄으로써 찾아낼 수 있다. 기존에 확립된 응용에 관례적으로 사용된 재료를 대체할 수 있는 가능성이 있는 재료를 찾는 데에도 유사한 방식이 사용될 수 있다.

표 읽는 방법

표 C.1에서 C.7까지 대부분이 질량의 최소화를 설계목표로 하는 것에 바탕을 두고 있다. 재료비용을 최소화하기 위해서는 질량최소화 지수를 사용하되 밀도(ρ) 대신 단위 부피당 가격($C_m\rho$)으로 대체하면 된다(C_m은 킬로그램당 가격). 생산에너지와 CO_2배출부담을 최소화하려면 밀도(ρ) 대신 $H_p a \cdot \rho$ 또는 $CO_2 \cdot \rho$로 대체하면 된다. 여기서 H_p는 킬로그램당 생산에너지, CO_2는 킬로그램당 CO_2배출부담을 나타낸다(표 A.10).

기호

표 C.1에서 C.7까지 사용될 기호는 다음 표에 정의하였다.

분류	특성	기호 및 단위
일반	밀도	ρ(kg/m^3)
	가격	C_m($/kg)
기계적 특성	탄성계수	E, G, K(GPa)
	푸아송 비	$\nu(-)$
	파손강도(항복, 파괴)	σ_f(MPa)
	피로한계	σ_e(MPa)
	경도	H(Vickers)
	파괴인성	K_{1c}(MPa.m$^{1/2}$)
	손실계수(감쇠능)	$\eta(-)$
열적 특성	열전도도	λ(W/m.K)
	열확산도	a(m^2/s)
	비열	C_p(J/Kg.K)
	열팽창계수	α(°K^{-1})
	열팽창계수 차이	$\Delta\alpha$(°K^{-1})
전기적 특성	전기비저항	ρ_e($\mu\Omega$.cm)
친환경 특성	생산에너지(Embodied energy)	H_p(MJ/kg)
	CO_2배출부담(CO_2 Footprint)	CO_2(kg/kg)

표 C.1 최소질량을 목표로 하는 강성제한 설계

기능 및 제한조건	최대화
연결봉(인장하중 버팀목) 강성도, 길이 지정; 단면적 조정 가능	E/ρ
샤프트(축 비틀림 하중) 강성도, 길이, 형상 지정; 단면적 조정 가능 강성도, 길이, 외경 지정; 벽두께 조정 가능 강성도, 길이, 벽두께 지정; 외경 조정 가능	$G^{1/2}/\rho$ G/ρ $G^{1/3}/\rho$
빔(굽힘 하중) 강성도, 길이, 형상 지정; 단면적 조정 가능 강성도, 길이, 높이 지정; 폭 조정 가능 강성도, 길이, 폭 지정; 높이 조정 가능	$E^{1/2}/\rho$ E/ρ $E^{1/3}/\rho$
기둥(압축하중 버팀목, 탄성좌굴에 의한 파손) 강성도, 길이, 형상 지정; 단면적 조정 가능	$E^{1/2}/\rho$
패널(굽힘 하중을 받는 평판) 강성도, 길이, 폭 지정; 두께 조정 가능	$E^{1/3}/\rho$
평판(면내 압축하중을 받는 평판, 좌굴에 의한 파손) 강성도, 길이, 폭 지정; 두께 조정 가능	$E^{1/3}/\rho$
원통형 실린더(내부압력이 걸림) 탄성 찌그러짐, 압력, 직경 지정; 벽두께 조정 가능	E/ρ
구형 쉘(내부압력이 걸림) 탄성 찌그러짐, 압력, 직경 지정; 벽두께 조정 가능	$E/(1-\nu)\rho$

표 C.2 최소질량을 목표로 하는 강도제한 설계

기능 및 제한조건	최대화
연결봉(인장하중 버팀목)	
하중, 길이 지정; 단면적 조정 가능	σ_f/ρ
샤프트(축 비틀림 하중)	
하중, 길이, 형상 지정; 단면적 조정 가능	$\sigma_f^{2/3}/\rho$
하중, 길이, 외경 지정; 벽두께 조정 가능	σ_f/ρ
하중, 길이, 벽두께 지정; 외경 조정 가능	$\sigma_f^{1/2}/\rho$
빔(굽힘 하중)	
하중, 길이, 형상 지정; 단면적 조정 가능	$\sigma_f^{2/3}/\rho$
하중, 길이, 높이 지정; 폭 조정 가능	σ_f/ρ
하중, 길이, 폭 지정; 높이 조정 가능	$\sigma_f^{1/2}/\rho$
기둥(압축하중 버팀목, 탄성좌굴에 의한 파손)	
하중, 길이, 형상 지정; 단면적 조정 가능	σ_f/ρ
패널(굽힘 하중을 받는 평판)	
하중, 길이, 폭 지정; 두께 조정 가능	$\sigma_f^{1/2}/\rho$
평판(면내 압축하중을 받는 평판, 좌굴에 의한 파손)	
붕괴하중, 길이, 폭 지정; 두께 조정 가능	$\sigma_f^{1/2}/\rho$
원통형 실린더(내부압력이 걸려있음)	
탄성 찌그러짐, 압력, 직경 지정; 벽두께 조정 가능	σ_f/ρ
구형 쉘(내부압력이 걸려있음)	
탄성 찌그러짐, 압력, 직경 지정; 벽두께 조정 가능	σ_f/ρ
플라이휠, 회전원판	
단위 부피당 최대 에너지 저장; 속도 지정	ρ
단위 질량당 최대 에너지 저장; 파손 없을 것	σ_f/ρ

표 C.3 강도제한 설계: 스프링과 경첩

기능 및 제한조건	최대화
스프링 단위 부피당 최대 탄성에너지 저장; 파손 없을 것 단위 질량당 최대 탄성에너지 저장; 파손 없을 것	 σ_f^2/E $\sigma_f^2/E\rho$
탄성경첩 굽힘 곡률반경의 최소화(파손 없이 최대 유연성)	σ_f/E
칼날, 쐐기받침 접촉 면적의 최소화, 지탱하중의 최대화	σ_f^3/E^2, H
압축 씰(seals)과 개스킷 최대 형상순응성; 접촉 압력 제한	$\sigma_f^{3/2}/E$, $1/E$
격막 지정된 힘 또는 압력하에서 최대 처짐(휨)	$\sigma_f^{3/2}/E$
회전 드럼과 원심분리기 최대 각속도; 반지름 고정; 벽두께 조정 가능	σ_f/ρ

표 C.4 진동제한 설계

기능 및 제한조건	최대화
연결봉, 기둥 최대 길이방향 진동주파수	E/ρ
빔(모든 치수 지정) 최대 두께방향 진동주파수	E/ρ
빔(길이와 강성도 지정) 최대 두께방향 진동주파수	$E^{1/2}/\rho$
패널(모든 치수 지정) 최대 두께방향 진동주파수	E/ρ
패널(길이, 폭, 강성도 지정) 최대 두께방향 진동주파수	$E^{1/3}/\rho$
연결봉, 기둥, 빔, 패널(강성도 지정) 외부 입력으로부터 최대 길이방향 발진: 연결봉 외부 입력으로부터 최대 두께방향 발진: 빔 외부 입력으로부터 최대 두께방향 발진: 패널	 $\eta E/\rho$ $\eta E^{1/2}/\rho$ $\eta E^{1/3}/\rho$

표 C.5 손상허용 설계

기능 및 제한조건	최대화
연결봉(인장하중 구조)	
최대 손상허용 및 강도, 하중제어 설계	K_{1c}, σ_f
최대 손상허용 및 강도, 변위제어 설계	K_{1c}/E, σ_f
최대 손상허용 및 강도, 에너지제어	K_{1c}^2/E, σ_f
샤프트(축 비틀림 하중)	
최대 손상허용 및 강도, 하중제어 설계	K_{1c}, σ_f
최대 손상허용 및 강도, 변위제어 설계	K_{1c}/E, σ_f
최대 손상허용 및 강도, 에너지제어	K_{1c}^2/E, σ_f
빔(굽힘 하중)	
최대 손상허용 및 강도, 하중제어 설계	K_{1c}, σ_f
최대 손상허용 및 강도, 변위제어 설계	K_{1c}/E, σ_f
최대 손상허용 및 강도, 에너지제어	K_{1c}^2/E, σ_f
압력용기	
파괴 전 항복(YBB)	K_{1c}/σ_f
파괴 전 누설(LBB)	K_{1c}^2/σ_f

표 C.6 전기-기계 연계 설계

기능 및 제한조건	최대화
버스바(bus bars)	
최소 사용비용; 고전류 전도체	$1/\rho_e \rho C_m$
전자석 코일(windings)	
최대 짧은 펄스 자장; 기계적 파손 없을 것	σ_f
최대 자장 및 펄스길이; 온도상승(발열) 제한	$\rho C_p/\rho_e$
고속 전기모터 코일(windings)	
최대 회전속도; 피로파괴 없을 것	σ_e/ρ_e
최소 전기저항 손실; 피로파괴 없을 것	$1/\rho_e$
릴레이(relay arms)	
최소 응답시간; 피로파괴 없을 것	$\sigma_e/E\rho_e$
최소 전기저항 손실; 피로파괴 없을 것	$\sigma_e^2/E\rho_e$

표 C.7 열 및 열-기계 연계 설계

기능 및 제한 조건	최대화
단열 재료	
최소 정상상태 열유속; 두께 지정	$1/\lambda$
일정 시간 내 온도 상승 최소; 두께 지정	$1/a = \rho C_p/\lambda$
열사이클 동안 최소 에너지 소비(kiln 등)	$\sqrt{a}/\lambda = \sqrt{1/\lambda\rho C_p}$
축열(열저장) 재료	
단위 재료비당 최대 에너지 저장(열저장 난방)	C_p/C_m
일정 온도상승 및 시간당 최대 에너지 저장	$\lambda/\sqrt{a} = \sqrt{\lambda\rho C_p}$
정밀기기	
일정한 열유속에서 열변형 최소화	λ/α
열충격저항	
파손없이 변할 수 있는 최대 표면온도	$\sigma_f/\alpha E$
히트싱크	
단위 부피당 최대 열유속; 열팽창 제한	$\lambda/\Delta\alpha$
단위 질량당 최대 열유속; 열팽창 제한	$\lambda/\rho\Delta\alpha$
열교환기(압력제한 설계)	
단위 면적당 최대 열유속; ΔP까지 파손 없을 것	$\lambda\sigma_f$
단위 질량당 최대 열유속; ΔP까지 파손 없을 것	$\lambda\sigma_f/\rho$

부록 D

참고문헌정보의 데이터 출처

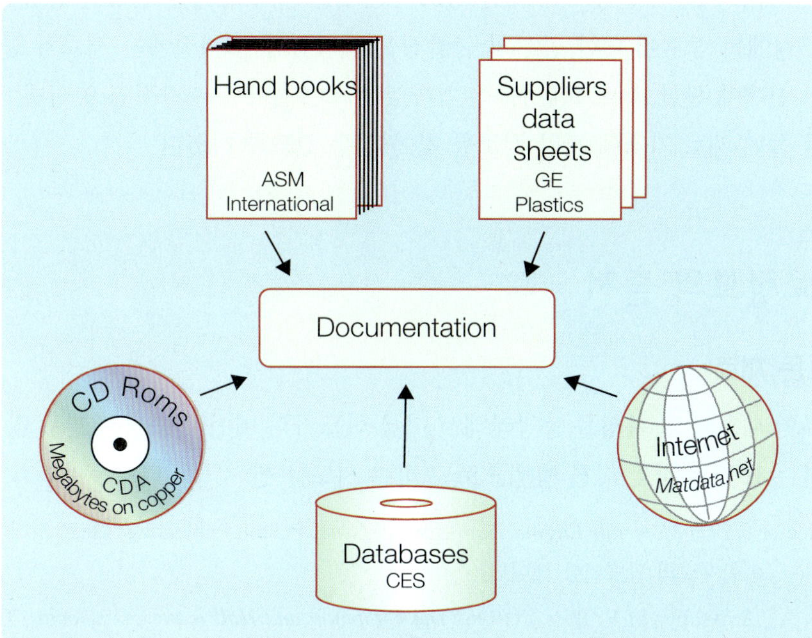

Materials Selection in Mechanical Design. DOI: 10.1016/B978-1-85617-663-7.00021-7

D.1 서론

이 부록은 구조화되었거나 구조화되지 않았거나를 불문하고 재료 속성에 관한 정보를 어디서 찾을 수 있는지 알려준다. 정보의 출처는 크게 하드카피, 소프트웨어, 인터넷의 세 종류로 나눌 수 있다. 하드카피 문서는 대부분의 공학도서관에서 찾아볼 수 있다. 컴퓨터 데이터베이스는 찾아보기 어렵지만, 공급자 리스트가 최신 웹사이트 주소와 함께 열거되어 있다. 인터넷 사이트는 찾기는 쉽지만 사용하려면 애로사항이 많을 수 있다.

D.2절에는 재료 가족과 클래스에 대한 정보의 출처를 각각에 대한 간략한 설명과 함께 수록하였다. D.3절에는 공정에 대한 공부의 출발점을 제공한다. D.4절에는 재료와 공정 데이터, 정보 그리고 선택에 관한 소프트웨어를 열거하였다. D.5절에는 추가적인 인터넷 사이트를 제공하여 예를 들면 재료 가격에 관한 정보를 찾아볼 수 있도록 하였다.

D.2 재료정보의 출처

D.2.1 모든 재료

모든 종류의 재료와 그 특성을 총망라해서 다룬 하드카피 데이터 출처는 별로 많지 않다. 여기에 소개하는 10개는 각각 다른 방법으로 그러한 시도를 한 것들이다.

Materials Selector (1997) *Materials Engineering*, *Special Issue*, Penton Publishing. (표로 정리된 금속, 세라믹, 고분자, 복합재료의 광범위한 데이터)

Waterman, N.A., & Ashby, M.F. (Eds.) (1996) *The Chapman and Hall materials selector*, Chapman and Hall. (세권으로 구성됨. 모든 재료에 대하여 재료선택과 설계 가이드를 수록함. 기본 참고도서)

ASM handbook series (1980~2010) ASM International. (20권 이상으로 구성된 재료 정보, 특히 금속에 대한 정보. 온라인으로도 검색 가능)

Bauccio, M.L. (Ed.) (1994) *ASM engineered materials reference book* (2nd ed.). ASM International. (금속, 세라믹, 고분자, 복합재료에 대한 데이터 수치만을 압축하여 핸드북으로 구성)

Materials selector and design guide (1974) Design Engineering, Morgan-Grampian Ltd. (Materials Engineering Materials Selector를 닮았으나 덜 상세하고 약간 오래되었음)

Handbook of industrial materials (2nd ed.) (1992), Elsevier. (엄청나게 광범위한 데이터를 집대성하였음: 금속, 세라믹, 고분자, 복합재료, 섬유, 샌드위치 구조, 가죽 …)

Brady, G.S., & Clauser, H.R. (Eds.) (1986) *Materials handbook* (12th ed.), McGraw-Hill. (금속, 세라믹, 고분자, 복합재료, 섬유, 샌드위치 구조 등을 망라한 광범위한 자료 모음)

Cardarelli, F. (1999) *Materials handbook*, Springer-Verlag. (모든 클래스의 재료에 대하여 엄청나게 광범위한 재료특성 데이터를 집대성하였음: 기계적, 열적, 전기적 특성)

Goldsmith, A., Waterman, T.E., & Hirschhorn, J.J. (1961) *Handbook of thermophysical properties of solid materials*, MacMillan. (원소와 화합물에 대한 열물성 데이터)

Bittence, J.C. (Ed.) (1994) *Guide to engineering materials producers*, ASM International. (재료 공급자의 주소를 수록한 광범위한 카탈로그)

Internet sources of information on all classes of materials

ASM Handbooks online, *www.asminternational.org/hbk/index.jsp*

ASM Alloy center, *www.asminternational.org/alloycenter/index.jsp*

ASM Materials Information, *www.asminternational.org/matinfo/index.jsp*

A to Z of Materials, *www.azom.com*

Design InSite, *www.designinsite.dk*

Goodfellow, *www.goodfellow.com*

K&K Associate's thermal connection, *www.tak2000.com*

Corrosion Source (databases), *www.corrosionsource.com*

Material Data Network, *www.matdata.net*

Materials (Research): Alfa Aesar, *www.alfa.com*

MatWeb, *www.matweb.com*

MSC datamart, *www.mscsoftware.com*

NASA Long Duration Exposure Facility, SETAS, *http://setas-www.larc.nasa.gov/LDEF/*

NPL MIDAS, *midas.npl.co.uk/midas/index.jsp*

D.2.2 모든 금속

금속과 합금은 국가차원의 그리고 가끔은 국제수준의 표준을 따른다. 결과적으로 높은 품질의 데이터가 가능하다. 일반적으로 금속 데이터를 다룬 하드카피 데이터 출처는 방대하고, 잘 구조화되어 있으며 사용하기 쉽다.

ASM metals handbook (9th and 10th eds.) (1986 & 1990), ASM International. (기본 참고도서. 지속적으로 업데이트되고 확장됨. 제10판은 Vol. 1: 철과 강; Vol. 2: 비철합금; Vol. 3: 열처리; Vol. 4: 마찰, 윤활, 마모; Vol. 5: 표면 마감질과 코팅; Vol. 6: 용접과 브레이징; Vol. 7: 미세조직 분석 ... Vol. 20까지 출판되었음)

Bauccio, M.L. (Ed.) (1993) *ASM metals reference book* (3rd ed.), ASM International. (ASM의 수많은 출판물로부터 금속에 관한 데이터를 추려서 묶었음. 기본 참고도서)

Smithells, C.J. (1992) *Metals reference book* (7th ed.), E.A. Brandes & G.B. Brook (Eds.), Butterworths. (금속과 합금에 관한 광범위한 데이터의 집대성. 기본 참고도서)

Robb, C. (1990) *Metals databook*, The Institute of Metals. (영국 규격에 의해서만 금속재료에 대한 데이터를 수집하였음)

ASM guide to materials engineering data and information (1986), ASM International. (재료 공급자, 통상기구, 출판물의 명부)

Bringas, J.E. (Ed.) (1992) *The metals black book, vol. 1, steels*, Casti Publishing. (강철에 관한 압축된 데이터 북)

Bringas, J.E. (Ed.) (1993) *The metals red book, vol. 2, nonferrous metals*, Casti Publishing.

Internet sources for two or more metals classes

ASM International Handbooks, *www*.asminternational.org/hbk/*index.jsp*

ASM International, Alloy Center, *www*.asminternational.org/alloycenter/*index.jsp*

Carpenter Technology home page, *www*.cartech.com

CASTI Publishing site catalog, *www.casti-publishing.com/intsite.htm*

CMW Inc. home page, *www.cmwinc.com*

Eurometaux, European Association of Metals, *www.eurometaux.org*

Materials (high performance): MatTech, *www.mat-tech.com*

Metsteel.com, *www.metsteel.com*

Rare earths: Pacific Industrial Development Corp., *www.pidc.com*

Rare metals: Stanford Materials Inc., *www.stanfordmaterials.com*

Refractory metals: Teledyne Wah Chang, *www.twca.com*

D.2.3 비철금속과 합금

D.2.2절에 열거한 참고문헌에 더하여 특수한 금속과 합금에 대한 데이터 출처는 다음과 같은 것들이 있다.

순금속

앞에서 열거한 대부분의 데이터 출처는 순금속에 관한 정보를 어느 정도 포함하고 있으나 아래에 열거한 출판물들은 특별히 순금속에 관하여 유용하다.

Emsley, J. (1989) *The elements*, Oxford University Press. (엔지니어보다는 화학자, 물리학자를 위한 책. 재료의 화학적, 열적, 전기적 특성을 잘 다루었으나 기계적 특성은 포함되지 않음)

Brandes, E.A., & Brook, G.B. (Eds.) (1992) *Smithells metals reference book* (7th edition), Butterworth-

Heinemann. (순금속과 합금에 관한 기계적, 열적, 전기적 특성 데이터의 집대성)

Goodfellow catalogue (1995~1996) Goodfellow Cambridge Limited. (주워 모은 것이지만 쓸모 있는 순금속의 기계적, 열적, 전기적 특성 데이터를 표로 정리. 무료 배포)

Alfa Aesar catalog (1995~1996) Johnson Matthey Catalog Co. Inc. (Goodfellow catalogue와 유사한 내용. 배포 무료)

Samsonov, G.V. (Ed.) (1968) *Handbook of the physiochemical properties of the elements*, Oldbourne. (서양과 동양으로부터 광범위하게 데이터를 집대성. 더러 많이 부정확한 데이터가 발견되지만 다른 어디에서도 찾아볼 수 없는 희귀 원소에 대한 대량의 데이터를 포함)

Gschneidner, K.A. (1964) Physical properties and interrelationships of metallic and semimetallic elements, *Solid State Physics*, 16, 275~426. (아마도 당대 최고의 데이터 출처였을 것. 정보 출처의 정리가 잘 되어 있고, 산정 또는 근사 데이터에 대한 충분한 설명이 주어져 있음)

Internet sources

Winter, M. WebElements. University of Sheffield, *www.webelements.com* (주기율표의 모든 원소에 대한 광범위한 정보의 출처. 굳이 부족한 점을 꼽는다면, 어떤 기계적 특성에 대한 정의와 값에 대한 것)

Martindale's: physics web pages, *www.martindalecenter.com/Calculators3A.html*

알루미늄(Al)

Aluminum standards and data. (1990). The Aluminum Association.

The properties of aluminum and its alloys. (1981). The Aluminum Federation.

Technical data sheets. (1993). ALCAN International Ltd.

Technical data sheets. (1993). ALCOA.

Technical data sheets. (1994). Aluminum Pechiney, France.

Internet sources

Aluminum Federation, *www.alfed.org.uk*

Aluminum World, *www.sovereign-publications.com/aluminum.htm*

International Aluminum Institute, *www.world-aluminum.org*

배빗금속(Babbitt Metal)

배빗금속이라는 단어는 1839년 Isaac Babbitt이 미국 특허로 등록한 납-주석-안티모니 베어링 합금에서 유래되었으며, 그 이후에 생겨난 합금들은 모두 그 원조 합금 조성의 변형이라 할 수 있다.

ASTM Standard B23-83: White metal bearing alloys (known commercially as "Babbitt Metal"), *ASTM Annual Book of Standards*, Vol. 02.04.

베릴륨(Be)

Designing with beryllium (1996), Brush Wellman.

Beryllium optical materials (1996), Brush Wellman.

Internet sources

Brush Wellman, *www.brushwellman.com*

카드뮴(Cd)

Cadmium production, properties and uses (1991), International Cadmium Association.

크롬(Cr)

Castings, chromium-nickel alloy, ASTM Standard A560-89: *ASTM Annual Book of Standards*, 01(02).

코발트(Co)

Betteridge, W. (1982) *Cobalt and its alloys*, Ellis Horwood. (주제에 관한 훌륭한 입문서)

컬럼븀(Cb)

니오븀(Nb) 합금을 찾아볼 것.

구리(Cu)

ASM Metals Handbook (10th ed.) (1990). ASM International

West, E.G. (1979). *The selection and use of copper-rich alloys*, Oxford University Press for the Design Council, the British Standards Institution, and the Council of Engineering Institutions.

Copper Development Association data sheets, 26(1988), 27(1981), 31(1982), 40(1979), and 82(1982), Copper Development Association, and The Copper Development Association.

Megabytes on coppers (1994), The Copper Development Association and Granta Design Limited.

Smithells metals reference book, (7th ed.) (1992) E.A. Brandes & G.B. Brook (Eds.), Butterworth-Heinemann.

Internet sources

Copper Development Association, *www.cda.org.uk*

Copper page, *www.copper.org*

금(Au)과 치과용 합금(Dental alloys)

Gold: Art, science and technology (1992). *Interdisciplinary Science Reviews*, 17(3). The Institute of Materials, ISSN 0308-0188.

Focus on gold (1992). *Interdisciplinary Science Reviews*, 17(4). The Institute of Materials, ISSN 0308-0188.

ISO Standard 1562: Dental casting gold alloys (1993). International Standards Organization.

ISO Standard 8891: Dental casting alloys with Noble metal content of 25% up to but not including 75% (1993). International Standards Organization.

Internet sources

Goodfellow Metals, *www.goodfellow.com* (순금속과 귀금속의 공급자, 주로 실험실 사용 목적. 웹사이트에 취급하는 모든 재료에 대한 가격과 특성 정보가 나와 있음)

Jeneric Pentron, Casting alloys, *www.jeneric.com/casting* (좋은 정보가 많은 상업적인 사이트. 천연 생물 재료와 치과치료용 금속재료에 대한 광범위한 정보의 출처)

Rand Refinery Limited, Chamber of Mines website, *www.bullion.org.za/associates/rr.htm* (금이 어떻게 제조되어 여러 등급의 순도를 갖는지를 알려주는 등 유익한 정보를 포함)

인듐(In)

The Indium Info Center, Indium Corp. of America. *www.indium.com*

납(Pb)

ASTM Standard B29-79: Pig lead. *ASTM Annual Book of Standards*, 02(04).

ASTM Standard B102-76: Lead- and tin-alloy die castings. *ASTM Annual Book of Standards*, 02(04).

ASTM Standard B749-85: Lead and lead alloy strip, sheet, and plate products, *ASTM Annual Book of Standards*, 02(04).

Lead for corrosion resistant applications. Lead Industries Association.

ASM metals handbook (9th ed.). (1986). Vol. 2, 500~510. (배빗금속편을 함께 참조)

Internet sources

Lead Development Association International, *www.ldaint.org*

India Lead Zinc Development Association, *www.ilzda.com*

마그네슘(Mg)

Technical data sheets (1994). Magnesium Elektron Ltd.

Technical literature (1994). Magnesium Corp. of America.

몰리브덴(Mo)

ASTM Standard B386-85: Molybdenum and molybdenum alloy plate, sheet, strip and foil. *ASTM Annual Book of Standards*, 02(04).

ASTM Standard B387-85: Molybdenum and molybdenum alloy bar, rod and wire. *ASTM Annual Book of Standards*, 02(04).

니켈(Ni)

니켈과 그 합금에 대한 주요 데이터 출처는 the Nickel Development Institute(NIDI)이다. NIDI는 국제적인 기구로 아프리카를 제외한 모든 대륙에 사무소를 두고 있다. NIDI는 많은 양의 기술보고서와 데이터베이스를 배포하고 있으며, 니켈과 그 합금은 물론 니켈을 함유하는 다른 합금(예: 스테인리스 강철)까지도 포함하여 다루고 있다.

ASTM Standard A297-84: Steel castings, iron-chromium and iron-chromium-nickel, heat resistant, for general application. *ASTM Annual Book of Standards*, 01(02).

ASTM Standard A344-83, Drawn or rolled nickel-chromium and nickel-chromium-iron alloys for electrical heating elements. *ASTM Annual Book of Standards*, 02(04).

ASTM Standard A494-90: Castings, nickel and nickel alloy. *ASTM Annual Book of Standards*, 02(04).

ASTM Standard A753-85: Nickel-iron soft magnetic alloys. *ASTM Annual Book of Standards*, 03(04).

Betteridge, W. (1984). *Nickel and its alloys*. Ellis Horwood. (해당 주제에 관한 좋은 입문서)

INCO (1995). *High-temperature, high-strength nickel base alloys*. Nickel Development Institute. (80 가지 이상의 합금에 대한 표 형식의 데이터)

Elliott, P. (1990). *Practical guide to high-temperature alloys*. Nickel Development Institute.

INCO (1978). *Heat & corrosion resistant castings*. Nickel Development Institute.

INCO (1969). *Engineering properties of some nickel copper casting alloys*. Nickel Development Institute.

INCO (1968). *Engineering properties of IN-100 alloy*. Nickel Development Institute. INCO (1969). (니켈-크롬 합금 610과 관련 주조 합금. NIDI)

INCO (1968). *Alloy 713C: technical data*. Nickel Development Institute.

INCO (1981). *Alloy IN-738: technical data*. Nickel Development Institute.

INCO (1976). *36% nickel-iron alloy for low temperature service*. Nickel Development Institute.

ASTM Standard A658 (discontinued 1989): Pressure vessel plates, alloy steel, 36 percent nickel. (1989년 이전에 출판된 *ASTM Annual Book of Standards*)

ASM Metals Handbook (9th ed.) (1986). Vol. 3, 125~178.

Internet sources

Carpenter Technology Corp, *www.cartech.com*

Nickel Development Institute, *www.nidi.org*

Special Metals Corp., *www.specialmetals.com*

Steel & nickel based alloys, *www.superalloys.co.uk*

니오븀(Nb)≡(컬럼븀)

ASTM Standard B391-89: Niobium and niobium alloy ingots. *ASTM Annual Book of Standards*, *02*(04).

ASTM Standard B392-89: Niobium and niobium alloy bar, rod and wire. *ASTM Annual Book of Standards*, *02*(04).

ASTM Standard B393-89: Niobium and niobium alloy strip, sheet and plate. *ASTM Annual Book of Standards*, *02*(04).

ASTM Standard B652-85: Niobium-hafnium alloy ingots. *ASTM Annual Book of Standards*, *02*(04).

ASTM Standard B654-79: Niobium-hafnium alloy foil, sheet, strip and plate. *ASTM Annual Book of Standards*, 02(04).

ASTM Standard B655-85: Niobium-hafnium alloy bar, rod and wire. *ASTM Annual Book of Standards*, *02*(04).

Internet sources

Husted, R., Los Alamos National Laboratory. *www-c8.lanl.gov/infosys* (니오븀과 용도에 관한 개요)

팔라듐(Pd)

ASTM Standard B540-86: Palladium electrical contact alloy. *ASTM Annual Book of Standards*, *03*(04).

ASTM Standard B563-89: Palladium-silver-copper electrical contact alloy. *ASTM Annual Book of Standards*, *03*(04).

ASTM Standard B589-82: Refined palladium. *ASTM Annual Book of Standards*, *02*(04).

ASTM Standard B683-90: Pure palladium electrical contact material. *ASTM Annual Book of Standards*, *03*(04).

ASTM Standard B685-90: Palladium-copper electrical contact material. *ASTM Annual Book of Standards*, *03*(04).

ASTM Standard B731-84: 60% palladium-40% silver electrical contact material. *ASTM Annual Book of Standards*, *03*(04).

Internet sources

Jeneric Pentron, Casting alloys. *www.jeneric.com/casting* (좋은 정보가 많은 상업적인 웹사이트. 치과용합금에 국한)

Goodfellow Metals, *www.goodfellow.com* (순금속과 귀금속의 공급자, 주로 실험실 사용 목적. 웹사이트에는 취급하는 모든 재료에 대한 가격과 특성 정보가 나와 있음)

백금(Pt)

ASTM Standard B684-81: Platinum-iridium electrical contact material. *ASTM Annual Book of Standards*, *03*(04).

Elkonium Series 400 datasheets, CMW.

ASM Metals Handbook (9th ed.) (1986). Vol. 2, 688~698.

은(Ag)

ASTM Standard B413-89: Refined silver. *ASTM Annual Book of Standards*, *02*(04).

ASTM Standard B617-83: Coin silver electrical contact alloy. *ASTM Annual Book of Standards*, *03*(04).

ASTM Standard B628-83: Silver-copper eutectic electrical contact alloy. *ASTM Annual Book of Standards*, *03*(04).

ASTM Standard B693-87: Silver-nickel electrical contact materials. *ASTM Annual Book of Standards*, *03*(04).

ASTM Standard B742-90: Fine silver electrical contact fabricated material. *ASTM Annual Book of Standards*, *03*(04).

ASTM Standard B780-87: 75% silver, 24.5% copper, 0.5% nickel electrical contact alloy. *ASTM Annual Book of Standards*, *03*(04).

Elkonium Series 300 datasheets (1996). CMW.

Elkonium Series 400 datasheets (1996). CMW.

Internet sources

The Silver Institute, *www.silverinstitute.org*

Jeneric Pentron, Casting alloys. *www.jeneric.com/casting* (좋은 정보가 많은 상업적인 사이트. 치과용합금에 국한)

Goodfellow Metals, *www.goodfellow.com* (순금속과 귀금속의 공급자, 주로 실험실 사용 목적. 웹사이트에는 취급하는 모든 재료에 대한 가격과 특성 정보가 나와 있음)

탄탈륨(Ta)

ASTM Standard B365-86: Tantalum and tantalum alloy rod and wire. *ASTM Annual Book of Standards*, *02*(04).

ASTM Standard B521-86: Tantalum and tantalum alloy seamless and welded tubes. *ASTM Annual Book of Standards*, *02*(04).

ASTM Standard B560-86: Unalloyed tantalum for surgical implant applications. *ASTM Annual Book of Standards*, *15*(01).

ASTM Standard B708-86: Tantalum and tantalum alloy plate, sheet and strip. *ASTM Annual Book of*

Standards, *02*(04).

Tantalum data sheet (1996). The Rembar Company.

ASM Handbook (9th ed.) (1986). Vol. 3, 323~325, 343~347.

주석(Sn)

ASTM Standard B32-89: Solder metal. *ASTM Annual Book of Standards*, *02*(04).

ASTM Standard B339-90: Pig tin. *ASTM Annual Book of Standards*, *02*(04).

ASTM Standard B560-79: Modern pewter alloys. *ASTM Annual Book of Standards*, *02*(04).

Barry, B.T.K. & Thwaites, C.J. (1983). *Tin and its alloys and compounds*. Ellis Horwood.

ASM Metals Handbook (9th ed.) (1986). Vol. 2, 613~625 (배빗금속편을 함께 참조)

Tin Research Association, www.tintechnology.com

티타늄(Ti)

Technical data sheets (1993). Titanium Development Association.

Technical data sheets (1993). The Titanium Information Group.

Technical data sheets (1995). IMI Titanium.

Internet sources

Titanium Information Group, *www.titaniuminfogroup.co.uk*

The International Titanium Association, *www.titanium.org* (이 단체의 웹사이트는 수많은 회원사 리스트와 티타늄과 그 합금에 대한 광범위하고 깊은 정보를 제공함)

텅스텐(W)

ASTM Standard B777-87: Tungsten base, high-density metal. *ASTM Annual Book of Standards*, *02*(04).

Yih, S.W.H. & Wang, C.T. (1979). *Tungsten*. Plenum Press.

ASM Metals Handbook (9th ed.) (1986). Vol. 7, p. 476.

Tungsten data sheet (1996). The Rembar Company.

Royal Ordnance speciality metals datasheet (1996). British Aerospace Defence Ltd.

CMW datasheets (1996). CMW.

Internet sources

North American Tungsten, *www.northamericantungsten.com*

우라늄(U)

Uranium Information Centre, Australia, *www.uic.com.au*

UXC Jan 96 uranium indicator update, *www.uxc.com/review/uxc_prices/aspx*

바나듐(V)

Teledyne Wah Chang (1996). *Vanadium brochure*. TWC.

아연(Zn)

ASTM Standard B6-87: Zinc. *ASTM Annual Book of Standards*, *02*(04).

ASTM Standard B69-87: Rolled zinc. *ASTM Annual Book of Standards*, *02*(04).

ASTM Standard B86-88: Zinc-alloy die castings. *ASTM Annual Book of Standards*, *02*(02).

ASTM Standard B418-88: Cast and wrought galvanic zinc anodes. *ASTM Annual Book of Standards*, *02*(04).

ASTM Standard B791-88: Zinc-aluminum alloy foundry and die castings. *ASTM Annual Book of Standards*, *02*(04).

ASTM Standard B792-88: Zinc alloys in ingot form for slush casting. *ASTM Annual Book of Standards*, *02*(04).

ASTM Standard B793-88: Zinc casting alloy ingot for sheet metal forming dies. *ASTM Annual Book of Standards*, *02*(04).

Goodwin, F.E., & Ponikvar, A.L. (Eds.) (1989). *Engineering properties of zinc alloys* (3rd ed.). International Lead Zinc Research Organization(모든 산업용 아연 합금을 다룬 훌륭한 데이터베이스).

Chivers, A.R.L. (1981). Zinc diecasting. *Engineering Design Guide*, 41, OUP(해당 주제에 관한 좋은 입문서).

ASM Metals Handbook (9th ed.) (1986). Properties of zinc and zinc alloys. Vol.2, 638~645.

Internet sources

International Zinc Association, *www.iza.com*

Zinc Industrias Nacionales S.A.-Peru, *www.zinsa.com*

Zinc: Eastern Alloys, *www.eazall.com*

India Lead Zinc Development Association, *www.ilzda.com*

지르코늄(Zr)

ASTM Standard B350-80: Zirconium and zirconium alloy ingots for nuclear application. *ASTM Annual Book of Standards*, *02*(04).

ASTM Standards B352-85, B551-83, and B752-85: Zirconium and zirconium alloys. *ASTM Annual Book of Standards*, *02*(04).

Teledyne Wah Chang (1996). *Zircadyne: properties & applications*. TWC

ASM Metals Handbook (9th ed.) (1986). Vol. 2, 826~831.

D.2.4 철금속

철금속은 아마 가장 완벽하게 연구되고 정보가 문서화된 재료일 것이다. 거의 모든 선진국들은 철과 강에 대하여 고유한 표준시스템을 가지고 있다. 최근에는 대륙별 혹은 세계적 표준이 발전되어 여러 수준에서 인정을 받고 있다. 이 주제에 관해서는 방대한 그리고 가끔은 헷갈리게 하는 문헌자료들이 있다. 이 절은 사용자에게 올바르고 더 나은 정보의 출처를 안내하는 데 목적이 있다.

철금속, 종합 데이터 출처

Bringas, J.E. (Ed.) (1995). *The metals black book* – ferrous metals (2nd ed.). CASTI Publishing. (아주 훌륭한 짧은 참고문헌)

ASM Metals Handbook (10th ed.) (1990). Vol. 1. ASM International. (북아메리카 철과 강에 대한 권위있는 참고문헌)

ASM Metals Handbook (desk ed.) (1985). ASM International. (여러 권으로 된 ASM Metals Handbook의 요약본)

Wegst, C.W. (2010) *Stahlschlüssel* (in English: *Key to steel*). Verlag Stahlschlüssel Wegst GmbH. (매 3년마다 독일어, 불어, 영어로 출판됨. 유럽의 철강제품과 제조사에 대한 훌륭한 정보)

Woolman, J. & Mottram, R.A. (1966). *The mechanical and physical properties of the British standard in steels*. Pergamon Press. (여전히 높게 인정받음. 그러나 이제는 공식적으로 포기한 영국 표준(BS)에 의한 분류표에 기반을 두고 있음)

Brandes, E.A. & Brook, G.R. (Eds.) (1992). *Smithells metals reference book* (7th ed.). Butterworth-Heinemann. (권위 있는 참고문헌. 모든 금속을 다룸)

Waterman, N.A. & Ashby, M.F. (Eds.) (1996). *Materials Selector*. Chapman and Hall. (모든 재료를 다룸. 철과 강은 제2권에 있음)

Sharpe, C. (Ed.) (1993). *Kempe's engineering year book* (98th ed.). Benn. (매년 개정판. 철과 강에 관하여 훌륭한 섹션을 포함)

철과 강에 대한 표준

국가 또는 국제 표준기구들은 점점 더 그들의 출판물 목록을 웹사이트에 올리고 있다. 가장 포괄적인 인쇄물 출처를 여기 소개한다.

Iron and steel specifications (9th ed.) (1998). British Iron and Steel Producers Association (BISPA). (철과 강에 관한 영국 표준(BS) 기준 포괄적인 도표 데이터. 추가로 유럽 또는 북아메리카 표준에 관한 정보도

포함. 동일한 정보를 CD-ROM으로도 구할 수 있음)

ASTM Annual Book of Standards, Vols. 01(01) through 01(07). (가장 완벽한 미국 철과 강의 표준. 표준에 관한 요약은 웹사이트 www.astm.org에서도 찾아볼 수 있음)

유사한 국제표준에 대한 비교 참고문헌

각 나라 사이에 동등한 철과 강의 등급을 대략이라도 맞추는 것은 어렵다. 이 문제에 관한 정보는 완전할 수 없다. 다만 여기 소개하는 참고문헌들은 도움이 된다.

Gensure, J.G., & Potts, D.L. (1988). *International metallic materials cross reference* (3rd ed.). Genium Publishing. (해당 주제에 관한 세계적인 정보. 색인이 잘 구축되었음)

Bringas, J.E. (Ed.) (1995). *The metals black book-ferrous metals* (2nd ed.). CASTI Publishing. (국제적인 비교에 쉽게 사용하기 쉬운 표로 되어 있음. "General" section에도 추가 정보가 있음)

Unified numbering system for metals and alloys (2nd ed.), (1977). Society of Automotive Engineers. (권위 있는 참고문헌. 미국 기관들에 의해 발행되는 모든 표준에 대하여 일원화된 구조. 다른 나라에 대한 정보 없음)

Iron and steel specifications (7th ed.) (1989). British Steel. (프랑스, 독일, 일본, 스웨덴, 영국, 미국에 대하여 '관련 스펙'을 열거함)

주철

Scholes, J.P. (1979). *The selection and use of cast irons*. Engineering Design Guides, OUP.

Angus, H.T. (1976). *Cast iron: physical and engineering properties*. Butterworths.

주철-미국 표준

매년 발행되는 *Annual Book of ASTM Standards*, *01*(02)에서 찾을 수 있다.

ASTM A220M-88: Pearlitic malleable iron, *www.astm.org*

ASTM A436-84: Austenitic gray iron castings; *www.astm.org*

ASTM A532: Abrasion-resistant cast irons; *www.astm.org*

ASTM A602-70 (reapproved 1987): Automotive malleable iron castings.

주철-국제 표준

스위스 제네바에 위치한 ISO Central Secretariat으로부터 구할 수 있다.

ISO 185:1988 Grey cast iron – classification.

ISO 2892:1973 Austenitic cast iron.

ISO 5922:1981 Malleable cast iron.

주철-영국 표준

런던의 BSI Customer Services에서 구할 수 있으며, 강철과 비교하여 주철에 대해서는 표준의 숫자가 적어서 아래와 같이 모두 열거할 수 있다.

BS 1452:1990 Flake graphite cast iron.

BS 1591:1975 Specification for corrosion resisting high silicon castings.

BS 2789:1985 Iron castings with spheroidal or nodular graphite.

BS 3468:1986 Austenitic cast iron.

BS 4844:1986 Abrasion resisting white cast iron.

BS 6681:1986 Specification for malleable cast iron.

탄소강과 합금강

ASM metals handbook (10th ed.) (1990). Vol. 1. ASM International. (북아메리카 철과 강에 관한 권위있는 참고문헌)

Fox, J.H.E. (1980). An introduction to steel selection: part 1, carbon and low-alloy steels. *Engineering Design Guide*, no. 34. Oxford University Press.

스테인리스강

ASM metals handbook (10th ed.) (1990). Vol. 1. ASM International. (북아메리카 철과 강에 관한 권위있는 참고문헌)

Elliott, D., & Tupholme, S.M. (1981). An introduction to steel selection: part 2, stainless steels. *Engineering Design Guide*, no. 43. Oxford University Press.

Peckner, D., & Bernstein, I.M. (1977). *Handbook of stainless steels*. McGraw-Hill.

Design guidelines for the selection and use of stainless steel (1991). *Designers' Handbook Series*, no. 9014. Nickel Development Institute. (NIDI는 국제적인 기구로 아프리카를 제외한 모든 대륙에 사무소를 두고 있다. NIDI는 많은 양의 기술보고서와 데이터베이스를 배포하고 있으며, 니켈과 그 합금은 물론 니켈을 함유하는 다른 합금(예: 스테인리스 강철)까지도 포함하여 다루고 있다.)

General Internet sites for ferrous metals

British Constructional Steel Work Association, *www.steelconstruction.org*

International Iron & Steel Institute, *www.worldsteel.org*

Iron & Steel Trades Confederation, *www.istc-tu.org*

National Association of Steel Stock Holders, *www.nass.org.uk*

Steel Manufacturers Association, *www.steelnet.org*

Steel: Bethlehem Steel, *www.bethsteel.com(steel)*

Steel: Corus Group, *www.corusgroup.com(steel)*

Steel: Automotive Steel Library, *www.autosteel.org(steel)*

Steel: Great Plains Stainless, *www.gpss.com(steel)*

SteelSpec, *www.steelspec.org.uk/index.htm(steel)*

D.2.5 고분자와 고무

고분자는 금속과 같이 엄격한 스펙을 적용받지 않는다. 데이터는 제조사에 의존하는 경향이다. 결과적으로 출처는 분산되고 불완전하며 대표성이 떨어진다. Saechtling이 가장 좋지만 어느 하나의 인쇄된 문헌정보도 완전히 적절하지 못하며, 아래에 열거한 모든 출처들이 다 찾아 볼 가치가 있다. D.4, Databases and Expert Systems as software도 참고하라. 어떤 것들은 고분자에 아주 적합하다.

Saechtling, H. (Ed.) (1983). *Saechtling: International plastics handbook*. MacMillan. (고분자에 관한 가장 포괄적인 하드카피 데이터 출처)

Seymour, R.B. (1987). *Polymers for engineering applications*. ASM International. (흔히 사용되는 고분자의 특성데이터. 출발점으로 좋으나 정확한 설계나 공정의 선택에는 상세한 내용이 부족함)

Murphy, J (Ed.) (1991). *New horizons in plastics, a handbook for design engineers*. WEKA Publishing.

ASM engineered materials handbook, Vol 2. engineering plastics (1989). ASM International.

Harper, C.A. (Ed.) (1975). *Handbook of plastics and elastomers*. McGraw-Hill.

International plastics selector, plastics (9th ed.) (1987). International Plastics Selector.

Domininghaus, H. (Ed.) (1992). *Die kunststoffe and ihre eigenschaften*. VDI Verlag.

van Krevelen, D.W. (1990). *Properties of polymers* (3rd ed.). Elsevier. (특성과 구조의 상관관계. 분자구조로부터 특성을 추산함)

Bhowmick, A.K., & Stephens, H.L. (1988). *Handbook of elastomers*. Marcel Dekker.

ICI technical service notes (1981). ICI Plastics Division, Engineering Plastics Group.

Technical data sheets (1995). Malaysian Rubber Producers Research Association. (천연고무의 수많은 블렌딩에 관한 데이터시트)

Ossvald, T.A., Baur, E., Brinkmann, F., Oberbach, K., & Schmachtenberg, E. (2006). *International plastics handbook*, Carl Hanser Verlag.

Software and Internet sources

CAMPUS Plastics database, *www.campusplastics.com*

CES Polymers database, *www.grantadesign.com*

GE Plastics, *www.ge.com/en/company/businesses/ge_plastics.htm*

Harboro Rubber Co., *www.harboro.co.uk*

IDES Resin Source, *www.ides.com*

MERL, *www.merl-ltd.co.uk*

Plastics.com, *www.plastics.com*

Matweb.com, *www.matweb.com*

M-base engineering, *www.m-base.de/main*

D.2.6 세라믹과 유리

세라믹과 유리에 관한 데이터 출처는 공급자의 데이터시트를 제외하면 제한된다. 교과서나 핸드북을 예로 들자면, ASM의 *Engineered Materials Handbook, Vol. 4* (1991), Morell의 핸드북 (1985), Neville의 책 *Properties of concrete* (1996), Boyd and Thompson의 *Handbook on Glass* (1980), Sorace의 *Treatise on stone* (1996)들이 유익한 출발점이다. CES Ceramics Database는 세라믹과 유리의 최근 데이터를 포함한다. 결국에는 제조사가 자사 제품에 제공하는 데이터시트가 가장 신뢰할 수 있는 정보의 출처가 된다.

세라믹과 세라믹기지 복합재료

ASM engineered materials handbook, Vol. 4, Ceramics and glasses (1991). ASM International.

Waterman, N., & Ashby, M.F. (Eds.) (1996). *Materials selector*. Chapman and Hall.

Brook, R.J. (Ed.) (1991). *Concise encyclopedia of advanced ceramic materials*. Pergamon Press.

Cheremisinoff, N.P. (Ed.) (1990). *Handbook of ceramics and composites*, 3 Vols. Marcel Dekker.

Clark, S.P. (Ed.) (1996). *Handbook of physical constants, memoir 97*. Geological Society of America.

Schwartz, M.M. (1992). *Handbook of structural ceramics*. McGraw-Hill. (방대한 양의 데이터와 공정과 용도에 관한 정보)

Kaye, G.W.C., & Laby, T.H. (1986). *Tables of physical & chemical constants* (15th ed.). Longman.

Kingery, W.D., Bowen, H.K., & Uhlmann, D.R. (1976). *Introduction to ceramics* (2nd ed.). Wiley.

Materials Engineering (1992). *Materials selector*. Penton Press.

Morrell, R. (1985). *Handbook of properties of technical & engineering ceramics, Parts I and II*. National Physical Laboratory.

Musikant, S. (1991). *What every engineer should know about ceramics*. Marcel Dekker. (좋은 데이터 출처)

Richerson, D.W. (1992). *Modern ceramic engineering* (2nd ed.). Marcel Dekker.

Brandes, E.A., & Brook, G.B. (Eds.) (1992). *Smithells metals reference book* (7th ed). Butterworth-Heinemann.

Harper, C.A. (Ed.) (2001). *Handbook of ceramics, glasses and diamonds*. McGraw-Hill. (포괄적인 데이터베이스와 설계 가이드라인)

Richerson, D.W. (2000). *The magic of ceramics*. American Ceramics Society. (고대 세라믹과 신소재 세라믹을 막론하고 읽을만한 세라믹 입문서)

유리

ASM engineered materials handbook, Vol. 4, Ceramics and glasses (1991). ASM International.

Boyd D.C., & Thompson D.A. (1980). *Glass*. Reprinted from Kirk-Othmer: *Encyclopedia of chemical technology, Vol. 11* (3rd ed.), pp 807~880. Wiley.

Oliver, D.S. (1975). *Engineering design guide 05: The use of glass in engineering*. Oxford University Press.

Bansal, N.P., & Doremus, R.H. (1966). *Handbook of glass properties*. Academic Press.

시멘트와 콘크리트

Cowan, H.J., & Smith, P.R. (1988). *The science and technology of building materials*. Van Nostrand-Reinhold.

Illston, J.M., Dinwoodie, J.M., & Smith, A.A. (1979). *Concrete, timber and metals*. Van Nostrand-Reinhold.

Neville, A.M. (1996). *Properties of concrete* (4th ed.). Longman Scientific and Technical. (주제에 관한 훌륭한 입문서)

D.2.7 복합재료 : PMC, MMC, CMC

복합재료의 제작은 너무나 다양한 변종을 만들어내므로 어떤 하드카피 문헌도 그것을 모두 다룰 수 없다. 대신 기지와 강화제의 특성을 수록하고, 기본적인 적층이나 형태를 다룬다. 처음에 나오는 *Engineers guide to composite materials*와 *Composite materials handbook*을 특히 권장한다.

복합재료 일반

Weeton, J.W., Peters, D.M., & Thomas, K.L. (Eds.) (1987). *Engineers guide to composite materials*. ASM International. (최선의 출발점 : 모든 클래스의 복합재료에 관한 데이터)

Schwartz, M.M. (Ed.) (1992). *Composite materials handbook* (2nd ed.). McGraw-Hill. (고분자기지 복합재료에 관한 많은 데이터, 금속기지 및 세라믹기지 복합재료에 관한 데이터는 적음. 가공, 제작, 용도, 설계에 관한 정보)

ASM engineered materials handbook, Vol 1: Composites (1987). ASM International.

Seymour, R.B. (1991). *Reinforced plastics, properties and applications*. ASM International.

Cheremisinoff, N.P. (Ed.) (1990). *Handbook of ceramics and composites, Vols. 1~3*. Marcel Dekker.

Kelly, A. (Ed.) (1989). *Concise encyclopedia of composited materials*. Pergamon Press.

Middleton, D.H. (1990). *Composite materials in aircraft structures*. Longman Scientific and Technical Publications.

Smith, C.S. (1990). *Design of marine structures in composite materials*. Elsevier Applied Science.

금속기지 복합재료(MMC's)

먼저 '복합재료 일반'에 열거된 출처를 찾아보라. 그리고 더 자세한 것들은 아래의 출처를 찾아보라.

ASM engineered materials handbook, Vol. 1: Composites (1987). ASM International.

Technical data sheets (1995). Duralcan USA.

Technical data sheets (1995). 3M Company.

D.2.8 발포재(Foam)와 셀구조 고체(Cellular solids)

고분자와 고무에 관하여 D2.5절에 주어진 많은 참고문헌들이 발포재에 관해 언급하고 있다. 여기 소개된 참고문헌에는 많은 도표 데이터와 간단한 수식으로 발포재의 밀도와 발포재를 만든 재료의 성질로부터 발포재의 특성을 추정할 수 있다. 다만 끝에 가서는 공급자와 접촉할 필요가 있다. 또한 D.4 Databases and Expert Systems as Software를 참고하라. 어떤 것들은 발포재에 아주 적합하다. 나무와 나무바탕 복합재료에 관해서는 D2.10절을 참고하라.

Cellular polymers (1981~1996). RAPRA Technology.

Encyclopedia of chemical technology, Vol. 2 (3rd ed.), pp. 82~126 (1980). Wiley.

Encyclopedia of polymer science and engineering, Vol. 3 (2nd ed.), section C (1985). Wiley.

Gibson, L.J., & Ashby, M.F. (1997). *Cellular solids*. Cambridge University Press. (고분자, 금속, 세라믹, 유리의 발포재와 천연 셀구조 고체에 이르기까지에 관한 기본적인 교과서)

Handbook of industrial materials (2nd ed.), pp. 537~556 (1992). Elsevier Advanced Technology.

Hilyard, N.C., & Cunningham, A. (Eds.) (1994). *Low density cellular plastics – physical basis of behaviour*. Chapman and Hall. (고분자 발포재의 제조, 특성, 용도에 관한 전문성이 특별한 문헌)

Plascams, Version 6 (1995). *Plastics computer-aided materials selector*. RAPRA Technology Limited.

Saechtling, H. (Ed.) (1983). *Saechtling: International plastics handbook*. MacMillan.

Seymour, R.P. (1987). *Polymers for engineering applications*. ASM International.

D.2.9 석재(Stone and Rocks)와 광물(Minerals)

암석과 광물에 관한 문헌은 엄청나게 많다. 아래에 열거한 핸드북으로부터 출발하고, 필요하면 지질학자에게 도움을 요청하여라.

Atkinson B.K. (1987). *The fracture mechanics of rock*. Academic Press.

Clark, S.P., Jr. (Ed.) (1966). *Handbook of physical constants*. Memoir 97, The Geological Society of America. (오래되었지만 신뢰도 높은 암석과 광물의 특성에 관한 데이터베이스)

Lama, R.E., & Vutukuri, V.S. (Eds.) (1978). *Handbook on mechanical properties of rocks, Vols. 1~4*. Trans Tech Publications.

Griggs, D., & Handin, J. (Eds.) (1960). *Rock deformation*. Memoir 79, The Geological Society of America.

Sorace, S. (1966). Long-term tensile and bending strength of natural building stones. *Materials and Structures*, 29, 426~435.

D.2.10 나무와 나무바탕 복합재료

나무는 복합재료와 마찬가지로 이방성이다. 유익한 출처는 나무결방향 특성과 수직방향 특성을 구분하여 제공한다. U.S. Forest Products Laboratory의 *Wood Handbook*과 Kollmann and Coté의 *Principles of Wood Science and Technology*가 특히 권장할 만하다.

나무(Wood)와 건축용 목재(Timber) 일반

Bodig, J., & Jayne, B.A. (1982). *Mechanics of wood and wood composites*. Van Nostrand Reinholt.

Dinwoodie, J.M. (1989). *Wood, nature's cellular polymeric fiber composite*. The Institute of Metals.

Dinwoodie, J.M. (1981). *Timber, its nature and behaviour*. Van Nostrand-Reinhold. (나무 구조와 특성에 관한 기본 교과서. 데이터는 많지 않음)

Gibson, L.J., & Ashby, M.F. (1997). *Cellular solids* (2nd ed.). Cambridge University Press.

Jane, F.W. (1970). *The structure of wood* (2nd ed.). A. and C. Black.

Kollmann, F.F.P., & Côté, W.A., Jr. (1968). *Principles of wood science and technology, Vol. 1, Solid wood*. Springer-Verlag. (이 분야의 바이블)

Kollmann, F., Kuenzi, E., & Stamm, A. (1968). *Principles of wood science and technology, Vol. 2*, Wood-based materials. Springer-Verlag.

Schniewind, A.P. (Ed.) (1989). *Concise encyclopedia of wood and wood-based materials. Pergamon Press*.

건축용 목재 : 데이터베이스

BRE (1996). *BRE information papers*. Building Research Establishment (BRE).

Forest Products Laboratory (1989). *Handbook of wood and wood-based materials*. Forest Service, U.S.

Department of Agriculture. Hemisphere Publishing Corporation. (북아메리카 목재에 관한 방대한 데이터베이스)

Informationsdienst Holz (1996). Merkblattreihe Holzarten.

TRADA (1978/1979). *Timbers of the world, Vols. 1~9.* Timber Research and Development Association.

TRADA (1991). *Information sheets.* Timber Research and Development Association.

건축용 목재와 나무바탕 복합재료에 대한 표준

영국: British Standards Institution (BSI), *www.bsigroup.com*

독일: Deutsches Institut für Normung (DIN), *www.din.de*

미국: American Society for Testing and Materials (ASTM), *www.astm.org*

Software and Internet data sources

CES woods database, *www.grantadesign.com*

PROSPECT, Oxford Forestry Institute, Department of Plant Sciences, Oxford University, *www.plants.ox.ac.uk/ofi/prospect/index* (목재 사용자에게 흥미가 있을 열대 나무의 특성에 관한 데이터베이스. 용도, 가공성, 처리, 원산지 등을 포함)

Woods of the world (1994). Tree Talk. (나무에 관한 CD-ROM. 구조에 관한 그림과 함께 용도, 원산지, 주거지 등의 정보 포함)

WoodWeb, *www.woodweb.com* (나무가공 산업체 웹 서비스. 나무가공 관련 산업체에 관한 정보 포함)

D.2.11 천연섬유와 기타 천연재료

천연재료 일반

Alexander, R.M. (1983). *Animal mechanics* (2nd ed.). Blackwell Scientific.

Brown, C.H. (1975). *Structural materials in animals.* Pitman.

Currey, J.D., Wainwright, S.A., & Biggs, W.D. (1982). *Mechanical design in organisms.* Princeton University Press.

Fung, Y.C. (1993). *Biomechanics: Mechanical properties of living tissues* (2nd ed.). Springer-Verlag.

Gibson, L.J., & Ashby, M.F. (1997). *Cellular solids: structure and properties* (2nd ed.). Cambridge University Press.

McMahon, T.A. (1984). *Muscles, reflexes, and locomotion.* Princeton University Press.

Silver, F.H. (1987). *Biological materials: Structure, mechanical properties, and modeling of soft tissues.* New York University Press.

Vincent, J.F.V., & Currey, J.D. (1980). The mechanical properties of biological materials. *Proceedings of the Symposia of the Society for Experimental Biology* (no.34). Cambridge University Press for the

Society for Experimental Biology.

Vogel, S., & Calvert, R.A (illustrator) (1988). *Life's devices: The physical world of animals and plants*. Princeton University Press.

Yamada, H. (1970). *Strength of biological materials*. Williams & Wilkins.

나무 및 나무같은 재료(나무, 코르크, 대나무, 야자수, 등나무)

Amada, S., Munekata, T., Nagase, Y., Ichikawa, Y., Kirigai, A., & Yang, Z.F. (1996). The mechanical structures of bamboos in viewpoint of functionally gradient and composite materials, *J. Compos. Mater.*, *30*(7), 800~819.

Bhat, K., & Mathew, A. (1995). Structural basis of rattan biomechanics. *Biomimetics*, *3*(2), 67~80.

Frühwald, A., Peek, R.-D., & Schulte, M. (1992). Nutzung von kokospalmenholz am beispiel von nordsulawesi, Indonesien, technical report. *Mitteilungen der Bundesforschungsanstalt für Forst- und Holzwirtschaft*, *171*. Kommissionsverlag Max Wiederbusch.

Gibson, L.J., Easterling, K.E., & Ashby, M.F. (1981). The structure and mechanics of cork. *P. Roy. Soc. Lond. A*, *377*(1769), 99~117.

Godbole, V.S., & Lakkad, S.C. (1986). Effect of water-absorption on the mechanical properties of bamboo. *J. Mater. Sci. Lett.*, *5*(3), 303~304.

Janssen, J.J.A. (1991). Mechanical properties of bamboo *Forestry Sciences*, Vol. 37, Kluwer Academic Publishers.

Killmann, W. (1983). Some physical-properties of the coconut palm stem. *Wood Sci. Tech.*, *17*(3), 167~185.

Killmann, W. (1993). *Struktur, eigenschaften and nutzung von stämmen wirtschaftlich wichtiger palmen*. PhD thesis, Universität Hamburg.

Kloot, N. (1952). Mechanical and physical properties of coconut palm. *Austr. J. Appl. Sci.*, *3*(4), 293~322.

Lakkad, S.C., & Patel, J.M. (1981). Mechanical properties of bamboo, a natural composite. *Fibre Sci. Tech.*, *14*(4), 319~322.

Mark, R.E. (1967). *Cell wall mechanics of tracheids*. Yale University Press.

Rich, P.M. (1987). Mechanical structure of the stem of arborescent palms. *Bot. Gazette*, *148*(1), 42~50.

Rosa, M.E., & Fortes, M.A. (1988a). Stress-relaxation and creep of cork. *J. Mater. Sci.*, *23*(1), 35~42.

Rosa, M.E., & Fortes, M.A. (1988b). Rate effects on the compression and recovery of dimensions of cork. *J. Mater. Sci.*, *23*(3), 879~885.

Rosa, M.E., & Fortes, M.A. (1991). Deformation and fracture of cork in tension. *J. Mater. Sci.*, *26*(2), 341~348.

식물 세포조직(사과와 감자의 세포조직, 과일껍질, 해초류, 견과류)

Blahovec, J. (1988). Mechanical properties of some plant materials. *J. Mater. Sci.*, *23*(10), 3588~3593.

Gibson, L.J., & Ashby, M.F. (1997). *Cellular Solids: Structure and Properties* (2nd ed.). Cambridge University Press.

Greenberg, A.R., Mehling, A., Lee, M., & Bock, J.H. (1989). Tensile behavior of grass. *J. Mater. Sci.*, *24*(7), 2549~2554.

Jennings, J.S., & Macmillan, N.H. (1986). A tough nut to crack. *J. Mater. Sci.*, *21*(5), 1517~1524.

Venkataswamy, M.A., Pillai, C.K.S., Prasad, V.S., & Satyanarayana, K.G. (1987). Effect of weathering on the mechanical properties of midribs of coconut leaves. *J. Mater. Sci.*, *22*(9), 3167~3172.

Vincent, J.F.V. (1989). Relationship between density and stiffness of apple flesh. *J. Sci. Food. Agr.*, *47*(4), 443~462.

Vincent, J.F.V. (1990). Fracture properties of plants. *Adv. Bot. Res.*, *17*, 235~287.

Wang, C.H., Zhang, L.C., & Mai, Y.W. (1994). Deformation and fracture of macadamia nuts. 1. Deformation analysis of nut-in-shell. *Int. J. Fracture*, *69*(1), 51~65.

Wang, C.H., & Mai, Y.W. (1994). Deformation and fracture of macadamia nuts. 2. Microstructure and fracture mechanics analysis of nutshell. *Int. J. Fracture*, *69*(1), 67~85.

셀룰로스, 면, 아마(Flax), 대마(Hemp), 황마(Jute), 모시(Ramie)

Currey, J.D., Wainwright, S.A., & Biggs, W.D. (1982). *Mechanical design in organisms*. Princeton University Press.

Gibson, L.J., & Ashby, M.F. (1997). *Cellular Solids: Structure and Properties* (2nd ed.). Cambridge University Press.

Vincent, J.F.V. (1990). *Structural biomaterials* (revised edition). Princeton University Press.

Wainwright, S.A, Gosline, J.M., & Biggs, W.D. (1992). *Mechanical design in organisms*. Princeton University Press

Wainwright, S.A. (1980). Adaptive materials: a view from the organism. In J.F.V. Vincent, & J. D. Currey (Eds.), The mechanical properties of biological materials. *Proceedings of the Symposia of the Society for Experimental Biology*, *34*, 483~453. Cambridge University Press for the Society for Experimental Biology.

비단(Silk)

Calvert, P. (1989). Natural polymers—spinning ties that bind. *Nature*, 340, 266.

Denny, M. (1980). Silks—their properties and functions. In J.F.V. Vincent & J.D. Currey (Eds.), The mechanical properties of biological materials. *Proceedings of the Symposia of the Society for Experimental Biology*, *34*, 247~272. Cambridge University Press for the Society for Experimental Biology.

Gosline, J.M., Demont, M.E., & Denny, M.W. (1986). The structure and properties of spider silk. *Endeavour*, *10*(1), 37~43.

탄성소(Elastin)와 탄력질(Resilin)

Goseline, J.M. (1980). The elastic properties of rubber-like proteins and highly extensible tissues. In J. F.V. Vincent & J.D. Currey (Eds.), The mechanical properties of biological materials. *Proceedings of the Symposia of the Society for Experimental Biology*, *34*, 331~357. Cambridge University Press for the Society for Experimental Biology.

Oxlund, H., Manschot, J., & Viidik, A. (1988). The role of elastin in the mechanical properties of skin. *J. Biomech.*, *21*(3), 213~218.

콜라겐(Collagen), 인대(Ligament), 힘줄(Tendon)

Andersen, K.L., Pedersen, E.H., & Melsen, B. (1991). Material parameters and stress profiles within the periodontal ligament. *Am. J. Orthod. Dentofac. Orthop.*, *99*(5), 427~440.

Bennett, M.B., Ker, R.F., Dimery, N.J., & Alexander, R.M. (1986). Mechanical properties of various mammalian tendons. *J. Zool.*, *209*(4), 537~548.

Bosch, U., Decker, B., Kasperczyk, W., Nerlich, A., Oestern, H.J., & Tscherne, H. (1992). The relationship of mechanical properties to morphology in patellar tendon autografts after posterior cruciate ligament replacement in sheep. *J. Biomech.*, *25*(8), 821~830.

Butler, D.L., Kay, M.D., & Stouffer, D.C. (1986). Comparison of material properties in fascicle-bone units from human patellar tendon and knee ligaments. *J. Biomech.*, *19*(6), 425~432.

Grieshaber, F.A., & Faust, U. (1992). Mechanische kenngrößen von biologischem weichgewebe. *Biomed. Technik*, *37*(12), 278~286.

Kato, Y.P., Christiansen, D.L., Hahn R.A., Shieh, S.J., Goldstein, J.D., & Silver, F.H. (1989). Mechanical properties of collagen fibres: A comparison of reconstituted and rat tendon fibres. *Biomat.*, *10*, 38~41.

Ker, R.F. (1981). Dynamic tensile properties of the plantaris tendon of sheep (Ovis aries). *J. Exp. Biol.*, *93*(Aug.), 283~302.

Ker, R.F., Alexander, R.M., & Bennett, M.B. (1988). Why are mammalian tendons so thick. *J. Zool.*, *216*(2), 309~324.

Park, J.B., & Lakes, R.S. (1992). *Biomaterials* (2nd ed.). Plenum Press.

Rogers, G.J., Milthorpe, B.K., Muratore, A., & Schindhelm, K. (1990). Measurement of the mechanical properties of the ovine anterior cruciate ligament bone complex – a basis for prosthetic evaluation. *Biomaterials*, *11*(2), 89~96.

Silver, F.H., Kato, Y.P., Ohno, M., & Wasserman, A.J. (1992). Analysis of mammalian connective-tissue – relationship between hierarchical structures and mechanical properties. *J. Long Term Effects Med. Impl.*, *2*(2–3), 165~198.

Vincent, J.F.V. (1990). *Structural Biomaterials* (revised edition). Princeton University Press.

Wainwright, S. (1980). Adaptive materials: A view from the organism. In J.F.V. Vincent & J. D. Currey (Eds.), The mechanical properties of biological materials. *Proceedings of the Symposia of the Society for Experimental Biology*, *34*, 483~453. Cambridge University Press for the Society for Experimental Biology.

Wang, X.T., & Ker, R.F. (1995a). Creep-rupture of wallaby tail tendons. *J. Exp. Biol.*, *198*(3), 831~845.

Wang, X.T., Ker, R.F., & Alexander, R.M. (1995b). Fatigue-rupture of wallaby tail tendons. *J. Exp. Biol.*, *198*(3), 847~852.

근육(Muscle)

Dobrunz, L.E., Pelletier, D.G., & McMahon, T.A. (1990). Muscle-stiffness measured under conditions simulating natural sound production. *Biophys. J.*, *58*(2), 557~565.

Yamada, H. (1970). *Strength of biological materials*. Williams & Wilkins.

피부(Skin)

Bauer, A.M., Russell, A.P., & Shadwick, R.E. (1989). Mechanical properties and morphological correlates of fragile skin in gekkonid lizards. *J. Exp. Biol.*, *145*, 79~102.

Manschot, J.F.M., & Brakkee, A.J.M. (1986a). The measurement and modeling of the mechanical properties of human skin invivo. 1. The measurement. *J. Biomech.*, *19*(7), 511~515.

Manschot, J.F.M., & Brakkee, A.J.M. (1986b). The measurement and modeling of the mechanical properties of human skin invivo. 2. The model. *J. Biomech.*, *19*(7), 517~521.

Oxlund, H., Manschot J., & Viidik, A. (1988). The role of elastin in the mechanical properties of skin. *J. Biomech.*, *21*(3), 213~218.

Silver, F.H., Kato, Y.P., Ohno, M., & Wasserman, A.J. (1992). Analysis of mammalian connective tissue – relationship between hierarchical structures and mechanical properties. *J. Long Term Effects Med. Impl.*, *2*(2–3), 165~198.

Swartz, S.M., Groves, M.S., Kim, H.D., & Walsh, W.R. (1996). Mechanical properties of bat wing membrane skin. *J. Zool.*, *239*(2), 357~378.

가죽(Leather)

Attenburrow, G.E., & Wright, D.M. (1994). Studies of the mechanical behavior of partially processed leather. *J. Am. Leather Chem. Assoc.*, *89*(12), 391~402.

Kronick, P., & Maleef, B. (1992). Nondestructive failure testing of bovine leather by acoustic-emission. *J.*

Am. Leather Chem. Assoc., *87*(7), 259~265.

Lin, J., & Hayhurst, D.R. (1993a). The development of a bi-axial tension test facility and its use to establish constitutive equations for leather. *Eur. J. Mech. A – Solids*, *12*(4), 493~507.

Lin, J., & Hayhurst, D.R. (1993b). Constitutive equations for multiaxial straining of leather under uniaxial stress. *Eur. J. Mech. A – Solids*, *12*(4,), 471~492.

연골(Cartilage)

Rains, J.K., Bert, J.L., Roberts, C.R., & Pare, P.D. (1992). Mechanical properties of human tracheal cartilage. *J. Appl. Physiol.*, *72*(1), 219~225.

Silver, F.H., Kato, Y.P., Ohno, M., & Wasserman, A.J. (1992). Analysis of mammalian connective tissue – relationship between hierarchical structures and mechanical properties. *J. Long Term Effects Med. Impl.*, *2*(2-3), 165~198.

Swanson, S. (1980). The elastic properties of rubber-like protein and highly extensible tissue. In J.F.V. Vincent & J.D. Currey (Eds.), The mechanical properties of biological materials. *Proceedings of the Symposia of the Society for Experimental Biology*, *34*, 377~395. Cambridge University Press for the Society for Experimental Biology.

경골(Bone)-사슴뿔(Antler) 포함

Ashman, R.B., Corin, J.D., & Turner, C.H. (1987). Elastic properties of cancellous bone – measurement by an ultrasonic technique. *J. Biomech.*, *20*(10), 979~986.

Ashman, R.B., & Rho, J.Y. (1988). Elastic modulus of trabecular bone material. *J. Biomech.*, *21*(3), 177~181.

Currey, J.D. (1984). *The mechanical adaptations of bones*. Princeton University Press.

Currey, J.D. (1988). The effects of drying and re-wetting on some mechanical properties of cortical bone. *J. Biomech.*, *21*(5), 439~441.

Currey, J.D. (1990). Physical characteristics affecting the tensile failure properties of compact bone. *J. Biomech.*, *23*(8), 837~844.

Dickenson, R.P., Hutton, W.C., & Stott, J.R.R. (1981). The mechanical properties of bone in osteoporosis. *J. Bone Joint Surg. – Brit. Vol.*, *63*(2), 233~238.

Gibson, L.J. (1985). The mechanical behavior of cancellous bone. *J. Biomech.*, *18*(5), 317 et seq.

Goldstein, S.A. (1987). The mechanical properties of trabecular bone – dependence on anatomic location and function. *J. Biomech.*, *20*(11–12), 1055~1061.

Swanson, S. (1980). The elastic properties of rubber-like protein and highly extensible tissue. In J.F.V. Vincent & J.D. Currey (Eds.), The mechanical properties of biological materials. *Proceedings of the Symposia of the Society for Experimental Biology*, *34*, 377~395. Cambridge University Press for the

Society for Experimental Biology.

Kitchener, A. (1991). The evolution and mechanical design of horns and antlers. In J. Rayner & R. Wootton (Eds.), *Society for experimental biology seminar series: no. 36. Biomechanics in evolution* (pp. 229~253). Cambridge University Press.

Linde, F., & Hvid, I. (1987). Stiffness behavior of trabecular bone specimens. *J. Biomech.*, *20*(1), 83~89.

Lotz, J.C., Gerhart, T.N., & Hayes, W.C. (1991). Mechanical properties of metaphyseal bone in the proximal femur. *J. Biomech.*, *24*(5), 317~329.

Moyle, D.D., & Gavens, A.J. (1986). Fracture properties of bovine tibial bone. *J. Biomech.*, *19*(11), 919~927.

Moyle, D.D., & Walker, M.W. (1986). The effects of a calcium deficient diet on the mechanical properties and morphology of goose bone. *J. Biomech.*, *19*(8), 613~625.

Sharp, D.J., Tanner, K.E., & Bonfield, W. (1990). Measurement of the density of trabecular bone. *J. Biomech.*, *23*(8), 853~857.

Sun, J.J., & Geng, J. (1987). A study of Haversian systems. *J. Biomech.*, *20*(8), 815.

Watkins, M. (1987). *The development of a tough artificial composite based on antler bone*. PhD thesis, University of Reading.

상아질(Dentine)과 법랑질(Enamel)

Brear, K., Currey, J.D., Pond, C.M., & Ramsay, M.A. (1990). The mechanical properties of the dentin and cement of the tusk of the narwhal *Monodon monoceros* compared with those of other mineralized tissues. *Arch. Oral Biol.*, *35*(8), 615~621.

산호(Coral)

Chamberlain, J. (1978). Mechanical properties of coral skeleton: compressive strength and its adaptive significance. *Paleobiol.*, 4, 419~435.

Kim, K., Goldberg, W.M., & Taylor, G.T. (1992). Architectural and mechanical properties of the black coral skeleton (*Coelenterata, Antipatharia*) – a comparison of 2 species. *Biol. Bull.*, *182*(2), 195~209.

Scott, P.J.B., & Risk, M.J. (1988). The effect of Lithophaga (Bivalvia, Mytilidae) boreholes on the strength of the coral *Porites lobata*. *Coral Reefs*, *7*(3), 145~151.

Vosburgh, F. (1982). Acropora reticulata – structure, mechanics and ecology of a reef coral. *P. Roy. Soc. Lond. B*, *214*(1197), 481~499.

각질(Alpha-keratins)

Bertram, J.E.A., & Gosline, J.M. (1986). Fracture toughness design in horse hoof keratin. *J. Exp. Biol.*, *125*, 29~47.

Bertram, J.E.A., & Gosline, J.M. (1987). Functional design of horse hoof keratin – the modulation of mechanical properties through hydration effects. *J. Exp. Biol.*, *130*, 121~136.

Fraser, R., & Macrae, T. (1980). Molecular structure and mechanical properties of keratins. In J.F.V. Vincent & J.D. Currey (Eds.), The mechanical properties of biological materials. *Proceedings of the Symposia of the Society for Experimental Biology*, *34*, 211~246. Cambridge University Press for the Society for Experimental Biology.

Kitchener, A. (1991). The evolution and mechanical design of horns and antlers. In J. Rayner & R. Wootton (Eds.), *Society for experimental biology seminar series: no.36. Biomechanics in evolution* (pp. 229~253). Cambridge University Press.

곤충 표피(Insect cuticle) : (갑각류)

Alexander, D.E., Blodig, J., & Hsieh, S.Y. (1995). Relationship between function and mechanical properties of the pleopods of isopod crustaceans. *Invertebrate Biol.*, *114*(2), 169~179.

Gunderson, S., & Whitney, J. (1992). Insect cuticle microstructure and its application to advanced composites. *Biomimetics*, *1*(2), 177~197.

Vincent, J. (1980). Insect cuticle: A paradigm for natural composites. In J.F.V. Vincent & J.D. Currey (Eds.), The mechanical properties of biological materials. *Proceedings of the Symposia of the Society for Experimental Biology*, *34*, 183~210. Cambridge University Press for the Society for Experimental Biology.

연체동물 껍질(Mollusk shell) : (조가비)

Jackson, A.P., Vincent, J.F.V., & Turner, R.M. (1988). The mechanical design of nacre. *P. Roy. Soc. Lond. B*, *234*(1277), 415 et seq.

Jackson, A.P., Vincent, J.F.V., & Turner, R.M. (1990). Comparison of nacre with other ceramic composites. *J. Mater. Sci.*, *25*(7), 3173~3178.

D2.12 환경 영향의 척도

Aggregain (2007). The Waste and Resources Action Program (WRAP). *www.wrap.org.uk* (데이터와 함께 에너지, 이산화탄소 배출이력, 재활용 노상 재료를 계산할 수 있는 엑셀바탕 도구)

AMC (2006). Australian Magnesium Corporation, *www.aph.gov.au/house/committee/environ/greenhse/gasrpt/Sub65-dk.pdf*

APME (1997 ,1998, 1999, 2000). Eco-profiles of the European plastics industry. Association of Plastics Manufacturers in Europe. *www.plasticseurope.org*

Ashby, M.F. (2009). *Materials and the environment*. Butterworth-Heinemann.

BCA (2007). *A carbon strategy for the cement industry*. British Cement Association, *www.cementindustry.co.uk*

Boustead Model 5 (2007). Boustead Consulting. *www.boustead-consulting.co.uk* (수명-주기 평가에 사용하는 잘 확립된 도구)

Boustead, I. (1999~2006). APME Association of Plastics Manufacturers in Europe, Report series.

British Metals Recycling Association, *www.britmetrec.org.uk*

Building Research Establishment (2006). BRE Environmental Profiles database. BRE Environment Division.

BUWAL (1996). Bundesamt für umwelt, wald und landwirtschaft, Environmental series No. 250, *Life Cycle Inventories for Packaging, Vols. I and II.*

Chapman, P.F., & Roberts, F. (1993). *Metals resources and energy*. Butterworths.

Chemlink Australasia (1997). *www.chemlink.com.au/mag&oxide.htm*

ELCD (2008). *http://lca.jrc.ec.europa.eu* (*Commission's European Reference Life Cycle Data* (*ELCD*) 시스템의 첫 버전 고급의 수명 주기 조사기록 (*LCI*) 데이터 셀)

Energy Information Association (2008). *www.eia.doe.gov* (미국 정부의 공식 에너지 통계)

European Aluminium Association (2000). *www.eaa.net*

Green Design Initiative, *www.ce.cmu.edu/GreenDesign*

GREET (2007). Argonne National Laboratory and the U.S. Department of Transport, *www.transportation.anl.gov* (차량의 에너지 소비와 방출가스를 분석하는 소프트웨어)

Hammond, G., & Jones, C. (2006). Inventory of carbon and energy (ICE). Department of Mechanical Engineering, University of Bath.

IDEMAT, Environmental Materials Database, *www.idemat.nl*

International Aluminum Institute (2000). Life cycle inventory of the worldwide aluminum industry Part 1 – automotive, *www.world-aluminum.org*

Kemna, R., van Elburg, M., Li, W., & van Holsteijn, R. (2005). Methodology study of eco-design of energy-using products. Van Holsteijn en Kemna BV (VHK).

Kennedy, J. (1997). Energy minimisation in road construction and maintenance. Best Practice Report for the U.K. Department of the Environment.

Lafarge Cement, Lafarge Cement UK, www.*lafarge.com*

Lawson, B. (1996). Building materials, energy and the environment: Towards ecologically sustainable development. RAIA, Canberra, *www.climatechange.gov.au*

Lime Technology (2007). *www.limetechnology.co.uk*

MEEUP Methodology Report, final (2005). VHK. *www.pre.nl* (*EU Energy-Using Products Directive*를 만족하기 위해 고안된 LCA tool의 구현에 관하여 상세하게 작성된, EU로부터 위임받은 네델란드의 컨설팅 회사 VHK가 작성한 보고서)

Pentron, *www.pentron.com*

Pilz, H., Schweighofer, J., & Kletzer, E. (2005). The contribution of plastic products to resource efficiency. *Gesellschaft fur umfassende analysen (GUA)*, Vienna.

Schlesinger, M.E. (2007). *Aluminum recycling*. CRC Press.

Stiller, H. (1999). *Material intensity of advanced composite materials*. Wuppertal Institut fur Klima, Umvelt, Energie.

Sustainable concrete (2008). *www.sustainableconcrete.org.uk/* (영국의 콘크리트 제작사를 대변하는 웹사이트로 이산화탄소 배출이력에 관한 유익한 정보가 많음)

Szargut, J., Morris, D.R., Steward, F.R. (1988). *Energy analysis of thermal chemical and metallurgical processes*. Hemisphere.

Szokolay, S.V. (1980). *Environmental science handbook: For architects and builders*. Construction Press.

The Nickel Institute North America (2007). *www.nickelinstitute.org*

Waste Online (2008). *www.wasteonline.org.uk/resources/InformationSheets/Plastics.htm*

D.3 제조공정에 관한 정보

Alexander, J.M., Brewer, R.C., & Rowe, G.W. (1987). *Manufacturing technology, Vol. 2: Engineering processes*. Ellis Norwood.

Bralla, J.G. (1986). *Handbook of product design for manufacturing*. McGraw-Hill.

Budinski, K.G., & Budinski, M.K. (2010). *Engineering materials, properties and selection* (9th ed.). Prentice Hall. (재료특성과 공정 두 가지를 다 잘 다룬 인정받는 재료 교과서)

Waterman, N.A., & Ashby, M.F. (Eds.) (1996). *Materials selector*. Chapman and Hall.

Dieter, G.E. (1999). *Engineering design, a materials and processing approach* (3rd ed.). McGraw-Hill. (균형 잡히고 인정받은 책으로, 공학설계에서 재료와 공정의 위치에 초점을 맞추었다.)

Kalpakjian, S. (1984). *Manufacturing processes for engineering materials*. Addison Wesley.

Lascoe, O.D. (1989). *Handbook of fabrication processes*. ASM International.

Schey, J.A. (1977). *Introduction to manufacturing processes*. McGraw-Hill.

Suh, N.P. (1990). *The principles of design*. Oxford University Press.

Softwares

CES: Cambridge Engineering Selector (2010). *www.grantadesign.com* (모든 클래스의 재료와 제조공정에 대한 포괄적인 선택 시스템. 다양한 참고문헌 데이터 출처로 *www.matdata.net*에 직접 연결됨. 윈도우 포맷과 웹 포맷. 알맞은 가격)

Internet sources

Cast Metals Federation, *www.castmetalsfederation.com*

Castings Technologies International, *www.castingstechnology.com*

Confederation of British Metalforming, *www.britishmetalforming.com*

National Center for Excellence in Metalworking Technology, *www.ncemt.ctc.com*

PERA, *www.pera.com*

The British Manufacturing Plant Constructors' Association, *www.bmpca.org.uk*

TWI (The Welding Institute), *www.twi.co.uk*

D.4 데이터베이스와 전문가시스템 소프트웨어

컴퓨터 기반 재료정보 시스템의 숫자와 품질은 급격하게 증가하고 있다. 그중에서 선택하여 코멘트와 출처를 붙여 여기에 수록하였다. 데이터베이스는 알파벳 순서로 정리하였다.

Active Library on Corrosion. ASM International. (*PC format requiring CD-ROM drive. Graphical, numerical, and textual information on corrosion of metals. Modest price.*)

ASM Handbooks Online. ASM International, *www.asminternational.org* (*Annual license fee.*)

Alloycenter. ASM International, *www.asminternational.org* (*Annual license fee.*)

ALUSELECT P1.0 (1992). *Engineering property data for wrought aluminum alloys.* European Aluminum Association. (*PC format, DOS environment. Mechanical, thermal, electrical, and environmental properties of wrought aluminum alloys. Inexpensive.*)

CAMPUS: Computer Aided Material Preselection by Uniform Standards (1995), *www. campusplastics.com* (*Polymer data from approximately 30 suppliers, measured to set standards.*)

CETIM-EQUIST II: Centre Technique des Industries Mécaniques (1997). Senlis: CETIM. (*PC format, DOS environment. Compositions and designations of steels.*)

CETIM-Matériaux: Centre Technique des Industries Mécaniques (1997). Senlis: CETIM. (*Online system. Compositions and mechanical properties of materials.*)

CETIM-SICLOP: Centre Technique des Industries Mécaniques (1997). Senlis: CETIM. (*Online system. Mechanical properties of steels.*)

Cambridge Engineering Selector (2010), *www.grantadesign.com* (*Comprehensive selection system for all classes of materials and manufacturing processes. Variety of optional reference data sources; connects directly to www.matdata.net. Windows and web format. Modest price.*)

CUTDATA: Machining Data System. Cincinnati: Metcut Research Associates, Manufacturing Technology

Division. (*A PC-based system that guides the choice of machining conditions: tool materials, geometries, feed rates, cutting speeds, and so forth. Modest price.*)

EASel: Engineering Adhesives Selector Program (1986). The Design Centre. (*A knowledge-based program to select industrial adhesives for joining surfaces. Modest price.*)

SF-CD (replacing ELBASE): Metal Finishing/Surface Treatment Technology (1992). Metal Finishing Information Services. (*Comprehensive information on published data related to surface treatment technology. Regularly updated. Modest price.*)

Material Data Network, *www.matdata.net* (*The Material Data Network provides integrated access to a variety of quality information source, from ASM International, Granta Design, TWI, NPL, UKSteel, Matweb, IDES, etc.*)

PAL II: Permabond Adhesives Locator (1996). Eastleigh: Permabond. (*A knowledge-based PC system for adhesive selection among Permabond adhesives. An impressive example of an expert system that works. Modest price.*)

PROSPECT: Version 1.1 (1995). Oxford Forestry Institute, Department of Plant Sciences, Oxford University. (*A database of the properties of tropical woods of interest to a wood user; includes information about uses, workability, treatments, origins.*)

OPS (Optimal Polymer Selector), *www.grantadesign.com* (*Integrates Granta Design's generic PolymerUniverse database, with chemical resistance data from RAPRA and grade-specific data for approximately 6000 polymers from CAMPUS, to produce the only comprehensive polymer selection system available.*)

teCal, Steel Heat-Treatment Calculations. ASM International. (*Computes the properties resulting from defined heat treatments of low-alloy steels, using the composition as input. Modest price.*)

SOFINE PLASTICS (1997). Villeurbanne Cedex: Société CERAP. (*Database of polymer properties. Environment and price unknown.*)

TAPP 2.0, Thermochemical and Physical Properties (1994). ES Microware. (*+PC format, CD-ROM, Windows environment. A database of thermochemical and physical properties of solids, liquids, and gases, including phase diagrams neatly packaged with good user manual. Modest price.*)

UNSearch: Unified Metals and Alloys Composition Search. Materials Park: ASTM. (*PC format, DOS environment. A database of information about composition, U.S. designation, and specification of common metals and alloys. Modest price.*)

Wegst, C.W. (1997). *Stahlschlüssel (Key to Steel)* (17th ed.). Verlag Stahlschlüssel Wegst GmbH. (*CD-ROM, PC format. Excellent coverage of European products and manufacturers.*)

Woods of the World (1994). Tree Talk, Inc. (*A CD-ROM of woods, with illustrations of structure, information about uses, origins, habitat, etc. PC format, requiring CD drive; Windows environment.*)

D.5 도움이 되는 인터넷 웹사이트 추가

금속재료 가격정보 및 경제보고서

American Metal Market, *www.amm.com*

Business Communications Company, *www.bccresearch.com*

Daily Economic Indicators, *www.bullion.org.za*

Iron and Steel Statistics Bureau, *www.issb.co.uk*

Kitco Inc Gold & Precious Metal Prices, *www.kitco.com/market*

London Metal Exchange, *www.lme.co.uk*

Metal Bulletin, *www.metalbulletin.plc.uk*

Metal Powder Report, *www.metal-powder.net*

Metallurgia, *www.metallurgia-italiana.net*

Minerals Information, *http://minerals.usgs.gov/minerals*

Roskill Reports, *www.roskill.com*

The Precious Metal and Gem Connection, *www.thebulliondesk.com*

공급자 리스트

IndustryLink, *www.industrylink.com*

Kellysearch, *www.kellysearch.com*

Thomas Register, *www.thomasregister.com*

관련 정부기관

Commonwealth Scientific and Industrial Research Organization (Australia), *www.csiro.au*

National Academies Press, *www.nap.edu*

National Institute of Standards and Technology (U.S.A.), *www.nist.gov*

The Fraunhofer Institute, *www.fhg.de*

전문학회 및 통상기구

Aluminium Federation, *www.alfed.org.uk*

ASM International, *www.asminternational.org*

ASME International, *www.asme.org*

British Constructional Steel Work Association, *www.steelconstruction.org*

Cast Metals Federation, *www.castmetalsfederation.com*

Community Trade Union, *www.community-tu.org*

Confederation of British Metalforming, *www.britishmetalforming.com*

Copper Development Association, *www.cda.org.uk*

Institute of Cast Metal Engineers, *www.icme.org.uk*

Institute of Spring Technology, *www.ist.org.uk*

International Aluminium Institute, *www.world-aluminum.org*

International Council on Mining and Metals, *www.icmm.com*

International Titanium Association, *www.titanium.org*

International Zinc Association, *www.iza.com*

Lead Development Association International, *www.ldaint.org*

Materials Information Service, *www.iom3.org*

National Association. of Steel Stock Holders, *www.nass.org.uk*

Nickel Institute, *www.nidi.org*

Pentron, *www.pentron.com*

Society of Automotive Engineers (SAE), *www.sae.org*

Steel Manufacturers Association, *www.steelnet.org*

Steel Construction Institute, *www.steel-sci.org*

The American Ceramics Society, *http://ceramics.org*

The British Manufacturing Plant Constructors'Association, *www.bmpca.org.uk*

The Institute of Materials, Minerals and Mining, *www.instmat*.co.*uk*

The Minerals, Metals & Materials Society, *www.tms.org/TMSHome.html*

UK Steel, *www.eef.org.uk/uksteel*

World Steel Association, *www.worldsteel.org*

표준기관

ASTM, *www.astm.org*

BSI, *www.bsi.org.uk*

DIN Deutsches Institut für Normung e.V, *www.din.de*

International Standards Organisation, *www.iso.org*

National Standards Authority of Ireland, *www.nsai.ie*

기타

Hazardous materials (1), *www.phmsa.dot.gov/hazmat*

Hazardous materials (2), *http://ull.chemistry.uakron.edu/erd*

Information for Physical Chemists, *www.liv.ac.uk/Chemistry/Links/links.html*

K&K Associates' thermal connection, *www.tak2000.com*

부록 E

연습문제

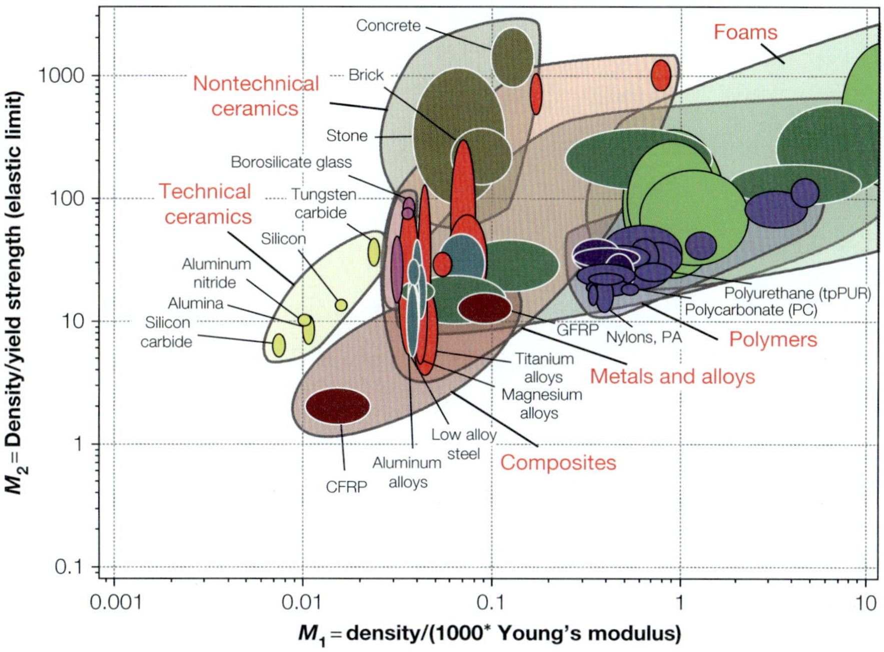

Materials Selection in Mechanical Design, DOI: 10.1016/B978-1-85617-663-7.00022-9

E.1 연습문제에 대한 소개

이 연습문제들은 재료, 공정, 형상을 선택하는 데 있어서, 또한 어떤 단상재료도 설계 요구조건을 완전히 만족하지 못할 경우 하이브리드 재료를 고안하는 데 있어서 솜씨를 발전시킬 수 있도록 준비되었다. 각 연습문제에는 풀이가 나와 있다. 전체는 목차에 열거한 대로 12개 절로 나누어져 있다.

처음에 나오는 연습문제들은 비교적 쉽다. 그 다음에 나오는 문제들은 독자들로 하여금 재료특성과 역학 문제의 간단한 풀이, 그리고 부록 A와 B에 포함된 데이터와 결과들의 사용; 재료특성 차트의 사용; 설계 요구조건을 해석하여 제한조건과 설계목표를 찾아내는 기법; 재료지수의 유도, 가려내기, 순위매기기, 다중 설계목표인 경우에 최적화; 재료와 형상을 동시에 고려하는 선택; 하이브리드(재료 또는 구조)의 고안; 환경친화적인 기준을 만족하는 재료선택에 익숙하게 해준다.

세 가지 중요한 포인트가 있다.

1. 재료선택의 문제는 개방형 문제이고, 일반적으로 지정된 것이 많지 않다. 따라서 하나의 정답이 존재하는 일이 드물다. 적절한 해답은 설계 요구조건을 분별력 있게 해석하여 제한조건과 설계목표를 찾아내고, 재료지수를 유도하여 가능성이 있는 잠재적 후보재료의 '짧은 목록'을 만드는 것이며, 선택의 폭을 더욱 좁혀줄 수 있는 부가적인 정보가 무엇인지 간단한 코멘트를 붙이면 된다.
2. 재료선택 차트에 선택선을 어느 위치에 둘 것인가에는 (주관적인)판단이 필요하다. 목표하는 바는 (너덧 개 정도로)적절하게 큰 '후보재료의 짧은 목록'을 가급적 하나 이상의 재료 클래스로부터 남길 수 있도록 선택선을 위치시키는 것이다.
3. 하나의 재료지수에만(예: $M = E^{1/2}/\rho$) 바탕을 둔 요구는 이 지수값을 최대화하는 재료의 작은 부분집합을 가려냄으로써 해결할 수 있다. 그러나 실제 부품에 적합한 재료선택에 대한 요구는 더 많은 것들을 필요로 한다. 예를 들어 비행기 날개보(spar)의 경우 가볍고 강성도가 높은 빔을 요구하므로 재료지수는 동일하다. 그러나 $(E^{1/2}/\rho)$ 값이 높은 재료 중에 예를 들어 탄화규소(SiC)와 같은 재료는 명백히 부적절하다. 상식이나 경험을 무시한 경우에 부적절한 답이 나올 수 있으며, 제한조건에 이러한 경험법칙을 반영하는 데 실패하였기 때문이다. 학생들은 자기가 선택한 답이 의미하는 바에 대하여 널리 토론하기를 권장하며 재료선택의 다음 단계에 대한 부가설명도 빠뜨리지 말아야 한다.

재료선택 차트를 사용하는 가장 좋은 방법 중 하나는 그것을 깨끗하게 복사하여 그 위에 선택선을 그리거나 다른 선택을 시도해 보거나 코멘트를 달거나 하는 것이다(차트는 *www.grantadesign.com*으로부터 내려받을 수도 있음). 이 책 자체에는 저작권이 설정되어 있지만, 차트는 독자가 적절하게 인용한 사실만 밝힌다면 원하는 대로 얼마든지 복사하거나 재생하여 사용해도 무방하다.

모든 재료선택 문제는 *CES* 소프트웨어를 사용하여 풀 수 있으며, 이 소프트웨어는 다중 제한조건이나 설계목표가 제시되고 특이한 재료지수가 관련된 문제인 경우에 특히 효과적이다.

E.2 제품에서 재료의 진화(제1장)

E2.1 구글 검색으로 아래 재료 중 하나의 역사와 용도에 대하여 조사해보라.

- 주석(Tin)
- 유리(Glass)
- 시멘트(Cement)
- 티타늄(Titanium)
- 탄소섬유(Carbon fiber)

결과를 100~200 단어 정도의 짤막한 보고서로 작성하여라.

E2.2 미니 사례연구 수준으로, 다음 용도에 사용된 재료의 진화를 조사해보라.

- 필기도구(Writing implements)
- 깡통(Watering cans)
- 자전거
- 소형 보트 제작
- 책 제본

E.3 개념의 구체화(제2장)

여기 두 가지 사례는 개념을 생성하는 방법을 보여준다. 각 다이어그램의 왼쪽 부분은 (시장의)요구를 만족할 수 있는 물리적 원리를 설명하고, 오른쪽 부분은 그 원리를 어떻게 사용할 것인가를 자세히 보여주고 있다.

E3.1 먼지 제거기의 개념과 구현 제1장에서 우리는 가정에서 먼지를 제거하기 위한 장치를 살펴보았다. 이제 보다 창의적인 생각을 해 볼 시간이다. 이 요구를 만족할 수 있는 '개념'을 최대한 많이 고안해보라. 개념설계 단계에서는 어느 것도 너무 동떨어진 것이라 할 수 없다. 실용성과 경제성에 대한 결정은 나중에 '상세설계' 단계에서 이루어진다. 따라서 본문의 그림 2.2에 나타낸 수순에 따라 생각하고, '개념'과 '구현'의 개요를 그림에 보이는 것처럼 블록 다이어그램으로 작성하라.

E3.2 고성능 전자제품의 냉각 마이크로칩은 특히 고성능 전자제품에서 뜨거워진다. 만일 지나치게 뜨거워지면 기능이 정지될 수도 있다. 요구: 고성능 마이크로칩으로부터 열을 제거할 수 있는 방법. 요구사항을 만족할 수 있는 '개념'을 여러 가지 고안해보고, 그중 하나에 대한 '구현'을 스케치하여 너의 아이디어를 연습문제 E2.1 방식으로 정리하라.

E.4 재료특성의 사용(제3장)

이 연습문제들은 독자에게 두 가지 유용한 참고자료인 부록 A와 부록 B의 재료 데이터시트를 소개한다.

E4.1 길이 $L = 50$ mm, 폭 $b = 5$ mm, 두께 $t = 1$ mm인 외팔보(cantilever beam)가 있다. 이것은 알루미늄 합금으로 만들어졌다. 이 빔의 끝부분은 5 N의 하중하에 얼마나 구부러질 것인가? 부록 A.4의 데이터에서 알루미늄 합금의 탄성계수(평균) 값을, 부록 B.3에서 외팔보의 탄성 굽힘을 나타내는 수식을, 부록 B.2에서 빔의 이차모멘트를 찾아 구하라.

E4.2 직경 $d = 1$ mm인 스테인리스강 철사로 감은 용수철의 반경은 $R = 10$ mm, 코일 감은 수는 $n = 20$이다. 질량 1 kg의 추를 매달았을 때 얼마나 늘어나는가? 스테인리스강의 전단계수 G는 $(3/8)E$라 가정하고, 부록 A.4에서 탄성계수 E를, 부록 B.6에서 용수철의 연신을 나타내는 수식을 찾아 구하라.

E4.3 내반경 10 mm, 외반경 15 mm인 벽이 두꺼운 튜브가 있다. 이것은 폴리카보네이트(PC)로 만들어졌다. 이 튜브가 항복점을 지나지 않고 견딜 수 있는 최대 토크는 얼마인가? 부록 A.5에서 폴리카보네이트의 (평균)항복강도 σ_y를, 부록 B.6에서 항복 시작점에서의 토크를 나타내는 수식을, 부록 B.2에서 벽이 두꺼운 튜브의 단면 극모멘트를 나타내는 수식을 찾아 구하라.

E4.4 직경 20 mm의 원형 막대에 원둘레를 따라 깊이 1 mm, 루트 반경 10 μm의 얕은 노치가 새겨져 있다. 막대는 항복강도 $\sigma_y = 250$ MPa의 저탄소강으로 만들어졌다. 축방향으로 얼마 안 되는 응력 σ_{nom}이 걸려 있다(축방향 하중을 노치가 새겨지지 않은 면적으로 나눈 값). 노치의 루트에서 항복이 시작되는 σ_{nom}값은 얼마인가? 부록 B.9의 응력집중 추산을 이용하여 구하라.

E4.5 $T = 20$°C에서 아크릴(PMMA)로 된 창이 저탄소강 창틀에 맞물려 있다. 온도가 $T = -20$°C로 하강하면, PMMA의 열팽창계수가 강철보다 크기 때문에 창에 장력이 걸리게 된다. 창이 20°C에서 무응력 상태였다면 −20°C에서 받는 응력은 얼마인가? 2축변형도 차이 $\Delta\varepsilon$에 의해 발생한 2축응력을 나타낸 다음의 수식을 이용하라.

$$\sigma = \frac{E\Delta\varepsilon}{1-\nu}$$

여기서 E는 PMMA의 탄성계수이고 푸아송 비는 $\nu = 0.33$이다. 표 A.7에서 팽창계수 데이터를, 표 B.5에서 탄성계수 데이터를 찾을 수 있다. 평균값을 사용하라.

E4.6 연습문제 E4.5에서 기술한 PMMA 창 안에는 길이 $2a = 0.5$ mm의 균열이 있다. 창의 예상 최대 인장응력이 $\sigma = 20$ MPa일 때 균열이 점점 더 진행될 것인가? 부록 B.10에서 균열 전파에 대한 적절한 수식을 선택하고 부록 A.6에서 PMMA의 파괴인성 K_{1c} 데이터를 찾아, 이 인장응력하에서 불안정해지기 시작하는 균열의 길이를 계산하라.

E4.7 반경 $R = 200$ mm의 플라이휠이 최대 8000 rpm까지 회전하도록 설계되었다. 이 플라이휠은 주철로 제작할 것을 제안하였으나, 주철제작소에서는 길이 $2a = 2$ mm보다 큰 균열 등의 결함이 없다는 것까지만 보장할 수 있다고 하였다. 부록 B.7의 회전하는 원판의 최대응력을 나타내는 수식, 부록 B.10의 작은 내부 균열의 응력확대를 나타내는 수식, 부록 A.3과 A.6의 주철 데이터를 사용하여 이 플라이휠이 안전한지 결정하라. 주철의 푸아송 비는 0.33으로 가정하라.

E4.8 당신은 폴리에틸렌(PE)의 열전도도 λ를 대략적으로 가늠하고 싶다. 그러기 위해 폴리에틸렌 파이프의 한쪽 끝을 두께 $x = 3$ mm, 직경 30 mm의 벽으로 막고 손으로 바깥쪽으로 꼭 붙잡은 채 파이프 안에 끓는 물을 채운다. 당신은 파이프 안에 끓는 물을 채운지 약 $t \approx 18$ s 후에 파이프의 겉면이 처음으로 현저하게 뜨거워진 것을 알았다. 이 사실과 부록 A.3, A.8의 폴리에틸렌 비열 C_p와 밀도 ρ를 이용하여 폴리에틸렌의 λ를 추산하라. 당신의 계산 결과는 표 A.7에 수록된 값과 비교했을 때 어떠한가?

E4.9 각각 넓이 A인 두 개의 판 사이에 두께 t의 유전체가 끼워진 축전기의 정전용량 C는 다음과 같다.

$$C = \varepsilon_r \varepsilon_o \frac{A}{t}$$

여기서 ε_o는 자유공간의 유전율이고 ε_r은 두 판 사이에 채워진 재료의 유전상수이다. 부록 A.9의 데이터를 살펴보며, 특정한 A와 t값에 대해 (a) C를 최대화하는 경우의 유전체, (b) C를 최소화하는 유전체를 선택하라.

E4.10 주철 재료의 전동공구 케이싱을 정확히 동일한 크기의 나일론 성형 케이싱으로 대체하자고 제안되었다. 나일론 케이싱의 재료비는 주철보다 많이 들까, 적게 들까? 부록 A.3, A.11의 데이터를 사용하여 결정하라.

E.5 재료특성 차트의 사용(제4장)

이 절의 20개의 연습문제는 제4장의 차트를 간단히 이용하여 주어진 특성 개요를 만족시키는 재료를 찾는 과정을 수반한다. 이 문제들은 적절한 차트상에 선택선을 긋고 그 선을 중심으로 적절한 쪽에 속하는 재료들을 읽어냄으로써 답할 수 있다. 결과를 표로 나타내는 것이 좋다. 모든 문제는 이 책에 출력된 차트를 이용하여 해결할 수 있다.

만일 CES Edu 재료선택 소프트웨어를 사용할 수 있는 환경이라면, 그 소프트웨어를 이용하여 이 연습문제들을 풀어도 된다. 먼저 차트를 생성하고, 적절한 박스나 선택선을 적용하면 된다. 레벨 1이나 2에서 그 결과는 출력된 차트에서 찾은 값과 동일하다(차트의 대부분이 레벨 1, 레벨 2 데이터베이스를 기반으로 만들어졌다). 소프트웨어는 공정에의 링크를 제공하고, 레벨 3 데이터베이스를 사용하여 광범위한 검색이 가능하며, '웹검색' 기능을 통해 부가정보에 접근하게 해준다.

E5.1 어떤 부품이 현재 구리 합금인 황동으로 만들어지고 있다. 그림 4.3의 탄성계수–밀도 $(E-\rho)$ 차트를 사용하여 동일한 형태일 경우 황동보다 강성도가 높은 금속 세 가지를 제시하라. 동일한 현상에서 강성도가 높다는 것은 탄성계수가 큰 것을 의미한다.

E5.2 그림 4.3의 탄성계수-밀도 $(E-\rho)$ 차트를 사용하여 탄성계수 $E > 50$ GPa, 밀도 $\rho < 2000$ kg/m^{3}를 둘 다 만족하는 재료를 찾아보라.

E5.3 그림 4.3의 탄성계수-밀도 ($E-\rho$) 차트를 사용하여 (a) 강철보다 더 뻣뻣하고 밀도가 작은 금속, (b) 강철보다 강성도가 높고 밀도가 작은(비금속 포함) 재료를 찾아보라.

E5.4 그림 4.3의 탄성계수-밀도 ($E-\rho$) 차트를 사용하여 탄성계수 $E > 100$ GPa, $E/\rho > 0.02$ GPa/(kg/m^3)를 둘 다 만족하는 금속을 찾아보라.

E5.5 그림 4.3의 탄성계수-밀도 ($E-\rho$) 차트를 사용하여 $E^{1/3}/\rho > 0.003\,(\text{GPa})^{1/3}/(\text{kg/m}^3)$와 $E > 100$ GPa의 두 조건을 모두 만족하는 재료를 찾아라. 지수 $M = E^{1/3}/\rho$에 로그를 취하면 다음과 같이 되고,

$$Log(E) = 3Log\,(\rho) + 3Log\,(M)$$

이 수식이 차트에 기울기 3의 직선으로 그려지고 차트의 단위에 따라 $\rho = 1000$일 때 $E = 27$을 지난다는 사실을 기억하라.

E5.6 그림 4.3의 탄성계수-밀도($E-\rho$) 차트를 사용하여 목재가 에폭시수지보다 비강성도 E/ρ가 우수한지 결정하라.

E5.7 티타늄 합금은 매우 우수한 강철들에 비해 비강도(강도/밀도, σ_f/ρ)가 큰가, 작은가? 이는 낮은 질량에서 높은 강도를 원할 때 중요해진다(항공기의 착륙장치, 산악자전거). 그림 4.4의 σ_f/ρ 차트를 이용하여 결정하라.

E5.8 그림 4.5의 탄성계수-강도 ($E-\sigma_f$) 차트를 사용하여 $E > 10$ GPa, $\sigma_f \geq 1000$ MPa를 둘 다 만족하는 재료를 찾아보라.

E5.9 상용 고분자인 폴리카보네이트, ABS, 폴리스타이렌(PS)의 파괴인성(K_{1c})은 공업용 세라믹, 알루미나(Al_2O_3)보다 큰가, 작은가? 그것들의 인성 $G_c = K_{1c}^2/E$은 어떠한가? 그림 4.7의 $K_{1c}-E$ 차트가 도움이 될 것이다.

E5.10 파괴인성-탄성계수 차트(그림 4.7)를 사용하여 파괴인성 $K_{1c} > 100$ MPa.m$^{1/2}$, 인성 $G_{1c} = K_{1c}^2/E > 10$ KJ/m^3(그림 4.7에 등고선으로 나타남)를 둘 다 만족하는 재료를 찾아보라.

E5.11 탄성-취성인 고체의 파단에서의 탄성처짐(레질리언스)은 파손변형도 $\varepsilon_{fr} = \sigma_{fr}/E$에 비례한다. 여기서 σ_{fr}은 균열을 더 진행하게 만드는 응력이다.

$$\sigma_{fr} = \frac{K_{1c}}{\sqrt{\pi c}}$$

여기서 K_{1c}는 파괴인성이고 c는 재료 내부의 가장 긴 균열의 길이이다. 그러므로 다음 식이 성립한다.

$$\varepsilon_{fr} = \frac{1}{\sqrt{\pi c}}\left(\frac{K_{1c}}{E}\right)$$

따라서 탄력적으로 굽혀지면서 파괴되지 않는 재료는 K_{1c}/E 값이 큰 것이다. 그림 4.7의 $K_{1c} - E$ 차트를 이용하여 $K_{1c} > 1\,\mathrm{MPa.m}^{1/2}$를 만족하고 K_{1c}/E 값이 큰 재료클래스를 찾아보라.

E5.12 안전한 압력용기 설계의 한 가지 기준은 용기가 파괴되기 전에 누설되어야 한다는 점이다. 누설은 감지될 수 있고 압력이 풀린다. 이를 위해서는 용기가 돌발파괴로 파손되지 않으면서 압력용기의 벽두께 t와 동일한 길이의 균열을 견딜 수 있도록 설계하면 된다. 이때 안전 압력 p는 다음과 같다.

$$p \le \frac{4}{\pi}\frac{1}{R}\left(\frac{K_{1c}^2}{\sigma_f}\right)$$

여기서 σ_f는 탄성한계, K_{1c}는 파괴인성, R은 용기의 반경이다. 압력을 최대화하려면 다음의 지수가 최대인 재료를 선택한다.

$$M = \frac{K_{1c}^2}{\sigma_y}$$

그림 4.8의 $K_{1c} - \sigma_f$ 차트를 사용하여 M의 값이 특히 큰 3개의 합금을 찾아보라.

E5.13 회전식 잔디깎기의 칼날을 위한 재료가 필요하다. 비용을 고려해야 한다. 설계자는 안전상의 문제를 들어 최소 파괴인성 조건 $K_{1c} > 30\,\mathrm{MPa.m}^{1/2}$을 구체적으로 제시했다. 다른 기계적 요구조건은 칼날의 마모를 최소화하기 위한 높은 경도 H이다. 이와 같은 응용사례의 경우 경도는 강도와 관계가 있다.

$$H \approx 3\sigma_f$$

여기서 σ_f는 강도이다(제4장에 더 완전한 정의가 주어진다). 그림 4.8의 $K_{1c} - \sigma_f$ 차트를 이용하여 $K_{1c} > 30\,\mathrm{MPa.m}^{1/2}$를 만족하고 최대한 강도가 큰 재료 세 가지를 찾아보라. 그러기 위해서는 'K_{1c}' 선택선을 30 $\mathrm{MPa.m}^{1/2}$에 놓고, '강도' 선택선을 움직여 세 가지의 후보재료를 포함하도록 한다. 그림 4.19의 비용 차트를 사용하여 선택한 재료들을 재료비에 따라 순위 매기고, 그 결과에 따라 최종 결정을 내려라.

E5.14 종이 울리는 이유는 종의 손실계수(또는 감쇠계수) η가 작기 때문이다. 감쇠계수가 크면 둔탁한 소리가 난다. 그림 4.9의 손실계수-탄성계수($\eta - E$) 차트를 사용하여 훌륭한 종을 만들 수 있는 재료를 찾아보라.

E5.15 손실계수-탄성계수($\eta - E$) 차트(그림 4.9)를 이용하여 최대한 감쇠가 큰 금속들을 찾아보라.

E5.16 열전도도-전기비저항($\lambda - \rho_e$) 차트(그림 4.10)를 사용하여 열전도도 λ와 전기비저항 ρ_e가 둘 다 큰 재료 세 가지를 찾아라.

E5.17 고성능 레이저 빔이 나오는 창은 당연히 빛을 잘 투과시켜야 한다. 하지만 그렇더라도 레이저 빔 에너지의 일부가 창에 흡수되어 창이 가열되고 균열이 생길 수도 있다. 이 문제는 열전도도(λ)가 크고(열을 다른 물체로 전도해버리기 위해), 열팽창계수(α)가 작은(열변형도를 감소시키기 위해) 재료를 선택함으로써 최소화할 수 있다. 즉 다음의 지수값이 큰 창 재료를 찾으면 된다.

$$M = \lambda/\alpha$$

그림 4.12의 $\alpha - \lambda$ 차트를 이용하여 초고성능 레이저 창을 위한 최선의 재료를 찾아라.

E5.18 최고 사용온도(T_{max}) 차트(그림 4.14)를 사용하여 200°C 이상에서 사용할 수 있는 고분자들을 찾아라.

E5.19

a. 탄성계수-상대비용($E - C_{v,R}$) 차트(그림 4.18)를 이용하여 탄성계수 E가 100 GPa 이상이면서 가장 저렴한 재료들을 찾아라.

b. 강도-상대비용($\sigma_f - C_{v,R}$) 차트(그림 4.19)를 이용하여 강도 σ_f가 100 MPa 이상이면서 가장 저렴한 재료들을 찾아라.

E5.20 마찰계수 차트(그림 4.15)를 사용하여 마찰계수가 특히 작은 재료 두 가지를 찾아라.

E.6 해석 : 제한조건과 설계목표(제5장, 제6장)

해석은 설계 요구조건들을 재료선택과 공정선택이 가능하도록 재표현하는 작업이다. 다음 연습문제들에 답할 때 이 표에 적힌 질문에 대한 대답으로 구성하라. 아직은 거동 모델까지 시도하지 마라(그것은 추후의 연습문제에 나올 것이다). 그저 이 부품이 어떤 기능을 하는지 생각해보고,

그에 따라 가공 요구조건을 비롯하여 재료선택에 부여되는 제한조건을 열거하라.

기능	무엇을 하는 부품인가?
제한조건	필수적으로 만족해야 할 조건은 무엇인가?
설계목표	무엇을 최대화 또는 최소화해야 하는가?
자유변수	문제에서 설계자가 자유로이 바꿀 수 있는 변수는 무엇인가?

여기서는 제한조건과 설계목표의 차이를 인식하는 것이 중요하다. 표에 나와 있듯이 제한조건은 꼭 만족해야 하는 필수적인 조건으로, 보통 재료특성이나 공정특성에 대한 한도로 표현된다. 설계목표는 극한값(최댓값 또는 최솟값)을 추구하는 양으로 흔히 비용, 질량, 부피 외에도 더 있고, 그중 여러 가지가 다음의 연습문제에도 등장한다. 자전거 프레임을 예로 들어보자. 자전거 프레임은 일정 정도의 강성도와 강도를 필요로 한다. 강성도와 강도가 충분하지 않은 재료라면 제대로 기능할 수 없지만, 무한히 큰 강성도와 강도가 요구되는 경우는 없다. 따라서 강성도와 강도는 탄성계수, 탄성한계, 형상에 한도를 부여하는 제한조건들이다. 단거리 경주용 자전거라면 최대한 가벼워야 한다. 무한히 가볍게 만들 수 있다면 가장 좋을 것이다. 이 경우에는 질량의 최소화가 설계목표가 되고 아마도 비용의 상한치(제한조건)가 있을 것이다. 물론 대부분의 자전거에서는 질량의 최소화와 비용이 둘 다 설계목표이므로, 절충 방안이 필요해진다. 이런 경우는 나중에 다룰 것이다. 일단 지금은 판단력을 발휘하여 가장 중요한 설계목표 한 가지를 선택하고 다른 모든 것을 제한조건으로 설정하기로 한다.

많은 '해석' 연습문제에 유용한 경험법칙 두 가지를 소개하겠다. 많은 응용사례에서 부품은 사용 중 취급 부주의와 돌발적인 충격을 견디기 위해 충분한 파괴인성이 요구된다. 비강화유리와 같은 완전취성인 재료는 부적절하다. 이 경우에 필수 제한조건은 '적당한 인성'이다. 이는 파괴인성에 대해 $K_{1c} > 15$ MPa의 조건을 요구함으로써 달성된다. 다른 응용사례에서는 하중작용점들 아래에서의 응력 재배치를 허용하기에 충분한 연성과 재료가 유연하게 구부러지거나 성형되는 특성이 요구된다. 이는 2%의 (인장)연신율을 요구함으로써 달성된다.

(만일 CES 소프트웨어를 사용할 수 있다면, 우선 제한조건을 적용하여 가려내고 남은 재료들에 대하여 설계목표를 사용하여 순위를 매기는 데 사용될 수 있다.)

E6.1 최대 1000°C의 열을 내는 전기풍로의 코일을 위한 재료가 필요하다. 풍로 내부의 코일로 제대로 기능하기 위해 어떤 재료특성이 요구되는지 생각해보라. 기능과 제한조건을 열거하라. 설계목표는 '비용 최소화', 자유변수는 '재료의 선택'으로 설정한다.

E6.2 사무실 가위를 제조할 재료가 필요하다. 종이는 연마재이고, 가위를 사용하다가 U자

못과 같은 단단한 방해물을 만나기도 한다. 기능과 제한조건을 열거하라. 설계목표는 '비용 최소화', 자유변수는 '재료의 선택'으로 설정한다.

E6.3 지열을 이용하여 120°C로 가열한(따라서 가압된) 소금물에서 열을 추출하는 열교환기를 위한 재료가 필요하다. 기능과 제한조건을 열거하라. 설계목표는 '비용 최소화', 자유변수는 '재료의 선택'으로 설정한다.

E6.4 최대 450°C의 온도에서 전자부품을 가공하는 데 C형 클램프가 필요하다(그림 E.1). 클램프는 가능한 한 열적 관성이 작아 고온에 빨리 도달해야 하고, 전자빔에 노출되었을 때 전하를 끌어 모으지 말아야 한다는 필수조건을 만족해야만 한다. (일시적인 열흐름 문제로 인해) 온도가 갑자기 변화했을 때 두께 x의 부품이 열평형에 도달하는 데 걸리는 시간 t는 다음과 같다.

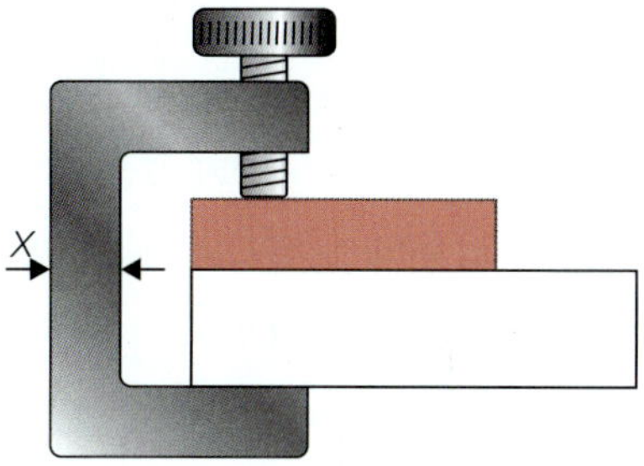

그림 E.1

$$t \approx \frac{x^2}{2a}$$

여기서 열확산도(a)는 $a = \lambda/\rho C_p$이고, λ는 열전도도, ρ는 밀도, C_p는 비열이다. 기능, 제한조건, 설계목표를 열거하라. 자유변수는 '재료선택'으로 설정한다.

E6.5 분말 금속을 소결하기 위해 용광로가 필요하다. 용광로는 지속적으로 650°C에서 가동되고, 부품은 컨베이어 벨트를 통해 공급된다. 열손실을 최소화함으로써 용광로의 에너지효율을 가능한 한 높일 단열재를 선택하라. 공간 여건 때문에 단열재의 두께는 최대 $x = 0.2$ m로 제한된다. 기능, 제한조건, 설계목표, 자유변수를 열거하라.

E6.6 흔들거리는 움직임을 허용하는 초정밀 베어링은 칼날이나 회전축을 활용한다(그림 E.2). 베어링은 흔들거리면서 굴러가서 접촉반경에 좌우되는 거리만큼 옆 방향으로 변위가 생긴다. 더 멀리 굴러갈수록 위치가 덜 정밀해지므로, 접촉반경 R이 작을수록 좋다. 그러나 접촉반경이 작을수록 접촉압력(F/A)이 커진

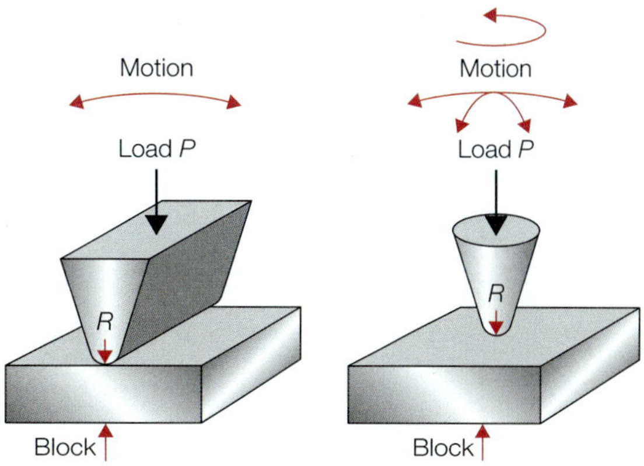

그림 E.2

다. 접촉압력이 베어링 양쪽의 표면경도 H 중 하나라도 초과하면 베어링은 손상된다. 탄성변형도 피해야 한다. 탄성변형이 일어나면 접촉부분이 납작해져 접촉면적이 증가하고 굴러가는 거리도 증가한다.

100°C의 불소 기체를 사용하고 나서, 이탈전하를 방지하기 위해 장치의 모든 구조부품의 접지가 요구되는 전자빔 가공으로 진행되는 마이크로칩 제작장치 내부에서 어떤 흔들거리는 베어링을 가동해야 한다. 재료선택 기준을 해석하여, 기능, 제한조건, 설계목표, 자유변수를 열거하라.

E6.7 일반적인 CD케이스는 쉽게 금이 가고 깨지면 CD가 긁힐 수 있다. CD케이스는 투명하고 저렴하며 성형하기 쉽기 때문에 선택된 사출성형 폴리스타이렌(PS)으로 만들어진다. 쉽게 금이 가지 않는 CD케이스를 만들기 위한 재료가 필요하다. 케이스는 여전히 투명하고 사출성형이 가능해야 하고, 폴리스타이렌과 가격면에서 경쟁할만 해야 한다.

E6.8 축열히터는 일정 시간 동안 열을 수집한 다음, 필요할 때 주로 기류를 향해 열을 방출한다. 가정용 축열히터는 태양에너지나 저렴한 심야시간대 전기에너지를 저장했다가 낮에 추울 때 그 열을 방출한다. 연구용 축열히터는 초음속 비행에서의 시스템 거동을 시험하기 위해 열을 초음속 기류를 향해 방출한다. 최대 120°C까지 견딜 수 있는 소형 열저장재의 중심부 재료로 좋은 것은 무엇인가?

E.7 재료지수의 유도 및 사용(제5장, 제6장)

이 절의 연습문제는 재료지수를 유도해내는 것에 대한 훈련을 제공한다.

a. 각 연습문제를 풀 때 먼저 기능, 제한조건, 설계목표, 자유변수를 열거하도록 한다. 이것들을 명확히 하지 않으면 엉망이 되어버릴 것이다. 그런 다음 설계목표를 나타내는 방정식을 적는다. 방정식에 재료선택 이외의 자유변수가 포함되어 있다면, 그것의 한계를 정하는 제한조건을 찾아내어 대입하고, 재료지수값을 구한다.

b. 만일 CES Edu 소프트웨어를 사용할 수 있다면, 우선 제한조건을 적용하여 가려내고 남은 재료들에 대하여 설계목표를 사용하여 순위를 매기는 데 사용될 수 있다(레벨 2 데이터베이스에서 시작하라). 결과가 현실적인가? 그렇지 않다면 어느 제한조건이 간과되거나 올바르지 못하게 표현되었는가?

E7.1 음극선관을 위한 애퍼처그릴 음극선관(CRT)에는 두 종류가 있다. 예전에는 섀도마스크(shadow mask)를 이용하여 색상 분리가 이루어졌다. 섀도마스크란 얇은 금속판의 격자 위에 구멍이 나 있어 올바른 전자빔만 빨강, 초록, 파랑 인광체에 부딪히도록 한 장치이다. 섀도마스크는 높은 명도에서 가열되고 찌그러져서(도밍 현상 : doming), 전자빔이 표적을 맞추지 못하고 화면을 얼룩지게 한다.

이를 피하기 위해 섀도마스크는 실온에서 150°C까지의 열팽창계수가 0에 가까운 니켈 합금인 인바(invar)로 만들어진다. 섀도마스크 기술 때문에 CRT 모니터의 유리 화면이 네 모서리가 안쪽으로 구부러져 있고, 그 때문에 반사광이 자주 생긴다.

소니의 '트리니트론' 기술이 섀도마스크를 애퍼처그릴(aperture grill)로 대체하여 이 문제를 극복하고 더 높은 명도를 가능하게 했다. 애퍼처그릴은 약 200 μm 굵기의 가느다란 수직 방향의 와이어들로 이루어졌고, 목표한 전자빔이 빨강, 초록, 파랑 인광체에 부딪히도록 하여 이미지를 생성한다(그림 E.3). 트리니트론 튜브의 유리 화면은 한쪽 면만 구부러져 있어 반사광이 줄어들었다.

애퍼처그릴을 구성하는 와이어들은 한껏 신장된 상태로, 가열되었을 때에도 팽팽한 상태를 유지한다. 이 장력 때문에 높은 명도가 가능한 것이다. 어느 재료지수가 애퍼처그릴의 재료선택을 주도하는가? 다음 표에 요구조건이 요약되어 있다.

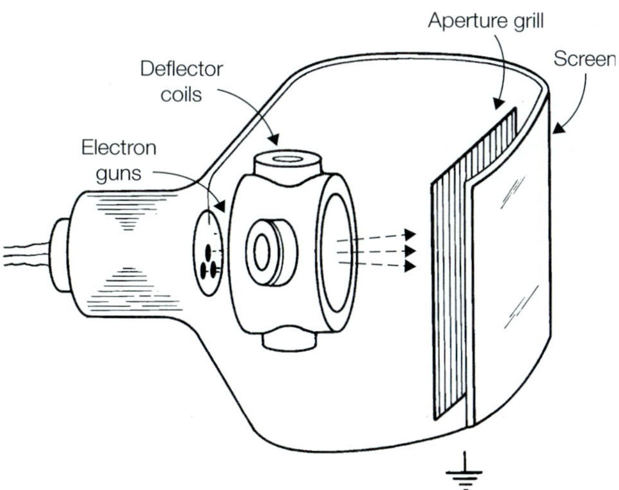

그림 E.3

기능	음극선관(CRT)의 애퍼처그릴
제한조건	와이어 굵기와 간격이 지정됨 파손되지 않고 미리 걸어준 장력을 견뎌야 함 대전을 방지하기 위해 전기전도성이 있어야 함 와이어로 뽑을 수 있어야 함
설계목표	장력 손실 없이 온도상승의 허용을 최대화해야 함
자유변수	재료의 선택

E7.2 제한조건이 서로 다른 탄성빔의 재료지수(그림 E.4) 이 문제의 네 부분을 풀면서 우선 기능, 설계목표, 제한조건을 열거하라. 정사각단면적 $t \times t$인 외팔보의 굽힘을 나타내는 수식들이 필요할 것이다(부록 B.3). 필요한 두 가지 수식은 끝점하중 F하에 길이 L인 빔의 굽힘 δ:

$$\delta = \frac{FL^3}{3EI}$$

그리고 단위 길이당 분산하중 f하에 빔의 굽힘 :

$$\delta = \frac{1}{8}\frac{fL^4}{EI}$$

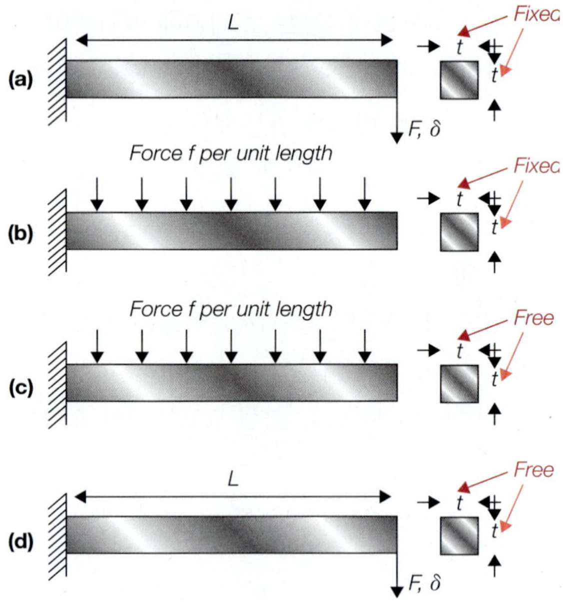

그림 E.4

인데, 여기서 $I = t^4/12$이다. 자체하중 빔에서는 $f = \rho Ag$인데 ρ는 빔의 밀도, A는 단면적, g는 중력가속도이다.

a. 주어진 길이 L과 주어진 단면적 $t \times t$의 외팔보가 주어진 끝점하중 F하에서 가장 작은 굽힘을 보이기 위한 최선의 재료는 지수 $M = E$가 최대인 재료임을 보여라. 여기서 E는 탄성계수이다(자체 중량은 무시하라), [그림 E.4(a)].

b. 주어진 길이 L과 주어진 단면적 $t \times t$의 외팔보가 자체 중량하에서 가장 작은 굽힘을 보이기 위한 최선의 재료는 지수 $M = E/\rho$가 최대인 재료임을 보여라. 여기서 ρ는 밀도이다 [그림 E.4(b)].

c. 길이 L, 정사각 단면(단면적은 주어지지 않았기에 자유변수이다), 자체 중량하에서 δ이하의 굽힘을

만족시키는 가장 가벼운 외팔보를 위한 재료지수는 $M = E/\rho^2$임을 보여라[그림 E.4(c)].

d. 길이 L, 정사각 단면(면적은 자유변수이다), 끝점하중 F하에서 δ 이하의 굽힘을 만족시키는 가장 가벼운 외팔보를 위한 재료는 $M = E^{1/2}/\rho$가 최대인 재료임을 보여라(자체 중량은 무시하라), [그림 E.4(d)].

E7.3 가볍고 강한 빔의 재료지수 강성도 제한 응용사례에서의 활성 제한조건은 탄성굽힘이다. 탄성굽힘이 성능을 제한한다(그림 E.5). 강도 제한 응용사례에서의 굽힘은 부품이 파손되지 않는 한 수용된다. 즉, 강도가 활성 제한조건이다. 길이 L, 명시된 강도, 최소 중량의 빔 재료선택을 위한 재료지수를 유도하라. 계산을 간단히 하기 위해 빔의 단면은 꽉찬 고체 정사각단면 $t \times t$라 가정한다. 빔의 파손하중을 구하는 식이 필요할 것이다(부록 B.4). 그것은 다음과 같다.

$$F_f = \frac{I\sigma_f}{y_m L}$$

여기서 y_m은 빔의 중심축과 외측 필라멘트 사이의 거리이고, $I = t^4/12 = A^2/12$는 단면의 이차모멘트이다. 다음 표에 설계 요구조건이 사항별로 열거되어 있다.

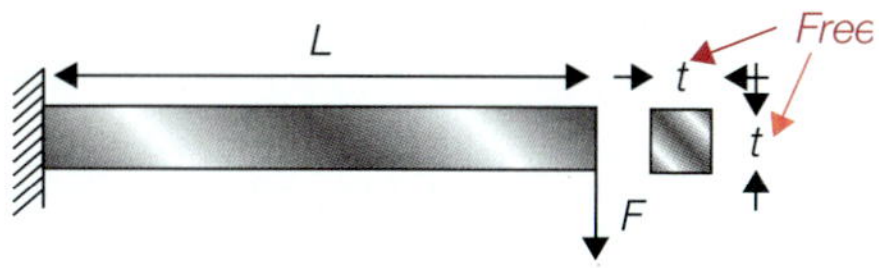

그림 E.5

기능	빔
제한조건	길이 L이 지정됨 항복이나 파손 없이 굽힘하중 F를 견뎌야 함
설계목표	빔의 질량을 최소화해야 함
자유변수	단면적 A 재료의 선택

E7.4 저렴하고 강성도가 높은 기둥의 재료지수(그림 E.6) 앞의 두 연습문제의 설계목표는 중량을 최소화하는 것이었다. 그와 다른 설계목표도 많이 있다. 스프링 재료선택에서의 설계목표는 스프링이 저장할 수 있는 탄성에너지를 최대화하는 것이다. 열효율적인 용광로의 단열재로 가장 좋은 재료는 열전도도와 열용량이 낮은 것이다. 그리고 항상 공통된 목표는 비용을 최소화하는 것이다. 여기에 비용과 관련된 문제가 있다.

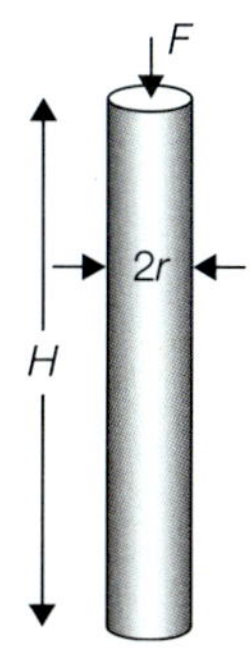

그림 E.6

식탁의 다리나 파르테논의 기둥과 같이 원기둥은 압축하중을 지탱한다. 명시된 높이 H를 지니고 탄성좌굴 없이 하중 F를 안전하게 견디는 가장 저렴한 원형기둥 재료선택을 위한 재료지수를 유도하라. 가느다란 기둥이 좌굴되기 시작하는 임계하중 F_{crit}을 구하는 수식이 필요할 것이다.

$$F_{\text{crit}} = \frac{n^2 \pi^2 EI}{H^2}$$

여기서 n은 끝점의 제한조건에 따르는 상수이고, $I = \pi r^4/4 = A^2/4\pi$는 기둥 단면적의 이차모멘트이다(둘 다 부록 B 참조). 다음 표에 설계 요구조건이 사항별로 열거되어 있다.

기능	원형기둥
제한조건	길이 L이 지정됨 좌굴되지 않고 압축하중 F를 견뎌야 함
설계목표	기둥의 재료비용을 최소화해야 함
자유변수	단면적 A 재료의 선택

E7.5 강성인 판과 쉘의 재료지수 항공기와 우주선은 판과 쉘을 이용하여 만든다(그림 E.7). 재료지수는 입체적 배치에 따라 좌우된다. 여기서는 다음의 경우에 대해 재료지수를 유도하라.

a. 중심하중 W, 반경 a, 미리 정해진 강성도 $S = W/\delta$, 최소질량의 원판

b. 중심하중 W, 반경 a, 미리 정해진 강성도 $S = W/\delta$, 최소질량의 반구형 쉘(그림 참조)

판 또는 구형 쉘의 중심부의 작고 둥근 면적에 걸린 하중 W하에 발생한 중심점의 변위 δ에 대한 식은 다음 두 결과를 이용한다.

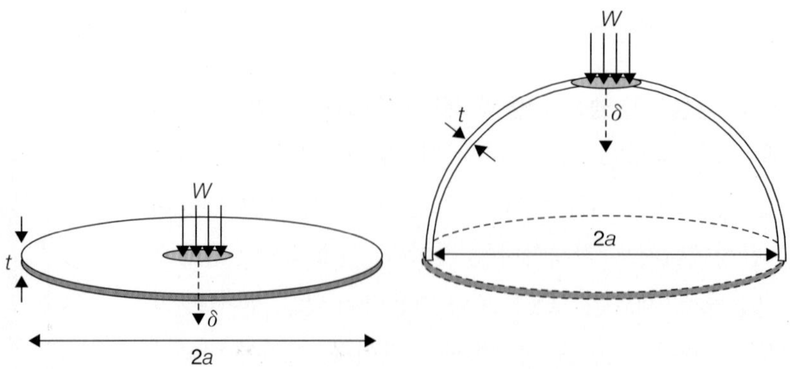

그림 E.7

$$원판 : \delta = \frac{3}{4\pi}\frac{Wa^2}{Et^3}(1 - \nu^2)\left(\frac{3+\nu}{1+\nu}\right)$$

$$반구형\ 쉘 : \delta = A\frac{Wa}{Et^2}(1 - \nu^2)$$

여기서 $A \approx 0.35$는 상수이다. E는 탄성계수, t는 판 또는 쉘의 두께, ν는 푸아송 비이다. 푸아송 비는 모든 구조재에서 거의 같으므로 상수로 간주해도 된다. 다음 표에 설계 요구조건이 사항별로 열거되어 있다.

기능	강성인 원판 또는 강성인 반구형 쉘
제한조건	중심하중 W하에서 강성도 S 지정 판 또는 쉘의 반경 a 지정
설계목표	판 또는 쉘의 질량을 최소화해야 함
자유변수	단면적 A(또는 쉘 두께 t) 재료의 선택

E7.6 C형 클램프 자세히 살펴보기(그림 E.8) 이 연습문제 E6.4에서 전자부품 가공을 위한 C형 클램프를 소개했다. 클램프의 정사각 단면의 폭은 x이고 주어진 깊이는 b이다. 클램프는 원하는 온도에 빨리 도달하기 위해 필수적으로 열관성이 작아야 한다. (일시적인 열흐름 문제로 인해)온도가 갑자기 변화했을 때 두께 x의 부품이 열평형에 도달하는 데 걸리는 시간 t는 다음과 같다.

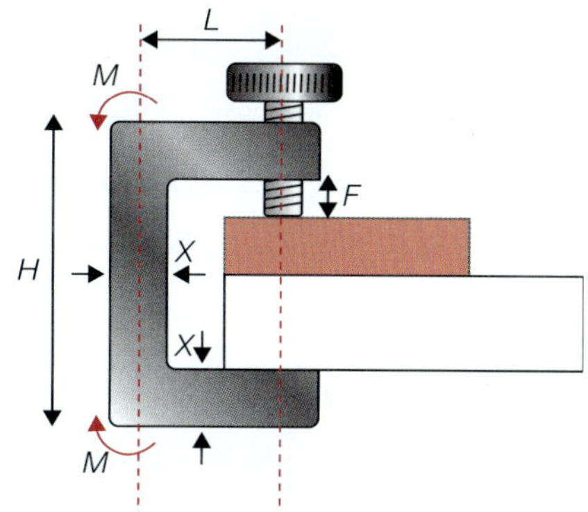

그림 E.8

$$t \approx \frac{x^2}{2a}$$

여기서 열확산도 a는 $a = \lambda/\rho C_p$이고, λ는 열전도도, ρ는 밀도, C_p는 비열이다.

열평형 도달시간은 단면폭 x를 감소시킴으로써 줄어들지만, 가동 중 파손될 만큼 감소시키면 안 된다. 이 제한조건을 이용하여 위의 식에서 x를 제거하고 클램프의 재료지수를 유도하라. 체결력(clamping force) F가 클램프 몸체에 $M = FL$의 모멘트를 발생시키고, 클램프 몸체의 최고 응력이 다음과 같이 주어진다는 사실을 이용한다.

$$\sigma = \frac{x}{2}\frac{M}{I}$$

여기서 $I = bx^3/12$는 클램프 몸체의 단면적의 이차모멘트이다. 다음 표에 설계 요구조건이 사항별로 열거되어 있다.

기능	열관성이 작은 C형 클램프
제한조건	길이 L이 명시됨 파손 없이 체결하중 F를 견뎌야 함
설계목표	열평형 도달시간을 최소화해야 함
자유변수	클램프 몸체의 폭 x 재료의 선택

E7.7 트럭용 스프링 차량의 현가장치 설계에서는 모든 부품의 질량을 최소화하는 것이 바람직하다. 당신에게 맡겨진 일은 기존의 트럭 현가장치의 강철제 판스프링을 대체할 가벼운 스프링의 재료와 치수를 선택하는 것이다. 기존의 판스프링은 빔으로 그림 E.9에 도식화되어 있다. 새로운 스프링은 기존의 것과 동일한 길이 L, 강성도 S를 갖고, 파손되는 일 없이 최대 안전변위 δ_{max}까지의 굽힘만 보여야 한다. 폭 b와 두께 t는 자유변수이다.

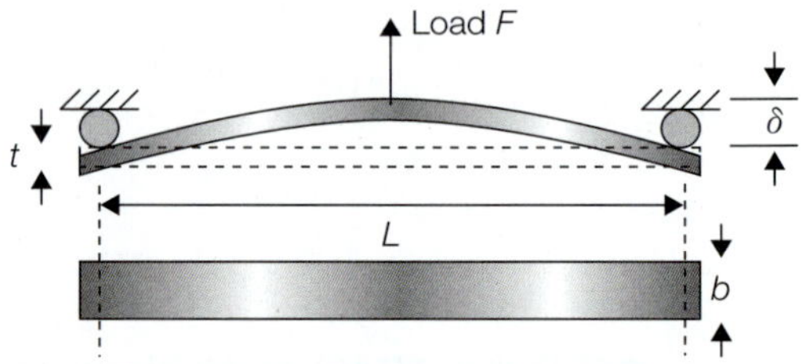

그림 E.9

이 응용사례의 재료선택을 위한 재료지수를 유도하라. 이 문제의 두 가지 자유변수는 b와 t, 두 가지 제한조건은 안전변위 δ_{max}와 강성도 S에 대한 것임을 주의하라. 두 제한조건을 이용하여 자유변수를 결정하라. 다음 표에 설계 요구조건이 사항별로 열거되어 있다.

기능	트럭의 판스프링
제한조건	길이 L이 지정됨 강성도 S가 지정됨 최대변위 δ_{max}가 지정됨
설계목표	질량을 최소화해야 함
자유변수	스프링 두께 t 스프링 폭 b 재료의 선택

중심하중 F에 의해 3점굽힘을 받는 길이 L의 탄성빔의 중심점 굽힘변위를 구하는 식은 다음과 같다.

$$\delta = \frac{1}{48}\frac{FL^3}{EI}$$

파손이 일어나기 시작하는 굽힘변위를 구하는 식은 다음과 같다.

$$\delta_{\max} = \frac{1}{6}\frac{\sigma_f L^2}{tE}$$

여기서 I는 단면적의 이차모멘트로 단면이 직사각형인 빔에서는 $I = bt^3/12$이고, E와 σ_f는 각각 빔 재료의 탄성계수와 파손응력이다(부록 B 참조).

E7.8 로켓 날개 발사관발사 로켓은 뒷부분에 자세를 안정화시키는 날개(fin)가 있다. 발사되는 동안 핀은 $t = 0.3$초 동안 $T_g = 1700°C$의 뜨거운 기체에 노출된다. 핀이 표면용융 없이 발사 과정을 견디는 것이 중요하다. 핀의 재료선택을 위한 재료지수를 제안하라. 다음 표에 설계 요구조건이 요약되어 있다.

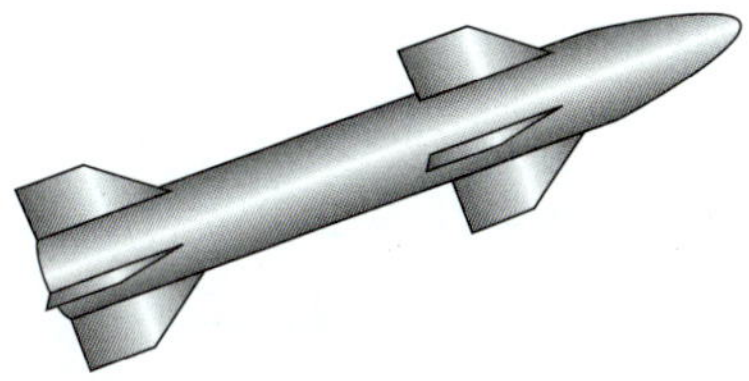

그림 E.10

기능	고열전달 로켓 날개
제한조건	모든 치수가 지정됨 1700°C 가스에 0.3초 동안 노출되었을 때 표면이 용융되지 않아야 함
설계목표	발사 중 표면온도 상승을 최소화해야 함
자유변수	재료의 선택

이는 어려운 일이다. 열은 기체에서 이동하여 핀의 표면으로 유입된다. 열전달계수가 h라면, 단위 면적당 열유량은 다음과 같다.

$$q = h(T_g - T_s)$$

여기서 T_s는 우리가 최소화하려는 임계량인 핀의 표면온도이다. 열은 열전도에 의해 핀 표면으로 확산된다.

만일 열이 핀 내부로 확산하는 데 걸리는 특성시간에 비해 가열시간이 짧다면, 기체에서 유입되는 열이 전도에 의해 내부로 확산되는 열과 일치하도록 표면온도가 자가조절되는 준정상상태가 존재한다. 전도에 의해 내부로 확산되는 열은 다음과 같다.

$$q = \lambda\frac{(T_s - T_i)}{x}$$

여기서 λ는 열전도도, T_i는 핀 내부의 (차가운)온도, x는 특성열확산길이다. 가열시간이 짧은 경우(이 경우처럼), 시간 t가 지난 뒤에 열전선이 투과한 거리는 다음과 같다.

$$x \approx (2at)^{1/2}$$

여기서 $a = \lambda/\rho C_p$는 열확산도이다. 앞의 수식에 x의 값을 대입하면 다음과 같다.

$$q = (\lambda \rho C_p)^{1/2} \frac{(T_s - T_i)}{\sqrt{2t}}$$

ρ는 핀 재료의 밀도, C_p는 핀 재료의 비열이다.

다음으로 q에 대한 두 식을 같다고 놓고 표면온도 T_s에 대해 풀어 목표함수를 구한다. 식에 나타난 T_s를 최소화하는 특성들의 조합이 바로 이 문제에 요구되는 재료지수이다.

재료지수가 크고 용융점 T_m이 높은 재료를 찾아 선택하면 된다. 만일 CES 소프트웨어를 사용할 수 있다면, 재료지수와 용융점을 두 축으로 하는 차트를 생성하고 둘 다 큰 값을 갖는 재료들을 찾아보라.

E.8 다중 제한조건과 상충 설계목표(제7장, 제8장)

과도하게 구속된(제한조건이 심한) 문제는 재료선택에서 흔히 볼 수 있다. 종종 그것은 단순히 각 제한조건을 차례로 적용하여 모든 조건을 만족하는 답을 찾으면 되는 경우가 많다. 그러나 제한조건이 설계목표 함수의 자유변수를 소거하는데 사용될 때에는(제7장의 7.2절에 설명한 것처럼) '활성제한조건' 방법을 사용해야만 한다. 이 절의 처음 세 연습문제는 다중 제한조건과 관련된 문제를 다룬다.

나머지 두 문제는 상충 설계목표와 절충 방법을 다룬다. 문제가 두 개의 설계목표를 가질 때에는, 예를 들어 어떤 부품의 질량(m)과 비용(C)을 동시에 최소화하고자 할 때 충돌이 생긴다. 가장 저렴한 선택이 가장 가벼울 수 없거나 역으로 가장 가벼운 선택이 가장 저렴할 수 없다. 최선의 조합은 질량을 한 축에 두고 비용을 다른 축에 둔 절충도표를 그려서 찾을 수 있다. 이 도표의 데이터 포인트 들 중에서 가장 낮은 테두리가 절충곡면을 형성한다. 최선의 타협으로 이끌어내는 해답은 이 곡면 위에 위치한다. 좀 더 나아가려면 우리는 벌칙함수를 필요로 한다. 간단한 벌칙함수의 정의는 다음과 같다.

$$Z = C + \alpha m$$

여기서 α는 교환상수이고, 이는 단위 질량의 증가에 따른 벌칙 또는 (동등한 효과로) 단위 질량의 감소에 따른 가치를 나타낸다. 최선의 선택은 이 식이 나타내는 직선이 절충곡면과 접하는 위치에서 찾을 수 있다. 설계목표는 항상 무엇인가를 최소화하는 것을 찾는 형태로 표현됨을 기억하라. 그러면 Z 값이 높은 쪽이 아니라 낮은 쪽이 바람직하다.

이미 존재하는 제품을 위해 더 좋은 재료를 찾을 때에는, 새로운 재료의 선택을 기존의 것과 비교하는 것이 더 효과적이다. 이 경우에 벌칙함수는 다음과 같아진다.

$$Z^* = \frac{C}{C_o} + \alpha^* \frac{m}{m_o}$$

여기서 첨자 '0'은 기존 재료의 특성이고, Z^*와 α^*에서 *는 단위가 없음을 의미한다. 상대 교환상수 α^*는 주어진 성능의 증가분에 대한 가치의 증가분의 척도이다.

E8.1 다중 제한조건 : 가볍고, 강성이고, 강한 연결봉(그림 E.11) 길이 L인 연결봉이 인장하중을 받으면서 파손 없이(강도가 제한조건임을 의미) 또는 탄성변형으로 δ 이상 늘어나지 않고(강성도(F/δ)가 제한조건임을 의미) 하중 F를 지탱하면서 질량은 최소화되어야 한다.

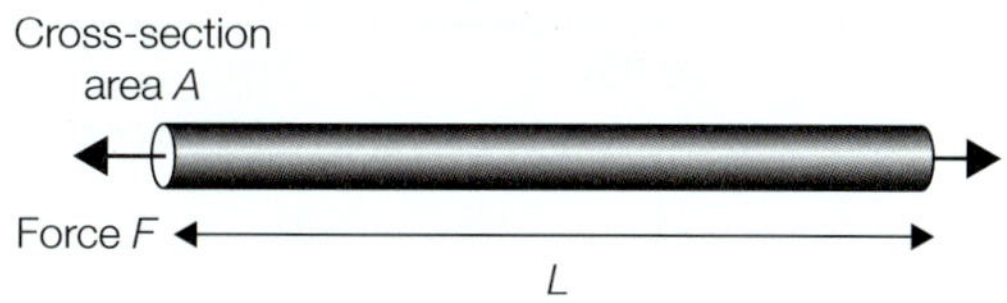

그림 E.11

a. 제7장에서 공부한 대로 질량에 대한 두 개의 성능방정식을 각각의 제한조건에 대하여 세우고, 그로부터 각각의 재료지수를 유도하며, 그 두 개를 묶는 연결방정식을 유도한다. 두 개의 재료지수가 다음과 같음을 보여라.

$$M_1 = \frac{\rho}{E} \ \& \ M_2 = \frac{\rho}{\sigma_f}$$

b. 이것과 그림 E.12에 나타낸 재료선택 차트를 이용하여 연결봉에 적합한 후보재료를 찾아보아라. (1) $\delta/L = 10^{-3}$일 경우, (2) $\delta/L = 10^{-2}$일 경우.

E8.2 다중 제한조건 : 가볍고, 안전한 압력용기(그림 E.13) 압력용기가 이동형이어야 할 경우 무게가 중요해진다. 항공기 기체, 로켓의 모터케이스, 천연가스 운반 용기가 좋은 예이다. 그것들은 가벼운 동시에 안전해야 한다. 이는 소성 항복이나 돌발파괴에 의해 파손되어서는 안 됨을 뜻한다. 어떤 재료로 제작하는 것이 최선일까? 아래 표에 설계 요구조건을 정리하였다.

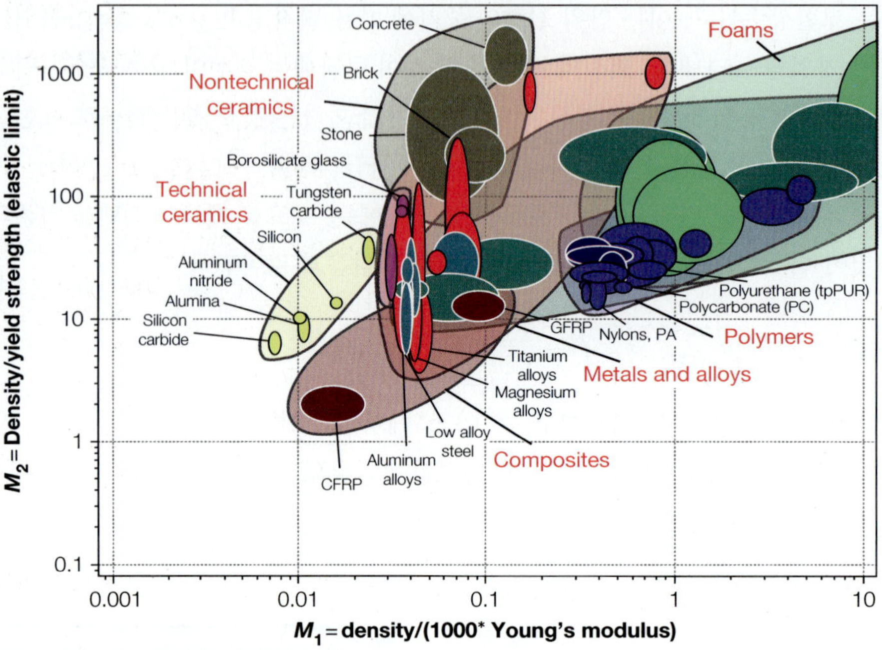

그림 E.12

기능	압력용기
제한조건	항복에 의한 파손 없을 것 돌발파괴에 의한 파손 없을 것 직경 $2R$과 압력차 Δp 지정
설계목표	질량 m 최소화
자유변수	벽두께 t 재료의 선택

a. 먼저 압력용기의 질량에 관한 성능방정식을 써 보아라. 단순화하기 위하여 압력용기는 반지름 R인 구형에 벽두께(t)는 반지름(R)에 비하여 매우 작다고 가정한다. 그러면 벽에 걸리는 인장응력은 다음과 같다.

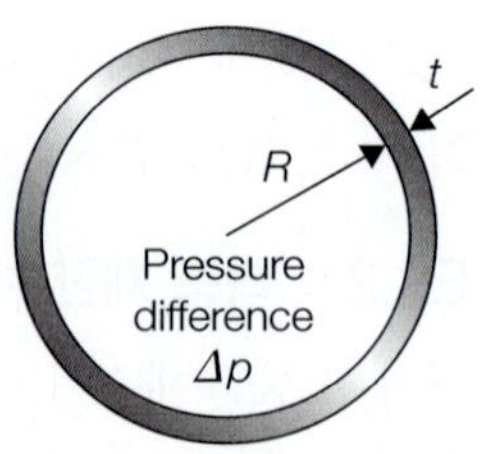

그림 E.13

$$\sigma = \frac{\Delta p \, R}{2t}$$

여기서 벽을 가로질러 압력차(Δp)는 설계에 의해 고정된다. 첫 번째 제한조건은 압력용기가 항복하지 말아야 한다는 것이다. 즉 벽에 걸리는 인장응력이 σ_y를 넘지 말아야 한다는

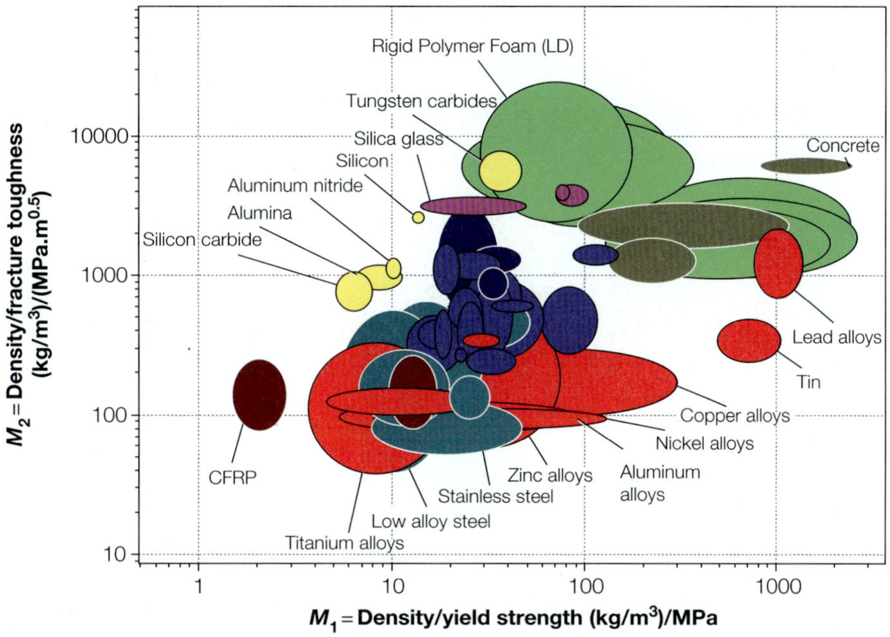

그림 E.14

점이다. 두 번째 제한조건은 압력용기가 돌발적으로 파괴되지 않아야 한다는 것이다. 즉 벽에 걸리는 인장응력이 $K_{1c}\sqrt{\pi c}$ 보다 낮아야 한다는 점이다. 여기서 K_{1c}는 용기 재료의 파괴인성이고, c는 벽에 존재할 수 있는 가장 큰 결함의 길이이다. 이 두 가지 제한조건을 순서대로 적용하여 m에 관한 성능방정식에서 t를 소거함으로써 다음 두 개의 재료지수를 찾아낸다.

$$M_1 = \frac{\rho}{\sigma_y} \quad \& \quad M_2 = \frac{\rho}{K_{1c}}$$

그리고 둘 사이의 결합관계식을 찾는다. 거기에는 균열의 길이 c가 포함되어 있다.

b. 그림 E.14는 두 개의 지수를 각각 축으로 하는 재료특성 차트이다. 이 그림에 결합관계식을 두 가지 c값(하나는 5 mm, 다른 하나는 5 μm)에 대하여 그려 보아라. 각각의 경우에 가장 가벼운 후보재료를 찾아보아라.

E8.3 저렴한 기둥 : 좌굴 또는 분쇄되지 않아야 함(그림 E.15) 가볍고 강한 기둥을 위한 재료의 선택은 기둥의 형상비(직경 D에 대한 높이 H의 비)에 달려 있다. 이는 짧고 두꺼운 기둥은 분쇄되어 파손하고, 길고 날씬한 기둥은 좌굴하여 파손되기 때문이다.

하중 F를 지탱할 수 있는, 높이가 H인 고체 원형단면의 기둥에 대하여 재료비용에 관한 두 개의 성능방정식을 써 보아라(하중 F는 자체하중보다 훨씬 크다). 하나는 기둥이 분쇄 파손되지 않아야 한다는 조건에 의하고, 다른 하나는 기둥이 좌굴 파손되지 않아야 한다는 조건에 의한다. 아래 표에 설계 요구조건을 정리하였다.

기능	기둥
제한조건	압축 분쇄에 의한 파손 없을 것 좌굴에 의한 파손 없을 것 높이 H와 압축하중 F 지정
설계목표	재료비용 C 최소화
자유변수	직경 D 재료의 선택

a. 다음과 같이 진행하여라.

(i) 기둥의 재료비용에 관한 성능방정식을 써 보아라. 이는 질량(m) 곱하기 단위 질량당 비용(C_m)으로 표현된다.

(ii) 두 개의 제한조건을 각각 수식으로 표현하고, 그것을 성능방정식에 대입하여 자유변수를 소거함으로써, 어느 파손기구에 의해서도 파손하지 않으면서 하중을 지탱할 수 있는 기둥의 비용을 찾아보아라.

(iii) 재료비용에 관한 두 개의 성능방정식으로부터 재료지수 M_1과 M_2를 찾아내어 그것이 다음과 같음을 보여라.

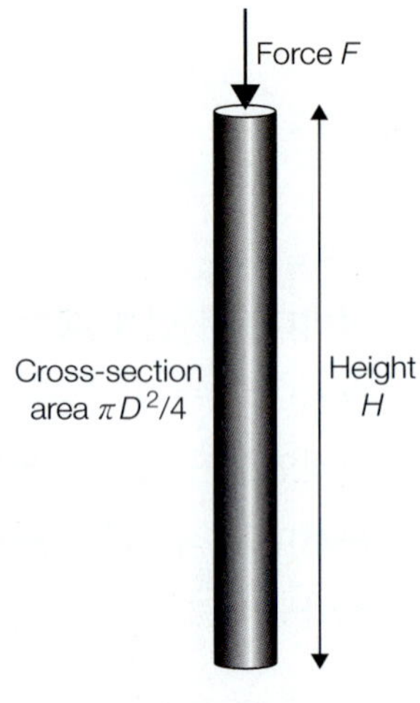

그림 E.15

$$M_1 = \left(\frac{C_m \rho}{\sigma_c}\right) \quad \& \quad M_2 = \left[\frac{C_m \rho}{E^{1/2}}\right]$$

여기서 C_m은 킬로그램당 재료비용, ρ는 재료의 밀도, σ_c는 재료의 압축(분쇄)강도, E는 탄성계수이다.

b. 여섯 개의 가능한 후보재료에 대한 데이터가 아래에 표로 제시되어 있다. 이를 이용하여 $F = 10^5$ N이고 $H = 3$ m일 경우에 후보재료를 선택하여라. 여기서는 세라믹도 높은 압축강도를 가졌으므로 허용된다.

재료	밀도 ρ(kg/m^3)	비용 C_m($/kg)	탄성계수 E(MPa)	압축강도 σ_c(MPa)
목재(전나무)	700	0.5	10,000	25
벽돌	2100	0.35	22,000	95
화강암	2600	0.6	20,000	150
콘크리트	2300	0.08	20,000	45
주철	7150	0.25	130,000	200
구조용 강철	7850	0.4	210,000	300
Al합금 6061	2700	1.2	69,000	150

c. 그림 E.16는 두 재료지수를 양 축으로 하는 재료특성 차트이다. $F = 10^5$ N이고 $H = 3$ m (앞에서와 동일한 조건)일 경우 기둥에 적합한 재료를 선택하기 위한 결합선(coupling line)을 그려 보아라. 또한 조건이 $F = 10^3$ N이고 $H = 20$ m인 경우에 적합한 재료를 선택하기 위한 결합선을 그려 보아라.

E8.4 트럭의 에어 실린더 트럭은 브레이크나 다른 동력 장치의 가동에 압축공기를 사용한

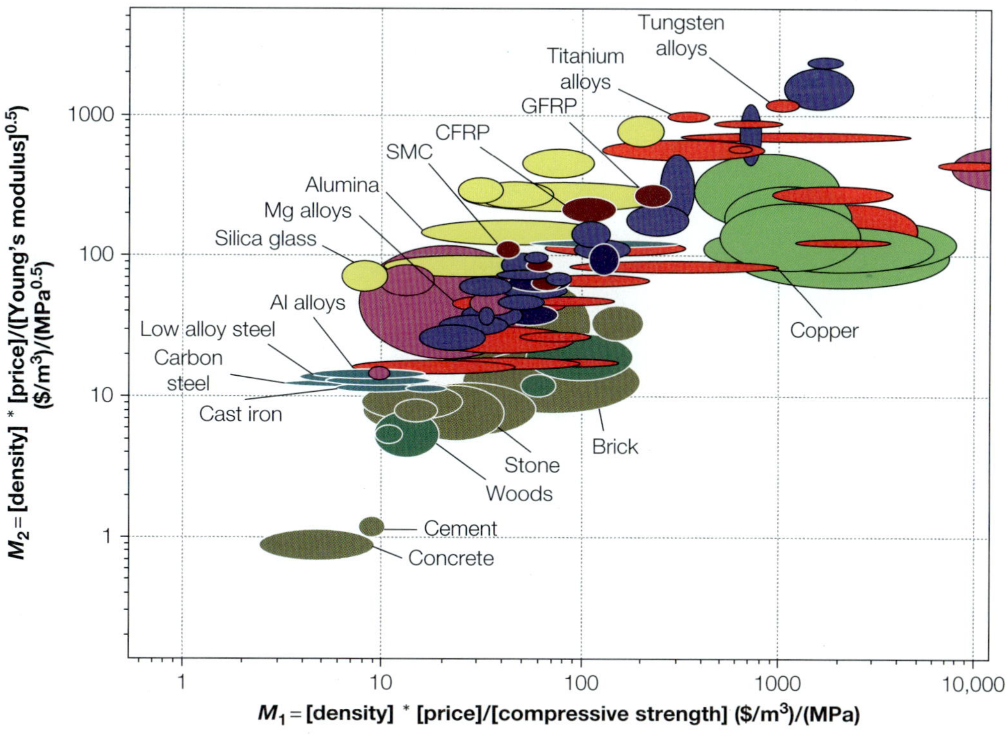

그림 E.16

다. 압축공기는 그림 E.17과 같은 원통형 압력탱크(길이 L, 직경 $2R$, 반구형 양 끝단)에 저장한다. 대부분 저탄소강으로 만들어지고 무겁다. 수행할 과업: 보다 가벼운 공기탱크용 대체재료로 잠재적인 가능성이 있는 재료를 찾아보자. 명심할 것은 질량과 가격 사이에서 절충해야 한다는 점이다. 아무리 가볍더라도 너무 비싸면 트럭 소유주는 원하지 않을 것이기 때문이다. 아래 표에 설계 요구조건을 정리하였다.

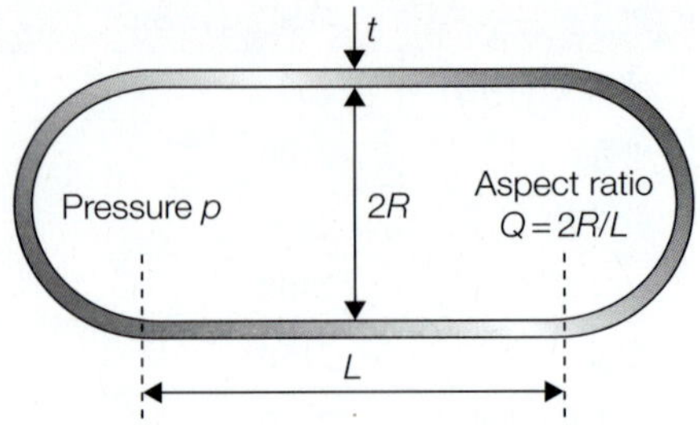

그림 E.17

기능	트럭용 압축공기 탱크
제한조건	항복에 의한 파손 없을 것 직경 $2R$ 과 길이 L 지정 : 비율 $Q = 2R/L$ 고정
설계목표	질량 m 최소화 재료비용 C 최소화
자유변수	벽두께 t 재료의 선택

a. 기존 재료(저탄소강)를 기준으로 탱크 재료의 질량과 비용을 상대적으로 나타내면 다음과 같다.

$$\frac{m}{m_o} = \left(\frac{\rho}{\sigma_y}\right)\left(\frac{\sigma_{y,o}}{\rho_o}\right) \ \& \ \frac{C}{C_o} = \left(\frac{C_m\rho}{\sigma_y}\right)\left(\frac{\sigma_{y,o}}{C_{m,o}\rho_o}\right)$$

여기서 ρ는 재료의 밀도, σ_y는 재료의 항복강도, C_m은 킬로그램당 재료비용, 아래첨자 'o'는 연강(저탄소강)의 값을 의미한다.

b. 상대비용과 상대질량 사이의 절충

$$Z^* = \alpha^* \frac{m}{m_o} + \frac{C}{C_o}$$

여기서 α^*는 상대 교환상수이고, $\alpha^* = 1$과 $\alpha^* = 100$에 대하여 Z^*값을 결정하여라.

재료	밀도 ρ(kg/m^3)	항복강도 σ_c(MPa)	비용 C_m($/kg)
연강(저탄소강)	7850	314	0.66
구조용 강철	7850	775	0.85
CFRP	1550	760	42.1

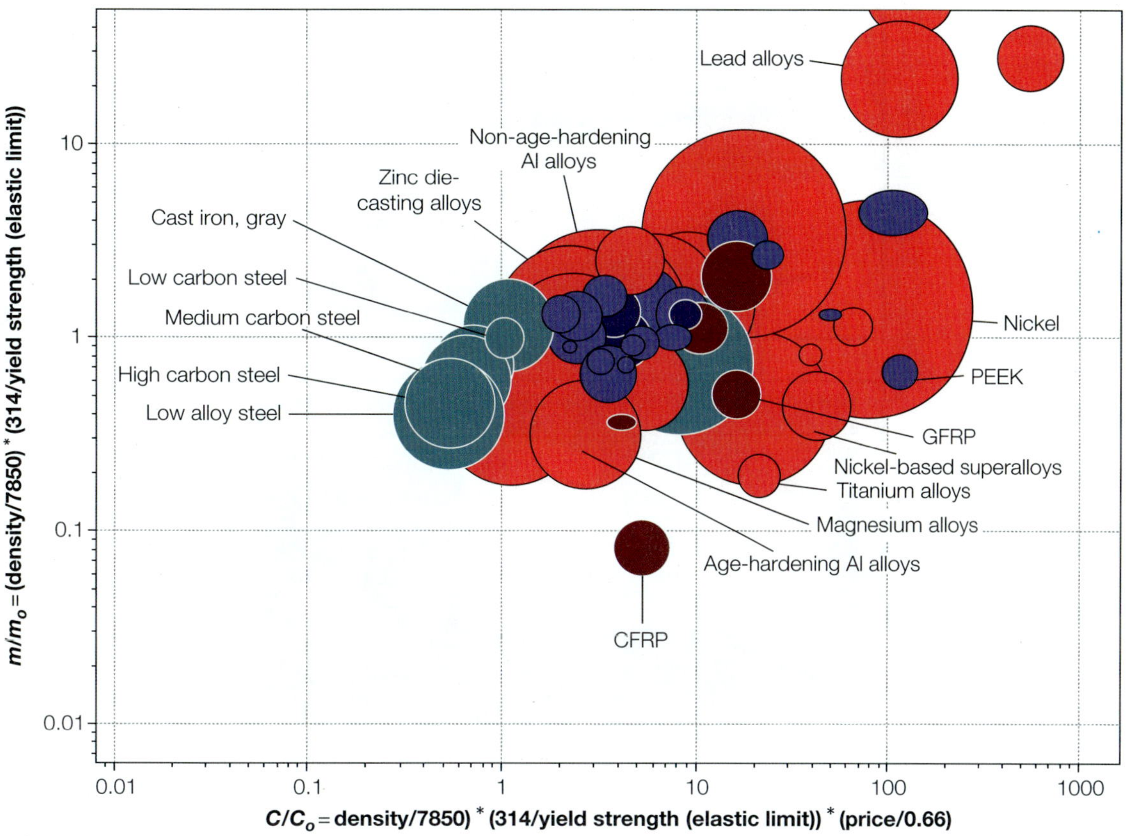

그림 E.18

c. 그림 E.18은 (m/m_o)와 (C/C_o)를 양 축으로 그린 재료특성 차트로, 중심 좌표축 (1,1)에 연강(저탄소강)이 놓이도록 그렸다. 여기에 절충곡면을 그리고 Z^*의 등고선을 그려서, $\alpha^* = 1$과 $\alpha^* = 100$일 때의 등고선이 절충곡면과 대략 접하도록 해보아라. 이렇게 해서 얻어진 재료선택은 무엇인가?

E8.5 냉동고의 단열 벽 냉동고나 냉장트럭(그림 E.19)은 단열효과를 가진 패널 벽을 가졌는데, 이 패널은 강성과 강도가 충분해야 하고 가벼워야 한다(강성은 진동을 감소시키고 강도는 험하게 사용해도 무방하게 해 줌). 이러한 목적을 달성하기 위하여 패널은 보통 샌드위치 구조를 하고 있다. 두 장의 강철 또는 알루미늄 또는 GFRP 판재(강도 확보) 사이에 저밀도의 단열재 코어를 접착시킨 것이다. 코어 재료를 선택할 때에는 열전도도(λ)를 최소화하면서 강성도를 최대화시키는 재료를 구한다. 이렇게 함으로써 전체적으로는 강성도를 유지하면서도 표피재(강철판)를 얇게

그림 E.19

하여 가벼운 패널을 만들 수 있기 때문이다. 아래 표에 설계 요구조건을 정리하였다.

기능	단열 패널의 코어(발포재)
제한조건	패널의 벽두께(t) 지정
설계목표	발포재의 열전도도(λ) 최소화 발포재의 강성도 최대화 : 즉 탄성계수 E
자유변수	재료의 선택

그림 E.20은 발포재의 열전도도와 탄성 컴플라이언스(탄성계수의 역수, 설계 목표함수의 형태를 무언가를 최소화하는 형태로 써야 하기 때문임)를 양 축으로 그린 차트이다. 괄호 속의 숫자는 발포재의 밀도를 Mg/m^3 단위로 나타낸 것이다. 가장 낮은 열전도도를 보이는 재료는 강성도도 역시 가장 낮으며, 강성도가 가장 큰 재료는 열전도도가 가장 높다. 벌칙함수를 사용하여 트럭의 단열 패널에 사용될 재료를 구하는 과정과 결과를 설명해 보아라.

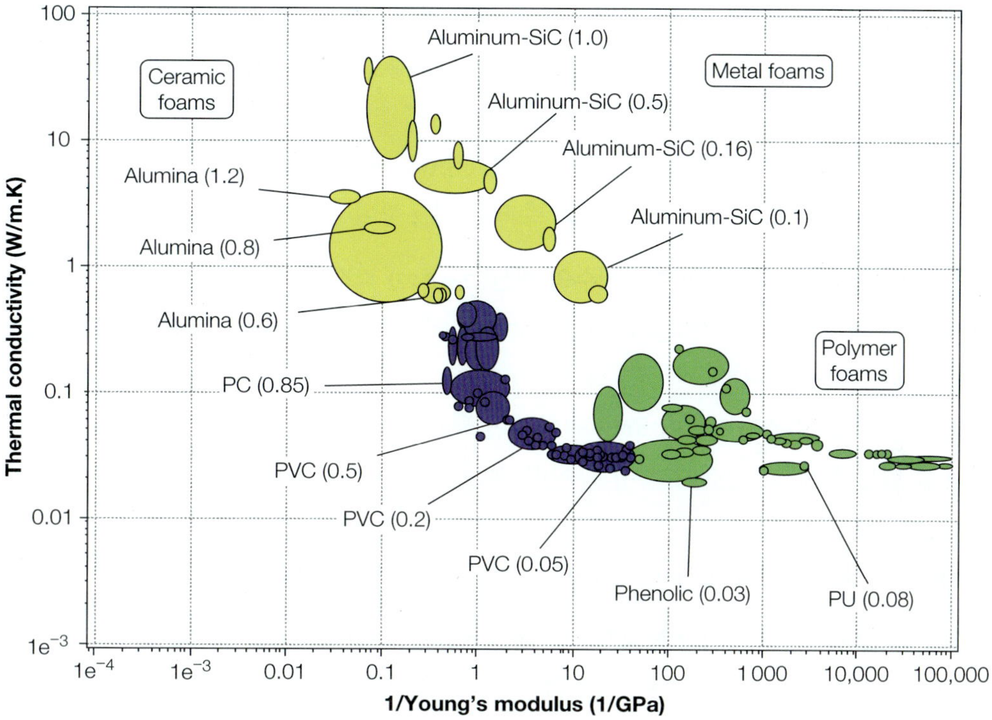

그림 E.20

E.9 재료와 형상의 선택(제9장, 제10장)

이 절에서 다루는 연습문제는 제9장과 제10장의 재료와 형상에 관한 해석에 관련된 것들이다. 형상계수의 도출과 재료와 형상을 결합시킨 지수의 도출에 관하여 다루고, 재료와 형상의 결합효과를 탐구하는 방법인 4사분면 차트 어레이의 사용에 관하여 다룬다. 이 마지막 목적을 위해서는 그림 9.9와 9.12에 주어진 차트 어레이를 깨끗하게 복사하여 사용하면 좋다. 재료특성 차트와 마찬가지로 저작권에 구애받지 않고 복사할 수 있다.

E9.1 튜브의 형상계수(그림 E.21)

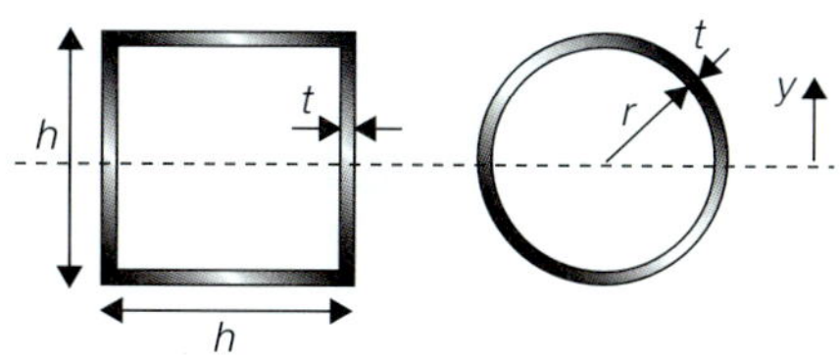

그림 E.21

a. 외부 한 변의 길이가 $h = 100$ mm이고 벽두께 $t = 3$ mm인 정사각형 단면 박스의 굽힘에 있어서 강성제한 설계를 위한 형상계수(φ_B^e)를 구하여라. 이 형상은 같은 재료로 직경 $2r = 100$ mm

이고 벽두께 $t = 3.82$ mm인 튜브로 만들었을 경우보다 더 효율적인가? (벽두께 $t = 3.82$ mm인 튜브는 벽두께 $t = 3$ mm인 박스와 단위 길이당 질량 m/L이 동일함) 두 가지 모두 얇은 벽두께 구조로 취급한다.

b. 동일한 비교를 강도제한 설계를 위한 형상계수(φ_B^f)에 대하여 행하라.
제9장의 표 9.3 형상계수 φ_B^e와 φ_B^f의 수식을 사용하여라.

E9.2 강성제한 설계를 위한 형상계수의 계산(그림 E.22) 각각의 경우에 형상효율계수(φ_B^e)를 구하여라. 그림 E.22와 같은 세 가지 단면을 갖는 빔에 대하여 계산하되, 얇은 벽두께 구조로 취급해도 된다고 가정하지 말 것.

a. 벽두께 t이고 바깥반지름이 $5t$인 원형단면 튜브의 굽힘

b. 채널 벽두께 t이고 플랜지 폭이 $5t$이며 전체 깊이가 $10t$인 채널이 주축에 대하여 굽힘을 받는 경우

c. 벽두께 t이고 높이와 폭이 $h_1 = 10t$인 정사각형 단면 박스의 굽힘

E9.3 강도제한 설계를 위한 형상계수의 계산 a., b., c.(그림 E.22)에 주어진 세 가지 단면에 대하여 강도제한 설계를 위한 형상효율계수(φ_B^f)를 결정하여라. 연습문제 E9.2에서 구한 I 값이 필요할 것이다.

d. 굽힘하중을 받는 길이 L인 빔이 파손되지 않고, 지정된 굽힘모멘트 M을 지탱해야 하고 될수록 가벼워야 한다. 빔의 단위 길이당 질량(m/L)을 최소화하기 위해서는 다음 지수를 최대화하는 재료와 형상을 선택하여야 함을 보여라.

$$M = \frac{(\varphi_B^f \sigma_f)^{2/3}}{\rho}$$

여기서 σ_f는 파손응력, ρ는 빔 재료의 밀도, φ_B^f는 굽힘파손 형상계수이다.

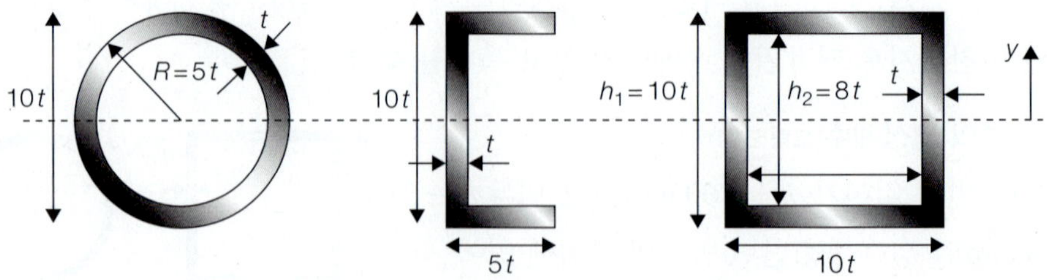

그림 E.22

E9.4 강성도 데이터로부터 형상계수 결정 탄성 형상계수는 같은 단면적의 정사각형 고체 단면을 기준으로 단면의 형상을 바꿈으로써 강성도의 이득을 얻는 정도를 나타내는 척도이다. 형상계수는 실험에 의해 결정될 수 있다. 본문의 식 (9.19)에 의하면 길이가 L이고 형상계수(φ_B^e)를 포함하여 미리 지정된 굽힘강성도(S_B)를 가진 빔의 질량 m은 다음과 같다.

$$m = \left(\frac{12S_B}{C_1}\right)^{1/2} L^{5/2} \left[\frac{\rho}{(\varphi_B^e E)^{1/2}}\right]$$

여기서 C_1은 빔의 하중분포에 따른 상수이다. 식을 φ_B^e에 대하여 다시 정리하면

$$\varphi_B^e = \left(\frac{12L^5 S_B}{C_1 m^2}\right)\left(\frac{\rho^2}{E}\right)$$

따라서 굽힘강성도 S_B, 질량 m, 길이 L을 측정하면, 그리고 재료의 탄성계수(E), 밀도(ρ)를 알고 있으면 형상계수(φ_B^e)는 계산해낼 수 있다.

a. 알루미늄 합금에 대한 3점굽힘시험으로($C_1 = 48$, 부록 B.3) 측정된 실험 데이터로부터 형상계수(φ_B^e)를 계산해 보아라. 아래 표의 데이터를 사용하라.

속성	데이터 값	속성	데이터 값
빔 강성도 S_B	7.2×10^5 N/m	단위 길이당 질량 m/L	1 kg/m
빔 길이 L	1 m	빔 재료	알루미늄 합금 6061
재료의 밀도	2670 kg/m^3	재료의 탄성계수 E	69 GPa

b. 그림 E.23의 강철 트러스 교량은 길이 L이고 양 끝단에서 단순지지되어 있다. 무게는 m 톤이다. 경험법칙에 따라 교량은 강성도 S_B로 설계되어 중앙지점에서의 자체중량에 의한 처짐 δ가 길이 L의 1/300 미만이 되도록 하였다. (따라서 $S_B \geq 300\ mg/L$이고, g는 중력가속도 9.81 m/s^2)다음 표에 주어진 정보를 사용하여 세 개의 강철 트러스 교량에 요구되는 최소 형

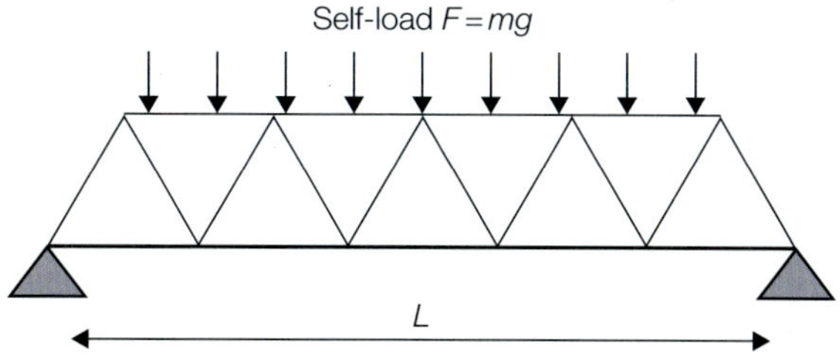

그림 E.23

상계수 φ_B^e를 계산해 보아라. 강철의 밀도 ρ는 7900 kg/m^{3}이고 탄성계수 E는 205 GPa 이다. 균일하게 분포한 하중에 대하여 상수 C_1 = 384/5 = 76.8(부록 B.3)이다.

교량 이름(건설년도*)	길이 L(m)	질량 m(tonnes)
Royal Albert Bridge, Saltash, U.K. (1857)	139	1060
Carquinez Strait Bridge, CA, U.S.A. (1927)	132	650
Chesapeake Bay Bridge, MD, U.S.A. (1952)	146	850

* Bridge Handbook에서 찾은 데이터

E9.5 굽힘과 비틀림에 대한 지수의 계산

a. 굽힘하중을 받는 빔은 파손없이 지정된 굽힘모멘트 M^*를 지탱해야 하며 동시에 될수록 가벼워야 한다. 단면의 형상은 자유변수이며, 여기서 '파손'이라 함은 소성항복의 시작을 의미한다. 재료지수를 유도하라. 설계 요구조건이 아래 표에 요약되어 있다.

기능	경량 빔
제한조건	파손 모멘트 M^* 지정 길이 L 지정
설계목표	질량 m 최소화
자유변수	재료의 선택 단면의 형상 및 크기

b. 비틀림하중을 받는 길이 L의 샤프트는 파손없이 지정된 비틀림모멘트 T^*를 지탱해야 하며 동시에 될수록 저렴해야 한다. 단면의 형상은 자유변수이며, 여기서도 '파손'이라 함은 소성항복의 시작을 의미한다. 재료지수를 유도하라. 설계 요구조건이 아래 표에 요약되어 있다.

기능	저렴한 샤프트
제한조건	파손 토크 T^* 지정 길이 L 지정
설계목표	재료비용 C 최소화
자유변수	재료의 선택 단면의 형상 및 크기

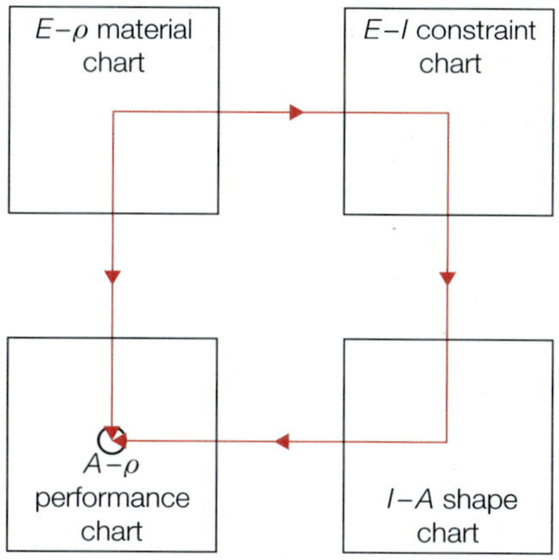

그림 E.24

E9.6 강성제한 설계에 대한 4사분면 차트 어레이의 사용

a. 그림 9.9의 강성제한 설계에 대한 4사분면 차트 어레이를 사용하여 $EI = 10^5$ Nm^2인 단면의 단위 길이당 질량 m/L을 다음 세 가지 재료에 대하여 비교하라.

(i) 형상계수 $\varphi_B^e = 20$인 구조용 강철; 탄성계수 $E = 210$ GPa, 밀도 $\rho = 7900$ kg/m^3

(ii) 형상계수 $\varphi_B^e = 10$인 CFRP; 탄성계수 $E = 70$ GPa, 밀도 $\rho = 1600$ kg/m^3

(iii) 형상계수 $\varphi_B^e = 2$인 구조용 목재; 탄성계수 $E = 9$ GPa, 밀도 $\rho = 520$ kg/m^3

그림 E.24에 나타낸 기법이 풀이 방법을 보여준다.

b. 위에서 얻은 결론은 강성도가 지정되었을 때 질량을 최소화하려면, $\sqrt{E^*}/\rho^*$를 최대화해야 된다는(여기서 $E^* = E/\varphi_B^e$이고 $\rho^* = \rho/\varphi_B^e$) 것이다. 따라서 이 결론이 일치하는지 직접 계산으로 증명하여 보라.

E9.7 강도제한 설계에 대한 4사분면 차트 어레이의 사용

a. 그림 9.12의 강도제한 설계에 대한 4사분면 차트 어레이를 사용하여 $Z\sigma_f = 10^4$ Nm인 단면의(여기서 Z는 단면계수) 단위 길이당 질량 m/L을 다음 세 가지 재료에 대하여 비교하라.

(i) 형상계수 $\varphi_B^f = 10$인 연강(저탄소강); 강도 $\sigma_f = 200$ MPa, 밀도 $\rho = 7900$ kg/m^3

(ii) 형상계수 $\varphi_B^f = 3$인 알루미늄 합금 6061; 강도 $\sigma_f = 200$ MPa, 밀도 $\rho = 2700$ kg/m^3

(iii) 형상계수 $\varphi_B^f = 10$인 티타늄 합금; 강도 $\sigma_f = 480$ MPa, 밀도 $\rho = 4420$ kg/m^3

그림 E.25에 나타낸 기법이 풀이 방법을 보여준다.

b. 위에서 얻은 강도가 지정되었을 때 질량을 최소화하려면 $[(\varphi_B^f \sigma_f)^{2/3}/\rho]$를 최대화하면 된다는 결론과 일치함을 직접 계산으로 증명하여 보라.

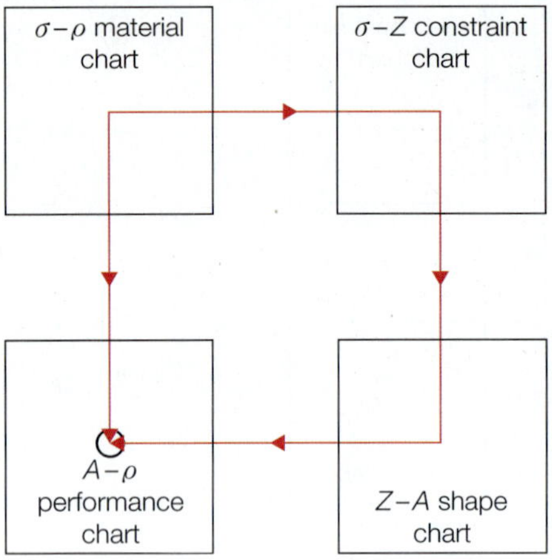

그림 E.25

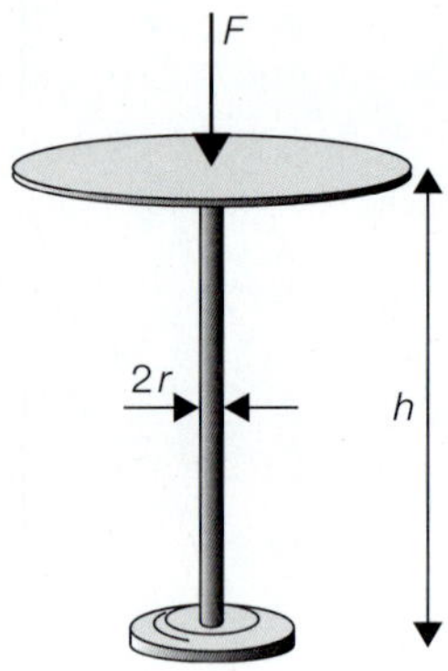

그림 E.26

E9.8 경량 디스플레이 스탠드 그림 E.26에 경량의 디스플레이 스탠드의 개념을 보여준다. 높이 h의 기둥은 윗면에 놓일 100 kg의 무게(m)를 탄성 좌굴에 의한 파손없이 지탱할 수 있어야 한다. 이것은 튜브 재료 중에서 골라서 만들되 될수록 가벼워야 한다. 이러한 조건을 만족하는 튜브 재료에 대한 재료지수를 제9장에서 공부한 방법으로 형상계수까지 고려하여 유도하라. 형상계수는

$$\varphi_B^e = \frac{12\,I}{A^2}$$

여기서 I는 단면적의 이차모멘트이고 A는 단면적이다. 설계 요구조건이 아래에 요약되어 있다.

기능	경량 기둥
제한조건	좌굴하중 F^* 지정 높이 h 지정
설계목표	질량의 최소화
자유변수	재료의 선택 단면의 형상 및 크기

다음과 같은 재질과 크기의 원형단면 튜브를 표준목록으로부터 구입할 수 있다. 이 정보와 위에서 도출된 재료지수를 사용하여 스탠드의 기둥에 가장 알맞은 재료를 찾아보라.

재료	탄성계수 E(GPa)	튜브 반지름(r)	벽두께/튜브 반지름(t/r)
알루미늄 합금	69	25 mm	0.07~0.25
강철	210	30 mm	0.045~0.1
구리 합금	120	20 mm	0.075~0.1
폴리카보네이트(PC)	3.0	20 mm	0.15~0.3
여러 가지 목재	7~12	40 mm	(고체 원형 단면)

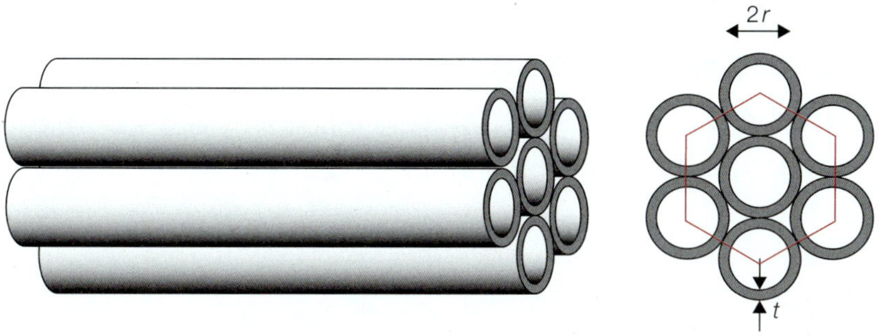

그림 E.27

E9.9 미시적 형상계수 : 튜브 어레이 고체를 반지름 r, 벽두께 t인 작은 얇은벽 튜브로 만들고 그것들을 접합하여 큰 어레이 단면을 만들었을 때 얻을 수 있는 이득을 탄성굽힘 효율계수(ψ_B^e)로 계산하라. 그림 E.27에 보인 것은 큰 어레이의 단면을 부분적으로 나타낸 것이다. 튜브로 만든 고체의 탄성계수를 E_s, 밀도를 ρ_s이라 하고 결과를 r과 t로 나타내어라.

E9.10 발포재 패널의 구조적인 효율(그림 E.28) 단위단면적에 두께 t인 고체 평판을 발포재로 만들어 질량의 변화 없이 단위단면적에 두께 h인 발포재로 만들었을 경우에 구조효율의 변화를 굽힘강성과 굽힘 강도에 관하여 계산하라. 발포재의 탄성계수(E)와 강도(σ_f)는 상대밀도(ρ/ρ_s)에 의해 원래 고체의 그것과 연관시킬 수 있다.

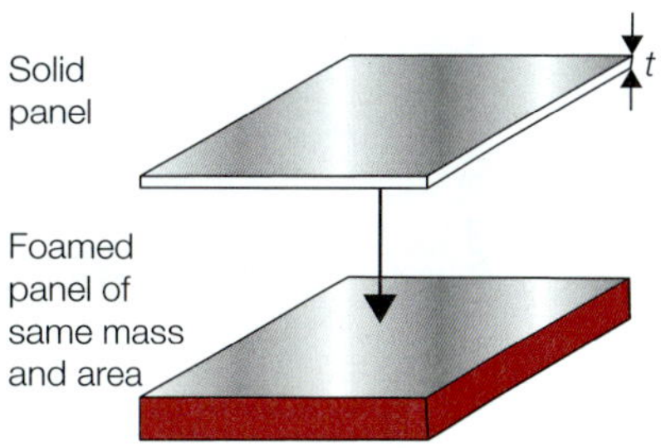

그림 E.28

$$E = \left(\frac{\rho}{\rho_s}\right)^2 E_s \quad \& \quad \sigma_f = \left(\frac{\rho}{\rho_s}\right)^{3/2} \sigma_{f,s}$$

여기서 E, σ_f, ρ는 각각 발포재의 탄성계수, 강도, 밀도이고, E_s, $\sigma_{f,s}$, ρ_s는 각각 고체 패널의 탄성계수, 강도, 밀도이다.

E.10 하이브리드 재료(제11장, 제12장)

이 절에서 다루는 연습문제는 제11장과 제12장에서 공부한 하이브리드 재료의 설계에 관련된 것들이다. 처음 세 연습문제는 재료특성 차트 공간에서 빈 곳을 채우기 위한 하이브리드 설계의 예를 보여준다. 그 다음 하나는 샌드위치 패널에 관한 것이다. 그 다음의 세 문제는 천연재료에 대하여 재료특성 차트를 활용하는 사례이다. 마지막 하나는 일종의 새로운 시도로서 매우 다른 두 가지 재료를 결합하여 하이브리드화 가능성을 탐구하는 것이다.

E10.1 가볍고 강성인 복합재료의 개념 그림 E.29는 고분자 또는 경합금을 기지재로 하는 강성이 큰 복합재료의 설계를 탐구하는 데 적합한 것이다. 본문의 그림 11.7에 보인 것과 같은 방법으로 하면 어떤 기지재-강화재 쌍에 대해서도 그 중요성을 평가할 수 있다. 고분자를 포

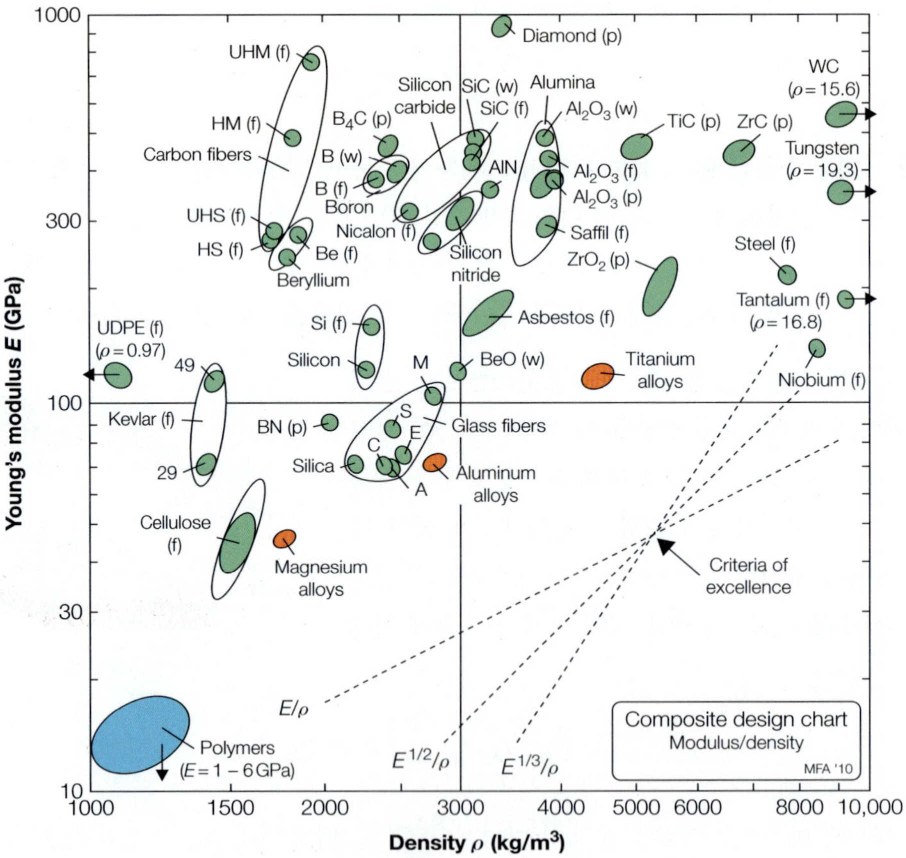

그림 E.29

함하여 붉은색으로 강조된 재료가 기지재로 제시되어 있다. 회색으로 나타낸 재료들이 강화재이며 각각 섬유(f), 휘스커(w), 입자(p) 형태로 만들어질 수 있다. 가볍고 강성인 구조에 대한 수월성의 기준은 지수 E/ρ, $E^{1/2}/\rho$, $E^{1/3}/\rho$로 각각 기울기 1, 2, 3인 점선으로 나타내었다. 차트의 왼쪽 위로 갈수록 지수값이 증가한다. 차트를 이용하여 (a) 탄화지르코늄(ZrC) 섬유, (b) Saffil 알루미나(Al_2O_3)섬유, (c) Nicalon 탄화규소(SiC) 섬유로 강화된 티타늄기지 복합재료의 성능을 비교해 보라. 다음과 같이 간단하게 접근하자. 각각에 대하여 섬유분율 $f = 0.5$일 때 식 (11.1)을 사용하여 밀도를 계산하고, 식 (11.2)를 사용하여 탄성계수의 하한치와 상한치를 계산하여 그 결과를 $E-\rho$ 차트에 표시한다. 다음에 그림 11.7에서처럼 기지재로부터 강화제에 이르는 뾰족한 타원형 호를 그려 보라. 최종 판단을 위하여 섬유분율 $f = 0.5$가 실용적으로 강화재의 최대 분율이라고 가정하라.

E10.2 그림 E.29의 차트를 사용하여 가볍고 강성인 구조에 유리(E-glass)섬유/마그네슘 복합재료와 베릴륨(Be)섬유/마그네슘 복합재료의 가능성을 찾아보라.

E10.3 열적 특성을 조절한 복합재료의 개념 그림 E.30은 고분자 또는 경합금을 기지재로 하여 열전도도와 열팽창계수를 알맞게 조절한 복합재료의 설계를 탐구하는 데 적합한 것이다. 본문의 그림 11.10에 보인 것과 같은 방법으로 하면 어떤 기지재-강화재 쌍에 대해서도 그 중요성을 평가할 수 있다. 고분자를 포함하여 붉은색으로 강조된 재료가 기지재로 제시되어 있다. 수월성의 기준은 열변형을 최소화할 수 있는 지수로서 λ/α로 주어져 있다. 차트의 오른쪽 아래로 갈수록 지수값이 증가한다. 차트를 이용하여 (a) 합금강 섬유, (b) 탄화규소(SiC (f)) 섬유, (c) 다이아몬드구조 탄소 입자로 강화된 마그네슘 합금(AZ63)기지 복합재료의 성능을 비교해 보라. 다음과 같이 간단하게 접근하자. 각각에 대하여 섬유분율 $f = 0.5$일 때 식 (11.7)~(11.10)을 사용하여 α와 λ의 하한치와 상한치를 계산하여 그 결과를 차트에 표시한다. 다음에 그림 11.7에서처럼 기지재와 강화재를 연계시키기 위하여 뾰족한 타원형 호를 그려 보라. 최종 판단을 내릴 때에는 섬유분율 $f = 0.5$가 실용적으로 강화재의 최대 분율이라고 가정하라.

E10.4 강성과 댐핑의 특별한 조합을 가져다주는 하이브리드 본문 중의 그림 4.9에 보인 손실계수 대 탄성계수($\eta - E$) 차트는 오로지 한 대각선을 따라 재료들이 몰려 있다. 손실계수(η)는 하중을 부과하고 제거하는 사이클 중에 발산하는 탄성에너지의 비율을 측정한다. 단상의 재료에서는 손실계수(η)가 높으면 탄성계수(E)가 낮고, 탄성계수(E)가 높으면 손실계수(η)가 낮다. 여기서 새로운 시도는 다음과 같이 ($\eta - E$) 차트에 해당하는 재료가 없는 영역(구멍)을 메울 수

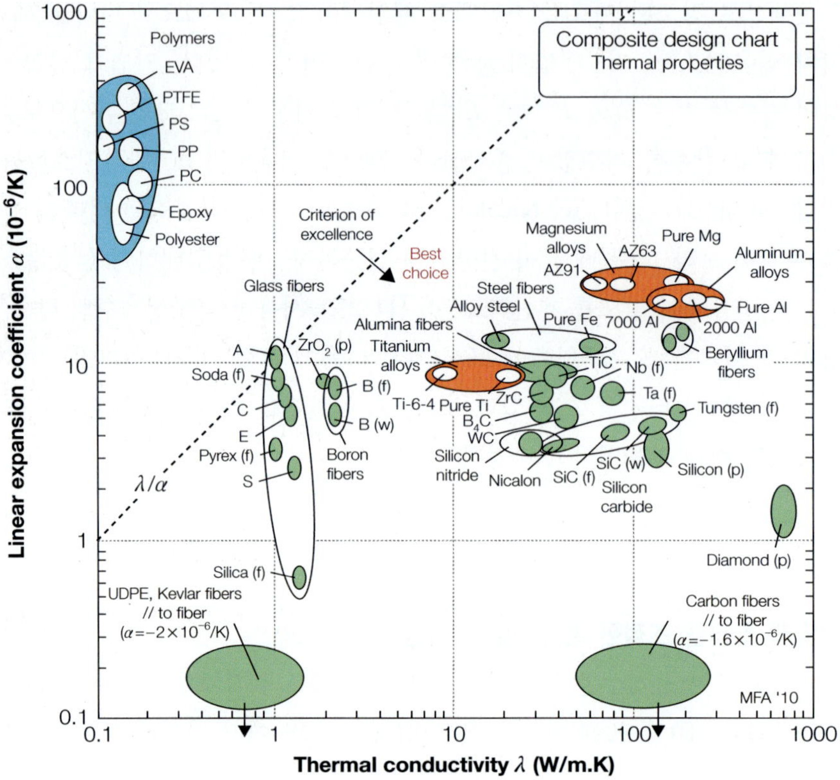

그림 E.30

있는 하이브리드 재료를 고안해 보자는 것이다.

a. 강철 박판(예를 들어 자동차 차체 패널)은 약간 댐핑이 있는 횡방향 진동을 받기 쉽다. 강철의 높은 강성(E)과 함께 높은 손실계수(η)를 갖는 하이브리드를 설계해보라.

b. 높은 손실계수는 기계적인 하중 반복에 의해 에너지가 발산함을 의미한다. 이 에너지는 열로 나타나서 가끔 바람직하지 않은 결과를 초래한다. 낮은 강성(E)과 낮은 손실계수(η)를 갖는 하이브리드를 설계해보라.

E10.5 샌드위치 패널 항공기용 수준의 고품질 샌드위치 패널은 다음 표에 열거한 특징을 가지고 있다.

a. 표에 주어진 데이터와 식 (11.13)~(11.15)를 사용하여 등가 밀도, 굽힘탄성계수, 강도를 계산하라.

b. 이 값들을 $E-\rho$ 차트와 $E-\sigma_f$ 차트에 표시하라. 패널의 횡방향 특성들이 특성차트 공간의 단상재료로 채워지지 않은 구역에 놓이는가?

유리섬유/알루미늄 하니컴 샌드위치 패널의 데이터

표피 재료	0.38 mm 두께 GFRP (유리섬유/에폭시)
코어 재료	3.2 mm 셀, Al 5052 허니콤 코어, 밀도 97.8 kg/m^3
단위 면적당 패널 무게 m_a	2.65 kg/m^2
패널 길이 L	510 mm
패널 폭 b	51 mm
패널 두께 d	10.0 mm
횡방향 강성도 EI	67 $N.m^2$
파손모멘트 M_f	160 Nm

E10.6 가볍고, 강성이 크고, 강한 천연 하이브리드

a. 알루미늄 합금, 강철, CFRP, GFRP를 천연재료를 위한 $E-\rho$ 차트에 표시하여라(본문 그림 12.13 참조). 굽힘강성 지수 $E^{1/2}/\rho$를 수월성의 기준으로 사용하면 그것들은 어떻게 비교되는가?

b. 똑같은 작업을 강도에 대하여 굽힘강도 지수 $\sigma_f^{2/3}/\rho$를 수월성의 기준으로 사용하여 행하라. 그림 12.14를 복사하여 사용하면 된다.

아래 표는 필요한 데이터를 보여준다.

재료	탄성계수 E(GPa)	밀도 $\rho(kg/m^3)$	강도 σ_f(MPa)
알루미늄 합금	74	2700	335
강철	210	7850	700
CFRP	100	1550	760
GFRP	21	1850	182

E10.7 스프링으로 작용하는 천연 하이브리드

아래 표는 스프링 재료의 탄성계수와 강도를 보여준다. 이 재료들을 본문의 그림 12.15와 같은 천연재료에 대한 $E-\sigma_f$ 차트에 표시하고, 이들 재료의 에너지 저장 성능을 σ_f^2/E를 수월성의 기준으로 사용하여 천연재료의 그것과 비교해보라.

재료	탄성계수 E(GPa)	강도 σ_f(MPa)	밀도 $\rho(kg/m^3)$
강철	206	1100	7850
구리-베릴륨 합금(Cu-2Be)	130	980	8250
필라멘트와인딩 CFRP	68	760	1580

E10.8 뼈의 대체재료 찾기 강도/무게(σ_f/ρ) 특성에 있어서 치밀한 뼈(*Cortical bone*(*L*))의 길이 방향 강도에 매우 가까운 공업용 재료를 찾아보라. 본문의 그림 12.14에서 뼈의 데이터를 읽은 다음 그림 4.4와 같은 $\sigma_f - \rho$ 차트에 표시하여 비교하면 될 것이다.

E10.9 창의성 : x로 무엇을 할 수 있을까? 본문 제4장의 차트마다 같은 68 가지 재료가 실려 있다. 이것들이 "만약 … 이라면 무엇을?"하는 연습의 출발점으로 사용될 수 있다. 새로운 시도로서 어떤 차트 또는 차트의 조합을 사용하여 다음에 열거하는 재료 중에서 임의로 짝을 지어 당신이 생각하는 어떤 형상으로 하이브리드를 만들 수 있을지 생각해보라.

a. 시멘트

b. 목재

c. 폴리프로필렌

d. 강철

e. 구리

E.11 공정선택(제13장, 제14장)

이 절에서 다루는 연습문제는 제13장과 제14장의 재료 공정의 선택에 관련된 것들이다. 이것들은 공정속성에 대한 느낌을 주기에 유익하고 또한 공정선택이 재료와 형상에 따라야 하는 방식을 느끼게 하여 유익하다. 여기에는 CES 소프트웨어가 크게 유리한 점이 있다. 하드카피는 불편하고 제한된 해상도인 반면 소프트웨어에서는 훨씬 편리하고 높은 해상도가 제공된다.

각 연습문제는 두 부분으로 나누어 (a)와 (b)로 구분되어 있다. 처음 것은 해석 또는 모델링에 관한 것이다. 두 번째는 제13장의 선택 차트를 사용하는 것인데(자유로이 복사해도 무방함) 제14장에서 보여준 방법을 따르면 된다.

E11.1 승강타 제어용 사분의 그림 E.31에 스케치한 사분의(quadrant)는 민간항공기의 날개 승강타(elevator) 제어시스템의 일부이다. 이는 그림에 보이는 형상으로 경합금(알루미늄 또는 마그네슘)으로 만들어지고 무게는 약 5 kg이다. 단면의 최소 두께는 5 mm이고 베어링 표면과는 달리 표면 마감질이나 정밀도에 대한 요구조건은 엄격하지 않다. (표면거

그림 E.31

칠기 $\leq 10\,\mu m$, 정밀도 ≤ 0.5 mm)베어링 표면은 표면거칠기 $\leq 1\,\mu m$, 정밀도 ≤ 0.05 mm를 요구한다. 생산 뱃치는 100~200개로 계획되었다.

a. 기능과 제한조건에 해당 사항을 채우고, 설계목표는 비워 두고, 자유변수에는 '공정의 선택'을 기입하라.

b. 제13장에서 복사한 차트를 연속적으로 사용하여 사분의 형상을 만들 수 있는 공정을 찾아라.

c. 만일 CES 소프트웨어를 사용할 수 있다면 제한조건을 적용하고 가능한 공정에 대하여 보다 상세한 것들을 찾아보라.

E11.2 전기플러그 케이스 전기플러그는 아마 가장 흔한 전기용품일 것이다(그림 E.32). 그것은 몇 개의 부품으로 이루어져 있으며, 각각은 한 가지 이상의 기능을 수행한다. 비록 여러 다른 것들이 있지만(커넥터, 케이블 클램프, 이음단추, 플러그, 퓨즈 등) 가장 확실한 것은 케이스와 핀이다. 문제에서 조사해야 할 것은 양쪽으로 분할된 케이스의 성형공정이다. 케이스의 가장 얇은 부분의 두께는 2 mm이다. 한 쪽은 약 30그램 정도이고 열가소성 또는 열경화성 고분자로 단번에 성형되어야 하며, 생산 계획된 뱃치크기는 $5 \times 10^4 \sim 2 \times 10^6$ 이다. 요구되는 공차 0.3 mm와 표면거칠기 $1\,\mu m$는 이차적인 마감질공정 없이 얻어질 수 있어야 한다.

그림 E.32

a. 기능과 제한조건에 해당 사항을 채우고, 설계목표는 비워 두고, 자유변수에는 '공정의 선택'을 기입하라.

b. 제13장에서 복사한 차트를 연속적으로 사용하여 케이스를 성형할 수 있는 공정을 찾아라.

E11.3 수도꼭지용 세라믹 밸브 물이 새는 수도꼭지만큼 성가신 것도 없을 것이다. 물이 새는 원인은 고무 패킹이 닳았거나 황동 시트가 피팅부식 되었거나 두 가지 다 일수도 있다. 세라믹 밸브는 내마모성이 좋고, 담수나 해수에서 모두 내식성도 우수하다. 요즘에는 가정용 수도꼭지도 세라믹밸브를 많이 사용한다.

그림 E.33의 스케치는 밸브가 어떻게 작동하는지를 보여준다. 세라믹 밸브는 두 개의 디스크로 이루어졌으며, 하나가 다른 하나 위에 겹쳐 있고 접촉면은 스프링에 의해 밀착되어 있다. 각 디스크는 지름 20 mm, 두께 3 mm이고 무게는 약 10그램이다. 씰 효과를 잘 거두려면 디스크 표면이 아주 평평하고 매끄러워야 하므로, 높은 정밀도와 표면마감질을 요구한다. 통상적으로 공차 < 0.02 mm와 표면거칠기 $< 0.1\,\mu$m가 요구된다. 각각의 바깥쪽 표면에는 홈이 있어서 윗쪽 디스크가 90° (1/4 바퀴) 회전할 수 있도록 해야 한다. 잠금 상태에서 윗쪽 디스크의 구멍은 아래쪽 디스크의 꽉 채워진 표면에 의해 차단되어야 하고, 열림 상태에서는 위-아래의 구멍이 정렬되어 물이 흘러야 한다. 생산 단계에서 예상되는 뱃치크기는 $10^5 \sim 10^6$이다.

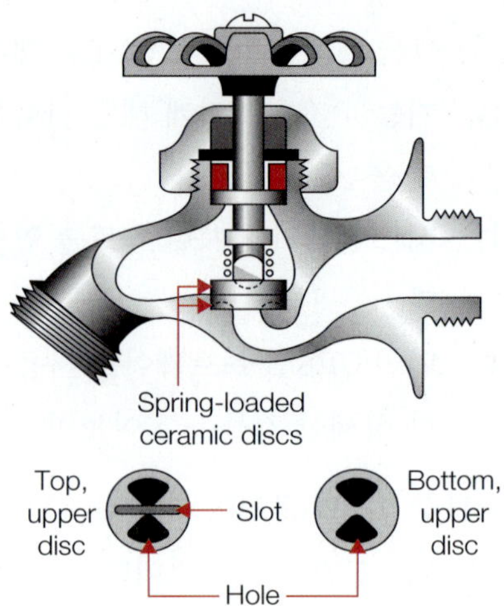

그림 E.33

a. 기능과 제한조건에 해당 사항을 채우고, 설계목표는 비워 두고, 자유변수에는 '재료의 선택'을 기입하라.

b. 제13장에서 복사한 차트를 사용하여 디스크를 성형할 수 있는 공정을 찾아라.

E11.4 플라스틱 병의 성형 플라스틱 병은 우유나 엔진오일 같은 유체를 담는 데 사용된다. (그림 E.34) 전형적인 폴리에틸렌 병은 무게가 약 30그램에 벽두께가 0.8 mm 정도이고 형상은 3차원 속이 빈 모습이다. 뱃치크기는 1,000,000개 정도로 매우 크다. 어떤 공정이 생산에 사용될 수 있을까?

a. 기능과 제한조건에 해당 사항을 채우고, 설계목표는 비워 두고, 자유변수에는 '공정의 선택'을 기입하라.

b. 제13장에서 복사한 차트를 사용하여 병을 성형할 수 있는 가능한 공정을 찾아라.

E11.5 승용차 후드 승용차 설계에서 무게 절감이 점점 더 중요해지면서 강철 부품을 고분자 복합재료로 대체하는 것이 갈수록 매력적이 되었다. 강철제 후드를 열경화성 복합재료로 만든 것으로 대체함으로써 무게를 절약할 수 있다(그림 E.35). 후드의 무게는 차량의 모델에 따라 다르다. 전형적인 복합재료 후드의 무게는 8~10 kg 정도이다. 형상은 접시형 박판이고, 공차와 표면거칠기는 각각 1 mm와 2 μm 정도 요구된다. 생산 단계에서 예상되는 뱃치크기는 $10^5 \sim 10^6$ 이다.

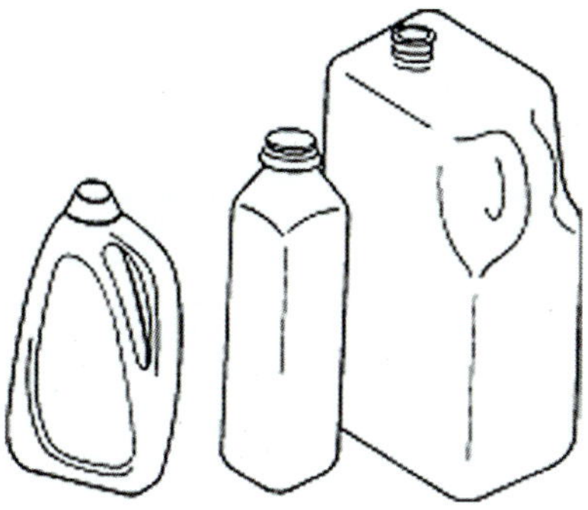

그림 E.34

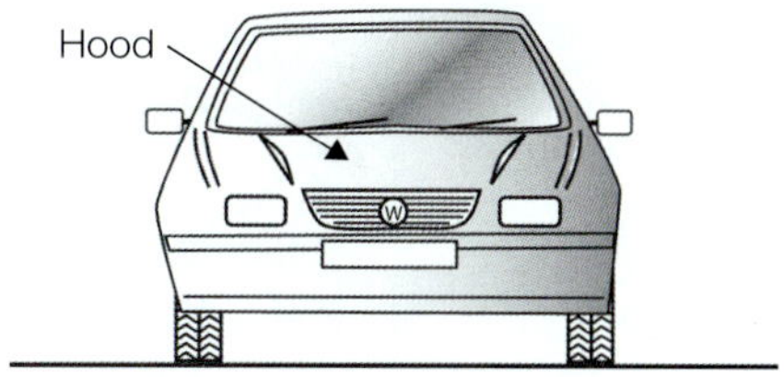

그림 E.35

a. 기능과 제한조건에 해당 사항을 채우고, 설계목표는 비워 두고, 자유변수에는 '공정의 선택'을 기입하라.

b. 제13장에서 복사한 차트를 사용하여 후드를 성형할 수 있는 가능한 공정을 찾아라.

E11.6 복잡한 구조용 채널 창문틀이나 다용도 조립체의 함께 밀리기 섹션 또는 전기배선용 덕트의 채널 단면은 형상이 복잡하다. 그림 E.36이 하나의 예를 보여준다. 주문량은 10,000개 정도이고, 하나의 길이는 1 m에 무게는 1.2 kg이고, 가장 얇은 곳의 두께가 4 mm이다. 요구되는 공차와 표면거칠기는 각각 0.2 mm 정도에 1 μm 이하로 이차적인 마감질공정 없이 얻어질 수 있어야 한다.

a. 기능과 제한조건에 해당 사항을 채우고, 설계목표는 비워 두고, 자유변수에는 '공정의 선택'을 기입하라.

b. 제13장에서 복사한 차트를 사용하여 채널을 성형할 수 있는 가능한 공정을 찾아라.

그림 E.36

E11.7 결합공정의 선택 이 문제와 다음 문제는 CES 소프트웨어의 사용을 필요로 한다.

a. CES 소프트웨어를 사용하여 아래 요구조건에 맞는 결합공정을 선택하라.

기능	강철판 사이에 영구적인 맞대기 용접부 형성
제한조건	재료클래스 : 탄소강 결합부 형상 : 맞대기 단면 두께 : 8 mm 영구적인 용접부 수밀(watertight) 보장
설계목표	–
자유변수	공정의 선택

b. CES 소프트웨어를 사용하여 아래 요구조건에 맞는 결합공정을 선택하라.

기능	수밀성을 보장하면서 분리가능한 유리와 고분자의 겹치기 결합
제한조건	재료클래스 : 유리와 고분자 결합부 형상 : 겹치기 단면 두께 : 4 mm 필요 시 분리 가능 수밀(watertight) 보장
설계목표	–
자유변수	공정의 선택

E11.8 표면처리 공정의 선택 이 문제는 앞의 것과 마찬가지로 CES 소프트웨어의 사용을 필요로 한다.

a. CES 소프트웨어를 사용하여 아래 요구조건에 맞는 표면처리 공정을 선택하라.

기능	고탄소강 부품의 표면경도와 내마모성 향상
제한조건	재료클래스 : 탄소강 처리의 목적 : 표면경도와 내마모성 향상
설계목표	–
자유변수	공정의 선택

b. CES 소프트웨어를 사용하여 다음 요구조건에 맞는 표면처리 공정을 선택하라.

기능	고분자 몰딩 부품의 곡면표면에 색상과 무늬 넣기
제한조건	재료클래스 : 열가소성 고분자 처리의 목적 : 미적인 느낌, 색상 고면표면의 처리 : Good 또는 Very good
설계목표	–
자유변수	공정의 선택

E.12 재료와 환경(제15장)

E12.1 본문 중의 그림 15.9에 나온 $E - H_p\rho$ 차트를 사용하여 탄성계수가 1 GPa 이상이고 단위 체적당 생산에너지가 가장 낮은 고분자를 찾아라.

E12.2 어떤 폴리프로필렌(PP) 정원 가구 제조업체는 경쟁사가 보다 전통적인 가구용 재료로서 주철이 PP보다 훨씬 생산에너지가 적게 들고 CO_2 배출부담도 적다고 주장하면서 시장점유율을 앗아가는 것이 걱정이다. 보통의 PP 의자는 1.6 kg인데 비하여 주철제 의자는 8.5 kg이다. 부록 A의 표 A.10에 주어진 데이터를 사용하여 누구의 말이 옳은지 알아보자. 만일 생산에너지 데이터가 오차범위 ±20% 이내에서 정확할 뿐이라면 PP와 주철 사이의 차이가 뚜렷하다고 할 수 있는가?

만일 PP 의자는 5년, 주철 의자는 25년 사용할 수 있다면 결론이 달라지는가?

E12.3 전동공구의 동일한 케이스를 알루미늄 다이캐스팅 또는 ABS 몰딩 또는 폴리에스터 GFRP 몰딩으로 제조할 수 있다. 각 케이스에 동일한 부피의 재료가 사용된다고 가정할 때, 그림 15.8에 주어진 단위 부피당 생산에너지 데이터를 막대그래프 차트를 사용하여 어느 선택이 케이스 재료 생산에너지를 최소화할 수 있는지 결정하라.

E12.4 **일회용 나이프와 포크** 환경친화적인 피자 가게에서 일회용 나이프와 포크를 주문하였다(그림 E.37). 길이와 폭과 윤곽 등의 형상은 지정되었지만 두께는 조정이 가능한 자유변수이다. 그것은 충분한 굽힘강성을 가져서 피자를 자르

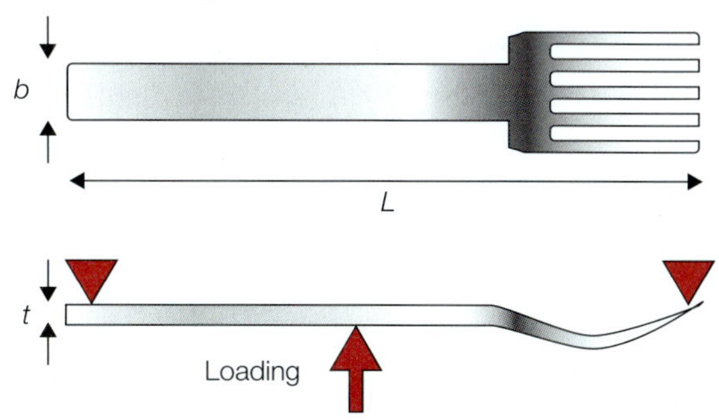

그림 E.37

고 찍고 꿰어도 지나치게 휘지 않아야 한다. 피자 가게 주인은 일회용으로 쓰고 버리는 식탁 용품의 생산에너지를 최소화함으로써 그녀의 환경친화적 이미지를 널리 앞세우고 싶다. 식탁 용품들은 폴리스타이렌(PS)이나 알루미늄 박판으로부터 몰딩하여 만든다.

에너지 절약형 포크 재료를 선택할 수 있는 적절한 재료지수를 도출해보라. 수저(식사용 도구)를 길이(L)와 폭(w)이 고정되었으나 두께는 조정가능한, 그림처럼 굽힘하중을 받는 빔으로 모델링하라. 설계 목표함수는 포크용 재료의 부피 곱하기 단위 부피당 생산에너지 함량($H_p\rho$)이다. (H_p는 킬로그램당 생산에너지, ρ는 밀도)지나치게 휘지 말아야 한다는 제한은 강성도 제한조건(부록 A.3)을 부여한다. 이러한 정보를 가지고 지수를 도출하라.

식탁용품에서 지나친 휨이 발생하면 불편하다. 소성변형이든 파괴든 파손이 생기는 것은 더욱 곤란하다. 그러면 기능을 잃게 되고, 배고픔을 유발할 수도 있다. 요구되는 강도가 제한조건인 경우에 대하여 이 과정을 반복해보라.

E12.5 그림 E.38에 나타낸 것과 같은 치수를 갖고 굽힘하중을 받는 강한 패널에 재료를 선택함에 있어서 목표를 최소 생산에너지에 둔다면 풀이는 다음 지수를 최대화하는 것임을 보여라.

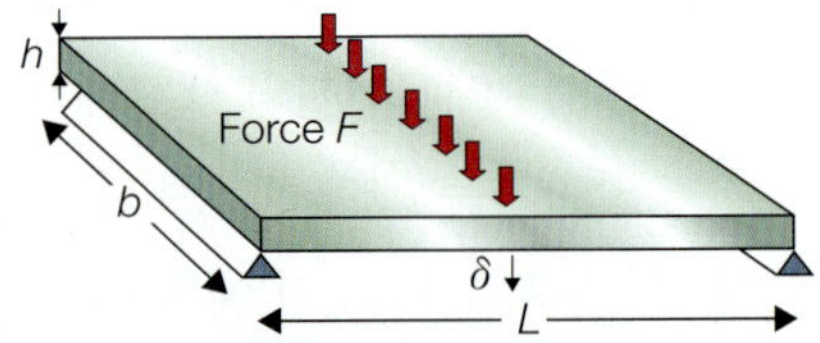

그림 E.38

$$M = \frac{\sigma_y^{1/2}}{H_p\rho}$$

여기서 H_p는 킬로그램당 생산에너지, ρ는 밀도, σ_y는 항복강도이다. 그러기 위해서는 제5장의 식 (5.9)에서 강성도 제한조건을 강도 제한조건으로 대체하여 패널에 대한 유도를 다시 해야 한다. 즉 파손하중 F가 임계값 F^*보다 커야 한다는 조건이다.

$$F = C_2 \frac{I\sigma_y}{hL} > F^*$$

여기서 C_2는 상수이고, I는 패널 단면의 이차모멘트, $I = bh^2/12$이다.

E12.6 충돌방호벽에 대한 지수[식 (15.9)와 (15.10)]와 함께 강도-밀도 차트(그림 4.4)와 강도-생산에너지 차트(그림 15.10)를 사용하여 각각의 방호벽에 대한 재료를 선택하라. 각각의 방호벽에 대하여 금속이 포함되도록 선택선을 위치시켜라. 세라믹과 유리는 취성 때문에 제외하고, 각각의 방호벽에 대하여 찾은 결과를 목록화하라.

E12.7 소형 전기차 제조사가 열가소성 몰딩으로 만든 범퍼를 원한다. 목표가 주어진 배터리 용량으로 운행거리를 최대화하는 것이라면 어떤 지수가 이 재료선택에 알맞은가? 그것을

그림 4.4의 강도-밀도 차트에 그려 넣어 선택을 완성하라.

E12.8 **에너지 효율 높은 마루 바닥들보** 들보(floor joist)는 굽힘하중을 받는 빔이다. 그것들은 다음 표에 나와 있는 형상계수를 가지고, 나무, 강철, 또는 철근(강화)콘크리트로 만들어진다. 이 중에서 어떤 재료가 주어진 굽힘 강성과 강도에 대하여 가장 낮은 생산에너지 부담을 가져다줄까? 적절한 데이터를 부록 A로부터 추출하여 나타내었다.

a. 강성도로부터 출발하자. 본문 중의 식 (9.20)으로부터 형상을 갖는 최소질량의 빔에 대한 강성제한 설계의 지수를 찾는다. 이를 활용하여 형상을 갖는 최소 생산에너지의 빔에 대한 강성제한 설계의 지수는 밀도 곱하기 단위 부피당 생산에너지(H_p)하여 얻는다. 이렇게 수정된 지수를 사용하여 세 가지 재료의 빔에 순위를 매겨보라.

b. 동일한 과정을 강도에 대하여 반복하여 본문 중의 식 (9.28)을 수정 보완하면, 형상을 갖는 최소 생산에너지의 빔에 대한 강도제한 설계의 지수를 얻을 수 있다.

재료	밀도 ρ (kg/m^3)	탄성계수 E (GPa)	강도 σ_f (MPa)	에너지 H_p (MJ/kg)	ϕ_B^e	ϕ_B^f
연질 목재	700	10	40	7.5	2	1.4
강화콘크리트	2900	35	10	5	2	1.4
구조용 강철	7900	210	200	30	15	4

찾아보기

ㅅ

ㅇ

ㅈ

ㅊ

ㅋ

L

M

P

R

S

T

U

V

W

기타

역자소개

권오양 인하대학교 기계공학부 교수(okwon@inha.ac.kr)

윤기봉 중앙대학교 기계공학부 교수(kbyoon@cau.ac.kr)

이준현 부산대학교 기계공학부 교수(johlee@pusan.ac.kr)

최낙삼 한양대학교 기계공학과 교수(nschoi@hanyang.ac.kr)

기계재료

-설계를 위한 선택방법론

지은이 | Michael F. Ashby

옮긴이 | 권오양, 윤기봉, 이준현, 최낙삼

펴낸이 | 조승식

펴낸곳 | (주)도서출판 북스힐

등록 | 제22-457호

주소 | 142-877 서울 강북구 수유2동 240-225

www.bookshill.com

E-mail | bookswin@unitel.co.kr

전화 | 02-994-0071

팩스 | 02-994-0073

2013년 3월 5일 1판 1쇄 인쇄

2013년 3월 11일 1판 1쇄 발행

값 35,000원

ISBN 978-89-5526-460-9

* 잘못된 책은 구입하신 서점에서 바꿔 드립니다.